分析化学手册

第三版

①

基础知识与安全知识

郭伟强　主编

张培敏　边平凤　副主编

化学工业出版社

·北京·

《分析化学手册》第三版在第二版的基础上作了较大幅度的增补和删减，保持原手册 10 分册的基础上，拆分了其中 3 个分册成 6 册，最终形成 13 册。

本分册内容更加精练、充实。第一篇基础知识，采用了最新的原子量表，全面更新了相关分子摩尔质量等数据；采用了最新且有效的标准；同时，增加了与分析化学有关的数据库、网站等信息源及相应的查询方法。第二篇准备工作及试剂，削减了电光天平的内容，增加了样品采集方法和样品预处理方法。第三篇安全知识，是此次变动最大的部分，丰富了化学危险品的内容，新增了欧盟 REACH 法规中的高关注度物质、易制爆和制毒化学品、致癌化学品、工作场所空气中化学物质允许浓度，以及危险化学品的标签要素，放射性辐射防护等内容。第四篇实验室标准化管理，按优良实验室新的认证考核标准提出了实验室的标准化管理的问题。第五篇分析数据处理及实验条件优化按数理统计基础、分析数据处理和实验方法设计重新进行了编排和扩展。

本书可供化学、材料、环境等领域的学生、科研人员及企事业单位从事化学相关的从业人员查阅。

图书在版编目（CIP）数据

分析化学手册. 1. 基础知识与安全知识/郭伟强
主编. —3 版. —北京：化学工业出版社，2016.6（2020.10 重印）
ISBN 978-7-122-24767-4

Ⅰ. ①分…　Ⅱ. ①郭…　Ⅲ. ①分析化学-手册
Ⅳ. ①O65-62

中国版本图书馆 CIP 数据核字（2015）第 176322 号

责任编辑：李晓红　傅聪智　任惠敏　　　　　文字编辑：向　东
责任校对：边　涛　　　　　　　　　　　　　装帧设计：王晓宇

出版发行：化学工业出版社（北京市东城区青年湖南街 13 号　邮政编码 100011）
印　　装：北京虎彩文化传播有限公司
787mm×1092mm　1/16　印张 59¾　字数 1562 千字　2020 年 10 月北京第 3 版第 3 次印刷

购书咨询：010-64518888　　　　　　　　　　售后服务：010-64518899
网　　址：http://www.cip.com.cn
凡购买本书，如有缺损质量问题，本社销售中心负责调换。

定　　价：298.00 元

《分析化学手册》(第三版)编委会

序

分析化学是人们获得物质组成、结构及相关信息的科学，即测量与表征的科学。其主要任务是鉴定物质的化学组成及含量测定、确定物质的结构形态及其与物质性质之间的关系。分析化学是一门社会和科技发展迫切需要的、多学科交叉结合的综合性科学。现代分析化学必须回答当代科学技术和社会需求对现存的方法和技术的挑战，因此实际上已发展成为"分析科学"。

《分析化学手册》是一套全面反映现代分析技术，供化学工作者使用的专业工具书。《分析化学手册》第一版于 1979 年出版，有 6 个分册；第二版扩充为 10 个分册，于 1996 年至 2000 年陆续出版。手册出版后，受到广大读者的欢迎，成为国内很多分析化验室和化学实验室的必备图书，对我国科技进步和社会发展都产生了重要作用。

进入 21 世纪，随着科技进步和社会发展对分析化学提出的种种要求，各种新的分析手段、仪器设备、信息技术的出现，极大地丰富了分析化学学科的内涵、促进了学科的发展。为更好总结这些进展，为广大读者服务，化学工业出版社自 2010 年起开始启动《分析化学手册》（第三版）的修订工作，成立了由分析化学界 30 余位专家组成的编委会，这些专家包括了 10 位中国科学院院士、中国工程院院士和发展中国家科学院院士，多位长江学者特聘教授和国家杰出青年基金获得者，以及各领域经验丰富的专家。在编委会的领导下，作者、编辑、编委通力合作，历时六年完成了这套 1800 余万字的大型工具书。

本次修订保持了第二版 10 分册的基本架构，将其中的 3 个分册进行拆分，扩充为 6 册，最终形成 10 分册 13 册的格局：

1	基础知识与安全知识	7A	氢-1 核磁共振波谱分析
2	化学分析	7B	碳-13 核磁共振波谱分析
3A	原子光谱分析	8	热分析与量热学
3B	分子光谱分析	9A	有机质谱分析
4	电分析化学	9B	无机质谱分析
5	气相色谱分析	10	化学计量学
6	液相色谱分析		

其中，原《光谱分析》拆分为《原子光谱分析》和《分子光谱分析》；《核磁共振波谱分析》拆分为《氢-1核磁共振波谱分析》和《碳-13核磁共振波谱分析》；《质谱分析》新增加了无机质谱分析的内容，拆分为《有机质谱分析》和《无机质谱分析》，并对仪器结构及方法原理进行了全面的更新。另外，《热分析》增加了量热学方面的内容，分册名变更为《热分析与量热学》。

本版修订秉承的宗旨：一、保持手册一贯的权威性和典型性，体现预见性和前瞻性，突出新颖性和实用性；二、继承手册的数据查阅功能，同时注重对分析方法和技术的介绍；三、着重收录了基础性理论和发展较成熟的方法与技术，删除已废弃的或过时的内容，更新有关数据，增补各领域近十年来的新方法、新成果，特别是计算机的应用、多种分析技术联用、分析技术在生命科学中的应用等方面的内容；四、在编排方式上，突出手册的可查阅性，各分册均编排主题词索引，与目录相互补充，对于数据表格、图谱比较多的分册，增加表索引和谱图索引，部分分册增设了符号与缩略语对照。

手册第三版获得了国家出版基金项目的支持，编写与修订工作得到了我国分析化学界同仁的大力支持，全套书的修订出版凝聚了他们大量的心血和期望，在此谨向他们，以及在编写过程中曾给予我们热情支持与帮助的有关院校、科研院所及厂矿企业的专家和同行，致以诚挚的谢意。同时我们也真诚期待广大读者的热情关注和批评指正。

《分析化学手册》（第三版）编委会
2016 年 4 月

前　言

本分册第二版出版至今已有 18 年了，这 18 年正是我国科技迅速赶上国际发展的年代，各方面都有了巨大的发展。第二版的一些知识、标准、方法、数据等已经亟须更新和充实，这就是第三版应运而生的基础。

修订后的本分册虽仍保留第二版 5 篇的基本结构，但对具体内容进行了重组、充实和改进，由原来的 5 篇 20 章精练成现在的 5 篇 13 章。在本书中，第一篇中由于采用了最新版的原子量表，引起了相关分子摩尔质量等数据的全面重新计算；在涉及相关标准时全部采用了最新且有效的标准；同时，增加了与分析化学有关的数据库、网站等信息源及相应的查询方法。第二篇中削减了电光天平的内容，增加了样品采集方法和样品预处理方法的介绍。第三篇是此次变动最大的部分，将原第七章和第十二章合并为"分析实验室安全"，增加了化学危险品的内容，新增了欧盟 REACH 法规中的高关注度物质、易制爆和易制毒化学品、致癌化学品、工作场所空气中化学物质允许浓度，以及危险化学品的标签要素等内容。把原第八、九、十、十一章合并为"安全分析与实验室风险防范"，扩增了放射性辐射防护等内容。第四篇按优良实验室新的认证考核标准，提出了实验室的标准化管理的问题。第五篇整合了原来的 5 章内容，按数理统计基础、分析测试数据的统计检验和试验条件优化方法设计重新进行了编排和扩展。

本分册由浙江大学分析化学与应用化学研究所组织编写，在征求第二版相关作者的意见后，由郭伟强主编，张培敏、边平凤副主编，姚炎庆、郭沁、徐生坚、刘佳蓉参与了编写。其中，第一篇由边平凤和姚炎庆编写；第二篇第三章由郭伟强和张培敏编写，第四章至第六章由郭伟强和郭沁编写；第三篇由张培敏和刘佳蓉编写；第四篇由郭伟强和徐生坚编写；第五篇由郭沁编写。全书由郭伟强整理和统稿。

此外，王雷和蔡宇杰同学参与了前期的资料收集和整理工作，吴大伟、汪腾蛟和郭利明同学也参与了部分工作，在此表示感谢。

在本次修订中，我们努力地收集资料，认真考虑了多方面的意见，希望能以尽可能全面的新形式出现在广大读者面前。由于知识面和能力的局限，书中一定会存在着众多的不足和遗憾，恳请分析化学界的各位专家和诸多朋友批评指正。

编　者
2016 年 3 月于杭州

目　　录

第一篇　基础知识

第一章　分析化学中常用数据及表解 …… 2
第一节　国际单位制（SI）及其相关单位间的
　　　　换算 …… 2
　一、国际单位制 …… 2
　二、常用单位的换算 …… 5
第二节　分析工作中常用的符号及缩
　　　　略语 …… 11
第三节　化学元素的基本参数 …… 19
第四节　离子的基本参数 …… 43
　一、离子半径 …… 43
　二、各种离子的活度系数 …… 46
第五节　溶液的基本参数 …… 53
　一、化合物在溶剂中的溶解度 …… 53
　二、常用溶剂的基本特性 …… 79
　三、常用酸、碱、盐溶液的浓度和
　　　密度 …… 143
第六节　生成常数和解离常数 …… 154
　一、难溶化合物的溶度积 …… 154
　二、水的离子积常数 …… 163
　三、酸和碱的解离常数 …… 164
第七节　金属离子配合物的基本参数 …… 235
　一、金属配合物形成常数 …… 235
　二、配位体的基本参数 …… 262
　三、金属离子和配位体的配位效应
　　　系数 …… 265
第八节　分析化学数据信息源及其查询
　　　　方法 …… 274
　一、数据类刊物 …… 274
　二、数据中心 …… 275
　三、主要的手册、丛书 …… 277
　四、有关化学与物理性质的重要
　　　网站 …… 277
　五、其他国内外化学化工网站简介 …… 278
参考文献 …… 280

第二章　分析化学基础知识 …… 281
第一节　纯水的制备与检定 …… 281

一、分析用纯水的制备 …… 281
二、水质的检定 …… 287
第二节　常用器皿、用具及其洗涤 …… 288
　一、化学实验常用器皿与用具 …… 288
　二、分析器皿的洗涤 …… 303
　三、常用洗涤液 …… 304
　四、玻璃器皿的干燥 …… 305
第三节　滤纸、滤膜及过滤方法 …… 305
　一、滤纸 …… 305
　二、滤膜 …… 307
　三、滤纸的折叠和过滤操作 …… 307
第四节　研钵和坩埚 …… 308
第五节　干燥方法 …… 311
　一、固体样品的干燥 …… 313
　二、液体样品的干燥 …… 314
　三、气体的干燥 …… 315
第六节　冷却方法 …… 316
　一、实验室常用制冷剂 …… 316
　二、使用液态气体作制冷剂的注意
　　　事项 …… 318
第七节　加热方法 …… 319
　一、固体加热方法 …… 319
　二、液体加热方法 …… 319
　三、微波加热介绍 …… 321
第八节　试剂的提纯和制备方法 …… 323
　一、无机试剂的提纯与制备 …… 323
　二、有机试剂的提纯与制备 …… 333
第九节　气体的获取和纯化 …… 347
　一、制备气体的实验装置 …… 347
　二、常用气体的制备与纯化 …… 348
第十节　试剂的回收和净化 …… 354
　一、贵重试剂的回收与净化 …… 354
　二、废旧电池处理及重金属回收 …… 358
　三、有机溶剂的回收 …… 360
第十一节　化合物重要物理化学常数的测定
　　　　　方法 …… 362
　一、熔点的测定 …… 362
　二、沸程的测定 …… 366

三、沸点的测定 …………………… 372
四、密度的测定 …………………… 373
五、凝固点的测定 ………………… 375
六、结晶点的测定 ………………… 375
七、色度的测定 …………………… 376
八、黏度的测定 …………………… 379
九、比旋光度的测定 ……………… 391

十、折射率的测定 ………………… 392
十一、软化点的测定 ……………… 393
十二、闪点与燃点的测定 ………… 394
十三、玻璃化温度的测定 ………… 398
十四、辛烷值的测定（马达法）…… 401
参考文献 …………………………… 421

第二篇　准备工作及试剂

第三章　试剂和溶液 ……………… 424
第一节　基本知识 ………………… 424
一、化学试剂的分类 ……………… 424
二、化学试剂的规格 ……………… 424
三、溶液浓度的表示方法 ………… 426
第二节　普通酸、碱及盐溶液的配制 … 426
一、酸溶液的配制 ………………… 426
二、碱溶液的配制 ………………… 427
三、盐溶液的配制 ………………… 427
第三节　元素和离子的标准溶液 … 430
一、元素和离子的标准溶液的配制 … 430
二、测定化学试剂杂质用标准溶液 … 434
三、某些特殊试剂溶液的配制方法 … 441
第四节　滴定分析用标准物质和标准
　　　　　溶液 …………………… 442
一、滴定分析用基准试剂 ………… 442
二、标准滴定溶液的制备 ………… 443
第五节　缓冲溶液 ………………… 455
一、常见缓冲体系 ………………… 455
二、pH 标准缓冲体系 ……………… 458
三、各类缓冲溶液的配制 ………… 459
四、生化缓冲体系 ………………… 471
参考文献 …………………………… 473

第四章　普通分析仪器的校正和
　　　　　检定 …………………… 474
第一节　天平 ……………………… 474
一、天平的类型及使用 …………… 474
二、砝码的级别与检定 …………… 478
第二节　容量器皿的校正 ………… 479
一、容量器皿的校准 ……………… 479
二、玻璃量器的最大允许公差 …… 488
第三节　测温装置及其校正 ……… 489
一、1990 年国际温标（ITS—90）… 489
二、实验室玻璃温度计的校正 …… 491
三、电子测温装置 ………………… 494

第五章　分析试样的采集、保存和
　　　　　制备 …………………… 505
第一节　样品采集的基本概念与方法 …… 505
一、抽样检查的基本概念 ………… 505
二、抽样检查的类别 ……………… 505
三、抽样方法 ……………………… 506
四、采样时需注意的事项 ………… 507
第二节　水样的采集与保存 ……… 507
一、水样采集前的准备工作 ……… 507
二、取样时的注意事项 …………… 508
三、各类水样采集的一般方法 …… 508
四、水样的保存 …………………… 511
五、分析项目的确定 ……………… 515
第三节　食品样品的采集与制备 … 515
一、采样的原则和目的 …………… 515
二、采样方法 ……………………… 516
三、食品的采样量及注意事项 …… 517
四、样品的保存 …………………… 517
五、样品的制备 …………………… 518
六、食品样品的前处理 …………… 518
第四节　土壤样品的采集与制备 … 520
一、土壤样品的采集 ……………… 520
二、土壤样品的制备 ……………… 521
第五节　植物样品的采集与制备 … 521
一、采样的一般原则 ……………… 521
二、样品采集量 …………………… 521
三、样品的采集方法 ……………… 522
四、植物样品的制备 ……………… 522
五、含水量的测定 ………………… 523
第六节　气体样品的采集 ………… 523
一、直接采样法 …………………… 524
二、富集采样法 …………………… 526
三、无动力采样 …………………… 530
四、采样效率的评价方法 ………… 531
参考文献 …………………………… 532

第六章　分析样品的准备和处理 ········· 533
第一节　分析样品的准备 ············· 533
第二节　试样的前处理 ············· 537
一、溶剂/熔剂的性质与要求 ········· 538
二、溶解法分解试样 ············· 543
三、熔融法分解试样 ············· 545
四、增压溶样法 ················· 546
五、试样的蒸馏处理 ············· 550

六、金属在酸、碱中的溶解性质 ········· 550
七、无机试样分解方法 ············· 552
八、有机试样的分解方法 ············· 570
九、复杂样品中相关组分的提取
方法 ····················· 571
十、无溶剂样品前处理方法 ········· 583
十一、在线前处理方法 ············· 584
参考文献 ····················· 586

第三篇　安全知识

第七章　分析实验室安全 ············· 588
第一节　一般安全知识 ············· 588
一、预防中毒 ················· 588
二、预防火灾和爆炸 ············· 588
三、防止化学烧伤、割伤、冻伤 ····· 588
四、实验室安全设备 ············· 588
五、其他方面 ················· 590
第二节　使用煤气设备的安全守则 ····· 591
第三节　使用电器设备的安全守则 ····· 591
第四节　使用高压和高能装置的安全守则 ··· 591
第五节　防火与灭火 ················· 592
第六节　不幸事故的应急处理 ········· 593
一、急救常识 ················· 593
二、应急处理 ················· 594
三、应急处理案例——氯气中毒治疗原则
及现场处置方案 ············· 606
第七节　现场采样的安全事项 ········· 607
第八节　危险化学品安全知识 ········· 608
一、危险化学品安全知识一览表 ····· 611
二、化学物质环境标准 ············· 672
三、化学致癌物质 ··············· 674
四、职业卫生监控的化学物质 ········· 683
五、欧盟 REACH 法规中的高关注度
物质 ····················· 694
六、剧毒化学品、易制毒化学品、易制爆
化学品及监控化学品 ········· 700
第九节　实验室废物的处理 ········· 721
一、实验室危险废物收集的一般办法 ···· 721
二、实验室危险废物收集的注意事项 ··· 721
三、实验室废物储存的注意事项 ····· 722
四、实验室危险废物的处理 ········· 722
参考文献 ····················· 740

第八章　安全分析与实验室风险

防范 ························· 741
第一节　动火分析 ················· 741
一、燃烧法测定可燃性气体总量 ········· 742
二、爆炸法试验气体爆炸燃烧情况 ······ 742
三、几种可燃可爆气体的动火分析
方法 ····················· 743
第二节　有毒气体分析 ············· 745
一、有毒气体和有害物质的测定方法 ··· 745
二、工作场所空气中有毒物质的测定
方法 ····················· 747
第三节　高危化学品的使用和防护 ········· 752
一、一般概念 ················· 752
二、遇强氧化剂可能引起燃烧或爆炸的危险
物质及其他危险物质 ········· 758
三、醚中过氧化物的爆炸与控制 ········· 759
四、三氯化氮爆炸的预防及三氯化氮的
测定 ····················· 761
五、高氯酸和高氯酸盐的处理 ········· 764
六、实验室内发生爆炸的原因、爆炸情况
与应对措施 ················· 767
七、防毒措施 ················· 770
第四节　高压装置的使用 ············· 776
一、气瓶的结构与减压器 ············· 776
二、高压气体的使用 ············· 778
三、高压釜的使用 ··············· 784
第五节　高能装置的使用 ············· 784
第六节　放射性辐射的防护措施 ········· 785
一、有关名词的解释、特有的单位系统和
换算 ····················· 785
二、射线对人体的影响及其防护 ········· 789
三、对放射性污染的处理 ············· 796
四、对开放型放射性实验室的主要防护
要求 ····················· 802
参考文献 ····················· 803

第四篇　实验室标准化管理

第九章　计量检测和质量检验 …… 806
　第一节　计量、测量、测试和质量检验 … 806
　第二节　计量器具及其检定 …… 806
　　一、计量器具 …… 806
　　二、计量器具的强制检定 …… 808
　　三、计量器具的非强制检定 …… 811
　　四、计量器具的校验 …… 812
　　五、计量器具检定的法规要求 …… 813
　第三节　标准物质 …… 815
　参考文献 …… 817

第十章　实验室的规范化管理 …… 818
　第一节　实验室组织系统 …… 818
　　一、实验室的基本要求 …… 818
　　二、实验室组织机构 …… 819
　　三、实验室的质量保证体系 …… 819
　　四、实验室的公正性保证 …… 819
　第二节　实验室各岗位责任制度 …… 821
　　一、各负责人和各类人员的岗位责任 … 821
　　二、各科室的岗位责任 …… 822
　　三、各层次人员的技术职责 …… 823
　第三节　实验室计量检测仪器、设备的质量
　　　　　监控 …… 823
　　一、仪器设备的管理 …… 823
　　二、仪器设备的检定 …… 823
　　三、仪器设备的使用、维护与保养 …… 824
　　四、仪器设备的期间核查 …… 824
　　五、仪器设备检测值的溯源 …… 824
　第四节　实验室分析人员的素质 …… 824
　　一、技术负责人、质量负责人、质量检验
　　　　管理人员 …… 824

　　二、计量检定人员的素质 …… 825
　　三、检测人员的素质 …… 825
　第五节　实验室检测工作质量控制 …… 825
　　一、检测质量目标 …… 826
　　二、抽样 …… 826
　　三、检测前的检查 …… 827
　　四、检测实施细则 …… 827
　　五、检测工作的质量控制 …… 828
　　六、常规分析的质量管理与质量
　　　　控制图 …… 828
　第六节　分析数据记录和检测报告的规范
　　　　　要求 …… 831
　　一、原始记录 …… 831
　　二、数据整理 …… 831
　　三、检测报告 …… 831
　第七节　实验室日常工作制度 …… 832
　　一、实验室管理制度 …… 832
　　二、检测工作管理制度 …… 833
　　三、事故分析报告制度 …… 833
　　四、计量标准器具管理制度 …… 834
　　五、标准物质及样品的管理制度 …… 834
　　六、仪器设备的购置、验收及管理
　　　　制度 …… 834
　　七、技术资料管理制度 …… 835
　　八、保密制度 …… 835
　　九、危险品、贵重物品管理制度 …… 835
　　十、安全管理制度 …… 836
　　十一、质量申诉处理制度 …… 837
　第八节　实验室环境要求 …… 838
　参考文献 …… 839

第五篇　分析数据处理及实验条件优化

第十一章　数理统计基础 …… 842
　第一节　基础概念 …… 842
　　一、总体和样本 …… 842
　　二、真值、平均值与中位数 …… 842
　　三、有效数字及其运算规则 …… 843
　　四、精密度和准确度 …… 844
　　五、误差、偏差、方差和标准偏差 …… 845
　　六、标准偏差的计算方法 …… 847
　第二节　正态分布 …… 848
　　一、正态分布的概率密度函数 …… 848

　　二、标准正态分布 …… 849
　　三、对数正态分布 …… 851
　第三节　t 分布 …… 851
　第四节　平均值的置信区间 …… 855
　第五节　χ^2 分布 …… 855
　　一、χ^2 分布概率密度函数 …… 855
　　二、估计总体方差 σ^2 的置信区间 …… 856
　第六节　F 分布 …… 857
　第七节　方差分析 …… 863
　　一、单因素方差分析 …… 863

二、双因素方差分析 ……………… 865
三、多因素方差分析 ……………… 869
第八节 回归分析 ………………… 873
一、一元线性回归 ………………… 873
二、一元非线性回归 ……………… 880
三、多元线性回归 ………………… 881

一、一个总体方差的检验 ………… 896
二、双总体方差检验 ……………… 896
三、多个方差的检验 ……………… 896
第四节 准确度的检验 …………… 899
一、u 检验 ………………………… 899
二、t 检验 ………………………… 899

第十二章 分析测试数据的统计

检验 …………………… 886
第一节 测试数据分布类型的检验 ……… 886
一、直方图 ………………………… 886
二、正态概率图示检验法 ………… 887
三、χ^2 分布类型检验法 ………… 887
四、Shapiro-Wilk 检验法 ………… 888
五、偏度-峰度检验法 …………… 890
第二节 离群数据的检验 ………… 891
一、$3s$ 法/$4\bar{d}$ 法 ………………… 891
二、Dicson 法 …………………… 892
三、Grubbs 法 …………………… 893
四、t 检验法 …………………… 894
五、t_R 极差检验法 ……………… 894
六、实验室间数据的检验 ………… 894
第三节 精密度的检验 …………… 895

第十三章 试验条件优化方法 ………… 901
第一节 单因素优化法 …………… 901
第二节 正交试验设计 …………… 902
一、正交试验的原理及特点 ……… 902
二、正交表 ………………………… 902
三、正交试验设计步骤 …………… 912
四、正交试验结果分析 …………… 912
五、拓展正交分析 ………………… 915
第三节 单纯形优化法 …………… 915
一、基本单纯形优化法 …………… 915
二、改进单纯形优化法 …………… 918
三、单纯形优化的参数选择 ……… 919
第四节 均匀设计试验法 ………… 919
一、均匀设计表 …………………… 920
二、均匀设计试验安排 …………… 922
三、数据分析与优化处理 ………… 922

主题词索引 ……………………………………… 923
表索引 …………………………………………… 935

第一篇
基础知识

第一章 分析化学中常用数据及表解

本章主要列出与分析化学有关的各种基本常数、数据及其相互间的关系。

第一节 国际单位制（SI）及其相关单位间的换算

一、国际单位制

国际单位制（SI）是法语 Système International d' Unités 的缩写，是从米制发展而成的一种计量单位制度，自 1960 年第 11 届国际计量大会定名并决议推广后，成为世界范围内的"法定计量单位"。第 10 届和第 14 届国际计量大会决定采用长度、质量、时间、电流强度、热力学温度、物质的量和发光强度的单位为基本单位。导出单位是由基本单位根据选定的联系相应量的代数式组合而成的单位。国际单位制的采用和推广涉及计量制度的改革，已成为各国计量工作发展的共同趋势。到目前为止，世界上已有 80 多个国家宣布采用国际单位制，建议使用国际单位制的各种国际组织也有 20 多个。我国从 1963 年开始着手国际单位制的推行准备工作，1977 年国务院颁布《中华人民共和国计量管理条例》，规定我国逐步采用国际单位制；1981 年国务院批准了《中华人民共和国计量单位名称和符号方案（草案）》；1982年国家标准总局陆续发布了以国际单位制为基础的 15 项国家标准；1984 年 2 月国务院发布了《关于在我国统一实行法定计量单位的命令》；同年经国务院批准，国家计量局发布了《全面推行我国法定计量单位的意见》，提出从 1991 年 1 月起除个别特殊领域（如古籍与文学书籍、血压的 mmHg）外，不允许再使用非法定计量单位；1985 年 9 月 6 日六届人大常委会第十二次会议通过了《中华人民共和国计量法》，以法律形式规定了"国家采用国际单位制。国际单位制计量单位和国家选定的其他计量单位，为国家法定计量单位。……非国家法定计量单位应当废除"。《中华人民共和国计量法》自 1986 年 7 月 1 日起施行。

为此，我们列出了国际单位制的基本单位、国际单位制辅助单位、一些导出单位及它们之间的换算关系（参见表 1-1~表 1-6）。

表 1-1 国际单位制的基本单位

量	单 位 名 称		单位符号	定 义
	中 文[①]	英 文		
长 度	米	meter	m	光在真空中于 1/299792458s（秒）时间间隔内所经路径的长度（1983 年第 17 届 CGPM 决议 A）
质 量	千克（公斤）	kilogram	kg	保存在巴黎国际计量局的国际千克原器的质量（1901 年第 3 届 CGPM 声明）
时 间	秒	second	s	1s 相当于铯 133 原子基态的两个超精细能级间跃迁所对应的辐射的 9192631770 个周期的持续时间（1967 年第 13 届 CGPM 决议 1）
电流强度	安 [培]	Ampere	A	在真空中相距 1m 的两根无限长而圆截面极小的平行直导线内通以等量恒定电流时，若导线间相互作用力为 2×10^{-7}N/m，则每根导线中的电流为 1A（1948 年第 9 届 CGPM 决议 2）

量	单位名称		单位符号	定　义
	中文[1]	英文		
热力学温度	开[尔文]	Kelvin	K	水三相点热力学温度的 1/273.16（1967 年第 13 届 CGPM 决议 4）
物质的量	摩[尔]	mole	mol	是一系统的物质的量，该系统中所含的基本单元（应注明原子、分子、离子、电子及其他粒子或这些粒子的特定组合）数与 0.012kg 碳 12 的原子数目相等（1971 年第 14 届 CGPM 决议 3）
发光强度	坎[德拉]	candela	cd	是一光源在给定方向上的发光强度，该光源发出频率为 540×10^{12} Hz 的单色辐射，且在此方向上的辐射强度为 1/683 W/sr（1979 年第 16 届 ACGPM 决议 3）

① 方括号内的字是在不致混淆的情况下可以省略；圆括号内的字为前者的同义词，具有同等的使用地位。下同。

表 1-2 国际单位制的辅助单位

量	单位名称		单位符号	定　义
	中文	英文		
[平面]角	弧度	radian	rad	弧度是一圆内两条半径之间的平面角，这两条半径在圆周上所截取的弧长和半径相等。1rad＝57.2957995°（度）
立体角	球面度	steradian	sr	球面度是一立体角，其顶点位于球心，它在球面上所截取的面积等于以球半径为边长的正方形面积

表 1-3 国际单位制中具有专门名称的 SI 导出单位

量	单位名称		单位符号	用其他 SI 单位表示的表示式	用 SI 基本单位表示的表示式
	中文	英文			
频率	赫[兹]	Hertz	Hz		s^{-1}
力	牛[顿]	Newton	N		$m \cdot kg/s^2$
压力，压强，应力	帕[斯卡]	Pascal	Pa	N/m^2	$kg/(m \cdot s^2)$
能[量]，功，热量	焦[耳]	Joule	J	$N \cdot m$	$m^2 \cdot kg/s^2$
功率，辐[射能]通量	瓦[特]	Watt	W	J/s	$m^2 \cdot kg/s^3$
电荷[量]	库[仑]	Coulomb	C		$A \cdot s$
电位，电压，电动势（电势）	伏[特]	Volta	V	W/A	$m^2 \cdot kg/(s^3 \cdot A)$
电容	法[拉]	Farad	F	C/V	$s^4 \cdot A^2/(m^2 \cdot kg)$
电阻	欧[姆]	Ohm	Ω	V/A	$m^2 \cdot kg/(s^3 \cdot A^2)$
电导	西[门子]	Siemens	S	A/V	$s^3 \cdot A^2/(m^2 \cdot kg)$
磁通[量]	韦[伯]	Weber	Wb	$V \cdot s$	$m^2 \cdot kg/(s^2 \cdot A)$
磁感应强度，磁通[量]密度	特[斯拉]	Tesla	T	Wb/m^2	$kg/(s^2 \cdot A)$
电感	亨[利]	Henry	H	Wb/A	$m^2 \cdot kg/(s^2 \cdot A^2)$
摄氏温度	摄氏度	Celsius	℃		K
光通[量]	流[明]	Lumen	lm		$cd \cdot sr$

续表

量	单位名称		单位符号	用其他 SI 单位表示的表示式	用 SI 基本单位表示的表示式
	中文	英文			
[光]照度	勒[克斯]	Lux	lx	lm/m^2	$cd \cdot sr/m^2$
[放射性]活度	贝可[勒尔]	Becquerel	Bq		s^{-1}
吸收剂量,比授[予]能,比释动能	戈[瑞]	Gray	Gy	J/kg	m^2/s^2
剂量当量	希[沃特]	Sievert	Sv	J/kg	m^2/s^2
催化活性			kat		mol/s
面积	平方米	square meter	m^2		
体积	立方米	cubic meter	m^3		
速率(速度)	米每秒	meter per second	m/s		
波数		wave number	m^{-1}		
密度	千克每立方米	kilogram per cubic meter	kg/m^3		
电流密度	安培每平方米	ampere per square meter	A/m^2		
磁场强度	安培每米	ampere per meter	A/m		
浓度	摩尔每立方米	mole per cubic meter	mol/m^3		

表 1-4 用国际单位制基本单位表示的 SI 导出单位示例

量的名称	单位名称	单位符号	用 SI 基本单位的表示式
[动力]黏度	帕[斯卡]秒	$Pa \cdot s$	$kg/(m \cdot s)$
力矩	牛[顿]米	$N \cdot m$	$m^2 \cdot kg/s^2$
表面张力	牛[顿]每米	N/m	kg/s^2
热流密度,辐[射]照度	瓦[特]每平方米	W/m^2	kg/s^3
热容,熵	焦[耳]每开[尔文]	J/K	$m^2 \cdot kg/(s^2 \cdot K)$
比热容,比熵	焦[耳]每千克开[尔文]	$J/(kg \cdot K)$	$m^2/(s^2 \cdot K)$
比能	焦[耳]每千克	J/kg	m^2/s^2
热导率	瓦[特]每米开[尔文]	$W/(m \cdot K)$	$m \cdot kg/(s^3 \cdot K)$
能[量]密度	焦[耳]每立方米	J/m^3	$kg/(m \cdot s^2)$
电场强度	伏[特]每米	V/m	$m \cdot kg/(s^3 \cdot A)$
电荷[体]密度	库[仑]每立方米	C/m^3	$s \cdot A/m^3$
电位移	库[仑]每平方米	C/m^2	$s \cdot A/m^2$
介电常数	法[拉]每米	F/m	$s^4 \cdot A^2/(m^3 \cdot kg)$
磁导率	亨[利]每米	H/m	$m \cdot kg/(s^2 \cdot A^2)$
摩尔能[量]	焦[耳]每摩[尔]	J/mol	$m^2 \cdot kg/(s^2 \cdot mol)$
摩尔熵,摩尔热容	焦[耳]每摩[尔]开[尔文]	$J/(mol \cdot K)$	$m^2 \cdot kg/(s^2 \cdot K \cdot mol)$
(X 射线和 γ 射线的)照射量	库[仑]每千克	C/kg	$s \cdot A/kg$

续表

量 的 名 称	单 位 名 称	单位符号	用 SI 基本单位的表示式
吸收剂量率	戈［瑞］每秒	Gy/s	m^2/s^3
催化（活性）浓度		kat/m^3	$mol/(m^3 \cdot s)$

表 1-5　用国际单位制辅助单位表示的 SI 导出单位示例

量的名称	单位名称	单位符号	量的名称	单位名称	单位符号
角速度	弧度每秒	rad/s	辐［射］强度	瓦［特］每球面度	W/sr
角加速度	弧度每二次方秒	rad/s^2	辐［射］亮度	瓦［特］每平方米球面度	$W/(m^2 \cdot sr)$

根据我国的具体情况，我国为 11 个物理量选定了 16 个非国际单位制单位，这些单位使用十分广泛，废除它们将带来很大的不方便，为此，规定它们为我国的法定计量单位。

表 1-6　与国际单位制单位并用的其他法定计量单位

量	单位名称	单位符号	与 SI 单位的关系
时　间	分	min	1min＝60s
	［小］时	h	1h＝60min＝3600s
	天（日）	d	1d＝24h＝86400s
［平面］角	［角］秒	″	$1″＝(1/60)′＝(\pi/648000)$ rad
	［角］分	′	$1′＝(1/60)°＝(\pi/10800)$ rad
	度	°	$1°＝(\pi/180)$ rad
旋转速度	转每分	r/min	1r/min＝（1/60）r/s
长　度	海里	n mile	1n mile＝1852m
速　度	节	kn	1kn＝1n mile/h＝（1852/3600）m/s
质　量	原子质量单位	u	$1u＝1.6605402（10）×10^{-27}kg$
	吨	t	1t＝1000kg
体积，容积	升	L（l）	$1L＝1 dm^3＝10^{-3}m^3$
能	电子伏［特］	eV	$1eV＝1.60217733（49）×10^{-19}J$
级　差	分贝	dB	
线密度	特［克斯］	tex	1tex＝1g/km
面　积	公顷	$hm^2$①	$1hm^2＝10^4m^2$

① 公顷的国际通用符号为 ha。

二、常用单位的换算

表 1-7～表 1-28 中包括了各计量单位间的换算值，其中有许多是非法定计量单位，鉴于许多文献和参考书上仍在采用这些单位，故加以介绍供参考。

表 1-7　长度单位的换算

单位	m	cm	μm	nm	ft	in	n mile	yd
米	1	10^2	10^6	10^9	3.28	39.37	$5.4×10^{-4}$	1.09361
厘米	10^{-2}	1	10^4	10^7	$3.28×10^{-2}$	0.3937	$5.4×10^{-6}$	$1.09361×10^{-2}$
微米	10^{-6}	10^{-4}	1	10^{-3}	$3.28×10^{-6}$	$3.937×10^{-5}$	$5.4×10^{-10}$	$1.09361×10^{-6}$

续表

单位	m	cm	μm	nm	ft	in	n mile	yd
纳米	10^{-9}	10^{-7}	10^{-3}	1	3.28×10^{-9}	3.937×10^{-8}	5.4×10^{-13}	1.09361×10^{-9}
英尺	0.3048	30.48	3.048×10^5	3.048×10^8	1	12	1.65×10^{-4}	0.3333
英寸	2.54×10^{-2}	2.54	2.54×10^4	2.54×10^7	8.33×10^{-2}	1	1.37×10^{-5}	0.02778
海里	1.852×10^3	1.852×10^5	1.852×10^9	1.852×10^{12}	6.075×10^3	7.2907×10^4	1	2025
码	0.9144	91.44	9.144×10^5	9.144×10^8	3	36	4.938×10^{-4}	1

表 1-8 面积单位的换算

单 位	m^2	cm^2	ha	ft^2	in^2
平方米	1	10^4	10^{-4}	10.76	1.55×10^3
平方厘米	10^{-4}	1	10^{-8}	1.076×10^{-3}	1.55×10^{-2}
公 顷	10^4	10^8	1	1.076×10^5	1.55×10^7
平方英尺①	9.29×10^{-2}	9.29×10^2	9.29×10^{-6}	1	1.44×10^2
平方英寸①	6.45×10^{-4}	6.45	6.45×10^{-8}	6.945×10^{-3}	1

① 与 SI 单位换算的准确值是：$1ft^2=0.09290304m^2$，$1in^2=645.16mm^2$。

表 1-9 体积单位的换算

单 位	m^3	cm^3	L（dm^3）	ft^3	in^3	pt
立方米	1	10^6	10^3	35.3	6.1×10^4	1.7598×10^3
立方厘米	10^{-6}	1	10^{-3}	3.53×10^{-5}	6.1×10^{-2}	1.7598×10^{-3}
升（立方分米）	10^{-3}	10^3	1	3.53×10^{-2}	61	1.7598
立方英尺①	2.83×10^{-2}	2.83×10^4	28.3	1	1.73×10^3	49.8
立方英寸①	1.639×10^{-5}	16.39	1.639×10^{-2}	5.79×10^{-4}	1	2.88×10^{-2}
品脱（英）①	5.68×10^{-4}	5.68×10^2	0.568	2×10^{-2}	34.67	1

① 与 SI 单位换算的准确值是：$1ft^3=28.31685 dm^3$，$1in^3=16.387064cm^3$，$1pt=0.56826125dm^3$。

表 1-10 质量单位的换算

单 位	kg	g	t	lb	oz
千 克	1	10^3	10^{-3}	2.2046	35.274
克	10^{-3}	1	10^{-6}	2.2046×10^{-3}	3.5274×10^{-2}
吨	10^3	10^6	1	2.2046×10^3	3.5274×10^4
磅①	0.454	4.54×10^2	4.54×10^{-4}	1	16
盎司①	2.835×10^{-2}	28.35	2.835×10^{-5}	6.25×10^{-2}	1

① 与 SI 单位换算的准确值是：$1lb=0.45359237kg$，$1oz=28.34952g$。

表 1-11 密度单位的换算

单 位	kg/m^3	t/m^3	kg/dm^3	g/cm^3	lb/ft^3	lb/in^3
千克每立方米	1	10^{-3}	10^{-3}	10^{-3}	62.4×10^{-3}	36.13×10^{-6}
吨每立方米	10^3	1	1	1	62.4	36.13×10^{-3}

续表

单　位	kg/m³	t/m³	kg/dm³	g/cm³	lb/ft³	lb/in³
千克每立方分米	10³	1	1	1	62.4	36.13×10^{-3}
克每立方厘米	10³	1	1	1	62.4	36.13×10^{-3}
磅每立方英尺	16.02[①]	16.02×10^{-3}	16.02×10^{-3}	16.02×10^{-3}	1	578.7×10^{-6}
磅每立方英寸	27.7×10^3	27.7	27.7	27.7	1728	1

① 与 SI 单位换算的准确值是：$1lb/ft^3=16.01846kg/m^3$。

表 1-12　比体积单位的换算

单　位	m³/kg	m³/t	dm³/kg	cm³/g	ft³/lb	in³/lb
立方米每千克	1	10³	10³	10³	16.02	27.7×10^3
立方米每吨	10^{-3}	1	1	1	16.02×10^{-3}	27.7
立方分米每千克	10^{-3}	1	1	1	16.02×10^{-3}	27.7
立方厘米每克	10^{-3}	1	1	1	16.02×10^{-3}	27.7
立方英尺每磅	62.4×10^{-3}	62.4	62.4	62.4	1	1728
立方英寸每磅	36.13×10^{-6}	36.13×10^{-3}	36.13×10^{-2}	36.13×10^{-3}	578.7×10^{-6}	1

表 1-13　运动黏度单位的换算

单　位	m²/s	St	cSt	m²/h	ft²/s	ft²/h
二次方米每秒	1	10⁴	10⁶	3600	10.76	38.75×10^3
斯托克斯	10^{-4}	1	100	0.36	1.076×10^{-3}	3.875
厘斯托克斯	10^{-6}	0.01	1	3.6×10^{-3}	1.076×10^{-5}	3.875×10^{-2}
二次方米每小时	2.778×10^{-4}	2.778	277.8	1	2.99×10^{-3}	10.76
二次方英尺每秒	9.29×10^{-2}[①]	929	9.29×10^4	334.5	1	3600
二次方英尺每小时	2.58×10^{-5}	0.258	25.8	9.29×10^{-2}	2.78×10^{-4}	1

① 与 SI 单位换算的准确值为：$1ft^2/s=9.290304\times10^{-2}m^2/s$。

表 1-14　动力黏度单位的换算

单　位	Pa·s	P	kgf·s/m²	lbf·s/ft²
帕斯卡秒	1	10	0.102	2.09×10^{-2}
泊	0.1	1	1.02×10^{-2}	2.09×10^{-6}
千克力秒每平方米	9.81	98.1	1	0.205
磅力秒每平方英尺	47.88	478.8	4.88	1

表 1-15　力单位的换算

单　位	N	dyn	kgf	tf	lbf
牛　顿	1	10⁵	0.102	1.02×10^{-4}	0.2248
达　因	10^{-5}	1	1.02×10^{-6}	1.02×10^{-9}	2.248×10^{-6}
千克力	9.80665	9.80665×10^5	1	10^{-3}	2.2046

续表

单 位	N	dyn	kgf	tf	lbf
吨　力	9.8067×10^3	9.8067×10^8	10^3	1	2.2046×10^3
磅　力	4.448	4.448×10^5	0.454	4.54×10^{-4}	1

表 1-16　压力、应力单位的换算

单 位	Pa	bar	mmH$_2$O	mmHg	dyn/cm^2	kgf/cm^2	lbf/in^2	atm
帕斯卡	1	10^{-5}	0.102	7.5024×10^{-3}	10	1.02×10^{-5}	1.45×10^{-4}	9.8692×10^{-6}
巴	10^5	1	1.02×10^4	7.5024×10^2	10^6	1.02	14.5	0.98692
毫米水柱	9.8067	9.8067×10^{-5}	1	7.35×10^{-2}	98.1	10^{-4}	1.422×10^{-3}	9.69×10^{-5}
毫米汞柱	1.33×10^2	1.33×10^{-3}	13.6	1	1.33×10^3	1.36×10^{-3}	1.934×10^{-2}	1.316×10^{-3}
达因每平方厘米	0.1	10^{-6}	1.02×10^{-2}	7.50×10^{-4}	1	1.02×10^{-6}	14.5×10^{-5}	9.86×10^{-7}
千克力每平方厘米	9.80665×10^4	0.980665	10^4	7.35×10^2	9.81×10^5	1	14.223	0.9685
磅力每平方英寸	6.8948×10^6	6.894×10^{-2}	7.0307×10^2	52.2	6.89×10^4	7.0307×10^{-2}	1	6.806×10^{-2}
标准大气压	1.01325×10^5	1.01325	1.0335×10^4	760	1.01325×10^6	1.0335	14.69	1

表 1-17　功、能量、热量单位的换算

单 位	J	erg	kgf·m	cal	kcal	kW·h	ft·lbf
焦　耳	1	10^7	0.102	0.239	2.39×10^{-4}	2.78×10^{-7}	0.7376
尔　格	10^{-7}	1	1.02×10^{-8}	2.39×10^{-8}	2.39×10^{-11}	2.78×10^{-14}	7.376×10^{-8}
千克力米	9.80665	9.80665×10^7	1	2.343	2.343×10^{-3}	2.72×10^{-6}	7.233
卡路里	4.1868	4.1868×10^7	0.42686	1	10^{-3}	1.16×10^6	3.088
千卡路里	4.1868×10^3	4.1868×10^{10}	4.2686×10^2	10^3	1	1.16×10^{-3}	3.088×10^3
千瓦小时	3.6×10^6	3.6×10^{13}	3.67×10^5	8.6×10^5	8.6×10^2	1	2.653×10^6
英尺磅力	1.356	1.356×10^7	0.138	0.325	3.25×10^{-4}	3.76×10^2	1

表 1-18　功率单位的换算

单 位	W	erg/s	kgf·m/s	cal/s	ft·lbf/s	ch	hp
瓦　特	1	10^7	0.102	0.239	0.7376	1.36×10^{-3}	1.3410×10^{-3}
尔格每秒	10^{-7}	1	1.02×10^{-8}	2.39×10^{-8}	7.376×10^{-8}	1.36×10^{-10}	1.3410×10^{-10}
千克力米每秒	9.8067	9.8067×10^{-7}	1	2.343	7.233	1.33×10^{-2}	1.2905×10^{-2}
卡每秒	4.1868	4.1868×10^7	0.427	1	3.088	5.69×10^{-3}	5.611×10^{-3}
英尺磅力每秒	1.35582	1.3558×10^7	0.13825	0.3246	1	1.84×10^{-3}	1.8182×10^{-3}
米制马力[①]	735.5	7.355×10^9	75	175.5	542.4765	1	0.986320
英制马力	745.6999	7.457×10^9	77.489	178.22	550	1.01387	1

①　与 SI 单位换算的准确值为：1ch=735.49875W=75kgf·m/s。

表 1-19　体积流量单位的换算

单位	m^3/s	L/s	L/min	m^3/h	L/h	cm^3/s	ft^3/s	in^3/s
立方米每秒	1	10^3	6×10^4	3.6×10^6	3.6×10^9	10^6	35.3	6.1×10^4
升每秒	10^{-3}	1	60	3.6	3.6×10^3	10^3	3.53×10^{-2}	61
升每分	1.67×10^{-5}	1.67×10^{-2}	1	6×10^{-2}	60	16.7	5.89×10^{-4}	1.02
立方米每小时	2.78×10^{-4}	0.278	16.7	1	10^3	2.78×10^2	9.8×10^{-3}	16.9
升每小时	2.78×10^{-7}	2.78×10^{-4}	1.67×10^{-2}	10^{-3}	1	0.278	9.8×10^{-6}	1.69×10^{-2}
立方厘米每秒	10^{-6}	10^{-3}	6×10^{-2}	3.6×10^{-3}	3.6	1	3.53×10^{-5}	6.1×10^{-2}
立方英尺每秒	2.83×10^{-2}	28.3	1.7×10^3	1.02×10^2	1.02×10^5	2.83×10^4	1	1.728×10^3
立方英寸每秒	1.64×10^{-5}	1.64×10^{-4}	0.984	5.9×10^{-2}	59	16.4	5.8×10^{-4}	1

表 1-20　电量单位的换算

单位	C	sC	aC
库仑	1	3×10^9	0.1
静电系电荷单位	3.34×10^{-10}①	1	3.34×10^{-11}
电磁系电荷单位	10	3×10^{10}	1

① 准确值为：3.33564×10^{-10}C。

表 1-21　电场强度单位的换算

单位	V/m	V/cm	sV/cm	aV/cm
伏特每米	1	10^{-2}	3.34×10^{-5}	10^6
伏特每厘米	10^2	1	3.34×10^{-3}	10^8
静电系单位	3×10^4	3×10^2	1	3.34×10^{-11}
电磁系单位	10^{-6}	10^{-8}	3×10^{10}	1

表 1-22　热量单位的换算

单位	J	cal_{IT}	cal_{15}	cal_{th}	Btu
焦耳	1	0.238846	0.238920	0.239006	9.4781×10^{-4}
国际蒸气表卡	4.1868	1	1.00031	1.00067	3.96829×10^{-3}
15℃卡路里	4.1855	0.99969	1	1.00036	3.96706×10^{-3}
热化学卡	4.1840	0.99933	0.99964	1	3.96564×10^{-3}
英制热量单位	1055.06	251.997	252.075	252.075	1

表 1-23　比热容单位的换算

单位	$J/(kg\cdot K)$	$erg/(g\cdot ℃)$	$kcal/(kg\cdot ℃)$	$cal/(g\cdot ℃)$	$Btu/(lb\cdot ℉)$
焦耳每千克开尔文	1	10^4	2.39×10^{-4}	2.39×10^{-4}	2.39×10^{-4}
尔格每克摄氏度	10^{-4}	1	2.39×10^{-8}	2.39×10^{-8}	2.39×10^{-8}
千卡每千克摄氏度	4.187×10^3	4.187×10^7	1	1	1
卡每克摄氏度	4.187×10^3	4.187×10^7	1	1	1
英制热量单位每磅华氏度	4.187×10^3	4.187×10^7	1	1	1

表 1-24　**传热系数单位的换算**

单 位	W/(m² · K)	erg/(s · cm² · ℃)	kcal/(h · m² · ℃)	cal/(s · cm² · ℃)	Btu/(h · ft² · °F)
瓦特每平方米开尔文	1	10^3	0.86	2.39×10^{-5}	0.176
尔格每秒平方厘米摄氏度	10^{-3}	1	8.6×10^{-4}	2.39×10^{-8}	1.76×10^{-4}
千卡每小时平方米摄氏度	1.16	1.16×10^3	1	2.78×10^{-5}	0.205
卡每秒平方厘米摄氏度	4.187×10^4	4.187×10^7	3.6×10^4	1	7.37×10^3
英制热量单位每小时平方英尺华氏度[①]	5.68	5.68×10^3	4.89	1.356×10^{-4}	1

　　[①] 与 SI 单位换算的准确值为：1Btu/(h · ft² · °F) = 5.67826W/(m² · K)。

表 1-25　**热导率单位的换算**

单 位	W/(m · K)	erg/(s · cm · ℃)	kcal/(h · m · ℃)	cal/(s · cm · ℃)	Btu/(h · ft · °F)
瓦特每米开尔文	1	10^5	0.86	2.39×10^{-3}	0.578
尔格每秒厘米摄氏度	10^{-5}	1	8.6×10^{-6}	2.39×10^{-8}	5.78×10^{-6}
千卡每小时米摄氏度	1.163	1.163×10^5	1	2.78×10^{-3}	0.672
卡每秒厘米摄氏度	4.187×10^2	4.187×10^7	3.6×10^2	1	242
英制热量单位每小时英尺华氏度	1.73	1.73×10^5	1.488	4.13×10^{-3}	1

表 1-26　**不同温标间温度进行单位换算的数值方程**

量的名称	符号	单位名称	符号	数值方程
热力学温度 (thermodynamic temperature)	T	开〔尔文〕(Kelvin)	K	$\dfrac{T}{K} = \dfrac{t}{℃} + 273.15 = \dfrac{5}{9} \times \dfrac{T_R}{°R} = \dfrac{5}{9}\left(\dfrac{t_F}{°F} + 459.67\right) = \dfrac{5}{4} \times \dfrac{t_{Ré}}{°Ré} + 273.15$
摄氏温度 (Celsius temperature)	t	摄氏度 (degree Celsius)	℃	$\dfrac{t}{℃} = \dfrac{T}{K} - 273.15 = \dfrac{5}{9}\left(\dfrac{T_R}{°R} - 491.67\right) = \dfrac{5}{9}\left(\dfrac{t_F}{°F} - 32\right) = \dfrac{5}{4} \times \dfrac{t_{Ré}}{°Ré}$
兰氏温度 (Rankine temperature)	T_R	兰氏度 (degree Rankine)	°R	$\dfrac{T_R}{°R} = \dfrac{9}{5} \times \dfrac{T}{K} = \dfrac{9}{5} \times \dfrac{t}{℃} + 491.67 = \dfrac{t_F}{°F} + 459.67 = \dfrac{9}{4} \times \dfrac{t_{Ré}}{°Ré} + 491.67$
华氏温度 (Fahrenheit temperature)	t_F	华氏度 (degree Fahrenheit)	°F	$\dfrac{t_F}{°F} = \dfrac{9}{5} \times \dfrac{T}{K} - 459.67 = \dfrac{9}{5} \times \dfrac{t}{℃} + 32 = \dfrac{T_R}{°R} - 459.67 = \dfrac{9}{4} \times \dfrac{t_{Ré}}{°Ré} + 32$
雷氏温度 (Réaumur temperature)	$t_{Ré}$	雷氏度 (degree Réaumur)	°Ré	$\dfrac{t_{Ré}}{°Ré} = \dfrac{4}{5}\left(\dfrac{T}{K} - 273.15\right) = \dfrac{4}{5} \times \dfrac{t}{℃} = \dfrac{4}{9}\left(\dfrac{T_R}{°R} - 491.67\right) = \dfrac{4}{9}\left(\dfrac{t_F}{°F} - 32\right)$

　　注：1. 对温度间隔或温差进行单位换算时，应采用的单位方程为：$1°F = 1°R = \dfrac{5}{9}℃ = \dfrac{5}{9}K = \dfrac{4}{9}°Ré$。

　　2. 兰氏温度和热力学温度的测量起点相同（即兰氏温度 T_R 等于 0°R，而热力学温度 T 等于 0K），故兰氏温度的温度间隔或温差与热力学温度的温度间隔或温差进行单位换算时，也可采用数值方程，其数值方程为：$\Delta T/K = \dfrac{5}{9}\Delta T_R/°R$。

表 1-27　不同温标的热力学零点、水冰点、水三相点及水沸点

温度点	T/K	$t/℃$	$t_{Ré}/°Ré$	$t_F/°F$	$T_R/°R$
绝对零点	0	−273.15	−218.52	−459.67	0
水冰点	273.15	0	0	32	491.688
水三相点	273.16	0.01	0.008	32.0183	491.682
水沸点	373.15	100	80	212	671.67

表 1-28　其他单位（电离辐射、光学、声学）间的换算

电离辐射单位			光学单位			声学单位		
被换算单位	换算后单位[①]	换算系数	被换算单位	换算后单位[①]	换算系数	被换算单位	换算后单位[①]	换算系数
伦琴(R)	C/kg	$2.58×10^{-4}$	坎［德拉］球面度(cd·sr)	lm	1	声欧姆(dyn·s/cm⁵)	Pa·s/m³	10^5
拉德(rad)	Gy(J/kg)	0.01	熙提(sb)	cd/m²	10^4	力欧姆(dyn·s/cm)	N·s/m	10^{-3}
伦琴每秒(R/s)	A/kg	$2.58×10^{-4}$	尼特(nt)	cd/m²	1	奈培(Np)	dB	8.68
居里(Ci)	Bq(s⁻¹)	$3.70×10^{10}$		sb*	10^{-4}	达因每平方厘米(dyn/cm²)	Pa(N/m²) bar*	0.1 10^{-6}
卢瑟福(Rd)	Bq(s⁻¹) ci*	10^6 $2.7207×10^{-5}$	英尺烛光(lm/ft²,fc)	lx (lm/m²)	10.76	达因每秒(dyn/s)	W	10^{-7}
雷姆(rem)	Sv(J/kg)	0.01	辐透(ph)	lx (lm/m²)	10^4	森特(cent)	倍频程(oct)	$8.333×10^{-4}$

① 括号中的标注为该单位以 SI 基本单位和 SI 导出单位表示的形式，二者是等价的。
注：单位后加注 ＊表示该单位为非法定单位，仅作为换算关系列出供参考。

第二节　分析工作中常用的符号及缩略语

分析工作中常用的希腊字母见表 1-29，英文数字词头见表 1-30，SI 词头见表 1-31。

表 1-29　希腊字母

大写	小写	英　　文	汉语译音	大写	小写	英　　文	汉语译音
A	α	alpha	阿尔法	N	ν	nu	纽
B	β	beta	贝塔	Ξ	ξ	xi	克西
Γ	γ	gamma	伽马	O	ο	omicron	奥米克龙
Δ	δ	delta	德耳塔	Π	π	pi	派
E	ε	epsilon	艾普西隆	P	ρ	rho	洛
Z	ζ	zeta	截塔	Σ	σ	sigma	西格马
H	η	eta	艾塔	T	τ	tau	陶
Θ	θ	theta	西塔	Υ	υ	upsilon	宇普西隆
I	ι	iota	约塔	Φ	φ	phi	斐
K	κ	kappa	卡帕	X	χ	chi	喜
Λ	λ	lambda	兰姆达	Ψ	ψ	psi	普西
M	μ	mu	米尤	Ω	ω	omega	奥米伽

表 1-30　英文数字词头

数字	英文词头	数字	英文词头	数字	英文词头	数字	英文词头
$\frac{1}{2}$	hemi-	6	hexa-	13	trideca-	20	eicosa-
1	mono-	7	hepta-	14	tetradeca-	21	henicosa-
$1\frac{1}{2}$	sesqui-	8	octa-	15	pentadeca-	30	triconta-
2	di-或 bi-	9	nona-	16	hexadeca-	40	tetraconta-
3	tri-	10	deca-	17	heptadeca-	50	pebtaconta-
4	tetra-	11	undeca-	18	octadeca-	60	hexaconta-
5	penta-	12	dodeca-	19	nonadeca-		

表 1-31　SI 词头

词头 中文	词头 原名	所表示的因数	国际缩写符号	词头 中文	词头 原名	所表示的因数	国际缩写符号
幺 [科托]	yocto	10^{-24}	y	十	deca	10^1	da
仄 [普托]	zepto	10^{-21}	z	百	hecto	10^2	h
阿 [托]	atto	10^{-18}	a	千	kilo	10^3	k
飞 [母托]	femto	10^{-15}	f	兆	mega	10^8	M
皮 [可]	pico	10^{-12}	p	吉 [咖]	giga	10^9	G
纳 [诺]	nano	10^{-9}	n	太 [拉]	tera	10^{12}	T
微	micro	10^{-8}	μ	拍 [它]	peta	10^{15}	P
毫	milli	10^{-3}	m	艾 [可萨]	exa	10^{18}	E
厘	centi	10^{-2}	c	泽 [它]	zetta	10^{21}	Z
分	deci	10^{-1}	d	尧 [它]	yotta	10^{24}	Y

　　表 1-32 主要包括描述各种物质的基本物理量，其中有些（有＊者）参见表 1-34。而一些在分析手段中用以描述性能或体系特征的数值则在以后各册的相关分析方法中再说明。表中的非法定计量单位和部分量的表示方法，鉴于历史的原因，有不少在我国仍得到较大的应用，而且以往的许多文献是采用这些单位和量的，也不可能一下子就完全取消，需要有一个过渡时期，故本表仍将它们列在其中，只是将它们用★注明。

表 1-32　一些物理化学量的符号及说明

（1）关于原子、分子的量及化学反应

量	符号	简要说明
阿伏加德罗常数＊	N_A	1mol 的物质所含的基本单元数。$N_A=6.0221367\times10^{23}\,mol^{-1}$
玻尔兹曼常数＊	k	按个别分子表示的气体常数。$k=1.380658\times10^{-23}\,J/K$
电子电荷＊	e	$e=1.60217733\times10^{-19}\,C$
电子质量＊	m_e	$m_e=9.1093897\times10^{-31}\,kg$
电子荷质比＊	e/m_e	电子电荷与电子质量的比。$e/m_e=1.7588047\times10^{11}\,C/kg$

续表

量	符 号	简要说明
中子质量*	m_n	$m_n=1.6749286\times10^{-27}kg=1.00866489u$
质子质量*	m_p	$m_p=1.6726231\times10^{-27}kg=1.00727648u$
原子质量常量*	m_u	碳12原子质量的1/12。$m_u=1u=1.6605402\times10^{-27}kg$
相对原子质量	$A_r(E)$	具有天然核素组成的一种元素的一个原子的平均质量对核素^{12}C一个原子的质量的1/12的比值
原子质量*	m_a	某指定核素的中性原子处于基态的静止质量
平衡常数	K	可逆反应的平衡常数。对$mA+nB\Longleftrightarrow pC+qD$则 $K=[C]^p[D]^q/([A]^m[B]^n)$
酸的解离常数	K_a	对弱酸：$HA\Longleftrightarrow H^++A^-$的解离常数，$K_a=[H^+][A^-]/[HA]$ 对弱碱的共轭酸：$BH^+\Longleftrightarrow B+H^+$的解离常数 $K_a=[B][H^+]/[BH^+]$
碱的解离常数	K_b	对弱碱：$B+H_2O\Longleftrightarrow BH^++OH^-$的解离常数 $K_b=[BH^+][OH^-]/[B]$ 或 $BOH\Longleftrightarrow B^++OH^-$的解离常数 $K_b=[B^+][OH^-]/[BOH]$
水的离子积	K_w	$K_w=a_{H^+}a_{OH^-}$
溶度积	K_{sp}	在难溶强电解质的饱和溶液中，有关离子浓度的一定幂的乘积，它在一定温度下是一个常数，称为溶度积
质量摩尔浓度	m	溶质的物质的量除以溶剂的质量，mol/kg
物质的量浓度，摩尔浓度*	c	溶质的物质的量除以混合物的体积，mol/L
摩尔分数	x	溶质的物质的量与溶液（溶质加溶剂）物质的量之比

（2）电分析化学

量	符 号	简要说明
法拉第常数	F	电化学中常用的一种电量单位。$F=9.6485309\times10^4C/mol$
离子电荷	z	某种离子的电荷数
离子强度	I，μ★	存在于溶液中的每种离子的质量摩尔浓度（m_i）乘以该离子的电荷数（z_i）的平方所得诸项之和的一半。$I=\sum m_iz_i^2/2$
电导率（比电导★）	κ	长1cm、截面积1cm^{2}导体的电导
摩尔电导率	Λ_m	电导率除以物质的量浓度。$\Lambda_m=\kappa/c$
迁移数	t_+ t_-	某一种离子迁移的电量与通过溶液的总电量之比
阳极电流	i_a	总的净电流的阳极组分，一般指定为负值
阴极电流	i_c	总的净电流的阴极组分，一般指定为正值
扩散电流	i_d	仅由扩散速度所控制，在极度浓差极化条件下所得的与电位无关的电流
极限电流	i_l	仅由传质（通常包括搅拌）速度所控制的在极度浓差极化条件下所得的与电位无关的电流
残余电流	i_r	单独由于支持电介质产生的电流
半波电位	$E_{1/2}$	当电流等于扩散电流的一半时指示电极的电位，如没有指出其他参考电极时常指饱和甘汞电极
电极电位	E	指示电极或工作电极的电位，常指对标准氢电极

量	符　号	简要说明
标准电位	E_0	半反应的标准电位，常指对标准氢电极
半中和电位	HNP	在非水溶剂中酸或碱的半中和电位。在电位滴定曲线上相当于到达等计量点所需的强碱或酸溶液的一半体积时，玻璃指示电极与饱和甘汞参考电极之间的电位差
	ΔHNP	对所测的酸（或碱）与标准酸（或碱）在相同情况下 HNP 值的差
式量电位	E'_0	在特定条件下氧化态与还原态的浓度比为 1 时的实际电位

（3）光分析化学

量	符　号	简要说明
频　率	ν, f	单位时间内完成周期性变化的次数
普朗克常数*	h	$h = 6.6260755 \times 10^{-34} J \cdot s$
光量子		基本粒子的一种，是辐射能的最小单位；稳定，不带电，静止质量等于零。其能量表示为 $E = h\nu$；动量表示为 $P = h/\lambda$
光　速*	c	真空中光速 $c = 299792458 m/s$
波　长	λ	对光波而言，$\lambda = c/\nu$
波　数	σ	指每厘米中所含光波的数目（波长的倒数）
最大吸收波长	λ_{max}	光吸收曲线中吸收峰值所在的波长
透射比	$\tau(\lambda)$	透射辐射（光）通量和入射辐射（光）通量之比
吸光度	A	在数值上等于以 10 为底透射比倒数的对数，$A = -\lg[\tau(\lambda)]$
质量吸收系数	α	$\alpha = A/(b\rho)$，式中，b 为光程，常用单位 cm；ρ 为质量浓度，常用单位 g/L
摩尔吸收系数	κ, ε★	$\kappa = A/(bc)$，式中，b 为光程，常用单位 cm；c 为物质的量浓度，常用单位 mol/L
等吸收点		在某波长处，两种或两种以上物质的吸收系数相等或同浓度下吸光度相等，称它们具有等吸收点
折射率	n	$n = \sin i / \sin r$，式中，i，r 分别为入射角和折射角
摩尔折射率	R	$R = \dfrac{M(n^2-1)}{\rho(n^2+2)}$，式中，$M$ 为物质的摩尔质量；ρ 为物质的密度
比旋光度★	$[\alpha]_D^t$	$[\alpha]_D^t = 100\alpha/(lc)$，式中，$\alpha$ 为温度 t 时用钠盐 D 线所测得的旋光度；l 为旋光管的长度，dm；c 为 100ml 溶液中含有样品的质量，g

表 1-33 是常见缩略语。

表 1-33　常见缩略语

缩略语	英文名称	中文名称
AAA	amino acid analysis	氨基酸分析
AAS	atomic absorption spectrophotometry	原子吸收分光光度法
AED	atomic emission detection	原子发射检测
AES	atomic emission spectrometry	原子发射光谱
	Auger electron spectroscopy	俄歇电子能谱
AFS	atomic fluorescence spectrophotometry	原子荧光分光光度法

续表

缩略语	英文名称	中文名称
amu	atomic mass unit	原子质量单位
API	atmospheric-pressure ionization	常压电离
AX/HPLC	anion-exchange HPLC	阴离子交换高效液相色谱法
b. p.（bp）	boiling point	沸点
CC	open（low pressure）column chromatography	开口（低压）柱色谱法
CD	conductivity detection	电导检测
	circular dichrism	圆二色性
CEC	capillary electrochromatography	毛细管电色谱法
CF-FAB	continuous flow FAB	持流快速原子轰击
CGC	capillary column gas chromatography	毛细管柱气相色谱法
CI/MS	chemical ionization MS	化学电离/质谱
CIA	capillary ion analysis	毛细管离子分析
CLD	chemiluminescence detection	化学发光检测
CLSE	column liquid-solid extraction	液固柱萃取
^{13}C NMR	carbon-13 NMR	碳 13 核磁共振
CSFC	capillary supercritical-fluid chromatography	毛细管超临界流体色谱法
CV	cyclic voltammetry	循环伏安法
CX/HPLC	cation-exchange HPLC	阳离子交换高效液相色谱法
CZE	capillary zone electrophoresis	毛细管区域电泳
DAS	derivative absorption calorimetry	导数吸收量热法
DNA	deoxyribonucleic acid	脱氧核糖核酸
DSC	differential scanning calorimetry	差热扫描量热法
DTA	differential thermal analysis	差热分析
EC	electron capture detection	电子捕获检测
ECD	electrochemical detection	电化学检测
EELS	electron energy lose spectroscopy	电子能量损失谱法
EI/MS	electron-impact MS	电子碰撞质谱
EIA	enzyme immunoassay	酶免疫测定
ELISA	enzyme-linked immunosorbent assay	酶联免疫吸附测定
EMIT	enzyme-multiplied immunoassay technique	酶多联免疫测定技术
emu	electromagnetic unit	电磁单位
EPMA	electron-probe micro analysis	电子探针微区分析
EPR	electron paramagnetic resonance	电子顺磁共振
ESCA	electron spectroscopy for chemical analysis	化学分析用电子能谱

续表

缩略语	英文名称	中文名称
ESR	electron spin resonance	顺磁共振
FAB/MS	fast-atom-bombardment mass spectrometry	快原子轰击质谱
FD	fluorescence detection	荧光检测
FEM	method of field emission microscope	场发射显微镜法
FIA	flow injection analysis	流动注射分析
FID	flame ionization detection	火焰离子化检测
f.p.（fp）	freezing point	凝固点
FPD	flame photometric detection	火焰光度检测
FPIA	fluorescence polarization immunoassay	荧光偏振免疫测定
FT	Fourier transform	傅里叶变换
FTD	flame thermionic detection（alkali flame ionization）	火焰热离子检测（碱火焰离子化）
GC	gas chromatography	气相色谱法
GC-MS	gas chromatography-mass spectrometry	气相色谱-质谱联用（气质联用）
GFC	gel filtration chromatography	凝胶过滤色谱法
GLC	gas-liquid chromatography	气-液色谱法
GPC	gel permeation chromatography	凝胶渗透色谱法
GSC	gas-solid chromatography	气固色谱法
HallECD	hall electrolytic conductivity detection	霍尔电解质电导率检测
HME	hanging mercury electrode	悬汞电极
^{1}H NMR	proton NMR	质子核磁共振
HPCE	high performance capillary electrophoresis	高效毛细管电泳法
HPLC	high performance liquid chromatography	高效液相色谱法
μHPLC	microcolumn HPLC	微径柱高效液相色谱
HPTLC	high performance TLC	高效薄层色谱
HRGC	high resolution GC	高分辨气相色谱
IC	ion chromatography	离子色谱法
IE	indicated electrode	指示电极
IE/HPLC	ion-exchange HPLC	离子交换高效液相色谱
IEC	ion-exchange（low pressure）chromatography	离子交换（低压）色谱法
	ion-exclusion chromatography	离子排斥色谱法
IEF	isoelectric focusing	等电点聚焦
ILC	ion liquid chromatography	离子液相色谱法
IMS	ion mobility spectrometer	离子淌度光谱仪
IR	infrared spectrometry	红外光谱法

续表

缩略语	英文名称	中文名称
ISE	ion-selective electrode	离子选择性电极
LC	liquid chromatography	液相色谱法
μLC	microcolumn LC	微径柱液相色谱法
LC-MS	coupled HPLC-mass spectrometry	高效液相色谱-质谱联用
LIFD	laser-induced fluorescence detection	激光诱导荧光检测
LLE	liquid-liquid extraction	液液萃取
LSC	liquid scintillation counting	液滴闪烁计数
LSE	liquid-solid extraction	液固萃取
MD	mass detection	质量检测
MECC	micellar electrokinetic capillary chromatography	胶束电动毛细管色谱法
MGC	multidimensional gas chromatography	多维气相色谱法
MS	mass spectrum	质谱
MSD	mass selective detection	质量选择检测
NICI/MS	negative-ion CI/MS	负离子化学电离/质谱
NCE	normal calomel electrode	甘汞电极
NHE	normal hydrogen electrode	标准氢电极
NMR	nuclear magnetic resonance	核磁共振
NP/HPLC	normal-phase HPLC	正相高效液相色谱
NPD	nitrogen phosphorous detection	氮磷检测
PAD	pulsed-amperometric detection	脉冲电流检测
PAGE	polyacrylamide gel electrophoresis	聚丙烯酰胺凝胶电泳
PCR	post-column reaction（on-line）	后柱反应（在线）
PES	photo electron spectroscopy	光电子能谱
PFGC	programmed flow gas chromatography	程序变流气相色谱法
PI/HPLC	paired-ion HPLC	离子对高效液相色谱法
PICI/MS	positive-ion CI/MS	正离子化学电离/质谱联用
PPGC	programmed pressure chromatography	程序变压气相色谱
PS	photoacoustic spectroscopy	光声光谱法
PSFID	phosphorus sulfur flame ionization detection	磷硫火焰离子化检测
PTGC	programmed temperature gas chromatography	程序升温气相色谱
PTS	percentage of theoretical slope	百分理论斜率
PTLC	preparative TLC	制备薄层色谱法
RD	radioactivity detection	放射性检测
RE	reference electrode	参比电极

续表

缩略语	英文名称	中文名称
RGS	reaction gas chromatography	反应气相色谱法
RI	refractive index detection	示差折光检测
RIA	radioimmunoassay	放射免疫测定
RP/HPLC	reversed-phase HPLC	反相高效液相色谱法
RRA	radioreceptor assay	放射受体测定
RS	Raman spectrum	拉曼光谱
SAX	strong anion exchange	强阴离子交换
SCE	saturated calomel electrode	饱和甘汞电极
SCX	strong cation exchange	强阳离子交换
SD	standard derivation	标准偏差
SDS-PAGE	sodium dodecyl sulfate PAGE	十二烷基磺酸钠-聚丙烯酰胺凝胶电泳
SEC	size exclusion chromatography	尺寸排阻色谱法
sf	surfactant	表面活性剂
SFC	supercritical-fluid chromatography	超临界流体色谱法
SID	surface ionization detection	表面离子化检测
SIM	selective ion monitoring	选择性离子监测
SPE	solid phase extraction	固相萃取
STP	standard temperature and pressure	标准温度和压力
TCA	total carbon analysis	总碳分析
TCD	thermal conductivity detector	热导检测器
2D TLC	two-dimensional TLC	二维薄层色谱法
TEA	thermal energy analyzer	热能分析仪
TGA	thermogravimetric analysis	热重分析
TLC	thin layer chromatography	薄层色谱法
TSMS	mass spectrometric detection with thermospray interface	带热喷雾接口的质谱检测
UPS	ultraviolet photo electron spectroscopy	紫外光电子能谱
UV	ultraviolet	紫外线
UV/Vis	ultraviolet/visible detection	紫外/可见光检测
WAX	weak anion exchange	弱阴离子交换
WCX	weak cation exchange	弱阳离子交换
XPS	X-ray photo electron spectroscopy	X射线光电子能谱

表 1-34 **基本物理常数**

（各常数的数值分别乘以单位项下的 10 的次幂，数值后括号内为不确定值）

常数名称		符号	数 值	单 位	
				SI	CGS
真空中光速		c	2.99792458 (1.2)	10^8 m/s	10^{10} cm/s
电子电荷		e	1.60217733 (49)	10^{-19} C	10^{-20} cm$^{1/2}$ · g$^{1/2}$
电子质量		m_e	9.1093897 (54)	10^{-31} kg	10^{-28} g
质子质量		m_p	1.6726231 (10)	10^{-27} kg	10^{-24} g
中子质量		m_n	1.6749286 (10)	10^{-27} kg	10^{-24} g
原子质量单位		u	1.6605402 (10)	10^{-27} kg	10^{-24} g
电子荷质比		e/m_e	1.7588196	10^{11} C/kg	10^7 cm$^{1/2}$/g$^{1/2}$
普朗克常数		h	6.6260755 (40)	10^{-34} J · s	10^{-27} erg · s
阿伏加德罗常数		N_A	6.0221367 (36)	10^{23} mol^{-1}	10^{23} mol^{-1}
摩尔气体常数		R	8.314510 (70)	J/(K · mol)	10^7 erg/(K · mol)
玻尔兹曼常数		k	1.380658 (12)	10^{-23} J/K	10^{-16} erg/K
法拉第常数		F	9.6485309 (29)	10^4 C/mol	10^3 cm$^{1/2}$ · g$^{1/2}$/mol
里德伯常数		R_∞	1.0973731534 (13)	10^7 m^{-1}	10^5 cm^{-1}
万有引力常数		G	6.67259 (85)	10^{-11} N · m^2/kg^2	10^{-8} dyn · cm^2/g^2
理想气体的标准体积		V_m	22.41410 (19)	10^{-3} m^3/mol	10^3 cm^3/mol
玻尔半径		a_0	5.29177249 (24)	10^{-11} m	10^{-9} cm
经典电子半径		r_e	2.81794092 (38)	10^{-15} m	10^{-13} cm
以原子质量单位计的质子质量	质子	p	1.007876487 (11)		
	氢	^{1}H	1.007825036 (11)		
	氘（重氢）	^{2}H	2.014101795 (21)		
	氦	^{4}He	4.002603276 (48)		

第三节 化学元素的基本参数

表 1-35 中所列元素的相对原子质量适用于地球物质中的元素和人造元素，其值取自于 "CRC Handbook of Chemistry and Physics"（90th Edition，2010）。元素在地球中的相对丰度的数据来源于《中国大百科全书·化学卷》（中国大百科全书出版社，1989 年，P1173）。发现人及发现年份的数据来源于 Raymond Chang 主编的 "Chemistry"（第七版），McGraw-Hill Companies，Inc.。限于篇幅，发现人最多只取前两位，方括号中为发现人的国籍。* 标记的表示放射性同位素。

表 1-35 **化学元素的熔点、丰度及发现**

原子序数	名称	符号	熔点/℃	相对丰度	发现人	发现年份	备 注
1	氢	H	−259.34	7600	［英］S. H. Cavendish	1766	最轻，同位素为氘和氚
2	氦	He	−272.2 (2.6 MPa)	3×10^{-3}	［法］P. Janssen/［英］S. W. Ramsay	1868	最难液化

续表

原子序数	名称	符号	熔点/℃	相对丰度	发现人	发现年份	备注
3	锂	Li	183.06	65	[瑞典] J. A. Arfvedson	1817	活泼
4	铍	Be	1289	6	[德] Woehier/[法] Bussy	1828	最轻碱土金属元素
5	硼	B	2092	10	[法] J. L. Gay-Lussac	1808	硬度仅次于金刚石的非金属元素
6	碳	C	约3550	0.0870	—		金刚石硬度最高
7	氮	N	−210.0	0.030	[英] D. Rutherford/[瑞典] C. W. Scheele	1772	空气中含量最多的元素
8	氧	O	−218.79	486000	[英] J. Priestley/[瑞典] C. W. Scheele	1774	地壳中最多
9	氟	F	−219.62	720	[法] H. Moissan	1886	最活泼非金属，不能被氧化
10	氖	Ne	−248.59	5×10^{-3}	[英] S. W. Ramsay/M. W. Travers	1898	
11	钠	Na	97.8	27400	[英] S. H. Davy	1807	活泼
12	镁	Mg	650	20000	[英] S. H. Davy	1808	轻金属之一
13	铝	Al	660.45	77100	[丹麦] H. C. Oersted	1825	地壳里含量最多的金属
14	硅	Si	1414	26300	[瑞典] J. J. Berzelius	1823	地壳中含量仅次于氧
15	磷	P	44.14	1100	[德] H. Brandt	1669	白磷有剧毒
16	硫	S	115.22	480			质地柔软，轻
17	氯	Cl	−101.03	1400	[瑞典] C. W. Scheele	1774	有毒，活泼
18	氩	Ar	−189.35	3.6	[英] L. Raleigh/S. W. Ramsay	1894	稀有气体
19	钾	K	63.71	24700	[英] S. H. Davy	1807	很活泼，只能储存在煤油中
20	钙	Ca	842.2	34500	[英] S. H. Davy	1808	骨骼主要组成成分
21	钪	Sc	1541	0.9	[瑞典] L. F. Nilson	1879	柔软的过渡金属，常与钆、铒共生
22	钛	Ti	1670	4300	[英] W. Gregor	1791	能在氮气中燃烧，熔点高
23	钒	V	1910	150	[西] A. M. del Rio	1801	高熔点稀有金属
24	铬	Cr	1863	180	[法] L. N. Vauquelin	1797	硬度最高的金属
25	锰	Mn	1246	850	[瑞典] J. G. Gahn	1774	
26	铁	Fe	1538	47500	—		地壳含量第二高金属
27	钴	Co	1495	40	[瑞典] G. Brandt	1735	钴60被应用于X射线发生器中
28	镍	Ni	1455	100	[瑞典] A. F. Cronstedt	1751	有磁性和良好的可塑性
29	铜	Cu	1084.87	70			人类发现最早的金属之一
30	锌	Zn	419.58	80	古代	1746	人体需要的微量元素
31	镓	Ga	29.77	15	[法] L. de Boisbaudran	1875	
32	锗	Ge	938.35	7	[德] C. Winkler	1886	
33	砷	As	814(3.6MPa)	5	[中] 葛洪	317	有毒
34	硒	Se	221	5	[瑞典] J. J. Berzelius	1817	可使玻璃致色为鲜红色
35	溴	Br	−7.2	2.5	[法] A. J. Balard	1826	单质为红棕色液体
36	氪	Kr	−157.37	2×10^{-4}	[英] S. W. Ramsay/M. W. Travers	1898	

第一篇

原子序数	名称	符号	熔点/℃	相对丰度	发现人	发现年份	备注
37	铷	Rb	39.48	280	[德] R. W. Bunsen/[法] G. Kirchoff	1861	
38	锶	Sr	769	150	[英] S. H. Davy	1808	
39	钇	Y	1522	28	[芬] J. Gadolin	1794	合成的钇铝榴石曾被当做钻石的替代品
40	锆	Zr	1855	200	[德] M. H. Klaproth	1789	立方氧化锆为钻石的人工替代品
41	铌	Nb	2469	20	[英] C. Hatchett	1801	铌钢被用于制作汽车外壳
42	钼	Mo	2623	7.5	[瑞典] G. W. Scheele	1778	植物生长所需的微量元素
43	锝*	Tc	2204		[意] C. Perrier/E. G. Segrè	1937	有放射性
44	钌	Ru	2334	1×10^{-3}	[俄] K. K. Klaus	1844	
45	铑	Rh	1963	1×10^{-3}	[英] W. H. Wollaston	1803	现代珠宝制作过程进行表面处理的必需元素
46	钯	Pd	1555	1×10^{-2}	[英] W. H. Wollaston	1803	被应用于酒精检测中
47	银	Ag	961.93	0.10	—		贵金属，曾是全球范围的硬通货
48	镉	Cd	321.11	0.18	[德] F. Stromeyer	1817	重金属，过量摄入会导致疼痛病
49	铟	In	156.63	0.1	[德] F. Reich/T. Richter	1863	
50	锡	Sn	231.97	40	—		人类最早发现应用的元素之一，以前被用于制造容器
51	锑	Sb	630.76	1			熔点低，被用于制作保险丝
52	碲	Te	449.57	2×10^{-3}	[澳] F. J. Muller	1782	
53	碘	I	113.5 (12)	0.3	[法] B. Courtois	1811	活泼，甲状腺所需的微量元素
54	氙	Xe	−111.76	2.4×10^{-5}	[英] S. W. Ramsay/M. W. Travers	1898	可被用于制作氙灯
55	铯	Cs	28.39	3.2	[德] R. Bunsen/G. R. Kirchhoff	1860	活泼
56	钡	Ba	729	400	[英] S. H. Davy	1808	硫酸钡被应用于钡餐透视
57	镧	La	918	18	[瑞典] C. G. Mosander	1839	
58	铈	Ce	798	40	[瑞典] J. J. Berzelius/W. Hisinger	1803	
59	镨	Pr	931	5.5	[澳] C. A. Welsbach	1885	
60	钕	Nd	1021	24	[澳] C. A. von Welsbach	1885	
61	钷*	Pm	1042		[美] J. A. Marinsky/L. E. Glendenin	1945	有放射性
62	钐	Sm	1074	6.5	[法] L. de Boisbaurdran	1879	
63	铕	Eu	822	1	[法] E. Demarcay	1896	
64	钆	Gd	1313	6.5	[法] J. C. Marignac	1880	
65	铽	Tb	1356	0.90	[瑞典] C. G. Mosander	1843	
66	镝	Dy	1412	4.5	[法] L. de Boisbadran	1886	
67	钬	Ho	1474	1.1	[瑞典] P. T. Cleve	1879	

续表

原子序数	名称	符号	熔点/℃	相对丰度	发现人	发现年份	备注
68	铒	Er	1529	2.5	[瑞典] C. G. Mosander	1843	
69	铥	Tm	1545	1500	[瑞典] P. T. Cleve	1879	
70	镱	Yb	819	2.7	[法] G. Urbian	1907	
71	镥	Lu	1663	0.75	[法] G. Urbain	1907	
72	铪	Hf	2231	4.5	[荷] D. Coster/[匈] G. von Hevesey	1923	
73	钽	Ta	3020	2	[瑞典] A. G. Ekeberg	1802	
74	钨	W	3422	10	[西] J. J. de Elhuyar/F. de Elhuyar	1783	熔点最高
75	铼	Re	3186	1×10^{-3}	[德] W. Noddack/I. Tacke	1925	
76	锇	Os	3033	1×10^{-3}	[英] S. Tennant	1803	密度最大的金属
77	铱	Ir	2447	1×10^{-3}	[英] S. Tennant	1803	
78	铂	Pt	1769.0	5×10^{-3}	[西] A. de Ulloa	1735	被应用于珠宝首饰中的贵金属
79	金	Au	1064.43	5×10^{-3}	—		原子结构最稳定，全球硬通货
80	汞	Hg	−38.84	0.5	—		唯一一种在常温下为液态的金属
81	铊	Tl	304	0.3	[英] S. W. Crooles	1861	
82	铅	Pb	327.50	16	—		密度大，熔点低，对人体毒性大
83	铋	Bi	271.44	0.20	[法] Claude Geoffroy	1753	
84	钋*	Po	254	3×10^{-10}	[波] Marie Curie	1898	有放射性
85	砹*	At	302	4×10^{-19}	[美] D. R. Corson/K. R. Mackenzie	1940	活泼
86	氡*	Rn	−71	6×10^{-12}	[英] R. B. Owens/E. Rutherford	1899	有放射性
87	钫*	Fr	27	7×10^{-19}	[法] Marguerite Perey	1939	有放射性，活泼
88	镭	Ra	700	1.3×10^{-6}	[法] P. &. M. Curie	1898	有放射性
89	锕*	Ac	1051	3×10^{-10}	[法] A. Debierne	1899	有放射性
90	钍*	Th	1755		[瑞典] J. J. Berzelius	1828	有放射性
91	镤*	Pa	1572	8×10^{-7}	[德] O. Hahn/[澳] L. Meitner	1917	有放射性
92	铀*	U	1135	4	[德] M. H. Klaproth	1789	有放射性，同位素^{238}U用于制原子弹
93	镎*	Np	639	4×10^{-13}	[美] E. M. McMillan/P. H. Abelson	1940	有放射性
94	钚*	Pu	640	2×10^{-15}	[美] G. T. Seaborg/E. M. McMillan	1940	有放射性
95	镅*	Am	1176		[美] A. Ghiorso/G. T. Seaborg	1944	人造，有放射性
96	锔*	Cm	1345		[美] G. T. Seaborg/R. A. James	1944	人造，有放射性
97	锫*	Bk	1050		[美] G. T. Seaborg/S. G. Thompson/A. Ghiorso	1949	人造，有放射性
98	锎*	Cf	900		[英] G. T. Seaborg/[美] S. G. Thompson	1950	人造，有放射性，最贵金属
99	锿*	Es	860		[美] A. Ghiorso/G. T. Seaborg	1952	人造，有放射性
100	镄*	Fm	1527		[法] H. Moissan/A. Ghiorso	1953	人造，有放射性

续表

原子序数	名称	符号	熔点/℃	相对丰度	发现人	发现年份	备注
101	钔*	Md	827		［美］A. Ghiorso/G. R. Choppin	1955	人造，有放射性
102	锘*	No	827		［美］A. Ghiorso/T. Sikkeland	1958	人造，有放射性
103	铹*	Lr	1627		［美］A. Ghiorso/T. Sikkeland	1961	人造，有放射性
104	𬬻*	Rf			［俄］Georgy Nikolayevich Flyorov	1964	人造，有放射性
105	𬭊*	Db			［前苏联］杜布纳研究所	1968	人造，有放射性，^{268}Db 最稳定
106	𬭳*	Sg			［前苏联］杜布纳研究所	1974	人造，有放射性，半衰期 21s
107	𬭛*	Bh			［前苏联］Yu. Ts. Oganessian 等	1976	人造，有放射性
108	𬭶*	Hs			［德］Peter Armbruster/Gottfried Münzernberg	1984	人造，有放射性
109	鿏*	Mt			［德］S. Hofmann 等	1982	人造，有放射性
110	𫟼*	Ds			［德］S. Hofmann 等	1994	人造，有放射性
111	𬬭*	Rg			［德］S. Hofmann 等	1994	人造，有放射性，半衰期 0.15ms
112	鿔*	Cn			［德］S. Hofmann 等	1996	人造，有放射性
113	鿭*	Nh			［俄］杜布纳研究所和［美］劳伦斯利富摩尔国家实验室联合小组	2004	人造，有放射性
114	𫓧*	Fl			［俄］杜布纳研究所	1998	人造，有放射性
115	镆*	Mc			［俄］杜布纳研究所和［美］劳伦斯利富摩尔国家实验室联合小组	2004	人造，有放射性
116	𫟷*	Lv			［俄］杜布纳研究所	2000	人造，有放射性
117	鿬*	Ts			［俄］杜布纳研究所和［美］橡树岭国家实验室联合小组	2010	人造，有放射性
118	鿫*	Og			［俄］杜布纳研究所	2002	人造，有放射性

表 1-36 中所列数据适用于地球物质中的元素和某些人造元素，取值已包括 2009 年国际纯粹与应用化学联合会（IUPAC）同位素丰度与原子量委员会通过的化学元素原子量的最新变化，其中放射性元素部分的数据见表 1-37。化学元素中外文名称对照见表 1-38。

表 1-36 化学元素的名称及相对原子质量[①]

原子序数	中文名称	英文名称	符号	相对原子质量[②]	备注	原子序数	中文名称	英文名称	符号	相对原子质量[②]	备注
1	氢	Hydrogen	H	1.00794(7)	g，m，r	7	氮	Nitrogen	N	14.00674(2)	g，r
2	氦	Helium	He	4.002602(2)	g，r	8	氧	Oxygen	O	15.9994(3)	g，r
3	锂	Lithium	Li	6.941(2)	g，m，r	9	氟	Fluorine	F	18.9984032(5)	
4	铍	Beryllium	Be	9.012182(3)		10	氖	Neon	Ne	20.1797(6)	g，m
5	硼	Boron	B	10.811(5)	g，m，r	11	钠	Sodium	Na	22.98976928(2)	
6	碳	Carbon	C	12.0107(8)	r	12	镁	Magnesium	Mg	24.3050(6)	

续表

原子序数	中文名称	英文名称	符号	相对原子质量[②]	备注	原子序数	中文名称	英文名称	符号	相对原子质量[②]	备注
13	铝	Aluminum	Al	26.9815386(8)		45	铑	Rhodium	Rh	102.90550(2)	
14	硅	Silicon	Si	28.0855(3)	r	46	钯	Palladium	Pd	106.42(1)	g
15	磷	Phosphorus	P	30.973762(2)		47	银	Silver	Ag	107.8682(2)	g
16	硫	Sulfur	S	32.065(5)	g, r	48	镉	Cadmium	Cd	112.411(8)	g
17	氯	Chlorine	Cl	35.453(2)	g, m, r	49	铟	Indium	In	114.818(3)	
18	氩	Argon	Ar	39.948(1)	g, r	50	锡	Tin	Sn	118.710(7)	g
19	钾	Potassium	K	39.0983(1)	g	51	锑	Antimony	Sb	121.760(1)	g
20	钙	Calcium	Ca	40.078(4)	g	52	碲	Tellurium	Te	127.60(3)	g
21	钪	Scandium	Sc	44.955912(6)		53	碘	Iodine	I	126.90447(3)	
22	钛	Titanium	Ti	47.867(1)		54	氙	Xenon	Xe	131.293(6)	g, m
23	钒	Vanadium	V	50.9415(1)		55	铯	Cesium	Cs	132.9054519(2)	
24	铬	Chromium	Cr	51.9961(6)		56	钡	Barium	Ba	137.327(7)	
25	锰	Manganese	Mn	54.938045(5)		57	镧	Lanthanum	La	138.90547(7)	g
26	铁	Iron	Fe	55.845(2)		58	铈	Cerium	Ce	140.116(1)	g
27	钴	Cobalt	Co	58.933195(5)		59	镨	Praseodymium	Pr	140.90765(2)	
28	镍	Nickel	Ni	58.6934(4)	r	60	钕	Neodymium	Nd	144.242(3)	g
29	铜	Copper	Cu	63.546(3)	r	61	钷	Promethium	Pm	[144.9127]	a
30	锌	Zinc	Zn	65.38(2)	r	62	钐	Samarium	Sm	150.36(2)	g
31	镓	Gallium	Ga	69.723(1)		63	铕	Europium	Eu	151.964(1)	g
32	锗	Germanium	Ge	72.64(1)		64	钆	Gadolinium	Gd	157.25(3)	g
33	砷	Arsenic	As	74.92160(2)		65	铽	Terbium	Tb	158.92535(2)	
34	硒	Selenium	Se	78.96(3)	r	66	镝	Dysprosium	Dy	162.500(1)	g
35	溴	Bromine	Br	79.904(1)		67	钬	Holmium	Ho	164.93032(2)	
36	氪	Krypton	Kr	83.798(2)	g, m	68	铒	Erbium	Er	167.259(3)	g
37	铷	Rubidium	Rb	85.4678(3)	g	69	铥	Thulium	Tm	168.93421(2)	
38	锶	Strontium	Sr	87.62(1)	g, r	70	镱	Ytterbium	Yb	173.054(5)	
39	钇	Yttrium	Y	88.90585(2)		71	镥	Lutetium	Lu	174.9668(1)	g
40	锆	Zirconium	Zr	91.224(2)	g	72	铪	Hafnium	Hf	178.49(2)	
41	铌	Niobium	Nb	92.90638(2)		73	钽	Tantalum	Ta	180.94788(2)	
42	钼	Molybdenum	Mo	95.96(2)	g	74	钨	Tungsten	W	183.84(1)	
43	锝	Technetium	Tc	97.907216(4, α) 98.9062547(21, β)	a	75	铼	Rhenium	Re	186.207(1)	
						76	锇	Osmium	Os	190.23(3)	g
44	钌	Ruthenium	Ru	101.07(2)	g	77	铱	Iridium	Ir	192.217(3)	

续表

原子序数	中文名称	英文名称	符号	相对原子质量②	备注	原子序数	中文名称	英文名称	符号	相对原子质量②	备注
78	铂	Platinum	Pt	195.084(9)		99	锿	Einsteinium	Es	[252.0830]	a
79	金	Gold	Au	196.966569(4)		100	镄	Fermium	Fm	[257.0951]	a
80	汞	Mercury	Hg	200.59(2)		101	钔	Mendelevium	Md	[258.0984]	a
81	铊	Thallium	Tl	204.3833(2)		102	锘	Nobelium	No	[259.1010]	a
82	铅	Lead	Pb	207.2(1)	g，r	103	铹	Lawrencium	Lr	[262.1097]	a
83	铋	Bismuth	Bi	208.98040(1)		104	𬬻	Rutherfordilum	Rf	269.0826	a
84	钋	Polonium	Po	[208.9824]	a	105	𬭊	Dubnium	Db	270.0904	a
85	砹	Astatine	At	209.987148(8)	a	106	𬭳	Seaborgium	Sg	273.1138	a
86	氡	Radon	Rn	222.0175777(25)		107	𬭶	Bohrium	Bh	274.1216	a
87	钫	Francium	Fr	223.0197359(26)	a	108	𬭹	Hassium	Hs	272.106	a
88	镭	Radium	Ra	226.0254098(25)	a	109	鿏	Meitnerium	Mt	278.1528	a
89	锕	Actinium	Ac	227.0277521(26)	a	110	𫟼	Darmstadtium	Ds	283.1918	a
90	钍	Thorium	Th	232.03806(2)	g	111	𬬭	Roentgenium	Rg	282.184	a
91	镤	Protactinium	Pa	231.03588(2)		112	鿔	Copernicium	Cn	287.223	a
92	铀	Uranium	U	238.02891(3)	g，m	113	𫓧	Nihonium	Nh	286.2152	
93	镎	Neptunium	Np	[237.0482]	a	114	𫓧	Flerovium	Fl	291.1964	a
94	钚	Plutonium	Pu	244.064204(15)	a	115	镆	Moscovium	Mc	290.1888	
95	镅	Americium	Am	[243.0614]	a	116	𫟷	Livermorium	Lv	295.2268	a
96	锔	Curium	Cm	[247.0704]	a	117	鿬	Tennessine	Ts	293.2116	
97	锫	Berkelium	Bk	[247.0703]	a	118	鿫	Oganesson	Og	299.2572	a
98	锎	Californium	Cf	[251.0796]	a						

① 数据取自《CRC Handbook of Chemistry and Physical》(90th Edition，2010)。

② 相对原子质量数值后（ ）内的数值表示其末位数的不确定度。

注：a表示没有稳定的同位素，其相对原子质量栏中 [ ] 内的值是放射性同位素的质量数。

g表示地质样品中已知具有超出正常材料范围的同位素组成的元素。在这种样品中的元素的原子质量与表中所给值之差可能会超出所标的不确定度的值。

m表示人工同位素组成，可以从商业上购得的材料中发现，因为它可能已受到不明的或无意的同位素分离，相对原子质量可能会出现重大偏差。

r表示正常情况下，地球上材料的同位素可变范围妨碍了给出更准确的原子质量。表中所列之值应当适用于正常情况下的任何材料。

表 1-37　放射性元素的相对原子质量

原子序数	元素		符号	同位素	相对原子质量	半衰期	衰变方式
	中文名称	英文名称					
43	锝	Technetium	Tc	99	97.907216 (4，α) 98.9062547 (21，β)	2.12×10^5 a	α、β

续表

原子序数	元素		符号	同位素	相对原子质量	半衰期	衰变方式
	中文名称	英文名称					
61	钷	Promethium	Pm	147	144.912749 (3)	2.52a	β
84	钋	Polonium	Po	210	209.9828737 (α) 208.9824304 (20, γ)	138.4d	α、γ
85	砹	Astatine	At	210	209.987148 (8)	8.3h	α、γ、κ-电子捕获
86	氡	Radon	Rn	222	222.0175777 (25)	3.823d	α
87	钫	Francium	Fr	223	223.0197359 (26)	22min	β、α、γ
88	镭	Radium	Ra	226	226.0254098 (25)	1620a	α、γ
89	锕	Actinium	Ac	227	227.0277521 (26)	22a	α、β
90	钍	Thorium	Th	232	232.0380553	1.41×10^{10}a	α、γ，自发裂变
91	镤	Protactinium	Pa	231	231.0358840 (24)	3.4×10^{4}a	α、γ
92	铀	Uranium	U	238	238.0507882 (2)	4.51×10^{9}a	α、γ，自发裂变
93	镎	Neptunium	Np	237	237.0481734 (20)	2.14×10^{6}a	α、γ
94	钚	Plutonium	Pu	242	239.0521634 (20, α) 244.064204 (5, β)	3.80×10^{5}a	α，自发裂变
95	镅	Americium	Am	243	243.0613811	7.95×10^{3}a	α、γ
96	锔	Curium	Cm	247	247.070354 (5)	10^{7}a	α、γ
97	锫	Berkelium	Bk	247	247.070307 (6)	1.4×10^{3}a	α
98	锎	Californium	Cf	249	249.0748535	360a	α、γ，自发裂变
99	锿	Einsteinium	Es	252	252.082980 (50)	1a	α，自发裂变
100	镄	Fermium	Fm	257	257.095105 (7)	3d	α
101	钔	Mendelevium	Md	256	256.094060 (60) 258.098431 (5)	1.5h	κ-电子捕获，自发裂变
102	锘	Nobelium	No	259	259.10103 (11)	55s	α
103	铹	Lawrencium	Lr	262	262.10963	0.6s	α
104	𬬻	Rutherfordium	Rf	267/263	269.0826	1.3h/15min	自发裂变/α，自发裂变
105	𬭊	Dubnium	Db	268/270	270.0904	29h/23.15h	自发裂变/自发裂变
106	𬭳	Seaborgium	Sg	269/271	273.1138	2.1min/1.9min	α/α
107	𬭶	Bohrium	Bh	270/274	274.1216	61s/54s	α/α
108	𬭲	Hassium	Hs	277/260	272.106	11min/9.7s	自发裂变/α
109	鿏	Meitnerium	Mt	278/270	278.1528	7.6s/1.1s	α/α
110	𫟼	Darmstadtium	Ds	281/281a	283.1918	3.7min/11s	自发裂变/自发裂变
111	𬬭	Roentgenium	Rg	281/280	282.184	26s/3.6s	α/α
112	鿔	Copernicium	Cn	285/283	287.223	29s/4s	α/α
113	鿭	Nihonium	Nh	286/285	286.2152	20s/5.5s	α/α

续表

原子序数	元素		符号	同位素	相对原子质量	半衰期	衰变方式
	中文名称	英文名称					
114	铁	Flerovium	Fl	289/288	291.1964	2.6s/0.8s	α/α
115	镆	Moscovium	Mc	289/288	290.1888	273ms/168ms	α/α
116	𬭶	Livermorium	Lv	263/262	295.2268	61ms/18ms	α/α
117	鿬	Tennessine	Ts	294/293	293.2116	78ms/14ms	α/α
118	鿫	Oganesson	Og	294	299.2572	0.89ms	α

注：1. 半衰期符号表示，a—年，d—日，h—小时，min—分，s—秒，ms—毫秒。
2. 104 号以后的元素均有多种同位素，本表中仅列出两种最稳定的同位素。

表 1-38 化学元素中外文（拉丁、英、俄、德、日、法）名称对照表

原子序数	符号	中文名	拉丁文名	英文名	俄文名	德文名	日文名	法文名
1	H	氢	Hydrogenium	Hydrogen	Водород	Wasserstoff	水素（すいそ）	Hydrogène
2	He	氦	Helium	Helium	Гелий	Helium	ヘリウム	Hélium
3	Li	锂	Lithium	Lithium	Литий	Lithium	リチウム	Lithium
4	Be	铍	Beryllium	Beryllium	Бериллий	Beryllium	ベリウム	Glucinium
5	B	硼	Borium	Boron	Бор	Bor	ホウ素（硼そ）	Bore
6	C	碳	Carbonium	Carbon	Углерод	Kohlenstoff	炭素（たんそ）	Carbone
7	N	氮	Nitrogenium	Nitrogen	Азот	Stickstoff	窒素（ちつそ）	Azote
8	O	氧	Oxygenium	Oxygen	Кислород	Sauerstoff	酸素（さんそ）	Oxygéne
9	F	氟	Fluorum	Fluorine	Фтор	Fluor	フッ素（弗素）	Fluor
10	Ne	氖	Neonum	Neon	Неон	Neon	ネオン	Nèon
11	Na	钠	Natrium	Sodium	Натрий	Natrium	ナトリウム	sodium
12	Mg	镁	Magnesium	Magnesium	Магний	Magnesium	マグネシウム	Magnésium
13	Al	铝	Aluminium	Aluminum	Алюминий	Aluminium	アルミニウム	Aluminium
14	Si	硅	Silicium	Silicon	Кремний	Silizium	ケイ素（珪そ）	silicium
15	P	磷	Phosphorum	Phosphorus	Фосфор	Phosphor	リン（燐）	Phosphore
16	S	硫	Sulphur	Sulfur	Сера	Schwefel	イオウ（硫黄）	Soufre
17	Cl	氯	Chlorum	Chlorine	Хлор	Chlor	盐素（えんそ）	Chlor
18	Ar	氩	Argonium	Argon	Аргон	Argon	アルゴン	Argon
19	K	钾	Kalium	Potassium	Калий	Kalium	カリウム	Potassium
20	Ca	钙	Calcium	Calcium	Кальций	Calzium	カルシウム	Calcium
21	Sc	钪	Scandium	Scandium	Скандий	Skandium	スカンジウム	Scandium
22	Ti	钛	Titanium	Titanium	Титан	Titan	チタン	Titane
23	V	钒	Vanadium	Vanadium	Ванадий	Vanadin	バナジウム	Vanadium

原子序数	符号	中文名	拉丁文名	英文名	俄文名	德文名	日文名	法文名
24	Cr	铬	Chromium	Chromium	Хром	Chrom	クロム	Chrome
25	Mn	锰	Manganum	Manganese	Марганец	Mangan	マンガン	Manganese
26	Fe	铁	Ferrum	Iron	Железо	Eisen	鉄（てフ）	Fer
27	Co	钴	Cobaltum	Cobalt	Кобальт	Kobalt	コバルト	Cobalt
28	Ni	镍	Niccolum	Nickel	Некель	Nickel	ニッケル	Nickel
29	Cu	铜	Cuprum	Copper	Медъ	Kupfer	銅（ビラ）	Cuivre
30	Zn	锌	Zincum	Zinc	Цинк	Zink	亜鉛（あえん）	Zinc
31	Ga	镓	Gallium	Gallium	Галлий	Gallium	ガリウム	Gallium
32	Ge	锗	Germanium	Germanium	Германий	Germanium	グルマニウム	Germanium
33	As	砷	Arsenium	Arsenic	Мышьяк	Arsen	ヒ素（砒そ）	Arsenic
34	Se	硒	Selenium	Selenium	Селен	Selen	セレン	Sélénium
35	Br	溴	Bromium	Bromine	Бром	Brom	臭素（しゆうそ）	Brome
36	Kr	氪	Kryptonum	Krypton	Кринтон	Krypton	クリプトン	Crypton
37	Rb	铷	Rubidium	Rubidium	Рубидий	Rubidium	ルビジウム	Rúbidium
38	Sr	锶	Strontium	Strontium	Стронций	Strontium	ストロンチウム	strontium
39	Y	钇	Yttrium	Yttrium	Иттрий	Yttrium	イットリウム	Yttrium
40	Zr	锆	Zirconium	Zirconium	Цирконий	Zirkonium	ジルコニウム	Zirconium
41	Nb	铌	Niobium	Niobium	Ниобий	Niob	ニオプ	Niobium
42	Mo	钼	Molybdanium	Molybdenum	Молибден	Molybdän	モリブデン	Molybdène
43	Tc	锝	Technetium	Technetium	Технеций	Technetium	テクネチウム	Technetium
44	Ru	钌	Ruthenium	Ruthenium	Рутений	Ruthenium	ルテニウム	Ruthénium
45	Rh	铑	Rhodium	Rhodium	Родий	Rhodium	ロジウム	Rhodium
46	Pd	钯	Palladium	Palladium	Палладий	Palladium	パテジウム	Palladium
47	Ag	银	Argentum	Silver	Серебро	Silber	銀	Argent
48	Cd	镉	Cadmium	Cadmium	Кадмий	Kadmium	カトシウム	Cadmium
49	In	铟	Indium	Indium	Индий	Indium	インジウム	Indium
50	Sn	锡	Stannum	Tin	Олово	Zinn	スズ（錫）	Etain
51	Sb	锑	Stibium	Antimony	Сурьма	Antimon	アンチモン	Antimoine
52	Te	碲	Tellurum	Tellurium	Теллур	Tellur	テルル	Tellure
53	I	碘	Iolium	Iodine	Иод	Jod（J）	ヨウ素	Iode
54	Xe	氙	Xenonum	Xenon	Ксенон	Xenon	キセノン	Xenon
55	Cs	铯	Caesium	Cesium	Цезий	Zäsium	セシウム	Césium
56	Ba	钡	Baryum	Barium	Барий	Barium	バリウム	Baryum
57	La	镧	Lanthanum	Lanthanum	Лантан	Lanthan	ランタン	Lanthane

续表

原子序数	符号	中文名	拉丁文名	英文名	俄文名	德文名	日文名	法文名
58	Ce	铈	Cerium	Cerium	Церий	Cerium（zer）	セリウム	cérium
59	Pr	镨	Praseodymium	Praseodymium	Празеодимий	Praseodym	プラセオジム	Praséodyme
60	Nd	钕	Neodymium	Neodymium	Неодим	Neodym	ネオジム	Néodyme
61	Pm	钷	Promethium	Promethium	Прометий	Promethium	プロメチウム	Promethium
62	Sm	钐	Samarium	Samarium	Самарий	Samarium	サマリウム	Samarium
63	Eu	铕	Europium	Europium	Европий	Europium	ユーロピウム	Europium
64	Gd	钆	Gadolinium	Gadolinium	Гадолиний	Gadolinium	ガドリニウム	Gadolinium
65	Tb	铽	Terbium	Terbium	Тербий	Terbium	テルビウム	Terbium
66	Dy	镝	Dysprosium	Dysprosium	Диспрозий	Dysprosium	ジスプロシウム	Dysprosium
67	Ho	钬	Holmium	Holmium	Гольмий	Holmium	ホルシウム	Holmium
68	Er	铒	Erbium	Erbium	Эрбий	Erbium	エルビウム	Erbium
69	Tm	铥	Thulium	Thulium	Тулий	Thulium	ツリウム	Thulium
70	Yb	镱	Ytterbium	Ytterbium	Иттербий	Ytterbium	イッテルビウム	Ytterbium
71	Lu	镥	Lutetium	Lutetium	Лютеций	Lutetium (kassioperium)	ルテシウム	Lutécium
72	Hf	铪	Hafnium	Hafnium	Гафий	Hafnium	ハフニウム	Celtium
73	Ta	钽	Tantalum	Tantalum	Тантал	Tantal	タンタル	Tantale
74	W	钨	Wolfram	Tungsten	Волъфрам	Wolfram	タングステン	Tungsténe
75	Re	铼	Rhenium	Rhenium	Рений	Rhenium	レニウム	Rhénium
76	Os	锇	Osmium	Osmium	Осмий	Osmium	オスシウム	Osmium
77	Ir	铱	Iridium	Iridium	Иридий	Iridium	イリジウム	Iridium
78	Pt	铂	Platinum	Platinum	Платина	Platin	白金（ほフまん）	Platine
79	Au	金	Aurum	Gold	Золот	Gold	金（さん）	Or
80	Hg	汞	Hydrargyrum	Mercury	Ртутъ	Quecksilber	水銀（すムぎん）	Mercure
81	Tl	铊	Thallium	Thallium	Таллий	Thallium	タリウム	Thallium
82	Pb	铅	Plumbum	Lead	Свинед	Blei	鉛（なまり）	Plomb
83	Bi	铋	Bismuthum	Bismuth	Висмут	Wismut	ビスマス	Bismuth
84	Po	钋	Polonium	Polonium	Полоний	Polonium	ポロニウム	Polonium
85	At	砹	Astatium	Astatine	Астатин	Astatin	アスタチン	Astatine
86	Rn	氡	Radon	Radon	Радон	Radon	テドン	Radon
87	Fr	钫	Francium	Francium	Франций	Francium	フランシウム	Francium
88	Ra	镭	Radium	Radium	Радий	Radium	テジウム	Radium
89	Ac	锕	Actinium	Actinium	Актиний	Aktinium	アクチニウム	Actinium
90	Th	钍	Thorium	Thorium	Торий	Thorium	トリウム	Thorium
91	Pa	镤	Protactinium	Protactinium	Протактиний	Protaktinium	プロトアクチニウム	Protactinium

续表

原子序数	符号	中文名	拉丁文名	英文名	俄文名	德文名	日文名	法文名
92	U	铀	Uranium	Uranium	Уран	Uran	ウラン	Uranium
93	Np	镎	Neptunium	Neptunium	Нептуний	Neptunium	ネプツニウム	Neptunium
94	Pu	钚	Plutonium	Plutonium	Плутоний	Plutonium	プルトニウム	Plutonium
95	Am	镅	Americium	Americium	Америций	Americium	アメリシウム	Americium
96	Cm	锔	Curium	Curium	Кюрий	Curium	キュリウム	Curium
97	Bk	锫	Berkelium	Berkelium	Берклий	Berkelium	バークリウム	Berkelium
98	Cf	锎	Californium	Californium	Калифорний	Californium	カリホルニウム	Californium
99	Es	锿	Einsteinium	Einsteinium	Эйнштейний	Einsteinium	アインシェタイニウム	Einsteinium
100	Fm	镄	Fermium	Fermium	Фермий	Fermium	フェルミウム	Fermium
101	Md	钔	Mendelevium	Mendelevium	Менделевий	Mendelevium	メンデレビウム	Mendelevium
102	No	锘	Nobelium	Nobelium	Нобелий	Nobelium	ノーベリウム	Nobelium
103	Lr	铹	Lawrencium	Lawrencium	Лоуренсий	Lawrencium	ローレンシウム	Lawrencium
104	Rf	𬬻		Rutherfordium	Резерфордий	Rutherfordium	ラザホージウム	Rutherfordium
105	Db	𬭊		Dubnium	Дубний	Dubnium	ドブニウム	Dubnium
106	Sg	𬭳		Seaborgium	Сиборгий	Seaborgium	シーボーギウム	Seaborgium
107	Bh	𬭛		Bohrium	Борий	Bohrium	ボーリウム	Bohrium
108	Hs	𬭶		Hassium	Хассий	Hassium	ハッシウム	Hassium
109	Mt	䥑		Meitnerium				
110	Ds	𫟼		Darmstadtium	Дармштадтий	Darmstadtium	ダームスタチウム	Darmstadtium
111	Rg	𫓧		Roentgenium	Рентгений	Roentgenium	レントゲニウム	Roentgenium
112	Cn	鿔		Copernicium				
113	Nh	鉨		Nihonium				
114	Fl	𫓧		Flerovium				
115	Mc	镆		Moscovium				
116	Lv	𫟷		Livermorium			リバモリウム	Livermorium
117	Ts	鿬		Tennessine				
118	Og	鿫		Oganesson				

表 1-39 总结了化合物（元素）的相对分子（原子）质量（列于表中"量 a"一栏）及其颜色。

表 1-39 化合物（元素）的相对分子（原子）质量及颜色

化学式	量 a	颜色	化学式	量 a	颜色	化学式	量 a	颜色
Ag	107.8682		$AgC_2H_3O_2$（乙酸银）	166.9131		AgCN	133.8857	
Ag_3AsO_3	446.5244					Ag_2CO_3	275.7453	
Ag_3AsO_4	462.5238		$AgC_7H_4NS_2$（巯基苯并噻唑银）	274.1168		AgCl	143.3209	
AgBr	187.7722	淡黄色				Ag_2CrO_4	331.7301	砖红色

续表

化学式	量 a	颜色	化学式	量 a	颜色	化学式	量 a	颜色
$Ag_2Cr_2O_7$	431.7244		As	74.9216	铁灰色	$BaCl_2$	208.2324	
AgF	126.8666		$AsBr_3$	314.6336		$BaCl_2 \cdot 2H_2O$	244.2630	
$Ag_3[Fe(CN)_6]$	535.5542	橙色	$AsCl_3$	181.2797	淡黄	$Ba(ClO_3)_2 \cdot H_2O$	322.2441	
$Ag_4[Fe(CN)_6]$	643.4224		$AsCl_5$	252.1851		$BaClO_4$	236.7773	
AgI	234.7727	黄色	AsH_3	77.9454		$BaClO_4 \cdot 3H_2O$	290.8231	
$AgNO_2$	153.8737	黄色	AsO_3	122.9198		$BaCrO_4$	253.3207	黄色
$AgNO_3$	169.8731		AsO_4	138.9192		BaF_2	175.3238	
Ag_2O	231.7358	褐色	As_2O_3	197.8414		$Ba(NO_3)_2$	261.3369	
$AgOCN$	149.8850		As_2O_5	229.8402		BaO	153.3264	
Ag_3PO_4	418.5760	黄色	As_2O_7	261.8390		BaO_2	169.3258	
Ag_2S	247.8024	黑色	AsS_4	203.1856		$Ba(OH)_2$	171.3417	
$AgSCN$	165.9516		As_2S_3	246.0412	橙色	$Ba(OH)_2 \cdot 8H_2O$	315.4639	
Ag_2SO_4	311.8000		As_2S_5	310.1732	黄色	$BaSO_3$	217.3912	
$AgVO_3$	206.8079	橙黄色	Au	196.9666		$BaSO_4$	233.3906	
Ag_3VO_4	438.5437		$AuCN$	222.9840		$BaSeO_4$	280.2846	
Al	26.9815		$Au(CN)_2$	249.0015		$BaSiF_6$	279.4029	
$AlBr_3$	266.6935		$Au(CN)_4$	301.0363		Be	9.0122	
$Al(C_2H_3O_2)_3$（乙酸铝）	204.1136		$AuCl_3$	303.3247	金黄色	$BeCO_3$	69.0211	
$Al(C_9H_6ON)_3$（8-羟基喹啉铝）	459.4318		$AuCl_3 \cdot 2H_2O$	339.3552		$BeCO_3 \cdot 4H_2O$	141.0822	
$AlCl_3$	133.3396		$AuCl_4$	338.7774		$BeCl_2$	79.9176	浅黄
$AlCl_3 \cdot 6H_2O$	241.4313		B	10.8135		$BeCl_2 \cdot 4H_2O$	151.9787	
AlF_3	83.9768		BBr_3	250.5255		BeF_2	47.0090	
AlF_6	140.9720		BCl_3	117.1716		BeF_4	85.0058	
$AlK(SO_4)_2 \cdot 12H_2O$	474.3904		BF_3	67.8087		$Be(NO_3)_2 \cdot 3H_2O$	187.0679	
$AlNH_4(SO_4)_2 \cdot 12H_2O$	453.3306		BF_4	86.8071		BeO	25.0116	
$Al(NO_3)_3$	212.9964		BO_2	42.8123		$Be(OH)_2$	43.0269	
$Al(NO_3)_3 \cdot 9H_2O$	375.1339		BO_3	58.8117		$Be_2P_2O_7$	191.9678	
Al_2O_3	101.9613		B_2O_3	69.6252		$BeSO_4$	105.0758	
$\frac{1}{6}Al_2O_3$	16.9936		B_4O_7	155.2498		$BeSO_4 \cdot 4H_2O$	177.1369	
$Al(OH)_3$	78.0036		Ba	137.3270		Bi	208.9804	
$AlPO_4$	121.9529		$BaBr_2$	297.1350		$BiC_6H_3O_3$（焦性五倍子酸铋）	332.0666	
$Al_2(SO_4)_3$	342.1539		$BaBr_2 \cdot 2H_2O$	333.1656				
$Al_2(SO_4)_3 \cdot 18H_2O$	666.4289		$BaCO_3$	197.3359		$Bi(C_9H_6ON)_3$（8-羟基喹啉铋）	641.4306	
			BaC_2O_4（草酸钡）	225.3460				

化学式	量 a	颜色	化学式	量 a	颜色	化学式	量 a	颜色
$Bi(C_9H_6ON)_3 \cdot H_2O$ (8-羟基喹啉铋)	659.4459		$C_{10}H_7$	127.1626		CS_2	76.1427	
$Bi(C_{12}H_{10}ONS)_3 \cdot H_2O$ (巯乙酰替萘胺铋)	875.8355		$C_{10}H_8$（萘）	128.1705		$CS(NH_2)_2$	76.1219	
			CH_3Br	94.9385		Ca	40.078	
$BiCl_3$	315.3385		$CHCl_3$	119.3772		$CaBr_2$	199.886	
$Bi[Cr(SCN)_6]$	609.4771		CH_3Cl	50.4872		$CaBr_2 \cdot 6H_2O$	307.978	
BiI_3	589.6938	灰黑色	CH_3F	34.0329		CaC_2	64.0994	
BiI_4	716.5983		CH_3I	141.9390		$Ca(CHO_2)_2$	130.113	
$(BiI_4H)(C_9H_7ON)$ (8-羟基喹啉四碘合铋)	862.7642		CH_2N_2	42.0401		$Ca(C_2H_3O_2)_2$	158.1660	
			$C_2H_8N_2$（乙二胺）	60.0984		$Ca(C_3H_5O_3)_2$ (乳酸钙)	218.2180	
$(BiI_4H)(C_{10}H_9N)$ (2-甲基喹啉四碘合铋)	860.7914		C_5H_5N（吡啶）	79.0999				
			$C_{20}H_{16}N_4$（硝酸灵）	312.3680		$Ca(C_3H_5O_3)_2 \cdot 5H_2O$	308.2944	
$Bi(NO_3)_3$	394.9952		$C_{20}H_{16}N_4 \cdot HClO_4$	412.8262				
$Bi(NO_3)_3 \cdot 5H_2O$	485.0716		$C_{20}H_{16}N_4 \cdot HNO_3$	375.3809		$Ca_3(C_6H_5O_7)_2$ (柠檬酸钙)	498.433	
Bi_2O_3	465.9590	黄色	CH_2O	30.0264				
$(BiO)_2CO_3 \cdot \frac{1}{2}H_2O$	518.9766		CH_3O	31.0344		$Ca_3(C_6H_5O_7)_2 \cdot 4H_2O$	570.495	
$BiOBr$	304.8838		CH_4O	32.0423				
$BiOCl$	260.4325		C_2H_3O	43.0455		$Ca(C_{10}H_7N_4O_5)_2 \cdot 8H_2O$（苦酮酸钙）	710.533	
$(BiO)_2Cr_2O_7$	665.9476		C_2H_6O	46.0693				
$BiONO_3 \cdot H_2O$	305.0000		$C_4H_4O_6$（酒石酸根）	148.0710		$CaCN_2$（氰化钙）	80.102	
$BiPO_4$	303.9518		C_6H_6O（苯酚）	94.1112		$CaCO_3$	100.0872	
Bi_2S_3	514.1588	棕黑色	$C_7H_6O_2N$ (邻氨基苯甲酸根)	136.1281		CaC_2O_4	128.098	
						$CaC_2O_4 \cdot H_2O$	146.112	
Br	79.9040		C_9H_6ON (8-羟基喹啉离子)	144.1501		$CaCl_2$	110.9834	
BrO	95.9034					$CaCl_2 \cdot 6H_2O$	219.0751	
BrO_3	127.9022		C_9H_7ON(8-羟基喹啉)	145.1580		$Ca(ClO)_2$	142.9822	
C	12.0107		CN	26.0174		$Ca(ClO)_2 \cdot 4H_2O$	215.0433	
CCl_4	153.8220		CNO	42.0168		$CaCrO_4$	156.072	
CH_2	14.0266		CNS	58.0834		$CaCrO_4 \cdot 2H_2O$	192.1023	
CH_3	15.0345		CO	28.0101		CaF_2	78.075	
CH_4	16.0425		$CO(NH_2)_2$	60.0553		$Ca_2[Fe(CN)_6] \cdot 12H_2O$	508.289	
C_2H_2	26.0373		CO_2	44.0095				
C_2H_5	29.0611		CO_3	60.0089		CaH_2	42.094	
C_6H_5	77.1039		C_2O_4	88.0190		$Ca(HCO_3)_2$	162.1123	
$C_{10}H_6$	126.1547		CO_2H	45.0174		$CaHPO_4$	136.0573	

续表

化学式	量a	颜色	化学式	量a	颜色	化学式	量a	颜色
$CaHPO_4 \cdot 2H_2O$	172.088		$Cd(C_7H_4NS_2)_2$（巯基苯并噻唑镉）	444.902		$CeCl_3$	246.4741	
$Ca(H_2PO_4)_2$	234.053					$CeCl_3 \cdot 7H_2O$	372.581	
$Ca(H_2PO_4)_2 \cdot H_2O$	252.068		$Cd(C_7H_6O_2N)_2$（邻氨基苯甲酸镉）	384.667		$Ce(NH_4)_2(NO_3)_6$	548.253	
$Ca(HS)_2 \cdot 6H_2O$	214.318					$Ce(NH_4)_2(NO_3)_6 \cdot 2H_2O$	584.2532	
$Ca(HSO_3)_2$	202.2223		$Cd(C_9H_6ON)_2$（8-羟基喹啉镉）	400.714				
CaI_2	293.8870					$Ce(NH_4)_4(SO_4)_4 \cdot 2H_2O$	632.5550	
$CaMoO_4$	200.016		$Cd(C_9H_6ON)_2 \cdot 2H_2O$	436.742				
$Ca(NO_3)_2$	164.088					$Ce(NO_3)_3$	326.131	
$Ca(NO_3)_2 \cdot 4H_2O$	236.149		$Cd(C_{10}H_6O_2N)_2$（喹哪啶酸镉）	456.731		$Ce(NO_3)_3 \cdot 6H_2O$	434.2225	
CaO	56.0774					CeO_2	172.115	淡黄色
$Ca(OH)_2$	74.093		$Cd(CN)_2$	164.446		Ce_2O_3	328.2302	
$Ca(PO_3)_2$	198.022		$CdCO_3$	172.420		Ce_3O_4	484.346	
$Ca_3(PO_4)_2$	310.177		$CdCl_2$	183.316		$CePO_4$	235.0874	
CaS	72.144		$CdCl_2 \cdot H_2O$	201.332		$Ce(SO_4)_2$	232.2432	微红色
$CaSO_3$	120.1422		$CdCl_2 \cdot 2.5H_2O$	228.354		$Ce(SO_4)_2 \cdot 4H_2O$	403.3043	
$CaSO_3 \cdot 2H_2O$	156.173		$Cd[Hg(SCN)_4]$	545.335		$Ce_2(SO_4)_3$	568.423	
$CaSO_4$	136.142		CdI_2	366.220	黄色	$Ce_2(SO_4)_3 \cdot 8H_2O$	712.5450	
$CaSO_4 \cdot \frac{1}{2}H_2O$	145.1492		$CdNH_4PO_4 \cdot H_2O$	243.436		Cl	35.4527	
$CaSO_4 \cdot 2H_2O$	172.1722		$Cd(NO_3)_2$	236.421		ClO	51.4521	
CaS_2O_3	152.2082		$Cd(NO_3)_2 \cdot 4H_2O$	308.482		ClO_2	67.4515	
$CaS_2O_3 \cdot 6H_2O$	260.300		CdO	128.410	棕灰色	ClO_3	83.4509	
$CaSiF_6$	182.154		$Cd(OH)_2$	146.426		ClO_4	99.4503	
$CaSiO_3$	116.162		$Cd_2P_2O_7$	398.7653		Co	58.9332	
$CaWO_4$	287.916		CdS	144.477	黄色	$CoBr_2$	218.7412	绿色
Cd	112.411		$CdSO_4$	208.475		$CoBr_2 \cdot 6H_2O$	326.8329	
$CdBr_2$	272.219	浅黄色	$CdSO_4 \cdot \frac{8}{3}H_2O$	256.5154		$Co(C_2H_3O_2)_2 \cdot 4H_2O$	249.0824	
$CdBr_2 \cdot 4H_2O$	344.280		Ce	140.116				
$Cd(C_2H_3O_2)_2$	230.499		$Ce(C_2H_{10}N_2)_2 \cdot (SO_4)_4 \cdot 7H_2O$（硫酸二乙二铵铈）	774.706		$Co(C_5H_5N)_4(SCN)_2$（四吡啶二硫氰酸合钴）	491.4998	
$Cd(C_2H_3O_2)_2 \cdot 2H_2O$	266.530					$Co_3(C_6H_5O_7)_2 \cdot 4H_2O$（柠檬酸钴）	627.0601	
$Cd(C_5H_5N)_2(SCN)_2$（二吡啶二硫氰酸合镉）	386.788		$Ce(C_9H_6ON)_3$（8-羟基喹啉铈）	572.566		$Co(C_7H_6O_2N)_2$（邻氨基苯甲酸钴）	331.1894	
$Cd(C_5H_5N)_4(SCN)_2$（四吡啶二硫氰酸合镉）	544.978		$Ce_2(C_2O_4)_3$	544.289				
			$Ce_2(C_2O_4)_3 \cdot 9H_2O$	706.427		$Co(OH)_2$	92.9479	粉红色

续表

化学式	量 a	颜色	化学式	量 a	颜色	化学式	量 a	颜色
$Co(OH)_3$	109.9552	褐棕色	$Cr(OH)_3$	103.0181	灰绿色	$CuCl$	98.9987	
$Co(OH)Cl$	111.3932	蓝色	$CrPO_4$	146.9675		$CuCl_2$	134.451	棕黄色
$Co(C_9H_6ON)_2 \cdot$ $2H_2O$ (8-羟基喹啉钴)	383.2639		$Cr_2(SO_4)_3$	392.1830	桃红色	$CuCl_2 \cdot 2H_2O$	170.482	绿色
			$Cr_2(SO_4)_3 \cdot 18H_2O$	716.4580	紫色	$Cu_2[Fe(SCN)_6]$	531.438	红棕色
$Co(C_{10}H_6O_2N)_3 \cdot$ $2H_2O$ (α-亚硝基-β-萘酸钴)	611.4443		$Cr_2(SO_4)_3 \cdot 6H_2O$	500.2747	绿色	$Cu[Hg(SCN)_4]$	496.4698	
			Cs	132.9055		CuI	190.4505	棕黄色
			$CsAl(SO_4)_2 \cdot 12H_2O$	568.1976		$Cu(NO_3)_2$	187.5559	亮蓝色
$CoC_2O_4 \cdot 2H_2O$	182.9828	紫红色	Cs_2CO_3	325.8203		$Cu(NO_3)_2 \cdot 3H_2O$	241.6017	
$CoCl_2$	129.8386	蓝色	$CsCl$	168.3582		$Cu(NO_3)_2 \cdot 6H_2O$	295.6476	
$CoCl_2 \cdot 6H_2O$	237.9303	粉红色	$CsClO_4$	232.3558		CuO	79.5454	黑色
$CoCrO_4$	174.9269	灰黑色	Cs_2CrO_4	381.8046		$Cu(OH)_2$	97.5607	淡蓝色
$Co[Hg(SCN)_4]$	491.8570		$Cs_2Cr_2O_7$	481.7989		Cu_2O	143.0914	砖红色
$Co(NO_3)_2$	182.9431		CsI	259.8099		$Cu_2(OH)_2CO_3$	221.1156	蓝色
$Co(NO_3)_2 \cdot 6H_2O$	291.0348		$CsNO_3$	194.9104		$Cu_2(OH)_2SO_4$	257.1703	浅蓝色
CoO	74.9326	灰绿色	Cs_2O	281.8103		CuS	95.612	黑色
Co_2O_3	165.8646	黑色	$CsOH$	149.9128		Cu_2S	159.158	灰黑色
Co_3O_4	240.7972	黑色	$Cs_2[PtCl_6]$	673.6111		$CuSCN$	121.6294	
$Co_2P_2O_7$	291.8097		Cs_2SO_4	361.8745		$Cu(SCN)_2$	179.7129	绿色
CoS	90.9992	黑色	Cu	63.546		$CuSO_4$	159.6096	
$CoSO_4$	154.9968	玫红色	$CuBr_2$	223.354	灰色	$CuSO_4 \cdot 5H_2O$	249.6860	蓝色
$CoSO_4 \cdot 7H_2O$	281.1038	红色	$Cu(C_2H_3O_2)_2 \cdot H_2O$	199.649		F	18.9984	
$CoSiO_3$	135.0169	紫色	$Cu(C_5H_5N)_2(SCN)_2$ (二吡啶二硫氰酸合铜)	337.913		Fe	55.847	
Cr	51.9961					$FeBr_3$	295.5574	棕色
$CrCl_2$	122.9015		$Cu(C_7H_6O_2N)_2$ (邻氨基苯甲酸铜)	335.8022		$FeBr_3 \cdot 6H_2O$	403.649	
$CrCl_3$	158.3542	深绿色				Fe_3C	179.546	
$CrCl_3 \cdot 6H_2O$	266.4459	深绿色	$Cu(C_9H_6ON)_2$ (8-羟基喹啉铜)	351.8462	黄绿色	$Fe(C_5H_5)_2$ (二茂铁)	186.0314	
$CrK(SO_4)_2 \cdot 12H_2O$	499.4050							
$Cr(NO_3)_3$	238.0109	深紫色	$Cu(C_{10}H_6O_2N)_2 \cdot$ H_2O(喹哪啶酸铜)	425.8816		$Fe(C_9H_6ON)_3$ (8-羟基喹啉铁)	488.2952	
$Cr(NO_3)_3 \cdot 9H_2O$	400.1484	红色						
CrO	67.9955		$Cu(C_{12}H_{10}ONS)_2 \cdot$ H_2O (巯乙酰替萘胺铜)	514.1212		$Fe(CN)_6$	211.950	
CrO_3	99.9943	橙红色				$FeCO_3$	115.854	
CrO_4	115.9937		$CuC_{14}H_{11}O_2N_2$ (试铜灵铜)	302.7954		$FeCl_2$	126.750	
Cr_2O_3	151.9904	绿色				$FeCl_2 \cdot 4H_2O$	198.812	
Cr_2O_7	215.9880		$CuCN$	89.5634		$FeCl_3$	162.2031	黑棕色

续表

化学式	量 a	颜色	化学式	量 a	颜色	化学式	量 a	颜色
$FeCl_3 \cdot 6H_2O$	270.295		H_3BO_3	61.8335		HCN	27.0254	
$Fe(HCO_3)_2$	177.879		HBr	80.9119		HCO_2	45.0174	
$FeNH_4(SO_4)_2 \cdot 12H_2O$	482.1941		HBrO	96.9113		HCO_3	61.0168	
			$HBrO_3$	128.9101		H_2CO_3	62.0248	
$Fe(NH_4)_2(SO_4)_2 \cdot 6H_2O$	392.141		$HCHO_2$	46.0254		$H_2C_2O_4$	90.0349	
			$HC_2H_3O_2$	60.0520		$H_2C_2O_4 \cdot 2H_2O$	126.0654	
$Fe(NO_3)_3$	241.860		$HC_3H_5O_3$ (乳酸)	90.0779		HCl	36.4606	
$Fe(NO_3)_3 \cdot 6H_2O$	349.952		$HC_4H_4O_6$ (酒石酸单根)	149.0789		HClO	52.4600	
FeO	71.8444					$HClO_3$	84.4588	
Fe_2O_3	159.6882	砖红色	$H_2C_4H_4O_4$ (丁二酸)	118.0880		$HClO_4$	100.4582	
Fe_3O_4	231.5324		$H_2C_4H_4O_5$ (羟基丁二酸)	134.0874		H_2CrO_4	118.0096	
$Fe(OH)_3$	106.8670	红棕色				$H_2Cr_2O_7$	218.0039	橙黄色
$FePO_4$	150.8164	浅黄色	$H_2C_4H_4O_6$ (酒石酸)	150.0868		HF	20.0063	
FeS	87.911	黑色	$H_3C_6H_5O_7$ (柠檬酸)	192.1235		HI	127.9124	
FeS_2	119.977	黑褐色	$H_3C_6H_5O_7 \cdot H_2O$	210.1388		HIO	143.9118	
$FeSO_4$	151.909		$HC_6H_6O_3NS$ (氨基苯磺酸)	173.1907		HIO_3	175.9106	
$FeSO_4 \cdot 7H_2O$	278.016	蓝绿色				HIO_4	191.9100	
$Fe_2(SO_4)_3$	399.881		$HC_6H_6O_3NS \cdot 2H_2O$	209.2213		H_5IO_6	227.9406	
$Fe_2(SO_4)_3 \cdot 9H_2O$	562.0183		$HC_7H_5O_2$ (苯甲酸)	122.1213		$H_2MoO_4 \cdot H_2O$	179.9888	
Ga	69.723		$HC_7H_5O_3$ (水杨酸)	138.1207		HNO_2	47.0135	
$Ga(C_9H_6ON)_3$ (8-羟基喹啉镓)	502.173		$HC_7H_6O_2N$ (邻氨基苯甲酸)	137.1360		HNO_3	63.0129	
						HO	17.0073	
$Ga(C_9H_4Br_2ON)_3$ (二溴 8-羟基喹啉镓)	975.550		$HC_8H_4O_4$ (邻苯二甲酸根)	165.1229		H_2O	18.0153	
						H_2O_2	34.0147	
$GaCl_3$	176.081		$H_2C_8H_4O_4$ (邻苯二甲酸)	166.1308		HPO_3	79.9799	
Ga_2O_3	187.444					HPO_4	95.9793	
Ge	72.63		$H_2C_7H_4O_6S$ (磺基水杨酸)	218.1849		H_2PO_4	96.9872	
$GeCl_4$	214.441					H_3PO_2	65.9964	
GeO_2	104.629		$H_2C_7H_4O_6S \cdot 2H_2O$	254.2155		H_3PO_3	81.9958	
GeS_2	136.762		$HC_{10}H_6O_2N$ (喹哪啶酸)	173.1681		H_3PO_4	97.9952	
H	1.00794					$H_4P_2O_7$	177.9751	
H_3AsO_4	141.9430		$HC_{10}H_6O_2N \cdot 2H_2O$	209.1987		$HReO_4$	251.2125	
$HAuCl_4 \cdot 4H_2O$	411.8464		$H_4C_{10}H_{12}O_8N_2$ (乙二胺四乙酸)	292.2427		HS	33.0739	
HBO_2	43.8202					H_2S	34.0819	

化学式	量 a	颜色	化学式	量 a	颜色	化学式	量 a	颜色
HSCN	59.0914		$Hg_2(NO_3)_2$	525.19		KBF_4	125.9054	
HSO_3	81.0721		$Hg_2(NO_3)_2 \cdot 2H_2O$	561.22		KBr	119.0023	
H_2SO_3	82.0801		HgO	216.59	红色或黄色	$KBrO_3$	167.0005	
HSO_4	97.0715					$KC_2H_3O_2$	98.1423	
H_2SO_4	98.0795		Hg_2O	417.18	红色	$K_2C_4H_4O_6 \cdot \frac{1}{2}H_2O$ (酒石酸钾)	235.2752	
$H_2S_2O_3$	114.1461		HgS	232.66	黑色			
H_2SO_5	114.0789		Hg_2S	433.25	黑色	$K(C_6H_5)_4B$	358.3274	
H_2Se	80.9759		$Hg(SCN)_2$	316.76		$K_3C_6H_5O_7 \cdot H_2O$	324.4099	
H_2SeO_3	128.9741		$Hg_2(SCN)_2$	517.35		KCN	65.1157	
H_2SeO_4	144.9735		$HgSO_4$	296.65		K_2CO_3	138.2055	
H_2Te	129.6159		Hg_2SO_4	497.24		$K_2C_2O_4 \cdot H_2O$	184.2309	
H_2TeO_4	193.6135		I	126.9045		KCl	74.5510	
H_6TeO_6	229.6440		ICl	162.3572	暗红色	$KClO_3$	122.5492	
H_2WO_4	249.8535		ICl_3	233.2626	橙色	$KClO_4$	138.5486	
Hg	200.59		IO	142.9039		$K_3[Co(NO_2)_6]$	452.2613	
$Hg(C_2H_3O_2)_2$	318.68		IO_3	174.9027		$K_2Co(SO_4)_2$	437.3487	
$Hg(C_5H_5N)_2Cr_2O_7$ (重铬酸二吡啶合汞)	574.78		IO_4	190.9021		K_2CrO_4	194.1903	黄色
			In	114.818		$K_2Cr_2O_7$	294.1846	橙红色
$Hg(C_7H_6O_2N)_2$ (邻氨基苯甲酸汞)	472.85		$In(C_9H_6ON)_3$ (8-羟基喹啉铟)	547.268		$KCr(SO_4)_2 \cdot 12H_2O$	499.4050	
						KF	58.0967	
$Hg(C_{12}H_{10}ONS)_2$ (巯乙酰替萘胺汞)	633.15		$InCl_3$	221.176		$K_3[Fe(CN)_6]$	329.2445	
			In_2O_3	277.634	黄色	$K_4[Fe(CN)_6]$	368.3428	
HgC_2O_4	288.61		$InPO_4$	209.789		$K_4[Fe(CN)_6] \cdot 3H_2O$	422.3887	
$Hg(CN)_2$	252.62		Ir	192.217				
$HgCl_2$	271.50		$IrCl_3$	298.575		$KFe(SO_4)_2 \cdot 12H_2O$	503.2539	
Hg_2Cl_2	472.09		$IrCl_4$	334.028				
$HgCrO_4$	316.58		$IrCl_6$	404.933		KH_2AsO_4	180.0334	
$HgBr_2$	360.40		IrO_2	224.216		K_2HAsO_4	218.1237	
Hg_2Br_2	560.99	淡黄色	$Ir(OH)_3$	243.239		$KHC_4H_4O_6$ (酒石酸氢钾)	188.1772	
Hg_2I_2	654.99	绿色	$Ir(OH)_4$	260.246				
HgI_2	454.40	金红色或绿色	IrS	224.283		$KHC_8H_4O_4$ (邻苯二酸氢钾)	204.2212	
			K	39.0983				
$Hg(NO_3)_2$	324.60		$KAl(SO_4)_2 \cdot 12H_2O$	474.3904		$KHCO_3$	100.1151	
$Hg(NO_3)_2 \cdot H_2O$	342.62		$KAlSi_3O_8$	278.3315		$KHC_2O_4 \cdot H_2O$	146.1405	

续表

化学式	量 a	颜色	化学式	量 a	颜色	化学式	量 a	颜色
$KH_3(C_2O_4)_2 \cdot 2H_2O$	254.1907		$K(SbO)C_4H_4O_6 \cdot$ ½H_2O（酒石酸锑钾）	333.9363		$Mg(C_9H_6ON)_2$（8-羟基喹啉镁）	312.605	
KHF_2	78.1030		K_2SiF_6	220.2725		$Mg(C_9H_6ON)_2 \cdot 2H_2O$	348.636	
$KH(IO_3)_2$	389.9116		K_2TiF_6	240.0540				
KH_2PO_2	104.0867		K_2WO_4	326.0342		$MgCO_3$	84.314	
KH_2PO_4	136.0855		La	138.9055		$MgCl_2$	95.210	
K_2HPO_4	174.1759		$La(C_2H_3O_2)_3 \cdot$ 1½H_2O	343.0605		$MgCl_2 \cdot 6H_2O$	203.302	
$KHSO_3$	120.1704					$Mg(ClO_4)_2$	223.206	
$KHSO_4$	136.1698		$LaCl_3 \cdot 7H_2O$	371.3705		$Mg(ClO_4)_2 \cdot 6H_2O$	331.297	
KI	166.0028		LaF_3	195.9007		MgF_2	62.302	
KI_3	419.8117		$La(NO_3)_3 \cdot 6H_2O$	433.0120		$Mg(HCO_3)_2$	146.339	
KIO_3	214.0010		La_2O_3	325.8091		$MgNH_4AsO_4 \cdot 6H_2O$	289.354	
KIO_4	230.0004		$La_2(SO_4)_3$	566.0017				
$KMnO_4$	158.0340	紫色	Li	6.941		$MgNH_4PO_4 \cdot 6H_2O$	245.407	
$KN(C_6H_2)_2(NO_2)_6$（2,4,6,2',4',6'-六硝基二苯胺钾）	477.2984		$LiBr$	86.845		$Mg(NO_3)_2$	148.315	
			$Li_3C_6H_5O_7 \cdot 4H_2O$（柠檬酸锂）	281.984		$Mg(NO_3)_2 \cdot 6H_2O$	256.407	
KNO_2	85.1038					MgO	40.304	
KNO_3	101.1032		Li_2CO_3	73.891		$Mg(OH)_2$	58.320	
$KNaC_4H_4O_6 \cdot 4H_2O$	282.2202		$LiCl$	42.394		$Mg_2P_2O_7$	222.553	
K_2O	94.1960		LiF	25.939		$MgSO_4$	120.369	
$KOCN$	81.1151		LiH	7.949		$MgSO_4 \cdot 7H_2O$	246.476	
KOH	56.1057		LiI	133.845		$MgSiO_3$	100.389	
K_3PO_4	212.2662		$LiI \cdot 3H_2O$	187.891		Mg_2SiO_4	140.693	
K_2PtCl_6	485.9968		$LiNO_3$	68.946		Mn	54.9380	
$KReO_4$	289.3029		$LiNO_3 \cdot 3H_2O$	122.992		$Mn(C_2H_3O_2)_2 \cdot 4H_2O$	245.0872	
K_2S	110.2626		Li_2O	29.881				
$K_2S \cdot 5H_2O$	200.3390		$LiOH$	23.948		$[Mn(C_5H_5N)_4](SCN)_2$（硫氰酸二吡啶合锰）	487.5047	
$KSCN$	97.1817		Li_3PO_4	115.794				
K_2SO_3	158.2608		Li_2SO_4	109.946		$MnCO_3$	114.9470	浅粉红
$K_2SO_3 \cdot 2H_2O$	194.2914		$Li_2SO_4 \cdot H_2O$	127.961		$MnCl_2$	125.8435	粉红
K_2SO_4	174.2602		Mg	24.305		$MnCl_2 \cdot 4H_2O$	197.9046	玫红
$K_2S_2O_5$	222.3256		$Mg_2As_2O_7$	310.449		$MnNH_4PO_4 \cdot H_2O$	185.9632	
$K_2S_2O_7$	254.3244		$MgBr_2$	184.113		$Mn(NO_3)_2$	178.9479	粉红
$K_2S_2O_8$	270.3238		$MgBr_2 \cdot 6H_2O$	292.205		$Mn(NO_3)_2 \cdot 6H_2O$	287.0396	淡玫红

续表

化学式	量a	颜色	化学式	量a	颜色	化学式	量a	颜色
MnO	90.9374	黑色	NH_4Br	97.9425		$(NH_4)_2S$	68.1430	
MnO_2	86.9368	黑色	$NH_4C_2H_3O_2$	77.0825		NH_4SCN	76.1219	
MnO_4	118.9357		$(NH_4)_2CO_3$	96.0859		$(NH_4)_2SO_3$	116.1412	
Mn_2O_3	157.8743		$(NH_4)_2CO_3 \cdot H_2O$	114.1012		$(NH_4)_2SO_4$	132.1402	
Mn_3O_4	228.8117		$(NH_4)_2C_2O_4 \cdot H_2O$	142.1112		$(NH_4)_2S_2O_8$	228.2042	
$Mn(OH)_2$	88.9527		$(NH_4)_2Ce(NO_3)_6$	548.2226		$(NH_4)_2SiF_6$	178.1529	
$Mn_2P_2O_7$	283.8194		$(NH_4)_2Ce(SO_4)_4 \cdot 2H_2O$	632.5550		$(NH_4)_2SnCl_6$	367.5032	
MnS	87.0010	肉色				NH_4VO_3	116.9786	
$MnSO_4$	151.0017	微红	NH_4Cl	53.4912		NO	30.0061	
$MnSO_4 \cdot 4H_2O$	223.0628		NH_4ClO_4	117.4888		NO_2	45.0055	棕红色
$MnSO_4 \cdot 5H_2O$	241.0781		$(NH_4)_2CrO_4$	152.0707		NO_3	62.0049	
$MnSO_4 \cdot 7H_2O$	277.1086		$(NH_4)_2Cr_2O_7$	252.0650		N_2O	44.0129	
Mo	95.96		NH_4F	37.0369		N_2O_3	76.0117	红棕色
MoO_3	143.96		$NH_4Fe(SO_4)_2 \cdot 12H_2O$	482.1941	浅紫色	N_2O_4	92.0111	棕色
MoO_4	159.96					N_2O_5	108.0105	
$MoO_2(C_9H_5ON)_2$（8-羟基喹啉钼）	416.26		$(NH_4)_2Fe(SO_4)_2 \cdot 6H_2O$	392.1409		Na	22.9898	
						Na_3AlF_6	209.9413	
MoS_2	160.09		NH_4HCO_3	79.0553		$NaAlSi_3O_8$	262.2230	
MoS_3	192.16		NH_4HF_2	57.0432		$NaAsO_2$	129.9102	
N	14.0067		$NH_4H_2PO_4$	115.0257		$Na_3AsO_4 \cdot 12H_2O$	424.0719	
NH	15.0147		$(NH_4)_2HPO_4$	132.0563		$NaB(C_6H_5)_4$	342.2189	
NH_2	16.0226		NH_4HS	51.1124		$NaBH_4$	37.8350	
NH_3	17.0306		NH_4HSO_4	115.1100		$NaBO_2 \cdot 4H_2O$	137.8632	
NH_4	18.0385		$(NH_4)_2[Hg(SCN)_4]$	469.0008		$NaBO_3 \cdot 4H_2O$	153.8626	
N_2H_4	32.0452		NH_4I	144.9430		$Na_2B_4O_7$	201.2293	
$N_2H_4 \cdot HCl$	68.5059		$(NH_4)_6Mo_7O_{24} \cdot 4H_2O$	1235.9977		$Na_2B_4O_7 \cdot 10H_2O$	381.3821	
$N_2H_4 \cdot 2HCl$	104.9665					$NaBiO_3$	279.9684	黄棕色
$N_2H_4 \cdot H_2O$	50.0605		NH_4NO_2	64.0440		$NaBr$	102.8938	
$N_2H_4 \cdot H_2SO_4$	130.1247		NH_4NO_3	80.0434		$NaBr \cdot 2H_2O$	138.9243	
NH_2OH	33.0300		$NH_4NaHPO_4 \cdot 4H_2O$	209.0687		$NaBrO_3$	150.8920	
$NH_2OH \cdot HCl$	69.4906		NH_4OH	35.0458		$NaC_2H_3O_2$	82.0338	
$(NH_2OH)_2 \cdot H_2SO_4$	164.1394		$(NH_4)_3PO_4 \cdot 12MoO_3$	1876.5853	黄色	$NaC_2H_3O_2 \cdot 3H_2O$	136.0796	
NH_2SO_3H	97.0948		$(NH_4)_2PdCl_6$	355.2132		$Na_2C_4H_4O_6 \cdot 2H_2O$（酒石酸钠）	230.0811	
$NH_4Al(SO_4)_2 \cdot 12H_2O$	453.3306		$(NH_4)_2PtCl_6$	443.8772				

续表

化学式	量 a	颜色	化学式	量 a	颜色	化学式	量 a	颜色
$Na_3C_6H_5O_7 \cdot 5.5H_2O$(柠檬酸钠)	357.1531		$NaHC_2O_4$	112.0167		$Na_4P_2O_7$	265.9024	
			$NaHC_2O_4 \cdot H_2O$	130.0320		$Na_4P_2O_7 \cdot 10H_2O$	446.0552	
$Na_2C_8H_4O_4$（邻苯二甲酸钠）	210.0945		NaH_2PO_2	87.9782		Na_2S	78.0458	
			NaH_2PO_4	119.9770		$Na_2S \cdot 9H_2O$	240.1831	
$NaCN$	49.0072		$NaH_2PO_4 \cdot 2H_2O$	156.0076		$NaSCN$	81.0732	
Na_2CO_3	105.9884		Na_2HPO_4	141.9588		Na_2SO_3	126.0437	
$Na_2CO_3 \cdot 10H_2O$	286.1412		$Na_2HPO_4 \cdot 2H_2O$	177.9894		$Na_2SO_3 \cdot 7H_2O$	252.1507	
$Na_2C_2O_4$	133.9985		$Na_2HPO_4 \cdot 12H_2O$	358.1422		Na_2SO_4	142.0431	
$NaCl$	58.4425		$NaHS$	56.0637		$Na_2SO_4 \cdot 10H_2O$	322.1959	
$NaClO$	74.4419		$NaHSO_3$	104.0619		$Na_2S_2O_3$	158.1097	
$NaClO_3$	106.4407		$NaHSO_4$	120.0613		$Na_2S_2O_3 \cdot 5H_2O$	248.1861	
$NaClO_4$	122.4401		$NaHSeO_3$	150.9559		$Na_2S_2O_4$	174.1091	
$Na_3Co(NO_2)_6$	403.9357		NaI	149.8942		$Na_2S_2O_4 \cdot 2H_2O$	210.1397	
Na_2CrO_4	161.9732	黄色	$NaIO_3$	197.8924		$Na_2S_2O_5$	190.1085	
$Na_2CrO_4 \cdot 4H_2O$	234.0344		$NaIO_4$	213.8918		$Na_2S_2O_8$	238.1067	
$Na_2Cr_2O_7$	261.9675	橙红色	$NaKC_4H_4O_6 \cdot 4H_2O$（酒石酸钾钠）	282.2202		$Na_3SbS_4 \cdot 9H_2O$	481.1308	
$Na_2Cr_2O_7 \cdot 2H_2O$	297.9981					Na_2SeO_3	172.9377	
NaF	41.9882		$NaMg(UO_2)_3(C_2H_3O_2)_9 \cdot 6H_2O$	1496.8658		Na_2SiF_6	188.0555	
$Na_4Fe(CN)_6 \cdot 10H_2O$	484.0615					Na_2SiO_3	122.0632	
			Na_2MoO_4	205.9371		$Na_2SnO_3 \cdot 3H_2O$	266.7336	
$Na_2[Fe(CN)_5NO] \cdot 2H_2O$（亚硝基五氰络铁酸钠）	297.9484		$Na_2MoO_4 \cdot 2H_2O$	241.9677		$Na_2U_2O_7$	634.0332	
			NaN_3	65.0100		$Na_2U_2O_7 \cdot 6H_2O$	742.1248	
Na_2HAsO_3	169.9073		$NaNH_2$	39.0124		$NaVO_3 \cdot 4H_2O$	193.9906	
Na_2HAsO_4	185.9067		$NaNH_4HPO_4$	137.0076		Na_2WO_4	293.8174	
$Na_2HAsO_4 \cdot 7H_2O$	312.0136		$NaNH_4HPO_4 \cdot 4H_2O$	209.0687		$Na_2WO_4 \cdot 2H_2O$	329.8477	
$Na_2HAsO_4 \cdot 12H_2O$	402.0900					$NaZn(UO_2)_3(C_2H_3O_2)_9 \cdot 6H_2O$	1537.9407	
$NaHC_4H_4O_6$（酒石酸氢钠）	172.0687		$NaNO_2$	68.9953				
			$NaNO_3$	84.9947		Nb	92.9064	
$NaHC_8H_4O_4$（邻苯二甲酸氢钠）	188.1127		Na_2O	61.9789		$NbCl_5$	270.1699	
$Na_2H_2C_{10}H_{12}O_8N_2$（EDTA 二钠）	336.2064		Na_2O_2	77.9783		Nb_2O_5	265.8098	淡紫色
			$NaOH$	39.9971		Ni	58.6934	
$Na_2H_2C_{10}H_{12}O_8N_2 \cdot 2H_2O$（EDTA 二钠二水合物）	372.2369		$NaPO_3$	101.9617		$Ni(C_2H_3O_2)_2 \cdot 4H_2O$	248.8426	
			Na_3PO_4	163.9407		$Ni(C_4H_7O_2N_2)_2$（丁二酮肟镍）	288.9147	红色
$NaHCO_3$	84.0066		$Na_3PO_4 \cdot 12H_2O$	380.1240				

化学式	量 a	颜色	化学式	量 a	颜色	化学式	量 a	颜色
$Ni(C_5H_5N)_4(SCN)_2$ (硫氰酸吡啶合镍)	491.2600		PCl_3	137.3319		PbO_2	239.20	棕色
			PCl_5	208.2373		Pb_3O_4	685.60	红色
$Ni(C_7H_6O_2N)_2$ (邻氨基苯甲酸镍)	330.9496		PH_3	33.9976		$Pb(OH)_2$	241.21	
			PO_2	62.9726		PbS	239.27	黑色
$Ni(C_9H_6ON)_2$ (8-羟基喹啉镍)	346.9936		PO_3	78.9720		$PbSO_3$	287.26	
			PO_4	94.9714		$PbSO_4$	303.26	
$Ni(C_9H_6ON)_2 \cdot$ $2H_2O$	383.0241		P_2O_3	109.9457		$PbWO_4$	455.04	
			P_2O_5	141.9445		Pd	106.42	
$NiCO_3$	118.7023		P_2O_7	173.9433		$Pd(C_4H_7O_2N_2)_2$ (丁二酮肟钯)	336.64	
$Ni(CO)_4$	170.7338		$POCl_3$	153.3313				
$NiCl_2 \cdot 6H_2O$	237.6905	绿色	$P_2O_5 \cdot 24MoO_3$	3596.9413		$Pd(C_7H_6O_2N)_2$ (水杨醛肟或邻氨基 苯甲酸钯)	378.68	
$NiCl_2$	129.5988	黄色	Pb	207.2				
$Ni(NO_3)_2$	182.7033	绿色	$PbBr_2$	367.01		$Pd(C_9H_6ON)_2$ (8-羟基喹啉钯)	394.72	
$Ni(NO_3)_2 \cdot 6H_2O$	290.7950	绿色	$Pb(C_2H_3O_2)_2$	325.28				
$Ni(NH_4)_2(SO_4)_2 \cdot$ $6H_2O$	394.9893		$Pb(C_2H_3O_2)_2 \cdot$ $3H_2O$	379.33		$Pd(CN)_2$	158.45	
						$PdCl_2$	177.33	红棕色
NiO	74.6928	暗绿色	$Pb(C_2H_5)_4$	323.44		$PdCl_2 \cdot 2H_2O$	213.36	
Ni_2O_3	165.3850	棕黑色	$Pb(C_7H_4NS_2) \cdot OH$ (氢氧化巯基苯并噻 唑合铅)	390.23		$PdCl_4$	248.23	
$Ni_2P_2O_7$	291.3301					$PdCl_6$	319.14	
NiS	90.7594	黑色	$Pb(C_7H_6O_2N)_2$ (邻氨基苯甲酸铅)	479.46		PdI_2	360.23	
$NiSO_4$	154.7570	黄绿色				$Pd(NO_3)_2$	230.43	
$NiSO_4 \cdot 7H_2O$	280.8640		$Pb(C_{10}H_7O_5N_4)_2 \cdot$ $1\frac{1}{2}H_2O$(苦酮酸铅)	760.60		PdO	122.42	黑色
$NiSiO_3$	134.7771	翠绿色	$Pb(C_{12}H_{10}ONS)_2$ (巯乙酰替萘胺铅)	639.76		PdS	138.49	黄色
O	15.9994					$PdSO_4$	202.48	红棕色
OCH_3	31.0339		$PbCO_3$	267.21		$PdSO_4 \cdot 2H_2O$	238.51	
OC_2H_5	45.0605		$PbCl_2$	278.11		Pt	195.084	
OCN	42.0168		$PbCl_4$	349.01		$PtCl_2$	265.989	绿褐色
OH	17.0073		$PbClF$	261.65		$PtCl_3$	301.443	暗绿色
Os	190.23		$PbCrO_4$	323.19	黄色	$PtCl_4$	336.895	红褐色
$OsCl_4$	332.04		PbF_2	245.20		$PtCl_5 \cdot 5H_2O$	426.973	红色
OsO_2	222.23		PbI_2	461.01	黄色	$PtCl_6$	407.800	
OsO_4	254.23		$PbMoO_4$	367.16	黄色	PtS	227.150	
P	30.9738		$Pb(NO_3)_2$	331.21		Rb	85.4678	
PBr_3	270.6858		PbO	223.20	黄色	$RbAl(SO_4)_2 \cdot 12H_2O$	520.7599	

第一篇

化学式	量 a	颜色	化学式	量 a	颜色	化学式	量 a	颜色
Rb_2CO_3	230.9445		Sb	121.76		$SnCl_2$	189.615	
RbCl	120.9205		$SbC_6H_3O_3$ (焦梧酸锑)	244.85		$SnCl_2 \cdot 2H_2O$	225.646	
$RbClO_4$	184.9181					$SnCl_4$	260.521	
RbI	212.3723		$Sb(C_9H_6ON)_3$ (8-羟基喹啉锑)	554.21		SnO	134.709	黑色
$RbNO_3$	147.4727					SnO_2	150.709	
Rb_2O	186.9350		$Sb(C_{12}H_{10}ONS)_3$ (巯乙酰替萘胺锑)	770.60		SnS	150.776	褐色
Rb_2PtCl_6	578.7358					SnS_2	182.842	黄色
Rb_2SO_4	266.9992		$SbCl_3$	228.12		SnS_3	214.908	
Re	186.207		$SbCl_5$	299.02		Sr	87.62	
$ReCl_3$	292.565	暗红色	SbI_3	502.47		$Sr(C_2H_3O_2)_2 \cdot \frac{1}{2}H_2O$	214.72	
$ReCl_5$	363.471	暗绿色	SbOCl	173.21		SrC_2O_4	175.64	
ReO_2	218.206	深褐色	Sb_2O_3	291.52		$SrC_2O_4 \cdot H_2O$	193.65	
ReO_3	234.205	暗红色	Sb_2O_5	323.52	淡黄色	$SrCO_3$	147.63	
ReO_4	250.205		SbS_4	250.02		$SrCl_2$	158.53	
Re_2O_7	484.410	黄色	Sb_2S_3	339.72	橙红色	$SrCl_2 \cdot 6H_2O$	266.62	
Rh	102.9055		Sb_2S_5	403.85	橙黄色	$SrCrO_4$	203.61	黄色
$RhCl_3$	209.2636	红褐色	Sc	44.9559		$Sr(NO_3)_2$	211.63	
RhO_2	134.9043		Sc_2O_3	137.9100		$Sr(NO_3)_2 \cdot 4H_2O$	283.69	
Rh_2O_3	253.8092	黑色	Se	78.96		SrO	103.62	
Ru	101.07		SeO_2	110.96		$Sr(OH)_2$	121.63	
RuO_4	165.068	黑色	SeO_3	126.96		$Sr(OH)_2 \cdot 8H_2O$	265.76	
S	32.066		SeO_4	142.96		$SrSO_3$	167.68	
SCN	58.083		Si	28.0855		$SrSO_4$	183.68	
SH	33.074		SiC	40.0962		SrS_2O_3	199.75	
SO_2	64.065		$SiCl_4$	169.8963		Ta	180.9479	
SO_3	80.064		SiF_4	104.0791		$TaCl_5$	358.2114	
SO_3H	81.072		SiF_6	142.0759		Ta_2O_5	411.8928	
SO_3Na	103.054		SiH_4	32.1173		Te	127.60	
SO_4	96.064		SiO_2	60.0843		TeO_2	159.60	
S_2O_3	112.130		SiO_3	76.0837		TeO_3	175.60	橙色
S_2O_4	128.130		SiO_4	92.0831		TeO_4	191.60	
S_2O_7	176.128		Si_2O_7	168.1668		Th	232.0381	
S_2O_8	192.127		Si_3O_8	212.2517		$Th(C_9H_6ON)_4$ (8-羟基喹啉钍)	808.6384	
S_4O_6	224.260		Sn	118.710				

化学式	量 a	颜色	化学式	量 a	颜色	化学式	量 a	颜色
$Th(C_9H_6ON)_4 \cdot$ (C_9H_7ON)	953.7964		Tl_2S	440.8326	黑灰色	V_2O_5	181.8800	红棕色
$Th(C_{10}H_7O_5N)_4 \cdot$ H_2O(苦酮酸钍)	1134.7186		Tl_2SO_4	504.8302		W	183.84	
			U	238.0289		WC	195.85	
$Th(C_2O_4)_2 \cdot 6H_2O$	516.1677		UCl_4	379.8397	深绿色	WCl_5	361.10	
$ThCl_4$	373.8489		UF_4	314.0225	翠绿色	$WO_2(C_9H_6ON)_2$ (8-羟基喹啉氧钨)	504.14	
$Th(NO_3)_4$	480.0578		UF_6	352.0193				
$Th(NO_3)_4 \cdot 4H_2O$	552.1189		UO_2	270.0277	红棕色	WO_3	231.84	
$Th(NO_3)_4 \cdot 12H_2O$	696.2412		UO_3	286.0271		WO_4	247.84	
ThO_2	264.0369		UO_4	302.0265		Y	88.9056	
$Th(SO_4)_2$	424.1653		U_3O_8	842.0819	暗红色	Y_2O_3	225.8099	
$Th(SO_4)_2 \cdot 9H_2O$	586.3028		$UO_2(C_2H_3O_2)_2$	388.1158		Zn	65.38	
Ti	47.867		$UO_2(C_2H_3O_2)_2 \cdot$ $2H_2O$	424.1463		$Zn(C_2H_3O_2)_2$	183.47	
$TiCl_3$	154.225	紫色	$UO_2(C_9H_6ON)_2 \cdot$ (C_9H_7ON) (8-羟基喹啉氧铀)	703.4859		$Zn(C_2H_3O_2)_2 \cdot$ $2H_2O$	219.50	
$TiCl_4$	189.678							
$TiO(C_9H_6ON)_2$ (8-羟基喹啉氧钛)	352.167		$UO_2(NO_3)_2$	394.0376		$Zn(C_5H_5N)_2(SCN)_2$ (硫氰化二吡啶合锌)	339.75	
			$UO_2(NO_3)_2 \cdot 6H_2O$	502.1293		$Zn(C_7H_6O_2N)_2$ (邻氨基苯甲酸锌)	337.64	
TiO_2	79.658		$(UO_2)_3NaMg \cdot$ $(C_2H_3O_2)_9 \cdot 6H_2O$	1496.8658				
$(TiO)_2P_2O_7$	301.676					$Zn(C_9H_6ON)_2$ (8-羟基喹啉锌)	353.68	
$TiOSO_4$	159.930		$(UO_2)_3NaZn \cdot$ $(C_2H_3O_2)_9 \cdot 6H_2O$	1537.9408				
Tl	204.3833					$Zn(C_{10}H_6O_2N)_2 \cdot$ H_2O(喹哪啶酸锌)	427.72	
$TlBr$	284.2873	浅黄色	$(UO_2)_2P_2O_7$	713.9987				
$TlC_7H_4NS_2$ (巯基苯并噻唑硫醇铊)	370.6287		UO_2SO_4	366.0913	黄色	$Zn(CN)_2$	117.42	
			$UO_2SO_4 \cdot 3H_2O$	420.1372	柠檬黄	$ZnCO_3$	125.39	
$TlC_{12}H_{10}ONS$ (巯乙酰替萘胺铊)	440.6632		V	50.9415		$ZnCl_2$	136.29	
			VCl_4	192.7523	红褐色	$Zn[Hg(SCN)_4]$	498.30	
$TlCl$	239.8360		VO	66.9407		$ZnNH_4PO_4$	178.39	
Tl_2CrO_4	524.7603	黄色	$VOCl_2$	137.8463		$Zn(NO_3)_2$	189.39	
TlI	331.2878	红色	VO_2	82.9403	深蓝色	$Zn(NO_3)_2 \cdot 6H_2O$	297.48	
$TlNO_3$	266.3882		VO_3	98.9397		ZnO	81.38	
Tl_2O	424.7660	黑色	VO_4	114.9391		$Zn(OH)_2$	99.39	
Tl_2O_3	456.7648	暗红色	V_2O_3	149.8812	灰黑色	$Zn_3(PO_4)_2 \cdot 4H_2O$	458.14	
$TlOH$	221.3906		$V_2O_3(C_9H_5ON)_4$ (8-羟基喹啉氧钒)	726.4815		$Zn_2P_2O_7$	304.70	
Tl_2PtCl_6	816.5668					ZnS	97.45	

化学式	量a	颜色	化学式	量a	颜色	化学式	量a	颜色
$ZnSO_4$	161.44		$ZrCl_4$	233.035		ZrP_2O_7	265.167	
$ZnSO_4 \cdot 7H_2O$	287.55		$Zr(NO_3)_4$	339.244		$Zr(SO_4)_2$	283.351	
Zr	91.224		$Zr(NO_3)_4 \cdot 5H_2O$	429.320		$Zr(SO_4)_2 \cdot 4H_2O$	355.412	
$Zr(C_9H_6ON)_4$ (8-羟基喹啉锆)	667.824		ZrO_2	123.223		$ZrSiO_4$	183.307	
			$ZrOCl_2 \cdot 8H_2O$	322.251				

第四节 离子的基本参数

一、离子半径

结晶离子半径指晶体中正负离子的接触半径。即把离子晶体中正负离子看成相互接触的圆球，正负离子中心间的距离就等于正负离子半径的和，$d = r_1 + r_2$，d 可通过晶体 X 射线分析实验加以测量，然后计算正负离子的半径。表中所列数据是晶格的配位数为 6 的离子半径，对其他配位数可按表 1-40 加以校正。

表 1-40 结晶离子半径

配 位 数	4	6	8	9	12
离子半径校正因数	0.94	1.00	1.03	1.05	1.12

表中按元素符号顺序排列

元素/离子	离子电荷	离子半径,$d/10^{-10}$m	元素/离子	离子电荷	离子半径,$d/10^{-10}$m	元素/离子	离子电荷	离子半径,$d/10^{-10}$m
Ac	+3	1.12		+1	1.37		-1	1.96
Ag	+1	1.15	Au	+2	1.05	Br	+5	0.31
	+2	0.94		+3	0.85		+7	0.39
Al	+3	0.50		+1	0.35		-4	2.60
	+3	0.98	B	+3	0.20	C	+4	0.16
Am	+4	0.85	BF_4^-	-1	2.28	CN^-	-1	1.92
	+5	0.86	Ba	+2	1.35	Ca	+2	1.00
	+6	0.80		-1	1.95		+1	1.14
Ar	+1(气体)	1.54	Be	+2	0.45	Cd	+2	0.95
As	-3	2.22		-3	2.13		+1	1.69
	+3	0.58	Bi	+3	1.03	Ce	+3	1.01
	+5	0.46		+5	0.76		+4	0.92
At	-1	2.27		+2	1.18		+2	1.17
	+5	0.57	Bk	+3	0.96	Cf	+3	0.98
	+7	0.51		+4	0.83		+4	0.87

续表

元素/离子	离子电荷	离子半径, $d/10^{-10}$ m	元素/离子	离子电荷	离子半径, $d/10^{-10}$ m	元素/离子	离子电荷	离子半径, $d/10^{-10}$ m
Cl	-1	1.81	Fr	+1	1.80	Md	+4	0.84
	+5	0.34	Ga	+3	0.62	Mg	+2	0.72
	+7	0.26	Gd	+3	0.94	Mn	+2	0.83
ClO_4^-	-1	2.36	Ge	-4	2.72		+3	0.58
Co	+2	0.65		+2	0.73		+4	0.53
	+3	0.55		+4	0.53		+7	0.46
Cr	+1	0.81	H	-1	2.08	Mo	+4	0.65
	+2	0.73	He	+1	10^{-5}		+5	0.61
	+3	0.62		+1(气体)	0.93		+6	0.59
	+4	0.55	Hf	+4	0.71	MoO_4^{2-}	-2	3.45
	+6	0.44	Hg	+1	1.19	N	-3	1.71
CrO_4^{2-}	-2	3.00		+2	1.02		+1	0.25
Cm	+2	1.19	Ho	+3	0.89		+3	0.16
	+3	0.97	I	-1	2.20		+5	0.13
	+4	0.85		+5	0.95	NH_4^+	+1	1.59
Cs	+1	1.67		+7	0.53	NO_3^-	-1	1.89
Cu	+1	0.77	In	+1	1.32	Na	+1	1.02
	+2	0.73		+3	0.80	Nb	+4	0.68
Dy	+2	1.07	Ir	+2	0.89		+5	0.64
	+3	0.91		+3	0.68	Nd	+3	0.98
Er	+3	0.89		+4	0.63	Ni	+2	0.69
Es	+2	1.16		+5	0.57		+3	0.56
	+3	0.98		+6	0.56	No	+2	1.13
	+4	0.85	K	+1	1.38		+3	0.95
Eu	+2	1.17	Kr	+1(气体)	1.69		+4	0.83
	+3	0.95	La	+3	1.03	Np	+3	1.01
F	-1	1.33	Li	+1	0.76		+4	0.87
	+7	0.08	Lr	+2	1.12		+5	0.75
Fe	+2	0.61		+3	0.94		+6	0.72
	+3	0.55		+4	0.83	O	-2	1.40
Fm	+2	1.15	Lu	+3	0.86		-1	1.76
	+3	0.97	Md	+2	1.14		+1	0.22
	+4	0.84		+3	0.96		+6	0.09

续表

元素/离子	离子电荷	离子半径,$d/10^{-10}$ m	元素/离子	离子电荷	离子半径,$d/10^{-10}$ m	元素/离子	离子电荷	离子半径,$d/10^{-10}$ m
OH^-	−1	1.37;1.35		+4	0.63	Sm	+3	0.96
Os	+2	0.89	Re	+5	0.58	Sn	−4	2.94
Os	+3	0.81	Re	+6	0.55	Sn	−1	3.70
Os	+4	0.63	Re	+7	0.53	Sn	+2	1.02
Os	+5	0.58	Rh	+2	0.86	Sn	+4	0.69
Os	+6	0.55	Rh	+3	0.67	Sr	+2	1.18
Os	+8	0.53	Rh	+4	0.60	Sr	+3	0.72
P	−3	2.12	Rh	+5	0.55	Sr	+4	0.68
P	+3	0.42	Ru	+3	0.68	Ta	+5	0.64
P	+5	0.38	Ru	+4	0.62	Tb	+3	0.92
PO_4^{3-}	−3	3.00	Ru	+5	0.57	Tb	+4	0.76
Pa	+3	1.04	Ru	+8	0.54	Tc	−2	0.95
Pa	+4	0.90	S	−2	1.84	Tc	+4	0.65
Pa	+5	0.78	S	−1	2.19	Tc	+7	0.58
Pb	−4	2.15	S	+4	0.37	Te	−2	2.21
Pb	+2	1.19	S	+6	0.29	Te	−1	2.50
Pb	+4	0.78	SH^-	−1	2.00	Te	+4	0.97
Pd	+2	0.86	SO_4^{2-}	−2	2.95	Te	+6	0.56
Pd	+4	0.62	HSO_4^-	−1	2.06	Th	+3	1.08
Pm	+3	0.97	Sb	−3	2.45	Th	+4	0.94
Po	−2	2.30	Sb	+3	0.76	Ti	+1	0.96
Po	+4	0.97	Sb	+5	0.60	Ti	+2	0.86
Po	+6	0.56	Sc	+3	0.75	Ti	+3	0.67
Pr	+3	0.99	Se	−2	1.98	Ti	+4	0.61
Pr	+4	0.85	Se	−1	2.32	Tl	+1	1.50
Pt	+2	0.80	Se	+4	0.50	Tl	+3	0.89
Pt	+4	0.63	Se	+6	0.42	Tm	+3	0.88
Pu	+3	1.00	Si	−4	2.71	Tm	+4	0.87
Pu	+4	0.86	Si	−1	3.84	U	+3	1.03
Pu	+5	0.74	Si	+1	0.65	U	+4	0.89
Pu	+6	0.71	Si	+4	0.40	U	+5	0.76
Ra	+2	1.40	SiO_4^{4-}	−4	2.90	U	+6	0.73
Rb	+1	1.52	Sm	+2	1.19	V	+2	0.79

续表

元素/离子	离子电荷	离子半径，$d/10^{-10}$m	元素/离子	离子电荷	离子半径，$d/10^{-10}$m	元素/离子	离子电荷	离子半径，$d/10^{-10}$m
V	+3	0.64	Xe	+1(气体)	1.90	Zr	+1	1.09
	+4	0.58	Y	+3	0.90		+4	0.72
	+5	0.54	Yb	+2	1.02			
W	+4	0.66		+3	0.86			
	+5	0.62	Zn	+1	0.88			
	+6	0.60		+2	0.74			

表 1-41 列出了在 25℃ 有关水溶液中离子半径的近似有效数值。

表 1-41 水溶液中离子的有效半径

离子半径，$d/10^{-10}$m	无 机 离 子
2.5	Rb^+、Cs^+、NH_4^+、Tl^+、Ag^+
3	K^+、Cl^-、Br^-、I^-、CN^-、NO_2^-、NO_3^-
3.5	OH^-、F^-、NCS^-、NCO^-、HS^-、ClO_3^-、ClO_4^-、BrO_3^-、IO_4^-、MnO_4^-
4	Na^+、$CdCl^+$、Hg_2^{2+}、ClO_2^-、IO_3^-、HCO_3^-、$H_2PO_4^-$、HSO_3^-、$H_2AsO_4^-$、SO_4^{2-}、$S_2O_3^{2-}$、$S_2O_8^{2-}$、SeO_4^{2-}、CrO_4^{2-}、HPO_4^{2-}、$S_2O_6^{2-}$、PO_4^{3-}、$[Fe(CN)_6]^{3-}$、$[Cr(NH_3)_6]^{3+}$、$[Co(NH_3)_6]^{3+}$、$[Co(NH_3)_5H_2O]^{3+}$
4.5	Pb^{2+}、CO_3^{2-}、SO_3^{2-}、MoO_4^{2-}、$[Co(NH_3)_5Cl]^{2+}$、$[Fe(CN)_5NO_2]^{2-}$
5	Sr^{2+}、Ba^{2+}、Ra^{2+}、Cd^{2+}、Hg^{2+}、S^{2-}、$S_2O_4^{2-}$、WO_4^{2-}、$[Fe(CN)_6]^{4-}$
6	Li^+、Ca^{2+}、Cu^{2+}、Zn^{2+}、Sn^{2+}、Mn^{2+}、Fe^{2+}、Ni^{2+}、Co^{2+}、$[Co(en)_3]^{3+}$、$[Co(S_2O_3)(CN)_6]^{4-}$
8	Mg^{2+}、Be^{2+}
9	H^+、Al^{3+}、Fe^{3+}、Cr^{3+}、Sc^{3+}、Y^{3+}、La^{3+}、In^{3+}、Ce^{3+}、Pr^{3+}、Nd^{3+}、Sm^{3+}、$[Co(SO_3)_2(CN)_4]^{5-}$
11	Th^{4+}、Zr^{4+}、Ce^{4+}、Sn^{4+}

离子半径，$d/10^{-10}$m	有 机 离 子
3.5	$HCOO^-$、$CH_3NH_3^+$、$[(CH_3)_2NH_2]^+$、$H_2Cit^{-①}$
4	$NH_3^+CH_2COOH$、$(CH_3)_3NH^+$、$C_2H_5NH_3^+$
4.5	CH_3COO^-、CH_2ClCOO^-、$(CH_3)_4N^+$、$(C_2H_5)_3NH_2^+$、$NH_2CH_2COO^-$、$(COO)_2^{2-}$、$HCit^{2-}$
5	$CHCl_2COO^-$、CCl_3COO^-、$(C_2H_5)_3NH^+$、$(C_3H_7)NH_3^+$、$H_2C(COO)_2^{2-}$、$(CH_2COO)_2^{2-}$、$(CHCHCOO)_2^{2-}$、Cit^{3-}
6	$C_6H_5COO^-$、$C_6H_4OHCOO^-$、$ClC_6H_4COO^-$、$C_6H_5CH_2COO^-$、$CH_2=CHCH_2COO^-$、$(CH_3)_2C=CHCOO^-$、$(C_2H_5)_4N^+$、$(C_3H_7)_2NH_2^+$、$C_6H_4(COO)_2^{2-}$、$H_2C(CH_2COO)_2^{2-}$、$(CH_2CH_2COO)_2^{2-}$
7	$[OC_6H_2(NO_2)_3]^-$、$(C_3H_7)_3NH^+$、$CH_3OC_6H_4COO^-$、$[OOC(CH_2)_5COO]^{2-}$、$[(CH_2)_3COO]_2^{2-}$
8	$(C_6H_5)_2CHCOO^-$、$(C_3H_7)_4N^+$

① Cit—柠檬酸根。

二、各种离子的活度系数

活度系数 f 的大小表示电解质溶液中离子间互相牵制作用，稀溶液的活度系数只与溶液的离子强度有关。离子强度是代表溶液中电场强弱的量度，它与离子浓度、离子电荷的关系是：

$$I = \frac{1}{2}(m_1 z_1^2 + m_2 z_2^2 + \cdots + m_n z_n^2)$$

$$I = \frac{1}{2}\Sigma m_i z_i^2$$

式中，I 代表离子强度（单位是 mol/kg）；m_1、m_2、$\cdots$、m_n 代表溶液中各离子的质量摩尔浓度；z_1、z_2、$\cdots$、z_n 代表各离子的电荷数。在稀溶液中，质量摩尔浓度可视为与物质的量浓度相等，故在计算时可直接以物质的量浓度代入。各种离子在不同离子强度溶液中的活度系数见表 1-42。

表 1-42　各种离子在不同离子强度溶液中的活度系数 (f)

无机离子	离子强度 $I/(\text{mol/kg})$							
	0.0005	0.001	0.0025	0.005	0.01	0.025	0.05	0.1
H^+	0.975	0.967	0.950	0.933	0.914	0.880	0.860	0.830
Li^+	0.975	0.965	0.948	0.929	0.970	0.870	0.835	0.800
Rb^+、Cs^+、NH_4^+、Ag^+、Tl^+	0.975	0.964	0.945	0.924	0.898	0.850	0.800	0.750
K^+、Cl^-、Br^-、I^-、CN^-、NO_2^-、NO_3^-	0.975	0.964	0.945	0.925	0.899	0.850	0.805	0.755
OH^-、F^-、HS^-、ClO_3^-、ClO_4^-、BrO_3^-、IO_4^-、MnO_4^-、OCN^-、SCN^-	0.975	0.964	0.946	0.926	0.900	0.855	0.810	0.760
Na^+、$CdCl^+$、ClO_2^-、IO_3^-、HCO_3^-、$H_2PO_4^-$、HSO_3^-、$H_2AsO_3^-$	0.975	0.964	0.947	0.928	0.902	0.860	0.820	0.775
Hg_2^{2+}、SO_4^{2-}、$S_2O_3^{2-}$、$S_4O_6^{2-}$、$S_2O_8^{2-}$、SeO_4^{2-}、CrO_4^{2-}、HPO_4^{2-}	0.903	0.867	0.803	0.740	0.660	0.545	0.445	0.355
Pb^{2+}、CO_3^{2-}、SO_3^{2-}、MoO_4^{2-}	0.903	0.848	0.805	0.742	0.665	0.550	0.455	0.370
Sn^{2+}、Pa^{2+}、Ra^{2+}、Cd^{2+}、Hg^{2+}、S^{2-}、$S_2O_4^{2-}$、WO_4^{2-}	0.903	0.868	0.805	0.744	0.670	0.555	0.465	0.380
Ca^{2+}、Cu^{2+}、Zn^{2+}、Sn^{2+}、Mn^{2+}、Fe^{2+}、Ni^{2+}、Co^{2+}	0.905	0.870	0.809	0.749	0.675	0.570	0.485	0.405
Mg^{2+}、Be^{2+}	0.906	0.872	0.813	0.755	0.690	0.595	0.520	0.450
PO_4^{3-}、$[Fe(CN)_6]^{3-}$	0.796	0.725	0.612	0.505	0.395	0.250	0.160	0.095
Al^{3+}、Fe^{3+}、Cr^{3+}、Sc^{3+}、Y^{3+}、La^{3+}、In^{3+}、Ce^{3+}、Pr^{3+}、Nd^{3+}、Sm^{3+}	0.802	0.738	0.432	0.540	0.445	0.325	0.245	0.180
$[Fe(CN)_6]^{4-}$	0.468	0.570	0.425	0.310	0.200	0.100	0.048	0.021
Th^{4+}、Zr^{4+}、Ce^{4+}、Sn^{4+}	0.678	0.588	0.455	0.350	0.255	0.155	0.100	0.065

有机离子	离子强度 I/(mol/kg)							
	0.0005	0.001	0.0025	0.005	0.01	0.025	0.05	0.1
$HCOO^-$、$H_2C_6H_5O_7^-$、$CH_3NH_3^+$、$(CH_3)_2NH_2^+$	0.975	0.964	0.946	0.926	0.900	0.855	0.810	0.760
$^-OOCCH_2NH_3^+$、$(CH_3)_3NH^+$、$C_2H_5NH_3^+$	0.975	0.964	0.947	0.927	0.901	0.855	0.815	0.770
CH_3COO^-、$(CH_3)_4N^+$、CH_2ClCOO^-、$NH_2CH_2COO^-$	0.975	0.964	0.947	0.928	0.902	0.860	0.820	0.775
$CHCl_2COO^-$、CCl_3COO^-、$(C_2H_5)_3NH^+$、$C_3H_7NH_3^+$	0.975	0.964	0.947	0.928	0.904	0.865	0.830	0.790
$C_6H_5COO^-$、$C_6H_4OHCOO^-$、$C_6H_4ClCOO^-$、$C_6H_5CH_2COO^-$、$H_2C=CHCH_2COO^-$、$(C_2H_5)_4N^+$、$(CH_3)_2C=CHCOO^-$、$(C_3H_7)_2NH_2^+$	0.975	0.965	0.948	0.929	0.907	0.870	0.835	0.800
$[OC_6H_2(NO_2)_3]^-$、$(C_3H_7)_3NH^+$	0.975	0.965	0.948	0.930	0.909	0.875	0.845	0.840
$(COO)_2^{2-}$、$HC_6H_5O_7^{2-}$（葡萄糖酸根）	0.903	0.867	0.804	0.741	0.662	0.550	0.450	0.360
$H_2C(COO)_2^{2-}$、$(CH_2COO)_2^{2-}$、$(CHOHCOO)_2^{2-}$	0.903	0.868	0.805	0.744	0.670	0.555	0.465	0.380
$C_6H_4(COO)_2^{2-}$、$H_2C(CH_2COO)_2^{2-}$、$(CH_2CH_2COO)_2^{2-}$	0.905	0.870	0.809	0.749	0.675	0.570	0.485	0.405
$C_6H_5O_7^{3-}$（葡萄糖酸根）	0.794	0.728	0.616	0.510	0.405	0.270	0.180	0.115

表 1-43 所列 $-\lg f_i / z_i^2$ 的函数值是根据台维斯经验式在 25℃高强度值时计算出来的。

$$-\frac{\lg f_i}{z_i^2} = \frac{0.511\sqrt{I}}{1+1.5\sqrt{I}} - 0.2I$$

式中，I 代表离子强度；f_i 代表离子活度系数；z_i 代表离子电荷数，数值从 $1\sim6$。

表 1-43　各种离子在离子强度值大的溶液中的活度系数

离子强度 (I) /(mol/kg)	$-\dfrac{\lg f_i}{z_i^2}$	不同离子电荷 z_i 值时的活度系数 (f_i)					
		1	2	3	4	5	6
0.05	0.0756	0.840	0.498	0.209	0.0617	0.0129	0.00190
0.1	0.896	0.814	0.438	0.156	0.0369	0.00576	0.000595
0.2	0.968	0.800	0.410	0.138	0.0283	0.00380	0.000328
0.3	0.936	0.806	0.422	0.144	0.0318	0.00457	0.000427
0.4	0.858	0.821	0.454	0.169	0.0424	0.00716	0.000815
0.5	0.0753	0.841	0.500	0.210	0.0624	0.0131	0.00195
0.6	0.0631	0.865	0.559	0.2705	0.0978	0.0265	0.00535
0.7	0.0496	0.892	0.633	0.358	0.161	0.0575$_5$	0.0164

续表

离子强度（I）/（mol/kg）	$-\dfrac{\lg f_i}{z_i^2}$	不同离子电荷 z_i 值时的活度系数（f_i）					
		1	2	3	4	5	6
0.8	0.0352	0.922	0.723	0.482	0.273	0.132	0.0541
0.9	0.0201	0.955	0.831	0.659	0.477	0.314	0.189
1.0	0.0044	0.990	0.960	0.913	0.850	0.776	0.694

酸、碱、盐的平均活度系数见表 1-44。酸、碱、盐高浓度溶液的平均活度系数见表 1-45。

表 1-44　酸、碱、盐的平均活度系数（25℃）

化学式	$c/$（mol/L）									
	0.1	0.2	0.3	0.4	0.5	0.6	0.7	0.8	0.9	1.0
$AgNO_3$	0.734	0.657	0.606	0.567	0.536	0.509	0.485	0.464	0.446	0.429
$AlCl_3$	0.337	0.305	0.302	0.313	0.331	0.356	0.388	0.429	0.479	0.539
$Al_2(SO_4)_3$	0.035	0.0225	0.0176	0.0153	0.0143	0.0140	0.0142	0.0149	0.0159	0.0175
$BaCl_2$	0.500	0.444	0.419	0.405	0.397	0.391	0.391	0.391	0.392	0.395
$Ba(ClO_4)_2$	0.524	0.481	0.464	0.459	0.462	0.469	0.477	0.487	0.500	0.513
$BeSO_4$	0.150	0.109	0.0885	0.0769	0.0692	0.0639	0.0600	0.0570	0.0546	0.0530
$CaCl_2$	0.518	0.472	0.455	0.448	0.448	0.453	0.460	0.470	0.484	0.500
$Ca(ClO_4)_2$	0.557	0.532	0.532	0.544	0.564	0.589	0.618	0.654	0.695	0.743
$CdCl_2$	0.2280	0.1638	0.1329	0.1139	0.1006	0.0905	0.0827	0.0765	0.0713	0.0669
$Cd(NO_3)_2$	0.513	0.464	0.442	0.430	0.425	0.423	0.423	0.425	0.428	0.433
$CdSO_4$	0.150	0.103	0.0822	0.0699	0.0615	0.0553	0.0505	0.0468	0.0438	0.0415
$CoCl_2$	0.522	0.479	0.463	0.459	0.462	0.470	0.479	0.492	0.511	0.531
$CrCl_3$	0.331	0.298	0.294	0.300	0.314	0.335	0.362	0.397	0.436	0.481
$Cr(NO_3)_3$	0.319	0.285	0.279	0.281	0.291	0.304	0.322	0.344	0.371	0.401
$Cr_2(SO_4)_3$	0.0458	0.0300	0.0238	0.0207	0.0190	0.0182	0.0181	0.0185	0.0194	0.0208
$CsBr$	0.754	0.694	0.654	0.626	0.603	0.586	0.571	0.558	0.547	0.538
$CsCl$	0.756	0.694	0.656	0.628	0.606	0.589	0.575	0.563	0.553	0.544
CsI	0.754	0.692	0.651	0.621	0.599	0.581	0.567	0.554	0.543	0.533
$CsNO_3$	0.733	0.655	0.602	0.561	0.528	0.501	0.478	0.458	0.439	0.422
$CsOH$	0.795	0.761	0.744	0.739	0.739	0.742	0.748	0.754	0.762	0.771
$CsAc$	0.799	0.771	0.761	0.759	0.762	0.768	0.776	0.783	0.792	0.802
Cs_2SO_4	0.456	0.382	0.338	0.311	0.291	0.274	0.262	0.251	0.242	0.235
$CuCl_2$	0.508	0.455	0.429	0.417	0.411	0.409	0.409	0.410	0.413	0.417
$Cu(NO_3)_2$	0.511	0.460	0.439	0.429	0.426	0.427	0.431	0.437	0.445	0.455
$CuSO_4$	0.150	0.104	0.0829	0.0704	0.0620	0.0559	0.0512	0.0475	0.0446	0.0423
$FeCl_2$	0.5185	0.473	0.454	0.448	0.450	0.454	0.463	0.473	0.488	0.506

续表

化 学 式	c/（mol/L）									
	0.1	0.2	0.3	0.4	0.5	0.6	0.7	0.8	0.9	1.0
HBr	0.805	0.782	0.777	0.781	0.789	0.801	0.815	0.832	0.850	0.871
HCl	0.796	0.767	0.756	0.755	0.757	0.763	0.772	0.783	0.795	0.809
$HClO_4$	0.803	0.778	0.768	0.766	0.769	0.776	0.785	0.795	0.808	0.823
HI	0.818	0.807	0.811	0.823	0.839	0.860	0.883	0.908	0.935	0.963
HNO_3	0.791	0.754	0.735	0.725	0.720	0.717	0.717	0.718	0.721	0.724
H_2SO_4	0.2655	0.2090	0.1826	0.167	0.1557	0.148	0.1417	0.137	0.134	0.1316
KBr	0.772	0.722	0.693	0.673	0.657	0.646	0.636	0.629	0.622	0.617
KCl	0.770	0.718	0.688	0.666	0.649	0.637	0.626	0.618	0.610	0.604
$KClO_3$	0.749	0.681	0.635	0.599	0.568	0.541	0.518	—	—	—
K_2CrO_4	0.456	0.382	0.340	0.313	0.292	0.276	0.263	0.253	0.243	0.235
KF	0.775	0.727	0.700	0.682	0.670	0.661	0.654	0.650	0.646	0.645
$K_3Fe(CN)_6$	0.268	0.212	0.184	0.167	0.155	0.146	0.140	0.135	0.131	0.128
$K_4Fe(CN)_6$	0.139	0.0993	0.0808	0.0693	0.0614	0.0556	0.0512	0.0479	0.0454	—
KH_2PO_4	0.731	0.653	0.602	0.561	0.529	0.501	0.477	0.456	0.438	0.421
KI	0.778	0.733	0.707	0.689	0.676	0.667	0.660	0.654	0.649	0.645
KNO_3	0.739	0.663	0.614	0.576	0.545	0.519	0.496	0.476	0.459	0.443
KOH	0.798	0.760	0.742	0.734	0.732	0.733	0.736	0.742	0.749	0.756
KAc	0.796	0.766	0.754	0.750	0.751	0.754	0.759	0.766	0.774	0.783
KSCN	0.769	0.716	0.685	0.663	0.646	0.633	0.623	0.614	0.606	0.599
K_2SO_4	0.441	0.360	0.316	0.286	0.264	0.246	0.232			
KCH_3CO_2	0.796	0.766	0.754	0.750	0.751	0.754	0.759	0.766	0.774	0.783
LiBr	0.796	0.766	0.756	0.752	0.753	0.758	0.767	0.777	0.789	0.803
LiCl	0.790	0.757	0.744	0.740	0.739	0.743	0.748	0.755	0.764	0.774
$LiClO_4$	0.812	0.794	0.792	0.798	0.808	0.820	0.834	0.852	0.869	0.887
LiI	0.815	0.802	0.804	0.813	0.824	0.838	0.852	0.870	0.888	0.910
$LiNO_3$	0.788	0.752	0.736	0.728	0.726	0.727	0.729	0.733	0.737	0.743
LiOH	0.760	0.702	0.665	0.638	0.617	0.599	0.585	0.573	0.563	0.554
LiAc	0.784	0.742	0.721	0.709	0.700	0.691	0.689	0.688	0.688	0.689
Li_2SO_4	0.468	0.389	0.361	0.337	0.319	0.307	0.297	0.289	0.202	0.277
$MgCl_2$	0.529	0.489	0.477	0.478	0.481	0.491	0.506	0.522	0.544	0.570
$MgSO_4$	0.150	0.107	0.087	0.076	0.068	0.062	0.057	0.054	0.051	0.049
$MnCl_2$	0.516	0.469	0.450	0.442	0.440	0.443	0.448	0.455	0.466	0.479
$MnSO_4$	0.150	0.105	0.085	0.073	0.064	0.058	0.053	0.049	0.046	0.044
NH_4Cl	0.770	0.718	0.687	0.665	0.649	0.636	0.625	0.617	0.609	0.603
NH_4NO_4	0.740	0.677	0.636	0.606	0.582	0.562	0.545	0.530	0.516	0.504

续表

化学式	c/（mol/L）									
	0.1	0.2	0.3	0.4	0.5	0.6	0.7	0.8	0.9	1.0
$(NH_4)_2SO_4$	0.439	0.356	0.311	0.280	0.257	0.240	0.226	0.214	0.205	0.196
$NaBr$	0.782	0.741	0.719	0.704	0.697	0.692	0.689	0.687	0.687	0.687
$NaCH_3CO_2$	0.791	0.757	0.744	0.737	0.735	0.736	0.740	0.745	0.752	0.757
$NaCl$	0.778	0.735	0.710	0.693	0.681	0.673	0.667	0.662	0.659	0.657
$NaClO_3$	0.772	0.720	0.688	0.664	0.645	0.630	0.617	0.606	0.597	0.589
$NaClO_4$	0.775	0.729	0.701	0.683	0.668	0.656	0.648	0.641	0.635	0.629
Na_2CrO_4	0.464	0.394	0.353	0.327	0.307	0.292	0.280	0.269	0.261	0.253
NaF	0.765	0.710	0.676	0.651	0.632	0.616	0.603	0.592	0.582	0.573
$NaNO_3$	0.762	0.703	0.666	0.638	0.617	0.599	0.583	0.570	0.558	0.548
NaH_2PO_4	0.744	0.675	0.629	0.593	0.563	0.539	0.517	0.499	0.483	0.468
NaI	0.787	0.751	0.735	0.727	0.723	0.723	0.724	0.727	0.731	0.736
$NaAc$	0.791	0.757	0.744	0.737	0.735	0.736	0.740	0.745	0.752	0.757
$NaOH$	0.766	0.727	0.708	0.697	0.690	0.685	0.681	0.679	0.678	0.678
$NaSCN$	0.787	0.750	0.731	0.720	0.715	0.712	0.710	0.710	0.711	0.712
Na_2SO_4	0.445	0.365	0.320	0.289	0.266	0.248	0.233	0.221	0.210	0.201
$NiCl_2$	0.522	0.479	0.463	0.460	0.464	0.471	0.482	0.496	0.515	0.563
$NiSO_4$	0.150	0.105	0.084	0.071	0.063	0.056	0.052	0.048	0.045	0.043
$Pb(NO_3)_2$	0.395	0.308	0.260	0.228	0.205	0.187	0.172	0.160	0.150	0.141
$RbBr$	0.763	0.706	0.673	0.650	0.632	0.617	0.605	0.595	0.586	0.578
$RbCl$	0.764	0.709	0.675	0.652	0.634	0.620	0.608	0.599	0.590	0.583
RbI	0.762	0.705	0.671	0.647	0.629	0.614	0.602	0.591	0.583	0.575
$RbNO_3$	0.734	0.658	0.606	0.565	0.534	0.508	0.485	0.465	0.446	0.430
$RbAc$	0.796	0.767	0.756	0.753	0.755	0.759	0.766	0.773	0.782	0.792
Rb_2SO_4	0.451	0.374	0.331	0.301	0.279	0.263	0.249	0.238	0.228	0.219
$SrCl_2$	0.511	0.462	0.442	0.433	0.430	0.431	0.434	0.441	0.449	0.461
$Sr(NO_3)_2$	0.478	0.410	0.373	0.348	0.329	0.314	0.302	0.292	0.283	0.275
$TlClO_4$	0.730	0.652	0.599	0.559	0.527	—	—	—	—	—
$TlNO_3$	0.702	0.606	0.545	0.500	—	—	—	—	—	—
UO_2Cl_2	0.544	0.510	0.520	0.505	0.517	0.532	0.549	0.571	0.595	0.620
$UO_2(NO_3)_2$	0.543	0.512	0.510	0.518	0.534	0.555	0.578	0.608	0.641	0.679
UO_2SO_4	0.150	0.102	0.0807	0.0689	0.0611	0.0566	0.0515	0.0483	0.0458	0.0439
$ZnCl_2$	0.515	0.462	0.432	0.411	0.394	0.380	0.369	0.357	0.348	0.339
$Zn(NO_3)_2$	0.531	0.489	0.474	0.469	0.473	0.480	0.489	0.501	0.518	0.535
$ZnSO_4$	0.150	0.100	0.084	0.071	0.063	0.057	0.052	0.049	0.046	0.044

表 1-45 酸、碱、盐高浓度溶液的平均活度系数（25℃）

m/（mol/kg）	AgNO₃	CsCl	HCl	HClO₄	KOH	LiCl	NH₄NO₃	NaOH
6	0.159	0.480	3.22	4.76	2.14	2.72	0.279	1.296
7	0.142	0.486	4.37	7.44	2.80	3.71	0.2605	1.599
8	0.129	0.496	5.90	11.83	3.66	5.10	0.2451	2.00
9	0.118	0.503	7.94	19.11	4.72	6.96	0.2318	2.54
10	0.108	0.508	10.44	30.8	6.11	9.60	0.2205	3.258
11	0.102	0.512	13.51	50.1	7.87	12.55	0.2104	4.09
12	0.096	—	17.25	80.8	10.2	16.41	0.2016	5.18
13	0.090	—	21.8	129.5	12.8	20.9	0.1936	6.48
14	—	—	27.3	205	15.4	26.2	0.1864	8.02
15	0.085	—	34.1	323	19.9	30.9	0.1797	9.796
16	—	—	42.4	500	23.9	37.9	0.1736	11.55
17	—	—	—	—	—	43.8	0.1679	13.43
18	—	—	—	—	—	49.9	0.1628	15.37
19	—	—	—	—	—	56.3	0.1579	17.33
20	—	—	—	—	46.4	62.4	0.1535	19.41

$$-\lg f_i = \frac{A z_i^2 \sqrt{I}}{1 + B \overset{\circ}{a}\sqrt{I}}$$

式中，f_i 为 i 种离子的活度系数；z_i 为 i 种离子的电荷数；I 为离子强度；$\overset{\circ}{a}$ 为离子体积参数，约等于水溶液中离子的有效半径，可查阅表 1-41；A，B 为常数见表 1-46。

表 1-46 Debye-Hückel 方程式常数（0~100℃）

温度，t/℃	单位体积溶剂中[①]		温度，t/℃	单位体积溶剂中[①]	
	A	B		A	B
0	0.4918	0.3248	55	0.5432	0.3358
5	0.4952	0.3256	60	0.5494	0.3371
10	0.4989	0.3264	65	0.5558	0.3384
15	0.5028	0.3273	70	0.5625	0.3397
20	0.5070	0.3282	75	0.5695	0.3411
25	0.5115	0.3291	80	0.5767	0.3426
30	0.5161	0.3301	85	0.5842	0.3440
35	0.5211	0.3312	90	0.5920	0.3456
40	0.5262	0.3323	95	0.6001	0.3471
45	0.5317	0.3334	100	0.6086	0.3488
50	0.5373	0.3346			

① 单位质量溶剂中（溶质的浓度用质量摩尔浓度表示时）的 A 和 B 值，可通过将本表中相应温度下单位体积溶剂中（此时溶质的浓度用物质的量浓度表示）的 A 和 B 值乘以该温度下水的密度（见表 1-60）的平方根而获得。

第五节 溶液的基本参数

一、化合物在溶剂中的溶解度

重要无机化合物及部分有机化合物在水中的溶解度见表 1-47。

表 1-47 重要无机化合物及部分有机化合物在水中的溶解度

化学式	结晶水	温度,t/℃ 化合物在 100g 水中的溶解度/g										
		0	10	20	30	40	50	60	70	80	90	100
$AgC_2H_3O_2$	—	0.72	0.88	1.04	1.21	1.41	1.64	1.89	2.18	2.52	—	—
$AgCl$	—	—	8.9×10^{-5}	1.5×10^{-4}	—	—	0.0005	—	—	—	—	—
AgF	$2H_2O$	—	119.8	172.0	190.1	222.0	—	—	—	—	—	—
Ag_2CrO_4	—	0.0014	—	—	0.0036	—	0.0053	—	0.008	—	—	0.011
$AgNO_2$	—	0.155	0.220	0.340	0.510	0.715	0.995	1.363	—	—	—	—
AgI	—	—	—	—	3×10^{-7}	—	—	3×10^{-6}	—	—	—	—
$AgNO_3$	—	55.9	62.3	67.8	72.3	76.1	79.2	81.7	83.8	85.4	86.7	87.8
Ag_2SO_4	—	0.56	0.67	0.78	0.88	0.97	1.05	1.13	1.20	1.26	1.32	1.39
$AlCl_3$	$6H_2O$	43.8	44.9	45.9	46.6	47.3	—	48.1	—	48.6	—	49.0
$Al(NO_3)_3$	$9H_2O$	61	67	75.4	81	89	96	108	120	132.5	153	159
$Al_2(SO_4)_3$	$18H_2O$	31.2	33.5	36.4	40.4	45.7	52.2	59.2	66.2	73.1	86.8	89.0
As_2O_3	—	1.19	1.48	1.80	2.27	2.86	3.43	4.11	4.86	5.77	6.72	7.71
As_2O_5	—	59.5	62.1	65.9	69.5	71.2	—	73.0	—	75.2	—	75.7
As_2S_3	—	—	—	5.17×10^{-5} (18℃)	—	—	—	—	—	—	—	—
B_2O_3	—	1.1	1.5	2.2	—	4.0	—	6.2	—	9.5	—	15.7

续表

化合物在100g水中的溶解度/g（温度, $t/℃$）

化学式	结晶水	0	10	20	30	40	50	60	70	80	90	100
$BaBr_2$	$2H_2O$	98	101	104	109	114	118	123	128	135	—	149
$Ba(BrO_3)_2$	H_2O	0.285	0.442	0.656	0.935	1.30	1.74	2.27	2.90	3.61	4.40	5.25
$Ba(C_2H_3O_2)_2$	$3H_2O$	37	63	71	—	—	—	—	—	—	—	—
$Ba(C_2H_3O_2)_2$	H_2O	—	—	—	75	79	77	74	74	—	—	75
$BaCl_2$	$2H_2O$	31.6	33.3	35.7	38.2	40.7	43.6	46.4	49.4	52.4	—	58.8
$Ba(ClO_3)_2$	H_2O	16.90	21.23	23.66	29.43	33.16	36.69	40.05	43.04	45.90	48.70	51.17
$Ba(ClO_4)_2$	$3H_2O$	67.30	70.96	74.30	77.05	79.23	80.92	82.21	83.16	83.88	84.43	84.90
$BaCrO_4$	—	0.0002	0.00028	0.00037	0.00046	—	—	—	—	—	—	—
BaI_2	$7\frac{1}{2}H_2O$	166.6	184.1	203.1	219.6	—	—	—	—	—	—	—
BaI_2	$2H_2O$	—	—	—	—	223.7	234.3	241.3	246.6	257.1	270.4	284.5
$Ba(NO_2)_2$	H_2O	31.1	36.6	41.8	46.8	51.6	56.2	60.5	64.6	68.5	72.1	75.6
$Ba(NO_3)_2$	—	4.7	6.3	8.2	10.2	12.4	14.7	17.0	19.3	21.5	23.5	25.5
$Ba(OH)_2$	$8H_2O$	1.67	2.48	3.89	8.4	19	33	52	74	100	—	—
$BaSO_4$	—	1.15×10^{-4}	2×10^{-4}	2.4×10^{-4}	2.85×10^{-4}	—	3.36×10^{-4}	—	—	4×10^{-4}	—	4.13×10^{-4}
$BaSiF_6$	—	—	—	2.1×10^{-2}	2.7×10^{-2}	3×10^{-2}	3.3×10^{-2}	—	—	—	9×10^{-2}	9×10^{-2}
$Be(NO_3)_2$	$4H_2O$	49.4	—	—	52.3	—	58.6	64.0	—	—	—	—
$BeSO_4$	$4H_2O$	37.0	—	39.9	43.78	46.7	—	55.5	62	—	83	100
$BeSO_4$	$2H_2O$	26.69	27.58	28.61	29.90	31.51	33.39	35.50	37.78	40.21	42.72	45.28
Br_2	—	4.22	3.4	3.20	3.13	—	—	—	—	—	—	—
CO	—	4.4×10^{-3}	3.5×10^{-3}	2.8×10^{-3}	2.4×10^{-3}	2.1×10^{-3}	1.8×10^{-3}	1.5×10^{-3}	1.3×10^{-3}	1.0×10^{-3}	6×10^{-4}	—

续表

化学式	结晶水	温度,t/℃ 化合物在100g水中的溶解度/g										
		0	10	20	30	40	50	60	70	80	90	100
CO_2	—	0.3266	0.2321	0.1720	0.1322	0.1004	0.0865	0.0733	0.0638	0.0567	0.0516	0.0479
$CaBr_2$	$6H_2O$	55	56	59	63	68	71	73	—	—	—	—
$CaBr_2$	$4H_2O$	—	—	—	—	68.1	—	73.5	—	74.7	—	—
$Ca(C_2H_3O_2)_2$	$2H_2O$	37.4	36.0	34.7	33.8	33.2	32.8	32.7	33.0	33.5	—	—
$Ca(C_2H_3O_2)_2$	H_2O	—	—	—	—	—	—	—	—	—	31.1	29.7
$CaCO_3$		8.1×10^{-3}	7.0×10^{-3}	6.5×10^{-3}	5.2×10^{-3}	4.4×10^{-3}	3.8×10^{-3}	—	—	—	—	—
CaC_2O_4		—	6.7×10^{-4} (13℃)	6.8×10^{-4} (25℃)	—	—	9.5×10^{-4}	—	—	14×10^{-4} (95℃)	—	—
$CaCl_2$	$6H_2O$	59.5	65.0	74.5	102	—	—	—	—	—	—	—
$CaCl_2$	$2H_2O$	—	—	—	—	—	—	136.8	141.7	147.0	152.7	159.0
$Ca(HCO_3)_2$	—	0.1615	—	0.1660	—	0.1705	—	0.1750	—	0.1795	—	0.1840
$Ca(H_2PO_4)_2$	—	—	—	15.4(25℃)	—	—	—	—	—	—	—	12.5
CaI_2	—	64.6	66.0	67.6	69.0	70.8	72.4	74.0	76.0	78.0	79.6	81.0
$Ca(IO_3)_2$	$6H_2O$	0.082	0.155	0.243	0.384	0.517	0.590	0.652	0.811	0.655	0.668	—
$Ca(IO_3)_2$	H_2O	—	—	—	—	0.52	0.59	0.65	—	0.80	—	0.95
$Ca(NO_2)_2$	$4H_2O$	62.1	—	76.7	—	196.0	—	—	—	—	—	—
$Ca(NO_2)_2$	$2H_2O$	—	—	—	—	237.5	281.5	—	—	—	—	—
$Ca(NO_3)_2$	$4H_2O$	102.1	115.3	129.3	152.6	—	—	132.5	151.9	—	244.8	—
$Ca(NO_3)_2$	$3H_2O$	—	—	—	—	—	—	—	—	—	—	—
$Ca(NO_3)_2$	—	50.1	53.1	56.7	60.9	65.4	77.8	78.1	78.2	78.3	78.4	78.5
$Ca(OH)_2$	—	0.185	0.176	0.165	0.153	0.141	0.128	0.116	0.106	0.094	0.085	0.077

续表

化学式	结晶水	温度,t/℃										
		化合物在100g水中的溶解度/g										
		0	10	20	30	40	50	60	70	80	90	100
$CaSO_3$	$2H_2O$	—	—	—	4.9×10^{-3}	4.9×10^{-3}	3.5×10^{-3}	3.0×10^{-3}	2.6×10^{-3}	2.3×10^{-3}	2.0×10^{-3}	1.9×10^{-3}
$CaSO_4$	$2H_2O$	0.174	0.191	0.202	0.208	0.210	0.207	0.201	0.193	0.184	0.173	0.163
$CdBr_2$	$4H_2O$	56.2	75.4	98.8	128.8	151.9	—	152.9	—	155.1	—	160.8
$CdCl_2$	$2\frac{1}{2}H_2O$	90.01	122.8	—	—	—	—	—	—	—	—	—
$CdCl_2$	H_2O	135.1	135.1	134.5	—	135.3	—	136.5	—	140.5	—	147.0
$Cd(NO_3)_2$	$9H_2O$	106	—	—	—	—	—	—	—	—	—	—
$Cd(NO_3)_2$	$4H_2O$	—	—	153	—	199	—	—	—	—	—	—
$Cd(NO_3)_2$	—	—	—	—	—	—	—	619	—	646	—	682
$CdSO_4$	$\frac{8}{3}H_2O$	75.4	76.1	—	77.7	78.6	77.1	—	—	—	—	—
$CdSO_4$	H_2O	—	—	—	—	—	—	—	70.3	67.6	64.5	58.4
CdI_2	—	44.1	44.9	45.8	46.8	47.9	49.0	50.2	51.5	52.7	54.1	55.4
$Ce(NH_4)_2(NO_3)_6$	$4H_2O$	—	—	129.3	153.8	183.0	—	196.5	—	—	—	—
$CeNH_4(SO_4)_2$	$4H_2O$	—	—	5.33	—	3.29	—	—	—	20.6	1.05	—
$Ce_2(SO_4)_3$	$9H_2O$	20.98	—	10.08	6.79	—	4.67	3.88	—	—	—	—
$Ce_2(SO_4)_3$	$8H_2O$	16.96	—	9.52	—	5.95	—	—	—	—	—	—
$Ce_2(SO_4)_3$	$5H_2O$	—	—	—	—	6.05	—	3.25	—	—	—	—
$Ce_2(SO_4)_3$	$4H_2O$	—	—	—	—	—	3.42	2.35	—	—	—	—
Cl_2(101.3kPa)	—	1.46	0.980	0.716	0.562	0.451	0.386	0.324	0.274	0.219	0.125	0
$CoCl_2$	$6H_2O$	43.5	47.7	52.9	59.7	69.5	88.7	93.8	95.3	97.6	101.2	106.2
$CoCl_2$	$2H_2O$	—	—	—	—	—	—	—	—	—	—	—

续表

化学式	结晶水	温度,t/℃ 化合物在100g水中的溶解度/g										
		0	10	20	30	40	50	60	70	80	90	100
CoI_2	$6H_2O$	138.1	159.7	187.4	233.3	300.0	376.1	—	—	400.0	—	—
$Co(IO_3)_2$	$2H_2O$	—	—	0.45	0.52	—	0.67	—	—	—	—	1.33
$Co(NO_3)_2$	$6H_2O$	84.05	—	100.0	111.4	126.8	—	—	—	—	—	—
$Co(NO_3)_2$	$3H_2O$	—	—	—	—	—	—	167.4	184.8	220.5	334.8	—
$Co(NO_2)_2$	—	0.076	0.24	0.40	0.60	0.84	—	—	—	—	—	—
$CoSO_4$	$7H_2O$	25.5	30.55	36.21	42.26	49.85	55.2	60.4	65.7	70	—	83
$CoSO_4$	$6H_2O$	—	—	—	—	—	—	55.0	—	—	—	—
$CoSO_4$	H_2O	19.9	23.0	26.1	29.2	32.3	34.4	35.9	35.5	33.2	30.6	27.8
CrO_3	—	62.6	62.3	62.6	63.0	63.5	64.1	64.7	65.5	66.2	67.1	67.9
$CsAl(SO_4)_2$	$12H_2O$	0.34	—	0.46	—	0.89	—	2.00	—	5.49	—	42.54
$CsCl$	—	61.84	63.48	64.96	66.29	67.50	68.60	69.61	70.54	71.40	72.21	72.96
$CsClO_3$	—	2.40	3.87	5.97	8.69	12.15	16.33	21.14	26.45	32.10	37.89	43.42
$CsClO_4$	—	0.79	1.01	1.51	2.57	4.28	6.55	9.29	12.41	15.80	19.39	23.07
CsF	$\frac{3}{2}H_2O$	—	—	366.6(18℃)	—	—	—	160	—	—	—	—
$CsIO_3$	—	1.08	1.59	2.21	3.02	3.96	5.06	6.29	7.70	9.20	10.79	12.45
$CsIO_4$	—	—	2.15(15℃)	—	—	—	—	—	—	—	—	—
$CsNO_3$	—	8.46	13.0	18.6	25.1	32.0	39.0	45.7	51.9	57.3	62.1	66.2
$CsOH$	—	—	79.41(15℃)	—	75.18	—	—	—	—	—	—	—
Cs_2PtCl_6	—	4.7×10^{-3}	6.4×10^{-3}	8.6×10^{-3}	11.9×10^{-3}	15.8×10^{-3}	21.2×10^{-3}	29.0×10^{-3}	38.9×10^{-3}	52.5×10^{-3}	67.5×10^{-3}	91.5×10^{-3}

续表

化学式	结晶水	温度,t/℃ 化合物在100g水中的溶解度/g										
		0	10	20	30	40	50	60	70	80	90	100
Cs_2SO_4	—	62.6	63.4	64.1	64.8	65.5	66.1	66.7	67.3	67.8	68.3	68.8
$CuBr_2$	$4H_2O$	107.5	116.0	126.8	127.7	—	131.4	—	—	—	—	—
$CuCl$	—	—	—	1.52(25℃)	—	—	—	—	—	—	—	—
$CuCl_2$	$4H_2O$	68.6	70.9	—	—	—	—	—	—	—	—	—
$CuCl_2$	$2H_2O$	—	—	72.7	77.3	80.8	84.2	87.6	92.3	96.1	103.6	110.0
CuI_2	—	—	—	1.107	—	—	—	—	—	—	—	—
$Cu(IO_3)_2$	H_2O	—	—	0.153	—	—	—	—	—	—	—	0.65
$Cu(NH_4)_2Cl_4$	$2H_2O$	28.24	—	35.05	—	43.82	—	56.57	—	76.56	—	—
$Cu(NO_3)_2$	$6H_2O$	81.8	100.0	124.8	154.4	—	—	—	—	—	—	—
$Cu(NO_3)_2$	$3H_2O$	—	—	—	—	163.1	171.8	181.8	194.1	207.8	222.5	247.3
$CuSO_4$	$5H_2O$	14.3	17.4	20.7	25.0	28.5	33.3	40.0	47.1	55	64.2	75.4
$FeBr_2$	$6H_2O$	102.1	—	115.0	122.3	128.3	—	143.9	—	159.7	—	177.8
$FeCl_2$	$4H_2O$	—	64.5	—	73.0	77.3	82.5	88.7	—	100.0	—	—
$FeCl_2$	$2H_2O$	74.4	81.8	91.9	106.8	—	—	—	—	—	105.3	105.8
$FeCl_3$	$6H_2O$	—	—	—	—	—	315.2	—	—	—	—	—
$FeCl_3$	$2H_2O$	—	—	—	—	—	—	—	—	—	—	—
$FeCl_3$	—	42.7	44.9	47.9	51.6	74.8	76.7	84.6	84.3	84.3	84.4	84.7
$Fe(NO_3)_3$	$6H_2O$	78.03	—	83.03	—	—	—	166.6	—	—	—	—
$FeSO_4$	$7H_2O$	15.65	20.5	26.5	32.9	40.2	48.6	—	—	—	—	—
$FeSO_4$	H_2O	13.5	17.0	20.8	24.8	28.8	32.8	35.5	33.6	30.4	27.1	24.7

续表

化学式	结晶水	温度,t/℃ 化合物在100g水中的溶解度/g										
		0	10	20	30	40	50	60	70	80	90	100
H_2	—	1.982×10^{-4}	1.740×10^{-4}	1.603×10^{-4}	1.474×10^{-4}	1.384×10^{-4}	1.287×10^{-4}	1.178×10^{-4}	1.021×10^{-4}	0.790×10^{-4}	0.461×10^{-4}	0
H_3BO_3	—	2.61	3.57	4.77	6.27	8.10	10.3	12.9	15.9	19.3	23.1	27.3
HBr	—	221.2	210.3	198.2	—	—	171.3	—	—	—	—	130.0
$H_2C_2O_4$（草酸）	$2H_2O$	3.54	6.08	9.52	14.3	21.5	31.4	44.3	65.0	84.5	119.8	—
$H_2C_4H_4O_4$（琥珀酸）	—	2.80	4.50	6.91	10.62	16.1	24.4	35.9	51.1	70.9	—	121.3
$H_2C_4H_4O_6$（酒石酸）	—	115.0	126.3	139.2	156.4	176.2	195.0	218.5	244.8	273.2	—	344.4
$H_3C_6H_5O_7$（柠檬酸）	H_2O	96	118	146	183	—	—	—	—	—	—	—
$H_3C_6H_5O_7$（柠檬酸）	—	—	—	—	—	216	244	278	—	371	—	526
$HC_7H_5O_2$（苯甲酸）	—	0.17	0.21	0.29	0.41	0.56	0.78	1.16	—	2.71	—	5.88
$HC_7H_5O_3$（水杨酸）	—	0.090	0.14	0.22	0.30	0.42	0.64	0.90	1.39	2.26	3.89	8.12
HCl	—	82.3	—	—	67.3	63.3	59.6	56.1	—	—	—	—
HIO_3	—	236.7	—	257.1	—	280.2	—	314.9	—	360.8	—	20.8
H_2S	—	0.699	0.502	0.392	0.314	0.258	0.217	0.186	0.162	0.144	0.130	0.119
H_2SeO_3	—	90.1	122.3	166.6	235.6	344.4	380.7	383.0	383.0	383.0	385.4	—
H_2SeO_4	H_2O	426.3	—	566.6	—	—	—	—	—	—	—	—
H_2SeO_4	—	—	—	—	132.5	1718	2753	∞	—	—	—	—
H_2TeO_4	$6H_2O$	16.17	35.52	—	—	—	—	—	—	—	—	—
H_2TeO_4	$2H_2O$	—	33.85	—	50.05	57.19	—	77.54	—	106.4	—	155.3
$HgBr$	—	—	—	3.9×10^{-6} (25℃)	—	—	—	—	—	—	—	—

续表

温度,t/℃ 化合物在100g水中的溶解度/g

化学式	结晶水	0	10	20	30	40	50	60	70	80	90	100
$HgBr_2$	—	0.26	0.37	0.52	0.72	0.96	1.26	1.63	2.08	2.61	3.23	3.95
$Hg(CN)_2$	—	6.57	7.83	9.33	11.1	13.1	15.5	18.2	21.2	24.6	28.3	32.3
$HgCl_2$	—	4.24	5.05	6.17	7.62	9.53	12.02	15.18	19.16	24.06	29.90	36.62
Hg_2Cl_2	—	1.4×10^{-4}	—	2×10^{-4}	7×10^{-4}	—	—	—	—	—	—	—
I_2	—	1.62×10^{-2}	1.9×10^{-2}	2.9×10^{-2}	4.0×10^{-2}	5.6×10^{-2}	7.8×10^{-2}	10.6×10^{-2}	—	—	—	5.2
$KAl(SO_4)_2$	$12H_2O$	3.0	4.0	5.9	8.4	11.7	17.0	24.8	40.0	71.0	109.0	154
$KAuBr_4$	$2H_2O$	18.3(15℃)	—	—	—	—	—	—	—	—	—	192
$KAuCl_4$	$2H_2O$	—	38.3	61.8	94.9	145	233	405	—	—	—	—
$KBeF_3$	—	—	—	2.0	—	—	—	—	—	—	—	—
KBr	—	35.0	37.3	39.4	41.4	43.2	44.8	46.2	47.6	48.8	49.8	50.8
$KBrO_3$	—	2.97	4.48	6.42	8.79	11.57	14.71	18.14	21.79	25.57	29.42	33.28
$KC_2H_3O_2$	$1\frac{1}{2}H_2O$	216.7	233.9	255.6	283.8	323.3	—	—	—	—	—	—
$K_2C_2H_3O_2$	$1/2H_2O$	—	—	—	—	—	337.3	350.0	364.8	380.1	396.3	—
KCN	—	63	—	71.6(15℃)	—	—	81	—	—	95	—	122
K_2CO_3	$1\frac{1}{2}H_2O$	105.3	108.3	110.5	113.7	116.9	121.3	126.8	133.5	139.8	147.5	155.7
$K_2C_2O_4$	H_2O	20.3	23.7	26.4	28.6	30.8	33.0	35.1	37.2	39.5	41.3	44.0
KCl	—	21.74	23.61	25.39	27.04	28.59	30.04	31.40	32.66	33.86	34.99	36.05
$KClO_3$	—	3.03	4.67	6.74	9.21	12.06	15.26	18.78	22.65	26.88	31.53	36.65
$KClO_4$	—	0.70	1.10	1.67	2.47	3.54	4.94	6.74	8.99	11.71	14.94	18.67
K_2CrO_4	—	37.1	38.1	38.9	39.8	40.5	41.3	41.9	42.6	43.2	43.8	44.3

续表

化学式	结晶水	温度,t/℃ 化合物在100g水中的溶解度/g										
		0	10	20	30	40	50	60	70	80	90	100
$K_2Cr_2O_7$	—	4.30	7.12	10.9	15.5	20.8	26.3	31.7	36.9	41.5	45.5	48.9
$KCr(SO_4)_2$	$12H_2O$	—	—	12.51 (25℃)	—	—	—	—	—	—	—	—
KF	$4H_2O$	44.72	53.55	—	—	—	—	—	—	—	—	—
KF	$2H_2O$	—	—	94.93	108.1	—	—	—	—	—	—	—
KF	—	30.90	39.8	47.3	53.2	—	—	—	—	60.0	—	—
$K_3[Fe(CN)_6]$	—	23.9	27.6	31.1	34.3	37.2	39.6	41.7	43.5	45.0	46.1	47.0
$K_4[Fe(CN)_6]$	$3H_2O$	12.5	17.3	22.0	25.6	29.2	32.5	35.5	38.2	40.6	41.4	43.1
$KHCO_3$	—	18.62	21.73	24.92	28.13	31.32	34.46	37.51	40.45	—	—	—
$KH_3(C_2O_4)_2$	$2H_2O$	1.27	—	—	4.29	—	—	12.0	—	—	—	66.7
$KHC_4H_4O_6$ (酒石酸氢钾)	—	0.32	0.40	0.53	0.90	1.3	1.8	2.5	—	4.6	—	7.0
$KHC_8H_4O_4$ (邻苯二甲酸氢钾)	—	—	—	10	—	—	—	—	—	—	—	33
KHF_2	—	24.53	30.10	39.18	—	56.37	—	78.83	—	114.0	—	—
KH_2PO_4	—	11.74	14.91	18.25	21.77	25.28	28.95	32.76	36.75	40.96	45.41	50.12
$KHSO_4$	—	27.1	29.7	32.3	35.0	37.8	40.5	43.4	46.2	49.02	51.82	54.6
KI	—	56.0	57.6	59.0	60.4	61.6	62.8	63.8	64.8	65.7	66.6	67.4
KIO_3	—	4.53	5.96	7.57	9.34	11.09	13.22	15.29	17.41	19.58	21.78	24.03
KIO_4	—	0.16	0.22	0.37	0.70	1.24	1.96	2.83	3.82	4.89	6.02	7.17
$KMnO_4$	—	2.74	4.12	5.96	8.28	11.11	14.42	18.61	—	—	—	—

续表

化学式	结晶水	温度,t/℃ 化合物在100g水中的溶解度/g										
		0	10	20	30	40	50	60	70	80	90	100
KNO_2	—	73.7	74.6	75.3	76.0	76.7	77.4	78.0	78.5	79.1	79.6	80.1
KNO_3	—	12.0	17.6	24.2	31.3	38.6	45.7	52.2	58.0	63.0	67.3	70.8
$KNaC_4H_4O_6$	$4H_2O$	28.4	40.6	54.8	76.4	—	—	—	—	—	—	—
KOH	$2H_2O$	97	103	112	126	136	140	147	—	—	—	—
KOH	H_2O	—	—	—	—	—	—	—	—	160	—	178
K_2PtCl_6	—	0.74	0.90	1.12	1.41	1.76	2.17	2.64	3.19	3.79	4.45	5.18
$KSCN$	—	177	196	217.5	255	290	325	372	420	488	575	674
K_2SO_3	—	51.30	51.39	51.49	51.62	51.76	51.93	52.11	52.32	52.54	52.79	53.16
K_2SO_4	—	7.11	8.46	9.55	11.4	12.9	14.2	15.5	16.7	17.7	18.6	19.3
$K_2S_2O_5$	—	22.1	26.7	31.1	35.2	39.0	42.6	46.0	49.1	52.0	54.6	—
$K_2S_2O_8$	—	1.8	2.7	4.7	7.7	11.0	—	—	—	—	—	—
$KSbOC_4H_4O_6$	$\frac{1}{2}H_2O$	—	5.3	8.0	12.2	—	—	—	31.2 (75℃)	—	—	35.9
$KSiF_6$	—	—	—	0.12	—	0.25	—	—	—	0.46	—	0.954
$La_2(SO_4)_3$	$9H_2O$	3.0	—	—	1.9	—	1.5	—	—	—	—	0.69
$LiBr$	$2H_2O$	143	166	177	191	205	—	—	—	—	—	—
$LiBr$	H_2O	—	—	—	—	—	214	224	—	225	—	226
$LiCO_3$	—	1.54	1.43	1.33	1.24	1.15	1.07	0.99	0.92	0.85	0.78	0.72
$LiCl$	H_2O	40.45	42.46	45.29	46.25	47.30	48.47	49.78	51.27	52.98	54.98	56.34
LiF	—	0.120	0.126	0.131	—	—	—	—	—	—	—	—

温度,t/℃

化合物在 100g 水中的溶解度/g

化学式	结晶水	0	10	20	30	40	50	60	70	80	90	100
LiI	$3H_2O$	151	157	165	171	179	187	202	230	—	—	—
LiI	H_2O	—	—	—	—	—	—	—	—	435	—	481
$LiNO_3$	$3H_2O$	53.4	61.0	74.5	132.5	—	—	—	—	—	—	—
$LiNO_3$	$\frac{1}{2}H_2O$	—	—	—	—	145.1	156.4	174.8	—	—	—	—
$LiNO_3$	—	34.8	37.6	42.7	57.9	60.1	62.2	64.0	65.7	67.2	68.5	69.7
LiOH	H_2O	10.0	10.8	11.0	11.3	11.7	12.2	12.7	13.4	14.2	15.1	16.1
Li_2SO_4	H_2O	26.3	25.9	25.6	25.3	25.0	24.8	24.5	24.3	24.0	23.8	23.6
$MgBr_2$	$6H_2O$	49.3	49.8	50.3	50.9	51.5	52.1	52.8	53.5	54.2	55.0	55.7
$MgCl_2$	$6H_2O$	33.96	34.85	35.58	36.20	36.77	37.34	37.97	38.71	39.62	40.75	42.15
MgI_2	$8H_2O$	120.8	—	139.8	—	173.2	—	—	—	185.7	—	—
$MgNH_4AsO_4$	$6H_2O$	2.3×10^{-2}	—	3.8×10^{-2}	—	—	—	—	—	2.4×10^{-2}	—	—
$MgNH_4PO_4$	$6H_2O$	—	—	5.2×10^{-2}	—	4×10^{-2}	—	4×10^{-2}	—	1.9×10^{-2}	—	—
$Mg(NO_3)_2$	$6H_2O$	38.4	39.5	40.8	42.4	44.1	45.9	47.9	50.0	52.2	70.6	72.0
$MgSO_4$	$7H_2O$	—	30.9	35.5	40.8	45.6	—	—	—	—	—	—
$MgSO_4$	$6H_2O$	40.8	42.3	44.5	45.4	—	50.4	55.0	59.5	64.2	68.9	73.9
$MgSO_4$	H_2O	—	—	—	—	—	—	—	—	62.9	—	68.3
$MnBr_2$	$4H_2O$	127.3	135.8	146.9	157.0	168.9	181.8	196.7	212.5	—	—	—
$MnBr_2$	$2H_2O$	—	—	—	—	—	—	—	—	224.7	225.7	227.9
$MnCl_2$	$4H_2O$	63.4	68.1	73.9	80.7	88.6	98.2	—	—	—	—	—

续表

化合物在100g水中的溶解度/g，温度 t/℃

化学式	结晶水	0	10	20	30	40	50	60	70	80	90	100
$MnCl_2$	$2H_2O$	—	—	—	—	—	—	108.6	110.6	112.7	114.1	115.3
$Mn(H_2BO_3)_2$	H_2O	—	0.19 (14℃)	—	—	—	0.69	—	—	—	—	—
$Mn(NO_3)_2$	$6H_2O$	102.0	117.9	142.8	—	—	—	—	—	—	—	—
$Mn(NO_3)_2$	$3H_2O$	—	—	—	206.5	—	—	—	—	—	—	—
$MnSO_4$	$7H_2O$	53.23	60.01	62.9	67.76	—	—	—	—	—	—	—
$MnSO_4$	$5H_2O$	—	59.5	64.5	66.4	68.8	72.6	—	—	—	—	—
$MnSO_4$	$4H_2O$	—	—	—	—	—	58.2	55.0	52.0	48.0	42.5	34.0
$MnSO_4$	H_2O	—	—	—	—	—	—	—	—	—	—	—
MoO_3	—	—	—	0.138	0.264	0.476	0.687	1.206	2.055	2.106	—	—
NH_3	—	89.9	68.3	52.9	40.9	31.6	23.5	16.8	11.1	7.4	3.0	0.0
$NH_4Al(SO_4)_2$	$12H_2O$	2.72	4.81	7.17	10.10	14.29	19.1	26.8	37.7	53.9	98.2	120.7
NH_4Br	—	37.5	40.2	42.7	45.1	47.3	49.4	51.3	53.0	54.6	56.1	57.4
$(NH_4)_2C_2O_4$	H_2O	2.4	3.2	4.5	6.0	8.2	10.7	—	—	—	—	—
NH_4Cl	—	22.92	25.12	27.27	29.39	31.46	33.50	35.49	37.46	39.40	41.33	43.24
NH_4ClO_4	—	10.8	14.1	17.8	21.7	25.8	29.8	33.6	33.7	40.7	43.8	46.6
$(NH_4)_2Co(SO_4)_2$	$6H_2O$	6.0	9.5	13.0	17.0	22.0	27.0	33.5	40.0	49.0	—	—
$(NH_4)_2CrO_4$	—	25.01	—	32.96	40.4	—	51.87	—	81.83 (75℃)	—	—	—
$(NH_4)_2Cr_2O_7$	—	18.26	—	35.6	46.5	58.5	71.4	86.0	—	115.0	—	155.6

续表

化学式	结晶水	温度,t/℃ 化合物在100g水中的溶解度/g										
		0	10	20	30	40	50	60	70	80	90	100
$NH_4Cr(SO_4)_2$	$12H_2O$	3.9	—	—	11.9	18.3	—	—	—	—	—	—
$NH_4Cr(SO_4)_2$	$12H_2O$	3.9	—	—	19.0	32.8	—	—	—	—	—	—
NH_4F	—	41.7	43.2	44.7	46.3	47.8	49.3	50.9	52.5	54.1	—	—
$(NH_4)_2Fe(SO_4)_2$	$6H_2O$	17.8	—	26.9	—	38.5	—	53.4	—	73.0	—	—
$NH_4Fe(SO_4)_2$	$12H_2O$	—	—	124	—	—	—	—	—	—	—	400
NH_4HCO_3	—	10.6	13.7	17.6	22.4	27.9	34.2	41.4	49.3	58.1	67.6	78.0
$NH_4H_2PO_3$	—	171	190 (14.5℃)	—	260	—	—	—	—	—	—	—
$NH_4H_2PO_4$	—	17.8	22.0	26.4	31.2	36.2	41.6	47.2	53.0	59.2	65.7	72.4
$(NH_4)_2HPO_4$	—	36.4	38.2	40.0	42.0	44.1	46.2	48.5	50.9	53.3	55.9	58.6
NH_4I	—	60.7	62.1	63.4	64.6	65.8	66.8	67.8	68.7	69.6	70.4	71.1
NH_4LiSO_4	—	—	55.24	—	55.94	—	56.24	—	56.70	—	—	—
NH_4NO_3	—	54.0	60.1	65.5	70.3	74.3	77.7	80.8	83.4	85.8	88.2	90.3
NH_4MgPO_4	$6H_2O$	0.023	0.7	0.052	—	0.036	0.030	0.040	0.016	0.019	—	—
$(NH_4)_2PtCl_6$	—	—	—	—	—	—	—	—	—	—	—	—
NH_4MnPO_4	$7H_2O$	—	—	0	—	0	—	0	0.005	0.007	—	—
NH_4SCN	—	119.8	143.9	170.2	207.7	—	235	—	347	—	—	—
$(NH_4)_2SO_4$	—	41.3	42.1	42.9	43.8	44.7	45.6	46.6	47.5	48.5	49.5	50.5
$(NH_4)_2S_2O_8$	—	37.00	40.45	43.84	47.11	50.25	53.28	56.23	59.13	62.00	—	—

化学式	结晶水	温度, $t/℃$ 化合物在 100g 水中的溶解度/g										
		0	10	20	30	40	50	60	70	80	90	100
$(NH_4)_3SbS_4$	$4H_2O$	71.2	—	91.2	119.8	—	—	—	—	—	—	—
$(NH_4)_2SeO_4$	—	—	1.22 (12℃)	—	—	—	—	—	—	—	—	—
$(NH_4)_2SiF_6$	—	—	—	18.6	—	—	—	—	—	—	—	55.5
NH_4VO_3	$10H_2O$	—	—	4.8	8.4	13.2	17.8	—	30.5	—	—	—
$NO(101.3kPa)$	—	$9.84×10^{-3}$	$7.57×10^{-3}$	$6.18×10^{-3}$	$5.17×10^{-3}$	$4.40×10^{-3}$	$3.76×10^{-3}$	$3.24×10^{-3}$	$2.67×10^{-3}$	$1.99×10^{-3}$	$1.14×10^{-3}$	0
$N_2O(101.3kPa)$	—	—	0.171	0.124	—	—	—	—	—	—	—	—
$Na_2B_4O_7$	$10H_2O$	1.3	1.6	2.7	3.9	6.7	10.5	20.3	—	—	—	—
$Na_2B_4O_7$	$5H_2O$	—	—	—	—	—	—	—	24.4	31.5	41.0	52.5
$NaBeF_3$	—	—	—	1.4	—	—	—	—	—	—	—	2.8
$NaBr$	$2H_2O$	79.5	—	90.5	97.6	105.8	116.0	—	—	—	—	—
$NaBr$	—	44.4	45.9	47.7	49.6	51.6	53.7	54.1	54.3	54.5	54.7	54.9
$NaBrO_3$	—	20.0	23.22	26.65	29.86	32.83	35.55	38.05	40.37	42.52	—	90.9
$NaC_2H_3O_2$	$3H_2O$	36.3	40.8	46.5	54.5	65.5	83	139	—	—	—	—
$NaC_2H_3O_2$	—	—	—	—	126	129.5	134	139.5	146	153	161	170
Na_2CO_3	$10H_2O$	7	12.5	21.5	38.8	48.5	—	—	—	—	—	—
Na_2CO_3	H_2O	—	—	—	50.5	—	—	46.4	46.2	45.8	45.7	45.5
$Na_2C_2O_4$	—	2.62	2.95	3.30	3.65	4.00	4.36	4.71	5.06	5.41	5.75	6.08
$NaCl$	—	26.28	26.32	26.41	26.52	26.67	26.84	27.03	27.25	27.50	27.78	28.05

温度,t/℃　　化合物在100g水中的溶解度/g

化学式	结晶水	0	10	20	30	40	50	60	70	80	90	100
NaClO	—	29.4	36.4	53.4	100.0	110.5	129.9	—	—	—	—	—
NaClO$_3$	—	44.27	46.67	50.1	51.2	53.6	55.5	57.0	58.5	60.5	63.3	67.1
NaClO$_4$	H$_2$O	167	—	181	—	243	—	—	—	—	—	—
NaClO$_4$	—	61.9	64.1	66.2	68.3	70.4	72.5	74.1	74.7	75.4	76.1	76.7
Na$_2$CrO$_4$	10H$_2$O	31.70	50.17	88.7	—	—	—	—	—	—	—	—
Na$_2$CrO$_4$	4H$_2$O	—	—	—	88.7	95.94	104.1	114.6	—	—	—	—
Na$_2$CrO$_4$	—	—	—	—	—	—	—	—	123.1	124.8	—	126.2
Na$_2$Cr$_2$O$_7$	2H$_2$O	163.0	170.2	180.1	196.7	220.5	248.4	283.1	323.8	—	—	—
Na$_2$Cr$_2$O$_7$	—	—	—	—	—	—	—	—	—	385.4	—	431.9
NaF	—	3.52	3.72	3.89	4.05	4.40	4.34	4.46	4.57	4.66	4.75	4.82
Na$_4$[Fe(CN)$_6$]	10H$_2$O	—	—	17.9	—	30	—	—	—	—	—	63
Na$_2$HAsO$_4$	12H$_2$O	5.9	16.4	33.9	49.3	69.5	99.4	144	184	186	189	198
NaHCO$_3$	—	6.48	7.59	8.73	9.91	11.13	12.40	13.70	15.02	16.37	17.73	19.10
NaH$_2$PO$_4$	2H$_2$O	57.9	69.9	85.2	106.5	138.2	—	—	—	—	—	—
NaH$_2$PO$_4$	H$_2$O	—	—	—	—	—	158.6	—	—	—	—	—
NaH$_2$PO$_4$	—	36.54	41.07	46.00	51.54	57.89	61.7	62.3	65.9	68.7	225.3	246.6
Na$_2$HPO$_4$	12H$_2$O	1.67	3.6	7.7	20.8	—	—	—	—	—	—	—
Na$_2$HPO$_4$	7H$_2$O	—	—	—	—	51.8	—	—	—	—	—	—
Na$_2$HPO$_4$	2H$_2$O	—	—	—	—	—	80.2	82.9	88.1	92.4	102.9	—
Na$_2$HPO$_4$	—	—	—	—	—	—	—	—	—	—	—	102.2

续表

化学式	结晶水	温度,t/℃ 化合物在100g水中的溶解度/g										
		0	10	20	30	40	50	60	70	80	90	100
NaI	2H$_2$O	158.7	168.6	178.7	190.3	205.0	227.8	256.8	—	—	—	—
NaI	—	—	—	—	—	—	—	—	294	296	300	302
NaIO$_3$	H$_2$O	2.5	4.6	9.1	11.0	13.3	16.3	19.8	23.5	—	—	—
NaIO$_3$	—	2.43	4.40	7.78	9.60	11.67	13.99	16.52	19.25	21.1	22.9	24.7
Na$_2$MoO$_4$	10H$_2$O	44.3	64.7	—	—	—	—	—	—	—	—	—
Na$_2$MoO$_4$	2H$_2$O	—	—	65.0	66.1	—	70.7	—	—	—	—	83.8
NaNO$_2$	—	41.9	43.4	45.1	46.8	48.7	50.7	52.8	55.0	57.2	59.5	61.8
NaNO$_3$	—	42.2	44.4	46.6	48.8	51.0	53.2	55.3	57.5	59.6	61.7	63.8
NaOH	4H$_2$O	42	51	—	—	—	—	—	—	—	—	—
NaOH	H$_2$O	—	—	109	119	129	145	174	—	—	—	—
NaOH	—	—	—	—	—	—	—	—	299	313.7	—	347
Na$_3$PO$_4$	12H$_2$O	4.28	7.30	10.8	14.1	16.6	22.9	28.4	32.4	37.6	40.4	43.5
Na$_4$P$_2$O$_7$	10H$_2$O	2.23	3.28	4.81	7.00	10.10	14.38	20.07	27.31	36.03	32.37	30.67
Na$_2$S	9H$_2$O	—	15.42	18.8	22.6	28.5	—	—	—	—	—	—
Na$_2$S	6H$_2$O	—	—	—	—	—	36.4	39.1	43.31	49.15	57.28	—
Na$_2$S	5.5H$_2$O	—	—	—	—	—	39.82	42.69	45.73	51.40	59.23	—
Na$_2$SO$_3$	7H$_2$O	13.9	20	26.9	36	—	—	—	—	—	—	—
Na$_2$SO$_3$	—	12.0	16.1	20.9	26.3	27.3	25.9	24.8	23.7	22.8	22.1	21.5
Na$_2$SO$_4$	10H$_2$O	5.0	9.0	19.4	40.8	—	—	—	—	—	—	—
Na$_2$SO$_4$	7H$_2$O	19.5	30	44	—	—	—	—	—	—	—	—

续表

化学式	结晶水	温度,t/℃ 化合物在100g水中的溶解度/g										
		0	10	20	30	40	50	60	70	80	90	100
Na_2SO_4	—	—	—	—	50.4	48.8	46.7	45.3	44.1	43.7	42.9	42.5
$Na_2S_2O_3$	$5H_2O$	52.5	61.0	70.0	84.7	102.6	—	—	—	—	—	—
$Na_2S_2O_3$	$2H_2O$	—	—	—	—	—	—	206.6	—	—	—	—
$Na_2S_2O_3$	$7H_2O$	33.1	36.3	40.6	45.9	52.0	62.3	65.7	68.8	69.4	70.1	71.0
$Na_2S_2O_5$	$10H_2O$	45.5	—	—	—	—	—	—	—	—	—	—
$Na_2S_2O_5$		—	—	65.3	—	71.1	—	79.9	—	88.7	—	100
Na_2SeO_4		—	—	—	78.74	—	—	—	—	—	—	—
Na_2SeO_4		—	—	—	—	—	80.15	—	—	—	—	72.83
Na_2SiF_6	$2H_2O$	0.43	—	0.73	—	1.03	—	—	—	1.86	—	2.46
$NaVO_3$		—	—	15.3 (25℃)	—	30.2	—	68.4	—	—	—	—
$NaVO_3$		—	—	21.10 (25℃)	—	26.23	—	32.97	36.9	38.8 (75℃)	—	—
Na_2WO_4	$10H_2O$	57.58	—	—	—	—	—	—	—	—	—	—
Na_2WO_4	$2H_2O$	41.6	41.9	42.3	42.9	43.6	44.4	45.3	46.2	47.3	48.4	49.5
$Nd_2(SO_4)_3$	$8H_2O$	9.6	—	7.1	5.3	4.1	3.3	2.8	2.5	1.2	1.2	1.2
$NiBr_2$	$3H_2O$	112.8	122.3	130.9	138.1	144.5	150.0	152.5	—	153.3	—	155.1
$NiCl_2$	$6H_2O$	51.7	—	55.3	—	—	—	—	—	—	—	—
$NiCl_2$	$4H_2O$	—	—	—	—	72.5	—	80.5	—	—	—	—
$NiCl_2$	$2H_2O$	—	—	—	—	—	—	—	—	86.9	—	88.0
NiI_2	—	55.40	57.68	59.78	61.50	62.80	63.73	64.38	64.80	65.09	65.30	—

续表

化学式	结晶水	温度,t/℃ 化合物在100g水中的溶解度/g										
		0	10	20	30	40	50	60	70	80	90	100
$Ni(NH_4)_2(SO_4)_2$	$6H_2O$	—	3.2	5.9	7.8	11.5	14.4	17.0	19.8	25.5	—	—
$Ni(NO_3)_2$	$6H_2O$	79.58	—	96.32	—	122.3	—	—	—	—	—	—
$Ni(NO_3)_2$	$4H_2O$	—	—	—	—	—	—	163.1	177.4	—	—	—
$Ni(NO_3)_2$	$2H_2O$	44.1	46.0	48.4	51.3	54.6	58.3	61.0	63.1	65.6	67.9	69.0
$NiSO_4$	$7H_2O$	27.22	32	—	42.46	—	—	—	—	—	—	—
$NiSO_4$	$6H_2O$	21.4	24.4	27.4	30.3	32.0	34.1	35.8	37.7	39.9	42.3	44.8
O_2	—	6.948×10^{-3}	5.370×10^{-3}	4.339×10^{-3}	3.508×10^{-3}	3.081×10^{-3}	2.657×10^{-3}	2.274×10^{-3}	1.857×10^{-3}	1.381×10^{-3}	7.87×10^{-4}	0
O_3	—	3.9×10^{-3}	2.9×10^{-3}	2.1×10^{-3}	7×10^{-4}	4×10^{-4}	1×10^{-4}	0	—	—	—	—
$PbBr_2$	—	0.449	0.620	0.841	1.118	1.46	1.89	2.36	—	3.34	—	4.75
$Pb(C_2H_3O_2)_2$	$3H_2O$	—	45.6 (15℃)	55.0 (25℃)	—	—	—	—	—	—	—	200
$PbCO_3$	—	—	—	0.00011	—	—	—	—	—	—	—	—
$PbCl_2$	—	0.66	0.81	0.98	1.17	1.39	1.64	1.93	2.24	2.60	2.99	3.42
$PbCrO_4$	—	—	—	4.3×10^{-6}	—	—	—	—	—	—	—	—
PbF_2	—	—	0.060	0.064	0.068	—	—	—	—	—	—	—
PbI_2	—	0.041	0.052	0.067	0.086	0.112	0.144	0.187	0.243	0.315	—	43.6×10^{-2}
$Pb(NO_3)_2$	—	28.46	32.13	35.67	39.05	42.22	45.17	47.90	50.42	52.72	54.82	56.75
$PbSO_4$	—	3.3×10^{-3}	3.8×10^{-3}	4.2×10^{-3}	4.7×10^{-3}	5.2×10^{-3}	5.8×10^{-3}	—	—	—	—	—
$RbAl(SO_4)_2$	$12H_2O$	0.72	—	2.59	—	3.52	—	7.39	—	43.25	—	69

化学式	结晶水	温度,t/℃ 化合物在100g水中的溶解度/g										
		0	10	20	30	40	50	60	70	80	90	100
RbCl	—	43.58	45.65	47.53	49.27	50.86	52.34	53.67	54.92	56.08	57.16	58.15
RbClO₃	—	2.10	3.38	5.14	7.45	10.38	13.85	17.93	22.53	27.57	32.96	38.60
RbClO₄	—	0.5	0.6	1.0	1.5	2.3	3.5	4.85	6.72	9.2	12.7	18
RbNO₃	—	16.4	25.0	34.6	44.2	53.1	60.8	67.2	72.2	76.1	79.0	81.2
Rb₂PtCl₆	—	13.7×10^{-3}	20.0×10^{-3}	28.2×10^{-3}	39.7×10^{-3}	56.5×10^{-3}	—	99.7×10^{-3}	—	182×10^{-3}	—	334×10^{-3}
Rb₂SO₄	—	27.3	30.0	32.5	34.8	36.9	38.7	40.3	41.8	43.0	44.1	44.9
SO₂	—	22.83	16.21	11.29	7.81	5.41	4.5	3.2	2.6	2.1	1.8	—
SbCl₃	—	601.6	—	931.5	1068.0	1368.0	1917.0	4531.0	—	∞	—	—
SbF₃	—	384.7	—	444.7	563.6	—	—	—	—	—	—	—
SnCl₂	2H₂O	83.9	—	269.8(15℃)	—	—	—	—	—	—	—	—
SnI₂	—	—	—	1.0	1.2	1.4	1.7	2.1	2.5	3.0	3.4	4.0
SnSO₄	—	—	—	19	—	—	—	—	—	—	—	18
SrBr₂	6H₂O	85.2	93.0	102.4	111.9	123.2	135.8	150.0	—	181.8	—	222.5
Sr(C₂H₃O₂)₂	4H₂O	36.9	43.61	—	39.5	—	—	—	—	—	—	—
Sr(C₂H₃O₂)₂	½H₂O	—	42.95	41.6	—	—	37.35	—	36.24	36.10	36.24	36.4
SrCl₂	6H₂O	43.5	47.7	52.9	58.7	65.3	72.4	81.8	—	—	—	—
SrC₂O₄	H₂O	0.0033	0.0044	0.0046	0.0057	—	—	—	—	—	—	—
SrCl₂	2H₂O	—	—	—	—	—	—	—	85.9	90.5	—	100.8
SrI₂	6H₂O	165.3	—	177.8	—	191.5	—	217.5	—	270.4	—	—

续表

化学式	结晶水	温度,t/℃ 化合物在100g水中的溶解度/g										
		0	10	20	30	40	50	60	70	80	90	100
SrI_2	$2H_2O$	—	—	—	—	—	—	—	—	—	365.2	383.1
$Sr(NO_2)_2$	H_2O	52.7	—	63.95	—	—	83.5	97.2	—	—	130.4	138.7
$Sr(NO_3)_2$	$4H_2O$	40.1	—	70.5	—	—	—	—	—	—	—	—
$Sr(NO_3)_2$	—	28.2	34.6	41.0	47.0	47.4	47.9	48.4	48.9	49.5	50.1	50.7
$Sr(OH)_2$	$8H_2O$	0.35	0.48	0.69	1.01	1.50	2.18	3.13	4.53	7.03	13.6	24.2
$SrSO_4$	—	0.0113	—	0.0114	0.0114	—	—	—	—	—	—	—
$Th(SO_4)_2$	$9H_2O$	0.74	0.98	1.38	1.995	2.998	5.22	—	—	—	—	—
$Th(SO_4)_2$	$8H_2O$	1.0	1.25	1.62	—	—	—	—	—	—	—	—
$Th(SO_4)_2$	$6H_2O$	1.50	—	1.90	2.45	—	—	6.64	—	—	—	—
$Th(SO_4)_2$	$4H_2O$	—	—	—	—	4.04	2.54	1.63	1.09	—	—	—
$Th(SeO_4)_2$	—	0.498	—	—	—	—	—	—	—	—	—	—
$TlBr$	—	0.024	0.029	0.042	—	—	—	—	—	—	—	—
$TlBrO_2$	—	—	—	$3.46×10^{-1}$	—	$7.36×10^{-1}$	—	—	—	—	—	—
$TlCl$	—	0.21	0.25	0.33	0.42	0.52	0.63	0.8	—	1.2	—	1.8
$TlClO_3$	—	2.0	—	3.92	19.72	—	12.67	—	—	36.65	—	57.31
$TlClO_4$	—	6.0	8.04	—	—	—	39.62	—	65.32	81.49	—	166.6
TlI	—	—	0.0036	0.006	0.008	0.015	—	0.035	—	0.070	—	0.120
$TlIO_3$	—	—	—	0.058	—	—	—	—	—	—	—	—
$TlNO_3$	—	3.91	6.22	9.55	14.3	20.9	30.4	46.2	69.5	111.0	200.0	414.0
$TlOH$	—	25.44	—	—	39.9	49.5	—	73.8	—	106.0	126.1	148.3

化学式	结晶水	温度，t/℃ 化合物在100g水中的溶解度/g										
		0	10	20	30	40	50	60	70	80	90	100
Tl₂S	—	—	—	0.022	—	—	—	—	—	—	—	—
Tl₂SO₄	—	2.65	3.56	4.61	5.80	7.09	8.46	9.89	11.33	12.77	14.18	15.53
Tl₂SeO₄	—	—	2.13	2.8	—	—	—	—	—	8.5	—	10.86
UO₂(NO₃)₂	6H₂O	98.0	108.3	125.7	—	—	203.1	365.2	—	—	426	476
Yb₂(SO₄)₃	8H₂O	44.2	—	38.4	—	21.0	10.4	—	7.22	6.92	5.83	4.67
ZnBr₂	2H₂O	389.0	—	446.4	528.1	—	—	—	—	—	—	—
ZnBr₂	—	79.3	80.1	81.8	84.1	85.6	85.8	86.1	86.3	86.6	86.8	87.1
ZnCl₂	3H₂O	207.7	—	—	—	—	—	—	—	—	—	—
ZnCl₂	2½H₂O	—	271.7	367.3	—	—	—	—	—	—	—	—
ZnCl₂	—	—	76.6	79.0	81.4	81.8	82.4	83.0	83.7	84.4	85.2	86.0
Zn(ClO₃)₂	6H₂O	145.1	152.5	200.3	209.2	223.1	—	—	—	—	—	—
Zn(ClO₃)₂	4H₂O	—	—	—	—	—	273.2	—	—	—	—	—
ZnI₂	2H₂O	430.7	457.3	484.9	—	—	—	—	—	—	—	—
ZnI₂	—	81.1	81.2	81.3	81.5	81.7	82.0	82.3	82.6	83.0	83.3	83.7
Zn(NO₃)₂	6H₂O	94.77	—	118.4	—	—	—	—	—	—	—	—
Zn(NO₃)₂	3H₂O	—	—	—	—	206.9	—	—	—	—	—	—
ZnSO₄	7H₂O	41.9	47.0	54.4	—	70.1	—	—	—	—	—	—
ZnSO₄	6H₂O	—	—	—	—	—	77.0	—	—	—	—	—
ZnSO₄	H₂O	—	—	—	—	—	—	—	—	86.6	83.5	80.8

表 1-48 所列溶解度是指在 18～25℃于 100g 无水有机溶剂中最多所能溶解溶质的质量。

表 1-48 重要无机化合物在有机溶剂中的溶解度(按化学式符号的顺序排列)

溶解度 /(g/100g) 化学式	溶 剂				
	乙 醇	甲 醇	丙 酮	吡 啶	其 他 溶 剂
AgBr	1.6×10^{-8}	7×10^{-7}	—	—	—
AgCl	1.5×10^{-6}	6×10^{-6}	1.3×10^{-6}	1.9	—
AgI	6×10^{-9}	2×10^{-7}	—	—	—
$AgNO_3$	2.1	3.8	0.44	34	苯(0.02);苯酚(30)
$AlBr_3$	—	—	—	4.0	苯(125);二硫化碳(150)
$AlCl_3$	—	—	—	—	苯(0.02);氯仿(0.05);四氯化碳(0.01)
AlI_3	—	—	—	—	—
$Al_2(SO_4)_3$	—	—	—	0.83	乙二醇(16.8)
$BaBr_2$	3.6	4.1	0.026	—	异戊醇(0.02)
$BaCl_2$	—	2.2	—	—	甘油(9.8)
BaI_2	77	—	—	8.2	—
$Ba(NO_3)_2$	1.8×10^{-3}	0.06	5×10^{-3}	—	—
$BiCl_3$	—	—	18.0	—	乙酸乙酯(1.8)
BiI_3	3.5	—	—	—	—
$Bi(NO_3)_3 \cdot 5H_2O$	—	—	41.7	—	—
$CaBr_2$	53.8	56.2	2.73	—	异戊醇(25.6)
$CaCl_2$	25.8	29.2	0.01	1.69	异戊醇(7.0)
CaI_2	—	127	89	—	—
$Ca(NO_3)_2$	51	138	16.9	—	戊醇(7.5)
$CaSO_4$	—	—	—	—	甘油(5.2)
$CdBr_2$	30	16.1	18.1	—	乙醚(0.4)
$CdCl_2$	1.5	2.7	—	0.70	—
CdI_2	113	223	42.8	0.45	乙醚(0.2)
$CdSO_4$	0.03	0.035	—	—	—
$CeCl_3$	—	—	—	1.58(0℃)	—
$CoBr_2$	77	43	64	—	—
$CoCl_2$	54	40	3.0	0.6	乙醚(0.02)
$Co(NO_3)_2$	—	—	—	—	乙二醇(400)
$CoSO_4$	0.02	1.040	—	—	—
$CoSO_4 \cdot 7H_2O$	—	5.5	—	—	—
$CuCl_2$	55.5	57.5	2.96	0.34	乙醚(0.11);异戊醇(12)
$CuSO_4$	1.1	1.5	—	—	—

续表

溶解度 /(g/100g) 化学式	溶　剂				
	乙　醇	甲　醇	丙　酮	吡　啶	其　他　溶　剂
$CuSO_4 \cdot 5H_2O$	—	15.6	—	—	—
CuI_2	—	—	—	0.5	—
$FeCl_3$	145	150	62.9	—	—
$Fe_2(SO_4)_3 \cdot 9H_2O$	12.7	—	—	—	—
$FeSO_4$	—	—	—	—	乙二醇(6.0)
H_3BO_3	11	—	0.5	7.1	甘油(22);二噁烷(1.3)
HCl(气体)	69.5	88.7	—	—	苯(1.9);乙醚(33.2)
H_3PO_4	—	—	—	—	乙醚(525)
$HgBr_2$	30	60	51	39.6	苯(0.7)
$Hg(CN)_2$	9.5	44.1	10.3	65	甘油(27.0,15℃)
$HgCl_2$	47	67	141	25	乙醚(7);甘油(34.4,25℃)
HgI_2	2.2	3.8	3.4	31	氯仿(0.07);乙醚(0.7)
I_2	26	—	—	—	氯仿(2.7);四氯化碳(2.5);二硫化碳(16);甘油($\approx$1)
KBr	0.46	2.1	0.03	—	异戊醇(0.002);甘油(15.0,25℃)
KCN	0.88	4.91	—	—	甘油(32)
KCl	0.03	0.5	9.0×10^{-5}	—	甘油(3.7);丙醇(0.006)
KF	0.11	0.19	2.2	—	丙醇(0.34)
KI	1.75	16.4	2.35	0.3	甘油(40);乙二醇(50)
KNO_3	—	—	—	—	三氯乙烯(0.01)
KOH	39	55	—	—	—
$KSCN$	—	—	20.8	6.15	—
$LiBr$	70	—	18.1	—	乙二醇(60)
$LiCl$	25	43.4	1.2	12	甘油(11)
LiI	250	343	43	—	乙二醇(39)
$LiNO_3$	—	—	31	33	异戊醇(10)
$MgBr_2$	15.1	27.9	2.0	0.5	乙醚(2.5)
$MgCl_2$	5.6	16.0	—	—	—
$MgSO_4$	0.025	0.3	—	—	甘油(26)
$MgSO_4 \cdot 7H_2O$	—	43	—	—	—
$MnCl_2$	—	—	—	1.3	—
$MnSO_4$	0.01	0.13	—	—	—
NH_3	12.8	24	—	—	—

续表

溶解度/(g/100g) 化学式	乙醇	甲醇	丙酮	吡啶	其他溶剂
NH_4Br	3.4	12.5	—	—	—
NH_4Cl	0.6	3.3	—	—	甘油(9.0)
NH_4ClO_4	1.9	6.8	2.2	—	—
$(NH_4)_2CO_3$	—	—	—	—	甘油(20.0)
NH_4NO_3	2.5	17.1	—	0.3	—
NH_4SCN	23.5	59	—	—	—
NH_4I	26.3	—	—	—	—
$NaBF_4$	0.47	4.4	—	—	—
$NaBr$	2.4	16.7	0.008	—	乙醚(0.08);戊醇(0.12)
Na_2CO_3	—	—	—	—	甘油(98)
$NaCl$	0.1	1.5	3×10^{-5}	—	乙二醇(46.5)
Na_2CrO_4	—	0.36	—	—	—
NaF	0.1	0.42	1×10^{-4}	—	—
NaI	46	72.7	26	—	—
$NaNO_2$	0.31	4.4	—	—	—
$NaNO_3$	0.04	0.43	—	—	—
$NaOH$	17.3	31	—	—	—
$NaSCN$	20	35	7	—	—
Na_2SO_4	0.006	0.02	—	—	—
$NiBr_2$	—	35	0.80	—	—
$NiCl_2$	10	—	—	—	乙二醇(18)
$NiCl_2 \cdot 6H_2O$	53.7	—	—	—	—
$Ni(NO_3)_2$	—	—	—	—	乙二醇(8)
$NiSO_4$	0.02	4.0	—	—	乙二醇(10)
$NiSO_4 \cdot 7H_2O$	2.2	20.0	—	—	—
P	0.3	—	0.14	—	苯(3.2);二硫化碳(900);甘油(0.3)
$PbBr_2$	—	—	—	0.6	—
$PbCl_2$	—	—	—	0.5	甘油(2.0)
PbI_2	—	—	0.02	0.2	—
$Pb(NO_3)_2$	0.04	1.4	—	7	—
S	0.05	0.03	2.1	1.5	二硫化碳(43);苯(1.7);四氯化碳(0.85)
SbF_3	—	160	70	—	苯(5×10^{-4})
$SbCl_3$	—	—	538	—	苯(42)
$SnCl_2$	—	—	56	—	乙酸乙酯(4.4)
$SrBr_2$	64	117	0.6	—	异戊醇(31)
$SrCl_2 \cdot 6H_2O$	—	63.3	—	—	—

续表

化学式	溶解度/(g/100g) 乙醇	甲醇	丙酮	吡啶	其他溶剂
SrI_2	4	—	—	—	—
$Sr(NO_3)_2$	0.009	—	—	0.7	异丙醇(0.002)
$UO_2(NO_3)_2$	3.3	—	1.5	—	乙醚(0.96)
UO_2SO_4	—	0.73	—	—	—
$ZnBr_2$	—	—	365	4.4	—
$ZnCl_2$	—	—	43.3	2.6	甘油(50)
ZnI_2	—	—		12.6	甘油(40)
$ZnSO_4$	0.03	0.6	—	—	甘油(35)
$ZnSO_4 \cdot 7H_2O$	—	5.9	—	—	—

表 1-49 中所列数据是在不同温度时气体在水中的溶解度。

表 1-49 不同温度下气体在水中的溶解度

气体	溶解度[1]	温度,t/℃											
		0	5	10	15	20	25	30	40	50	60	80	100
空气	l	0.02918	0.02568	0.02284	0.02055	0.01868	0.01708	0.01564	—	—	—	—	—
氢气	α	0.0215	0.0204	0.0195	0.0188	0.0182	0.0175	0.0170	0.0164	0.0161	0.0160	0.0160	—
	q	0.0002	0.00018	0.00018	0.00017	0.00016	0.00015	0.00015	0.00014	0.00013	0.00012	0.00008	0.0000
氦气	α	0.0097	—	0.0099		0.0099	—	0.0100	0.0102	0.0107			
氮气[2]	α	0.0235	0.0209	0.0186	0.0168	0.0154	0.0143	0.0134	0.0118	0.0109	0.0102	0.0096	0.0095
	q	0.0030	0.0026	0.0024	0.0022	0.0020	0.0018	0.0017	0.0015	0.0014	0.0014	0.0007	0.0000
氧气	α	0.0489	0.0429	0.0380	0.0341	0.0310	0.0283	0.0261	0.0231	0.0209	0.0195	0.0176	0.0172
	q	0.0070	0.0061	0.0055	0.0048	0.0044	0.0039	0.0038	0.0033	0.0030	0.0028	0.0014	0.0050
氯气	l	4.610	—	3.148	2.680	2.299	2.019	1.799	1.438	1.225	1.023	0.683	0.000
	q	—	—	0.997	0.849	0.729	0.641	0.572	0.459	0.392	0.329	0.223	0.000
溴气	α	60.5	43.3	35.1	27.0	21.3	17.0	13.8	9.4	6.5	4.9	3.0	—
	q	42.9	30.6	24.8	—	14.9	—	—	6.3	4.1	2.9	1.2	—
一氧化碳	α	0.0354	0.0315	0.0282	0.0254	0.0232	0.0214	0.0200	0.0177	0.0161	0.0149	0.0143	0.0141
	q	0.0044	0.0039	0.0035	0.0031	0.0028	0.0026	0.0024	0.0021	0.0018	0.0015	0.0010	0.0000
二氧化碳	α	1.713	1.424	1.194	1.019	0.878	0.759	0.665	0.530	0.436	0.359	—	—
	q	0.327	0.274	0.232	0.199	0.172	0.150	0.132	0.100	0.086	0.073	0.057	0.048
一氧化二氮	α	—	1.048	0.878	0.738	0.629	0.544	—	—	—	—	—	—
一氧化氮	α	0.0738	0.0646	0.0571	0.0515	0.0471	0.0432	0.0400	0.0351	0.0315	0.0295	0.0270	0.0263
	q	0.0098	0.0086	0.0077	0.0068	0.0063	0.0056	0.0053	0.0047	0.0042	0.0040	0.0007	0.0000

气 体	溶解度[①]	温度,t/℃											
		0	5	10	15	20	25	30	40	50	60	80	100
氯化氢	l	507	491	474	459	442	426	412	386	362	339	—	—
硫化氢	α	4.670	3.977	3.399	2.945	2.582	2.282	2.037	1.660	1.392	1.190	0.917	0.81
	q	0.707	0.600	0.5017	0.441	0.3915	0.338	0.3139	0.258	0.2168	0.1859	0.1442	0.119
二氧化硫	l	79.79	67.48	56.65	47.28	39.37	32.79	27.16	18.77	—	—	—	—
	q	22.83	17.761	14.700	12.267	10.318	8.734	7.461	5.542	4.216	—	—	—
氨气	α	1176	1047 (4℃)	947 (8℃)	857 (12℃)	775 (16℃)	702 (20℃)	639 (24℃)	586 (28℃)	—	—	—	—
	q	89.5	79.6 (4℃)	72.0 (8℃)	65.1 (12℃)	58.7 (16℃)	53.1 (20℃)	48.2 (24℃)	44.0 (28℃)	—	—	—	—
甲 烷	α	0.0556	0.0480	0.0418	0.0369	0.0331	0.0301	0.0276	0.0237	0.0213	0.0195	0.0177	0.0170
乙 烷	α	0.0987	0.0803	0.0656	0.0550	0.0472	0.0410	0.0362	0.0291	0.0246	0.0218	0.0183	0.0172
乙 烯	α	0.226	0.191	0.162	0.139	0.122	0.108	0.098	—	—	—	—	—
乙 炔	α	1.73	1.49	1.31	1.15	1.03	0.93	0.84	—	—	—	—	—
硒化氢	q	—	—	—	—	0.7341		0.6092	0.5112	0.4331	0.3704		
氧化亚氮 (N_2O)	q	0.2535		0.1726		0.1238		0.0930	0.0727				

① α 是吸收系数,指气体在分压等于 101.33kPa 时,被一体积水所吸收的该气体体积(已折合成标准状况);l 是指气体在总压力(气体及水汽)等于 101.33kPa 时溶解于一体积水中的该气体体积;q 是指气体在总压力(气体及水汽)等于 101.33kPa 时溶解于 100g 水中的气体质量(单位:g)。

② $N_2+1.185\%Ar$。

(附)计算方法:

部分气体在水中的溶解度(g/100g 水)还可以用经验公式计算得到:

$$\ln X_i = A + B/T^* + C \ln T^* \quad (T^* = T/100K)$$

或:$\ln X_i = A + B/T + C \ln T + DT \quad (T:K)$

式中,X_i 为溶质的摩尔分数。

与溶解度方程有关的系数数值

气体	A	B	C	D	温度范围/K
H_2	−48.1611	55.2845	16.8893		273.15～353.15
O_2	−66.7354	87.4755	24.4526		273.15～348.15
N_2	−67.3877	86.3213	24.7981		273.15～348.15
N_2O	−60.7467	88.8280	21.2531		273.15～313.15
NO	−62.8086	82.3430	22.8155		273.15～358.15
H_2Se	9.15	974	−3.542	0.0042	288.15～343.15
H_2S	−24.912	3477	0.3993	0.0157	283.15～603.15
SO_2	−25.2629	45.7552	5.6855		278.15～328.15
CH_4	−115.6477	155.5756	65.2553	−6.1698	273.15～328.15
C_2H_6	−90.8225	126.9559	34.7413		273.15～323.15
He	−41.4611	42.5962	14.0094		273.15～348.15

二、常用溶剂的基本特性

20℃时溶剂的密度见表 1-50，折射率见表 1-51，平均色散度见表 1-52，介电常数见表 1-53～表 1-55。

表 1-50 20℃时溶剂的密度

(本表按密度递增顺序排列)

名　称	$\rho/(g/ml)$	名　称	$\rho/(g/ml)$	名　称	$\rho/(g/ml)$
戊烷	0.6262	二异丁基甲酮	0.8062	1,2-二乙氧基乙烷	0.8402
己烷	0.6594	2-丁醇	0.8063	二戊烯	0.8446
庚烷	0.6838	甲基丙基甲酮	0.8090	1,1-二甲氧基乙烷	0.8516
辛烷	0.7025	2-戊醇	0.8094	烯丙醇	0.8540
乙醚	0.7138	1-丁醇	0.8095	2-甲基-2-戊烯-4-酮	0.8548
二异丙醚	0.7238	2-甲基-2-丁醇	0.8096	对异丙基苯甲烷	0.8573
2,5-己二酮	0.7370	3-甲基-1-丁醇	0.8104	α-蒎烯	0.8592
环戊烷	0.7457	甲基戊基甲酮	0.8111	二甲氧基甲烷	0.8593
二丙醚	0.7466	甲基丁基甲酮	0.8113	对二甲苯	0.8611
丁基乙基醚	0.7495	1-己醇	0.8136	2-氯丙烷	0.8617
二丁醚	0.7684	二乙基甲酮	0.8144	异丙苯	0.8618
甲基环己烷	0.7694	1-戊醇	0.8144	间二甲苯	0.8642
二异戊醚	0.7777	2-甲基-1-丁醇	0.8151	2-氯-2-甲基丁烷	0.8653
环己烷	0.7786	乙基戊基甲酮	0.8157	反-十氢化萘	0.8659
二戊醚	0.7833	二丙基甲酮	0.8174	1,2-二甲氧基乙烷	0.8665
2-甲基-2-丙醇	0.7858	乙基丁基甲酮	0.8183	甲苯	0.8668
2-丙醇	0.7864	2-辛醇	0.8193	乙苯	0.8670
乙醇	0.7893	甲基己基甲酮	0.8200	2-氯戊烷	0.8698
丙酮	0.7902	3-戊醇	0.8203	丁酸丁酯	0.8700
甲醇	0.7914	1-庚醇	0.8219	4-氯-2-甲基丁烷	0.8704
二己醚	0.7936	1,1-二乙氧基乙烷	0.8254	乙酸异丁酯	0.8712
甲基异丁基甲酮	0.8006	1-辛醇	0.8256	乙酸异丙酯	0.8718
2-甲基-1-丙醇	0.8018	1,2-环氧丙烷	0.8289	乙酸异戊酯	0.8726
1-丙醇	0.8036	二乙氧基甲烷	0.8319	甲酸异丙酯	0.8728
丁酮	0.8054	1,2-二丁氧基乙烷	0.8359	丁酸丙酯	0.8730

续表

名　称	$\rho/(g/ml)$	名　称	$\rho/(g/ml)$	名　称	$\rho/(g/ml)$
3-氯戊烷	0.8731	α-4-甲基环己醇	0.9141	2-甲氧基乙醇	0.9647
乙酸仲丁酯	0.8748	β-3-甲基环己醇	0.9145	乙酸环己酯	0.9680
丙酸丁酯	0.8754	丙酸甲酯	0.9150	四氢化萘	0.9702
丙酸丙酯	0.8755	4-甲基环己酮	0.9138	甲酸甲酯	0.9713
乙酸戊酯	0.8756	1-(2-丁氧丙氧基)-2-丙醇	0.9180	1-乙氧基-2-乙酰氧基乙烷	0.9740
苯	0.8765				
甲酸异丁酯	0.8776	α-3-甲基环己醇	0.9188	碳酸二乙酯	0.9749
3-氯-2-甲基丁烷	0.8780	甲酸乙酯	0.9208	乙酰丙酮	0.9772
丁酸乙酯	0.8794	2,6-二甲基吡啶	0.9226	2-丁氧基-2-乙酰氧二乙醚	0.9793
邻二甲苯	0.8802	丙烯乙酯	0.9234		
1-丁氧基-2-丙醇	0.8820	β-2-甲基环己醇	0.9238	吡啶	0.9819
1-氯戊烷	0.8820	α-甲基环己酮	0.9250	乳酸丁酯	0.9837
乙酸丙酯	0.8820	3,5,5-三甲基-2-环己烯-1-酮	0.9255	2-硝基丙烷	0.9876
乙酸丁酯	0.8825			2-(2-乙氧乙氧基)乙醇	0.9885
甲酸异戊酯	0.8827	α-乙氧基乙醇	0.9297	丙酸	0.9934
二-(2-丁氧乙基)醚	0.8837	2,4-二甲基吡啶	0.9309	1-硝基丙烷	1.0009
甲酸戊酯	0.8853	1-(2-乙氧丙氧基)-2-丙醇	0.9320	2,3-丁二醇	1.0033
1-氯丁烷	0.8857			1,3-丁二醇	1.0053
四氢呋喃	0.8880	α-2-甲基环己醇	0.9337	1-甲氧基-2-乙酰氧基乙烷	1.0074
1-氯-2-甲基乙烷	0.8899	乙酸甲酯	0.9342		
1-氯丙烷	0.8899	4-羟基-4-甲基-2-戊酮	0.9387	2-丁氧基-2'-乙酰氧基二乙醚	1.0096
甲酸丁酯	0.8958	1-丁氧基-2-乙酰氧基乙烷	0.9405		
1-乙氧基-2-丙醇	0.8965			1-苯基乙醇	1.0135
顺-十氢化萘	0.8965	2-甲基吡啶	0.9443	1,4-丁二醇	1.0171
丁酸甲酯	0.8984	环己酮	0.9478	乙醇胺	1.0180
乙酸乙酯	0.9003	二甲基甲酰胺	0.9493	二亚丙基二醇	1.0206
2-丁氧基乙醇	0.9015	2-(2-丁氧乙氧基)乙醇	0.9519	苯胺	1.0217
2-异丙氧基乙醇	0.9030	4-甲基吡啶	0.9548	苯乙酮	1.0281
苯乙烯	0.9060	1-(2-甲氧丙氧基)-2-丙醇	0.9550	乳酸乙酯	1.0328
二(2-乙氧乙基)醚	0.9063			二噁烷	1.0337
甲酸丙酯	0.9073	3-甲基吡啶	0.9566	2-(2-甲氧乙氧基)乙醇	1.0350
α-丙氧基乙醇	0.9112	丁酸	0.9577	1,2-丙二醇	1.0361
β-4-甲基环己醇	0.9124	1-甲氧基-2-丙醇	0.9620	苯甲醇	1.0454
3-甲基环己酮	0.9136	环己醇	0.9624	苯甲醛	1.0458

续表

名　称	$\rho/(\mathrm{g/ml})$	名　称	$\rho/(\mathrm{g/ml})$	名　称	$\rho/(\mathrm{g/ml})$
乙酸	1.0492	三乙酸甘油酯	1.1583	1,3-二氯-2-丙醇	1.3506
硝基乙烷	1.0497	糠醛	1.1594	1-溴丙烷	1.3537
四氢糠醇	1.0524	1,1-二氯乙烷	1.1757	2,3-二氯-1-丙醇	1.3607
1,3-丙二醇	1.0538	3-氯-1,2-环氧丙烷	1.1807	1,2,3-三氯丙烷	1.3889
4-氯甲苯	1.0697	2-氯乙醇	1.2019	1,1,2-三氯乙烷	1.4397
2-氯甲苯	1.0825	硝基苯	1.2037	溴乙烷	1.4604
乳酸甲酯	1.0928	乳酸	1.2060	三氯乙烯	1.4642
2-氯-1-丙醇	1.1030	二(2-氯乙基)醚	1.2192	三氯一氟甲烷	1.4877
1,2-二乙酰氧基乙烷	1.1043	甲酸	1.2200	氯仿	1.4892
氯苯	1.1058	二(2-氯乙氧基)甲烷	1.2317	溴苯	1.4950
2-苯氧基乙醇	1.1074	1,2-二氯乙烷	1.2529	1,1,2-三氯-1,2,2-三氟乙烷	1.5760
二(2-氯异丙基)醚	1.1115	反-1,2-二氯乙烯	1.2565	四氯化碳	1.5940
1-氯-2-丙醇	1.1130	丙三醇	1.2613	1,1,2,2-四氯乙烷	1.5953
乙二醇	1.1135	二硫化碳	1.2632	四氯乙烯	1.6230
二甘醇	1.1162	顺-1,2-二氯乙烯	1.2837	五氯乙烷	1.6796
三甘醇	1.1234	1,2-二氯苯	1.3059	2-丁氧基乙醇	1.9015
三乙醇胺	1.1242	2-溴丙烷	1.3140	1,2-二溴丙烷	1.9324
糠醇	1.1296	3-氯-1,2-丙二醇	1.3204	1,2-二溴乙烷	2.1791
甲酰胺	1.1334	2-氯-1,3-丙二醇	1.3219	二溴甲烷	2.4969
硝基甲烷	1.1371	二氯甲烷	1.3266		
1,2-二氯丙烷	1.1560	1,1,1-三氯乙烷	1.3390		

表 1-51 20℃时溶剂的折射率
（按折射率递增顺序排列）

名　称	折射率,n	名　称	折射率,n	名　称	折射率,n
甲醇	1.3286	乙醇	1.3611	二乙氧基甲烷	1.3726
甲酸甲酯	1.3419	乙酸甲酯	1.3614	己烷	1.3749
二甲氧基甲烷	1.3513	1,2-环氧丙烷	1.3660	甲酸丙酯	1.3770
乙醚	1.3526	1,1-二甲氧基乙烷	1.3665	乙酸异丙酯	1.3773
戊烷	1.3575	甲酸异丙酯	1.3678	丙酸甲酯	1.3775
丙酮	1.3588	二异丙基醚	1.3682	2-丙醇	1.3776
1,1,2-三氯-1,2,2-三氟乙烷	1.3590	甲酸	1.3714	2-氯丙烷	1.3777
		乙酸	1.3720	丁酮	1.3788
甲酸乙酯	1.3609	乙酸乙酯	1.3723	1,2-二甲氧基乙烷	1.3797

续表

名 称	折射率,n	名 称	折射率,n	名 称	折射率,n
二丙醚	1.3809	二丁醚	1.3993	1-戊醇	1.4101
丙酸	1.3809	乙酸异戊酯	1.4000	3-戊醇	1.4104
硝基甲烷	1.3817	丁酸丙酯	1.4001	二(2-乙氧乙基)醚	1.4115
丁基乙醚	1.3818	1-甲氧基-2-乙酰氧基乙烷	1.4002	二戊基醚	1.4119
1,1-二乙氧基乙烷	1.3834			乳酸乙酯	1.4124
丙酸乙酯	1.3839	乙酸丙基甲酮	1.4004	1-氯戊烷	1.4126
乙酸丙酯	1.3844	甲基丁基甲酮	1.4007	1-氯-2-甲基丁烷	1.4126
碳酸二乙酯	1.3845	丙酸丁酯	1.4014	二异丁基甲酮	1.4127
三氯一氟甲烷	1.3849	1-硝基丙烷	1.4018	1,2-二丁氧基乙烷	1.4131
1-丙醇	1.3850	1-氯丁烷	1.4023	2-丙氧基乙醇	1.4133
甲酸异丁酯	1.3857	乙酸戊酯	1.4023	烯丙醇	1.4135
庚烷	1.3876	2-甲氧基乙醇	1.4024	乳酸甲酯	1.4141
2-甲基-2-丙醇	1.3878	1-甲氧基-2-丙醇	1.4034	甲基己基甲酮	1.4151
丁酸甲酯	1.3878	α-氯-2-甲基乙烷	1.4050	1,2-二乙酰氧基乙烷	1.4159
1-氯丙烷	1.3879	2-甲基-2-丁醇	1.4052	1,1-二氯乙烷	1.4164
甲酸丁酯	1.3887	3-甲基-1-丁醇	1.4053	1-丁氧基-2-丙醇	1.4168
乙酸仲丁酯	1.3888	1-乙氧基-2-乙酰氧基乙烷	1.4054	1-己醇	1.4178
甲基丙基甲酮	1.3895			2-丁氧基乙醇	1.4198
乙酸异丁酯	1.3902	α-戊醇	1.4060	1-丁氧基-2-乙酰氧基乙烷	1.4200
硝基乙烷	1.3917	环戊烷	1.4065		
丁酸乙酯	1.3922	α-氯戊烷	1.4069	2-辛醇	1.4203
1,2-二乙氧基乙烷	1.3922	二丙基甲酮	1.4069	二己醚	1.4204
二乙基甲酮	1.3924	四氢呋喃	1.4070	1-(2-乙氧丙氧基)-2-丙醇	1.4210
丙酸丙酯	1.3932	丁酸丁酯	1.4075		
乙酸丁酯	1.3941	2-乙氧基乙醇	1.4075	1-(2-甲氧丙氧基)-2-丙醇	1.4210
α-硝基丙烷	1.3944	1-乙氧基-2-丙醇	1.4075		
α-甲基-1-丙酮	1.3959	3-氯戊烷	1.4082	2-乙氧基-2'-乙酰氧基二乙基醚	1.4213
甲基异丁基甲酮	1.3962	4-氯-2-甲基乙烷	1.4084		
甲酸异戊酯	1.3970	二异戊基醚	1.4085	4-羟基-4-甲基-2-戊酮	1.4213
辛烷	1.3974	乙基丁基甲酮	1.4088	乳酸丁酯	1.4215
2-丁醇	1.3978	甲基戊基酮	1.4088	二噁烷	1.4224
丁酸	1.3980	2-甲基-1-丁醇	1.4092	甲基环己烷	1.4231
1-丁醇	1.3988	3-氯-2-二甲基丁烷	1.4095	2,5-己酮	1.4232
甲酸戊酯	1.3992	2-异丙氧基乙醇	1.4095	二(2-丁氧乙基)醚	1.4235

续表

名　称	折射率,n	名　称	折射率,n	名　称	折射率,n
溴乙烷	1.4239	氯仿	1.4459	三氯乙烯	1.4773
二氯甲烷	1.4244	1,4-丁二醇	1.4460	3,5,5-三甲基-2-环己烯-1-酮	1.4781
1-庚醇	1.4249	甲酰胺	1.4472		
2-溴丙烷	1.4251	二甘醇	1.4472	3-氯-1,2-丙二醇	1.4809
环己烷	1.4262	2-甲基环己酮	1.4477	顺-十氢化萘	1.4810
2-丁氧基-2′-基二乙醚	1.4262	顺-1,2-二氯乙烯	1.4490	2,3-二氯-1-丙醇	1.4819
2-(2-甲氧乙氧基)乙醇	1.4264	乙酰丙酮	1.4504	α-氯-1,3-丙二醇	1.4831
1-(2-正丁氧丙氧基)-2-丙醇	1.4270	二(2-氯异丙基)醚	1.4505	1,3-二氯-2-丙醇	1.4837
		环己酮	1.4507	1,2,3-三氯丙烷	1.4852
1-辛醇	1.4295	二(2-氯乙基)醚	1.4510	三乙醇胺	1.4852
2-(2-乙氧乙氧基)乙醇	1.4300	四氢糠醇	1.4520	糠醇	1.4869
三乙酸甘油酯	1.4301	三甘醇	1.4531	对异丙基甲苯	1.4909
二甲基甲酰胺	1.4305	β-4-甲基环己醇	1.4534	异丙苯	1.4915
2-(2-丁氧乙氧基)乙醇	1.4306	乙醇胺	1.4541	1,1,2,2-四氯乙烷	1.4940
乙二醇	1.4318	α-4-甲基环己醇	1.4549	2,6-二甲基吡啶	1.4953
1,2-丙二醇	1.4324	β-3-甲基环己醇	1.4550	2-甲基吡啶	1.4957
1-溴丙烷	1.4343	二(2-氯乙氧基)甲烷	1.4553	对二甲苯	1.4958
2,3-丁二醇	1.4377	反-4-甲基环己醇	1.4561	乙苯	1.4959
1,1,1-三氯乙烷	1.4379	α-3-甲基环己醇	1.4572	甲苯	1.4969
3-氯-1,2-环氧丙烷	1.4381	反-3-甲基环己醇	1.4580	间二甲苯	1.4972
2-氯-1-丙醇	1.4390	1-甲基环己醇	1.4595	2,4-二甲基吡啶	1.5010
1-氯-2-丙醇	1.4392	四氯化碳	1.4601	苯	1.5011
乳酸	1.4392	β-2-甲基环己醇	1.4611	五氯乙烷	1.5025
1,2-二氯丙烷	1.4394	顺-4-甲基环己醇	1.4614	4-甲基吡啶	1.5037
1,3-丙二醇	1.4398	反-2-甲基环己醇	1.4616	3-甲基吡啶	1.5040
1,3-丁二醇	1.4401	α-2-甲基环己醇	1.4640	邻二甲苯	1.5055
2-氯乙醇	1.4419	顺-2-甲基环己醇	1.4640	四氯乙烯	1.5059
乙酸环己酯	1.4420	环己醇	1.4641	吡啶	1.5095
二丙二醇	1.4440	α-蒎烯	1.4658	1,1-二溴乙烷	1.5128
1,2-二氯乙烷	1.4447	反-十氢化萘	1.4695	4-氯甲苯	1.5150
4-甲基环己酮	1.4451	1,1,2-三氯乙烷	1.4714	1,2-二溴丙烷	1.5201
反-1,2-二氯乙烯	1.4454	联戊烯	1.4727	氯苯	1.5241
3-甲基环己酮	1.4456	甘油	1.4746	糠醛	1.5261
2-甲基-2-戊烯-4-酮	1.4458	顺-3-甲基环己醇	1.4752	1-苯基乙醇	1.5265

续表

名　称	折射率,n	名　称	折射率,n	名　称	折射率,n
2-氯甲苯	1.5268	四氢化萘	1.5413	1,2-二氯苯	1.5515
2-苯氧基乙醇	1.5340	二溴乙烷	1.5419	硝基苯	1.5562
苯乙酮	1.5372	顺-1,2-二溴乙烷	1.5428	溴苯	1.5597
1,2-二溴乙烷	1.5387	苯甲醛	1.5463	苯胺	1.5863
苯甲醇	1.5396	苯乙烯	1.5469	二硫化碳	1.6319

表 1-52 **20℃时溶剂的平均色散度$(n_F - n_C)$**[①]

（按色散度递增顺序排列）

名　称	$(n_F - n_C)/10^{-4}$	名　称	$(n_F - n_C)/10^{-4}$	名　称	$(n_F - n_C)/10^{-4}$
甲醇	53	乙酸丙酯	65	1-氯丙烷	69
二甲氧基甲烷	57	乙酸	66	2-氯丙烷	69
1,1,2-三氯-1,2,2-三氟乙烷	57	丁基乙醚	66	二丙醚	69
		丙酮	67	乙酸异戊酯	69
1,1-二甲氧基乙烷	60	乙酸丁酯	67	甲酸异戊酯	69
甲酸甲酯	60	乙酸仲丁酯	67	丁酮	69
乙醇	61	甲酸丁酯	67	辛烷	69
乙酸甲酯	61	丁酸乙酯	67	乙酸戊酯	70
丙酸甲酯	61	1-氧基-2-乙酰氧基乙烷	67	甲酸戊酯	70
戊烷	61			丁酸丁酯	70
乙醚	62	2-甲氧基乙醇	67	丁酸	70
二异丙醚	62	1-甲氧基-2-乙酰氧基乙烷	67	环戊烷	70
二乙氧基甲烷	62			二丁醚	70
1,1-二乙氧基乙烷	63	庚烷	67	二乙基酮	70
碳酸二乙酯	63	乙酸异丁酯	67	2-丙氧基乙醇	70
甲酸乙酯	63	甲酸异丁酯	67	2-甲基-1-丙醇	70
乙酸乙酯	63	2-甲基-2-丙醇	67	甲基正丙基甲酮	70
甲酸异丙酯	64	丙酸	67	二(2-乙氧乙基)醚	71
1,2-二甲氧基乙烷	65	甲酸丙酯	67	二异戊醚	71
丙酸乙酯	65	丙酸丙酯	67	2-丁氧基乙醇	71
己烷	65	1-丁醇	68	甲酸	71
乙酸异丙酯	65	丙酸丁酯	68	2-甲基-1-丁醇	71
丁酸甲酯	65	2-乙氧基乙醇	68	3-甲基-1-丁醇	71
1-丙醇	65	丁酸丙酯	68	甲基异丁基甲酮	71
2-丙醇	65	2-丁醇	69	1-戊醇	71

名　　称	$(n_F-n_C)/10^{-4}$	名　　称	$(n_F-n_C)/10^{-4}$	名　　称	$(n_F-n_C)/10^{-4}$
2-戊醇	71	1,2-丙二醇	75	环己酮	85
3-戊醇	71	糠醇	75	顺-十氢化萘	85
四氢呋喃	71	乙酸环己酯	77	1,1,1-三氯乙烷	86
1-氯丁烷	72	2-(2-正丁氧乙氧基)乙醇	77	三乙醇胺	86
二戊醚	72			反-十氢化萘	87
2-(2-甲氧乙氧基)乙醇	72	乳酸	77	氯仿	88
二丙基甲酮	72	α-4-甲基环己醇	约77	硝基甲烷	88
乙基丁基甲酮	72	2-氯乙醇	79	1,2,3-三氯丙烷	90
乳酸乙酯	72	4-羟基-4-甲基-2-戊酮	79	1-溴丙烷	93
乙基丙基甲酮	72	1,1-二氯乙烷	79	2-溴丙烷	93
1-己醇	72	二丙二醇	79	1,1,2-三氯乙烷	93
甲基丁基甲酮	72	3-氯-1,2-环氧丙烷	约79	溴乙烷	94
2-氯-2-甲基乙烷	73	β-2-甲基环氧己醇	79	四氯化碳	94
4-氯-2-甲基丁烷	73	1-辛醇	79	烯丙醇	95
1-氯戊烷	73	二甘醇	80	1,1,2,2-四氯乙烷	96
2-氯戊烷	73	乙二醇	80	α-蒎烯	98
3-氯戊烷	73	α-3-甲基环己醇	～80	五氯乙烷	102
2-(2-乙氧乙氧基)乙醇	73	2-硝基丙烷	80	二甲替甲酰胺	107
二己基醚	73	氯丙醇	81	顺-1,2-二氯乙烯	110
二噁烷	73	环己醇	81	双戊烯	110
乙二醇	73	1,2-二氯乙烷	82	反-1,2-二氯乙烯	116
1-庚醇	73	二氯甲烷	82	甲酰胺	118
甲基戊基甲酮	73	1,2-二氯丙烷	82	三氯乙烯	126
2-甲基-2-丁醇	73	乙醇胺	82	糠醛	128
β-3-甲基环己醇	73	2-甲基环己酮	82	1,2-二溴丙烷	133
β-4-甲基环己醇	约73	3-甲基环己酮	82	2-甲基-2-戊烯-4-酮	137
1,3-丙二醇	73	4-甲基环己酮	82	四氯乙烯	137
二异丁基甲酮	74	1-硝基丙烷	82	1,2-二溴乙烷	141
2-辛醇	74	二(2-氯乙基)醚	83	对异丙基苯甲烷	142
环己烷	75	α-2-甲基环己醇	83	异丙苯	143
1,2-二乙酰氧基乙烷	75	硝基乙烷	83	二溴甲烷	149
三乙酸甘油酯	75	三甘醇	83	乙苯	152
甲基环己烷	75	2,5-己二酮	84	2,4-二甲基吡啶	155
甲基己基丙酮	75	3-氯-1,2-丙二醇	84	2,6-二甲基吡啶	156

续表

名　称	$(n_F-n_C)/10^{-4}$	名　称	$(n_F-n_C)/10^{-4}$	名　称	$(n_F-n_C)/10^{-4}$
1-苯基乙醇	156	4-氯甲苯	164	苯乙酮	198
间二甲苯	156	苯	167	苯甲醛	232
对二甲苯	157	2-氯甲苯	167	苯乙烯	240
4-甲基吡啶	158	吡啶	167	苯胺	249
2-甲基吡啶	159	苯甲醇	171	硝基苯	258
邻二甲苯	159	氯苯	172	糠醛	270
甲苯	160	乙酰丙酮	176	二硫化碳	343
3-甲基吡啶	161	1,2-二氯苯	176		
十氢化萘	162	溴苯	193		

① 在两种特定波长下测定的折射率之差称为该物质的平均色散度。所选测试波长分别为蓝光(486.1nm,H^α 线)和橙红光(656.3nm,H^β 线)。

表 1-53　20℃时溶剂的介电常数
（按介电常数递增顺序排列）

名　称	$\varepsilon/(F/m)$	名　称	$\varepsilon/(F/m)$	名　称	$\varepsilon/(F/m)$
戊烷	1.84	二乙氧基甲烷	2.53	丁酸丙酯	4.3
己烷	1.89	邻二甲苯	2.56	1,2-二溴丙烷	4.35
庚烷	1.92	二硫化碳	2.63	乙酸异戊酯	4.72
辛烷	1.95	二甲氧基甲烷	2.64	2-二氯甲苯	4.73
环戊烷	1.97	α-蒎烯	2.75	乙酸戊酯	4.79
环己烷	2.02	四氢化萘	2.76	氯仿	4.81
甲基环己烷	2.02	二正戊醚	2.8	丙酸丁酯	4.84
反-1,2-二氯乙烯	2.14	碳酸二乙酯	2.82	1,2-二溴乙烷	4.9612
反-十氢化萘	2.18	二异戊醚	2.82	甲酸异戊酯	4.98
二噁烷	2.22	丁酸	2.97	丁酸乙酯	5.01
顺-十氢化萘	2.22	二丁醚	3.08	甲醚	5.02
四氯化碳	2.24	丙酸	3.22	乙酸丁酯	5.07
对异丙基苯甲烷	2.24	三氯乙烯	3.27	乙酸异丁酯	5.07
对二甲苯	2.27	2,6-二氯甲苯	3.36(28℃)	乙酸仲丁酯	5.14
苯	2.28	二丙醚	3.4	丙酸丙酯	5.25
四氯乙烯	2.29	五氯乙烷	3.73	溴苯	5.45
甲苯	2.34	1,1-二甲氧基乙烷	3.85	丁酸甲酯	5.6
间二甲苯	2.36	1,1-二乙氧基乙烷	3.90	甲酸戊酯	5.6
异丙苯	2.38	二异丙醚	3.95	乙酸丙酯	5.62
乙苯	2.4463	丁酸丁酯	4.1	2,4-二氯甲苯	5.68(28℃)
苯乙烯	2.47	乙醚	4.2666	氯苯	5.69

名 称	$\varepsilon/(F/m)$	名 称	$\varepsilon/(F/m)$	名 称	$\varepsilon/(F/m)$
丙酸乙酯	5.76	甲胺	9.4	甲基丙基酮	15.45
甲酸异丁酯	5.93	2-丁氧基乙醇	9.4	1,3-二氯-2-丙醇	约15.5
乙酸乙酯	6.0184	溴乙烷	9.41	3-甲基-1-丁醇	15.63
乙酸	6.20	2-溴丙烷	9.46	环己醇	15.9
丙酸甲酯	6.20	2-氯丙烷	9.82	2,3-二氯-1-丙醇	约16.1
甲酸正丁酯	6.200	1,2-二氯苯	10.12	二乙酮	17.00
4-氯甲苯	6.25	2-甲基吡啶	10.18	2-丁醇	17.26
2-甲基-2-丁醇	7	正辛醇	10.3	糠醇	17.45
二溴甲烷	7.04	1,2-二氯乙烷	10.42	苯甲酮	17.8
苯胺	7.06	1,1-二氯乙烷	10.9	正丁醇	17.84
乙酸甲酯	7.08	正庚醇	11.75	2-甲基-1-丙醇	17.93
三乙酸甘油酯	7.11	甲基戊基酮	11.95	苯乙酮	18.2
1,1,2-三氯乙烷	7.12	甲基己基酮(2-庚酮)	11.95	2-丁酮	18.56
甲酸丙酯	7.2	3-甲基环己酮	12.35	烯丙醇	19.7
1,1,1-三氯乙烷	7.24	4-甲基环己酮	12.4	异丙醇	20.18
1,2-二甲氧基乙烷	7.25	2-甲基 2-丙醇	12.47	正丙醇	20.8
1-氯丁烷	7.28	二丙基酮	12.60	丙酮	21.01
四氢呋喃	7.35	乙基丁基酮	12.7	二(2-氯乙基)醚	21.20
1,2,3-三氯丙烷	7.5	3-戊醇	约13	3-氯-1,2-环氧丙烷	22.6
1-溴丙烷	8.09	正己醇	13.03	4-羟基-4-甲基-2-戊酮	22.7
2-辛醇	8.13	乳酸乙酯	13.1	乙酰丙酮	25.1
1-甲氧基-2-乙酰氧基乙烷	8.25	甲基异丁基酮	13.11	乙醇	25.3
		吡啶	13.260	硝基乙烷	30.3
1-乙氧基-2-乙酰氧基乙烷	8.35	4-甲基环己醇	13.45	1,4-丁二醇	31.9
		2-乙氧基乙醇	13.5	1,2-丙二醇	32.0
1,2-二氯丙烷	8.37	苯甲醇	13.5	甲醇	32.64
1,1,2,2-四氯乙烷	8.50	2-戊醇	13.71	1,3-丙二醇	35.1
1-氯丙烷	8.59	3-甲基环己醇	13.79	硝基苯	35.6
甲酸甲酯	8.8	2-甲基环己醇	14.0	乙二醇	41.4
二氯甲烷	9.08	甲基丁基酮	14.56	糠醛	42.1
顺-1,2-二氯乙烯	9.31	正戊醇	15.13	甘油	46.53
2-甲基环己醇	9.38	环己酮	15.2	甲酸	58.50
3,4-二氯甲苯	9.39(28℃)	2-甲基-2-戊烯 4-酮	15.4	甲酰胺	111.0

表 1-54 水与有机溶剂的混合液在 20℃ 时的介电常数

水的质量分数, w/%	有机溶剂-水混合液的介电常数,$\varepsilon/(F/m)$					
	甲 醇	乙 醇	异丙醇	乙二醇	丙 酮	二噁烷
10	75.8	74.6	73.1	77.5	74.8	65.7
20	71.0	68.7	65.7	74.6	68.6	62.4
30	66.0	62.6	58.4	71.6	62.5	59.2
40	61.2	56.5	51.1	68.4	56.0	56.3
50	56.5	50.4	43.7	64.9	49.5	53.4
60	46.5	44.7	36.3	61.1	42.9	50.8
70	41.5	39.1	29.6	56.3	36.5	48.2
80	36.8	33.9	24.4	50.6	30.3	45.8
90	32.4	29.0	20.9	44.9	24.6	—

表 1-55 不同温度下水的介电常数

$t/℃$	$\varepsilon/(F/m)$	$t/℃$	$\varepsilon/(F/m)$	$t/℃$	$\varepsilon/(F \cdot m)$
0	87.90	35	74.85	70	63.77
5	85.90	40	73.20	75	62.34
10	83.97	45	71.50	80	60.90
15	82.04	50	69.91	85	59.55
20	80.22	55	68.30	90	58.15
25	78.41	60	66.77	95	56.88
30	76.63	65	65.25	100	55.58

溶剂的混溶度见表 1-56。表 1-56 中符号说明:"+"表示溶剂可按任何比例混溶;"○"表示溶剂部分混溶或基本上不混溶;×表示溶剂在低温(<20℃)下部分混溶,在高温(>20℃)下完全混溶。

表 1-56 20℃ 时溶剂的混溶度

分子式	名 称	己烷	环己烷	四氯化碳	苯	二硫化碳	乙醚	氯仿	乙酸乙酯	丙酮	乙醇	甲醇	硝基甲烷	乙二醇
CCl₄	四氯化碳	+	+		+	+	+	+	+	+	+	+	+	○
CS₂	二硫化碳	+	+	+	+		+	+	+	+	+	○	○	○
CHCl₃	氯仿	+	+	+	+	+	+		+	+	+	+	+	○
CH₂Br₂	二溴甲烷	+	+	+	+	+	+	+		+	+	+	+	○
CH₂Cl₂	二氯甲烷	+	+	+	+	+	+	+	+		+	+	+	○
CH₃NO	甲酰胺	○	○	○	○	○	○	○	+	+	+	+	+	+

分子式	名　称	己烷	环己烷	四氯化碳	苯	二硫化碳	乙醚	氯仿	乙酸乙酯	丙酮	乙醇	甲醇	硝基甲烷	乙二醇
CH_3NO_2	硝基甲烷	○	○	+	+	○	+	+	+	+	+	+		○
CH_4O	甲醇	○	○	+	+	○	+	+	+	+	+		+	+
C_2Cl_4	四氯乙烯	+	+	+	+	+	+	+	+	+	+	+	○	○
C_2HCl_3	三氯乙烯	+	+	+	+	+	+	+	+	+	+	+	+	○
C_2HCl_5	五氯乙烷	+	+	+	+	+	+	+	+	+	+	+	+	○
$C_2H_2Cl_4$	1,1,2,2-四氯乙烷	+	+	+	+	+	+	+	+	+	+	+	+	○
$C_2H_4Br_2$	1,2-二溴乙烷	+	+	+	+	+	+	+	+	+	+	+	+	○
$C_2H_4Cl_2$	1,2-二氯乙烷	+	+	+	+	+	+	+	+	+	+	+	+	○
$C_2H_4O_2$	甲酸甲酯	+	+	+	+	+	+	+	+	+	+	+	+	×
C_2H_5Br	溴乙烷	+	+	+	+	+	+	+	+	+	+	+	+	○
C_2H_5ClO	2-氯乙醇	○	○	+	+	+	+	+	+	+	+	+	+	+
C_2H_6O	乙醇	+	+	+	+	+	+	+	+	+	+		+	+
$C_2H_6O_2$	乙二醇	○	○	○	○	○	○	○	○			+	○	
C_2H_7NO	乙醇胺	○	○	○	○	○	+	○	○	+	+	+	+	+
C_3H_6O	丙酮	+	+	+	+	+	+	+	+		+	+	+	+
C_3H_5O	烯丙醇	+	+	+	+	+	+	+	+	+	+	+	+	+
$C_3H_6O_2$	甲酸乙酯	+	+	+	+	+	+	+	+	+	+	+	+	○
$C_3H_6O_2$	乙酸甲酯	+	+	+	+	+	+	+	+	+	+	+	+	
C_3H_7Br	1-溴丙烷	+	+	+	+	+	+	+	+	+	+	+	+	○
C_3H_7Br	2-溴丙烷	+	+	+	+	+	+	+	+	+	+	+	+	○
C_3H_7ClO	氯丙醇（同分异构体混合物）	+	+	+	+	+	+	+	+	+	+	+	+	+
C_3H_7NO	二甲基甲酰胺	○	○	+	+	+	+	+	+	+	+	+	+	+
C_3H_7NO	1-硝基丙烷	+	+	+	+	+	+	+	+	+	+	+	+	○
$C_3H_7NO_2$	2-硝基丙烷	+	+	+	+	+	+	+	+	+	+	+	+	○
C_3H_8O	1-丙醇	+	+	+	+	+	+	+	+	+	+	+	+	+
C_3H_8O	2-丙醇	+	+	+	+	+	+	+	+	+	+	+	+	+
$C_3H_8O_2$	2-甲氧基乙醇	○	○	+	+	+	+	+	+	+	+	+	+	+
$C_3H_8O_2$	二甲氧基甲烷	+	+	+	+	+	+	+	+	+	+	+	+	○
$C_3H_8O_2$	1,2-丙二醇	○	○	○	○	○	○	+	+	+	+	+	+	+
$C_3H_8O_2$	1,3-丙二醇	○	○	○	○		○	+		+	+	+	○	+
$C_3H_8O_3$	丙三醇	○	○	○	○	○	○	○	○	○				
C_4H_8ClO	2-(2-氯乙基)醚	+	+	+	+	+	+	+	+	+	+	+	+	○
C_4H_8O	丁酮	+	+	+	+	+	+	+	+	+	+	+	+	+

续表

分子式	名 称	己烷	环己烷	四氯化碳	苯	二硫化碳	乙醚	氯仿	乙酸乙酯	丙酮	乙醇	甲醇	硝基甲烷	乙二醇
C_4H_8O	四氢呋喃	+	+	+	+	+	+	+	+	+	+	+	+	+
$C_4H_8O_2$	二噁烷	+	+	+	+	+	+	+	+	+	+	+	+	+
$C_4H_8O_2$	乙酸乙酯	+	+	+	+	+	+	+		+	+	+	+	○
$C_4H_8O_2$	甲酸异丙酯	+	+	+	+	+	+	+	+	+	+	+	+	○
$C_4H_8O_2$	丙酸甲酯	+	+	+	+	+	+	+	+	+	+	+	+	○
$C_4H_{10}O$	1-丁醇	+	+	+	+	+	+	+	+	+	+	+	+	+
$C_4H_{10}O$	2-丁醇	+	+	+	+	+	+	+	+	+	+	+	+	+
$C_4H_{18}O$	乙醚	+	+	+	+	+		+	+	+	+	+	+	○
$C_4H_{10}O$	2-甲基-1-丙醇	+	+	+	+	+	+	+	+	+	+	+	+	+
$C_4H_{10}O$	2-甲基-2-丙醇	+	+	+	+	+	+	+	+	+	+	+	+	+
$C_4H_{10}O_2$	1,1-二甲氧基乙烷	+	+	+	+	+	+	+	+	+	+	+	+	○
$C_4H_{10}O_2$	1,3-丁二醇	○	○	○	○	○	○	+	+	+	+	+	○	+
$C_4H_{10}O_2$	1,4-丁二醇	○	○	○	○	○	○	○	○	+	+	+	○	+
$C_4H_{10}O_2$	2,3-丁二醇	○	○	○	○	○	+	+	+	+	+	+	+	+
$C_4H_{10}O_2$	1,2-二甲氧基乙烷	+	+	+	+	+	+	+	+	+	+	+	+	+
$C_4H_{10}O_2$	2-乙氧基乙醇	+	+	+	+	+	+	+	+	+	+	+	+	+
$C_4H_{10}O_3$	二甘醇	○	○	○	○	○	○	+	+	+	+	+	+	+
$C_5H_4O_2$	糠醛	○	○	+	+	+	+	+	+	+	+	+	+	+
C_5H_5N	吡啶	+	+	+	+	+	+	+	+	+	+	+	+	+
$C_5H_6O_2$	糠醇	○	○	+	+	+	+	+	+	+	+	+	+	+
$C_5H_8O_2$	乙酰丙酮	+	+	+	+	+	+	+	+	+	+	+	+	○
$C_5H_{10}O_2$	甲酸丁酯	+	+	+	+	+	+	+	+	+	+	+	+	○
$C_5H_{10}O_2$	丙酸乙酯	+	+	+	+	+	+	+	+	+	+	+	+	○
$C_5H_{10}O_2$	甲酸异丁酯	+	+	+	+	+	+	+	+	+	+	+	+	○
$C_5H_{10}O_2$	乙酸异丙酯	+	+	+	+	+	+	+	+	+	+	+	+	○
$C_5H_{10}O_2$	乙酸丙酯	+	+	+	+	+	+	+	+	+	+	+	+	○
$C_5H_{10}O_2$	四氢糠醇	○	+	+	+	+	+	+	+	+	+	+	+	+
$C_5H_{10}O_3$	1-甲氧基-2-乙酰氧基乙烷	+	+	+	+	+	+	+	+	+	+	+	+	+
$C_5H_{10}O_3$	乳酸乙酯	+	+	+	+	+	+	+	+	+	+	+	+	+
C_5H_{12}	戊烷	+	+	+	+	+	+	+	+	+	+	○	○	○
$C_5H_{12}O$	2-甲基-2-丁醇	+	+	+	+	+	+	+	+	+	+	+	+	+
$C_5H_{12}O$	3-甲基-1-丁醇	+	+	+	+	+	+	+	+	+	+	+	○	+

续表

分子式	名　称	己烷	环己烷	四氯化碳	苯	二硫化碳	乙醚	氯仿	乙酸乙酯	丙酮	乙醇	甲醇	硝基甲烷	乙二醇
$C_5H_{12}O$	1-戊醇	+	+	+	+	+	+	+	+	+	+	+	○	+
$C_5H_{12}O_2$	二乙氧基甲烷	+	+	+	+	+	+	+	+	+	+	+	+	○
C_6H_5Br	溴苯	+	+	+	+	+	+	+	+	+	+	+	+	○
C_6H_5Cl	氯苯	+	+	+	+	+	+	+	+	+	+	+	+	○
$C_6H_5NO_2$	硝基苯	+	+	+	+	+	+	+	+	+	+	+	+	+
C_6H_6	苯	+	+	+		+	+	+	+	+	+	+	○	○
C_6H_7N	苯胺	○	○	+	+	+	+	+	+	+	+	+	+	+
C_6H_7N	2-甲基吡啶	+	+	+	+	+	+	+	+	+	+	+	+	+
C_6H_7N	3-甲基吡啶	+	+	+	+	+	+	+	+	+	+	+	+	+
C_6H_7N	4-甲基吡啶	+	+	+	+	+	+	+	+	+	+	+	+	+
$C_6H_{10}O$	环己酮	+	+	+	+	+	+	+	+	+	+	+	+	+
$C_6H_{10}O$	2-甲基-2-戊烯-4-酮	+	+	+	+	+	+	+	+	+	+	+	+	○
$C_6H_{10}O_2$	2,5-己二醇	○	○	+	+	+	+	+	+	+	+	+	+	+
C_6H_{12}	环己烷	+		+	+	+	+	+	+	+	+	○	○	○
$C_6H_{12}O$	环己醇	+	+	+	+	+	+	+	+	+	+	+	+	+
$C_6H_{12}O$	甲基异丁基甲酮	+	+	+	+	+	+	+	+	+	+	+	+	○
$C_6H_{12}O_2$	甲酸戊酯	+	+	+	+	+	+	+	+	+	+	+	+	○
$C_6H_{12}O_2$	乙酸丁酯	+	+	+	+	+	+	+	+	+	+	+	+	○
$C_6H_{12}O_2$	乙酸仲丁酯	+	+	+	+	+	+	+	+	+	+	+	+	○
$C_6H_{12}O_2$	4-羟基-4-甲基-2-戊酮	+	+	+	+	+	+	+	+	+	+	+	+	+
$C_6H_{12}O_2$	甲酸异戊酯	+	+	+	+	+	+	+	+	+	+	+	+	○
$C_6H_{12}O_2$	乙酸异丁酯	+	+	+	+	+	+	+	+	+	+	+	+	○
$C_6H_{12}O_2$	丙酸丙酯	+	+	+	+	+	+	+	+	+	+	+	+	+
$C_6H_{12}O_3$	1-乙氧基-2-乙酰基乙烷	+	+	+	+	+	+	+	+	+	+	+	+	+
C_6H_{14}	己烷	+	+	+	+	+	+	+	+	+	+	+	○	○
$C_6H_{14}O$	二异丙醚	+	+	+	+	+	+	+	+	+	+	+	+	○
$C_6H_{14}O$	1-己醇	+	+	+	+	+	+	+	+	+	+	+	○	+
$C_6H_{14}O_2$	1,1-二乙氧基乙烷	+	+	+	+	+	+	+	+	+	+	+	+	○
$C_6H_{14}O_2$	2-丁氧基乙醇	+	+	+	+	+	+	+	+	+	+	+	+	+
$C_6H_{14}O_3$	二丙二醇	○	○	+	+	○	+	+	+	+	+	+	+	+
$C_6H_{14}O_4$	三甘醇	○	○	○①	○②	○	○	+	+	+	+	+	+	+
$C_6H_{15}NO_3$	三乙醇胺	○	○	○	○	○	○	+	○	+	+	+	+	+
C_7H_6O	苯甲醛	+	+	+	+	+	+	+	+	+	+	+	+	+
C_7H_8	甲苯	+	+	+	+	+	+	+	+	+	+	+	+	○
C_7H_8O	苯乙醇	○	+	+	+	+	+	+	+	+	+	+	+	+

续表

分子式	名称	己烷	环己烷	四氯化碳	苯	二硫化碳	乙醚	氯仿	乙酸乙酯	丙酮	乙醇	甲醇	硝基甲烷	乙二醇
C_7H_9N	2,4-二甲基吡啶	+	+	+	+	+	+	+	+	+	+	+	+	+
C_7H_9N	2,6-二甲基吡啶	+	+	+	+	+	+	+	+	+	+	+	+	+
C_7H_{14}	甲基环己烷	+	+	+	+	+	+	+	+	+	+	○	○	○
$C_7H_{14}O$	甲基环己醇(异构体混合物)	+	+	+	+	+	+	+	+	+	+	+	+	+
$C_7H_{14}O_2$	乙酸戊酯	+	+	+	+	+	+	+	+	+	+	+	+	○
$C_7H_{14}O_2$	丙酸丁酯	+	+	+	+	+	+	+	+	+	+	+	+	+
$C_7H_{14}O_2$	乙酸异戊酯	+	+	+	+	+	+	+	+	+	+	+	+	+
C_7H_{16}	庚烷	+	+	+	+	+	+	+	+	+	+	○	○	○
$C_7H_{16}O$	1-庚醇	+	+	+	+	+	+	+	+	+	+	+	+	+
C_8H_8	苯乙烯	+	+	+	+	+	+	+	+	+	+	+	+	+
C_8H_8O	苯乙酮	+	+	+	+	+	+	+	+	+	+	+	+	+
C_8H_{10}	乙苯	+	+	+	+	+	+	+	+	+	+	+	+	+
C_8H_{10}	二甲苯(异构体的混合物)	+	+	+	+	+	+	+	+	+	+	+	+	+
C_8H_{18}	辛烷	+	+	+	+	+	+	+	+	+	+	○	○	○
$C_8H_{18}O$	二丁醚	+	+	+	+	+	+	+	+	+	+	+	○	○
$C_8H_{18}O$	1-辛醇	+	+	+	+	+	+	+	+	+	+	+	+	+
$C_8H_{18}O$	2-辛醇	+	+	+	+	+	+	+	+	+	+	+	+	+
$C_8H_{18}O_3$	2-(2-丁氧乙氧基)乙醇	+	+	+	+	+	+	+	+	+	+	+	+	+
$C_9H_{14}O_6$	三乙酸甘油酯	○	○	+	+	○	+	+	+	+	+	+	+	+
$C_{10}H_{12}$	四氢化萘	+	+	+	+	+	+	+	+	+	+	+	+	○
$C_{10}H_{12}$	对丙基苯甲烷	+	+	+	+	+	+	+	+	+	+	+	+	+
$C_{10}H_{16}$	α-蒎烯	+	+	+	+	+	+	+	+	+	+	○	○	○
$C_{10}H_{18}$	十氢化萘(异构体的混合物)	+	+	+	+	+	+	+	+	+	○	○	○	○
$C_{10}H_{22}O$	二戊醚	+	+	+	+	+	+	+	+	+	+	+	○	○

① 溶剂之间分层不明显,可在溶剂中加入适当的染料(如甲基红),所加入的染料在溶剂中具有不同的溶解度。
② 三甘醇和苯在1:1的情况下形成均相混合物,但加入过量的苯后,则分为两层。

溶剂的饱和蒸气压见表1-57。

表 1-57 溶剂的饱和蒸气压

分子式	名称	蒸气压,p/mmHg[①]									
		1	5	10	20	40	60	100	200	400	760
		温度,t/℃									
CCl_3F	三氯一氟甲烷	−84.3	−67.6	−59.0	−49.7	−39.0	−32.3	−23.0	−9.1	+6.8	23.7
CCl_4	四氯化碳		−50	−30.0	−19.6	−8.2	+4.3	12.3	23.0	38.3	57.8	76.7
CS_2	二硫化碳	−73.8	−54.3	−44.7	−34.3	−22.5	−15.3	−5.1	+10.4	28.0	46.5

续表

分子式	名　称	蒸气压, p/mmHg①									
		1	5	10	20	40	60	100	200	400	760
		温度, t/℃									
$CHCl_3$	氯仿	−58.0	−39.1	−29.7	−19.0	−7.1	+0.5	10.4	25.9	42.7	61.3
CH_2Br_2	二溴甲烷	−35.1	−13.2	−2.4	+9.7	23.3	31.6	42.3	58.5	79.0	98.6
CH_2Cl_2	二氯甲烷	−70.0	−52.1	−43.3	−33.4	−22.3	−15.7	−6.3	+8.0	24.1	40.7
CH_2O_2	甲酸	−20.0	−5.0	+2.1	10.3	24.0	32.4	43.8	61.4	80.3	100.6
CH_3NO	甲酰胺	70.5	96.3	109.5	122.5	137.5	147.0	157.5	175.5	193.5	210.5
CH_3NO_2	硝基甲烷	−29.0	−7.9	+2.8	14.1	27.5	35.5	46.6	63.5	82.0	101.2
CH_4O	甲醇	−44.0	−25.3	−16.2	−6.0	+5.0	12.1	21.2	34.8	49.9	64.7
$C_2Cl_3F_3$	1,1,2-三氯-1,2,2-三氟乙烷	−68.0	−49.4	−40.3	−30.0	−18.5	−11.2	−1.7	+13.5	30.2	47.6
C_2Cl_4	四氯乙烯	−20.6	+2.4	13.8	26.3	40.1	49.2	61.3	79.8	100.0	120.8
C_2HCl_3	三氯乙烯	−43.8	−22.8	−12.4	−1.0	+11.9	20.0	31.4	48.0	67.0	86.7
C_2HCl_5	五氯乙烷	1.0	27.2	39.8	53.9	69.9	80.0	93.5	114.0	137.2	160.5
$C_2H_2Cl_2$	顺-1,2-二氯乙烯	−58.4	−39.2	−29.9	−19.4	−7.9	−0.5	+9.5	24.6	41.0	59.0
$C_2H_2Cl_2$	反-1,2-二氯乙烯	−65.4	−47.2	−38.0	−28.0	−17.0	−10.0	−0.2	+14.3	30.8	47.8
$C_2H_2Cl_4$	1,1,2,2-四氯乙烷	−3.8	+20.7	33.0	46.2	60.8	70.0	83.2	102.2	124.0	145.9
$C_2H_3Cl_3$	1,1,1-三氯乙烷	−52.0	−32.0	−21.9	−10.8	+1.6	9.5	20.0	36.2	54.6	74.1
$C_2H_3Cl_3$	1,1,2-三氯乙烷	−24.0	−2.0	+8.3	21.6	35.2	44.0	55.7	73.3	93.0	113.9
$C_2H_4Br_2$	1,2-二溴乙烷	−27.0	+4.7	18.6	32.7	48.0	57.9	70.4	89.8	110.1	131.5
$C_2H_4Cl_2$	1,1-二氯乙烷	−60.7	−41.9	−32.3	−21.9	−10.2	−2.9	+7.2	22.4	39.8	57.4
$C_2H_4Cl_2$	1,2-二氯乙烷	−44.5	−24.0	−13.6	−2.4	+10.0	18.1	29.4	45.7	64.0	82.4
$C_2H_4O_2$	乙酸	−17.2	+6.3	17.5	29.9	43.0	51.7	63.0	80.0	99.0	118.1
$C_2H_4O_2$	甲酸甲酯	−74.2	−57.0	−48.6	−39.2	−28.7	−21.9	−12.9	+0.8	16.0	32.0
C_2H_5Br	溴乙烷	−74.3	−56.4	−47.5	−37.8	−26.7	−19.5	−10.0	+4.5	21.0	38.4
C_2H_5ClO	2-氯乙醇	−4.0	+19.0	30.3	42	56.0	64.1	75.0	91.8	110.0	128.8
$C_2H_5NO_2$	硝基乙烷	−21.0	+1.5	12.5	24.8	38.0	46.5	57.8	74.8	94.0	114.0
C_2H_6O	乙醇	−31.3	−12.0	−2.3	+8.0	19.0	26.0	34.9	48.4	63.5	78.4
$C_2H_6O_2$	乙二醇	53.0	79.7	92.1	105.8	120.0	129.5	141.8	158.5	178.5	197.3
C_2H_7NO	乙醇胺	32.5	56.5	68.0	81.0	95.0	103.5	115.0	132.5	152.0	171.1
C_3H_5ClO	3-氯-1,2-环氧丙烷		5.0	15.8	27.7	41.0	49.2	60.5	77.5	96.5	116.1
$C_3H_5Cl_3$	1,2,3-三氯丙烷	1.2	26.5	39.0	52.5	68.0	77.5	90.5	110.0	132.5	156.0
$C_3H_6Br_2$	1,2-二溴丙烷	−7.2	+17.3	29.4	42.3	57.2	66.4	78.7	97.8	118.5	141.6
$C_3H_6Cl_2$	1,2-二氯丙烷	−38.5	−17.0	−6.1	+6.0	19.4	28.0	39.4	57.0	76.0	96.8
$C_3H_6Cl_2O$	1,3-二氯-2-丙醇	28.0	52.2	64.7	78.0	93.0	102.0	114.8	133.3	153.5	174.3

分子式	名　称	蒸气压, p/mmHg①									
		1	5	10	20	40	60	100	200	400	760
		温度, t/℃									
$C_3H_6Cl_2O$	2,3-二氯-1-丙醇	36.0	61.0	73.5	86.8	101.5	110.0	123.0	141.0	161.5	182.0
C_3H_6O	丙酮	−59.4	−40.5	−31.1	−20.8	−9.4	−2.0	+7.7	22.7	39.5	56.5
C_3H_6O	烯丙醇	−20.0	+0.2	10.5	21.7	33.4	40.3	50.0	64.5	80.2	96.6
C_3H_6O	1,2-环氧丙烷	−75.0	−57.8	−49.0	−39.3	−28.4	−21.3	−12.0	+2.1	17.8	34.5
$C_3H_6O_2$	甲酸乙酯	−60.5	−42.2	−33.0	−22.7	−11.5	−4.3	+5.4	20.0	37.1	54.3
$C_3H_6O_2$	乙酸甲酯	−57.2	−38.6	−29.3	−19.1	−7.9	−0.5	+9.4	24.0	40.0	57.8
$C_3H_6O_2$	丙酸	4.6	28.0	39.7	52.0	65.8	74.1	85.8	102.5	122.0	141.1
C_3H_7Br	1-溴丙烷	−53.0	−33.4	−23.3	−12.4	−0.3	+7.5	18.0	34.0	52.0	71.0
C_3H_7Br	2-溴丙烷	−61.8	−42.5	−32.8	−22.0	−10.1	−2.5	+8.0	23.8	41.5	60.0
C_3H_7Cl	1-氯丙烷	−68.3	−50.0	−41.0	−31.0	−19.5	−12.1	−2.5	+12.2	29.4	46.4
C_3H_7Cl	2-氯丙烷	−78.8	−61.1	−52.0	−42.0	−31.0	−23.5	−13.7	+1.3	18.1	36.5
C_3H_7ClO	1-氯-2-丙醇	−0.2	+20.5	31.0	43.0	56.0	64.0	75.0	91.0	109.0	127.5
$C_3H_7ClO_2$	3-氯-1,2-丙二醇	72.5	99.0	112.0	126.0	141.0	150.0	163.0	182.0	202.0	213.0
C_3H_7NO	二甲基甲酰胺	5.5	29.7	42.0	55.2	70.0	79.0	91.5	110.0	131.0	153.0
$C_3H_7NO_2$	1-硝基丙烷	−9.6	+13.5	25.3	37.9	51.8	60.5	72.3	90.2	110.6	131.6
$C_3H_7NO_2$	2-硝基丙烷	−18.8	+4.1	15.8	28.2	41.8	50.3	62.0	80.0	99.8	120.3
C_3H_8O	1-丙醇	−15.0	+5.0	14.7	25.3	36.4	43.5	52.8	66.8	82.0	97.8
C_3H_8O	2-丙醇	−26.1	−7.0	+2.4	12.7	23.8	30.5	39.5	53.0	67.8	82.5
$C_3H_8O_2$	2-甲氧基乙醇	−5.0	+17.5	28.0	40.0	53.0	61.0	72.0	88.0	106.0	124.6
$C_3H_8O_2$	二甲氧基甲烷								8.5	25.0	42.3
$C_3H_8O_2$	1,2-丙二醇	45.5	70.8	83.2	96.4	111.2	119.9	132.0	149.7	168.1	188.2
$C_3H_8O_2$	1,3-丙二醇	59.4	87.2	100.6	115.8	131.0	141.1	153.4	172.8	193.8	214.2
$C_4H_8O_3$	甘油	125.5	153.8	167.2	182.2	198.0	208.0	220.1	240.0	263.0	290.0
$C_4H_8Cl_2O$	二(2-氯乙基)醚	23.5	49.3	62.0	76.0	91.5	101.5	114.5	134.0	155.4	178.5
C_4H_8O	甲乙酮(2-丁酮)	−48.3	−28.0	−17.7	−6.5	+6.0	14.0	25.0	41.6	60.0	79.6
C_4H_8O	四氢呋喃						1.0	12.0	28.2	46.5	66.0
$C_4H_8O_2$	丁酸	25.5	49.8	61.5	74.0	88.0	96.5	108.0	125.5	144.5	163.5
$C_4H_8O_2$	二噁烷	−35.8	−12.8	−1.2	+12.0	25.2	33.8	45.1	62.3	81.8	101.1
$C_4H_8O_2$	乙酸乙酯	−43.4	−23.5	−13.5	−3.0	+9.1	16.6	27.0	42.0	59.3	77.1
$C_4H_8O_2$	甲酸异丙酯	−52.0	−32.7	−22.7	−12.1	−0.2	+7.5	17.8	33.6	50.5	68.3
$C_4H_8O_2$	丙酸甲酯	−42.0	−21.5	−11.8	−1.0	+11.0	18.7	29.0	44.2	61.8	79.8
$C_4H_8O_2$	甲酸丙酯	−43.0	−22.7	−12.6	−1.7	+10.8	18.8	29.5	45.3	62.6	81.3

续表

分子式	名　称	蒸气压, $p/mmHg$[①]									
		1	5	10	20	40	60	100	200	400	760
		温度, $t/℃$									
$C_4H_8O_3$	乳酸甲酯	7.2	30.5	42.0	54.5	68.0	76.5	88.5	105.5	125.0	145.0
C_4H_9Cl	1-氯丁烷	−49.0	−28.9	−18.6	−7.4	+5.0	13.0	24.0	40.0	58.8	77.8
$C_4H_{10}O$	1-丁醇	−1.2	+20.0	30.2	41.5	53.4	60.3	70.1	84.3	100.8	117.5
$C_4H_{10}O$	2-丁醇	−12.2	+7.2	16.9	27.3	38.1	45.2	54.1	67.9	83.9	99.5
$C_4H_{10}O$	乙醚	−74.3	−56.9	−48.1	−38.5	−27.7	−21.8	−11.5	+2.2	17.9	34.6
$C_4H_{10}O$	2-甲基-1-丙醇	−9.0	+11.0	21.7	32.4	44.1	51.7	61.5	75.9	91.4	108.0
$C_4H_{10}O$	2-甲基-2-丙醇	−20.4	−3.0	+5.5	14.3	24.5	31.0	39.8	52.7	68.0	82.9
$C_4H_{10}O_2$	1,1-二甲氧基乙烷						3.5	13.5	28.5	46.0	64.3
$C_4H_{10}O_2$	1,3-丁二醇	60.0	85.5	98.3	112.0	127.0	136.0	148.5	167.5	187.5	207.4
$C_4H_{10}O_2$	1,4-丁二醇	78.8	105.5	118.0	132.5	147.5	157.0	170.0	187.0	209.0	228.0
$C_4H_{10}O_2$	2,3-丁二醇	44.0	68.4	80.3	93.4	107.8	116.3	127.8	145.6	164.0	182.0
$C_4H_{10}O_2$	1,2-二甲氧基乙烷			−14.0	−1.0	+11.5	19.5	30.5	47.5	66.0	85.2
$C_4H_{10}O_2$	2-乙氧基乙醇	2.0	24.5	35.5	47.5	61.0	69.0	80.5	97.5	116.0	135.1
$C_4H_{10}O_2$	1-甲氧基-2-丙醇	−10.0	+13.5	24.5	36.3	49.0	57.0	68.0	84.5	102.0	120.6
$C_4H_{10}O_3$	二甘醇	91.8	120.0	133.8	148.0	164.3	174.0	187.5	207.0	226.5	244.8
$C_5H_4O_2$	糠醛	18.5	42.6	54.8	67.8	82.1	91.5	103.4	121.8	141.8	161.8
C_5H_5N	吡啶	−18.9	+2.5	13.2	24.8	38.0	46.8	57.8	75.0	95.6	115.4
$C_5H_6O_2$	糠醇	31.8	56.0	68.0	81.0	95.7	104.0	115.9	133.1	151.8	170.0
$C_5H_8O_2$	乙酰丙酮	−10.0	+14.5	26.0	39.5	54.0	63.0	75.0	94.0	115.0	137.0
C_5H_{10}	环戊烷	−68.0	−49.6	−40.4	−30.1	−18.6	−11.3	−1.3	+13.8	31.0	49.3
$C_5H_{10}Cl_2O_2$	二(2-氯乙氧基)甲烷	53.0	80.4	94.0	109.5	125.5	135.8	149.6	170.0	192.0	215.0
$C_5H_{10}O$	二乙酮	−12.7	+7.5	17.2	27.9	39.4	46.7	56.2	70.6	86.3	102.7
$C_5H_{10}O$	甲基丙基甲酮	−12.0	+8.0	17.9	28.5	39.8	47.3	56.8	71.0	86.8	103.3
$C_5H_{10}O_2$	甲酸丁酯	−26.4	−4.7	+6.1	18.0	31.6	39.8	51.0	67.9	86.2	106.0
$C_5H_{10}O_2$	丙酸乙酯	−28.0	−7.2	+3.4	14.3	27.2	35.1	45.2	61.7	79.8	99.1
$C_5H_{10}O_2$	甲酸异丁酯	−32.7	−11.4	−0.8	+11.0	24.1	32.4	43.4	60.0	79.0	98.2
$C_5H_{10}O_2$	乙酸异丙酯	−38.3	−17.4	−7.2	+4.2	17.0	25.1	35.7	51.7	69.8	89.0
$C_5H_{10}O_2$	丁酸甲酯	−26.8	−5.5	+5.0	16.7	29.6	37.4	48.0	64.3	83.1	102.3
$C_5H_{10}O_2$	乙酸丙酯	−26.7	+5.4	+5.0	16.0	28.5	37.0	47.8	64.0	82.0	101.8
$C_5H_{10}O_2$	α-呋喃甲醇	36.0	60.0	72.1	85.5	99.5	108.0	120.0	137.5	157.5	177.0
$C_5H_{10}O_3$	碳酸二乙酯	−10.1	+12.3	23.8	36.0	49.5	57.9	69.7	86.5	105.8	125.8
$C_5H_{10}O_3$	1-甲氧基-2-乙酰氧基乙烷	10.5	33.5	45.0	57.0	70.5	78.5	90.0	107.0	125.5	145.1

分子式	名　称	蒸气压,p/mmHg①									
		1	5	10	20	40	60	100	200	400	760
		温度,t/℃									
$C_5H_{10}O_3$	乳酸乙酯	16.0	39.5	51.0	63.8	77.5	86.0	97.5	115.0	134.0	154.0
$C_5H_{11}Cl$	1-氯戊烷			3.0	15.4	28.6	37.2	49.0	67.0	86.5	107.8
C_5H_{12}	戊烷	−76.6	−62.5	−50.1	−40.2	−29.2	−22.2	−12.6	+1.9	18.5	36.1
$C_5H_{12}O$	2-甲基-1-丙醇	7.5	28.5	39.0	50.0	62.5	70.0	80.0	95.0	111.5	128.8
$C_5H_{12}O$	3-甲基-1-丁醇	10.0	31.0	40.8	53.0	63.4	72.5	80.1	98.0	113.7	130.6
$C_5H_{12}O$	2-甲基-2-丁醇	−12.9	+7.2	17.2	27.9	38.8	46.0	55.3	69.7	85.7	101.7
$C_5H_{12}O$	1-戊醇	13.6	34.7	44.9	55.8	68.0	75.5	85.8	102.0	119.8	137.8
$C_5H_{12}O$	2-戊醇	1.5	22.7	32.2	42.6	54.1	61.5	70.7	85.7	102.3	119.7
$C_5H_{12}O$	3-戊醇	−6.0	+17.0	27.3	38.3	50.5	58.0	68.0	83.2	99.5	116.1
$C_5H_{12}O_2$	二乙氧基甲烷			2.5	15.0	22.5	33.5	49.5	68.0	87.9
$C_5H_{12}O_2$	1-乙氧基-2-丙醇	−6.0	+19.0	30.3	42.8	56.2	64.5	76.0	93.5	112.0	132.2
$C_5H_{12}O_3$	2-(2-甲氧乙氧基)乙醇	43.0	68.8	81.5	95.5	110.5	119.5	133.0	152.0	173.5	194.2
$C_6H_4Cl_2$	1,2-二氯苯	20.0	46.0	59.1	73.4	89.4	99.5	112.9	133.4	155.8	179.0
C_6H_5Br	溴苯	2.9	27.8	40.0	53.8	68.6	78.1	90.8	110.1	132.3	156.2
C_6H_5Cl	氯苯	−13.0	+10.6	22.2	35.3	49.7	58.3	70.7	89.4	110.0	132.2
$C_6H_5NO_2$	硝基苯	44.4	71.6	84.9	99.3	115.4	125.8	139.9	161.2	185.8	210.6
C_6H_6	苯	−36.7	−19.6	−11.5	−2.6	+7.6	15.4	26.1	42.2	60.6	80.1
C_6H_7N	苯胺	34.8	57.9	69.4	82.0	96.7	106.0	119.9	140.1	161.9	184.4
C_6H_7N	2-甲基吡啶	−11.1	+12.6	24.4	37.4	51.2	59.9	71.4	89.0	108.4	128.8
$C_6H_{10}O$	环己酮	1.4	26.4	38.7	52.5	67.8	77.5	90.4	110.3	132.5	155.6
$C_6H_{10}O$	2-甲基-2-戊烯-4-酮		11.8	23.8	36.0	50.0	58.5	70.3	88.5	108.6	129.8
$C_6H_{10}O_2$	2,5-己二醇	36.5	62.5	75.4	89.5	105.5	114.5	128.0	147.5	169.5	191.4
$C_6H_{10}O_4$	1,2-二乙酰氧基乙烷	38.3	64.1	77.1	90.8	106.1	115.5	128.0	147.8	168.3	190.5
C_6H_{12}	环己烷	−45.3	−25.4	−15.9	−5.0	+6.7	14.7	25.5	42.0	60.8	80.7
$C_6H_{12}Cl_2O$	二(2-氯异戊基)醚	28.5	55.0	68.0	82.5	98.0	107.5	121.0	142.0	164.0	187.0
$C_6H_{12}O$	环己醇	21.0	44.0	56.0	68.8	83.0	91.8	103.7	121.7	141.4	161.0
$C_6H_{12}O$	甲基丁基甲酮	7.7	28.8	38.8	50.0	62.0	69.8	79.8	94.3	111.0	127.5
$C_6H_{12}O$	甲基异丁基甲酮		1.0	12.0	24.5	37.7	46.0	58.0	75.5	95.0	115.1
$C_6H_{12}O_2$	乙酸丁酯		13.0	24.0	36.5	49.5	58.0	69.5	87.0	105.5	125.6
$C_6H_{12}O_2$	乙酸仲丁酯		9.5	21.5	35.0	43.5	55.0	72.5	92.0	112.2
$C_6H_{12}O_2$	4-羟基-4-甲基-2-戊酮	20.0	45.0	57.5	71.0	85.6	95.0	107.5	126.5	147.5	169.2
$C_6H_{12}O_2$	丁酸丁酯	−18.4	+4.0	15.3	27.8	41.5	50.1	62.0	79.8	180.0	121.0

续表

分子式	名　　称	蒸气压,p/mmHg[①]									
		1	5	10	20	40	60	100	200	400	760
		温度,t/℃									
$C_6H_{12}O_2$	甲酸异戊酯	-17.5	+5.4	27.1	30.0	44.0	53.3	65.4	83.2	102.7	123.3
$C_6H_{12}O_2$	乙酸异丁酯	-21.2	+1.4	12.8	25.5	39.2	48.0	59.7	77.6	97.5	118.0
$C_6H_{12}O_2$	丙酸丙酯	-14.2	+8.0	19.4	31.6	45.0	53.8	62.5	82.7	102.0	122.4
$C_6H_{12}O_3$	1-乙氧基-2 乙酰氧基乙烷	17.5	41.5	53.0	66.0	79.5	88.0	100.0	117.5	137.0	156.4
C_6H_{14}	己烷	-53.9	-34.5	-25.0	-14.1	-2.3	+5.4	15.8	31.6	49.6	68.7
$C_6H_{14}O$	丁基乙基醚		-18.0	-7.0	+5.0	18.5	27.0	37.9	54.2	74.0	92.2
$C_6H_{14}O$	二异丙醚	-57.0	-37.4	-27.4	-16.7	-4.5	+3.4	13.7	30.0	48.2	67.5
$C_6H_{14}O$	二丙醚	-43.3	-22.3	-11.8	0.0	+13.2	21.6	33.0	50.3	69.5	89.5
$C_6H_{14}O$	1-己醇	24.4	47.2	58.2	70.3	83.7	92.0	102.8	119.6	138.0	157.0
$C_6H_{14}O_2$	1,1-二乙氧基乙烷	-23.0	-2.3	+8.0	19.6	31.9	39.8	50.1	66.3	84.0	102.2
$C_6H_{14}O_2$	1,2-二乙氧基乙烷		9.5	20.5	32.7	46.0	54.5	65.5	83.0	101.5	121.1
$C_6H_{14}O_2$	2-丁氧基乙醇	22.5	47.5	60.0	73.5	88.0	98.0	110.0	129.3	150.0	172.0
$C_6H_{14}O_3$	2-(2-乙氧乙氧基)乙醇	45.3	72.0	85.8	100.3	116.7	126.8	140.0	159.0	180.3	201.9
$C_6H_{14}O_3$	二丙醇	73.8	102.1	116.2	131.3	147.4	156.5	169.9	189.9	210.5	231.8
$C_6H_{14}O_4$	三甘醇	119.0	148.0	162.0	177.0	193.0					287.4
C_7H_6O	苯甲醛	26.2	50.1	62.0	75.0	90.1	99.6	112.5	131.7	154.1	179.0
C_7H_7Cl	2-氯甲苯	5.4	30.6	43.2	56.9	72.0	81.8	94.7	115.0	137.1	159.3
C_7H_7Cl	4-氯甲苯	5.5	31.0	43.8	57.8	73.5	83.3	96.6	117.1	139.8	162.3
C_7H_8	甲苯	-26.7	-4.4	+6.4	18.4	31.8	40.3	51.9	69.5	89.5	110.6
C_7H_8O	苯甲醇	58.0	80.8	92.6	105.8	119.8	129.3	141.7	160.0	183.0	204.7
C_7H_{14}	甲基环己烷	-35.9	-14.0	-3.2	+8.7	22.0	30.5	42.1	59.6	79.6	100.9
$C_7H_{14}O$	二丙基甲酮	-5.0	+19.5	31.5	45.0	59.5	68.5	81.0	100.0	121.0	143.7
$C_7H_{14}O$	乙基丁基甲酮	0.0	24.0	36.0	49.5	64.0	73.0	85.5	104.5	125.0	147.4
$C_7H_{14}O$	甲基戊基甲酮	6.5	30.2	42.5	55.5	69.7	78.5	90.5	109.0	129.2	150.4
$C_7H_{14}O$	乙酸戊酯		15.5	28.0	42.0	57.5	67.0	80.5	101.0	124.0	149.2
$C_7H_{14}O_2$	丙酸丁酯	0.0	24.0	36.0	49.0	63.5	72.5	85.0	104.0	124.5	146.8
$C_7H_{14}O_2$	乙酸异戊酯	0.0	23.7	35.2	47.8	62.1	71.0	83.2	101.3	121.5	142.0
$C_7H_{14}O_2$	丁酸丙酯	-1.6	+22.1	34.0	47.0	61.5	70.3	82.6	101.0	121.7	142.7
$C_7H_{14}O_3$	乳酸丁酯	87.0	62.5	75.0	88.8	103.8	112.8	125.8	145.0	165.5	187.0
C_7H_{16}	庚烷	-34.0	-12.7	-2.1	+9.5	22.3	30.6	41.8	58.7	78.0	98.4
$C_7H_{16}O$	1-庚醇	42.4	64.3	74.7	85.8	99.8	108.0	119.5	136.6	155.6	175.8
$C_7H_{16}O_2$	1-丁氧基-2-丙醇	24.5	49.0	61.5	74.5	89.5	98.0	110.0	129.0	149.5	170.2
$C_7H_{16}O_3$	1-(2-甲氧丙氧基)-2-丙醇	35.5	61.0	74.0	88.0	103.5	113.0	126.0	145.5	167.0	189.0

续表

分子式	名　　称	蒸气压, p/mmHg①									
		1	5	10	20	40	60	100	200	400	760
		温度, t/℃									
C_8H_8	苯乙烯	−7.0	+18.0	30.8	44.6	59.8	69.5	82.0	101.3	122.5	145.2
C_8H_8O	苯乙酮	37.1	64.0	78.0	92.4	109.4	119.8	133.6	154.2	178.0	202.4
C_8H_{10}	乙苯	−9.8	+13.9	25.9	38.6	52.8	61.8	74.1	92.7	113.8	136.2
C_8H_{10}	邻二甲苯	−3.8	+20.2	32.1	45.1	59.5	68.8	81.3	100.2	121.7	144.4
C_8H_{10}	间二甲苯	−6.9	+16.8	28.3	41.1	55.3	64.4	76.8	95.5	116.7	139.1
C_8H_{10}	对二甲苯	−8.1	+15.5	27.3	40.1	54.4	63.5	75.9	94.6	115.9	138.3
$C_8H_{10}O$	1-苯基乙醇	49.0	75.2	88.0	102.1	117.8	127.4	140.3	159.0	180.7	204.0
$C_8H_{10}O_2$	2-苯氧基乙醇	78.0	106.6	121.2	136.0	152.2	163.2	176.5	197.6	221.0	245.3
$C_8H_{16}O$	甲基己基甲酮	23.6	48.4	60.9	74.3	89.8	99.0	111.7	130.4	151.0	172.9
$C_8H_{16}O_2$	丁酸丁酯	13.0	38.5	51.0	65.0	80.0	89.5	102.5	122.0	144.0	166.6
$C_8H_{16}O_3$	1-丁氧基-2-乙酰氧基乙烷	36.5	62.5	76.0	89.5	105.0	114.5	128.0	148.0	169.5	191.5
C_8H_{18}	辛烷	−14.0	+8.3	19.2	31.5	45.1	53.8	65.7	83.6	104.0	125.6
$C_8H_{18}O$	二丁醚	−5.9	+19.3	31.4	45.0	60.0	69.1	82.0	100.0	121.2	142.0
$C_8H_{18}O$	1-辛醇	54.0	76.5	88.3	101.0	115.0	123.8	135.2	152.0	173.8	195.2
$C_8H_{18}O$	2-辛醇	32.8	57.6	70.0	83.3	98.0	107.4	119.0	138.0	157.5	178.5
$C_8H_{18}O_3$	二(2-乙氧基)醚	31.5	57.8	70.8	85.0	100.5	110.0	123.5	144.0	166.0	188.9
$C_8H_{18}O_3$	2-(2-丁氧乙氧基)乙醇	70.0	95.7	107.8	120.5	135.5	146.0	159.8	181.2	205.0	231.2
$C_8H_{18}O_3$	1-(2-乙氧丙氧基)-2-丙醇	42.0	68.0	81.0	95.0	110.5	120.0	133.0	153.0	175.0	197.0
C_9H_{12}	异丙苯	2.9	26.8	38.3	51.5	66.1	75.4	88.1	107.3	129.2	152.4
$C_9H_{14}O$	3,5,5-三甲基-2-环己烯-1-酮	38.0	66.7	81.2	96.8	114.5	125.6	140.6	163.3	188.7	215.2
$C_9H_{18}O$	二异丁酮	15.0	40.5	53.0	67.0	82.0	92.0	105.0	124.0	147.0	169.3
$C_{10}H_{12}$	十氢化萘	38.0	65.3	79.0	93.8	110.4	121.3	135.3	157.2	181.2	207.2
$C_{10}H_{14}$	对异丙基苯甲烷	19.0	44.6	57.6	71.5	87.6	96.8	110.1	130.1	151.8	176.7
$C_{10}H_{16}$	双戊烯	18.0	44.0	57.0	71.0	87.0	96.5	110.0	130.0	153.2	176.7
$C_{10}H_{16}$	α-蒎烯	−1.0	+24.6	37.3	51.4	66.8	76.8	90.1	110.2	132.3	155.0
$C_{10}H_{18}$	顺-十氢化萘	22.5	50.1	64.2	79.8	97.2	108.0	123.2	145.4	169.9	194.6
$C_{10}H_{18}$	反-十氢化萘	−0.8	+30.6	47.2	65.3	85.7	98.4	114.6	136.2	160.1	186.7
$C_{10}H_{22}O$	二戊醚	24.5	51.0	64.3	78.8	95.0	104.8	118.5	139.5	163.0	186.8
$C_{10}H_{22}O$	二异戊醚	18.6	44.3	57.0	70.7	86.3	96.0	109.6	129.0	150.3	173.4
$C_{10}H_{22}O_2$	1,2-二丁氧基乙烷	43.2	69.8	83.0	97.3	113.0	122.5	136.0	156.5	178.5	203.6
$C_{10}H_{22}O_3$	1-(2-丁氧丙氧基)-2-丙醇	63.0	91.0	105.0	120.0	136.5	147.0	161.0	182.0	205.0	228.0
$C_{12}H_{26}O$	二己醚	59.0	86.2	100.0	114.5	130.7	141.0	155.0	175.5	198.0	226.2

① mmHg 与 SI 单位的换算因数:1mmHg=133.3224Pa。

在一大气压（101.33kPa）下溶剂及其共沸混合物的沸点（按沸点递增顺序排列）见表1-58；共沸混合物组分以质量分数表示。

表 1-58　溶剂及其共沸混合物的沸点

序号	组　分	沸点，t/℃	序号	组　分	沸点，t/℃
1	氯仿（77%）+乙酸甲酯（23%）	4.8	31	水（1.4%）+戊烷（98.6%）	34.6
2	甲酸甲酯（40%）+乙醚（8%）+戊烷（52%）	20.4	32	2-氯丙烷	34.8
			33	甲酸（1.8%）+2-氯丙烷（98.2%）	34.8
3	甲酸甲酯（53%）+戊烷（47%）	21.8	34	甲醇（5.5%）+溴乙烷（94.5%）	35.0
4	三氯氟甲烷	23.7	35	2-丙醇（6%）+戊烷（94%）	35.4
5	二硫化碳（33%）+甲酸甲酯（67%）	24.8	36	二氯甲烷（<49%）+戊烷（>51%）	<35.5
6	1,2-环氧丙烷（57%）+戊烷（43%）	27.5	37	二硫化碳（55%）+甲醇（7%）+二甲氧基甲烷（38%）	<35.6
7	甲酸甲酯（75%）+环戊烷（25%）	28.0			
8	甲酸甲酯（56%）+乙醚（44%）	28.2	38	二硫化碳（11%）+戊烷（89%）	35.7
9	甲酸甲酯（57%）+2-氯丙烷（43%）	29.0	39	2-甲基-2-丙醇（约3%）+戊烷（约97%）	35.9
10	甲酸甲酯（66%）+溴乙烷（34%）	29.9			
11	甲醇（7%）+戊烷（93%）	30.8	40	正戊烷	36.1
12	2-氯丙烷（57%）+戊烷（43%）	31.0	41	二硫化碳（39%）+二氯甲烷（61%）	37.0
13	甲酸甲酯	31.5	42	溴乙烷（97%）+乙醇（3%）	37.0
14	丙酮（21%）+戊烷（79%）	31.9	43	二硫化碳+甲醇+乙酸甲酯	37
15	甲醇（6%）+2-氯丙烷（94%）	32.3	44	水（约1%）+溴乙烷（约99%）	37
16	溴乙烷（<52%）+戊烷（>48%）	<32.8	45	二硫化碳（46%）+二甲氧基甲烷（54%）	37.3
17	乙醚（68%）+戊烷（32%）	33.4			
18	甲酸乙酯（25%）+戊烷（75%）	33.5	46	溴乙烷（<80%）+环戊烷（>20%）	<37.5
19	二甲氧基甲烷（35%）+戊烷（65%）	33.6	47	二硫化碳（86%）+甲醇（14%）	37.7
20	水（1.2%）+2-氯丙烷（98.8%）	33.6	48	碘甲烷（95.5%）+甲醇（4.5%）	37.8
21	二硫化碳（22%）+2-氯丙烷（78%）	33.7	49	二硫化碳（33%）+溴乙烷（67%）	37.8
22	1,2-环氧丙烷	33.9	50	二氯甲烷（92.7%）+甲醇（7.3%）	37.8
23	二硫化碳（约40%）+甲醇（约10%）+溴乙烷（约50%）	33.9	51	二氯甲烷（70%）+环戊烷（30%）	38.0
			52	水（0.8%）+二硫化碳（75.2%）+丙酮（24.0%）	38.0
24	甲酸（10%）+戊烷（90%）	34.2			
25	水（1.2%）+乙醚（98.8%）	34.2	53	二氯甲烷（20%）+溴乙烷（80%）	38.1
26	乙醇（3%）+2-氯丙烷（97%）	34.2	54	水（1.5%）+二硫化碳（98.5%）	38.1
27	乙醇（4%）+戊烷（96%）	34.2	55	甲酸（3%）+溴乙烷（97%）	38.2
28	二硫化碳（1%）+乙醚（99%）	34.4	56	溴乙烷	38.2
29	乙醚	34.5	57	甲醇（14%）+环戊烷（86%）	38.8
30	1-氯丁烷（<32%）+戊烷（>68%）	<34.6	58	二硫化碳（67%）+丙酮（33%）	39.3

续表

序号	组　分	沸点,$t/℃$	序号	组　分	沸点,$t/℃$
59	二硫化碳（63%）＋甲酸乙酯（37%）	39.4	84	二硫化碳（67%）＋环戊烷（33%）	44.0
60	水（0.6%）＋甲醇（3.0%）＋1,1,2-三氯-1,2,2-三氟乙烷（96.4%）	39.4	85	二硫化碳（92.4%）＋2-丙醇（7.6%）	44.2
			86	二硫化碳（90%）＋硝基甲烷（10%）	44.3
61	二硫化碳（70%）＋乙酸甲酯（30%）	39.6	87	水（1.1%）＋反-1,2-二氯乙烯（94.5%）＋乙醇（4.4%）	44.4
62	二氯甲烷	39.8			
63	二氯甲烷（>95%）＋乙醇（<5%）	<39.9	88	1-氯丙烷（<64%）＋环戊烷（>36%）	<44.5
64	甲醇（6%）＋1,1,2-三氯-1,2,2-三氟乙烷（94%）	39.9	89	水（1.0%）＋1,1,2-三氯-1,2,2-三氟乙烷（99.0%）	44.5
65	二甲氧基甲烷（62%）＋环戊烷（38%）	40.0	90	乙醇（7.5%）＋环戊烷（92.5%）	44.7
66	水（2.5%）＋乙醇（6.7%）＋1-氯丙烷（90.8%）	40.0	91	二硫化碳（72%）＋1,1-二氯乙烷（28%）	44.8
67	二氯甲烷（77%）＋1,2-环氧丙烷（23%）	40.6	92	二硫化碳（93%）＋2-甲基-2-丙醇（7%）	44.8
68	甲醇（10%）＋1-氯丙烷（90%）	40.6	93	二氯甲烷（41%）＋二甲氧基甲烷（59%）	45.0
69	二氯甲烷（70%）＋乙醚（30%）	40.8			
70	丙酮（36%）＋环戊烷（64%）	41.0	94	乙醇（6%）＋1-氯丙烷（94%）	45.0
71	水（1.6%）＋二硫化碳（93.4%）＋乙醇（5%）	41.3	95	二硫化碳（93.5%）＋烯丙醇（6.5%）	45.3
			96	水（1.9%）＋反-1,2-二氯乙烯（98.1%）	45.3
72	甲醇（8.2%）＋二甲氧基甲烷（91.8%）	41.9	97	二硫化碳（94.5%）＋1-丙醇（5.5%）	45.7
73	甲酸乙酯（<45%）＋环戊烷（>55%）	<42.0	98	甲酸（8%）＋1-氯丙烷（92%）	45.7
74	二硫化碳（55.5%）＋1-氯丙烷（44.5%）	42.1	99	丙酮（15%）＋1-氯丙烷（85%）	45.8
			100	二硫化碳＋1,1-二甲氧基乙烷	<45.9
75	水（1.3%）＋二甲氧基甲烷（98.7%）	42.1	101	二硫化碳（84.7%）＋甲乙酮（15.3%）	45.9
76	二甲氧基甲烷	42.3	102	二硫化碳（92.7%）＋乙酸乙酯（7.3%）	46.0
77	二硫化碳（83%）＋甲酸（17%）	42.6			
78	二硫化碳（91%）＋乙醇（9%）	42.6	103	甲酸（16%）＋环戊烷（84%）	46.0
79	水（0.6%）＋1,1,2-三氯-1,2,2-三氟乙烷（95.5%）＋乙醇（3.9%）	42.6	104	二硫化碳（89.5%）＋2-溴丙烷（10.5%）	46.1
80	水（2.0%）＋二硫化碳（98.0%）	42.6	105	二硫化碳	46.3
81	水（1%）＋1-氯丙烷（99%）	43.4	106	甲酸乙酯（15%）＋1-氯丙烷（85%）	46.3
82	二硫化碳（90%）＋甲酸异丙酯（10%）	43.5	107	1-氯丙烷（97.2%）＋2-丙醇（2.8%）	约46.4
83	1,1,2-三氯-1,2,2-三氟乙烷（96.2%）＋乙醇（3.8%）	43.8	108	1-氯丙烷	46.5
			109	反-1,2-二氯乙烯（94%）＋乙醇（6%）	46.5

续表

序号	组分	沸点, $t/℃$	序号	组分	沸点, $t/℃$
110	甲酸异丙酯（18%）＋环戊烷（82%）	<47.0	137	丙酮（61%）＋二异丙醚（39%）	54.2
111	2-丙醇＋环戊烷	<47.3	138	甲醇（38.2%）＋环己烷（61.8%）	54.2
112	硝基甲烷（>9%）＋环戊烷（<91%）	<47.5	139	甲酸乙酯	54.3
113	反-1,2-二氯乙烯	47.5	140	1,1-二氯乙烷（88.5%）＋乙醇（11.5%）	54.6
114	1,1,2-三氯-1,2,2-三氟乙烷	47.6			
115	2-甲基-2-丙醇（约 7%）＋环戊烷（约 93%）	48.2	141	甲醇（21%）＋1-溴丙烷（79%）	54.6
116	水（8.5%）＋环己烷（91.5%）	48.8	142	水（1%）＋甲乙酮（22%）＋正乙烷（77%）	55.0
117	甲醇（14.5%）＋α-溴乙烷（85.5%）	49.0	143	水（3.4%）＋顺-1,2-二氯乙烯（96.6%）	55.3
118	甲醇（12%）＋1,1-二氯乙烷（88%）	49.1			
119	环戊烷	49.3	144	乙醇（11.5%）＋2-溴丙烷（88.5%）	55.3
120	水（8.9%）＋苯（91.1%）	49.4	145	水（3.5%）＋氯仿（92.5%）＋乙醇（4.0%）	55.5
121	甲酸乙酯（67%）＋己烷（33%）	49.5			
122	丙酮（53.5%）＋己烷（46.5%）	49.7	146	丙酮（49%）＋乙酸甲酯（51%）	55.7
123	甲醇（28%）＋己烷（72%）	50.5	147	甲醇（12%）＋丙酮（88%）	55.7
124	甲醇（17.8%）＋乙酸甲酯（48.6%）＋环己烷（33.6%）	50.8	148	四氯化碳（79.4%）＋甲醇（20.6%）	55.7
			149	丙酮（89.5%）＋庚烷（10.5%）	55.9
125	甲醇（16%）＋甲酸乙酯（84%）	51.0	150	甲醇（21.7%）＋1,1,1-三氯乙烷（78.3%）	56
126	甲醇（<15%）＋顺-1,2-二氯乙烯（>85%）	<51.4			
			151	水（5.8%）＋乙醇（11.9%）＋己烷（82.3%）	56
127	甲醇（16.0%）＋丙酮（43.5%）＋环己烷（40.5%）	51.5			
			152	乙酸甲酯（68%）＋2-溴丙烷（32%）	56.0
128	氯仿（81.0%）＋甲醇（15.0%）＋水（4.0%）	52.6	153	丙酮（98%）＋1-溴丙烷（2%）	56.1
			154	甲酸（14%）＋2-溴丙烷（86%）	56.1
129	丙酮（67%）＋环己烷（33%）	53.0	155	四氯化碳（11.5%）＋丙酮（88.5%）	56.1
130	甲酸乙酯（70%）＋2-溴丙烷（30%）	53.0	156	丙酮	56.2
131	氯仿（87%）＋甲醇（13%）	53.5	157	水（3%）＋氯仿（97%）	56.3
132	甲醇（17.4%）＋丙酮（5.8%）＋乙酸甲酯（76.8%）	53.7	158	水（3.3%）＋乙酸甲酯（96.7%）	56.4
			159	1,1-二氯乙烷（90%）＋2-丙醇（10%）	56.5
133	水（2.9%）＋乙醇（6.6%）＋顺-1,2-二氯乙烯（90.5%）	53.8	160	乙酸甲酯（<90%）＋己烷（>10%）	<56.7
			161	乙酸甲酯	56.9
134	甲醇（18.7%）＋乙酸甲酯（81.3%）	54.0	162	甲酸异丙酯（48%）＋己烷（52%）	57.0
135	丙酮（42%）＋2-溴丙烷（58%）	54.1	163	甲醇（28.5%）＋1-氯丁烷（71.5%）	57.2
136	水（3%）＋甲酸乙酯（97%）	54.1	164	甲醇（33%）＋甲酸异丙酯（67%）	57.2

续表

序号	组　　分	沸点，t/℃	序号	组　　分	沸点，t/℃
165	1,1-二氯乙烷	57.3	193	乙醇（9%）＋碘乙烷（86%）＋水（5%）	61
166	甲醇（24.2%）＋1,1-二甲氧基乙烷（75.8%）	57.5	194	水（5.6%）＋1-丙醇（2.0%）＋二异丙基醚（92.4%）	61
167	氯仿（47%）＋甲醇（23%）＋丙酮（30%）	57.5	195	水＋2-丁醇＋己烷	61.1
168	1,1-二氯乙烷（70%）＋丙酮（30%）	57.6	196	氯仿	61.2
169	顺-1,2-二氯乙烯（90.2%）＋乙醇（9.8%）	57.7	197	水（5.6%）＋己烷（94.4%）	61.6
170	2-溴丙烷（88%）＋2-丙醇（12%）	57.8	198	水（5%）＋2-丙醇（4%）＋二异丙醚（91%）	61.8
171	水＋2-丙醇＋己烷	58.2	199	氯仿（92.5%）＋二甲氧基甲烷（7.5%）	61.8
172	甲醇（39.5%）＋苯（60.5%）	58.3	200	水（3.4%）＋四氯化碳（86.3%）＋乙醇（10.3%）	61.8
173	氯仿＋乙醇＋己烷	约58.3	201	甲醇（50.2%）＋甲酸丙酯（49.8%）	61.9
174	乙醇（21%）＋己烷（79%）	58.7	202	甲醇（56%）＋氯代异戊烷（44%）	62.0
175	2-溴丙烷（94.8%）＋2-甲基-2-丙醇（5.2%）	59.0	203	硝基甲烷（21%）＋己烷（79%）	62.0
176	甲醇（51.5%）＋庚烷（48.5%）	59.1	204	乙醇（12%）＋1,1-二甲氧基乙烷（88%）	62.0
177	氯仿（8.5%）＋甲酸（91.5%）	59.2	205	水（4.6%）＋二异丙醚（95.4%）	62.2
178	2-溴丙烷（98.5%）＋己烷（1.5%）	59.3	206	氯仿（65%）＋2-溴丙烷（35%）	62.2
179	2-溴丙烷	59.4	207	2-丙醇（23%）＋己烷（77%）	62.3
180	氯仿（93%）＋乙醇（7%）	59.4	208	甲醇（44%）＋乙酸乙酯（56%）	62.3
181	三氯甲烷（93%）＋乙醇（7%）	59.4	209	甲醇（48%）＋丙酸甲酯（52%）	62.4
182	甲醇（57%）＋甲基环己烷（43%）	59.5	210	甲醇（56%）＋丁基甲基醚（44%）	62.6
183	水（5%）＋烯丙醇（5%）＋己烷（90%）	59.7	211	氯仿（87%）＋甲酸乙酯（13%）	62.7
184	氯仿（72%）＋己烷（28%）	60.0	212	水（7.0%）＋乙醇（17.0%）＋环己烷（76.0%）	62.8
185	水（4.8%）＋乙醇（8.4%）＋1-溴丙烷（86.8%）	60.0	213	乙醇（18%）＋1-溴丙烷（82%）	62.8
186	水＋1-丙醇＋己烷	60.0	214	甲醇（53%）＋1,2-二氯丙烷（47%）	62.9
187	甲醇（36%）＋三氯乙烯（64%）	60.2	215	甲醇（72%）＋辛烷（28%）	63.0
188	水（4.0%）＋三氯甲烷（57.6%）＋丙酮（38.4%）	60.4	216	乙醇（14%）＋碘乙烷（86%）	63.0
189	顺-1,2-二氯乙烯	60.4	217	水（5%）＋四氢呋喃（95%）	63
190	甲酸（28%）＋己烷（72%）	60.5	218	四氢呋喃（53.5%）＋己烷（46.5%）	63
191	甲醇（32%）＋1,2-二氯乙烷（68%）	60.9	219	甲醇（65%）＋二乙氧基甲烷（35%）	63.2
192	水（3.6%）＋1,1-二甲氧基乙烷（96.4%）	61.0			

续表

序号	组 分	沸点，t/℃	序号	组 分	沸点，t/℃
220	甲醇（70%）＋丁酮（30%）	63.5	247	四氯化碳（84.1%）＋乙醇（15.9%）	65.1
221	甲酸丙酯（30%）＋己烷（70%）	63.6	248	乙酸乙酯（<39%）＋己烷（>61%）	65.1
222	水（5%）＋丁酮（60%）＋环己烷（35%）	63.6	249	烯丙醇（4.5%）＋己烷（95.5%）	65.2
223	甲醇（72.4%）＋甲苯（27.6%）	63.7	250	水（4.1%）＋四氯化碳（90.4%）＋烯丙醇（5.5%）	65.4
224	甲醇（63.5%）＋四氯乙烯（36.5%）	63.8	251	水（5.0%）＋四氯化碳（84%）＋丙醇（11%）	65.4
225	1,1-二甲氧基乙烷（70%）＋己烷（30%）	64.0	252	丙醇（4%）＋己烷（96%）	65.7
226	甲醇（70.2%）＋乙酸异丙酯（29.8%）	64.0	253	水（3.0%）＋四氯化碳（74.8%）＋丁酮（22.2%）	65.7
227	乙醇（17.1%）＋二异丙醚（82.9%）	64.0	254	水（4.1%）＋四氯化碳（95.9%）	66
228	乙烯（20%）＋环己烯（73%）＋水（7%）	64.1	255	四氢呋喃	66
229	2-甲基-2-丙醇（23%）＋己烷（77%）	64.2	256	2-丙醇（16.3%）＋二异丙醚（83.7%）	66.2
230	1,1-二甲氧基乙烷	64.3	257	水（8%）＋烯丙醇（11%）＋环己烷（81%）	66.2
231	丁酮（30%）＋己烷（70%）	64.3	258	乙醇（21.5%）＋1-氯丁烷（78.5%）	66.2
232	甲醇（48%）＋二溴甲烷（52%）	64.3	259	水（7.5%）＋2-丙醇（18.7%）＋苯（73.8%）	66.5
233	水（7.5%）＋2-丙醇（18.5%）＋环己烷（74.0%）	64.3	260	水（8.5%）＋丙醇（10%）＋环己烷（81.5%）	66.6
234	甲醇（90.7%）＋2-蒎烯（9.3%）	64.5	261	四氯化碳（81.5%）＋甲酸（18.5%）	66.7
235	氯仿（79.5%）＋丙酮（20.5%）	64.5	262	1-溴丙烷（79.5%）＋2-丙醇（20.5%）	66.8
236	硝基甲烷（8%）＋甲醇（92%）	64.5	263	丙酸甲酯（22%）＋己烷（78%）	66.8
237	甲醇（>93%）＋甲酸正丁酯（<7%）	<64.6	264	1-溴丙烷（<43%）＋甲酸异丙酯（>57%）	<67.0
238	甲醇（99.2%）＋二戊烯（0.8%）	64.6	265	1-溴丙烷（42%）＋己烷（58%）	67.0
239	水（7.4%）＋乙醇（18.5%）＋苯（74.1%）	64.6	266	水（7.0%）＋三氯乙烯（79.5%）＋乙醇（13.5%）	67.0
240	甲醇	64.7	267	水＋2-丁醇＋环己烷	约67
241	甲酸（27%）＋1-溴丙烷（73%）	64.7	268	2-丁醇（8.5%）＋己烷（91.5%）	67.1
242	四氯化碳（85%）＋叔丁醇（11.9%）＋水（3.1%）	64.7	269	氯仿（32%）＋1,1-二甲氧基乙烷（68%）	67.2
243	水（7.5%）＋乙醇（35.5%）＋甲基环己烷（57.8%）	64.8			
244	乙醇（30.5%）＋环己烷（69.5%）	64.9	270	己烷（47%）＋二异丙基醚（53%）	67.5
245	水（3%）＋甲酸异丙酯（97%）	65.0	271	乙醇（32.4%）＋苯（67.60%）	67.8
246	乙醇（15.8%）＋四氯化碳（84.2%）	65.0			

续表

序号	组　分	沸点, $t/℃$	序号	组　分	沸点, $t/℃$
272	2-氯乙醇（<13%）+己烷（>87%）	<68.0	299	甲酸（33%）+环己烷（67%）	69.5
273	1-溴丙烷（88%）+2-甲基-2-丙醇（12%）	68.0	300	水（7.7%）+1,2-二氯乙烷（73.3%）+2-丙醇（19.0%）	69.7
274	四氯化碳（12%）+甲酸异丙酯（88%）	68.0	301	1-溴丙烷（90.5%）+1-丙醇（9.5%）	69.8
275	水（12.1%）+乙醇（25.9%）+庚烷（62.0%）	68	302	氯仿（>14%）+甲酸异丙酯（<86%）	70.0
276	水（9.0%）+1,2-二氯乙烷（29.2%）+乙醇（61.8%）	68	303	水+三氯乙烯+2-丙醇	~70.0
277	水+乙酸+苯	68	304	水（9.0%）+乙醇（8.4%）+乙酸乙酯（82.6%）	70.2
278	2-甲基-1-丙醇（2.5%）+己烷（97.5%）	68.1	305	硝基甲烷（28%）+环己烷（72%）	70.2
279	水（28.2%）+1-丙醇（71.8%）	68.1	306	水（8.2%）+乙酸乙酯（91.8%）	70.4
280	水（6.6%）+1-氯丁烷（93.4%）	68.1	307	1,2-二氯乙烷（>63%）+乙醇（<37%）	70.5
281	水（8.6%）+烯丙醇（9.2%）+苯（82.2%）	68.2	308	氯仿（36%）+二异丙醚（64%）	70.5
282	二异丙醚	68.3	309	硝基甲烷（7%）+1-溴丙烷（93%）	70.6
283	甲酸异丙酯	68.3	310	乙醇（60.6%）+正丁醛（39.4%）	70.7
284	2-丙醇+乙酸乙酯+环己烷	约68.3	311	水（13%）+1-丙醇（5%）+甲酸丙酯（82%）	70.8
285	乙酸异丙酯（<9%）+己烷（>91%）	<68.5	312	三氯乙烯（73%）+乙醇（27%）	70.9
286	2-甲基-2-丁醇（4%）+己烷（96%）	68.5	313	乙醇（49%）+庚烷（51%）	70.9
287	水（8.6%）+1-丙醇（9.0%）+苯（82.4%）	68.5	314	2-丙醇（23%）+1-氯丁烷（77%）	71.0
			315	1-溴丙烷	71
288	2-丙醇（33%）+环己烷（67%）	68.6	316	甲酸（31%）+苯（69%）	71.1
289	甲酸异丁酯（<7%）+己烷（>93%）	<68.7	317	四氯化碳（83%）+硝基甲烷（17%）	71.3
290	己烷	68.7	318	水（3.9%）+丙酸甲酯（96.1%）	71.4
291	苯（5%）+己烷（95%）	68.8	319	2-丙醇（33.3%）+苯（66.7%）	71.5
292	水（8.5%）+环己烷（91.5%）	68.8	320	2-甲基-2-丙醇（37%）+环己烷（63%）	71.5
293	水（8.9%）+丁酮（17.5%）+苯（73.6%）	68.9	321	水（6.5%）+三氯乙烯（84.7%）+烯丙醇（8.8%）	71.6
294	水+乙醇+乙酸异戊酯	69.0	322	水（7%）+三氯乙烯（81%）+1-丙醇（12%）	71.6
295	四氯化碳（82%）+2-丙醇（18%）	69.0			
296	烯丙醇（8%）+1-溴丙烷（92%）	69.3	323	水（9.3%）+乙醇（4.2%）+乙基丁醚（86.5%）	71.6
297	甲酸（25%）+1-氯丁烷（75%）	69.4			
298	水（8.9%）+苯（91.1%）	69.4			

续表

序号	组 分	沸点,$t/℃$	序号	组 分	沸点,$t/℃$
324	四氯化碳（83%）＋2-甲基-2-丙醇（17%）	71.7	351	水（16.8%）＋乙醇（46.0%）＋辛烷（37.2%）	74.0
325	丁酮（40%）＋环己烷（60%）	71.8	352	甲酸（25%）＋三氯乙烯（75%）	74.1
326	乙醇（31%）＋乙酸乙酯（69%）	71.8	353	烯丙醇（20%）＋环己烷（80%）	74.1
327	乙醇（39%）＋甲醇正丙酯（61%）	71.8	354	乙醇（42%）＋二乙氧基甲烷（58%）	74.2
328	水（3.6%）＋甲酸丙酯（96.4%）	71.9	355	1-丙醇（20%）＋环己烷（80%）	74.3
329	水（19.5%）＋1,2-二氯乙烷（80.5%）	72.0	356	1,2-二氯乙烷（49.6%）＋环己烷（50.4%）	74.4
330	乙醇（51.5%）＋甲基环己烷（48.5%）	72.0	357	水（12%）＋乙醇（51%）＋甲苯（37%）	74.4
331	乙醇（36%）＋丙酸甲酯（64%）	72.2			
332	四氯化碳（88.5%）＋烯丙醇（11.5%）	72.3	358	乙醇（44%）＋二丙醚（56%）	74.4
333	乙醇（57%）＋乙腈（43%）	72.5	359	水（6.7%）＋四氯乙烯（55.7%）＋乙醇（37.6%）	74.5
334	乙醇＋1-氯戊烷	72.5			
335	水＋三氯乙烯＋2-甲基-1-丙醇	72.7	360	烯丙醇（15%）＋1-氯丁烷（85%）	74.5
336	1-氯丁烷（80%）＋2-甲基-2-丙醇（20%）	72.8	361	四氯化碳（约69%）＋甲酸丙酯（约33%）	74.6
337	乙酸乙酯（55%）＋环己烷（45%）	72.8	362	四氯化碳（92.4%）＋2-丁醇（7.6%）	74.6
338	乙醇（55%）＋乙腈（44%）＋水（1%）	72.9	363	乙醇（43%）＋氯代异戊烷（57%）	74.7
339	四氯化碳（88.5%）＋1-丙醇（11.5%）	73.1	364	乙醇（47.3%）＋1,2-二氯丙烷（52.7%）	74.7
340	水（11%）＋乙醇（14%）＋丁醇（75%）	73.2			
341	水（12.1%）＋乙醇（18.4%）＋二乙氧基甲烷（69.5%）	73.2	365	水（11.7%）＋1-丙醇（20.2%）＋二丙醚（68.1%）	74.8
342	水（10.4%）＋2-丙醇（21.9%）＋丁基乙醚（67.7%）	73.4	366	水（9.8%）＋乙醇（19.4%）＋乙酸异丙酯（70.8%）	74.8
			367	四氯化碳（57%）＋乙酸乙酯（43%）	74.8
343	水（11.4%）＋丁酮（88.6%）	73.5	368	1,2-二氯乙烷（＞61%）＋2-丙醇（＜39%）	75.0
344	水（5.4%）＋三氯乙烯（94.6%）	73.6			
345	四氯化碳（71%）＋丁酮（29%）	73.8	369	水＋乙醇＋氯苯（13%）	75.0
346	乙醇（49.3%）＋丁基乙醚（50.7%）	73.8	370	乙醇（43%）＋1-溴丁烷（57%）	75.0
347	1,1,1-三氯乙烷	73.9	371	丙酸甲酯（50%）＋环己烷（50%）	75.2
348	水（11.9%）＋2-丙醇（9.7%）＋丁酮（78.4%）	73.9	372	水（10%）＋二乙氧基甲烷（90%）	75.2
			373	2-丙醇（25%）＋乙酸乙酯（75%）	75.3
349	甲酸丙酯（＜48%）＋环己烷（＞52%）	＜74.0	374	二溴甲烷（60%）＋乙醇（40%）	75.5
350	2-甲基-2-丙醇（36.6%）＋苯（63.4%）	74.0	375	三氯乙烯（70%）＋2-丙醇（30%）	75.5

续表

序号	组　分	沸点，$t/℃$	序号	组　分	沸点，$t/℃$
376	水（11%）+2-丙醇（13%）+乙酸异丙酯（76%）	75.5	401	四氯化碳（97%）+乙酸（3%）	76.6
377	硝基甲烷（16%）+1-氯丁烷（84%）	75.5	402	四氯化碳（97.5%）+1-丁醇（2.5%）	76.6
378	1-丙醇（16%）+1-氯丁烷（84%）	75.6	403	四氯乙烯（35%）+乙醇（65%）	76.7
379	四氯化碳（79%）+1,2-二氯乙烷（21%）	75.6	404	乙醇（68%）+甲苯（32%）	76.7
380	乙醇（46%）+丁酮（54%）	75.7	405	乙醇（72%）+甲酸异丁酯（28%）	76.7
			406	四氯化碳	76.8
381	四氯化碳（94.5%）+2-甲基-1-丙醇（5.5%）	75.8	407	烯丙醇（17.3%）+苯（82.7%）	76.8
382	2-丙醇（36%）+甲酸丙酯（64%）	75.9	408	乙酸乙酯	76.8
			409	乙酸乙酯（<94%）+庚烷（>6%）	<76.9
383	乙酸乙酯（60%）+1-氯丁烷（40%）	75.9	410	丁酮（约18%）+乙酸乙酯（约82%）	77.0
384	四氯化碳（>80%）+丙酸甲酯（<20%）	76.0	411	丁酮（38%）+1-氯丁烷（62%）	77.0
385	硝基甲烷（26.8%）+乙醇（73.2%）	76.0	412	三氯乙烯（68%）+2-甲基-2-丙醇（32%）	77.0
386	乙酸乙酯（73%）+2-甲基-2-丙醇（27%）	76.0	413	丁酮（73%）+庚烷（27%）	77
387	异丙醇（32%）+2-碘丙烷（68%）	76.0	414	1-丙醇（16.9%）+苯（83.1%）	77.1
388	水（10.5%）+1,2-二甲氧基乙烷（89.5%）	76	415	甲酸（<20%）+1,2-二氯乙烷（>80%）	77.2
389	甲酸丙酯（38%）+1-氯丁烷（62%）	76.1	416	2-丙醇（47.5%）+甲基环己烷（52.5%）	77.4
390	水（10%）+二丙醚（90%）	76.1	417	丙酸甲酯（35%）+1-氯丁烷（65%）	77.5
391	水（13.1%）+2-丙醇（38.2%）+甲苯（48.7%）	76.3	418	甲酸丙酯（60%）+2-甲基-2-丙醇（40%）	77.5
392	乙醇（76%）+辛烷（24%）	76.3	419	水（12%）+1,2-二氯丙烷（88%）	77.5
393	2-丙醇（35%）+丙酸甲酯（65%）	76.4	420	丙酸甲酯（64%）+2-甲基-2-丙醇（36%）	77.6
394	2-丙醇（50.5%）+庚烷（49.5%）	76.4	421	1-氯丁烷（92%）+2-丁醇（8%）	77.7
395	1,2-二氯乙烷（<78%）+2-甲基-2-丙醇（>22%）	<76.5	422	1-氯丁烷（98.1%）+1-丁醇（1.9%）	77.7
			423	苯（51.8%）+环己烷（48.2%）	77.7
396	2-丁醇（18%）+环己烷（82%）	76.5	424	丁酮（80%）+甲基环己烷（20%）	77.7
397	水（9%）+乙酸异丙酯（91%）	76.5	425	乙醇（91.2%）+甲基丙基甲酮（8.8%）	77.7
398	乙醇（53%）+乙酸异丙酯（47%）	76.5			
399	水（12.1%）+乙基丁醚（87.9%）	76.6	426	环己烷（45%）+苯（55%）	77.8
400	四氯化碳（95.5%）+2-甲基-2-丁醇（4.5%）	76.6	427	水（11.4%）+乙醇（27.6%）+1,1-二乙氧基乙烷（61.0%）	77.8

续表

序号	组　分	沸点,t/℃	序号	组　分	沸点,t/℃
428	2-丙醇（32%）＋丁酮（68%）	77.9	457	2-甲基-2-丙醇（52%）＋二丙醚（48%）	79.2
429	1-氯丁烷（>64%）＋环己烷（<36%）	<78.0	458	水（12.9%）＋庚烷（87.1%）	79.2
430	1-氯丁烷（96%）＋2-甲基-1-丙醇（4%）	78.0	459	水（5.0%）＋1,2-二氯乙烷（28.6%）＋苯（66.4%）	79.2
431	2-甲基-2-丙醇（63%）＋庚烷（37%）	78.0	460	硝基甲烷（14%）＋苯（86%）	79.2
432	2-甲基-2-丙醇（65%）＋甲基环己烷（35%）	78.0	461	硝基甲烷（31%）＋2-丙醇（69%）	79.4
433	水（4.4%）＋乙醇（21.7%）＋乙苯（73.9%）	78.0	462	硝基甲烷（32%）＋二甲基-2-丙醇（68%）	79.4
434	水（6%）＋硝基甲烷（32%）＋2-丙醇（62%）	78.0	463	丙酸甲酯（51%）＋苯（49%）	79.5
435	乙醇（72%）＋丙酸乙酯（28%）	78.0	464	丁酮	79.5
436	乙醇（76%）＋1,1-二乙氧基乙烷（24%）	78.0	465	甲酸异丁酯（<19%）＋环己烷（>81%）	79.5
437	乙醇（84%）＋丁酸甲酯（16%）	78.0	466	丙酸甲酯（<92%）＋庚烷（>8%）	<79.6
438	乙酸（3%）＋1-氯丁烷（97%）	78.0	467	2-丙醇（52%）＋二乙氧基甲烷（48%）	79.6
439	乙醇（90.7%）＋二噁烷（9.3%）	78.1	468	乙酸（3%）＋环己烷（97%）	79.7
440	2-甲基-1-丙醇（14%）＋环己烷（86%）	78.2	469	2-甲氧基乙醇（8%）＋环己烷（92%）	<79.8
441	甲酸（43.5%）＋庚烷（56.5%）	78.2	470	1-丁醇（10%）＋环己烷（90%）	79.8
442	甲酸丙酯（71%）＋庚烷（29%）	78.2	471	2-甲基-1-丙醇（9.3%）＋苯（90.7%）	79.8
443	水（4.4%）＋乙醇（95.6%）	78.2	472	甲基丙基酮（5%）＋环己烷（95%）	79.8
444	乙醇（83%）＋乙酸丙酯（17%）	78.2	473	1,2-二氯乙烷（82%）＋烯丙醇（18%）	79.9
445	乙酸异丙酯（25%）＋环己烷（75%）	78.2	474	水（11.8%）＋2-甲基-2-丙醇（88.2%）	79.9
446	2-丙醇（54%）＋二丙醚（46%）	78.3	475	水＋吡啶（5%）＋甲基环己烷	80.0
447	1-氯丁烷	78.4	476	乙酸（2%）＋苯（98%）	80.1
448	丁酮（37.5%）＋苯（62.5%）	78.4	477	2-丙醇（52.6%）＋乙酸异丙酯（47.4%）	80.1
449	乙醇	78.4	478	苯	80.1
450	2-氯乙醇（10%）＋环己烷（90%）	78.5	479	甲酸（32%）＋氯代异戊烷（68%）	80.1
451	甲基丙酯（46%）＋苯（54%）	78.5	480	甲酸丙酯（<88%）＋甲基环己烷（>12%）	<80.2
452	2-丁醇（17%）＋苯（83%）	78.6			
453	甲乙酮（69%）＋2-甲基-2-丙醇（31%）	78.7	481	水（17.3%）＋2-甲基-1-丙醇（6.7%）＋甲酸异丁酯（76.0%）	80.2
454	2-甲基-2-丁醇（16%）＋环己烷（84%）	78.8			
455	2-丙醇（44%）＋氯代异戊烷（56%）	79.0			
456	丁酮（60%）＋丙酸甲酯（40%）	79.0			

续表

序号	组　分	沸点,$t/℃$	序号	组　分	沸点,$t/℃$
482	硝基甲烷（37%）＋庚烷（63%）	80.2	511	水（13.2%）＋乙酸丙酯（86.8%）	82.2
483	1,2-二氯丙烷（16%）＋环己烷（84%）	80.4	512	水（21.0%）＋1-丙醇（19.5%）＋乙酸丙酯（59.5%）	82.2
484	水（12.2%）＋2-丙醇（87.8%）	80.4			
485	水（8.2%）＋甲酸异丁酯（91.8%）	80.4	513	2-丙醇（＜90%）＋甲酸异丁酯（＞10%）	＜82.3
486	1,2-二氯乙烷（82%）＋1-丙醇（18%）	80.5	514	水（17.5%）＋硝基甲烷（55.9%）＋1-丙醇（26.6%）	82.3
487	2-丙醇（69%）＋甲苯（31%）	80.6			
488	丙酸甲酯	80.6	515	2-丙醇	82.4
489	水（15.2%）＋烯丙醇（31.4%）＋甲苯（53.4%）	80.6	516	2-甲基-2-丙醇	82.4
			517	水（18%）＋硝基甲烷（17%）＋二乙基酮（65%）	82.4
490	环己烷	80.7			
491	烯丙醇（＜5%）＋甲酸丙酯（＞95%）	＜80.8	518	水（14.5%）＋1,1-二乙氧基乙烷（85.5%）	82.5
492	1-丙醇（3%）＋甲酸丙酯（97%）	80.8			
493	二溴甲烷（＞32%）＋2-丙醇（＜68%）	＜81.0	519	三氯乙烯（18%）＋1,2-二氯乙烷（82%）	82.6
494	1,2-二氯乙烷（75.8%）＋庚烷（24.2%）	81	520	水（14%）＋丁酸甲酯（86%）	82.7
			521	水（14%）＋二乙基酮（86%）	82.9
495	甲酸（46%）＋甲基环己烷（54%）	81.0	522	水（13.5%）＋甲基丙基酮（86.5%）	83.0
496	三氯乙烯（84%）＋烯丙醇（16%）	81.0	523	水＋二甲基-1-丙醇＋甲苯	83.0
497	水（13.2%）＋丙酸乙酯（86.8%）	81.0	524	1,2-二氯乙烷（93.5%）＋2-甲基-1-丙醇（6.5%）	83.2
498	水＋甲基环己烷	81.0			
499	二乙氧基甲烷（17%）＋环己烷（83%）	81.1	525	1,2-二氯乙烷	83.5
500	2-甲基-2-丙醇（＞59%）＋氯代异戊烷（＜41%）	＜81.2	526	水（21.3%）＋1-丁醇（10.0%）＋甲酸丁酯（68.7%）	83.6
501	甲酸丙酯	81.2	527	水（23.6%）＋硝基甲烷（76.4%）	83.6
502	水（约20%）＋1-丙醇（约20%）＋二乙基酮（约60%）	约81.2	528	1,2-二氯乙烷（约90%）＋甲酸丙酯（约10%）	83.8
503	硝基甲烷（39.5%）＋甲基环己烷（60.5%）	81.3	529	水（16.5%）＋甲酸丁酯（83.5%）	83.8
			530	三氯乙烯（85%）＋2-丁醇（15%）	84.2
504	硝基甲烷（20%）＋三氯乙烯（80%）	81.4	531	烯丙醇（约37%）＋庚烷（约63%）	84.4
505	2-丙醇（84%）＋辛烷（16%）	81.6	532	1-丙醇（38%）＋庚烷（62%）	84.8
506	四氯乙烯（28%）＋2-丙醇（72%）	81.7	533	水（20.2%）＋甲苯（79.8%）	85.0
507	三氯乙烯（83%）＋1-丙醇（17%）	81.8	534	1,2-二甲氧基乙烷	85.2
508	水（32.1%）＋1-氯戊烷（67.9%）	82.0	535	三氯乙烯（91%）＋2-甲基-1-丙醇（9%）	85.4
509	水＋2-甲基-2-丁醇＋甲苯	约82	536	水（20.2%）＋2-丁醇（27.4%）＋乙酸叔丁酯（52.4%）	85.5
510	1,2-二氯乙烷（88%）＋2-丁醇（12%）	＜82.2			

序号	组　分	沸点，$t/℃$	序号	组　分	沸点，$t/℃$
537	2-氯-2-甲基丁烷	85.6	562	水（24.3%）＋甲基异丁基甲酮（75.7%）	87.9
538	1-丙醇（29%）＋二丙基醚（71%）	85.7	563	2-丁醇（22%）＋二丙醚（78%）	88.0
539	烯丙醇（30%）＋二丙基醚（70%）	85.7	564	二乙氧基甲烷	88.0
540	甲酸（50%）＋甲苯（50%）	85.8	565	水（25%）＋3-氯-1,2-环氧丙烷（75%）	88
541	烯丙醇（42%）＋甲基环己烷（58%）	85.8	566	水＋四氯乙烯＋1-丙醇	88
542	1-丙醇（41.5%）＋甲基环己烷（58.5%）	86.0	567	水（28.2%）＋1-丙醇（71.8%）	88.1
			568	甲酸（50%）＋四氯乙烯（50%）	88.2
543	水（16.4%）＋1,1,2-三氯乙烷（83.6%）	86.0	569	水（25%）＋丁酸乙酯（75%）	88.2
			570	水（27.1%）＋烯丙醇（72.9%）	88.2
544	三氯乙烯（96.2%）＋乙酸（3.8%）	86.5	571	硝基甲烷（48%）＋氯代异戊烷（52%）	88.2
545	乙酸异丙酯（66%）＋庚烷（34%）	86.5	572	烯丙醇（29%）＋氯代异戊烷（71%）	88.3
546	三氯乙烯（92.5%）＋2-甲基-2-丁醇（7.5%）	86.6	573	2-丁醇（38%）＋庚烷（62%）	88.4
			574	水（26.9%）＋2-硝基丙烷（73.1%）	88.4
547	三氯乙烯（97.5%）＋2-氯乙醇（2.5%）	86.6	575	水（32%）＋2-丁醇（68%）	88.5
			576	乙酸异丙酯（50%）＋二丙醚（50%）	88.5
548	水（19.4%）＋乙酸叔丁酯（80.6%）	86.6	577	2-甲基-2-丁醇（17%）＋二丙醚（83%）	88.8
549	水（24.7%）＋2-丁醇（56.1%）＋二丁基醚（19.2%）	86.6			
			578	乙酸异丙酯	88.9
550	1-丙醇（14%）＋二乙氧基甲烷（86%）	86.7	579	1,2-二氯乙烷（22%）＋二乙氧基甲烷（78%）	89.0
551	三氯乙烯（97%）＋1-丁醇（3%）	86.7			
552	水（30.4%）＋2-甲基-1-丙醇（23.1%）＋乙酸异丁酯（46.5%）	86.8	580	1-丙醇（29%）＋氯代异戊烷（71%）	89.0
			581	水＋二甲基-1-丙醇＋二丁醚	89
553	三氯乙烯	86.9	582	水＋乙酸＋乙酸丁酯	89
554	烯丙醇（＞11%）＋二乙氧基甲烷（＜89%）	＜87.0	583	硝基乙烷（28%）＋庚烷（72%）	89.2
			584	硝基甲烷＋乙酸异丙酯	＜89.3
555	水（26.4%）＋硝基乙烷（73.6%）	87.1	585	三氯乙烯（53%）＋二乙氧基甲烷（47%）	89.3
556	水（16.5%）＋乙酸异丁酯（83.5%）	87.4			
557	水（27.5%）＋2-甲基-2-丁醇（72.5%）	87.4	586	水（27%）＋丙酸丙酯（73%）	89.3
558	水（18.1%）＋二噁烷（81.9%）	87.5	587	硝基甲烷（43%）＋烯丙醇（57%）	89.3
559	乙酸异丙酯（78%）＋甲基环己烷（22%）	87.5	588	硝基甲烷（44%）＋1-丙醇（56%）	89.3
			589	水（25%）＋1,2-二乙氧基乙烷（75%）	89.4
560	乙酸异丙酯（＜42%）＋二乙氧基甲烷（＞58%）	＜87.6	590	2-甲基-1-丙醇（约10%）＋二丙醚（约90%）	89.5
561	二乙氧基甲烷（96%）＋庚烷（4%）	87.8	591	水＋2-甲基-1-丙醇＋乙苯	约89.5

续表

序号	组　　分	沸点, t/℃	序号	组　　分	沸点, t/℃
592	水（25.5%）＋辛烷（74.5%）	89.6	619	水（36%）＋3-戊醇（64%）	91.7
593	水（22.3%）＋甲酸异戊酯（77.7%）	89.7	620	水（34.8%）＋2-甲基-2-戊烯-4-酮（65.2%）	91.8
594	水（30%）＋2-甲基-1-丙醇（70%）	89.7	621	二噁烷（44%）＋庚烷（36%）	91.9
595	水（32.4%）＋3-甲基-1-丁醇（19.6%）＋甲酸异戊酯（48.0%）	89.9	622	水（33.3%）＋乙苯（66.7%）	92
			623	水（35.8%）＋间二甲苯（64.2%）	92
596	水（25.4%）＋2-甲氧基乙醇（7.4%）＋乙苯（67.2%）	90	624	丁基乙基醚	92.0
			625	硝基甲烷（53%）＋辛烷（47%）	92.0
597	二丙基醚	90.1	626	2-甲基-2-丁醇（28%）＋庚烷（72%）	92.2
598	水（28%）＋乙酸丁酯（72%）	90.2	627	乙酸（32%）＋庚烷（68%）	92.3
599	水（28.4%）＋氯苯（71.6%）	90.2	628	1-丙醇（52.5%）＋甲苯（47.5%）	92.4
600	二溴甲烷（>74%）＋1-丙醇（<26%）	<90.5	629	2-甲氧基乙醇（23%）＋庚烷（77%）	92.5
601	甲酸异丁酯（<50%）＋庚烷（>50%）	<90.5	630	甲酸异丁酯（55%）＋甲基环己烷（45%）	92.5
602	甲酸（55%）＋辛烷（约70%）	90.5	631	水（38.5%）＋2-戊醇（61.5%）	92.5
603	水（约30%）＋甲基丁基甲酮（约70%）	90.5	632	水（43%）＋吡啶（57%）	92.6
604	水（27.3%）＋乙酸丁酯（57.0%）＋二丁醚（15.7%）	90.6	633	2-氯乙醇（23%）＋庚烷（77%）	92.7
605	水（29.9%）＋1-丁醇（34.6%）＋二丁醚（35.5%）	90.6	634	丙酸乙酯（47%）＋庚烷（53%）	93.0
			635	二乙基酮（35%）＋庚烷（65%）	93.0
606	水（29%）＋1-丁醇（8%）＋乙酸丁酯（63%）	90.7	636	水（44.5%）＋1-丁醇（55.5%）	93.0
			637	3-氯-2-甲基丁烷	93
607	2-丁醇（42%）＋甲基环己烷（58%）	90.8	638	水＋苯乙烯	93
608	硝基己烷（30%）＋甲基环己烷（70%）	90.8	639	硝基甲烷（49.5%）＋2-甲基-2-丁醇（50.5%）	93.1
609	水（30%）＋碳酸二乙酯（70%）	约91			
610	2-甲基-1-丙醇（26%）＋庚烷（74%）	91.1	640	2-甲基-1-丙醇（30%）＋甲基环己烷（70%）	93.2
611	硝基甲烷（46%）＋2-丁醇（54%）	91.1			
612	水（35.5%）＋1-硝基丙烷（64.5%）	91.2	641	甲基丙基酮（34%）＋庚烷（66%）	93.2
613	水（37.5%）＋1-戊醇（21.5%）＋甲酸戊酯（41.0%）	91.4	642	四氯乙烯（55%）＋烯丙醇（45%）	93.2
			643	1-丙醇（46%）＋丙酸乙酯（54%）	93.4
614	1-丙醇（43%）＋甲酸异丁酯（57%）	91.5	644	烯丙醇（68%）＋辛烷（32%）	93.4
615	2-丁醇（29%）＋氯代异戊烷（71%）	91.5	645	烯丙醇（>43%）＋丙酸乙酯（<57%）	<93.5
616	烯丙醇（50%）＋甲苯（50%）	91.5	646	2-甲基-2-丁醇（约35%）＋甲基环己烷（约65%）	93.5
617	水（28.4%）＋甲酸戊酯（71.6%）	91.6			
618	烯丙醇（>40%）＋甲醇异丁酯（<60%）	<91.7	647	二噁烷（>45%）＋甲基环己烷（<55%）	93.5

序号	组　分	沸点, $t/℃$	序号	组　分	沸点, $t/℃$
648	水（48%）＋2-甲基吡啶（52%）	93.5	678	二溴甲烷（84%）＋乙酸（16%）	94.8
649	水（44.8%）＋3-甲基-1-丁醇（31.2%）＋乙酸异戊酯（24.0%）	93.6	679	水（41%）＋丙酸丁酯（59%）	94.8
650	乙酸丙酯（40%）＋庚烷（60%）	93.6	680	水（56.2%）＋1-戊醇（33.3%）＋乙酸戊酯（10.5%）	94.8
651	甲酸（59%）＋氯苯（41%）	93.7	681	硝基乙烷（＞23%）＋1-丙醇（＜77%）	＜95.0
652	1-丙醇（68%）＋辛烷（32%）	93.9	682	二乙基酮（40%）＋甲基环己烷（60%）	95.0
653	甲酸丁酯（＜35%）＋庚烷（65%）	＜94.0	683	硝基甲烷（80%）＋四氯乙烯（20%）	95.0
654	水（20%）＋苯乙烯（80%）	94	684	水（43.8%）＋异丙苯（56.2%）	95
655	1-丁醇（17.8%）＋庚烷（82.20%）	94.0	685	水（48%）＋甲基戊基甲酮（52%）	95
656	甲酸（68%）＋乙苯（32%）	94.0	686	水（61.6%）＋环己酮（38.4%）	95
657	水＋二丙基酮	94	687	水＋4-氯甲苯	95
658	水（35.9%）＋乙酸异戊酯（64.1%）	94.1	688	丁酸甲酯（35%）＋庚烷（65%）	95.1
659	水（36.4%）＋丁酸丙酯（63.4%）	94.1	689	甲基丙基酮（40%）＋甲基环己烷（60%）	95.2
660	四氯乙烯（51.5%）＋1-丙醇（48.5%）	94.1			
661	水（33.4%）＋二丁醚（66.6%）	94.1	690	水（41%）＋乙酸戊酯（59%）	95.2
662	甲酸（70%）＋间二甲苯（30%）	94.2	691	水（49.6%）＋3-甲基-1-丁醇（50.4%）	95.2
663	水＋3-甲基-1-丁醇＋二异戊醚	94.4	692	乙酸（32%）＋甲基环己烷（68%）	95.2
664	1-丙醇（51%）＋丁酸甲酯（49%）	94.5	693	1-丙醇（55%）＋二噁烷（45%）	95.3
665	2-甲基-1-丙醇（20%）＋氯代异戊烷（80%）	94.5	694	水（45.8%）＋1-氯-2-丙醇（54.2%）	95.4
666	甲酸（68%）＋对二甲苯（32%）	94.5	695	水（55%）＋1-戊醇（45%）	95.4
667	硝基甲烷（32%）＋甲酸异丁酯（68%）	94.5	696	二溴甲烷（＞58%）＋庚烷（＜42%）	＜95.5
668	水（42.2%）＋乙酸丁基甲酮（57.8%）	94.6	697	1-丙醇（64%）＋甲酸丁酯（36%）	95.5
669	烯丙醇（52%）＋乙酸丙酯（48%）	94.6	698	2-丁醇（55%）＋甲苯（45%）	95.5
670	硝基甲烷（56.5%）＋2-甲基-1-丙醇（43.5%）	94.6	699	甲酸异丁酯（55%）＋氯代异戊烷（45%）	95.5
671	烯丙醇（＞51%）＋丁酸甲酯（＜49%）	＜94.7	700	水（40.59%）＋苯甲醚（59.5%）	95.5
672	1-丙醇（50%）＋乙酸丙酯（50%）	94.7	701	乙酸丙酯（47.5%）＋甲基环己烷（52.5%）	95.5
673	2-丁醇（40%）＋甲酸异丁酯（60%）	94.7			
674	甲酸（51.5%）＋1,2-二溴乙烷（48.5%）	94.7	702	甲酸（74%）＋邻二甲苯（26%）	95.7
			703	2-丁醇（45%）＋丙酸乙酯（55%）	95.8
675	2-甲氧基乙醇（25%）＋甲基环己烷（75%）	94.8	704	2-氯乙醇（25%）＋甲基环己烷	95.8
			705	3-氯-1,2-环氧丙烷（22%）＋烯丙醇（78%）	95.8
676	丙酸乙酯（53%）＋甲基环己烷（47%）	94.8			
677	二溴甲烷（82%）＋2-甲基-1-丙醇（18%）	94.8	706	甲酸（73%）＋苯乙烯（27%）	95.8

续表

序号	组 分	沸点,$t/℃$	序号	组 分	沸点,$t/℃$
707	水（35.1%）+五氯代乙烷（64.9%）	95.8	737	1,2-二溴乙烷（9%）+1-丙醇（91%）	97.0
708	氯代异戊烷（73.5%）+2-甲基-2-丁醇（26.5%）	95.9	738	1-丙醇+对二甲苯	97.0
			739	1-丁醇（12%）+氯代异戊烷（88%）	97.0
709	水+1-戊醇+二戊基醚	95.9	740	丁酸甲酯（42%）+甲基环己烷（58%）	97.0
710	1-丙醇（63%）+二乙基甲酮（37%）	96.0	741	二溴甲烷	97.0
711	1-丙醇（68%）+甲基丙基酮（32%）	96.0	742	水（51.5%）+1-甲氧基-2-乙酰氧基乙烷（48.5%）	97.0
712	2-戊醇（15%）+庚烷（85%）	96.0			
713	3-氯-1,2-环氧丙烷（23%）+1-丙醇（77%）	96.0	743	水（51.9%）+二异丁基甲酮（48.1%）	97.0
714	3-戊醇（20%）+庚烷（80%）	96.0	744	四氯乙烯（43%）+2-丁醇（57%）	97.0
715	甲酸丁酯（35%）+甲基环己烷（65%）	96.0	745	1-丙醇（94%）+间二甲苯（6%）	97.1
716	烯丙醇（70%）+甲基丙基酮（30%）	96.0	746	甲酸（45.5%）+硝基甲烷（54.5%）	97.1
717	烯丙醇（72%）+二乙基甲酮（28%）	96.0	747	1-丙醇	97.2
718	硝基甲烷（35%）+丙酸乙酯（65%）	96.0	748	水（54%）+丁酸丁酯（46%）	97.2
719	乙酸（20%）+氯代异戊烷（80%）	96.0	749	水（56%）+二异戊基醚（44%）	97.3
720	水（约48.5%）+1-甲氧基-2-丙醇（约51.5%）	96	750	2-丁醇（53%）+乙酸丙酯（47.0%）	97.3
			751	水（59%）+苯乙醚（41%）	97.3
721	水（50.9%）+2-氯-1-丙醇（49.1%）	96	752	水（55%）+1-乙氧基-2-乙酰氧基乙烷（45%）	97.4
722	1,2-二氯丙烷	96.2			
723	二溴甲烷（<75%）+甲基环己烷（>25%）	<96.4	753	硝基甲烷（68%）+3-戊醇（32%）	97.4
			754	二噁烷（36%）+氯代异戊烷（64%）	97.5
724	1-丁醇（21%）+甲基环己烷（79%）	96.4	755	甲基异丁基甲酮（13%）+庚烷（87%）	97.5
725	1-氯-2-丙醇（17%）+庚烷（83%）	96.5	756	水（10.6%）+甲酸（40.4%）+间二甲苯（49.0%）	97.5
726	2-乙氧基乙醇（14%）+庚烷（86%）	96.5			
727	氯代异戊烷（48%）+庚烷（52%）	96.5	757	2-甲基-1-丙醇（13%）+甲酸异丁酯（87%）	97.6
728	烯丙醇（82.5%）+氯苯（17.5%）	96.5			
729	硝基甲烷（55%）+甲苯（45%）	96.5	758	硝基甲烷（45%）+乙酸丙酯（55%）	97.6
730	1,2-二溴乙烷+烯丙醇	<96.7	759	2-丁醇（<59%）+丁酸甲酯（>41%）	<97.7
731	烯丙醇（74%）+1-丙醇（26%）	96.7	760	水（65.6%）+二（2-氯乙基）醚（34.4%）	97.7
732	1-丙醇（82%）+氯苯（18%）	96.9			
733	2-氯戊烷	96.9	761	水（73%）+1-己醇（27%）	97.7
734	烯丙醇	96.9	762	1,1-二乙氧基乙烷（28%）+庚烷（72%）	97.8
735	吡啶（<14%）+庚烷（>86%）	<97.0			
736	甲酸异丁酯（<81%）+2-甲基-2-丁醇（>19%）	<97.0	763	2-氯乙醇（14%）+氯代异戊烷（86%）	97.8
			764	3-氯戊烷	97.8

续表

序号	组　分	沸点，t/℃	序号	组　分	沸点，t/℃
765	3-戊醇（22%）＋甲基环己烷（78%）	97.8	791	硝基甲烷（73%）＋2-戊醇（27%）	98.5
766	水（57.7%）＋2-氯乙醇（42.3%）	97.8	792	乙酸丙酯（32%）＋氯代异戊烷（68%）	98.5
767	硝基甲烷（70%）＋1-丁醇（30%）	97.8	793	水（约84%）＋苯胺（约16%）	约98.5
768	水（约80%）＋环己醇（约20%）	97.8	794	硝基乙烷（＞30%）＋2-甲基-2-丁醇（＜70%）	＜98.6
769	3-甲基-1-丁醇（＜8%）＋庚烷（＞92%）	＜97.9	795	2-戊醇（18%）＋甲基环己烷（82%）	98.6
770	水（90.8%）＋糠醛（9.2%）	97.9	796	水（约86%）＋硝基苯（约14%）	98.6
771	硝基甲烷（50%）＋丁酸甲酯（50%）	97.9	797	水（＜81%）＋2-辛醇（＞19%）	98.7
772	丙酸乙酯（＞50%）＋氯代异戊烷（＜50%）	＜98.0	798	水（83%）＋1-庚醇（17%）	98.7
773	乙醇胺＋庚烷	＜98.0	799	硝基甲烷（＜60%）＋甲酸丁酯（＞40%）	98.7
774	2-丁醇（58%）＋二乙基甲酮（42%）	98.0	800	二噁烷（＜60%）＋2-丁醇（＞40%）	＜98.8
775	2-丁醇（68%）＋甲酸丁酯（32%）	98.0	801	2-乙氧基乙醇（13%）＋甲基环己烷（87%）	98.8
776	3-氯-1,2-环氧丙烷（25%）＋2-丁醇（75%）	98.0	802	4-氯-2-甲基丁烷	98.8
777	丙酸乙酯（70%）＋2-甲基-2-丁醇（30%）	98.0	803	水（72%）＋2-丙氧基乙醇（28%）	98.8
			804	水（87.3%）＋4-羟基-4-甲基-2-戊酮（12.7%）	98.8
778	氯代异戊烷（64%）＋甲基环己烷（36%）	98.0	805	2-甲基-1-丙醇（13%）＋丙酸乙酯（87%）	＜98.9
779	乙二醇（3%）＋庚烷（97%）	98.0	806	水（76.8%）＋1,3-二氯-2-丙醇（23.2%）	99
780	3-氯-1,2-环氧丙烷（＞4%）＋庚烷（＜96%）	＜98.1	807	水（80%）＋乳酸甲酯（20%）	99
781	甲酸（68%）＋溴苯（32%）	98.1	808	丙酸乙酯	99.1
782	乙酸异丁酯（＜13%）＋庚烷（＞87%）	＜98.2	809	甲酸（73%）＋4-氯甲苯（27%）	99.1
783	庚烷	98.4	810	水（76%）＋2-丁氧基乙醇（24%）	99.1
784	甲基环己烷（5%）＋庚烷（95%）	98.4	811	水（76.8%）＋1,2-二丁氧基乙烷（23.2%）	99.1
785	甲酸异丁酯	98.4			
786	水（65%）＋二戊醚（35%）	98.4	812	水（81.5%）＋苯乙酮（18.5%）	99.1
787	水（82%）＋2-甲基环己醇（18%）	98.4	813	水（82.2%）＋丙酸（17.8%）	99.1
788	二乙基甲酮（25%）＋氯代异戊烷（75%）	98.5	814	硝基甲烷（55%）＋二乙基甲酮（45%）	99.1
789	甲酸（72%）＋2-氯甲苯（28%）	98.5	815	水（76%）＋2-乙氧基-2-乙酰氧基醚（24%）	99.2
790	水（62.6%）＋二（2-氯异丙基）醚（37.4%）	98.5	816	硝基甲烷（56%）＋甲基丙基甲酮（44%）	99.2

序号	组　分	沸点, $t/℃$	序号	组　分	沸点, $t/℃$
817	甲酸（68%）＋1,1,2,2-四氯乙烷（32%）	99.3	840	乙醇胺（<10%）＋甲基环己烷（>90%）	<100.5
818	水（70%）＋2-乙氧基乙醇（30%）	99.3	841	3-甲基-1-丁醇（8%）＋甲基环己烷（92%）	100.5
819	2-甲基-2-丁醇（52%）＋甲苯（48%）	99.4	842	硝基甲烷（56.5%）＋二噁烷（43.5%）	100.6
820	二（2-乙氧基乙基醚）（31%）＋水（69%）	99.4	843	硝基甲烷（88%）＋3-甲基-1-丁醇（12%）	100.6
821	水（81.6%）＋丁酸（18.4%）	99.4	844	乙二醇（4%）＋甲基环己烷（96%）	100.6
822	水（86.8%）＋二（2-氯乙氧基）甲烷（13.2%）	99.4	845	二噁烷（80%）＋2-甲基-2-丁醇（20%）	100.7
823	水（90%）＋1-辛醇（10%）	99.4	846	甲酸	100.7
824	2-丁醇	99.5	847	3-氯-1,2-环氧丙烷（>5%）＋甲基环己烷（<95%）	<100.8
825	水（83.9%）＋3,5,5-三甲基-2-环己烯-1-酮（16.1%）	99.5	848	二乙基甲酮（40%）＋乙酸丙酯（60%）	100.8
826	水（90.79%）＋苯酚（9.21%）	99.5	849	甲基丙基甲酮（35%）＋乙酸丙酯（65%）	100.8
827	1,1-二乙氧基乙烷（40%）＋甲基环己烷（60%）	99.7	850	二噁烷＋丁酸甲酯	<100.9
828	水（84.6%）＋1,2-二乙酰氧基乙烷（15.4%）	99.7	851	甲基丙基甲酮（56%）＋2-甲基-2-丁醇（42%）	100.9
829	丁酸甲酯（53%）＋2-甲基-2-丁醇（47%）	99.8	852	甲基环己烷	100.9
830	水（81.5%）＋2-甲氧基乙醇（18.5%）	99.8	853	2-甲基-1-丙醇（19%）＋乙酸丙酯（81%）	101.0
831	水（92%）＋2-丁氧基-2'-乙酸基二乙基醚（8%）	99.8	854	甲酸正丁酯（35%）＋2-甲基-2-丁醇（65%）	101.0
832	水（94.7%）＋二（2-丁氧基）醚（8%）	99.8	855	2-甲基-2-丁醇（75%）＋辛烷（25%）	101.1
833	乙酸丙酯（58%）＋2-甲基-2-丁醇（42%）	99.8	856	2-甲基-1-丙醇（44.5%）＋甲苯（55.5%）	101.2
834	水（约91%）＋苯甲醇（约9%）	99.9	857	硝基甲烷（96%）＋乙酸（4%）	101.2
835	硝基甲烷	100.0	858	2-甲基-1-丙醇（25%）＋丁酸甲酯（75%）	101.3
836	1-氯-2-甲基丁烷	100	859	二噁烷	101.3
837	甲基异丁基甲酮（<20%）＋甲基环己烷（>80%）	<100.1	860	乙酸丙酯（约68%）＋1,1-二乙氧基乙烷（约32%）	101.3
838	二噁烷（<94%）＋辛烷（>6%）	<100.5	861	四氯乙烯（27%）＋2-甲基-2-丁醇（73%）	101.4
839	硝基甲烷（>85%）＋吡啶（<15%）	<100.5			

续表

序号	组　分	沸点, $t/℃$	序号	组　分	沸点, $t/℃$
862	乙酸丙酯	101.6	886	1,1,2-三氯乙烷（70%）＋乙酸（30%）	106.0
863	2-甲基-1-丙醇（20%）＋二乙基甲酮（80%）	101.7	887	1-丁醇（<15%）＋甲酸丁酯（>85%）	106.0
864	二乙基甲酮	101.7	888	2-甲氧基乙醇（25.5%）＋甲苯（74.5%）	106.1
865	二乙基甲酮（55%）＋丁酸甲酯（45%）	101.7	889	硝基乙烷（>27%）＋甲苯（<73%）	106.2
866	2-甲基-1-丙醇（19%）＋甲基丙基甲酮（81%）	101.8	890	甲酸丁酯（>70%）＋甲苯（<30%）	<106.4
867	二乙基甲酮（>75%）＋1,1-二乙氧基乙烷（<25%）	101.8	891	甲酸丁酯（<98.5%）＋3-戊醇（>1.5%）	<106.5
868	1-戊醇＋甲基环己烷	<101.9	892	1-甲氧基-2-丙醇（30%）＋甲苯（70%）	106.5
869	甲基丙基甲酮（50%）＋丁酸甲酯（50%）	101.9	893	3-戊醇（33%）＋甲苯（67%）	106.5
870	丁酸甲酯（约55%）＋1,1-二乙氧基乙烷（约45%）	102.0	894	甲酸丁酯	106.6
871	甲基丙基甲酮	102.0	895	1,2-二溴乙烷（37%）＋2-甲基-1-丙醇（63%）	106.8
872	丁酸甲酯	102.3	896	2-氯乙醇（25%）＋甲苯（75%）	106.9
873	2-甲基-2-丁醇	102.4	897	2-戊醇（28%）＋甲苯（72%）	107.0
874	2-甲基-1-丙醇（65%）＋辛烷（35%）	102.5	898	2-甲基-1-丙醇（63%）＋氯苯（37%）	107.2
875	硝基乙烷（40%）＋2-甲基-1-丙醇（60%）	102.5	899	水（22.7%）＋甲酸（77.3%）	107.4
876	2-甲基-1-丙醇（40%）＋甲酸丁酯（60%）	103.0	900	四氯乙烯（62%）＋乙酸（38%）	107.4
877	四氯乙烯（60%）＋2-甲基-1-丙醇（40%）	103.1	901	2-甲基-1-丙醇（>79%）＋乙苯（<21%）	107.5
878	1,1-二乙氧基乙烷	103.6	902	2-甲基-1-丙醇（83%）＋对二甲苯（17%）	107.6
879	1,1,2-三氯乙烷（>62%）＋2-甲基-1-丙醇（<38%）	<103.8	903	硝基乙烷（55%）＋1-丁醇（45%）	107.7
880	3-氯-1,2-环氧丙烷（39.5%）＋2-甲基-1-丙醇（60.5%）	105.0	904	2-甲基-1-丙醇（85.5%）＋间二甲苯（14.5%）	107.8
881	甲酸（33%）＋二乙基甲酮（67%）	105.3	905	二甲基-1-丙醇（78%）＋乙酸异丁酯（22%）	107.8
882	乙酸（28%）＋甲苯（72%）	105.4	906	1-氯戊烷	107.9
883	甲酸（32%）＋甲基丙基甲酮（68%）	105.5	907	2-甲基-1-丙醇（91%）＋甲基异丁基甲酮（9%）	107.9
884	乙酸（52.5%）＋辛烷（47.5%）	105.5	908	2-甲基-1-丙醇（>99%）＋α-蒎烯（<1%）	<108.0
885	1-丁醇（27%）＋甲苯（73%）	105.6	909	2-甲基-1-丙醇	108.0
			910	1,2-丙二醇＋甲苯	108

续表

序号	组 分	沸点,t/℃	序号	组 分	沸点,t/℃
911	3-氯-1,2-环氧丙烷（29%）＋甲苯（71%）	108.4	936	2-氯乙醇（47%）＋辛烷（53%）	112.5
			937	硝基乙烷（60%）＋乙酸异丁酯（40%）	112.5
912	1-氯-2-丙醇（15%）＋甲苯（85%）	109.0	938	吡啶（<90%）＋辛烷（>10%）	<112.8
913	四氯乙烯（71%）＋1-丁醇（29%）	109.0	939	四氯乙烯（51.5%）＋吡啶（48.5%）	112.9
914	四氯乙烯（75.5%）＋2-甲氧基乙醇（24.5%）	109.8	940	硝基乙烷＋甲基异丁基甲酮	<113.0
			941	3-氯-1,2-环氧丙烷（60%）＋2-戊醇（40%）	113.0
915	2-甲氧基乙醇（48%）＋辛烷（52%）	110.0	942	四氯乙烯（72%）＋1-氯-2-丙醇（28%）	113.0
916	3-甲基-1-丁醇（14%）＋甲苯（86%）	110.0	943	四氯乙烯（66%）＋2-戊醇（34%）	113.2
917	四氯乙烯（76%）＋2-氯乙醇（24%）	110.0	944	甲基异丁基甲酮（65%）＋辛烷（35%）	113.4
918	二硝基丙烷＋甲苯	110	945	甲酸（43%）＋二噁烷（57%）	113.4
919	四氯乙烯（48.5%）＋3-氯-1,2-环氧丙烷（51.5%）	110.1	946	硝基乙烷（>73%）＋丁酸乙酯（<27%）	<113.7
920	1-丁醇（50%）＋辛烷（50%）	110.2	947	1,1,2-三氯乙烷	113.7
			948	硝基乙烷（>83%）＋1-戊醇（<19%）	<113.8
921	2-乙氧基乙醇（10.8%）＋甲苯（89.2%）	110.2	949	四氯乙烯（48%）＋甲基异丁基甲酮（52%）	113.9
922	吡啶（22%）＋甲苯（78%）	110.2	950	硝基乙烷	114.0
923	乙二醇（6.5%）＋甲苯（93.5%）	110.2	951	1-丁醇（45%）＋乙酸异丁酯（55%）	114.2
924	丙酸（3%）＋甲苯（97%）	110.5	952	2-甲氧基乙醇（25%）＋甲基异丁基甲酮（75%）	114.2
925	乳酸甲酯＋甲苯	<110.6			
926	甲苯	110.6	953	1,2-二溴乙烷（45%）＋乙酸（55%）	114.3
927	二乙基甲酮（60%）＋2-甲基-2-丁醇（40%）	110.7	954	1-丁醇（30%）＋甲基异丁基甲酮（70%）	114.4
928	甲基异丁基甲酮（3%）＋甲苯（97%）	110.7	955	3-氯-1,2-环氧丙烷（80%）＋辛烷（20%）	114.5
929	二噁烷＋乙酸丙酯	<110.8			
930	3-氯-1,2-环氧丙烷（54%）＋3-戊醇（46%）	111.5	956	吡啶＋乙酸异丁酯	114.5
			957	乙酸（58.5%）＋氯苯（41.5%）	114.6
931	3-氯-1,2-环氧丙烷（57%）＋1-丁醇（43%）	112.0	958	3-氯-1,2-环氧丙烷（55%）＋乙酸异丁酯（45%）	114.7
932	硝基乙烷（78%）＋3-甲基-1-丁醇（22%）	112.0	959	乙酸（66%）＋乙苯（34%）	114.7
			960	乙酸异丁酯（<70%）＋辛烷（>30%）	114.7
933	四氯乙烯（57%）＋1,1,2-三氯乙烷（43%）	112	961	2-戊醇（<56%）＋辛烷（>44%）	<114.8
934	乙酸仲丁酯	112.2	962	吡啶（60%）＋甲基异丁基甲酮（40%）	114.9
935	乙酸（30%）＋硝基乙烷（70%）	112.4			

序号	组　分	沸点, $t/℃$	序号	组　分	沸点, $t/℃$
963	四氯乙烯（87%）＋2-氯-1-丙醇（13%）	115.0	989	四氯乙烯（81%）＋3-甲基-1-丁醇（19%）	116.2
964	3-戊醇（＞35%）＋甲基异丁基甲酮（<65%）	<115.0			
			990	乙酸（78%）＋邻二甲苯（22%）	116.2
965	乙酸（71%）＋对二甲苯（29%）	115.0	991	乙酸（80%）＋苯乙烯（20%）	116.2
966	甲基异丁基甲酮	115.1	992	3-氯-1,2-环氧丙烷（＞78%）＋丙酸丙酯（<12%）	<116.3
967	乙酸（34.5%）＋3-氯-1,2-环氧丙烷（65.5%）	115.1			
968	1-丁醇（54%）＋氯苯（46%）	115.4	993	1-丁醇（63%）＋碳酸二乙酯（37%）	116.5
969	3-氯-1,2-环氧丙烷（81%）＋3-甲基-1-丁醇（19%）	115.4	994	1-丁醇（71.5%）＋间二甲苯（28.5%）	116.5
			995	1-丁醇（81.8%）＋甲基丁基甲酮（18.2%）	116.5
970	乙酸（72.5%）＋间二甲苯（27.5%）	115.4			
971	3-氯-1,2-环氧丙烷（＞32%）＋甲基异丁基甲酮（<68%）	<115.5	996	1-丁醇＋丙酸丙酯	116.5
			997	2-戊醇（32%）＋乙酸异丁酯（68%）	116.5
972	1-丁醇（68%）＋乙苯（32%）	115.5	998	乙酸＋异丙苯	116.8
973	吡啶	115.5	999	四氯乙烯（85%）＋1-戊醇（15%）	117.0
974	2-甲氧基乙醇（16%）＋乙酸异丁酯（84%）	115.6	1000	乙酸（90%）＋α-蒎烯（10%）	117.0
			1001	2-甲氧基乙醇（51.2%）＋乙苯（48.8%）	117
975	甲基异丁基甲酮＋乙酸异丁酯	115.6			
976	3-氯-1,2-环氧丙烷（75%）＋丁酸乙酯（25%）	115.7	1002	1,2-二溴丙烷（39%）＋1-丁醇（61%）	<117.1
			1003	1-丁醇（77%）＋邻二甲苯（23%）	117.1
977	1-丁醇（58%）＋丁酸乙酯（42%）	115.9	1004	乙酸异丁酯	117.1
978	1-丁醇（67%）＋甲酸异戊烷（33%）	116.0	1005	1-丁醇（80%）＋苯乙烯（20%）	117.2
979	2-乙氧基乙醇（38%）＋辛烷（62%）	116.0	1006	1-丁醇（80%）＋乙基丙基甲酮（20%）	117.2
980	四氯乙烯（83.5%）＋2-乙氧基乙醇（16.5%）	116.0	1007	1-丁醇（约88%）＋α-蒎烯（约12%）	117.4
			1008	吡啶（45%）＋3-戊醇（55%）	117.4
981	乙酸（70%）＋1,2-二溴丙烷（30%）	116.0	1009	1-丁醇（67.4%）＋乙酸丁酯（13.9%）＋二丁基醚（18.7%）	117.5
982	3-氯-1,2-环氧丙烷	116.1			
983	3-戊醇	116.1	1010	1-丁醇（67.2%）＋乙酸丁酯（32.8%）	117.6
984	四氯乙烯（28%）＋乙酸异丁酯（72%）	116.1	1011	1-丁醇（82.5%）＋二丁基醚（17.5%）	117.6
985	3-氯-1,2-环氧丙烷（<95%）＋1-戊醇（＞5%）	<116.2	1012	乙酸	117.7
986	3-氯-1,2-环氧丙烷＋氯苯	<116.2	1013	2-甲氧基乙醇（32%）＋丁酸乙酯（68%）	117.8
987	1-丁醇（71%）＋对二甲苯（29%）	116.2	1014	1-丁醇	117.9
988	3-氯-1,2-环氧丙烷（约95%）＋甲基异戊酯（约5%）	116.2	1015	2-戊醇（67%）＋乙苯（33%）	118.0
			1016	乙酸（95%）＋溴苯（5%）	118.0

序号	组　分	沸点, $t/℃$	序号	组　分	沸点, $t/℃$
1017	2-戊醇（＞55%）＋氯苯（＞45%）	＜118.2	1041	四氯乙烯（65%）＋丙酸丙酯（35%）	119.8
1018	四氯乙烯（55%）＋乙基丙基甲酮（45%）	118.2	1042	四氯乙烯（83.5%）＋2-甲基-2-戊烯-4-酮（16.5%）	119.8
1019	四氯乙烯（65%）＋甲酸异戊酯（35%）	118.2	1043	2-戊醇	119.9
1020	2-戊醇（70%）＋间二甲苯（30%）	118.3	1044	2-氯乙醇（42%）＋氯苯（58%）	120.0
1021	2-戊醇（＞47%）＋丁酸乙酯（＜53%）	＜118.5	1045	四氯乙烯（90%）＋乳酸甲酯（10%）	120.0
1022	丁酸乙酯（＜65%）＋辛烷（＞35%）	＜118.5	1046	四氯乙烯（79%）＋乙酸丁酯（21%）	120.1
1023	2-甲氧基乙醇（38%）＋丙酸丙酯（62%）	118.5	1047	2-甲氧基乙醇（66%）＋α-蒎烯（34%）	120.2
			1048	2-硝基丙烷	120.3
1024	1-丁醇（71%）＋吡啶（29%）	118.7	1049	乳酸甲酯（30%）＋辛烷（70%）	120.3
1025	丙酸丙酯（＜59%）＋辛烷（＞41%）	＜118.8	1050	四氯乙烯（＜92%）＋辛烷（＞8%）	＜120.5
1026	甲酸异戊酯（＜57%）＋辛烷（＞43%）	＜118.8	1051	乙酸丁酯（＜49%）＋辛烷（＞51%）	＜120.5
1027	四氯乙烯（74%）＋碳酸二乙酯（26%）	118.8	1052	1,2-二溴乙烷（63.5%）＋2-甲氧基乙醇（36.5%）	120.6
1028	1,2-二溴乙烷（＜47%）＋2-戊醇（＞53%）	＜119.0	1053	1-甲氧基-2-丙醇	120.6
1029	2-甲氧基乙醇（40%）＋甲酸异戊酯（60%）	119.1	1054	四氯乙烯（95%）＋2-丙氧基乙醇（5%）	120.6
1030	四氯乙烯（91.5%）＋丙酸（8.5%）	119.1	1055	2-甲基-2-戊烯-4-酮（35%）＋辛烷（65%）	121.0
1031	四氯乙烯（94%）＋乙二醇（6%）	119.1			
1032	2-甲氧基乙醇（约57%）＋对二甲苯（约43%）	119.3	1056	2-甲氧基乙醇（62%）＋苯乙烯（38%）	121.0
1033	四氯乙烯（57%）＋丁酸乙酯（43%）	119.3	1057	2-甲氧基乙醇（63%）＋邻二甲苯（37%）	121.0
1034	2-甲氧基乙醇（＜43%）＋乙基丙基甲酮（＞57%）	＜119.5	1058	2-氯乙醇（55%）＋乙苯（45%）	121.0
1035	2-甲氧基乙醇（47.5%）＋氯苯（52.5%）	119.5	1059	2-乙氧基乙醇（3.1%）＋1,2-二乙氧基乙烷（96.9%）	121.0
1036	2-甲氧基乙醇（48%）＋乙酸丁酯（52%）	119.5	1060	四氯乙烯（96%）＋1-甲氧基-2-乙酰氧基乙烷（4%）	121.0
1037	2-甲氧基乙醇（56%）＋间二甲苯（42%）	119.5	1061	四氯乙烯（98.8%）＋丁酸（1.2%）	121.0
1038	乙酸（77%）＋二噁烷（23%）	119.5	1062	1,2-二乙氧基乙烷	121.1
1039	2-甲氧基乙醇（＜7%）＋2-戊醇（＞93%）	＜119.7	1063	四氯乙烯	121.2
			1064	丁酸乙酯	121.4
			1065	2-甲氧基乙醇（＜56%）＋甲基丁基酮（＞44%）	＜121.5
1040	3-甲基-1-丁醇（35%）＋辛烷（65%）	119.8	1066	2-氯乙醇（54%）＋对二甲苯（46%）	121.5

续表

序号	组　　分	沸点, $t/℃$	序号	组　　分	沸点, $t/℃$
1067	丙酸（＜30％）＋辛烷（＞70％）	121.5	1090	1,2-二溴丙烷＋2-甲氧基乙醇	＜124.0
1068	2-氯乙醇（54.5％）＋间二甲苯（45.5％）	121.9	1091	1,2-二溴乙烷（69.5％）＋3-甲基-1-丁醇（30.5％）	124.2
1069	2-甲氧基乙醇（68％）＋二丁醚（32％）	122.0	1092	甲酸异戊酯	124.2
			1093	3-甲基-1-丁醇（34％）＋氯苯（66％）	124.4
1070	1-氯-2-丙醇（55％）＋氯苯（45％）	122.2	1094	丁酸（＜15％）＋辛烷（＞85％）	＜124.5
1071	1,2-二溴乙烷（66.5％）＋2-氯乙醇（33.5％）	122.3	1095	1-氯-2-丙醇（75％）＋间二甲苯（25％）	124.5
			1096	2-甲氧基乙醇	124.6
1072	2-甲氧基乙醇（73.5％）＋异丙苯（26.5％）	122.4	1097	1,2-二溴乙烷（＞38％）＋1-氯-2-丙醇（＜62％）	＜124.8
1073	2-甲氧基乙醇（60％）＋2-甲基-2-戊烯-4-酮（40％）	122.5	1098	乙基丙基甲酮	125
			1099	1-甲氧基-2-乙酰氧基乙烷（＜11％）＋辛烷（＞89％）	＜125.2
1074	乙基正丙基甲酮（40％）＋丙酸丙酯（60％）	122.5	1100	碳酸二乙酯（73.5％）＋3-甲基-1-丁醇（26.5％）	125.3
1075	2-氯乙醇＋丙酸丙酯	122.7	1101	2-氯乙醇（70％）＋异丙苯（30％）	125.4
1076	2-丙氧基乙醇（20％）＋辛烷（80％）	122.8	1102	甲基丁基甲酮（32％）＋乙酸丁酯（68％）	125.4
1077	乙醇胺（＜16％）＋辛烷（＞84％）	＜123.0			
1078	1-氯-2-丙醇（约30％）＋甲酸异戊酯（约70％）	123.0	1103	碳酸二乙酯（＜96％）＋1-戊醇（＞4％）	＜125.5
1079	2-氯乙醇（56.8％）＋二丁醚（43.2％）	123.0	1104	1-氯-1-丙醇（约25％）＋乙酸丁酯（约75％）	125.5
1080	乙基丙基甲酮（50％）＋甲酸异戊酯（50％）	123.0	1105	1-氯-2-丙醇（85％）＋邻二甲苯（15％）	125.5
1081	乙基丙基甲酮＋乙酸丁酯	123.1	1106	2-氯乙醇（31％）＋乙酸丁酯（69％）	125.6
1082	2-氯乙醇（21％）＋甲酸异戊酯（79％）	123.2	1107	乙苯（＜12％）＋辛烷（＞88％）	＜125.6
1083	2-氯乙醇（60％）＋苯乙烯（40％）	123.2	1108	乙酸丁酯	125.6
1084	丙酸丙酯	123.4	1109	2-氯乙醇（＞28％）＋碳酸二乙酯（＜72％）	＜125.7
1085	乙二醇（11.8％）＋辛烷（88.2％）	123.5			
1086	2-氯乙醇（60％）＋邻二甲苯（40％）	123.6	1110	碳酸二乙酯（65％）＋甲基丁基甲酮（35％）	125.7
1087	2-氯-1-丙醇（＞5％）＋甲酸异戊酯（＜95％）	＜123.7	1111	辛烷	125.7
1088	1,2-二溴乙烷（约8％）＋甲酸异戊酯（约92％）	123.7	1112	2-乙氧基乙醇（35.7％）＋乙酸丁酯（64.3％）	125.8
1089	3-甲基-1-丁醇（18％）＋甲酸异戊酯（82％）	123.7	1113	碳酸二乙酯	125.8

续表

序号	组　分	沸点, $t/℃$	序号	组　分	沸点, $t/℃$
1114	3-甲基-1-丁醇（17.5%）＋乙酸丁酯（82.5%）	125.9	1137	二（2-氯乙基）醚（13.7%）＋2-氯乙醇（86.3%）	128.2
1115	乙酸丁酯（95%）＋二丁醚（5%）	125.9	1138	1,2-二溴丙烷（>52%）＋3-甲基-1-丁醇（<48%）	<128.5
1116	2-氯-1-丙醇（36%）＋氯苯（64%）	126.0	1139	2-乙氧基乙醇（50%）＋对二甲苯（50%）	128.6
1117	2-氯乙醇＋1,2-二溴丙烷	126.0			
1118	1-戊醇（25%）＋氯苯（75%）	126.2	1140	3-甲基-1-丁醇（59%）＋邻二甲苯（41%）	128.6
1119	3-甲基-1-丁醇（48%）＋乙苯（52%）	126.3			
1120	碳酸二乙酯（94%）＋2-甲基-2-戊烯-4-酮（6%）	126.5	1141	乙醇胺（13.5%）＋氯苯（86.5%）	128.6
1121	3-甲基-1-丁醇（5%）＋对二甲苯（48%）	127.0	1142	2-氯乙醇	128.7
			1143	丙酸（18%）＋氯苯（82%）	128.7
1122	3-甲基-1-丁醇（53%）＋间二甲苯（47%）	127.1	1144	2-甲基-1-丁醇	128.8
			1145	3-甲基-1-丁醇（63%）＋苯乙烯（37%）	<128.9
1123	2-乙氧基乙醇（32%）＋氯苯（68%）	127.2	1146	2-乙氧基乙醇（18%）＋2-甲基-2-戊烯-4-酮	128.9
1124	甲基丁基甲酮	127.2			
1125	1,2-二溴乙烷（<78%）＋1-戊醇（>22%）	<127.3	1147	2-乙氧基乙醇（51%）＋间二甲苯（49%）	128.9
1126	1-氯-2-丙醇（>81%）＋3-甲基-1-丁醇（<19%）	<127.3	1148	2-氯-1-丙醇（53%）＋间二甲苯（47%）	129.0
1127	1,2-二溴甲烷＋丙酸＋氯苯	127.5	1149	2-氯乙醇（75%）＋甲基丁基甲酮（25%）	129.0
1128	1-氯-2-丙醇	127.5			
1129	2-氯乙醇（68%）＋溴苯（32%）	127.5	1150	乳酸甲酯（38%）＋乙苯（62%）	129.0
1130	1,2-二溴乙烷（77%）＋2-乙氧基乙醇（23%）	127.8	1151	乙酸异戊酯（2.6%）＋异戊醇（97.4%）	129.1
1131	2-乙氧基乙醇（48%）＋乙苯（52%）	127.8	1152	3-甲基-1-丁醇（24%）＋2-甲基-2-戊烯-4-酮（76%）	129.2
1132	2-氯乙醇（75%）＋3-甲基-1-丁醇（25%）	127.9	1153	2-甲基吡啶	129.4
1133	1,2-二溴乙烷（67%）＋2-氯-1-丙醇（33%）	128.0	1154	乙酰丙酮（>35%）＋3-甲基-1-丁醇（>65%）	<129.5
1134	1,2-二溴乙烷（82.5%）＋丙酸（17.5%）	128.0	1155	1-戊醇（40%）＋乙苯（60%）	129.8
			1156	2-甲基-2-戊烯-4-酮	129.8
1135	2-氯乙醇（85%）＋2-氯甲苯（15%）	128.0	1157	3-甲基-1-丁醇（70%）＋二丁基醚（30%）	129.8
1136	1,1,2,2-四氯乙烷（31%）＋2-氯乙醇（69%）	128.2	1158	乙二醇（5.6%）＋氯苯（94.4%）	129.8
			1159	1,2-二溴乙烷（82%）＋乳酸甲酯（18%）	130.0

第一篇

序号	组　分	沸点,$t/℃$	序号	组　分	沸点,$t/℃$
1160	2-氯乙醇（69%）＋2-甲氧基乙醇（31%）	130.0	1186	3-甲基-1-丁醇	132
			1187	甲酸戊酯	132.1
1161	2-乙氧基乙醇（55%）＋苯乙烯（45%）	130.0	1188	1-乙氧基-2-丙醇	132.2
1162	1,2-二溴乙烷（59%）＋氯苯（41%）	130.1	1189	丙酸（34%）＋对二甲苯（66%）	132.5
1163	2-氯乙醇（约33%）＋2-甲基-2-戊烯-4-酮（约67%）	130.2	1190	3-甲基-1-丁醇＋2-甲基吡啶	>132.5
			1191	丙酸（35%）＋间二甲苯（64.5%）	132.7
1164	2-乙氧基乙醇（55%）＋二丁醚（45%）	130.2	1192	乙醇胺（18%）＋间二甲苯（82%）	133.0
			1193	2-乙氧基乙醇（67%）＋异丙苯（33%）	133.2
1165	乳酸甲酯（42%）＋对二甲苯（58%）	130.2	1194	乙二醇（13.5%）＋乙苯（86.5%）	133.2
1166	2-氯-1-丙醇（70%）＋二丁基醚（30%）	130.5	1195	乳酸甲酯（50%）＋邻二甲苯（50%）	133.5
1167	2-氯-1-丙醇（70%）＋邻二甲苯（30%）	130.5	1196	2-乙氧基乙醇（70%）＋乙酸异戊酯（30%）	133.8
1168	3-甲基-1-丁醇（77%）＋α-蒎烯（23%）	130.7			
1169	乳酸甲酯＋氯苯	<130.8	1197	2-乙氧基乙醇（72%）＋丁酸丙酯（29%）	134.0
1170	2-乙氧基乙醇（55%）＋邻二甲苯（45%）	130.8			
			1198	3-氯-1-丙醇	134
1171	1,2-二溴乙烷（96.5%）＋乙二醇（3.5%）	130.9	1199	乳酸甲酯（52%）＋苯乙烯（48%）	134.0
			1200	1,2-二溴丙烷（67%）＋丙酸（33%）	134.5
1172	2-乙氧基乙醇（57%）＋α-蒎烯（43%）	<131.0	1201	1-戊醇（50%）＋二丁醚（50%）	134.5
1173	乙醇胺（15%）＋乙苯（85%）	131.0	1202	2-丙氧基乙醇（18%）＋乙苯（82%）	134.5
1174	1,2-二溴乙烷（96.5%）＋丁酸（3.5%）	131.1	1203	乙酰基丙酮（<40%）＋乙苯（>60%）	<135.0
			1204	2-乙氧基乙醇	135.1
1175	丙酸（28%）＋乙苯（72%）	131.1	1205	2-乙氧基乙醇（86%）＋溴苯（14%）	135.2
1176	乳酸甲酯（42.5%）＋间二甲苯（57.5%）	131.2	1206	乙二醇（14.5%）＋对二甲苯（85.5%）	135.2
			1207	丙酸（43%）＋邻二甲苯（57%）	135.4
1177	1-戊醇（42%）＋对二甲苯（58%）	131.3	1208	1-甲氧基-2-乙酰氧基乙烷（15%）＋乙苯（85%）	135.5
1178	1,2-二溴乙烷	131.4			
1179	1,2-二溴乙烷（90%）＋乙苯（10%）	131.4	1209	丙酸（45%）＋苯乙烯（55%）	135.5
1180	1-硝基丙烷	131.4	1210	乳酸甲酯（63%）＋α-蒎烯（37%）	135.5
1181	1,2-二溴丙烷（约50%）＋2-乙氧基乙醇（约50%）	131.5	1211	2-氯乙醇（15%）＋2-乙氧基乙醇（85%）	135.7
			1212	丁酸（4%）＋乙苯（96%）	135.8
1182	丁酸（2.8%）＋氯苯（97.2%）	131.5	1213	乙二醇（15%）＋间二甲苯（85%）	135.8
1183	3-甲基-1-丁醇（94%）＋异丙苯（6%）	131.6	1214	1,2-丙二醇＋二丁醚	136.0
1184	3-甲基-1-丁醇（85%）＋溴苯（15%）	131.7	1215	1,2-二溴丙烷（>8%）＋乙苯（<92%）	136.0
1185	氯苯	131.7	1216	丙酸（45%）＋二丁醚（55%）	136.0

续表

序号	组　分	沸点,$t/℃$	序号	组　分	沸点,$t/℃$
1217	乙苯	136.2	1245	二丙基甲酮（10%）＋间二甲苯（90%）	139.0
1218	2-丙氧基乙醇（24%）＋对二甲苯（76%）	136.3	1246	乙二醇（6%）＋1,2-二溴丙烷（94%）	139.0
1219	丙酸（58.5%）＋α-蒎烯（41.5%）	136.3	1247	1-己醇（<15%）＋间二甲苯（>85%）	<139.1
1220	乙醇胺（16%）＋二丁醚（84%）	136.5	1248	环己醇（5%）＋间二甲苯（95%）	139.1
1221	乳酸乙酯（17%）＋对二甲苯（83%）	136.6	1249	间二甲苯	139.1
1222	1-甲氧基-2-乙酰氧基乙烷＋1-戊醇	<137.0	1250	1,2,3-三氯丙烷（35%）＋丙酸（65%）	139.5
1223	2-丙氧基乙醇（25.5%）＋间二甲苯（74.5%）	137.0	1251	乙酸（35%）＋吡啶（65%）	139.7
1224	乳酸甲酯（42%）＋二丁醚（58%）	137.0	1252	乙二醇（16%）＋邻二甲苯（84%）	140.0
1225	乙酰丙酮	137.0	1253	1,2-二溴丙烷（>78%）＋邻二甲苯（22%）	<140.2
1226	1-甲氧基-2-乙酰氧基乙烷（26%）＋对二甲苯（80.5%）	137.2	1254	1,2-二溴丙烷（>91%）＋乙酸异戊酯（<9%）	<140.2
1227	乳酸乙酯（19.5%）＋间二甲苯（80.5%）	137.4	1255	丙酸（62.5%）＋溴苯（37.5%）	140.2
1228	1-戊醇	137.5	1256	丙酸（68%）＋2-氯甲苯（32%）	140.2
1229	1-甲氧基-2-乙酰氧基乙烷（28%）＋间二甲苯（72%）	137.7	1257	乳酸乙酯（30%）＋邻二甲苯（70%）	140.2
			1258	乙二醇（12%）＋二丁醚（88%）	140.2
1230	丁酸（5.5%）＋对二甲苯（94.5%）	137.8	1259	2-丙氧基乙醇（35%）＋邻二甲苯（65%）	140.3
1231	乳酸甲酯（62%）＋异丙苯（38%）	137.8	1260	1,2-二溴丙烷	140.5
1232	乳酸甲酯＋1-戊醇	<138.0	1261	2-丙氧基乙醇（37%）＋苯乙烯（63%）	140.5
1233	乙醇胺（20%）＋邻二甲苯（80%）	<138.0	1262	乳酸甲酯（60%）＋丙酸丁酯（40%）	140.5
1234	1-甲氧基-2-乙酰氧基乙烷（30%）＋二丁醚（70%）	138.0	1263	乳酸乙酯（33%）＋苯乙烯（67%）	140.5
			1264	1,1,2,2-四氯乙烷（50%）＋丙酸（50%）	140.7
1235	1,2-二溴丙烷（>25%）＋对二甲苯（<75%）	<138.3	1265	丙酸	140.8
			1266	丙酸（77%）＋4-氯甲苯（23%）	140.8
1236	对二甲苯	138.4	1267	乙酸异戊酯（<55%）＋二丁醚（>45%）	<141.2
1237	糠醛（>11%）＋二丁醚（<89%）	<138.5	1268	乙二醇（17%）＋苯乙烯（83%）	141.2
1238	1,2-二溴丙烷（92%）＋丁酸（8%）	138.5	1269	乳酸乙酯＋二丁醚	<141.5
1239	2-丙氧基乙醇（37%）＋二丁醚（63%）	138.5	1270	1-甲氧基-2-乙酰氧基乙烷（20%）＋乙酸异戊酯（80%）	141.5
1240	丁酸（6%）＋间二甲苯（94%）	138.5			
1241	乳酸甲酯（44%）＋乙酸异戊酯（56%）	138.5	1271	1-甲氧基-2-乙酰氧基乙烷（50%）＋邻二甲苯（50%）	141.5
1242	乳酸甲酯（45%）＋丁酸丙酯（55%）	138.5			
1243	1,2-二溴丙烷（>32%）＋间二甲苯（<68%）	<138.8	1272	乳酸甲酯（22%）＋溴苯（78%）	141.5
			1273	1-乙氧基-2-乙酰氧基乙烷（88%）＋二丁醚（12%）	141.7
1244	丙酸（65%）＋异丙苯（35%）	139.0			

续表

序号	组　分	沸点, $t/℃$	序号	组　分	沸点, $t/℃$
1274	二丙基甲酮（25%）+乙酸异戊酯（75%）	141.7	1300	丁酸（15%）+苯乙烯（85%）	143.5
1275	丁酸丙酯（<45%）+二丁醚（>55%）	<142.0	1301	乙二醇（3%）+丁酸丙酯（97%）	143.6
			1302	二丙基甲酮	143.7
			1303	丁酸丙酯	143.8
1276	邻二甲苯（<22%）+二丁醚（>78%）	<142.0	1304	2,6-二甲基吡啶	144.0
			1305	1-己醇（23%）+苯乙烯（77%）	约144
1277	1-甲氧基-2-乙酰氧基乙烷（80%）+α-蒎烯（20%）	142.0	1306	糠醛（<8%）+邻二甲苯（>92%）	<144.1
			1307	3-甲基吡啶	144.1
1278	2-丙氧基乙醇（48%）+α-蒎烯（52%）	142.0	1308	1-甲氧基-2-乙酰氧乙烷（94%）+异丙苯（6%）	144.3
1279	二丙基酮（80%）+α-蒎烯（20%）	142.0			
1280	二丁醚	142.0	1309	环己醇（16%）+苯乙烯（84%）	144.4
1281	乙醇胺（25%）+α-蒎烯（75%）	142.0	1310	邻二甲苯	144.4
1282	乙二醇（2%）+乙酸异戊酯（98%）	142.0	1311	1-甲氧基-2-乙酰氧乙烷（<92%）+乙酸戊酯（>8%）	<144.5
1283	二丙基酮（42%）+邻二甲苯（58%）	142.4			
1284	2-异丙氧基乙醇	142.5	1312	乳酸乙酯（46%）+异丙苯（54%）	144.5
1285	乙醇胺+异丙苯	142.5	1313	1,1,2,2-四氯乙烷（92.5%）+乙二醇（7.5%）	144.9
1286	乙酸异戊酯	142.5			
1287	乳酸甲酯（47%）+二丙基酮（53%）	142.7	1314	2-正丙氧基乙醇（约20%）+丙酸丁酯（约80%）	<145.0
1288	1-甲氧基-2-乙酰氧基乙烷（61%）+苯乙烯（39%）	143.0			
			1315	糠醛+苯乙烯	<145.0
1289	丁酸（10%）+邻二甲苯（90%）	143.0	1316	乙醇胺（约22%）+溴苯（约78%）	145.0
1290	二丙基甲酮（47%）+丁酸丙酯（53%）	143.0	1317	乳酸甲酯	145
1291	1-己醇（20%）+邻二甲苯（80%）	143.1	1318	乙酸（49%）+2-甲基吡啶（51%）	145
1292	乳酸乙酯（49.8%）+α-蒎烯（50.2%）	143.1	1319	1-甲氧基-2-乙酰氧基乙烷	145.1
1293	1-甲氧基-2-乙酰氧基乙烷（<68%）+丁酸丙酯（<32%）	<143.2	1320	苯乙烯	145.2
			1321	4-甲基吡啶	145.4
1294	乳酸甲酯（55%）+1-甲氧基-2-乙酰氧基乙烷（45%）	143.2	1322	丙酸丁酯（<46%）+苯乙烯（>54%）	<145.5
			1323	丙酸丁酯（<82%）+α-蒎烯（>18%）	<145.6
1295	环己醇（13%）+邻二甲苯（87%）	143.3	1324	1,1,2,2-四氯乙烷（96.2%）+丁酸（3.8%）	145.6
1296	丁酸丙酯（<88%）+α-蒎烯（>12%）	<143.4			
1297	糠醛（约38%）+α-蒎烯（约62%）	143.4	1325	乙二醇（<7%）+丙酸丁酯（>93%）	<146.0
1298	丁酸丙酯（<65%）+邻二甲苯（>35%）	<143.5	1326	1,2-二溴丙烷（40%）+二丁醚（60%）	146.0
1299	丁酸丙酯（<68%）+苯乙烯（>32%）	<143.5	1327	1,1,2,2-四氯乙烷	146.1

续表

序号	组　分	沸点, t/℃	序号	组　分	沸点, t/℃
1328	乙醇胺（26%）＋2-氯甲苯（74%）	146.5	1354	1-己醇（42%）＋α-蒎烯（58%）	150.0
1329	乙酸戊酯（>62%）＋α-蒎烯（<38%）	<146.8	1355	环己醇（28%）＋异丙苯（72%）	150.0
1330	丙酸丁酯	146.8	1356	2-丙氧基乙醇（77%）＋二异戊基醚（23%）	150.1
1331	丙酸（36%）＋1-甲氧基-2-乙酰氧基乙烷（64%）	146.9	1357	乳酸乙酯（53%）＋溴苯（47%）	150.1
1332	2-丙氧基乙醇（50%）＋异丙苯（50%）	147.0	1358	丁酸（28%）＋α-蒎烯（72%）	150.2
1333	乙二醇（18%）＋异丙苯（82%）	147.0	1359	乙二醇（12%）＋溴苯（88%）	150.2
1334	乙基丁基甲酮	147.4	1360	1,1,2,2-四氯乙烷（>60%）＋丁酸丙酯（<40%）	>150.2
1335	乙二醇（6%）＋丙酸戊酯（94%）	147.6	1361	1,3-二氯-2-丙醇＋α-蒎烯（63.5%）	150.4
1336	1,1,2,2-四氯乙烷（70%）＋二丁醚（30%）	148.0	1362	甲基戊基甲酮	150.4
1337	2-丙氧基乙醇（约48%）＋溴苯（约52%）	148.2	1363	1,2,3-三氯丙烷（>75%）＋α-蒎烯（<25%）	150.5
1338	乙醇胺（28%）＋4-氯甲苯（72%）	148.3	1364	1-甲氧基-2-乙酰氧基乙烷（37%）＋1,1,2,2-四氯乙烷（63%）	150.9
1339	2-正丙氧基乙醇（68%）＋二戊烯（32%）	148.5	1365	1-乙氧基-2-乙酰氧基乙烷（40%）＋α-蒎烯（60%）	151.0
1340	甲酸（18%）＋吡啶（82%）	148.5	1366	乳酸乙酯（65%）＋2-氯甲苯（35%）	151.0
1341	糠醛（27%）＋异丙苯（73%）	148.5	1367	糠醛（14%）＋2-丙氧基乙醇（86%）	151.1
1342	1,1,2,2-四氯乙烷＋二丙基酮	>148.5	1368	1-乙氧基-2-乙酰氧基乙醇（12.5%）＋2-丙氧基乙醇（87.5%）	151.3
1343	丙酸（74%）＋吡啶（26%）	~149	1369	2-正丙氧基乙醇	151.3
1344	乙酸戊酯	149.2			
1345	1-己醇（35%）＋异丙苯（65%）	149.5	1370	乳酸乙酯（5%）＋2-丙氧基乙醇（95%）	151.3
1346	2-丙氧基乙醇（60%）＋2-氯甲苯（40%）	149.5	1371	2,3-二氯-1-丙醇（37%）＋α-蒎烯（63%）	151.5
1347	丁酸（20%）＋异丙苯（80%）	149.5	1372	2-正丁氧基乙醇（25%）＋α-蒎烯（75%）	151.5
1348	乙醇胺（30.5%）＋二异戊基醚（69.5%）	149.5	1373	溴苯（66%）＋1-己醇（34%）	151.6
1349	乙二醇（18.5%）＋α-蒎烯（81.5%）	149.5	1374	2-甲基环己醇（12%）＋异丙苯（88%）	151.7
1350	2-丙氧基乙醇（70%）＋4-氯甲苯（30%）	149.7	1375	异丙苯（80%）＋α-蒎烯（20%）	151.8
1351	环己酮（40%）＋α-蒎烯（60%）	149.8	1376	1,1,2,2-四氯乙烷（50%）＋丙酸丁酯（50%）	152.0
1352	环己醇（35.5%）＋α-蒎烯（64%）	149.9			
1353	1,1,2,2-四氯乙烷（68%）＋乙酸异戊酯（32%）	150.0	1377	1,2,3-三氯丙烷（77%）＋丁酸（23%）	152.0

续表

序号	组　分	沸点, t/℃	序号	组　分	沸点, t/℃
1378	1-乙氧基-2-乙酰氧基乙烷（15%）＋异丙苯（85%）	152.0	1406	糠醛（44%）＋1-己醇（56%）	154.1
			1407	乙酸（30.3%）＋4-甲基吡啶（69.7%）	154.3
1379	环己醇（65%）＋异丙苯（35%）	152.0	1408	2-氯甲苯＋α-蒎烯	154.5
1380	乳酸乙烯（72%）＋4-氯甲苯（28%）	152.0	1409	丁酸（27%）＋2-氯甲苯（73%）	154.5
1381	丁酸（18%）＋溴苯（82%）	152.2	1410	乙醇胺（37%）＋对异丙基苯甲烷（63%）	154.5
1382	异丙苯	152.4			
1383	1,3-二氯-2-丙醇＋异丙苯	<152.5	1411	五氯乙烷（88%）＋乙二醇（12%）	154.6
1384	乙二醇（<14%）＋1,2,3-三氯丙烷（>86%）	<152.5	1412	乙二醇（14%）＋4-氯甲苯（86%）	154.8
			1413	1,2,3-三氯丙烷（69%）＋环己醇（31%）	154.9
1385	乙二醇（13%）＋2-氯甲苯（87%）	152.5			
1386	乙酸（30.4%）＋3-甲基吡啶（69.6%）	152.5	1414	丁酸丁酯（<20%）＋α-蒎烯（>80%）	<155.0
1387	1,2,3-三氯丙烷（60%）＋1-己醇（40%）	152.8	1415	糠醛（35%）＋2-氯甲苯（65%）	155.0
			1416	环己醇（37%）＋2-氯甲苯（63%）	155.2
1388	2-甲基环己醇（20%）＋α-蒎烯（80%）	152.8	1417	苯胺（约15%）＋α-蒎烯（约85%）	155.3
1389	乳酸乙酯（<88%）＋二戊烯（>12%）	<153.0	1418	4-氯甲苯（<20%）＋α-蒎烯（>80%）	<155.5
1390	2-(2-甲氧乙氧基)乙醇（约15%）＋α-蒎烯（约85%）	153.0	1419	1,3-二氯-2-丙醇（约9%）＋溴苯（约91%）	155.5
1391	二甲基甲酰胺	153.0	1420	溴苯（63%）＋1-乙氧基-2-乙酰氧基乙烷（37%）	155.5
1392	乙醇胺（37%）＋二戊烯（63%）	153.0			
1393	1,1,2,2-四氯乙烷（40%）＋乙酸戊酯（60%）	153.1	1421	1,2,3-三氯丙烷（30%）＋溴苯（70%）	155.6
			1422	环己酮	155.7
1394	糠醛（23%）＋溴苯（77%）	153.3	1423	环己酮（94%）＋1-己醇（6%）	155.7
1395	溴苯（50%）＋α-蒎烯（50%）	153.4	1424	五氯乙烷（11%）＋α-蒎烯（89%）	155.7
1396	1-己醇（44%）＋2-氯甲苯（56%）	153.5	1425	五氯乙烷（54%）＋1-己醇（46%）	155.7
1397	溴苯（69%）＋环己醇（31%）	153.6	1426	溴苯（93.5%）＋2-丁氧基乙醇（6.5%）	155.9
1398	1,2,3-三氯丙烷（85%）＋乳酸乙酯（15%）	153.7			
			1427	1-乙氧基-2-乙酰氧基乙烷（<63%）＋1-己醇（>37%）	<156.0
1399	乳酸乙酯（66%）＋环己酮（34%）	153.7			
1400	乳酸乙酯（82%）＋1-环己醇（18%）	153.7	1428	1,2,3-三氯丙烷	156.0
1401	五氯乙烷（35%）＋乳酸乙酯（65%）	153.7	1429	糠醛（65%）＋二戊烯（35%）	156.0
1402	糠醛（55%）＋二异戊醚（45%）	153.9	1430	α-蒎烯	156.1
1403	1-己醇（<54%）＋4-氯甲苯（>46%）	<154.0	1431	溴苯	156.1
1404	乳酸乙酯（94%）＋环己醇（6%）	154.0	1432	1-乙氧基-2-乙酰氧基乙烷	156.4
1405	乳酸乙酯	154	1433	糠醛（55%）＋环己醇（45%）	156.4

序号	组　分	沸点,$t/℃$	序号	组　分	沸点,$t/℃$
1434	1-乙氧基-2-乙酰氧基乙烷（95%）+二异戊基醚（5%）	156.5	1461	环己醇（79%）+二异戊基醚（21%）	159.4
1435	环己醇（45%）+4-氯甲苯（55%）	156.5	1462	环己醇（74%）+对异丙基苯甲烷（26%）	159.5
1436	1-己醇	156.6			
1437	1-乙氧基-2-乙酰氧基乙烷（90%）+2-氯甲苯（10%）	156.6	1463	五氯乙烷（78%）+1,3-二氯-2-丙醇（22%）	159.8
1438	丁酸（32%）+4-氯甲苯（68%）	156.8	1464	乙醇胺（<50%）+二戊醚（>50%）	<160.0
1439	五氯乙烷（约60%）+糠醛（约40%）	156.8	1465	1,2,3-三氯丙烷（61%）+环己酮（39%）	160.0
1440	五氯乙烷（74%）+丁酸（26%）	156.8			
1441	1-己醇（89%）+二异戊基醚（11%）	157.0	1466	1,3-二氯-2-丙醇（22%）+4-氯甲苯（78%）	160.0
1442	甲酸（约25%）+2-甲基吡啶（约75%）	157	1467	乙二醇（16%）+丁酸丁酯（84%）	160.3
1443	1-己醇（80%）+二戊烯（20%）	157.2	1468	环己醇+丁酸丁酯	<160.5
1444	糠醛（42%）+4-氯甲苯（58%）	157.2	1469	2-丁氧基乙醇（20%）+4-氯甲苯（80%）	160.5
1445	乙醇胺（40%）+1,2-二氯苯（60%）	157.3			
1446	二（2-氯乙基）醚（<22%）+1-己醇（>78%）	<157.5	1470	五氯乙烷	160.5
			1471	糠醛（<94%）+1-庚醇（>6%）	<160.9
1447	1,3-二氯-2-丙醇（15%）+2-氯甲苯（85%）	157.8	1472	丁酸（56%）+二戊烯（44%）	160.9
			1473	丁酸（60%）+对异丙基苯甲烷（40%）	161.0
1448	五氯乙烷（63%）+环己醇（37%）	157.9	1474	糠醛（约78%）+1,2-二氯苯（约22%）	161.0
1449	1,1,2,2-四氯乙烷（26%）+1-乙氧基-2-乙酰氧基乙烷（74%）	158.2	1475	糠醛（<95%）+对异丙基苯甲烷（>5%）	<161.0
1450	2,4-二甲基吡啶	158.3	1476	4-氯甲苯（约75%）+2-甲基环己醇（约25%）	161.1
1451	2-氯甲苯+2-甲基环己醇	158.4			
1452	糠醛（>83%）+二异戊基醚（<17%）	<158.5	1477	环己醇	161.1
1453	2-丁氧基乙醇（12%）+2-氯甲苯（88%）	158.5	1478	糠醛（约88%）+2-丁氧基乙醇（约12%）	约161.2
1454	糠醛（74%）+2-甲基环己醇（26%）	158.6	1479	乙二醇（22%）+二异戊基醚（78%）	161.4
1455	1,1,2,2-四氯乙烷（45%）+环己酮（55%）	159.0	1480	1,1,2,2-四氯乙烷（约3%）+糠醛（约97%）	161.6
1456	丙酸+3-甲基吡啶	~159	1481	糠醛	161.7
1457	丙酸+4-甲基吡啶	~159	1482	丁酸（54%）+二异戊基醚（46%）	161.8
1458	2-氯甲苯	159.2	1483	4-氯甲苯（约92%）+1-庚醇（约8%）	161.9
1459	环己醇（73.5%）+二戊烯（26.5%）	159.3	1484	4-氯甲苯	162.4
1460	丁酸（42.5%）+糠醛（57.5%）	159.4	1485	丁酸（65%）+1,2-二氯苯（35%）	163.0

续表

序号	组　分	沸点, t/℃	序号	组　分	沸点, t/℃
1486	乙二醇（25%）+对异丙基甲烷（75%）	163.2	1511	2,3-二氯-1-丙醇（37%）+二异戊基醚（63%）	167.5
1487	丁酸	163.3			
1488	乙二醇（23%）+二戊烯（77%）	163.3	1512	2-甲基环己醇（40%）+二异丁基酮（60%）	167.5
1489	糠醇（55%）+二异戊基醚（45%）	163.5			
1490	2-丁氧基乙醇（53%）+二戊烯（47%）	164.0	1513	2-丁氧基乙醇（60%）+对异丙基苯甲烷（40%）	168.0
1491	糠醇（30%）+丁酸丁酯（70%）	164.0			
1492	丙酸+2-甲基吡啶	约164	1514	乙二醇（20%）+甲基己基甲酮（80%）	168.0
1493	乙二醇（15%）+二异丁基甲酮（85%）	164.2	1515	2-(2-甲氧乙氧基)乙醇（33%）+二戊烯（67%）	168.5
1494	丁酸（82%）+1-乙氧基-2-乙酰氧基乙烷（18%）	164.3			
			1516	苯甲醛（37.5%）+二异戊基醚（62.5%）	168.6
1495	2-丁氧基乙醇（53.5%）+二异戊基醚（46.5%）	164.9	1517	乙二醇（26%）+戊基醚（74%）	168.8
1496	2-丁氧基乙醇（20%）+丁酸丁酯（80%）	165.0	1518	2-(2-甲氧乙氧基)乙醇（23%）+二异戊基醚（77%）	168.8
1497	五氯乙烷（73%）+环己酮（27%）	165.0	1519	2,3-二氯-1-丙醇（>44%）+二戊烯（<56%）	169.0
1498	α-2-甲基环己醇	165			
1499	2-甲基环己酮	165.1	1520	2-丁氧基乙醇（67%）+二戊醚（33%）	169.0
1500	2-甲基环己醇（60%）+二戊烯（40%）	165.3			
1501	1,3-二氯-2-丙醇（48%）+二异戊基醚（52%）	165.7	1521	五氯乙烷（35%）+二异丁基酮（65%）	169.0
			1522	4-羟基-4-甲基-2-戊酮	169.2
1502	1,3-二氯-2-丙醇（57%）+二戊烯（43%）	165.8	1523	二异丁基酮	169.3
			1524	苯胺（28%）+二异戊基醚（72%）	169.4
1503	乙二醇（20%）+1,2-二氯苯（80%）	165.8	1525	二(2-氯乙基)醚（39%）+二异戊基醚（61%）	169.4
1504	2-甲基环己醇（63%）+二异戊基醚（37%）	166.2			
			1526	1,2-丙二醇+甲基己基甲酮	<169.5
1505	2-甲基环己醇（<68%）+对异丙基苯甲烷（>32%）	<166.5	1527	3-甲基环己酮	169.6
			1528	甲基己基甲酮（55%）+二戊烯（45%）	170.0
1506	β-2-甲基环己醇	166.5	1529	糠醇	170.0
1507	丁酸丁酯	166.6	1530	1,2-二乙酰氧基乙烷+二异戊基醚	170.1
1508	乙醇胺（43%）+2-丁氧基乙醇（57%）	167.0	1531	1-丁氧基-2-丙醇	170.2
1509	二（2-氯乙基）醚（<40%）+甲基环己醇（>60%）	<167.5	1532	1-庚醇（38%）+二异戊基醚（62%）	170.2
			1533	乙醇胺（90%）+苯胺（10%）	170.3
1510	糠醇（>60%）+2-丁氧基乙醇（<40%）	<167.5	1534	1,2-二氯苯（27%）+2-丁氧基乙醇（73%）	170.5

续表

序号	组　分	沸点, $t/℃$	序号	组　分	沸点, $t/℃$
1535	1,3-二氯-2-丙醇（60%）＋1,2-二氯苯（40%）	170.5	1559	甲基己基甲酮	173.5
			1560	α-4-甲基环己醇	174.0
1536	二（2-氯乙基）醚（25%）＋2-丁氧基乙醇（75%）	170.9	1561	苯甲醛（30%）＋对异丙基苯甲烷（70%）	174.0
1537	1,3-二氯-2-丙醇（55%）＋对丙基苯甲烷（45%）	171.0	1562	乙二醇（17%）＋1-庚醇（83%）	174.1
1538	2-丁氧基乙醇（91%）＋苯甲醛（9%）	171.0	1563	1,3-二氯-2-丙醇（47%）＋1-庚醇（53%）	174.2
1539	乙醇胺	171.1	1564	2,3-二氯-1-丙醇（40%）＋1,2-二氯苯（60%）	174.2
1540	乙二醇（21%）＋二(2-氧乙基)醚（79%）	171.1			
1541	2-丁氧基乙醇	171.2	1565	β-4-甲基环己醇	174.4
1542	苯甲醛（43%）＋二戊烯（57%）	171.2	1566	苯甲醛（<45%）＋1-庚醇（>55%）	<174.5
1543	4-甲基环己酮	171.3	1567	己酸环己酯	174.5
1544	苯胺（39%）＋二戊烯（61%）	171.3	1568	2-辛醇（42%）＋二戊烯（58%）	174.8
1545	1-庚醇（50%）＋二戊烯（50%）	171.7	1569	β-3-甲基环己醇	175.0
1546	2-(2-甲氧乙氧基)乙醇（27%）＋对异丙基苯甲烷（73%）	172.0	1570	1,3-二氯-2-丙醇	175
1547	1-庚醇（47%）＋对异丙基苯甲烷（53%）	172.5	1571	2-辛醇（<40%）＋对异丙基苯甲烷（>60%）	<175.2
1548	2,3-二氯-1-丙醇（42%）＋对丙基苯甲烷（58%）	172.5	1572	苯甲醛（68%）＋戊基醚（32%）	175.2
1549	甲基己基甲酮（75%）＋对丙基苯甲烷（25%）	172.5	1573	1,3-二氯-2-丙醇（85%）＋2-辛醇（15%）	175.4
1550	二异戊基醚（83%）＋2-辛醇（17%）	172.7	1574	苯胺（22%）＋1-庚醇（78%）	175.4
1551	2-(2-乙氧乙氧基)乙醇（23%）＋二戊烯（77%）	173.0	1575	乙二醇（21%）＋2-辛醇（79%）	175.6
1552	二异戊基醚	173.4	1576	对异丙基苯甲烷（60%）＋二戊烯（40%）	175.8
1553	1,2-二乙酰氧基乙烷（<37%）＋二戊烯（>63%）	<173.5	1577	1-庚醇	175.9
1554	乙二醇（>15%）＋苯甲醛（<85%）	<173.5	1578	二（2-氯乙基）醚（>11%）＋对异丙基苯甲烷（<89%）	<176.4
1555	1,2-二氯苯（45%）＋1-庚醇（55%）	173.5	1579	苯甲醇（11%）＋二戊烯（89%）	176.4
1556	α-3-甲基环己醇	173.5	1580	二（2-氯乙基）醚（<88%）＋二戊基醚（>12%）	<176.5
1557	苯胺（27%）＋对丙基苯甲烷（73%）	173.5	1581	苯甲醛（60%）＋2-辛醇（40%）	176.5
1558	二（2-氯乙基）醚（50%）＋1-庚醇（50%）	173.5	1582	二（2-氯乙基）醚（60%）＋1,2-二氯苯（40%）	176.7
			1583	二戊烯	176.7

续表

序号	组 分	沸点, $t/℃$	序号	组 分	沸点, $t/℃$
1584	二(2-氯乙基)醚（<35%）＋二戊烯（>65%）	<176.8	1607	1,2-丙二醇（43%）＋苯胺（57%）	179.5
1585	四氢糠醇	177.0	1608	2-(2-甲氧乙氧基) 乙醇（46%）＋二戊醚（54%）	179.5
1586	对丙基苯甲烷	177.1	1609	2-辛醇（86%）＋二戊基醚（14%）	179.8
1587	二(2-氯乙基)醚（<62%）＋2-辛醇（>38%）	<177.2	1610	乙二醇（<45%）＋2,5-己二酮（>55%）	<180.5
1588	1,2-二氯苯（70%）＋苯胺（30%）	177.4	1611	1,2-二氯苯	180.5
1589	1,2-二氯苯（>20%）＋二戊烯（<80%）	177.5	1612	乙二醇（24%）＋苯胺（76%）	180.6
1590	1,3-二氯-2-丙醇（>85%）＋二异丁基酮（<15%）	177.5	1613	2-(2-甲氧基乙氧基) 乙醇（约30%）＋1,2-二乙酰氧基乙烷（约70%）	181.5
1591	1-辛醇（约6%）＋二戊烯（约94%）	177.5	1614	2,3-丁二醇	182
1592	苯胺（55%）＋二戊醚（45%）	177.5	1615	2,3-二氯-1-丙醇	182
1593	1,2-二氯苯（58%）＋2-辛醇（42%）	177.7	1616	2-(2-乙氧基乙氧基)乙醇＋二戊醚	<183.0
1594	丙三醇（约1%）＋二戊烯（约99%）	177.7	1617	苯酚（87%）＋环己醇（13%）	183.0
1595	乙二醇(26.1%)＋二(2-乙氧乙基)醚(73.9%)	178.0	1618	1,2-丙二醇＋苯乙酮	<183.5
1596	1,2-二氯苯（>48%）＋苯甲醛（<52%）	<178.5	1619	苯胺	183.9
			1620	2,3-二氯-1-丙醇＋甲基己基甲酮	184.0
1597	二(2-氯乙基)醚	178.6	1621	苯胺（83%）＋1-辛醇（17%）	184.0
1598	1,2-二乙酰氧基乙烷（<60%）＋二戊醚（>40%）	<179.0	1622	乙二醇（36.5%）＋1-辛醇（63.5%）	184.4
			1623	反-十氢化萘	185.5
1599	2,5-己二醇（>18%）＋2-辛醇（<82%）	<179.0	1624	乙二醇（52%）＋苯乙酮（48%）	185.7
			1625	乙二醇（59%）＋硝基苯（41%）	185.9
1600	1,3-二氯-2-丙醇（67%）＋甲基己基甲酮（33%）	179.0	1626	1,2-二乙酰氧基乙烷＋1-辛醇	<186.0
			1627	二戊醚	186.8
1601	2-辛醇	179.0	1628	二(2-氯异丙基)醚	187.0
1602	苯胺（36%）＋2-辛醇（64%）	179.0	1629	乳酸丁酯	187
1603	苯甲醛	179.1	1630	1,2-丙二醇	187.4
1604	1,2-乙酰氧基乙烷＋2-辛醇	179.2	1631	二(2-乙氧基乙基)醚	188.9
1605	2,3-二 氯-1-丙醇（35%）＋2-辛醇（65%）	179.4	1632	1-(2-甲氧基丙氧基)-2-丙醇	189
			1633	乳酸	约190
1606	乙二醇（<24%）＋1,2-二乙酰氧基乙烷（>76%）	<179.5	1634	2,5-己二酮（>65%）＋1-辛醇（<35%）	<190.0
			1635	1,2-乙酰氧基乙烷	190.8
			1636	2,5-己二酮	191.4

续表

序号	组 分	沸点, t/℃	序号	组 分	沸点, t/℃
1637	1-丁氧基-2-乙酰氧基乙烷	191.5	1658	四氢化萘	207.6
1638	2-(2-甲氧乙氧基)乙醇（80%）+苯乙酮（20%）	191.9	1659	甲酰胺	约 210
			1660	二乙二醇（10%）+硝基苯（90%）	210.0
1639	2-(2-甲氧乙氧基)己醇+苯甲醇	<192.5	1661	硝基苯	210.8
1640	乙二醇（20%）+2-(2-甲氧乙氧基)乙醇（80%）	192.6	1662	3-氯-1,2-丙二醇	213.0
			1663	1,3-丙二醇	214.7
1641	乙二醇（53.5%）+苯甲醇（46.5%）	193.4	1664	3,5,5-三甲基-2-环己烯-1-酮	215.2
1642	2-(2-甲氧乙氧基)乙醇	194.2	1665	2-乙氧基-2′-乙酰氧基二乙基醚	217.4
1643	顺-十氢化萘	194.6	1666	二(2-氯乙氧基)甲烷	218.1
1644	乙二醇（29.5%）+2-(2-乙氧基乙氧基)乙醇（70.5%）	195.0	1667	二己醚	226.2
			1668	1,4-丁二醇	228
1645	乙二醇+2-乙氧基-2′-乙酰氧基二乙基基醚	195.0	1669	1-(2-丁氧丙氧基)-2-丙醇	228
1646	苯乙酮（12.5%）+1-辛醇（87.5%）	195.0	1670	2-(2-丁氧乙氧基)乙醇	230.4
1647	1-辛醇	195.3	1671	二丙二醇	231.8
1648	乙二醇（72.5%）+2-(2-丁氧基乙氧基)乙醇（27.5%）	196.2	1672	二乙二醇+2-苯氧基乙醇	<244.5
			1673	2-苯氧基乙醇	244.7
1649	1-(2-乙氧丙氧基)-2-丙醇	197	1674	二乙二醇	245.0
1650	乙二醇	197.9	1675	2-丁氧基-2′-乙酰氧基二乙基醚	246.8
1651	苯乙酮	202.0	1676	二(2-丁氧乙基)醚	254.6
1652	2-(2-乙氧基乙氧基)乙醇	202.8	1677	2-苯甲酸基乙醇	255.9
1653	1-苯基乙醇	203.5	1678	三乙酸甘油酯	260
1654	1,2-二丁氧基乙烷	203.6	1679	丙三醇（37%）+三乙二醇（63%）	285.1
1655	硝基苯（38%）+苯甲醇（62%）	204.2	1680	三乙二醇	287.4
1656	苯甲醇	205.4	1681	丙三醇	290
1657	1,3-丁二醇	207.4	1682	三乙醇胺	360

不同温度下水的蒸气压、蒸发焓及表面张力见表 1-59。

表 1-59 不同温度下水的蒸气压、蒸发焓及表面张力

温度 /℃	蒸气压 /kPa	$\Delta_{vap}H$ /(kJ/kg)	表面张力 /(mN/m)	温度 /℃	蒸气压 /kPa	$\Delta_{vap}H$ /(kJ/kg)	表面张力 /(mN/m)
0.01	0.61165	2500.9	75.65	10	1.2282	2477.2	74.22
2	0.70599	2496.2	75.37	12	1.4028	2472.5	73.93
4	0.81355	2491.4	75.08	14	1.5990	2467.7	73.63
6	0.93536	2486.7	74.80	16	1.8188	2463.0	73.34
8	1.0730	2481.9	74.51	18	2.0647	2458.3	73.04

续表

温度/℃	蒸气压/kPa	$\Delta_{vap}H$/(kJ/kg)	表面张力/(mN/m)	温度/℃	蒸气压/kPa	$\Delta_{vap}H$/(kJ/kg)	表面张力/(mN/m)
20	2.3393	2453.5	72.74	86	60.173	2292.8	61.56
22	2.6453	2448.8	72.43	88	65.017	2287.6	61.19
24	2.9858	2444.0	72.13	90	70.182	2282.5	60.82
25	3.1699	2441.7	71.97	92	75.684	2277.3	60.44
26	3.3639	2439.3	71.82	94	81.541	2272.1	60.06
28	3.7831	2434.6	71.51	96	87.771	2266.9	59.68
30	4.2470	2429.8	71.19	98	94.390	2261.7	59.30
32	4.7596	2425.1	70.88	100	101.42	2256.4	58.91
34	5.3251	2420.3	70.56	102	108.87	2251.1	58.53
36	5.9479	2415.5	70.24	104	116.78	2245.8	58.14
38	6.6328	2410.8	69.92	106	125.15	2240.4	57.75
40	7.3849	2406.0	69.60	108	134.01	2235.1	57.36
42	8.2096	2401.2	69.27	110	143.38	2229.6	56.96
44	9.1124	2396.4	68.94	112	153.28	2224.2	56.57
46	10.099	2391.6	68.61	114	163.74	2218.7	56.17
48	11.177	2386.8	68.28	116	174.77	2213.2	55.77
50	12.352	2381.9	67.94	118	186.41	2207.7	55.37
52	13.631	2377.1	67.61	120	198.67	2202.1	54.97
54	15.022	2372.3	67.27	122	211.59	2196.5	54.56
56	16.533	2367.4	66.93	124	225.18	2190.9	54.16
58	18.171	2362.5	66.58	126	239.47	2185.2	53.75
60	19.946	2357.7	66.24	128	254.50	2179.5	53.34
62	21.867	2352.8	65.89	130	270.28	2173.7	52.93
64	23.943	2347.8	65.54	132	286.85	2167.9	52.52
66	26.183	2342.9	65.19	134	304.23	2162.1	52.11
68	28.599	2338.0	64.84	136	322.45	2156.2	51.69
70	31.201	2333.0	64.48	138	341.54	2150.3	51.27
72	34.000	2328.1	64.12	140	361.54	2144.3	50.86
74	37.009	2323.1	63.76	142	382.47	2138.3	50.44
76	40.239	2318.1	63.40	144	404.37	2132.2	50.01
78	43.703	2313.0	63.04	146	427.26	2126.1	49.59
80	47.414	2308.0	62.67	148	451.18	2119.9	49.17
82	51.387	2302.9	62.31	150	476.16	2113.7	48.74
84	55.635	2297.9	61.94	152	502.25	2107.5	48.31

续表

温　度/℃	蒸气压/kPa	$\Delta_{vap}H$ / (kJ/kg)	表面张力/(mN/m)	温　度/℃	蒸气压/kPa	$\Delta_{vap}H$ / (kJ/kg)	表面张力/(mN/m)
154	529.46	2101.2	47.89	222	2409.6	1848.6	32.60
156	557.84	2094.8	47.46	224	2502.3	1839.8	32.14
158	587.42	2088.4	47.02	226	2597.8	1830.9	31.67
160	618.23	2082.0	46.59	228	2696.0	1821.8	31.20
162	650.33	2075.5	46.16	230	2797.1	1812.7	30.74
164	683.73	2068.9	45.72	232	2901.0	1803.5	30.27
166	718.48	2062.3	45.28	234	3008.0	1794.1	29.80
168	754.62	2055.6	44.85	236	3117.9	1784.7	29.33
170	792.19	2048.8	44.41	238	3230.8	1775.1	28.86
172	831.22	2042.0	43.97	240	3346.9	1765.4	28.39
174	871.76	2035.1	43.52	242	3466.2	1755.6	27.92
176	913.84	2028.2	43.08	244	3588.7	1745.7	27.45
178	957.51	2021.2	42.64	246	3714.5	1735.6	26.98
180	1002.8	2014.2	42.19	248	3843.6	1725.5	26.51
182	1049.8	2007.0	41.74	250	3976.2	1715.2	26.04
184	1098.5	1999.8	41.30	252	4112.2	1704.7	25.57
186	1148.9	1992.6	40.85	254	4251.8	1694.2	25.10
188	1201.1	1985.3	40.40	256	4394.9	1683.5	24.63
190	1255.2	1977.9	39.95	258	4541.7	1672.6	24.16
192	1311.2	1970.4	39.49	260	4692.3	1661.6	23.69
194	1369.1	1962.8	39.04	262	4846.6	1650.5	23.22
196	1429.0	1955.2	38.59	264	5004.7	1639.2	22.75
198	1490.9	1947.5	38.13	266	5166.8	1627.8	22.28
200	1554.9	1939.7	37.67	268	5332.9	1616.2	21.81
202	1621.0	1931.9	37.22	270	5503.0	1604.4	21.34
204	1689.3	1923.9	36.76	272	5677.2	1592.5	20.87
206	1759.8	1915.9	36.30	274	5855.6	1580.4	20.40
208	1832.6	1907.8	35.84	276	6038.3	1568.1	19.93
210	1907.7	1899.6	35.38	278	6225.2	1555.6	19.46
212	1985.1	1891.4	34.92	280	6416.6	1543.0	18.99
214	2065.0	1883.0	34.46	282	6612.4	1530.1	18.53
216	2147.3	1874.6	33.99	284	6812.8	1517.1	18.06
218	2232.2	1866.0	33.53	286	7017.7	1503.8	17.59
220	2319.6	1857.4	33.07	288	7227.4	1490.4	17.13

续表

温 度 /℃	蒸气压 /kPa	$\Delta_{vap}H$ / (kJ/kg)	表面张力 /(mN/m)	温 度 /℃	蒸气压 /kPa	$\Delta_{vap}H$ / (kJ/kg)	表面张力 /(mN/m)
290	7441.8	1476.7	16.66	334	13534	1097.1	6.86
292	7661.0	1462.7	16.20	336	13882	1074.6	6.44
294	7885.2	1448.6	15.74	338	14238	1051.3	6.03
296	8114.3	1434.2	15.28	340	14601	1027.3	5.63
298	8348.5	1419.5	14.82	342	14971	1002.5	5.22
300	8587.9	1404.6	14.36	344	15349	976.7	4.83
302	8832.5	1389.4	13.90	346	15734	949.9	4.43
304	9082.4	1374.0	13.45	348	16128	922.0	4.05
306	9337.8	1358.2	12.99	350	16529	892.7	3.67
308	9598.6	1342.1	12.54	352	16939	862.1	3.29
310	9865.1	1325.7	12.09	354	17358	829.8	2.93
312	10137	1309.0	11.64	356	17785	795.5	2.57
314	10415	1291.9	11.19	358	18221	759.0	2.22
316	10699	1274.5	10.75	360	18666	719.8	1.88
318	10989	1256.6	10.30	362	19121	677.3	1.55
320	11284	1238.4	9.86	364	19585	630.5	1.23
322	11586	1219.7	9.43	366	20060	578.2	0.93
324	11895	1200.6	8.99	368	20546	517.8	0.65
326	12209	1180.9	8.56	370	21044	443.8	0.39
328	12530	1160.8	8.13	372	21554	340.3	0.16
330	12858	1140.2	7.70	373.95	22064	0.0	0.00
332	13193	1118.9	7.28				

注：水的蒸气压及蒸发焓数据来自：W. Wagner and A. Pruss，The IAPWS Formulation 1995 for the Thermodynamic Properties of Ordinary Water Substance for General and Scientific Use. J Phys Chem Ref Data，2002,31：387.

表面张力数据来自：International association for the Properties of Water and Steam，Release on the surface tension of ordinary water substance，Physical Chemistry of Aqueous Systems：Proceedings of the 12th International conference on the Properties of Water and Steam，Orlando，Florida，1994：A139-A142。

附：压力以 mmHg 表示时水的饱和蒸气压。

下表系水与水蒸气接触时的数值。若水与空气接触，需加上下列校正数值：温度在 40℃ 以下时，蒸气压的校正值为 $p(0.0775 \sim 3.13 \times 10^{-4}t)/100$；温度在 50℃ 以上时，校正值为 $p(0.0652 \sim 8.75 \times 10^{-5}t)/100$。

$t/℃$	$p/mmHg$	$t/℃$	$p/mmHg$	$t/℃$	$p/mmHg$	$t/℃$	$p/mmHg$	$t/℃$	$p/mmHg$
−10.0	2.149	−3.0	3.673	4.0	6.102	11.0	9.848	18.0	15.484
−9.8	2.184	−2.8	3.730	4.2	6.187	11.2	9.976	18.2	15.673
−9.6	2.219	−2.6	3.785	4.4	6.274	11.4	10.109	18.4	15.871
−9.4	2.254	−2.4	3.841	4.6	6.363	11.6	10.244	18.6	16.071
−9.2	2.289	−2.2	3.898	4.8	6.453	11.8	10.380	18.8	16.272
−9.0	2.326	−2.0	3.956	5.0	6.545	12.0	10.521	19.0	16.485
−8.8	2.362	−1.8	4.016	5.2	6.635	12.2	10.658	19.2	16.685
−8.6	2.399	−1.6	4.075	5.4	6.728	12.4	10.799	19.4	16.894
−8.4	2.437	−1.4	4.135	5.6	6.822	12.6	10.941	19.6	17.105
−8.2	2.475	−1.2	4.196	5.8	6.917	12.8	11.085	19.8	17.319
−8.0	2.514	−1.0	4.258	6.0	7.016	13.0	11.235	20.0	17.542
−7.8	2.553	−0.8	4.320	6.2	7.111	13.2	11.379	20.2	17.753
−7.6	2.593	−0.6	4.385	6.4	7.209	13.4	11.528	20.4	17.974
−7.4	2.633	−0.4	4.448	6.6	7.309	13.6	11.680	20.6	18.197
−7.2	2.674	−0.2	4.513	6.8	7.411	13.8	11.833	20.8	18.422
−7.0	2.715	0.0	4.579	7.0	7.516	14.0	11.992	21.0	18.559
−6.8	2.757	0.2	4.647	7.2	7.617	14.2	12.144	21.2	18.880
−6.6	2.800	0.4	4.715	7.4	7.722	14.4	12.302	21.4	19.113
−6.4	2.843	0.6	4.785	7.6	7.828	14.6	12.462	21.6	19.349
−6.2	2.887	0.8	4.855	7.8	7.936	14.8	12.624	21.8	19.587
−6.0	2.931	1.0	4.929	8.0	8.048	15.0	12.783	22.0	19.837
−5.8	2.976	1.2	4.998	8.2	8.155	15.2	12.953	22.2	20.070
−5.6	3.022	1.4	5.070	8.4	8.267	15.4	13.121	22.4	20.316
−5.4	3.069	1.6	5.144	8.6	8.380	15.6	13.290	22.6	20.565
−5.2	3.115	1.8	5.219	8.8	8.494	15.8	13.461	22.8	20.815
−5.0	3.163	2.0	5.296	9.0	8.612	16.0	13.640	23.0	21.680
−4.8	3.211	2.2	5.370	9.2	8.727	16.2	13.809	23.2	21.324
−4.6	3.259	2.4	5.447	9.4	8.845	16.4	13.987	23.4	21.583
−4.4	3.309	2.6	5.525	9.6	8.965	16.6	14.166	23.6	21.845
−4.2	3.359	2.8	5.605	9.8	9.086	16.8	14.347	23.8	22.110
−4.0	3.410	3.0	5.686	10.0	9.204	17.0	14.536	24.0	22.389
−3.8	3.461	3.2	5.766	10.2	9.333	17.2	14.715	24.2	22.648
−3.6	3.514	3.4	5.848	10.4	9.458	17.4	14.903	24.4	22.922
−3.4	3.567	3.6	5.931	10.6	9.585	17.6	15.092	24.6	23.198
−3.2	3.620	3.8	6.015	10.8	9.714	17.8	15.284	24.8	23.476

续表

$t/℃$	$p/mmHg$	$t/℃$	$p/mmHg$	$t/℃$	$p/mmHg$	$t/℃$	$p/mmHg$	$t/℃$	$p/mmHg$
25.0	23.790	31.8	35.261	38.6	51.323	45.4	73.36	55.5	120.92
25.2	24.039	32.0	35.687	38.8	51.879	45.6	74.12	56.0	123.92
25.4	24.326	32.2	36.068	39.0	52.481	45.8	74.88	56.5	126.81
25.6	24.617	32.4	36.477	39.2	53.009	46.0	75.71	57.0	129.94
25.8	24.912	32.6	36.891	39.4	53.580	46.2	76.43	57.5	132.95
26.0	25.204	32.8	37.308	39.6	54.156	46.4	77.21	58.0	136.10
26.2	25.509	33.0	37.754	39.8	54.737	46.6	78.00	58.5	139.34
26.4	25.812	33.2	38.155	40.0	55.365	46.8	78.80	59.0	142.72
26.6	26.117	33.4	38.584	40.2	55.91	47.0	79.66	59.5	145.99
26.8	26.426	33.6	39.018	40.4	56.51	47.2	80.41	60.0	149.50
27.0	26.755	33.8	39.457	40.6	57.11	47.4	81.23	60.5	152.91
27.2	27.055	34.0	39.925	40.8	57.72	47.6	82.05	61.0	156.56
27.4	27.374	34.2	40.344	41.0	58.38	47.8	82.87	61.5	160.10
27.6	27.696	34.4	40.796	41.2	58.96	48.0	83.79	62.0	163.90
27.8	28.021	34.6	41.251	41.4	59.58	48.2	84.56	62.5	167.58
28.0	28.366	34.8	41.710	41.6	60.22	48.4	85.42	63.0	171.52
28.2	28.680	35.0	42.204	41.8	60.86	48.6	86.28	63.5	175.35
28.4	29.015	35.2	42.644	42.0	61.55	48.8	87.14	64.0	179.45
28.6	29.354	35.4	43.117	42.2	62.14	49.0	88.09	64.5	183.43
28.8	29.697	35.6	43.595	42.4	62.80	49.2	88.90	65.0	187.68
29.0	30.061	35.8	44.078	42.6	63.46	49.4	89.79	65.5	191.82
29.2	30.392	36.0	44.594	42.8	64.12	49.6	90.69	66.0	196.24
29.4	30.745	36.2	45.054	43.0	64.85	49.8	91.59	66.5	200.53
29.6	31.102	36.4	45.549	43.2	65.48	50.0	92.59	67.0	205.12
29.8	31.461	36.6	46.050	43.4	66.16	50.5	94.86	67.5	209.57
30.0	31.844	36.8	46.556	43.6	66.86	51.0	97.28	68.0	214.34
30.2	32.191	37.0	47.100	43.8	67.56	51.5	99.65	68.5	218.95
30.4	32.561	37.2	47.582	44.0	68.31	52.0	102.18	69.0	223.91
30.6	32.934	37.4	48.102	44.2	68.97	52.5	104.65	69.5	228.72
30.8	33.312	37.6	48.627	44.4	69.69	53.0	107.28	70.0	233.84
31.0	33.718	37.8	49.157	44.6	70.41	53.5	109.86	70.5	238.8
31.2	34.082	38.0	49.728	44.8	71.14	54.0	112.60	71.0	244.14
31.4	34.471	38.2	50.231	45.0	71.98	54.5	115.28	71.5	249.3
31.6	34.864	38.4	50.774	45.2	72.62	55.0	118.15	72.0	254.81

$t/℃$	$p/mmHg$	$t/℃$	$p/mmHg$	$t/℃$	$p/mmHg$	$t/℃$	$p/mmHg$	$t/℃$	$p/mmHg$
72.5	260.2	84.5	425.2	92.6	579.87	97.4	692.05	111	1110.99
73.0	265.9	85.0	433.6	92.8	584.22	97.6	697.10	112	1148.57
73.5	271.5	85.5	442.3	93.0	588.76	97.8	702.17	113	1187.28
74.0	277.4	86.0	450.9	93.2	593.00	98.0	707.32	114	1126.95
74.5	283.2	86.5	459.8	93.4	597.43	98.2	712.40	115	1267.76
75.0	289.2	87.0	468.7	93.6	601.89	98.4	717.56	116	1309.69
75.5	295.3	87.5	477.9	93.8	606.38	98.6	722.75	117	1352.67
76.0	301.6	88.0	487.2	94.0	611.04	98.8	727.98	118	1396.84
76.5	307.7	88.5	496.6	94.2	615.44	99.0	733.25	119	1442.22
77.0	314.3	89.0	506.3	94.4	620.01	99.2	738.53	120	1488.73
77.5	320.7	89.5	515.9	94.6	624.61	99.4	743.85	121	1536.51
78.0	327.5	90.0	525.92	94.8	629.24	99.6	749.20	122	1585.49
78.5	334.2	90.2	529.77	95.0	634.02	99.8	754.58	123	1635.81
79.0	341.2	90.4	533.80	95.2	638.59	100.0	760.00	124	1687.34
79.5	348.1	90.6	537.86	95.4	643.30	101	787.49	125	1740.22
80.0	355.3	90.8	541.95	95.6	648.05	102	815.84	126	1794.45
80.5	362.4	91.0	546.12	95.8	652.82	103	845.02	127	1850.11
81.0	370.0	91.2	550.18	96.0	657.72	104	875.10	128	1907.04
81.5	477.3	91.4	554.35	96.2	662.45	105	906.10	129	1965.47
82.0	385.1	91.6	558.53	96.4	667.31	106	937.80	130	2025.32
82.5	392.8	91.8	562.75	96.6	672.20	107	970.51	140	2709.16
83.0	400.7	92.0	567.15	96.8	677.12	108	1004.19	150	3568.20
83.5	408.7	92.2	571.26	97.0	682.15	109	1038.84	160	4632.84
84.0	416.9	92.4	575.55	97.2	687.04	110	1074.39	170	5936.53

不同温度下水的密度见表 1-60。

表 1-60 不同温度下水的密度

$t/℃$	$\rho/(g/cm^3)$	$t/℃$	$\rho/(g/cm^3)$	$t/℃$	$\rho/(g/cm^3)$	$t/℃$	$\rho/(g/cm^3)$	$t/℃$	$\rho/(g/cm^3)$
0.1	0.9998493	0.8	0.9998912	1.5	0.9999244	2.2	0.9999491	2.9	0.9999655
0.2	0.9998558	0.9	0.9998964	1.6	0.9999284	2.3	0.9999519	3.0	0.9999672
0.3	0.9998622	1.0	0.9999015	1.7	0.9999323	2.4	0.9999546	3.1	0.9999687
0.4	0.9998683	1.1	0.9999065	1.8	0.9999360	2.5	0.9999571	3.2	0.9999700
0.5	0.9998743	1.2	0.9999112	1.9	0.9999395	2.6	0.9999595	3.3	0.9999712
0.6	0.9998801	1.3	0.9999158	2.0	0.9999429	2.7	0.9999616	3.4	0.9999722
0.7	0.9998857	1.4	0.9999202	2.1	0.9999461	2.8	0.9999636	3.5	0.9999731

$t/℃$	$\rho/(g/cm^3)$	$t/℃$	$\rho/(g/cm^3)$	$t/℃$	$\rho/(g/cm^3)$	$t/℃$	$\rho/(g/cm^3)$	$t/℃$	$\rho/(g/cm^3)$
3.6	0.9999738	7.0	0.9999043	10.4	0.9996658	13.8	0.9992740	17.2	0.9987419
3.7	0.9999743	7.1	0.9998996	10.5	0.9996564	13.9	0.9992602	17.3	0.9987243
3.8	0.9999747	7.2	0.9998948	10.6	0.9996468	14.0	0.9992464	17.4	0.9987065
3.9	0.9999749	7.3	0.9998898	10.7	0.9996372	14.1	0.9992325	17.5	0.9986886
4.0	0.9999750	7.4	0.9998847	10.8	0.9996274	14.2	0.9992184	17.6	0.9986706
4.1	0.9999748	7.5	0.9998794	10.9	0.9996174	14.3	0.9992042	17.7	0.9986525
4.2	0.9999746	7.6	0.9998740	11.0	0.9996074	14.4	0.9991899	17.8	0.9986343
4.3	0.9999742	7.7	0.9998684	11.1	0.9995972	14.5	0.9991755	17.9	0.9986160
4.4	0.9999736	7.8	0.9998627	11.2	0.9995869	14.6	0.9991609	18.0	0.9985976
4.5	0.9999728	7.9	0.9998569	11.3	0.9995764	14.7	0.9991463	18.1	0.9985790
4.6	0.9999719	8.0	0.9998509	11.4	0.9995658	14.8	0.9991315	18.2	0.9985604
4.7	0.9999709	8.1	0.9998448	11.5	0.9995551	14.9	0.9991166	18.3	0.9985416
4.8	0.9999696	8.2	0.9998385	11.6	0.9995443	15.0	0.9991016	18.4	0.9985228
4.9	0.9999683	8.3	0.9998321	11.7	0.9995333	15.1	0.9990864	18.5	0.9985038
5.0	0.9999668	8.4	0.9998256	11.8	0.9995222	15.2	0.9990712	18.6	0.9984847
5.1	0.9999651	8.5	0.9998189	11.9	0.9995110	15.3	0.9990558	18.7	0.9984655
5.2	0.9999632	8.6	0.9998121	12.0	0.9994996	15.4	0.9990403	18.8	0.9984462
5.3	0.9999612	8.7	0.9998051	12.1	0.9994882	15.5	0.9990247	18.9	0.9984268
5.4	0.9999591	8.8	0.9997980	12.2	0.9994766	15.6	0.9990090	19.0	0.9984073
5.5	0.9999568	8.9	0.9997908	12.3	0.9994648	15.7	0.9989932	19.1	0.9983877
5.6	0.9999544	9.0	0.9997834	12.4	0.9994530	15.8	0.9989772	19.2	0.9983680
5.7	0.9999518	9.1	0.9997759	12.5	0.9994410	15.9	0.9989612	19.3	0.9983481
5.8	0.9999490	9.2	0.9997682	12.6	0.9994289	16.0	0.9989450	19.4	0.9983282
5.9	0.9999461	9.3	0.9997604	12.7	0.9994167	16.1	0.9989287	19.5	0.9983081
6.0	0.9999430	9.4	0.9997525	12.8	0.9994043	16.2	0.9989123	19.6	0.9982880
6.1	0.9999398	9.5	0.9997444	12.9	0.9993918	16.3	0.9988957	19.7	0.9982677
6.2	0.9999365	9.6	0.9997362	13.0	0.9993792	16.4	0.9988791	19.8	0.9982474
6.3	0.9999330	9.7	0.9997279	13.1	0.9993665	16.5	0.9988623	19.9	0.9982269
6.4	0.9999293	9.8	0.9997194	13.2	0.9993536	16.6	0.9988455	20.0	0.9982063
6.5	0.9999255	9.9	0.9997108	13.3	0.9993407	16.7	0.9988285	20.1	0.9981856
6.6	0.9999216	10.0	0.9997021	13.4	0.9993276	16.8	0.9988114	20.2	0.9981649
6.7	0.9999175	10.1	0.9996932	13.5	0.9993143	16.9	0.9987942	20.3	0.9981440
6.8	0.9999132	10.2	0.9996842	13.6	0.9993010	17.0	0.9987769	20.4	0.9981230
6.9	0.9999088	10.3	0.9996751	13.7	0.9992875	17.1	0.9987595	20.5	0.9981019

续表

$t/℃$	$\rho/(g/cm^3)$	$t/℃$	$\rho/(g/cm^3)$	$t/℃$	$\rho/(g/cm^3)$	$t/℃$	$\rho/(g/cm^3)$	$t/℃$	$\rho/(g/cm^3)$
20.6	0.9980807	24.0	0.9972994	27.4	0.9964059	30.8	0.9954069	34.2	0.9943083
20.7	0.9980594	24.1	0.9972747	27.5	0.9963780	30.9	0.9953760	34.3	0.9942745
20.8	0.9980380	24.2	0.9972499	27.6	0.9963500	31.0	0.9953450	34.4	0.9942407
20.9	0.9980164	24.3	0.9972250	27.7	0.9963219	31.1	0.9953139	34.5	0.9942068
21.0	0.9979948	24.4	0.9972000	27.8	0.9962938	31.2	0.9952827	34.6	0.9941728
21.1	0.9979731	24.5	0.9971749	27.9	0.9962655	31.3	0.9952514	34.7	0.9941387
21.2	0.9979513	24.6	0.9971497	28.0	0.9962371	31.4	0.9952201	34.8	0.9941045
21.3	0.9979294	24.7	0.9971244	28.1	0.9962087	31.5	0.9951887	34.9	0.9940703
21.4	0.9979073	24.8	0.9970990	28.2	0.9961801	31.6	0.9951572	35.0	0.9940359
21.5	0.9978852	24.9	0.9970735	28.3	0.9961515	31.7	0.9951255	35.1	0.9940015
21.6	0.9978630	25.0	0.9970480	28.4	0.9961228	31.8	0.9950939	35.2	0.9939671
21.7	0.9978406	25.1	0.9970223	28.5	0.9960940	31.9	0.9950621	35.3	0.9939325
21.8	0.9978182	25.2	0.9969965	28.6	0.9960651	32.0	0.9950302	35.4	0.9938978
21.9	0.9977957	25.3	0.9969707	28.7	0.9960361	32.1	0.9949983	35.5	0.9938631
22.0	0.9977730	25.4	0.9969447	28.8	0.9960070	32.2	0.9949663	35.6	0.9938283
22.1	0.9977503	25.5	0.9969186	28.9	0.9959778	32.3	0.9949342	35.7	0.9937934
22.2	0.9977275	25.6	0.9968925	29.0	0.9959486	32.4	0.9949020	35.8	0.9937585
22.3	0.9977045	25.7	0.9968663	29.1	0.9959192	32.5	0.9948697	35.9	0.9937234
22.4	0.9976815	25.8	0.9968399	29.2	0.9958898	32.6	0.9948373	36.0	0.9936883
22.5	0.9976584	25.9	0.9968135	29.3	0.9958603	32.7	0.9948049	36.1	0.9936531
22.6	0.9976351	26.0	0.9967870	29.4	0.9958306	32.8	0.9947724	36.2	0.9936178
22.7	0.9976118	26.1	0.9967604	29.5	0.9958009	32.9	0.9947397	36.3	0.9935825
22.8	0.9975883	26.2	0.9967337	29.6	0.9957712	33.0	0.9947071	36.4	0.9935470
22.9	0.9975648	26.3	0.9967069	29.7	0.9957413	33.1	0.9946743	36.5	0.9935115
23.0	0.9975412	26.4	0.9966800	29.8	0.9957113	33.2	0.9946414	36.6	0.9934759
23.1	0.9975174	26.5	0.9966530	29.9	0.9956813	33.3	0.9946085	36.7	0.9934403
23.2	0.9974936	26.6	0.9966259	30.0	0.9956511	33.4	0.9945755	36.8	0.9934045
23.3	0.9974697	26.7	0.9965987	30.1	0.9956209	33.5	0.9945423	36.9	0.9933687
23.4	0.9974456	26.8	0.9965714	30.2	0.9955906	33.6	0.9945092	37.0	0.9933328
23.5	0.9974215	26.9	0.9965441	30.3	0.9955602	33.7	0.9944759	37.1	0.9932968
23.6	0.9973973	27.0	0.9965166	30.4	0.9955297	33.8	0.9944425	37.2	0.9932607
23.7	0.9973730	27.1	0.9964891	30.5	0.9954991	33.9	0.9944091	37.3	0.9932246
23.8	0.9973485	27.2	0.9964615	30.6	0.9954685	34.0	0.9943756	37.4	0.9931884
23.9	0.9973240	27.3	0.9964337	30.7	0.9954377	34.1	0.9943420	37.5	0.9931521

续表

$t/℃$	$\rho/(g/cm^3)$	$t/℃$	$\rho/(g/cm^3)$	$t/℃$	$\rho/(g/cm^3)$	$t/℃$	$\rho/(g/cm^3)$	$t/℃$	$\rho/(g/cm^3)$
37.6	0.9931157	39.3	0.9924860	50.0	0.98804	67.0	0.97945	84.0	0.96926
37.7	0.9930793	39.4	0.9924483	51.0	0.98758	68.0	0.97890	85.0	0.96861
37.8	0.9930428	39.5	0.9924105	52.0	0.98712	69.0	0.97833	86.0	0.96796
37.9	0.9930062	39.6	0.9923726	53.0	0.98665	70.0	0.97776	87.0	0.96731
38.0	0.9929695	39.7	0.9923347	54.0	0.98617	71.0	0.97719	88.0	0.96664
38.1	0.9929328	39.8	0.9922966	55.0	0.98569	72.0	0.97661	89.0	0.96598
38.2	0.9928960	39.9	0.9922586	56.0	0.98521	73.0	0.97603	90.0	0.96531
38.3	0.9928591	40.0	0.9922204	57.0	0.98471	74.0	0.97544	91.0	0.96463
38.4	0.9928221	41.0	0.99183	58.0	0.98421	75.0	0.97484	92.0	0.96396
38.5	0.9927850	42.0	0.99144	59.0	0.98371	76.0	0.97424	93.0	0.96327
38.6	0.9927479	43.0	0.99104	60.0	0.98320	77.0	0.97364	94.0	0.96258
38.7	0.9927107	44.0	0.99063	61.0	0.98268	78.0	0.97303	95.0	0.96189
38.8	0.9926735	45.0	0.99021	62.0	0.98216	79.0	0.97241	96.0	0.96119
38.9	0.9926361	46.0	0.98979	63.0	0.98163	80.0	0.97179	97.0	0.96049
39.0	0.9925987	47.0	0.98936	64.0	0.98109	81.0	0.97116	98.0	0.95978
39.1	0.9925612	48.0	0.98893	65.0	0.98055	82.0	0.97053	99.0	0.95907
39.2	0.9925236	49.0	0.98848	66.0	0.98000	83.0	0.96990	99.974	0.95837

注：温度范围 0～100℃，标准大气压（101325Pa）。

表 1-60 中数据为不含空气的纯水在压力为 101325Pa（1atm）下的密度（ρ），单位为 g/cm³。在不同压力（以大气压为单位时）水达到最高密度的温度（$t_m/℃$）可由下式求得：

$$t_m = 3.98 - 0.0225(p-1)$$

不同压力下水的沸点见表 1-61。

说明：

① 本表中 1 列出压力为 690.0～800.0mmHg 时水的沸点。不在此压力范围内的，可查阅本表中 2。

② 表中"压力 p/mmHg"栏内，横向 0.1～0.9 表示其分度值，下面只列出温度之小数部分。例如 690.5mmHg 压力下，水的沸点为 97.337℃。

③ 表中小数部分有*者，其整数应取下一项之整数。例如 707.3mmHg 压力时，水的沸点为 98.000℃。

④ mmHg 与 SI 单位的换算因数：1mmHg＝133.3224Pa。

表 1-61 不同压力下水的沸点

1. 压力以 mmHg（毫米汞柱）表示

压力，p/mmHg	压力，p/mmHg									
	0.0	0.1	0.2	0.3	0.4	0.5	0.6	0.7	0.8	0.9
	水的沸点，t/℃									
690	97.317	321	325	329	333	337	341	345	349	353
691	97.357	361	365	369	373	377	381	385	389	393
692	97.397	401	405	409	413	417	421	425	429	433
693	97.437	441	445	449	453	457	461	465	469	473
694	97.477	480	484	488	492	496	500	504	508	512
695	97.516	520	524	528	532	536	540	544	548	552
696	97.556	560	564	568	572	576	580	584	588	592
697	97.596	599	603	607	611	615	619	623	627	631
698	97.635	639	643	647	651	655	659	663	667	671
699	97.675	678	682	686	690	694	698	702	706	710
700	97.714	718	722	726	730	734	738	742	746	750
701	97.754	757	761	765	769	773	777	781	785	789
702	97.793	797	801	805	809	813	816	820	824	828
703	97.832	836	840	844	848	852	856	860	864	868
704	97.872	876	879	883	887	891	895	899	903	907
705	97.911	915	919	923	927	931	935	939	943	947
706	97.950	954	958	962	966	970	974	977	981	985
707	97.989	993	996	*000	*004	*008	*012	*016	*020	*024
708	98.028	032	036	040	043	047	051	055	059	063
709	98.067	071	075	079	082	086	090	094	098	102
710	98.106	110	114	118	121	125	129	133	137	141
711	98.145	149	153	157	160	164	168	172	176	180
712	98.184	188	192	195	199	203	207	211	215	219
713	98.223	227	230	234	238	242	246	250	254	258
714	98.262	266	270	274	278	282	286	290	293	297
715	98.301	304	308	312	316	320	323	327	331	335
716	98.339	343	347	351	355	358	362	366	370	374
717	98.378	382	385	389	393	397	401	405	409	413
718	98.417	420	424	428	432	436	440	443	447	451
719	98.455	459	463	467	470	474	478	482	486	490
720	98.494	497	501	505	509	513	517	520	524	528

续表

压力, p/mmHg	压力,p/mmHg									
	0.0	0.1	0.2	0.3	0.4	0.5	0.6	0.7	0.8	0.9
	水的沸点,t/℃									
721	98.532	536	540	544	547	551	555	559	563	567
722	98.571	574	578	582	586	590	593	597	601	605
723	98.609	613	617	620	624	628	632	636	640	644
724	98.648	652	655	659	663	667	671	675	678	682
725	98.686	689	693	697	701	705	709	712	716	720
726	98.724	728	732	735	739	743	747	751	755	758
727	98.762	766	770	774	777	781	785	789	793	797
728	98.801	804	808	812	816	819	823	827	831	835
729	98.839	843	846	850	854	858	861	865	869	873
730	98.877	880	884	888	892	896	899	903	907	911
731	98.915	918	922	926	930	934	937	941	945	949
732	98.953	956	960	964	968	972	975	979	983	987
733	98.991	994	998	* 002	* 006	* 010	* 013	* 017	* 021	* 025
734	99.029	032	036	040	044	048	051	055	059	063
735	99.067	070	074	078	082	085	089	093	097	101
736	99.105	109	112	116	119	123	127	131	135	138
737	99.142	146	150	153	157	161	165	169	172	176
738	99.180	184	187	191	195	199	203	206	210	214
739	99.218	221	225	229	233	236	240	244	248	252
740	99.255	259	263	267	270	274	278	282	285	289
741	99.293	297	300	304	308	312	316	319	323	327
742	99.331	334	338	342	346	349	353	357	361	364
743	99.368	372	376	379	383	387	391	394	398	402
744	99.406	409	413	417	421	424	428	432	436	439
745	99.443	447	451	454	458	462	466	469	473	477
746	99.481	484	488	492	495	499	503	507	510	514
747	99.518	522	525	529	533	537	540	544	548	551
748	99.555	559	563	566	570	574	578	581	585	589
749	99.593	596	600	604	607	611	615	619	622	626
750	99.630	633	637	641	645	648	652	656	659	663
751	99.667	671	674	678	682	686	689	693	697	700
752	99.704	708	712	715	719	723	726	730	734	738
753	99.741	745	749	752	756	760	764	767	771	775

续表

压力, p/mmHg	压力, p/mmHg									
	0.0	0.1	0.2	0.3	0.4	0.5	0.6	0.7	0.8	0.9
	水的沸点, t/℃									
754	99.778	782	786	790	793	797	801	804	808	812
755	99.815	819	823	827	830	834	838	841	845	849
756	99.852	856	860	863	867	871	875	878	882	886
757	99.889	893	897	900	904	908	911	915	919	923
758	99.926	930	934	937	941	945	948	952	956	959
759	99.963	967	970	974	978	982	985	989	993	996
760	100.000	004	007	011	015	018	022	026	029	033
761	100.037	040	044	048	052	055	059	063	066	070
762	100.073	077	081	085	088	092	096	099	103	107
763	100.110	114	118	121	125	129	132	136	140	143
764	100.147	151	154	158	162	165	169	173	176	180
765	100.184	187	191	195	198	202	206	209	213	216
766	100.220	224	227	231	235	238	242	246	249	253
767	100.257	260	264	268	271	275	279	283	286	290
768	100.293	297	300	304	308	311	315	319	322	326
769	100.330	333	337	341	344	348	352	355	359	363
770	100.366	370	373	377	381	384	388	392	395	399
771	100.402	406	410	414	417	421	424	428	432	435
772	100.439	442	446	450	453	457	461	464	468	472
773	100.475	479	483	486	490	493	497	501	504	508
774	100.511	515	519	522	526	530	533	537	540	544
775	100.547	551	555	559	562	566	569	573	577	580
776	100.584	588	591	595	598	602	606	609	613	616
777	100.620	624	627	631	634	638	642	645	649	653
778	100.656	660	663	667	671	674	678	681	685	689
779	100.692	696	699	703	707	710	714	718	721	725
780	100.728	732	735	739	743	746	750	753	757	761
781	100.764	768	772	775	779	782	786	789	793	797
782	100.800	804	807	811	815	818	822	825	829	833
783	100.836	840	843	847	851	854	858	861	865	869
784	100.872	876	879	883	886	890	894	897	901	904
785	100.908	912	915	919	922	926	929	933	937	940

续表

压力， $p/mmHg$	压力，$p/mmHg$									
	0.0	0.1	0.2	0.3	0.4	0.5	0.6	0.7	0.8	0.9
	水的沸点，$t/℃$									
786	100.944	947	951	954	958	962	965	969	972	976
787	100.980	984	988	991	995	998	* 002	* 006	* 009	* 013
788	101.016	020	023	027	030	034	037	040	044	047
789	101.051	054	058	062	065	069	072	076	079	083
790	101.087	090	094	097	101	104	108	112	115	119
791	101.122	126	129	133	136	140	144	147	151	154
792	101.158	161	165	168	172	176	179	183	186	190
793	101.194	197	201	204	208	211	215	218	222	225
794	101.229	232	236	239	243	246	250	254	257	261
795	101.265	269	272	276	279	283	287	290	294	297
796	101.300	303	307	310	314	317	321	324	328	332
797	101.335	339	342	346	349	353	356	360	363	367
798	101.371	375	378	382	385	388	392	395	399	402
799	101.406	409	413	416	420	423	427	430	434	437
800	101.441									

2. 压力以 atm（标准大气压）表示

压力[①]， p/atm	水的沸点， $t/℃$	压力[①]， p/atm	水的沸点， $t/℃$	压力[①]， p/atm	水的沸点， $t/℃$
1	100.0	10	179.0	19	208.8
2	119.6	11	183.2	20	211.4
3	132.9	12	187.1	21	213.9
4	142.9	13	190.7	22	216.2
5	151.1	14	194.1	23	218.5
6	158.1	15	197.4	24	220.8
7	164.2	16	200.4	25	222.9
8	169.6	17	203.4	26	225.0
9	174.5	18	206.1	27	227.0

①atm（标准大气压）与 SI 单位的换算因数：1atm＝101325Pa。

三、常用酸、碱、盐溶液的浓度和密度

表 1-62～表 1-71 中各溶液的浓度以两种方式表示：

1. （物质的量）浓度

$$c＝\frac{溶质物质的量}{溶液的体积}，单位\ mol/L$$

2. 质量分数

$$w = \frac{溶质的质量}{溶液的质量} \times 100\%$$

表 1-62 硝酸溶液的浓度和密度（20℃）

密度, $\rho/(g/ml)$	HNO₃ 浓度		密度, $\rho/(g/ml)$	HNO₃ 浓度		密度, $\rho/(g/ml)$	HNO₃ 浓度		密度, $\rho/(g/ml)$	HNO₃ 浓度	
	$w/\%$	$c/(mol/L)$		$w/\%$	$c/(mol/L)$		$w/\%$	$c/(mol/L)$		$w/\%$	$c/(mol/L)$
1.000	0.3333	0.05231	1.145	24.71	4.489	1.290	46.85	9.590	1.435	75.35	17.16
1.005	1.255	0.2001	1.150	25.48	4.649	1.295	47.63	9.739	1.440	76.71	17.53
1.010	2.164	0.3463	1.155	26.24	4.810	1.300	48.42	9.900	1.445	78.07	17.90
1.015	3.073	0.4950	1.160	27.00	4.970	1.305	49.21	10.19	1.450	79.43	18.28
1.020	3.982	0.6445	1.165	27.76	5.132	1.310	50.00	10.39	1.455	80.88	18.68
1.025	4.883	0.7943	1.170	28.51	5.293	1.315	50.85	10.61	1.460	82.39	19.09
1.030	5.784	0.9454	1.175	29.25	5.455	1.320	51.71	10.83	1.465	83.91	19.51
1.035	6.661	1.094	1.180	30.00	5.618	1.325	52.56	11.05	1.470	85.50	19.95
1.040	7.530	1.243	1.185	30.74	5.780	1.330	53.41	11.27	1.475	87.29	20.43
1.045	8.398	1.393	1.190	31.47	5.943	1.335	54.27	11.49	1.480	89.07	20.92
1.050	9.259	1.453	1.195	32.21	6.107	1.340	55.13	11.72	1.485	91.13	21.48
1.055	10.12	1.694	1.200	32.94	6.273	1.345	56.04	11.96	1.490	93.49	22.11
1.060	10.97	1.845	1.205	33.68	6.440	1.350	56.95	12.20	1.495	95.46	22.65
1.065	11.81	1.997	1.210	34.41	6.607	1.355	57.87	12.44	1.500	96.73	23.02
1.070	12.65	2.148	1.215	35.16	6.778	1.360	58.78	12.68	1.501	96.98	23.10
1.075	13.48	2.301	1.220	35.93	6.956	1.365	59.69	12.93	1.502	97.23	23.18
1.080	14.31	2.453	1.225	36.70	7.135	1.370	60.67	13.19	1.503	97.49	23.25
1.085	15.13	2.605	1.230	37.48	7.315	1.375	61.69	13.46	1.504	97.74	23.33
1.090	15.95	2.759	1.235	38.25	7.497	1.380	62.70	13.73	1.505	97.99	23.40
1.095	16.76	2.913	1.240	39.02	7.679	1.385	63.72	14.01	1.506	98.25	23.48
1.100	17.58	3.068	1.245	39.80	7.863	1.390	64.74	14.29	1.507	98.50	23.56
1.105	18.39	3.224	1.250	40.58	8.049	1.395	65.84	14.57	1.508	98.76	23.63
1.110	19.19	3.381	1.255	41.36	8.237	1.400	66.97	14.88	1.509	99.01	23.71
1.115	20.00	3.539	1.260	42.14	8.426	1.405	68.10	15.18	1.510	99.26	23.79
1.120	20.79	3.696	1.265	42.92	8.616	1.410	69.23	15.49	1.511	99.52	23.86
1.125	21.59	3.854	1.270	43.70	8.808	1.415	70.39	15.81	1.512	99.77	23.94
1.130	22.38	4.012	1.275	44.48	9.001	1.420	71.63	16.14	1.513	100.00	24.01
1.135	23.16	4.171	1.280	45.27	9.195	1.425	72.86	16.47			
1.140	23.94	4.330	1.285	46.06	9.394	1.430	74.09	16.81			

表 1-63 硫酸溶液的浓度和密度(20℃)

密度, $\rho/(g/ml)$	H₂SO₄ 浓度		密度, $\rho/(g/ml)$	H₂SO₄ 浓度		密度, $\rho/(g/ml)$	H₂SO₄ 浓度		密度, $\rho/(g/ml)$	H₂SO₄ 浓度		密度, $\rho/(g/ml)$	H₂SO₄ 浓度	
	$w/\%$	$c/(mol/L)$		$w/\%$	$c/(mol/L)$		$w/\%$	$c/(mol/L)$		$w/\%$	$c/(mol/L)$		$w/\%$	$c/(mol/L)$
1.000	0.2609	0.02660	1.165	23.31	2.768	1.330	43.07	5.840	1.495	59.70	9.100
1.005	0.9855	0.1010	1.170	23.95	2.857	1.335	43.62	5.938	1.500	60.17	9.202
1.010	1.731	0.1783	1.175	24.58	2.945	1.340	44.17	6.035	1.505	60.62	9.303
1.015	2.485	0.2595	1.180	25.21	3.033	1.345	44.72	6.132	1.510	61.08	9.404
1.020	3.242	0.3372	1.185	25.84	3.122	1.350	45.26	6.229	1.515	61.54	9.506
1.025	4.000	0.4180	1.190	26.47	3.211	1.355	45.80	6.327	1.520	62.00	9.608
1.030	4.746	0.4983	1.195	27.10	3.302	1.360	46.33	6.424	1.525	62.45	9.711
1.035	5.493	0.5796	1.200	27.72	3.301	1.365	46.86	6.522	1.530	62.91	9.813
1.040	6.237	0.6613	1.205	28.33	3.481	1.370	47.39	6.620	1.535	63.36	9.916
1.045	6.956	0.7411	1.210	28.95	3.572	1.375	47.92	6.718	1.540	63.81	10.02
1.050	7.704	0.825	1.215	29.57	3.663	1.380	48.45	6.817	1.545	64.26	10.12
1.055	8.415	0.9054	1.220	30.18	3.754	1.385	48.97	6.915	1.550	64.71	10.23
1.060	9.129	0.9865	1.225	30.79	3.846	1.390	49.48	7.012	1.555	65.15	10.33
1.065	9.843	1.066	1.230	31.40	3.938	1.395	49.99	7.110	1.560	65.59	10.43
1.070	10.56	1.152	1.235	32.01	4.031	1.400	50.50	7.208	1.565	66.03	10.54
1.075	11.26	1.235	1.240	32.61	4.123	1.405	51.61	7.307	1.570	66.47	10.64
1.080	11.96	1.317	1.245	33.22	4.216	1.410	51.52	7.406	1.575	66.91	10.74
1.085	12.66	1.401	1.250	33.82	4.310	1.415	52.02	7.505	1.580	67.35	10.85
1.090	13.36	1.484	1.255	34.42	4.404	1.420	52.51	7.603	1.585	67.79	10.96
1.095	14.04	1.567	1.260	35.01	4.498	1.425	53.01	7.702	1.590	68.23	11.06
1.100	14.73	1.652	1.265	35.60	4.592	1.430	53.50	7.801	1.595	68.66	11.16
1.105	15.41	1.735	1.270	36.19	4.686	1.435	54.00	7.901	1.600	69.09	11.27
1.110	16.08	1.820	1.275	36.78	4.781	1.440	54.49	8.000	1.605	69.53	11.38
1.115	16.76	1.905	1.280	37.36	4.876	1.445	54.97	8.099	1.610	69.96	11.48
1.120	17.43	1.990	1.285	37.95	4.972	1.450	55.45	8.198	1.615	70.39	11.59
1.125	18.09	2.075	1.290	38.53	5.068	1.455	55.93	8.297	1.620	70.82	11.70
1.130	18.76	2.161	1.295	39.10	5.163	1.460	56.41	8.397	1.625	71.25	11.80
1.135	19.42	2.247	1.300	39.68	5.259	1.465	56.89	8.497	1.630	71.67	11.91
1.140	20.08	2.334	1.305	40.25	5.356	1.470	57.36	8.598	1.635	72.09	12.02
1.145	20.73	2.420	1.310	40.82	5.452	1.475	57.84	8.699	1.640	72.52	12.13
1.150	21.38	2.507	1.315	41.39	5.549	1.480	58.31	8.799	1.645	72.95	12.24
1.155	22.03	2.591	1.320	41.95	5.646	1.485	58.78	8.899	1.650	73.37	12.34
1.160	22.67	2.681	1.325	42.51	5.743	1.490	59.24	9.000	1.655	73.80	12.45

续表

密度, ρ/(g/ml)	H₂SO₄ 浓度 w/%	c/(mol/L)	密度, ρ/(g/ml)	H₂SO₄ 浓度 w/%	c/(mol/L)	密度, ρ/(g/ml)	H₂SO₄ 浓度 w/%	c/(mol/L)	密度, ρ/(g/ml)	H₂SO₄ 浓度 w/%	c/(mol/L)
1.660	74.22	12.56	1.720	79.37	13.92	1.780	85.16	15.46	1.824	92.00	17.11
1.665	74.64	12.67	1.725	79.81	14.04	1.785	85.74	15.61	1.825	92.25	17.17
1.670	75.07	12.78	1.730	80.25	14.16	1.790	86.35	15.76	1.826	92.51	17.22
1.675	75.49	12.89	1.735	80.70	14.28	1.795	86.99	15.92	1.827	92.77	17.28
1.680	75.92	13.00	1.740	81.16	14.40	1.800	87.69	16.09	1.828	93.03	17.34
1.685	76.34	13.12	1.745	81.62	14.52	1.805	88.43	16.27	1.829	93.33	17.40
1.690	76.77	13.23	1.750	82.09	14.65	1.810	89.23	16.47	1.830	93.64	17.47
1.695	77.20	13.34	1.755	82.57	14.78	1.815	90.12	16.68	1.831	93.94	17.54
1.700	77.63	13.46	1.760	83.06	14.90	1.820	91.11	16.91	1.832	94.32	17.62
1.705	78.06	13.57	1.765	83.57	15.04	1.821	91.33	16.96	1.833	94.72	17.70
1.710	78.49	13.69	1.770	84.08	15.17	1.822	91.56	17.01	1.834	95.12	17.79
1.715	78.93	13.80	1.775	84.61	15.31	1.823	91.78	17.06	1.835	95.72	17.91

表 1-64　盐酸溶液的浓度和密度(20℃)

密度, ρ/(g/ml)	HCl 浓度 w/%	c/(mol/L)	密度, ρ/(g/ml)	HCl 浓度 w/%	c/(mol/L)	密度, ρ/(g/ml)	HCl 浓度 w/%	c/(mol/L)	密度, ρ/(g/ml)	HCl 浓度 w/%	c/(mol/L)
1.000	0.3600	0.09872	1.055	11.52	3.333	1.110	22.33	6.796	1.165	33.16	10.595
1.005	1.360	0.3748	1.060	12.51	3.638	1.115	23.29	7.122	1.170	34.18	10.97
1.010	2.364	0.6547	1.065	13.50	3.944	1.120	24.25	7.449	1.175	35.20	11.34
1.015	3.374	0.9391	1.070	14.495	4.253	1.125	25.22	7.782	1.180	36.23	11.73
1.020	4.388	1.227	1.075	15.485	4.565	1.130	26.20	8.118	1.185	37.27	12.11
1.025	5.408	1.520	1.080	16.47	4.878	1.135	27.18	8.459	1.190	38.32	12.50
1.030	6.433	1.817	1.085	17.45	5.192	1.140	28.18	8.809	1.195	39.37	12.90
1.035	7.464	2.118	1.090	18.43	5.5095	1.145	29.17	9.159	1.198	40.00	13.14
1.040	8.490	2.421	1.095	19.41	5.829	1.150	30.14	9.505			
1.045	9.510	2.725	1.100	20.39	6.150	1.155	31.14	9.863			
1.050	10.52	3.029	1.105	21.36	6.472	1.160	32.14	10.225			

盐 酸 恒 沸 点 浓 度

蒸馏时的大气压力/kPa	103.99	102.66	101.33	99.992	98.659	97.325
蒸馏液中盐酸的浓度(对真空)w/%	20.173	20.197	20.221	20.245	20.269	20.293
含有 1mol HCl 的蒸馏溶液质量(在空气中)m/g	180.621	180.407	180.193	179.979	179.766	179.551

表 1-65　磷酸溶液的浓度和密度（20℃）

密度，$\rho/(g/ml)$	H₃PO₄ 浓度		密度，$\rho/(g/ml)$	H₃PO₄ 浓度		密度，$\rho/(g/ml)$	H₃PO₄ 浓度		密度，$\rho/(g/ml)$	H₃PO₄ 浓度	
	$w/\%$	$c/(mol/L)$		$w/\%$	$c/(mol/L)$		$w/\%$	$c/(mol/L)$		$w/\%$	$c/(mol/L)$
1.000	0.296	0.030	1.165	27.78	3.304	1.330	49.48	6.716	1.495	67.60	10.31
1.005	1.222	0.1253	1.170	28.51	3.404	1.335	50.07	6.822	1.500	68.10	10.42
1.010	2.148	0.2214	1.175	29.23	3.505	1.340	50.66	6.928	1.505	68.60	10.53
1.015	3.074	0.3184	1.180	29.94	3.606	1.345	51.25	7.034	1.510	69.09	10.64
1.020	4.000	0.4164	1.185	30.65	3.707	1.350	51.84	7.141	1.515	69.58	10.76
1.025	4.926	0.5152	1.190	31.35	3.806	1.355	52.42	7.247	1.520	70.07	10.86
1.030	5.836	0.6134	1.195	32.05	3.908	1.360	53.00	7.355	1.525	70.56	10.98
1.035	6.745	0.7124	1.200	32.75	4.010	1.365	53.57	7.463	1.530	71.04	11.09
1.040	7.643	0.8110	1.205	33.44	4.112	1.370	54.14	7.570	1.535	71.52	11.20
1.045	8.536	0.911	1.210	34.13	4.215	1.375	54.71	7.678	1.540	72.00	11.32
1.050	9.429	1.010	1.215	34.82	4.317	1.380	55.28	7.784	1.545	72.48	11.42
1.055	10.32	1.111	1.220	35.50	4.420	1.385	55.85	7.894	1.550	72.95	11.53
1.060	11.19	1.210	1.225	36.17	4.522	1.390	56.42	8.004	1.555	73.42	11.65
1.065	12.06	1.311	1.230	36.84	4.624	1.395	56.98	8.112	1.560	73.89	11.76
1.070	12.92	1.411	1.235	37.51	4.727	1.400	57.54	8.221	1.565	74.36	11.88
1.075	13.76	1.510	1.240	38.17	4.829	1.405	58.09	8.328	1.570	74.83	11.99
1.080	14.60	1.609	1.245	38.83	4.932	1.410	58.64	8.437	1.575	75.30	12.11
1.085	15.43	1.708	1.250	39.49	5.036	1.415	59.19	8.547	1.580	75.76	12.22
1.090	16.26	1.807	1.255	40.14	5.140	1.420	59.74	8.658	1.585	76.22	12.33
1.095	17.07	1.906	1.260	40.79	5.245	1.425	60.29	8.766	1.590	76.68	12.45
1.100	17.87	2.005	1.265	41.44	5.350	1.430	60.84	8.878	1.595	77.14	12.56
1.105	18.68	2.105	1.270	42.09	5.454	1.435	61.38	8.989	1.600	77.60	12.67
1.110	19.46	2.204	1.275	42.73	5.559	1.440	61.92	9.099	1.605	78.05	12.78
1.115	20.25	2.304	1.280	43.37	5.655	1.445	62.45	9.208	1.610	78.50	12.90
1.120	21.03	2.403	1.285	44.00	5.771	1.450	62.98	9.322	1.615	78.95	13.01
1.125	21.80	2.502	1.290	44.63	5.875	1.455	63.51	9.432	1.620	79.40	13.12
1.130	22.56	2.602	1.295	45.26	5.981	1.460	64.03	9.543	1.625	79.85	13.24
1.135	23.32	2.702	1.300	45.88	6.087	1.465	64.55	9.651	1.630	80.30	13.36
1.140	24.07	2.800	1.305	46.49	6.191	1.470	65.07	9.761	1.635	80.75	13.48
1.145	24.82	2.900	1.310	47.10	6.296	1.475	65.58	9.870	1.640	81.20	13.59
1.150	25.57	3.000	1.315	47.70	6.400	1.480	66.09	9.982	1.645	81.64	13.71
1.155	26.31	3.101	1.320	48.30	6.506	1.485	66.60	10.09	1.650	82.08	13.82
1.160	27.05	3.203	1.325	48.89	6.610	1.490	67.10	10.21	1.655	82.52	13.94

密度，ρ/(g/ml)	H_3PO_4 浓度		密度，ρ/(g/ml)	H_3PO_4 浓度		密度，ρ/(g/ml)	H_3PO_4 浓度		密度，ρ/(g/ml)	H_3PO_4 浓度	
	w/%	c/(mol/L)		w/%	c/(mol/L)		w/%	c/(mol/L)		w/%	c/(mol/L)
1.660	82.96	14.06	1.715	87.64	15.33	1.770	92.17	16.65	1.825	96.54	17.98
1.665	83.39	14.17	1.720	88.06	15.45	1.775	92.57	16.77	1.830	96.93	18.10
1.670	83.82	14.29	1.725	88.48	15.57	1.780	92.97	16.89	1.835	97.32	18.23
1.675	84.25	14.40	1.730	88.90	15.70	1.785	93.37	17.00	1.840	97.71	18.34
1.680	84.68	14.52	1.735	89.31	15.81	1.790	93.77	17.13	1.845	98.10	18.47
1.685	85.11	14.63	1.740	89.72	15.93	1.795	94.17	17.25	1.850	98.48	18.60
1.690	85.54	14.75	1.745	90.13	16.04	1.800	94.57	17.37	1.855	98.86	18.72
1.695	85.96	14.87	1.750	90.54	16.16	1.805	94.97	17.50	1.860	99.24	18.84
1.700	86.38	14.98	1.755	90.95	16.29	1.810	95.37	17.62	1.865	99.62	18.96
1.705	86.80	15.10	1.760	91.36	16.41	1.815	95.76	17.74	1.870	100.00	19.08
1.710	87.22	15.22	1.765	91.77	16.53	1.820	96.15	17.85			

表 1-66　高氯酸溶液的浓度和密度（20℃）

密度，ρ/(g/ml)	$HClO_4$ 浓度		密度，ρ/(g/ml)	$HClO_4$ 浓度		密度，ρ/(g/ml)	$HClO_4$ 浓度		密度，ρ/(g/ml)	$HClO_4$ 浓度	
	w/%	c/(mol/L)		w/%	c/(mol/L)		w/%	c/(mol/L)		w/%	c/(mol/L)
1.005	1.00	0.1004	1.100	16.00	1.752	1.195	28.66	3.409	1.290	39.10	5.021
1.010	1.90	0.1910	1.105	16.72	1.839	1.200	29.26	3.495	1.295	39.60	5.105
1.015	2.77	0.2799	1.110	17.45	1.928	1.205	29.86	3.582	1.300	40.10	5.189
1.020	3.61	0.3665	1.115	18.16	2.015	1.210	30.45	3.667	1.305	40.59	5.273
1.025	4.43	0.4520	1.120	18.88	2.105	1.215	31.04	3.754	1.310	41.08	5.357
1.030	5.25	0.5383	1.125	19.57	2.191	1.220	31.61	3.839	1.315	41.56	5.440
1.035	6.07	0.6253	1.130	20.26	2.279	1.225	31.18	3.924	1.320	42.02	5.521
1.040	6.88	0.7122	1.135	20.95	2.367	1.230	32.74	4.008	1.325	42.49	5.604
1.045	7.68	0.7989	1.140	21.64	2.456	1.235	33.29	4.092	1.330	42.97	5.689
1.050	8.48	0.8863	1.145	22.32	2.544	1.240	33.85	4.178	1.335	43.43	5.771
1.055	9.28	0.9745	1.150	22.99	2.632	1.245	34.40	4.263	1.340	43.89	5.854
1.060	10.06	1.061	1.155	23.65	2.719	1.250	34.95	4.349	1.345	44.35	5.937
1.065	10.83	1.148	1.160	24.30	2.806	1.255	35.49	4.433	1.350	44.81	6.021
1.070	11.58	1.233	1.165	24.94	2.892	1.260	36.03	4.519	1.355	45.26	6.104
1.075	12.33	1.319	1.170	25.57	2.978	1.265	36.56	4.604	1.360	45.71	6.188
1.080	13.08	1.406	1.175	26.20	3.064	1.270	37.08	4.687	1.365	46.16	6.272
1.085	13.83	1.494	1.180	26.82	3.150	1.275	37.60	4.772	1.370	46.61	6.356
1.090	14.56	1.580	1.185	27.44	3.237	1.280	38.10	4.854	1.375	47.05	6.439
1.095	15.28	1.665	1.190	28.05	3.323	1.285	38.60	4.937	1.380	47.49	6.523

续表

密度,ρ/(g/ml)	HClO₄ 浓度		密度,ρ/(g/ml)	HClO₄ 浓度		密度,ρ/(g/ml)	HClO₄ 浓度		密度,ρ/(g/ml)	HClO₄ 浓度	
	w/%	c/(mol/L)		w/%	c/(mol/L)		w/%	c/(mol/L)		w/%	c/(mol/L)
1.385	47.93	6.608	1.460	54.03	7.852	1.535	59.66	9.116	1.610	65.26	10.46
1.390	48.37	6.692	1.465	54.41	7.934	1.540	60.04	9.203	1.615	65.63	10.55
1.395	48.80	6.776	1.470	54.79	8.017	1.545	60.41	9.290	1.620	66.01	10.64
1.400	49.23	6.860	1.475	55.17	8.100	1.550	60.78	9.377	1.625	66.39	10.74
1.405	49.68	6.948	1.480	55.55	8.183	1.555	61.15	9.465	1.630	66.76	10.83
1.410	50.10	7.032	1.485	55.93	8.267	1.560	61.52	9.553	1.635	67.13	10.93
1.415	50.51	7.114	1.490	56.31	8.352	1.565	61.89	9.641	1.640	67.51	11.02
1.420	50.90	7.196	1.495	56.69	8.436	1.570	62.26	9.730	1.645	67.89	11.12
1.425	51.31	7.278	1.500	57.06	8.519	1.575	62.63	9.819	1.650	68.26	11.21
1.430	51.71	7.360	1.505	57.44	8.605	1.580	63.00	9.908	1.655	68.64	11.31
1.435	52.11	7.443	1.510	57.81	8.689	1.585	63.37	9.998	1.660	69.02	11.40
1.440	52.51	7.527	1.515	58.17	8.772	1.590	63.74	10.09	1.665	69.40	11.50
1.445	52.89	7.607	1.520	58.54	8.857	1.595	64.12	10.18	1.670	69.77	11.60
1.450	53.27	7.689	1.525	58.91	8.942	1.600	64.50	10.27	1.675	70.15	11.70
1.455	53.65	7.770	1.530	59.28	9.028	1.605	64.88	10.37			

表 1-67　乙酸溶液的浓度和密度(20℃)

密度,ρ/(g/ml)	CH₃COOH 浓度		密度,ρ/(g/ml)	CH₃COOH 浓度		密度,ρ/(g/ml)	CH₃COOH 浓度		密度,ρ/(g/ml)	CH₃COOH 浓度	
	w/%	c/(mol/L)		w/%	c/(mol/L)		w/%	c/(mol/L)		w/%	c/(mol/L)
1.000	1.20	0.200	1.025	19.2	3.27	1.050	40.2	7.03	1.065	91.2	16.2
1.005	4.64	0.777	1.030	23.1	3.96	1.055	46.9	8.24	1.060	95.4	16.8
1.010	8.14	1.37	1.035	27.2	4.68	1.060	53.4	9.43	1.055	98.0	17.2
1.015	11.7	1.98	1.040	31.6	5.46	1.065	61.4	10.9	1.050	99.9	17.5
1.020	15.4	2.61	1.045	36.2	6.30	1.070	77~79	13.7~14.1			

表 1-68　氢氧化钾溶液的浓度和密度(20℃)

密度,ρ/(g/ml)	KOH 浓度		密度,ρ/(g/ml)	KOH 浓度		密度,ρ/(g/ml)	KOH 浓度		密度,ρ/(g/ml)	KOH 浓度	
	w/%	c/(mol/L)		w/%	c/(mol/L)		w/%	c/(mol/L)		w/%	c/(mol/L)
1.000	0.197	0.0351	1.030	3.48	0.6395	1.060	6.74	1.27	1.090	9.96	1.94
1.005	0.743	0.133	1.035	4.03	0.744	1.065	7.28	1.38	1.095	10.49	2.05
1.010	1.295	0.233	1.040	4.58	0.848	1.070	7.82	1.49	1.100	11.03	2.16
1.015	1.84	0.333	1.045	5.12	0.954	1.075	8.36	1.60	1.105	11.56	2.28
1.020	2.38	0.4335	1.050	5.66	1.06	1.080	8.89	1.71	1.110	12.08	2.39
1.025	2.93	0.536	1.055	6.20	1.17	1.085	9.43	1.82	1.115	12.61	2.51

密度, $\rho/(\text{g/ml})$	KOH 浓度		密度, $\rho/(\text{g/ml})$	KOH 浓度		密度, $\rho/(\text{g/ml})$	KOH 浓度		密度, $\rho/(\text{g/ml})$	KOH 浓度	
	$w/\%$	$c/(\text{mol/L})$		$w/\%$	$c/(\text{mol/L})$		$w/\%$	$c/(\text{mol/L})$		$w/\%$	$c/(\text{mol/L})$
1.120	13.14	2.62	1.225	23.87	5.21	1.330	33.97	8.05	1.435	43.48	11.12
1.125	13.66	2.74	1.230	24.37	5.34	1.335	34.43	8.19	1.440	43.92	11.28
1.130	14.19	2.86	1.235	24.86	5.47	1.340	34.90	8.335	1.445	44.36	11.42
1.135	14.705	2.975	1.240	25.36	5.60	1.345	35.36	8.48	1.450	44.79	11.58
1.140	15.22	3.09	1.245	25.85	5.74	1.350	35.82	8.62	1.455	45.23	11.73
1.145	15.74	3.21	1.250	26.34	5.87	1.355	36.28	8.76	1.460	45.66	11.88
1.150	16.26	3.33	1.255	26.83	6.00	1.360	36.735	8.905	1.465	46.095	12.04
1.155	16.78	3.45	1.260	27.32	6.135	1.365	37.19	9.05	1.470	46.53	12.19
1.160	17.29	3.58	1.265	27.80	6.27	1.370	37.65	9.19	1.475	46.96	12.35
1.165	17.81	3.70	1.270	28.29	6.40	1.375	38.105	9.34	1.480	47.39	12.50
1.170	18.32	3.82	1.275	28.77	6.54	1.380	38.56	9.48	1.485	47.82	12.66
1.175	18.84	3.945	1.280	29.25	6.67	1.385	39.01	9.63	1.490	48.25	12.82
1.180	19.35	4.07	1.285	29.73	6.81	1.390	39.46	9.78	1.495	48.675	12.97
1.185	19.86	4.195	1.290	30.21	6.95	1.395	39.92	9.93	1.500	49.10	13.13
1.190	20.37	4.32	1.295	30.68	7.08	1.400	40.37	10.07	1.505	49.53	13.29
1.195	20.88	4.45	1.300	31.15	7.22	1.405	40.82	10.22	1.510	49.55	13.45
1.200	21.38	4.57	1.305	31.62	7.36	1.410	41.26	10.37	1.515	50.38	13.60
1.205	21.88	4.70	1.310	32.09	7.49	1.415	41.71	10.52	1.520	50.80	13.76
1.210	22.38	4.83	1.315	32.56	7.63	1.420	42.155	10.67	1.525	51.22	13.92
1.215	22.88	4.955	1.320	33.03	7.77	1.425	42.60	10.82	1.530	51.64	14.08
1.220	23.38	5.08	1.325	33.50	7.91	1.430	43.04	10.97	1.535	52.05	14.24

表 1-69　氢氧化钠溶液的浓度和密度(20℃)

密度, $\rho/(\text{g/ml})$	NaOH 浓度		密度, $\rho/(\text{g/ml})$	NaOH 浓度		密度, $\rho/(\text{g/ml})$	NaOH 浓度		密度, $\rho/(\text{g/ml})$	NaOH 浓度	
	$w/\%$	$c/(\text{mol/L})$		$w/\%$	$c/(\text{mol/L})$		$w/\%$	$c/(\text{mol/L})$		$w/\%$	$c/(\text{mol/L})$
1.000	0.159	0.0398	1.040	3.745	0.971	1.080	7.38	1.992	1.120	11.01	3.082
1.005	0.602	0.151	1.045	4.20	1.097	1.085	7.83	2.123	1.125	11.46	3.224
1.010	1.045	0.264	1.050	4.655	1.222	1.090	8.28	2.257	1.130	11.92	3.367
1.015	1.49	0.378	1.055	5.11	1.347	1.095	8.74	2.391	1.135	12.37	3.510
1.020	1.94	0.494	1.060	5.56	1.474	1.100	9.19	2.527	1.140	12.83	3.655
1.025	2.39	0.611	1.065	6.02	1.602	1.105	9.645	2.664	1.145	13.28	3.801
1.030	2.84	0.731	1.070	6.47	1.731	1.110	10.10	2.802	1.150	13.73	3.947
1.035	3.29	0.851	1.075	6.93	1.862	1.115	10.555	2.942	1.155	14.18	4.095

密度, $\rho/(g/ml)$	NaOH 浓度		密度, $\rho/(g/ml)$	NaOH 浓度		密度, $\rho/(g/ml)$	NaOH 浓度		密度, $\rho/(g/ml)$	NaOH 浓度	
	$w/\%$	$c/(mol/L)$		$w/\%$	$c/(mol/L)$		$w/\%$	$c/(mol/L)$		$w/\%$	$c/(mol/L)$
1.160	14.64	4.244	1.255	23.275	7.302	1.350	32.10	10.83	1.445	41.55	15.01
1.165	15.09	4.395	1.260	23.73	7.475	1.355	32.58	11.03	1.450	42.07	15.25
1.170	15.54	4.545	1.265	24.19	7.650	1.360	33.06	11.24	1.455	42.59	15.49
1.175	15.99	4.697	1.270	24.645	7.824	1.365	33.54	11.45	1.460	43.12	15.74
1.180	16.44	4.850	1.275	25.10	8.000	1.370	34.03	11.65	1.465	43.64	15.98
1.185	16.89	5.004	1.280	25.56	8.178	1.375	34.52	11.86	1.470	44.17	16.23
1.190	17.345	5.160	1.285	26.02	8.357	1.380	35.01	12.08	1.475	44.695	16.48
1.195	17.80	5.317	1.290	26.48	8.539	1.385	35.505	12.29	1.480	45.22	16.73
1.200	18.255	5.476	1.295	26.94	8.722	1.390	36.00	12.51	1.485	45.75	16.98
1.205	18.71	5.636	1.300	27.41	8.906	1.395	36.495	12.73	1.490	46.27	17.23
1.210	19.16	5.796	1.305	27.87	9.092	1.400	36.99	12.95	1.495	46.80	17.49
1.215	19.62	5.958	1.310	28.33	9.278	1.405	37.49	13.17	1.500	47.33	17.75
1.220	20.07	6.122	1.315	28.80	9.466	1.410	37.99	13.39	1.505	47.85	18.00
1.225	20.53	6.286	1.320	29.26	9.656	1.415	38.49	13.61	1.510	48.38	18.26
1.230	20.98	6.451	1.325	29.73	9.847	1.420	38.99	13.84	1.515	48.905	18.52
1.235	21.44	6.619	1.330	30.20	10.04	1.425	39.495	14.07	1.520	49.44	18.78
1.240	21.90	6.788	1.335	30.67	10.23	1.430	40.00	14.30	1.525	49.97	19.05
1.245	22.36	6.958	1.340	31.14	10.43	1.435	40.515	14.53	1.530	50.50	19.31
1.250	22.82	7.129	1.345	31.62	10.63	1.440	41.03	14.77			

表 1-70　氨水的浓度和密度(20℃)

密度, $\rho/(g/ml)$	$NH_3 \cdot H_2O$ 浓度		密度, $\rho/(g/ml)$	$NH_3 \cdot H_2O$ 浓度		密度, $\rho/(g/ml)$	$NH_3 \cdot H_2O$ 浓度		密度, $\rho/(g/ml)$	$NH_3 \cdot H_2O$ 浓度	
	$w/\%$	$c/(mol/L)$		$w/\%$	$c/(mol/L)$		$w/\%$	$c/(mol/L)$		$w/\%$	$c/(mol/L)$
0.998	0.0465	0.0273	0.978	4.76	2.73	0.958	9.87	5.55	0.938	15.47	8.52
0.996	0.512	0.299	0.976	5.25	3.01	0.956	10.405	5.84	0.936	16.06	8.83
0.994	0.977	0.570	0.974	5.75	3.29	0.954	10.95	6.13	0.934	16.65	9.13
0.992	1.43	0.834	0.972	6.25	3.57	0.952	11.49	6.42	0.932	17.24	9.44
0.990	1.89	1.10	0.970	6.75	3.84	0.950	12.03	6.71	0.930	17.85	9.75
0.988	2.35	1.365	0.968	7.26	4.12	0.948	12.58	7.00	0.928	18.45	10.06
0.986	2.82	1.635	0.966	7.77	4.41	0.946	13.14	7.29	0.926	19.06	10.37
0.984	3.30	1.91	0.964	8.29	4.69	0.944	13.71	7.60	0.924	19.67	10.67
0.982	3.78	2.18	0.962	8.82	4.98	0.942	14.29	7.91	0.922	20.27	10.97
0.980	4.27	2.46	0.960	9.34	5.27	0.940	14.88	8.21	0.920	20.88	11.28

续表

密度,$\rho/(g/ml)$	NH$_3$·H$_2$O 浓度		密度,$\rho/(g/ml)$	NH$_3$·H$_2$O 浓度		密度,$\rho/(g/ml)$	NH$_3$·H$_2$O 浓度		密度,$\rho/(g/ml)$	NH$_3$·H$_2$O 浓度	
	$w/\%$	$c/(mol/L)$		$w/\%$	$c/(mol/L)$		$w/\%$	$c/(mol/L)$		$w/\%$	$c/(mol/L)$
0.918	21.50	11.59	0.908	24.68	13.16	0.898	28.00	14.76	0.888	31.37	16.36
0.916	22.125	11.90	0.906	25.33	13.48	0.896	28.67	15.08	0.886	32.09	16.69
0.914	22.75	12.21	0.904	26.00	13.80	0.894	29.33	15.40	0.884	32.84	17.05
0.912	23.39	12.52	0.902	26.67	14.12	0.892	30.00	15.71	0.882	33.595	17.40
0.910	24.03	12.84	0.900	27.33	14.44	0.890	30.658	16.04	0.880	34.35	17.75

表 1-71　碳酸钠溶液的浓度和密度(20℃)

密度,$\rho/(g/ml)$	Na$_2$CO$_3$ 浓度		密度,$\rho/(g/ml)$	Na$_2$CO$_3$ 浓度		密度,$\rho/(g/ml)$	Na$_2$CO$_3$ 浓度		密度,$\rho/(g/ml)$	Na$_2$CO$_3$ 浓度	
	$w/\%$	$c/(mol/L)$		$w/\%$	$c/(mol/L)$		$w/\%$	$c/(mol/L)$		$w/\%$	$c/(mol/L)$
1.000	0.19	0.018	1.050	4.98	0.493	1.100	9.75	1.012	1.150	14.35	1.557
1.005	0.67	0.0635	1.055	5.47	0.544	1.105	10.22	1.065	1.155	14.75	1.607
1.010	1.14	0.109	1.060	5.95	0.595	1.110	10.68	1.118	1.160	15.20	1.663
1.015	1.62	0.155	1.065	6.43	0.646	1.115	11.14	1.172	1.165	15.60	1.714
1.020	2.10	0.202	1.070	6.90	0.696	1.120	11.60	1.226	1.170	16.03	1.769
1.025	2.57	0.248	1.075	7.38	0.748	1.125	12.05	1.279	1.175	16.45	1.823
1.030	3.05	0.296	1.080	7.85	0.800	1.130	12.52	1.335	1.180	16.87	1.878
1.035	3.54	0.346	1.085	8.33	0.853	1.135	13.00	1.392	1.185	17.30	1.934
1.040	4.03	0.395	1.090	8.80	0.905	1.140	13.45	1.446	1.190	17.70	1.987
1.045	4.50	0.444	1.095	9.27	0.958	1.145	13.90	1.501			

某些商品高纯试剂的浓度和相对密度见表 1-72。

表 1-72　某些商品高纯试剂的浓度和相对密度

高纯试剂	规格	相对密度	$w/\%$	备　注	高纯试剂	规格	相对密度	$w/\%$	备　注
盐　酸	超纯	1.174~1.189	35.0~38.0		磷　酸	特纯	1.689	85	
氢氟酸	超纯	1.130	40		冰醋酸	特纯	1.05	99.5	上海试剂一厂产品
高氯酸	特纯	1.67	70	上海试剂一厂产品	乙酸(36%)	特纯	1.045	36	
硝　酸	超纯	1.391~1.420	65~68		氢氧化铵	特纯	0.905~0.89	27~30	
硫　酸	超纯	1.830~1.835	96						

用波美比重计浸入溶液中所测得的数值表示溶液的浓度叫波美浓度,以°Bé 表示。波美比重计有重表和轻表两种,液体相对密度大于 1 的用重表;小于 1 的用轻表。刻度的基准是以 4℃水的相对密度 1.000 为 0°Bé。例如 1.8429 (d^{15}_{15}) 的硫酸为 66°Bé,测定温度是 15℃。波美浓度和相对密度对照见表 1-73。

波美读数值与相对密度的关系:

$$d = f(n) \qquad n \text{ 指波美表读数}$$

比水重的液体：$d=\dfrac{m}{m-n}$；或 $n=m-\dfrac{m}{d\frac{15}{15}}$

比水轻的液体：$d=\dfrac{m}{m+n}$；或 $n=\dfrac{m}{d\frac{15}{15}}-m$

式中，$m=145$，为 60°F（15.56℃）美国标度；$m=144$，荷兰所采用的旧标度；$m=146.3$，15℃，Gerlach 标度；$m=144.3$，15℃，德国通常采用的示性标度。

表 1-73　波美浓度与相对密度对照

1. 液体相对密度小于 1 时波美浓度与相对密度对照表

相对密度	波美浓度，$n/°Bé$									
	0.00	0.01	0.02	0.03	0.04	0.05	0.06	0.07	0.08	0.09
0.60	96.04	92.09	88.28	84.56	81.07	77.55	74.19	71.24	67.76	64.68
0.70	61.70	58.80	55.99	53.24	50.56	47.97	45.48	42.97	40.58	38.23
0.80	35.95	33.72	31.55	29.43	27.37	25.35	23.38	21.49	19.57	17.72
0.90	15.93	14.16	12.44	10.76	9.10	7.49	5.91	4.37	2.84	1.35
1.00	0	—	—	—	—	—	—	—	—	—

2. 液体相对密度大于 1 时波美浓度与相对密度对照表

相对密度	波美浓度，$n/°Bé$	相对密度	波美浓度，$n/°Bé$	相对密度	波美浓度，$n/°Bé$	相对密度	波美浓度，$n/°Bé$	相对密度	波美浓度，$n/°Bé$	相对密度	波美浓度，$n/°Bé$	相对密度	波美浓度，$n/°Bé$	相对密度	波美浓度，$n/°Bé$
1.000	0	1.090	11.9	1.180	22.0	1.270	30.6	1.360	38.2	1.450	44.8	1.540	50.6	1.630	55.8
005	0.7	095	12.4	185	22.5	275	31.1	365	38.6	455	45.1	545	50.9	635	56.0
010	1.4	100	13.0	190	23.0	280	31.5	370	39.0	460	45.4	550	51.2	640	56.3
015	2.1	105	13.6	195	23.5	285	32.0	375	39.4	465	45.8	555	51.5	645	56.6
020	2.7	110	14.2	200	24.0	290	32.4	380	39.8	470	46.1	560	51.8	650	56.9
025	3.4	115	14.9	205	24.5	295	32.8	385	40.1	475	46.4	565	52.1	655	57.1
030	4.1	120	15.4	210	25.0	300	33.3	390	40.5	480	46.8	570	52.4	660	57.4
035	4.7	125	16.0	215	25.5	305	33.7	395	40.8	485	47.1	575	52.7	665	57.7
040	5.4	130	16.5	220	26.0	310	34.2	400	41.2	490	47.4	580	53.0	670	57.9
045	6.0	135	17.1	225	26.4	315	34.6	405	41.6	495	47.8	585	53.3	675	58.2
050	6.7	140	17.7	230	26.9	320	35.0	410	42.0	500	48.1	590	53.6	680	58.4
055	7.4	145	18.3	235	27.4	325	35.4	415	42.3	505	48.4	595	53.9	685	58.7
060	8.0	150	18.8	240	27.9	330	35.8	420	42.7	510	48.7	600	54.1	690	58.9
065	8.7	155	19.3	245	28.4	335	36.2	425	43.1	515	49.0	605	54.4	695	59.2
070	9.4	160	19.8	250	28.8	340	36.6	430	43.4	520	49.4	610	54.7	700	59.5
075	10.0	165	20.3	255	29.3	345	37.0	435	43.8	525	49.7	615	55.0	705	59.7
080	10.6	170	20.9	260	29.7	350	37.4	440	44.1	530	50.0	620	55.2	710	60.0
085	11.2	175	21.4	265	30.2	355	37.8	445	44.4	535	50.3	625	55.5	715	60.2

相对密度	波美浓度, $n/°Bé$	相对密度	波美浓度, $n/°Bé$	相对密度	波美浓度, $n/°Bé$	相对密度	波美浓度, $n/°Bé$	相对密度	波美浓度, $n/°Bé$	相对密度	波美浓度, $n/°Bé$	相对密度	波美浓度, $n/°Bé$	相对密度	波美浓度, $n/°Bé$
1.720	60.4	1.740	61.4	1.760	62.3	1.780	63.2	1.800	64.2	1.820	65.0	1.840	65.9	1.860	66.7
725	60.6	745	61.6	765	62.5	785	63.5	805	64.4	825	65.2	845	66.1	865	67.0
730	60.9	750	61.8	770	62.8	790	63.7	810	64.6	830	65.5	850	66.3		
735	61.1	755	62.1	775	63.0	795	64.0	815	64.8	835	65.7	855	66.5		

第六节　生成常数和解离常数

一、难溶化合物的溶度积

表 1-74 中所列是温度在 18～25℃时一些难溶化合物的溶度积常数，是按化学式的顺序排列的。表中数据除第一版中所列者外，还引用了如下文献的参数：

[1] 董维宪. 化学分析基础. 北京：高等教育出版社，1982.

[2] 张孙玮，汤福隆，张泰，等. 现代化学试剂手册. 北京：化学工业出版社，1987.

表 1-74　难溶化合物的溶度积

化合物的化学式	K_{sp}	pK_{sp}	化合物的化学式	K_{sp}	pK_{sp}
$Ac(OH)_3$	$1.0×10^{-15}$	15.0	Ag_2CrO_4	$1.12×10^{-12}$	11.95
Ag_3AsO_4	$1.03×10^{-22}$	21.98	$Ag_2Cr_2O_7$	$2.0×10^{-7}$	6.70
$AgBr$	$5.35×10^{-13}$	12.27	$Ag\text{-}DDTC$	$2.51×10^{-20}$	19.6
$AgBr+Br^-{=\!=\!=}AgBr_2^-$	$1.0×10^{-5}$	5.0	$Ag_4[Fe(CN)_6]$	$1.58×10^{-41}$	40.8
$AgBr+2Br^-{=\!=\!=}AgBr_3^{2-}$	$4.5×10^{-5}$	4.35	$Ag[Ag(CN)_2]$	$5.0×10^{-12}$	11.3
$AgBr+3Br^-{=\!=\!=}AgBr_4^{3-}$	$2.5×10^{-4}$	3.60	$AgCNO$	$2.29×10^{-7}$	6.64
$AgBrO_3$	$5.38×10^{-5}$	4.27	$Ag\text{-}(喹啉\text{-}2\text{-}甲酸)$	$1.3×10^{-18}$	17.9
$AgCN$	$5.97×10^{-17}$	16.22	AgI	$8.52×10^{-17}$	16.07
$AgOCN$	$2.3×10^{-7}$	6.64	$AgI+I^-{=\!=\!=}AgI_2^-$	$4.0×10^{-6}$	5.40
$2AgCN{=\!=\!=}Ag^++Ag(CN)_2^-$	$5×10^{-12}$	11.3	$AgI+2I^-{=\!=\!=}AgI_3^{2-}$	$2.5×10^{-3}$	2.60
Ag_2CN_2	$7.2×10^{-11}$	10.14	$AgI+3I^-{=\!=\!=}AgI_4^{3-}$	$1.1×10^{-2}$	1.96
Ag_2CO_3	$8.46×10^{-12}$	11.07	$AgIO_3$	$3.17×10^{-8}$	7.50
$AgC_2H_3O_2$	$1.94×10^{-3}$	2.71	Ag_2MoO_4	$2.8×10^{-12}$	11.55
$Ag_2C_2O_4$	$5.4×10^{-12}$	11.27	AgN_3	$2.8×10^{-9}$	8.54
$Ag_3[Co(NO_2)_6]$	$8.5×10^{-21}$	20.07	$AgNO_2$	$6.0×10^{-4}$	3.22
$AgCl$	$1.77×10^{-10}$	9.75	$\frac{1}{2}Ag_2O+\frac{1}{2}H_2O{=\!=\!=}Ag^++OH^-$	$2.6×10^{-8}$	7.59
$AgCl+Cl^-{=\!=\!=}AgCl_2^-$	$2.0×10^{-5}$	4.70			
$AgCl+2Cl^-{=\!=\!=}AgCl_3^{2-}$	$2.0×10^{-5}$	4.70	$\frac{1}{2}Ag_2O+\frac{1}{2}H_2O+OH^-{=\!=\!=}Ag(OH)_2^-$	$2.0×10^{-4}$	3.71
$AgCl+3Cl^-{=\!=\!=}AgCl_4^{3-}$	$3.5×10^{-5}$	4.46	$AgOH$	$2.0×10^{-8}$	7.71

化合物的化学式	K_{sp}	pK_{sp}	化合物的化学式	K_{sp}	pK_{sp}
Ag_3PO_4	8.89×10^{-17}	16.05	$AuCl$	2.0×10^{-13}	12.7
$AgReO_4$	8.0×10^{-5}	4.10	AuI	1.6×10^{-23}	22.8
Ag_2S	6.3×10^{-50}	49.2	$AuCl_3$	3.2×10^{-25}	24.5
$\frac{1}{2}Ag_2S+H^+ \Longrightarrow Ag^+ + \frac{1}{2}H_2S$	2×10^{-14}	13.8	AuI_3	1.0×10^{-46}	46.0
			$K[Au(SCN)_4]$	6×10^{-5}	4.2
$AgSCN$	1.03×10^{-12}	11.99	$Na[Au(SCN)_4]$	4×10^{-4}	3.4
Ag_2SO_3	1.5×10^{-14}	13.82	$Ba_3(AsO_4)_2$	8.0×10^{-51}	50.11
Ag_2SO_4	1.2×10^{-5}	4.92	$Ba(BrO_3)_2$	2.43×10^{-4}	3.61
$AgSeCN$	4×10^{-16}	15.40	$BaSO_3$	5.0×10^{-10}	9.30
Ag_2SeO_3	1.0×10^{-15}	15.00	$BaMoO_4$	3.54×10^{-8}	7.45
Ag_2SeO_4	5.7×10^{-8}	7.25	$BaCO_3$	2.58×10^{-9}	8.59
$AgVO_3$	5×10^{-7}	6.3	$BaCO_3+CO_2+H_2O \Longrightarrow Ba^{2+}+2HCO_3^-$	4.5×10^{-5}	4.35
Ag_2HVO_4	2×10^{-14}	13.7			
Ag_3HVO_4OH	1×10^{-24}	24.0	BaC_2O_4	1.6×10^{-7}	6.79
Ag_2WO_4	5.5×10^{-12}	11.26	$BaC_2O_4 \cdot H_2O$	2.3×10^{-8}	7.64
$AlAsO_4$	1.6×10^{-16}	15.8	$BaCrO_4$	1.17×10^{-10}	9.93
$Al(OH)_3$ 无定形	4.57×10^{-33}	32.34	BaF_2	1.84×10^{-7}	6.73
$Al(OH)_3$ α	3.55×10^{-34}	33.45	$Ba(IO_3)_2$	4.01×10^{-9}	8.40
$Al(OH)_3$ Bohmite	9.55×10^{-35}	34.02	$Ba(IO_3)_2 \cdot H_2O$	1.67×10^{-9}	8.78
$Al(OH)_3$ Bayerite	2.75×10^{-36}	35.56	$BaHPO_4$	3.2×10^{-7}	6.5
$Al(OH)_3$ 水铝矿	5.01×10^{-37}	36.30	$Ba_3(PO_4)_2$	3.4×10^{-23}	22.44
Al-铜铁试剂	2.3×10^{-16}	15.64	$Ba_2[Fe(CN)_6] \cdot 6H_2O$	3.2×10^{-8}	7.5
$Al(OH)_3+H_2O \Longrightarrow Al(OH)_4^- + H^+$	1×10^{-13}	13.0	$Ba_2P_2O_7$	3.2×10^{-11}	10.5
$AlPO_4$	9.84×10^{-21}	20.01	$Ba(OH)_2 \cdot 8H_2O$	2.55×10^{-4}	3.59
Al_2S_3	2×10^{-7}	6.7	$BaMnO_4$	2.5×10^{-10}	9.61
Al_2Se_3	4×10^{-25}	24.4	$Ba(NO_3)_2$	4.64×10^{-3}	2.33
AlL_3 (8-羟基喹啉铝)	1.00×10^{-29}	29	$Ba(NbO_3)_2$	3.2×10^{-17}	16.50
$Am(OH)_3$	2.7×10^{-20}	19.57	$Ba(ReO_4)_2$	5.2×10^{-2}	1.28
$\frac{1}{2}As_2O_3+\frac{3}{2}H_2O \Longrightarrow As^{3+} + 3OH^-$	2.0×10^{-1}	0.69	BaL_2 (8-羟基喹啉钡)	5.0×10^{-9}	8.3
			$BaSO_4$	1.08×10^{-10}	9.97
			$BaSeO_4$	3.4×10^{-8}	7.47
$As_2S_3+4H_2O \Longrightarrow 2HAsO_2+3H_2S$	2.1×10^{-22}	21.68	BaS_2O_3	1.6×10^{-5}	4.79
$Au_2(C_2O_4)_3$	1.0×10^{-10}	10.0	$BaSO_3$	5.0×10^{-10}	9.30
$Au(OH)_3$	5.5×10^{-46}	45.26	$BeMoO_4$	3.54×10^{-8}	7.45

续表

化合物的化学式	K_{sp}	pK_{sp}	化合物的化学式	K_{sp}	pK_{sp}
$Be(NbO_3)_2$	1.2×10^{-16}	15.92	$Ca(OH)_2$	5.02×10^{-6}	5.30
$Be(OH)_2$（无定形）	6.92×10^{-22}	21.16	$CaHPO_4$	1×10^{-7}	7.0
$Be(OH)_2+OH^-\Longrightarrow HBeO_2^-+$ H_2O	3.2×10^{-3}	2.50	$Ca_3(PO_4)_2$	2.07×10^{-33}	32.68
			$CaSO_3$	3.09×10^{-7}	6.51
$BiAsO_4$	4.4×10^{-10}	9.36	$CaSO_4$	4.93×10^{-5}	4.31
$Bi_2(C_2O_4)_3$	3.98×10^{-36}	35.4	$CaSO_4\cdot2H_2O$	3.14×10^{-5}	4.50
Bi-(铜铁试剂)$_3$	6.0×10^{-28}	27.22	$CaSeC_4$	8.1×10^{-4}	3.09
$BiOBr+2H^+\Longrightarrow Bi^{3+}+Br^-+H_2O$	3.0×10^{-7}	6.52	$CaSeO_3$	8.0×10^{-6}	5.30
$BiOCl\Longrightarrow BiO^++Cl^-$	7×10^{-9}	8.2	$CaSiF_6$	8.1×10^{-4}	3.09
$BiOCl+2H^+\Longrightarrow Bi^{3+}+Cl^-+H_2O$	2.1×10^{-7}	6.68	$CaWO_4$	8.7×10^{-9}	8.06
$BiOCl+H_2O\Longrightarrow Bi^{3+}+Cl^-+2OH^-$	1.8×10^{-31}	30.75	$CaSiO_3$	2.5×10^{-8}	7.60
BiI_3	7.71×10^{-19}	18.11	$Cd_3(AsO_4)_2$	2.2×10^{-33}	32.66
$BiO(NO_3)$	2.82×10^{-3}	2.55	$CdC_2O_4\cdot3H_2O$	1.42×10^{-8}	7.85
$BiOOH$	4×10^{-10}	9.4	Cd-(DDTC)$_2$	1.0×10^{-22}	22.0
$\dfrac{1}{2}Bi_2O_3(\alpha)+\dfrac{3}{2}H_2O+OH^-\Longrightarrow$ $Bi(OH)_4^-$	5.0×10^{-6}	5.30	Cd-(喹啉-2-甲酸)$_2$	5.0×10^{-13}	12.3
			$[Cd(NH_3)_6](BF_4)_2$	2.0×10^{-6}	5.7
			$Cd(BO_2)_2$	2.3×10^{-9}	8.64
$Bi(OH)_3$	4×10^{-31}	30.4	CdF_2	6.44×10^{-3}	2.19
$BiPO_4$	1.3×10^{-23}	22.89	$CdCO_3$	1.0×10^{-12}	12.00
$BiO(SCN)$	1.6×10^{-7}	6.80	$Cd(CN)_2$	1.0×10^{-8}	8.0
Bi_2S_3	1×10^{-97}	97.0	CdL_2（邻氨基苯甲酸镉）	5.4×10^{-9}	8.27
$Ca_3(AsO_4)_2$	6.8×10^{-19}	18.17	$Cd_2[Fe(CN)_6]$	3.2×10^{-17}	16.49
$CaCO_3$	3.36×10^{-9}	8.47	$Cd(IO_3)_2$	2.5×10^{-8}	7.60
$CaCO_3+CO_2+H_2O$ $\Longrightarrow Ca^{2+}+2HCO_3^-$	5.2×10^{-5}	4.28	$Cd(OH)_2$ 新	2.51×10^{-14}	13.6
			$Cd(OH)_2$ 陈	5.89×10^{-16}	15.23
$CaC_2O_4\cdot H_2O$	2.32×10^{-9}	8.63	$Cd_3(PO_4)_2$	2.5×10^{-33}	32.6
$CaC_4H_4O_6\cdot2H_2O$（酒石酸钙）	7.7×10^{-7}	6.11	$Cd(OH)_2+OH^-\Longrightarrow Cd(OH)_3^-$	2×10^{-5}	4.7
$CaCrO_4$	7.1×10^{-4}	3.15	CdS	8.0×10^{-27}	26.1
CaF_2	3.45×10^{-11}	10.47	$CdS+2H^+\Longrightarrow Cd^{2+}+H_2S$	6×10^{-6}	5.2
CaL_2（8-羟基喹啉钙）	2.0×10^{-29}	28.70	$CdSeO_3$	1.3×10^{-9}	8.89
$CaMoO_4$	1.46×10^{-8}	7.84	$CdWO_4$	2×10^{-6}	5.7
$Ca(IO_3)_2$	6.47×10^{-6}	5.18	$Ce_2(C_2O_4)_3\cdot9H_2O$	3.2×10^{-26}	25.5
$Ca(IO_3)_2\cdot6H_2O$	7.10×10^{-7}	6.15	$Ce_2(C_4H_4O_4)_3\cdot9H_2O$	9.7×10^{-20}	19.01
$Ca[Mg(CO_3)_2]$（白云石）	1.0×10^{-11}	11.0	CeF_3	8×10^{-16}	15.1
$Ca(NbO_3)_2$	8.7×10^{-18}	17.06	$Ce(IO_3)_3$	3.2×10^{-10}	9.50

化合物的化学式	K_{sp}	pK_{sp}	化合物的化学式		K_{sp}	pK_{sp}
$Ce(IO_3)_4$	5×10^{-17}	16.3	$[Cr(NH_3)_6](ReO_4)_3$		7.7×10^{-12}	11.11
$Ce(OH)_3$	1.6×10^{-20}	19.8	$CrPO_4 \cdot 4H_2O$	绿色	2.4×10^{-23}	22.62
$Ce(OH)_4$	3.98×10^{-51}	50.4		紫色	1.0×10^{-17}	17.0
$CePO_4$	1.0×10^{-23}	23.0	CrF_3		6.6×10^{-11}	10.18
Ce_2S_3	6.0×10^{-11}	10.22	$CsClO_4$		3.95×10^{-3}	2.4
$Ce_2(SeO_3)_3$	3.7×10^{-25}	24.43	$CsBrO_3$		5×10^{-2}	1.7
$CeC_4H_4O_6$（酒石酸铈）	1.0×10^{-19}	19.0	$CsClO_3$		4×10^{-2}	1.4
$Co_3(AsO_4)_2$	6.8×10^{-29}	28.17	$Cs_2(PtCl_6)$		3.2×10^{-8}	7.5
$CoCO_3$	1.4×10^{-13}	12.84	$Cs_3[Co(NO_2)_6]$		5.7×10^{-16}	15.24
CoC_2O_4	6.3×10^{-8}	7.2	$Cs(BF_4)$		5×10^{-5}	4.7
CoL_2（邻氨基苯甲酸钴）	2.1×10^{-10}	9.68	$Cs(PtF_6)$		2.4×10^{-6}	5.62
$Co_2[Fe(CN)_6]$	1.8×10^{-15}	14.74	$Cs(SiF_6)$		1.3×10^{-5}	4.90
CoL_2（8-羟基喹啉钴）	1.6×10^{-25}	24.8	$CsIO_4$		5.16×10^{-6}	5.29
$Co\text{-}(DDTC)_2$	8.71×10^{-21}	20.06	$CsMnO_4$		8.2×10^{-5}	4.08
$Co\text{-}$（喹啉-2-甲酸）$_2$	1.6×10^{-11}	10.8	$CsReO_4$		4.0×10^{-4}	3.40
$[Co(NH_3)_6](BF_4)_2$	4×10^{-6}	5.4	$Cu_3(AsO_4)_2$		7.95×10^{-36}	35.10
$Co(OH)_2 + OH^- \rightleftharpoons Co(OH)_3^-$	8×10^{-6}	5.1	$CuB(C_6H_5)_4$		1.0×10^{-8}	8
$Co(OH)_3$	1.6×10^{-44}	43.8	$CuBr$		6.27×10^{-9}	8.20
$Co[Hg(SCN)_4] \rightleftharpoons$ $Co^{2+} + [Hg(SCN)_4]^{2-}$	1.5×10^{-6}	5.82	$CuCN$		3.47×10^{-20}	19.46
			$CuCN + CN^- \rightleftharpoons Cu(CN)_2^-$		1.2×10^{-5}	4.91
$Co(IO_3)_2$	1.0×10^{-4}	4.0	$K_2Cu(HCO_3)_4$		3×10^{-12}	11.5
$Co(IO_3)_2 \cdot 2H_2O$	1.21×10^{-2}	1.92	$CuCO_3$		2.34×10^{-10}	9.63
$Co(OH)_2$	蓝色	6.31×10^{-15}	14.2	CuC_2O_4	4.43×10^{-10}	9.35
	淡红色,新	1.58×10^{-15}	14.8	$CuCl$	1.72×10^{-7}	6.76
	淡红色,陈	2.00×10^{-16}	15.7	$CuCl + Cl^- \rightleftharpoons CuCl_2^-$	7.6×10^{-2}	1.12
$CoHPO_4$	2.0×10^{-7}	6.7	$CuCl + 2Cl^- \rightleftharpoons CuCl_3^{2-}$		3.4×10^{-2}	1.47
$Co_3(PO_4)_2$	2.05×10^{-35}	34.69	$CuCrO_4$		3.6×10^{-6}	5.44
$\alpha\text{-}CoS$	4×10^{-21}	20.4	$Cu(DDTC)_2$		2.5×10^{-30}	29.6
$\beta\text{-}CoS$	2×10^{-25}	24.7	$Cu(IO_3)_2 \cdot H_2O$		6.94×10^{-8}	7.16
$CoSeO_3$	1.6×10^{-7}	6.8	$Cu\text{-}$（喹啉-2-甲酸）$_2$		1.6×10^{-17}	16.8
$CrAsO_4$	7.7×10^{-21}	20.11	$Cu_2[Fe(CN)_6]$		1.3×10^{-16}	15.89
$Cr(OH)_2$	1.0×10^{-17}	17.0	CuI		1.27×10^{-12}	11.90
$Cr(OH)_3$	6.3×10^{-31}	30.2	$CuI + I^- \rightleftharpoons CuI_2^-$		7.8×10^{-4}	3.11
$[Cr(NH_3)_6](BF_4)_2$	6.2×10^{-5}	4.21	$Cu(IO_3)_2$		6.94×10^{-8}	7.16

化合物的化学式	K_{sp}	pK_{sp}	化合物的化学式	K_{sp}	pK_{sp}
CuN_3	4.9×10^{-9}	8.31	Fe-(喹啉-2-甲酸)$_3$	1.3×10^{-17}	16.9
$\frac{1}{2}Cu_2O + \frac{1}{2}H_2O \Longrightarrow Cu^+ + OH^-$	1×10^{-14}	14.0	Fe-(8-羟基喹啉)$_3$	3.16×10^{-44}	43.5
			$Fe_4(P_2O_7)_3$	2.51×10^{-23}	22.6
$Cu(N_3)_2$	6.3×10^{-10}	9.2	Fe-(铜铁试剂)$_3$	1.0×10^{-25}	25.0
$CuO + H_2O \Longrightarrow Cu^{2+} + 2OH^-$	2.2×10^{-20}	19.66	$FePO_4$	1.3×10^{-22}	21.89
$CuO + H_2O + 2OH^- \Longrightarrow Cu(OH)_4^{2-}$	1.9×10^{-3}	2.72	$FePO_4 \cdot 2H_2O$	9.91×10^{-16}	15.00
CuL_2（邻氨基苯甲酸铜）	6.0×10^{-14}	13.22	FeS	6.3×10^{-18}	17.2
CuL_2（8-羟基喹啉铜）	2.0×10^{-30}	29.7	$Fe_2(SeO_3)_3$	2.0×10^{-31}	30.7
$Cu_2P_2O_7$	8.3×10^{-16}	15.08	$Ga_4[Fe(CN)_6]_3$	1.5×10^{-34}	33.82
$Cu_3(PO_4)_2$	1.4×10^{-37}	36.85	$Ga(OH)_3$	7.28×10^{-36}	35.14
Cu-红氨酸	7.67×10^{-16}	15.12	GaL_3（8-羟基喹啉镓）	8.7×10^{-33}	32.06
Cu-(铜铁试剂)$_2$	9.33×10^{-17}	16.03	Gd-(DDTC)$_3$	3.16×10^{-25}	24.5
Cu_2S	2.5×10^{-48}	47.6	$Gd(HCO_3)_3$	2×10^{-2}	1.7
$Cu_2S + 2H^+ \Longrightarrow 2Cu^+ + H_2S$	1×10^{-27}	27.0	$Gd(OH)_3$	1.8×10^{-23}	22.74
CuS	6.3×10^{-36}	35.2	GeO_2	1.0×10^{-57}	57.0
$CuS + 2H^+ \Longrightarrow Cu^{2+} + H_2S$	6×10^{-15}	14.2	$Hf(OH)_4$	4.0×10^{-25}	24.40
$CuSCN$	1.77×10^{-13}	12.75	Hg_2Br_2	6.4×10^{-23}	22.19
$CuSCN + 2HCN \Longrightarrow [Cu(CN)_2^-] + 2H^+ + SCN^-$	1.3×10^{-9}	8.88	$HgBr_2$	6.2×10^{-20}	19.21
			$Hg_2(CN)_2$	5×10^{-40}	39.3
$CuSCN + 3SCN^- \Longrightarrow [Cu(SCN)_4]^{3-}$	2.2×10^{-3}	2.65	Hg_2CO_3	3.6×10^{-17}	16.44
			$Hg_2(C_2H_3O_2)_2$	3×10^{-11}	10.5
$CuSeO_3$	2.1×10^{-8}	7.68	$Hg_2C_2O_4$	1.75×10^{-13}	12.76
$Dy_2(CrO_4)_3 \cdot 10H_2O$	1.0×10^{-8}	8.0	HgC_2O_4	1.0×10^{-7}	7
$Dy(OH)_3$	1.4×10^{-22}	21.85	$Hg_2C_4H_4O_6$（酒石酸亚汞）	1.0×10^{-10}	10.0
$Er(OH)_3$	4.1×10^{-24}	23.39	Hg_2Cl_2	1.43×10^{-18}	17.84
$Eu(OH)_3$	9.38×10^{-27}	26.03	Hg_2F_2	3.10×10^{-6}	5.51
$FeAsO_4$	5.7×10^{-21}	20.24	Hg_2CrO_4	2×10^{-9}	8.70
$FeCO_3$	3.13×10^{-11}	10.50	Hg-(DDTC)$_2$	3.16×10^{-44}	43.5
$FeC_2O_4 \cdot 2H_2O$	3.2×10^{-7}	6.5	Hg-(喹啉-2-甲酸)$_2$	1.6×10^{-17}	16.8
FeF_2	2.36×10^{-6}	5.63	$(Hg_2)_3[Fe(CN)_6]_2$	8.5×10^{-21}	20.07
$Fe_4[Fe(CN)_6]_3$	3.3×10^{-41}	40.52	Hg_2I_2	5.2×10^{-29}	28.28
$Fe(OH)_2$	4.87×10^{-17}	16.31	HgI_2	2.9×10^{-29}	28.54
$Fe(OH)_2 + OH^- \Longrightarrow Fe(OH)_3^-$	8×10^{-6}	5.1	$Hg_2(IO_3)_2$	2.0×10^{-14}	13.71
$Fe(OH)_3$	2.79×10^{-39}	38.55	$Hg(IO_3)_2$	3.2×10^{-13}	12.50

第一篇

化合物的化学式		K_{sp}	pK_{sp}	化合物的化学式		K_{sp}	pK_{sp}
$Hg_2(N_3)_2$		7.1×10^{-10}	9.15	K_2PtBr_6		6.3×10^{-5}	4.2
$Hg_2O+H_2O \Longrightarrow Hg_2^{2+}+2OH^-$		1.0×10^{-46}	46.0	K_2SiF_3		8.7×10^{-7}	6.06
$Hg_2(OH)_2$		2.00×10^{-24}	23.7	$K_4[UO_2(CO_3)_3]$		6.3×10^{-5}	4.2
$Hg_2(CH_3COO)_2$		2.00×10^{-15}	14.7	KUO_2AsO_4		2.5×10^{-23}	22.60
Hg_2-(喹啉-2-甲酸)$_2$		1.3×10^{-18}	17.9	$KZrF_6$		5×10^{-4}	3.3
Hg-邻菲罗啉		2.0×10^{-25}	24.70	$La_2(C_4H_4O_6)_3$		2.0×10^{-19}	18.7
$Hg(OH)_2$		3.0×10^{-26}	25.52	$La_2(C_2O_4)_3$		2.5×10^{-27}	26.60
Hg_2HPO_4		4.0×10^{-13}	12.40	LaF_3		7×10^{-17}	16.2
Hg_2S		1.0×10^{-47}	47.0	$La(IO_3)_3$		7.50×10^{-12}	11.12
HgS	红色	4×10^{-53}	52.4	$LaMoO_4$		4.0×10^{-21}	20.4
	黑色	1.6×10^{-52}	51.8	$La(OH)_3$	新	1.58×10^{-18}	17.80
$Hg_2(SCN)_2$		3.2×10^{-20}	19.49		陈	1.0×10^{-20}	20
Hg_2SO_4		6.5×10^{-7}	6.19	$La_2(WO_4)_3 \cdot 3H_2O$		1.3×10^{-4}	3.90
Hg_2SO_3		1.0×10^{-27}	27.0	La_2S_3		2.0×10^{-13}	12.7
HgSe		1.0×10^{-59}	59.0	Li_3PO_4		2.37×10^{-11}	10.63
$HgSeO_3$		1.5×10^{-14}	13.82	LiF		1.84×10^{-3}	2.74
Hg_2WO_4		1.1×10^{-17}	16.96	Li_2CO_3		8.15×10^{-4}	3.09
$Ho(OH)_3$		5.0×10^{-23}	22.30	$LiUO_2AsO_4$		1.5×10^{-19}	18.82
$In_4[Fe(CN)_6]_3$		1.9×10^{-44}	43.72	$Lu(OH)_3$		1.9×10^{-24}	23.72
In-$(DDTC)_3$		1.0×10^{-25}	25.0	$Mg_3(AsO_4)_2$		2.1×10^{-20}	19.68
$In(OH)_3$	新	5.01×10^{-34}	33.3	$MgCO_3$		6.82×10^{-6}	5.17
	陈	1.0×10^{-35}	35	$MgCO_3 \cdot 3H_2O$		2.38×10^{-6}	5.63
InL_3 (8-羟基喹啉铟)		4.6×10^{-32}	31.34	$MgCO_3 \cdot 5H_2O$		3.79×10^{-6}	5.42
In_2S_3		5.7×10^{-74}	73.24	$MgCO_3+CO_2+H_2O$ $\Longrightarrow Mg^{2+}+2HCO_3^-$		4.5×10^{-1}	0.35
$K[Au(SCN)_4]$		6×10^{-5}	4.2				
$KB(C_6H_5)_4$		2.2×10^{-8}	7.65	$Mg(IO_3)_2 \cdot 4H_2O$		3.2×10^{-3}	2.5
$KBrO_3$		5.7×10^{-2}	1.24	$MgC_2O_4 \cdot 2H_2O$		4.83×10^{-6}	5.32
$K_2[Cu(HCO_3)_4]$		3×10^{-12}	11.5	MgL_2 (8-羟基喹啉镁)		4×10^{-16}	15.4
$KClO_4$		1.05×10^{-2}	1.98	MgF_2		5.16×10^{-11}	10.29
$K_2Na[Co(NO_2)_6]$		2.2×10^{-11}	10.66	$Mg(NbO_3)_2$		2.3×10^{-17}	16.64
KIO_4		3.71×10^{-4}	3.43	$Mg(OH)_2$		5.61×10^{-12}	11.25
K_2PdCl_6		6.0×10^{-6}	5.22	$MgNH_4PO_4$		2.5×10^{-13}	12.60
K_2PtF_6		2.9×10^{-5}	4.54	$Mg_3(PO_4)_2$		1.04×10^{-24}	23.98
K_2PtCl_6		7.48×10^{-5}	4.13	$MgSeO_3$		1.3×10^{-5}	4.89

化合物的化学式	K_{sp}	pK_{sp}	化合物的化学式		K_{sp}	pK_{sp}
$MgSO_3$	3.2×10^{-3}	2.50	$Ni(OH)_2$	新	2.0×10^{-15}	14.7
MnL_2（邻氨基苯甲酸锰）	1.8×10^{-7}	6.75		陈	6.31×10^{-18}	17.2
$Mn_2(AsO_4)_2$	1.9×10^{-29}	28.72	$Ni_3(PO_4)_2$		4.74×10^{-32}	31.32
$MnCO_3$	2.24×10^{-11}	10.65	$Ni(OH)_2+OH^-\Longrightarrow Ni(OH)_3^-$		6×10^{-5}	4.2
$MnC_2O_4\cdot2H_2O$	1.7×10^{-7}	6.77	NiC_2O_4		4×10^{-10}	9.4
$Mn_2[Fe(CN)_6]$	8.0×10^{-13}	12.10	$Ni_2P_2O_7$		1.7×10^{-13}	12.77
$Mn(OH)_4$	1.9×10^{-13}	12.72	$Ni(IO_3)_2$		4.71×10^{-5}	4.33
$Mn(IO_3)_2$	4.37×10^{-7}	6.36	α-NiS		3.2×10^{-19}	18.5
MnL_2（8-羟基喹啉锰）	2.0×10^{-22}	21.7	β-NiS		1.0×10^{-24}	24.0
$Mn(OH)_2+OH^-\Longrightarrow Mn(OH)_3^-$	1×10^{-5}	5.0	γ-NiS		2.0×10^{-26}	25.7
MnS(无定形、淡红)	2.5×10^{-10}	9.6	$NiSeO_3$		1.0×10^{-5}	5.0
MnS(结晶形、绿色)	2.5×10^{-13}	12.6	$NpO_2(OH)_2$		2.5×10^{-22}	21.6
$MnSeO_3$	1.3×10^{-7}	6.9	$Pb_3(AsO_4)_2$		4.0×10^{-36}	35.39
$(NH_4)_2Na[Co(NO_2)_6]$	4×10^{-12}	11.4	Pb 盐（乙酸铅）		1.8×10^{-3}	2.75
$NH_4UO_2AsO_4$	1.7×10^{-24}	23.77	PbL_2（邻氨基苯甲酸铅）		1.6×10^{-10}	9.81
Na_3AlF_6	4×10^{-10}	9.39	$PbOHBr$		2.0×10^{-15}	14.70
$Na[Au(SCN)_4]$	4×10^{-4}	3.4	$Pb(BO_2)_2$		1.6×10^{-11}	10.78
$NaK_2[Co(NO_2)_6]$	2.2×10^{-11}	10.66	$PbBr_2$		6.60×10^{-6}	5.18
$NaPbOH(CO_3)_2$	1×10^{-31}	31.0	$PbBr_2\Longrightarrow PbBr^++Br^-$		3.9×10^{-4}	3.41
$NaUO_2AsO_4$	1.3×10^{-22}	21.87	$Pb(BrO_3)_2$		2.0×10^{-2}	1.70
$Na[Sb(OH)_6]$	4.0×10^{-8}	7.4	$PbCO_3$		7.4×10^{-14}	13.13
$Nd(OH)_3$	3.2×10^{-22}	21.49	PbC_2O_4		4.8×10^{-10}	9.32
$Ni_3(AsO_4)_2$	3.1×10^{-26}	25.51	$PbOHCl$		2×10^{-14}	13.7
$NiCO_3$	1.42×10^{-7}	6.85	$Pb(ClO_2)_2$		4×10^{-9}	8.4
NiL_2（8-羟基喹啉镍）	8×10^{-27}	26.1	$PbCl_2$		1.70×10^{-5}	4.77
$Ni(DDTC)_2$	7.94×10^{-24}	23.1	$PbClF$		2.4×10^{-9}	8.62
NiL_2（丁二肟）	2.19×10^{-24}	23.66	$PbCrO_4$		2.8×10^{-13}	12.55
Ni-(邻氨基苯甲酸)$_2$	8.1×10^{-10}	9.09	Pb-(DDTC)$_2$		2.0×10^{-22}	21.7
Ni-(喹啉-2-甲酸)$_2$	8.0×10^{-11}	10.1	Pb-(喹啉-2-甲酸)$_2$		2.5×10^{-11}	10.6
$[Ni(NH_3)_6](ReO_4)_2$	5.1×10^{-4}	3.29	PbF_2		3.3×10^{-8}	7.48
$Ni_2[Fe(CN)_6]$	1.3×10^{-15}	14.89	$PbFI$		8.5×10^{-9}	8.07
$Ni_2CN_4\Longrightarrow Ni^{2+}+Ni(CN)_4^{2-}$	1.7×10^{-9}	8.77	$Pb_2[Fe(CN)_6]$		3.5×10^{-15}	14.46
$Ni(N_2H_4)SO_4$	7.1×10^{-14}	13.15	PbI_2		9.8×10^{-9}	8.01

续表

化合物的化学式	K_{sp}	pK_{sp}	化合物的化学式	K_{sp}	pK_{sp}
$PbI_2 + I^- \rightleftharpoons PbI_3^-$	2.2×10^{-5}	4.65	PuF_4	6.3×10^{-20}	19.2
$PbI_2 + 2I^- \rightleftharpoons PbI_4^{2-}$	1.4×10^{-4}	3.85	$Pu(IO_3)_4$	5×10^{-13}	12.3
$PbI_2 + 3I^- \rightleftharpoons PbI_5^{3-}$	6.8×10^{-5}	4.17	$Pu(OH)_3$	2.0×10^{-20}	19.7
$PbI_2 + 4I^- \rightleftharpoons PbI_6^{4-}$	5.9×10^{-3}	2.23	$Pu(OH)_4$	1.0×10^{-55}	55.0
$Pb(IO_3)_2$	3.69×10^{-13}	12.43	$PuO_2(OH)$	5.0×10^{-10}	9.3
$PbMoO_4$	1.0×10^{-13}	13	$PuO_2(OH)_2$	2.0×10^{-25}	24.7
$Pb(N_3)_2$	2.5×10^{-9}	8.59	$Pu(HPO_4)_2 \cdot xH_2O$	2.0×10^{-28}	27.7
$Pb(NbO_3)_2$	2.4×10^{-17}	16.62	$Ra(IO_3)_2$	1.16×10^{-9}	8.94
$Pb(OH)_2$	1.43×10^{-20}	19.84	$RaSO_4$	3.66×10^{-11}	10.44
$Pb(OH)_4$	3.2×10^{-66}	65.49	$RbClO_4$	3.00×10^{-3}	2.52
$PbOHNO_3$	2.8×10^{-4}	3.55	$Rb_3[Co(NO_2)_6]$	1.5×10^{-15}	14.83
$PbHPO_4$	1.3×10^{-10}	9.90	$RbIO_4$	5.5×10^{-4}	3.26
$PbHPO_3$	5.8×10^{-7}	6.24	Rb_2PtCl_6	6.3×10^{-8}	7.2
$Pb_3(PO_4)_2$	8.0×10^{-43}	42.10	$RbPtF_6$	7.7×10^{-7}	6.12
PbS	3.0×10^{-29}	28.52	$RbSiF_6$	5.0×10^{-7}	6.3
$PbS + 2H^+ \rightleftharpoons Pb^{2+} + H_2S$	1×10^{-6}	6	$Rh(OH)_3$	1×10^{-23}	23
$Pb(SCN)_2$	2.0×10^{-5}	4.70	$Ru(OH)_3$	1×10^{-36}	36
$PbSO_4$	2.53×10^{-8}	7.60	$Ru(OH)_4 \rightleftharpoons Ru(OH)^{3+} + 3OH^-$	1×10^{-34}	34
PbS_2O_3	4.0×10^{-7}	6.40	Sb_2S_3	1.5×10^{-93}	92.8
$PbSeO_3$	3.2×10^{-12}	11.5	$\frac{1}{2}Sb_2O_3 + \frac{3}{2}H_2O \rightleftharpoons Sb^{3+} + 3OH^-$	2.0×10^{-5}	4.70
$PbSeO_4$	1.37×10^{-7}	6.86			
$PbWO_4$	4.5×10^{-7}	6.35			
Pd-(喹啉-2-甲酸)$_2$	1.3×10^{-13}	12.9	$\frac{1}{2}Sb_2S_3 + H_2O + H^+ \rightleftharpoons SbO^+ + \frac{3}{2}H_2S$	8×10^{-31}	30.1
$Pd(OH)_2$	1.0×10^{-31}	31.0			
$Pd(OH)_4$	6.3×10^{-71}	70.2			
PdS	2.03×10^{-58}	57.69	ScF_3	5.81×10^{-24}	23.24
$Pd(SCN)_2$	4.39×10^{-23}	22.36	$Sc(OH)_3$	2.22×10^{-31}	30.65
$Pm(OH)_3$	1×10^{-21}	21.0	$SiO_2(无定形) + 2H_2O \rightleftharpoons Si(OH)_4$	2×10^{-3}	2.7
PoS	5.5×10^{-29}	28.26			
$Pr(OH)_3$	3.39×10^{-24}	23.47	$Sm(OH)_3$	8.2×10^{-23}	22.08
$PtBr_4$	3.2×10^{-41}	40.5	$Sn(OH)_4$	1×10^{-56}	56
$Pt(OH)_2$	1×10^{-35}	35.0	$Sn(OH)_2$	5.45×10^{-27}	26.26
PtS	9.91×10^{-74}	73.0	SnS	1.0×10^{-25}	25.0
PuF_3	2.5×10^{-16}	15.6	SnS_2	2.5×10^{-27}	26.6

化合物的化学式	K_{sp}	pK_{sp}	化合物的化学式	K_{sp}	pK_{sp}
$Sr_3(AsO_4)_2$	4.29×10^{-19}	18.37	$Tl_2C_2O_4$	2×10^{-4}	3.7
$SrCO_3$	5.60×10^{-10}	9.25	$TlCl$	1.86×10^{-4}	3.73
$SrC_2O_4 \cdot H_2O$	1.6×10^{-7}	6.80	$TlCl + Cl^- \Longrightarrow TlCl_2^-$	1.8×10^{-4}	3.74
SrL_2 (8-羟基喹啉锶)	5×10^{-10}	9.3	$TlCl + 2Cl^- \Longrightarrow TlCl_3^{2-}$	2.0×10^{-5}	4.70
$SrCrO_4$	2.2×10^{-5}	4.65	Tl_2CrO_4	8.67×10^{-13}	12.06
SrF_2	4.33×10^{-9}	8.36	$Tl\text{-}DDTC$	7.94×10^{-11}	10.1
$Sr(IO_3)_2$	1.14×10^{-7}	6.94	$Tl_4[Fe(CN)_6] \cdot 2H_2O$	5×10^{-10}	9.3
$Sr(IO_3)_2 \cdot H_2O$	3.77×10^{-7}	6.42	TlI	5.54×10^{-8}	7.26
$Sr(IO_3)_2 \cdot 6H_2O$	4.55×10^{-7}	6.34	$TlI + I^- \Longrightarrow TlI_2^-$	1.5×10^{-6}	5.82
$SrMoO_4$	2×10^{-7}	6.7	$TlI + 2I^- \Longrightarrow TlI_3^{2-}$	2.3×10^{-6}	5.64
$Sr(NbO_3)_2$	4.2×10^{-18}	17.38	$TlI + 3I^- \Longrightarrow TlI_4^{3-}$	1.0×10^{-6}	6.0
$Sr_3(PO_4)_2$	4.0×10^{-28}	27.39	$TlIO_3$	3.12×10^{-6}	5.51
$SrSO_3$	4×10^{-8}	7.4	TlN_3	2.2×10^{-4}	3.66
$SrSO_4$	3.44×10^{-7}	6.46	$\frac{1}{2}Tl_2O_3 + \frac{3}{2}H_2O \Longrightarrow$ $Tl^{3+} + 3OH^-$	6.3×10^{-46}	45.20
$SrSeO_3$	1.8×10^{-6}	5.74			
$SrSeO_4$	8.1×10^{-4}	3.09	TlL_3 (8-羟基喹啉铊)	4.0×10^{-33}	32.4
$SrWO_4$	1.7×10^{-10}	9.77	Tl_2PtO_6	4×10^{-12}	11.4
$Tb(OH)_3$	2.0×10^{-22}	21.7	Tl_2S	5.0×10^{-21}	20.3
$TeO_2 + 4H^+ \Longrightarrow Te^{4+} + 2H_2O$	2.1×10^{-2}	1.68	$TlSCN$	1.57×10^{-4}	3.80
$Te(OH)_4$	3.0×10^{-54}	53.52	$TlSeO_3$	2×10^{-39}	38.7
$ThF_4 \cdot 4H_2O + 2H^+ \Longrightarrow$ $ThF_2^{2+} + 2HF + 4H_2O$	5.9×10^{-8}	7.23	$TlSeO_4$	1×10^{-4}	4.0
			$Tm(OH)_3$	3.3×10^{-24}	23.48
$Th(OH)_4$	4.0×10^{-45}	44.4	$UF_4 \cdot 2.5H_2O$	5.7×10^{-22}	21.24
$Th(IO_3)_4$	2.5×10^{-15}	14.6	UO_2CO_3	1.8×10^{-12}	11.73
$Th(C_2H_4)_2$	1.0×10^{-22}	22.0	UO_2HAsO_4	3.2×10^{-11}	10.50
$Th_3(PO_4)_2$	2.5×10^{-79}	78.6	$UO_2(IO_3)_2 \cdot H_2O$	3.2×10^{-8}	7.50
$Th(HPO_4)_2$	1×10^{-20}	20	UO_2KAsO_4	2.5×10^{-23}	22.60
$Ti(OH)_3$	1.68×10^{-44}	43.77	UO_2LiAsO_4	1.5×10^{-19}	18.82
$TiO(OH)_2$	1×10^{-29}	29	$UO_2NH_4AsO_4$	1.7×10^{-24}	23.77
$TlBr$	3.71×10^{-6}	5.43	UO_2NaAsO_4	1.3×10^{-22}	21.87
$TlBr + Br^- \Longrightarrow TlBr_2^-$	2.4×10^{-5}	4.62	$UO_2C_2O_4 \cdot 3H_2O$	2×10^{-4}	3.7
$TlBr + 2Br^- \Longrightarrow TlBr_3^{2-}$	8.0×10^{-6}	5.10	$(UO_2)_2[Fe(CN)_6]$	7.1×10^{-14}	13.15
$TlBr + 3Br^- \Longrightarrow TlBr_4^{3-}$	1.6×10^{-6}	5.80	$UO_2(OH)_2$	1.1×10^{-22}	21.95
$TlBrO_3$	1.10×10^{-4}	3.99	$UO_2(OH)_2 + OH^- \Longrightarrow HUO_4^- + H_2O$	2.5×10^{-4}	3.60

续表

化合物的化学式	K_{sp}	pK_{sp}	化合物的化学式		K_{sp}	pK_{sp}
UO_2HPO_4	2.1×10^{-11}	10.67	$Zn[Hg(SCN)_4]\Longrightarrow Zn^{2+}+[Hg(SCN)_4]^{2-}$		2.2×10^{-7}	6.66
$(UO_2)_3(PO_4)_2$	2.0×10^{-47}	46.7	$Zn(IO_3)_2$		4.1×10^{-6}	5.39
$UO_2(SCN)_2$	4.0×10^{-4}	3.4			2.0×10^{-8}	7.7
UO_2SO_3	2.6×10^{-9}	8.59	$Zn(BO_2)_2$		6.31×10^{-11}	10.2
$VO(OH)_2$	5.9×10^{-23}	22.13	$Zn(DDTC)_2$		1.26×10^{-17}	16.9
$\frac{1}{2}V_2O_5+H^+\Longrightarrow VO_2^++\frac{1}{2}H_2O$	2×10^{-1}	0.7	$Zn(OH)_2$	无定形	2.09×10^{-16}	15.68
$(VO)_3(PO_4)_2$	8×10^{-25}	24.1		无定形,陈	1.12×10^{-16}	15.95
$Y(OH)_3$	1.00×10^{-22}	22.00		晶形,陈	1.20×10^{-17}	16.92
$Y_2(C_2O_4)_3$	5.3×10^{-29}	28.28	$Zn(OH)_2+OH^-\Longrightarrow Zn(OH)_3^-$		3×10^{-3}	2.5
$Y_2(CO_3)_3$	1.03×10^{-31}	30.98	ZnL_2 (8-羟基喹啉锌)		5×10^{-25}	24.3
YF_3	8.62×10^{-21}	20.06	Zn-(喹啉-2-甲酸)$_2$		1.6×10^{-14}	13.8
$Y(IO_3)_3$	1.12×10^{-10}	9.95	ZnL_2 (邻氨基苯甲酸锌)		5.9×10^{-10}	9.23
$Yb(OH)_3$	3×10^{-24}	23.52	$Zn_3(PO_4)_2$		9.0×10^{-33}	32.04
$Yt(OH)_3$	2.5×10^{-24}	23.6	α-ZnS		1.6×10^{-24}	23.8
$Zn_3(AsO_4)_2$	2.8×10^{-28}	27.55	β-ZnS		2.5×10^{-22}	21.6
$ZnCO_3$	1.46×10^{-10}	9.84	$ZnSeO_3$		2.6×10^{-7}	6.59
$ZnCO_3\cdot H_2O$	5.42×10^{-11}	10.27	$ZnSeO_3\cdot H_2O$		1.59×10^{-7}	6.80
$ZnC_2O_4\cdot2H_2O$	1.38×10^{-9}	8.86	$Zr_3(PO_4)_4$		1×10^{-132}	132
ZnF_2	3.04×10^{-2}	1.52	$ZrO(OH)_2$		6.3×10^{-49}	48.2
$Zn_2[Fe(CN)_6]$	4.0×10^{-16}	15.39				

二、水的离子积常数

水的离子积常数见表 1-75。

表 1-75　**水的离子积常数（0～100℃）**

$K_w=a_{H^+}\cdot a_{OH^-}$；$\sqrt{K_w}=a_{H^+}=a_{OH^-}$

$t/℃$	K_w	$a_{H^+}=a_{OH^-}$	$t/℃$	K_w	$a_{H^+}=a_{OH^-}$
0	$10^{-14.94}=0.11\times10^{-14}$	$10^{-7.47}=0.34\times10^{-7}$	20	$10^{-14.16}=0.69\times10^{-14}$	$10^{-7.08}=0.83\times10^{-7}$
5	$10^{-14.73}=0.19\times10^{-14}$	$10^{-7.37}=0.43\times10^{-7}$	21	$10^{-14.12}=0.76\times10^{-14}$	$10^{-7.06}=0.87\times10^{-7}$
10	$10^{-14.53}=0.30\times10^{-14}$	$10^{-7.27}=0.54\times10^{-7}$	22	$10^{-14.09}=0.81\times10^{-14}$	$10^{-7.05}=0.89\times10^{-7}$
15	$10^{-14.34}=0.46\times10^{-14}$	$10^{-7.17}=0.68\times10^{-7}$	23	$10^{-14.06}=0.87\times10^{-14}$	$10^{-7.03}=0.93\times10^{-7}$
16	$10^{-14.30}=0.50\times10^{-14}$	$10^{-7.15}=0.71\times10^{-7}$	24	$10^{-14.03}=0.93\times10^{-14}$	$10^{-7.02}=0.96\times10^{-7}$
17	$10^{-14.26}=0.55\times10^{-14}$	$10^{-7.13}=0.74\times10^{-7}$	25	$10^{-14.00}=1.00\times10^{-14}$	$10^{-7.00}=1.00\times10^{-7}$
18	$10^{-14.22}=0.60\times10^{-14}$	$10^{-7.11}=0.77\times10^{-7}$	26	$10^{-13.96}=1.10\times10^{-14}$	$10^{-6.98}=1.05\times10^{-7}$
19	$10^{-14.19}=0.65\times10^{-14}$	$10^{-7.10}=0.80\times10^{-7}$	27	$10^{-13.93}=1.17\times10^{-14}$	$10^{-6.97}=1.07\times10^{-7}$

$t/℃$	K_w	$a_{H^+}=a_{OH^-}$	$t/℃$	K_w	$a_{H^+}=a_{OH^-}$
28	$10^{-13.89}=1.29×10^{-14}$	$10^{-6.95}=1.12×10^{-7}$	45	$10^{-13.405}=3.94×10^{-14}$	$10^{-6.70}=2.00×10^{-7}$
29	$10^{-13.86}=1.38×10^{-14}$	$10^{-6.93}=1.17×10^{-7}$	50	$10^{-13.28}=5.25×10^{-14}$	$10^{-6.64}=2.29×10^{-7}$
30	$10^{-13.84}=1.48×10^{-14}$	$10^{-6.92}=1.20×10^{-7}$	55	$10^{-13.152}=7.05×10^{-14}$	$10^{-6.58}=2.63×10^{-7}$
31	$10^{-13.80}=1.58×10^{-14}$	$10^{-6.90}=1.26×10^{-7}$	60	$10^{-13.03}=9.33×10^{-14}$	$10^{-6.51}=3.09×10^{-7}$
32	$10^{-13.77}=1.70×10^{-14}$	$10^{-6.89}=1.29×10^{-7}$	65	$10^{-12.921}=12.0×10^{-14}$	$10^{-6.46}=3.47×10^{-7}$
33	$10^{-13.74}=1.82×10^{-14}$	$10^{-6.87}=1.35×10^{-7}$	70	$10^{-12.81}=1.549×10^{-13}$	$10^{-6.40}=3.98×10^{-7}$
34	$10^{-13.71}=1.95×10^{-14}$	$10^{-6.85}=1.38×10^{-7}$	75	$10^{-12.712}=1.941×10^{-13}$	$10^{-6.36}=4.37×10^{-7}$
35	$10^{-13.69}=2.04×10^{-14}$	$10^{-6.84}=1.43×10^{-7}$	80	$10^{-12.61}=24.55×10^{-13}$	$10^{-6.30}=5.01×10^{-7}$
36	$10^{-13.65}=2.24×10^{-14}$	$10^{-6.83}=1.48×10^{-7}$	85	$10^{-12.52}=3.02×10^{-13}$	$10^{-6.26}=5.50×10^{-7}$
37	$10^{-13.62}=2.40×10^{-14}$	$10^{-6.81}=1.55×10^{-7}$	90	$10^{-12.43}=3.72×10^{-13}$	$10^{-6.21}=6.17×10^{-7}$
38	$10^{-13.59}=2.57×10^{-14}$	$10^{-6.80}=1.58×10^{-7}$	95	$10^{-12.345}=4.519×10^{-13}$	$10^{-6.17}=6.72×10^{-7}$
39	$10^{-13.56}=2.75×10^{-14}$	$10^{-6.78}=1.66×10^{-7}$	100	$10^{-12.27}=5.37×10^{-13}$	$10^{-6.13}=7.41×10^{-7}$
40	$10^{-13.53}=2.95×10^{-14}$	$10^{-6.77}=1.70×10^{-7}$			

三、酸和碱的解离常数

表 1-76 和表 1-77 中所列的是酸和碱的解离常数的负对数值，即 $-\lg K_a = pK_a$。一般的质子转移反应式为：

$$HB \rightleftharpoons H^+ + B^-$$

酸的解离常数表示如下：

$$K_a = \frac{[H^+][B^-]}{[HB]}$$

酸（HB）及其共轭碱 B 的最普通电荷型式，如

$$CH_3COOH \rightleftharpoons H^+ + CH_3COO^- （乙酸，乙酸根离子）$$

$$HSO_4^- \rightleftharpoons H^+ + SO_4^{2-}（硫酸氢离子，硫酸根离子）$$

$$NH_4^+ \rightleftharpoons H^+ + NH_3（铵离子，氨）$$

具有一个以上氢离子的分级解离的酸，如磷酸

$$H_3PO_4 \rightleftharpoons H^+ + H_2PO_4^-；pK_1 = 2.12；K_1 = 7.6×10^{-3}$$

$$H_2PO_4^- \rightleftharpoons H^+ + HPO_4^{2-}；pK_2 = 7.20；K_2 = 6.3×10^{-8}$$

$$HPO_4^{2-} \rightleftharpoons H^+ + PO_4^{3-}；pK_3 = 12.36；K_3 = 4.4×10^{-13}$$

对 $NH_3 + H_2O \rightleftharpoons NH_4^+ + OH^-$ 的解离平衡，如果要求以碱的解离常数 K_b 表示时，pK_b 可按下列关系计算：

$$pK_b = pK_w - pK_a$$

式中，$K_w = [H^+][OH^-]$，是水的离子积，$pK_w = pH + pOH$，这样，氨的 pK_b 和 K_b 值分别为：

$$pK_b = 14.00 - 9.24 = 4.76$$

$$K_b = 1.7×10^{-5}$$

表 1-76 无机酸、碱在水溶液中的解离常数（25℃）

（按化学式顺序排列）

化 学 式	名 称	pK_1	pK_2	pK_3	pK_4
H_3AlO_3	铝 酸	11.2			
H_3AsO_3	亚砷酸	9.29			
H_3AsO_4	砷 酸	2.26	6.78	11.29	
H_3BO_3	硼 酸	9.24	>14		
$H_2B_4O_7$	四硼酸	4	9		
HBrO	次溴酸	8.55			
HClO	次氯酸	7.40			
$HClO_2$	亚氯酸	1.94			
HCN	氢氰酸	9.21			
HCNO	氰 酸	3.46			
H_2CO_3	碳 酸	6.35	10.33		
H_2CS_3	三硫代碳酸	2.68	8.18		
H_2CrO_4	铬 酸	0.74	6.49		
$H_2Cr_2O_7$	重铬酸		1.64		
HF	氢氟酸	3.20			
$H_4Fe(CN)_6$	亚铁氰酸	<1	<1	2.22	4.17
H_2GeO_3	锗 酸	9.01	12.3		
HIO_4；H_5IO_6	高碘酸	1.55	8.27	14.98	
HIO_3	碘 酸	0.78			
HIO	次碘酸	10.5			
H_2MnO_4	锰 酸		10.15		
H_2MoO_4	钼 酸	2.54	3.86		
NH_4^+	铵离子	9.24			
HN_3	叠氮酸	4.6			
HNO_2	亚硝酸	3.25			
HON=NOH	连二次硝酸	6.95	10.84		
$HO \cdot NH_3^+$	羟铵离子	5.96			
$H_2N \cdot NHSO_3H$	肼基磺酸	3.85			
$^+H_3N \cdot NH_3^+$	肼离子	-0.88	7.99		
$H_2N \cdot NO_2$	硝酰胺	6.58			
H_2O_2	过氧化氢	11.62			
H_3PO_3	亚磷酸	1.3	6.7		
H_3PO_4	磷 酸	2.16	7.21	12.32	
$H_4P_2O_7$	焦磷酸	0.91	2.10	6.70	9.32

续表

化 学 式	名 称	pK_1	pK_2	pK_3	pK_4
H_3PO_2	次磷酸	1.23			
$H_4P_2O_6$	连二磷酸	2.20	2.81	7.27	10.03
$H_5P_3O_8(NH)_2$	二亚氨基三磷酸	约0.5	约2	3.94	
$(H_2N)_2PO_2H$	二氨基磷酸	4.83			
$HReO_4$	高铼酸	−1.25			
H_2S	氢硫酸	7.05	19		
H_2SO_3	亚硫酸	1.85	7.20		
H_2SO_4	硫 酸		1.99		
H_2SO_5	过(氧络)硫酸		9.3		
$H_2S_2O_3$	硫代硫酸	0.60	1.72		
$H_2S_2O_4$	连二亚硫酸		2.45		
$H_2S_2O_6$	连二硫酸	0.2	3.4		
$HSCN$	硫氰酸	0.85			
$HSb(OH)_6$	六羟络锑酸	2.55			
H_2Se	氢硒酸	3.89	11.0		
H_2SeO_3	亚硒酸	2.62	8.32		
H_2SeO_4	硒酸	—	1.7		
H_2SiO_3	硅 酸	9.77	11.80		
H_4SiO_4	原硅酸	9.9	11.8	12.00	12.00
H_2Te	氢碲酸	2.6	11		
H_2TeO_3	亚碲酸	6.27	8.43		
H_6TeO_6	原碲酸	7.61	11.00		
H_3VO_4	钒 酸		8.95	14.4	
H_2WO_4	钨 酸	4.2			
$AgOH$[①]	氢氧化银	3.96			
$Be(OH)_2$[①]	氢氧化铍		10.30		
$Ca(OH)_2$[①]	氢氧化钙	2.43	1.40		
$Pb(OH)_2$[①]	氢氧化铅	3.02			
$Zn(OH)_2$[①]	氢氧化锌	3.02			

①表中数据为相应碱的pK_b值。

表1-77为有机酸、碱在水溶液中的解离常数。除特殊注明外均为25℃时。除另加说明者外，离子强度I均为零。物质按中文名字笔画顺序排列。质子化阳离子在其pK_a值后标记为（+1）、（+2）等；中性物质如不是显而易见者标记为（0）；带负电荷的酸标记为（−1）、（−2）等。pK_a值后括号中加注的基团（如—SH，巯基；—OH，羟基）表示为该基团上氢解离时的值。

表 1-77 有机酸、碱在水溶液中的解离常数(25℃)

物　　质	pK_1	pK_2	pK_3	pK_4
一氯二氟乙酸	0.46			
1,2-乙二胺	6.86(+2)	9.92(+1)		
1,2-乙二胺-N,N'-二甲基-N,N'-二乙酸(20℃)	6.047(0)	10.068(-1)		
1,2-乙二胺-N,N'-二乙酸	6.42	9.46		
1,2-乙二胺-N,N-二甲基-N,N'-二乙酸	6.047	10.068		
乙二胺-N,N'-二乙酸-N,N'-二丙酸(30℃)	3.00	3.79	5.98	9.83
乙二胺-N,N,N',N'-四乙酸($I=0.1mol/kg$)	1.99	2.67	6.16	10.26
乙二胺-N,N,N',N'-四丙酸(30℃)	3.00	3.43	6.77	9.60
乙二胺-N,N'-二丙酸(30℃)	6.87	9.60		
1,2-乙二硫醇	8.96	10.54		
乙炔二羧酸	1.75	4.40		
乙肿酸(18℃)	3.89	8.35		
乙　脒	12.1(+1)			
乙　胺	10.65(+1)			
(3-乙氨基)苯膦酸	1.1(+1)	4.90(0)	7.24(-1)	
2-乙氧基乙胺	6.26(+1)			
2-乙氧基乙硫醇	9.38			
乙氧基乙酸(18℃)	3.65			
4-乙氧基吡啶	6.67(+1)			
2-乙氧基苯甲酸(20℃)	4.21			
3-乙氧基苯甲酸(20℃)	4.17			
4-乙氧基苯甲酸(20℃)	4.80			
2-乙氧基苯胺（邻氨基苯乙醚）	4.47(+1)			
3-乙氧基苯胺	4.18(+1)			
4-乙氧基苯胺	5.25(+1)			
2-乙氧基苯酚	10.109			
3-乙氧基苯酚	9.655			
(4-乙氧基苯基)膦酸	2.06	7.28		
乙氧羰基乙胺	9.13(+1)			
N-乙基乙二胺	7.63(+2)	10.56(+1)		
乙基丁二酸	4.08(0)			
2-乙基丁酸(20℃)	4.710			
乙基巴比土酸	3.69(+1)			
乙基双胍	2.09(+1)	11.47(0)		
亚乙基双胍(30℃)	1.74	2.88	11.34	11.76
亚乙基双(硫代乙酸)(18℃)	3.382(0)	4.352(-1)		

续表

物　　质	pK₁	pK₂	pK₃	pK₄
N-乙基邻甲苯胺	4.92(+1)			
乙基甲基(甲)酮肟	12.45			
乙基甲基丙二酸	2.86(0)	6.41(−1)		
5-乙基-5-(1-甲丁基)巴比土酸	8.11(0)			
3-乙基-4-(甲氨基)吡啶(20℃)	9.90(+1)			
3-乙基-6-甲基吡啶(20℃)	6.51(+1)			
3-乙基-4-甲基吡啶-1-氧化物	−1.534(+1)			
5-乙基-2-甲基吡啶-1-氧化物	−1.288(+1)			
1-乙基-2-甲基-2-吡咯啉	11.84(+1)			
1-乙基-2-甲基哌啶	10.66(+1)			
N-乙基甘氨酸(I=0.1mol/kg)	2.34(+1)	10.23(0)		
乙基过氧化氢	11.80			
乙基丙二酸	2.90(0)	5.55(−1)		
乙基丙基丙二酸	3.14	7.43		
2,2-乙基丙基戊二酸	3.511			
3-乙基丙烯酸	4.695			
3-乙基戊烷-2,4-二酮	11.34			
5-乙基-5-戊烷基巴比土酸	7.960			
2-乙基戊酸(18℃)	4.71			
3-乙基戊二酸	4.28	5.33		
乙基吗啡碱(15℃)	8.08			
乙基吡咯烷	10.43(+1)			
2-乙基-2-吡咯啉	7.87(+1)			
2-乙基吡啶	5.89(+1)			
2-乙基吡啶-1-氧化物	−1.19(+1)			
3-乙基吡啶(20℃)	5.80(+1)			
3-乙基吡啶-1-氧化物	−0.965(+1)			
4-乙基吡啶	5.87(+1)			
2-乙基苯甲酸	3.79			
4-乙基苯甲酸	4.35			
N-乙基苯胺	5.12(+1)			
2-乙基苯胺	4.42(+1)			
3-乙基苯胺	4.70(+1)			
4-乙基苯胺	5.00(+1)			
2-乙基苯酚	10.2			
3-乙基苯酚	10.07			

续表

物　　质	pK$_1$	pK$_2$	pK$_3$	pK$_4$
4-乙基苯酚	10.0			
4-乙基苯基乙酸	4.373			
5-乙基-5-苯基巴比土酸	7.445			
2-乙基苯基咪唑（$I=0.16$mol/kg）	6.27（+1）			
1-乙基哌啶（$I=0.01$mol/kg）	10.45（+1）			
3-乙基-2-羟基吡啶	5.00（+1）			
S-乙基硫代乙酸	5.06			
N-乙基巯基乙酰胺	8.14（SH）			
N-乙基藜芦胺	7.40（+1）			
乙烯基甲基胺	9.69（+1）			
2-乙烯基吡啶	4.98（+1）			
4-乙烯基吡啶	5.62（+1）			
乙硫醇（$I=0.015$mol/kg）	10.61			
乙酰乙酸（18℃）	3.58			
乙酰乙酸乙酯	10.68			
2-乙酰吡啶	2.643（+1）			
3-乙酰吡啶	3.256（+1）			
4-乙酰吡啶	3.505（+1）			
乙酰肼	3.24（+1）			
N-乙酰胍	8.23（+1）			
N-乙酰青霉胺（30℃）	9.90			
N-乙酰苯胺	0.4（+1）	13.39（0），40℃		
2-乙酰苯酚	9.19			
4-乙酰苯酚	8.05			
乙酰胺	−0.37（+1）			
3-乙酰氨基吡啶	4.37（+1）			
2-乙酰氨基苯甲酸	3.63			
3-乙酰氨基苯甲酸	4.07			
4-乙酰氨基苯甲酸	4.28			
N-(2-乙酰氨基)-2-氨基乙磺酸（20℃）	6.88			
N-(2-乙酰氨基)亚氨基二乙酸（20℃）	6.62			
2-乙酰-1-萘酚（30℃）	13.40			
2-乙酰基环己酮	14.1			
2-乙酰基苯甲酸	4.13			
3-乙酰基苯甲酸	3.83			
4-乙酰基苯甲酸	3.70			

续表

物　　质	pK₁	pK₂	pK₃	pK₄
乙酰异羟肟酸(20℃)	9.40			
N-乙酰-2-巯基乙胺	9.92(—SH)			
4-乙酰-β-巯基异亮氨酸(30℃)	10.30			
乙醇酸(羟基乙酸)	3.831			
乙　酸	4.756			
乙酸-d(乙酸在重水中)	5.32			
2-乙酸基苯甲酸(乙酰水杨酸)	3.48			
3-乙酸基苯甲酸	4.00			
4-乙酸基苯甲酸	4.38			
乙膦酸	2.43	8.05		
乙次膦酸	3.29			
N,N-二乙基乙二胺	7.70(+2)	10.46(+1)		
二乙基乙醇酸(18℃)	3.804			
2,3-二乙基丁二酸(外消旋)	3.63	6.46		
2,3-二乙基丁二酸(内消旋)	3.54	6.59		
二亚乙基三胺	4.42(+3)	9.21(+2)	10.02(+1)	
二亚乙基三胺五乙酸(pK₅=10.58)	1.80(0)	2.55(−1)	4.33(−2)	8.60(−3)
5,5-二乙基巴比土酸(佛罗那)	8.020(0)			
二乙基双胍(30℃)	2.53(+1)	11.68(0)		
二乙基甲基胺	10.35(+1)			
二乙基丙二酸	2.151	7.417		
2,2-二乙基戊二酸	3.62	7.12		
N,N-二乙基甘氨酸	2.04(+1)	10.47(0)		
N,N-二乙基苄胺	9.48(+1)			
N,N-二乙基苯胺	6.57(+1)			
N,N-二乙基邻甲苯胺	7.18(+1)			
二乙基胺	10.84(+1)			
α-(二乙氨基)甲苯	9.44(+1)			
2-(二乙氨基)-4-氨基苯甲酸乙酯	8.85(+1)			
二(乙氧基乙基)胺	8.47(+1)			
3,5-二乙氧基苯酚	9.370			
3-(二乙氧基氧亚膦基)苯甲酸	3.65			
4-(二乙氧基氧亚膦基)苯甲酸	3.60			
3-(二乙氧基氧亚膦基)苯酚	8.66			
4-(二乙氧基亚膦基)苯酚	8.28			
二乙酰基丙酮	7.42			

续表

物　　质	pK_1	pK_2	pK_3	pK_4
二乙醇酸	2.96			
二丁胺	11.25(+1)			
二仲丁胺	10.91(+1)			
2,3-二叔丁基琥珀酸($I=0.1mol/kg$,外消旋)	3.58	10.2		
1,3-二[三(羟甲基)甲氨基]丙烷(20℃)	6.80(+1)			
二己基胺	11.0(+1)			
3-(二甲氨乙基)吡啶	4.30(+2)	8.86(+1)		
4-(二甲氨乙基)吡啶	4.66(+2)	8.70(+1)		
2-[2-(二甲氨基)乙基]吡啶	3.46(+2)	8.75(+1)		
4-(二甲氨基)-3-乙基吡啶(20℃)	8.66(+1)			
4-(二甲氨基)-3,5-二甲基吡啶(20℃)	8.15(+1)			
2-(二甲氨基)乙醇	9.26(+1)			
4-(二甲氨基)-2,3-二甲基-1-苯基-3-吡唑啉-5-酮	4.18(+1)			
4-(二甲氨基)-3-甲基吡啶(20℃)	8.68(+1)			
4-(二甲氨基)-3-异丙基吡啶(20℃)	8.27(+1)			
4-(二甲氨基)吡啶(20℃)	6.09(+1)			
2-(二甲氨基甲基)吡啶	2.58(+2)	8.12(+1)		
3-(二甲氨基甲基)吡啶	3.17(+2)	8.00(+1)		
4-(二甲氨基甲基)吡啶	3.39(+2)	7.66(+1)		
N,N-二甲氨基环己烷	10.72(+1)			
(4-二甲氨基苯基)膦酸	2.0(+1)	4.2	7.35	
4-二甲氨基苯甲醛	1.647(+1)			
二(2-甲氧乙基)胺	9.51(+1)			
1,10-二甲氧基-3,8-二甲基-4,7-菲罗啉	7.21			
3,4-二甲氧基苯乙酸	4.333			
2,6-二甲氧基苯甲酸	3.44			
3,5-二甲氧基苯胺	3.86(+1)			
3,5-二甲氧基(苯)酚	9.345			
N,N-二甲基乙二胺-N,N-双乙酸	6.63	9.53		
N,N-二甲基乙二胺-N,N'-双乙酸	7.40	10.16		
N,N-二甲基乙二胺-N,N'-双乙酸	5.99	9.97		
1,1-二甲基乙硫醇($I=0.1mol/kg$)	11.22			
二甲基乙醇酸(18℃)	4.04			
3,5-二甲基-4-(二甲氨基)吡啶(20℃)	8.12(+1)			
2,2-二甲基-1,3-二氧六环-4,6-二酮	5.1			
DL-2,3-二甲基丁二酸	3.82	5.93		

物　质	pK_1	pK_2	pK_3	pK_4
2,3-二甲基丁二酸(内消旋)	3.67	5.30		
2,3-二甲基丁二酸(外消旋)	3.94	6.20		
2,2-二甲基丁二酸(内消旋)	3.77	5.936		
2,2-二甲基丁二酸(外消旋)	3.93	6.20		
2,2-二甲基丁酸(18℃)	5.03			
5,5-二甲基-2,4-己二酮	10.01			
二甲基马来酸(丙二酸)	3.15	6.06		
二甲基双胍	2.77(+1)	11.52		
1,3-二甲基巴比土酸	4.68(+1)			
N,N-二甲基邻甲苯胺	5.86(+1)			
N,N-二甲基对甲苯胺	7.24(+1)			
3,5-二甲基-4-甲氨基-吡啶(20℃)	9.96(+1)			
2,2-二甲基丙酸(新戊酸)	5.031			
2,2-二甲基丙膦酸	2.84	8.65		
2,2-二甲基丙二酸	3.15	6.06		
3,3-二甲基戊二酸	3.70	6.34		
2,2-二甲基戊酸	4.969			
4,4-二甲基戊酸(18℃)	4.79			
2,4-二甲基吡啶(2,4-卢剔啶)	6.79(+1)			
2,4-二甲基吡啶-1-氧化物	1.627(+1)			
2,5-二甲基吡啶(2,5-卢剔啶)	6.40(+1)			
2,5-二甲基吡啶-1-氧化物	1.208(+1)			
2,6-二甲基吡啶(2,6-卢剔啶)	6.65(+1)			
2,6-二甲基吡啶-1-氧化物	1.366(+1)			
3,4-二甲基吡啶(3,4-卢剔啶)	6.46(+1)			
3,4-二甲基吡啶-1-氧化物	1.493(+1)			
3,5-二甲基吡啶(3,5-卢剔啶)	6.15(+1)			
3,5-二甲基吡啶-1-氧化物	1.181(+1)			
2,3-二甲基苯甲酸	3.771			
2,4-二甲基苯甲酸	4.217			
2,5-二甲基苯甲酸	3.990			
2,6-二甲基苯甲酸	3.362			
3,4-二甲基苯甲酸	4.41			
3,5-二甲基苯甲酸	4.32			
N,N-二甲基苯胺-4-膦酸(17℃)	2.0(+1)	4.2	7.39	
2,4-二甲基苯胺	4.89(+1)			

续表

物　　质	pK₁	pK₂	pK₃	pK₄
2,5-二甲基苯胺	4.53(+1)			
2,6-二甲基苯胺	3.89(+1)			
3,4-二甲基苯胺	5.17(+1)			
3,5-二甲基苯胺	4.765(+1)			
N,N-二甲基苯胺	5.07(+1)			
2,3-二甲基苯胺	4.70(+1)			
N,N-二甲基苄胺	9.02(+1)			
二甲基胺	10.73(+1)			
二甲基苯基硅烷基乙酸	5.27			
2,6-二甲基苯氧基乙酸	3.356			
2,4-二甲基苯酚	10.58			
2,5-二甲基苯酚	10.22			
2,6-二甲基苯酚	10.59			
3,4-二甲基苯酚	10.32			
3,5-二甲基苯酚	10.15			
2,3-二甲基苯酚	10.50			
5,5-二甲基-1,3-环己二酮	5.15			
顺-3,3-二甲基-1,2-环丙二甲酸	2.34	8.31		
反-3,3-二甲基-1,2-环丙二甲酸	3.92	5.32		
α,α-二甲基草酰乙酸	1.77	4.62		
5,5-二甲基海因	9.19			
二甲基金霉素($I=0.01$mol/kg)	3.30(+1)			
1,2-二甲基哌啶	10.22			
顺-2,6-二甲基哌啶	11.07(+1)			
2,5-二甲基哌啶	5.20	9.83		
N,N'-二甲基哌嗪	4.630(+2)	8.539(+1)		
2,4-二甲基咪唑	8.36(+1)			
2,3-二甲基萘-1-甲酸	3.33			
2,6-二甲基-4-硝基苯酚	7.190			
3,5-二甲基-4-硝基苯酚	8.245			
二甲基羟基四环素	7.5	9.4		
2,4-二甲基-8-羟基喹啉	6.20(+1)	10.60(0)		
3,4-二甲基-8-羟基喹啉	5.80(+1)	10.05(0)		
2,4-二甲基-8-羟基喹啉-7-磺酸	8.20(NH⁺)	10.14(OH)		
2,6-二甲基-4-氰基苯酚	8.27			
3,5-二甲基-4-氰基苯酚	8.21			

续表

物　　质	pK$_1$	pK$_2$	pK$_3$	pK$_4$
2,3-二甲基喹啉	4.94(+1)			
2,6-二甲基喹啉	5.46(+1)			
2,4-二甲基噻唑($I=0.1$mol/kg)	3.98			
2,5-二甲基噻唑($I=0.1$mol/kg)	3.91			
4,5-二甲基噻唑($I=0.1$mol/kg)	3.73			
二甲次胂酸(苄可基酸)	6.273			
二甲酚橙[pK$_5$=10.46(−4);pK$_6$=12.28(−5)]	—	2.58(−1)	3.23(−2)	6.37(−3)
2-甲氨基嘌呤(20℃)	4.00	10.24		
二亚丙基三胺	7.72(+3)	9.56(+2)	10.65(+1)	
二丙基丙二酸	2.04	7.51		
二异丙基丙二酸	2.124	8.848		
2,2-二丙基戊二酸	3.688	7.31		
二丙基胺	10.91(+1)			
二苄丁二酸(20℃)	3.96	6.66		
二苄胺	8.52(+1)			
二苯乙醇酸	3.09			
二苯基胺	0.79(+1)			
二苯基乙酸	3.939			
2,2-二苯基丁二酸(内消旋)	3.48			
2,2-二苯基丁二酸(外消旋)	3.58			
2,2-二苯基丁二酸 1-甲酯(20℃)	4.47			
2,2-二苯基丁二酸 4-甲酯(20℃)	3.900			
2,2-二苯基己二酸(20℃)	4.17	5.40		
3,3-二苯基己二酸	4.22	5.19		
2,2-二苯基壬二酸(20℃)	4.33	5.38		
2,2-二苯基戊二酸(20℃)	3.91	5.38		
2,2-二苯基庚二酸(20℃)	4.28	5.39		
1,3-二苯基胍	10.12			
二苯基硫代卡巴腙	4.50	15		
二苯基羟乙酸(35℃)	3.05			
二苯基酮亚胺	6.82			
二环己基胺	10.4(+1)			
二环戊基胺	10.93(+1)			
二氟乙酸	1.33			
3,3-二氟丙烯酸	3.17			
七氟代丁酸	0.17			

续表

物　　　质	pK₁	pK₂	pK₃	pK₄
2,2,3,3,4,4,5,6-八氟戊酸	2.65			
4,4,5,5,6,6,6-七氟代己酸	4.18			
4,4,5,5,6,6,6-七氟代-2-己酸	3.23			
二氢可待因	8.75(+1)			
二氢吗啡	9.35			
二氢麦角诺文	7.38(+1)			
α-二氢麦角酸	3.57	8.45		
γ-二氢麦角酸	3.60	8.71		
α-二氢麦角醇	8.30			
β-二氢麦角醇	8.23			
二氢槟榔啶	9.70			
二氢槟榔啶甲酯	8.39			
1,4-二氮杂二环[2.2.2]辛烷	2.90(+2)	8.60(+1)		
2,3-二氮杂萘	3.47(+1)			
2,2′-二氨基二乙硫醚(30℃)	8.84(+2)	9.64(+1)		
1,8-二氨基-3,6-二硫辛烷(30℃)	8.43(+2)	9.31(+1)		
2,3-二氨基丙酸甲酯($I=0.1$ mol/kg)	4.412(+1)	8.250(0)		
1,3-二氨基-2-丙醇(20℃)	7.93(+2)	9.69(+1)		
2,5-二氨基吡啶(20℃)	2.13(+2)	6.48(+1)		
2,7-二氨基辛烷二酸(20℃,$I=0.1$ mol/kg)	1.84(+2)	2.64(+1)	9.23(0)	9.89(−1)
1,8-二氨基-3,6-辛烷二酮(30℃)	8.60(+2)	9.57(+1)		
3,5-二氨基苯甲酸	5.30			
1,3-二氨基-2-氨甲基丙烷	6.44(+3)	8.56(+2)	10.38(+1)	
1,3-二氨基-N,N-二(2-氨乙基)丙烷($I=0.5$mol/kg)	6.01(+4)	7.26(+3)	9.49(+2)	10.23(+1)
1,8-二氨基-3-氧杂-6-硫代辛烷(30℃)	8.54(+2)	9.46(+1)		
2,6-二氧代-1,2,3,6-四氢化-4-嘧啶羧酸(乳清酸)	1.8(+1)	9.55(0)		
二羟乙胺	8.88(+1)			
二(2-羟乙基)胺	8.8(+1)			
二羟乙酸	3.30(0)			
2,2-二(羟甲基)-3-羟基丙酸	4.460			
二羟基马来酸	1.10			
1,3-二羟基-2-甲基苯($I=0.65$ mol/kg)	10.05	11.64		
2,4-二羟基-5-甲基嘧啶	9.90			
2,4-二羟基-6-甲基嘧啶	9.52			
1,4-二羟基-2,6-二硝基苯	4.42	9.14		
1,4-二羟基-2,3,5,6-四甲基苯($I=0.65$ mol/kg)	11.25	12.70		

物　　质	pK_1	pK_2	pK_3	pK_4
2,4-二羟基吡啶(20℃)	1.37(+1)	6.54(0)	13(−1)	
3,4-二羟基-3-环丁烯-1,2-二酮	0.541	3.480		
2,3-二羟基-2-环戊烯-1-酮(20℃)	4.72			
二羟基苹果酸	1.92			
1,3-二羟基苯(间苯二酚)	9.44(0)	12.32(−1)		
1,4-二羟基苯(氢醌)	9.91(0)	12.04(−1)		
4,5-二羟基苯-1,3-二磺酸	—	—	7.66(−2)	12.6(−3)
2,3-二羟基苯甲酸(30℃)	2.98	10.14		
2,4-二羟基苯甲酸(β-二羟基苯甲酸)	3.11	8.55	14.0	
2,5-二羟基苯甲酸	2.97	10.50		
2,6-二羟基苯甲酸	1.30			
3,4-二羟基苯甲酸	4.48	8.83	12.6	
3,5-二羟基苯甲酸	4.04			
2,5-二羟基对苯醌	2.71	5.18		
3,4-二羟基苯甲醛	7.55			
2,4-二羟基-1-苯偶氮苯($I=0.1$mol/kg)	11.98			
1,4-二羟萘(26℃,$I=0.65$mol/kg)	9.37	10.93		
1,2-二羟基苯(焦儿茶酚)($I=0.1$mol/kg)	9.356(0)	12.98(−1)		
二羟基酒石酸	1.95	4.00		
1,2-二羟基-3-硝基苯	6.68			
1,2-二羟基-4-硝基苯($I=0.1$mol/kg)	6.701			
2,4-二羟基喋啶	<1.3	7.92		
2,6-二羟基嘌呤	7.53(0)	11.84(−1)		
2,4-二羟基噁唑烷	6.11(+1)			
1,2-二羟基蒽醌-3-磺酸(茜素-3-磺酸)	—	5.54(−1)	11.01(−2)	
二烯丙基胺($I=0.02$mol/kg)	9.29(+1)			
5,5-二烯丙基巴比土酸	7.78(0)			
二氯乙酸	1.35			
二氯乙酰乙酸	2.11			
1,3-二氯-2,5-二羟基苯($I=0.65$mol/kg)	7.30	9.99		
2,5-二氯-3,6-二羟基对苯醌	1.09	2.42		
二氯甲基膦酸	1.14	5.61		
2,2-二氯丙酸	2.06			
2,3-二氯丙酸	2.85			
2,3-二氯代丁二酸(20℃)(外消旋)	1.43	2.81		
2,3-二氯代丁二酸(内消旋)	1.49	2.97		

物　质	pK₁	pK₂	pK₃	pK₄
3,6-二氯邻苯二甲酸	1.46			
3,5-二氯苯胺	2.37(+1)			
4,6-二氯苯氧基-2-甲基乙酸	3.13			
2,4-二氯苯氧基乙酸(2,4-D)	2.64			
2,3-二氯苯酚	7.44			
2,4-二氯苯酚	7.85			
2,6-二氯苯酚	6.78			
3,4-二氯苯酚	8.630			
3,5-二氯苯酚	8.179			
2,4-二氯-6-硝基苯胺	−3.00(+1)			
2,5-二氯-4-硝基苯胺	−1.74(+1)			
2,6-二氯-4-硝基苯胺	−3.31(+1)			
3,5-二氯对酪氨酸	2.12	6.47	7.62	
2,2-二氰乙基胺	5.14(+1)			
2,2-二氰基丙酸	−2.8			
二硝基甲烷(20℃)	3.60			
1,1-二硝基乙烷(20℃)	5.21			
1,1-二硝基丙烷	5.5			
1,1-二硝基丁烷(20℃)	5.90			
1,1-二硝基戊烷	5.337			
1,1-二硝基癸烷	3.60			
2,3-二硝基苯甲酸	1.85			
2,4-二硝基苯甲酸	1.43			
2,5-二硝基苯甲酸	1.62			
2,6-二硝基苯甲酸	1.14			
3,4-二硝基苯甲酸	2.82			
3,5-二硝基苯甲酸	2.85			
2,4-二硝基苯乙酸	3.50			
2,4-二硝基苯胺	−4.25(+1)			
2,6-二硝基苯胺	−5.23(+1)			
3,5-二硝基苯胺	0.229(+1)			
2,4-二硝基苯酚	4.07			
2,5-二硝基苯酚	5.216			
2,6-二硝基苯酚	3.713			
3,4-二硝基苯酚	5.424			
3,5-二硝基苯酚	6.732			

续表

物　质	pK_1	pK_2	pK_3	pK_4
二硫代二乙酸(18℃)	3.075	4.201		
二硫代草酰胺(红氨酸)	10.89			
1,4-二硫赤藓糖醇	9.5			
1,12-二羧基十二烷基硼	9.07	10.23		
苏型-1,4-二巯基-2,3-丁二醇	8.9			
2,3-二巯基-丁二酸(内消旋)	2.71	3.48	8.89(SH)	10.79(SH)
2,3-二溴丁二酸(外消旋,20℃)	1.43	2.24		
2,3-二溴丁二酸(内消旋,20℃)	1.51	2.71		
二溴代乙酸	1.39			
2,2-二溴丙酸	1.48			
2,3-二溴丙酸	2.33			
3,5-二溴苯胺	2.34(+1)			
3,5-二溴苯酚	8.056			
3,5-二碘苯胺	2.37(+1)			
2,5-二碘组胺	2.31(+2)	8.20(+1)	10.11(0)	
3,5-二碘(苯)酚	8.103			
马钱子碱	8.26			
1,2-丁二胺	6.399(+2)	9.388(+1)		
1,4-丁二胺	9.63(+2)	10.80(+1)		
2,3-丁二胺	6.91(+2)	10.00(+1)		
丁二酮肟	10.60			
4-丁内铵盐(20℃)	3.94(+1)			
2-丁炔-1,4-二酸	1.75	4.40		
2-丁炔酸(丁炔酸)	2.620			
丁肟酸(18℃)	4.23	8.91		
丁胺	10.60(+1)			
异丁胺	10.56(+1)			
叔丁胺	10.68(+1)			
3-丁氧基苯甲酸(20℃)	4.25			
1,2,3,4-丁烷四甲酸	3.43	4.58	5.85	7.16
3-丁烯酸(乙烯基乙酸)	4.34			
异丁烯酸	4.66			
顺-2-丁烯酸(异巴豆酸)	4.44			
反-2-丁烯酸(反巴豆酸)(35℃)	4.676			
2-丁酰胺(仲丁胺)	10.56(+1)			
N-丁基乙烯二胺	7.53(+2)	10.30(+1)		

物　　质	pK_1	pK_2	pK_3	pK_4
异丁基乙酸(18℃)	4.79			
丁基甲胺	10.90(+1)			
2-丁基-甲基-2-吡咯啉	11.84(+1)			
2-叔丁基吡啶	5.76(+1)			
3-叔丁基吡啶	5.82(+1)			
4-叔丁基吡啶	5.99(+1)			
2,6-二叔丁基吡啶	3.58(+1)			
4-叔丁基苯乙酸	4.417			
2-叔丁基苯甲酸	3.54			
3-叔丁基苯甲酸	4.20			
4-叔丁基苯甲酸	4.38			
4-叔丁基苯胺	3.78(+1)			
N-叔丁基苯胺	7.00(+1)			
1-丁基胍啶(I=0.02mol/kg)	10.43(+1)			
叔丁基氢过氧化物	12.80			
1-叔丁基-2-羟基苯	10.62			
1-叔丁基-3-羟基苯	10.119			
1-叔丁基-4-羟基苯	10.23			
2-叔丁基噻唑(I=0.1mol/kg)	3.00(+1)			
4-叔丁基噻唑(I=0.1mol/kg)	3.04(+1)			
丁基次膦酸	3.41			
叔丁基次膦酸	4.24			
叔丁基膦酸	2.79	8.88		
丁　酸	4.83			
三乙基胺	10.75(+1)			
三亚乙基二胺	3.0(+2)	8.7(+1)		
三亚乙基四胺(20℃)	3.32(+4)	6.67(+3)	9.20(+2)	9.92(+1)
三乙基琥珀酸	2.74			
三乙酰基甲烷	5.81			
三乙醇胺(俗);三(羟乙基)胺	7.76(+1)			
三异丁胺	10.42(+1)			
2,3,4-三甲苯酚	10.59			
2,4,5-三甲苯酚	10.57			
2,4,6-三甲苯酚	10.88			
3,4,5-三甲苯酚	10.25			
2,3,6-三甲基吡啶(I=0.5mol/kg)	7.60(+1)			

物　　质	pK_1	pK_2	pK_3	pK_4
2,4,6-三甲基吡啶	7.43(+1)			
2,4,6-三甲基吡啶-1-氧化物	1.990(+1)			
3-(三甲氨基)苯酚	8.06			
4-(三甲氨基)苯酚	8.35			
2,4,6-三甲基苯甲酸	3.448			
2,4,6-三甲基苯胺	4.38(+1)			
三甲基胺	9.80(+1)			
3-(三甲基硅)苯甲酸	4.089			
4-(三甲基硅)苯甲酸	4.192			
三(三甲基硅)胺	4.70(+1)			
2,4,5-三甲基噻唑(I=0.1mol/kg)	4.55			
三丙胺	10.66(+1)			
三苯基乙酸	3.96			
三氟乙酸	0.52			
三氟乙醇	12.37			
4,4,4-三氟丁酸	4.16			
5-三氟甲基-1,2,3,4-四唑	1.70			
3-(三氟甲基)苯胺	3.49(+1)			
4-(三氟甲基)苯胺	2.45(+1)			
3-三氟甲基苯酚	8.68			
2-三氟甲基苯酚	8.95			
α,α,α-三氟间甲酚	8.950			
3,3,3-三氟丙酸	3.06			
三氟丙烯酸	1.79			
5,5,5-三氟戊酸	4.50			
4,4,4-三氟巴豆酸	3.15			
4,4,4-三氟苏糖酸	1.554(+1)	7.822(0)		
1H-1,2,3-三唑	—	9.26		
1H-1,2,4-三唑	2.386(+1)	9.972		
1,2,3-三唑-4-羧酸	3.22	8.73		
1,2,3-三唑-4,5-二羧酸	1.86	5.90	9.30	
1,2,4-三唑烷-3,5-二酮(尿唑)	5.80			
三(2-羟乙基)胺	7.762(+1)			
3[三(羟甲基)甲氨基]-1-丙磺酸（TAPS）(20℃)	8.4			
2-[三(羟甲基)甲氨基]-1-乙磺酸（TES）	7.50			
2,4,6-三(羟甲基)苯酚	9.56			

续表

物 质	pK₁	pK₂	pK₃	pK₄
三(羟甲基)氨基甲烷（TRIS）	8.08(+1)			
N-[三(羟甲基)甲基]甘氨酸	2.023(+1)	8.135		
1,2,3-三羟基苯(焦棓酚)	9.03(0)	11.63(−1)		
1,3,5-三羟基苯(间苯三酚)	8.45(0)	8.88(−1)		
2,4,6-三羟基苯甲酸	1.68(0)			
3,4,5-三羟基苯甲酸	4.45(0)	8.85(−1)		
3,4,5-三羟基环己-1-烯-羧酸[D-(−)-莽草酸]	4.15			
三烯丙基胺	8.31(+1)			
三氯乙酸	0.52			
三氟乙酸(20℃)	0.66			
三氯甲基膦酸	1.63	4.81		
三氯代丙烯酸	1.15			
2,4,5-三氯苯酚	7.37			
3,4,5-三氯苯酚	7.839			
3,3,3-三氯乳酸	2.34			
三硫代碳酸(20℃)	2.64			
2,2,2-三硝基乙醇	2.36			
三硝基甲烷(20℃)	0.17			
2,4,6-三硝基苯胺(苦酰胺)	−10.23(+1)			
2,4,6-三硝基苯甲酸	0.654			
三溴乙酸	−0.147			
2,4,6-三溴苯甲酸	1.41			
1,3,5-三嗪-2,4,6-三醇	7.20	11.10		
卫矛(己六)醇;半乳糖醇	13.46			
马来酸	1.92	6.23		
L-马钱子碱(15℃)	2.50	8.26		
D-山梨(糖)醇(17.5℃)	13.60			
L-(−)-山梨糖(18℃)	11.55			
小檗碱(18℃)	11.73(+1)			
1,6-己二胺	9.830(+2)	10.930(+1)		
2,4-己二烯酸(山梨酸)	4.77			
2,4-己二酮	8.49(烯醇)			
	9.32(酮基)			
己二酸(18℃)	4.41	5.41		
己二酸单酰胺(5-羧基-戊酰胺)	4.629			
己肟酸	4.16	9.19		

续表

物 质	pK₁	pK₂	pK₃	pK₄
己 胺	10.56(+1)			
反-2-己烯酸	4.74			
反-3-己烯酸	4.72			
3-己烯-4-羧酸	4.58			
4-己烯-5-羧酸	4.74			
己酸(20℃)	4.849			
己膦酸	2.6	7.9		
六甲基二硅氮烷	7.55			
1,2,3,8,9,10-六甲基-4,7-菲罗啉(20℃)	7.26			
1,1,1,3,3,3-六氟-2,2-丙二醇	8.801			
1,1,1,3,3,3-六氟-2-丙醇	9.42			
六氢化吖庚因	11.07			
2,2′,4,4′,6,6′-六硝基二苯胺	5.42(+1)			
天仙子胺	9.68(+1)			
L-(+)-天冬酰胺		8.80(0)		
异天冬酰胺	2.97(+1)	8.02(0)		
可可碱	7.89			
1,1-双乙酸氨基脲(30℃,$I=0.1mol/kg$)	2.96	4.04		
双十二烷胺	10.99(+1)			
2,2′-双亚氨基咪唑($I=0.3mol/kg$)	5.01(+1)			
双乳酸	2.995			
双 胍	2.93(+2)	11.52(+1)		
N,N'-双(2-氨乙基)乙二胺(20℃)	3.32(+4)	6.67(+3)	9.20(+2)	9.92(+1)
双(2-氨乙基)醚(30℃)	8.62(+2)	9.59(+1)		
N,N-双(2-羟乙基)-2-氨基乙磺酸(20℃)(BES)	7.15			
N,N-双(2-羟乙基)甘氨酸[N-二(羟乙基)甘氨酸](20℃)	8.35			
双(2-羟乙基)亚氨基三(羟甲基)甲烷	6.46(+1)			
D-(+)-木糖	12.15(0)			
1,9-壬烷二酸(壬二酸)	4.53	5.40		
壬酸	4.96			
毛果芸香碱	1.3(+1)	6.85(0)		
异毛果芸香碱(15℃)	7.18(+1)			
巴比土酸	4.01	8.372(0)		
乌头碱	5.88(+1)			
四亚乙基五胺[$I=0.1mol/kg$,pK₅$=9.67(+1)$]	2.98(+5)	4.72(+4)	8.08(+3)	9.10(+2)
N,N,N',N'-四甲基乙二胺	10.40(+2)	8.26(+1)		

物　　质	pK_1	pK_2	pK_3	pK_4
四亚甲基二胺	9.22(+2)	10.75(+1)		
四亚甲基双(硫代乙酸)(18℃)	3.463	4.423		
2,3,5,6-四甲基-4-甲氨基吡啶	0.07(+1)			
2,3,5,6-四甲基吡啶(20℃)	7.90(+1)			
2,3,5,6-四甲基苯甲酸	3.415			
四环素	3.10(+1)	7.26	9.11	
四环素($I=0.005$mol/kg)	3.30(+1)	7.68	9.69	
2,2,6,6-四甲基哌啶($I=0.5$mol/kg)	11.07(+1)			
四甲基琥珀酸	3.50	7.28		
1,4,5,6-四氢化-1,2-二甲基吡啶	11.38(+1)			
1,4,5,6-四氢化-2-甲基吡啶	9.53(+1)			
四氢蛇根碱	10.55(+1)			
反-四氢化萘-2,3-二羧酸(20℃)	4.00	5.70		
顺-四氢化萘-2,3-二羧酸(20℃)	3.98	6.47		
5,6,7,8-四氢化-1-萘酚	10.28			
5,6,7,8-四氢化-2-萘酚	10.48			
四脱氢育亨宾	10.59(+1)			
1,2,3,4-四唑	4.90			
邻甲苯乙酸(18℃)	4.36			
对甲苯乙酸(18℃)	4.36			
邻甲苯胂酸	3.82	8.85		
间甲苯胂酸	3.82	8.60		
对甲苯胂酸	3.70	8.68		
邻甲苯胺	4.45(+1)			
间甲苯胺	4.71(+1)			
对甲苯胺	5.08(+1)			
邻甲(苯)酚	10.26			
间甲(苯)酚	10.00			
对甲(苯)酚	10.26			
邻甲苯硫酚	6.64			
间甲苯硫酚	6.58			
对甲苯硫酚	6.52			
3-甲苯基硒酸	4.80			
4-甲苯基硒酸	4.88			
对甲苯亚磺酸	1.7			
邻甲苯膦酸	2.10	7.68		

物　　质	pK_1	pK_2	pK_3	pK_4
间甲苯膦酸	1.88	7.44		
对甲苯膦酸	1.84	7.33		
甲肼酸(18℃)	3.41	8.18		
甲　胺	10.66(+1)			
2-(2-甲氨基乙基)吡啶(30℃)	3.58(+2)	9.65(+1)		
2-(甲氨基)乙醇	9.88(+1)			
甲氨基二乙酸(20℃)	2.146	10.088		
2-(甲氨基甲基)吡啶(30℃)	2.92(+2)	8.82(+1)		
2-(甲氨基甲基)-6-甲基吡啶($I=0.5$mol/kg)	3.03(+2)	9.15(+1)		
4-甲氨基-3-甲基吡啶(20℃)	9.83(+1)			
3-(甲氨基)吡啶(30℃)	8.70(+1)			
4-(甲氨基)吡啶(20℃)	9.65(+1)			
4-(甲氨基)-2,3,5,6-四甲基吡啶(20℃)	10.06(+1)			
2-(N-甲氨基)苯甲酸	1.93(+1)	5.34(0)		
3-(N-甲氨基)苯甲酸	—	5.10(0)		
4-(N-甲氨基)苯甲酸	—	5.04		
(3-甲氨基)苯膦酸	1.1(+1)	4.72(+1)	7.30(−1)	
(4-甲氨基)苯膦酸	—	—	7.85(−1)	
2-甲氧基乙胺	9.40(+1)			
2-(N-甲氧基乙酰氨基)吡啶	2.01(+1)			
3-(N-甲氧基乙酰氨基)吡啶	3.52(+1)			
4-(N-甲氧基乙酰氨基)吡啶	4.62(+1)			
甲氧基乙酸	3.570			
3-甲氧基-D-α-丙氨酸	2.037(+1)	9.176(0)		
2-甲氧基-4-(2-丙烯基)苯酚	10.0			
N,N-甲氧基苄胺	9.68(+1)			
反-2-甲氧基肉桂酸	4.462			
反-3-甲氧基肉桂酸	4.376			
反-4-甲氧基肉桂酸	4.539			
2-甲氧基吡啶	3.06(+1)			
2-甲氧基吡啶(20℃)	3.28			
3-甲氧基吡啶	4.78(+1)			
4-甲氧基吡啶	6.58(+1)			
4-甲氧基苯乙酸	4.358			
2-甲氧基苯甲酸	4.08			
3-甲氧基苯甲酸	4.10			

第一篇

物　　　质	pK_1	pK_2	pK_3	pK_4
4-甲氧基苯甲酸	4.50			
2-甲氧基苯胺	4.53(+1)			
3-甲氧基苯胺	4.20(+1)			
4-甲氧基苯胺	5.36(+1)			
(2′-甲氧基)苯氧基乙酸	3.231			
(3′-甲氧基)苯氧基乙酸	3.141			
(4′-甲氧基)苯氧基乙酸	3.213			
2-甲氧基苯酚	9.98			
3-甲氧基苯酚	9.65			
4-甲氧基苯酚	10.21			
2-甲氧基-4-硝基苯膦酸	1.53	6.96		
甲氧基羰基甲胺	7.66(+1)			
2-甲氧基羰基吡啶	2.21(+1)			
3-甲氧基羰基吡啶	3.13(+1)			
4-甲氧基羰基吡啶	3.26(+1)			
2-甲氧基羰基苯胺	2.23(+1)			
3-甲氧基羰基苯胺	3.64(+1)			
4-甲氧基羰基苯胺	2.38(+1)			
4-甲氧基-2-(2′-噻唑偶氮)苯酚	7.83			
3-(2′-甲氧苯基)丙酸	4.804			
3-(3′-甲氧苯基)丙酸	4.654			
3-(4′-甲氧苯基)丙酸	4.689			
3-甲氧苯基硒酸	4.65			
4-甲氧苯基硒酸	5.05			
(4-甲氧苯基)次膦酸(17℃)	2.35			
(2-甲氧苯基)膦酸	2.16	7.77		
(4-甲氧苯基)膦酸(17℃)	2.4	7.15		
N-甲基乙胺	4.23(+1)			
N-甲基亚乙基二胺	6.86(+2)	10.15(+1)		
4-甲基-2,2′-二(4-甲基吡啶基)吡啶	5.32(+1)			
5-甲基二亚丙基三氨(30℃)	6.32(+3)	9.19(+2)	10.33(+1)	
2-甲基-3,5-二硝基苯甲酸	2.97			
2-甲基丁酸	4.80			
3-甲基丁酸	4.77			
3-甲基-2-丁烯酸	5.12			
(E)-2-甲基-2-丁烯酸(惕各酸)	4.96			

续表

物　　质	pK₁	pK₂	pK₃	pK₄
(Z)-2-甲基-2-丁烯酸(当归酸)	4.30			
2-甲基-2-丁硫醇	11.35			
(E)-2-甲基-2-丁烯二酸(中康酸)	3.09	4.75		
5-甲基-2,4-己二酮	8.66(烯醇)			
	9.31(酮)			
5-甲基-4-己烯酸	4.80			
1-甲基-1,2,3,4-四氢化-3-吡啶羧酸(槟榔啶;异四氢烟酸)	9.07			
5-甲基-1,2,3,4-四唑	3.32			
甲基双胍	3.00(+2)	11.44(+1)		
1-甲基巴比妥酸	4.35(+1)			
5-甲基巴比妥酸	3.386(+1)			
2-(N-甲基甲烷亚磺酰氨基)吡啶	1.73(+1)			
3-(N-甲基甲烷亚磺酰氨基)吡啶	3.94(+1)			
4-(N-甲基甲烷亚磺酰氨基)吡啶	5.14(+1)			
2-甲基-6-甲氨基吡啶(20℃)	3.17(+1)	8.84(0)		
3-甲基-4-甲氨基吡啶(20℃)	—	9.84(0)		
N-甲基亚氨基二乙酸	2.15	10.09		
2-甲基-1,2-丙二胺	6.178(+2)	9.420(+1)		
甲基丙二酸	3.07	5.76		
2-甲基-2-丙胺	10.682(+1)			
2-甲基丙烯酸(18℃)	4.66			
2-甲基丙酸	4.853			
2-甲基-2-丙基戊二酸	3.626			
2-甲基-2-丙硫醇	11.2			
3-甲基戊二酸	4.24	5.41		
3-甲基戊烷-2,4-二酮	10.87			
顺-3-甲基-2-戊烯酸	5.15			
反-3-甲基-2-戊烯酸	5.13			
4-甲基-2-戊烯酸	4.70			
4-甲基-3-戊烯酸	4.60			
2-甲基戊酸	4.782			
3-甲基戊酸	4.766			
4-甲基戊酸	4.845			
N-甲基吗啉	7.38(+1)			
(E)-2-甲基肉桂酸	4.500			
(E)-3-甲基肉桂酸	4.442			

物　　质	pK_1	pK_2	pK_3	pK_4
(E)-4-甲基肉桂酸	4.564			
2-甲基吡啶	6.00(+1)			
3-甲基吡啶	5.70(+1)			
4-甲基吡啶	5.99(+1)			
2-甲基吡啶-1-氧化物	1.029(+1)			
3-甲基吡啶-1-氧化物	0.921(+1)			
4-甲基吡啶-1-氧化物	1.258(+1)			
6-甲基吡啶-2-羧酸	5.83			
甲基-2-吡啶基(甲)酮肟	9.97			
1-甲基-2-(3-吡啶基)吡咯烷	3.41	7.94		
1-甲基吡咯烷	10.46(+1)			
1-甲基-3-吡咯啉	9.88(+1)			
甲基红	2.5	9.5		
邻甲基吡哆醛(I=0.16mol/kg)	4.74			
3-甲基邻苯二甲酸	3.18			
4-甲基邻苯二甲酸	3.89			
2-甲基苯甲酸(邻甲苯甲酸)	3.90			
3-甲基苯甲酸	4.269			
4-甲基苯甲酸	4.362			
3-(N-甲基苯甲酰氨基)吡啶	3.66(+1)			
4-(N-甲基苯甲酰氨基)吡啶	4.68(+1)			
2-(N-甲基苯甲酰氨基)吡啶	1.44(+1)			
N-甲基-1-苯甲酰芽子碱	8.65			
2-甲基苯并咪唑(I=0.16mol/kg)	6.19(+1)			
N-甲基苯胺	4.85(+1)			
5-甲基-1-苯基-1,2,3-三唑-4-羧酸	3.73			
5-甲基-5-苯基巴比土酸	8.011(0)			
3-(2-甲基苯基)丙酸	4.66			
3-(3-甲基苯基)丙酸	4.677			
3-(4-甲基苯基)丙酸	4.684			
1-甲基-2-苯基吡咯烷	8.80			
(2-甲基苯氧基)乙酸	3.227			
(3-甲基苯氧基)乙酸	3.203			
(4-甲基苯氧基)乙酸	3.215			
(2-甲基苯基)乙酸(18℃)	4.35			
(4-甲基苯基)乙酸	4.370			

续表

物　　质	pK₁	pK₂	pK₃	pK₄
5-甲基-2,4-庚二酮(烯醇式)	8.52			
5-甲基-2,4-庚二酮(酮式)	9.10			
3-甲基组胺	5.80(+1)	9.90(0)		
L-3-甲基组氨酸	1.92	6.56	8.73	
3-甲基环己基-1,1-二乙酸	3.49	6.08		
4-甲基环己基-1,1-二乙酸	3.49	6.10		
3-甲基环戊烯基-1,1-二乙酸	3.79	6.74		
2-甲基环己烷-1,1-二乙酸	3.53	6.89		
1-甲基环己烷-1-羧酸	5.13			
顺-甲基环己烷-1-羧酸	5.03			
反-2-甲基环己烷-1-羧酸	5.73			
顺-3-甲基环己烷-1-羧酸	4.88			
反-3-甲基环己烷-1-羧酸	5.02			
顺-4-甲基环己烷-1-羧酸	5.04			
反-4-甲基环己烷-1-羧酸	4.89			
N-甲基哌啶	10.19(+1)			
2-甲基哌啶	10.95(+1)			
3-甲基哌啶	11.07(+1)			
4-甲基哌啶($I=0.5$mol/kg)	11.23(+1)			
N-甲基哌嗪($I=0.1$mol/kg)	4.94(+2)	9.09(+1)		
2-甲基哌嗪	5.62(+2)	9.60(+1)		
6-甲基-1,10-菲罗啉	5.11(+1)			
N-甲基胞苷	3.88			
5-甲基胞苷	4.21			
1-甲基咪唑	6.95(+1)			
4-甲基咪唑	7.55(+1)			
N-甲基-2′-脱氧胞苷	3.97			
5-甲基-2′-脱氧胞苷	4.33			
2-甲基-1-萘甲酸	3.11			
N-甲基-1-萘胺	3.70(+1)			
1-甲基黄嘌呤	7.70	12.0		
3-甲基黄嘌呤	8.10	11.3		
7-甲基黄嘌呤	8.33	约13		
9-甲基黄嘌呤	6.25			
1-甲基-2-硝基对苯二酸	3.11			
4-甲基-2-硝基对苯二酸	1.82			

物 质	pK_1	pK_2	pK_3	pK_4
2-甲基-4-硝基苯甲酸	1.86			
2-甲基-6-硝基苯甲酸	1.87			
5-甲基硫代-1,2,3,4-四唑	4.00(+1)			
2-甲基硫代吡啶(20℃)	3.59(+1)			
3-甲基硫代吡啶(20℃)	4.42(+1)			
4-甲基硫代吡啶(20℃)	5.94(+1)			
3-(S-甲基硫代)苯酚	9.53			
4-(S-甲基硫代)苯酚	9.53			
S-甲基异硫脲	9.83(+1)			
邻甲基异脲	9.72(+1)			
5-甲基喹啉	4.62(+1)			
5-甲基喹啉(20℃)	5.20			
2-甲基-8-羟基喹啉($I=0.005$mol/kg)	4.58(+1)	11.71(0)		
4-甲基-8-羟基喹啉	4.67(+1)	11.62(0)		
甲基琥珀酸	4.13	5.64		
α-甲基葡萄糖苷	13.71			
4-甲基羧基苯酚	8.47			
2-甲基噻唑($I=0.1$mol/kg)	3.40(+1)			
4-甲基噻唑($I=0.1$mol/kg)	3.16(+1)			
5-甲基噻唑($I=0.1$mol/kg)	3.03(+1)			
3-甲基磺酰基苯酚	9.33			
4-甲基磺酰基苯酚	7.83			
甲基膦酸	2.38	7.74		
甲基次膦酸	3.08			
甲硫醇	10.33			
2-甲硫基乙胺(30℃)	9.18(+1)			
甲巯基乙酸	7.68			
甲硫基乙酸	3.66			
4-甲硫基苯胺	4.35(+1)			
2-甲酰-3-甲基吡啶(20℃)	3.89(+1)	12.95		
4-甲酰-3-甲氧基吡啶(20℃)	4.45(+1)	11.7		
2-甲酰-3-羟基吡啶(20℃)	3.40(+1)	6.95(—OH)		
4-甲酰-3-羟基吡啶	4.05(+1)	6.77(—OH)		
甲酸	3.751	6.77(—OH)		
甲磺酰基乙酸	2.36			
4-(甲磺酰基)-3,5-二甲基苯酚	8.13			

续表

物　　质	pK₁	pK₂	pK₃	pK₄
3-(甲磺酰基)苯甲酸	3.52			
4-(甲磺酰基)苯甲酸	3.64			
3-(甲磺酰基)苯胺	2.68(+1)			
4-(甲磺酰基)苯胺	1.48(+1)			
1,2-丙二胺	6.61(+2)	9.82(+1)		
1,3-丙二胺	8.88(+2)	10.55(+1)		
丙二酸	2.85	5.70		
丙二酸单酰胺	3.641(0)			
丙二酸氢乙酯	3.55			
丙二酰脲	4.01			
1,2,3-丙三胺	3.72(+3)	7.95(+2)	9.59(+1)	
1,2,3-丙三羧酸	3.67	4.87	6.38	
2-丙炔酸	1.887			
丙肿酸(18℃)	4.21	9.09		
丙胺	10.54(+1)			
异丙胺	10.63(+1)			
2-丙氧基苯甲酸(20℃)	4.24			
3-丙氧基苯甲酸(20℃)	4.20			
4-丙氧基苯甲酸(20℃)	4.78			
2-(异丙氧基)苯甲酸(20℃)	4.24			
3-(异丙氧基)苯甲酸(20℃)	4.15			
4-(异丙氧基)苯甲酸(20℃)	4.68			
异丙基巴比土酸	4.907(+1)			
丙基丙二酸	2.97	5.84		
异丙基丙二酸	2.94	5.88		
异丙基丙二酸-腈	2.401			
3-异丙基-4-(甲氨基)吡啶(20℃)	9.96(+1)			
3-异丙基戊二酸	4.30	5.51		
亚丙基亚胺	8.18(+1)			
2-丙基吡啶	6.30(+1)			
2-异丙基吡啶	5.83(+1)			
3-异丙基吡啶(20℃)	5.72(+1)			
4-异丙基吡啶	6.02(+1)			
4-异丙基苯乙酸	4.391			
N-丙基苯胺	2.21(+1)	10.19(0)		
N-异丙基苯胺	5.77(+1)			

续表

物　质	pK_1	pK_2	pK_3	pK_4
2-异丙基苯甲酸	3.64			
4-异丙基苯甲酸	4.36			
DL-异丙基肾上腺素	8.64(+1)			
丙基膦酸	2.49	8.18		
异丙基膦酸	2.66	8.44		
丙基次膦酸	3.46			
异丙基次膦酸	3.56			
N-丙基藜芦胺	7.20(+1)			
丙烯酸	4.25			
1-丙硫醇	10.86			
丙腈酸(氰基乙酸)	2.47			
丙酮肟	12.42			
丙酸	4.874			
1,5-戊二胺	10.05(+2)	10.93(+1)		
戊二酸	3.77	6.08		
戊二酸单酰胺	4.600(0)			
戊二酰亚胺	11.43			
2,4-戊二酮(烯醇式)	8.24			
2,4-戊二酮(酮式)	8.95			
戊胂酸	4.14	9.07		
反-戊烯二酸	3.77	5.08		
2-戊烯酸	4.70			
3-戊烯酸	4.51			
4-戊烯酸	4.677			
1-戊酸(戊酸)	4.842			
N-戊藜芦胺	7.28(+1)			
甘油	14.15			
DL-甘油酸	3.64			
甘油基-1-磷酸	—	6.656(−1)		
甘油基-2-磷酸	1.335(0)	6.650(−1)		
D-(+)-甘露糖	12.08			
鸟苷-5'-二磷酸($I=0.1$mol/kg,p$K_5=9.6$)	—	—	2.9	6.3
鸟苷-5'-三磷酸[$I=0.1$mol/kg,p$K_5=7.10(−3)$, p$K_6=9.3(−4)$]	—	—	—	3.0(−2)
鸟苷-3'-磷酸	0.7	2.3	5.92	9.38

续表

物　　质	pK_1	pK_2	pK_3	pK_4
鸟苷-5′-二磷酸($I=0.1$mol/kg)	—	2.4	6.1	9.4
鸟(嘌呤核)苷	1.9(+1)	9.25(0)	12.33(OH)	
白毛茛碱	6.23(+1)			
可可碱;3,7-二甲基黄嘌呤	0.68(+1)	7.89		
可待因	8.21(+1)			
D-(+)-半乳糖	12.35			
半乳糖-1-磷酸	1.00	6.17		
肌苷-5′-三磷酸[p$K_5=7.68$(−4)]			2.2(−2)	6.92(−3)
肌苷-5′-磷酸	1.54(0)	6.66(−1)		
肌氨酸二甲基酰胺	8.86(+1)			
肌酸(40℃)	3.28(+1)			
异肌酸	2.84(+1)			
肌酸酐	3.57(+1)			
1,2-亚乙基二醇	14.22			
2,2′-亚甲基双(4-氯酚)	7.6	11.5		
2,2′-亚甲基双(4,6-二氯酚)	5.6	10.65		
亚甲基双(硫代乙酸)(18℃)	3.310	4.345		
亚甲基琥珀酸	3.85	5.45		
亚丙基双(硫代乙酸)(18℃)	3.435	5.383		
1,5-亚戊基双(硫代乙酸)(18℃)	3.485	4.413		
3,3-亚戊基戊二酸	3.49	6.96		
3,3′-亚氨基二丙酸	4.11(0)	9.61(−1)		
3,3′-亚氨基二丙胺(30℃)	8.02(+2)	9.70(+1)	10.70(0)	
2,2′-亚氨基二乙酸(二甘氨酸)(30℃,$I=0.1$mol/kg)	2.98(0)	9.89(−1)		
N-亚硝基亚氨基二乙酸	2.28	3.38		
4-亚硝基苯酚	6.48			
1-亚硫酰羧酸	3.53			
2-亚硫酰羧酸	4.10			
顺-肉桂酸	3.88			
反-肉桂酸	4.44			
次呫吨	1.79(+1)	8.91(0)	12.07(−1)	
次黄嘌呤	8.7			
次黄(嘌呤核)苷;肌苷	约1.5(+1)	8.96(0)	12.36	
次氮基三乙酸(NTA)(20℃)	3.03	3.07	10.70	

续表

物　　质	pK_1	pK_2	pK_3	pK_4
衣康酸	3.85	8.45		
过氧乙酸	8.20			
羊毛铬黑 T	6.3(+1)	11.55		
吐根碱	7.36(+1)	8.23(0)		
那可汀	6.18(+1)			
那碎因(15℃)	3.5(+1)	9.3		
全氢化二苯酚(20℃)	4.96	6.68		
DL-后马托品	9.7(+1)			
米喔斯明($C_9H_{10}N_2$)	5.26			
β-优卡因	9.35(+1)			
吖啶	5.60(+1)			
吗啡	8.21(+1)	9.85(0)		
吗啉	8.50(+1)			
2-(N-吗啉代)乙基磺酸(MES)(20℃)	6.15			
3-(N-吗啉代)-2-羟基(丙)磺酸(37℃)	6.75			
3-(N-吗啉代)丙磺酸(20℃)	7.20			
吡啶	5.23(+1)			
吡啶-d_5	5.83(+1)			
吡啶-2,3-二羧酸	2.43(+1)	4.78(0)		
吡啶-2,4-二羧酸	2.15(+1)	7.02(0)		
吡啶-2,6-二羧酸	2.16(+1)	4.76(0)		
2-吡啶甲醛	12.68(+1)			
3-吡啶甲醛	3.80(+1)			
4-吡啶甲醛	4.74(+1)			
2-吡啶甲醛肟	3.42(+1)	10.22(0)		
3-吡啶甲醛肟	4.07(+1)	10.39(0)		
4-吡啶甲醛肟	4.73(+1)	10.03(0)		
3-(2′-吡啶基)丙氨酸	1.37(+2)	4.02(+1)	9.22(0)	
3-(3′-吡啶基)丙氨酸	1.77(+2)	4.64(+1)	9.10(0)	
2-(2′-吡啶基)苯并咪唑($I=0.16mol/kg$)	5.58(+1)			
2-(2′-吡啶基)咪唑($I=0.005mol/kg$)	8.98(+1)			
4-(2′-吡啶基)咪唑($I=0.1mol/kg$)	5.49(+1)			
吡啶-1-氧化物	0.688(+1)			
3-吡啶脲(烟酰亚胺)	3.33(+1)			

续表

物　　质	pK_1	pK_2	pK_3	pK_4
3-吡啶腈	1.35(+1)			
3-吡啶羧酸乙酯	3.35(+1)			
4-吡啶羧酸乙酯	3.45(+1)			
4-吡啶羧酸甲酯	3.26(+1)			
吡啶-2-羧酸(吡啶甲酸)	1.01(+1)	5.29(0)		
吡啶-3-羧酸(烟酸)	2.00(+1)	4.82(0)		
吡啶-4-羧酸(异烟酸)	1.77(+1)	4.84(0)		
吡咯	−3.8			
吡咯烷	11.31(+1)			
吡咯烷-2-羧酸(脯氨酸)	1.952(+1)	10.640(0)		
2-[2-(N-吡咯烷基)乙基]吡啶	3.60(+2)	9.39(+1)		
3-[2-(N-吡咯烷基)乙基]吡啶	4.28(+2)	9.28(+1)		
4-[2-(N-吡咯烷基)乙基]吡啶	4.65(+2)	9.27(+1)		
2-(1-吡咯烷基甲基)吡啶	2.54(+2)	8.56(+1)		
3-(1-吡咯烷基甲基)吡啶	3.14(+2)	8.36(+1)		
4-(1-吡咯烷基甲基)吡啶	3.38(+2)	8.16(+1)		
3-吡咯啉	−0.27(+1)			
吡咯酰胺	11.11(+1)			
吡咯-1-羧酸	4.45			
吡咯-2-羧酸	4.45			
吡咯-3-羧酸	4.453			
吡哆胺;维生素 B_6($I=0.1$mol/kg)	3.37(+2)	8.01(+1)	10.13(环—OH)	
吡哆胺-5-磷酸盐($I=0.15$mol/kg;p$K_5=10.92$)	2.5	3.69	5.76	8.61
吡哆素(维生素 B_6)(18℃)	5.00(+1)	8.96(环—OH)		
吡哆醛;维生素 B_6	4.20(+1)	8.66(环—OH)		
吡哆醛-5-磷酸盐($I=0.15$mol/kg)	<2.5	4.14	6.20	8.69
吡唑	2.61(+1)			
吡嗪	0.6(+1)			
吡嗪羧基酰胺	0.5(+1)			
吩嗪	1.2(+1)			
2-呋喃甲酸(2-糠酸)	3.164			
3-呋喃甲酸	3.9			
α-D-呋喃核糖	12.11			
辛可宁	5.85(+2)	9.92(+1)		

续表

物　质	pK_1	pK_2	pK_3	pK_4
1,8-辛烷二酸(辛二酸)	4.52	5.404		
辛胺	10.65(+1)			
辛酸	4.89			
谷胱甘肽	2.12(+1)	3.59(0)	8.75	9.65
芸香碱	6.87			
苄胺	9.34(+1)			
苄胺-4-羧酸	3.59	9.64		
苄基丁二酸(20℃)	4.11	5.65		
2-苄基吡啶	5.13(+1)			
4-苄基吡啶-1-氧化物	−1.018(+1)			
1-苄基吡咯烷	9.51(+1)			
2-苄基吡咯烷	10.31(+1)			
2-苄基-2-苯基丁二酸(20℃)	3.69	6.47		
3-(苄硫基)丙酸	4.463			
阿米德里卡因		9.5(+1)		
阿尿酸	6.64			
阿扑吗啡(15℃)		8.92		
尿苷	9.30			
尿苷-5′-二磷酸	7.16			
尿苷-5′-三磷酸	7.58			
尿苷-5′-磷酸(5′-尿苷酸)	6.63			
尿酸	5.40	5.53		
尿囊素	8.96			
芽子碱	10.91			
α-D-来苏糖	12.11			
妥卢氢醌	10.03	11.62		
L-(+)-抗坏血酸(维生素 C)	4.04	11.82		
麦角酸	3.44(+1)	7.68(0)		
异麦角酸	3.44(0)	7.68(NH)		
麦黄酮(20℃)	8.15			
麦角异新碱	7.32(+1)			
麦角诺文	6.8(+1)			
环丁基羧酸	4.785			
1,1-环丁二羧酸	3.13	5.88		

续表

物　　质	pK_1	pK_2	pK_3	pK_4
顺-1,2-环丁二羧酸	3.90	5.89		
反-1,2-环丁二羧酸	3.79	5.61		
顺-1,3-环丁二羧酸	4.04	5.31		
反-1,3-环丁二羧酸	3.81	5.28		
顺-1,2-环己二羧酸(20℃)	4.34	6.76		
反-1,2-环己二羧酸(20℃)	4.18	5.93		
顺-1,3-环己二羧酸(16℃)	4.10	5.46		
反-1,3-环己二羧酸(19℃)	4.31	5.73		
反-1,4-环己二羧酸(16℃)	4.18	5.42		
顺-1,2-环己二胺	6.13(+2)	9.93(+1)		
反-1,2-环己二胺	6.47(+2)	9.94(+1)		
1,3-环己二酮	5.26			
顺,顺-1,3,5-环己三胺	6.9(+3)	8.7(+2)	10.4(+1)	
环己(酮)亚胺	9.15			
环己胺	10.64(+1)			
2-(环己氨基)乙磺酸(20℃)(CHES)	9.55			
3-环己氨基-1-丙磺酸(20℃)(CAPS)	10.40			
顺-4-环己烯-1,2-二羧酸(20℃)	3.89	6.79		
反-4-环己烯-1,2-二羧酸(20℃)	3.95	5.81		
环己基乙酸	4.51			
1,1-环己基二乙酸	3.49	6.96		
顺-1,2-环己基二乙酸(20℃)	4.42	5.45		
反-1,2-环己基二乙酸(20℃)	4.38	5.42		
1,1-环己基二羧酸	3.45	4.11		
1,2-亚环己基二次氨基乙酸($I=0.1\text{mol/kg}$)	2.4	3.5	6.16	12.35
4-环己基丁酸	4.95			
3-环己基丙酸	4.91			
2-环己基吡咯烷	10.76(+1)			
2-环己基-2-吡咯啉	7.91(+1)			
环己基硫代乙酸	3.488			
环己基氰乙酸	2.367			
环己基羧酸	4.90			
环丙烷甲酸	4.83			
环丙烷-1,1-二甲酸	1.82	7.43		

物　　质	pK_1	pK_2	pK_3	pK_4
顺-环丙烷-1,2-二甲酸	3.33	6.47		
反-环丙烷-1,2-二甲酸	3.65	5.13		
5-环丙基-1,2,3,4-四唑	4.90(+1)			
环丙基胺	9.10(+1)			
环戊甲酸	4.99			
环戊烷-1,2-二胺-N,N,N',N'-四乙酸($I=0.1$mol/kg)	—	—	—	10.20
顺-环戊烷-1-甲酸-2-乙酸	4.40	5.79		
反-环戊烷-1-甲酸-2-乙酸	1.39	5.67		
环戊烷-1,1-二甲酸	3.23	4.08		
顺-环戊烷-1,2-二甲酸	4.43	6.57		
反-环戊烷-1,2-二甲酸	3.96	5.85		
顺-环戊烷-1,3-二甲酸	4.26	5.51		
反-环戊烷-1,3-二甲酸	4.32	5.42		
1,1-环戊基二乙酸	3.80	6.77		
顺-环戊基-1,2-二乙酸	4.42	5.42		
反-环戊基-1,2-二乙酸	4.43	5.43		
环戊基胺	10.65(+1)			
顺-环氧乙烷二羧酸	1.93	3.92		
反-环氧乙烷二羧酸	1.93	3.25		
苯乙酸	4.312			
苯乙基硫代乙酸	3.795			
β-苯乙基硼酸	10.0			
邻苯二甲酰胺	3.79(0)			
邻苯二甲酰亚胺	9.90(0)			
邻苯二甲酸	2.943	5.432		
1,4-苯二甲酸一腈	3.55(0)			
1,3-苯二甲酸一腈	3.60(0)			
1,4-苯二甲酸(对苯二酸)	3.54(0)	4.34(−1)		
1,3-苯二甲酸(异酞酸)	3.70(0)	4.60(−1)		
2-苯二胺	<2(+2)	4.47(+1)		
3-苯二胺	2.65(+2)	4.88(+1)		
4-苯二胺	3.29(+2)	6.08(+1)		
邻苯二酚紫;邻苯二酚磺酞	7.82	9.76	11.73	
苯二嗪	11.08(+1)			

续表

物　质	pK₁	pK₂	pK₃	pK₄
1,2,3-苯三甲酸	2.88	4.75	7.13	
1,2,4-苯三甲酸	2.52	3.84	5.20	
1,3,5-苯三甲酸	2.12	4.10	5.18	
1,2,3,4-苯四甲酸	2.05	3.25	4.73	6.21
1,2,3,5-苯四甲酸	2.38	3.51	4.44	5.81
1,2,4,5-苯四甲酸	1.92	2.87	4.49	5.63
苯五甲酸(pK₅=6.46)	1.80	2.73	3.96	5.25
苯六甲酸(pK₅=6.32,pK₆=7.49)	0.68	2.21	3.52	5.09
3-苯甲酰-1,1,1-三氟丙酮	6.35			
1-苯甲酰丙酮	8.23			
苯甲酰丙酮酸	6.40	12.10		
2-苯甲酰苯甲酸	3.54			
苯甲酰肼	3.03(+2)	12.45(+1)		
苯甲酰胺	约13(+1)			
苯甲酸	4.204			
苯-1-甲酸-2-磷酸		3.78	9.17	
苯-1-甲酸-3-膦酸		4.03	7.03	
苯-1-甲酸-4-膦酸	1.50	3.95	6.89	
苯肼	5.20(+1)			
苯并三唑	8.38(+1)			
苯并咪唑	5.53(+1)	12.3(0)		
5,6-苯并喹啉(20℃)	5.00(+1)			
7,8-苯并喹啉(20℃)	4.15(+1)			
苯胂酸(22℃)		8.48(−1)		
苯-1-胂酸-4-羧酸		4.22(COOH)	8.59	
苯亚氨基二乙酸(20℃)	2.40	4.98		
苯氧基乙酸	3.171			
5-苯氧基-1,2,3,4-四唑	3.49(+1)			
2-苯氧基苯甲酸	3.53			
3-苯氧基苯甲酸	3.95			
4-苯氧基苯甲酸	4.57			
2-苯基乙胺	9.83(+1)			
苯基丁二酸(20℃)	3.78	5.55		
苯基丁氮酮	4.5(+1)			

物　　　质	pK_1	pK_2	pK_3	pK_4
4-苯基丁酸	4.76			
苯基三唑啉	1.6(+1)			
1-苯基-1,2,3-三唑-4-羧酸	2.88			
1-苯基-1,2,3-三唑-4,5-二羧酸	2.13	4.93		
5-苯基-1,2,3,4-四唑	4.38(+1)			
1-苯基双胍	2.13(+2)	10.76(+1)		
5-苯基巴比土酸	2.544(+1)			
苯基甲硫醇	10.70			
苯基丙二酸	2.58	5.03		
2-苯基丙酸	4.38			
3-苯基丙酸(35℃)	4.664			
苯基丙炔酸(35℃)	2.269			
3-苯基-1-丙胺	10.39(+1)			
2-苯基-2-苄基琥珀酸	3.69	6.47		
2-苯基-2-苯乙基琥珀酸(20℃)	3.74	6.52		
2-苯基苯酚	9.55			
3-苯基苯酚	9.63			
4-苯基苯酚	9.55			
N-苯基哌嗪($I=0.1\text{mol/kg}$)	8.71(+1)			
苯基胍	10.77(+1)			
苯基硒代乙酸($I=0.1\text{mol/kg}$)	3.75			
L-3-苯基-α-氨基丙酸	2.16(+1)	9.31(0)		
3-苯基-α-氨基丙酸甲酯	7.05(+1)			
2-苯基-2-羟基丙酸	3.53			
3-苯基-3-羟基丙酸	4.40			
苯基异羟肟酸(20℃)	8.89(0)			
苯偶酰-α-二肟	1.20			
7-苯偶氮基-8-羟基-5-喹啉磺酸	3.41(0)	7.850(-1)		
苯硒酸	4.79			
苯酚	9.99			
苯酚磺酞	7.9			
3-苯酚磺酸	—	9.05(-1)		
苯酚-3-磷酸	1.78	7.03	10.2	
苯酚-4-磷酸	1.99	7.25	9.9	

续表

物　　质	pK_1	pK_2	pK_3	pK_4
苯硫酚	6.62			
1,4-苯醌单肟	6.20			
苯磺酰基乙酸	2.44			
苯亚磺酰基乙酸	2.66			
苯磺酸	0.70			
苯亚磺酸	1.50			
苯膦酸(17℃)	2.1			
苯膦酸(25℃)	1.83	7.07		
肼-N,N-二乙酸	＜0.1	2.8	3.8	
肼-N,N'-二乙酸	2.40	3.12	7.32	
4-肼羰基吡啶(20℃)	1.82	3.52	10.79	
肾上腺素(对映体)	8.66(＋1)	9.95		
咱啶	6.35			
松香酸	7.62			
2,4-庚二酮	8.43(酮基)			
	9.15(烯醇)			
庚酸	4.893			
庚二酸	4.71	5.58		
金属指示剂	—	4	7.85	15
金霉素		7.44	9.27	
异金霉素	3.1(＋1)	6.7(0)	8.3(−1)	
苦味酸(2,4,6-三硝基苯酚)(18℃)	0.419			
茄碱	7.34(＋1)			
4-茚满醇	10.32			
咖啡碱(40℃)	10.4			
毒芹碱(I＝0.5mol/kg)	11.24(＋1)			
毒扁豆碱	6.72(＋1)	12.24(0)		
D-(—)-果糖	12.27			
L-(＋)-乳酸	3.858			
海因(俗);乙内酰脲	9.12			
海洛因	7.6(＋1)			
茜素黑 SN	5.79	12.8		
茜素-3-磺酸	5.54	11.01		
茶碱;1,3-二甲基黄嘌呤	＜1(＋1)	8.77		

续表

物　质	pK₁	pK₂	pK₃	pK₄
莱林酸	4.32			
草酸	1.25	4.272		
扁桃酸	3.37			
癸二酸	4.59	5.59		
氟乙酸	2.59			
3-氟代丙烯酸	2.55			
氟代扁桃酸	4.244			
4-氟代苯乙酸	4.25			
2-氟代吡啶	−0.44(+1)			
3-氟代吡啶	2.97(+1)			
2-氟代苯氧基乙酸	3.08			
3-氟代苯氧基乙酸	3.08			
4-氟代苯氧基乙酸	3.13			
2-氟苯甲酸	3.27			
3-氟苯甲酸	3.86			
4-氟苯甲酸	4.15			
3-氟苯硒酸	4.34			
4-氟苯硒酸	4.50			
2-氟苯胺	3.20(+1)			
3-氟苯胺	3.59(+1)			
4-氟苯胺	4.65(+1)			
2-氟苯酚	8.73			
3-氟苯酚	9.29			
4-氟苯酚	9.89			
2-氟苯膦酸	1.64	6.80		
5-氟尿嘧啶	8.00(0)	约13(−1)		
胞苷-2′-磷酸	0.8(+1)	4.36(0)	6.17(−1)	
胞苷-3′-磷酸	0.80(+1)	4.28(0)	6.0(−1)	13.2(糖)
胞苷-5′-磷酸	—	4.39(0)	6.62(−1)	
胞嘧啶	4.60(+1)	12.16(0)		
胞(嘧啶核)苷	4.08(+1)	12.24(0)		
胍	3.3(+1)	9.2	12.3	
胍基乙酸	2.82(+1)			
胍脱氧核苷-3′-磷酸	—	2.9	6.4	9.7

续表

物　质	pK₁	pK₂	pK₃	pK₄
胸苷	9.79	12.85		
哈尔明,骆驼蓬碱(20℃)	7.70(+1)			
咪唑	6.99(+1)			
咪唑啉三酮(仲班酸)	6.10			
2-(4-咪唑基)乙胺	5.784(+2)	9.756(+1)		
4-(4-咪唑基)丁酸(I=0.1mol/kg)	4.26(+1)	7.62(0)		
3-(4-咪唑基)丙酸(I=0.16mol/kg)	3.96(+1)	7.57(0)		
哒嗪	2.33(+1)			
哌嗪	5.333(+2)	9.73(+1)		
1,4-哌嗪双(乙磺酸)(20℃)	6.80			
哌嗪-2-羧酸	1.5	5.41	9.53	
哌啶	11.123(+1)			
2-哌啶羧酸	2.28(+1)	10.72(0)		
3-哌啶羧酸	3.35(+1)	10.64(0)		
4-哌啶羧酸	3.73(+1)	10.72(0)		
1-(2-哌啶基)-2-丙酮(15℃)	9.45			
胡椒碱(15℃)	1.98(+1)			
柯卡因	8.41(+1)			
卓柯卡因(15℃)	4.32(+1)			
柠康酸	2.29(0)	6.15(-1)		
柠檬酸	3.13	4.76	6.40	
秋水仙碱	1.65(+1)			
奎宁;金鸡纳霜	4.13(+1)	8.52(0)		
奎尼丁	4.0(+1)	8.54(0)		
黑麦草碱(18℃)	4.01	11.39		
钍试剂	3.7	8.3	11.8	
钙黄绿素(pK₅>12)	<4	5.4	9.0	10.5
氢过氧化枯烯	12.60			
氧代乙酸(乙醛酸)	3.46			
2-氧代丁二酸(草酰乙酸)	2.56	4.37		
2-氧代丁酸	2.50			
5-氧代己酸(18℃)	4.662			
2-氧代丙二醛	3.60			
2-氧代丙酸(丙酮酸)	2.49			

续表

物　质	pK₁	pK₂	pK₃	pK₄
3-氧代-1,5-戊二酸	3.10			
4-氧代戊酸(乙酰丙酸)	4.59			
N-(2-氨乙基)吗啉	4.06(+2)	9.15(+1)		
2-(2-氨乙基)吡啶(I=0.5mol/kg)	4.24(+2)	9.78(+1)		
N-(2-氨乙基)吡咯烷(30℃)	6.56(+2)	9.74(+1)		
对(2-氨乙基)苯酚	9.74	10.52		
3-(2-氨乙基)吲哚	—	10.2		
N-(2-氨乙基)哌啶(30℃)	6.38	9.89		
2-[2-(2-氨乙基)氨乙基]吡啶	3.50	6.59	9.51	
2-氨乙基膦酸	2.45(+1)	7.0(0)	10.8(−1)	
3-氨甲基-6-甲基吡啶(30℃)	8.70(+1)			
(2-氨甲基)吡啶(I=0.5mol/kg)	2.31(+2)	8.79(+1)		
氨甲基膦酸	2.35	5.9	10.8	
1-氨基乙烷磺酸	−0.33	9.06		
2-氨基乙烷磺酸	1.5	9.061		
2-氨基乙烷-1-磷酸	5.838	10.64		
2-氨基-2-乙基-1-丁醇	9.82(+1)			
3-氨基-N-乙基-3-甲基-2-丁酮肟	9.23(+1)			
4-氨基-3-乙基吡啶(20℃)	9.51(+1)			
2-氨基乙酰胺	7.95(+1)			
氨基乙腈	5.34(+1)			
2-氨基乙醇(乙醇胺)	9.50(+1)			
2-氨基乙硫醇(I=0.01mol/kg,半胱胺)	8.23(+1)			
4-氨基-3,5-二甲基吡啶(20℃)	9.54(+1)			
4-氨基-2,5-二甲基苯酚	5.28(+1)	10.40(0)		
4-氨基二苯(甲)酮	2.15(+1)			
2-氨基-N,N-二甲基苯甲酸	1.63(+2)			
1-氨基-2-二(氨甲基)丁烷	3.58(+3)	8.42(0)		
2-氨基-N,N-二羟乙基-2-羟基-1,3-丙二醇	6.484(+1)			
12-氨基十二(烷)酸	4.648(+1)			
D-(+)-2-氨基-1-丁醇	9.52(+1)			
3-氨基-N-丁基-3-甲基-2-丁酮肟	9.09(+1)			
4-氨基丁基膦酸	2.55	7.55	10.9	
4-氨基水杨酸	1.991(+1)	3.917(0)	13.74	

续表

物　　质	pK_1	pK_2	pK_3	pK_4
5-氨基水杨酸	2.74(+1)	5.84(0)		
4-氨基-2,3,5,6-四甲基吡啶(20℃)	10.58(+1)			
5-氨基-1,2,3,4-四唑(20℃)	1.76	6.07		
2-氨基-6-甲氧(基)苯并噻唑	4.50(+1)			
1-氨基-3-甲基丁烷	10.64(+1)			
3-氨基-3-甲基-2-丁酮肟	9.09(+1)			
3-氨基-N-甲基-3-甲基-2-丁酮肟	9.23(+1)			
2-氨基-2-甲基-1,3-丙二醇	8.801			
2-氨基-2-甲基-1-丙醇	9.694(+1)			
2-氨基-3-甲基吡啶	7.24(+1)			
4-氨基-3-甲基吡啶	9.43(+1)			
2-氨基-4-甲基吡啶	7.48(+1)			
2-氨基-5-甲基吡啶	7.22(+1)			
2-氨基-6-甲基吡啶	7.41(+1)			
2-氨基-4-甲基嘧啶(20℃)	4.11(+1)			
氨基甲基磺酸	5.75(+1)			
3-氨基-4-甲基苯磺酸	3.633			
4-氨基-3-甲基苯磺酸	3.125			
2-氨基-4-甲基苯并噻唑	4.7(+1)			
N-氨基甲酰基乙酸	3.64			
2-氨基甲酰基吡啶(20℃)	2.10(+1)			
3-氨基甲酰基吡啶	3.328(+1)			
4-氨基甲酰基吡啶(20℃)	3.61(+1)			
1-氨基-1,2,3-丙烷三羧酸($I=0.2$mol/kg)	2.10(+1)	3.60(0)	4.60(−1)	9.82(−2)
3-氨基丙烯	9.691(+1)			
3-氨基-N-丙基-3-甲基-2-丁酮肟	9.09(+1)			
3-氨基-N-异丙基-3-甲基-2-丁酮肟	9.09(+1)			
4-氨基-3-异丙基吡啶(20℃)	9.54(+1)			
2-氨基丙基磺酸	—	9.15		
1-氨基-1-丙醇	9.96(+1)			
DD-2-氨基-1-丙醇	9.469(+1)			
3-氨基-1-丙醇	9.96(+1)			
N-氨基吗啉	4.19(+1)			
9-氨基吖啶(20℃)	9.99(+1)			

续表

物　　质	pK₁	pK₂	pK₃	pK₄
4-氨基安替比林	4.94(+1)			
2-氨基苊	10.34(+1)			
2-氨基吡啶	6.71(+1)			
3-氨基吡啶	6.03(+1)			
4-氨基吡啶	9.114(+1)			
2-氨基吡啶-1-氧化物	2.58(+1)			
3-氨基吡啶-1-氧化物	1.47(+1)			
4-氨基吡啶-1-氧化物	3.54(+1)			
2-氨基苄腈	2.75(+1)			
4-氨基苄腈	1.74(+1)			
7-氨基庚酸	4.502			
C-氨基-C-肼羰基甲烷	2.38(+2)	7.69(+1)		
1-氨基环丙烷	9.10(+1)	8.0	11.25	
1-氨基环戊烷	10.65(+1)			
1-氨基-1-环庚烷羧酸	2.59(+1)	10.46(0)		
1-氨基-1-环己烷羧酸	2.65(+1)	10.03(0)		
2-氨基-1-环己烷羧酸	3.56(+1)	10.21(0)		
4-氨基苯乙酸(20℃)	3.60	5.26		
2-氨基苯甲酰肼	1.85	3.47	12.80	
2-氨基苯甲酸	2.05(+1)	4.95(0)		
2-氨基苯甲酸甲酯	2.36(+1)			
3-氨基苯甲酸	3.07(+1)	4.79(0)		
3-氨基苯甲酸甲酯	3.58(+1)			
4-氨基苯甲酸	2.41(+1)	4.85(0)		
4-氨基苯甲酸甲酯	2.45(+1)			
2-氨基苯胂酸	约2	3.77	8.66	
3-氨基苯胂酸	约2	4.02	8.92	
4-氨基苯胂酸	约2	4.02	8.62	
2-氨基苯酚	9.28	9.72		
2-氨基苯酚(20℃)	4.78	9.97		
3-氨基苯酚	9.83	9.87		
3-氨基苯酚(20℃)	4.37	9.82		
4-氨基苯酚	5.48	10.30		
4-氨基苯基-(4-氯苯基)砜	1.38			

续表

物　　质	pK_1	pK_2	pK_3	pK_4
3-氨基苯基硼酸	4.46	8.81		
4-氨基苯基硼酸	3.71	9.17		
2-氨基苯基膦酸	—	4.10	7.29	
3-氨基苯基膦酸	—	—	7.16	
4-氨基苯基膦酸	—	—	7.53	
2-氨基苯硫酚	<2(+1)	7.90(0)		
2-氨基苯并噻唑(20℃)	4.48(+1)			
2-氨基苯磺酸	2.46(0)			
3-氨基苯磺酸	3.74(0)			
4-氨基苯磺酸	3.23(0)			
10-氨基癸基磺酸	2.65(+1)	8.59(+2)	9.66(+1)	
4-氨基异氢-3-噁唑啉酮	7.4(+1)			
1-氨基茚满	9.21			
氨基脲(I=0.1mol/kg)	3.53(+1)			
3-氨基硫脲-1,1-二乙酸(30℃)	2.94	4.07		
1-氨基-3-硫代丁烷(30℃)	9.18(+1)			
5-氨基-3-硫代-1-戊醇(30℃)	9.12(+1)			
氨基氰	10.27			
2-氨基-D-β-葡萄糖(I=0.05mol/kg)	2.20(+1)	9.08(0)		
2-氨基-3-巯基-3-甲基丁酸	1.8(+1)	7.9(0)	10.5(—SH)	
2-氨基联苯	3.83(+1)			
3-氨基联苯	4.18(+1)			
4-氨基联苯	4.27(+1)			
2-氨基-3-羟基苯甲酸	2.5(+1)	5.192(0)	10.118(—OH)	
2-氨基-2′-羟基二乙基硫醚	9.27(+1)			
4-氨基-2-羟基嘧啶(胞嘧啶)	4.58(+1)	12.15(0)		
4-氨基-3-溴甲基吡啶	7.47(+1)			
4-氨基-3-溴代吡啶(20℃)	7.04(+1)			
3-氨基-1-萘甲酸	2.61	4.39		
4-氨基-2-萘甲酸	2.89	4.46		
8-氨基-2-萘酚	4.20(+1)			
4-氨基-1-萘磺酸	2.81			
1-氨基-2-萘磺酸	1.71			
1-氨基-3-萘磺酸	3.20			

续表

物　质	pK_1	pK_2	pK_3	pK_4
1-氨基-5-萘磺酸	3.69			
1-氨基-6-萘磺酸	3.80			
1-氨基-7-萘磺酸	3.66			
1-氨基-8-萘磺酸	5.03			
2-氨基-1-萘磺酸	2.35			
2-氨基-4-萘磺酸	3.70			
2-氨基-6-萘磺酸	3.79	8.94		
2-氨基-8-萘磺酸	3.89			
5-氨基喹啉(20℃, $I=0.01mol/kg$)	5.46(+1)			
6-氨基喹啉(20℃, $I=0.01mol/kg$)	5.63(+1)			
8-氨基喹啉(20℃, $I=0.01mol/kg$)	3.99(+1)			
2-氨基喹啉(20℃, $I=0.01mol/kg$)	7.34(+1)			
3-氨基喹啉(20℃, $I=0.01mol/kg$)	4.91(+1)			
4-氨基喹啉(20℃, $I=0.01mol/kg$)	9.17(+1)			
1-氨基异喹啉(20℃, $I=0.01mol/kg$)	7.62(+1)			
3-氨基异喹啉(20℃, $I=0.005mol/kg$)	5.05(+1)			
8-氨基喹哪啶	4.86(+1)			
2-氨基噻唑(20℃)	5.36(+1)			
2-氨基-3-磺基丙酸	1.89(+1)	8.70(0)		
3-氨磺酰苯甲酸	3.54			
4-氨磺酰苯甲酸	3.47			
4-氨磺酰苯磷酸	1.42	6.38	10.0	
胰蛋白酶($I=0.1mol/kg$)	6.25			
脒基脲	1.80	8.20		
DD-真蛸碱	1.35	2.30	8.68	11.25
LD-真蛸碱	1.40	2.30	8.72	11.34
D-酒石酸	3.036	4.366		
酒石酸(内消旋)	3.17	4.91		
烟碱;尼古丁	3.12(+1)	8.02(0)		
烟碱烯	4.76(+1)			
核黄素(维生素 B_2)($I=0.01mol/kg$)	约−0.2	9.69		
D-核糖-5′-膦酸	—	6.70(−1)	13.05(−2)	
吲哚-3-乙酸	4.75			
3-莨菪醇(3-托醇)	10.33(+1)			

续表

物　　质	pK₁	pK₂	pK₃	pK₄
骨螺紫;紫脲酸铵	0.0	9.20	10.50	
倒千里光裂醇	10.83			
2-氯乙基肿酸	3.68	8.37		
D-麻黄碱	10.139			
L-麻黄碱	9.958			
氯乙酸	2.87			
1-氯-2,6-二甲基-4-羟基苯	9.549			
4-氯-2,6-二硝基苯酚	2.97			
1-氯-1,2-二羟基苯	8.522			
3-氯丁基肿酸(18℃)	3.95	8.85		
2-氯丁酸	2.86			
3-氯丁酸	4.05			
4-氯丁酸	4.52			
3-氯己基-1-肿酸(18℃)	3.51	8.31		
2-氯巴豆酸	3.14			
3-氯巴豆酸	3.84			
2-氯异巴豆酸	2.80			
3-氯异巴豆酸	4.02			
2-氯代-3-丁烯酸	2.54			
7-氯四环素	3.30(+1)	7.44	9.27	
2-氯-2-甲基丙酸	2.975			
3-氯-4-甲基苯胺	4.05(+1)			
4-氯-N-甲基苯胺	3.9(+1)			
4-氯-3-甲基苯酚	9.549			
3-氯邻甲苯胺	2.49(+1)			
4-氯邻甲苯胺	3.385(+1)			
5-氯邻甲苯胺	3.85(+1)			
6-氯邻甲苯胺	3.62(+1)			
N-氯对甲苯磺酰胺	4.54(+1)			
氯甲基膦酸	1.40	6.30		
3-氯-4-甲氧苯基膦酸	2.25	6.7		
氯丙炔酸	1.845			
2-氯丙肿酸(18℃)	3.76	8.39		
3-氯丙肿酸(18℃)	3.63	8.53		

续表

物 质	pK_1	pK_2	pK_3	pK_4
氯丙啶	8.04(+1)			
顺-3-氯丙烯酸(18℃,$I=0.1mol/kg$)	3.32			
反-3-氯丙烯酸(18℃,$I=0.1mol/kg$)	3.65			
2-氯丙酸	2.83			
3-氯丙酸	3.98			
2′-氯肉桂酸(反式)	4.23			
3′-氯肉桂酸(反式)	4.29			
4′-氯肉桂酸(反式)	4.41			
3-氯(代)乳酸	3.12			
2-氯吡啶	0.49(+1)			
3-氯吡啶	2.81(+1)			
4-氯吡啶	3.83(+1)			
2-氯苯乙酸	4.066			
3-氯苯乙酸	4.140			
4-氯苯乙酸	4.190			
4-氯-1,2-邻苯二甲酸	1.60			
2-氯苯甲酸	2.90			
3-氯苯甲酸	3.84			
4-氯苯甲酸	4.00			
3-(2′-氯苯)丙酸	4.58			
3-(3′-氯苯)丙酸	4.59			
3-(4′-氯苯)丙酸	4.61			
3-氯苯戊醛-1-胂酸(18℃)	3.71	8.77		
4-氯苯胂酸	3.33	8.25		
2-氯苯胺	2.66(+1)			
3-氯苯胺	3.52(+1)			
4-氯苯胺	3.98(+1)			
3-氯苯硒酸	4.47			
4-氯苯硒酸	4.48			
2-氯苯氧基乙酸	3.05			
3-氯苯氧基乙酸	3.10			
4-氯苯氧基乙酸	3.10			
4-氯苯氧基-2-甲基乙酸	3.26			
3-氯扁桃酸	3.237			

续表

物　　质	pK_1	pK_2	pK_3	pK_4
4-氯苯硫酚	5.9			
2-氯苯膦酸	1.63	6.98		
3-氯苯膦酸	1.55	6.65		
4-氯苯膦酸	1.66	6.75		
4-氯-2-硝基苯胺	−1.10(+1)			
2-氯-3-硝基苯甲酸	2.02			
2-氯-4-硝基苯甲酸	1.96			
2-氯-5-硝基苯甲酸	2.17			
2-氯-6-硝基苯甲酸	1.342			
2-氯-6-硝基苯胺	−2.41(+1)			
4-氯-2-硝基苯酚	6.48			
(4-氯-3-硝基苯氧基)乙酸	2.959			
2-氯-4-硝基苯膦酸	1.12	6.14		
3-氯-2-(羟甲基)苯甲酸(20℃)	3.27			
6-氯-2-(羟甲基)苯甲酸(20℃)	2.26			
2-氯-3-羟基丁酸	2.59			
7-氯-8-羟基喹啉-5-磺酸	2.92	6.80		
2-氯酚	8.56			
3-氯酚	9.12			
4-氯酚	9.41			
4-氯-2-(2′-噻唑基偶氮)(苯)酚	7.09			
1-萘胺	3.92(+1)			
2-萘胺	4.16(+1)			
1-萘基乙酸	4.236			
2-萘基乙酸	4.256			
1-萘基胂酸	3.66	8.66		
1-萘酚(20℃)	9.39			
2-萘酚(20℃)	9.63			
2-萘羧酸	4.16			
1-萘羧酸(1-萘甲酸)	3.695			
萘醌单肟	8.01			
1-萘磺酸	0.57			
菠菜胺($I=0.1$mol/kg)	4.895(+2)	8.90(+1)		
菠菜素	1.649(+2)	4.936(+1)	8.663(0)	

续表

物　　　质	pK₁	pK₂	pK₃	pK₄
1,7-菲罗啉	4.30(+1)			
1,10-菲罗啉	4.84(+1)			
6,7-菲罗啉	4.857(+1)			
菲啶	5.58			
黄苷	<2.5(+1)	5.67(0)	12.00(−1)	
黄嘌呤(40℃)	0.68(+1)	9.91		
假托品	9.86(+1)			
假芽子碱	9.70			
假异氰胺(I=0.2mol/kg)	4.59(+2)			
偶砷乙酸		4.67	7.68	
偶砷丁酸		4.92	7.64	
偶砷丙烯酸		4.23	8.60	
2-偶砷巴豆酸		4.61	8.75	
3-偶砷巴豆酸		4.03	8.81	
偶砷戊酸		4.89	7.75	
偶氮胂Ⅲ [pK₅=10.5(−4),pK₆=12.0(−5)]		1.2	2.7	7.9(−3)
2-脱氧乌苷(I=0.1mol/kg)	2.5(+1)			
5-脱氧吡哆醛(I=0.1mol/kg)	4.17(+1)	8.14(−OH)		
脱氢抗坏血酸(20℃)	3.21	7.92	10.3	
2′-脱氧腺苷(I=0.1mol/kg)	3.8(+1)			
脱氧胆酸	6.58			
2-脱氧葡萄糖	12.61			
α-脲基丁酸	3.886(0)			
γ-脲基丁酸	4.683(0)			
β-脲基丁酸	4.487(0)			
甜菜碱(0℃)	1.832(+1)			
铬天青 S	2.45	4.86	11.47	
铬黑蓝	7.56	9.3	12.4	
烯丙胺	9.49(+1)			
烯丙基乙酸	4.68			
5-烯丙基巴比土酸	4.78(+1)			
5-烯丙基-5-(1-甲丁基)巴比土酸	8.08			
2-烯丙基丙炔酸	4.72			
2-烯丙基苯酚	10.28			

续表

物　质	pK_1	pK_2	pK_3	pK_4
1-烯丙基哌啶	9.65(+1)			
维生素 B_{12}	7.64(+1)			
清蛋白(牛血清)($I=0.15mol/kg$)	10～10.3			
3-硒代氨基脲($I=0.1mol/kg$)	0.8(+1)			
菸碱	2.80			
酚酞	9.7			
铜色树碱;脱甲奎宁	7.63(+1)			
N-(2-羟乙基)乙二胺	7.21(+2)	10.12(+1)		
N'-(2-羟乙基)乙二胺-N,N,N'-三乙酸	2.39	5.37	9.93	
2-羟乙基三甲基胺	8.94(+1)			
N-(羟乙基)双胍	2.8(+2)	11.53(+1)		
N-(2-羟乙基)亚氨基二乙酸($I=0.1mol/kg$)	2.2	8.65		
N-(2-羟乙基)哌嗪-N'-乙磺酸(20℃)	7.55			
4'-(2-羟乙基)-1'-哌嗪丙磺酸(20℃)	8.00			
2-羟甲基-2-苯乙酸	4.12			
羟甲基膦酸	1.91	7.15		
2'-羟苯乙酮	9.90			
4'-羟苯乙酮	8.05			
N-羟基乙酰胺	9.40			
3'-羟基乙酮	9.19			
1-羟基-2,4-二羟基甲苯	9.79			
DL-羟基丁二酸(苹果酸)	3.458	5.097		
L-羟基丁二酸	3.40	5.05		
2-羟基丁酸(30℃)	3.65			
3-羟基丁酸	4.70			
L-3-羟基丁酸(30℃)	4.41			
4-羟基丁酸	4.72			
4-羟基丁酸(30℃)	4.71			
4-羟基-α,α,α-三氟甲苯	8.675			
1-羟基-2,4,6-三羟基甲苯	9.56			
10-羟基可待因	7.12			
羟基四环素	3.27(+1)	7.32(0)	9.11(-1)	
5-羟基-1,2,3,4-四唑	3.32			
2-羟基甲苯	10.33			

物　　质	pK_1	pK_2	pK_3	pK_4
3-羟基甲苯	10.10			
4-羟基甲苯	10.276			
1-羟基甲苯酚	9.95			
4-羟基甲腈	7.95			
2-羟基-2-甲基丁酸(18℃)	3.991			
3-羟基-2-甲基丁酸(18℃)	4.648			
2-羟基-2-甲基丙酸($I=0.1$mol/kg)	3.717			
4-羟基-4-甲基戊酸(18℃)	4.873			
2-羟基-4-甲基吡啶	4.529(+1)			
(2-羟基-5-甲基苯)甲醇	10.15			
2-羟基-3-甲基苯甲酸	2.99			
2-羟基-4-甲基苯甲酸	3.17			
2-羟基-5-甲基苯甲酸	4.08			
2-羟基-6-甲基苯甲酸	3.32			
1-(1-羟基-4-甲基-2-苯偶氮)-2-萘酚-4-磺酸	8.14	12.35		
8-羟基-2-甲基喹啉	5.55(+1)	10.31(0)		
8-羟基-4-甲基喹啉	5.56(+1)	10.00(0)		
8-羟基-2-甲基喹啉-5-磺酸	4.80(0)	9.30(−1)		
8-羟基-4-甲基喹啉-7-磺酸	4.78(0)	10.01(−1)		
8-羟基-6-甲基喹啉-5-磺酸	4.20(0)	8.7(−1)		
4-羟基-3-甲氧基苯甲酸	4.355			
2-羟基-3-甲氧基苯甲醛	7.912			
3-羟基-4-甲氧基苯甲醛(异香草醛)	8.889			
4-羟基-3-甲氧基苯甲醛(香草醛)	7.396			
1-羟基-2-甲氧基苄胺	8.70(+1)	10.52(0)		
2-羟基-1-甲氧基苄胺	8.89(+1)	10.52(0)		
3-羟基-2-甲氧基苄胺	8.94(+1)	10.42(0)		
羟基丙二酸(丙醇二酸)	2.42	4.54		
2-羟基丙酸	3.858			
3-羟基丙酸	4.51			
1-羟基-2-丙基苯	10.50			
4-羟基戊酸(18℃)	4.686			
4-羟基-3-戊烯酸	4.30			
3-羟基吩嗪(15℃)	2.67			

续表

物　　质	pK_1	pK_2	pK_3	pK_4
反-3′-羟基肉桂酸	4.40			
反-2′-羟基肉桂酸	4.614			
1-羟基吖啶(15℃)	5.72			
2-羟基吖啶(15℃)	5.62			
3-羟基吖啶(15℃)	5.30			
2-羟基吡啶	1.25(+1)	11.62(0)		
3-羟基吡啶	4.80(+1)	8.72(0)		
4-羟基吡啶	3.23(+1)	11.09(0)		
2-羟基吡啶-N-氧化物	−0.62(+1)	5.97(0)		
2-羟基苯甲酰胺	8.36			
2-羟基苯甲醇(2-羟基苄醇)	9.92			
3-羟基苯甲醇	9.83			
4-羟基苯甲醇	9.82			
2-羟基苯甲醛(水杨醛)	8.34			
3-羟基苯甲醛	8.98			
4-羟基苯甲醛	7.61			
2-羟基苯甲醛肟	1.37(+1)	9.18	12.11	
2-羟基苯甲酸(水杨酸)	2.98	13.6		
3-羟基苯甲酸	4.076	9.92		
4-羟基苯甲酸	4.57	9.46		
4-羟基苯胂酸	3.89	8.37(苯酚)	10.05	
2-羟基-2-苯基丙酸	3.532			
2-(2-羟基苯基)吡啶(20℃)	4.19(+1)	10.64		
2-羟基苯基羟肟酸	5.19			
3-羟基苯硼酸	8.55	10.84		
4-羟基苯磺酸	—	9.11(−1)		
顺-2-羟基环己烷-1-羧酸	4.796			
反-2-羟基环己烷-1-羧酸	4.682			
顺-3-羟基环己烷-1-羧酸	4.602			
反-3-羟基环己烷-1-羧酸	4.815			
顺-4-羟基环己烷-1-羧酸	4.836			
反-4-羟基环己烷-1-羧酸	4.687			
2-羟基-5-氯苯甲酸	2.63			
羟基尿嘧啶	8.64			

续表

物 质	pK_1	pK_2	pK_3	pK_4
2-羟基-1-萘甲酸(20℃)	3.29	9.68		
3-羟基-4-硝基甲苯($I=0.1$mol/kg)	7.41			
2-羟基-2-硝基苯甲酸	2.23			
2-羟基-3-硝基苯甲酸	1.87			
2-羟基-5-硝基苯甲酸	2.12			
2-羟基-6-硝基苯甲酸	2.24			
2-羟基-4-硝基苯膦酸	1.22	5.39		
8-羟基-7-硝基喹啉-5-磺酸	1.94(0)	5.750(−1)		
3-羟基-4-羟甲基吡啶(20℃,$I=0.2$mol/kg)	5.00(+1)	8.95(—OH)		
5-羟基-2-(羟甲基)-4H-吡喃-4-酮	7.90	8.03		
3-羟基-2-羟甲基吡啶(20℃,$I=0.2$mol/kg)	5.00(+1)	9.07(—OH)		
1-羟基-4-羟基甲苯	9.84			
羟基赖氨酸(38℃,$I=0.1$mol/kg)	2.13(+2)	8.62(+1)	9.67(0)	
8-羟基嘌呤	2.56	8.26		
8-羟基喹唑啉	3.41(+1)	8.65(0)		
2-羟基喹啉(20℃)	−0.31(+1)	11.74		
3-羟基喹啉(20℃)	4.30(+1)	8.06(0)		
4-羟基喹啉(20℃)	2.27(+1)	11.25(0)		
5-羟基喹啉(20℃)	5.20(+1)	8.54(0)		
6-羟基喹啉(20℃)	5.17(+1)	8.88(0)		
7-羟基喹啉(20℃)	5.48(+1)	8.85(0)		
8-羟基喹啉(20℃)	4.91(+1)	9.81(0)		
8-羟基喹啉-5-磺酸	4.092(+1)	8.776(0)		
2-羟基-5-溴苯甲酸	2.61			
8-羟基-7-碘代喹啉-5-磺酸	2.51(0)	7.417(−1)		
4-羟基喋啶	1.3(+1)	7.89(0)		
羟基缬氨酸	2.55(+1)	9.77(0)		
4-羟基嘧啶	1.85(+1)	8.59(0)		
2-羟基嘧啶	2.24(+1)	9.17(0)		
4-羟基-3-(2′-噻唑基偶氮)甲苯	8.36			
硝基乙烷	8.46			
硝基乙酸	1.68			
硝基乙酸乙酯	5.85			
硝基甲烷	10.21			

续表

物　　质	pK_1	pK_2	pK_3	pK_4
1-硝基丙烷	8.98			
2-硝基丙烷	7.675			
2-硝基丙酸	3.79			
2-硝基吡啶($I=0.02\text{mol/kg}$)	$-2.06(+1)$			
3-硝基吡啶($I=0.02\text{mol/kg}$)	$0.79(+1)$			
4-硝基吡啶($I=0.02\text{mol/kg}$)	$1.61(+1)$			
2-硝基苯乙酸	4.00			
3-硝基苯乙酸	3.97			
4-硝基苯乙酸	3.85			
2-硝基苯-1,4-二羧酸	1.73			
3-硝基苯-1,2-二羧酸	1.88			
4-硝基苯-1,2-二羧酸	2.11			
2-硝基苯甲酸	2.17			
3-硝基苯甲酸	3.46			
4-硝基苯甲酸	3.43			
3-($2'$-硝基苯)丙酸	4.50			
3-($4'$-硝基苯)丙酸	4.47			
反-2-硝基肉桂酸	4.15			
反-3-硝基肉桂酸	4.12			
反-4-硝基肉桂酸	4.05			
2-硝基对苯二酚	7.63	10.06		
2-硝基苯胂酸	3.37	8.54		
3-硝基苯胂酸	3.41	7.80		
4-硝基苯胂酸	2.90	7.80		
2-硝基苯胺	$-0.25(+1)$			
3-硝基苯胺	$2.46(+1)$			
4-硝基苯胺	$1.02(+1)$			
(2-硝基苯氧基)乙酸	2.896			
(3-硝基苯氧基)乙酸	2.951			
(4-硝基苯氧基)乙酸	2.893			
3-硝基苯硒酸	4.07			
4-硝基苯硒酸	4.00			
7-(4-硝基苯偶氮基)-8-羟基 5 喹啉磺酸	3.14(0)	7.495(-1)		
2-硝基苯酚	7.23			

续表

物　　　质	pK$_1$	pK$_2$	pK$_3$	pK$_4$
3-硝基苯酚	8.36			
4-硝基苯酚	7.15			
3-硝基苯膦酸	1.30	6.27		
4-硝基苯膦酸	1.24	6.23		
3-硝基萘酚	8.984			
N-硝基亚氨基二乙酸	2.21	3.33		
1-硝基-6,7-菲罗啉($I=0.2$mol/kg)	3.23(+1)			
5-硝基-1,10-菲罗啉	3.232(+1)			
6-硝基-1,10-菲罗啉	3.23(+1)			
硝基脲	4.15(+1)			
氰尿酸	6.88	11.40	13.5	
氰甲基胺	5.34(+1)			
1-氰甲基哌啶	4.55(+1)			
2-氰基乙胺	7.7(+1)			
氰基乙酰肼	2.34(+2)	11.17(+1)		
氰基乙酸	2.47			
N-(2-氰基)乙基降可待因	5.68(+1)			
4-氰基-2,6-二甲基(苯)酚	8.27			
4-氰基-3,5-二甲基(苯)酚	8.21			
4-氰基丁酸	2.42			
2-氰基-2-甲基丙酸	2.422			
2-氰基-2-甲基-2-苯乙酸	2.290			
2-氰基丙酸	2.37			
3-氰基丙酸	3.99			
2-氰基吡啶	-0.26(+1)			
3-氰基吡啶	1.45(+1)			
4-氰基吡啶	1.90(+1)			
2-氰基苯甲酸	3.14			
3-氰基苯甲酸	3.60			
4-氰基苯甲酸	3.55			
3-氰基苯酚	8.61			
邻氰基苯氧基乙酸	2.98			
间氰基苯氧基乙酸	3.03			
对氰基苯氧基乙酸	2.93			

续表

物　质	pK₁	pK₂	pK₃	pK₄
反-1-氰基环己烷-2-羧酸	3.865			
2,2'-联吡啶	−0.52(+2)	4.352(+1)		
2,3'-联吡啶(20℃)	1.52(+2)	4.42(+1)		
2,4'-联吡啶(20℃)	1.19(+2)	4.77(+1)		
3,3'-联吡啶(20℃,$I=0.2$mol/kg)	3.0(+2)	4.60(+1)		
3,4'-联吡啶(20℃,$I=0.2$mol/kg)	3.0(+2)	4.85(+1)		
4,4'-联吡啶	3.17(+2)	4.82(+1)		
2-联苯羧酸	3.46			
(1,1'-联苯)-4,4'-二胺	3.63(+2)	4.70(+1)		
α-D-(+)-葡萄糖	12.46			
α-D-葡萄糖-1-磷(酯)	1.11(0)	6.504(−1)		
葡糖抗坏血酸	4.26	11.58		
D-葡糖酸	3.86			
喹啉	4.80(+1)			
异喹啉	5.40(+1)			
喹喔啉	0.72(+1)			
D-棉子糖	12.74			
富马酸	3.02	4.38		
普鲁卡因(奴佛卡因)	8.85(+1)			
蒂巴因;二甲基吗啡	7.95(+1)			
番木鳖碱(15℃)	2.50(+2)	8.26(+1)		
硫代乙酸	3.33			
硫代二乙酸	3.32	4.29		
2,2'-硫代二乙酸	3.32	4.29		
3,3'-硫代二丙酸(18℃)	4.085	5.075		
1,4'-硫代二丁酸(18℃)	4.351	5.275		
3-硫代-S-甲基卡巴肼	7.563(+1)			
3-硫代氨基脲($I=0.1$mol/kg)	1.5(+1)			
硫脲	−1(+1)			
硫氰基乙酸	2.58			
异硫氰酸基乙酸	6.62			
2-巯基乙胺	8.27(+1)	10.53(0)		
2-巯基乙醇	9.72			
巯基乙酸	3.68(0)	10.56(−SH)		

续表

物　　质	pK₁	pK₂	pK₃	pK₄
2-巯基乙酸乙酯	7.95(—SH)			
2-巯基乙磺酸(20℃)		9.5(—1)		
2-巯基丁酸	3.53(0)			
3-巯基-1,2-丙二醇($I=0.5$mol/kg)	9.43			
2-巯基丙烷($I=0.1$mol/kg)	10.86			
2-巯基丙酸	4.32(0)	10.20(—SH)		
3-巯基丙酸	—	10.84(—SH)		
2-巯基吡啶(20℃)	−1.07(+1)	10.00(0)		
3-巯基吡啶(20℃)	2.26(+1)	7.03(0)		
4-巯基吡啶(20℃)	1.43(+1)	8.86(0)		
巯基-S-苯乙酸($I=0.1$mol/kg)	3.39			
2-巯基苯甲酸(20℃)	4.05(0)			
3-巯基丙酸乙酯	9.48(—SH)			
2-巯基组氨酸	1.84(+1)	8.47(0)	11.4(—SH)	
巯基琥珀酸	3.30(0)	4.94(—1)	10.94(—SH)	
2-巯基喹啉(20℃)	−1.44(+1)	10.21(0)		
3-巯基喹啉(20℃)	2.33(+1)	6.13(0)		
4-巯基喹啉(20℃)	0.77(+1)	8.83(0)		
DL-琥珀酰亚胺	9.623			
琥珀酰胺酸(琥珀酸单酰胺)	4.39(0)			
琥珀酸	4.21	5.635		
溴乙酸	2.90			
3-溴代-4-(二甲氨基)吡啶(20℃)	6.52(+1)			
2-溴代-4,6-二硝基苯胺	−6.94(+1)			
2-溴代丁酸(35℃)	2.939			
溴代丁二酸	2.55	4.41		
3-溴代-4-甲氨基吡啶(20℃)	7.49(+1)			
2-溴代对甲苯基膦酸	1.81	7.15		
2-溴代丙酸	2.971			
3-溴代丙酸	4.00			
溴代丙炔酸	1.855			
2-溴代肉桂酸(反式)	4.41			
2-溴代-2-苯乙酸	2.21			
4-溴代苯胂酸	3.25	8.19		

续表

物　　质	pK_1	pK_2	pK_3	pK_4
2-溴代苯胺	2.53(+1)			
3-溴代苯胺	3.53(+1)			
4-溴代苯胺	3.89(+1)			
2-(2′-溴代苯氧基)乙酸	3.12			
2-(3′-溴代苯氧基)乙酸	3.09			
2-(4′-溴代苯氧基)乙酸	3.13			
3-溴代苯硒酸	4.43			
4-溴代苯硒酸	4.50			
4-溴代苯次膦酸(17℃)	2.1			
2-溴代苯膦酸	1.64	7.00		
3-溴代苯膦酸	1.45	6.69		
4-溴代苯膦酸	1.60	6.83		
3-溴代扁桃酸	3.13			
赤-2-溴代-3-氯代丁二酸(19℃,$I=0.1$mol/kg)	1.4	2.6		
苏-2-溴代-3-氯代丁二酸(19℃,$I=0.1$mol/kg)	1.5	2.8		
2-溴代-6-硝基苯甲酸	1.37			
3-溴代-2-羟甲基苯甲酸(20℃)	3.28			
6-溴代-2-羟甲基苯甲酸(20℃)	2.25			
7-溴代-8-羟基喹啉-5-磺酸	2.51	6.70		
(2-溴甲基)丁酸	3.92			
溴甲基膦酸	1.14	6.52		
2-溴吡啶	0.71(+1)			
3-溴吡啶	2.84(+1)			
4-溴吡啶	3.71(+1)			
2-溴苯甲酸	2.85			
3-溴苯甲酸	3.810			
4-溴苯甲酸	3.96			
2-溴苯酚	8.452			
3-溴苯酚	9.031			
4-溴苯酚	9.37			
2-(溴苯基)乙酸	4.054			
4-(溴苯基)乙酸	4.188			
3-溴喹啉	2.69(+1)			
碘乙酸	3.18			

续表

物　　质	pK_1	pK_2	pK_3	pK_4
碘甲基膦酸	1.30	6.72		
2-碘丙酸	3.11			
3-碘丙酸	4.08			
碘代扁桃酸	3.264			
2-碘吡啶	1.82(+1)			
3-碘吡啶	3.25(+1)			
4-碘吡啶(20℃)	4.02(+1)			
2-碘苯乙酸	4.038			
3-碘苯乙酸	4.159			
4-碘苯乙酸	4.178			
2-碘苯甲酸	2.86			
3-碘苯甲酸	3.87			
4-碘苯甲酸	4.00			
2-碘苯氧基乙酸	3.17			
3-碘苯氧基乙酸	3.13			
4-碘苯氧基乙酸	3.16			
2-碘苯胺	2.54(+1)			
3-碘苯胺	3.58(+1)			
4-碘苯胺	3.81(+1)			
2-碘苯酚	8.51			
3-碘苯酚	9.03			
4-碘苯酚	9.33			
2-碘苯膦酸	1.74	7.06		
5-碘组胺	4.06(+2) (咪唑)	9.20(+1) (NH$_3^+$)	11.88(0) (亚氨基)	
7-碘-8-羟基喹啉-5-磺酸	2.514	7.417		
腺苷-5′-三磷酸	—	4.00(−1)	6.48(−2)	
腺苷-5′-焦磷酸	—	4.2(−1)	7.20(−2)	
腺苷-2′-磷酸	3.81(+1)	6.17(0)		
腺苷-3′-磷酸	3.65(0)	5.88(−1)		
腺苷-5′-磷酸	3.74(0)	6.05(−1)	13.06(−2)	
腺嘌呤	4.3(+1)	9.83(0)		
腺(嘌呤核)苷	3.6(+1)	12.4(0)		
腺嘌呤脱氧核苷-5′-磷酸	—	4.4	6.4	

续表

物　　质	pK₁	pK₂	pK₃	pK₄
腺嘌呤-N-氧化物	2.69(+1)	8.49(0)		
3,6-噁辛烷二酸($I=1.0$mol/kg)	3.055	3.676		
3-酰胺基四唑	3.95(+1)			
β-羧甲基氨基丙酸	3.61(+1)	9.46(0)		
罂粟碱	6.4(+1)			
嘧啶	1.30(+1)			
2,4,5,6(1H,3H)-嘧啶四酮-5-肟	4.57(0)			
2,4(1H,3H)-嘧啶二酮(尿嘧啶)	0.6(+1)	9.46(0)		
缩二脲	12.8			
蝶啶	4.05			
D-樟脑酸	4.57	5.10		
磺胺	10.43(+1)			
磺基乙酸	—	4.0		
5-磺基水杨酸	2.49	12.00		
2-磺基丙酸	1.99			
3-磺基苯甲酸	—	3.78		
4-磺基苯甲酸	—	3.72		
3-磺基苯酚	0.39	9.07		
4-磺基苯酚	0.58	8.70		
D-糖精酸	5.00(0)			
糖精(邻苯甲酰磺酰亚胺)	2.32	11.68		
2-噻吩甲酸三氟丙酮	5.70(0)			
2-噻吩羧酸	3.49			
2-噻吩羧酸(30℃)	3.529			
3-噻吩羧酸(3-噻吩酸)	4.10			
噻唑啉	2.53(+1)			
磷酰胺酸	3.08	8.63		
O-磷酸乙醇胺	5.838(+1)	10.638(0)		
鹰爪豆碱	4.49(+1)	11.76(0)		
藜芦胺	7.49(+1)			
藜芦碱	8.85(+1)			

　　重要氨基酸的基本性质见表 1-78,取代氨基羧酸的解离常数见表 1-79。

表 1-78 重要氨基酸的基本性质(25℃)(以碳原子数顺序排序)

缩写	名称 英文	名称 中文	分子式	结构式	分子量	熔点 /℃	密度 /(g/cm³)	pK_{a1}	pK_{a2}	pK_{a3}	等电点	溶解度(25℃) /(g/kg)
Gly	glycine	甘氨酸	$C_2H_5NO_2$	NH_2CH_2COOH	75.0666	290	1.161^{20}	2.34	9.58		5.97	239
Ala	L-alanine	L-丙氨酸	$C_3H_7NO_2$	$CH_3CH(NH_2)COOH$	89.0909	297	1.432^{22}	2.33	9.71		6.00	166.9
Cys	L-cysteine	L-半胱氨酸	$C_3H_7NO_2S$	$HSCH_2CH(NH_2)COOH$	121.1592	240	1.523	1.91	8.14	10.28	5.07	280
Ser	L-serine	L-丝氨酸	$C_3H_7NO_3$	$HOCH_2CH(NH_2)COOH$	105.0926	228	1.6	2.13	9.05		5.68	250
Asp	L-aspartic acid	L-天冬氨酸	$C_4H_7NO_4$	$HOOCCH(NH_2)CH_2COOH$	133.1027	270	1.6603^{13}	1.95	3.71	9.66	2.77	5.04
Asn	L-asparagine	L-天冬酰胺	$C_4H_8N_2O_3$	$H_2NCOCH_2CH(NH_2)COOH$	132.1180	235	1.543^{15}	2.16	8.73		5.41	25.1
Thr	L-threonine	L-苏氨酸	$C_4H_9NO_3$	$CH_3CH(OH)CH(NH_2)COOH$	119.1192	256	1.307	2.20	8.96		5.60	90.6
Pro	L-proline	L-脯氨酸	$C_5H_9NO_2$	$(C_4H_7NH)—COOH$	115.1305	221	1.35	1.95	10.47		6.30	1625
Glu	L-glutamic acid	L-谷氨酸	$C_5H_9NO_4$	$HOOCCH(NH_2)(CH_2)_2COOH$	147.1293	160	1.538^{20}	2.16	4.15	9.58	3.22	8.6
Gln	L-glutamine	L-谷酰胺	$C_5H_{10}N_2O_3$	$H_2NCO(CH_2)_2CH(NH_2)COOH$	146.1446	185	1.321	2.18	9.00		5.65	42
Val	L-valine	L-缬氨酸	$C_5H_{11}NO_2$	$(CH_3)_2CHCH(NH_2)COOH$	117.1464	315	1.23	2.27	9.52		5.96	88
Met	L-methionine	L-蛋氨酸	$C_5H_{11}NO_2S$	$CH_3S(CH_2)_2CH(NH_2)COOH$	149.2124	281	1.34	2.16	9.08		5.74	56
His	L-histidine	L-组氨酸	$C_6H_9N_3O_2$	$(C_3H_3N_2)CH_2CH(NH_2)COOH$	155.1547	287	1.423	1.70	6.04	9.09	7.59	43.5
Leu	L-leucine	L-亮氨酸	$C_6H_{13}NO_2$	$(CH_3)_2CHCH_2CH(NH_2)COOH$	131.1730	293	1.293	2.32	9.58		5.98	23.8
Ile	L-isoleucine	L-异亮氨酸	$C_6H_{13}NO_2$	$CH_3CH_2CH(CH_3)CH(NH_2)COOH$	131.1730	284	1.035	2.26	9.60		6.02	34.2
Lys	L-lysine	L-赖氨酸	$C_6H_{14}N_2O_2$	$H_2N(CH_2)_4CH(NH_2)COOH$	146.1876	224	1.125	2.15	9.16	10.67	9.74	5.8
Arg	L-arginine	L-精氨酸	$C_6H_{14}N_4O_2$	$H_2NC=NHNH(CH_2)_3CH(NH_2)COOH$	174.2011	244	1.46	2.03	9.00	12.10	10.76	182.6
Phe	L-phenylalanine	L-苯丙氨酸	$C_9H_{11}NO_2$	$PhCH_2CH(NH_2)COOH$	165.1892	283	1.29	2.18	9.09		5.48	27.9
Tyr	L-tyrosine	L-酪氨酸	$C_9H_{11}NO_3$	$HO\text{-}p\text{-}PhCH_2CH(NH_2)COOH$	181.1886	343	1.333	2.24	9.04		5.66	0.51
Trp	L-tryptophan	L-色氨酸	$C_{11}H_{12}N_2O_2$	$(C_6H_4NHCH=C)CH_2CH(NH_2)COOH$	204.2253	289	1.34	2.46	9.41		5.89	13.2

注:密度数值右上角的数据为测定温度。

表 1-79 取代氨基羧酸的解离常数(25℃)

物 质	pK₁	pK₂	pK₃	pK₄
S-乙基-L-半胱氨酸(I=0.1mol/kg)	2.03(+1)	8.60(0)		
N-乙基丙氨酸	2.22(+1)	10.22(0)		
N-乙酰-β-丙氨酸	4.445			
N-乙酰-α-丙氨酸	3.715			
N-乙酰半胱氨酸(30℃)	9.52			
N-乙酰甘氨酸	3.670			
2-乙酰氨基丁酸	3.716			
3-乙酰氨基丙酸	4.445			
N-α-乙酰-L-组氨酸	7.08			
3-二甲氨基丙酸	9.85(+1)			
N,N-二甲基甘氨酸	2.146(+1)	9.940(0)		
N,N-二甲基甘氨酰甘氨酸	3.11(+1)	8.09(0)		
2,4-二氨基丁酸(20℃)	1.85(+2)	8.24(+1)	10.44(0)	
2,3-二氨基丙酸(I=0.1mol/kg)	1.33(+2)	6.674(+1)	9.623(0)	
N,N-二(2-羟乙基)甘氨酸	8.333			
3,4-二羟基丙氨酸	2.32(+1)	8.68(0)	9.87(-1)	
3,5-二溴 L-酪氨酸	2.17(+1)	6.45(0)	7.60(-1)	
2,5-二碘组氨酸(I=0.1mol/kg)	2.72	8.18	9.76	
3,5-二碘酪氨酸	2.12	6.16	9.10	
N-丁基甘氨酸	2.35(+1)	10.25(0)		
L-刀豆氨酸	2.50(+2)	6.60	9.25	
5,5,5-三氟亮氨酸	2.045(+1)	8.942(0)		
6,6,6-三氟正亮氨酸	2.164(+1)	9.463(0)		
4,4,4-三氟-2-氨基丁酸	1.600(+1)	8.169(0)		
4,4,4-三氟-3-氨基丁酸	2.756(+1)	5.822(0)		
4,4,4-三氟缬氨酸	1.537(+1)	8.098(0)		
5,5,5-三氟正缬氨酸	2.042(+1)	8.916(0)		
L-天冬酰胺酰基甘氨酸		4.53	9.07	
D-天冬氨酸		3.87(0)	10.00(-1)	
天冬氨酰天冬氨酸		3.40	4.70	8.26
α-天冬氨酰组氨酸(38℃,I=0.1mol/kg)		3.02	6.82	7.98
β-天冬氨酰组氨酸(38℃,I=0.1mol/kg)		2.95	6.93	8.72
N-天冬氨酰-对-酪氨酸(I=0.01mol/kg)		3.57	8.92	10.23(OH)
双甘氨酰甘氨酸	3.225(+1)	8.090(0)		

物　　质	pK_1	pK_2	pK_3	pK_4
双甘氨酰胱氨酸(35℃)	2.71	2.71	7.94	7.94
N-甲基丙氨酸	2.22(+1)	10.19(0)		
N-甲基甘氨酸(肌氨酸)	2.12(+1)	10.20(0)		
S-甲基-L-半胱氨酸	8.97			
甲状腺素	2.20	6.45	10.01	
1-甲基组氨酸	1.69	6.48	8.85	
2-甲基组氨酸(18℃)	1.7	7.2	9.5	
N-甲酰甘氨酸	3.43			
N-L-丙氨酰-2-D-氨基丙酸	3.12(+1)	8.30(0)		
N-D-丙氨酰-2-D-氨基丙酸($I=0.10$mol/kg)	3.32(+1)	8.13(0)		
N-L-丙氨酰-α-L-氨基丙酸($I=0.1$mol/kg)	3.32(+1)	8.13(0)		
N-α-丙氨酰甘氨酸	3.11(+1)	8.11(0)		
丙氨酰甘氨酰甘氨酸	3.190(+1)	8.15(0)		
β-丙氨酰组氨酸	2.64	6.86	9.40	
N-丙基甘氨酸($I=0.1$mol/kg)	2.38(+1)	10.03(0)		
N-丙基甘氨酸	3.19(+1)	8.97(0)		
N-异丙基甘氨酸($I=0.1$mol/kg)	2.36(+1)	10.06(0)		
N-丙酰甘氨酸	3.718(0)			
L-丝氨酰-L-亮氨酸	3.08(+1)	7.45(0)		
丝氨酸,甲基酯($I=0.1$mol/kg)	7.03(+1)			
丝氨酸甘氨酸($I=0.15$mol/kg)	2.10(+1)	7.33(0)		
N-甘氨酰天冬酰胺	2.942			
甘氨酰天冬氨酸	2.81(+1)	4.45(0)	8.60(-1)	
甘氨酰丙氨酰丙氨酸	3.38(+1)	8.10(0)		
N-甘氨酰-甘氨酸	3.126(+1)	8.252(0)		
N-甘氨酰肌氨酸($I=0.1$mol/kg)	2.98(+1)	8.55(0)		
N-甘氨酰丝氨酸	2.98(+1)	8.38(0)		
甘氨酰丝氨酰甘氨酸	3.23	7.99		
甘氨酰-DL-谷氨酰胺(18℃)	2.88(+1)	8.33(0)		
甘氨酰-L-组氨酸($I=0.16$mol/kg)	6.79	8.20		
甘氨酰异亮氨酸	8.00			
N-甘氨酰-L-亮氨酸	3.180(+1)	8.327(0)		
N-甘氨酰-α-氨基丙酸	3.15(+1)	8.33(0)		
L-甘氨酰-脯氨酸($I=0.1$mol/kg)	2.81(+1)	8.65(0)		

续表

物　　质	pK_1	pK_2	pK_3	pK_4
甘氨酰胺	8.03(+1)			
甘氨酰酪氨酸	2.93	8.45	10.49	
甘氨酰缬氨酸	3.15	8.18		
甘氨酰-O-磷酰基丝氨酸	2.90	6.02	8.43	
甘氨酸乙酯	7.66(+1)			
甘氨酸甲酯	7.59(+1)			
甘氨酸-O-苯基磷酰基丝氨酸	2.96	8.07		
甘氨酸羟肟酸	7.10	9.10		
叶酸(蝶酰谷氨酸)	8.26			
瓜氨酸	2.32	9.30		
L-(+)-瓜氨酸	2.43(+1)	9.41(0)		
L-(+)-半胱氨酸	1.71(+1)	8.39(0)	10.70(SH)	
L-(+)-半胱氨酸乙酯	6.69(NH_3^+)	9.17(SH)		
L-(+)-半胱氨酸甲酯	6.56(NH_3^+)	8.99(SH)		
L-半胱氨酰-L-天冬酰胺	2.97	7.09	8.47	
半胱氨酰甘氨酰甘氨酸(35℃)	3.12	3.21	6.01	6.87
鸟氨酸	1.705	8.69		
L-鸟氨酸	1.94	8.78	10.52	
多巴胺	8.88	10.36		
色氨酸	2.43	9.44		
肌氨酸	2.18	9.97		
肌氨酸甲基酰胺	8.28(+1)			
肌氨(酸)酰甘氨酸(I=0.16mol/kg)	3.15(+1)	8.56(0)		
肌氨(酸)酰肌氨酸	2.92(+1)	9.15(0)		
肌氨(酸)酰丝氨酸	3.17(+1)	8.63(0)		
肌氨(酸)酰亮氨酸	3.15(+1)	8.67(0)		
肌氨酸酰胺	8.35(+1)			
肌酸	2.63	14.30		
3,3′-(亚甲基二硫代)二丙氨酸	2.200(+1)	8.16(0)		
L-谷氨酰胺(I=0.2mol/kg)	2.15(+1)	9.00(0)		
L-异丝氨酸(I=0.16mol/kg)	2.72(+1)	9.25(0)		
异谷氨酰胺	3.81(+1)	7.88(0)		
异组氨(I=0.1mol/kg)	6.036(+2)	9.274(+1)		
别苏氨酸	2.108	9.096		

续表

物　　质	pK₁	pK₂	pK₃	pK₄
D-(—)-谷氨酸	2.162(+1)	4.272(0)	9.358(—1)	
谷氨酸-1-乙酯	3.85(+1)	7.84(0)		
谷氨酸-5-乙酯	2.15(+1)	9.19(0)		
邻甲基苏氨酸	2.02(+1)	9.00(0)		
邻甲基别苏氨酸($I=0.1\text{mol/kg}$)	1.92(+1)	8.90(0)		
邻甲基酪氨酸	2.21(+1)	9.35(0)		
邻氨基苯甲酸	2.05	4.95		
N-苯甲酰甘氨酸(马尿酸)	3.65			
苯甲酰谷氨酸	3.49	4.99		
苯丙氨酰甘氨酸($I=0.01\text{mol/kg}$)	3.10(+1)	7.71(0)		
苯丙氨酰精氨酸($I=0.01\text{mol/kg}$)	2.66(+1)	7.57(0)	12.40(—1)	
DL-α-苯基甘氨酸	1.83(+1)	4.39(0)		
β-苯基丝氨酸($I=0.16\text{mol/kg}$)	8.79(0)			
O-苯膦酰基丝氨酸	2.13(+1)	8.79		
O-苯膦酰基丝氨酰甘氨酸	3.18(+1)	6.95(0)		
O-苯膦酰基-L-丝氨酰-L-亮氨酸	3.16(+1)	7.12(0)		
组氨酰甘氨酸	2.40(+2)	5.80(+1)	7.82(0)	
DL-组氨酸	1.82(+2)	6.00(+1)	9.16(0)	
组氨酰组氨酸($I=0.16\text{mol/kg}$)	5.40(+2)	6.80(+1)	7.95(0)	
组氨酸甲酯($I=0.1\text{mol/kg}$)	5.01(+2)	7.23(+1)		
组氨酸酰胺($I=0.2\text{mol/kg}$)	5.78(+2)	7.64(+1)		
L-亮氨酰-L-天冬酰胺	3.00(+1)	8.12(0)		
DL-亮氨酰甘氨酸	3.25(+1)	8.28(0)		
L-亮氨酰-L-谷氨酰胺	2.99(+1)	8.11(0)		
亮氨酰异丝氨酸(20℃)	3.188(+1)	8.207(0)		
D-亮氨酰-L-酪氨酸	3.46(+1)	7.84(0)	10.09(—1)	
DL-亮氨酸	2.335(+1)	9.834(0)		
L-亮氨酸	2.31	9.68		
亮氨酸酰胺	7.80(+1)			
亮氨酸乙酯($I=0.1\text{mol/kg}$)	7.57(+1)			
2′-氟苯丙氨酸	2.14(+1)	9.01(0)		
3′-氟苯丙氨酸	2.10(+1)	8.98(0)		
4-氟苯丙氨酸	2.13(+1)	9.05(0)		
DL-2-氨基戊酸(DL-正缬氨酸)	2.318(+1)	9.808		

续表

物　　质	pK₁	pK₂	pK₃	pK₄
3-氨基戊酸	4.02(+1)	10.399(0)		
4-氨基戊酸	3.97(+1)	10.46(0)		
5-氨基戊酸	4.20(+1)	9.758(0)		
5-氨基戊酸乙酯	10.151			
2-氨基-4,4,4-三氟丁酸		8.171(0)		
3-氨基-4,4,4-三氟丁酸		5.831(0)		
2-氨基己酸	2.335(+1)	9.834(0)		
6-氨基己酸	4.373(+1)	10.804(0)		
2-氨基-N-甘氨酰丁酸	3.155(+1)	8.331(0)		
2-氨基-2-甲基丙酸	2.36(+1)	10.21(0)		
2-氨基-3-甲基戊酸	2.320(+1)	9.758(0)		
N-氨基甲酰基-α-D-丙氨酸	3.89(+1)			
N-氨基甲酰基-β-丙氨酸	4.99(+1)			
DL-N-氨基甲酰基丙氨酸	3.892(+1)			
N-氨基甲酰基甘氨酸	3.876			
氨基丙二酸	3.32(+1)	9.83(0)		
α-氨基丙酸	2.34(+1)	9.87(0)		
α-氨基丙酸甲酯(I=0.10mol/kg)	7.743(+1)			
β-氨基丙酸	3.55(+1)	10.238(0)		
β-氨基丙酸甲酯(I=0.10mol/kg)	9.170(+1)			
3-氨基丙酸	3.551(+1)	10.235(0)		
2-氨基丁酸	2.286(+1)	9.830(0)		
3-氨基丁酸	—	10.14(0)		
4-氨基丁酸	4.02(+1)	10.35(0)		
2-氨基丁酸甲酯(c=0.1mol/L)	7.640(+1)			
4-氨基丁酸甲酯(c=0.1mol/L)	9.838(+1)			
2-氨基-N-氨基甲酰基丁酸	3.886(+1)			
4-氨基-N-氨基甲酰基丁酸	4.683(+1)			
2-氨基-N-氨基甲酰基-2-甲基丙酸	4.463			
2,4-二氨基丁酸	1.85	8.24	10.44	
2-氨基-2-甲基丙酸	2.36	10.21		
DL-2-氨基-4-巯基丁酸	2.22(+1)	8.87(0)	10.86(SH)	
L-2-氨基-3-羟基丁酸(苏氨酸)	2.088(+1)	9.100(0)		
DL-2-氨基-4-羟基丁酸(I=0.1mol/kg)	2.265(+1)	9.257(0)		

续表

物　　质	pK$_1$	pK$_2$	pK$_3$	pK$_4$
DL-4-氨基-3-羟基丁酸($I=0.1$mol/kg)	3.834(+1)	9.487(0)		
扁刀豆酸	2.40	3.70	9.20	
L-胱氨酸	1.50	2.05	8.02	8.80
DL-高半胱氨酸	2.222(+1)	8.87	10.86	
L-高半胱氨酸	2.15	8.57	10.38	
高丝氨酸	2.27	9.85		
高胱氨酸($I=0.1$mol/kg)	1.59(+2)	2.54(+1)	8.52(0)	9.44(−1)
N-(2′-氯乙酰)甘氨酸	3.38(0)			
2-氯苯丙氨酸	2.23(+1)	8.94(0)		
3-氯苯丙氨酸	2.17(+1)	8.91(0)		
DL-4-氯苯丙氨酸	2.08(+1)	8.96(0)		
α-羟基天冬酰胺	2.28(+1)	7.20(0)		
β-羟基天冬酰胺	2.09(+1)	8.29(0)		
羟基天冬氨酸	1.91(+1)	3.51(0)	9.11(−1)	
L-β-羟基谷氨酸	2.09	4.18	9.20	
4-羟基脯氨酸(反式)	1.82(+1)	9.47(0)		
5-羟基色氨酸				
L-赖氨酰-L-丙氨酸	3.22(+1)	7.62(0)	10.70(−1)	
L-赖氨酰-D-丙氨酸	3.00(+1)	7.74(0)	10.63(−1)	
赖氨酸	1.8217	8.9936	12.47	
赖氨酰谷氨酸	2.93(+2)	4.47(+1)	7.75(0)	10.50(−1)
L-赖氨酰-D-赖氨酰-L-赖氨酸($I=0.1$mol/kg)	2.91(+2)	7.29(+1)	9.79(0)	10.54(−1)
L-赖氨酰-D-赖氨酰-D-赖氨酸($I=0.1$mol/kg)	2.94(+2)	7.15(+1)	9.60(0)	10.38(−1)
L-赖氨酰-L-赖氨酰-L-赖氨酸($I=0.1$mol/kg)	3.08(+2)	7.34(+1)	9.80(0)	10.54(−1)
L-赖氨酰-L-赖氨酸($I=0.1$mol/kg)	3.01(+2)	7.53(+1)	10.05(0)	10.01(−1)
L-赖氨酰-D-赖氨酸($I=0.1$mol/kg)	2.85(+2)	7.53(+1)	9.92(0)	10.89(−1)
L-(+)-赖氨酸	2.18(+2)	8.95(+1)	10.53(0)	
DL-酪氨酸	2.18(+1)	9.21(0)	10.47(OH)	
酪氨酸乙酯	7.33	9.80		
赖氨酸甲酯($I=0.1$mol/kg)	6.965(+1)	10.251(0)		
酪氨酸酰胺	7.48	9.89		
酪氨酰精氨酸($I=0.01$mol/kg)	2.65(+1)	7.39(0)	9.36(−1)	11.62(−2)
酪氨酰酪氨酸	3.52(+1)	7.68(0)	9.80(−1)	10.26(−2)
L-3-碘酪氨酸	2.20	8.70	9.10	

续表

物　质	pK₁	pK₂	pK₃	pK₄
缬氨酸酰胺(I＝0.2mol/kg)	8.00			
L-缬氨酰甘氨酸	3.23(＋1)	8.00(0)		
DL-缬氨酸	2.286(＋1)	9.719(0)		
L-缬氨酸	2.996(＋1)	9.79(0)		
L-缬氨酸甲酯	7.49(＋1)			
蝶酰谷氨酸;叶酸;维生素 B₉	8.26			
β-(4′-磺氨基苯基)丙氨酸	1.99(＋1)	8.64(0)	10.26(−1)	
L-磺基丙氨酸(3-磺基-L-丙氨酸)	1.89(＋1)	8.7(0)		
O-磷酰基丝氨酸甘氨酸	3.13	5.41	8.01	
O-磷酰基-L-丝氨酸-L-亮氨酸	3.11	5.47	8.26	
磷酸丝氨酸	2.14	5.70	9.80	

注:物质以笔画为序,表中 pK_a 值后标注说明同表 1-77,除另加说明者外,均为 25℃,离子强度 I＝0。

主要农药的相关参数见表 1-80。

表 1-80　主要农药的相关参数（25℃，100kPa）（以英文单词的首字母排序）

名　称		功　能	化学式	相对分子质量	外　观	熔点/℃	沸点/℃	溶解度^①/(g/100ml)
中　文	英　文							
2 甲 4 氯	2M-4X	除草剂	$C_9H_9ClO_3$	200.62	白色至浅棕色的固体	114~118		几乎不溶于水
乙酰甲胺磷	acephate	杀虫剂	$C_4H_{10}NO_3PS$	183.2	白色结晶粉末	88~90		
乙草胺	acetochlor	除草剂	$C_{14}H_{20}ClNO_2$	269.77		＜0		2.3
莠去津	atrazine	除草剂	$C_8H_{14}ClN_5$	215.68	无色固体	175	200	7
嘧菌酯	azoxystrobin	杀菌剂	$C_{22}H_{17}N_3O_5$	403.39	白色粉末	116		0.6 (20℃)
大隆	brodifacoum	杀鼠剂	$C_{31}H_{23}BrO_3$	523.42		228~230		不溶于水
丁草胺	butachlor	除草剂	$C_{17}H_{26}ClNO_2$	311.85	淡黄色油性液体			2 (20℃)
多菌灵	carbendazim	杀菌剂	$C_9H_9N_3O_2$	191.19	淡灰色粉末	302~307(分解)		0.8
丁硫克百威	carbosulfan	杀虫剂	$C_{20}H_{32}N_2O_3$	380.54	褐色黏稠液体			
百菌清	chlorothalonil	杀菌剂	$C_8Cl_4N_2$	265.91	白色结晶固体	250	350	0.06
毒死蜱	chlorpyrifos	杀虫剂	$C_9H_{11}Cl_3NO_3PS$	350.59	无色晶体	42		0.2 (25℃)
硫酸铜	copper sulfate	杀菌剂	$CuSO_4$	159.62(无水);249.70(五水)	灰白色固体(无水);蓝色固体(五水)	110 (四水);150 (五水)		12.4 (0℃, 无水);16.7 (20℃, 无水);43.5 (100℃, 无水);14.3 (0℃, 五水);20.7 (20℃, 五水);75.4 (100℃, 五水)

续表

名称		功能	化学式	相对分子质量	外观	熔点/℃	沸点/℃	溶解度①/（g/100ml）
中文	英文							
氧化亚铜	cuprous oxide	杀菌剂	Cu_2O	143.09	红褐色固体	1235	1800	不溶于水，溶于酸中
百草敌	dicamba	除草剂	$C_8H_6Cl_2O_3$	221.04	白色结晶固体	114~116		0.65（25℃，水）；92.9（25℃，乙醇）
烯酰吗啉	dimethomorph	杀菌剂	$C_{21}H_{22}ClNO_4$	387.9	在室温下为白色无气味固体	E/Z（48/52）混合物（99.1%）；125.2~149.2		0.005［20℃，去离子水 pH＝7，E/Z（44/45）混合物（97.6%）］
敌百虫	dipterex	杀虫剂	$C_4H_8Cl_3O_4P$	257.45	白色晶体	76~81		12.0（20℃）
氟虫腈	fipronil	杀虫剂	$C_{12}H_4Cl_2F_6N_4OS$	437.15		200.5		$1.9×10^{-4}$（20℃）
氟硅唑	flusilazole	杀菌剂	$C_{16}H_{15}F_2N_3Si$	315.39	棕褐色到浅棕色的晶体	53		0.09（pH＝1.1）
鼠甘伏	glyfluor 或 gliftor	杀鼠剂	$C_3H_6F_2O$	96.08		54~55		
草甘膦	glyphosate	除草剂	$C_3H_8NO_5P$	169.07	白色结晶粉末	184.5	187（分解）	1.01（20℃）
吡虫啉	imidacloprid	杀虫剂	$C_9H_{10}ClN_5O_2$	255.67	无色晶体	136.4~143.8		0.051（20℃）
克阔乐	lactofen	除草剂	$C_{19}H_{15}ClF_3NO_7$	461.77	白色结晶固体	43.9~45.5		0.01（20℃）
马拉硫磷	malathion	杀虫剂	$C_{10}H_{19}O_6PS_2$	330.36	无色清澈液体	2.9	156~157	0.015；溶于乙醇和丙酮；易溶于乙醚
甲霜灵	metalaxyl	杀菌剂	$C_{15}H_{21}NO_4$	279.33	白色粉末	71~72	295.9	0.84（22℃）
异丙甲草胺	metolachlor	除草剂	$C_{15}H_{22}ClNO_2$	283.79	白色到无色液体		100	0.053（20℃）
百草枯	paraquat	除草剂	$C_{12}H_{14}Cl_2N_2$	257.16	白色粉末	175~180	＞300	在水中的溶解度高
二甲戊灵	pendimethalin	除草剂	$C_{13}H_{19}N_3O_4$	281.31	橘黄色结晶固体	47~58	330	$2.75×10^{-5}$
辛硫磷	phoxim	杀虫剂	$C_{12}H_{15}N_2O_3PS$	298.3	棕红色液体	6.1	102	$7×10^{-4}$
丙环唑	propiconazole	杀菌剂	$C_{15}H_{17}Cl_2N_3O_2$	342.22	无色清亮黏稠液体		180	10
戊唑醇	tebuconazole	杀菌剂	$C_{16}H_{22}ClN_3O$	307.82	无色或灰白色粉末	102.4		$3.2×10^{-3}$（20℃）
磷化锌	zinc phosphide	杀鼠剂	Zn_3P_2	258.17	灰色正方晶体	420	1100	不溶于水、不溶于乙醇，溶于苯，与酸反应

①溶解度除特殊说明外，皆指在水中的溶解度，其单位为 g/100ml。

部分食品添加剂的相关参数见表 1-81。

表 1-81 部分食品添加剂的相关参数 (25℃，100kPa) (以英文单词的首字母排序)

名称		功能	化学式	相对分子质量	外观	熔点/℃	沸点/℃	溶解性
中文	英文							
2,4-二氯苯氧乙酸	2,4-dichloro-phenoxy acetic acid	防腐剂	$C_8H_6Cl_2O_3$	221.04	白色至黄色粉末	140.5	160	在水中：900mg/L
乙酰磺胺酸钾	acesulfame potassium	甜味剂	$C_4H_4KNO_4S$	201.24	白色晶体粉末	225		在水中：270g/L (20℃)
阿力甜	alitame	甜味剂	$C_{14}H_{25}N_3O_4S$	331.431	白色结晶粉末			能在水和乙醇中自由溶解
诱惑红	allura red	着色剂	$C_{18}H_{14}N_2Na_2O_8S_2$	496.42	暗红色粉末	>300		能溶于水，不溶于乙醇
抗坏血酸棕榈酸酯	ascorbyl palmitate	抗氧化剂	$C_{22}H_{38}O_7$	414.53	白色或微黄色粉末	116~117		在水中微溶，易溶于乙醇
苯甲酸	benzoic acid	防腐剂	$C_7H_6O_2$	122.12	无色晶体	122.38	249.2	在水中：2.9g/L
过氧化苯甲酰	benzoyl peroxide	漂白剂	$C_{14}H_{10}O_4$	242.23	无色固体	103~105		难溶于水
二丁基羟基甲苯	butylated hydroxytoluene	抗氧化剂	$C_{15}H_{24}O$	220.35	白色晶体或者结晶性粉末	70~73	265	在水中：1.1mg/L (20℃)
过氧化钙	calcium peroxide	漂白剂	CaO_2	72.08	白色或黄色粉末	约200(分解)		在水中分解
二氧化碳	carbon dioxide	防腐剂	CO_2	44.01	无色无味气体	−78	−54	在水中：1.45g/L
胭脂红	carmine cochineal	着色剂	$C_{20}H_{11}N_2Na_3O_{10}S_3$	604.47	红色粉末或颗粒			易溶于水，难溶于乙醇
酸性红	carmoisine	着色剂	$C_{20}H_{12}N_2Na_2O_7S_2$	502.44	红色粉末	>300		溶于水 (120g/L)
红花黄 (Ⅰ：红花黄A；Ⅱ：红花黄B)	carthamins yellow	着色剂	Ⅰ：$C_{27}H_{32}O_{16}$ Ⅱ：$C_{48}H_{54}O_{27}$	Ⅰ：612.5 Ⅱ：1062	黄色至暗棕色晶体			易溶于水，不溶于乙醚和乙醇
桂醛	cinnamaldehyde	防腐剂	C_9H_8O	132.16	黄色油性液体	−7.5	248	微溶于水
脱氢乙酸	dehydroacetic acid	防腐剂	$C_8H_8O_4$	168.15	白色晶体	109	270	易溶于固定碱的水溶液，难溶于水
二甲基二碳酸	dimethyl dicarbonate	防腐剂	$C_4H_6O_5$	134.09	无色液体	16~18	172	溶于水并分解；与甲苯混溶
二苯醚	diphenyl ether	防腐剂	$C_{12}H_{10}O$	170.21	无色固体或液体	25~26	121	不溶于水
D-甘露醇	D-mannitol	甜味剂	$C_6H_{14}O_6$	182.17	无色无味晶体粉末	132(分解)	292.5	易溶于热水及甘油，可溶于乙醇、吡啶和苯胺
赤藓红	erythrosine	着色剂	$C_{20}H_6I_4Na_2O_5$	879.86	红色至棕色粉末	303		易溶于水
葡萄糖酸亚铁	ferrous gluconate	护色剂	$C_{12}H_{22}FeO_{14}$	446.14	灰黄色或黄绿色粉末或颗粒			在微热的水中溶解，不溶于乙醇

续表

名　称		功能	化学式	相对分子质量	外　观	熔点/℃	沸点/℃	溶解性
中　文	英　文							
氨基乙酸	glycine	增味剂	$C_2H_5NO_2$	75.07	白色固体	233（分解）		在水中：24.99g/100ml（25℃）；能溶于乙醇，不溶于乙醚
靛　蓝	indigotine	着色剂	$C_{16}H_8N_2Na_2O_8S_2$	466.36	紫色固体	＞300		10g/L（25℃）
D-异抗坏血酸及其钠盐	isoascorbic acid（erythorbic acid），sodium isoascorbate	抗氧化剂、护色剂	$C_6H_8O_6$	176.13		164~172（分解）		极易溶于水（40g/100ml）
乳糖醇	lactitol	乳化剂、稳定剂、甜味剂、增稠剂	$C_{12}H_{24}O_{11}$	344.31	有甜味的结晶粉末	146		易溶于水
L-丙氨酸	L-alanine	增味剂	$C_3H_7NO_2$	89.09	白色粉末	258		在水中：167.2g/L（25℃）
叶黄素	lutein	着色剂	$C_{40}H_{56}O_2$	568.87	橘红色晶体	190		不溶于水，能溶于油脂
番茄红素	lycopene	着色剂	$C_{40}H_{56}$	536.87	深红色固体	172~173		不溶于水
麦芽糖醇	maltitol	甜味剂、稳定剂、水分保持剂、乳化剂、膨松剂、增稠剂	$C_{12}H_{24}O_{11}$	344.31	白色结晶粉末	145		易溶于水，微溶于乙醇
对羟基苯甲酸酯	methyl p-hydroxy benzoate	防腐剂	$C_8H_8O_3$	152.15	细小无色晶体或白色结晶粉末			微溶于水；自由地溶于乙醇和丙二醇；溶于乙醚
乳酸链球菌素	nisin	防腐剂	$C_{143}H_{230}N_{42}O_{37}S_7$	3354.07	白色粉末			不溶于非极性溶剂
辣椒油树脂（Ⅰ：辣椒黄素；Ⅱ：辣椒红素）	paprika oleoresin	增味剂	Ⅰ：$C_{40}H_{56}O_3$ Ⅱ：$C_{40}H_{56}O_4$	Ⅰ：584.87；Ⅱ：600.85	淡红色黏稠液体			不溶于水
硝酸钾	potassium nitrate	护色剂、防腐剂	KNO_3	101.1	白色固体	334	400（分解）	微溶于乙醇，能溶于甘油、氨
亚硝酸钾	potassium nitrite	护色剂、防腐剂	KNO_2	85.1	白色或淡黄色固体	440.02（分解）		在水中：281g/100ml（0℃）；413g/100ml（100℃）
丙　酸	propionic acid	防腐剂	$C_3H_6O_2$	74.08	有微刺激性气味的油性液体			与水和乙醇混溶

续表

名称		功能	化学式	相对分子质量	外观	熔点/℃	沸点/℃	溶解性
中文	英文							
没食子酸丙酯	propyl gallate	抗氧化剂	$C_{10}H_{12}O_5$	212.2	白色晶体粉末	150	分解	微溶于水，能自由地溶于乙醇、乙醚
喹啉黄	quinoline yellow	着色剂	$C_{18}H_9NNa_2O_8S_2$	477.38	黄色粉末或颗粒			溶于水，难溶于乙醇
核黄素	riboflavin	着色剂	$C_{17}H_{20}N_4O_6$	376.37	橙色晶体			微溶于水，几乎不溶于酒精、氯仿、丙酮、乙醚，易溶于稀碱溶液
乙酸钠	sodium acetate	防腐剂	$C_2H_3NaO_2$	82.03	白色、易潮解粉末	324（无水）；58（三水）	881.4（无水）；122（三水，分解）	36.2g/100ml（0℃）；46.4g/100ml（20℃）；139g/100ml（60℃）；170.15g/100ml（100℃）
环己基氨基磺酸钠	sodium cyclamate	甜味剂	$C_6H_{12}NNaO_3S$	201.22	白色无味晶体或晶体粉末			溶于水，不溶于乙醇
双乙酸钠	sodium diacetate	防腐剂	$C_4H_7NaO_4$	142.09	白色吸湿晶体			自由地溶解于水中
硝酸钠	sodium nitrate	护色剂、防腐剂	$NaNO_3$	85	白色粉末或无色晶体	308	380（分解）	极易溶于氨，能溶于酒精
亚硝酸钠	sodium nitrite	护色剂、防腐剂	$NaNO_2$	69	白色或淡黄色固体	271（分解）		在水中：82g/100ml（20℃）
糖精钠	sodium saccharin	增味剂	$C_7H_5NO_3S$	183.18	白色晶体	228.8~229.7		在水中：1g/290ml
山梨糖醇	sorbitol	甜味剂、膨松剂、乳化剂、水分保持剂、稳定剂、增稠剂	$C_6H_{14}O_6$	182.17	白色易潮解粉末	95	296	易溶于水，微溶于乙醇
三氯蔗糖	sucralose	甜味剂	$C_{12}H_{19}Cl_3O_8$	397.64		125		在水中：283g/L（20℃）
硫黄	sulfur	漂白剂、防腐剂	S	32.07	固态	115.21	444.6	不溶于水，微溶于酒精
日落黄	sunset yellow	着色剂	$C_{16}H_{10}N_2Na_2O_7S_2$	452.37	橙红色均匀粉末或颗粒	300		易溶于水、甘油、丙二醇，微溶于乙醇，不溶于油脂
叔丁基对苯二酚	tertiary butyl-hydroquinone	抗氧化剂	$C_{10}H_{14}O_2$	166.22	黄褐色粉末	127~129	273	在水中微溶
二氧化钛	titanium dioxide	着色剂	TiO_2	79.87	白色固体	1843	2972	不溶于水、盐酸、稀硫酸和有机溶剂。在氢氟酸和热浓硫酸中慢慢溶解

续表

名 称		功能	化学式	相对分子质量	外 观	熔点/℃	沸点/℃	溶解性
中 文	英 文							
姜黄素	turmeric	着色剂	$C_{21}H_{20}O_6$	368.38	橘黄色粉末	183		不溶于水和二乙醚，溶于热的乙醇和冰醋酸
木糖醇	xylitol	甜味剂	$C_5H_{12}O_5$	152.15		92～96	216	在水中：约1.5g/ml
乙萘酚	β-naphthol	防腐剂	$C_{10}H_8O$	144.17	无色晶体	123	285	在水中：0.74g/L

第七节 金属离子配合物的基本参数

一、金属配合物形成常数

表1-82、表1-83中所列的数据系配位体L与中心金属离子的累积形成常数的对数值。即

		累积形成常数	逐级形成常数

$$M+L \Longrightarrow ML \qquad K_1 \qquad k_1$$
$$M+2L \Longrightarrow ML_2 \qquad \beta_2 \qquad k_1k_2$$
$$\vdots \quad \vdots \quad \vdots \qquad \vdots \qquad \vdots$$
$$M+nL \Longrightarrow ML_n \qquad \beta_n \qquad k_1k_2\cdots k_n$$

以表1-82中锌氨配合物为例，表示下列平衡：

$$Zn^{2+}+NH_3 \Longrightarrow Zn(NH_3)^{2+} \qquad K_1=\frac{[Zn(NH_3)^{2+}]}{[Zn^{2+}][NH_3]}$$

$$Zn^{2+}+2NH_3 \Longrightarrow Zn(NH_3)_2^{2+} \qquad \beta_2=\frac{[Zn(NH_3)_2^{2+}]}{[Zn^{2+}][NH_3]^2}$$

$$Zn^{2+}+3NH_3 \Longrightarrow Zn(NH_3)_3^{2+} \qquad \beta_3=\frac{[Zn(NH_3)_3^{2+}]}{[Zn^{2+}][NH_3]^3}$$

$$Zn^{2+}+4NH_3 \Longrightarrow Zn(NH_3)_4^{2+} \qquad \beta_4=\frac{[Zn(NH_3)_4^{2+}]}{[Zn^{2+}][NH_3]^4}$$

如果要求以反应的逐级形成常数表示，则第1级 $\lg K_1=\lg k_1=2.37$，对第2级及其后继各级，它们的平衡及相应的常数表示如下：

$$Zn(NH_3)^{2+}+NH_3 \Longrightarrow Zn(NH_3)_2^{2+} \qquad \lg k_2=\lg\beta_2-\lg K_1=2.44$$
$$Zn(NH_3)_2^{2+}+NH_3 \Longrightarrow Zn(NH_3)_3^{2+} \qquad \lg k_3=\lg\beta_3-\lg\beta_2=2.50$$
$$Zn(NH_3)_3^{2+}+NH_3 \Longrightarrow Zn(NH_3)_4^{2+} \qquad \lg k_4=\lg\beta_4-\lg\beta_3=2.15$$

配合物形成常数又称配合物稳定常数，配合物形成常数愈大，表示形成的配合物愈稳定。它的倒数表示配合物的解离程度，叫配合物的不稳定常数。即 $-\lg K_f=\lg K_{不稳}$。

配合物形成常数与离子强度及温度有关，离子强度愈大，温度愈高，形成常数就愈小。除另加说明外，表1-82中所列数据是温度在20～25℃、离子强度 $I=0$ 时的数据。但表1-83中所列的有机配位体常指有限的离子强度。

表 1-82 金属离子与无机配合物的累积形成常数

配位体	金属离子	$\lg K_1$	$\lg \beta_2$	$\lg \beta_3$	$\lg \beta_4$	$\lg \beta_5$	$\lg \beta_6$
	Ag^+	3.24	7.05				
	Au^{3+}				10.3		
	Cd^{2+}	2.65	4.75	6.19	7.12	6.80	5.14
	Co^{2+}	2.11	3.74	4.79	5.55	5.73	5.11
	Co^{3+}	6.7	14.0	20.1	25.7	30.8	35.2
	Cu^+	5.93	10.86				
	Cu^{2+}	4.31	7.98	11.02	13.32	12.86	
NH_3	Fe^{2+}	1.4	2.2				
	CH_3Hg^+	7.60					
	Hg^{2+}	8.8	17.5	18.5	19.28		
	Mn^{2+}	0.8	1.3				
	Ni^{2+}	2.80	5.04	6.77	7.96	8.71	8.74
	Pd^{2+}	9.6	18.5	26.0	32.8		
	Pt^{2+}						35.3
	Zn^{2+}	2.37	4.81	7.31	9.46		
	Ag^+	4.38	7.33	8.00	8.73		
	At (AtBr)	2.51					
	Au		12.46				
	Bi^{3+}	2.37	4.20	5.90	7.30	8.20	8.30
	Cd^{2+}	1.75	2.34	3.32	3.70		
	Ce^{3+}	0.42					
	Cu^+		5.89				
	Cu^{2+}	0.30					
	Fe^{3+}	−0.30	−0.50				
Br^-	Hg^{2+}	9.05	17.32	19.74	21.00		
	In^{3+}	1.30	1.88				
	Pb^{2+}	1.77	2.60	3.00	2.3		
	Pd^{2+}	5.17	9.42	12.70	14.9		
	Pt^{2+}				20.5		
	Rh^{3+}		14.3	16.3	17.6	18.4	17.2
	Sc^{3+}	2.08	3.08				
	Sn^{2+}	1.11	1.81	1.46			
	Tl^+	0.93					
	Tl^{3+}	9.7	16.6	21.2	23.9	29.2	31.6

续表

配位体	金属离子	lgK_1	lgβ_2	lgβ_3	lgβ_4	lgβ_5	lgβ_6
Br$^-$	U^{4+}	0.18					
	Y^{3+}	1.32					
Cl$^-$	Ag$^+$	3.04	5.04		5.30		
	Am^{3+}	1.17					
	Au^{3+}		9.8				
	Bi^{3+}	2.44	4.7	5.0	5.6		
	Cd^{2+}	1.95	2.50	2.60	2.80		
	Ce^{3+}	0.48					
	Co^{3+}	1.42					
	Cu$^+$		5.5	5.7			
	Cu^{2+}	0.1	-0.3				
	Cm^{3+}	1.17					
	Fe^{2+}	0.36					
	Fe^{3+}	1.48	2.13	1.99	0.01		
	Hg^{2+}	6.74	13.22	14.07	15.07		
	In^{3+}	1.42	2.23	3.23			
	Mn^{2+}	0.96					
	Pb^{2+}	1.62	2.44	1.70	1.60		
	Pd^{2+}	6.1	10.7	13.1	15.7		
	Pt^{2+}		11.5	14.5	16.0		
	Pu^{3+}	1.17					
	Re^{2+}	2.0					
	Sn^{2+}	1.51	2.24	2.03	1.48		
	Sb^{3+}	2.26	3.49	4.18	4.72		
	Tl$^+$	0.52				4	
	Tl^{3+}	8.14	13.60	15.78	18.00		
	Th^{4+}	1.38	0.38				
	U^{4+}	0.8					
	UO$_2^{2+}$	0.22					
	Zn^{2+}	0.43	0.61	0.69	0.36		
	Zr^{4+}	0.9	1.3	1.5	1.2		
CN$^-$	Ag$^+$		21.1	21.7	20.6		
	Au$^+$		38.3				

续表

配位体	金属离子	$\lg K_1$	$\lg \beta_2$	$\lg \beta_3$	$\lg \beta_4$	$\lg \beta_5$	$\lg \beta_6$
CN⁻	Cd^{2+}	5.48	10.60	15.23	18.78		
	Cu^+		24.0	28.55	30.30		
	Fe^{2+}		38.3				
	Fe^{3+}						35
	Hg^{2+}	18.00	24.71	28.54	31.4		42
	CH_3Hg^+	13.80					
	Ni^{2+}				31.3		
	Zn^{2+}	5.3	11.70	16.70	21.60		
F⁻	Al^{3+}	6.11	11.12	15.00	18.00	19.40	19.80
	Am^{3+}	3.39	6.11	9.00			
	Be^{2+}	4.99	8.80	11.60	13.10		
	Bi^{3+}	1.42					
	Ca^{2+}	0.6					
	Cd^{2+}	0.46	0.53				
	Ce^{3+}	3.20					
	Cm^{3+}	3.34	6.18	9.10			
	Co^{2+}	0.4					
	Cr^{3+}	4.36	8.70	11.20			
	Cu^{2+}	0.9					
	Dy^{3+}	3.46					
	Fe^{2+}	0.8					
	Fe^{3+}	5.28	9.30	12.06		15.77	
	Ga^{3+}	4.49	8.00	10.50			
	Hf^{4+}	9.0	16.5	23.1	28.8	34.0	38.0
	Hg^{2+}	1.03					
	In^{3+}	3.70	6.40	8.60	9.80		
	La^{3+}	2.77					
	Mg^{2+}	1.30					
	Mn^{2+}	5.48					
	Mn^{3+}	5.65					
	Ni^{2+}	0.50					
	Np^{4+}	8.3	14.5	20.6	25.4		
	Pa^{4+}	8.03	14.86				
	Pb^{2+}	1.44	2.54				

续表

配位体	金属离子	$\lg K_1$	$\lg \beta_2$	$\lg \beta_3$	$\lg \beta_4$	$\lg \beta_5$	$\lg \beta_6$
F$^-$	Pr^{3+}	3.01					
	Pu^{3+}	6.77					
	Sb^{3+}	3.0	5.7	8.3	10.9		
	Sc^{3+}	6.18	11.44	15.48	18.38		
	Sn^{2+}	4.08	6.68	9.50			
	(CH$_3$)$_2$Sn^{2+}	3.70	6.57	8.00			
	CH$_3$Sn^{3+}	5.10	9.85	14.00	17.10	19.30	
	Th^{4+}	8.44	15.08	19.80	23.20		
	TlO$^+$	6.44					
	TiO^{2+}	5.4	9.8	13.7	18.0		
	U^{4+}	9.0	15.7	21.2			
	UO$_2^{2+}$	5.54	7.97	10.55	12.00		
	VO^{2+}	3.37	5.74	7.29	8.10		
	VO$_2^+$	3.04	5.60	6.90	7.00		
	Y^{3+}	4.8	8.5	12.1			
	Zn^{2+}	0.78					
	Zr^{4+}	9.4	17.2	23.7	29.5	33.5	38.3
NO$_3^-$	Ba^{2+}	0.92					
	Be^{2+}	1.62					
	Bi^{3+}	1.26					
	Ca^{2+}	0.28					
	Cd^{2+}	0.40					
	Ce^{3+}	1.04	2.55				
	Cm^{3+}	0.57					
	Hf^{4+}	0.92	2.43	4.32	6.40	8.48	10.29
	Fe^{3+}	1.0					
	La^{3+}	0.26	0.69	1.27			
	Pb^{2+}	1.18					
	Hg^{2+}	0.35					
	Nd^{3+}	0.52	1.18				
	Np^{4+}	0.38					
	Pu^{3+}	0.77	1.93	3.09			
	Pu^{4+}	0.54					
	Sr^{2+}	0.82					

续表

配位体	金属离子	$\lg K_1$	$\lg\beta_2$	$\lg\beta_3$	$\lg\beta_4$	$\lg\beta_5$	$\lg\beta_6$
NO_3^-	Tl^+	0.33					
	Tl^{3+}	0.92					
	Th^{4+}	0.78	1.89	2.89	3.63		
	U^{4+}	0.20	0.37				
	UO_2^{2+}	0.34	0.45				
	Y^{3+}	0.45	1.30	2.42			
	ZrO^{2+}		1.91		3.54		
IO_3^-	Ba^{2+}	1.05					
	Ca^{2+}	0.89					
	Mg^{2+}	0.72					
	Sr^{2+}	1.00					
	Th^{4+}	2.88	4.79	7.15			
OH^-	Ag^+	2.0	3.99				
	Al^{3+}	9.27			33.03		
	Am^{3+}	7.9					
	$As^{3+}(AsO^+)$	14.33	18.73	20.60	21.20		
	Be^{2+}	9.7	14.0	15.2			
	Bi^{3+}	12.7	15.8		35.2		
	Ca^{2+}	1.3					
	Cd^{2+}	4.17	8.33	9.02	8.62		
	Ce^{3+}	4.6					
	Ce^{4+}	13.28	26.46				
	Cf^{3+}	8.2					
	Cm^{3+}	7.9					
	Co^{2+}	4.3	8.4	9.7	10.2		
	Cr^{3+}	10.1	17.8		29.9		
	Cu^{2+}	7.0	13.68	17.00	18.5		
	Dy^{3+}	5.2					
	Er^{3+}	5.4					
	Eu^{3+}	5.42					
	Gd^{3+}	4.6					
	Ga^{3+}	11.0	21.7		34.3	38.0	40.3
	Fe^{2+}	5.56	9.77	9.67	8.58		
	Fe^{3+}	11.87	21.17	29.67			

续表

配位体	金属离子	lgK_1	lgβ_2	lgβ_3	lgβ_4	lgβ_5	lgβ_6
	Hf^{4+}	13.7			52.8		
	Hg^{2+}	10.6	21.8	20.9			
	CH_3Hg^+	9.24					
	Ho^{3+}	5.69					
	I_2	9.49	11.24				
	In^{3+}	10.0	20.2	29.6	38.9		
	La^{3+}	3.3					
	Lu^{3+}	6.6					
	Mg^{2+}	2.58					
	Mn^{2+}	3.9		8.3			
	Nd^{3+}	5.5					
	Ni^{2+}	4.97	8.55	11.33			
	Np^{4+}	12.5					
	NpO_2^{2+}	8.9					
	OsO_4	1.8	1.1				
OH^-	Pa^{4+}	14.04	27.84	40.7	51.4		
	Pb^{2+}	7.82	10.85	14.58			
	Pd^{2+}	13.0	25.8				
	Pr^{3+}	4.30					
	Pu^{3+}	7.0					
	Pu^{4+}	12.39					
	$Pu^{4+}(PuO_2^{2+})$	8.3	16.6	20.9			
	Sb^{3+}		24.3	36.7	38.3		
	Sc^{3+}	8.9					
	Sm^{3+}	4.8					
	Sn^{2+}	10.4					
	$(CH_3)_2Sn^{2+}$	10.53	19.04	29.80	43.40		
	Te^{4+}			41.6	53.0	64.8	72.0
	Th^{3+}	12.86	25.37				
	Tc^{3+}	12.71					
	U^{4+}	13.3				41.2	
	UO_2^{2+}	9.5	22.80		32.4		
	V^{3+}	11.1	21.6				
	$V^{4+}(VO^{2+})$	8.6					

续表

配位体	金属离子	$\lg K_1$	$\lg\beta_2$	$\lg\beta_3$	$\lg\beta_4$	$\lg\beta_5$	$\lg\beta_6$
OH^-	$V^{5+}(VO^{3+})$		25.2		46.2	58.5	
	Y^{3+}	5.0					
	Zn^{2+}	4.40	11.30	14.14	17.66		
	Zr^{4+}	14.3	28.3	41.9	55.3		
I^-	Ag^+	6.58	11.74	13.68			
	Bi^{3+}	3.63			14.95	16.80	18.80
	Cd^{2+}	2.10	3.43	4.49	5.41		
	Cu^+		8.85				
	Fe^{3+}	1.88					
	In^{3+}	1.00	2.26				
	Hg^{2+}	12.87	23.82	27.60	29.83		
	CH_3Hg^+	8.60	8.86				
	$C_2H_5Hg^+$		-0.67	0.75			
	Pb^{2+}	2.00	3.15	3.92	4.47		
	Pd^{2+}				24.5		
	Tl^+	0.72	0.90	1.08			
	Tl^{3+}	11.41	20.88	27.60	31.82		
$P_2O_7^{4-}$	Ba^{2+}	4.6					
	Ca^{2+}	4.6					
	Cd^{3+}	5.6					
	Ce^{3+}	17.15					
	Cu^{2+}	6.7	9.0				
	Co^{2+}	6.1					
	Hg^{2+}		12.38				
	La^{3+}	16.72	18.57				
	Mn^{3+}	16.68	31.85				
	Mg^{2+}	5.7					
	Ni^{2+}	5.8	7.4				
	Pb^{2+}	7.3	10.15				
	Sr^{2+}	4.7					
	Y^{3+}		9.7				
	Yb^{3+}	17.5	19.4				
	Zr^{4+}		6.5				
	Zn^{2+}	8.7	11.0				

续表

配位体	金属离子	$\lg K_1$	$\lg \beta_2$	$\lg \beta_3$	$\lg \beta_4$	$\lg \beta_5$	$\lg \beta_6$
SO_4^{2-}	Ag^+	1.3					
	Ba^{2+}	2.7					
	Be^{2+}	1.95					
	Bi^{3+}	1.98	3.41	4.08	4.34	4.60	
	Ce^{3+}	3.59	5.20				
	Fe^{3+}	4.04	5.38				
	Er^{3+}	3.58					
	Gd^{3+}	3.66					
	Hg^{2+}	1.34	2.40				
	Ho^{3+}	3.58					
	In^{3+}	1.78	1.88	2.36			
	La^{3+}	3.64	5.29				
	Nd^{3+}	3.64	5.10				
	Ni^{2+}	2.4					
	Pb^{2+}	2.75					
	Pu^{4+}	3.66					
	Pr^{3+}	3.62	4.92				
	Sm^{3+}	3.66	5.20				
	Th^{4+}	3.32	5.50				
	U^{4+}	3.24	5.42				
	U^{6+}	1.70	2.45	3.30			
	Y^{3+}	3.47	5.30				
	Yb^{3+}	3.58	5.20				
	Zr^{4+}	3.79	6.64	7.77			
SO_3^{2-}	Cu^+	7.5	8.5	9.2			
	Ag^+	5.30	7.35				
	Hg^{2+}		22.66				
SCN^-	Ag^+	4.6	7.57	9.08	10.08		
	Au^+	15.27	16.98				
	Bi^{3+}	1.67	3.00	4.00	4.80	5.50	6.10
	Cd^{2+}	1.39	1.98	2.58	3.6		
	Cr^{3+}	1.87	2.98				
	Co^{2+}	-0.04	-0.70	0	3.00		
	Cu^+	12.11	5.18				

续表

配位体	金属离子	$\lg K_1$	$\lg \beta_2$	$\lg \beta_3$	$\lg \beta_4$	$\lg \beta_5$	$\lg \beta_6$
SCN⁻	Cu^{2+}	1.90	3.00				
	Fe^{3+}	2.21	3.64	5.00	6.30	6.20	6.10
	In^{3+}	2.58	3.00	4.63			
	Hg^{2+}	9.08	16.86	19.70	21.70		
	Ni^{2+}	1.18	1.64	1.81			
	Pb^{2+}	0.78	0.99	1.00			
	Ru^{3+}	1.78					
	Sn^{2+}	1.17	1.77	1.74			
	Tl^+	0.80					
	Th^{4+}	1.08	1.78				
	U^{4+}	1.49	2.11				
	UO_2^{2+}	0.76	0.74	1.18			
	V^{3+}	2.0					
	V^{5+}	0.92					
	Zn^{2+}	1.33	1.91	2.00	1.60		
$S_2O_3^{2-}$	Cd^{2+}	3.92	6.44				
	Ag^+	8.82	13.46				
	Cu^+	10.27	12.22	13.84			
	Fe^{3+}	2.10					
	Hg^{2+}		29.44	31.90	33.24		
	Pb^{2+}		5.13	6.35			
联氨 (N_2H_4)	H^+(30℃,b)	7.87					
	Mn^{2+}(30℃,b)	4.76					
	Co^{2+}(30℃,b)	1.78	3.34				
	Ni^{2+}(30℃,b)	2.76	5.20	7.35	9.20	10.75	11.99
	Cu^{2+}(30℃,b)	6.67					
	Zn^{2+}(30℃,b)	3.69	6.69				
羟胺 (NH_2OH)	H^+(b)	6.06					
	Cr^{2+}(b)	$K_f[CrCl^+L]=0.18$					
	Mo^{6+}(20℃)	$K_f[H_2Mo_{11}O_{36}L^{4-}]=384$					
	Mn^{2+}(20℃,d)	0.5					
	Co^{2+}(20℃,d)	0.9					
	Ni^{2+}(20℃,d)	1.5					

续表

配位体	金属离子	lgK₁	lgβ₂	lgβ₃	lgβ₄	lgβ₅	lgβ₆
羟胺 （NH₂OH）	Ag⁺（20℃,d）	1.9	4.9				
	Cu²⁺（20℃,d）	2.4	4.1				
	Zn²⁺（20℃,d）	0.4	1.01				
	Pt²⁺（a）	（a）					

注：a～d指在不同浓度的、正负离子均为1价的电解质（如KNO₃）溶液中所测得的数值。a.0.1mol/L；b.1mol/L；c.2mol/L；d.0.5mol/L。

表 1-83　金属离子与有机配位体配合物的累积形成常数

配位剂	金属离子	lgK₁	lgβ₂	lgβ₃	lgβ₄
乙酸 CH₃COOH （HL）	Ag⁺	0.73	0.64		
	Am³⁺	1.99	3.28	3.90	
	Ba²⁺	0.41			
	Be²⁺	1.62	2.36		
	Ca²⁺	0.6			
	Cd²⁺	1.5	2.3	2.4	
	Ce³⁺	1.68	2.69	3.13	3.18
	Cm³⁺	2.06	3.09		
	Co²⁺	1.5	1.9		
	Cr³⁺	4.63	7.08	9.60	
	Cu²⁺（20℃）	2.16	3.20		
	Fe²⁺（a）	3.2	6.1	8.3	
	Fe³⁺（20℃,b）	3.38	6.50	8.30	
	Hg²⁺（30℃）	5.50	9.30	13.28	17.06
	In³⁺	3.50	5.95	7.90	9.08
	La³⁺（20℃,c）	1.56	2.48	2.98	2.95
	Mn²⁺	9.84	2.06		
	Ni²⁺	1.12	1.81		
	Pb²⁺	2.52	4.0	6.4	8.5
	Sn²⁺	3.3	6.0	7.3	
	Tl³⁺	6.17	11.28	15.10	18.3
	UO₂²⁺（20℃,c）	2.38	4.36	6.34	
	Y³⁺（20℃,c）	1.53	2.65	3.38	
	Zn²⁺	1.5			
乙酰丙酮 CH₃COCH₂COCH₃ （HL）	Al³⁺（30℃）	8.6	15.5		
	Be²⁺	7.8	14.5		
	Cd²⁺	3.84	6.66		

配 位 剂	金 属 离 子	$\lg K_1$	$\lg\beta_2$	$\lg\beta_3$	$\lg\beta_4$
	Ce^{3+}	5.30	9.27	12.65	
	Cr^{2+}	5.96	11.7		
	Co^{2+}	5.40	9.54		
	Cu^{2+}	8.27	16.34		
	Dy^{3+}（30℃）	6.03	10.70	14.04	
	Er^{3+}（30℃）	5.99	10.67	14.09	
	Eu^{3+}（30℃）	5.87	10.35	13.64	
	Fe^{2+}（30℃）	5.07	8.67		
	Fe^{3+}（30℃）	11.4	22.1	26.7	
	Ga^{3+}（30℃）	9.5	17.9	23.6	
	Gd^{3+}（30℃）	5.9	10.38	13.79	
	Hf^{4+}	8.7	15.4	21.8	28.1
	Hg^{2+}		21.5		
	Ho^{3+}	6.05	10.73	14.13	
乙酰丙酮	In^{3+}	8.0	15.1		
$CH_3COCH_2COCH_3$	La^{3+}（30℃）	5.1	8.90	11.90	
（HL）	Lu^{3+}（30℃）	6.23	11.00	13.63	
	Mg^{2+}	3.65	6.27		
	Mn^{2+}	4.24	7.35		
	Mn^{3+}			3.86	
	Nd^{3+}	5.6	9.9	13.1	
	Ni^{2+}（20℃）	6.06	10.77	13.09	
	Pb^{2+}		6.32		
	Pd^{2+}（30℃）	16.2	27.1		
	Pr^{3+}（30℃）	5.4	9.5	12.5	
	Pu^{4+}（a）	10.5	19.7	28.1	34.1
	Sc^{3+}（30℃）	8.0	15.2		
	Sm^{3+}（30℃）	5.9	10.4		
	Tb^{3+}（30℃）	6.02	10.63	14.04	
	Th^{4+}	8.8	16.2	22.5	26.7
	Ti^{3+}	10.43	18.82	24.90	
	Tm^{4+}（30℃）	6.09	10.85	14.33	
	U^{4+}（20℃，a）	8.6	17.0	23.4	29.5
	UO_2^{2+}（30℃）	7.74	14.19		

续表

配 位 剂	金属离子	$\lg K_1$	$\lg\beta_2$	$\lg\beta_3$	$\lg\beta_4$
乙酰丙酮 $CH_3COCH_2COCH_3$ （HL）	VO^{2+}	8.68	15.79		
	V^{2+}	5.4	10.2	14.7	
	Y^{3+}（30℃）	6.4	11.1	13.9	
	Yb^{3+}（30℃）	6.18	11.04	13.64	
	Zn^{2+}（30℃）	4.98	8.81		
	Zr^{4+}	8.4	16.0	23.2	30.1
苯酰丙酮 $C_6H_5COCH_2COCH_3$ （HL） （在75％二噁烷中）	Ba^{2+}		9.4		
	Be^{2+}	12.59	24.01		
	Cd^{2+}	7.79	14.36		
	Ce^{3+}	10.09	19.42	27.04	
	Co^{2+}	9.42	17.83		
	Cu^{2+}	12.05	23.01		
	La^{3+}	6.33	11.66	16.78	
	Mg^{2+}	7.69	14.09		
	Mn^{2+}	8.66	15.78		
	Ni^{2+}	9.58	18.00		
	Pb^{2+}	8.84	16.35		
	Pr^{3+}	7.02	13.62	18.74	
	UO_2^{2+}	12.15	23.27		
	Y^{3+}	8.24	14.98		
	Zn^{2+}	9.62	17.90		
1-亚硝基-2-萘酚 （在75％二噁烷中）	Ag^+	7.74			
	Cd^{2+}	6.18	11.38		
	Co^{2+}	10.67	22.81		
	Cu^{2+}	11.52	23.37		
	Mg^{2+}	6.2	10.61		
	Nd^{3+}	9.5	17.7	25.6	
	Ni^{2+}	10.75	21.29	28.09	
	Pb^{2+}	9.73	17.3		
	Pr^{3+}	9.04	17.06	23.85	
	Th^{4+}（a）	8.50	16.13	24.03	30.29
	Y^{3+}	9.02	17.74	25.04	
	Zn^{2+}	9.32	17.02		
	Zr^{4+}	3.6			

续表

配 位 剂	金属离子	lgK_1	lgβ_2	lgβ_3	lgβ_4
二苯酰甲烷 $(C_6H_5CO)_2CH_2$ （HL） （在 75% 二噁烷中）	Ba^{2+}	6.10	11.50		
	Be^{2+}	13.62	26.03		
	Ca^{2+}	7.17	13.55		
	Cd^{2+}	8.67	16.63		
	Ce^{3+}	10.99	21.53	30.38	
	Co^{2+}	10.35	20.05		
	Cu^{2+}	12.98	24.98		
	Cs^+	3.42			
	Fe^{3+}	11.15	21.50		
	K^+	3.67			
	Li^+	5.95			
	Mg^{2+}	8.54	16.21		
	Mn^{2+}	9.32	11.79		
	Na^+	4.18			
	Ni^{2+}	10.83	20.72		
	Pb^{2+}	9.75	18.79		
	Rb^+	3.52			
	Sr^{2+}	6.40	12.10		
	Zn^{2+}	10.23	19.65		
8-羟基喹啉-5-磺酸 $C_9H_6ONSO_3H$ （H_2L）	Ba^{2+}	2.31			
	Ca^{2+}	3.52			
	Cd^{2+}	7.70	14.20		
	Ce^{3+}	6.05	11.05	14.95	
	Co^{2+}	8.11	15.05	20.41	
	Cr^{3+}	11.0	21.1		
	Cu^{2+}	11.92	21.87		
	Er^{3+}	7.16	13.34	18.56	
	Fe^{2+}	8.4	15.7	21.75	
	Fe^{3+}	11.6	22.8	35.65	
	Gd^{3+}	6.64	12.37	17.27	
	La^{3+}	5.63	10.13	13.83	
	Mg^{2+}	4.79	8.19		
	Mn^{2+}	5.67	10.72		

续表

配 位 剂	金属离子	$\lg K_1$	$\lg \beta_2$	$\lg \beta_3$	$\lg \beta_4$
8-羟基喹啉-5-磺酸 $C_9H_6ONSO_3H$ （H_2L）	Nd^{3+}	6.3	11.6	16.0	
	Ni^{2+}	9.57	18.27	22.9	
	Pb^{2+}	8.53	16.13		
	Pr^{3+}	6.17	11.37	15.67	
	Sm^{3+}	6.58	12.28	17.04	
	Sr^{2+}	2.75			
	Th^{4+}	9.56	18.29	25.92	
	UO_2^{2+}	8.52	15.67		
	VO^{2+}	11.8			
	Zn^{2+}	8.65	16.15		
乳酸 $CH_3CHOHCOOH$ （HL）	Am^{3+}	2.52			
	Ba^{2+}	0.64			
	Ca^{2+}	1.42			
	Cd^{2+}	1.70			
	Ce^{3+}（20℃，a）	2.76	4.73	5.96	
	Co^{2+}	1.90			
	Cu^{2+}	3.02	4.85		
	Er^{3+}	2.77	5.11	6.70	
	Eu^{3+}	2.53	4.60	5.88	
	Fe^{3+}	7.1			
	Gd^{3+}	2.53	4.63	5.91	
	Ho^{3+}	2.71	4.97	6.55	
	La^{3+}（20℃，a）	2.60	4.34	5.64	
	Li^+	0.20			
	Lu^{3+}	3.27			
	Mg^{2+}	1.37			
	Mn^{2+}	1.43			
	Nd^{3+}	2.47	4.37	5.60	
	Ni^{2+}	2.22			
	Pb^{2+}	2.40	3.80		
	Pr^{3+}（20℃，a）	2.85	4.90	6.10	
	Sc^{3+}	5.2			
	Sm^{3+}	2.56	4.58	5.90	
	Sr^{2+}	0.98			

续表

配 位 剂	金属离子	$\lg K_1$	$\lg\beta_2$	$\lg\beta_3$	$\lg\beta_4$
乳酸 $CH_3CHOHCOOH$ （HL）	Tb^{3+}	2.61	4.73	6.01	
	Th^{4+}	5.5			
	Tm^{3+}	3.19			
	UO_2^{2+}	2.76			
	VO^{2+}	2.68	4.83		
	Y^{3+}	2.53	4.70	6.12	
	Yb^{3+}	2.85	5.27	7.96	
	Zn^{2+}	2.20	3.75		
草酸 $C_2H_2O_4$ （H_2L）	Ag^+	2.41			
	Al^{3+}	7.26	13.0	16.3	
	Am^{3+}	4.63	8.35	11.15	
	Ba^{2+}	2.31			
	Be^{2+}	4.08	5.38		
	Ca^{2+}	3.0			
	Cd^{2+}	3.52	5.77		
	Ce^{3+}	6.52	10.5	11.3	
	Co^{2+}	4.79	6.7	9.7	
	Cu^{2+}	6.23	10.27		
	Er^{3+}	4.82	8.21	10.03	
	Fe^{2+}	2.9	4.52	5.22	
	Fe^{3+}	9.4	16.2	20.2	
	Ga^{3+}	6.45	12.38	17.86	
	Gd^{3+}	7.04			
	Hg^{2+}	9.66			
	Hg_2^{2+}		6.98		
	In^{3+}	5.30	10.52		
	La^{3+}	4.3	7.9	10.3	
	Mg^{2+}	3.43	4.38		
	Mn^{2+}	3.97	5.80		
	Mn^{3+}	9.98	16.57	19.42	
	Mo^{3+}	3.38			
	Nd^{3+}	7.21	11.5	>14	
	Ni^{2+}	5.3	7.64	~8.5	
	NpO_2^{2+}	3.3	7.07		

配 位 剂	金属离子	$\lg K_1$	$\lg \beta_2$	$\lg \beta_3$	$\lg \beta_4$
草酸 $C_2H_2O_4$ (H_2L)	Pb^{2+}	4.91	6.76		
	Pu^{3+}	9.31	18.7	28	
	Pu^{4+}	8.74	16.91	23.39	27.50
	PuO_2^{2+}		11.4		
	Sc^{3+}	6.86	11.31	14.32	16.70
	Sr^{2+}	2.54			
	Tb	5.08	8.86	11.85	13.41
	Th^{4+}				24.48
	TiO^{2+}	2.67			
	Tl^+	2.03			
	UO_2^{2+}	4.99	10.64	11.0	
	VO^{2+}		9.80		
	Y^{3+}	6.52	10.10	11.47	
	Yb^{3+}	7.30	11.7	>14	
	Zn^{2+}	4.89	7.60	8.15	
	Zr^{4+}	9.80	17.14	20.86	21.15
邻苯二甲酸 $C_6H_4(COOH)_2$ (H_2L)	Ba^{2+}	2.33			
	Ca^{2+}	2.43			
	Cd^{2+}	2.5			
	Co^{2+}	1.81	4.51		
	Cu^{2+}	3.46	4.83		
	La^{3+}		7.74		
	Ni^{2+}	2.14			
	Pb^{2+} (b)	3.4			
	UO_2^{2+}	4.38			
	Zn^{2+}	2.2			
水杨酸 $C_6H_4(OH)COOH$ (H_2L)	Al^{3+}	14.11			
	Be^{2+}	12.51	22.16		
	Cd^{2+}	5.55			
	Ce^{3+}	2.66			
	Co^{2+}	6.72	11.42		
	Cr^{2+}	8.4	15.3		
	Cu^{2+}	10.60	18.45		
	Fe^{2+}	6.55	11.25		

续表

配 位 剂	金 属 离 子	$\lg K_1$	$\lg\beta_2$	$\lg\beta_3$	$\lg\beta_4$
水杨酸 $C_6H_4(OH)COOH$ (H_2L)	Fe^{3+} (20℃, a)	16.48	28.12	36.80	
	La^{3+}	2.64			
	Mg^{2+} (75%二噁烷)	4.7			
	Mn^{2+}	5.90	9.80		
	Nd^{3+}	2.70			
	Ni^{2+}	6.95	11.75		
	Pr^{3+}	2.68			
	Th^{4+}	4.25	7.60	10.05	11.60
	TiO^{2+}	6.09			
	UO_2^{2+}	12.08	20.83		
	V^{2+}	6.3			
	Zn^{2+}	6.85			
丁二酸 $CH_2{-}COOH$ $|$ $CH_2{-}COOH$ (H_2L)	Ba^{2+}	2.08			
	Be^{2+}	3.08			
	Ca^{2+}	2.0			
	Cd^{2+}	2.2			
	Co^{2+}	2.22			
	Cu^{2+}	3.33			
	Fe^{3+}	7.49			
	Hg^{2+}		7.28		
	La^{3+}	3.96			
	Mg^{2+}	1.20			
	Mn^{2+}	2.26			
	Nd^{3+}	8.1			
	Ni^{2+}	2.36			
	Pb^{2+}	2.8			
	Ra^{2+}	1.0			
	Sr^{2+}	1.06			
	Zn^{2+}	1.6			
5-磺酸-水杨酸 $C_6H_3(OH)COOH(SO_3H)$ (H_3L)	Al^{3+} (a)	13.20	22.83	28.89	
	Be^{2+} (a)	11.71	20.81		
	Cd^{2+} (a)	16.68	29.08		
	Ce^{3+}	6.83	12.20		
	Co^{2+} (a)	6.13	9.82		
	Cr^{2+} (a)	7.1	12.9		

续表

配 位 剂	金属离子	$\lg K_1$	$\lg\beta_2$	$\lg\beta_3$	$\lg\beta_4$
5-磺酸-水杨酸 $C_6H_3(OH)COOH(SO_3H)$ (H_3L)	Cr^{3+} (a)	9.56			
	Cu^{2+} (a)	9.52	16.45		
	Fe^{2+} (a)	5.9	9.9		
	Fe^{3+} (a)	14.64	25.18	32.12	
	La^{3+} (a)	9.11			
	Mn^{2+} (a)	5.24	8.24		
	NbO^{3+} (a)	4.0	7.7		
	Ni^{2+} (a)	6.42	10.24		
	Tl^{3+}	12.4			
	UO_2^{2+} (a)	11.14	19.20		
	Zn^{2+} (a)	6.05	10.65		
巯基乙酸 $HSCH_2COOH$ (H_2L)	Ce^{3+} (20℃, a)	1.99	3.03		
	Co^{2+}	5.84	12.15		
	Fe^{2+}		10.92		
	Hg^{2+}		43.82		
	La^{3+} (20℃, a)	1.98	2.98		
	Mn^{2+}	4.38	7.56		
	Pb^{2+}	8.5			
	Ni^{2+}	6.98	13.53		
	Y^{3+} (20℃, a)	1.91	3.19		
	Zn^{2+}	7.86	15.04		
酒石酸 COOH | CHOH | CHOH | COOH (H_2L)	Ba^{2+}		1.62		
	Bi^{3+}			8.30	
	Ca^{2+}	2.98	9.01		
	Cd^{2+}	2.8			
	Co^{2+}	2.1			
	Cu^{2+}	3.2	5.11	4.78	6.51
	Eu^{3+}	4.98	8.11		
	Fe^{3+}	7.49			
	Hg^{2+}	7.0			
	La^{3+}	3.06			
	Mg^{2+}		1.36		
	Mn^{2+}	2.49			
	Nd^{3+}	9.0			
	Ni^{2+}	2.06			
	Pb^{2+}	3.78		4.7	
	Ra^{2+}	1.24			
	Sn^{2+}	5.2			
	Sr^{2+}	1.60			
	Zn^{2+}	2.68	8.32		

续表

配 位 剂	金 属 离 子	$\lg K_1$	$\lg \beta_2$	$\lg \beta_3$	$\lg \beta_4$
硫脲 NH_2CSNH_2 （L）	Ag^+	7.4	13.1		
	Bi^{3+}	$(\lg \beta_6 = 11.9)$			
	Cd^{2+}	0.6	1.6	2.6	4.6
	Cu^+			13	15.4
	Hg^{2+}		22.1	24.7	26.8
	Pb^{2+}	1.4	3.1	4.7	8.3
	Ru^{3+}	1.21		0.72	
8-羟基喹啉 $C_9H_6N(OH)$ （HL）	Ag^+	5.20	9.56		
	Ba^{2+}	2.07			
	Be^{2+}	3.36			
	Ca^{2+}（在 75%二噁烷中）	7.3	13.2		
	Cd^{2+}	7.2	13.4		
	Ce^{3+}（在 50%二噁烷中）	9.15	17.13		
	Co^{2+}	9.1	17.2		
	Cu^{2+}	12.2	23.4		
	Fe^{2+}	8.58	16.93	22.23	
	Fe^{3+}	12.3	23.6	33.9	
	Ga^{3+}	14.5	28.0	40.5	
	La^{3+}	5.85	16.95		
	Mg^{2+}（在 50%二噁烷中）	6.38	11.81		
	Mn^{2+}（在 50%二噁烷中）	8.28	15.45		
	Ni^{2+}（在 50%二噁烷中）	11.44	21.38		
	Pb^{2+}（在 50%二噁烷中）	10.61	18.70		
	Sm^{3+}	6.84		19.50	
	Sr^{2+}	2.89	6.08		
	Th^{4+}	10.45	20.40	29.85	38.80
	UO_2^{2+}（在 50%二噁烷中）	11.25	20.89		
	V^{2+}	12.8	23.6		
	Y^{3+}	8.15	14.90	20.25	
	Zn^{2+}（在 50%二噁烷中）	9.96	18.86		
吡啶 C_5H_5N （L）	Ag^+	1.97	4.35		
	Cd^{2+}	1.40	1.95	2.27	2.50
	Co^{2+}	1.14	1.54		
	Cu^{2+}	2.59	4.33	5.93	6.54
	Fe^{2+}	0.71			

续表

配 位 剂	金 属 离 子	$\lg K_1$	$\lg \beta_2$	$\lg \beta_3$	$\lg \beta_4$
吡啶 C_5H_5N (L)	Hg^{2+}	5.1	10.0	10.4	
	Mn^{2+}	1.92	2.77	3.37	3.50
	Y^{3+} (20℃, b)	8.46	15.73	21.34	
	Yb^{3+} (20℃, b)	8.85	16.61	21.83	
	Zn^{2+}	1.41		1.61	1.93
	Zn^{2+} (20℃, b)	6.35	11.88		
吡啶-2,6-二羧酸 $C_5H_3N(COOH)_2$ (H_2L)	Ba^{2+} (20℃, b)	3.46			
	Ca^{2+} (20℃, b)	4.6	7.2		
	Cd^{2+} (20℃, b)	5.7	10.0		
	Ce^{3+} (20℃, b)	8.34	14.42	18.80	
	Co^{2+} (20℃, b)	7.0	12.5		
	Cu^{2+} (20℃, b)	9.14	16.52		
	Dy^{3+} (20℃, b)	8.69	16.19	22.14	
	Er^{3+} (20℃, b)	8.77	16.39	22.14	
	Eu^{3+} (20℃, b)	8.84	15.98	21.00	
	Fe^{2+} (20℃, b)	5.71	10.36		
	Fe^{3+} (20℃, b)	10.91	17.13		
	Gd^{3+} (20℃, b)	8.74	16.06	21.83	
	Ho^{3+} (20℃, b)	8.72	16.23	22.08	
	La^{3+} (20℃, b)	7.98	13.79	18.06	
	Lu^{3+} (20℃, b)	9.03	16.80	21.48	
	Hg^{2+} (20℃, b)	20.28			
	Mg^{2+} (20℃, b)	2.7			
	Mn^{2+} (20℃, b)	5.01	8.49		
	Nd^{3+} (20℃, b)	8.78	15.60	20.66	
	Ni^{2+} (20℃, b)	6.95	13.50		
	Pb^{2+} (20℃, b)	8.70	10.60		
	Pr^{3+} (20℃, b)	8.63	15.10	19.94	
	Sm^{3+} (20℃, b)	8.86	15.86	21.23	
	Sr^{2+} (20℃, b)	3.89			
	Tb^{3+} (20℃, b)	8.68	16.11	22.03	
	Tm^{3+} (20℃, b)	8.83	16.54	22.04	
乙二胺 $NH_2CH_2CH_2NH_2$ (L)	Ag^+	4.70	7.70		
	Cd^{2+} (20℃)	5.47	10.09	12.09	
	Co^{2+}	5.91	10.64	13.94	

配 位 剂	金属离子	$\lg K_1$	$\lg \beta_2$	$\lg \beta_3$	$\lg \beta_4$
乙二胺 $NH_2CH_2CH_2NH_2$ (L)	Co^{3+}	18.7	34.9	48.69	
	Cr^{2+}	5.15	9.19		
	Cu^{+}		10.8		
	Cu^{2+}	10.67	20.00	21.0	
	Fe^{2+}	4.34	7.65	9.70	
	Hg^{2+}	14.3	23.3		
	Mg^{2+}	0.37			
	Mn^{2+}	2.73	4.79	5.67	
	Ni^{2+}	7.52	13.84	18.33	
	Pd^{2+}		26.90		
	V^{2+}	4.6	7.5	8.8	
	Zn^{2+}	5.77	10.83	14.11	
乙醇胺 $NH_2CH_2CH_2OH$ (L)	Ag^{+}	3.29	6.92		
	Cu^{2+}		6.68		16.48
	Hg^{2+}	8.51	17.32		
甘氨酸 NH_2CH_2COOH (HL)	Ag^{+}	3.41	6.89		
	Ba^{2+}	0.77			
	Be^{2+}		4.95		
	Ca^{2+}	1.38			
	Cd^{2+}	4.74	8.60		
	Co^{2+}	5.23	9.25	10.76	
	Cu^{2+}	8.60	15.54	16.27	
	Dy^{3+}		12.2		
	Er^{3+}		12.7		
	Fe^{2+}（20℃）	4.3	7.8		
	Fe^{3+}（20℃，b）	10.0			
	Gd^{3+}		11.9		
	Hg^{2+}	10.3	19.2		
	La^{3+}		11.2		
	Mg^{2+}	3.44	6.46		
	Mn^{2+}	3.6	6.6		
	Ni^{2+}	6.18	11.14	15	
	Pb^{2+}	5.47	8.92		
	Pd^{2+}	9.12	17.55		

续表

配 位 剂	金属离子	$\lg K_1$	$\lg \beta_2$	$\lg \beta_3$	$\lg \beta_4$
甘氨酸 NH_2CH_2COOH （HL）	Pr^{3+}		11.5		
	Sm^{3+}		11.7		
	Sr^{2+}	0.91			
	Y^{3+}		12.5		
	Yb^{3+}		13.0		
	Zn^{2+}	5.52	9.96		
二甲基乙二醛肟 $H_3C—C=N—OH$ $H_3C—C=N—OH$ （HL） （在50%二噁烷中）	Cd^{2+}	5.7	10.7		
	Co^{2+}	9.80	18.94		
	Cu^{2+}	12.00	33.44		
	Fe^{2+}		7.25		
	La^{3+}	6.6	12.5		
	Ni^{2+}	11.16	21.88		
	Pb^{2+}	7.3			
	Pd^{2+}		34.1		
	Zn^{2+}	7.7	13.9		
α,α'-联吡啶 $(C_5H_4N)_2$ （L）	Ag^+	3.65	7.15		
	Cd^{2+}	4.26	7.81	10.47	
	Co^{2+}	5.73	11.57	17.59	
	Cr^{2+}	4.5	10.5	14.0	
	Cu^+		14.2		
	Cu^{2+}	8.0	13.60	17.08	
	Fe^{2+}	4.36	8.0	17.45	
	Gd^{3+}	4.52	3.18		
	Hg^{2+}	9.64	16.70	19.50	
	In^{3+}	4.75	8.00		
	Mn^{2+}（b）	4.06	7.84	11.47	
	Mg^{2+}	0.5			
	Ni^{2+}	6.80	13.26	18.46	
	Pb^{2+}	3.0			
	Ti^{3+}			25.28	
	V^{3+}	4.9	9.6	13.1	
	Zn^{2+}	5.30	9.83	13.63	
2-甲基-8-羟基喹啉 $CH_3C_9H_5N(OH)$ （HL） （在50%二噁烷中）	Cd^{2+}	9.00	9.00	16.60	
	Ce^{3+}	7.71			
	Co^{2+}	9.63	18.50		

续表

配 位 剂	金属离子	lgK_1	lgβ_2	lgβ_3	lgβ_4
2-甲基-8-羟基喹啉 $CH_3C_9H_5N(OH)$ （HL） （在 50％二噁烷中）	Cu^{2+}	12.48	24.00		
	Fe^{2+}	8.75	17.10		
	In^{3+}	12.2	23.9	35.0	
	Mg^{2+}	5.24	9.64		
	Mn^{2+}	7.44	13.99		
	Ni^{2+}	9.41	17.76		
	Pb^{2+}	10.30	18.50		
	UO_2^{2+}	9.4	17		
	Zn^{2+}	9.82	18.72		
1,10-菲绕啉 （L）	Ag^+	5.02	12.07		
	Ca^{2+}	0.7			
	Cd^{2+}	5.93	10.53	14.31	
	Co^{2+}	7.25	13.95	19.90	
	Cu^{2+}	9.08	15.76	20.94	
	Fe^{2+}	5.85	11.45	21.3	
	Fe^{3+}	6.5	11.4	23.5	
	In^{3+}	5.70	10.04	14.00	
	Hg^{2+}		19.65	23.35	
	Mg^{2+}	1.2			
	Mn^{2+}	3.88	7.04	10.11	
	Ni^{2+}	8.80	17.10	24.80	
	Pb^{2+}	4.65	7.5	9	
	Tl^{3+}	11.57	18.30	24.30	
	VO^{2+}	5.47	9.69		
	Zn^{2+}	6.55	12.35	17.55	
甲酸 HCOOH （HL）	Al^{3+}（b）	1.78			
	Ba^{2+}	1.38			
	Ca^{2+}	1.43			
	Cd^{2+}（30℃，b）	1.04	1.23	1.75	
	Ce^{3+}（b）	1.65			
	Co^{2+}	0.73	1.18		
	Cu^{2+}（c，在 50％二噁烷中）	2.80			
	Fe^{3+}（b）	1.85	3.60	3.95	5.4
	Hg^{2+}	5.43			
	In^{3+}	2.74	4.72	5.70	6.70

续表

配 位 剂	金属离子	$\lg K_1$	$\lg \beta_2$	$\lg \beta_3$	$\lg \beta_4$
甲酸 HCOOH (HL)	Mg^{2+}	1.43			
	Mn^{2+} (b)	0.80			
	Pb^{2+} (30℃, b)	0.85	0.98	1.15	
	Sr^{2+}	1.39			
	UO_2^{2+} (20℃, b)	1.89	3.08	3.55	
	Zn^{2+} (a)	1.97			
氨基硫脲 $H_2NNH—CS—NH_2$ (L)	Ag^+				13.10
	Cd^{2+}	2.57	4.70	5.86	
	Cu^{2+}	6.11	11.59		
	Hg^{2+} ($I=0.8$mol/kg)				26.25
	Pb^{2+}	2.89	22.4	24.8	
	Ru^{2+} (b)	$K_f[RuL^{2+}]$ $=0.75$			
	Zn^{2+}		2.8		
二巯基丙醇 CH_2OH | CHSH | CH_2SH (H_2L)	H^+ (a)	10.79	19.48		
	Fe^{2+} (30℃,a)		15.78		
	Fe^{3+}	$K_f[FeLOH]$ $=30.6$			
	Mn^{2+} (30℃,a)	5.23	10.43		
	Ni^{2+} (30℃,a)		22.78		
	Zn^{2+}	13.48	23.3		
三乙醇胺 $N(CH_2CH_2OH)_3$ (HL)	H^+ (a)	8.08			
	Ag^+ ($I<0.01$mol/kg)		5.28		
	Cd^{2+} (a)	2.70	4.60	5.21	
	Co^{2+} (d)	1.73			
	Cu^{2+} (d)	4.23			
	Hg^{2+} (d)	6.90	13.08		
	Ni^{2+} (d)	2.27	3.09		
3-巯基-1,2-丙二醇 $C_3H_5(OH)_2SH$ (HL)	H^+	9.46			
	B^{3+} (a)	-7.79			
抗坏血酸 CO | HOC O | HOC | HC | HOCH | CH_2OH (HL)	H^+ (a)	11.34	15.38		
	Ag^+ (a)	3.66			
	Ca^{2+} ($I=0.16$mol/kg)	约0.19			
	Cu^{2+} (0.4℃,a)	$K_f[CuHL^+]=1.57$			
	Sr^{2+} ($I=0.16$mol/kg)	约0.35			
	Ti^{4+} (a)	$K_f[TiO(HL)_2]=24.8$			
		$K_f[TiOH_2L^{2+}]=3.1$			
		$K_f[TiO(H_2L)_2]=6.25$			
		$K_f[Ti(HL)_3^+]=39.3$			

续表

配 位 剂	金 属 离 子	$\lg K_1$	$\lg \beta_2$	$\lg \beta_3$	$\lg \beta_4$
二乙氨基二硫代甲酸 $(C_2H_5)_2NCSSH$ （HL）	Ag^+（$I=0.01mol/kg$） （在 75% 二噁烷中）	8.3			
	(CCl_4)[1]	2.58	$K(AgHA+HL\rightleftharpoons AgL+H_2A$[2]$)$		
	$As^{3+}(CCl_4)$[1]	7.93	$K(AsAL+2HL\rightleftharpoons AsL_3+H_2A$[2]$)$		
	$Bi^{3+}(CCl_4)$[1]	5.72	$K[BiL_3+2HA$[1]$\rightleftharpoons Bi(HA)_3+3HL]$		
	$Cd^{2+}(CCl_4)$[1]	2.53	$K[Cd(HA)_2+2HL\rightleftharpoons CdL_2+2H_2A$[2]$]$		
	$Cu^{2+}(CCl_4)$[1]	2.5	$K[Cu(HA)_2+HL\rightleftharpoons CuHAL+H_2A$[2]$]$		
		2.1	$K[CuHAL+HL\rightleftharpoons CuL_2+H_2A$[2]$]$		
		4.6	$K[Cu(HA)_2+2HL\rightleftharpoons CuL+2H_2A$[2]$]$		
		0.35	$K[Cu(HA)_2+CuL\rightleftharpoons 2CuHAL]$		
	$Hg^{2+}(CCl_4)$[1]	2.31	$K[Hg(HA)_2+2HL\rightleftharpoons HgL_2+2H_2A$[2]$]$		
	$Lu^{3+}(CCl_4)$[1]	4.75	$K[Lu(HA)_3+3HL\rightleftharpoons LuL_3+3H_2A$[2]$]$		
	$Pb^{2+}(CCl_4)$[1]	4.98	$K[Pb(HA)_2+2HL\rightleftharpoons PbL_2+2H_2A$[2]$]$		
	$Pd^{2+}(CCl_4)$[1]	1.6	$K[Pd(HA)_2+2HL\rightleftharpoons PdL_2+2H_2A$[2]$]$		
	$Sb^{3+}(CCl_4)$[1]	2.47	$K[SbAL+2HL\rightleftharpoons SbL_3+2H_2A$[2]$]$		
	$Se^{4+}(CCl_4)$[1]	约6.5	$K[Se(HA)_4+4HL\rightleftharpoons SeL_4+4H_2A$[2]$]$		
	$Te^{4+}(CCl_4)$[1]	约5.5	$K[Te(HA)_4+4HL\rightleftharpoons TeL_4+4H_2A$[2]$]$		
	$Tl^+(CCl_4)$[1]	3.53	$K[TlHA+HL\rightleftharpoons TlL+H_2A$[2]$]$		
	$Zn^{2+}(CCl_4)$[1]	0.24	$K[Zn(HA)_2+2HL\rightleftharpoons ZnL_2+2H_2A$[2]$]$		

① 在 CCl_4 介质中。
② $H_2A=$二苯基硫代卡巴腙。这里的 K 值为二乙氨基二硫代甲酸与二苯基硫代卡巴腙的竞争配位形成常数。

配位剂	金属离子	HL^{2-} 阴离子配合物		L^{3-} 阴离子配合物		H_2L^- 配合物
		$\lg K_1$	$\lg \beta_2$	$\lg K_1$	$\lg \beta_2$	$\lg \beta_3$
柠檬酸 CH_2COOH │ $C(OH)COOH$ │ CH_2COOH （H_3L）	Ag^+	7.1				
	Al^{3+}	7.0		20.0		
	Ba^{2+}	2.98				
	Be^{2+}	4.52				
	Ca^{2+}	4.68				
	Cd^{2+}	3.98		11.3		
	Ce^{3+}		6.18		9.65	3.2
	Co^{2+}	4.8		12.5		
	Cu^{2+}	4.35		14.2		
	Eu^{3+}		6.46		9.80	
	Fe^{2+}	3.08		11.5		
	Fe^{3+}	12.5		25.0		
	La^{3+}		6.97		9.45	6.22

续表

配位剂	金属离子	HL^{2-} 阴离子配合物		L^{3-} 阴离子配合物		H_2L^- 配合物
		$\lg K_1$	$\lg \beta_2$	$\lg K_1$	$\lg \beta_2$	$\lg \beta_3$
柠檬酸 CH_2COOH | $C(OH)COOH$ | CH_2COOH (H_3L)	Mg^{2+}	3.29				
	Mn^{2+}	3.67				
	Nd^{3+}		6.32		9.70	
	Ni^{2+}	5.11		14.3		
	Pb^{2+}	6.50				
	Pr^{3+}					3.4
	Ra^{2+}	2.36				
	Sr^{2+}	2.8				
	Tl^+	1.04				
	UO_2^{2+}	8.5	10.8			
	Y^{3+}					3.6
	Yb^{3+}				8	
	Zn^{2+}	4.71		11.4		

配位剂	金属离子	$\lg K_f\,[MHL^+]$		$\lg K_f\,[M\,(HL)_2]$	
水杨醛肟 $C_6H_4(OH)CHNOH$ (H_2L)	Ba^{2+}		0.53	3.72	
	Be^{2+}		<7		
	Ca^{2+}		0.92	3.72	
	Cd^{2+}		<4.4		
	Co^{2+}		6.4	8.13	
	Cu^{2+}			4.19	
	Mg^{2+}		0.64	4.10	
	Ni^{2+}			3.77	
	Sr^{2+}			3.77	
	Zr^{4+}		<5.2		

配位剂	金属离子	$\lg K_1$	$\lg \beta_2$	$\lg \beta_3$	$\lg \beta_4$
巯基丁二酸 $CHSHCOOH$ | CH_2COOH (H_3L)	Ag^+	7.85			
	Co^{2+}	6.88			
	Hg^{2+}	9.94	18.07		
	Ni^{2+}	7.97	12.87		
	Zn^{2+}	8.47	13.75		
半胱氨酸 CH_2SH | $CH(NH_2)COOH$ (H_2L)	Cd^{2+} $(I=0.2\mathrm{mol/kg})$		9.89		
	Co^{2+} $(20℃, I=0.01\mathrm{mol/kg})$	9.3	16.9		
	Co^{3+} $(20℃, I=0.01\mathrm{mol/kg})$	16.2			
	Cu^+ (b)	19.2			
	Cu^{2+} $(I=0.17\mathrm{mol/kg})$		16.0		

配位剂	金属离子	lgK_1	lgβ_2	lgβ_3	lgβ_4
半胱氨酸 CH₂SH | CH(NH₂)COOH (H₂L)	Fe^{2+}	6.2	11.77		
	Fe^{3+}			32.10	
	Hg^{2+}（a）	14.21			
	Mg^{2+}（20℃ $I=0.01$mol/kg）	<4			
	Mn^{2+}（a）	4.56			
	Ni^{2+}（a）	9.64	19.04		
	Pb^{2+}（a）	11.39			
	Zn^{2+}（a）	9.04	17.54		
噻吩甲酰三氟丙酮（TTA） ⬡—COCH₂COCF₃ S	Ba^{2+}			10.6	
	Cu^{2+}		6.55	13.0	
	Fe^{3+}		10.0		
	Pu^{3+}		9.53		
	Pu^{4+}		8.0		
	Pr^{3+}		9.53		
	Th^{4+}		8.1		
	U^{4+}		7.2		

注：1. 除另加说明外，均指25℃，$I \approx 0$。
2. 表中符号说明：a～d各项标注说明同表1-82。

二、配位体的基本参数

配位体的酸效应系数与各级解离常数见表1-84。

表 1-84 配位体的酸效应系数［lg$\alpha_{L(H)}$值］与各级解离常数（pK_i值）

pH值	氨	乙二胺	二氨基丙烷	三氨基丙烷	三乙醇胺	二乙三胺	三氨基三乙胺	三乙四胺	四乙五胺	五乙六胺
0	9.25	16.78	16.33	21.50	7.80	22.41	28.68	28.63	35.18	37.69
1	8.25	14.78	14.33	18.50	6.80	19.41	25.68	24.63	30.18	33.69
2	7.25	12.78	12.33	15.51	5.80	16.43	22.68	20.65	25.22	29.69
3	6.25	10.78	10.33	12.56	4.80	13.57	19.68	16.82	20.46	25.69
4	5.25	8.78	8.33	9.91	3.80	11.16	16.68	13.45	16.22	21.69
5	4.25	6.79	6.34	7.73	2.80	9.08	13.68	10.40	12.53	17.69
6	3.25	4.83	4.43	5.71	1.80	7.07	10.68	7.49	9.35	13.69
7	2.25	3.16	2.87	3.74	0.86	5.07	7.69	4.96	6.35	9.70
8	1.27	1.96	1.75	1.99	0.21	3.10	4.77	2.87	3.55	5.80
9	0.44	0.98	0.80	0.78	0.03	1.33	2.26	1.12	1.37	2.45
10	0.07	0.27	0.18	0.17		0.30	0.65	0.21	0.27	0.57
11	0.01	0.04	0.02	0.02			0.10	0.02	0.03	0.07
12							0.01			0.01

续表

所用的各级解离常数的负对数										
pK_1	9.25	6.85	6.61	3.80	7.80	3.34	8.64	3.25	3.06	8.58
pK_2		9.93	9.72	8.03		9.13	9.67	6.56	4.80	9.16
pK_3				9.67		9.94	10.37	9.08	8.19	9.73
pK_4								9.74	9.28	10.22
pK_5								9.85		
pH 值	**NDA**	**CDTA**	**DTPA**	**EDTA**	**TTHA**	**HEDTA**	**NTA**	**EDDP**	**EDTP**	**ANDA**
0	14.01	23.77	28.07	23.64	34.64	17.90	14.85	16.27	22.80	13.04
1	11.08	19.79	23.11	18.01	28.66	14.91	11.24	14.27	18.80	10.06
2	8.53	15.91	18.46	13.51	22.80	12.00	8.49	12.27	14.84	7.22
3	6.80	12.54	14.61	10.60	17.84	9.45	6.83	10.27	11.18	5.06
4	5.65	9.95	11.58	8.44	14.14	7.33	5.72	8.27	8.48	3.77
5	4.46	7.86	9.17	6.45	10.74	5.44	4.71	6.28	6.39	2.73
6	3.63	6.07	7.10	4.65	7.97	3.99	3.72	4.35	4.44	1.74
7	2.63	4.75	5.10	3.32	5.72	2.90	2.71	2.75	2.80	0.80
8	1.64	3.71	1.64	2.27	3.70	1.90	1.72	1.61	1.64	0.19
9	0.72	2.70	0.62	1.28	1.85	0.94	0.79	0.68	0.70	0.02
10	0.15	1.71	0.12	0.45	0.56	0.25	0.18	0.14	0.15	
11	0.02	0.78	0.01	0.07	0.09	0.03	0.02	0.02	0.02	
12		0.18			0.01					
13		0.02								

所用的各级解离常数的负对数										
pK_1	1.70	2.43	1.89	0.9	2.46	2.6	0.80	6.69	3.00	2.33
pK_2	2.67	3.52	2.79	1.6	2.52	5.41	1.80	9.58	3.43	2.98
pK_3	9.63	6.12	4.29	2.0	4.00	9.89	2.48		6.77	7.73
pK_4		11.70	8.61	2.67	5.98		9.71		9.60	
pK_5			10.48	6.16	9.35					
pK_6				10.26	10.33					
pH 值	**EDDA**	**PDTA**	**EEDTA**	**EGTA**	**酒石酸**	**柠檬酸**	**乙酰丙酮**	**邻苯二甲酸**	**水杨酸**	**磺基水杨酸**
0	16.12	21.17	22.88	22.91	7.32	14.29	8.99	8.37	16.60	14.23
1	14.12	17.82	18.93	18.95	5.32	11.29	7.99	6.37	14.60	12.24
2	12.12	14.19	15.33	15.26	3.36	8.32	6.99	4.42	12.64	10.35
3	10.12	11.36	12.52	12.43	1.64	5.53	5.99	2.69	10.90	8.84
4	8.12	9.17	10.33	10.28	0.53	3.28	4.99	1.46	9.64	7.73
5	6.13	7.17	8.31	8.26	0.09	1.61	3.99	0.56	8.60	6.72
6	4.23	5.34	6.31	6.26	0.01	0.56	2.99	0.10	7.60	5.72

续表

pH 值	EDDA	PDTA	EEDTA	EGTA	酒石酸	柠檬酸	乙酰丙酮	邻苯二甲酸	水杨酸	磺基水杨酸
7	2.72	3.99	4.32	4.27		0.10	1.99	0.01	6.60	4.72
8	1.62	2.93	2.37	2.33		0.01	1.03		5.60	3.72
9	0.69	1.93	0.77	0.76			0.30		4.60	2.72
10	0.14	0.97	0.12	0.12			0.04		3.60	1.73
11	0.01	0.26	0.01	0.01					2.60	0.80
12		0.03							1.60	0.18
13									0.70	0.02

所用的各级解离常数的负对数

pK_1	6.53	1.84	1.80	2.00	2.98	3.13	8.99	2.96	3.0	2.51
pK_2	9.59	2.78	2.76	2.65	4.34	4.76		5.41	13.6	11.72
pK_3		6.22	8.84	8.80		6.40				
pK_4		10.92	9.47	9.46						

pH 值	乙酸	草酸	碳酸	磷酸	焦磷酸	甘氨酸	氢氰酸	氢氟酸	硫化氢	硫代硫酸
0	4.76	5.56	16.68	21.68	19.74	13.84	9.21	3.18	21.03	2.30
1	3.76	3.73	14.68	18.71	15.85	11.84	8.21	2.18	19.03	0.82
2	2.77	2.35	12.68	15.93	12.46	9.85	7.21	1.21	17.03	0.15
3	1.77	1.30	10.68	13.61	9.94	7.95	6.21	0.40	15.03	0.02
4	0.83	0.46	8.68	11.57	7.86	6.42	5.21	0.06	13.03	
5	0.20	0.07	6.70	9.56	5.86	5.31	4.21		11.03	
6	0.02	0.01	4.84	7.59	3.95	4.29	3.21		9.08	
7			3.42	5.77	2.40	3.29	2.21		7.40	
8			2.34	4.42	1.29	2.29	1.24		6.18	
9			1.35	3.37	0.44	1.31	0.42		5.15	
10			0.50	2.36	0.07	0.47	0.07		4.15	
11			0.08	1.38		0.08			3.15	
12			0.01	0.52					2.15	
13				0.09					1.18	

所用的各级解离常数的负对数

pK_1	4.76	1.27	6.35	2.12	1.52	3.55	9.21	3.18	6.88	0.6
pK_2		4.27	10.33	7.20	2.36	10.29			14.15	1.6
pK_3				12.36	6.60					
pK_4					9.25					

注：NDA—2-氨基丙二酰脲二乙酸；CDTA—环己二胺四乙酸；DTPA—二乙三胺五乙酸；EDTA—乙二胺四乙酸；TTHA—三乙四胺六乙酸；HEDTA—乙二胺-N-羟乙基-N,N',N'-三乙酸；NTA—氨三乙酸；EDDP—乙二胺-N,N'-二丙酸；EDTP—乙二胺四丙酸；ANDA—邻氨基苯甲酸-N,N-二乙酸；EDDA—乙二胺-N,N'-二乙酸；PDTA—甲基乙二胺四乙酸；EEDTA—二乙醚二胺四乙酸；EGTA—乙二醇二乙醚二胺四乙酸 [或称为乙二醇双(2-氨基乙醚)四乙酸]。

三、金属离子和配位体的配位效应系数

各种金属和配位体在不同的 pH 值下的配位效应系数见表 1-85。

表 1-85 各种金属和配位体在不同 pH 值下的配位效应系数[$\lg \alpha_{M(L)}$ 值]

金属和配位体[①]	浓度,c /(mol/L)	离子强度,I /(mol/kg)	pH 值 0	1	2	3	4	5	6	7	8	9	10	11	12	13	14
Ag																	
OH⁻		0.1												0.1	0.5	2.3	5.1
CN⁻	0.1	0.1	0.8	2.7	4.7	6.7	8.7	10.7	12.7	14.7	16.7	18.4	19.0	19.2	19.2	19.2	19.2
S²⁻	0.01	0.1	4.4	5.4	6.4	7.4	8.5	9.9	11.8	13.2	13.7	13.7	13.7	13.8	14.2	14.7	14.8
硫脲	0.1	0.1	10.1	10.1	10.1	10.1	10.1	10.1	10.1	10.1	10.1	10.1	10.1	10.1	10.1	10.1	10.1
NH₃	1	0.1						0.1	0.8	2.6	4.6	6.4	7.2	7.4	7.4	7.4	7.4
	0.1	0.1							0.1	0.8	2.6	4.4	5.2	5.4	5.4	5.4	5.6*
	0.01	0.1							0.1	0.8	2.4	3.2	3.4	3.4	3.4	5.1*
Trien	0.1	0.1								1.2	3.4	5.2	6.4	6.7	6.7	6.7	6.7
EDTA	0.1	0.5					0.1	0.5	1.5	2.6	3.7	4.7	5.5	5.9	6.0	6.0	6.0
En	0.01	0.1						0.1	0.9	1.9	3.0	4.0	4.8	5.2	5.3	5.3	5.5*
	0.1	0.1								0.4	1.7	3.5	4.9	5.5	5.7	5.7	5.8*
Den	0.1	0.1								0.3	1.8	3.6	4.7	5.1	5.1	5.1	5.4*
甘氨酸	0.1	0.1								0.2	1.5	3.4	4.4	4.8	4.8	4.8	5.3*
Cit	0.1	0.2	2.8	2.8	2.8	2.8	2.8	2.8	2.8	2.8	2.8	2.8	2.8	2.8	2.8	2.9*	5.1*
Al																	
OH⁻		2						0.4	1.3	5.3	9.3	13.3	17.3	21.3	25.3	20.3	33.3
Cit	0.1	0.5				1.8	5.2	8.6	11.3	13.6	15.6	17.6	19.6	21.8*	25.3*	29.3*	33.3*
Acac	0.01	0.1			0.1	0.6	2.2	4.3	6.8	9.8	12.5	14.6	17.3	21.3*	25.3*	29.3*	33.3*
EDTA	0.1	0.5			1.8	4.1	6.2	8.2	10.3	12.5	14.5	16.5	18.3	21.3*	25.3*	29.3*	33.3*
	0.01	0.1			1.5	3.4	5.5	7.6	9.7	11.8	13.9	15.8	17.8*	21.3*	25.3*	29.3*	33.3*
F⁻	0.1	0.5	3.3	6.1	10.0	12.9	14.3	14.5	14.5	14.5	14.5	14.5	17.7*	21.3*	25.3*	29.3*	33.3*
CDTA	0.01	0.1			0.2	2.8	5.5	7.6	9.4	10.8	12.3	14.3*	17.3*	21.3*	25.3*	29.3*	33.3*
C₂O₄²⁻	0.1	0.5		2.4	5.6	8.5	10.7	11.5	11.6	11.6	11.6	13.3*	17.3*	21.3*	25.3*	29.3*	33.3*
Ba																	
OH⁻		0.1														0.1	0.5
DTPA	0.01	0.1							0.3	1.6	3.5	5.1	6.1	6.7	6.8	6.8	6.8
CDTA	0.01	0.1						0.2	0.7	1.3	2.2	3.2	4.2	5.1	5.8	6.0	6.0
EDTA	0.1	0.5							1.8	3.2	4.2	5.2	6.0	6.2	6.3	6.3	6.3

续表

金属和配位体[①]	浓度,c/(mol/L)	离子强度,I/(mol/kg)	pH 值														
			0	1	2	3	4	5	6	7	8	9	10	11	12	13	14
Ba																	
EDTA	0.01	0.1						0.1	1.1	2.4	3.5	4.4	5.3	5.7	5.8	5.8	5.8
NTA	0.1	0.5							0.2	0.8	1.7	2.6	3.3	3.4	3.4	3.4	3.4
NTA	0.01	0.1								0.3	1.0	1.9	2.6	2.8	2.8	2.8	2.8
Cit	0.1	0.5						0.5	1.1	1.4	1.4	1.4	1.4	1.4	1.4	1.4	1.4
Tart	0.1	0.5				0.1	0.4	0.6	0.6	0.6	0.6	0.6	0.6	0.6	0.6	0.6	0.8
Be																	
OH⁻		3													0.1	1.1	3.1
SSal	0.1	0.1			0.5	2.1	3.7	5.6	7.6	9.6	11.6	13.6	15.6	17.4	18.6	18.8	18.8
Acac	0.1	0.1				0.1	0.8	2.4	4.3	6.8	8.3	10.1	11.5	11.9	11.9	11.9	11.9
EDTA	0.1	0.5				0.1	1.6	3.3	4.7	5.7	6.7	7.5	7.7	7.8	7.8	7.8	
EDTA	0.01	0.1						0.8	2.5	3.9	5.0	5.9	6.8	7.2	7.3	7.3	7.3
Cit	0.1	0.5				0.2	1.1	2.3	3.0	3.3	3.3	3.3	3.3	3.3	3.3	3.3	3.5*
Bi																	
OH⁻		3		0.1	0.5	1.4	2.4	3.4	4.4	5.4							
I⁻	0.1	2	12.8	12.8	12.8	12.8	12.8	12.8	12.8	12.8							
Br⁻	0.1	2	4.5	4.5	4.5	4.5	4.5	4.5	4.8*	5.5*							
Cl⁻	0.1	2	2.7	2.7	2.7	2.7	2.9	3.5	4.4*	5.4*							
Ca																	
OH⁻		0.1														0.3	1.0
CDTA	0.01	0.1					0.5	2.5	4.3	5.6	6.7	7.7	8.7	9.6	10.3	10.5	10.5
EDTA	0.1	0.5															
EDTA	0.01	0.1				0.1	1.1	3.2	4.7	6.1	7.1	8.1	8.9	9.1	9.2	9.2	9.2
DTPA	0.01	0.1				0.1	0.8	1.9	3.4	5.3	6.9	7.9	8.5	8.6	8.6	8.6	8.6
NTA	0.1	0.5					0.1	0.5	1.3	2.3	3.3	4.2	4.9	5.0	5.0	5.0	5.0
NTA	0.01	0.1							0.2	0.7	1.6	2.6	3.5	4.2	4.4	4.4	4.4
Cit	0.1	0.5				0.3	1.0	1.8	2.2	2.5	2.5	2.5	2.5	2.5	2.5	2.5	2.5
Tart	0.1	0.5				0.2	0.5	0.7	0.8	0.8	0.8	0.8	0.8	0.8	0.8	0.9*	1.2*
Ac⁻	0.1	0.1						0.1	0.1	0.1	0.1	0.1	0.1	0.1	0.1	0.3*	1.0*
Cd																	
OH⁻		3										0.1	0.5	2.0	4.5	8.1	12.0
CDTA	0.01	0.1		0.1	2.2	4.8	7.1	9.2	11.0	12.3	13.4	14.4	15.4	16.3	17.0	17.2	17.2
DTPA	0.01	0.1			0.4	3.1	5.5	7.6	9.7	11.7	13.6	15.2	16.3	16.9	17.0	17.0	17.0
CN⁻	0.1	3						0.1	0.7	2.9	6.2	10.1	13.3	14.5	14.9	14.9	14.9

金属和配位体①	浓度,c /(mol/L)	离子强度,I /(mol/kg)	pH值															
			0	1	2	3	4	5	6	7	8	9	10	11	12	13	14
Cd																		
EDTA	0.1	0.5		0.3	2.7	4.8	6.8	8.8	10.5	11.9	12.9	13.9	14.7	14.9	15.0	15.0	15.0
EDTA	0.01	0.1			1.8	4.0	5.9	7.9	9.7	11.1	12.2	13.2	14.0	14.4	14.5	14.5	14.5
EGTA	0.01	0.1			0.1	1.5	3.3	5.1	7.7	9.1	11.1	12.7	13.5	13.6	13.6	13.6	13.6
NTA	0.1	0.5			0.4	1.9	3.0	4.0	5.3	6.9	8.9	11.7	12.1	12.3	12.3	12.3	12.5*
NTA	0.01	0.1				1.2	2.3	3.3	4.3	5.4	7.0	8.7	10.1	10.5	10.5	10.5	12.0*
邻菲罗啉	0.01	0.1		0.3	1.4	3.5	0.3	8.4	9.3	9.3	9.3	9.3	9.3	9.3	9.3	9.3	12.0*
Den	0.1	0.1						0.1	1.3	3.7	5.5	9.1	11.3	11.9	11.9	11.9	12.3*
Trien	0.1	0.1						0.4	2.2	4.4	6.5	8.3	9.5	9.8	9.8	9.8	12.0*
吡啶羧酸	0.1	0.1				0.5	1.8	4.1	6.3	7.5	7.8	7.8	7.8	7.8	7.8	8.3*	12.0*
NH₃	1	0.1							0.1	0.5	2.3	5.1	6.7	7.1	7.1	8.1*	12.0*
NH₃	0.1	0.1								0.1	0.5	2.0	3.0	3.6	4.5	8.1*	12.0*
NH₃	0.01	0.1									0.1	0.6	1.4	2.0	4.5	8.1*	12.0*
Cit	0.1	0.5				0.1	0.8	2.0	2.7	3.0	3.1	3.5	4.3	5.3	6.3	8.2*	12.0*
Acac	0.1	0.1							0.1	0.9	2.3	3.6	4.0	4.0	4.6	8.1*	12.0*
TEA	0.25	0.2									1.9	2.2	2.8	3.7	4.5*	8.1*	12.0*
I⁻	0.1	0.1	2.5	2.5	2.5	2.5	2.5	2.5	2.5	2.5	2.5	2.5	2.5	2.6	4.5*	8.1*	12.0*
C₂O₄²⁻	0.1	0.5			0.2	1.8	2.2	2.6	2.7	2.7	2.7	2.7	2.7	2.8*	4.5*	8.1*	12.0*
Tart	0.1	0.5				0.6	1.4	1.8	1.8	1.8	1.8	1.8	1.8	2.2*	4.5*	8.1*	12.0*
Ac⁻	0.1	1					0.1	0.3	0.4	0.5	0.5	0.5	0.7	2.0*	4.5*	8.1*	12.0*
Ce⁴⁺																		
OH⁻		1~2	0.1	1.2	3.1	5.1	7.1	9.1	11.1	13.1							
SO₄²⁻	0.1	2	2.5	4.8	6.8	7.4	7.6	9.1	11.1	13.1							
Co²⁺																		
OH⁻		0.1									0.1	0.4	1.1	2.2	4.2	7.2	10.2
邻菲罗啉	0.01	0.1	0.4	2.1	4.8	7.8	10.8	12.9	13.8	13.8	13.8	13.8	13.8	13.8	13.8	13.8	13.8
DTPA	0.01	0.1			1.0	3.8	6.0	7.8	9.7	11.7	13.6	15.2	16.3	16.9	17.0	17.0	17.0
CDTA	0.01	0.1			1.8	4.4	6.8	8.9	10.7	12.0	13.1	14.1	15.1	16.0	16.7	16.9	16.9
EDTA	0.1	0.5		0.2	2.6	4.7	6.6	8.6	10.3	11.7	12.7	13.7	14.5	14.7	14.8	14.8	14.8
EDTA	0.01	0.1			1.7	3.5	5.7	7.7	9.5	10.9	12.0	13.0	13.8	14.2	14.3	14.3	14.3
Tetren	0.1	0.1						1.3	4.6	7.6	10.4	12.7	13.7	14.1	14.1	14.1	14.1
NTA	0.1	0.5				0.8	2.4	3.5	4.5	5.6	7.1	9.0	10.8	12.2	12.4	12.4	12.4
NTA	0.01	0.1			0.3	1.7	2.8	3.8	4.8	5.9	7.2	8.8	10.2	10.6	10.6	10.6	10.8*

续表

金属和配位体①	浓度,c/(mol/L)	离子强度,I/(mol/kg)	pH 值														
			0	1	2	3	4	5	6	7	8	9	10	11	12	13	14
Co^{2+}																	
Den	0.1	0.1							0.2	2.1	5.7	9.3	11.5	12.1	12.1	12.1	12.1
吡啶羧酸	0.1	0.1		0.6	2.0	4.3	7.2	9.6	10.8	11.1	11.1	11.1	11.1	11.1	11.1	11.1	11.1
EGTA	0.01	0.1					0.3	1.9	3.9	5.9	7.9	9.5	10.2	10.3	10.3	10.3	10.6*
Trien	0.1	0.1					0.3	2.1	4.5	6.7	8.5	9.7	10.0	10.0	10.0	10.0	10.4*
Cit	0.1	0.5				0.5	1.5	2.5	3.1	3.4	3.8	4.5	5.5	6.7	7.5	8.5	10.3*
SSal	0.1	0.1							0.1	0.5	1.5	2.8	4.6	6.4	7.6	7.9	10.2*
Acac	0.1	0.1						0.4	1.6	3.3	5.1	6.5	6.9	6.9	6.9	7.4*	10.2*
NH_3	<1	0.1								0.2	1.2	3.7	5.3	5.7	5.8	7.2*	10.2*
NH_3	0.1	0.1									0.2	1.0	1.8	2.9*	4.9*	7.2*	10.2*
$C_2O_4^{2-}$	0.1	0.5	0.1	0.5	1.0	2.0	3.2	3.8	3.8	3.8	3.8	3.8	3.8	3.8	4.3*	7.2*	10.2*
Tart	0.1	0.5				0.2	0.8	1.1	1.1	1.1	1.1	1.1	1.1	2.2*	4.2*	7.2*	10.2*
Cu																	
OH^-		0.1									0.2	0.8	1.7	2.7	3.7	4.7	5.7
Tetren	0.1	0.1			2.8	6.3	9.4	12.0	14.8	17.6	20.3	22.3	23.3	23.3	23.3	23.3	23.3
EDTA	0.1	0.5		1.9	4.6	6.8	8.7	10.7	12.5	13.9	15.0	16.0	16.8	17.3	18.0	18.9	19.9
EDTA	0.01	0.1		1.5	4.2	6.3	8.2	10.2	12.0	13.4	14.5	15.5	16.3	16.8	17.5	18.4	19.4
CDTA	0.01	0.1		1.5	4.4	6.9	9.2	11.3	13.1	14.4	15.5	16.7	17.5	18.4	19.1	19.3	19.3
Trien	0.1	0.1				0.1	2.6	5.4	8.4	11.3	13.9	16.1	17.9	19.1	19.4	19.4	19.4
Den	0.1	0.1				0.5	3.2	5.7	7.8	9.8	12.9	16.5	18.7	19.3	19.3	19.3	19.3
DTPA	0.01	0.1			2.8	5.7	7.8	9.5	11.2	13.2	15.1	16.7	17.8	18.4	18.5	18.5	18.5
邻菲罗啉	0.01	0.1	2.1	3.5	5.9	8.8	11.8	13.9	14.8	14.8	14.8	14.8	14.8	14.8	14.8	14.8	14.8
Tren	0.1	0.1					1.1	4.1	7.1	10.1	13.0	15.6	17.1	17.7	17.8	17.8	17.8
TEA	0.1	0.1					0.1	0.7	1.9	3.7	6.0	8.1	10.1	12.3	15.0	17.9	20.9
EGTA	0.01	0.1			0.1	1.8	3.7	5.1	6.5	8.5	10.5	12.5	14.1	14.9	15.0	15.0	15.0
SSal	0.1	0.1					0.2	1.0	2.0	3.4	5.3	7.3	9.3	11.3	13.1	14.3	14.5
Cit	0.1	0.5			0.2	0.8	2.9	5.1	6.7	8.0	9.0	10.0	11.0	12.0	13.0	14.0	15.0
NTA	0.1	0.5		0.3	2.6	4.3	5.5	6.5	7.5	8.8	10.5	12.3	13.9	14.1	14.3	15.1	16.1
NTA	0.01	0.1		0.1	2.0	3.7	4.9	5.9	6.8	7.9	9.1	10.6	12.0	12.6	13.4	14.4	15.4
吡啶羧酸	0.1	0.1	2.4	4.4	6.4	8.4	10.4	12.0	12.8	13.0	13.0	13.0	13.0	13.0	13.0	13.0	13.0
NH_3	1	0.1							0.2	1.2	3.6	7.1	10.6	12.2	12.7	12.7	12.7
NH_3	0.1	0.1							0.2	1.2	3.6	6.7	8.2	8.6	8.6	8.6	8.6
NH_3	0.01	0.1								0.2	1.2	3.3	4.5	4.9	4.9	5.1*	5.8*

续表

金属和配位体[①]	浓度,c /(mol/L)	离子强度, I /(mol/kg)	pH 值														
			0	1	2	3	4	5	6	7	8	9	10	11	12	13	14
Cu																	
Acac	0.01	0.1				0.3	1.2	2.8	4.7	6.7	8.5	9.9	10.3	10.3	10.3	10.3	10.3
$P_2O_7^{4-}$	0.1	1					0.1	1.1	2.8	4.3	5.9	6.8	7.0	7.0	7.0	7.0	7.0
$C_2O_4^{2-}$	0.1	0.5	0.5	1.1	3.1	4.9	6.3	6.9	6.9	6.9	6.9	6.9	6.9	6.9	6.9	6.9	6.9
Tart	0.1	1				0.1	1.0	2.5	3.1	3.2	3.2	3.2	3.2	3.3*	3.8*	4.7*	5.7*
Ac^-	0.1	1					0.3	0.9	1.1	1.1	1.1	1.3	1.8	2.7	3.7	4.7	5.7
Fe^{2+}																	
OH^-		1										0.1	0.6	1.5	2.5	3.5	4.5
DTPA	0.01	0.1				1.6	3.7	5.2	6.8	8.7	10.7	12.6	14.3	15.9	17.0	18.0	19.0
CDTA	0.01	0.1				0.5	3.4	6.1	8.2	10.0	11.3	12.4	13.4	14.4	15.3	16.0	16.2	16.2
EDTA	0.1	0.5				0.6	2.6	4.6	6.6	8.3	9.7	10.7	11.7	12.5	12.7	12.8	12.8	12.8
EDTA	0.01	0.1				0.1	1.8	3.7	5.7	7.5	8.9	10.0	11.0	11.8	12.2	12.3	12.3	12.3
Cit	0.1	0.5					0.5	2.6	4.2	5.5	6.5	7.5	8.5	9.5	10.5	11.5	12.5
NTA	0.1	0.5				0.7	1.7	2.7	3.7	4.7	5.7	6.6	7.4	7.9	8.8	9.8	10.8
NTA	0.01	0.1				0.3	1.0	2.0	3.0	4.0	5.0	5.9	6.7	7.3	8.1	9.1	10.1
Tetren	0.1	0.1							1.0	3.9	6.7	9.0	10.0	10.4	10.4	10.4	10.4
吡啶羧酸	0.1	0.1			0.1	0.9	2.7	5.4	7.8	9.0	9.3	9.3	9.3	9.3	9.3	9.3	9.3
Den	0.1	1							0.3	2.3	5.6	7.8	8.4	8.4	8.4	8.4	8.4
Tren	0.1	0.1							0.4	3.0	5.6	7.1	7.7	7.8	7.8	7.8	7.8
Trien	0.1	0.1								1.3	3.5	5.3	6.5	6.8	6.8	6.8	6.8
Acac	0.01	0.1							0.3	1.1	2.3	3.6	4.0	4.0	4.0	4.1*	4.6*
Fe^{3+}																	
OH^-		3				0.4	1.8	3.7	5.7	7.7	9.7	11.7	13.7	15.7	17.7	19.7	21.7
TEA	0.1	0.1											24.2	28.2	32.2	36.2	40.2
EDTA	0.1	0.5	3.8	7.0	10.3	13.0	15.2	17.2	18.9	20.4	22.0	24.0	26.4	28.5	30.6	32.6	34.6
EDTA	0.01	0.1	3.1	6.2	9.5	12.3	14.5	16.5	18.3	19.8	21.4	23.3	25.7	28.0	30.1	32.1	34.1
Sal	0.1	3		0.9	2.7	5.1	7.3	9.3	11.5	14.1	17.0	20.0	23.0	26.0	29.0	31.4	32.3
CDTA	0.01	0.1	3.2	7.2	11.1	14.5	17.2	19.3	21.1	22.4	23.5	24.7	26.3	28.1	29.8	31.0	32.0
DTPA	0.01	0.1	0.6	2.5	6.5	10.5	13.8	16.2	18.2	20.2	22.2	23.9	25.2	26.5	27.6	28.6	29.6
SSal	0.1	3	0.1	1.2	3.2	5.8	8.0	10.1	12.5	15.4	18.4	21.4	24.4	27.1	28.9	29.2	29.2
NTA	0.1	0.5	0.4	3.2	5.8	8.2	10.3	12.3	14.3	16.3	18.3	20.1	21.5	21.8	22.4	23.3	24.3
NTA	0.01	0.1	0.1	2.5	5.2	7.1	8.9	10.8	12.8	14.8	16.8	18.6	20.1	20.9	21.8	22.8	23.8
$P_2O_7^{4-}$	0.1	不定	0.4	6.0	10.6	13.8	16.0	18.0	19.4	20.0							
Cit	0.1	0.5		0.3	3.0	6.4	9.5	12.0	13.7	15.0	16.0	17.0	18.0	19.0	20.0	21.0	22.0

续表

金属和配位体①	浓度,c /(mol/L)	离子强度,I /(mol/kg)	pH值 0	1	2	3	4	5	6	7	8	9	10	11	12	13	14
Fe³⁺																	
C₂O₄²⁻	0.1	0.5	2.5	6.0	9.8	12.5	14.6	15.5	15.5	15.5	15.5	15.5	15.5	15.9*	17.7*	19.7*	21.7*
F⁻	0.1	0.5	1.4	3.3	5.7	7.9	8.7	8.9	8.9	8.9	9.8*	11.7*	13.7*	15.7*	17.7*	19.7*	21.7*
Ac⁻	0.1	0.1			0.2	1.3	3.5	5.2	6.0*	7.7*	9.7*	11.7*	13.7*	15.7*	17.7*	19.7*	21.7*
SCN⁻	0.1	0.1	2.9	2.9	2.9	2.9	2.9	3.8*	5.7*	7.7*	9.7*	11.7*	13.7*	15.7*	17.7*	19.7*	21.7*
Hg²⁺																	
OH⁻		0.1				0.5	1.9	3.9	5.9	7.9	9.9	11.9	13.9	15.9	17.9	19.9	21.9
CN⁻	0.1	0.1	14.3	16.3	18.3	20.3	22.3	24.3	26.4	29.2	32.8	35.9	37.1	37.5	37.5	37.5	37.5
CDTA	0.01	0.1	1.5	4.5	7.4	9.9	12.3	14.3	16.1	17.4	18.5	19.5	20.7	21.9	23.6	24.8	25.8
I⁻	0.1	0.5	25.8	25.8	25.8	25.8	25.8	25.8	25.8	25.8	25.8	25.8	25.8	25.8	25.8	25.8	25.8
EDTA	0.1	0.5	2.4	5.4	8.1	10.2	12.1	14.1	15.8	17.2	18.2	19.5	21.0	22.2	23.3	24.3	25.3
EDTA	0.01	0.1	1.5	4.5	7.2	9.4	11.2	13.2	15.0	16.4	17.5	18.8	20.3	21.6	22.7	23.7	24.7
DTPA	0.01	0.1	0.4	4.2	7.9	10.9	13.4	15.6	17.7	19.7	21.6	23.2	24.3	24.9	25.0	25.0	25.0
Trien	0.1	0.1	0.6	3.5	6.5	9.4	11.8	14.0	16.3	18.8	21.0	22.8	24.0	24.3	24.3	24.3	24.3
硫脲	0.1	1	22.4	22.4	22.4	22.4	22.4	22.4	22.4	22.4	22.4	22.4	22.4	22.4	22.4	22.4	22.4
EGTA	0.01	0.1	1.0	3.9	6.6	8.8	10.8	12.8	14.8	16.8	18.8	20.4	21.1	21.2	21.2	21.2	22.0
Tren	0.1	0.1				2.1	5.1	8.1	11.1	14.1	17.0	19.6	21.2	21.7	21.8	21.8	22.2
Den	0.1	0.1		0.4	3.1	6.1	9.0	11.7	13.6	15.6	17.6	19.4	20.5	20.8	20.8	20.8	21.9*
NH₃	1	0.1		0.9	2.7	4.7	6.7	8.7	10.7	12.7	14.9	17.6	19.1	19.4	19.4	20.0*	21.9*
NH₃	0.1	0.1			0.9	2.7	4.7	6.7	8.7	10.7	12.7	14.6	15.7	16.2*	17.9*	19.9*	21.9*
NH₃	0.01	0.1				0.9	2.7	4.7	6.7	8.7	10.7	12.5	14.0	15.9*	17.9*	19.9*	21.9*
邻菲罗啉	0.01	0.1	5.0	7.0	9.0	11.0	13.0	14.4	15.0	15.0	15.0	15.0	15.0	15.9*	17.9*	19.9*	21.9*
SCN⁻	0.1	1	16.9	16.9	16.9	16.9	16.9	16.9	16.9	16.9	16.9	16.9	16.9	16.9	17.9*	19.9*	21.9*
吡啶羧酸	0.1	0.1	3.0	5.0	7.0	9.0	11.0	12.6	13.4	13.6	13.6	13.6	14.1*	15.9*	17.9*	19.9*	21.9*
In																	
OH⁻		3								0.3	1.0	2.0	3.0	4.0	5.0	6.0	7.0
La																	
OH⁻		3											0.3	1.0	1.9	2.9	3.9
NTA	0.1	0.5			0.5	2.3	4.2	6.1	8.1	10.1	12.1	13.9	15.3	15.5	15.5	15.5	15.5
NTA	0.01	0.1			0.2	1.5	2.9	4.6	6.5	8.5	10.5	12.3	13.7	14.1	14.1	14.1	14.1
CDTA	0.01	0.1				1.7	4.2	6.3	8.1	9.4	10.5	11.5	12.5	13.4	14.1	14.3	14.3
EDTA	0.1	0.5			0.8	3.5	5.7	7.7	9.4	10.8	11.8	12.8	13.6	13.8	13.9	13.9	13.9
EDTA	0.01	0.1			0.2	2.6	4.8	6.8	8.6	10.0	11.1	12.0	12.9	13.3	13.4	13.4	13.4

续表

金属和配位体[①]	浓度,c /(mol/L)	离子强度,I /(mol/kg)	pH 值													
			0	1	2	3	4	5	6	7	8	9	10	11	12	13	14
Acac	0.01	0.1							0.2	1.0	2.5	4.3	4.8	4.8	4.8	4.8	4.8
Mg																	
OH⁻		0.1											0.1	0.5	1.3	2.3
CDTA	0.01	0.1						0.4	2.1	3.4	4.5	5.5	6.5	7.4	8.1	8.3	8.3
DTPA	0.01	0.1						0.3	1.0	2.3	4.0	5.6	6.6	7.2	7.3	7.3	7.3
EDTA	0.1	0.5						0.7	2.4	3.8	4.9	5.8	6.7	7.1	7.2	7.2	7.2
	0.01	0.1						0.4	1.9	3.3	4.4	5.3	6.2	6.6	6.7	6.7	6.7
甘氨酸	0.1	0.1							0.1	1.0	2.6	3.8	4.1	4.1	4.1	4.1
NTA	0.1	0.5						0.1	0.4	1.2	2.2	3.1	3.8	4.0	4.0	4.0	4.0
	0.01	0.1							0.1	0.7	1.6	2.5	3.2	3.4	3.4	3.4	3.4
Cit	0.1	0.5					0.2	0.9	1.5	1.8	1.8	1.8	1.8	1.8	1.8	1.9*	2.4*
Tart	0.1	0.5				0.1	0.3	0.4	0.4	0.4	0.4	0.4	0.4	0.4	0.7*	1.3*	2.3*
Mn²⁺																	
OH⁻		0.1											0.1	0.5	1.4	2.4	3.4
EDTA	0.1	0.5			0.5	2.4	4.3	6.3	8.0	9.4	10.4	11.4	12.2	12.4	12.4	12.4	12.4
	0.01	0.1			0.1	1.6	3.5	5.4	7.2	8.6	9.7	10.6	11.5	11.9	12.0	12.0	12.0
Tetren	0.1	0.1							1.0	3.6	5.5	6.5	6.6	6.6	6.6	6.6
NTA	0.1	0.5				0.1	0.5	1.3	2.3	3.3	4.3	5.2	5.9	6.0	6.0	6.0	6.0
	0.01	0.1					0.2	0.7	1.6	2.6	3.6	4.5	5.2	5.4	5.4	5.4	5.4
Tren	0.1	0.1								0.7	2.3	4.1	4.7	4.8	4.8	4.8
Acac	0.1	0.1							0.3	1.3	2.9	4.2	4.6	4.6	4.6	4.6	4.6
En	0.1	0.1								0.1	1.0	2.2	2.8	3.1	3.2*	3.5*
C₂O₄²⁻	0.1	0.5					0.2	0.6	1.8	2.2	2.2	2.2	2.2	2.2	2.2	2.6*	3.4*
Cit	0.1	0.5						0.1	0.7	1.5	2.1	2.4	2.4	2.4	2.4	2.4	2.7*	3.4*
Ni																	
OH⁻		0.1											0.1	0.7	1.6	
CN⁻	0.1	0.1				2.5	6.5	10.5	14.5	18.5	22.5	25.7	26.9	27.3	27.3	27.3	27.3
邻菲罗啉	0.01	0.1	3.4	6.3	9.3	12.3	15.3	17.4	18.3	18.3	18.3	18.3	18.3	18.3	18.3	18.3	18.3
DTPA	0.01	0.1		0.1	2.9	5.8	7.9	9.4	10.7	12.7	14.6	16.2	17.3	17.9	18.0	18.0	18.0
Trien	0.1	0.1					0.3	2.3	4.9	7.5	10.8	14.2	16.6	17.4	17.4	17.4	17.4
EDTA	0.1	0.5	0.1	2.4	5.1	7.1	9.0	10.9	12.6	14.0	15.0	16.0	16.8	17.0	17.1	17.1	17.1
	0.01	0.1		1.5	4.2	6.3	8.1	10.0	11.8	13.2	14.3	15.3	16.1	16.5	16.6	16.6	16.6
Den	0.1	0.1					0.5	2.8	6.5	10.5	14.1	16.3	16.9	16.9	16.9	16.9	16.9

续表

金属和配位体[①]	浓度,c /(mol/L)	离子强度,I /(mol/kg)	\<pH值\> 0	1	2	3	4	5	6	7	8	9	10	11	12	13	14
Tetren	0.1	0.1					0.3	3.8	7.1	10.1	12.9	15.2	16.2	16.6	16.6	16.6	16.6
Ni																	
吡啶羧酸	0.1	0.1	0.6	2.2	4.5	7.3	10.3	12.7	13.9	14.2	14.2	14.2	14.2	14.2	14.2	14.2	14.2
Tren	0.1	0.1					0.4	3.1	6.0	9.0	11.6	13.1	13.7	13.8	13.8	13.8	13.8
NTA	0.1	0.5			1.4	3.1	4.2	5.2	6.5	8.2	10.2	12.0	13.4	13.6	13.6	13.6	13.6
NTA	0.01	0.1			0.7	2.4	3.5	4.5	5.5	6.7	8.3	10.0	11.4	11.8	11.8	11.8	11.8
Cit	0.1	0.5			0.2	0.5	1.7	2.9	3.6	4.4	5.3	6.3	7.3	8.3	9.3	10.3	11.3
EGTA	0.01	0.1				0.5	1.5	2.5	3.8	5.5	7.5	9.1	9.9	10.0	10.0	10.0	10.0
TEA	0.1	0.1							0.3	0.9	1.6	2.2	3.0	4.0	5.1	6.7	9.0
Acac	0.1	0.1					0.2	0.9	2.3	4.3	6.4	8.4	8.9	8.9	8.9	8.9	8.9
NH₃	1	0.1							0.1	0.6	2.8	6.3	8.3	8.8	8.8	8.8	8.8
NH₃	0.1	0.1								0.1	0.6	2.5	3.8	4.5	4.5	4.5	4.5
NH₃	0.01	0.1									0.1	0.5	1.3	1.8			
SSal	0.1	0.1							0.2	0.8	1.8	3.2	5.0	6.8	8.0	8.0	8.0
$C_2O_4^{2-}$	0.1	1		0.2	1.6	3.3	4.9	5.7	5.7	5.7	5.7	5.7	5.7	5.7	5.7	5.7	5.7
Ac^-	0.1	1							0.1	0.2	0.2	0.2	0.3	0.7	1.6		
Pb																	
OH^-		0.1								0.1	0.5	1.4	2.7	4.7	7.4	10.4	13.4
CDTA	0.01	0.1		0.1	2.6	5.2	7.6	9.7	11.5	12.8	13.9	14.9	15.9	16.8	17.5	17.7	17.7
TEA	0.1	0.1									3.0	4.5	7.0	10.0	13.9	17.5	
DTPA	0.01	0.1				0.8	3.6	5.8	7.6	9.6	11.6	13.5	15.1	16.2	16.8	16.9	16.9
EDTA	0.1	0.5			1.4	4.2	6.3	8.2	10.2	12.0	12.4	14.4	15.4	16.2	16.4	16.5	16.5
EDTA	0.01	0.1			0.6	3.3	5.5	7.4	9.4	11.2	12.6	13.7	14.7	15.5	15.9	16.0	16.0
EGTA	0.01	0.1				0.5	1.8	3.0	4.6	6.5	8.5	10.1	10.9	11.0	11.0	11.1*	13.4*
NTA	0.1	0.5		0.1	1.9	3.6	4.7	5.7	6.7	7.7	8.7	9.6	10.3	10.4	10.4	10.7*	13.4*
NTA	0.01	0.1			1.1	3.9	4.0	5.0	6.0	7.0	8.0	8.9	9.6	9.8	9.8	10.5*	13.4*
Cit	0.1	0.5			1.0	2.6	3.7	4.2	4.2	4.2	4.2	4.5	5.3	6.3	7.7*	10.4*	13.4*
吡啶羧酸	0.1	0.1				0.5	1.6	3.3	4.9	5.7	5.9	5.9	5.9	5.9	7.4*	10.4*	13.4*
Tart	0.1	0.5				0.2	1.4	2.4	2.8	2.8	2.8	2.8	3.0	4.7*	7.4*	10.4*	13.4*
Ac^-	0.1	0.5				0.1	0.6	1.2	1.5	1.5	1.5	1.8*	2.7*	4.7*	7.4*	10.4*	13.4*
Sc																	
OH^-		1					0.1	0.6	2.2	4.2	6.2	8.2	10.2	12.2	14.2	16.2	18.2
Sr																	

续表

金属和配位体①	浓度,c/(mol/L)	离子强度,I/(mol/kg)	0	1	2	3	4	5	6	7	8	9	10	11	12	13	14
OH⁻		0.1														0.1	0.6
Sr																	
DTPA	0.01	0.1							0.6	2.4	4.3	5.9	7.0	7.6	7.7	7.7	7.7
EDTA	0.1	0.5					0.1	1.0	2.6	4.0	5.0	6.0	6.8	7.0	7.1	7.1	7.1
EDTA	0.01	0.1						0.3	1.8	3.2	4.3	5.2	6.1	6.5	6.6	6.6	6.6
EGTA	0.01	0.1							0.4	2.1	4.1	5.7	6.4	6.5	6.5	6.5	6.5
NTA	0.1	0.5							0.3	1.0	1.9	2.8	3.5	3.6	3.6	3.6	3.6
NTA	0.01	0.1							0.1	0.4	1.2	2.1	2.8	3.0	3.0	3.0	3.0
Cit	0.1	0.5					0.1	0.9	1.5	1.8	1.8	1.8	1.8	1.8	1.8	1.8	1.8
Tart	0.1	0.5					0.3	0.5	0.5	0.5	0.5	0.5	0.5	0.5	0.5	0.5	0.6*
Th																	
OH⁻		1					0.2	0.8	1.7	2.7	3.7	4.7	5.7	6.7	7.7	8.7	9.7
EDTA	0.1	0.5	0.5	4.3	8.0	10.8	13.0	15.0	16.7	18.5	20.2	22.2	24.0	25.2	26.3	27.3	28.3
EDTA	0.01	0.1	0.2	3.8	7.5	10.4	12.6	14.6	16.4	18.1	19.9	21.8	23.7	25.1	26.2	27.2	28.2
$C_2O_4^{2-}$	0.1	0.5	0.1	6.5	12.1	15.7	18.5	19.7	19.7	19.7	19.7	19.7	19.7	19.7	19.7	19.7	19.7
Acac	0.01	0.1			0.1	0.7	1.9	3.7	6.2	9.9	13.5	16.3	17.1	17.1	17.1	17.1	17.1
F⁻	0.1	0.5	6.0	8.9	11.7	14.1	14.9	15.0	15.0	15.0	15.0	15.0	15.0	15.0	15.0	15.0	15.0
Zn																	
OH⁻		0.1										0.2	2.4	5.4	8.5	11.8	15.5
CDTA	0.01	0.1			1.6	4.2	6.6	8.7	10.5	11.8	12.9	13.9	14.9	15.8	16.5	16.7	16.7
DTPA	0.01	0.1			1.0	3.8	5.9	7.4	8.9	10.7	12.6	14.2	15.3	15.9	16.0	16.0	16.1*
EDTA	0.1	0.5		0.3	2.8	4.9	6.8	8.8	10.5	11.9	12.9	13.9	14.7	14.9	15.0	15.0	15.6*
EDTA	0.01	0.1		0.1	1.9	4.0	6.0	7.9	9.7	11.1	12.2	13.2	14.0	14.4	14.5	14.5	15.5*
Tetren	0.1	0.1						1.6	4.9	7.9	10.7	13.0	14.0	14.4	14.4	14.4	15.5*
Tren	0.1	0.1						0.3	3.0	6.0	8.9	11.5	13.0	13.6	13.7	13.7	15.5*
CN⁻	0.1	0.1							0.1	3.5	7.5	10.7	12.3	12.7	12.7	12.8*	15.5*
Den	0.1	0.1							0.8	2.8	6.1	9.7	11.9	12.5	12.5	12.6*	15.5*
Trien	0.1	0.1						0.6	3.1	5.6	7.8	9.6	10.8	11.1	11.1	11.9*	15.5*
EGTA	0.01	0.1					0.5	2.4	4.4	6.4	8.4	10.0	10.7	10.8	10.8	11.9*	15.5*
NTA	0.1	0.5			0.7	2.3	3.4	4.4	5.4	6.4	7.4	8.3	9.0	9.1	9.2	11.8*	15.5*
NTA	0.01	0.1			0.2	1.6	2.7	3.7	4.7	5.7	6.7	7.6	8.3	8.5	8.8*	11.8*	15.5*
吡啶羧酸	0.1	0.1		0.3	1.3	3.3	6.0	8.4	9.6	9.9	9.9	9.9	9.9	9.9	9.9	11.8*	15.5*

续表

金属和配位体①	浓度,c /(mol/L)	离子强度,I /(mol/kg)	pH值 0	1	2	3	4	5	6	7	8	9	10	11	12	13	14
Cit	0.1	0.5				0.3	1.4	2.6	3.2	3.5	3.8	4.4	5.4	6.4	8.5*	11.8*	15.5*
Zn																	
NH₃	1	0.1								0.4	3.6	7.1*	8.7	9.1	9.2*	11.8*	15.5*
	0.1	0.1									0.4	3.2	4.7	5.6	8.5*	11.8*	15.5*
Acac	0.01	0.1							0.2	1.1	2.5	3.8	4.2	5.4	8.5*	11.8*	15.5*
En	0.01	0.1							0.2	0.8	2.3	4.2	5.7	6.3	8.5*	11.8*	15.5*
C₂O₄²⁻	0.1	0.5	0.1	0.6	1.2	2.1	3.4	4.0	4.0	4.0	4.0	4.0	4.0	5.4*	8.5*	11.8*	15.5*
Tart	0.1	0.5			0.2	1.4	2.4	2.8	2.8	2.8	2.8	2.8	2.8*	5.4*	8.5*	11.8*	15.5*
Ac⁻	0.1	0.1					0.1	0.5	0.6	0.6	0.6	0.7*	2.4*	5.4*	8.5*	11.8*	15.5*

① 表中配位体符号：Acac—乙酰丙酮；En—乙二胺；Tart—酒石酸；Cit—柠檬酸；Ac⁻—乙酸；EDTA—乙二胺四乙酸；CDTA—1,2-环己二胺四乙酸；DTPA—二乙三胺五乙酸；EGTA—乙二醇双（2-氨基乙醚）四乙酸；NTA—氨三乙酸；Den—二乙三胺；Trien—三乙四胺；Tetren—四乙五胺；Tren—三氨基三乙胺；TEA—三乙醇胺；Sal—水杨酸；SSal—磺基水杨酸；配位体上的电荷略去（除用分子式表示的外）。数值中上角带"*"者说明在这个 pH 值范围，$a_{M(OH)}$ 超过了 $a_{M(L)}$。

第八节　分析化学数据信息源及其查询方法

除了一些研究刊物会出现研究数据，一些常规性的、相对精确的数据会被摘录于各种手册、特殊的网站供研究者查阅。以下列出分析化学工作经常需要查询的一些印刷资料和电子资源。

一、数据类刊物

1. 物理与化学参考数据（Journal of Physical and Chemical Reference Data）

该杂志由美国国家标准与技术研究院、美国物理研究所共同出版（季刊），包括化学、物理和材料科学等方面的一些引用数据，可以下载打印和在互联网上浏览。

网址：http://ojps. aip. org/jpcrd/或 http://www. journalrate. com/journal. php? show = 120932。

2. 化学与工程数据（Journal of Chemical and Engineering Data）

该杂志由美国化学学会出版（双月刊），主要发表一些严格控制实验条件的测量数据。数据的侧重点是热化学和热物理性质。有时也发表一些带有评论性的文章。

网址：http://pubs. acs. org/journals/jceaax/index. html。

3. 化学热力学（Journal of Chemical Thermodynamics）

该杂志由 Elsevier 出版，主要报道包括量热学、相平衡、平衡热力学及传递性质等实验热力学和热物理方面最新的高度精确的测量技术及成果。

网址：http://www. sciencedirect. com/science/journal/00219614。

4. 原子数据和核数据表（Atomic Data and Nuclear Data Tables）

该杂志由 Elsevier 出版（双月刊），主要提供一些有关原子物理、核物理和其他相关领域的实验与理论数据。

网址：http://www. sciencedirect. com/science/journal/0092640X。

5. 相平衡和扩散（Journal of Phase Equilibria and Diffusion）

该杂志由美国材料信息学会（原美国金属学会）（ASM International，American Society for Metals）出版（双月刊），介绍相图及有关合金方面的数据。该杂志一直延续原美国金属学会定期通报的合金相图。

网址：http://www.asminternational.org/。

二、数据中心

以下所列为一些在特定科学领域范围内可提供数据的部分重要机构。

1. 美国国家标准与技术研究院（National Institute of Standards and Technology，NIST）

NIST 是美国商务部的一个机构。在 NIST 内有标准参考数据程序，在化学、物理学和材料科学等领域有相应的数据中心，内容涵盖热力学、流体性质、化学动力学、质谱、原子光谱、基本物理常数、陶瓷和晶体学等。地址：office of standard reference data，national institute of standards and technology，Gaithersburg，MD 20899。

网址：http://www.nist.gov/srd/。

2. 美国热力学研究中心（Thermodynamics Research Center，TRC）。

TRC 现位于美国国家标准与技术研究院，TRS 维护着一个内容较广的存档数据，其涉及有机化合物、混合物的热力学、热化学和热传输等性质。提供的数据分纸质和电子版两种。地址：Mail code 838.00，325 broadway，Boulder，CO 80305-3328。

网址：http://www.trc.nist.gov/。

3. 美国物理性质数据设计研究院（Design Institute for Physical Property Data，DIPPR）

DIPPR 由美国化学工程协会（http://www.aiche.org/dippr/）赞助。DIPPR 提供工业上重要的化合物数据，其最大的项目是纯化合物的物理、热力学以及运动性质。地址：Brigham Young University，Provo，UT 84602。

网址：http://dippr.byu.edu。

4. 德国多特蒙德数据库（Dortmund Data Bank）

多特蒙德数据库内容非常广泛，包括了工业上纯化合物、混合物的热力学数据，并且这些数据还可以通过国际权威化工数据库 DECHEMA、FIZ CHEMIE 和其他类似数据库查阅。一个简化的数据库系统现在还被用于教育。地址：DDBST GmbH，Industrie str.1，26121 Oldenburg，Germany。

网址：http://www.ddbst.de。

5. 英国剑桥晶体数据中心（Cambridge Crystallographic Data Centre，CCDC）

CCDC 拥有超过 430000 种有机化合物的结构数据库。地址：12 Union Rd.，Cambridge CB2 1EZ，U. K.。

网址：http://www.ccdc.cam.ac.uk。

6. 德国卡尔斯鲁厄专业情报中心（FIZ Karlsruhe，ICSD）

ICSD 是德国和欧洲科技信息管理和服务领域的先驱，主要业务集中于在科学和工业内进行信息传输和知识管理。除了许多数目数据库外，ICSD 还和国家标准与技术研究院（美国）合作，维护着无机晶体结构数据库。ICSD 拥有超过 50000 种无机混合物的晶体数据。地址：Fachinformationszentrum（FIZ）Karlsruhe，Hermann-von-Helmholtz-Platz 1，D-76344 Eggenstein-Leopoldshafen，Germany。

网址：http://www.fiz-karlsruhe.de。

7. 美国衍射数据国际中心（International Centre for Diffraction Data，ICDD）

ICDD 有超过 500000 种 X 射线粉末衍射模型，这些模型可用于晶体材料的表征。ICDD 也被美国国家标准与技术研究院（NIST）引用，内有超过 235000 种无机、有机、金属和矿物晶体材料的晶格参数。地址：12 Campus Blvd.，Newton Square，PA 19073-3273。

网址：http://www.icdd.com。

8. 法国原子量数据中心（Atomic Mass Data Center，AMDC）

AMDC 收集、评价高精度的同位素原子量数据，并建立了一个比较全面的数据库。地址：C. S. N. S. M（IN2P3-CNRS），Batiment 108，F-91405 Orsay Campus，France。

网址：http://www.nndc.bnl.gov/amdc。

9. 国际纯粹与应用化学联合会（International Union of Pure and Applied Chemistry，IUPAC）

地址：PO Box 13757，Research Triangle Park，NC 27709-3757（网址：http://www.iupac.org）。

IUPAC 在化学命名、符号、测量标准、原子量和一些精密数据方面是世界公认的权威，拥有一系列长期建立起来的数据类别，包括下述四种数据系列。

① 溶解度数据（Solubility Data Project）——对所有类型的溶解度数据进行评估，然后正式发表其对各种溶解度的评价结果。目前，这些数据发表在《物理和化学参考数据》（The Journal of Physical and Chemical Reference Data）。该刊由美国物理联合会代表美国标准与技术研究院出版（季刊），每天都有新的内容在线出版。该刊的权威性在于针对原始来源和评估标准提供精密评估的物理和化学数据，全部备有证明材料。

网址：http://www.iupac.org/divisions/V/cp5.html。

② 有关大气化学的动力学数据（Kinetic Data for Atmospheric Chemistry）——在大气化学领域内维护着一个有关化学反应动力学的较全面的数据库。

网址：http://iupac.pole-ether.fr/。

③ 国际流体状态的热力学数据表（International Thermodynamic Tables for the Fluid State）——工业上重要的流体热力学性质已经清晰并由 IUPAC 发表。

网址：http://www.iupac.org/publications/books/seriestitles/。

④ 稳定常数数据库（Stability Constants Database）——该数据库收集了金属配合物和相关查询软件。

网址：www.acadsoft.co.uk。

10. 贝尔斯坦数据库（Beilstein database）

贝尔斯坦数据库是重要的化学数据库之一，以有机化学资料见长，也是世界上最大的关于有机化学事实的数据库，数据来源于 175 种期刊。

数据库的前身是俄国人弗里德里希·贝尔斯坦于 1881 年创办的《贝尔斯坦有机化学手册》。2007 年开始，由 Elsevier 出版集团下属的位于德国法兰克福的 Elsevier Information System GmbH 负责维护，随后 Elsevier 将其与盖墨林数据库整合入 Reaxys。它分为贝尔斯坦文摘数据库和贝尔斯坦有机化学结构及数据两部分，涵盖自 1771 年起的超过两百万条化学相关文献，已收录有一千万余种物质和一千万余条化学反应。

作为最基本的化学文献数据库，贝尔斯坦数据库能帮助有机化学研究人员形成新思路、设计合成路径（包括起始原料和中间体）、确定生物活性和物理性质、了解外界环境对化合物的影响，等等。主要数据的索引分为三部分：化学物质部分收集了结构信息及相关的事实和参考文献，包括化学、物理和生物活性数据；反应部分提供化学物质制备的详细资料，帮助研究人员用反应式检索特定的反应路径；文献部分包括引用、文献标题和文摘。化学物质部分和反应部分的条目与文献部分有超链接。贝尔斯坦数据库采用贝尔斯坦登记号对化学物质进行标识，用户亦可使用 CAS 号进行检索。数据库中超过一千万的有机化合物的物理化学性质都经过实际测量验证，并附有资料来源。可通过 CrossFire Commander 访问。

三、主要的手册、丛书

1. 化学数据丛书（DECHEMA Chemical Data Series）

德国化学工程及生物技术协会（DECHEMA）拥有世界上数据量最大、应用最广泛和最权威的化工数据库，相应地还配备了多个工具软件。DECHEMA 在 20 世纪 70 年代以出版《化学数据丛书》而扬名化学工程界，该丛书共计 16 卷 69 册，主要搜集了气液平衡、液液平衡、固液平衡、临界性质、活度系数、混合物导热系数及黏度、电介质相平衡及相图、聚合物溶液数据和大分子化合物溶解度及相关性质等。其数据量之大、数据的准确性和权威性以及应用广泛性，为世人所公认。

在 DECHEMA 数据库中，数据量最大、用户最多的为 DETHERM，DETHERM 收纳了 6590000 套各种数据库，其中包括 14 万个系统 29600 个纯物质、110300 个混合物的相关数据。

网址：http：//www. dechema. de。

2. 无机物质的常数（Constants of Inorganic Substances）

这本书对超过 3000 种无机化合物给出了其物理常数、热力学数据、溶解性、反应性和其他信息。由于带有严重的俄罗斯文化，书中大量的数据没有能进入大多数美国手册（R. A. Lidin，L. L. Andreeva and V. A. Molochko，Begell House，New York，1995）。

3. 化学与物理手册（CRC Handbook of Chemistry and Physics）

CRC 化学与物理手册是 CRC Press 的标志性产品，是最广为人知和最广泛认可的化学参考书，目前已经是第 95 版（2014～2015 年）。它提供最为准确、可靠和最新的化学物理数据，一直是全世界化学家、物理学家和工程师们不可替代的工具书。除了配合物稳定常数没找到以外，其他的数据都很全，这些数据既可以光盘形式获取（http：//www. crcpress. com/），也可以在网上查询（http：//www. hbcpnethase. com/）。

4. 兰氏化学手册（Lange's Handbook of Chemistry）

此手册包含的数据较广，目前已经是第 16 版（2005 年）。在网页上可以查询（James G. Speight，ed. ，McGraw-Hill，New York，2005）。网址：http：//www. knovel. com。

四、有关化学与物理性质的重要网站

表 1-86 所列的大多数网站可直接查询物理与化学性质的数据。表内还包括一些可以链接到不同性质数据库或得到物理与化学性质数据电子源的门户网站。也列了一些查询相关物质分子式、同义词等的化学网站。

表 1-86　化学与物理性质的相关网站

网站名称	网　址	说　明
缩写词和符号	www3. interscience. wiley. com/stasa/	用于标识化学物质缩写
合金中心	products. asminternational. org/alloy-center/	合金的物理、电子、热力学和机械性能
原子量数据中心	www. nndc. bnl. gov/amdc	查询各元素原子量
贝尔斯坦数据库	www. mdl. com/products/knowledge/ crossfire _ beilstein. com	见"二、数据中心"的"10. 贝尔斯坦数据库"
化合物基本性质数据库	www. chemfinder. com	通过该主页可以按化合物的分子式、英文名称、CAS 登录号和化学结构进行查询

续表

网站名称	网 址	说 明
化学缩写数据库	www. oscar. chem. indiana. edu/cfdocs/libchem/acronyms/acronymsearch. html	用于关联化学名称和缩写
化学信息源-物理性质信息	cheminfo. informatics. indiana. edu/cicc/cis/index. php/Physical _ Property _ Information	广泛的化学数据电子源清单
化合物别名、结构式字典库	http://chem. sis. nlm. nih. gov/chemidplus/setupenv. html	化学物质的字典（免费）
化合物别名库	www. etcentre. org/cgi-win/chemsynspill _ e. exe? Path＝ \ Website \ river \	查询符合 IUPAC 标准的数据
化学工具数据库	www. chemnetbase. com	大量交互式工具，支持使用各种标准的全面检索（CRC Press）
化学虚拟社区	www. chemweb. com/content/databases	世界著名的化学网站
国际科技数据委员会	www. codata. org/resources/databases/index. html	全球最大的科技数据国际学术组织，提供热力学标准数据和基本常数（免费）
化学物理手册	www. hbcpnetbase. com	CRC 手册
兰氏化学手册	www. knovel. com	http://www. knovel. com
热物理数据库	www. fiz-chemie. de/infotherm/servlet/infothermsearch	查询化合物和混合物的物理、热力学性质数据
IUPAC 命名规则	www. chem. qmul. ac. uk/iupac/	有机和生物化学命名网站
美国国家毒理学规划处	ntp-server. niehs. nih. gov	有关化学健康和安全的数据
国家医学图书馆	gateway. nlm. nih. gov/gw/Cmd	隶属于美国国立卫生研究院（NIH）的国家医学图书馆数据库
物理性质信息	cheminfo. informatics. indiana. edu/cicc/cis/index. php/Physical _ Property _ Information	印第安纳大学的数据源列表
西格玛奥德里奇公司	www. sigmaaldrich. com/	包括一些物理性质数据在内的化学试剂目录
科技信息网	stneasy. cas. org	化学目录（访问化学文摘数据库）
美国毒理学数据网	toxnet. nlm. nih. gov	毒理学数据和其他危险化学品门户网站
Wiley InterScience 数据库	www3. interscience. wiley. com/reference. html	包含化学技术在内的百科全书

五、其他国内外化学化工网站简介

① 美国化学会（http://www. acs. org）。美国化学会二级分会和三级分会设置及代码（http://www. chemcenter. org）：Analytical Chemistry（分析化学 502）、Chromatography & Separation Chemistry（色谱与分离化学 G02）、Chemical Information（化学信息 507）。

② 英国皇家化学会 RSC（http://www. rsc. org）及其 ChemSoc（http://www. chemsoc. org）。

③ 美国国家科学基金会（National Science Fundation）（http://www. nsf. gov）。

④ 美国科学促进会（American Association for the Advancement of Science）（http://www. aaas. org）。

⑤ 美国专利和商标局（United States Patent and trademark office）（http：//www. uspto. gov）。

⑥ 美国化学工程师协会（AIChE）（http：//www. aiche. org）。

⑦ 美国化学文摘社（CAS）（http：//www. cas. org）。

⑧ 亚洲化学联合会（FACS）（http：//ozchemnet. adfa. oz. au/FACS）。

⑨ 溶剂数据库（SOLV-DB）（http：//solvdb. ncms. org/welcome. htm）。

⑩ 化学和国际互联网（http：//www. chemint. org）。

⑪ 日本科技信息中心（JICST）（http：//www. jicst. go. jp/）。

⑫ 日本北海道大学化学部（http：//barato. sci. hokudai. ac. jp/english/）。

⑬ 中国科学院（http：//www. cas. ac. cn/cas. html）。

⑭ 中国工程院（http：//www. cae. ac. cn/）。

⑮ 中国化学会（http：//www. ccs. ac. cn）。

⑯ 化学信息门户（http：//chin. csdl. ac. cn/）中国国家科学数字图书馆。

⑰ 中国化学化工信息资源（http：//chin. icm. ac. cn，http：//www. chinweb. com. cn）已经被公认为是国内较有影响的 Internet 化学化工资源导航站点，链接了 100 多个免费化学数据库。

⑱ 中国化工网（http：//www. chemnet. com. cn）。

⑲ 北京大学化学信息中心（http：//pcic. chem. pku. edu. cn/）。

⑳ Science Daily（http：//www. sciencedaily. com）。

㉑ 北京理化分析测试中心（http：//www. beijinglab. com. cn）。

㉒ 分析仪器（http：//analyser. yeah. net），分析仪器、技术、应用，分析热站、资料，软件等。

㉓ 化学村（ChemiVillage）（http：//www. chemivillage. com）。

㉔ 化学导航（http：//wwchina. edu. chinaren. com），网络化学资源的导航系统。

㉕ 化学化工天地（http：//chemworld. yeah. net）。

㉖ 化学基地（Chemistry Shack）（http：//www. zhengxing. com. cn/tuotuo/chemistry-online/index. html），包括趣味化学、化学生活、化学家故事、化学学习指导、化学动态、元素周期表以及化学游戏、化学笑话。

㉗ 化学教师手记（http：//grwy. online. ha. cn/quant），包括中学化学教学、化学史、实验等信息。

㉘ 化学俱乐部（http：//chemclub. 3322. net）。

㉙ 化学天地（http：//chemfield. 126. com），提供化学方面的信息和大量精选网址。

㉚ 化学与软件（Chemistry&Software）（http：//chemsoft. yeah. net），介绍下载化学应用及教育软件、环球化学资源。

㉛ 台湾科技信息中心（STIC）（http：//www. stic. gov. tw/）。

㉜ 台湾交通大学应用化学系（http：//www. ac. nctu. edu. tw），有相关化学资讯网站链接。

㉝ 捷径化学（http：//202. 38. 64. 10/～ginger/speedchem/index. html），提供便捷的文献检索，化合物、谱图查询，网站查询，化学资源导航等服务。

㉞ 生化分离分析课题组（http：//www. biochem. dicp. ac. cn）。

㉟ 网络化学网站（http：//netchemist. top263. net），利用网络传播化学知识、发掘化学化工资源以及提供化学品市场调研信息。

　　㊱　化学软件　（ http://www. acdlabs. com/、 http：//www-01. ibm. com/software/analytics/spss/），研究网络和软件在化学中的应用，包括化学软件下载、化学教育研究、化学信息中心、化学科研成果、化学文摘。

　　㊲　化学天地（http：//personal. stc. sh. cn/yuan/yaohua. htm）。

　　㊳　中学生的化学俱乐部（http：//chemclub. 3322. net/）。

　　㊴　化学教师资源（http：//rampages. onramp. net/～jaldr/chemtchr. html）。

　　㊵　化学类电子期刊（http：//www. library. ucsb. edu/ejournals）。

　　㊶　物竞化学品数据库（http：//www. basechem. org/）。

　　说明：上述涉及的网页、网址有可能变化，查询时要注意调整。

参 考 文 献

[1] Marsh K N, Ed. Recommended reference materials for the realization of physicochemical properties. Oxford：Blackwell Scientific Publications，1987.

[2] Lemmon E W, McLinden M O, Friend D G. "Thermophysical Properties of Fluid Systems" in NIST Chemistry WebBook, NIST Standard Reference Database Number 69. Linstrom P J, Mallard W G. Eds. June 2005，National Institute of Standards and Technology, Gaithersburg MD, 20899 http://webbook. nist. gov.

[3] Wagner W, Pruss A. The IAPWS formulation 1995 for the thermodynamic properties of ordinary water substance for general and scientific use. J Phys Chem Ref，2002，Data 31：387-535.

[4] Saul A，Wagner W. A fundamental equation for water covering the range from the melting line to 1273 K at pressures up to 25000 MPa. J Phys Chem Ref, 1989, Data 18：1537-1564.

[5] GB 3100～3102－93.

[6] National Bureau of stands. Tech News Bull. 1971.

[7] National Bureav of Standard (USA). Policy for NBS Usage of SI Units. J Chem Educ, 1971, 48：569.

[8] 李慎安. 常用计量单位词典. 北京：计量出版社，1984.

[9] 孙丕均译，张炎长，杨政. 实验室法定计量单位实用手册. 北京：中国标准出版社，1992.

[10] 张铁垣. 分析化学中的量和单位. 北京：中国标准出版社，1995.

[11] Pure Appl Chem，1992，64（10）：1519.

[12] Václav Šedivec，Jan Flek. 有机溶剂分析手册. 吴贤微，李世琪，牛荣珍译. 北京：化学工业出版社，1984.

[13] Haar L, Gallagher J S, Kell G S. NBSINRC Steam Tables. New York：Hemisphere Publishing Crop, 1984.

第二章　分析化学基础知识

第一节　纯水的制备与检定

纯水是化学实验中最常用的纯净溶剂和洗涤剂,根据实验的任务和要求的不同,对水的要求也有所不同。有机合成后器皿的洗涤可直接用自来水,普通的无机合成及一般的分析实验可用蒸馏水,离子选择性电极法、配位滴定法和银量法等实验需用去离子水或纯度更高的水,超纯分析或超微量分析中,则进一步净化处理后的超纯水方可使用。分析实验室用水的级别和主要技术指标见表 2-1。

表 2-1　**分析实验室用水的级别和主要技术指标** (GB/T 6682—2008)

指标名称	一 级	二 级	三 级
pH 值范围(25℃)	—	—	5.0～7.5
电导率(25℃)/(mS/m)	≤0.01	≤0.10	≤0.50
电阻率/MΩ·cm	10	1	0.2
可氧化物质(以 O 计)/(mg/L)	—	<0.08	<0.4
蒸发残渣[(105±2)℃]/(mg/L)	—	≤1.0	≤2.0
吸光度(254nm,1cm 光程)	≤0.001	≤0.01	
可溶性硅(以 SiO$_2$计)/(mg/L)	<0.01	<0.02	

一、分析用纯水的制备

(一)蒸馏法
普通分析用工业提供的一次蒸馏水即可。

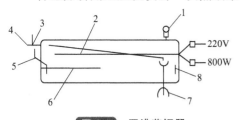

图 2-1　**亚沸蒸馏器**
1—清洗口;2—电炉丝;3,4—冷却水进出口;
5—加液口;6—温度计夹套;7—馏出液接口;
8—溢流口

实验室中制取蒸馏水多用内阻加热蒸馏设备或硬质玻璃蒸馏器。制取高纯水则需用银质、金质、石英或聚四氟乙烯蒸馏器。如图 2-1 所示石英亚沸蒸馏器特别适合于制备高纯水。其特点是在液面上方加热,使液面始终处于亚沸状态,可将水蒸气带出的杂质减至最低。该装置还适用于制备高纯酸(如 HCl、HNO$_3$等)和氨水。

制备蒸馏水时,最初蒸馏出的约 200ml 水弃去,蒸至剩下 1/4 原体积的水时停止蒸馏,只收集中间的馏分。蒸馏一次的水为普通蒸馏水,用来洗涤一般的玻璃仪器和配制普通实验溶液;蒸馏二次或三次的称为二次或三次蒸馏水,用于要求较高的实验。但是,实践表明,太多次地重复蒸馏无助于水质的进一步提高。这是因为水质会受到低沸点杂质、空气中的 CO$_2$、器皿的溶解性等诸多因素的影响。

事实上,绝对纯的水是不存在的。水的价格也随水质的提高成倍地增长,不应盲目地追求水的纯度。在实验工作中,往往根据实际工作的需要,制备一些特殊要求的纯水。例如在进行二次蒸馏时，加入适当的试剂可抑制某些杂质的挥发。如加入甘露醇可抑制硼的挥发，加入碱性高锰酸钾可破坏有机物和抑制 CO_2 逸出。下面介绍几种特殊要求的纯水的制备方法。

（1）pH≈7 的高纯水　在第一次蒸馏时，加入 NaOH 和 $KMnO_4$，第二次蒸馏加入磷酸（除 NH_3），第三次用石英蒸馏器蒸馏（除去痕量碱金属杂质）。在整个蒸馏过程中，要避免水与大气直接接触。

（2）不含金属离子的纯水　在 1L 蒸馏水中加 2ml 浓硫酸，然后在硬质玻璃蒸馏器中蒸馏。为消除"暴沸"现象，在蒸馏瓶中放几粒玻璃珠或几根毛细管。这样制得的纯水含有少量硫酸，可用于金属离子的测定。但对痕量分析来说，这种水仍不能满足要求，可用亚沸蒸馏水。

（3）不含二氧化碳的纯水　将蒸馏水置于蒸馏瓶中直接加热半小时即可。制得的水要储存在装有碱石灰干燥管的瓶内。这种水适于配制 pH 试液、标准缓冲溶液或标准酸等。

（4）不含有机物的纯水　在普通蒸馏水中加入少量碱性高锰酸钾或奈氏试剂，在硬质玻璃蒸馏器中蒸馏。电导率 $0.8\times10^{-4}\sim1.0\times10^{-4}$ S/m。

（5）不含氯的纯水　将普通蒸馏水在硬质玻璃蒸馏器中先煮沸再蒸馏，收集中间馏分。

（6）不含氧的纯水　将蒸馏水在平底烧瓶中煮沸 12h，随即通过玻璃磨口导管与盛有焦性五倍子酸的碱性溶液吸收瓶连接起来，冷却后使用。

（7）不含酚、亚硝酸和碘的水　在蒸馏水中加入氢氧化钠，使呈碱性，再用硬质玻璃蒸馏器蒸馏。不含酚的水也可用活性炭制备，在 1L 水中加 $10\sim20$mg 活性炭，充分振荡后，用三层定性滤纸过滤两次，除去活性炭。

（二）离子交换法

用离子交换法制备的纯水称为去离子水。它利用阴、阳离子交换树脂上的 OH^- 和 H^+ 可分别与溶液中其他阴、阳离子交换的能力制备高纯水。其交换反应如下：

通过强酸性阳离子交换树脂时：

$$R\begin{array}{c}SO_3^-H^+\\\\SO_3^-H^+\end{array}+M^{2+}\longrightarrow R\begin{array}{c}SO_3^-\\M^{2+}\\SO_3^-\end{array}+2H^+$$

$$R\begin{array}{c}SO_3^-H^+\\\\SO_3^-H^+\end{array}+M^+\longrightarrow R\begin{array}{c}SO_3^-M^+\\\\SO_3^-H^+\end{array}+H^+$$

通过强碱性阴离子交换树脂时：

$$R\begin{array}{c}N^+OH^-\\\\N^+OH^-\end{array}+A^{2-}\longrightarrow R\begin{array}{c}N^+\\A^{2-}\\N^+\end{array}+2OH^-$$

$$R\begin{array}{c}N^+OH^-\\\\N^+OH^-\end{array}+A^-\longrightarrow R\begin{array}{c}N^+A^-\\\\N^+OH^-\end{array}+OH^-$$

两次交换生成的等物质的量的 H^+ 和 OH^- 结合成水：

$$H^+ + OH^- \longrightarrow H_2O$$

这样就把水中的杂质离子交换掉，达到纯化水的目的。用此法能制取高纯度的水。

采用此法的优点是制备的水量大、成本低、除去离子的能力强；缺点是设备及操作较复杂，不能除去非电解质（如有机物）杂质，而且尚有微量树脂溶在水中。目前在实验室、工厂都广泛应用此法。市场上有小型的"离子交换纯水器"出售，可供实验室使用。现将其方法简介如下。

1. 树脂的选择及装柱

用离子交换法制取纯水有两种离子交换树脂：一种是阳离子交换树脂，一般采用强酸性阳离子交换树脂，如上海树脂厂的 732 型；另一种是阴离子交换树脂，一般采用强碱性阴离子交换树脂，如上海树脂厂的 717 型、711 型。树脂的粒度在 16～50 目均可。

如果市售的阳离子交换树脂是氢型，阴离子交换树脂是氢氧型，那么树脂经反复漂洗，在除去其中水溶性杂质、灰尘、色素等后装入交换柱即可使用。如果分别为钠型和氯型，应处理转化为氢型和氢氧型后才能使用。

树脂的处理方法如下：

① 漂洗。将新树脂放入盆中，用自来水（或普通水）反复漂洗，除去其中的色素、水溶性杂质、灰尘等，直至洗出液不浑浊为止，并用蒸馏水浸泡 24h。

② 醇浸泡。当蒸馏水中无明显混悬物时，将水排尽，加入 95％乙醇浸没树脂层，搅拌摇匀，浸泡 24h，以除去醇溶性杂质。将乙醇排尽，再用自来水洗至无色、无醇味。

③ 酸碱反复处理。若为阳离子交换树脂，加入 7％盐酸，没过树脂，放置 2～3h，将盐酸排尽，用水洗至 pH 值为 3～4。再用 8％氢氧化钠按上法操作，用水洗至 pH 值为 9～10。再用 7％盐酸浸泡 4h，不时搅拌，浸泡完之后，将盐酸排尽，用蒸馏水反复洗至 pH 值约为 4。若为阴离子交换树脂，加入 8％氢氧化钠，操作方法同阳离子交换树脂，洗至 pH 值为 9～10。再用 7％盐酸，同上法操作，洗至 pH 值为 3～4。再用 8％氢氧化钠浸泡 4h，不时搅拌，浸泡完之后，将氢氧化钠排尽，用蒸馏水洗至 pH 值约为 8。

经过处理的新树脂就可以装入交换柱内。但交换柱在装入树脂之前必须用铬酸洗涤液浸泡 4h，以除去杂质和油污，然后用自来水冲洗，再用去离子水冲洗干净，即可装入树脂。交换柱中先注水半柱，将树脂和水一起倒入柱中。装柱时应注意，柱中水不能漏干，否则树脂间形成空气泡，影响交换量和流速。

树脂用量按体积计算，一般阴离子交换树脂为阳离子交换树脂的 1.5～2 倍。树脂装柱高度相当于柱直径的 4～5 倍为宜。交换柱有几种连接方式。一般的连接方式是：强酸性阳离子交换树脂柱→强碱性阴离子交换树脂柱→混合树脂柱。装好后即可生产去离子水。

2. 树脂的再生（转型）

树脂的再生方法与处理方法基本相同，再生方法有动态再生和静态再生两种。它们大体分四个过程：逆洗→再生→洗涤→运行。

① 逆洗。即水从交换柱底部进入，从上面排出，其目的是将被压紧的树脂层抖松，排除树脂碎粒及其他杂质等，以利于再生。逆洗时间一般约 30min，以洗出水不浑浊、清澈透明为合格。逆洗混合柱的时间要长一些，使阴阳离子交换树脂分开。如果分不开，可将混合树脂倒入 20％的氯化钠溶液中，利用阴、阳离子交换树脂相对密度不同将它们分开。阴离子交换树脂浮在溶液上面，阳离子交换树脂沉在底部。分开以后再按处理阴、阳离子交换树脂柱同样的过程处理。

② 再生。逆洗后的阳离子交换树脂柱，用 5％～7％的盐酸溶液从柱的顶部注入，缓缓流经阳离子交换树脂（流速为 50～60ml/min），直到检查流出液中酸的浓度与加进去的酸的浓度差不多（约 1h）。

逆洗后的阴离子交换树脂柱，用 6％～8％的氢氧化钠溶液从柱的顶部注入，缓缓流经阴离子交换树脂（流速为 50～60ml/min），直到检查流出液中碱的浓度与加进去的碱的浓度差不多（约 1.5h）。

③ 洗涤。交换柱经再生之后，须将柱中多余的再生剂淋洗干净。阳离子交换柱的淋洗用去离子水。开始时的流速同再生流速，待柱中大部分酸被替换出后，流速可加快至 80～100ml/min。淋洗终点可用 pH 试纸检查，洗至 pH＝3～4 为终点（或用水质纯度仪测得比较恒定的电阻率为终点）。也可用其他方法控制终点。

阴离子交换柱用去离子水（或用通过阳离子交换树脂的水）淋洗，待柱中大部分碱液被替换出后，洗速可加速至 80～100ml/min。淋洗终点可用 pH 试纸检查，洗至 pH＝8～9，或用酚酞指示液显微红色为止。也可用水质纯度仪，当测得比较恒定的电阻率时即为终点。

④ 运行。淋洗好的交换柱按阳离子交换柱→阴离子交换柱→混合交换柱的顺序串联起来，接通水源，水从每个交换柱的顶部注入，运行生产去离子水。

如果是用小型柱制备去离子水，可参照上述步骤以静态再生，然后装柱再按动态步骤淋洗到合格的去离子水为止。

3. 注意事项

① 离子交换树脂一般反复再生使用数年仍有效，但在使用时树脂的温度不得超过 50℃，也不宜长时间与高浓度的强氧化剂接触，否则会加速树脂的破坏，缩短离子交换树脂的使用时间。

② 在处理离子交换树脂时，每一步骤都必须严格按照所规定的条件进行，特别要注意控制其流速及各个步骤的 pH 值，流速不能太快。常用 pH 纸误差较大，在受潮后更不准确。因此要用干燥的 pH 纸检查。也可用酸度计进行复查。

③ 树脂长期使用后若出现部分受到污染或中毒等情况，可用 20％氯化钠溶液浸泡 12h，并按新树脂处理步骤处理：醇浸泡、酸碱反复处理 1～2 次，然后转型即可消除污染等情况。树脂中含有铁、钙会使出水长期不合格，为此，再用酸处理到用 0.1mol/L 硫氰酸铵检查铁不显红色及无钙反应为止（钙盐检查在水质检定中有介绍）。

④ 要制备高质量的去离子水，对水源的选择是极为重要的。一般来说，水中无机物杂质含量：盐碱地水＞井水（或泉水）＞自来水＞河水＞塘水＞雨水。有机物杂质含量：塘水＞河水＞井水（或泉水）＞自来水，如果水源浑浊可加 0.002％明矾或少许羟基氯化铝使水澄清，最好经砂滤后再进入交换柱。

（三）反渗透法

反渗透净水技术在 20 世纪 60 年代起源于美国，反渗透过程是指水分子在压力作用下克服渗透压而透过反渗透膜的过程。在这一过程中，水分子与不能透过反渗透膜的杂质相分离，来完成水的纯化过程。

当淡水的水分子通过半透膜向含盐水侧渗透，直到盐水侧液面升到一定高度时，达到平衡，这时水分子（溶剂）不再向盐水侧（溶液）流入。这种对于溶剂（即淡水）的膜平衡叫渗透平衡，平衡时的压差叫渗透压。如果人为地在盐水侧施加压力，水分子则会通过半透膜向淡水侧运动，而盐分被截留，这种现象称为"反渗透"（或逆渗透）。用反渗透法在工业上可将液体的不同成分进行分离，在水处理上可制取纯水。

反渗透技术的关键是反渗透膜，该膜是合成高分子物质，膜上布满孔隙，孔径在 0.0001～0.001μm 之间，大体与水分子直径相当。几乎所有有害杂质的体积都比水分子大得多，如六六六比水分子大 15 倍，铅、汞、铬等重金属及致癌的亚硝酸盐等物质，均能在反渗透过程截留而彻底消除。

一般的过滤，杂质均留在滤水器中，再过滤时水必须在此通过，经过这些杂质时将产生二次污染，同时细菌还会繁殖，从而大大增加过滤水中的细菌含量。

而利用反渗透技术，浓水与不能透过的细菌、病毒被及时排除，实现自我清洗，不会造成二次污染。反渗透技术主要去除溶于水中的电解质杂质，对不溶于水的悬浮物等机械杂质，在反渗透之前必须通过预处理去除。

（四）电渗析法

在直流电场的作用下，溶液中的杂质（离子）通过离子交换膜进行迁移的现象称为电渗析。电渗析器就是利用电渗析原理，使溶液（含电解质的水）在电渗析器的隔室中，发生离子迁移，离子迁移走了，水（即溶液）则淡化了，其原理如图 2-2(a) 所示。

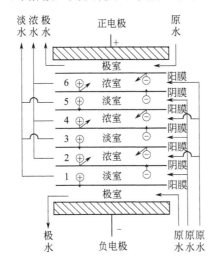

(a) 电渗析原理

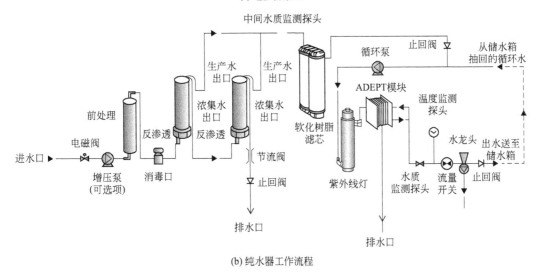

(b) 纯水器工作流程

图 2-2　电渗析原理及纯水器工艺流程

图 2-2(a) 中⊕、⊖分别代表水中所含的杂质正、负离子，通过装有阴、阳离子交换膜，浓、淡水隔板交错排列而构成的电渗析器的隔室时，在直流电场作用下产生离子迁移，阴离子向正电极迁移，阳离子向负电极迁移。由于阴、阳膜具有选择透过性，阴离子交换膜只能透过阴离子，阳离子交换膜只能透过阳离子。通过迁移，离子分别进入排除，因而达到去除杂质的目的。

电渗析器是由多层浓缩隔室和淡化隔室组成的，其中一半是淡化隔室，另一半是浓缩隔室。通过隔板特设的孔道，分别将浓、淡隔室的水流汇集成浓水和淡水进入各自收集器。

通过电渗析技术制取淡水，与反渗透相比，造价较低，结构简单，操作方便，我国生产的膜已达到国外水平，通过运行，性能稳定，脱盐率达 90％以上。

利用电渗析去除杂质同反渗透技术相同，都只能去除溶于水的电解质杂质，不溶于水的杂质，如悬浮物或有机分子，则必须通过预处理去除，方可进入电渗析器。

电渗析耗电量较少，一般耗电量与水的电解质含量有关，盐分越高，耗电量越大，制取 1t 纯水，一般耗电量在 1kW·h 左右。

（五）纯水器（仪）原理介绍

现在制备超纯水的方法是将各种纯化水的新技术科学地结合起来，用自来水制取超纯水，非常方便，而且纯水器（仪）使用寿命也越来越长。

仪器分析、高纯分析、痕量分析用水要求较高，涉及的下述步骤较多甚至全部步骤，而家庭用纯水的要求较低，制水步骤少，制取过程相对简单。

纯水器制备超纯水的原理和步骤大体如下［见图 2-2(b)］。

原水：可用自来水或普通蒸馏水或普通去离子水作原水。

机械过滤：通过砂芯滤板和纤维柱（一般用 5μm PPF 纤维滤芯）滤除机械杂质，如铁锈、淤泥、毛发、大颗粒杂质、红虫及其他悬浮物等。

颗粒活性炭过滤：活性炭是广谱吸附剂，可吸附气体成分，如水中的余氯等；滤除异臭、异味、异色；吸附细菌，去除水中有机物、部分离子及有机毒微生物、致病物质。氯气能损害反渗透膜，因此应力求除尽。

超过滤膜：0.2μm 滤膜的超过滤可以用来分离去除水中的有机体、各种细菌、多数病毒，可以用于胶体、大分子有机物质的分离，可以分离多种特殊溶液。经过上述各步骤处理后生产出来的水就是超纯水了。应能满足各种仪器分析、高纯分析、痕量分析等的要求，接近或达到电子级水的要求。

压缩活性炭滤芯：压缩活性炭氯去除率为 95％以上，可再将水中细微杂质、化学物质再次精密过滤，保护滤膜。

软化：用于脱除钙、镁等阳离子，避免影响水处理系统下游设备（如反渗透膜、离子交换柱等）。水软化树脂（钠型阳离子交换树脂）通常使用氯化钠（盐水）进行再生处理。

电渗析（电法去离子）：使用一个混合树脂床、选择性渗透膜以及电极，以保证水处理的连续进行，即不断获得纯水及浓缩废液，并将树脂连续再生。

反渗透膜过滤：反渗透膜的孔径大多≤1nm，仅允许水通过而不允许溶质通过。因此，利用反渗透膜可滤除 95％以上的电解质和大分子化合物，包括胶体微粒和病毒等。由于能去除绝大多数的离子，可使离子交换柱的使用寿命大大延长。

离子交换单元：混合离子交换床是除去水中离子的决定性手段。借助于多级混合床获得超纯水。高质量的离子交换树脂就成为成功的关键。所谓高质量的树脂，就是化学稳定性特别好，不分解，不含低聚物、单体和添加剂等的树脂。所谓"核工业级树脂"就属于这一类树脂。对树脂的要求是质量越高越好。

后置式（椰壳）活性炭滤芯：可使水分子呈弱碱性，适合人体吸收，并可增加水的活性，使其甘甜可口。

紫外线消解：借助于短波（180～254nm）紫外线照射分解水中的不易被活性炭吸附的小有机化合物，如甲醇、乙醇等，使其转变成 CO_2 和水。更为重要的是紫外线具有很强的杀菌作用，可避免二次污染。

连续电流脱盐（ADEPT）：当使用传统的滤芯时，水流入滤芯会造成滤芯在吸附需除去的离子时逐渐失去功效，随后这些滤芯必须进行更换或再生。而采用 ADEPT 工艺，滤芯吸附的离子通过电流的作用被输送到系统外部，使滤芯维持在良好的再生状态，从而保证提供高纯度纯水和免除更换滤芯。

上述制取（超）纯水方法集合了多种技术，包括反渗透、吸附、紫外线杀菌和连续电流脱盐技术等一体化制纯水工艺，可免除滤芯的更换，提高了寿命也降低了运行成本，使高纯度的产水变得更稳定、经济和方便。

二、水质的检定

（一）物理方法检验

利用电导仪或兆欧表测定水的电阻率是最简便而又实用的方法。水的电阻率越高，表示水中的离子越少，水的纯度越高。通常离子交换水的电阻率 ρ 在 $0.5M\Omega \cdot cm$ 以上时，即可满足日常化学分析的要求，否则，树脂需再生。对于要求较高的分析工作，水的电阻率应更高。表 2-2 列出了各级水的电阻率 ρ。

表 2-2　各级水的电阻率

水的类型	电阻率，$\rho(25℃)/\Omega \cdot cm$	水的类型	电阻率，$\rho(25℃)/\Omega \cdot cm$
自来水	1900	复床离子交换水	2.5×10^5
一次蒸馏水（玻璃）	3.5×10^5	混床离子交换水	12.5×10^6
三次蒸馏水（石英）	1.5×10^6	碳吸附剂，混床交换树脂和膜滤器制水	$15 \times 10^6 \sim 18 \times 10^6$
28 次蒸馏水（石英）	16×10^6	绝对水（理论上最大电阻率）	18.3×10^6

（二）化学方法检验

（1）pH 值　取两支试管，各加入水样 10ml，甲试管加 0.2％甲基红（变色范围pH4.4～6.2）溶液 2 滴，不得显红色；乙试管中滴加 0.2％溴百里酚蓝（变色范围 pH6.0～7.6）溶液 5 滴，不得显蓝色。

（2）硅酸盐的检验　取 30ml 水样于一小烧杯中，加 1∶3 硝酸 5ml 和 5％钼酸铵溶液 5ml，室温下放置 5min（或水浴上放置 30s），加入 10％亚硫酸钠溶液 5ml，摇匀，目视有否蓝色，如有蓝色，则为不合格。

（3）氯离子的检验　取水样 30ml 于试管中，用 5％硝酸 5 滴酸化，加 1％硝酸银溶液 5～6 滴，目视有无白色乳状物，如有白色乳状物，则不合格。

（4）钙离子的检验　取水样 30ml 于小烧杯中，加 5％氢氧化钾溶液 5ml，加入少许酸性铬蓝 K 混合指示剂，如溶液呈红色，说明水样已有钙离子，则不合格。

（5）金属离子的检验　取水样 25ml 于小烧杯中，加 0.2％铬黑 T 指示剂 1 滴，加 pH＝10.0 的氨缓冲溶液 5ml，摇匀后，如呈现蓝色，说明 Fe^{3+}、Zn^{2+}、Pb^{2+}、Ca^{2+}、Mg^{2+} 等阳离子含量甚微，水质合格；如呈现紫红色，则说明水不合格。

（6）二氧化碳的检验　取水样 30ml 于玻璃塞磨口的三角烧瓶中，加氢氧化钙试液 25ml，塞紧，摇匀后静置 1h，不得有浑浊。

（7）易氧化物的检验　取水样 100ml 于烧杯中，加稀硫酸 10ml，煮沸后，加0.02mol/L高锰酸钾溶液 2 滴，煮 10min，溶液仍呈粉红色为合格，若无色则不合格。

（8）不挥发物的检验　取水样 100ml，在水浴上蒸干，并在烘箱中于 105℃干燥 1h，所留残渣不超过 0.1mg 为合格。

（9）硝酸盐的检验　取本品 5ml 置试管中，于水浴中冷却，加 10％氯化钾溶液 0.4ml 与 0.1％二苯胺硫酸溶液 0.1ml，摇匀，缓缓滴加硫酸 5ml，摇匀，将试管于 50℃水浴中放置 15min，溶液产生的蓝色与标准硝酸盐溶液〔取硝酸钾 0.163g，加水溶解并稀释至 100ml，摇匀，精密量取 1ml，加水稀释成 100ml，再精密量取 10ml，加水稀释成 100ml，摇匀，即得（1ml 相当于 $1\mu g\ NO_3^-$）〕0.3ml、加无硝酸盐的水 4.7ml，用同一方法处理后的颜色比较，不得更深（0.000006%）。

（10）亚硝酸盐的检验　取本品 10ml，置纳氏管中，加入对氨基苯磺酰胺的稀盐酸溶液（1→100）1ml 与盐酸萘乙二胺溶液（0.1→100）1ml，产生粉红色，与标准亚硝酸盐溶液〔取亚硝酸钠 0.75g（按干燥品计算）〕，加水溶解，稀释至 100ml，摇匀，精密量取 1ml，加水稀释成 100ml，摇匀，再精密量取 1ml，加水稀释成 50ml，摇匀，即得（1ml 相当于 $1\mu g\ NO_2^-$）〕0.2ml，加无亚硝酸盐的水 9.8ml，用同一方法处理后的颜色比较，不得更深（0.000002%）。

（11）氨的检验　取本品 50ml，加碱性碘化汞钾试液 2ml，放置 15min；如显色，与氯化铵溶液（取氯化铵 31.5mg，加无氨水适量使溶解并稀释成 1000ml）1.5ml、加无氨水 48ml 与碱性碘化汞钾试液 2ml 制成的对照液比较，不得超更深（0.00003%）。

（12）总有机碳的检验　不得超过 0.50mg/L。

第二节　常用器皿、用具及其洗涤

一、化学实验常用器皿与用具

（一）常用玻璃器皿和一般用具

玻璃具有良好的化学稳定性，因而化学实验中大量使用玻璃仪器。玻璃可分为硬质玻璃和软质玻璃。硬质玻璃的耐热性、耐腐蚀性、抗冲击性都较好，适宜制作烧杯、烧瓶、试管等。软质玻璃的耐热性、耐腐蚀性、硬度等都相对较差，但透明度好，一般用于制作非加热类仪器，如试剂瓶、漏斗、量筒、移液管等。

分析化学中常用的玻璃器皿和用具的名称、规格、一般用途及注意事项等见表 2-3，其余玻璃仪器的中英文名称见表 2-4。

表 2-3　常用玻璃器皿和用具一览

名　称	规格及表示法	一般用途	使用注意事项
 (a)　(b) 试管（test tube）	有刻度的试管按容积（ml）分；无刻度的试管用管口直径×管长表示，如硬质试管 10mm×75mm 　试管分普通试管（a）和离心试管（b）。普通试管又有翻口、平口、有支管、无支管、有塞、无塞等几种	1. 反应容器，便于操作、观察，用药量少 2. 离心试管用于少量沉淀分离	1. 反应液体不超过试管容积的 1/2，加热时不超过 1/3 2. 硬质试管可以加热至高温，但不宜骤冷，软质试管在温度急剧变化时极易破裂 3. 一般大试管直接加热，小试管用水浴加热 4. 加热时试管口不要对人，还应注意使试管下半部受热均匀；加热固体时，管口略向下倾斜 5. 离心管不能加热
 烧杯（beaker）	以容积（ml）表示，如硬质烧杯 400ml。有一般型和高型，有刻度和无刻度等几种	1. 反应容器，尤其在反应物较多时用，易混合均匀 2. 可代替水浴用 3. 配制溶液时用	1. 反应液体不能超过烧杯容量的 2/3 2. 加热时放在石棉网上 3. 可以加热至高温。使用时应注意使温度变化过于剧烈

续表

名　称	规格及表示法	一般用途	使用注意事项
锥形瓶（erlenmeyer flask）	以容积（ml）表示，有有塞、无塞、广口、细口和微型几种。有塞子的又称碘量瓶	1. 反应容器，加热时可避免液体大量蒸发 2. 振荡方便，用于滴定操作 3. 碘量瓶用于碘量法滴定	1. 反应液体不能超过其容量的 2/3 2. 碘量瓶塞子及瓶口边缘的磨砂部分注意勿擦伤，以免产生漏隙。滴定时打开塞子，用蒸馏水将瓶口塞子上的碘液洗入瓶中
量筒（graduated cylinder）	以所能量度的最大容积（ml）表示，上口大，下口小的叫量杯	量取一定体积的液体	1. 不能作为反应容器，不能加热，不可量热的液体 2. 读数时视线应与液面水平，读取与弯月面最低点相切的刻度
移液管（pipet） (a)　(b)	以所量的最大容积（ml）表示。 分有分度的为吸量管（a），无分度的为移液管（b）	精确移取一定体积的液体用	1. 用后立即洗净 2. 具有精确刻度的量器，不能放在烘箱中烘干 3. 读取刻度的方法同量筒
容量瓶（volumetric flask）	以容积（ml）表示，分量入式（In）和量出式（Ex），塞子有玻璃、塑料两种，颜色有无色、棕色两种	配制标准溶液时用	1. 不能加热，不能代替试剂瓶用来存放溶液 2. 读取刻度的方法同量筒 3. 不能放在烘箱内烘干 4. 棕色容量瓶用于配制见光易分解的药品标准溶液 5. 瓶塞与瓶是配套的，不能互换

名　　称	规格及表示法	一般用途	使用注意事项
布氏漏斗　吸滤瓶 (buchner funnel&ofiltering flask)	布氏漏斗有瓷制或玻璃制两种，以直径（cm）表示 吸滤瓶：以容积（ml）表示； 　过滤管以直径（mm）×管长（mm）表示，磨口的以容积表示	吸滤时用，当沉淀量少时，用小号漏斗与过滤管配合使用	1. 注意漏斗与滤瓶大小的配合 　2. 漏斗大小与过滤的沉淀或晶体量的配合 　3. 不能直接加热
滴定管（buret）	滴定管分酸式、碱式两种，以容积（ml）表示；颜色分为无色、棕色两种 　滴定管架：金属制 　滴定管夹：木质或金属	1. 用于滴定或量取准确体积的液体 2. 滴定管夹夹持滴定管，固定在滴定管架上	1. 酸液放在具有玻塞的滴定管中，碱液放在带橡皮管的滴定管中 　2. 碱式滴定管不能盛氧化剂 　3. 见光易分解的滴定液宜用棕色滴定管 　4. 滴定管要洗净，溶液流下时管壁不得挂有水珠。活塞下部要充满液体，全管不得留有气泡 　5. 滴定管用后应立即洗净
(a)　　　　(b) (c)　　　　(d) 漏斗（funnel）	以直径（cm）表示；有短颈（a）、长颈（b）、粗颈（c）、无颈（d）等几种	1. 过滤 2. 引导溶液入小口容器中 3. 粗颈漏斗用于转移固体	1. 不能用火直接灼烧 　2. 过滤时，漏斗颈尖端必须紧靠盛接滤液的容器壁

续表

名　　称	规格及表示法	一般用途	使用注意事项
 (a)　　　(b) 称量瓶（weighing bottle）	以外径（cm）×高（cm）表示；分扁形（a）、高形（b）	用于准确称量一定量的固体	1. 盖子是磨口配套的，不得丢失、混乱 2. 用前应洗净烘干 3. 不用时应洗净，在磨口处垫一小纸条
 表面皿（watch glass）	以直径（cm）表示	1. 用来盖在蒸发皿、烧杯等容器上，以免溶液溅出或灰尘落入 2. 作为称量试剂的容器	1. 不能用火直接加热 2. 作盖用时，其直径应比被盖容器略大 3. 用于称量时应洗净烘干
 滴管（dropping tube）	由尖嘴玻璃管和橡皮乳头构成	吸取少量（数滴或1~2ml）试剂	1. 溶液不得吸进橡皮头 2. 用后立即洗净内、外管壁
 (a)　　　(b) (c) 干燥管（drying tube）	以大小表示，有直形（a）、弯形（b）、U形（c）几种	盛装干燥剂干燥气体	1. 干燥剂置球形部分，不宜过多。小管与球形交界处放少许棉花填充 2. 大头进气，小头出气
 干燥塔　　　洗气瓶 (drying tower & gas wash bottle)	以容积表示	净化和干燥气体用 洗气瓶反接可作安全瓶用。	1. 塔体上室底部放少许玻璃棉，上面容器放干燥剂（固体） 2. 干燥塔下面进气，上面出气，球形干燥塔内管进气 3. 洗气时将进气管道通入洗涤液中，瓶中洗涤液一般为容器高度的1/3~1/2，过高易被气体冲出

续表

名　称	规格及表示法	一般用途	使用注意事项
 (a)　　(b) (c)　　(d) 烧瓶（flask）	以容积（ml）表示；从形状分，有圆形（b）、茄形（c）、梨形（d）；有细口、厚口、磨口；平底（a）、圆底（b）；长颈（a）、短颈（b）等	1. 圆底烧瓶：在常温或加热条件下作反应容器，因为圆形受热面积大，耐压大 2. 平底烧瓶：配制溶液或代替圆底烧瓶，还可作洗瓶，它不耐压，不能用于减压蒸馏 3. 三口烧瓶：用于需要搅拌的实验，中间插搅拌器，两边插温度计、加料管或滴液漏斗、冷凝管等	1. 盛放液体的量不能超过烧瓶容量的2/3，也不能太少 2. 固定在铁架台上，下垫石棉网加热，不能直接加热 3. 放在桌面上时，下面要有木环或石棉环
 (b) (a) (c)　(d) 冷凝管 （condensation tube）	以外套管长（cm）表示；分空气（a）、直形（b）、球形（c）、蛇形（d）冷凝管几种	1. 蒸馏操作中作冷凝用 2. 球形冷凝管冷却面积大，适用于加热回流 3. 直形、空气冷凝管用于蒸馏。沸点低于140℃的物质用直形；高于140℃的用空气冷凝管	1. 装配仪器时，先装冷却水橡皮管，再装仪器 2. 套管的下面支管进水，上面支管出水。开冷却水需缓慢，水流不能太大
 (a)　　(b) (d) (c) 蒸馏头和加料管 (distilling head & spiking tube)	磨口仪器	1. 蒸馏头（a）用于简单蒸馏，上口装温度计，支管接冷凝管 2. 克氏蒸馏头（b）用于减压蒸馏，特别是易发生泡沫或暴沸的蒸馏。正口安装毛细管，带支管的瓶口插温度计 3. Y形加料管（c）接在三口瓶上呈四口，可与蒸馏头或蒸馏弯管（d）合用，组成克氏蒸馏头	1. 磨口处需洁净，不得有脏物 2. 注意不要让磨口粘死，用后立即洗净

续表

名　称	规格及表示法	一般用途	使用注意事项
 分液、滴液漏斗 （separatory funnel & dropping funnel）	以容积（ml）、漏斗颈长短表示；有球形（a）、梨形（b）、筒形（c）、锥形几种	1. 用于液体的分离、洗涤和萃取 2. 在气体发生器装置中加液用	1. 漏斗间活塞应用细绳系于漏斗颈上，防止滑出跌碎 2. 使用前，将活塞涂一薄层凡士林，插入转动直至透明。如凡士林少了，会造成漏液；太多会溢出沾污仪器和试液 3. 萃取时，振荡初期应放气数次，以免漏斗内气压过大 4. 不能加热
 干燥器（desiccator）	以内径（cm）表示；分普通（a）、真空干燥器（b）两种；颜色分无色、棕色两种	1. 存放物品，以免物品吸收水汽 2. 定量分析时，将灼烧过的坩埚放在其中冷却	1. 灼烧过的物品放入干燥器前，温度不能过高 2. 干燥器内的干燥剂要按时更换 3. 见光易分解的药品宜用棕色干燥器
 洗瓶（wash bottle）	以容积（ml）表示；有玻璃（a）、塑料（b）两种	1. 用蒸馏水洗涤沉淀和容器用 2. 塑料洗瓶使用方便、卫生 3. 装适当的洗涤液洗涤沉淀	1. 不能装自来水 2. 塑料洗瓶不能加热
 滴瓶（dropping bottle）	以容积（ml）表示；分无色、棕色两种	盛放液体试剂	1. 不能加热 2. 棕色瓶盛放见光易分解或不稳定的试剂 3. 碱性试剂要用带橡皮塞的滴瓶盛放 4. 取用试剂时，滴管要保持垂直，不接触接受容器内壁，不能插入其他试剂中

续表

名　　称	规格及表示法	一般用途	使用注意事项
试剂瓶 (reagent bottle)	以容积表示；有广口瓶和细口瓶两种；又有磨口和不磨口，无色和棕色之分；材料又分玻璃与塑料	1. 广口瓶盛放固体试剂 2. 细口瓶盛放液体试剂和溶液	1. 不能加热 2. 取用试剂时，瓶盖应倒放在桌上，不能弄脏、弄乱 3. 盛放碱性物质要用橡皮塞或塑料瓶 4. 见光易分解的物质宜用棕色瓶 5. 有磨口塞的试剂瓶不用时应洗净，并在磨口处垫上纸条
比色管 (colorimetric tube)	以最大容积表示；有无塞和有塞两种	在目视比色法中，用于比较溶液颜色的深浅	1. 一套比色管应由同一种玻璃制成，且大小、形状、高度应相同 2. 不能用试管刷刷洗，以免划伤内壁 3. 比色管应放在特制的、下面垫有白色瓷板或配有镜子的木架上
培养皿 (culture dish)	以玻璃底盖外径(cm) 表示	放置固体样品	1. 固体样品放在培养皿中，可放在干燥器或烘箱中干燥 2. 不能加热
T 形管（T tube)		1. 连接仪器 2. 导管	
酒精灯 (alcohol lamp)	以容积（ml）表示	加热物质	1. 必须用火柴点燃，绝不能用另一个燃着的酒精灯来点燃 2. 不用时将灯盖罩上，火焰即熄灭，不能用嘴吹 3. 如需添加酒精应熄灭火焰，然后借助于小漏斗添加
蒸发皿 (evaporation dish)	瓷质，以上口直径(cm) 表示；也有石英、铂制品，有平底、圆底两种	1. 反应容器 2. 灼烧固体 3. 因口大底浅，蒸发速度大，作蒸发、浓缩溶液用	1. 耐高温，能直接用火烧 2. 注意不要碰碎，高温时不要用冷水去洗

名　　称	规格及表示法	一般用途	使用注意事项
有盖坩埚 (crucible with cover)	瓷质，以容积（ml）表示；也有石墨、石英、氧化锆、铁、镍和铂制的	耐高温，灼烧固体用。根据固体的性质选用不同质的坩埚	1. 灼烧时放在泥三角上，直接用火烧，先小火预热，再大火灼烧 2. 烧热时，不要用手去摸，也不要放在桌上，以免烧坏桌面（应放在石棉网上） 3. 加热时，要用坩埚钳拿取（高温时，坩埚钳需预热） 4. 不要用水冷却灼热的坩埚，以免炸裂
研钵 (mortar)	瓷质，以钵口直径表示；也有铁、玻璃、玛瑙制的	1. 研磨固体 2. 混合固体物质 3. 根据固体的性质和硬度选用不同质的研钵	1. 不能代替作反应容器用 2. 放入量不能超过容积的1/3 3. 易爆物质只能轻轻压碎，不能研磨
药匙 (spoon)	以大小表示；有瓷、骨、塑料制的；不锈钢勺由不锈钢打制而成	取固体试剂	1. 取少量固体时用小的一端 2. 药匙大小的选择应以拿到试剂后能放进容器口为宜 3. 取用一种药品后，必须洗净擦干才能取另一种药品
点滴板（spot plate）	上釉瓷板，分白、黑两种	进行点滴反应，观察沉淀生成和颜色变化	
水浴锅（water bath）	铜或铝制品	用作水浴加热	1. 选择好圈环，使加热器皿没于锅中2/3 2. 经常补充水，防止锅内水烧干 3. 使用完毕，将锅内剩余水倒出，并擦干
三脚架（tripod）	铁制品，有大小、高低之分	放置加热容器	1. 先放石棉网，再放加热容器（水浴锅除外） 2. 不要拿刚加热过的三脚架；也不能摔落在地，以免断裂

续表

名　称	规格及表示法	一般用途	使用注意事项
石棉网（asbestos network）	由铁丝编成，中间涂有石棉，有大小之分	加热玻璃反应容器时的承放者，使加热均匀	1. 不要让石棉网浸水，以免铁丝锈坏 2. 爱护石棉心，不要损坏 3. 因石棉致癌，国外已用高温陶瓷代替
铁架台、铁圈及铁夹（formwork unit，hoops and iron clamp）	铁架台（a）以高（cm）表示；铁圈（b）以直径（cm）表示；铁夹（c）又称自由夹，以大小表示，有双钳、三钳（d）、四钳之分。铁圈、铁夹也可以由十字夹（e）加圈或夹组成也有铝制的自由夹	1. 固定反应容器用 2. 铁圈可代替漏斗架使用	1. 不可用铁夹或铁圈敲打其他硬物，以免折断 2. 应先将铁夹等固定在合适的高度，并旋紧螺丝，使之牢固后再进行实验 3. 固定仪器在铁架台上时，仪器和铁架台的中心应落在铁架台底盘的中心处
试管刷（brush）	以大小和用途表示，如试管刷、滴定管刷等	洗仪器及试管用	洗试管时，要把前部的毛捏住放入试管，以免铁丝顶端将试管底戳破
试管架（test tube rack）	有木质、金属和塑料三类	承放试管	金属试管架勿触及酸碱
试管夹（test tube clamp）	木质或钢丝	加热试管时代替手夹住试管	1. 不要被火烧坏 2. 夹在试管上部 3. 要从试管底部套上或取下试管夹。不要把拇指按在夹的活动部分

续表

名 称	规格及表示法	一般用途	使用注意事项
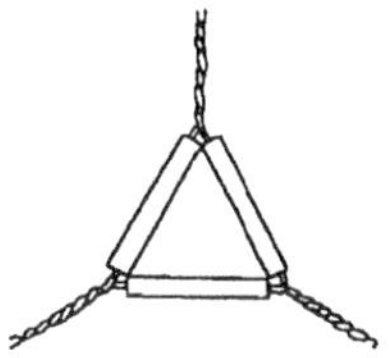 泥三角 （clay triangle）	以大小分别	1. 坩埚加热时的承放者 2. 小蒸发皿加热时也可用	1. 灼热的泥三角不要滴上冷水，以免瓷管破裂 2. 选择泥三角时，要使搁在其上的坩埚所露出的上部不超过本身高度的1/3
 坩埚钳 （crucible tongs）	铁或铜合金，表面常镀铬	加热坩埚时，夹取坩埚或坩埚盖用	用坩埚钳夹取灼热的坩埚时，必须将坩埚钳先预热，以免坩埚因局部冷却而破裂
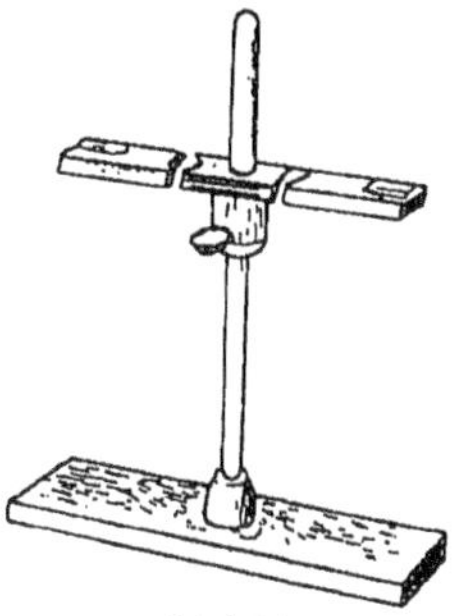 漏斗板 （funnel rack）	木制，有螺丝可固定于铁架或木架上	过滤时承接漏斗用	固定漏斗板时，不要把它反放
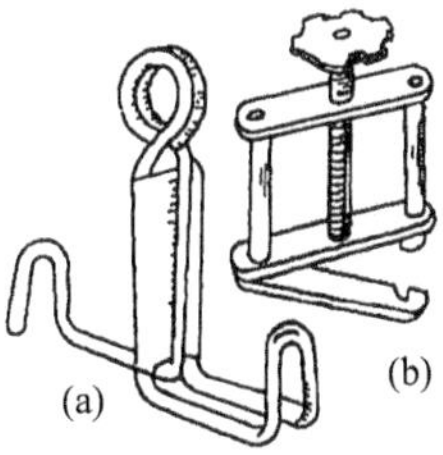 夹子（binder）	铁或铜制品，（a）为弹簧夹，（b）为螺旋夹	用于蒸馏水储瓶或实验装置中沟通或关闭流体的通路，螺旋夹可控制流量	1. 应使胶管夹在弹簧夹的中间部位 2. 在蒸馏水储瓶装置中，夹子夹持胶管的部位应常变动。应防止夹持不牢引起漏水 3. 实验结束，应及时拆卸装置，擦净夹子，以免锈蚀

表 2-4 其他玻璃器皿的中英文名称

英文名称	中文名称	英文名称	中文名称
adapter	接液管	condenser-allihn tube	球形冷凝管
acid burette（Geiser burette）	酸式滴定管	condenser-west tube	直形冷凝管
air condenser	空气冷凝管	distilling tube	蒸馏管
alkali burette	碱式滴定管	dropper	滴管
boiling flask-3-necks	三口烧瓶	florence flask	平底烧瓶
Claisen distilling head	减压蒸馏头	fractionating column	分馏柱

续表

英文名称	中文名称	英文名称	中文名称
glass rod	玻棒	stemless funnel	无颈漏斗
Hirsch funnel	赫氏漏斗	Thiele melting point tube	提勒熔点管（b形管）
pestle	研杵	tube brush	试管刷
pinch clamp	弹簧节流夹	watch glass	表面皿
screw clamp	螺旋夹	wide-mouth bottle	广口瓶
plastic squeeze bottle (plastic wash bottle)	塑料洗瓶	water bath	水浴锅
		electric stove	电炉
reducing bush	大变小转换接头	test tube holder	试管架
rubber pipette bulb (rubber suction bulb)	洗耳球	platform balance	托盘天平

（二）玻璃滤器

玻璃滤器是利用玻璃粉末烧结制成多孔性滤片，再焊接在相同或相似的膨胀系数的玻壳或玻管上。因此它应包括滤片及与之相熔接而成的玻璃滤器。

1. 滤片规格

按滤片的平均洞孔大小分成 6 个号，用以过滤不同的沉淀物，见表 2-5。

表 2-5　滤片的规格

滤片编号	滤片平均洞孔/μm	一般用途
1	80～120	滤除粗颗粒沉淀，收集或分布粗分子气体
2	40～80	滤除较粗颗粒沉淀，收集或分布较大分子气体
3	15～40	滤除化学分析中的一般结晶沉淀和杂质，过滤水银，收集或分布一般气体
4	5～15	滤除细颗粒沉淀，收集或分布小分子气体
5	2～5	滤除极细颗粒沉淀，滤除较大细菌
6	<2	滤除细菌

2. 使用注意事项

① 新的玻璃滤器在使用前应以热盐酸或铬酸洗液先行抽滤，并立即用蒸馏水洗净，除去滤器中的灰尘等外来杂质。

② 玻璃滤器不能过滤浓氢氟酸，热浓磷酸以及热的、冷的浓碱液。这些试剂可溶解滤片的微粒，使滤孔增大，并造成滤片脱裂。

③ 滤片的厚度是兼顾到过滤的速率和必要的机械强度而确定的。因此，在减压或受压的情况下使用时，滤片两面的压力差不允许超过 $1kgf/cm^2$（$1kgf/cm^2 = 98.0665kPa$）。

④ 由于滤器几何形状的特殊和熔接边缘的存在，故升温或冷却时必须十分缓慢。

⑤ 玻璃滤器每次用毕或使用一定时间后，会因沉淀物堵塞滤孔而影响过滤效率，因此必须及时进行有效的洗涤。洗涤方法如下。

a. 机械冲洗法：将滤器倒置，在沉淀物相反方向用蒸馏水反复冲洗，以洗净沉淀物，烘干即可用。如有必要，还可在冲洗时采用减压的方法，提高洗涤效率。

b. 化学洗涤法：针对不同的沉淀物，可采用各种有效的洗涤液先行处理，然后再用蒸馏水冲洗干净，再予烘干。常用的洗涤液列于表 2-6。

表 2-6 清洗滤器的洗涤液

过滤沉淀物	有效洗涤液
脂肪、脂膏	四氯化碳或适当的有机溶剂
白朊、黏胶、葡萄糖	盐酸、热氨、5%～10%碱液或热硫酸和硝酸的混合液
有机物及碳化物	混有重铬酸盐的温热浓硫酸或含有少量硝酸钾和高氯酸钾的浓硫酸，放置过夜
氯化亚铜、铁斑	混有氯酸钾的热浓盐酸
硫酸钡	100℃浓硫酸
汞渣	热浓硝酸
硫化汞	热王水
氯化银	氨或硫代硫酸钠的溶液
铝质和硅质残渣	先用 2%氢氟酸、然后用浓硫酸洗涤，立即用蒸馏水再用丙酮漂洗。重复漂洗至无酸痕为止
细菌	化学纯浓硫酸 5.72ml、化学纯硝酸钠 2.00g 和蒸馏水 94ml 充分混合均匀

6 号除菌滤器经细菌过滤后，应立即加入洗涤液抽滤一次，当抽至洗涤液未滤尽前，取下滤器浸入洗涤液中 48h，滤片的两面均应接触溶液。取出后用热蒸馏水抽滤，洗净、烘干即可。

⑥ 玻璃滤器不能用以过滤加过活性炭的溶液。

3. 玻璃滤器规格

玻璃滤器可分为：①垂熔滤片，垂熔滤片又分毛边（编号：FO）和熔边（编号：FOO）两种，两者规格完全一样；②F1 和 F2 坩埚式滤器（古氏）；③F3 坩埚式滤器（古氏）；④F5 漏斗式滤器，高型（蒲氏）；⑤ F8 漏斗式滤器，高型（蒲氏），具磨砂玻璃盖；⑥F9 管式滤器；⑦ F15 管式滤器；⑧F16、F17 和 F18 管式气体滤器，球形；⑨F31 及 F32 气体分布管；⑩F20、F24、F26、F28 和 F152 漏斗式滤器，低型（蒲氏）；⑪F44、F43、F42 和 F41 管式浸液滤器；⑫ F143 和 F142 筒式滤器；⑬ F50 称量抽滤器（由管式浸液滤器和称量瓶组成），适用于测定青霉素含量等；⑭F101 管式滤器，微量；⑮F102 漏斗式滤器，微量。

上述各种滤器又可分多种规格，分别见表 2-7 中各表，其形状如图 2-3 所示。

表 2-7 玻璃滤器

（1）垂熔滤片

编　号	滤片号	直径， d/mm	厚度， l/mm	编　号	滤片号	直径， d/mm	厚度， l/mm
FO-1-010	1	10	1.5～2	FO-1-210	1	210	7～8.5
FO-1-015	1	15	1.5～2	FO-2-010	2	10	1.5～2
FO-1-021	1	21	2～2.5	FO-2-015	2	15	1.5～2
FO-1-032	1	32	2～2.5	FO-2-021	2	21	2～2.5
FO-1-065	1	65	4～5	FO-2-032	2	32	2～2.5
FO-1-100	1	100	5～6	FO-2-065	2	65	4～5
FO-1-125	1	125	6～7	FO-2-100	2	100	5～6
FO-1-138	1	138	6～7	FO-2-125	2	125	6～7

续表

编　号	滤片号	直径, d/mm	厚度, l/mm	编　号	滤片号	直径, d/mm	厚度, l/mm
FO-2-138	2	138	6～7	FO-4-100	4	100	5～6
FO-2-210	2	210	7～8.5	FO-4-125	4	125	6～7
FO-3-010	3	10	1.5～2	FO-4-138	4	138	6～7
FO-3-015	3	15	1.5～2	FO-5-021	5	21	2～2.5
FO-3-021	3	21	2～2.5	FO-5-032	5	32	2～2.5
FO-3-032	3	32	2～2.5	FO-5-065	5	65	4～5
FO-3-065	3	65	4～5	FO-5-100	5	100	5～6
FO-3-100	3	100	5～6	FO-5-125	5	125	6～7
FO-3-125	3	125	6～7	FO-5-138	5	138	6～7
FO-3-138	3	138	6～7	FO-6-021	6	21	2～2.5
FO-3-210	3	210	7～8.5	FO-6-032	6	32	2～2.5
FO-4-010	4	10	1.5～2	FO-6-065	6	65	4～5
FO-4-015	4	15	1.5～2	FO-6-100	6	100	5～6
FO-4-021	4	21	2～2.5	FO-6-125	6	125	6～7
FO-4-032	4	32	2～2.5	FO-6-138	6	138	6～7
FO-4-065	4	65	4～5				

（2）F1 及 F2 坩埚式滤器（古氏）

编号	容量, V /ml	滤片号	全高, h/mm	滤片 直径, d/mm
F1-1	8	1	40	21
F1-2	8	2	40	21
F1-3	8	3	40	21
F1-4	8	4	40	21
F1-5	8	5	40	21
F1-6	8	6	40	21
F2-1	10	1	50	21
F2-2	10	2	50	21
F2-3	10	3	50	21
F2-4	10	4	50	21
F2-5	10	5	50	21
F2-6	10	6	50	21

（3）F3 坩埚式滤器（古氏）

编号	容量, V /ml	滤片号	全高, h/mm	滤片 直径, d/mm
F3-1	30	1	60	32
F3-2	30	2	60	32
F3-3	30	3	60	32
F3-4	30	4	60	32
F3-5	30	5	60	32
F3-6	30	6	60	32

（4）F5 漏斗式滤器，高型（蒲氏）

编号	容量, V /ml	滤片号	全高, h /mm	滤片 直径, d/mm	颈外径, ϕ/mm
F5-1	35	1	150	32	9
F5-2	35	2	150	32	9
F5-3	35	3	150	32	9
F5-4	35	4	150	32	9
F5-5	35	5	150	32	9
F5-6	35	6	150	32	9

（5）F8 漏斗式滤器，高型（蒲氏），具磨砂玻璃盖

编号	容量，V/ml	滤片号	全高，h/mm	滤片直径，d/mm	颈外径，φ/mm
F8-1	35	1	150	32	9
F8-2	35	2	150	32	9
F8-3	35	3	150	32	9
F8-4	35	4	150	32	9
F8-5	35	5	150	32	9
F8-6	35	6	150	32	9

（6）F9 管式滤器

编号	容量，V/ml	滤片号	全高，h/mm	滤片直径，d/mm	颈外径，φ/mm
F9-1	10	1	100	21	7
F9-2	10	2	100	21	7
F9-3	10	3	100	21	7
F9-4	10	4	100	21	7
F9-5	10	5	100	21	7
F9-6	10	6	100	21	7

（7）F15 管式滤器

编号	容量，V/ml	滤片号	全高，h/mm	滤片直径，d/mm	颈外径，φ/mm
F15-1	25	1	175	21	7
F15-2	25	2	175	21	7
F15-3	25	3	175	21	7
F15-4	25	4	175	21	7
F15-5	25	5	175	21	7
F15-6	25	6	175	21	7

（8）F16、F17 和 F18 管式气体滤器，球形

编号	滤片号	全高，h/mm	滤片直径，d/mm	颈外径，φ/mm
F16-1	1	145	15	6
F16-2	2	145	15	6
F16-3	3	145	15	6
F16-4	4	145	15	6
F17-1	1	155	21	6
F17-2	2	155	21	6
F17-3	3	155	21	6
F17-4	4	155	21	6
F18-1	1	170	65	12
F18-2	2	170	65	12
F18-3	3	170	65	12
F18-4	4	170	65	12

（9）F31 及 F32 气体分布管

编号	滤片号	全高，h/mm	滤片直径，d/mm	颈外径，φ/mm
F31-1	1	150	21	6
F31-2	2	150	21	6
F31-3	3	150	21	6
F31-4	4	150	21	6
F32-1	1	150	32	6
F32-2	2	150	32	6
F32-3	3	150	32	6
F32-4	4	150	32	6

（10）F20、F24、F26、F28 和 F152 漏斗式滤器，低型（蒲氏）

编号	容量，V/ml	滤片号	全高，h/mm	滤片直径，d/mm	颈外径，φ/mm	编号	容量，V/ml	滤片号	全高，h/mm	滤片直径，d/mm	颈外径，φ/mm
F20-1	130	1	175	65	12	F26-3	800	3	260	125	21
F20-2	130	2	175	65	12	F26-4	800	4	260	125	21
F20-3	130	3	175	65	12	F26-5	800	5	260	125	21
F20-4	130	4	175	65	12	F26-6	800	6	260	125	21
F20-5	130	5	175	65	12	F28-1	1500	1	320	138	22
F20-6	130	6	175	65	12	F28-2	1500	2	320	138	22
F24-1	500	1	245	100	20	F28-3	1500	3	320	138	22
F24-2	500	2	245	100	20	F28-4	1500	4	320	138	22
F24-3	500	3	245	100	20	F28-5	1500	5	320	138	22
F24-4	500	4	245	100	20	F28-6	1500	6	320	138	22
F24-5	500	5	245	100	20	F152-1	6000	1	500	210	28
F24-6	500	6	245	100	20	F152-2	6000	2	500	210	28
F26-1	800	1	260	125	21	F152-3	6000	3	500	210	28
F26-2	800	2	260	125	21						

(11) F44、F43、F42 和 F41 管式浸液滤器

编号	滤片号	全高，h/mm	滤片直径，d/mm	颈外径，ϕ/mm
F44-1	1	100	10	6
F44-2	2	100	10	6
F44-3	3	100	10	6
F44-4	4	100	10	6
F43-1	1	100	15	6
F43-2	2	100	15	6
F43-3	3	100	15	6
F43-4	4	100	15	6
F42-1	1	180	21	6
F42-2	2	180	21	6
F42-3	3	180	21	6
F42-4	4	180	21	6
F41-1	1	180	32	6
F41-2	2	180	32	6
F41-3	3	180	32	6
F41-4	4	180	32	6

(12) F143、F142 筒式滤器

编号	容量，V/ml	滤片号	全高，h/mm	滤片直径，d/mm
F143-1	200	1	200	21
F143-2	200	2	200	21
F143-3	200	3	200	21
F143-4	200	4	200	21
F142-1	200	1	200	32
F142-2	200	2	200	32
F142-3	200	3	200	32
F142-4	200	4	200	32

(13) F50 称量抽滤器

（a）管式浸液滤器

编号	滤片号	全高，h/mm	滤片直径，d/mm	颈外径，ϕ/mm
F50-3	3	70	15	6
F50-4	4	70	15	6

（b）称量瓶

容量，V/ml（约）	全高，h/mm	最大外径，ϕ/mm
13	65	33

(14) F101 管式滤器，微量

编号	容量，V/ml	滤片号	全高，h/mm	滤片直径，d/mm	颈外径，ϕ/mm
F101-3	2	3	85	10	6
F101-4	2	4	85	10	6

(15) F102 漏斗式滤器，微量

编号	容量，V/ml	滤片号	全高，h/mm	滤片直径，d/mm	颈外径，ϕ/mm
F102-3	0.6	3	65	10	6
F102-4	0.6	4	65	10	6

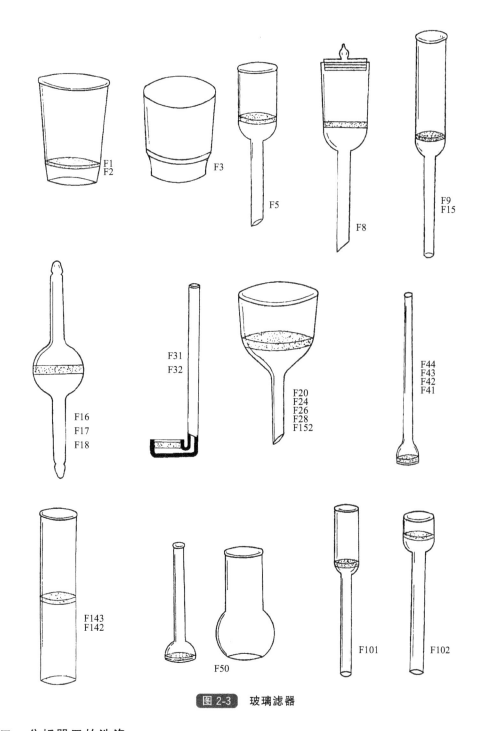

F1
F2

F3

F5

F8

F9
F15

F16
F17
F18

F31
F32

F20
F24
F26
F28
F152

F44
F43
F42
F41

F143
F142

F50

F101

F102

图 2-3　玻璃滤器

二、分析器皿的洗涤

应用于分析工作的器皿在进行分析工作前必须将所需器皿仔细洗净，洗净的器皿，它的内壁应能被水均匀地润湿而无水的条纹，且不挂水珠。

一般玻璃器皿，如烧杯、锥形瓶、量杯等的洗涤可用刷子蘸去污粉或合成洗涤剂来刷洗，再用自来水冲净，若仍有油污可用铬酸洗涤液来浸泡。使用时，先将要洗涤器皿内的水液倒尽，再将铬酸洗涤液倒入欲洗涤的器皿中浸数分钟至数十分钟，如将洗涤液预先温热则收效更大。对那些不易用刷子刷到的器皿，用洗涤液进行洗涤更为方便。

滴定管：无明显油污的，可直接用自来水冲洗，再用滴定管刷刷洗。若有油污则可倒入铬酸洗液，把滴定管横过来，两手平端滴定管转动，直至洗液布满全管。碱式滴定管则应先将橡皮管卸下，把橡皮滴头套在滴定管底部，然后再倒入洗液，进行洗涤。污染严重的滴定管可直接倒入铬酸洗涤液，浸泡数小时后再用水冲洗。

容量瓶：用水冲洗后，如还不干净，可倒入洗涤液摇动或浸泡，再用水冲洗干净，但不得使用瓶刷刷洗。

移液管：吸取洗涤液进行洗涤，若污染严重则可放在高型玻璃筒或大量筒内用洗涤液浸泡，再用水冲洗干净；或用洗耳球吸取 1/4 管洗涤液，再把管横过来，让洗液布满全管，再用水冲干净。

上述仪器洗好后，将用过的洗涤液仍倒入原瓶储存备用。器皿用自来水冲洗干净，最后用蒸馏水或去离子水润洗内壁 2～3 次。若是铬酸洗液浸泡的，第一次洗涤的水必须回收统一处理，不得随意流入下水道。

三、常用洗涤液

1. 铬酸洗涤液

在台秤上称取研细的重铬酸钾（又称红矾钾）5g 置于 250ml 烧杯内，加水 10ml，加热使之溶解，冷却后，再慢慢加入 80ml 粗浓硫酸（工业纯，应注意切不可将水加入浓硫酸中!），边加边搅拌。配好的洗液应为深褐色。待溶液冷却后，储于磨口塞小口瓶中密塞备用。器皿用铬酸洗液时应特别小心。因铬酸洗液为强氧化剂，腐蚀性强，易烫伤皮肤，烧坏衣服；铬有毒，使用时应注意安全，绝对不能用口吸，只能用洗耳球。具体操作如下：

① 使用洗液前，必须先将器皿用自来水和毛刷洗刷，倾尽器皿内水，以免洗液被水稀释后降低洗液的效率。

② 用过的洗液不能随意乱倒，只要洗液未变为绿色，应倒回原瓶，以备下次再用。若洗液变为绿色，表明洗液已失去去污力，要倒入废液缸内，另行处理，绝不能乱倒入下水道。

③ 用洗液洗涤后的仪器，应先用自来水冲净，再用蒸馏水或去离子水润洗内壁 2～3 次。

2. 氢氧化钠的高锰酸钾洗涤液

在托盘天平上称取高锰酸钾 4g 溶于少量水中，向该溶液中慢慢加入 100ml 10％的氢氧化钠，混匀后储于带有橡皮塞的玻璃瓶中备用。该洗液用于洗涤油污及有机物沾污的器皿。洗后在器皿上如留有二氧化锰沉淀，可用浓硫酸或亚硫酸钠溶液把它洗掉。

3. 肥皂液及碱液洗涤液

器皿被油脂弄脏时用浓的碱液（30％～40％）处理或用热肥皂液洗涤，再用热水和蒸馏水洗清洁。合成洗涤剂适合于洗涤被油脂或某些有机物沾污的器皿。将市售合成洗涤剂（又称洗衣粉）用热水配成浓溶液，洗时放入少量溶液，加热效果更好，振荡后倒掉，再用水和蒸馏水洗清洁。如果洗涤剂没有冲净，装水后弯月面变平。洗滴定管、容量瓶等后，要用水冲洗到弯月面正常为止。

4. 硝酸的乙醇洗涤液

此洗液适用于洗涤油脂或有机物质沾污的酸式滴定管。使用时先在滴定管中加入 3ml 乙醇，再沿壁加入 4ml 浓硝酸，用小表面皿盖住滴定管。让溶液在管中保留一段时间，即可除去污垢。

5. 盐酸的乙醇洗涤液

用 1 份盐酸加 2 份乙醇混合配成洗涤液，此洗液适合于洗涤有颜色的有机物质的比色皿。

6. 硫酸亚铁的酸性溶液或草酸及盐酸洗涤液

这些溶液是用于清洗高锰酸钾留在器皿上的二氧化锰用的。大多数不溶于水的无机物质都可以用少量浓盐酸洗去。灼烧过沉淀的瓷坩埚可用热盐酸（1+1）洗涤，然后再用铬酸洗液洗涤。

7. 硝酸洗涤液

在铝和搪瓷器皿中的沉垢用 5%～10% 硝酸除去，酸宜分批加入，每一次都要在气体停止析出后加入。

器皿清洗后用水冲洗，再用蒸馏水或去离子水冲洗，使水沿着器皿的壁完全流掉。如果器皿已洗清洁，壁上便留有均匀的一薄层水膜而不挂水珠。

四、玻璃器皿的干燥

当部分实验中必须使用干燥的器皿时，可根据不同情况及不同器皿，采用下列方法将洗净的器皿干燥。

① 晾干。将洗净的器皿倒置于实验柜或器皿架上，一段时间后自然晾干。所有器皿均可用此法干燥。

② 烘干。将洗净的器皿沥干水后放入干燥箱中烘干。也可将器皿套在气流烘干机上烘干。量筒、容量瓶等量器不宜用此法烘干。

③ 有机溶剂润洗后吹干。用少量乙醇或丙酮润洗已洗净的器皿内壁，倾出溶剂后用电吹风吹干，或用气流烘干机低温吹干。

第三节　滤纸、滤膜及过滤方法

一、滤纸

目前，国产的滤纸有层析定性分析滤纸、定量化学分析滤纸和定性化学分析滤纸。

（1）层析定性分析滤纸　有 1 号、3 号两种，每种又分为快速、中速和慢速三种，其规格见表 2-8。

表 2-8　1号、3号层析定性分析滤纸的规格

项目	单位	1号			3号		
		快速	中速	慢速	快速	中速	慢速
定量①	g/m²	90	90	90	180	180	180
水抽出物 pH 值		7	7	7	7	7	7
水分	%	7	7	7	7	7	7
灰分	%	≤0.1	≤0.1	≤0.1	≤0.1	≤0.1	≤0.1
含铁量	10^{-3}g/L	30 以下	30 以下	30 以下	30 以下	30 以下	30 以下
水溶性氯化物	10^{-3}g/L	100 以下	100 以下	100 以下	100 以下	100 以下	100 以下
铜离子含量	10^{-3}g/L	10 以下	10 以下	10 以下	10 以下	10 以下	10 以下
尘埃度②	个/m²	≤80	≤80	≤80	≤80	≤80	≤80
吸水性③	mm	60～90	90～120	120～150	60～90	90～120	120～150

① 定量：指规定面积内滤纸的质量，这是造纸工业上的一个术语。
② 尘埃度：指 1m² 面积的滤纸上所含尘埃（0.1～0.2mm²）的个数。
③ 吸水性：测定法是取 15mm 宽的长条滤纸，浸在（20±2）℃的水中 1cm，在 30min 内水上升的高度（以 mm 计）。

（2）定量化学分析滤纸和定性化学分析滤纸的分类　目前，国产的定量和定性化学分析滤纸分快速、中速、慢速三类。定量滤纸在滤纸盒上用白带（快速）、蓝带（中速）、红带（慢速）为标志分类，其规格和性能见表 2-9。

滤纸外形规格：圆形有 $\phi7cm$、$\phi9cm$、$\phi11cm$、$\phi12.5cm$、$\phi15cm$、$\phi18cm$；方形有 $30cm\times30cm$、$60cm\times60cm$ 等。

表 2-9　定量和定性化学分析滤纸的规格

项　目	单　位		定量滤纸			定性滤纸		
			快速（白带）	中速（蓝带）	慢速（红带）	快速	中速	慢速
定量	g/m²		75	75	80	75	75	80
分离性能①			氢氧化铁	碳酸锌	硫酸钡（热）	氢氧化铁	碳酸锌	硫酸钡（热）
过滤速度②	s		10～30	30～60	60～100	10～30	30～60	60～100
紧度③	g/cm³	≤	0.45	0.50	0.55	0.45	0.50	0.55
水分	%	≤	7	7	7	7	7	7
灰分	%	≤	0.01	0.01	0.01	0.15	0.15	0.15
含铁量	%	≤	—	—	—	0.003	0.003	0.003
水溶性氯化物	%	≤	—	—	—	0.02	0.02	0.02
水抽出液 pH 值			5～8	5～8	5～8	7	7	7
尘埃度④	个/m²	≥	30	30	30	30	30	30

① 在一般条件下能从水溶液中滤出的沉淀。括号内的热指溶液为热的。
② 过滤速度是指：把滤纸折成 60°角的圆锥形，将滤纸完全浸湿，取 15ml 水进行过滤，开始滤出 3ml 不计时，之后计时，滤出 6ml 水所需要的时间（单位以秒计算）。
③ 一般系指滤纸松紧的程度，以单位体积内的质量表示。
④ 所列滤纸都不允许有 ≥0.2mm² 的尘埃，尘埃度指的是 0.1～0.2mm² 的尘埃量。

国外某些定量滤纸的规格和性能见表 2-10。

表 2-10　国外某些定量滤纸的规格和性能

滤纸牌号	孔　度	厚度，l/μm	湿时强度	适用范围
S. S. 589/1（黑带） Whatman 41 东洋 No. 5A	大	220	一般	粗粒结晶及胶状沉淀。如胶状氢氧化物、硅酸、某些硫化物、8-羟基喹啉铝、丁二酮肟镍等
S. S. 589/2（白带） Whatman 40 东洋 No. 5B	中	195	一般	一般皆可用。中等粒度沉淀，如大部分硫化物、粗粒硫酸钡、磷钼酸铵、磷酸铵镁等
S. S. 589/3（蓝带） Whatman 42 东洋 No. 5C	小	165	一般	细粒晶状沉淀或有形成胶态可能的沉淀。如细粒硫酸钡、草酸钙、卤化银、锡酸、氟化钙、高氯酸的碱金属盐等
S. S. 589/4（红带）	极小	160	强	极细粒度沉淀。元素状态沉淀（Bi、Au、S、Se、Te），钴亚硝酸钾、氯铂酸的碱金属盐等

二、滤膜

滤膜是海水分析中的重要滤器，也是环境化学分析中的重要工具。通常认为通过 $0.45\mu m$ 滤膜滤器的海水样品中的全部组成（包括溶解的和分散的）都为溶解组分。海水分析中常用滤器的规格见表 2-11。

表 2-11 海水分析中常用滤器的规格

商标名称	材 料	孔径，$\phi/\mu m$
Millipore HA	混合纤维素酯类	约 0.45
Frotronic Silier	银膜	约 0.45
Gelmen A	硼硅玻璃纤维	0.3
Nuclepore	聚碳酸酯核膜	约 0.5
Selectron BA85	硝酸纤维	约 0.45

在实验室，为了增加过滤效果，加速过滤，往往采用纸浆过滤。因为用纸浆过滤能使过滤速度加快几倍，并且能适应各种不同性质的沉淀，甚至在过滤胶体溶液时，用纸浆也能得到清澈透明的滤液。当过滤被阻时，只要用玻璃棒除去纤维的上层，就能很容易重新进入过滤状态。

纸浆的制备方法有以下几种：

① 将滤纸片放入磨口大玻璃瓶中，加水至瓶容积的 2/3，盖好瓶盖，将其强烈振动，滤纸就很快被打成糊状，制成水悬浮体保存备用。

② 用浓盐酸处理定量滤纸，时间不超过 2～3min，然后用水稀释一倍，仔细搅拌，使其成纤维状物，过滤，充分洗涤到中性（pH≈7）（如果实验中要求无氯离子，要洗涤到无氯离子），然后制成水悬浮体保存备用。

③ 将定量滤纸在不断摇动下加热 1h，仔细搅拌，把滤纸捣成纤维状物，然后换水。重复进行到水无色为止，使其呈悬浮状态保存备用。

三、滤纸的折叠和过滤操作

普通过滤时，将滤纸对折再对折，然后展开成圆锥体后 [图 2-4(a)]，放入漏斗中，若滤纸圆锥体与漏斗不紧密，可改变滤纸折叠的角度，直至与漏斗贴紧为止。滤纸应低于漏斗沿 0.5～1cm，将三层滤纸一边撕去后两层的一小角，然后将滤纸放入漏斗中，用少量蒸馏水润湿，轻压滤纸赶走气泡，加水至滤纸边缘使漏斗颈中充满水。将准备好的漏斗安放在漏斗架或铁架台的铁圈上，使漏斗出口尖端与清洁的接收容器（如烧杯）的内壁靠紧，以使滤液顺容器壁流下而不致溅出。

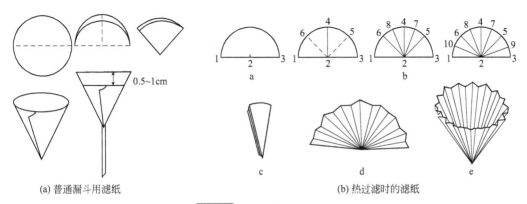

(a) 普通漏斗用滤纸 　　(b) 热过滤时的滤纸

图 2-4 滤纸的折叠与安放

实验室常用倾析法过滤：将上层清液沿玻璃棒在三层滤纸侧缓缓流入漏斗中 [图 2-5(a)]，然后在烧杯中注入少量水洗涤沉淀，静置沉降后再将清液转入漏斗，如此 2～3 次。最后再将沉淀也转移到滤纸上 [图 2-5(b)]。

用少量蒸馏水洗涤烧杯壁及玻璃棒，洗涤液也倒入漏斗中过滤。待上一次洗液流完后，再进行下一次洗涤。每次洗涤时都按图 2-5(c) 操作，将沉淀吹扫于滤纸底部，注意漏斗内液面的高度应始终低于滤纸边缘 1cm，最后在滤纸上将沉淀洗至无杂质。

如果溶质在温度降低时易析出晶体，可采用热过滤 [图 2-5(d)]，把玻璃漏斗放在装有热水的铜质热滤漏斗内，并维持一定温度。

为加快过滤速度，滤纸应折叠成菊花形或扇形：先将圆形滤纸等折成 1/4，得折痕 1—2，2—3，2—4；再在 2—3 和 2—4 间对折出 2—5，在 1—2 和 2—4 间对折出 2—6，继续在 2—3 和 2—6 间对折出 2—7，在 1—2 和 2—5 间对折出 2—8，1—2 和 2—6 间对折出 2—10，2—3 和 2—5 间对折出 2—9；从上述折痕的相反方向，在相邻两折痕（如 2—3 和 2—9 间）都对折一次。展开，即得菊花形滤纸 [见图 2-4(b)]。

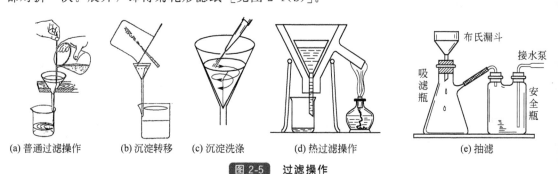

(a) 普通过滤操作　(b) 沉淀转移　(c) 沉淀洗涤　(d) 热过滤操作　(e) 抽滤

图 2-5　过滤操作

减压可以加速过滤，而且可以获得比较干燥的结晶和沉淀，减压过滤的装置由循环水泵（或真空油泵）、安全瓶、吸滤瓶和布氏漏斗组成，见图 2-5(e)。剪好一张比布氏漏斗内径略小、又能恰好掩盖住漏斗全部瓷孔的圆形滤纸。把滤纸放入漏斗内，用少量蒸馏水或相应的溶剂润湿滤纸，漏斗下端的斜口对着吸滤瓶的吸滤嘴。然后开启水泵，使滤纸紧贴漏斗。用倾析法将清液沿着玻璃棒注入漏斗中，加入液体的量不超过漏斗容量的 2/3，先在烧杯中洗涤，最后将沉淀转移入漏斗中，再洗涤若干次，抽干。过滤完毕，先拔掉橡皮管，再关水泵或油泵。取下漏斗倒扣在滤纸或表面皿上，用洗耳球在漏斗颈口吹一下，即可使滤纸沉淀脱出。

第四节　研钵和坩埚

在分析一个样品时，一般都要进行加热、灼烧或熔融。根据不同性质的样品，需要选用各种合适的器皿。各种器皿的特性不同其使用方法也大不相同，现将几种主要器皿的使用和维护方法简介如下。

（一）玛瑙研钵

玛瑙研钵用天然的玛瑙制成，玛瑙是一种贵重的矿物，它是石英的变种，主要化学成分是二氧化硅。另外含有少量其他的氧化物（铝、铁、钙、镁、锰等的氧化物），它与很多化学药品不起作用，而且硬度很大，所以被广泛用来研磨各种物质。使用时应注意：

① 不许与氢氟酸接触；

② 不许放在热处，例如不许放在烘箱中烤；

③ 遇有大块或结晶体样品，要在外边压碎敲碎，再放入玛瑙研钵进行研磨；

④ 研钵使用后要用水洗净，必要时可先用稀盐酸洗，再用水冲洗干净；如果仍不干净，可放入少许食盐研磨若干时间后倒去再洗净，不得已时可用少许海砂代替食盐以清理；

⑤ 硬度过大、粒度过粗的物体最好不要在玛瑙研钵中研磨，以免划坏研钵表面。

（二）铂坩埚

铂坩埚主要用于碱熔融及氢氟酸处理样品。

① 铂的熔点为 1773.5℃，铂坩埚使用时加热温度最高不可超过 1200℃。加热和灼烧时，应当在电炉内或煤气灯的氧化焰上进行，不可在还原焰或冒黑烟的火焰上加热铂坩埚，或使铂器接触火焰中的蓝色焰心，以免生成碳化铂，使它变脆而易破裂。

② 由于铂较软，所以拿取铂坩埚时勿太用力，以免变形或致凹凸。切勿用玻棒等尖头物体从铂坩埚中刮出物质致使其内壁损伤。可以用带橡皮头的玻璃棒。

③ 不得在铂坩埚中加热或熔融碱金属的氧化物、氢氧化物、氧化钡、硫代硫酸钠。含磷以及含大量硫的物质，碱金属的硝酸盐、亚硝酸盐、氯化物、氰化物等在高温下与铂形成脆性磷化铂、硫化铂等，且都能侵蚀铂。

④ 含有重金属，如铅、铋、锡、锑、砷、银、汞、铜等的化合物样品不可在铂坩埚内灼烧和加热，这些重金属化合物容易还原成金属与铂生成合金而损坏铂坩埚。

⑤ 高温加热时，不可与其他任何金属接触，必须放在铂三角或陶瓷、黏土、石英等材料的支持物上灼烧，也可放在垫有石棉板的电炉或电热板上加热，但不得直接与铁板或电炉丝接触，因为在高温时铂易与其他金属形成合金。须用铂头坩埚钳，镍或不锈钢的钳子只能在低温时使用。

⑥ 在铂坩埚内不得处理卤素及能分解出卤素的物质，如王水、溴水、盐酸与氧化剂（氯酸盐、硝酸盐、高锰酸盐、二氧化锰、铬酸盐、亚硝酸盐等）的混合物以及卤化物和氧化剂的混合物。三氯化铁溶液对铂有显著的侵蚀作用，因此不能与三氯化铁接触。

⑦ 成分不明的物质不要在铂坩埚中加热或溶解。

⑧ 铂坩埚必须保持清洁，内外应光亮，经过长久灼烧之后，铂坩埚外表可能黯然无光，这是其表面有一薄层结晶的关系，日久必定深入到内部以致铂坩埚脆弱而破裂。因此必须及时清除表面不清洁之物，其方法有如下几种。

a. 在稀盐酸或稀硝酸内煮沸（用稀盐酸比较方便，配成 1.5～2mol/L 的盐酸溶液）。注意所用的酸盐中不得含有硝酸、硝酸盐、卤素等氧化剂。

b. 如用稀酸尚不能洗净时，用焦硫酸钾、碳酸钠或硼砂熔融清洗。

c. 如仍有污点或表面发乌，用通过 100 目筛的无尖锐棱角的细砂，用水润湿后轻轻摩擦，使表面恢复光泽。

除铂坩埚之外，还有铂蒸发皿，燃烧用的铂小舟、铂古氏坩埚、铂电极等仪器，它们的使用和维护与上述相同。

（三）银坩埚

银坩埚用于过氧化钠及苛性碱熔融处理试样，不适于作沉淀称量用。

① 银的熔点仅 960℃，因此银坩埚使用温度一般不能超过 700℃，用银坩埚时要特别严格地控制温度。

② 新银坩埚应先在 300～400℃马弗炉中灼烧数分钟，除去表面油污，并使表面生成一层氧化膜，然后用稀盐酸（1+20）煮沸片刻，用水冲洗干净。

③ 银坩埚一经加热表面就有一层氧化物，使其不受氢氧化钾或氢氧化钠的侵蚀，因此可以用氢氧化钠作为熔剂，也可以用碳酸钾（钠）与硝酸钠（或过氧化钠）作为混熔剂，以烧结法分解试样，但与空气接近的边缘处略起作用，因此熔融时间不能过长（一般不超过30min）。

④ 绝对不许在其中分解或灼烧含硫的物质，也不许在其中使用碱性硫化熔剂，因为银很容易与硫作用生成硫化银。

⑤ 在熔融状态时，铝、锌、锡、铅、汞等金属盐都能使银坩埚变脆，汞盐、硼砂等也不能在银坩埚中灼烧和熔融。

⑥ 刚从火焰或电炉上取下的热坩埚，不许立刻用水冷却以免产生裂纹。

⑦ 银易溶于酸，在浸取熔融物时，不可使用酸，更不能长时间浸在酸里，特别是不可接触浓酸（如热的浓硝酸）。

（四）镍坩埚

镍坩埚可用以进行过氧化钠或碱熔融以代替贵金属。

① 镍的熔点为 1455℃，镍坩埚的使用温度不得超过 900℃，镍在高温中易被氧化，因此不能做沉淀的灼烧和称量。

② 在使用前放在水中煮沸数分钟，除去其污物，必要时可以加少量盐酸煮沸片刻。新的镍坩埚在使用前应先在高温中烧 2～3min，以除去油污，并使表面氧化，延长使用寿命。

③ 可用氢氧化钠、过氧化钠、碳酸钠、碳酸氢钠及含有硝酸钾的碱性熔剂熔融。但不能用硫酸氢钾（钠）、焦硫酸钾（钠）等酸性熔剂以及含硫的碱性硫化物熔剂进行熔融。

④ 熔融状态的铝、锌、锡、铅和汞等金属盐都能使镍坩埚变脆。硼砂等也不能在镍坩埚中灼烧和熔融。

⑤ 镍极易溶于酸，浸取熔融物时，不可使用酸，必要时也只能用数滴稀酸（1∶20）稍洗一下。

⑥ 镍坩埚中常含有微量的铬，使用时应注意。

（五）石英坩埚

石英坩埚的主要化学成分是二氧化硅，其中含有微量的铁、铝、钙、镁、钡等，除氢氟酸外，不与其他酸作用，易与苛性碱及碱金属碳酸盐作用，特别是在高温下，极易与上述物质共同熔融而破坏石英坩埚，对大部分其他化学物质则比较稳定。使用时应注意下列各点。

① 石英坩埚对热的稳定性很好，在 1700℃ 以下不软化亦不挥发，但在 1100～1200℃ 间开始变成不透明，而失掉机械强度，因此使用时必须严格控制在这个温度以下。

② 石英坩埚比玻璃器皿更脆，容易破碎，使用时要特别小心。

③ 在石英坩埚中绝对不能使用氢氟酸、过氧化钠、苛性碱及碱金属碳酸盐，因为它们对石英都有侵蚀作用，还有多种金属氧化物在高温下能和石英作用而生成硅酸盐，破坏石英坩埚。

④ 可以用硫酸氢钾（钠）、焦硫酸钾（钠）、硫代硫酸钠等作为熔剂。

⑤ 清洗时，除氢氟酸外，普通稀无机酸均可用作清洗剂。

（六）聚四氟乙烯坩埚

① 化学性能稳定，能耐酸、耐碱，不受氢氟酸的侵蚀。

② 表面光滑、耐磨，不易破碎、机械强度好。

③ 在 400℃ 以下稳定，因此使用温度绝对不能超过 400℃。一般控制在 200℃ 左右，主要代替铂器皿用于氢氟酸熔样。

（七）铁坩埚和刚玉坩埚

因铁的价格低廉，使用普遍。如过氧化钠熔融也可以用铁坩埚来代替镍坩埚。

刚玉坩埚由多孔性熔融氧化铝制成，是分析化学实验室中常用器皿。质坚而耐熔，但易碎，不适用于酸熔剂熔样，只适用于某些碱熔剂熔融样品。但在测定铝和铝有干扰的情况下，不能使用。

在实验室中熔融样品时，需根据熔剂的性质、实验的要求选择适用的坩埚，见表 2-12，在使用时严格控制条件，细心操作。

表 2-12　适用于常用熔剂的坩埚

熔剂种类	适用坩埚						
	铂	铁	镍	银	瓷	刚玉	石英
无水碳酸钠	+	+	+	−	−	+	−
碳酸氢钠	+	+	+	−	−	+	−
无水碳酸钠-无水碳酸钾（1∶1）	+	+	+	−	−	+	−
无水碳酸钾-硝酸钾（6∶0.5）	+	+	+	−	−	+	−
无水碳酸钠-硼酸钠（熔融）（3∶2），研成细粉	+	−	−	−	+	+	+
无水碳酸钠-氧化镁（1∶1）	+	+	+	−	−	+	−
无水碳酸钠-氧化锌（2∶1）	+	+	+	−	−	+	−
碳酸钾钠-酒石酸钾（4∶1）	+	−	−	−	−	−	−
过氧化钠	−	+	+	−	−	−	−
过氧化钠-无水碳酸钠（5∶1）	−	+	+	+	−	−	−
过氧化钠-无水碳酸钠（4∶3）	−	+	+	+	−	−	−
氢氧化钠（钾）	−	+	+	+	−	−	−
氢氧化钠（钾）-硝酸钠（钾）（6∶0.5）	−	+	+	+	−	−	−
氰化钾	−	−	−	−	+	+	+
碳酸钠-硫黄（1∶1）	−	−	−	−	+	+	+
硫酸氢钾	+	−	−	−	+	+	+
焦硫酸钾	+	−	−	−	+	+	+
氟化氢（钾）-焦硫酸钾（1∶10）	+	−	−	−	+	+	+
氧化硼	+	−	−	−	−	−	−
硫代硫酸钠（在 212℃熔干）	−	−	−	−	+	+	+
无水碳酸钠-硫黄（1.5∶1）	−	−	−	−	+	+	+

注：表中"＋"表示可以使用；"－"表示不宜使用。

第五节　干燥方法

样品的干燥是要除去固体、液体、气体样品中的水分或残存溶剂等，其干燥与否将直接影响组分测定的准确性、有机化合物熔点及沸点测定的可靠性。无机基准物质通常在规定温度下烘一定时间，再保存在干燥器中；液体有机化合物在蒸馏前须先干燥；某些有机反应需要在"绝对无水"条件下进行，不但原料及溶剂要干燥，还要防止空气中水汽的侵入；有机化合物在进行波谱分析前也必须完全干燥。

干燥方法一般可分为物理法和化学法两种。

物理法有挥发、吸附、分馏、共沸蒸馏等，一般无机样品可用挥发法除去水分，有机样品中的大量水分则可利用分馏、共沸蒸馏等除去。离子交换树脂和分子筛因内部有空隙或孔穴，可吸附水分子并利用加热释放所吸附的水，也可用作干燥剂且可反复使用。

化学法则是用干燥剂去水。按其去水作用可分为两类：第一类能与水可逆地结合生成水合物，如无水氯化钙、无水硫酸镁等；第二类则与水不可逆地生成新的化合物，如金属钠、五氧化二磷等。实验室中应用较广的是第一类干燥剂。

实验室常用的干燥剂及特性见表 2-13，其适用范围见表 2-14。

表 2-13 常用的干燥剂及特性

名称	化学式	干燥容量①	干燥速度	酸碱性	再生方法
五氧化二磷	P_2O_5	大	快	酸性	不能再生
分子筛	结晶的铝硅酸盐	0.25	较快	酸性	烘干，温度随型号而异
氧化钡	BaO	—	慢	碱性	不能再生
高氯酸镁②	$Mg(ClO_4)_2$	大		中性	烘干再生（251℃分解）
三水合高氯酸镁	$Mg(ClO_4)_2 \cdot 3H_2O$	—		中性	烘干再生（251℃分解）
氢氧化钾（熔融过的）	KOH	大	较快	碱性	不能再生
活性氧化铝	Al_2O_3	大	快	中性	在 110~300℃下烘干再生
浓硫酸③	H_2SO_4	大	快	酸性	蒸发浓缩再生
硫酸钙	$CaSO_4$	0.06	快	中性	在 163℃（脱水温度）下脱水再生
硅胶	SiO_2	0.3	快	酸性	120℃下烘干再生
氢氧化钠（熔融过的）	NaOH	大	较快	碱性	不能再生
氧化钙	CaO	—	慢	碱性	不能再生
硫酸铜	$CuSO_4$	大	—	微酸性	150℃下脱水再生
氯化钙（熔融过的）	$CaCl_2$	0.97	快	含碱性杂质	200℃下脱水再生
硫酸镁	$MgSO_4$	1.0	较快	中性，有的微酸性	200℃下脱水再生
硫酸钠	Na_2SO_4	1.25	慢	中性	烘干再生
碳酸钾	K_2CO_3	0.2	较慢	碱性	100℃下烘干再生
金属钠	Na			—	不能再生

① 干燥容量指单位质量干燥剂所吸收的水量。

② 使用高氯酸盐时务必小心，碳、硫、磷及一切有机物均不得与之直接接触，以免发生爆炸事件。

③ 为了判断硫酸是否失效，通常在 100ml 浓硫酸中溶解 18g 硫酸钡，硫酸吸水后浓度降到 84% 以下时，若有细小的硫酸钡结晶析出，就应更换硫酸。

表 2-14 干燥剂的适用性

干燥剂	适用范围	不适用范围	备注
P_2O_5	大多数中性或酸性气体，乙炔，二硫化碳，烃，卤代烃，酸溶液（干燥器、干燥枪），酸与酸酐，腈	碱性物质，醇、酮易发生聚合的物质，氯化氢，氟化氢	使用时应与载体（石棉绒、玻璃棉、浮石等）混合；一般先用其他干燥剂预干燥；本品易潮解，与水作用生成偏磷酸、磷酸等
浓 H_2SO_4	大多数中性与酸性气体（干燥器、洗气瓶），饱和烃，卤代烃，芳烃	不饱和的有机化合物，醇，酮，酚，碱性物质，硫化氢，碘化氢	不适宜升温真空干燥

干燥剂	适用范围	不适用范围	备 注
BaO、CaO	中性或碱性气体，胺，醇	醛，酮，酸性物质	特别适用于干燥气体，与水作用生成 $Ba(OH)_2$、$Ca(OH)_2$
NaOH、KOH	氨，胺，醚，烃（干燥器），肼	醛，酮，酸性物质	易潮解
K_2CO_3	胺，醇，丙酮，一般的生物碱，酯，腈	酸，酚及其他酸性物质	易潮解
Na	醚，饱和烃，叔胺，芳烃	氯代烃（爆炸！），醇，伯胺，仲胺及其他易与金属钠起反应的物质	一般先用其他干燥剂预干燥；与水作用生成 NaOH 和 H_2
$CaCl_2$	烃，链烯烃，醚，酯，卤代烃，腈，中性气体，氯化氢	醇，氨，胺，酸，酸性物质，某些醛、酮与酯	价廉，可与许多含氮、含氧的化合物生成溶剂化物、配合物或发生反应；含有 CaO 等碱性杂质
$Mg(ClO_4)_2$	含有氨的气体（干燥器）	易氧化的有机液体	适用于分析工作，能溶于多种溶剂中；处理不当会发生爆炸
Na_2SO_4、$MgSO_4$	普遍适用，特别适用于酯及敏感物质溶液		价廉；Na_2SO_4 常作预干燥剂
$CaSO_4$	普遍适用		常先用 Na_2SO_4 作预干燥剂
硅胶	（干燥器）	氟化氢	
分子筛	温度在100℃以下的大多数流动气体；有机溶剂（干燥器）	不饱和烃	一般先用其他干燥剂预干燥；特别适用于低分压的干燥
CaH_2	烃，醚，酯，C_4 及 C_4 以上的醇	醛，含有活泼羰基的化合物	作用比氢化锂铝慢，但效率差不多，且较安全，是最好的脱水剂之一，与水作用生成 $Ca(OH)_2$、H_2
$LiAlH_4$	烃，芳基卤化物，醚	含有酸性氢、卤素、羰基及硝基等的化合物	使用时小心！过剩的可慢慢加乙酸乙酯将其破坏；与水作用生成 LiOH、$Al(OH)_3$ 与 H_2

一、固体样品的干燥

固体样品的干燥主要是除去残留在固体中的少量水分和低沸点有机溶剂。其方法如下。

(1) 自然干燥 适用于在空气中稳定、不吸潮的固体。将样品于干燥洁净的表面皿、滤纸或其他敞口容器中薄薄摊开，上覆透气物体以防灰尘落入，任其在空气中通风晾干。此法最简便、最经济。

(2) 加热干燥 适用于熔点较高且遇热不分解的固体。将样品置于表面皿或蒸发皿中，用恒温干燥箱或红外灯烘干，注意加热温度必须低于样品的熔点。在较高温度易分解的样品宜用真空恒温干燥箱于较低温度下烘干。

(3) 干燥器干燥 干燥器是存放干燥物品防止吸湿的玻璃仪器（图2-6），适用于干燥易吸潮、分解或升华的物质。其底部盛有干燥剂，上搁一带孔圆瓷板以承放容器，磨口处涂有凡士林以防止水汽进入。开关干燥器时，应一手朝里按住干燥器下部，用另一手握住盖上的圆顶平推[图2-6(a)]。当放入热的物体时，为防止空气受热膨胀把盖子顶起而滑落，可反复推、关盖子几次以放出热空气，直至盖子不再容易滑动为止。搬动干燥器时，应同时按住盖子[图2-6(b)]，以防盖子滑落。

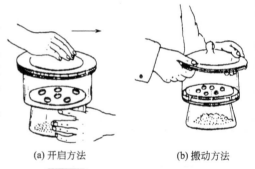

(a) 开启方法　　　　　　(b) 搬动方法

图 2-6　干燥器的开启和搬动

干燥器分为普通干燥器和真空干燥器，前者干燥效率不高且所需时间较长，一般用于保存易吸潮的药品。后者干燥效率较好，但真空度不宜过高，用水泵抽至盖子推不动即可。启盖前，必须首先缓缓放入空气以防止气流冲散样品，然后启盖。

干燥器应注意保持清洁，不得存放潮湿的物品，且只在存放或取出物品时打开，物品取出或放入后，应立即盖上。底部所放的干燥剂不能高于底部高度的1/2处，以防沾污存放的物品。干燥剂失效后，要及时更换。

二、液体样品的干燥

由于自然条件下呈液态又需干燥的无机物不多，以有机样品的干燥（去水）为主。

1. 利用分馏或生成共沸混合物去水

利用此法可除去样品中的大量水，细节参见本手册第二分册的相关内容。

2. 使用干燥剂去水

(1) 干燥剂的选择　除考虑干燥剂的干燥效能外，还有以下要求：①不溶于该有机化合物中；②不与被干燥有机物发生化学反应或起催化作用；③干燥速度快，吸水量大，价格低廉。

通常是先选用第一类干燥剂，仅在需彻底干燥的情况下再用第二类干燥剂除去残留的微量水分。

(2) 干燥剂的效能　干燥剂的效能是指达到平衡时液体被干燥的程度。对于形成水合物的无机酸盐类干燥剂，常用吸水后结晶水的蒸气压来表示。如硫酸钠和氯化钙能分别形成10个和6个结晶水的水合物，其吸水容量达1.25和0.97；两者的蒸气压在25℃时分别为253.27Pa及39.99Pa，硫酸钠的吸水量较大但干燥效能弱，氯化钙则反之。故在干燥含量较多又不易干燥的化合物时，常先用吸水量较大的干燥剂除去大部分水，然后再用干燥效能强的干燥剂。各类有机物的常用干燥剂见表2-15。

表 2-15　各类有机物的常用干燥剂

化合物类型	干燥剂	化合物类型	干燥剂
烃	$CaCl_2$、Na、P_2O_5	酮	K_2CO_3、$CaCl_2$、$MgSO_4$、Na_2SO_4
卤代烃	$CaCl_2$、$MgSO_4$、Na_2SO_4、P_2O_5	酸、酚	$MgSO_4$、Na_2SO_4
醇	K_2CO_3、$MgSO_4$、CaO、Na_2SO_4	酯	$MgSO_4$、Na_2SO_4、K_2CO_3
醚	$CaCl_2$、Na、P_2O_5	胺	KOH、$NaOH$、K_2CO_3、CaO
醛	$MgSO_4$、Na_2SO_4	硝基化合物	$CaCl_2$、$MgSO_4$、Na_2SO_4

(3) 干燥剂的用量　干燥剂的用量需根据水在液体中的溶解度、液体的分子结构以及干

燥剂的吸水量来估计。干燥含亲水基团化合物（如醇、醚、胺等）时要过量得多些，但具体用量很难规定，通常每 10ml 液体需 0.5～1g。

（4）干燥过程　干燥前，要尽量分净待干燥液体中的水，然后将样品置于锥形瓶中，加入干燥剂（颗粒大小要适宜，太大吸水缓慢，过细则吸附有机物较多且难以分离），塞紧瓶口，振荡片刻，静置观察。若发现干燥剂黏结于瓶壁，则应补加干燥剂，放置至少半小时以上（最好过夜）。有时干燥前液体显浑浊，干燥后可变为澄清，以此作为水分已基本除去的标志。已干燥的液体可直接滤入蒸馏瓶中进行蒸馏。

三、气体的干燥

气体的干燥主要用吸附法。

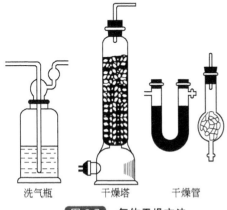

图 2-7　气体干燥方法

1. 用吸附剂吸水

吸附剂是指对水有较大亲和力，但不与水形成化合物，且加热后可重新使用的物质，如氧化铝、硅胶等。前者吸水容量可达其质量的 15%～20%；后者可达其质量的 20%～30%。

2. 用干燥剂吸水

装干燥剂的设备一般有干燥管、干燥塔、U 形管及各种形式的洗气瓶（图 2-7）。前三者装固体，后者装液体干燥剂。根据待干燥气体的性质、潮湿程度、反应条件及干燥剂的用量可选择不同设备。一般气体干燥时所用的干燥剂见表 2-16。

表 2-16　干燥气体时所用的干燥剂

干　燥　剂	可干燥气体
CaO、碱石灰、NaOH、KOH	NH_3
无水 $CaCl_2$	H_2、HCl、CO_2、CO、SO_2、N_2、O_2、低级烷烃、醚、烯烃、卤代烷
P_2O_5	H_2、O_2、CO、CO_2、SO_2、N_2、烷烃、乙烯
浓 H_2SO_4	H_2、N_2、CO_2、Cl_2、HCl、烷烃
$CaBr_2$、$ZnBr_2$	HBr

下列措施有助于提高干燥效果：①无水氯化钙、生石灰等易碎裂的干燥剂以颗粒状为佳（以免吸潮后结块堵塞）；②应注意洗气瓶的进、出口，且气体流速不宜过快；③用后应立即关闭各通路，以防吸潮。

各类分子筛的化学组成及特性见表 2-17，分子筛按分子大小吸附的分类见表 2-18。

表 2-17　各类分子筛的化学组成及特性

类　型	孔径，$\phi/\text{Å}$	化学组成	水吸附量，$w/\%$	特性和应用
A 型				
3A 或钾 A 型	3.0	$(0.75K_2O、0.25Na_2O)\text{-}Al_2O_3\text{-}2SiO_2$	25	只吸附水，不吸附乙烯、乙炔、二氧化碳、氨和更大的分子

续表

类 型	孔径,$\phi/\text{Å}$	化学组成	水吸附量,$w/\%$	特性和应用
4A 或钠 A 型	4.0	$Na_2O\text{-}Al_2O_3\text{-}2SiO_2$	27.5	吸附水、甲醇、乙醇等
5A 或钙 A 型	5.0	$(0.75CaO、0.25Na_2O)\text{-}Al_2O_3\text{-}2SiO_2$	27	用于正异构烃类的分离
X 型				
10X 或钙 X 型	9.0	$(0.75CaO、0.75Na_2O)\text{-}Al_2O_3\text{-}(2.5\pm0.5)SiO_2$	—	用于芳烃类异构体分离
13X 或钠 X 型	10.0	$Na_2O\text{-}Al_2O_3\text{-}(2.5\pm0.5)SiO_2$	39.5	用于催化剂载体和水-二氧化碳、水-硫化氢的共吸附
Y 型	10.0	$Na_2O\text{-}Al_2O_3\text{-}(3\sim6)SiO_2$	35.2	经过蒸汽处理后,仍有高的吸氧量

注:$1\text{Å}=10^{-8}\text{cm}$。

表 2-18 分子筛按分子大小吸附分类

He,Ne,Ar, H_2,O_2,N_2, H_2O	Kr、Xe、CH_4、CO、NH_3、C_2H_6、C_2H_4、C_2H_2、CH_3OH、CH_3- CN、CH_3NH_2、CH_3Cl、CH_3Br,CO_2、CS_2	$C_3\sim C_{14}$ 正烷烃、C_2H_5Cl、C_2H_5Br、CH_3I、C_2H_5- OH、B_2H_6、$C_2H_5NH_2$、CF_4、CH_2Br_2、C_2F_6、CH_2- Cl_2、CF_2Cl_2、CHF_3、CF_3Cl、$(CH_3)_2NH$、$CHFCl_2$	SF_6、$C(CH_3)_4$、$CHCl_3$、$C(CH_3)_3Cl$、$CHBr_3$、$C(CH_3)_3Br$、CHI_3、$C(CH_3)_3OH$、$n\text{-}C_3F_8$、CCl_4、$(C_2H_5)_3N$、n- C_4F_{10}、环己烷、$n\text{-}C_7H_{16}$、萘、喹啉、CBr_4、噻吩、甲苯、C_6H_6、B_5H_{10}、呋喃、单酮类、$(CH_3)_3N$、二氧杂环己烷、吡啶	1,3,5-三乙基苯	$(n\text{-}C_4H_9)_3N$
能被钾 A 型 (3A) 分子筛吸附				
能被钠 A 型(4A)分子筛吸附				
能被钙 A 型(5A)分子筛吸附				
能被钙 X 型(10X)分子筛吸附				
能被钠 X 型(13X)分子筛吸附				
能被 Y 型分子筛吸附				

第六节 冷却方法

有些化学反应(如某些有机化学反应)和某些常温下不太稳定的组分的预处理,必须在低温下进行,而有些操作则需要除去过剩热量,蒸馏时要使蒸气冷凝,重结晶时要使固体溶质析出,这些往往都需要进行冷却操作。

一、实验室常用制冷剂

除了自然冷却外,最常用的制冷剂是水(易得且比热容大,热交换效果好),但水只能将物体冷到室温。用冰或冰水可冷却到室温以下。若需冷到 0℃ 以下,可用食盐和碎冰的混合物。若需要更低的温度(如<−10℃)则需使用特殊的制冷剂。冰屑和一些试剂的混合物常可在短时间内达到很低的温度,使用液态气体更可获得−273℃的低温。常见的制冷剂及制冷效果见表 2-19~表 2-22。

表 2-19 盐和水混合后的制冷作用

盐	在 100 份水中溶解盐的份数	最低温度,$t/℃$	盐	在 100 份水中溶解盐的份数	最低温度,$t/℃$
$(NH_4)_2SO_4$	75	9	NH_4Cl	30	-3
$Na_2SO_4 \cdot 10H_2O$	20	8	$Na_2S_2O_3$	110	-4
$MgSO_4$	85	7	$CaCl_2$	250	-8
Na_2CO_3	40	6	NH_4NO_3	100	-12
KNO_3	16	5	$NH_4Cl+KNO_3$	$33+33$	-12
$(NH_4)_2CO_3$	30	3	NH_4CNS	133	-16
KCl	30	2	$KCNS$	100	-24
$NaC_2H_3O_2 \cdot 3H_2O$	85	-0.5	$NH_4Cl+KNO_3$	$100+100$	-25

表 2-20 盐或酸与雪或冰混合后的制冷作用

加入雪中的物质	100 份雪中加入物质的份数	最低温度,$t/℃$	加入雪中的物质	100 份雪中加入物质的份数	最低温度,$t/℃$
Na_2CO_3	20	-2	$KNO_3+NH_4NO_3$	$9+74$	-25
$CaCl_2 \cdot 6H_2O$	41	-9	$NaNO_3+NH_4NO_3$	$55+52$	-26
KCl	30	-11	KNO_3+NH_4CNS	$9+67$	-28
NH_4Cl	25	-15	$CaCl_2 \cdot 6H_2O$	100	-29
NH_4NO_3	50	-17	KCl (工业用)	100	-30
$NaNO_3$	50	-18	$NH_4Cl+KNO_3$	$13+38$	-31
$38\%HCl$	50	-18	$KCNS+KNO_3$	$112+2$	-34
$(NH_4)_2SO_4$	62	-19	$NH_4CNS+NaNO_3$	$40+55$	-37
浓 H_2SO_4	25	-20	$66\%H_2SO_4$	100	-37
$NaCl$	$33\sim100$	$-20\sim-22$	稀 HNO_3	100	-40
$Na_2SO_4 \cdot 10H_2O+(NH_4)_2SO_4$	$9.6+69$	-20	$CaCl_2 \cdot 6H_2O$	125	-40.3
$CaCl_2 \cdot 6H_2O$	82	-21.5	$CaCl_2 \cdot 6H_2O$	150	-49
$NH_4Cl+NH_4NO_3$	$18.8+44$	-22.1	$CaCl_2 \cdot 6H_2O$	500	-54
$NH_4Cl+(NH_4)_2SO_4$	$12+50.5$	-22.5	$CaCl_2 \cdot 6H_2O$	143	-55

表 2-21 盐和冰混合后的制冷作用

物 质	无水物质的质量分数,$w/\%$	最低温度,$t/℃$	物质	无水物质的质量分数,$w/\%$	最低温度,$t/℃$	物质	无水物质的质量分数,$w/\%$	最低温度,$t/℃$
$Pb(NO_3)_2$	35.2	-2.7	NH_4Cl	22.9	-15.8	$CaCl_2$	29.9	-55
$MgSO_4$	21.5	-3.9	$NaNO_3$	37.0	-18.5	$ZnCl_2$	52.0	-62
$ZnSO_4$	27.2	-6.6	$NaCl$	28.9	-21.2	KOH	32.0	-65
$BaCl_2$	29.0	-7.8	$NaOH$	19.0	-28.0	HCl	24.8	-86
$MnSO_4$	47.5	-10.5	$MgCl_2$	20.6	-33.6			
$Na_2S_2O_3$	30.0	-11.0	K_2CO_3	39.5	-36.5			

表 2-22 液态气体的制冷情况

制冷剂	最低温度,/℃	三相点温度/℃	三相点压力/kPa(mmHg)	制冷剂	最低温度/℃	三相点温度/℃	三相点压力/kPa(mmHg)
液氨	-33			液氧	-183.0	-218.4	0.27(0.2)
干冰	-78.5	—	—	液氮	-195.8	-209.9	13(9.6)
氧化亚氮	-89.8	-102.4	—	液氢	-252.8	-259.1	6.8(5.1)
甲烷	-161.4	-183.1	9.3(7.0)	液氦	-268.9	—	—

有些反应或样品处理过程中需要较长时间将整个系统处于低温状态，可选用低温冷却液循环泵（见图2-8）。该类仪器用压缩机制冷，用机械循环泵将低温冷却液输出到所需冷却的系统中（如旋转蒸发仪、小型反应釜、控温磁力搅拌器等）。不同的生产厂家及不同的型号所输出冷却液的温度在 -120~+10℃之间，可以按需要设置，满足对冷却水的温度和水质的双重要求。

图 2-8 低温冷却液循环泵

二、使用液态气体作制冷剂的注意事项

① 使用液态气体时，液态气体经过减压阀先讲入一个耐压的大橡皮袋和气体缓冲瓶，再进入到要使用的仪器，以防止液态气体因减压而突然沸腾气化，压力猛增而发生爆炸的危险。

② 使用液态氧时，绝对不允许与有机化合物接触，以防止燃烧。

③ 使用液态氢时，已气化放出的氢气必须极为谨慎地把它燃烧掉或放入高空，因在空气中含有少量氢气（约5%）也会发生猛烈爆炸。

④ 使用干冰时应注意，因二氧化碳在钢瓶中是液体，使用时先在钢瓶出口处接一个既保温又透气的棉布袋，将液态二氧化碳迅速而大量地放出时，因压力降低，二氧化碳在棉布袋中结成干冰。然后再与其他液体混合使用，如与二氯乙烯混合，平衡温度达-60℃；与乙醇混合达-72℃，与乙醚混合达-77℃；与丙酮混合达-78.5℃。

⑤ 使用液态气体时都必须戴皮（棉）手套，以防止低温冻伤，同时对钢瓶的存放有特殊要求，详见本分册第八章第四节。

低温时常用的几种热传导介质见表2-23。

表 2-23 低温用的热传导体

液体	20℃时的比热容[1]/c[kcal/(kg·℃)]	凝固点,t(近似值)/℃	沸点,t/℃	在所列温度下的近似黏度，$\eta/10^{-3}$Pa·s						
				20℃	0℃	-20℃	-40℃	-60℃	-80℃	-100℃
丙酮	0.53	-95	56.5	0.3	0.4	0.5	0.7	0.9	1.5	
乙醇	0.58	-115	78.5	1.2	1.8	2.8	5.0	8.5	21.0	50
乙醚	0.54	-116	34.6	0.2	0.3	0.4	0.5	0.6	1.0	1.7
正戊烷	—	-130	36.2	—	—	—	—	—	—	—
正丁烷	0.55	-135	-0.6	—	—	—	—	—	—	—
异戊烷	0.53	-160.5	28	0.2	0.3	—	—	—	—	—

[1]与 SI 单位的换算关系是：1kcal/(kg·℃) = 4.187×10³J/(kg·K)。

第七节　加热方法

化学实验中样品不同其加热方法也不同，通常有直接加热法（使盛在容器中的物料直接从热源得到热量，如果热源是明火，亦叫直火加热）、热浴加热法（使盛有物料的容器通过某一介质而间接得到热量）等，如非必需，实验室应尽量避免直接明火加热。

一、固体加热方法

1. 在试管中直接用酒精灯加热

无机元素定性实验中可根据图 2-9 所示方式直接加热试管里的固体。注意：试管口应低于底部，以免水蒸气回落而使试管破裂。

2. 在坩埚中灼烧

固体放入坩埚后，将坩埚放在泥三角上（图 2-10），用煤气灯（或酒精灯、酒精喷灯）加热坩埚灼烧（开始用小火，使坩埚均匀受热），灼烧一段时间后，停止加热，在泥三角上稍冷后，用坩埚钳夹住放入干燥器内。

3. 在蒸发皿中加热

当加热较多固体物质时，可把固体放在蒸发皿中进行，蒸发皿可直接放在铁圈上。加热过程中应注意充分搅拌样品，使之受热均匀。

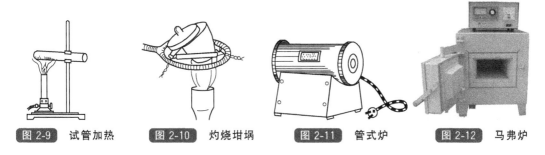

图 2-9　试管加热　　　图 2-10　灼烧坩埚　　　图 2-11　管式炉　　　图 2-12　马弗炉

4. 管式炉和马弗炉加热

管式炉（图 2-11）和马弗炉（图 2-12）一般都可以加热到 1000℃ 以上，并适宜于某一温度下长时间加热。

二、液体加热方法

1. 直接加热

直接加热（又称直火加热）的优点是升温快，热度高；缺点是器皿受热不易均匀，温度不易控制，容器（特别是玻璃容器）容易破裂，物料也可能由于局部过热而分解。因而，减压蒸馏、低沸点和易燃物料都不宜用直火加热。

如果物料盛在玻璃容器如烧杯、烧瓶等容器中，则需在热源与容器之间加一铁丝网或石棉铁丝网，以保护容器。

2. 热浴加热

热浴包括水浴、油浴、砂浴等（图 2-13），各种热浴的可加热温度见表 2-24，常用液体浴的介质见表 2-25。

电热套是由玻璃纤维包裹着电热丝织成的碗状半圆形的加热器，可以密切地贴合在烧瓶的周围，因而加热较为均匀。有可调控温装置，可以提供 100℃ 以上的温度。

有时为使反应尽快进行，可借助回流装置使反应物质在较长时间保持沸腾，此时物料蒸气不断在冷凝管内冷凝而退回反应瓶中，不会逃逸损失。回流时控制液体蒸气的高度不超过冷凝管的 1/3。回流装置种类较多，图 2-14 所示依次为简单装置、带防潮管的、带气体吸收装置的及带分水器的回流装置，以适应不同实验之所需。

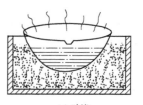

(a) 水浴锅　　　　　　(b) 可升降油浴锅　　　　　(c) 砂浴　　　　　(d) 电加热套

图 2-13　各种热浴加热方法

　　无论采用何种加热方法，如果液体中不存在空气，容器壁又光滑洁净，就很难形成气化中心，即使液体温度超过沸点也难以沸腾，形成过热现象。过热液体一旦沸腾，大量的大气泡便会剧烈冲出，形成"暴沸"。因此，在蒸馏或回流加热时，都应在液体中加少许沸石。沸石是一种多孔性材料，受热时会在沸石孔隙中产生一连串小气泡，形成许多气体中心，使液体均匀沸腾。使用沸石时应注意：

　　① 先投入沸石，后加入液体。切忌在加热液体的过程中添加沸石，否则会由于沸石急剧地释放出大量的气泡而引起暴沸，使液体冲出容器。

图 2-14　各种回流装置

　　② 一旦中途停止加热，液体就会进入沸石空隙而使其失效，因此，须重新添加沸石。

　　③ 有搅拌的加热可不加沸石，因搅拌器起到了沸石的作用。一端封口的毛细管、短玻璃管、不规则的碎玻璃块等有时也可代替沸石使用。

表 2-24　常用加热浴的可加热温度

名　称	加　热　载　体	极限温度，$t/℃$	名　称	加　热　载　体	极限温度，$t/℃$
水浴	水	98	油浴	棉籽油[②]	210
空气浴	空气	300		甘油	220
砂浴	砂	400		石蜡油	220
硫酸浴	硫酸	250		58～62 号汽缸油	250
石蜡浴	熔点为 30～60℃的石蜡	300		甲基硅油	250
金属浴[①]	铜或铅	500		苯基硅油	300
	锡	600			
	铝青铜(90% Cu、10% Al 合金)	700			

　　① 在使用金属浴时，在器皿底部先涂上一层石墨，防止熔融金属黏附在器皿上，特别是在用玻璃器皿时；同时，在金属凝固前将其移出金属浴。

　　② 棉籽油初次使用，最高温度在 180℃以下；多次使用后温度可升高到 210℃。

表 2-25 液体浴介质

介质	熔点，t/℃	沸点，t/℃	使用的温度范围，t/℃	黏度 η/10⁻³Pa·s
萘（C₁₀H₈）	80.2	217.9	80~200	0.776（在100℃）
润滑油	—	—	20~175	30（在80℃）
乙二醇	−12.3	197.2	−10~180	21（在20℃）
导热姆 A（73.5%二苯氧化物，26.5%联苯）	12.1	260	15~225	1.0（在100℃）
二苯甲酮	48.1	305.9	50~275	4.79（在55℃）
80% H₃PO₄，20% H₃PO₃	<20	—	20~250	—
三甘醇	−5	287.4	0~250	47.8（在20℃）
甘油（丙三醇）	—	290	−20~260	1069（在20℃）
硅油①	−48	—	−40~250	—
66.7% H₃PO₄，33.3% H₃PO₃	—	—	125~340	—
石蜡	约50	—	60~300	—
硫酸	10.5	330	20~300	—
硬芝麻油	约60	约350	60~320	—
汞	−38.9	356.58	−35~350	1.5（在20℃）
四甲基硅酸酯	<−48	436~441	20~400	—
硫	112.8	444.6	120~400	7.1（在150℃）
51.3% KNO₃，48.7% NaNO₃	219	—	230~500	—
40% NaNO₂ 7% NaNO₃ 53% KNO₃	142	—	150~500	17.7（在149℃）
铅	327.4	1613	350~800	2.58（在350℃）
焊锡（50% Pb，50% Sn）	225	—	250~800	—
40% NaOH，60% KOH	167	—	200~1000	—

①硅油牌号和特性：

牌　　号	201~100	201~350	201~500	201~800	201~1000
黏度范围，ν/（10⁻⁶m²/s）	100±8	350±8	500±5	800±5	1000±5
闪　　点，t/℃		>265		>300	

三、微波加热介绍

微波是指频率在 $300MHz$ 到 $300 \times 10^3 MHz$ 的电磁波。被加热介质物料中的水分子是极性分子，在快速变化的高频电磁场作用下，其极性取向将随着外电场的变化而变化，造成分子的运动和相互摩擦效应。此时微波场的场能转化为介质内的热能，使物料温度升高，产生热化和膨化等一系列物化过程而达到微波加热的目的。

微波加热具有波动性、高频性、热特性和非热特性四大基本特性。

（一）微波加热原理特性

1. 选择性

物质吸收微波加热的能力主要由其介质损耗因数来决定。介质损耗因数大的物质对微波加热的吸收能力就强，相反，介质损耗因数小的物质吸收微波加热的能力也弱。由于各物质的损耗因数存在差异，微波加热就表现出选择性加热的特点。水分子属极性分子，介电常数较大，其介质损耗因数也很大，对微波加热具有强吸收能力。而蛋白质、碳水化合物等的介电常数相对较小，其对微波加热的吸收能力比水小得多。因此，对于蛋白质、碳水化合物来说，含水量的多少对微波加热效果影响很大。

微波射到金属上就发生反射，金属不能吸收或传导微波；微波可以穿过玻璃、塑料等绝缘材料，但不会消耗能量。因此，用微波对物质加热，不能用金属材料，而只能用玻璃、陶瓷、塑料等绝缘材料做成的容器。

2. 穿透性

微波加热比其他用于辐射加热的电磁波如红外线、远红外线等的波长更长，因此具有更好的穿透性。微波加热透入介质时，介质材料内部、外部几乎同时加热升温，形成体热源状态，大大缩短了常规加热中的热传导时间，且在条件为介质损耗因数与介质温度呈负相关关系时，物料内外加热均匀一致。

3. 热惯性小

微波加热对介质材料是瞬时加热升温，能耗也低。另外，微波加热的输出功率随时可调，介质温升可无惰性地随之改变，不存在"余热"现象，有利于自动控制和连续化生产的需要。

（二）微波加热的生物效应机制

当微波加热作用于生物体时，在生物控制系统的作用和调节下，生物体必然要建立新的平衡状态以适应外界电磁环境条件的变化，因此也就必然产生某些生物效应。微波加热的生物效应主要是由微波加热的热效应引起的，其次是由非热效应引起的。

1. 微波加热的热效应

微波加热对生物体的热效应是指由微波加热引起的生物组织或系统受热而对生物体产生的生理影响。热效应主要是生物体内有机分子在微波加热高频电场的作用下反复快速取向转动而摩擦生热；体内离子在微波加热作用下振动也会将振动能量转化为热量；一般分子也会吸收微波加热能量后使热运动能量增加。如果生物体组织吸收的微波加热能量较少，它可借助自身的热调节系统通过血循环将吸收的微波加热能量（热量）散发至全身或体外。如果微波加热功率很强，生物组织吸收的微波加热能量多于生物体所能散发的能量，则引起该部位体温升高。而局部组织温度升高将产生一系列生理反应，如使局部血管扩张，并通过热调节系统使血液循环加速，组织代谢增强，白细胞吞噬作用增强，促进病理产物的吸收和消散等。

2. 微波加热的优点

微波加热自身的特性决定了微波加热具有以下优点。

① 加热迅速，均匀。不需热传导过程，且具有自动热平稳性能，避免过热。

② 加热质量高，营养破坏少，能最大限度地保持食品的色、香、味，减少食品中维生素的破坏，有利于氨基酸、维生素等组分的测定。

③ 安全、卫生、无污染，微波对食品的杀菌能力较强。微波加热被控制在金属制成的加热室内和波导管中工作，所以微波加热泄漏被有效地抑制，没有放射线危害及有害气体排放，不产生余热和粉尘污染。既不污染食物，也不污染环境，还不破坏样品的原始组成。微波加热杀菌除了热效应之外还有生物效应，许多病菌在微波加热不到 100℃ 时就全部被杀死。

④ 节能高效。由于含有水分的物质极易直接吸收微波加热而发热，没有经过其他中间转换环节，因此除少量的传输损耗外几乎无其他损耗。比一般常规加热省电 30%～50%。

⑤ 具有快速解冻功能。在微波加热场中，冻结食品从内到外同时吸收微波加热能量，

使冻结食品整体发热，容易形成整体均一的解冻，缩短解冻时间，迅速越过－50～0℃这个易发生蛋白质变性、食品变色变味的温度带，以保持食品的品质不致下降，也能保障冷冻保存的被分析样品中的相关参数不发生变异。

3. 微波加热的非热效应

微波加热的非热效应是指除热效应以外的其他效应，如电效应、磁效应及化学效应等。在微波加热电磁场的作用下，生物体内的一些分子将会产生变形和振动，使细胞膜功能受到影响，细胞膜内外液体的电状况发生变化，引起生物作用的改变，进而可影响中枢神经系统等。微波加热干扰生物电（如心电、脑电、肌电、神经传导电位、细胞活动膜电位等）的节律，会导致心脏活动、脑神经活动及内分泌活动等一系列障碍。当生物体受强功率微波加热照射时，热效应是主要的（一般认为，功率密度在 $10mW/cm^2$ 者多产生微热效应，且频率越高产生热效应的阈强度越低）；长期的低功率密度（$1mW/cm^2$ 以下）微波加热辐射主要引起非热效应。

（三）微波加热的应用

① 微波在农业科学上的应用。微波加热对许多发芽率低或发芽慢的农作物或林木种子都做了催芽试验，以探索能否提高发芽率。通常低含水率种子受加热处理的影响大，也能忍受较高温度不致受损。在相同升温（45℃）下，微波加热处理可显著促进芽活力，热处理则可以显著促进根活力；利用 200W 功率的微波加热处理可以显著提高白兰瓜种子的发芽率及萌发活力，因为这一功率的微波加热能有效地激活白兰瓜种子萌发期的淀粉酶，加速物质和能量的代谢，从而提高种子萌发活力。

② 微波的生物效应在医学上的应用。微波加热的生物效应可以用来诊断各种肿瘤、胸部疾病、肺气肿、肺水肿，测量动脉血管壁的厚度等。特别是利用微波加热生物效应治疗肿瘤：根据肿瘤组织的血液循环和导热性能比正常组织差（在受到微波加热照射时，肿瘤组织的温升比周围的正常组织通常要高出 1～3℃）的特点，利用微波将肿瘤病灶的温度升至 43℃左右，这种高温环境抑制了原发肿瘤和转移肿瘤的血管生长，破坏肿瘤细胞的结构，从而使肿瘤细胞凋亡。将微波加热热疗与放射性治疗以及化学治疗结合则可收到更好的治疗效果。

③ 微波加热在化学反应控制和辅助萃取等方面有诸多应用，详情参见本手册第六章的相关内容。

第八节　试剂的提纯和制备方法

本节除介绍一般分析工作用的一级试剂、基准试剂的纯制方法外，还提供了光谱分析等要求纯度更高的无机试剂以及有机溶剂和特殊有机试剂的纯制方法。

一、无机试剂的提纯与制备

（一）盐酸的提纯

1. 蒸馏提纯

（1）除去一般杂质的盐酸　用三次离子交换水将一级盐酸按 $HCl+H_2O=7+3$ 的体积比稀释（或按 $1+1$ 稀释，按此比例稀释仅能得到浓度为 $6mol/L$ 的盐酸）。将此盐酸 1.5L 装入 2L 的石英或硬质玻璃蒸馏瓶中（见图 2-15），用可调变压器调节加热器，控制馏速为 $200ml/h$，弃去前段馏出液 150ml，取中段馏出液 1L，所得的纯盐酸浓度为 6.5～7.5mol/L，铁、铝、钙、镁、铜、铅、锌、钴、镍、锰、铬、锡的含量为 $5\times10^{-7}\sim2\times10^{-6}$。

（2）除去砷的盐酸　用三次离子交换水将一级盐酸按 $7+3$ 的体积比稀释，加入适量氧化剂（按体积加入 2.5% 硝酸或 2.5% 过氧化氢或高锰酸钾 0.2g/L）。将此盐酸 1.5L 装入 2L 的石英或硬质玻璃蒸馏瓶中（见图 2-15），放置 15min 后，以 100ml/h 的馏速进行蒸馏。弃去前段馏出液 150ml，取中段馏出液 1L 备用。砷的含量在 1×10^{-8} 以下。

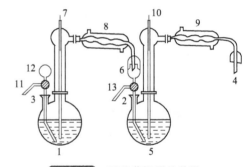

图 2-15　双重蒸馏器的装置

1,5—2L 蒸馏瓶（石英或硬质玻璃）；2,3—排液侧管；4—馏出液出口；6,12—加料漏斗；7,10—温度计套管；8,9—冷凝管；11,13—三通活塞

2. 等温扩散法提纯

在直径为 30cm 的干燥器中（若是玻璃的，可在干燥器内壁涂一层白蜡防止沾污）加入 3kg 盐酸（优级纯），在瓷托板上放置盛有 300ml 高纯水的聚乙烯或石英容器。盖好干燥器盖，在室温下放置 7～10d（20～30℃ 放置 7d，15～20℃ 放置 10d），取出后即可使用，盐酸浓度为 9～10mol/L，铁、铝、钙、镁、铜、铅、锌、钴、镍、锰、铬、锡的含量在 2×10^{-7} 以下。

（二）硝酸的提纯

于 2L 硬质玻璃蒸馏器（见图 2-15）中放入 1.5L 硝酸（优级纯），在石墨电炉上借可调变压器调节电炉温度进行蒸馏，馏速为 200～400ml/h，弃去初馏分 150ml，收集中间馏分 1L。

将上述得到的中间馏分 2L 放入 3L 石英蒸馏器中。将石英蒸馏器固定在石蜡浴中进行蒸馏，借可调变压器控制馏速为 100ml/h。弃去初馏分 150ml，收集中间馏分 1600ml。铁、铝、钙、镁、铜、铅、锌、钴、镍、锰、铬、锡的含量在 2×10^{-7} 以下。

（三）氢氟酸的提纯

（1）除去金属杂质的氢氟酸　在铂蒸馏器中加入 2L 氢氟酸（优级纯），以甘油浴加热，借可调变压器调节控制加热器温度，控制馏速为 100ml/h，弃去初馏分 200ml，用聚乙烯瓶收集中间馏分 1600ml。将此中段馏出液 1600ml 按上述步骤再蒸馏一次，弃去前段馏出液 150ml，收集中段馏出液 1250ml，保存在聚乙烯瓶中。铁、铝、钙、镁、铜、铅、锌、钴、镍、锰、铬、锡的含量在 $1 \times 10^{-7} \sim 2 \times 10^{-6}$。

（2）除去硅的氢氟酸　在铂蒸馏器中放入 750ml 氢氟酸（优级纯），加入 0.5g 氟化钠，在甘油浴上加热。借可调变压器调节加热温度，控制馏速为 100ml/h，弃去初馏分 80ml，用聚乙烯瓶收集中间馏分 400ml。此中间馏分硅含量在 1×10^{-6} 以下，可作测定硅用。

（3）除去硼的氢氟酸　于铂蒸馏器中加入 2g 固体甘露醇（优级纯或分析纯）和 2L 氢氟酸（优级纯），用甘油浴加热，借可调变压器控制温度，使馏速为 50ml/h。弃去初馏分 200ml，收集中间馏分 1600ml。将此中间馏分 1600ml 加入 2g 甘露醇，以同样步骤再蒸馏一次。弃去初馏分 150ml，收集中间馏分 1250ml，得到的氢氟酸含硼量一般小于 10^{-9}。

（四）氢溴酸的提纯

（1）除去金属杂质的氢溴酸　于硬质玻璃蒸馏器（图 2-15）的第一级蒸馏瓶中加入 1.5L 氢溴酸，在石墨电炉上加热，用可调变压器控制温度，使馏速为 150～200ml/h。第一级蒸馏出来的稀酸从侧管 2 流出，弃去温度在 115℃ 以前的馏出液。当温度升至 115℃ 时，再转动活塞 13，使第一级馏出液流入第二级蒸馏瓶。当第二级蒸馏瓶中的馏出液体积达 1L 时，开始加热第二级蒸馏瓶，以 150～200ml/h 的馏速进行蒸馏，弃去初馏分 100ml，收集中间馏分。当第一级蒸馏瓶中氢溴酸的体积只剩下 500ml 左右时，切断电源和转动活塞 11，由加料漏斗继续加入 1.2～1.5L 氢溴酸，如上述方法收集 115℃ 以后的中间馏分。同上法将第二套石英蒸馏器连接在第一套玻璃蒸馏器之后，进行第三次和第四次蒸馏。此时，由于酸已接近于恒沸混合物，上述截取稀馏分的手续可省去。每次从侧管放出初馏分 $50\sim100ml$，然后收集第四次中间馏分备用。铁、铝、钙、镁、铜、铅、锌、钴、镍、锰、铬、锡的含量在 $1\times10^{-7}\sim3\times10^{-6}$ 以下。

（2）除去硫的氢溴酸　于石英蒸馏器中加入 1.5L 由玻璃蒸馏瓶蒸馏出的氢溴酸。加入 0.2g 纯氯化钡和 0.2ml 经过提纯的溴。用可调变压器控制加热，使馏速维持在 100ml/h，弃去初馏分，直至馏出液无色时，使馏出液流入第二级蒸馏瓶中。当馏出液的体积约为 1L 时，再进行第二级蒸馏。弃去前段馏出液 100ml，收集中间馏分备用。硫的含量小于 2×10^{-6}。

（五）高氯酸的提纯

高氯酸用减压蒸馏法提纯。在 500ml 硬质玻璃蒸馏瓶中加入 $300\sim350ml$ 高氯酸（60%～65%，分析纯），用可调变压器控制温度为 140～150℃，减压至压力为 $2.67\sim3.33kPa$（20～25mmHg），馏速为 40～50ml/h，弃去初馏分 50ml，收集中间馏分 200ml，保存在石英试剂瓶中备用。

（六）氨水的提纯

1. 蒸馏吸收法提纯

将约 3L 二级氨水倾入 5L 硬质玻璃烧瓶中，加入少量 1%高锰酸钾溶液至溶液呈微红紫色，烧瓶口接回流冷凝管，冷凝管的上端与三个洗气瓶连接（第一个洗气瓶盛 1%EDTA 二钠溶液，其余两个均盛离子交换水）。第三个洗气瓶与接收瓶连接，接收瓶为有机玻璃瓶，置于混有食盐和冰块的水槽内，瓶内盛有 1.5L 离子交换水。用调压变压器控制温度。当温度升至 40℃时，氨气通过洗气瓶后被接收瓶的水吸收。当大部分氨挥发后，最后升温至 80℃使氨全部挥发。接收瓶中的氨水浓度稍低于 25%。

2. 等温扩散法提纯

将约 2L 二级氨水倾入洗净的大干燥器（液面勿接触瓷托板），瓷托板上放置 3～4 个分盛 200ml 离子交换水的聚乙烯或石英广口容器，从托板小孔加入氢氧化钠 2～3g，迅速盖上干燥器，每天摇动一次，5～6d 后氨水浓度可达 10%～12%。

（七）溴的提纯

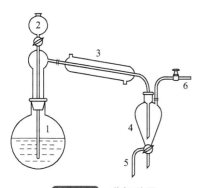

图 2-16　蒸馏装置
1—1L 烧瓶（硬质玻璃）；2—加料漏斗；3—冷凝管；4—馏出液储瓶；5—储液瓶流出管；6—排气管

将 500ml 溴（优级纯或分析纯）放入 1L 分液漏斗中，加入 100ml 三次离子交换水，剧烈振荡 2min，分层后将溴移入另一个分液漏斗中，再以 100ml 水洗涤一次，然后，再以稀硝酸（1+9）洗涤两次和高纯水洗涤一次，每次振荡 2min。

将上述洗好的溴移入如图 2-16 所示的烧瓶中，加入 100ml 40%溴化钾溶液，在水浴上加热蒸馏。保持水浴温度在 60℃ 左右，使馏速为 100ml/h。接收瓶 4 中的液体应淹没流出管口。弃去最初蒸出的溴 50ml，收集中间馏分 300ml。在该装置中不加溴化钾溶液再蒸馏一次，收集中间馏分 200～250ml 备用。

（八）钼酸铵的提纯

将 150g 分析纯的钼酸铵溶解于 400ml 温度为 80℃的水中，加入氨水至溶液中出现氨味，加热溶液并用致密定量滤纸（蓝带）过滤，滤液滴入盛有 300ml 的纯制酒精中。冷却滤液至 10℃，并保持 1h。用布氏漏斗抽滤析出的结晶，弃去母液。用纯制酒精洗涤结晶 2～3 次，每次用 20～30ml。在空气中干燥或在干燥器中用硅胶干燥，也可以在真空干燥箱中温度为 50～60℃、压力为 6.67～8.00kPa（50～60mmHg）下干燥。

如果要除去试剂钼酸铵中的磷酸根离子，则在钼酸铵的氨性溶液中加入少量硝酸镁，使之生成磷酸铵镁沉淀过滤除去，然后再按上述方法结晶、过滤、洗涤、干燥。不过此时产品中有镁离子和硝酸根离子。但是用于微量硅、磷、砷的比色测定时，少量镁离子和硝酸根离子并不干扰。

（九）钒酸铵的提纯

在 1500ml 高纯水和 60ml 纯制氨水（25%）的混合溶液内加热溶解 100g 钒酸铵。将溶液加热到 70℃，加入 10g 经过处理的活性炭❶，搅拌 10min 后在布氏漏斗中过滤。往滤液中加入 20g 纯制氯化铵（或 150g 纯制硝酸铵），使钒酸铵析出。在布氏漏斗中过滤之，并用 2% 的氯化铵溶液及高纯水洗涤结晶，再用纯酒精洗涤两次。在不超过 25℃下于真空干燥箱中干燥之。如果需要更高质量的钒酸铵，则可以按上法重复结晶一次。

欲进一步除去微量硅，可对上述所得的钒酸铵作如下的处理：将二次结晶的钒酸铵置于铂皿中，滴入 1～2ml 纯制氢氟酸，于高温电炉上加热赶掉氢氟酸，取下铂皿，再加 1～2ml 氢氟酸，继续赶掉氟化氢。取下铂皿再滴入 2ml（1+1）高纯硫酸和 5～10 滴纯制硝酸，继续在电炉上加热以除尽氟化氢和微量有机物，电炉温度应当逐渐升高并在 450℃ 下保持 1h。将生成的五氧化二钒溶于尽量少的氨水中，加 20g 氯化铵（或 150g 硝酸铵），使钒酸铵析出。按上述方法过滤、洗涤和干燥钒酸铵。

（十）硼酸的提纯

1. 离子交换法

在加热下将硼酸溶解于高纯水中，将溶液加热至 50～60℃，并使硼酸浓度为 10%。趁热用绸布过滤并将滤液注入交换柱中。交换速度控制为 6～10ml/min。将经过离子交换的溶液加热浓缩，然后倒入塑料杯中冷却使硼酸结晶析出，待晶体完全析出后，用布氏漏斗抽滤之，并用少量高纯水洗涤几次并抽干。将结晶的硼酸置于滤纸上，在真空干燥箱中压力为 2.67～4.00kPa（20～30mmHg）下烘焙约 2h，温度控制在 50℃ 左右，切不可超过 55℃。打开真空干燥箱，擦去箱内水分，并继续在 30～40℃ 下、真空度为 6.67kPa（50mmHg）左右烘焙 2h。取出放入干燥器中冷却。此法提纯的硼酸满足半导体材料分析中对硼酸的要求。

如果使用硼酸溶液，则上述经过离子交换后的硼酸溶液标定浓度后，可以直接使用而无需浓缩、结晶、干燥等一系列操作，这样可以减少污染。

混合床离子交换柱的准备与装填：离子交换树脂选用强酸 1 号或上海 732 号强酸性阳离子交换树脂以及上海 717 号或强碱 201 号强碱性阴离子交换树脂。将再生转化为氢型的强酸性阳离子交换树脂 80ml 和再生转化为羟型的强碱性阴离子交换树脂 160ml 在烧杯中混合均匀后，装至 φ20mm×1000mm 的硬质玻璃交换柱中，此时树脂层高度约为 80cm，见图 2-17。注意不要在树脂层中形成气泡，若有气泡可用长玻璃棒搅动树脂的方法排除。用高纯水适当淋洗交换柱，并将柱中水位放至比树脂层稍高一点时为止。

---

❶ 活性炭的处理方法：将粒状（φ2mm×10mm）活性炭（工业纯）放在瓷皿中，盖好盖子，放入马弗炉中（最好在通有氢气流的管式炉或真空炉中）于 800～900℃ 下灼烧 1h。取出冷却后，放到 1+1 盐酸中浸泡数小时，再煮沸半小时。在布氏漏斗中吸滤，用高纯水洗至无氯根。并将洗好的活性炭用高纯水煮半小时，于烘箱中在 110℃ 下干燥之，储存于干燥器中，备用。

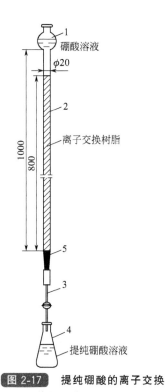

图 2-17 **提纯硼酸的离子交换
装置（单位：mm）**

1—加料漏斗（φ60mm）；2—交换柱
（φ20mm×1000mm）；3—溶液导出管
（φ8mm×120mm）；4—接收瓶；5—支
持树脂的玻璃毛

树脂的再生：当发现离子交换树脂已交换到饱和时，应当对树脂进行再生。单床的再生在交换柱中进行，用高纯水逆洗树脂，洗除机械杂质。然后用 1L 2mol/L 的盐酸（阴柱用相同浓度和数量的氢氧化钠溶液）以 20ml/min 的速度通过交换柱，再用高纯水洗涤至阳树脂柱无阳离子、pH＝6 左右，阴离子交换柱无氯离子、pH＝8 左右时为止。混合床离子交换树脂则需要将树脂倒出，将阴阳树脂分开后再按上述方法再生。

2. 活性炭吸附法

活性炭的处理方法见"钒酸铵的提纯"中的注文。将硼酸 70～80g（分析纯）溶解在温度为 70～80℃的 1L 热高纯水中，再将处理好的活性炭 10～20g 加至溶液中，在不析出硼酸的温度下搅拌 20～30min。然后用布氏漏斗抽滤之，将滤液浓缩至 400～500ml，冷却使之析出结晶。抽滤析出的硼酸，并用少量高纯水洗涤。将洗好的硼酸照前述的方法干燥。

3. 硝酸法

将 100g 硼酸溶解于 1600ml 水中，加入 4ml 浓硝酸。蒸发溶液至出现结晶，取下冷却。用抽滤法滤出结晶，并用水洗至无 NO_3^-（用二苯胺检查），然后烘干。

（十一）氯化钠的提纯

1. 重结晶提纯法

将 40g 分析纯氯化钠溶解于 120ml 高纯水中，加热搅拌使之溶解。加入 2～3ml 铁标准液（1mg/ml Fe^{3+}），搅拌均匀后滴加提纯氨水至溶液 pH≈10。在水浴上加热使生成的氢氧化物沉淀凝聚，过滤除去沉淀。将滤液放至铂皿中，在低温电炉上密闭蒸发器中蒸发至有结晶薄膜出现。冷却，抽滤析出的结晶，并用纯制酒精洗涤。在真空干燥箱中于 105℃和 2.67kPa（20mmHg）压力下干燥。此法得到的 NaCl 经光谱定性分析仅含有微量的硅、铝、镁和痕量的钙。

2. 用碳酸钠和盐酸制备

取 100g 分析纯碳酸钠，放于 500ml 烧杯中，滴加高纯盐酸中和、溶解，直至不再产生二氧化碳时，停止滴加盐酸。用高纯水洗杯壁并加入 2～3ml 铁标准液，加提纯氨水至析出氢氧化铁。其余步骤如上所述。

为了提高氯化钠产量和重结晶的纯化效果，在过滤热盐溶液之后，用冰冷却滤液并用通入氯化氢的方法使氯化钠析出。通氯化氢的导气管口做成漏斗状，防止析出的 NaCl 将管口堵死。抽滤结晶并用浓盐酸洗涤几次，在 110～105℃下干燥，在研钵中粉碎成粉末，并于 400～500℃下在马弗炉中灼烧至恒重。

上述方法提纯制得的氯化钠用于光谱分析中作载体和配标准用的原始物质。

（十二）氯化钾的提纯

参看氯化钠的提纯与制备方法。

（十三）碳酸钠的提纯

1. 方法一

将 30g 分析纯碳酸钠溶于 150ml 高纯水中，待全部溶解后，在溶液中慢慢滴加 2～3ml

浓度为 1mg/ml 的铁标准溶液，在滴加铁标准液的过程中要不停地搅拌，使杂质与氢氧化铁一起共沉淀。在水浴上加热并放置 1h 使沉淀凝聚，过滤除去胶体沉淀物。加热浓缩滤液至出现结晶，取下冷却，待结晶完全析出后用布氏漏斗抽滤，并用纯制酒精洗涤 2～3 次，每次 20ml。在真空干燥箱中减压干燥，在温度为 100～105℃、压力为 2.67～6.67kPa（20～50mmHg）下烘至无结晶水。为了加速脱水，也可在 270～300℃下灼烧。此法提纯的碳酸钠，经光谱定性分析检查，仅检出了痕量的镁和铝，而原料中有微量的铜、铁、铝、钙、镁。

2. 方法二

将 30g 分析纯或化学纯无水碳酸钠溶解于 150ml 高纯水中，过滤，并向滤液中慢慢通入提纯过的二氧化碳，此时析出碳酸氢钠白色沉淀。因为生成的碳酸氢钠在冷水中的溶解度较小（碳酸氢钠在 100ml 冷水中的溶解度：0℃，6.9g；20℃，9.75g），用冰水冷却，并不断振荡或搅拌，以加速反应。通气 2h 后，沉淀基本完全。用玻璃滤器（3 号）抽滤析出的沉淀，并用冰冷的高纯水洗涤沉淀，在烘箱中于 105℃下干燥。将干燥好的碳酸氢钠置于铂皿中，在马弗炉中于 270～300℃下灼烧至恒重（大约 1h 即可）。

（十四）结晶焦磷酸钠的提纯

将 50g 化学纯结晶焦磷酸钠置于铂皿中，加入 100ml 高纯水，加热溶解，用玻璃滤器过滤。将滤液置于铂皿中，放到水浴上蒸发，当体积减少到 1/3～1/2 时，取下慢慢冷却使之结晶。用布氏漏斗过滤，以纯制酒精洗涤，最后于真空干燥箱中在 80℃下干燥即得到产品。

（十五）无水焦磷酸钠的提纯

称取 10g 化学纯 $Na_2HPO_4 \cdot 12H_2O$，置于 50ml 瓷坩埚内。放到水浴上加热，当温度升至 52～54℃时，盐开始溶于结晶水中，65℃时全部溶解。趁热在预先加热的漏斗上过滤，滤液置于坩埚中，放到砂浴上加热，除去结晶水。将坩埚再放到马弗炉中，于 580～600℃下灼烧 2h，取出冷却后即得到无水焦磷酸钠。

（十六）硫酸钾的提纯

将提纯过的碳酸钾（提纯方法见碳酸钠的提纯法"1. 方法一"）置于塑料烧杯中，用 10% 的纯制硫酸中和，在逐渐滴加稀硫酸的过程中要不断搅拌，当溶液的 pH 值为 7～7.5 时，停止滴加硫酸。过滤得到硫酸钾溶液，将滤液移入铂皿中，蒸发至析出结晶时为止。取下，冷却后，抽滤析出的结晶，用少量冰冷的高纯水洗结晶，在真空干燥箱中 100℃左右烘干。

（十七）重铬酸钾的提纯

将 100g 分析纯重铬酸钾溶解在 200～300ml 热的高纯水中，用 2 号玻璃滤器抽滤，将溶液于电炉上蒸发至 150ml 左右，在强烈搅拌下把溶液倒入一个被冰水冷却的大瓷皿中使之形成一薄层，以制取小粒结晶。用布氏漏斗抽滤得到的结晶，并用少量冷水洗涤之。按上法重结晶一次。将洗过的二次结晶于 100～105℃下干燥 2～3h，然后将温度升至 200℃继续干燥 10～12h。

用此法提纯的产品重铬酸钾含量几乎是 100%。光谱定性分析中仅检出了微量的镁、铋和痕量的铝。此法提纯的重铬酸钾可以作为基准物使用。

（十八）焦硫酸钾的提纯与制备

1. 用硫酸和硫酸钾制备

称取 87g 纯制硫酸钾置于铂皿中，加入 26.6ml 纯浓硫酸，将铂皿放到石墨电炉上加热至皿内物质开始冒少量烟，到皿内熔物成为透明熔体不再冒气泡时为止。取下铂皿，

冷却至 $50\sim60℃$，趁热将凝固的焦硫酸钾用玛瑙研钵捣碎并将产品放至带磨口的试剂瓶中保存。

2. 用氯化钾和硫酸制备

称取 40g 纯制氯化钾，置于铂皿中，加入 30ml 纯浓硫酸，在电炉上加热到不再冒氯化氢雾时为止。取下铂皿，冷却、捣碎，保存方法同上。

3. 用硫酸氢钾制备

将试剂二级硫酸氢钾 100g 置于铂皿中，在 250℃ 下加热 30min，此时析出水蒸气，然后将温度提高至 $320\sim340℃$，到停止冒气泡和发生三氧化硫烟时，再继续加热 $5\sim10min$，取下冷却、捣碎，保存方法同上。

（十九）五水硫代硫酸钠的制备和提纯

1. 制备

将硫溶于亚硫酸钠溶液时，可制得硫代硫酸钠：

$$Na_2SO_3 + S \mathrm{=\!=\!=} Na_2S_2O_3$$

在附有回流冷凝器的烧瓶中，将 100g $Na_2SO_3 \cdot 7H_2O$ 溶解在 200ml 水中，与 14g 研细的棒状硫一起煮沸（其硫是预先用乙醇浸润过的，否则它不被溶液浸润，并浮在表面），直到硫不再被溶解。将没有溶解的硫滤出，滤液蒸发到开始结晶时进行冷却，所得结晶在布氏漏斗上抽滤后，再在空气中于二层滤纸间干燥，可得五水硫代硫酸钠 60g，产率 60%。

2. 提纯

将工业品重结晶，可制得试剂纯的制剂。将 700g 五水硫代硫酸钠溶解在 300ml 热水中，过滤后，在不断搅拌下冷却到 0℃ 以制得较细的结晶。析出的盐（450g）在布氏漏斗上抽滤后再在同样条件下重结晶一次。

所得制剂一般为分析纯，从母液中还可以分离出一些纯度较低的制剂。

欲制备用于分析操作上的纯制剂时，可将经重结晶提纯过的盐与乙醇一起研细，倒在滤器上使乙醇流尽并用无水酒精和乙醚洗涤。然后用滤纸盖住制剂并静置一昼夜，最后将制剂装入干燥瓶中。

用此法精制的制剂含有 99.99% 的 $Na_2S_2O_3 \cdot 5H_2O$，甚至保存 5 年后制剂含量仍在 $99.90\%\sim99.94\%$。

（二十）硫酸钠的制备

用碳酸钠中和硫酸可制得分析纯的硫酸钠

$$Na_2CO_3 + H_2SO_4 \mathrm{=\!=\!=} Na_2SO_4 + CO_2\uparrow + H_2O$$

在 20% 的 H_2SO_4（分析纯）溶液中一点点地加入干燥的 Na_2CO_3（化学纯），直到 CO_2 停止逸出且溶液变成弱碱性时为止。然后将溶液加热至沸，过滤并将滤液蒸发至出现结晶，将溶液冷却即析出 $Na_2SO_4 \cdot 10H_2O$ 结晶。

欲制备无水制剂，可将水合物 $Na_2SO_4 \cdot 10H_2O$ 放在瓷皿中，在 100℃ 左右加热，直到形成白色疏松粉末。

（二十一）氟化钠的提纯与制备

1. 用碳酸钠与氢氟酸制备

将纯制的碳酸钠置于塑料烧杯中，用少量水湿润，慢慢滴加纯制氢氟酸，在加酸过程中要时时摇动。当溶液停止逸出二氧化碳并呈现碱性时，过滤该溶液。将滤液置铂皿中蒸发，在胶体物失水后，提高温度为 200℃ 以上灼烧成白色粉末，取下冷却，放至塑料瓶中保存。

此法提纯制得的氟化钠经光谱定性分析仅检出了痕量的铜、镁和铝。适于作光谱分析中的载体。

2. 重结晶法

在塑料烧杯中用高纯水溶解试剂氟化钠,制得饱和溶液,过滤除去不溶物,在滤液中加入乙醇析出氟化钠,过滤并用乙醇洗涤,将结晶于烘箱中在 105～110℃下烘干。

(二十二) 氟化锂的制备

用氢氧化锂和氢氟酸制备:取 10～15g 金属锂,使之溶解在 150ml 高纯水中,操作要在塑料烧杯中进行。向生成的氢氧化锂溶液中滴加纯制的氢氟酸并不停地搅拌,使沉淀慢慢析出。反应式为:

$$2Li+2H_2O \Longrightarrow 2LiOH+H_2 \uparrow$$
$$LiOH+HF \Longrightarrow LiF \downarrow +H_2O$$

当溶液由碱性变为弱酸性时(用 pH 试纸试之),停止加酸并放置半小时,在布氏漏斗中抽滤析出的氟化锂,并用除去二氧化碳的高纯水洗涤。将洗过的氟化锂放至铂皿中,于 300～400℃下在马弗炉中灼烧,冷却后放于塑料瓶中保存。此法制得的氟化锂经光谱定性分析仅检出微量镁和痕量铝、硅。本产品适于在光谱分析中作载体。

(二十三) 氟化铝的制备

用不锈钢剪刀将光谱纯金属铝剪成碎片,用纯制盐酸洗除表面的污物,再用高纯水洗除盐酸。将洗净的金属铝碎片置于铂皿中,然后用塑料滴管慢慢滴加纯制氢氟酸,使铝慢慢溶解,溶解的铝转为胶体物质。在铝全部溶解之后,将温度逐渐升高使溶液蒸发。当胶体物质全部转为白色粉末时,将温度逐渐提高至 250～300℃,继续加热 2～3h。取下,放至干燥器中冷却,用玛瑙研钵粉碎研磨均匀后,放至塑料瓶中保存。

此法制得的氟化铝($AlF_3 \cdot \frac{1}{2}H_2O$)经光谱分析检出微量镁和痕量铜、锡,其余元素均未检出。此产品用于光谱分析中作载体。

(二十四) 碳酸锂的制备

用苯或乙醚将锂表面的汽油洗净(因为锂是放在汽油中储存的,锂的纯度应为 99.99% 以上),用钳子夹住锂块以不锈钢剪刀剪成碎片,将切成碎片的锂慢慢投入盛于塑料杯的高纯水中,由于锂溶解时放出大量的热,塑料杯应以冷水冷却。待锂全部溶解之后,在塑料漏斗中以尼龙布过滤,向滤液中通入经过纯化的二氧化碳,直至不再析出沉淀时为止,用布氏漏斗抽滤析出的碳酸锂,用热高纯水洗涤沉淀。在真空干燥箱中于 105℃和 2.67～4.00kPa (20～30mmHg) 压力下烘干。将得到的碳酸锂保存于塑料瓶中。

此法制得的碳酸锂经光谱定性分析仅检出痕量铁、铝、钙、镁等元素,适于在光谱分析中作载体。

(二十五) 碳酸钡的制备

将 50g 分析纯氢氧化钡置于烧杯中,加入高纯水 150ml,加热溶解,过滤。向澄清的滤液中通入经过纯化的二氧化碳,直至沉淀不再析出。用布氏漏斗抽滤析出的碳酸钡,用水洗涤几次。将洗涤过的碳酸钡在真空干燥箱中于 110～120℃和压力 6.67～8.00kPa (50～60mmHg) 下烘干。

本法制得的碳酸钡适用于光谱分析。

(二十六) 氧化铟的制备

将 50g 高纯铟(99.999%)切成小块,用稀硝酸(1+3)洗去表面污物,用高纯水洗除铟表面的酸。将洗净的铟放入 500ml 的三口圆底烧瓶中,用 200ml 纯制稀硝酸(1+1)溶解,烧瓶口上装回流冷凝管,加热至 100～120℃下溶解金属铟,4～6h 后即可全部溶解。将溶解液分几次倒入石英皿或铂皿中，在密闭蒸发器中蒸发，蒸发温度为 $100 \sim 120℃$，$1 \sim 2h$ 后蒸干。将皿移至石墨电炉上加热除去二氧化氮，然后转移至马弗炉中于 $500℃$ 下灼烧 $1h$，将温度提高至 $750℃$ 时再继续灼烧 $1 \sim 2h$，冷却后置于磨口试剂瓶中保存。

本品在光谱分析中用作载体。

（二十七）氧化镓的制备

将 $50g$ 高纯镓（99.999%）用高纯水洗涤几次，再用稀硝酸（$1+3$）洗涤，最后用高纯水洗除硝酸。将洗净的镓置于 $500ml$ 三口烧瓶中，加入 $200ml$ 高纯硝酸（$1+1$），装上回流冷凝管，在 $100℃$ 下加热溶解。若溶不尽时，可添加少量浓硝酸加速分解，$5 \sim 6h$ 后即可溶尽。将溶液转移至石英或铂皿中，在密闭蒸发器中进行浓缩。当皿内溶液蒸干并成为白色固体时，将皿移至马弗炉中，盖好石英盖，在 $300℃$ 灼烧 $1h$，$750℃$ 灼烧 $2h$。取出冷却后，放入磨口试剂瓶中保存。

本品可作为光谱分析载体。

（二十八）氧化锆的制备

取相当于 $4g$ 锆的氟锆酸钾（K_2ZrF_6）置于铂皿中，放入 $5ml$ 纯制氢氟酸和 $15ml$ 特纯硫酸在石墨板上加热溶解，待溶解完全后继续加热至产生三氧化硫时取下，用三次热水浸出并将浸出液注入 $1L$ 烧杯中，加入三次水至溶液体积达 $600 \sim 800ml$，煮沸使溶液澄清（不清时应当过滤），取下，冷却后，向溶液中滴加纯制氨水使锆呈四氢氧化锆形式沉淀出来，用 3 号玻璃滤器抽滤析出的沉淀，并用三次水洗至无硫酸铵为止。

将洗好的氢氧化锆置于 $200ml$ 烧杯中，用 $50ml$ 纯制浓盐酸溶解。将溶解液分为两部分各置于 $1L$ 烧杯中，按下法沉淀：加入 $400ml$ 16% 的苦杏仁酸溶液、$120ml$ 纯制浓盐酸、三次水至溶液体积为 $900ml$，在 $80 \sim 85℃$ 下加热 $20 \sim 40min$，此时生成苦杏仁酸锆沉淀。用 3 号玻璃滤器抽滤沉淀，用 2% 的苦杏仁酸盐酸（$1+9$）洗液洗涤沉淀 $5 \sim 6$ 次，将洗好的沉淀置于铂皿中，在电炉上烘干、灰化，然后在马弗炉中于 $900℃$ 下灼烧 $1 \sim 2h$，取出冷却后即得到提纯的氧化锆。

本法提纯制备的氧化锆用作光谱分析的基体和标准。其中铁、铝、钙、镁等主要常见元素含量均在 0.001% 以下。

（二十九）五氧化二钽的提纯与制备

1. 试剂

硫酸：相对密度 1.84，特纯。

氢氟酸：40%，提纯。

盐酸：38%，提纯。

环己酮：化学纯品，经蒸馏提纯一次。

硫酸铵：分析纯。

丹宁溶液：20% 丹宁盐酸（$1+9$）溶液。分析纯丹宁溶于 $1+9$ 盐酸后，经双硫腙、铜试剂和 8-羟基喹啉混合物用三氯甲烷萃取。

丹宁盐酸洗液：0.5% 丹宁盐酸（3%）溶液。

2. 操作步骤

将 $6g$ 氢氧化钽置于 $200ml$ 铂皿中，加入 $15ml$ 氢氟酸，当大部分溶解之后，加入 $34ml$ 浓硫酸，在石墨板上加热至冒白烟时取下，冷却后小心加入 $6ml$ 氢氟酸和 $60ml$ 三次水，混匀后将皿内酸溶液倒入容积为 $1L$ 的聚乙烯瓶中，用水洗铂皿并将洗涤水倾入该瓶中，用三次水将瓶内溶液稀释至 $300ml$，加入 $200ml$ 环己酮和 $10g$ 硫酸铵，盖好瓶盖并振荡 $1 \sim 2min$，分层后用聚乙烯吸管将上层有机相吸出放入另一聚乙烯瓶中。水相继续加入 $150ml$

环己酮萃取，第三次萃取加入 100ml 环己酮。将三次萃取的有机相合并，用氢氟酸（0.4mol/L）-硫酸（2mol/L）混酸萃取两次，每次加入 200ml 混酸，用以洗除有机相带出的杂质。洗好的有机相注入 1L 分液漏斗中，加入 100ml 硼酸（提纯）-草酸铵（提纯）饱和溶液反萃取，振荡 1～2min，分层后水相放入洗净的烧杯中，有机相同上法以 100ml 硼酸-草酸铵溶液反萃取两次，将水相合并。

将 100ml 反萃取液置于 1L 烧杯中，加入 100ml 提纯浓盐酸和 700ml 高纯水，加热至沸，趁热加入 100ml 丹宁溶液，煮沸 5min，并于水浴上保温 1h，取下放置过夜。在布氏漏斗中用中等密度的定量滤纸抽滤析出的沉淀，用丹宁洗液洗涤 5～6 次。将沉淀放至铂皿中烘干并灰化，放到马弗炉中于 900℃下灼烧 1～2h，即得到高纯五氧化二钽。

本法制备的五氧化二钽可以作为光谱分析标准物。经光谱定性分析仅检出微量镁、铅、锡、硅、铋和痕量的钛。原料氢氧化钽经化学分析含有＜0.7％铌、0.023％铁、0.0038％钛、0.03％二氧化硅和 0.005％三氧化钨。

（三十）氧化锡的制备

用石英蒸馏器将无水四氯化锡（分析纯）进行蒸馏，弃去低于 110℃的前段馏出液，收集高于 110℃的中段馏出液（为原料的 70％）。在中段馏出液中加氨水至溶液呈微碱性，再加入大量的高纯水，搅拌后澄清之，倾出清液。沉淀用倾泻法洗涤至无氯离子，将沉淀放在水浴上加热烘干，然后将它移至石英皿中，在马弗炉中于 800～900℃灼烧至恒重。取出冷却后即得成品。

本方法提纯制备的氧化锡经光谱定性分析仅检出微量的硅、镁、铜和痕量的铝，适于作为光谱分析标准。

（三十一）氧化锑的制备

在 500ml 烧杯中加入 15g 分析纯三氯化锑（$SbCl_3$），加入 30ml 高纯盐酸（1+1），在搅拌下使之溶解。用洗净的玻璃滤器抽滤溶液，然后用高纯水将滤液稀释至 400ml，此时析出一氯氧化锑白色沉淀。澄清后，将清液倾出，用倾泻法洗涤沉淀数次。在洗好的沉淀中加入 1+25 的高纯氨水 200ml，煮沸 5～10min，此时一氯氧化锑转变为氧化锑（Sb_2O_3），生成的氧化锑颗粒较一氯氧化锑小得多。倾出清液，用同样方法再用稀氨水煮沸几次。当全部转化为氧化锑时，在倾出液中就不再含有氯离子（用硝酸银检查洗涤液）。再用高纯水倾泻法洗涤沉淀几次。在布氏漏斗中抽滤，用高纯水洗涤至洗液为中性时为止。洗好的沉淀于烘箱中在 150℃下烘干至恒重。取出冷却后即得成品。

本方法提纯制备的氧化锑经光谱定性分析仅检出痕量的硅、镁。适于作光谱分析标准。

（三十二）纳米氧化锑的制备[1]

将 12g 三氯化锑溶解于 100ml 的乙醇溶剂中，得到透明溶液；将 10ml 25％～28％的浓氨水溶解于 40ml 的去离子水中。在磁力搅拌下将氨水溶液以 1ml/min 的速度加入到三氯化锑的醇溶液中，随着滴加的进行，体系逐渐变浑，最终得到泛蓝色的乳胶状白色沉淀。沉淀用去离子水、无水乙醇洗涤数次，过滤，将过滤物进行真空干燥，得到纳米量级的氧化锑样品。在 500ml 二甲苯中加入 30g 的纳米氧化锑，超声分散 0.5h 后，加入 1.5g 的钛酸酯偶联剂，继续超声分散 2h，把分散体系通过超滤膜，所得的滤饼再进行干燥得到表面处理的纳米 Sb_2O_3。

纳米氧化锑是一种性能优良的无机阻燃剂，并与卤素阻燃剂有很好的协效作用。

---

❶ 李宾杰等. 纳米 Sb_2O_3 的制备与性能研究. 无机化学学报. 2004，20（4）：407。

（三十三）氯化银的制备

溶解分析纯硝酸银 50g 于 500ml 高纯水中，过滤除去水不溶物。往滤液中慢慢加入 10％的氯化铵（化学纯）溶液，在滴加氯化铵溶液时要不停地搅拌，使沉淀慢慢析出。当滴加氯化铵不再析出沉淀时，停止加氯化铵，并将其置于暗处使沉淀沉降。倾出清液并加入高纯水 300～400ml，搅拌、沉降后倾出清液，如此反复倾洗几次。然后加入高纯水 300ml，搅拌之，并在布氏漏斗中过滤，用高纯水洗涤几次，将结晶于真空干燥箱中在 70～80℃ 和 6.67～8.00kPa（50～60mmHg）压力下烘干。将产品置于用黑纸包装的试剂瓶中保存。在操作过程中注意避光，以免生成的氯化银感光变色。

本方法合成的氯化银用作光谱分析中的载体。本产品经光谱定性分析仅检出了微量的铜、金和痕量的硅、镁、铁、铝等元素。

（三十四）五水硫酸铜的制备

将 2.0g 铜屑加入 6mol/L H_2SO_4 溶液 10ml 中，缓慢滴加 3～4ml 30％的 H_2O_2，滴加完后水浴加热（反应温度保持在 40～50℃），反应完全后（若有过量铜屑，补加稀 H_2SO_4 和 H_2O_2），溶液加热煮沸 2min，趁热抽滤（弃去不溶性杂质），将溶液转移到蒸发皿中，调 pH＝1～2，将溶液再进行水浴加热，浓缩至表面有晶膜出现，取下蒸发皿，冷却至室温，抽滤，得到五水硫酸铜粗产品（产率约 90％）。粗产品：水＝1：1.2（质量比），加少量稀 H_2SO_4，调 pH＝1～2，加热使其全部溶解，趁热过滤（若无不溶性杂质，可不过滤），滤液自然冷却至室温（若无晶体析出，水浴加热浓缩至表面出现晶膜），抽滤，用少量无水乙醇洗涤产品，抽滤。将产品转移至干净的表面皿上，吸干（重结晶率约 45％）。

二、有机试剂的提纯与制备

（一）甲醇的提纯❶

将 300ml 化学纯甲醇置于洗净的 500ml 石英蒸馏瓶中，加入 10～15 粒粒状氢氧化钠（优级纯），在水浴上于 75～80℃ 下进行蒸馏，弃去开始蒸出的 20～30ml，收集中段馏分［沸点为（65±1）℃］，用洗净的石英瓶盛装，直至蒸馏瓶内残液大约为 50ml 时结束蒸馏。用同法对中段馏分进行再次蒸馏，取第二次蒸馏中段馏分作为成品。

（二）乙醇的提纯

1. 无水乙醇的制取

① 取 600ml 95％的乙醇，置于 1L 圆底烧瓶中，加入 80～100g 氧化钙，在水浴上加热回流 3～4h，然后将乙醇蒸出，收集在洗净干燥好的瓶中，储瓶必须有磨口塞。

② 取 1L 95％的乙醇，置于 2L 的圆底烧瓶中，加入 250g 新经过灼烧的并于干燥器中冷却放置的氧化钙 250g，盖上带有氯化钙干燥管的塞子，放置 2d，并且要经常摇动。然后在水浴上回流 30～40min 除去醛。并用分馏柱蒸馏。

③ 在 1L 95％的乙醇中加入 200～250g 无水硫酸铜粉末，回流 6h，放置过夜（必须盖上带有氯化钙干燥管的塞子），然后进行蒸馏。

2. 绝对乙醇（99.95％）的制取

① 在 1L 圆底烧瓶中加入 2～3g 洗净、干燥的镁条，瓶口装一水冷冷凝管，冷凝管上端插有氯化钙干燥管。往瓶中加入 35ml 99.5％的乙醇，在沸水浴上加热至微沸之后移去热源，立即加入数粒碘（不要摇动！），不久碘粒周围发生反应并逐渐扩展到全面，最后反应相当激烈。若加入碘粒之后不起反应，可再加入数粒碘，有时还得加热促使其反应。反应结束

---

❶ 本法提纯的甲醇可用于在微量硼的测定中，分离硫酸钙（不溶）和硫酸镁（可溶）。

后，将 500ml 99.5％的乙醇加到瓶中，加热回流 1h，然后将乙醇蒸出，收集瓶要用磨口塞盖好。

② 在 1L 99.5％的乙醇中加入 25g 金属钙，盖好带氯化钙干燥管的盖子放置 2d，然后将乙醇注入蒸馏瓶中蒸馏之。

3. 无硼乙醇的提纯

参见甲醇提纯法。

（三）正丁醇和异戊醇的提纯

将分析纯正丁醇或异戊醇用无水碳酸钾或无水硫酸钙干燥，滤出干燥剂并注入硬质玻璃蒸馏器，在油浴上进行常压蒸馏。蒸馏正丁醇时收集 116.5～118℃的馏分；蒸馏异戊醇时收集 130～131℃的馏分。

进行减压蒸馏时，在蒸馏器和真空泵之间接上一高效吸附柱和洗气装置，防止机械泵油被醇蒸气所污染。

欲制取纯度较高的异戊醇，可按下述方法处理。蒸馏之前用 EDTA 二钠溶液萃取除去金属杂质，用高锰酸钾稀溶液萃取洗除醛等还原物质，再用稀的亚铁溶液和二次水洗除高锰酸钾，经氧化钙或碳酸钾干燥后进行蒸馏。

（四）甲酸（蚁酸）的提纯

将 500ml 分析纯甲酸置于 1L 蒸馏瓶中，常压下蒸馏。用甘油浴加热，以调压变压器调节油浴温度不超过 110℃。弃去前段馏出液 50ml，收集中段馏出液 350～400ml 作为成品。

（五）乙酸（醋酸）的提纯

1. 冻结法

将浓乙酸冷却至 0℃，并在 4℃下保持几小时，倾出母液，再加入原料乙酸同法操作。将得到的结晶在水浴上微热令其溶解，然后再冷却至 0℃，此时结晶再次析出。如果要求较高，用同法结晶 3～4 次，即得到纯度很高的冰醋酸。

2. 蒸馏法

在蒸馏瓶中加入待提纯的乙酸至容积的 2/3 处，在甘油浴上于 130℃下加热。蒸馏仪器要有磨口连接。弃去前段馏分 10％，取中段馏分 70％作为成品。蒸馏速度控制在 1～2 滴/s。成品保存于有磨口塞的瓶中。

如果原料中含有还原物质醇和醛，则在蒸馏前用粉末状重铬酸钾处理。在烧瓶中加入 500g 乙酸，将烧瓶置于 40～50℃水浴上加热，慢慢将研细的 3～5g 重铬酸钾投入烧瓶中，并不断摇荡。若反应过程中温度上升很快，则停止加入重铬酸钾，待温度下降后再继续加重铬酸钾。待重铬酸钾加完后，静置，澄清后，倾出清液蒸馏之。

若欲除去乙酸中的其他酸，可在蒸馏瓶中加入几克乙酸钠蒸馏之。为了防止暴沸，在蒸馏瓶中加入一些玻璃碎片。

（六）乙醚的提纯

1. 乙醚中过氧化物的检出

在小试管中取 1ml 乙醚试样，加入等体积的 2％的碘化钾水溶液和 1～2 滴稀盐酸。振荡试管，若醚层呈现黄色或褐色，则证明有过氧化物存在：

$$4KI + (C_2H_5)_2O_3 + 2H_2O \Longrightarrow 2I_2 + (C_2H_5)_2O + 4KOH$$

析出的碘在醚中的溶解度大，故振荡后碘被提取至醚层，并将其染为黄色。为了便于观察，可加入 10～15 滴 0.5％的淀粉溶液，此时因碘的存在，淀粉呈蓝色。

2. 过氧化物的除去

乙醚中存在的过氧化物可用还原剂（亚铁盐、盐酸羟胺或亚硫酸钠溶液）洗涤除去。将

500ml 乙醚置于 1L 的分液漏斗中，加入 15ml 20％的硫酸亚铁铵溶液、5ml（1＋1）硫酸、80ml 二次水。摇动数分钟，分层后弃去水相。用同法再洗 1～2 次，直到过氧化物除尽（用碘化钾检查时，5min 内不出现黄色或蓝色时即认为除尽）。最后用二次水，每次用量 100ml，洗涤两次。将洗好的乙醚放至带磨口塞的棕色瓶中，加入无水氯化钙干燥，放置过夜，然后滤出乙醚，并进行蒸馏。

3. 蒸馏提纯

将上述处理得到的乙醚注入洗净、干燥的蒸馏瓶中，加入乙醚至蒸馏瓶容积的 2/3 处，连接好仪器（使用磨口连接仪器，不能漏气），在 45℃ 的水浴上加热。收集沸程为 33.5～34.5℃ 的馏出液，装于棕色带磨口塞子的瓶中。蒸馏瓶中的残液量不得少于 60ml。如果纯度不够，可以重新蒸馏一次。

4. 特殊用途乙醚的制备

（1）无水乙醚的制取　将经过氯化钙干燥并蒸馏过的乙醚置于棕色小口试剂瓶中，加入少量纯度较高的钠片，瓶口用插有毛细管的软木塞盖好，放置过夜。如果加入的钠已作用完，则需再加入少量钠直到不再产生气泡。将无水乙醚滤入另一干燥洁净的瓶中备用。

为了检查脱水的完全程度，将 10ml 处理过的乙醚置于 25ml 带磨口塞的比色管中，加入 0.5g 无水硫酸铜，硫酸铜不应该呈现绿色或蓝色。

（2）纯度较高的乙醚的制备　用 0.5％的高锰酸钾溶液与乙醚共摇，使其中的醛氧化为酸，破坏不饱和化合物，然后用 5％的氢氧化钠水溶液洗除生成的酸，再用二次水洗涤几次，干燥后进行两次蒸馏。

5. 注意事项

① 严禁用明火加热，室内外不得出现任何火源。

② 工作室应保持良好的通风。

③ 水浴温度不得超过 45℃，如室温超过 25℃，接收器必须用冰冷却至 5～10℃。

④ 蒸馏过程中随时调整蒸馏瓶位置，使醚液面高出水浴面，防止因乙醚过热而产生暴沸。添加乙醚之前要切断水浴电源，稍冷之后再加料。

⑤ 成品应当储存于棕色带磨口塞的瓶中，尽量装满，盖好瓶盖以减少过氧化物的生成。试剂保存于阴凉避光处或冰箱中。

（七）异丙醚的合成与提纯

1. 异丙醚的合成

（1）所需的试剂和仪器

异丙醇：化学纯　　　　盐酸：分析纯，1＋1
硫酸：化学纯　　　　　硫酸银：化学纯
无水氯化钙：化学纯　　硬质玻璃蒸馏仪：见图 2-18。
氢氧化钠：分析纯

（2）操作手续　将 100ml 异丙醇置于蒸馏瓶 2 中，加入 5g 硫酸银，小心地加入 100ml 70％的硫酸，摇荡数分钟，按图 2-16 装好仪器。接通电源使油浴温度达 120℃，通过加料漏斗每 5～10min 加入 10～15ml 异丙醇。生成的异丙醚被蒸出，经冷凝后流入接收瓶中。

（3）粗醚的精制　上述合成得到的粗异丙醚中含有水、异丙醇、亚硫酸等杂质，可用下述方法提纯。将 300ml 粗醚置于 500ml 圆底烧瓶中，加入 60ml（1＋1）盐酸，在烧瓶口上插入一根冷凝管，于 80℃ 的水浴上加热回流半小时，以除去醇类、金属杂质等。然后将混合物加热至沸，冷却后分出下层水溶液。在醚中加入 100ml 二次水，同法继续加热回流半小时，弃去水层，再重复操作一次（或几次，直至水相变清）。冷却后将醚层分出，置于500ml带支管的蒸馏瓶中，加入10～15粒氢氧化钠，在80℃水浴上进行蒸馏。弃去开始蒸出的馏分10～15ml，收集67～69℃的馏出液。必要时，重蒸馏一次。蒸馏过程中需要经常调整仪器的位置，使醚液面高于水浴面，直到蒸馏瓶内残液大约为80ml时，停止蒸馏，千万不要蒸干！

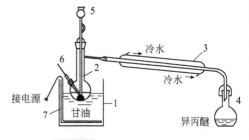

图 2-18 异丙醚合成装置
1—恒温油浴（内装甘油）；2—1L支管蒸馏瓶；
3—冷凝器；4—500ml平底烧瓶；5—加料漏斗；
6—温度计（0～150℃）；7—油浴加热圈（铜管内装镍铬丝，用瓷环将铜管与炉丝隔开）

2. 异丙醚的提纯

异丙醚在放置过程中自动氧化生成不易挥发的过氧化物，蒸馏时残存于蒸馏瓶中。过氧化物浓度达一定值时自动猛烈爆炸，因此蒸馏前应当将其除掉，蒸馏时切不可将残液留得过少，以免发生爆炸事故。

市售异丙醚中时常含有醇、醛等杂质，在高纯分析中应当除去它们。提纯方法如下。

（1）过氧化物的检查和除去　参看乙醚过氧化物的检查和处理。

（2）操作手续　在一般带磨口的硬质玻璃蒸馏器中进行蒸馏。加入的异丙醚不得超过蒸馏瓶容积的2/3。在温度为80℃的水浴上加热，使醚液面高出水浴面。蒸馏速度为2～3滴/s。弃去开始蒸出的馏分15～20ml，收集沸程为67～69℃的馏出液。蒸馏两次。详细操作和安全注意事项参看乙醚的提纯。

（八）丙酮的提纯

丙酮可以在普通蒸馏仪器中蒸馏提纯。蒸馏瓶用电水浴加热，浴温控制在65～70℃，收集沸程为55～57℃的馏出物。

为了除去还原性有机杂质，将丙酮与高锰酸钾稀溶液一起回流加热，直至加入的高锰酸钾紫色不消失，然后将丙酮蒸出。用无水碳酸钾（或无水氯化钙、无水硫酸钙）脱水后，重蒸馏一次。

为了制取无水丙酮，可以先用灼烧过的碳酸钾、无水氯化钙或五氧化二磷脱水，然后蒸馏。蒸馏仪器和接收瓶应事先洗净、烘干。

（九）甲异丁酮和环己酮的提纯

甲异丁酮与环己酮均可以用蒸馏法提纯，多用减压蒸馏法。其压力和沸点的关系如表2-26所示。

表 2-26 环己酮和甲异丁酮的沸点与压力的关系

压力，p/kPa		0.1	1.3	5.3	13.3	53.3	101.3
沸点，t/℃	环己酮	1.4	38.7	67.8	90.4	132.5	155.6
	甲异丁酮	—	13.0	—	58.2	—	115.5

常压蒸馏时需要采用油浴，在压力为2.67～6.67kPa（20～50mmHg）下减压蒸馏时用水浴足以满足要求。减压蒸馏所需用的仪器和注意事项参看"正丁醇和异戊醇提纯"中所述。

欲制取无水环己酮，可用无水硫酸钠干燥后进行蒸馏。

（十）乙酸乙酯的提纯

乙酸乙酯（95%～98%的试剂）中含有少量游离酸（乙酸）、乙醇和水等杂质，可用下述方法加以提纯。

① 加入无水碳酸钾脱水，放置几天，过滤后蒸馏，弃去开始蒸出的馏分，收集沸程为76～77℃的馏出液。

② 用5％的碳酸钠水溶液洗涤后再按"①"处理。

③ 在1L乙酸乙酯中加入100ml乙酸酐和十余滴浓硫酸，在水浴上加热回流数小时，分馏出乙酸乙酯后，按"①"处理。

（十一）乙酸正丁酯的提纯

将乙酸正丁酯用饱和碳酸氢钠溶液萃取洗涤两次，再用无水硫酸镁干燥之后进行减压蒸馏。

将500ml洗涤干燥过的乙酸正丁酯置于烧瓶2中，按图2-19所示将仪器装好，开动机械真空泵抽出系统内的空气（此时活塞Ⅰ、Ⅱ、Ⅲ接通），当系统内的压力达到8.00kPa（60mmHg）时，接通恒温水浴电源，并使其温度控制在60～70℃，蒸馏速度为1～2滴/s，待蒸出50～60ml后，关闭活塞Ⅰ，使Ⅱ接通大气，卸下接收瓶，弃去开始馏出液，装好并接通Ⅱ，使接收瓶与泵接通，继续蒸馏，当蒸出300～350ml时，停止蒸馏。蒸出的这个中段馏分即为成品。注意水浴温度应随真空度的大小而定，以蒸馏速度为准。

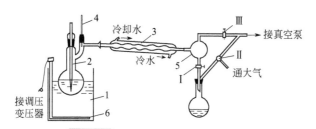

图 2-19　乙酸正丁酯减压蒸馏装置

1—恒温水浴；2—克莱森烧瓶，容积1L；3—球形冷凝管；4—温度计（0～100℃）；
5—特制接收器；6—加热圈；Ⅰ，Ⅲ—两通活塞；Ⅱ—三通活塞

（十二）磷酸三丁酯的提纯

试剂磷酸三丁酯中的有机杂质可用浓氢氧化钠溶液洗涤，再经无水硫酸钠脱水，然后以减压蒸馏等方法加以提纯。磷酸三丁酯的沸点和压力间的关系如下：

压力，p/kPa	8.0×10^{-1}	2.0	101.3
沸点，t/℃	128～140	160～162	289（分解）

也可以用水蒸气蒸馏法加以提纯。在磷酸三丁酯中加入少量0.4％的氢氧化钠水溶液，用水蒸气蒸馏。将蒸馏出来的磷酸三丁酯用水洗至中性，即得纯品。

减压蒸馏装置如图2-19所示，加热使用砂浴或硫酸浴；冷凝管中不通水，即采用空气冷凝。除去低沸点馏分30～50ml。在压力为2.67～6.67kPa（20～50mmHg）下蒸馏，沸点约为180℃，蒸馏速度为1～2滴/s。

（十三）三氯甲烷（氯仿）的提纯

1. 光气和游离氯的检查

（1）光气的检查　取2滴氯仿置于试管中，加入3滴蒸馏水和1滴0.2mol/L的硝酸银溶液。若出现白色浑浊，说明光气存在。

（2）游离氯的检查　在一小试管中加入3滴待检查的氯仿，加入5滴蒸馏水、1滴0.5mol/L的碘化钾溶液。经振荡后，若氯仿因析出的碘而染成玫瑰色或紫色，说明氯仿中有游离氯存在。

因为光气分解后生成氯气和一氧化碳，通过检查氯气的有无也能间接证明光气是否存在。

2. 氯仿的提纯

氯仿中的杂质有水、乙醇、光气和游离氯。在分液漏斗中用酚钠溶液洗除光气，用纯水洗除乙醇，也可以用浓硫酸洗涤。在分液漏斗中用二次水（每次用量为氯仿体积的一半）洗涤 5～6 次，或用浓硫酸（每次用量为氯仿体积的 5%）洗涤两次。然后，用稀氢氧化钠溶液洗两次，用二次水洗 2～3 次，经无水氯化钙（或无水硫酸钠、碳酸钾等）脱水后，进行蒸馏。蒸馏速度为 1～2 滴/s，收集沸程为 60～62℃的馏出液，保存于棕色、带磨口塞的试剂瓶中。

（十四）四氯化碳的提纯

试剂四氯化碳可用直接蒸馏，或者在盐酸羟胺洗涤之后蒸馏的方法提纯，收集沸程为 76～77.5℃的馏出物。

试剂四氯化碳中含有少量的二硫化碳，可用下述方法除去。

① 在圆底烧瓶中加入四氯化碳和氢氧化钾醇溶液（体积为四氯化碳的 1.5 倍），在 50～60℃下共振摇半小时；然后移入分液漏斗中，用水洗涤除醇，再用少量浓硫酸洗至酸层无色；最后用二次水洗涤两次，经无水氯化钙干燥后蒸馏。

氢氧化钾溶液的配制：将 60g 氢氧化钾溶于 100ml 乙醇和 60ml 水的混合液中。

② 在四氯化碳中加入 5%的氢氧化钠溶液回流 1～2h，水洗、干燥后蒸馏。

③ 加入金属汞回流除硫化物，用稀氢氧化钠溶液洗和水洗后，干燥并蒸馏。

（十五）二氯乙烷的提纯

① 试剂二氯乙烷中含有少量的酸性杂质、水分、氯化物等，可依次在分液漏斗中用 5%的氢氧化钠溶液（或稀氢氧化钾溶液）、二次水洗涤之后，用无水氯化钙或五氧化二磷脱水，然后蒸馏。

② 将 500ml 二氯乙烷置于 1L 分液漏斗中，加入 100ml 二次水，摇动几分钟，静置分层后，弃去水层。加入 50ml 浓硫酸，摇荡，静置分层后，弃去酸层，重复这个硫酸洗涤的操作，直至酸层不变色或仅显淡黄色。酸洗过的二氯乙烷再依次用二次水、5%的氢氧化钠溶液、二次水在分液漏斗中振荡洗涤，然后用 0.5%盐酸羟胺溶液洗涤 1～2 次，每次用 50ml，最后再用二次水洗 2～3 次。加入固体无水氯化钙脱水，加入氯化钙的量为使有机相澄清时为止。过滤后蒸馏，弃去开始蒸出的馏分，收集中段馏分作为成品。

（十六）石油醚的提纯

石油醚中的杂质大部分为芳香烃和不饱和烃，可用下述方法除去。将市售石油醚（60～90℃）倒入 10L 下口瓶中，加入硫酸（相当于石油醚体积的 1/5～1/4），以除去溶于硫酸的烃类。随时振荡，保持数天后，放出硫酸，用水洗涤两次，再加入 10%氢氧化钠溶液和 4%高锰酸钾溶液（相当于石油醚体积的 1/5），以除去能溶于氢氧化钠溶液的烃类，及氧化还原性物质，并随时振荡。保持数天后，再放出氢氧化钠、高锰酸钾溶液，如发现高锰酸钾被全部还原，则再继续用氢氧化钠、高锰酸钾溶液重复处理一次，并用水洗涤数次，放尽水层，以无水氯化钙干燥，在水浴上蒸馏出石油醚，收集 60℃以上的馏分保存备用。

（十七）苯的提纯

试剂苯含有少量的水、噻吩、羟基化合物和不饱和化合物等杂质。噻吩的沸点为 84℃，在苯的蒸馏中以及用冻结法结晶时均不能将其除去。用下述方法检查噻吩的存在：取 3ml 苯，加入靛红的浓硫酸溶液 10ml（溶有 10mg 靛红），共同振荡几分钟后，酸层出现蓝绿色则证明有噻吩的存在。除去噻吩的最简单的方法是与浓硫酸一起摇荡，因为噻吩容易被磺化生成噻吩磺酸而溶于硫酸之中。

在 1L 的分液漏斗中加入 600ml 苯和 90ml 浓硫酸，摇动数分钟并静置，分层后弃去下部酸，用同法重复操作 2～3 次后用水洗两次，再用 50～60ml 碳酸钠溶液（10%）洗涤一次，二次水洗 2 次，加入氯化钙干燥数小时，过滤并在水浴上进行蒸馏，收集沸点为 80～81℃ 的中段馏出液，保存于带磨口塞的试剂瓶中。

（十八）甲苯的提纯

甲苯内所含的主要杂质为甲基噻吩。甲苯的提纯方法和苯相似，但因甲苯比苯容易磺化，为减少损耗，分离甲基噻吩磺酸时应在较低的温度下进行。在油浴上分馏时收集 110～120℃ 的馏分。

（十九）二硫化碳的提纯

试剂二硫化碳可依次与 0.5% 的高锰酸钾溶液、金属汞、0.25% 的硫酸溶液在分液漏斗中摇荡处理，然后经无水氯化钙干燥后，于水浴上蒸馏，收集 46～47℃ 范围内的馏出液作为成品。

（二十）正己烷的提纯

在常温下，不饱和化合物与浓硫酸起作用，芳香烃也可以用浓硫酸处理除去，苯可以用酸混合液（质量比为浓硫酸＋浓硝酸＋水＝58＋25＋17 的混合液）处理除去，芳香族杂质也可以用硅胶吸附除去，酚类等酸性杂质，可用碱液洗涤除去。

将 600ml 化学纯石油醚置于 1L 短颈分液漏斗中，按图 2-20 所示装好分馏柱，连接好冷凝管并在油浴上加热，油浴温度控制为 80～90℃，收集沸程为 66～70℃ 的馏出液，即为粗制正己烷。

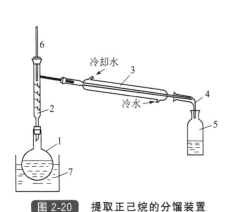

图 2-20 提取正己烷的分馏装置

1—1L 短颈烧瓶；2—分馏柱；3—冷凝器；4—牛角管；
5—接收瓶；6—温度计（0～100℃）；7—油浴或水浴

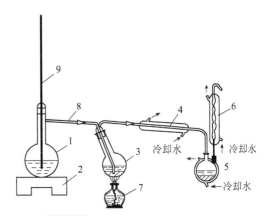

图 2-21 8-羟基喹啉水蒸气蒸馏装置

1—1L 平底烧瓶；2—石墨电炉；3—250ml 圆底烧瓶；
4，6—水冷凝管；5—球形接收瓶；7—酒精灯；
8—水蒸气导管；9—安全管

将 600～700ml 粗正己烷置于 1L 的分馏漏斗中，加入 50ml 浓硫酸共摇，静置分层后，弃去黄色酸层，重复处理 3～4 次。然后依次用 0.02mol/L 高锰酸钾的 10% 硫酸溶液、0.03mol/L 高锰酸钾的 10% 氢氧化钠溶液处理，最后用二次水洗涤数次。加入无水氯化钙脱水，放置过夜，过滤。按上法重新分馏一次，收集 67～69℃ 馏出液作为成品，必要时，通过活性炭吸附柱后再分馏一次。折射率为 1.3804（25℃）。

（二十一）8-羟基喹啉的提纯

水蒸气蒸馏法：将 5.0～10.0g 分析纯 8-羟基喹啉置于 250ml 蒸馏烧瓶 3 中。在容积为 1L 的平底烧瓶 1 中加入三次水至不超过该瓶容积的 2/3 作为水蒸气发生器。按图 2-21 所示连接好仪器的各部分。用石墨电炉 2 加热平底烧瓶 1，产生的水蒸气由导管 8 导入烧瓶 3，此时 8-羟基喹啉随水蒸气一起挥发，经冷凝管 4 进入接收瓶 5 中而被冷凝为固体。蒸馏进行至烧瓶 3 中剩下少量 8-羟基喹啉时，将 1 和 3 间连接处（磨口）拆开，切断电源，卸下接收瓶 5，用抽滤法将其中的 8-羟基喹啉滤出，以三次水洗数次，于烘箱中在 30～40℃ 下烘干后即为成品。

注意事项：

① 蒸汽发生器的安全管 9 必须有一定长度，使瓶内压力平稳；

② 为防止水蒸气在烧瓶 3 中冷凝，烧瓶 3 下面要用酒精灯加热；

③ 冷凝管内冷却水的流速控制在 8-羟基喹啉蒸气在冷凝管 4 中大部分冷凝而又不致固化的程度；

④ 为了使通过冷凝管而没有被液化的少量蒸汽冷凝，采用特制接收瓶 5。此接收瓶有一球形冷凝管，接收瓶瓶壁为双层，中间可通冷却水；接收器内预先要加入几十毫升三次水；

⑤ 停止蒸馏时，要先将烧瓶 1 和 3 自磨口处分开，防止 3 中溶液倒吸入 1 中；

⑥ 烧瓶 3 需要倾斜放置，防止溅出的液滴被蒸汽带到接收瓶中。

（二十二）双硫腙的提纯与合成

1. 双硫腙的合成

本法适用于合成少量的纯度较高的双硫腙。

（1）试剂　苯肼、二硫化碳、无水乙醇、乙醚、无水甲醇、硫酸（0.5mol/L）、氢氧化钠（10%）溶液、氢氧化钾（有机溶剂事先用蒸馏法提纯，无机试剂采用二级品）。

（2）合成步骤　将 1.3g 新蒸馏的苯肼置于小试管中，加入 6ml 乙醚溶解，剧烈摇动试管，往试管中逐滴加入 0.52ml 二硫化碳，试管口立即用带有微冷凝管的塞子盖住，继续摇动 5min，滤出白色沉淀，用乙醚洗涤。将所得的白色物质置于另一试管中，于不断搅拌下在水浴上加热，此时有硫化氢析出，试管内的物质变为黄色且有黏性。当刚出现氨味时，将试管冷却（先用水冷，再用冰冷）。往试管中加入 1.5ml 乙醇，在搅拌下稍微加热，此时由油状物中析出结晶，用酒精洗涤。将洗好的结晶物质，溶于氢氧化钾醇溶液中（0.6g 氢氧化钾溶于 6ml 甲醇），将溶液移入带有冷凝管的容器中加热回流，溶液在短时间内就沸腾，然后用冰冷却带色的溶液，将溶液倾入另一试管中，在不断摇动下用 0.5mol/L 的硫酸酸化（以刚果红为指示剂）并析出沉淀，约需硫酸溶液 7ml。滤出的深蓝色沉淀溶于 5% 的氢氧化钠溶液中，过滤后再次用硫酸酸化并析出沉淀，滤出沉淀，用水洗至无硫酸根离子为止。将沉淀置于烘箱中于 40℃ 下干燥。所得的双硫腙欲进一步纯化时可用乙醚萃取。产量约 0.3g。

2. 双硫腙的提纯

（1）将少量双硫腙溶于氯仿或四氯化碳中，加入 2% 的氨水萃取，使双硫腙转至水相中，再用纯氯仿或四氯化碳萃取几次，弃去有机相，一直洗涤至有机相中不再呈现红色。然后加入提纯氯仿或四氯化碳，用纯制盐酸酸化至弱酸性，将双硫腙萃取至有机相中，接着再用纯水洗涤有机相两次。经提纯的双硫腙的氯仿或四氯化碳溶液保存于棕色瓶中，放在暗处备用。双硫腙的氯仿溶液一周内适用，或者将此双硫腙溶液浓缩、结晶制取固体物备用。

（2）可用抗坏血酸除去双硫腙中的氧化物。

（3）双硫腙还可以用乙醚萃取纯化。

（二十三）铜试剂的提纯

铜试剂又名二乙氨基二硫代甲酸钠。

铜试剂可以用氯仿萃取其水溶液后重结晶法提纯，也可以用合成法制得少量纯品。取 3ml 重蒸馏的二乙胺，加入 10ml 氯仿混合，加入 1ml 重蒸馏的二硫化碳，然后进行减压浓缩，过滤出白色结晶，用少量酒精洗涤，干燥后即得纯品。

（二十四）铜铁试剂的提纯

在 $250\sim300ml$ 烧瓶中加入 $120ml$ 水并将其加热至 $60℃$。在搅拌下加入 $30g$ 粉末状的铜铁试剂并使之全部溶解。加入 $2g$ 粉末状试剂活性炭，搅拌 $10\sim15min$，用灼烧过的布氏漏斗过滤。将滤液冷却至 $15\sim20℃$，再冷至 $0℃$ 并放置过夜。

用 4 号玻璃滤器抽滤析出的结晶，用 $10ml$ 乙醇洗涤，再用 $10ml$ 乙醚洗涤，然后在空气中干燥。产率约为 75%。

（二十五）乙二胺四乙酸二钠（EDTA）的提纯

（1）首先制备乙二胺四乙酸二钠的室温下的饱和水溶液（$100ml$ 水中大约可溶解 $10g$）。往此溶液中慢慢地加入乙醇至出现沉淀，过滤析出的沉淀并弃去。往滤液中加入等体积乙醇并真空过滤析出的沉淀，用丙酮洗涤几次，然后再用乙醚洗涤 $2\sim3$ 次，将沉淀放在一张滤纸上室温下于空气中干燥。

（2）将乙二胺四乙酸二钠溶于少量热水中，用热滤漏斗过滤。向冷滤液中加入等体积甲醇和丙酮的混合物（$1+1$），并搅拌之。在布氏漏斗上抽滤析出的沉淀，并用甲醇和丙酮混合物洗涤。将沉淀放在表面皿或平底瓷皿上，摊成一薄层，在 $80\sim90℃$ 下干燥。如果干燥温度过高，试剂常常分解而所得产品不白，此时必须重新进行提纯。

（二十六）二甲酚橙指示剂的提纯

市售二甲酚橙指示剂有时缩合得不够好，故影响配位滴定终点的观察。将其配制成所需浓度的二甲酚橙溶液，加盐酸使其中杂质沉淀完全，再过滤，除去杂质，将滤液滤入干净的瓶中保存备用。

（二十七）钙黄绿素的制备

取 $6.64g$ 荧光素溶于 $20ml$ 60%乙醇和 $6ml$ 30%氢氧化钠溶液中，再取 $10.6g$ 亚氨基二乙酸溶于 $12ml$ 30%氢氧化钠溶液和 $15ml$ 水中。将两溶液混合均匀，逐滴加入 $7.5ml$ 30%甲醛溶液，在水浴上（$70\sim80℃$）温热 $3h$，并时刻搅拌，检查反应是否完成（用一滴溶液加氢氧化钾溶液与钙离子，看是否能产生荧光，再用 EDTA 二钠溶液滴定看荧光是否能消失）。稀释体积至 $1L$，加氯化钠 $150g$ 使之溶解，用盐酸酸化至 $pH=2\sim3$，沉淀析出，冷却、过滤，用水洗涤沉淀数次，将沉淀再溶解于乙酸钠溶液中，过滤（以除去多余的荧光素），用水洗涤数次，滤液重复用盐酸酸化至 $pH=2\sim3$ 沉淀析出，冷却，抽气过滤，再用水洗涤数次，抽滤干。此时沉淀呈糊状，不易干燥，故再将沉淀溶于 $150ml$ 无水乙醇中，温热，此时沉淀呈粉状。冷却、过滤，用无水乙醇洗涤数次，抽滤干，得黄色粉末，在空气中干燥，装入棕色瓶内保存备用。

（二十八）罗丹明 B 的提纯

将商品罗丹明 B（粉红色染料）研细，加入稀氨水（$1\%\sim2\%$）浸渍数小时，然后用苯振荡抽提数次，合并数次抽提液，再与稀盐酸一起振荡，罗丹明 B 即溶于盐酸而成盐酸盐，把酸抽出液用冷水冷却，罗丹明 B 的盐酸盐即结晶析出，吸滤干燥。

（二十九）双十二烷基二硫代乙二酰胺（DDO）的制备

取 $46g$ 十二胺溶于 $50ml$ 无水乙醇中，另取 $15g$ 二硫代乙二酰胺于 $500ml$ 三角瓶中，并加 $100ml$ 无水乙醇。然后将前述溶液倒入三角瓶内，置水浴上加热至红色结晶几乎全溶，取下冷却，用慢速滤纸磁漏斗抽气过滤。沉淀移至 $600ml$ 烧杯中，加丙酮 $100ml$、活性炭 $5g$ 搅拌（脱色），再于水浴上加热，使沉淀溶解，趁热迅速抽气过滤（应将磁漏斗烤热，否则漏斗上将析出沉淀），用温热丙酮洗涤滤纸数次。再重复于丙酮中加活性炭结晶 3 次，最后将溶液在冷水槽中冷却，析出沉淀，抽气过滤至干，将滤纸连同沉淀取下风干，成品为橙黄色，装入棕色瓶中保存备用。

(三十) 二苄基二硫代乙二酰胺的制备

称取 20g 二硫代乙二酰胺于烧杯中，加入 100ml 乙醇和 38ml 苄胺，在电热板上加热，此时有特殊臭味逸出，开始二硫代乙二酰胺溶解并和苄胺反应生成黄色的二苄基二硫代乙二酰胺，溶液颜色渐深，并逐渐有淡黄色沉淀生成，反应约需 15min，至沉淀的量不再增加为止。用冷水冷却后，用玻璃滤器抽滤，用冰冷乙醇洗涤，所得的粗结晶用丙酮溶解 (17g 粗结晶约需 100ml)，冷却，重结晶，反复 3 次，将沉淀放入干燥器中干燥，即可使用。

(三十一) 偶氮氯膦Ⅲ [2,7-双(4-氯-2-膦羧基苯基偶氮)-1,8-二羟基萘-3,6-二磺酸] 的制备

1. 2-氨基-5-氯苯膦酸的制备

(1) 重氮化　将 80g 邻硝基苯胺加热至 50℃溶于 800ml 氟硼酸 (相对密度 1.24) 中，溶液再用冰冷至 3℃，不断搅拌，于 3~8℃加入 40g 亚硝酸钠进行重氮化。此时析出亮黄色的晶体。溶液在 -1℃放置半小时，将沉淀滤出。用冰水 (50ml) 和乙醚 (50ml) 洗涤后，置空气中干燥至恒重。可得 118.5g 邻硝基苯胺的氟硼酸重氮盐。

(2) 桑德迈尔反应　在 635ml 无水乙酸乙酯中加入 155ml (1.75mol) 三氯化磷和 25g 氯化亚铜。于此混合溶液中，在 30℃缓缓加入邻硝基苯胺的氟硼酸重氮盐 118.5g 和 25g 氯化亚铜的混合物。在加入混合物的过程中，温度上升至 50℃时开始放出氮气，待氟硼酸重氮盐全部加入后，温度可上升到 65℃，此时反应逐渐完成，氮气停止释放。反应产物在 65℃放置 3h，第二天在 15~30℃下加入 10ml 水，在 50~65℃加热 1h，最后在 45~60℃加入 590ml 水，用碳酸氢钠中和至 pH=3，加热到 45℃，冷却后析出绿色沉淀 (含铜配合物)，过滤。滤液中部分未析出的含铜配合物可经乙酸乙酯萃取分离后再析出。将沉淀合并，用水洗涤，在 100℃干燥，产量为 32g。将绿色沉淀溶于稀盐酸 (1+2) 中，通入硫化氢以沉淀铜，过滤，将滤液蒸发至一半体积后，加入活性炭除去有色物质，过滤，用碳酸钠中和至 pH=3，即有白色无定形沉淀析出，过滤，用冰水 (约 75ml) 洗涤，在 120℃下干燥，可得 11g 2-氨基-5-氯苯膦酸。

(3) 重结晶　2-氨基-5-氯苯膦酸能溶于水和乙醇，可从稀盐酸或乙醇 (用盐酸酸化) 中重结晶得细针状晶体。

2. 偶氮氯膦Ⅲ的制备

(1) 重氮化　称取 4.5g 2-氨基-5-氯苯膦酸于 400ml 烧杯中，加入 4ml 浓盐酸，加水至体积为 20~25ml，搅拌，溶液为乳状，放入冰浴中冷却，在不断搅拌的条件下滴加 10ml 亚硝酸钠溶液 (1.7g 溶于 10ml 水) 进行重氮化。此时溶液从乳状变为淡黄至棕色而全溶。

(2) 偶合　称取 2.5g 变色酸 (1,8-二羟基-3,6-萘二磺酸) 溶于 20ml 10%氢氧化钠溶液中，过滤，将滤液放入冰浴中冷却后，加入上述重氮盐溶液中，此时溶液应为紫色；如呈红色说明混合物溶液为酸性，应立即加入 10%氢氧化钠溶液，使混合液的 pH=8~9。搅拌使偶合反应进行约 1h，溶液由紫色变为蓝色，最后烧杯壁带有绿色，而且溶液变稠。在偶合反应进行中，为了要保持反应混合液的 pH 值在 8~9 范围，应注意在间隔时间内加入苛性钠溶液以调整之。静置 2~3h，使偶合反应完全，过滤，于滤液中加入 6mol/L 盐酸约 30ml，使溶液 pH<3，静置半小时，此时有深红色晶体析出，抽滤，沉淀用 1mol/L 盐酸 100ml 洗涤 2~3 次后溶于 100ml 2%氢氧化钠溶液中。所得溶液再用 6mol/L 盐酸酸化至溶液 pH<3，沉淀又重新析出，抽滤，用 1mol/L 盐酸洗涤两次，在 80℃干燥。沉淀为含有 4 分子结晶水的偶氮氯膦Ⅲ。如在 160℃将沉淀继续干燥直至恒重，可得到无水结晶粉末。

(三十二) 1-苯基-3-甲基-4-苯甲酰基-5-吡唑啉酮(PMBP)的制备

(1) 缩合　在 10L 三口烧瓶中加入 1,3,5-吡唑酮、700g 氢氧化钙-无水酒精悬浊液

（700g 氢氧化钙悬浮于 4000ml 无水酒精中，把 4000ml 悬浊液全部加完），搅拌，加热回流。在溶液快要出现紫青色以前，立刻将 500ml 苯甲酰氯（分析纯）逐滴加入，约 1h 加完，反应液由橙变黄。在回流冷凝管上接一只装有无水氯化钙的干燥管，滴完后继续回流搅拌 2h，放冷。

（2）水解　配 7000ml 3mol/L 盐酸溶液（1750ml 浓盐酸溶于 5250ml 水中），边搅拌边将上述缩合后产物倾入其中，冷却，逐渐析出黄色沉淀，继续搅拌几小时（搅拌速度宜快，搅拌时间约 3h），反应液呈粉红色糊状（结晶粒子很细）为止。过滤，粗品用自来水洗涤 2～3 次至洗液 pH≤3，即得粗品。

（3）重结晶与转化　将粗品的一半用约 600ml 纯氯仿加热溶解回流约半小时后，分去水层，将氯仿溶液过滤（用两层滤纸），得滤液约 1000ml，然后浓缩，在 60～62℃时蒸出氯仿 360～380ml，冷却，得 PMBP 结晶 0.35～0.4kg，颜色为橙黄色，成品用乙醚洗涤一次，即呈淡黄色（熔点 89～91℃）。另一份半粗品也同样处理。

将两部分母液混合，蒸去氯仿 50～60ml，得 100～150g PMBP 成品，再将滤液浓缩（氯仿几乎快蒸完），析出 PMBP 残渣，将它用乙醚洗涤一次或直接用纯氯仿（冷的）溶解，过滤，蒸去一半氯仿，再结晶，也得到 PMBP 成品。

（4）干燥　将产品尽量抽干，置空气中室温干燥，不断研细，翻动。

（三十三）铍试剂Ⅱ[8-羟基萘-3,6-二磺酸-(1-偶氮-2)-1,8-二羟基萘-3,6-二磺酸]的制备

取 3.8g H 酸（1-氨基-8-萘酚-3,6-二磺酸钠）放入 50ml 4%（体积分数）盐酸溶液中，将浑浊液加热至 35℃，加入 5ml 14% 的亚硝酸钠溶液，保持温度在 30～35℃之间，使其重氮化 15min，然后将生成的悬浮状针形草黄色重氮化合物放冷，搅拌 10～15min，继续冷却至室温，然后向混合物中加变色酸（1,8-二羟基萘-3,6-二磺酸钠）混合溶液（混合溶液由 4g 化学纯变色酸和 5g 乙酸钠共溶于 60ml 水中而制成）。此时呈现紫色，继续搅拌 5h，过滤所得到的膏状物质，烘干，研成粉末，即得铍试剂Ⅱ的四钠盐（$C_{20}H_{10}O_{15}N_2S_4Na_4$）。

如果欲制取铍试剂Ⅱ的二钠盐，则将得到的膏状物质加热溶于 150ml 水中，再过滤一次，以滤去可能存在的微小残渣。向热的滤液中加入 50ml 浓盐酸，并使之慢慢地冷却，即析出均质较大的薄片状的紫褐色沉淀，过滤，用盐酸（1+2）洗涤，在 120℃下干燥后，即得铍试剂Ⅱ二钠盐（$C_{20}H_{12}O_{15}N_2S_4Na_2$）。

（三十四）氯代磺酚 C❶[4,5-二羟基-3,6-双(5-氯-2-羟基-3-磺基苯偶氮)-2,7-萘二磺酸]的制备与提纯

在直径为 10cm 的搪瓷桶中加入 4-氯-2-氨基-6-磺基苯酚 613g、浓盐酸 1150ml、蒸馏水 5700ml 搅匀，外用冰盐水冷却至 0℃，在不断搅拌下滴加亚硝酸钠溶液（257g 亚硝酸钠溶于 624ml 水中，预先冷却），滴加时控制温度为 0～2℃，加完后搅拌 10min，使 4-氯-2-氨基-6-磺基苯酚全部溶解（如有不溶物，再加入少量亚硝酸钠溶液），趁冷快速过滤，弃去不溶物，将重氮盐溶液保持在 0℃备用。在直径为 32cm 的搪瓷桶中加入变色酸 393g、蒸馏水 4350ml，在搅拌下加入 30% 氢氧化钠少许（至 pH=7），慢慢加入氧化钙 934g（焙烧），用冰盐浴使其冷却至 0～5℃，然后将备用的重氮盐溶液慢慢滴入，同时不断搅拌，温度控制在 5～10℃。

滴加时，用 pH 试纸检验溶液是否呈碱性，如 pH<8，则需再添加 20g 粉状氧化钙，以确保偶合在碱性条件下进行。反应液由红色逐渐变为蓝色。加完重氮盐后，在 20℃搅拌 1～1.5h，放置过夜。

---

❶　即氯代磺酚 S。

第二天用浓盐酸（约1800ml）酸化至pH=1，氯代磺酚C呈游离状析出。冷却，过滤，即得氯代磺酚C粗品。

粗品精制：将粗品溶于热碳酸钠溶液中（2850g碳酸钠溶于70~80℃的18500ml蒸馏水中），充分搅匀，趁热过滤，再用少量碳酸钠热溶液洗涤沉淀。滤液用浓盐酸酸化，使pH≤1，室温放置2~3h，使结晶颗粒增大，利于过滤（滤布最好用布质）。沉淀物在120℃烘干、研细，再用1+2盐酸（1份盐酸+2份水）浸泡，用量以使粉末浸没呈稀糊状为宜。2h后（或过夜）过滤，用稀盐酸洗涤1~2次，抽干，在120℃烘干，研细即得氯代磺酚C产品（若质量不好，可再用1+2盐酸浸泡1~2次）。

（三十五）1-羟基-4-(对甲苯氨基)-蒽醌的制备

（1）酰基化　于250ml三口烧瓶中先后加入对氯苯酚18g（化学纯）、邻苯二甲酸酐15g（化学纯）和对称四氯乙烷74ml（化学纯）。在加热搅拌下，将预先装好（见图2-22）的44g（工业）无水三氯化铝分数次加入，每次加入数量以氯化氢逸出不太激烈为宜。待无水三氯化铝加完，反应稍缓和时可停止搅拌，稍放冷，迅速将三口烧瓶上三氯化铝加料用的三角烧瓶取下，换上温度计，然后继续搅拌和加热，并保持在130℃反应6h，反应后放冷，在边摇边冷情况下倾入300ml 20%盐酸液，接着进行水蒸气蒸馏，过后将残留物放冷过滤。在固体中加入150ml 12%氨水（调节pH在11左右）和活性炭粉末，加热并趁热过滤，待滤液冷却后，渐渐加入20%盐酸液，使溶液呈酸性

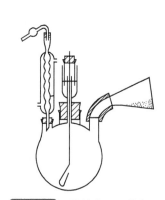

图2-22　酰基化三口烧瓶

（pH≈2~3）。待固体析出完全，进行过滤、水洗和干燥，得粗品5-氯-2-羟基-苯甲酰苯甲酸（Ⅰ）约23g（熔点180~184℃），经苯重结晶得淡黄色斜面晶体（熔点199~200℃）。

（2）环化❶　取发烟硫酸（约含20%三氧化硫）200ml（化学纯）放入250ml三口烧瓶中，然后在搅拌下加入硼酸8g（分析纯）和Ⅰ，在95℃反应30~45min，反应后将反应液冷却，渐渐倾入冰中。析出的固体进行过滤和水洗，最后加6%氨水（溶液呈碱性）搅拌，加热，并趁热过滤。固体经水洗后干燥，得粗制品1-羟基-4-氯蒽醌（Ⅱ）约18g（熔点192~193℃）。经冰醋酸重结晶，得橙色针状晶体（熔点193~194℃）。

（3）缩合　将Ⅱ与289g对甲苯胺（分析纯）、32g无水乙酸钠（化学纯）和0.32g乙酸铜（化学纯）放在研钵中研细，混匀，然后放入250ml三口烧瓶中，维持150℃搅拌加热回流4h。反应后稍放冷，倾入160ml 3%盐酸液，在搅拌下微热数分钟后倾去盐酸液。然后再进行多次（约6次），每次加160ml 3%盐酸液，并加热趁热过滤，最后所得固体用热水洗涤，抽干、干燥，得粗制品❷。

1-羟基-4-(对甲苯氨基)蒽醌（Ⅲ）约19g（熔点160~169℃），经冰醋酸重结晶得紫黑色针状晶体（熔点191~192℃）。

（三十六）偶氮胂Ⅲ {1,8-二羟基萘-3,6-二磺酸-2,7-双[(偶氮)-2-苯胂酸]} 的制备与提纯

1. 偶氮胂Ⅲ的制备

称取60g（0.276mol）邻氨基苯胂酸于微热下溶解在100ml水和60ml盐酸（相对密度1.18）中。冷却后待氯化氢盐沉淀，加入150~200g碎冰块，在不断搅拌下加入40%亚硝

---

❶　环化时用浓硫酸（相对密度1.84）代替发烟硫酸（其用量同发烟硫酸，但不用硼酸），温度在120℃，反应2h亦可，但产率稍低，仅70%~80%。

❷　本合成所得中间体，粗品未经精制（重结晶）亦可使用，不会影响最终产品的质量，但产品必须经过精制处理。

酸钠溶液［20g 亚硝酸钠（0.29mol）溶于 50ml 水中］50ml。用淀粉碘化钾试纸试验，有过剩的亚硝酸时，再补加一些邻氨基苯胂酸。溶解 26g（0.0717mol）变色酸二钠盐于 100ml 水中，加入几毫升 20%石灰乳（20g 氧化钙加 100ml 水）。再加入 300～400g 碎冰块冷却，在不断搅拌下把上面制得的溶液慢慢地加入，并不断地加入石灰乳使介质保持碱性。溶液开始为红紫色，随后呈蓝色，于室温下静置 1～2h。

为了检查上述反应是否完全，取 1 滴溶液于 50～200ml 蒸馏水中。搅匀后取 5～10ml 此溶液于试管中，加入几滴浓盐酸，再加 1～2 滴钍盐溶液（10～20mg/ml 钍）。溶液呈现翠绿色或蓝绿色（钍同铀试剂Ⅲ的配合物）。

把检查钍后剩余的溶液分成两份，向其中之一加入 5～10 滴浓硫酸，摇匀并冷却试管。假若反应完全，加入硫酸后其颜色同未加硫酸的溶液很易区别，前者颜色为深绿色。若反应不完全，加入硫酸后则呈红紫色、深红色或浑浊的絮状物出现。这时就必须再加邻氨基苯胂酸重氮盐溶液于变色酸的溶液中，并相应地加入石灰乳使其保持碱性，静置，再按以上所述进行检查。

向制得的混合液中加入 2～3L 沸水、400～500ml 盐酸（相对密度 1.18），不断搅拌使钙盐完全溶解，并静置过夜。把得到的黑色沉淀过滤，用 150～200ml 盐酸（1＋5）洗涤，再用水洗，弃去滤液。把得到的产物溶于 2L 2%氢氧化钠溶液中，滤去不溶的杂质，酸化滤液至微酸性后再加 150～160ml 盐酸（相对密度 1.18）。静置使沉淀完全后过滤，用 200～300ml 水洗涤，再用 50ml 乙醇洗涤。为了精制可重复沉淀几次，得到的偶氮胂Ⅲ约为 53g。

2. 偶氮胂Ⅲ的提纯

将欲提纯的偶氮胂Ⅲ3g 溶于 300ml 水中，加热，加入 2 滴浓盐酸酸化，趁热过滤。滤液盛于 500ml 石英皿中，置水浴上加热，在搅拌下滴加 5～10ml 浓盐酸，蒸发至溶液体积约为 80ml，放置 2h，过滤。所得产品用水洗 2 次，再用乙醇洗 2 次。按上述步骤再结晶一次，所得产品在 60℃干燥，即可使用。

（三十七）亚硝基 R 盐（1-亚硝基-2-萘酚-3,6-二磺酸二钠）的制备

溶解 35g R 盐于 400ml 水中，然后加入 10ml 浓盐酸使溶液成为酸性。将容器放在冰水中冷却至 5℃，在激烈搅拌下加入冰冷的亚硝酸钠溶液（7.2g 亚硝酸钠溶于 20ml 水中）。加时要慢，最好自滴液漏斗中加入，全部加完约需半小时。继续搅拌 15min，过滤，将生成物与 50ml 水共同搅拌以洗去不纯物，然后吸滤。以 10ml 冷水洗涤两次，再以 15ml 乙醇洗一次。

（三十八）茜素红 S 的制备

把 1 份茜素与 3 份发烟硫酸（含 20%三氧化硫）在 100～150℃加热数小时，直到生成物能完全溶于水，把所得的混合物倒入水中，并用氢氧化钙把溶液中和，再加入碳酸钠使钙盐转化为钠盐，滤去生成的碳酸钙，把溶液放在水浴上蒸发至干。

（三十九）苯芴酮（9-苯-2,3,7-三羟基-6-芴酮）的制备

1. 苯醌的制备

先配成 A、B 两种溶液。

溶液 A：将 198g 对苯二酚放入 3000～4000ml 的大玻璃缸或搪瓷缸中，加入 900ml 乙酸（60%），缸中装入一搅拌机，使溶液混匀，冷却至 5℃以下。

溶液 B：取 252g 铬酸酐，放入 1000ml 烧杯中，加入 420ml 水和 180ml 冰醋酸，混匀后冷却，移入分液漏斗中。

当溶液 A 的温度降至 5℃时继续开动搅拌机，将溶液 B 由分液漏斗中缓缓加入溶液 A中，进行反应，约 3h 完成，这时铬酸酐也恰恰加完。立刻过滤，用冷水充分洗涤，所得的

黄色结晶即为对苯醌的粗制品。

将所得的粗制对苯醌（约 200g 湿品）放入 1000ml 的烧瓶中，加入 260～300ml 乙醇，瓶口装一回流冷凝器，加入少许活性炭，继续装上回流冷却器，在水浴上加热 3～4min，立即迅速过滤，滤液倒入 1000ml 烧瓶中，用流水冷却 10h 后立即将析出的结晶滤出，放入搪瓷盘中，把产物铺开，令其在短时间内晾干（不要加热或用日光晒），最后将产品保存于塞紧的褐色瓶中，产量约 130g。

2. 苯芴酮的制备

在 600ml 烧杯中加入 180g 乙酸酐（分析纯），再加 12g（约 7ml）浓硫酸（优级纯）作为催化剂，将烧杯放于冷水中，一边搅拌一边分小份地加入 60g 对苯醌，保持 40～50℃❶。当所有对苯醌加完后，放置片刻，溶液中开始有沉淀析出。当温度降至 25℃ 时，将烧杯中的溶液和沉淀倒入 750ml 冷水中❷，此时析出大量白色沉淀（1,2,4-苯三酚的三乙酸酯）。冷至 10℃ 抽吸过滤，在 250ml 95％乙醇中重结晶，放于真空干燥器中干燥。取 250g 苯三酚三乙酸酯，加热溶解于 150ml 乙醇（分析纯）、130ml 水、40ml（1+1）硫酸的混合液中，加入 25g（约 24ml）苯甲醛❸，放置 8d 并经常搅拌，将黄色硫酸苯芴酮沉淀抽吸过滤（滤液放置后仍有硫酸苯芴酮沉淀继续析出，可于下次生产时一同过滤回收），用上述混合溶液洗涤沉淀，将洗好的沉淀悬浮于 300ml 水中，加入足够的氢氧化钠（优级纯）至 pH＝4～5，使苯芴酮硫酸盐完全水解，搅拌并放置过夜。将红色（橙色）苯芴酮沉淀抽吸过滤，用水洗若干次，最后用酒精洗两次，除去残余的苯甲醛，放入真空干燥器中，干燥后使用。

（四十）二甲氨基苯芴酮 {9-[(N,N-二甲氨基)]苯芴酮} 的制备

取 18g（0.072mol/L）新制备的苯三酚三乙酸酯和 5g（0.035mol/L）N,N-二甲氨基苯甲醛，加热溶解于混合溶剂中（混合溶剂的配制：80ml 酒精、80ml 水和 8ml 浓硫酸混合），所得溶液在水浴上煮沸 10h，然后在室温下放置 10h，将析出硫酸二甲氨基苯芴酮橙红色沉淀，过滤，将沉淀溶解于混合溶剂中（其配制和用量与前述一样），将得到的溶液加入少量活性炭，煮沸 5min，然后滤出活性炭，在热的滤液中用氨水中和至 pH＝7，这时即析出红色的沉淀二甲氨基苯芴酮沉淀，在热的状态下过滤，并用热水洗涤至无氨味为止。然后烘干研碎即可使用。产量 6.6g（53％）。

（四十一）α-亚硝基-β-萘酚的制备

在烧杯中溶解 20g β-萘酚于 200ml 5％氢氧化钠溶液中，再加 10g 亚硝酸钠粉末，搅拌使其溶解，放于水盐混合寒剂中冷却至 -5℃，慢慢滴加 30％（质量分数）稀硫酸约 60ml，温度始终要保持 0℃ 以下，反应完成时，每加入硫酸即有大量氧化氮放出。再继续搅拌半小时后吸滤，以 10ml 冰水洗涤 2 次，尽量吸去水分（水分含量的多寡影响生成物的颜色），风干或在真空干燥器中以硫酸干燥，必要时以石油醚再结晶。

（四十二）对硝基苯偶氮间苯二酚的制备

取 14g 对硝基苯胺与 25ml 的浓盐酸混合加热使之溶解后，用冰块制冷剂冷却到 0～5℃ 之间，用含 8.5g 亚硝酸钠的冷溶液使之重氮化，然后把生成的重氮化溶液在充分搅拌下慢慢加入含有 10g 间苯二酚的 20ml 10％氢氧化钠溶液中（加时要慢！），加完后再继续搅拌10～15min，过滤，干燥，以酒精再结晶（应为暗红色粉末，市售有一种颜色为棕色者质量不佳）。

---

❶ 加入醌时应慢慢地加入，适当地控制温度为 40～50℃，如温度过高则易炭化，过低则影响反应进行。

❷ 醌加完后，温度降至 25℃ 时，一定要将该溶液慢慢地倒入 750ml 水中，并用力搅拌，以免形成坚硬大块以后过滤时难以处理。

❸ 混合液静止后，如沉淀出现很少，或者根本没有，应补加少许苯甲醛与酒精，稍热再静置，并经常搅拌。

第九节　气体的获取和纯化

一、制备气体的实验装置

在化学实验中经常要制备少量气体，可根据原料和反应条件，采用表 2-27 的某一种装置进行。

表 2-27　制备气体的常用装置

制备方法	装　置　图	制备气体	注　意　事　项
在试管中加热固体试剂		O_2、NH_3	1. 试管口向下倾斜，以免可能凝结在管口的水流到灼热处炸裂试管 2. 先用小火焰均匀预热试管，然后再在有固体物质的部位加热 3. 装置不能漏气
固体与液体试剂反应，可加热		CO、SO_2、Cl_2、HCl、C_2H_2	1. 分液漏斗颈应插入液体试剂中，或插入一小试管中，以保持漏斗的液面高度 2. 必要时可加热，也可加回流装置
固体与液体试剂反应，不加热	启普发生器	H_2、CO_2 H_2S 等	详见启普气体发生器

以下介绍启普气体发生器装置。

（1）部件　启普气体发生器由一个葫芦状的玻璃容器和球形漏斗两部分组成。容器底部有一液体的出口，用玻璃塞或橡皮塞塞紧。球形的上部有一气体出口，与带有玻璃活塞的导气管相连接（图 2-23）。

（2）装配　在球形漏斗的颈部涂一层凡士林，插入葫芦状容器，转动几次使其装配严密。导气管上的活塞也要涂一层凡士林。装置见图 2-24。

（3）气密性的检查　开启导气管活塞，从球形漏斗口加水至葫芦状容器下半部的半球体，关闭活塞。继续加水至水面上升到漏斗球形内，在水面处做一记号。静置片刻，若水面不下降，证明不漏气，即可使用。

（4）试剂的加入　在葫芦状容器的狭窄处垫一些玻璃棉，以免固体药品掉入半球底部，然后由气体出口加入块状或较大颗粒的固体试剂。加入量不宜超过中间球体容积的 1/3。否则因反应激烈，容易使反应液随气体从导气管冲出。加好固体后，再从球形漏斗加入适量反应液。

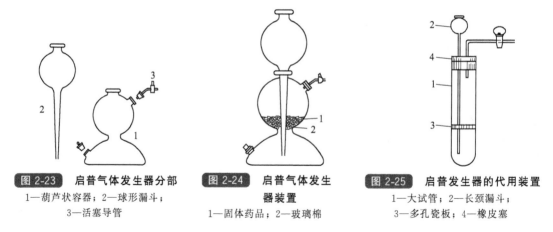

图 2-23 启普气体发生器分部
1—葫芦状容器；2—球形漏斗；
3—活塞导管

图 2-24 启普气体发生
器装置
1—固体药品；2—玻璃棉

图 2-25 启普发生器的代用装置
1—大试管；2—长颈漏斗；
3—多孔瓷板；4—橡皮塞

（5）气体的发生　打开活塞，反应液即上升至中间球体内与固体接触，便有气体产生。此时可调节活塞以控制气体流速。停止使用时，只要关闭活塞，气体就会将反应液从中间球内压回球形漏斗内，使反应液与固体脱离接触，从而停止气体的发生。若要重新制备气体，只要打开活塞即可。

（6）添加或更换试剂　发生器中的反应液使用一段时间后浓度逐渐变稀，需要更换反应液和固体试剂（或添加适当固体试剂）。更换反应液时，先用塞子塞紧球形漏斗上口，然后拔下液体出口的塞子，倒掉废液后，重新塞好。由球形漏斗中加入反应液。更换或添加固体试剂时，先关闭导气管的活塞，当反应液压入葫芦状容器下部后，用塞子塞球形漏斗上口，即可取下导气管的橡皮塞，更换或添加固体。

（7）发生器的保管　实验结束后，倒出废液。剩余的固体必要时可洗净回收。洗净仪器，晾干后，在球形漏斗与葫芦状容器、活塞及各个塞子的连接处衬垫一小纸片，可防止时间过久使磨口黏结。

（8）启普发生器的代用装置　当制备少量气体或无启普发生器时，可用图 2-25 的装置代替。

二、常用气体的制备与纯化

（一）氢气的制备与纯化

在实验室中可用比较活泼的金属与硫酸或盐酸作用来制得：

$$Zn + 2HCl \Longrightarrow ZnCl_2 + H_2 \uparrow$$

通常是用锌作用于盐酸 [1 体积的 HCl（相对密度 1.19）加 1 体积的水] 或硫酸 [1 体积的 H_2SO_4（相对密度 1.84）加 8 体积的水] 来制备氢气。该反应最好是在启普发生器中进行。若所用的锌很纯，则发出的气体缓慢。欲使过程加速，可添加几滴 $CuCl_2$ 溶液（在使用 H_2SO_4 时，则加几滴 $CuSO_4$ 溶液），这时铜沉积在锌上，并形成电偶，使锌的溶解速度大大加快。

若使用不够纯的锌和酸，所得的氢可能含有下列杂质：磷化氢、砷化氢、亚硫酸酐、氧化亚氮和氧化氮、二氧化碳、氮、硫化氢、氧和烃类等，提纯氢，可将它通过洗液 [将 100g $K_2Cr_2O_7$ 和 50g H_2SO_4（相对密度 1.84）溶解在 1L 水中]，或者通过高锰酸钾碱性溶液，然后再用煅烧过的 $CaCl_2$ 或 P_2O_5 进行干燥。经本方法提纯的氢仍含有少量的空气杂质，为除去经常起有害作用的氧，可使气体通过装有还原铜末的赤热的玻璃管（参看氮气制备与纯化的活性铜法）。由于氢总是能还原氧化铜，故柱子可以长期工作，而无需更换试剂。

电解 KOH 溶液几乎可制得不含任何杂质的纯氢，本过程最好在图 2-26 所示的装置中

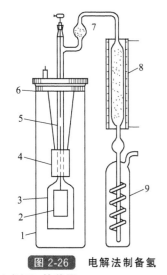

图 2-26 电解法制备氢（或氧）的装置

1—玻璃容器；2—阴极；3—玻璃钟罩；
4—阳极；5—排气管；6—盖子；
7—装满玻璃棉的球形管；
8—装有活性铜的管；9—洗瓶

进行。

　　小电解槽的外壳是一个圆柱形的玻璃容器 1，在它上面严实地盖着用有机玻璃或石蜡浸过的木材制成的盖子 6，它由可拆开的两半组成（为固定排气管 5 方便起见）。为排出氧，需在盖子上钻一个小孔，在连在盖子上的镍丝下面挂着圆柱形的镍制阴极 2 和阳极 4，阴极安装在通排气管 5 的玻璃钟罩 3 里。

　　在容器 1 中装入 2/3 体积的 30% 的 KOH 溶液，然后将阳极和阴极分别接上电源的正负极。进行电解时，利用变阻器维持电流强度在 3～5A 之间。

　　在出来的气体中含有氧和碱的液滴，碱的飞沫被设在排气管的扩大部分 7 处的玻璃棉阻住。为除去极小的雾状碱沫，可将气体通过加热到 1000℃ 的由石英砂制成的石英管（图 2-26 中没有表示出来）。氧可通过装有活性铜的管 8 除去（参看氮气制备与纯化中活性铜法）。

　　然后将氢气在装有硫酸（相对密度 1.75，不能再高！）的洗瓶 9 中进行干燥。

　　该装置的电解能力为 3～4L/h 纯氢，它也可并联几个电解槽。

　　也可利用氧气制备与纯化的电解制氧的装置来电解制氢。

　　为除去氢气中的 O_2、N_2 和水蒸气，可使气体通过装有镁屑并加热到 550～560℃ 的瓷管。

　　使氢气提纯（特别是除去氮和其他惰性气体）的一个有效方法是扩散。它是使气体通过赤热的金属钯薄板或通过赤热的钯与金（或银）组成的合金薄板。用本方法进行气体纯化的装置大致如图 2-27 所示。将经过高锰酸钾碱溶液除去杂质 As 和 Sb 后的氢气通入钯安瓿 1 中，并将安瓿 1 装在被电炉 2 加热的石英管 3 中。石英管预先小心地抽真空。通

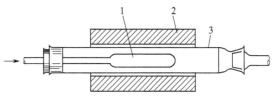

图 2-27 钯扩散法提纯氢装置
1—钯安瓿；2—电炉；3—石英管

过钯安瓿瓶壁扩散到管里的纯氢含氮和氧不超过 10^{-9}。对氢的热扩散提纯，采用生产能力为 35L/h 的专用设备是很方便的。

　　备注：① 在加热或点燃氢时，因能引起爆炸，应特别小心。须预先在试管中收集气体样品，并进行点燃，当含有大量空气时，会发生爆炸，较纯的氢则有尖锐的爆鸣声，纯氢在点燃时平静地燃烧。

　　② 为防止氢焰进入气体发生器，在一个长 10cm、直径为 10mm 的玻璃管中放置着 10 片紧靠管壁安置的细金属丝网，并用棉球将它们彼此分开。此玻璃管应安装在气体发生器和燃烧器之间。

　　（二）氧气的制备与纯化

　　在催化剂（MnO_2 或 Fe_2O_3）存在下，加热分解 $KClO_3$ 是制备少量氧的最方便的方法：

$$2KClO_3 \xrightarrow[\triangle]{MnO_2} 2KCl + 3O_2 \uparrow$$

在 $KClO_3$ 和催化剂中不应含有易燃性杂质（煤、纸等），否则可引起强烈爆炸！因此，将少量的反应混合物预先在金属匙中灼烧是有好处的，这样可以保证放出的氧是平稳的（即使在混合物中出现小火花，也没有危险）。

将 1 份纯级品的 $KClO_3$ 与 0.5 份纯级品的催化剂所组成的混合物装在大试管或小烧瓶中，用灯焰加热，在生成的氧中含有少量的氯气杂质，将此气体通过 KOH 溶液，能够很容易地将它除去。

将高锰酸钾加热分解，同样可制得氧：

$$2KMnO_4 \xrightarrow{\triangle} K_2MnO_4 + MnO_2 + O_2 \uparrow$$

其加热过程类似于 $KClO_3$ 法。

若必须制得不含有痕量的氮和惰性气体的氧气，最好是预先将高锰酸钾在真空及 120℃下进行加热，以除去它所吸附的气体，然后关闭真空泵，升高温度至 $KMnO_4$ 开始分解。从 318g $KMnO_4$ 中可制得 17L 纯氧。

将碱溶液或含氧酸溶液进行电解，能制得不含氮的纯氧。电解最好是在内径为 40～50mm 的 U 形玻璃管中进行（图 2-28）。管内装着由镍铁皮或铂铁皮（更好）制成的圆筒形电极。电解时电压为 10V。在使用铂电极时，30％的 NaOH 溶液、20％的硫酸都可作为电解质。另外，20％的 CrO_3 硫酸（10％）的溶液，或 $KMnO_4$ 溶解在 10％的 H_2SO_4 中的饱和溶液亦可作为电解质。

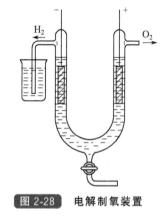

图 2-28   电解制氧装置

如果氧必须在压力为 196～294Pa（20～30mmH_2O）以上排出，为使系统压力平衡，则氢气排出管也应插在烧杯中，并浸入水中一定深度。

为使出来的氧提纯，将它通过玻璃棉以除去液沫，然后通过加热到 400℃的镀铂石棉，使痕量的氢接触氧化。如果采用镍电极，并在它上面镀一层黑色的 NiO，则逸出的氧不含有氢。

在重复使用此装置时应特别注意，不要把电极搞错。

市售（钢瓶装）的压缩氧气已相当纯，在大多数实验工作中可以使用，用 $KMnO_4$、KOH 和浓 H_2SO_4 溶液来洗涤它是有益的。它里面一般不含有 N_2 杂质。

（三）氮气的制备与纯化

工业氮除去杂质氧的粗提纯，可将气体在赤热铜上通过下述方法来制得。本方法也可用于从空气中制备氮气。

在耐高温玻璃管中装入粒状氧化铜（也可用卷紧的铜网），用氢气置换出管中的空气〔判定置换完全与否，可参见氢气的制备与纯化备注①〕，并在氢气流下将氧化物加热到 200～250℃。经还原后，使氧化铜变成金属铜。待管子冷却后，用工业氮气置换出氢气，并将此装有铜的管子加热到赤热温度。然后缓慢地通入工业氮气或空气。从管中出来的气体几乎没有氧。为除去 CO_2，将气体通过 50％的 KOH 溶液。为使其干燥，再分别使它通过装有 $CaCl_2$ 的柱子及装有浓 H_2SO_4 的洗瓶。

若使气体再通过第二根赤热的铜管，则可制得更纯的氮气。

采用活性铜除氧是氮气（氢气、氩气和一些别的气体）提纯的极好方法。其活性铜是固定在硅胶上的。

铜用下面方法进行活化：往 250g $CuCl_2 \cdot 2H_2O$ 溶解在 2L 水的溶液中加入 250g 硅胶（颗粒直径 1.5～2mm），并将混合物加热到 60℃。然后将加热到 60℃的 200g NaOH 溶解在 500ml 水中的溶液倒入上述溶液中。静置 10min 后，将混合物倒入装有 10L 水的容器中澄

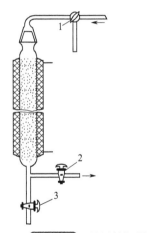

图 2-29　用活性铜提纯氮气的柱子

1—气体进口旋塞；2—纯净气体出口旋塞；3—排水旋塞

清。所得沉淀倾析洗涤，然后放在布氏漏斗上抽滤。待所得物料稍干后，将它制成直径为 3～4mm 的小球，在 180℃下干燥数小时，直到呈现出棕色。然后将它装进带有电热丝加热夹套的玻璃柱（图 2-29）中，柱里的空气用氢气置换出来，加热柱子到 200℃，并在氢气流下将氧化铜还原成金属铜。在此过程中控制颗粒的颜色由棕色转变为深紫色，待柱子在氢气流下冷却后，即可进行工作。

为进行提纯，首先用氮气吹洗柱子（如图 2-29 所示，经旋塞 1 进气，经旋塞 2 出气），然后将柱子加热到 200℃，并在整个提纯过程中维持此温度。经提纯后，气体中的氧含量不超过 0.001%。随着提纯过程的不断进行，铜逐渐变成氧化铜。因此必须照上面的方法周期性地使用氢气将它还原成铜。旋塞 3 是放水用的，因为在用氢气处理时，可能会有水聚集在柱里。

对少量氮气除去痕量的氧的十分精密的提纯（例如，用于极谱工作的），可利用二价氯化钒溶液来进行。

VCl_2 溶液可用下面方法制得：将 16g 硫酸氧钒（$VOSO_4 \cdot 3H_2O$）溶解在 500ml 水中。再加入 70ml HCl（相对密度 1.19），然后用水稀释到体积达 1L。取 200ml 制备好的溶液，并加入 10～15g 的锌粉，然后进行搅拌，直到溶液的颜色由浅蓝色（V^{4+}）转变为紫色（V^{2+}）。再继续搅拌 10min，然后将溶液倒入吸收瓶中；瓶的底上装有汞齐化了的颗粒状锌。

建议最好是采用特殊的吸收孔装置，见图 2-30。经上面的短管［见图 2-30（a）］倒入 VCl_2 溶液到孔眼高度的 1/3 处，被提纯的气体进入中心管，并通过该管上部球上的小孔进入中间管，然后以鼓泡形式通过 VCl_2 溶液。这时液体通过下面的小孔被排到中间管的外面。这种结构的吸收器可以保证吸收层有足够高度，并且锌粒放置处还可以在气体入口处压力显著降低的情况下防止液体倒流。为使装置紧凑，各部分都应连在垂直的柱上［见图 2-30（b）］。

不含惰性气体的氮可按下式制得：

$$(NH_4)_2SO_4 + 2NaNO_2 \stackrel{}{=\!=\!=} 2N_2\uparrow + Na_2SO_4 + 4H_2O$$

在圆底烧瓶中加入 50g $(NH_4)_2SO_4$ 饱和溶液，塞上塞子。在它上面插有滴液漏斗和排气管。将装有溶液的烧瓶放在水浴上加热，然后经滴液漏斗滴加 50g $NaNO_2$ 饱和溶液，排出气体的速度可通过滴加 $NaNO_2$ 溶液的速度来调节。

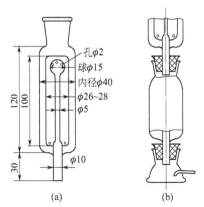

图 2-30　用 VCl_2 溶液提纯氮气的吸收装置（单位：mm）

待装置中的空气被完全置换出之后，再将所得气体收集到储气器中。至于除去氧及少量氮的氧化物杂质，可以采用上述任何一种方法。

（四）氯气的制备与纯化

制备氯气均应在通风处进行，以免中毒。

制备氯气的最老的方法之一是用 MnO_2 来氧化盐酸：

$$MnO_2 + 4HCl \stackrel{\triangle}{=\!=\!=} MnCl_2 + Cl_2\uparrow + 2H_2O$$

在容积为 1L 的烧瓶中加入 100g MnO_2（工业品），其规格为 ϕ10～15mm，再经漏斗加入 500ml HCl（相对密度 1.19）并开始慢慢加热，然后逐渐强烈加热。为除去酸雾可使出来的气体通过装有水的洗瓶。

为在填装 MnO_2 时不致打碎烧瓶，最好是将烧瓶预先充满水，而在加酸前再将它倒出。

制备氯的类似的方法是用 NaCl 和 H_2SO_4 混合物来代替盐酸：

$$MnO_2 + 2NaCl + 3H_2SO_4 \Longrightarrow MnSO_4 + 2NaHSO_4 + Cl_2 \uparrow + 2H_2O$$

在 6 份化学纯的 MnO_2 和 3 份 NaCl（化学纯）的混合物中加入 20 份热的稀 H_2SO_4（1＋1）。在反应结束时将混合物加热是有益的，出来的氯气中几乎不含水，但含有少量的氯化氢。

为制得大量的氯（也可控制为少量），用漂白粉和盐酸进行反应是相当方便的：

$$Ca(ClO)_2 + 4HCl \Longrightarrow 2Cl_2 \uparrow + CaCl_2 + 2H_2O$$

往启普发生器的中部球里放入一些漂白粉小块，并加入盐酸（相对密度 1.12）。为将所得的气体进行提纯，可使它通过装有水及浓 H_2SO_4 的洗瓶。若长时间停止工作，最好将酸从设备中倒出。因为它在溶解氯时逐渐充满中间球部，因此在重新工作时会放出氯气。短时间停止工作时，可经通气管鼓入空气，从设备赶走氯气。

漂白粉块可由新鲜的漂白粉压制而成，或由 1 份纯漂白粉与 0.25 份纯的医用石膏及少量水混合而成，以上所采用的几种漂白粉均有出售。

上述三种方法制得的氯气均含有少量的氧杂质。

欲将含有少量 O_2、N_2、HCl、H_2O 等杂质的工业氯气（钢瓶装）提纯，可先使气体通过两个装有浓硫酸的洗瓶，然后通过 CaO 柱（以除去 HCl）和 P_2O_5 管。为除去 O_2 和 N_2，将氯气液化，使气体冷凝在用干冰及丙酮冷却到 $-78℃$ 的接收器中，不凝性气体（主要是氧）用泵抽去。然后将氯蒸发并重新冷凝，这样的操作重复几次后，再在真空及空气液化温度下，采用微分蒸馏方法收集其中间馏分。这样可以达到彻底的提纯。

（五）二氧化碳的制备与纯化

利用酸与碳酸钙相互作用来制备 CO_2 是最常用的方法：

$$CaCO_3 + 2HCl \Longrightarrow CaCl_2 + CO_2 \uparrow + H_2O$$

该反应能够很方便地在启普发生器中进行。在仪器的中间球部放置规格为 $2\sim3cm$ 的大理石块，并通过球的上部注入稀盐酸（1＋1），反应生成的气体通过装有水和浓 H_2SO_4 的玻璃瓶以除去微量的 HCl 和进行干燥。

欲制备不含空气的 CO_2，应将大理石块预先与水共沸几小时，并趁湿时装入反应器中。最后为了除去二氧化碳中的极微量的氧，将它通过装有赤热的铜丝或活性氧化铜（参见"氮气的制备与纯化"）的管子，使氧燃尽。

将碳酸氢钠加热可制得很纯的 CO_2。

$$2NaHCO_3 \xrightarrow{\triangle} Na_2CO_3 + CO_2 \uparrow + H_2O \uparrow$$

称取一定量的 $NaHCO_3$（化学纯）放入耐高温玻璃制作的长试管中，接上真空并在封闭端加热，使生成的气体通过能够吸收水分的 $NaHCO_3$ 层。为使气体彻底干燥，应使它通过灼烧过的 $CaCl_2$ 或 P_2O_5。

CO_2 也可由市售的钢瓶装的液体 CO_2 制得。液体 CO_2 比较纯（含量 98%～99%），但都含有少量的 O_2、N_2 和 CO，有时含有微量的 H_2S、SO_2 和机油。为进行提纯，可将气体通过 2 个装有 5%～7% 的 $CrSO_4$ 或 $VOSO_4$ 溶液的洗瓶。为吸收 H_2SO_4 飞沫，将气体通过装满 $KHCO_3$ 块的 U 形管。为了除去微量的 H_2S，使气体通过装有经 $CuSO_4$ 溶液浸过的浮石 U 形管，然后进行干燥，使它通过装有浓硫酸的洗瓶。最后为除去极少量的氧，使它从活性氧化铜（参看"氮气的制备与纯化"活性铜法）上通过。

为除去 CO，使气体在红热温度下通过包着氧化铜粉末的石棉层。这些氧化铜石棉层放在直径为 25～30mm 的耐高温玻璃管中，该管是用管式炉进行加热的。

（六）一氧化碳的制备与纯化

制备一氧化碳应在负压下进行工作。

将甲酸与浓硫酸一起加热时可制得一氧化碳（浓硫酸起脱水作用）：

$$HCOOH \xrightarrow{\triangle} CO\uparrow + H_2O$$

在装有滴液漏斗及排气管的烧瓶中加入 100ml H_2SO_4（相对密度 1.84），并加热到 100℃，停止加热，经滴液漏斗逐滴加入 25～30ml 85％的甲酸（工业品）。排出气体的速度用加酸的速度来控制，当出来的气体变慢时，可将烧瓶稍稍加热（若速度太慢，可用灯焰加热），反应能够十分平稳地一直进行到底。

一氧化碳也可由草酸制得，但这时气体中含有 CO_2：

$$H_2C_2O_4 \xrightarrow{\triangle} CO\uparrow + CO_2\uparrow + H_2O$$

在圆底烧瓶中加入 270ml H_2SO_4（相对密度 1.84）和 100g $H_2C_2O_4 \cdot 2H_2O$。烧瓶安装在石棉网上并用灯焰加热，当刚有气体逸出时，将灯移开，因为该反应进行的相当激烈。

反应出来的 CO 中含有 CO_2、空气和水分，为除去 CO_2，使气体通过两个装有 30％ KOH 溶液的洗瓶和一个装满一半钠石灰颗粒和固体 KOH 的管子（长 40cm），空气中的氧在气体通过连二亚硫酸钠（$Na_2S_2O_4$）溶液时能够被吸收。为进行干燥可使气体通过灼烧过的 $CaCl_2$ 或浓 H_2SO_4，最后通过 P_2O_5。

市售钢瓶装的一氧化碳可能含有 CO_2、O_2、H_2、CH_4、N_2 和 $Fe(CO)_5$。欲进行提纯，使气体通过装有 KOH 溶液的洗瓶和装有固体 KOH 的柱子。为除去氧和羰基铁，再使气体缓慢地通过加热到 600℃ 的铜丝或加热到 200℃ 的活性铜（参见"氮气的制备与纯化"），至于除去 H_2、CH_4 和 N_2 等杂质，可采用液化气体多次分馏法或气体吸附的色谱分离法除去。

（七）一氧化氮的制备与纯化

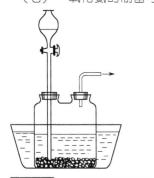

图 2-31　一氧化氮制备装置

利用金属铜与稀硝酸作用能够较顺利地制得一氧化氮：

$$3Cu + 8HNO_3 == 3Cu(NO_3)_2 + 2NO\uparrow + 4H_2O$$

将铜屑（或铜丝、铜刨花）放入二口瓶（图 2-31）或启普发生器中。然后经滴液漏斗缓慢地加入 HNO_3（相对密度 1.10～1.15）。不可明显地加热混合物，以避免生成别的氮的氧化物。因此建议用冷水冷却反应瓶。开始时，瓶中出现的棕色二氧化氮蒸气是由空气中的氧气氧化 NO 所生成的。

为除去氮的高氧化物及 HNO_3 酸雾，将 NO 气体通过装有 5％NaOH 溶液的洗瓶，并在水上收集起来。必要时，将气体通过装有固体 KOH 的干燥管进行干燥。

（八）乙炔的制备与纯化

利用电石与水反应制得乙炔：

$$CaC_2 + 2H_2O == C_2H_2\uparrow + Ca(OH)_2$$

在装有滴液漏斗和气体导出管的 1L 圆底烧瓶中放置 100g CaC_2，在水冷却下，从滴液漏斗慢慢滴加水，生成的乙炔经过洗气瓶精制，根据不同的要求，洗气瓶中可装 50％KOH 溶液（除去 CO_2 等酸性杂质）或铬酸溶液（除去 H_2S 等还原性杂质）。

可通过 $CaCl_2$、H_2SO_4 或 P_2O_5 干燥。乙炔中微量的丙酮可用亚硫酸氢钠浓溶液洗脱，或通过活性炭吸附除去。

第十节 试剂的回收和净化

一、贵重试剂的回收与净化

（一）汞的回收与净化

1. 汞残渣的回收

处理实验室中的汞残渣可以采用下述简便方法：蒸发汞残渣至干再与硝酸共热，使之完全溶解，将溶液加热蒸发至干，用水提取后过滤，保留滤液（Ⅰ），残渣再加入王水，重新蒸发至干。将残余物溶于热水中，过滤，并将滤液与滤液Ⅰ合并，以盐酸酸化后用硫化氢饱和之。获得的硫化物沉淀在加热下用多硫化铵处理，重新过滤，剩余的金属硫化物（如汞、铜、铅、镉、铋等硫化物）以稀盐酸洗涤并加热到不再析出硫化氢为止，再用水洗涤以上硫化物沉淀（基本上为硫化汞）至酸性反应消失后溶于王水中。将溶液蒸发至干，用水提取，过滤，向滤液中加入氢氧化钾溶液。充分用水洗涤析出的氧化汞沉淀，然后再用一般方法加工使其转变为汞盐。

2. 汞的净化

为了提纯用于高纯物质的极谱分析、气体分析扩散泵、电解溶样、合金组成分析的高纯汞，可用工业纯汞或废汞作原料，经过电解、抽洗、洗涤、过滤和真空蒸馏等处理，回收提纯适用的高纯汞。

电解法可以把溶于汞并形成汞齐的杂质元素除掉。汞中的机械杂质，可以在玻璃丝漏斗或一般漏斗中以针扎有小孔的漏纸或多层纱布过滤除去。溶解在汞中的少量活泼金属可以在水或酸中以空气抽洗氧化的方法除去。用稀硝酸可以洗掉汞中的氧化物。真空蒸馏是制取高纯汞的最后手段。

（1）电解法

① 原理。将汞溶在 1mol/L 硫酸中，控制电压为 280～300V，输出电流在 150～200mA 之间，在不断剧烈搅拌下电解至汞盐析出（一般约需 2h）。反复电解 3 次，即能得到阴极所需的纯汞。电解装置如图 2-32 所示。

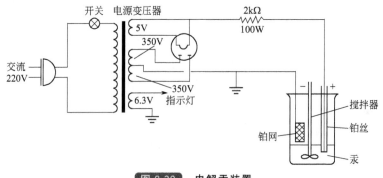

图 2-32 电解汞装置

② 操作方法。将极谱分析后的汞 5～7kg 置于 1000ml 烧杯❶中，用水漂洗几次，用四层医用纱布将汞过滤入 800ml 烧杯中，再用水漂洗几次（可利用抽气水泵吸水，但应防止将汞吸出）。倾入 500ml 1mol/L 硫酸，按图 2-32 所示紧靠烧杯壁接上阴阳极。开动电动搅拌

---

❶ 用质量较好的烧杯并放在瓷盘中。

器以剧烈搅动杯底的汞，然后开启整流器电解，直至烧杯中明显地析出浑浊的汞盐，约需2h。关闭搅拌器及整流器，按上述手续反复漂洗，电解三次即能得到阴极所需之纯汞。

将经过3次电解的汞用水泵吸去硫酸，用水精漂，此时会析出一些白色或草绿色盐类，可加入EDTA二钠0.5g帮助漂洗并搅拌之。最后用40～50℃的温水漂洗几次以洗去多余的EDTA二钠，直至汞层表面清洁光亮。用水泵吸去最后一次漂洗的水后，用干滤纸吸去残余之水珠。最后将汞用两层干纱布过滤入干燥的广口瓶中备用。

注意事项：a. 电解时应注意安全，应在准备工作完成后再开启整流器。凡要触及电解池硫酸及电极等操作时，必须先切断整流器电源；b. 铂网阴极也可用铂坩埚盖代替，经电解后，电极上会沉积不少金属，可用1+3热硝酸溶去汞及一部分杂质，其余杂质可用焦硫酸钾在500℃的高温炉中熔融处理；c. 电解时阴极应在硫酸中，阳极应插入汞中，不可接反。

（2）抽洗 提纯工业纯、极谱分析或气体分析用过的汞时，因为其中活泼金属很少，仅用抽洗法便能将它除去。对于含汞齐较多的汞，经过电解处理之后，仍有少量残存的汞齐，宜用抽洗法进一步除去。

图 2-33 抽洗汞装置示意

1—容积3L的干燥、缓冲瓶（内装少量CaCl₂）；
2,3,4,5—容积3L的抽洗瓶（内装1L水、1L汞）

在图2-33所示的抽洗装置中进行抽洗。由于空气将溶于汞中的少量活泼金属氧化为氧化物，并随气泡上升带到上层水或酸中。若汞中汞齐很少，只需用水抽洗，每抽洗3～4h更换一次水，直至经过抽洗上层水中不再出现浑浊物，大约需要24h。若汞中汞齐含量较多，则经抽洗后水层浑浊物（汞齐被氧化而产生的氧化物）很多，需要用1mol/L H₂SO₄ 或5%硝酸抽洗两次，每次1～2h，然后再用水抽洗。在容积3L的抽洗瓶中加入汞1L、水1L。抽洗之后的汞再进行下一步的洗涤处理。

（3）洗涤 将经过抽洗的汞用一般漏斗和普通定性滤纸过滤两次。第一次过滤用的滤纸用普通针将折叠过的滤纸上穿一些小孔；第二次过滤用的滤纸用细针穿一些更小的孔。

在图2-34所示的洗涤柱2中加入5%的试剂硝酸，由加料漏斗1中加入经过过滤的汞，转动活塞使汞呈细碎的汞滴放入洗涤柱中，滴下的汞经过U形弯管流入接收瓶3中。洗完汞后，将洗涤柱中的硝酸倒出，用纯水将其洗净，再加入纯水将汞用同样的方法洗涤两次，除去汞表面的酸。如果酸洗不净，在下一步的真空蒸馏时，汞容易被残留的酸氧化而污染。将洗净的汞再用四层细纱布过滤一次，并用滤纸将汞表面上的水吸去，然后可进行下一步的真空蒸馏。

（4）真空蒸馏 真空蒸馏器如图2-35所示。汞真空蒸馏器是用硬质玻璃制作的。由加汞瓶、加料管、蒸馏釜、冷凝器、出料管、真空泵、调压变压器和蒸馏器固定板等部分组成。将欲蒸馏的汞注入加汞瓶7中，将加汞瓶的位置提高，汞便沿加料管6进入蒸馏瓶中，汞加至蒸馏瓶容积的1/2左右。蒸馏器外缠绕直径为0.4mm的镍-铬丝，其电阻为120Ω，加热电源用1000V·A调压变压器控制。为了避免热量损失，于蒸馏瓶外用石棉灰包好，石棉层厚度约10mm并留下观察孔4，用来观察蒸馏瓶内汞的多少、蒸馏情况和测量温度。加料完毕后，降低加料瓶，并接通电源开始加热。同时开动机械真空泵，使支管10通过真空橡皮管与真空泵接通，旋转三通活塞K₁使真空泵和蒸馏器接通。当仪器内真空度达4.67～6.67kPa（35～50mmHg）时，即真空表指示为94.67～96.67kPa（710～725mmHg）时，旋转K₁切断真空泵。当温度计指示的温度达120～140℃时，汞开始蒸出，将电源电压调至 150～160V 进行蒸馏。旋转活塞 K_2 将蒸出的汞放至接收瓶 14 中。蒸馏速度控制为 0.5kg/h。每蒸馏 3～4h，切断电源，使仪器冷却后，再加料。为了防止磨口处漏气，应当抹上一层真空油。注意出料管 12 必须插入瓶 13 的汞层下面，加汞瓶 7 中要有一定量的汞，否则将破坏仪器的真空状态。蒸馏过程中应当随时检查系统，防止漏气。蒸馏一段时间后，若发现仪器内壁被黑色物质覆盖，则应拆下仪器用硝酸洗除。用此法蒸馏一次之后的汞一般可以满足高纯极谱分析和气体分析的要求。如果需要纯度更高的汞，则可以在该仪器中做二次蒸馏，蒸馏方法同上。最好具备两套蒸馏器，分别做一次和二次蒸馏之用。

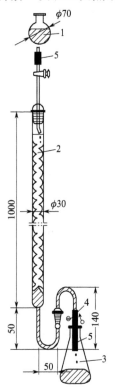

图 2-34 **汞洗涤装置**

（单位：mm）

1—加料漏斗；2—洗涤柱；
3—接收瓶；4—鱼尾夹；
5—无硫橡皮管

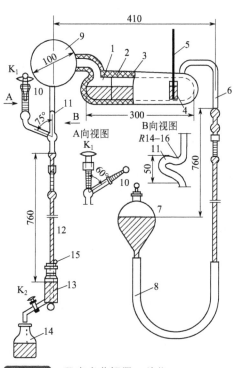

图 2-35 **汞真空蒸馏器**（单位：mm）

1—汞蒸馏瓶，$\phi 50mm \times 300mm$；2—电阻丝（直径为 0.4mm），400W，内阻 120Ω；3—石棉保温层，厚 10mm；4—观察孔，$15mm \times 45mm$；5—温度计，0～250℃；6—加料管，$\phi 10mm \times 920mm$；7—加汞瓶，$\phi 140mm$；8—橡皮联结管，$\phi 15mm \times 600mm$；9—冷凝球；10—抽真空支管；11—汞冷却弯管；12—出料管；13—储汞瓶，$\phi 34mm \times 74mm$；14—汞接收瓶，$\phi 100mm \times 100mm$；15—连通大气出孔

（二）银的回收

1. 从银的卤化物（AgCl、AgBr、AgI）中回收

将银的卤化物用 13%～16% 的 HNO_3 浸泡一昼夜，然后滤出，并用水洗涤。将沉淀与水一起搅匀，所得悬浮物用 H_2SO_4 酸化，直到刚果红呈弱酸性，然后加入锌粒（1kg AgCl 加 235g；1kg AgBr 加 175g；1kg AgI 加 140g），靠反应放出的热使混合物逐渐被加热，大多数锌被溶解，而银呈粉末状析出。当粉末状的试样在经水仔细洗涤后，能完全溶解在 HNO_3 中时，反应即可结束。否则再往反应混合物中添加 10% 的 Zn，并在水浴上加热几小时。

反应结束后，将银粉放在布氏漏斗上抽滤，用水反复洗涤直到没有 Cl^- 或 Br^- 或 I^-。

再用 10％的 H_2SO_4 处理以溶解过量的 Zn，然后用水洗到无 SO_4^{2-} 时为止，最后在 80～100℃下干燥。产率接近 100％。

2. 从银的残渣中（实验室、照相馆及其他地方）回收

在盐酸存在下将此类残渣与颗粒状的锌一起煮沸，没有溶解的锌用瓷铲取出，还原出来的银用水倾析洗涤，并溶解在硝酸中，然后再用盐酸沉淀出 AgCl，最后将它照上述方法 1 进行还原。

经洗涤和干燥过的粉状银可直接溶于硝酸制成硝酸银。为此，将 110g 银一部分一部分（每次约 50g）地溶解于适当体积的稀硝酸（1＋1）内；溶液蒸发到干涸。将得出的硝酸银溶解于水中，过滤并用水稀释至 1L 浓度为 1mol/L。

（三）测定钾（K^+）后残余物中铂的回收❶

为了从含有氯铂酸钾和氯铂酸钠的酒精水溶液中分离铂，蒸发溶液至剩余少量溶液〔注意不应蒸干，以免形成爆炸性的乙烯氯化亚铂（C_2H_4）$PtCl_2$〕。在残渣上加以含 8％～10％甘油的 6mol/L 氢氧化钠溶液，沸腾。甘油将铂还原成黑色的金属粉末沉淀：

$$2C_3H_8O_3+6H_2PtCl_6+6H_2O \Longrightarrow 36HCl+2CO_2+2H_2C_2O_4+6Pt$$

当溶液褪色时，将其过滤，用 100ml 中含 1ml 盐酸和 1g 氯化铵的溶液洗涤铂沉淀。将沉淀干燥、灼烧以分解有机化合物，在不沸腾的水浴上微微加热溶解于由 1 份硝酸和 4 份盐酸组成的混合液中。将溶液用等体积的水稀释并蒸发到呈糖浆状，重新加水，注入等体积的盐酸并重新蒸发。将残渣溶解在尽可能少量的水中，使溶液的铂浓度接近 0.05g/ml，加热到沸腾，在 100ml 溶液中注入 50ml 20％氯化铵溶液，其反应如下：

$$H_2PtCl_6+2NH_4Cl \Longrightarrow (NH_4)_2PtCl_6+2HCl$$

为使氯铂酸铵沉淀完全，加等体积乙醇并放置数小时以上，然后将氯铂酸铵沉淀滤出（带残渣的溶液应当很好地冷却），先用 20％氯化铵溶液，然后用 95％酒精或冰水洗涤。干燥沉淀，在瓷坩埚中灼烧，先用小火，慢慢加大火力，在此过程中发生下列反应而形成金属铂：

$$(NH_4)_2PtCl_6 \Longrightarrow 2NH_4Cl+2Cl_2+Pt$$

将所得到的海绵状铂溶解于王水中，在水浴中蒸发到糖浆状，注入水，搁置一会，然后小心地注入等体积盐酸，重新蒸发，这样重复处理 3～4 次（为了使亚硝基氯化铂分解）。残渣加水溶解，通氯气至饱和，最后再蒸干。溶于水，过滤，再蒸干。

当铂溶解在王水中时，除氯铂酸外，还形成四氯合亚铂酸和亚硝基氯化铂 〔（NO_2）$_2PtCl_6$〕，四氯合亚铂酸使溶液呈深褐色。这些杂质对试剂铂是有害的，因为有它们存在时，钾的分析结果偏低。与水一起蒸发时，亚硝基氯化铂按下式分解：

$$(NO_2)_2PtCl_6+H_2O \Longrightarrow NO_2+NO+H_2PtCl_6$$

由于一部分 NO_2（N_2O_4）剩留在溶液中，所以

$$N_2O_4+H_2O \Longrightarrow HNO_3+HNO_2$$

硝酸和亚硝酸与溶液中的盐酸形成亚硝酰氯（NOCl），后者又重新形成亚硝基氯化铂。所以为了分解上述物质，可如上所述反复地用水和盐酸处理溶液，一直到不再放出亚硝酸蒸气。在亚硝酸蒸气蒸发之前，为了氧化四氯合铂酸中的二价铂可用氯饱和溶液。

---

❶ 从含金属铂废物中回收铂的方法：把含金属铂废物加热溶于王水，一次溶解不完，需反复两三次。过滤，水洗滤渣，滤液与洗液合并，在蒸发皿中蒸干。加水及等体积的盐酸再蒸发至干。在残渣中加极少量盐酸湿润后，加适量水溶解，过滤，用热水洗涤滤渣。洗液与滤液合并，并转移至适当容积的容器内，用金属锌（棒状）处理，直到不再有白色粒子沉淀，还原便已完成。所析出的金属铂沉淀仔细用水洗涤（倾泻）到除去游离酸和锌离子，将洗涤过的沉淀烤干，并在耐高温或石墨坩埚内熔融以得到金属铂。

最后，将氯铂酸结晶溶解于 100ml 含 1ml 盐酸的水中，适当地稀释后，就可得到所需浓度的试剂。氯铂酸的水溶液呈纯黄色，氯铂酸的褐红色的晶体吸湿性非常大。

（四）测定钠（Na^+）后的残渣中乙酸铀酰锌的回收

将分析后的沉淀置于大瓷皿中，徐徐注入相对密度 1.4 的硝酸至沉淀溶解，与此同时加热蒸发溶液，直到出现结晶硬膜。静置 24h，吸滤析出的结晶，然后在加热下将所得结晶物重新溶于水中（水的用量只要盖住结晶就够了），并放置过夜，使之结晶，滤去结晶，将两次滤去结晶后的滤液合并，向其中加入为滤液体积 10%～15% 的硝酸（相对密度 1.4）。用适量水稀释后，在加热下以过量的氨水沉淀之，吸滤沉淀，以稀氨水洗涤，再次溶于硝酸，再用氨水沉淀，重复此操作三次，然后倾出无色滤液，而将含有铁和铝的氢氧化物的铀酸铵沉淀，在 60～70℃ 干燥。为了除去杂质，将干燥后的物质磨碎，然后放入瓷皿中，倾入 800ml 水，并在加热下加入 120～150g 碳酸铵，继续加热并搅拌，直到铀酸铵完全溶解。

滤去氢氧化铁和氢氧化铝沉淀，于滤液中缓慢加入硝酸至呈微酸性后，煮沸溶液并以氢氧化铵沉淀之。将制得的铀酸铵 $[(NH_4)_2U_2O_7]$ 于 60～70℃ 下进行干燥。

欲制取乙酸铀酰锌溶液时，可向 20g 铀酸铵中加入 150ml 水及 22ml 60% 的乙酸溶液，并在搅拌下加热至完全溶解，同时另取 68g 乙酸锌 $[Zn(CH_3COO)_2 \cdot H_2O]$ 溶于 75ml 水和 5ml 乙酸的混合液中。将上述两溶液同时加热后合并在一起，静置 24h，然后滤出沉淀。滤液即可用作钠的分析试剂。

二、废旧电池处理及重金属回收

由于全球信息业发展迅猛、现代化生活对新能源资源的开发利用，便携式应急检测设备、笔记本电脑、移动电话以及电动自行车、电动汽车等储能领域对电池的需求量猛增，各种废旧电池所面临的环境和资源问题日益突出。废旧电池的危害主要集中在其所含的少量的重金属上，加强对废旧电池重金属的回收、利用和无害化处理极其重要。

化学电池按工作性质可分为一次电池（原电池）、二次电池（可充电电池）、铅酸蓄电池。其中，一次电池可分为糊式锌锰电池、纸板锌锰电池、碱性锌锰电池、扣式锌银电池、扣式锂锰电池、扣式锌锰电池、锌空气电池、一次锂锰电池等；二次电池可分为镉镍电池、氢镍电池、锂离子电池、二次碱性锌锰电池等；铅酸蓄电池可分为开口式铅酸蓄电池、全密闭铅酸蓄电池。

（一）氢镍电池

氢镍电池具有较高的能量密度、良好的耐过充放电能力、可大电流快速充放电、容易密封、无记忆效应等优点，且因其电极材料不含铬、铅、汞等对环境造成极大危害的重金属元素而号称"环保电池"，所以在市场上更具有竞争优势。除了应用于移动电话、笔记本电脑外，氢镍电池作为混合动力汽车和电动车最具有前景的动力电源而得到迅猛发展。

1. 重金属组成

氢镍电池中的金属主要有 Ni、Ca、La、Zr、Ce、Nd、Mg、Ti、V 以及具有氢催化活性的 Cr、Mn、Fe、Co、Ni、Cu、Zn、Al 等。重金属主要集中在电池的正、负极上。

2. 湿法冶金处理废电池

湿法处理工艺尽管比较复杂，但与火法相比，湿法具有可将各种金属单独回收、回收金属纯度高、能耗低、降低水污染和避免大气污染等优点。文献方法[1]以废旧 D 型氢镍电池（9000mA·h）为例。

---

[1] 王颜赟. 废旧氢-镍电池中有价金属的回收利用. 沈阳理工大学硕士论文，2009。

手工除去电池外壳，用切割机切开电池外壳，取出缠绕式电极，剥去隔膜、敷料和黏结剂，最后得到电池的正、负极（两电极材料约占电池质量的 70%）。将电极切割成 $1\sim2cm^2$ 的小块，用高速粉碎机粉碎成小颗粒状粉末。加入 6mol/L 硫酸（固液比 1∶10），浸出温度 40℃，浸出时间 4h。在此条件下，电极材料中 94.12% 的 Ni、99.67% 的 Co 被浸出。

（1）化学沉淀法分离回收稀土金属

① 以硫酸钠为沉淀剂。在浸出液中加入硫酸钠（投加比 3∶1），搅拌 10min，控制体系温度 60℃、pH=1.0，经抽滤后，稀土离子可形成稀土硫酸复盐沉淀得以回收。稀土离子回收率为 93.87%（以硫酸铈钠和硫酸镧钠的形式存在）。

② 以草酸为沉淀剂分离回收稀土金属。在室温下，于浸出液中加入草酸（投加比 4∶1），控制体系 pH=1.5，搅拌 15min，经陈化后抽滤，此时稀土离子可形成 $La_2C_2O_4 \cdot 10H_2O$、$Ce_2C_2O_4 \cdot 10H_2O$，稀土回收率为 90.94%。

每吨废氢镍电池可回收得到 37.5kg 纯度为 80% 的稀土金属。

（2）从滤液中回收镍、钴，制备电极材料前驱体

分离出稀土离子后，滤液中还存在多种金属离子，其中，镍、钴含量最高，浓度分别为 0.5mol/L、0.1mol/L。

① 除铁。滤液中加入双氧水，调节 pH 值为 4~5，将 Fe^{2+} 氧化成 $Fe(Ⅲ)$ 并生成棕黄色沉淀，分离沉淀（即除去滤液中的 Fe^{2+}）。

② 液相共沉淀。分离回收稀土离子，去除 Fe^{2+} 后的滤液中主要含有 Ni^{2+}、Co^{2+}，另外还存在少量的 Mn^{2+}、Mg^{2+}、Al^{3+}、Zn^{2+} 等离子，制取锂电池正极材料镍钴酸锂前驱体 $Ni_{0.8}Co_{0.2}(OH)_2$ 时，这些离子也被共沉淀，可视为对材料的微量掺杂，故不必去除溶液中的这些离子。共沉淀条件：用 0.1mol/L 的 NaOH、1mol/L 的 $NH_3 \cdot H_2O$ 调节体系 pH=11.0[NH_3∶(Ni+Co)摩尔比约为 1∶1]，进行搅拌，搅拌速度为 800r/min、反应温度 50℃、反应时间为 24h，固体陈化 3h，过滤，最后在 110℃ 干燥。该条件下镍钴生成了 $Ni_{0.8}Co_{0.2}(OH)_2$，该材料晶体结构比较完整，是锂电池正极材料 $LiNi_{0.8}Co_{0.2}(OH)_2$ 较好的前驱体。

液相共沉淀法针对 Ni^{2+}、Co^{2+} 分离困难的现实，提出一种无需 Ni^{2+}、Co^{2+} 分离的回收利用方法，实现镍钴的再利用。

（二）锂离子电池

锂离子电池由于具有电压高、能量密度大（数倍于氢镍电池）、循环寿命长、安全性好以及无记忆效应等诸多优点，日渐取代其他各类二次电池，广泛应用于移动通信、笔记本电脑、便携式工具、电动交通工具（自行车、汽车）等领域。

1. 重金属组成

锂离子电池中的金属主要有 Li、Co、Ni、Mn、Fe 等。目前，国内外对废旧锂离子电池的回收主要集中在对有价金属钴、镍和锂的回收。回收方法主要分为两种：火法冶金法和湿法冶金法。

2. 废旧锂离子电池处理

废旧锂离子电池首先要用物理方法进行前处理，分选出含有价金属的电极材料。包括机械法、机械力化学法、热处理法和溶解法。常用的方法是物理分选-化学浸出法。

湿法工艺处理废旧锂离子电池的工艺❶主要经历以下 3 个步骤。

① 物理方法破解电池。同湿法冶金处理废氢镍电池类似，切开完全放电后的电池外壳，

---

❶ 吴越.废旧锂离子电池中有价金属的回收技术进展.稀有金属，2013，37（2）：320。

简单破碎、筛选后得到电极材料，或者简单破碎后经过高温焙烧去除有机物得到电极材料。

② 化学浸出。溶解浸出过程分为一步溶解法和两步溶解法。一步溶解法：直接采用 20％稀盐酸（H_2SO_4 或 HNO_3）加双氧水混合溶液浸出，将所有金属溶解于酸中；也可用柠檬酸、苹果酸、草酸等有机酸浸出金属（避免有毒气体产生）。两步溶解法：先用 10％ NaOH 溶液溶解铝，30℃处理 1h，过滤，含钴、锂的滤渣用稀盐酸和双氧水溶解浸出其他金属，这样的好处是使钴、铝较彻底分离。

③ 浸出液中金属离子的回收。浸出液中含有多种金属离子，如 Co、Li、Ni、Al、Fe、Mn、Cu 等。其中，Co、Li、Ni、Al 在废旧锂离子电池中含量较高，也是回收的主要目标。分离回收的方法主要有化学沉淀法、溶液萃取法、离子交换法、盐析法和电化学法等。

化学沉淀法：在 50℃、1mol/L $Na_2C_2O_4$ 溶液中将钴、镍以 CoC_2O_4、NiC_2O_4 的形式沉淀，钴、镍的回收率分别达 99.5％、92.2％；用饱和 Na_2CO_3 溶液沉淀滤液中的锂，锂的回收率达 94.5％。将得到的沉淀混合，于 600℃加热 6h，得到电极材料钴酸锂。电化学测试结果表明，回收得到的钴酸锂具有较好的电化学性能，可以用于锂离子电池材料。

另外，也有不少简单、环保的废旧锂离子电池的处理、回收工艺。

工艺一：破碎废旧电池，电极材料在 353K 下用 2mol/L HNO_3 反应 2h，金属选择性溶解；过滤，滤液（含 Mn^{2+}、Li^+）加 NaOH，保持 pH=10，沉淀出 $Mn(OH)_2$，可使 100％的锂和 95％的锰被回收。将由铁、钴和镍的氢氧化物以及微量的 $Mn(OH)_2$ 构成的固体残余置于 500℃的马弗炉处理 2h 以消除碳和有机物，得到的合金可直接用于冶金。此工艺方法简单、经济且能够尽可能多的回收有价值的电池材料。

工艺二：由下列步骤构成的主要用于废旧锂离子电池中钴回收的组合工艺。① 人工拆卸，分离铁屑、塑料及含有钴和其他金属的粉末；② 手工分离阴、阳极，将石墨从固体中分离；③ 在温度 338K 下使用 6％H_2SO_4 和 0.4％H_2O_2 将金属从固体中浸取 60min 到水溶液中，固体：液体＝1g：30ml；④ 使用氨水作为沉淀剂，沉淀分离铝；⑤ 滤液（含 Pb^{2+}、Co^{2+}、Li^+ 等离子）用二（2,4,4-三甲基戊基）次膦酸（简称 Cyanex 272，是钴镍高效分离的萃取剂）为萃取剂，液液萃取分离钴和锂。约 55％的铝、80％的钴和 95％的锂可被 H_2SO_4 和 H_2O_2 组成的溶液从阴极中浸出。在化学沉淀过程中，向浸出液中添加氨水提高 pH，在 pH=5 时，部分铝同钴和锂分离，溶液过滤后通过液液萃取法纯化，大约 85％的钴可被分离出来。

三、有机溶剂的回收

（一）异丙醚的回收

1. 化学光谱法测定镓、铟中杂质用异丙醚的回收

用重蒸蒸馏水和 10％的氢氧化钠洗涤待回收的异丙醚废液，除去生成的镓、铟的氢氧化物。检查并除去过氧化物，最后 2 次蒸馏提纯。将 500ml 废醚液置于 1L 分液漏斗中，加入 100ml 蒸馏水，摇荡几分钟，静置分层后弃去水层。加入 50ml 10％氢氧化钠溶液，摇荡，弃去析出的白色沉淀（收集起来，回收镓和铟），重新加入 10％氢氧化钠 50ml 并摇荡，分出水层。这个操作直到经萃取后水相不再出现白色沉淀时为止。最后用重蒸蒸馏水洗涤 2 次，每次用水量为 200ml。然后，按照异丙醚的提纯步骤进行处理。

2. 低沸点物的处理

在蒸馏时收集积累的低沸点物，经处理后，可以从中回收一部分合格的异丙醚。可用高锰酸钾溶液洗除还原性杂质，再用亚铁溶液洗除高锰酸钾和过氧化物，用碱液洗除杂质酸，经无水氯化钙或碳酸钾脱水后进行两次蒸馏除去金属杂质。将 500ml 待处理的异丙醚置于

1L 分液漏斗中，加入 100ml 重蒸蒸馏水，摇荡，静置分层后，分出水层。加入 50ml 0.002mol/L 高锰酸钾溶液，摇荡，静置分层后，弃去水层。重复这一操作，直至与高锰酸钾振荡后高锰酸钾的紫色不褪。加入 100ml 重蒸蒸馏水洗除高锰酸钾，然后加入 15ml 20％硫酸亚铁溶液洗涤 2～3 次，用重蒸蒸馏水洗 1 次，用 40ml 5％的碳酸钠洗 1 次，再用重蒸蒸馏水洗 2 次（每次用水量为 100ml）。分出水层后，在醚中加入固体碳酸钾脱水，放置过夜，蒸馏之。收集沸程为 67～69℃的馏出液，保存于棕色磨口瓶中。

（二）乙酸乙酯的回收

将使用过的乙酸乙酯废液放在分液漏斗中水洗几次，然后用硫代硫酸钠稀溶液洗涤几次使之褪色，再用水洗几次后，用蒸馏法提纯。

（三）三氯甲烷（氯仿）的回收

将废氯仿分别用水、浓硫酸、盐酸羟胺溶液在分液漏斗中洗涤后，按上法干燥并蒸馏 2 次。将废氯仿用自来水冲洗，除去水溶性杂质。取水洗过的氯仿 500ml 置于 1L 分液漏斗中，加入 50ml 浓硫酸，摇荡几分钟，静置分层后，弃去下层硫酸，重复这一操作至摇荡过的硫酸层呈现无色。然后用重蒸蒸馏水洗涤氯仿两次，每次用水 200ml。再用 0.5％盐酸羟胺溶液（分析纯）50ml 洗涤 2～3 次后，用重蒸蒸馏水洗两次。将洗涤好的氯仿按上法干燥并蒸馏两次即得。

如果氯仿中杂质较多，可在自来水洗涤之后，预蒸馏 1 次除去大部分杂质，然后再按上法处理，这样可以节约试剂用量。用蒸馏法仍不能除去的有机杂质可用活性炭吸附纯化。

（四）四氯化碳的回收

（1）含有双硫腙的四氯化碳　先用硫酸洗一次，再用水洗 2 次，除去水层，用无水氯化钙干燥，在水浴上蒸馏出四氯化碳。

（2）含有铜试剂的四氯化碳　将废四氯化碳放入蒸馏瓶中，于水浴上在 80℃进行蒸馏回收，用无水氯化钙干燥，过滤备用。

（3）含碘的四氯化碳　在废四氯化碳中滴加三氯化钛至溶液呈无色，再加水［体积比为 2(有机层)：4(水层)］洗涤 1～2 次，分层后，放去水层，有机层在 80℃蒸馏回收复用。或用活性炭吸附，使呈无色，抽滤后，再依次洗 1～2 次，有机层于 78℃蒸馏回收复用。

（五）苯的回收

（1）含丁基罗丹明 B、结晶紫或孔雀绿或其他碱性染料的苯　先用硫酸洗一次，再用水洗两次，分去水层，以生石灰或无水氯化钙干燥，再在水浴上蒸馏出苯。

（2）1-苯基-3-甲基-4-苯甲酰基吡唑酮-［5］(PMBP)-苯的回收　在废 PMBP-苯液中加入 1+1 盐酸［体积比为 3(有机层)：1(水层)］洗涤 2～3 次，再用水洗 3～4 次，分去水层即可复用。

（六）测定铀后废磷酸三丁酯（TBP）-苯的回收

用后的 TBP-苯废液用 10％碳酸钠溶液和 2mol/L 硝酸分别依次各洗 1～2 次，再用水洗 3～4 次，仍可复用。

（七）废二甲苯的回收

将废二甲苯用无水氯化钙干燥后，直接蒸馏回收。收集 136～141℃馏分。

（八）含有双十二烷基二硫代乙二酰胺（DDO）的石油醚-氯仿和异戊醇-氯仿的回收

将有机层和水层分开后，有机层用氢氧化钠溶液洗 1 次，再用水洗 2 次，除去水层，在有机层中加入无水氯化钙干燥，在水浴上分馏出石油醚和氯仿，然后在油浴上蒸馏出异戊醇。

（九）含硝酸的甲醇的回收

以工业用氢氧化钠溶液慢慢中和硝酸，并在水浴上（64℃左右）蒸馏出甲醇。因一次蒸馏水分很多，故必须进行多次蒸馏，再测定其相对密度（相对密度 0.791）。

（十）其他如萃取锗的苯、萃取铊的甲苯、萃取硒的苯、萃取碲的苯等的回收

可先用浓硫酸或氢氧化钠处理后，再用水洗数次，以生石灰干燥后，于水浴上蒸馏出有机溶剂。

一般处理回收的有机溶剂，使用前必须经过空白或标准显色的试验，如效果良好，方可使用。

第十一节　化合物重要物理化学常数的测定方法

一、熔点的测定❶

熔点或称熔融温度，即物质由固态熔化成液体的温度或在熔化时自初熔至全熔显示的一段温度。各种物质均有固定的熔点。纯度变更时则熔点改变或熔融温度范围加宽，测定熔点可以区别或检查化合物的纯杂程度。

化合物熔点测定可用熔点测定仪或熔点浴装置等方法测定。

（一）测定方法一　双浴式熔点测定法

1. 仪器

（1）熔点管　用中性硬质玻璃制成的毛细管，一端熔封，内径 0.9～1.1mm，壁厚 0.10～0.15mm，长度以安装后上端高于传热液体液面为准（约 100mm）。

（2）测量温度计（用于测定熔点范围）　单球内标式，分度值为 0.1℃，并具有适当的量程。

（3）辅助温度计（用于校正）　分度值为 1℃，并具有适当的量程。

（4）加热装置　必须使用可控制温度的加热装置。

（5）圆底烧瓶　容积约为 250ml，球部直径约为 80mm，颈长 20～30mm，口径约为 30mm。

（6）试管　长 100～110mm，直径 20mm。

（7）传热液体　应选用沸点高于被测物终熔温度，而且性能稳定、清澈透明、黏度较小的液体作为传热液体。终熔温度在150℃以下的可采用甘油或液体石蜡；终熔温度在 300℃以下的可采用硅油。

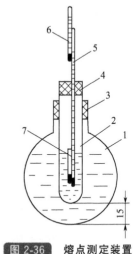

图 2-36　熔点测定装置
1—圆底烧瓶；2—试管；3，4—胶塞；5—温度计；6—辅助温度计；7—熔点管

2. 操作步骤

① 如图 2-36 所示，将烧瓶、试管、温度计等用橡皮塞连在一起，烧瓶中注入约为其体积 3/4 的传热液体，并向试管中注入适量传热液体，使其液面与烧瓶中传热液体液面在同一平面。

② 将样品研成尽可能细密的粉末，装入清洁、干燥的熔点管中，取一长约 800mm 的干燥玻璃管，直立于玻璃板上，将装有试样的熔点管在其中投落数次，直到熔点管内样品紧缩至 2～3mm 高。如所测的是易分解或易脱水样品，应将熔点另一端熔封。

---

❶ GB/T 617—2006.

③ 先将传热液体的温度缓缓升至比样品规格所规定的熔点范围的初熔温度低 10℃，此时，将装有样品的熔点管附着于测量温度计上，使熔点管样品端与水银球的中部处于同一水平，测量温度计水银球应位于传热液体的中部，使升温速率稳定保持在 (1.0±0.1)℃/min。如所测的是易分解或易脱水样品，则升温速率应保持在 3℃/min。

④ 样品出现明显的局部液化现象时的温度即为初熔温度，样品完全熔化时的温度即为终熔温度。记录初熔温度及终熔温度。

3. 结果的表示

如测定中使用的是全浸式温度计，则应对所测得的熔点范围值进行校正，校正值按式 (2-1) 计算：

$$\Delta t = 0.00016(t_1 - t_2)h \tag{2-1}$$

式中　Δt——校正值，℃；

　　　h——温度计露出液面或胶塞部分的水银柱高度，℃；

　　　t_1——测量计读数，℃；

　　　t_2——露出液面或胶塞部分的水银柱的平均温度，℃，该温度由辅助温度计测得，其水银球位于露出液面或胶塞部分的水银柱中部。

（二）测定方法二　提勒管式（b 形管）熔点测定法

1. 仪器

温度计（200℃，分度值 0.1℃），b 形管（Thiele 管），熔点毛细管，酒精灯，切口软木塞，乳胶管，玻棒，表面皿。

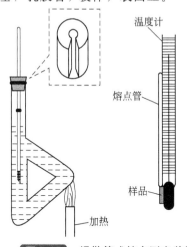

图 2-37　提勒管式熔点测定装置

（图中标注：温度计、熔点管、样品、加热）

2. 操作步骤

（1）准备提勒管（Thiele）　提勒管又称 b 形管，如图 2-37 所示。管口装有开口软木塞，温度计插入其中，刻度应面向木塞开口，其水银球位于 b 形管上下两叉管口之间，装好样品的熔点管借少许浴液沾附于温度计下端，使样品的部分置于水银球侧面中部。b 形管中装入加热液体（浴液），高度达上叉管处即可（或高于 0.5cm，但不能过高，避免浴液受热膨胀溢出 b 形管）。在图示的部位加热，受热浴液沿管做上升运动。从而促成整个 b 形管内浴液呈对流循环，使得温度较均匀。

（2）样品的装入　放少许待测熔点的干燥样品（约 0.1g）于干净的表面皿上，用玻棒或不锈钢刮刀将它研成粉末并集成一堆。将熔点管开口端向下插入粉末中，然后把熔点管开口端向上，轻轻地在桌面上敲击，以使粉末落入和填紧管底。如此反复数次（每次装入不宜太多），使熔点管内装入高 2～3mm 紧密结实的样品。沾于管外的粉末须拭去，以免玷污加热浴液。要测得准确的熔点，样品一定要研得极细，装得结实，使热量的传导迅速均匀，否则产生空隙导致不易传热，造成熔程变大。样品量太少不便观察，产生熔点偏低；太多会造成熔程变大，熔点偏高。对于蜡状的样品，为解决研细及装管的困难，只得选用较大口径（2mm 左右）的熔点管。

（3）仪器的安装　将 b 形管竖直固定于铁架台上，装入热浴液，使液面高度达到 b 形管叉管处即可。用温度计水银球蘸少许浴液滴于熔点管下端外壁上，即可使之与温度计黏着（或用橡皮圈套在温度计和熔点管的上部）。熔点管内样品应靠在温度计水银球的中部，温度计水银球应在 b 形管两叉口的中部。将黏附有熔点管的温度计小心地伸入浴液中。如果发现装好样品的毛细管浸入浴液后样品变黄或管底渗入液体，说明漏管，应弃去，另换一根熔点管。

浴液一般用甘油、液体石蜡、浓硫酸、硅油等。预计温度低于140℃，最好选用液体石蜡和甘油，好的液体石蜡可加热到220℃不变色；如预计温度高于140℃，可选用浓硫酸。选用浓硫酸作加热液要特别小心，不能让有机物碰到浓硫酸，否则溶液颜色加深，妨碍熔点的观察。如出现这种情况，可加入少许硝酸钾晶体共热后使之脱色。采用浓硫酸作热浴，适合于测熔点在220℃以下的样品。如要测熔点在220℃以上的样品可用其他热浴液，如硅油可加热到250℃而不变色，安全无腐蚀性，但价格较贵。

（4）熔点的测定　首先粗测，以大约5℃/min的速度升温，记录管内样品开始塌落即有液相产生时（初熔）和样品刚好全部变成澄清液体时（全熔）的温度，此读数为该化合物的熔程。

待热浴温度下降30℃时，换一根样品管，重复上述操作进行精确测定。

精确测定时，开始升温可稍快（每分钟上升约10℃），待热浴温度离粗测熔点约15℃时，改用小火加热，使温度缓慢而均匀上升（每分钟上升1～2℃）。当接近熔点时，加热速度要更慢，每分钟上升0.2～0.3℃。要精确测定熔点，则在接近熔点时升温的速度不能太快，必须严格控制升温速度。

记录刚有小滴液出现和样品恰好完全熔融时的两个温度读数。这两者的温度范围即为被测样品的熔程。

每个样品测2～3次，初熔点和全熔点的平均值为熔点，再将各次所测熔点的平均值作为该样品的最终测定结果。重复测熔点时都必须用新的熔点管重新装样品。

在测定熔点时凡是样品熔点在220℃以下的，可采用浓硫酸作为浴液。但熔点测定好后，一定要待熔点浴冷却后，方可将浓硫酸倒回瓶中。温度计冷却后，用废纸擦去硫酸，方可用水冲洗，否则温度计极易炸裂。

3. 温度计校正

测熔点时，温度计上的熔点读数与样品熔点之间有一定的偏差，这需要对温度计进行校正。

选择数种已知熔点的纯化合物为标准，按照上述方法测定它们的熔点，以观测到的熔点作纵坐标，测得熔点与已知熔点差值作横坐标，即可从曲线上读出任一温度的校正值。

4. 结果计算

根据测定的样品熔点，在温度计校正曲线上找出校正值，最后得到样品的真实熔点。

（三）数字熔点仪介绍

随着计算机及微电子技术等在测试技术中的广泛运用，以单片机为核心部件的智能仪器无论是在测量的准确度、灵敏度、可靠性、自动化程度、应用功能等方面或在解决测试技术问题的深度及广度方面都有了巨大发展。数字熔点仪采用单片机作为其核心部件，结合外围相应的必要电路以实现对被测有机化合物的初熔温度和终熔温度的自动化指示、显示、数据存储以及控制待测物的升温和降温，并且可对其温度进行实时显示，从而使得仪器成本更加低廉，测量更准确，使用更方便。

1. 数字熔点仪工作原理

物质在结晶状态会反射光线，在熔化状态会透射光线。因此，物质在熔化过程中随着温度的升高会产生透光度的跃变。图2-38是典型的熔化曲线（图中A点所对应的温度T_a称为初熔点，B点所对应的温度T_b称为终熔点，T_a～T_b称为熔程）。

仪器原理如图2-39所示。自白炽灯源发出的光，经聚光镜穿过电热炉和毛细管座的透

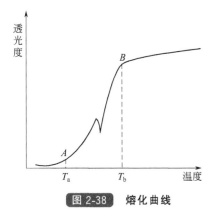

图 2-38 熔化曲线

光孔汇聚在毛细管，透过被测样品的光由硅光电池接受。所得的光信号经零点补偿、电压放大及 A/D 转化后送 CPU 处理。温度检测采用直接插入毛细管管座底部的铂电阻作探头，所得的测温信号经非线性校正、电压放大及 A/D 转化后送至 CPU 显示温度。同时，CPU 由键盘输入起始温度、升温速率等信息，经处理后与测温单元所得的温度模拟电压一并送入加法器，其输出的偏差信号经调节器驱动控温执行器。当炉子实际温度高于 A/D 转化的模拟温度或超过设定的起始温度时，冷却风机被打开，炉子开始降温。当实际温度低于 A/D 转化德尔模拟温度或未达到设定的起始温度时，加热器的电热丝接通或电流加大。通过这样的闭环系统及软件实现炉子温度的跟踪，并由 CPU 控制实现炉子全速升降温及线性升温的功能。

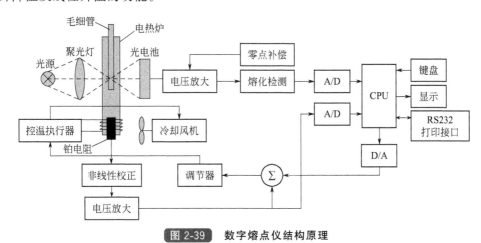

图 2-39 数字熔点仪结构原理

2. 操作步骤

目前，数字熔点仪的品种较多，操作界面也各不相同，但基本操作相似。

① 开启电源开关。

② 输入预置温度。

③ 设置升温速率。

④ 待当前温度稳定后，插入装有样品的毛细管，按"升温"或"测试"或"开始"键，进行熔点测试。

⑤ 一次测试结束后，数字熔点仪自动显示样品的初熔值和终熔值，根据提示和测试情况选择是否需要重设参数。

⑥ 如果和 PC 机相连，可选择打印或保存数据。

3. 注意事项

① 使用前须仔细阅读仪器的使用说明书。

② 设定起始温度，切勿超过仪器所标注的测定温度的上限。

③ 请使用标准毛细管，毛细管插入熔点仪前应保持毛细管外壁的干净。

④ 若毛细管断裂在炉管内，在炉温降至室温前切忌用手触碰炉管或毛细管，以免烫伤。

4. 常用数字熔点仪

数字熔点仪的种类繁多，但技术参数基本相同，不同点在于是否具有 RS232 打印接口、可否与 PC 机相连。一般来说，国外的熔点仪体积小、价格高。具体见表 2-28。

表 2-28 常用熔点仪

名称或型号 / 产地 / 技术参数	Optimelt EZMELT-120	WRS-3	WRS-2A	SY11-MP100	DP-WRS-1B	MP300
	美国	上海	上海	吉林	北京	上海
温度范围/℃	室温～400	室温～320	室温～300	室温～320	室温～300	室温～400
温度分辨率/℃	0.1	0.1	0.1	0.1	0.1	0.1
温度梯度 /(℃/min)	0.1～20	0.2，1，1.5，3	0.2～5.0	0.2～5	0.2～5	0.1～5
加热时间/min	10 (50～350℃)			≤6 (50～320℃)		≤7 (50～400℃)
冷却时间/min	10 (350～50℃)			≤7 (320～50℃)		≤7.5 (400～50℃)
温度精确度/℃	约100：±0.3 约250：±0.5 约400：±0.8	<200：±0.5 200～300 ±0.8	200：±0.5 ≥200：±0.8	<200：±0.4 <300：±0.7	<200：±0.5 200～300 ±0.5	<200：±0.4 <300：±0.7
RS232 接口	无	有			有	有
电脑接口（输出通信接口）	无	USB			可直接连接电脑	配套计算机软件，可外接计算机反控
可使用毛细管	外径1.4～2.0mm 长100mm	外径1.2mm 内径1.0mm 高度120mm		外径1.4mm 内径1.0mm	外径1.4mm 内径1.0mm	外径1.4mm 内径1.0mm
同时可测样品数		3				3

二、沸程的测定[❶]

本方法适用于沸点在 30～300℃ 范围以内，并且在蒸馏过程中化学性能稳定的液体有机试剂沸程的测定。

本方法系指在标准状况下（1013.25hPa[❷]，0℃），在产品标准规定的温度范围内的馏出物体积。故又称馏程测定法、馏分测定法。

（一）仪器

（1）支管蒸馏瓶 用硼硅酸盐玻璃制成，有效容积 100ml，见图 2-40。

（2）测量温度计 水银单球内标式，分度值为 0.1℃，量程适合于所测样品的温度范围。

（3）辅助温度计 分度值为 1℃。

---

❶ GB/T 615—2006。

❷ 1hPa＝1mbar。

（4）冷凝器 用硼硅酸盐玻璃制成。水冷凝器见图 2-41，空气冷凝器不设冷凝水套管，其余尺寸均如图 2-40 所示。

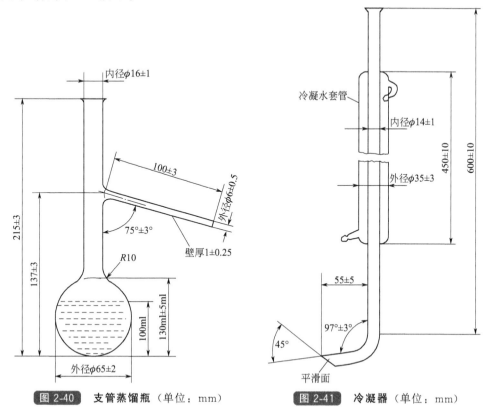

图 2-40 支管蒸馏瓶（单位：mm）

图 2-41 冷凝器（单位：mm）

（5）接收器 容积为 100ml，两端分度值为 0.5ml，见图 2-42。

（6）蒸馏瓶外罩 横断面呈矩形且上下两端开口，尺寸如图 2-43 所示，用 0.7mm 厚的金属板制成。

在外罩的正面和后面位于隔热板下方各有两个直径为 25mm 的气孔。

在外罩各面的底部各有三个中心距底边 25mm 的气孔。位于两侧面中央的气孔直径为 25mm，其余 10 个气孔直径均为 12.5mm。

在外罩的两个侧面上各开有一垂直的槽，用于放置蒸馏瓶的支管，尺寸见图 2-43。

硬质隔热板架厚度为 6mm，中央孔径为 110mm，水平安置于罩内，并与罩的内壁密合，以保证热源的热气流不与蒸馏瓶壁或颈部接触。隔热板架用三角形金属板固定于罩内四角。

在外罩正面设一活动门，尺寸如图 2-43 所示，其四周约比开口宽 5mm。

在外罩的正面和后面各设一云母窗置于正中，其底边与隔热板架顶部水平，尺寸如图 2-43 所示。

（7）隔热板 边长为 150mm 的正方形，厚度为 6mm，中央孔径为 50mm。

（8）热源 可使用煤气灯或电加热装置，当样品沸程下限温度低于 80℃时应除去外罩，用水浴加热，水浴液面应始终不得超过样品液面。

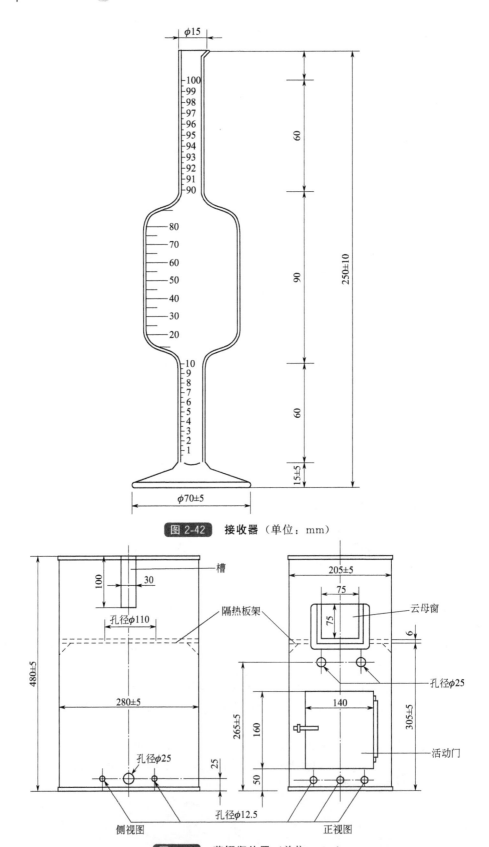

图 2-42 **接收器**（单位：mm）

图 2-43 **蒸馏瓶外罩**（单位：mm）

（二）操作步骤

1. 仪器的安装

如图 2-44 所示安装蒸馏装置。使测量温度计水银球上端与蒸馏瓶的瓶颈和支管接合部的下沿保持水平。

将隔热板放置在隔热板架上，使两个孔基本上同心。将蒸馏瓶置于隔热板的孔上。

2. 气压计读数的校正

（1）温度校正 气压计的读数应先按仪器说明书的要求进行校正，然后从气压计读数中减去表 2-29 所给的校正值，将其校正为 0℃时的气压值。

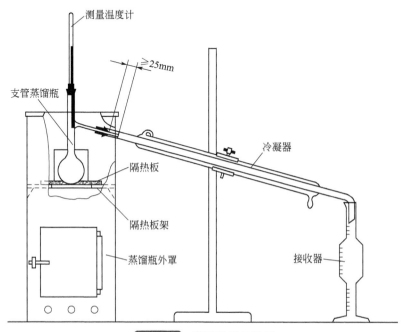

图 2-44 蒸馏仪器安装图

表 2-29 气压计读数的校正值

室温 $t/℃$	气压计读数，p/hPa							
	925	950	975	1000	1025	1050	1075	1100
10	1.51	1.55	1.59	1.63	1.67	1.71	1.75	1.79
11	1.66	1.70	1.75	1.79	1.84	1.88	1.93	1.97
12	1.81	1.86	1.90	1.95	2.00	2.05	2.10	2.15
13	1.96	2.01	2.06	2.12	2.17	2.22	2.28	2.33
14	2.11	2.16	2.22	2.28	2.34	2.39	2.45	2.51
15	2.26	2.32	2.38	2.44	2.50	2.56	2.63	2.69
16	2.41	2.47	2.54	2.60	2.67	2.73	2.80	2.87
17	2.56	2.63	2.70	2.77	2.83	2.90	2.97	3.04
18	2.71	2.78	2.85	2.93	3.00	3.07	3.15	3.22
19	2.86	2.93	3.01	3.09	3.17	3.25	3.32	3.40
20	3.01	3.09	3.17	3.25	3.33	3.42	3.50	3.58

室温 t/℃	气压计读数，p/hPa							
	925	950	975	1000	1025	1050	1075	1100
21	3.16	3.24	3.33	3.41	3.50	3.59	3.67	3.76
22	3.31	3.40	3.49	3.58	3.67	3.76	3.85	3.94
23	3.46	3.55	3.65	3.74	3.83	3.93	4.02	4.12
24	3.61	3.71	3.81	3.90	4.00	4.10	4.20	4.29
25	3.76	3.86	3.96	4.06	4.17	4.27	4.37	4.47
26	3.91	4.01	4.12	4.23	4.33	4.44	4.55	4.66
27	4.06	4.17	4.28	4.39	4.50	4.61	4.72	4.83
28	4.21	4.32	4.44	4.55	4.66	4.78	4.89	5.01
29	4.36	4.47	4.59	4.71	4.83	4.95	5.07	5.19
30	4.51	4.63	4.75	4.87	5.00	5.12	5.24	5.37
31	4.66	4.79	4.91	5.04	5.16	5.29	5.41	5.54
32	4.81	4.94	5.07	5.20	5.33	5.46	5.59	5.72
33	4.96	5.09	5.23	5.36	5.49	5.63	5.76	5.90
34	5.11	5.25	5.38	5.52	5.66	5.80	5.94	6.07
35	5.26	5.40	5.54	5.68	5.82	5.97	6.11	6.25

（2）纬度校正　将气压计读数加上表 2-30 所给的校正值。

表 2-30　气压计读数的纬度校正值

纬度	气压计读数，p/hPa							
	925	950	975	1000	1025	1050	1075	1100
0	−2.48	−2.55	−2.62	−2.69	−2.76	−2.83	−2.90	−2.97
5	−2.44	−2.51	−2.57	−2.64	−2.71	−2.77	−2.84	−2.91
10	−2.35	−2.41	−2.47	−2.53	−2.59	−2.65	−2.71	−2.77
15	−2.16	−2.22	−2.28	−2.34	−2.39	−2.45	−2.51	−2.57
20	−1.92	−1.97	−2.02	−2.07	−2.12	−2.17	−2.23	−2.28
25	−1.61	−1.66	−1.70	−1.75	−1.79	−1.84	−1.89	−1.94
30	−1.27	−1.30	−1.33	−1.37	−1.40	−1.44	−1.48	−1.52
35	−0.89	−0.91	−0.93	−0.95	−0.97	−0.99	−1.02	−1.05
40	−0.48	−0.49	−0.50	−0.51	−0.52	−0.53	−0.54	−0.55
45	−0.05	−0.05	−0.05	−0.05	−0.05	−0.05	−0.05	−0.05
50	+0.37	+0.39	+0.40	+0.41	+0.43	+0.44	+0.45	+0.46
55	+0.79	+0.81	+0.83	+0.86	+0.88	+0.91	+0.93	+0.95
60	+1.17	+1.20	+1.24	+1.27	+1.30	+1.33	+1.36	+1.39
65	+1.52	+1.56	+1.60	+1.65	+1.69	+1.73	+1.77	+1.81
70	+1.83	+1.87	+1.92	+1.97	+2.02	+2.07	+2.12	+2.17

3. 气压对沸程的校正的计算

沸点随气压的变化值按式（2-2）计算：

$$\Delta t_p = CV(1013.25 - p) \tag{2-2}$$

式中 Δt_p——沸点随气压的变化值，℃；

CV——沸点随气压的变化率（即校正值见表 2-31），℃/hPa；

p——经温度校正和纬度校正后的气压值，hPa。

表 2-31 沸点随气压变化的校正值

标准中规定的沸程温度，t/℃	沸点随气压变化的校正值 CV/（℃/hPa）	标准中规定的沸程温度，t/℃	沸点随气压变化的校正值 CV/（℃/hPa）
10～30	0.026	210～230	0.043
30～50	0.029	230～250	0.044
50～70	0.030	250～270	0.047
70～90	0.032	270～290	0.048
90～110	0.034	290～310	0.050
110～130	0.034	310～330	0.052
130～150	0.035	330～350	0.053
150～170	0.038	350～370	0.056
170～190	0.039	370～390	0.057
190～210	0.041	390～410	0.059

观测气压下的沸程温度按式（2-3）计算：

$$t_p = t_0 - \Delta t_p \tag{2-3}$$

式中 t_p——观测气压下的沸程温度，℃；

t_0——产品标准中所规定的沸程温度，℃；

Δt_p——沸点随气压的变化值，℃。

4. 测量温度计读数校正值的计算

若使用全浸式温度计进行测量，则应对水银柱露出塞外部分进行校正。在与测定样品同样的条件下进行蒸馏（按"6. 蒸馏"的规定），然后按式（2-4）计算水银柱露出塞外部分的校正值：

$$\Delta t = 0.00016h(t_p - t_a) \tag{2-4}$$

式中 Δt——水银柱露出塞外部分的校正值，℃；

h——温度计露出塞外部分的水银柱度数，℃；

t_p——观测气压下的沸程温度，℃；

t_a——露出塞外部分的水银柱的平均温度（用辅助温度计测量，其液球应位于主温度计露出塞外部分水银柱高度的中点处），℃。

5. 观测沸程温度的计算

观测沸程温度按式（2-5）计算：

$$t = t_0 - \Delta t_p - \Delta t \tag{2-5}$$

式中 t——观测沸程温度，℃；

t_0——产品标准中所规定的沸程温度，℃；

Δt_p——沸点随气压的变化值，℃；

Δt——水银柱露出塞外部分的校正值，℃。

6. 蒸馏

用接收器量取（100±1）ml 样品，若样品的沸程温度范围下限低于 80℃，则应在 5～10℃的温度下量取样品及测量馏出液体积（将接收器距顶端 25mm 处以下浸入 5～10℃的水浴中）；若样品的沸程温度范围下限高于 80℃，则在常温下量取样品及测量馏出液体积；上述测量均采用水冷。若样品的沸程温度范围上限高于 150℃，则应采用空气冷凝，在常温下量取样品及测量馏出液体积。将样品全部转移至蒸馏瓶中，不得使之流入支管，向蒸馏瓶中加入几粒清洁、干燥的沸石，装好温度计，将接收器（不必经过干燥）置于冷凝管下端，使冷凝管口进入接收器部分不少于 25mm，也不低于 100ml 刻度线，接收器口塞以棉塞。并确保向冷凝管稳定地提供冷却水。调节蒸馏速度，对于沸程温度低于 100℃的样品，应使自加热起至第一滴冷凝液滴入接收器的时间为 5～10min；对于沸程温度高于 100℃的样品，上述时间应控制在 10～15min，然后将蒸馏速度控制在 3～4ml/min。记录观测沸程温度范围内的馏出物体积。

注意：蒸馏应在通风良好的通风橱内进行。

（三）沸程温度校正示例

二甲苯（分析纯）的沸程温度校正。

已知：规定的沸程温度 t_0　　137～140℃　　　　测量处纬度　　　　30°

　　　室温　　　　　　25℃　　　　　　　　辅助温度计读数 t_a　　35.0℃

　　　气压（室温下的气压）　999.92hPa　　　胶塞上沿处温度计刻度　109.0℃

① 温度校正　999.92－4.06＝995.86（hPa）

② 纬度校正　995.86＋（－1.37）＝994.49（hPa）

③ 按式（2-2）求出沸点随气压的变化值 Δt_p，然后按式（2-3）计算在观测气压下的沸程温度 t_p：

$\Delta t_p = 0.035 \times (1013.25 - 994.49) = 0.66$（℃）

137℃：$t_p = 137 - 0.66 = 136.34$（℃）

140℃：$t_p = 140 - 0.66 = 139.34$（℃）

④ 按式（2-4）求出温度计校正值：

136.34℃：$\Delta t = 0.00016 \times (136.34 - 109.0) \times (136.34 - 35.0)$
　　　　　　$= 0.44$（℃）

139.34℃：$\Delta t = 0.00016 \times (139.34 - 109.0) \times (139.34 - 35.0)$
　　　　　　$= 0.51$（℃）

⑤ 按式（2-5）求出观测沸程温度：

137℃：$t = 137 - 0.66 - 0.44 = 135.9$（℃）

140℃：$t = 140 - 0.66 - 0.51 = 138.8$（℃）

观察沸程温度为：135.9～138.8℃

三、沸点的测定[1]

沸点指液体在 101.325kPa 时（1atm）的沸腾温度。

本方法适用于受热易分解、氧化的液体有机试剂的沸点测定。

（一）仪器

（1）三口圆底烧瓶　有效容积为 500ml。

---

[1]　GB/T 616—2006.

（2）试管　长 190～200mm，距试管口约 15mm 处有一直径为 2mm 的侧孔。

（3）胶塞　外侧具有出气槽。

（4）测量温度计　内标式单球温度计，分度值为 0.1℃，量程适合于所测样品的沸点温度。

（5）辅助温度计　温度范围为 0～50℃，分度值为 1℃。

（二）测定方法

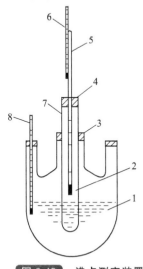

图 2-45　沸点测定装置
1—三口圆底烧瓶；2—试管；
3、4—胶塞；5—测量温度计；
6—辅助温度计；7—侧孔；
8—温度计

（1）仪器的安装　如图 2-45 所示，将三口圆底烧瓶、试管及测量温度计以胶塞连接，测量温度计下端与试管液面相距 20mm。将辅助温度计附在测量温度计上，使其水银球在测量温度计露出胶塞上的水银柱中部。烧瓶中注入约为其体积 1/2 的硅油。

（2）操作步骤　量取适量样品，注入试管中，其液面略低于烧瓶中硅油的液面。加热，当温度上升到某一定数值并在相当时间内保持不变时，此温度即为待测样品的沸点。记录下室温及气压。

（3）气压对沸点影响的校正　根据测定时的室温及气压，按式（2-6）换算出 0℃时的气压：

$$p_0 = p_t - \Delta p \tag{2-6}$$

式中　p_0——0℃时的气压，hPa；

　　　p_t——室温时的气压，hPa；

　　　Δp——由室温时的气压换算至 0℃时气压的校正值，hPa，校正值见表 2-29。

根据 0℃时的气压与标准气压之差数及标准中规定的沸点温度，按沸程的测定中表 2-31 求出相应的温度校正值。当 0℃时的气压高于 1013hPa 时，自测得的温度减去此校正值，反之则加。

（4）测量温度计读数校正值的计算　若使用全浸式温度计进行测量，则应对温度计水银柱露出塞外部分进行校正。温度计水银柱露出塞外部分的校正值按式（2-7）计算：

$$\Delta t = 0.00016h(t_1 - t_2) \tag{2-7}$$

式中　Δt——温度计水银柱露出塞外部分的校正值，℃；

　　　h——温度计露出塞外部分的水银柱高度，用温度计的度数表示；

　　　t_1——观测温度，℃；

　　　t_2——附着 $\frac{1}{2}h$ 处的辅助温度计温度，℃。

再按"（3）"所得校正后的温度加上此校正值，即得到该样品的沸点温度。

四、密度的测定 ❶

本方法适用于液体化学试剂密度的测定。测定方法为密度瓶法及韦氏天平法。

在本方法中，物质的密度系指在 20℃时单位体积物质的质量。密度用 ρ 表示，其单位为 g/ml。

（一）密度瓶法

1. 仪器

（1）分析天平　感量为 0.1mg。

（2）密度瓶（比重瓶） 容积为 25～50ml，温度计分度值为 0.2℃（见图 2-46）。

（3）恒温水浴 温度可控制在（20.0±0.1）℃。

2. 操作步骤

将密度瓶洗净并干燥，带温度计及侧孔罩称量。然后取下温度计及侧孔罩，用新煮沸并冷却至 15℃ 左右的蒸馏水充满密度瓶，不得带入气泡，插入温度计，将密度瓶置于（20.0±0.1）℃ 的恒温水浴中，至密度瓶温度计达到 20℃，并使侧管中的液面与侧管管口齐平，立即盖上侧孔罩，取出密度瓶，用滤纸擦干其外壁上的水，立即称量。

将密度瓶中的水倒出，洗净并使之干燥，带温度计及侧孔罩称量。然后用样品代替水重复上述操作。

3. 结果的表示

样品在 20℃时的密度按式（2-8）计算：

$$\rho = \frac{m_1 + A}{m_2 + A} \times \rho_0 \tag{2-8}$$

$$A = \rho_a \times \frac{m_2}{0.9970} \tag{2-9}$$

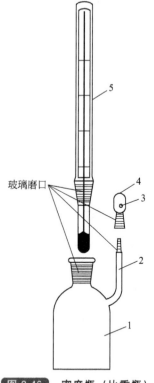

图 2-46 密度瓶（比重瓶）
1—密度瓶主体；2—侧管；3—侧孔；
4—侧孔罩；5—温度计

式中　ρ——样品在 20℃时的密度，g/mL；

　　m_1——20℃时充满密度瓶所需样品的表观质量，g；

　　m_2——20℃时充满密度瓶所需蒸馏水的表观质量，g；

　　ρ_0——20.0℃时蒸馏水的密度（＝0.99820g/ml）；

　　A——空气浮力校正值；

　　ρ_a——干燥空气在 20℃、1013.25hPa[1] 时的密度值（≈0.0012g/ml[2]）。

（二）韦氏天平法

1. 仪器

（1）韦氏天平 浮锤内温度计分度值为 0.1℃。

（2）恒温水浴 温度可控制在（20.0±0.1）℃。

2. 操作步骤

① 如图 2-47 所示安装韦氏天平。将浮锤用细铂丝悬于天平横梁末端，并调整底座上的螺丝，使横梁与支架的指针尖相互对正。

② 将浮锤全部浸入盛有经煮沸并冷却至约 20℃ 蒸馏水的玻璃筒中，不得带入气泡，玻璃筒置于恒温水浴中，恒温至（20.0±0.1）℃，调整天平游码使指针重新对正，记录读数。

③ 将浮锤取出，使其完全干燥，在相同的温度下，用样品代替水重复上述②的操作。

3. 结果的表示

样品在 20℃时的密度按式（2-10）计算：

$$\rho = \frac{m_2}{m_1}\rho_0 \tag{2-10}$$

式中　ρ——样品在 20℃时的密度，g/ml；

---

[1] 1hPa＝1mbar。

[2] 该值随气压条件略有变化，但这种变化一般对密度测定没有影响。

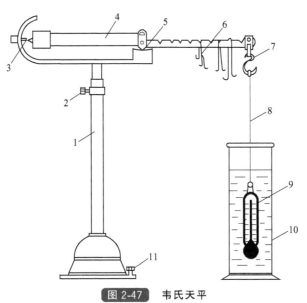

图 2-47 韦氏天平

1—支架；2—调节器；3—指针；4—横梁；5—刀口；6—游码；
7—小钩；8—细铂丝；9—浮锤；10—玻璃筒；11—调整螺栓

m_1——浮锤浸于水中时游码的读数；

m_2——浮锤浸于样品中时游码的读数；

ρ_0——20.0℃时蒸馏水的密度（0.99820g/ml）。

五、凝固点的测定

（一）仪器

（1）干燥试管 长 150mm，内径 20mm。

（2）套管 长 130mm，内径 40mm。

（3）温度计 分度值为 0.1℃。

（4）冷却浴 盛有适宜的冷却液。

（二）装置

测定装置见图 2-48。

（三）测定方法

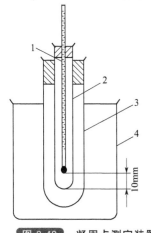

图 2-48 凝固点测定装置

1—温度计；2—干燥试管；
3—套管；4—冷却浴

称取 15～20g 固体样品或量取 15ml 液体样品，置于干燥试管中。固体样品于超过其熔点的热浴内将其熔化，并加热至高于其凝固点约 10℃，将温度计插入试管中，使其不接触试管壁及底，然后将试管放入低于凝固点 5～7℃的冷却浴中，待样品冷却至低于凝固点 3～5℃时，迅速移入事先浸在上述冷却浴的套管中，搅动样品，此时液体仍然在过冷状态，温度甚至还下降。到过冷液体开始凝固时，温度突然上升而稳定在一定温度，只要固相和液相同时存在，温度就稳定在这个数值。此温度即为样品的凝固点。有的样品过冷状态不易破坏，可在过冷液中加极少量晶种（用纯品）。

六、结晶点的测定[1]

本方法（双套管法）适用于结晶点在 −7～70℃ 范围内的有机试剂结晶点的测定。

---

[1] GB/T 618—2006.

本方法中，物质的结晶点系指液体在冷却过程中由液态变为固态时的相变温度。

（一）仪器

（1）结晶管　外径约 25mm，长约 150mm。

（2）套管　内径约 28mm，长约 120mm，壁厚 2mm。

（3）冷却浴　容积约 500ml 的烧杯，盛有合适的冷却液（水、冰水或冰盐水），并带普通温度计。

（4）温度计　分度值为 0.1℃。

（5）搅拌器　用玻璃或不锈钢绕成直径约 20mm 的环。

（6）热浴　容积合适的烧杯，放在电炉上，用调压器控温，并带普通温度计。

（二）操作步骤

测定装置如图 2-49 所示。加样品于干燥的结晶管中，使样品在管中的高度约为 60mm（固体样品应适当大于 60mm），样品若为固体，应在温度超过其熔点的热浴内将其熔化，并加热至高于结晶点约 10℃。插入搅拌器。装好温度计，使水银球至管底的距离约为 15mm，勿使温度计接触管壁。装好套管，套管底部与结晶管底部的距离约为 2mm。将结晶管连同套管一起置于温度低于样品结晶点 5～7℃的冷却浴中，当样品冷却至低于结晶点 3～5℃时开始搅拌并观察温度。出现结晶时，停止搅拌，这时温度突然上升，读取最高温度，准确至 0.1℃，并进行温度计刻度误差校正，所得温度即为样品的结晶点。

如果某些样品在一般冷却条件下不易结晶，可另取少量样品，在较低温度下使之结晶，取少许作为晶种加入样品中，即可测出其结晶点。

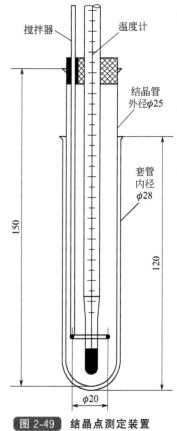

图 2-49　结晶点测定装置
（单位：mm）

七、色度的测定[1]

色度可使用比较器、比色计、分光光度计等进行测定。本方法采用目视比色法测定。

本方法适用于色调接近铂-钴标准液的、澄清透明、浅色液体试剂色度的测定，不适用于易碳化物质的测定。色度的单位为黑曾，1 黑曾单位系指每升含有 1mg 以氯铂酸（H_2PtCl_6）形式存在的铂、2mg 六水合氯化钴（$CoCl_2 \cdot 6H_2O$）的铂-钴溶液的色度。

（一）色度标准液的制备

（1）500 黑曾单位铂-钴标准溶液　准确称取 1.000g 六水合氯化钴、1.245g 氯铂酸钾，溶于 100ml 盐酸和适量水中，移至 1000ml 容量瓶中，用水稀释至刻度，摇匀。500 黑曾单位铂-钴标准溶液应在暗处密封保存，有效期为 1 年。

（2）稀铂-钴标准溶液　吸取不同体积的 500 黑曾单位铂-钴标准溶液，稀释至 100ml，可得不同黑曾单位的稀铂-钴标准溶液。计算公式如下：

$$V = \frac{N \times 100}{500} \tag{2-11}$$

式中　V——配制 100ml N 黑曾单位的铂-钴标准溶液所需 500 黑曾单位铂-钴标准溶液之体积，ml；

---

[1]　GB/T 605—2006。

N——欲配制的稀铂-钴标准溶液的黑曾单位数。

稀铂-钴标准溶液应在使用前配制。

（二）操作步骤

将待测样品注入比色管中，在白色背景下，沿比色管轴线方向用目测法与规定黑曾单位的同体积铂-钴标准溶液比较。

（三）色度仪介绍

色度仪是测量物体（纸张等）反射的颜色和色差，ISO 亮度（蓝光白度 R457）以及荧光增白材料的荧光增白度、陶瓷白度，建筑材料和非金属矿产品白度、黄度、试样的不透明度、光散射系数和光吸收系数，油墨吸收值的仪器。广泛应用于造纸、印刷、陶瓷、化工、纺织印染、建材、粮食、制盐等行业。

色度仪的工作原理遵循朗伯-比尔定律（Lambert-Beer）。朗伯-比尔定律阐述为：光被吸收的量正比于光程中产生光吸收的分子数目。

$$\lg(I_0/I) = \varepsilon cl$$

式中，I_0，I——入射光及通过样品后的透射光强度；

$\lg(I_0/I)$——吸光度；

c——样品浓度；

l——光程；

ε——光被吸收的比例系数。

当浓度采用物质的量浓度时，ε 为摩尔吸收系数。它与吸收物质的性质及入射光的波长 λ 有关。实验表明，浓度越大，吸光度越大，即物质吸收的光就越多。

1. 色度仪的结构

以 WGS-9 型色度仪为例。色度仪由光栅光谱仪、电控箱及计算机（操作软件）等部分组成，如图 2-50 所示。其中光栅光谱仪如图 2-51 所示，包含光栅单色仪、狭缝、样品池、积分球、接收单元、光栅驱动系统以及光学系统等。

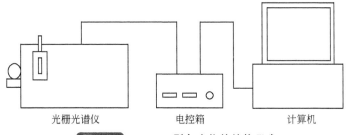

光栅光谱仪　　　　电控箱　　　　计算机

图 2-50 WGS-9 型色度仪的结构示意

光谱仪的光学系统如图 2-52 所示。光源发出的光被会聚到入射缝 S1，S1 正好在凹面镜 M2 的焦点上，因此由 S1 入射的光经凹面镜 M2 反射后成平行光，照射到光栅 G 上，衍射后成为光谱分离的平行光束，经凹面镜 M3 会聚在 S2 上或 S3 上（通过转向镜调节）。

2. 色度仪的操作

色度仪操作软件中测试参数的设置方法及扫描操作的具体方法如下。

① 开启溴钨灯电源，使发光；开启色度仪控制箱电源；开启电脑电源。

② 电脑启动完成后，双击桌面上色度仪软件图标，开启软件操作界面。

③ 在软件操作界面进行参数设置，【工作模式】发光体；【采集间隔】1.0nm；【起始波长】400nm；【终止波长】700nm。其他可以默认。

④ 适当调节单色仪入射、出射狭缝大小和负高压。

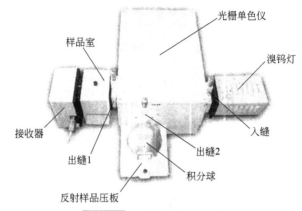

图 2-51 光栅光谱仪的结构

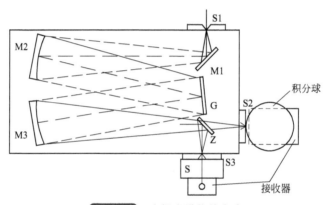

图 2-52 光栅光谱仪的光路

M1—反射镜；M2—准光镜；M3—物镜；G—平面衍射光栅；Z—转向镜；
S1—入射狭缝；S2—光电倍增管接收；S3—观察口；S—样品室

⑤ 点击工作档上的"扫描"按钮，开始波长检索。

⑥ 波长检索完成后，出现对话框，确认当前在出缝1上，确定后开始光谱扫描，软件自动记录数据并绘制曲线。

⑦ 若绘制曲线峰值偏低（小于最大值的一半）或偏高（大于最大值，出现"平顶"），则重新调整单色仪入射、出射狭缝的大小及负高压，重复步骤⑤～⑦，至所得曲线较好（峰值在最大值的 2/3 左右）。

⑧ 测量光谱功率曲线，适当调节入射缝和出射缝的缝宽及光电倍增管的负高压值，观测调节引起的变化，比较 10、1、0.1 采集间隔的测量结果及入射出射缝宽随测量结果的影响。

⑨ 调节入射缝和出射缝的缝宽及负高压，测量溴钨灯的光谱功率及色度值。

3. 色度仪的校正

色度仪的校正也即光谱仪的校正。刚出厂的光谱仪（或色度仪）一般都已经过校正，但仪器长期不用或经过搬动后，需要进行重新校正，使仪器的光谱测量值与真实值对应。

校正的方法是用光谱仪（色度仪）测量已知波长的线光谱（已知波长的线光谱可由汞灯、钠灯等线光谱光源提供），若光谱波长的测量值与真实值不符，则通过软件中"波长校正"功能进行校正，直至光谱测量值与真实值相符。

八、黏度的测定

黏度为流体内部阻碍其相对流动的一特性。一般有绝对黏度（又称动力学黏度）和运动黏度（又称运动学黏度）等。

绝对黏度指流体每秒钟流动 1cm 时，在每平方厘米上需要切向力的大小。

运动黏度指流体相对密度除该流体的绝对黏度得到的商数。

黏度大小随温度变化，温度愈高，黏度愈小，测定黏度则应注意温度，纯水在 20℃ 时的绝对黏度为 $1.0 \times 10^{-3} Pa \cdot s$（0.01P）。

测定黏度的方法很多，此处选用两种常用方法，并介绍转子黏度计。

（一）石油产品恩氏黏度测定法[❶]

本方法适用于测定石油产品的恩氏黏度。

恩氏黏度是试样在某温度从恩氏黏度计流出 200ml 所需的时间与蒸馏水在 20℃ 流出相同体积所需的时间（s）（即黏度计的水值）之比。在试验过程中，试样流出应成为连续的线状。温度 t 时的恩氏黏度用符号 E_t 表示，恩氏黏度的单位为条件度，用符号 °E 代表。

1. 仪器与材料

（1）恩氏黏度计　见图 2-53（图中长度单位为 mm，下同）：包括装试样的容器，堵塞流出管用的木塞，金属三脚架。盛试样的内容器 10 装在作水浴或油浴用的外容器 12 中。这两个容器都用黄铜制造。内容器的底部 8 制成球面形，内表面要经过磨光并镀金。内容器设有黄铜制的中空的凸形盖，盖上带有两个孔口 1 及 11，供插入木塞和温度计使用。木塞 2［图 2-53(b)］用来堵塞仪器的流出孔 6。在内容器中，从底部起以等距离在器壁上安装有三个向上弯成直角的小尖钉 7，作为控制油面高度和仪器水平的指示器。在外容器中设有搅拌器 3 和温度计，此温度计利用外容器壁上的夹子来固定。内容器要用 3 根支持杆及流出管固定在外容器中。流出管要利用通过盖上中心孔的木塞堵着。木塞用硬木（黄杨木及其他）制成，其规格见图 2-53（b）。用来放置仪器的铁三脚架 9 由一圆圈和三条长脚组成，其中有两条脚要设置水平调节螺钉 5。恩氏黏度计的主要尺寸如表 2-32 所示。

表 2-32　恩氏黏度计的主要部位尺寸

零件名称	尺寸/mm	公差/mm
内容器		
内径	106.0	±1.00
底部至扩大部分之间的高度	70.0	±1.00
底部突出部分的深度	7.0	±0.10
扩大部分的内径	115.0	±1.00
扩大部分的高度	30.0	±2.00
从钉尖的水平面至流出管下边缘的距离	52.0	±0.50
流出管		
总长	20.0	±0.10
突出部分的长度	3.0	±0.30
在器底水平面处的内径	2.9	±0.02
下方末端的内径	2.8	±0.02

---

❶　GB/T 266—88.

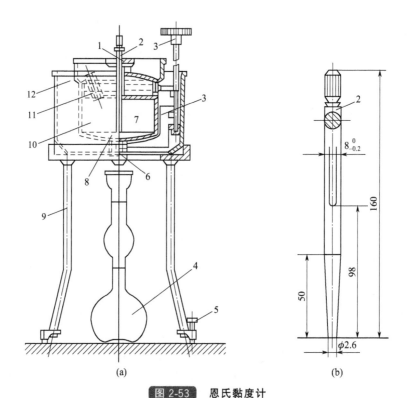

图 2-53　恩氏黏度计

1—木塞插孔；2—木塞；3—搅拌器；4—接收瓶；5—水平调节螺钉；6—流出孔；7—小尖钉；
8—球面形底；9—铁三脚架；10—内容器；11—温度计插孔；12—外容器

每件恩氏黏度计应在外容器的表面上注明黏度计名称及生产工厂的厂号或厂标，并注明黏度计的编号。恩氏黏度计的水值每 4 个月至少校正 1 次。

（2）温度计　共两支，符合 GB/T 514 中恩氏黏度用温度计要求。

（3）恩氏黏度计用的接收瓶　接收瓶有两种（图 2-54），一种瓶颈刻线为 100ml；另一种为宽口而带有两道刻线的接收瓶，这两道刻线应表示 100ml 和 200ml。每种接收瓶的最高刻线至瓶口的容量不小于 60ml。接收瓶的刻线必须在 20℃ 时刻划。刻线的位置应在瓶颈细狭部分的中间。瓶颈的内径是（18±2）mm。

每只接收瓶刻上 "100ml" 或 "200ml" "+20℃" "恩氏黏度计用" 等字样。

（4）电加热装置。

（5）吸量管（5ml）。

（6）秒表　分度值为 0.2s。

（7）润滑油　50℃ 运动黏度为 20～60mm²/s，开口杯法闪点不低于 180℃。

（8）溶剂油　符合 GB 1922 中 NY-120 规格。

2. 试剂

① 石油醚，30～60℃，化学纯；或乙醚，化学纯。

② 95％乙醇，化学纯。

3. 准备工作

（1）测定黏度计的水值　恩氏黏度计的水值是蒸馏水在 20℃ 时从黏度计流出 200ml 所需的时间（s）。在测定水值前，黏度计的内容器要依次用石油醚（或乙醚）、95％乙醇和蒸馏水洗涤，并用空气吹干。然后将黏度计的短腿放入铁三脚架的孔内，用固定螺钉固定。此

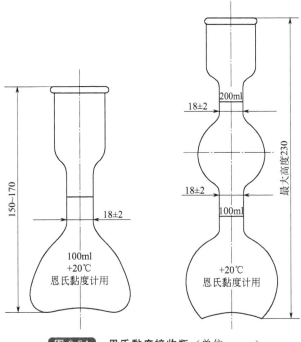

图 2-54　**恩氏黏度接收瓶**（单位：mm）

时，将洁净、干燥的木塞插入流出管的上孔内。利用预先依次用铬酸洗液、水和蒸馏水仔细洗涤过的接收瓶将新蒸馏的蒸馏水（20℃）注入黏度计内容器中，直至内容器中的 3 个尖钉的尖端刚刚露出水面。此外，用相同温度的水装在黏度计的外容器中，直至浸到内容器的扩大部分。旋转铁三脚架的调整螺钉，调整黏度计的位置，使内容器中 3 个尖钉的尖端都处在同一水平面上。将未经干燥的空接收瓶放在内容器的流出管下面。稍微提起木塞，使内容器中的水全部放入接收瓶内，但这次不计算水的流出时间。此时流出管内要装满水，并使流出管的底端悬着一大滴水珠。立即将木塞插入流出管内，重新将接收瓶中的水沿着玻璃棒小心地注入内容器中，切勿溅出。随后，将空接收瓶放在内容器上倒置 1～2min，使瓶中的水完全流出，然后将接收瓶放回流出管下面。

　　内容器中的水和外容器中的液体都要充分搅拌：首先将插有温度计的盖围绕木塞旋转以便搅拌水；然后用安装在外容器中的叶片式搅拌器搅拌保温液体。当两个容器中的水和液体温度等于 20℃（在 5min 内温度差数不超过 ±0.2℃），而且内容器调整为水平状态（3 个尖钉的尖端刚好露出水面）时，迅速提起木塞（应能自动卡着并保持提起的状态，不允许拔出木塞），同时开动秒表。此时，观察水从内容器流出的情况，当凹液面的下边缘到接收瓶的200ml 环状标线时，立即停住秒表。

　　蒸馏水流出 200ml 的时间要连续测定 4 次。如果各次测定观察结果与其算术平均值的差数不大于 0.5s，就用这个算术平均值作为第一次测定的平均流出时间。此外，以同样要求进行另一次平行测定，并计算符合要求的平均流出时间。如果重复测定的平均流出时间之差不大于 0.5s，就取这重复测定的两次结果的算术平均值作为仪器的水值，其符号为 K_{20}。

　　标准黏度计的水值应等于（51±1）s，如果水值不在此范围内就不允许使用该仪器测定黏度。

　　（2）准备试样　测定黏度前，用 $1cm^2$ 有至少 576 个孔眼的金属滤网过滤试样。如果试样中含水，应加入新煅烧并冷却的食盐、硫酸钠或粒状的无水氯化钙进行摇动，经过静置沉降后才用滤网过滤。

注：试样中含有不易消失的气泡时，允许在试样瓶连接真空泵减压 10min 来除去。

4. 试验步骤

① 每次测定黏度前，用滤过的清洁溶剂油仔细洗涤黏度计的内容器及其流出管，然后用空气吹干。内容器不准擦拭，只允许用剪齐边缘的滤纸吸去剩下的液滴。

② 测定试样在规定温度的黏度时，先将木塞严密塞住黏度计的流出孔（但不可过分用力压着木塞，以免木塞很快磨坏），然后将预先加热到稍高于规定温度的试样（按"3. 准备工作"的要求准备）注入内容器中，这时试样中不应产生气泡。注入的油面必须稍高于尖钉的尖端。

向黏度计的外容器注入水（测定温度在 80℃ 以下时）或润滑油（测定温度在 80～100℃ 时），该液体应预先加热到稍高于规定温度。为了使试样的温度在试验过程中能保持恒定并能符合规定温度，应使内容器中的试样温度恰好达到规定的温度，此时保持 5min，内容器中试样温度应恒定到 ±0.2℃，然后记下外容器中液体的温度。在试验过程中要保持外容器的液体温度恒定到 ±0.2℃（可以用搅拌器搅拌外容器中的液体，必要时可以用电加热装置稍微加热外容器）。

稍微提起木塞，使多余的试样流下，直至三个尖钉的尖端刚好露出油面。如果流出的试样过多，就逐滴补添试样满至尖钉的尖端，但油中不要留有气泡。

黏度计加上盖之后，在流出孔下面放置洁净、干燥的接收瓶；然后绕着木塞小心地旋转插有温度计的盖，利用温度计搅拌试样。

试样中的温度计恰好达到规定温度时，再保持 5min（但不进行搅拌），就迅速提起木塞，同时开动秒表。木塞提起的位置应保持与测定水值时相同（也不允许拔出木塞）。当接收瓶中的试样正好达到 200ml 的标线时（泡沫不予计算），立即停住秒表，并读取试样的流出时间，准确至 0.2s。

注：1. 仲裁试验时，每次重复试验前都要按"4.①"清洗仪器，并向内容器注入 1 份未经试验的试样。

2. 燃料油重复测定的两次结果超出精密度的要求时，进行第三次测定前必须按"4.①"清洗仪器，并向内容器注入 1 份未经试验的试样。

5. 计算

试样在温度 t 时的恩氏黏度 E_t，其单位为条件度（°E），按式（2-12）计算：

$$E_t = \frac{\tau_t}{K_{20}} \tag{2-12}$$

式中 τ_t——试样在试验温度 t 时从黏度计中流出 200ml 所需的时间，s；

K_{20}——黏度计的水值，s。

例：黏度计的水值 $K_{20}=51.1$s，设燃料油在 80℃ 时从黏度计流出 200ml 的时间为 $\tau_{80}=472.8$s。

该燃料油在 80℃ 时的恩氏黏度测定结果为

$$E_{80} = \frac{\tau_{80}}{K_{20}} = \frac{472.8}{51.1} = 9.2（条件度）（°E）$$

6. 精密度

重复性：同一操作者重复测定两个流出时间之差不应大于下列数值

流出时间/s	重复性/s	流出时间/s	重复性/s
≤250	1	501～1000	5
251～500	3	>1000	10

7. 报告

取重复测定两个结果的算术平均值，作为试样的恩氏黏度。

（二）毛细管黏度计测定法[1]

1. 仪器、试剂与材料

（1）测定所需仪器

① 毛细管黏度计一组，毛细管内径分别为 0.4mm、0.6mm、0.8mm、1.0mm、1.2mm、1.5mm、2.0mm、2.5mm、3.0mm、3.5mm、4.0mm ［图 2-55（a）］和 5.0mm、6.0mm ［图 2-55（b）］。

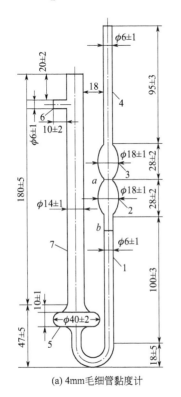 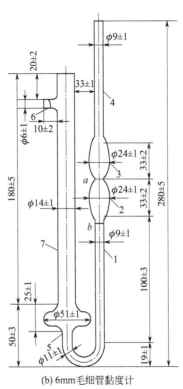

(a) 4mm毛细管黏度计　　　　　(b) 6mm毛细管黏度计

图 2-55　**毛细管黏度计**（单位：mm）

1—毛细管；2，3，5—扩张部分；4，7—管身；6—支管；a，b—标线

每支黏度计必须有黏度计常数。测定油品的运动黏度时，应根据试验的温度选用适当的黏度计，务使油品试样的流动时间能在（300±180）s 范围内。在低于 0℃试验高黏度的润滑油时，可以让油的流动时间增加到 900s，在 20℃试验液体燃料时，可以让流动时间减少到 60s。

② 带有透明壁或装有观察孔的恒温浴，其高度不小于 180mm，容积不小于 2L，并且附设自动搅拌装置和一种能够准确地调节温度的电热装置。但缺乏恒温浴时，可以使用与恒温浴大小相当的烧杯。在 0℃和低于 0℃测定运动黏度时，使用筒形开有对称看窗的透明保温瓶，其尺寸与前述透明恒温浴相同，并设有搅拌装置。根据测定的条件，要在恒温浴中注入如表 2-33 中列举的任一液体。

---

❶　GB/ 265—88.

③ 玻璃水银温度计分度为 0.1℃。测定－30℃以下温度的黏度时可以使用同样分度的玻璃合金温度计或其他玻璃液体温度计。

④ 秒表分度为 0.1s。这个秒表专供测定黏度使用，不应作他用。

用来测定运动黏度的秒表、毛细管黏度计、温度计都必须定期进行检定。

（2）测定所需用试剂 ①洗涤用轻汽油或橡胶溶剂油；②石油醚（60～90℃）；③95％乙醇；④铬酸洗液；⑤蒸馏水。

表 2-33 不同温度下使用的恒温浴液体

测定的温度 t/℃	恒 温 的 液 体
50～100	透明矿物油①、甘油或 25％硝酸铵水溶液（该溶液的表面要浮着一层透明的矿物油）
20～50	水
0～－20	水与冰的混合物，或乙醇与干冰（固体二氧化碳）的混合物
0～－50	乙醇与干冰的混合物，在无乙醇的情况下，可用汽油代替

① 恒温浴中的矿物油最好加有抗氧化添加剂，防止氧化。

2. 准备工作

① 油品试样含有水或机械杂质时，在试验前必须经过脱水处理，用滤纸过滤除去机械杂质。

对于黏度大的润滑油，可以在磁漏斗上利用水流泵或其他真空泵进行吸滤，也可以在加热至 50～100℃的温度下进行脱水过滤。

② 在测定油品的黏度之前，必须将黏度计用汽油或石油醚洗净。如果黏度计沾有污垢，就用铬酸洗液、水、蒸馏水或乙醇依次洗涤，然后放入烘箱中烘干或用通过棉花滤过的热空气吹干。

③ 测定运动黏度时，在内径符合要求的清洁干燥的毛细管黏度计内装入油品试样。装油之前，将橡皮管套在支管 6 上，并用手指堵住管身 7 的管口，同时倒置黏度计，然后将管身 4 插入装着油品试样的容器中；这时利用橡皮球、水流泵或其他真空泵将液体吸到标线 b，同时注意不要使管身 4、扩张部分 2 和 3 中的液体发生气泡或裂隙。当液面达到标线 b 时，就从容器里提起黏度计，并迅速恢复其正常状态，同时将管身 4 的管端外壁所沾着的多余试样擦去，并从支管 6 取下橡皮管套在管身 4 上。

④ 将装有油品试样的黏度计浸入事先准备妥当的恒温浴中，并用夹子将黏度计固定在支架上，在固定位置时，必须把毛细管黏度计的扩张部分 3 浸入一半。

温度计要利用另一只夹子来固定，务使水银球的位置接近毛细管 1 中央点的水平面，并使温度计上要测温的刻度位于恒温浴的液面上 10mm 处。

使用全浸式温度计时，如果它的测温刻度露出恒温浴的液面，就依照式（2-13）计算温度计液柱露出部分的补正数 Δt，才能准确地量出液体的温度。

$$\Delta t = Kh(t_1 - t_2) \tag{2-13}$$

式中 　K——常数，水银温度计采用 $K=0.00016$，酒精温度计采用 $K=0.001$；

　　　　h——露出在浴面上的水银柱或酒精柱高度，用温度计的度数表示；

　　　　t_1——测定黏度时的规定温度，℃；

　　　　t_2——接近温度计液柱露出部分的空气温度（用另一支温度计测出），℃。

试验时取 t_1 减去 Δt 作为温度计上的温度读数。

3. 试验步骤

① 将黏度计调整成为垂直状态，要利用铅垂线从两个相互垂直的方向去检查毛细管 1

的垂直情况。

将恒温浴调整到规定的温度，把装好油试样的黏度计浸在恒温浴内，需恒温的时间如右表所示。

试验的温度必须保持恒定到±0.1℃。

② 利用毛细管黏度计管身4所套着的橡皮管将油品试样吸入扩张部分2，使油面稍高于标线a，并且注意不要让毛细管和扩张部分2中的液体产生气泡或裂隙。

③ 此时观察试样在管身4中的流动情况，液面正好到达标线a时，开动秒表，液面正好流到标线b时，停止秒表。

试验温度/℃	恒温时间/min
80，100	20
40，50	15
20	10
0～−50	15

试样的液面在扩张部分2中流动时，注意恒温浴中正在搅拌的液体要保持恒定温度，而且扩张部分中不应出现气泡。

④ 用秒表记录下来的流动时间，应重复测定至少四次，其中各次流动时间与其算术平均值的差数应符合如下的要求，在温度100～15℃测定黏度时，这个差数不应超过算术平均值的±0.5%；在温度于15～−30℃测定黏度时，这个差数不应超过算术平均值的±1.5%；在温度低于−30℃测定黏度时，这个差数不应超过算术平均值的±2.5%。

取不少于三次的流动时间所得的算术平均值，作为试样的平均流动时间。

4. 计算

在温度 t 时，试样的运动黏度 ν_t（m²/s）按下式计算：

$$\nu_t = C\tau_t \tag{2-14}$$

式中　C——黏度计常数，m²/s²；

　　　τ_t——试样的平均流动时间，s。

例：黏度计常数为 4.78×10^{-7} m²/s²，试样在50℃时的流动时间为318.0s、322.4s、322.6s、321.0s，因此流动时间的算术平均值为：

$$\tau_{50} = \frac{318.0+322.4+322.6+321.0}{4}s = 321.0s$$

各次流动时间与平均流动时间的允许差数等于：

$$\frac{321.0\times0.5}{100}s = 1.6s$$

因为318.0s与平均流动时间之差已超过1.6s（0.5%），所以这个读数应弃去。计算平均流动时间时，只采用322.4s、322.6s、321.0s的观测读数，它们与算术平均值之差都没有超过1.6s（0.5%）。

于是平均流动时间为：$\tau_{50} = \dfrac{322.4+322.6+321.0}{3}s = 322.0s$

试样运动黏度的测定结果为：

$$\nu_{50} = C\tau_{50} = 4.78\times10^{-7}\times322\,\text{m}^2/\text{s} = 1.54\times10^{-4}\,\text{m}^2/\text{s}$$

5. 精确度

① 用上述步骤测定油品的运动黏度时，在每一试验温度应进行两次测定，在两次测定中，每次测定结果与算术平均值的差数不应超过下列规定范围：

测定黏度的温度/℃	100～−15	−15～−30	低于−30
允许差数不超过算术平均值的百分数/%	±0.5	±1.5	±2.5

② 用符合上述要求的平行测定的两个结果的算术平均值，作为待测油品的运动黏度。

（三）两种不同测定方法之间单位的换算

运动黏度和恩氏黏度（条件黏度）之间的换算见表 2-34。

表 2-34 运动黏度与恩氏黏度（条件黏度）换算

运动黏度 /(mm²/s)	条件黏度	运动黏度 /(mm²/s)	条件黏度	运动黏度 /(mm²/s)	条件黏度	运动黏度 /(mm²/s)	条件黏度
1.00	1.00	4.20	1.31	7.40	1.61	10.6	1.92
1.10	1.01	4.30	1.32	7.50	1.62	10.7	1.93
1.20	1.02	4.40	1.33	7.60	1.63	10.8	1.94
1.30	1.03	4.50	1.34	7.70	1.64	10.9	1.95
1.40	1.04	4.60	1.35	7.80	1.65	11.0	1.96
1.50	1.05	4.70	1.36	7.90	1.66	11.2	1.98
1.60	1.06	4.80	1.37	8.00	1.67	11.4	2.00
1.70	1.07	4.90	1.38	8.10	1.68	11.6	2.01
1.80	1.08	5.00	1.39	8.20	1.69	11.8	2.03
1.90	1.09	5.10	1.40	8.30	1.70	12.0	2.05
2.00	1.10	5.20	1.41	8.40	1.71	12.2	2.07
2.10	1.11	5.30	1.42	8.50	1.72	12.4	2.09
2.20	1.12	5.40	1.42	8.60	1.73	12.6	2.11
2.30	1.13	5.50	1.43	8.70	1.73	12.8	2.13
2.40	1.14	5.60	1.44	8.80	1.74	13.0	2.15
2.50	1.15	5.70	1.45	8.90	1.75	13.2	2.17
2.60	1.16	5.80	1.46	9.00	1.76	13.4	2.19
2.70	1.17	5.90	1.47	9.10	1.77	13.6	2.21
2.80	1.18	6.00	1.48	9.20	1.78	13.8	2.24
2.90	1.19	6.10	1.49	9.30	1.79	14.0	2.26
3.00	1.20	6.20	1.50	9.40	1.80	14.2	2.28
3.10	1.21	6.30	1.51	9.50	1.81	14.4	2.30
3.20	1.21	6.40	1.52	9.60	1.82	14.6	2.33
3.30	1.22	6.50	1.53	9.70	1.83	14.8	2.35
3.40	1.23	6.60	1.54	9.80	1.84	15.0	2.37
3.50	1.24	6.70	1.55	9.90	1.85	15.2	2.39
3.60	1.25	6.80	1.56	10.0	1.86	15.4	2.42
3.70	1.26	6.90	1.56	10.1	1.87	15.6	2.44
3.80	1.27	7.00	1.57	10.2	1.88	15.8	2.46
3.90	1.28	7.10	1.58	10.3	1.89	16.0	2.48
4.00	1.29	7.20	1.59	10.4	1.90	16.2	2.51
4.10	1.30	7.30	1.60	10.5	1.91	16.4	2.53

续表

运动黏度 /(mm²/s)	条件黏度	运动黏度 /(mm²/s)	条件黏度	运动黏度 /(mm²/s)	条件黏度	运动黏度 /(mm²/s)	条件黏度
16.6	2.55	23.4	3.36	30.2	4.22	37.0	5.11
16.8	2.58	23.6	3.39	30.4	4.25	37.2	5.13
17.0	2.60	23.8	3.41	30.6	4.27	37.4	5.16
17.2	2.62	24.0	3.43	30.8	4.30	37.6	5.18
17.4	2.65	24.2	3.46	31.0	4.33	37.8	5.21
17.6	2.67	24.4	3.48	31.2	4.35	38.0	5.24
17.8	2.69	24.6	3.51	31.4	4.38	38.2	5.26
18.0	2.72	24.8	3.53	31.6	4.41	38.4	5.29
18.2	2.74	25.0	3.56	31.8	4.43	38.6	5.31
18.4	2.76	25.2	3.58	32.0	4.46	38.8	5.34
18.6	2.79	25.4	3.61	32.2	4.48	39.0	5.37
18.8	2.81	25.6	3.63	32.4	4.51	39.2	5.39
19.0	2.83	25.8	3.65	32.6	4.54	39.4	5.42
19.2	2.86	26.0	3.68	32.8	4.56	39.6	5.44
19.4	2.88	26.2	3.70	33.0	4.59	39.8	5.47
19.6	2.90	26.4	3.73	33.2	4.61	40.0	5.50
19.8	2.92	26.6	3.76	33.4	4.64	40.2	5.52
20.0	2.95	26.8	3.78	33.6	4.66	40.4	5.54
20.2	2.97	27.0	3.81	33.8	4.69	40.6	5.57
20.4	2.99	27.2	3.83	34.0	4.72	40.8	5.60
20.6	3.02	27.4	3.86	34.2	4.74	41.0	5.63
20.8	3.04	27.6	3.89	34.4	4.77	41.2	5.65
21.0	3.07	27.8	3.92	34.6	4.79	41.4	5.68
21.2	3.09	28.0	3.95	34.8	4.82	41.6	5.70
21.4	3.12	28.2	3.97	35.0	4.85	41.8	5.73
21.6	3.14	28.4	4.00	35.2	4.87	42.0	5.76
21.8	3.17	28.6	4.02	35.4	4.90	42.2	5.78
22.0	3.19	28.8	4.05	35.6	4.92	42.4	5.81
22.2	3.22	29.0	4.07	35.8	4.95	42.6	5.84
22.4	3.24	29.2	4.10	36.0	4.98	42.8	5.86
22.6	3.27	29.4	4.12	36.2	5.00	43.0	5.89
22.8	3.29	29.6	4.15	36.4	5.03	43.2	5.92
23.0	3.31	29.8	4.17	36.6	5.05	43.4	5.95
23.2	3.34	30.0	4.20	36.8	5.08	43.6	5.97

续表

运动黏度 /(mm²/s)	条件黏度	运动黏度 /(mm²/s)	条件黏度	运动黏度 /(mm²/s)	条件黏度	运动黏度 /(mm²/s)	条件黏度
43.8	6.00	50.6	6.89	57.4	7.78	64.2	8.68
44.0	6.02	50.8	6.91	57.6	7.81	64.4	8.71
44.2	6.05	51.0	6.94	57.8	7.83	64.6	8.74
44.4	6.08	51.2	6.96	58.0	7.86	64.8	8.77
44.6	6.11	51.4	6.99	58.2	7.88	65.0	8.80
44.8	6.13	51.6	7.02	58.4	7.91	65.2	8.82
45.0	6.16	51.8	7.04	58.6	7.94	65.4	8.85
45.2	6.18	52.0	7.07	58.8	7.97	65.6	8.87
45.4	6.21	52.2	7.09	59.0	8.00	65.8	8.90
45.6	6.23	52.4	7.12	59.2	8.02	66.0	8.93
45.8	6.26	52.6	7.15	59.4	8.05	66.2	8.95
46.0	6.29	52.8	7.17	59.6	8.08	66.4	8.98
46.2	6.31	53.0	7.20	59.8	8.10	66.6	9.00
46.4	6.34	53.2	7.22	60.0	8.13	66.8	9.03
46.6	6.36	53.4	7.25	60.2	8.15	67.0	9.06
46.8	6.39	53.6	7.28	60.4	8.18	67.2	9.08
47.0	6.42	53.8	7.30	60.6	8.21	67.4	9.11
47.2	6.44	54.0	7.33	60.8	8.23	67.6	9.14
47.4	6.47	54.2	7.35	61.0	8.26	67.8	9.17
47.6	6.49	54.4	7.38	61.2	8.28	68.0	9.20
47.8	6.52	54.6	7.41	61.4	8.31	68.2	9.22
48.0	6.55	54.8	7.44	61.6	8.34	68.4	9.25
48.2	6.57	55.0	7.47	61.8	8.37	68.6	9.28
48.4	6.60	55.2	7.49	62.0	8.40	68.8	9.31
48.6	6.62	55.4	7.52	62.2	8.42	69.0	9.34
48.8	6.65	55.6	7.55	62.4	8.45	69.2	9.36
49.0	6.68	55.8	7.57	62.6	8.48	69.4	9.39
49.2	6.70	56.0	7.60	62.8	8.50	69.6	9.42
49.4	6.73	56.2	7.62	63.0	8.53	69.8	9.45
49.6	6.76	56.4	7.65	63.2	8.55	70.0	9.48
49.8	6.78	56.6	7.68	63.4	8.58	70.2	9.50
50.0	6.81	56.8	7.70	63.6	8.60	70.4	9.53
50.2	6.83	57.0	7.73	63.8	8.63	70.6	9.55
50.4	6.86	57.2	7.75	64.0	8.66	70.8	9.58

续表

运动黏度 /(mm²/s)	条件黏度	运动黏度 /(mm²/s)	条件黏度	运动黏度 /(mm²/s)	条件黏度	运动黏度 /(mm²/s)	条件黏度
71.0	9.61	74.4	10.1	89.0	12.0	106.0	14.3
71.2	9.63	74.6	10.1	90.0	12.2	107.0	14.5
71.4	9.66	74.8	10.1	91.0	12.3	108.0	14.6
71.6	9.69	75.0	10.2	92.0	12.4	109.0	14.7
71.8	9.72	76.0	10.3	93.0	12.6	110.0	14.9
72.0	9.75	77.0	10.4	94.0	12.7	111.0	15.0
72.2	9.77	78.0	10.5	95.0	12.8	112.0	15.1
72.4	9.80	79.0	10.7	96.0	13.0	113.0	15.3
72.6	9.82	80.0	10.8	97.0	13.1	114.0	15.4
72.8	9.85	81.0	10.9	98.0	13.2	115.0	15.6
73.0	9.88	82.0	11.1	99.0	13.4	116.0	15.7
73.2	9.90	83.0	11.2	100.0	13.5	117.0	15.8
73.4	9.93	84.0	11.4	101.0	13.6	118.0	16.0
73.6	9.95	85.0	11.5	102.0	13.8	119.0	16.1
73.8	9.98	86.0	11.6	103.0	13.9	120.0	16.2
74.0	10.0	87.0	11.8	104.0	14.1		
74.2	10.0	88.0	11.9	105.0	14.2		

注：对于更高的运动黏度（mm²/s），需按式 $E_t = 0.135V_t$ 进行换算。

式中，E_t 为石油产品在温度 t 时的恩氏黏度（条件黏度）；V_t 为石油产品在温度 t 时的运动黏度，mm²/s。

（四）转子黏度计

黏度计广泛应用于测定油脂、涂料、塑料、食品、药物、胶黏剂等各种流体的动力黏度。仪器结构简单、方便实用、价格便宜（国外产品除外），因而广受欢迎。

1. 工作原理

转子黏度计主要由电机经变速带动转子作恒速旋转（如 NDJ-1 转子黏度计，见图 2-56）。电机与刻度圆盘相连，再通过游丝和转轴带动转子旋转（见图 2-57）。如果转子未受到液体的阻力，则游丝、指针与刻度圆盘同速旋转，指针在刻度圆盘上的读数为"0"；反之，如果转子受到液体的黏滞阻力，则游丝产生转矩，与黏滞阻力抗衡，最后达到平衡，这时与游丝相连的指针在刻度盘上指示一定的读数（即游丝的扭转角）。液体的黏度越大，产生作用在转子上的黏性力矩也越大；反之，液体的黏度越小，该黏性力矩也越小。将读数乘上特定的系数即可得到液体的黏度（mPa·s）。事实上，许多转子黏度计测得的黏性力矩可由传感器检测出来，经计算机处理后得出被测液体的黏度。

2. 转子黏度计操作步骤

① 清理黏度计，调节两个水平调节脚，直至黏度计顶部的水泡在中央位置。（调水平）将转子保护框架装在黏度计上（向右旋入装上，向左旋出卸下）；将选用的转子旋入连接螺杆（向左旋入装上，向右旋出卸下）。

② 插入电源，打开黏度计后面的开关按钮。

③ 输入选用的转子号：每按转子键一次，屏幕显示的转子号相应改变，直至屏幕显示

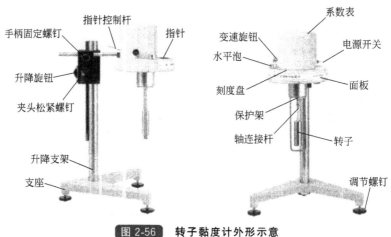

图 2-56 转子黏度计外形示意

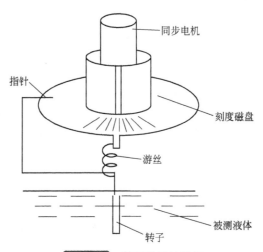

图 2-57 转子黏度计结构

为所选转子号。

④ 选择转速：按"转速"键设置转速，并通过按"TAB"键可逐位移向当前显示转速的十位、个位及十分位，待选定后，通过按数字"增加键"或"减少键"来设置十位、个位及十分位等的转速大小。转速设置完毕后，按转速键确认。

⑤ 旋动升降架旋钮，使黏度计缓慢地下降。

⑥ 转子逐渐浸入被测液体当中，直至转子上的标记与液面相平。调整黏度计位置至水平，并确保将转子置于容器中心。

⑦ 按下"测量"键，电机开始旋转，适当时间（读数大致稳定）后即可同时测得当前转子、该转速下的黏度值和百分计标度。

⑧ 在测量过程中，如果需要转换转子，可直接按"复位"键（此时电机停止转动，而黏度计不断电）。当转子更换完毕后，重复以上⑥～⑧项即可继续进行测量。尤其要注意的是：更换转子后一定要调整仪器上对应的转子号。

⑨ 测量完毕后，按"复位"键，同时关闭电源开关。旋动升降架旋钮，使黏度计缓慢地上升，取出测量样品。卸下转子，并将转子、仪器等清理干净。

3. 操作说明

① 转子选择。先大约估计被测样品的黏度范围，高黏度的样品选择小体积（3 号、4

号）转子和慢的转速，低黏度的样品选用大体积（1 号、2 号）转子和快的转速。每次测出的百分计标度（转矩）在 $10\%\sim95\%$ 之间为正常值，在此范围内测得的黏度值为正确值。否则要更换转速和转子，同时要根据选用的转子改变转子号（即低黏度用 1 号转子，高黏度用 4 号转子）。

② 超出测量范围。当超出当前转速和当前转子测量范围时，屏幕会有显示，并发出"嘟嘟"的报警声。当转矩超过 100% 时，百分比读数、黏度计读数、剪切速率等读数均为 EEEE，此时需要更换转速和转子。

③ 当估测不出被测样品的大致黏度时，应先设定为较高的黏度。试用从小体积到大体积的转子和由慢到快的转速。且低速测黏度时，测定时间要相对长些。

④ 转子浸入液体的深度不同，测定结果也会不同。转子浸入液体的深度必须严格按照说明书的要求或上述"（四）2.⑥"的操作步骤。在转子浸入液体的过程中往往会带有气泡，气泡的存在会给测量带来较大的误差，所以倾斜缓慢地浸入转子是一个有效的办法。

4. 注意事项

① 装卸转子时要小心操作，装卸时应将连接螺杆微微抬起进行操作，切勿用力过大，不要使转子横向受力，以免转子弯曲，影响测量的准确性（清洗转子时也不可用力过猛）。

② 请不要把已装上转子的黏度计侧放或倒放。

③ 连接转子及螺丝端面及螺纹处保持清洁，否则会影响转子转动。

④ 黏度计升降时要用手拖住，防止黏度计因自重而下落。

⑤ 调换转子后，请及时输入新的转子号。每次使用后换下来的转子应及时清洁（擦干净）并放回转子架中。确定在清洗之前将转子从仪器上取下来，不要把转子留在仪器上进行清洁，否则，可能会导致仪器严重损坏。在测量油漆、胶黏剂等样品以后，要注意清洗方法，可用合适的有机溶剂浸泡，绝不可用金属刀具等硬刮，转子表面留有严重刮痕时会带来测量结果的误差。

⑥ 当调换被测液体时，请及时清洁转子及转子保护框架，避免由于被测液体相混淆而引起测量误差。

⑦ 仪器与转子一对一匹配，切勿将不同仪器的转子混用。

⑧ 请不要随意拆卸和调整仪器零件。

⑨ 装上转子后，不能在无液体的情况下长期旋转，以免损坏轴尖。

⑩ 特别注意被测液体的温度。黏度对温度十分敏感，温度升高，黏度下降。所以要特别将被测液体的温度规定在恒定的温度点附近，精确测量时不要超过 $0.1℃$。

⑪ 黏度测量须有一定的标准容器（多数为 600ml 的烧杯），各转子黏度计均有说明。容器过小会带来测量的正误差。不同样品的测量应使用固定的容器。

九、比旋光度的测定❶

本方法采用旋光仪测定化学试剂比旋光度的方法，适用于液体有机试剂及溶液的比旋光度的测定。

样品的旋光度指从起偏镜透射出的偏振光经过样品时，由于样品物质的旋光作用，其振动方向改变了一定的角度 α，将检偏器旋转一定角度，使透过的光强与入射光强相等时旋动的度数。用 α 表示，单位为（°）。

液体和溶液的比旋光度系指在液层长度为 1dm、密度为 1g/ml、温度为 20℃ 及用钠光

---

❶ GB/T 613—2007。

谱 D 线波长测定时的旋光度。用 $[\alpha]_D^{20}$ 表示，单位为（°）。

（一）仪器

（1）自动旋光仪　应符合 JJG 536—1998 中 0.02 级，最小分度值≤0.005°。

（2）旋光管　其长度误差在 $0.01\%\mu m$ 内。

（二）操作步骤

按产品标准的规定取样并配制溶液。

按仪器说明书的规定调整旋光仪，待仪器稳定后，用纯溶剂校准旋光仪的零点。

将待测液体或溶液充满洁净、干燥的旋光管，小心地排出气泡，将盖旋紧后放入旋光仪内。在 (20 ± 0.5)℃的条件下，按仪器说明书的规定进行操作并读取旋光度，准确至 0.01°，左旋以负号表示，右旋以正号表示。

（三）结果的表示

比旋光度按式（2-15）计算：

$$[\alpha]_D^{20}=\frac{100\alpha}{l\rho_\alpha} \tag{2-15}$$

式中　$[\alpha]_D^{20}$——20℃时，用钠光谱 D 线波长测定时的比旋光度，数值以"$(°)\cdot m^2/kg$"表示；

　　　α——测得的旋光度，$(°)$；

　　　l——旋光管的长度，dm；

　　　ρ_α——每 100ml 溶液中有效组分的质量浓度，g/ml。

十、折射率的测定[1]

本方法采用阿贝型折射仪测定液体有机试剂折射率的通用方法，适用于浅色、透明、折射率范围在 13000～17000 的液体有机试剂。

折射率系指在钠光谱 D 线、20℃的条件下，空气中的光速与被测物中的光速之比值；或光自空气通过被测物时的入射角的正弦与折射角的正弦之比值。用 n_D^{20} 表示。

（一）仪器

（1）折射仪　阿贝型，精密度为±0.0002。

（2）恒温水浴及循环泵　可向棱镜提供温度为 (20.0 ± 0.1)℃的循环水。

（二）操作步骤

将恒温水浴与棱镜连接，调节恒温水浴温度，使棱镜温度保持在 (20.0 ± 0.1)℃。

用二级水或标准玻璃块校正折射仪。校正方法及标准玻璃块的折射率由仪器说明书给出。二级水的折射率 $n_D^{20}=1.3330$。

在每次测定前都应清洗棱镜表面。如无特殊说明，可用适当的易挥发性溶剂清洗棱镜表面，再用镜头纸或医药棉将溶剂吸干。

用滴管向棱镜表面滴加数滴 20℃左右的样品，立即闭合棱镜并旋紧，应使样品均匀、无气泡并充满视场，待棱镜温度计读数恢复到 (20.0 ± 0.1)℃。

调节反光镜使视场明亮。调节棱镜组旋钮，使视场中出现明暗界线，调节补偿棱镜旋钮，使界线处所呈彩色完全消失，再调节棱镜组旋钮，使明暗界线与叉丝中心重合。

读出折射率值，估读至小数点后第四位。

---

[1]　GB/T 614—2006.

第一篇

十一、软化点的测定[1]

本方法适用于测定石油沥青、焦油沥青等的软化点。

石油沥青的软化点是试样在测定条件下，因受热而下坠达 25mm 时的温度，以℃表示。

（一）仪器与材料

1. 仪器

（1）沥青软化点测定器

① 钢球：直径为 9.5mm，质量为（3.50±0.05）g 的钢制圆球。

② 试样环：用黄铜制成的锥环或肩环，其形状及尺寸要求见图 2-58。

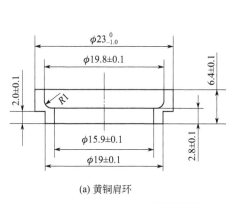

(a) 黄铜肩环

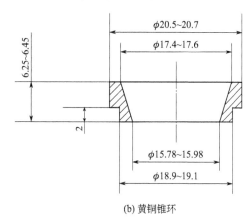

(b) 黄铜锥环

图 2-58 **沥青软化点试样环**（单位：mm）

③ 钢球定位器：用黄铜制成，能使钢球定位于试样环中央。通常推荐的一种钢球定位器的形式及尺寸见图 2-59。

④ 支架：由上、中及下承板和定位套组成。环可以水平地安放于中承板上的圆孔中，环的下边缘距下承板应为 25mm。其距离由定位套保证。三块板用长螺栓固定在一起。

⑤ 温度计：应符合 GB 514—2005《石油产品试验用玻璃液体温度计技术条件》中沥青软化点专用温度计的规格技术要求，即测温范围在 30~180℃，最小分度值为 0.5℃的全浸式温度计。不允许使用其他温度计代替，可使用满足相同精度、数据显示最小温度和误差要求的其他测温设备代替。

（2）电炉及其他加热器。

（3）金属板（一面必须磨光至光洁度▽8）或玻璃板。

（4）刀 切沥青用。

（5）筛 筛孔为 0.3~0.5mm 的金属网。

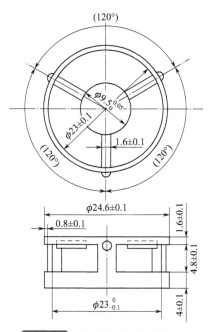

图 2-59 **钢球定位器**（单位：mm）

---

2. 材料

① 甘油-滑石粉隔离剂（甘油 2 份，滑石粉 1 份，以质量计）。

② 新煮沸过的蒸馏水。

③ 甘油。

（二）准备工作

① 将黄铜环置于涂有隔离剂的金属板或玻璃板上。

② 将预先脱水的试样加热熔化，不断搅拌，以防止局部过热。石油沥青样品加热至倾倒温度的时间不超过 2h，其加热温度不超过预计沥青软化点 110℃。煤焦油沥青样品加热至倾倒温度的时间不超过 30min，其加热温度不超过煤焦油沥青预计软化点 55℃。用筛过滤，将试样注入黄铜环内至略高出环面为止。若估计软化点在 120℃ 以上，应将黄铜环与金属板预热至 80～100℃。

③ 试样在 15～30℃ 的空气中冷却 30min 后，用热刀刮去高出环面的试样，使与环面齐平。

④ 为了进行比较，估计软化点不高于 80℃ 的试样，将盛有试样的黄铜环及板置于盛满水的保温槽内，水温保持在 (5±0.5)℃，恒温 15min。估计软化点高于 80℃ 的试样，将盛有试样的黄铜环及板置于盛满甘油的保温槽内，甘油温度保持在 (32±1)℃，恒温 15min，或将盛试样的环水平地安放在环架中承板的孔内，然后放在盛有水或甘油的烧杯中，恒温 15min，温度要求同保温槽。

⑤ 烧杯内注入新煮沸并冷却至 5℃ 的蒸馏水（估计软化点不高于 80℃ 的试样）；或注入预先加热至约 32℃ 的甘油（估计软化点高于 80℃ 的试样），使水平或甘油面略低于环架连杆上的深度标记。

（三）试验步骤

① 从水或甘油保温槽中取出盛有试样的黄铜环放置在环架中承板的圆孔中，并套上钢球定位器把整个环架放入烧杯内，调整水面或甘油液面至深度标记，环架上任何部分均不得有气泡。将温度计由上承板中心孔垂直插入，使水银球底部与铜环下面齐平。

② 将烧杯移放至有石棉网的三脚架上或电炉上，然后将钢球放在试样上（须使各环的平面在全部加热时间内完全处于水平状态），立即加热，使烧杯内水或甘油温度在 3min 后保持每分钟上升 (5±0.5)℃，在整个测定中如温度的上升速度超出此范围，则试验应重做。

③ 试样受热软化下坠至与下承板面接触时的温度即为试样的软化点。取平行测定两个结果的算术平均值作为测定结果。

（四）精密度（95％置信水平）

（1）重复性　重复测定两个结果间的差数不得大于下列规定：

软化点，t/℃	<80	80～100	100～140
允许差数，t/℃	1	2	3

（2）再现性　同一试样由两个试验室各自提供的试验结果之差不应超过 5.5℃。

十二、闪点与燃点的测定

（一）用开口杯测定闪点和燃点（开口杯法）❶

本方法适用于测定润滑油和深色石油产品。

油品试样在本标准的规定条件下加热到它的蒸气与火焰接触发生闪火时的最低温度，称

---

❶ GB/T 267—88。

为开口杯法闪点。

油品试样在本标准的规定条件下加热到能被接触的火焰点着并燃烧不少于 5s 时的最低温度，称为开口杯法燃点。

1. 仪器与材料

(1) 仪器

① 开口闪点测定器：符合 SY 3609 要求。

② 温度计：符合 GB 514 要求。

③ 煤气灯、酒精喷灯或电炉（测定闪点高于 200℃试样时，必须使用电炉）。

(2) 材料　溶剂油：符合 GB 1922 中 NY-120 要求。

2. 准备工作

① 试样的水分大于 0.1％时，必须脱水。脱水处理是在试样中加入新煅烧并冷却的食盐、硫酸钠或无水氯化钙。

闪点低于 100℃的试样脱水时不必加热；其他试样允许加热至 50～80℃时用脱水剂脱水。

脱水后，取试样的上层澄清部分供试验使用。

② 内坩埚用溶剂油洗涤后，放在点燃的煤气灯上加热，除去遗留的溶剂油。待内坩埚冷却至室温时，放入装有细砂（经过煅烧）的外坩埚中，使细砂表面距离内坩埚的口部边缘约 12mm，并使内坩埚底部与外坩埚底部之间保持厚度为 5～8mm 的砂层。对闪点在 300℃以上的试样进行测定时，两只坩埚底部之间的砂层厚度允许酌量减薄，但在试验时必须保持"3.(1)a"规定的升温速度。

③ 试样注入内坩埚时，对于闪点在 210℃和 210℃以下的试样，液面距离坩埚口部边缘为 12mm（即内坩埚内的上刻线处）；对于闪点在 210℃以上的试样，液面距离口部边缘为 18mm（即内坩埚内的下刻线处）。

试样向内坩埚注入时，不应溅出，而且液面以上的坩埚壁不应沾有试样。

④ 将装好试样的坩埚平稳地放置在支架上的铁环（或电炉）中，再将温度计垂直地固定在温度计夹上，并使温度计的水银球位于内坩埚中央，与坩埚底和试样液面的距离大致相等。

⑤ 测定装置应放在避风和较暗的地方并用防护屏围着，使闪点现象能够看得清楚。

3. 试验步骤

(1) 闪点

a. 加热坩埚，使试样逐渐升高温度，当试样温度达到预计闪点前 60℃时，调整加热速度，使试样温度达到闪点前 40℃时能控制升温速度为每分钟升高（4±1）℃。

b. 试样温度达到预计闪点前 10℃时，将点火器的火焰放到距离试样液面 10～14mm处，并在该处水平面上沿着坩埚内径作直线移动，从坩埚的一边移至另一边所经过的时间为 2～3s。试样温度每升高 2℃应重复一次点火试验。

点火器的火焰长度应预先调整为 3～4mm。

c. 试样液面上方最初出现蓝色火焰时，立即从温度计读出温度作为闪点的测定结果，同时记录大气压力。

注：试样蒸气的闪火同点火器火焰的闪光不应混淆。如果闪火现象不明显，必须在试样升高 2℃时继续点火证实。

(2) 燃点

a. 测得试样的闪点之后，如果还需要测定燃点，应继续对外坩埚进行加热，使试样的升温速度为每分钟升高（4±1）℃。然后，按"3.（1）b"所述用点火器的火焰进行点火试验。

b. 试样接触火焰后立即着火并能继续燃烧不少于5s，此时立即从温度计读出温度作为燃点的测定结果。

（3）大气压力对闪点和燃点影响的修正

① 大气压力低于99.3kPa（745mmHg）时，试验所得闪点或燃点 t_0（℃）按式（2-16）进行修正（精确到1℃）：

$$t_0 = t + \Delta t \tag{2-16}$$

式中　t_0——相当于101.3kPa（760mmHg）大气压力时的闪点或燃点，℃；

　　　t——在试验条件下测得的闪点或燃点，℃；

　　　Δt——修正数，℃。

② 大气压力在72.0～101.3kPa（540～760mmHg）范围内，修正数 Δt/℃可按式（2-17）或式（2-18）计算

$$\Delta t = (0.00015t + 0.028)(101.3 - p) \times 7.5 \tag{2-17}$$

$$\Delta t = (0.00015t + 0.028)(760 - p_1) \tag{2-18}$$

式中　　　　p——试验条件下的大气压力，kPa；

　　　　　t——在试验条件下测得的闪点或燃点（300℃以上仍按300℃计），℃；

　0.00015，0.028——试验常数；

　　　　7.5——大气压力单位换算系数；

　　　　p_1——试验条件下的大气压力，mmHg。

注：在64.0～71.9kPa（480～539mmHg）大气压力范围内，测得闪点或燃点的修正数 Δt/℃也可参照采用式（2-17）或式（2-18）进行计算。

此外，修正数 Δt/℃还可以从表2-35查出。

表 2-35　不同大气压下闪点或燃点的修正值 Δt

闪点或燃点，t/℃	在下列大气压力 p[kPa(mmHg)] 时的修正值 Δt/℃										
	72.0 (540)	74.6 (560)	77.3 (580)	80.0 (600)	82.6 (620)	85.3 (640)	88.0 (660)	90.6 (680)	93.3 (700)	96.0 (720)	98.6 (740)
100	9	9	8	7	6	5	4	3	2	2	1
125	10	9	8	8	7	6	5	4	3	2	1
150	11	10	9	8	7	6	5	4	3	2	1
175	12	11	10	9	8	6	5	4	3	2	1
200	13	12	10	9	8	7	6	5	4	2	1
225	14	12	11	10	9	7	6	5	4	2	1
250	14	13	12	11	9	8	7	5	4	3	1
275	15	14	12	11	10	8	7	6	4	3	1
300	16	15	13	12	10	9	7	6	4	3	1

4. 精密度、重复性

① 同一操作者重复测定的两个闪点结果之差不应大于下列数值：

闪点，t/℃	≤150	>150
重复性，t/℃	4	6

② 同一操作者重复测定的两个燃点结果之差不应大于6℃。

5. 报告

① 取重复测定两个闪点结果的算术平均值，作为试样的闪点。

② 取重复测定两个燃点结果的算术平均值，作为试样的燃点。

(二) 用闭口杯仪器测定闪点（闭口杯法）❶

石油产品用闭口杯在规定条件下加热到它的蒸气与空气的混合气接触火焰发生闪火时的最低温度，称为闭口杯法闪点。

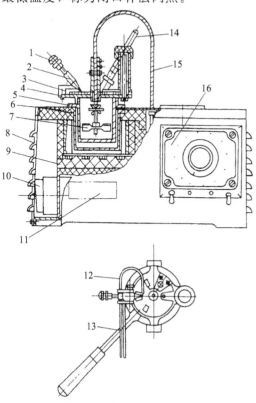

图 2-60 闭口闪点测定仪

1—点火器调节螺丝；2—点火器；3—滑板；
4—油杯盖；5—油杯；6—浴套；7—搅拌桨；
8—壳体；9—电炉盘；10—电动机；
11—铭牌；12—点火管；
13—油杯手柄；14—温度计；
15—传动软轴；16—开关箱

1. 仪器

（1）闭口闪点测定器，见图 2-60，符合 SH/T 0315—1992《闭口闪点测定器技术条件》。

（2）温度计　符合 GB/T 514—2005《石油产品试验用玻璃液体温度计技术条件》。

（3）防护屏　用镀锌铁皮制成，高度 550～650mm，宽度以适用为宜，屏身内壁涂成黑色。

2. 准备工作

① 试样的水分超过 0.05% 时，必须脱水。脱水处理是在试样中加入新煅烧并冷却的食盐、硫酸钠或无水氯化钙，试样闪点估计低于 100℃ 的，试样和油杯温度不应高于室温；闪点估计高于 100℃ 的，也不应高于 80℃。

脱水后，取试样的上层澄清部分供试验使用。

② 油杯要用无铅汽油洗涤，再用空气吹干。

③ 试样注入油杯时，试样和油杯的温度都不应高于试样脱水的温度。杯中试样要装满到环状标记处，然后盖上清洁、干燥的杯盖，插入温度计，并将油杯放在空气浴中。对试验闪点低于 50℃ 的试样，应预先将空气浴冷却到 (20±5)℃。

④ 将点火器的灯芯或煤气引火点燃，并将火焰调整到接近球形，其直径为 3～4mm。

使用灯芯的点火器之前，应向点火器中加入轻质润滑油（如缝纫机油、变压器油等）作为燃料。

⑤ 闪点测定仪要放在避风和较暗的地点，才便于观察闪火。为了更有效地避免气流和光线的影响，闪点测定仪应围着防护屏。

⑥ 用检定过的气压计测出试验时的实际大气压力 p。

3. 试验步骤

① 用煤气灯或带变压器的电热装置加热时，应注意下列事项。

a. 试验闪点低于 50℃ 的试样时，从试验开始到结束要不断地进行搅拌，并使试样温度每分钟升高 1℃。

b. 试验闪点高于 50℃ 的试样时，开始加热速度要均匀上升，并定期进行搅拌。到预计闪点前 40℃ 时，调整加热速度，使在预计闪点前 20℃ 时，升温速度能控制在每分钟升高2～

---

❶ GB/T 261—2008. 闪点的测定　宾斯基-马丁闭口法。

3℃，并还要不断进行搅拌。

② 试样温度到达预期闪点前 10℃时，闪点低于 104℃的试样每经 1℃进行点火试验；闪点高于 104℃的试样每经 2℃进行点火试验。

试样在试验期间都要进行搅拌，只有在点火时才停止搅拌。点火时，使火焰在 0.5s 内降到杯上含蒸气的空间中，留在这一位置 1s 立即迅速回到原位。如果看不到闪火，就继续搅拌试样，并按本条的要求重复进行点火试验。

③ 在试样液面上方最初出现蓝色火焰时，立即从温度计读出温度作为闪点的测定结果。得到最初闪火之后，继续按照 "②" 进行点火试验，如能继续闪火，则测定有效，如不能闪火，则测定无效，必须更换试样重新试验。

4. 大气压力对闪点影响的修正

① 观察和记录大气压力，按式（2-19）或式（2-20）计算在标准大气压力为 101.3kPa（760mmHg）时闪点的修正数 $\Delta t/℃$：

$$\Delta t = 0.25(101.3 - p) \tag{2-19}$$
$$\Delta t = 0.0345(760 - p) \tag{2-20}$$

式中，p 为实际大气压力。式（2-19）中 p 的单位为千帕（kPa）；式（2-20）中 p 的单位为 mmHg。

② 观察到的闪点数值加修正数，修约后以整数报结果。此外，式（2-20）修正数 $\Delta t/℃$ 还可以从表 2-36 查出。

表 2-36　不同大气压力范围的闪点修正值 Δt

大气压力，p/mmHg	修正数，$\Delta t/℃$	大气压力，p/mmHg	修正数，$\Delta t/℃$
630~658	+4	717~745	+1
659~687	+3	775~803	−1
688~716	+2		

5. 精密度

用以下规定来判断结果的可靠性（95%置信水平）。

（1）重复性　同一操作者重复测定两个结果之差不应超过以下数值：

闪点范围，$t/℃$	104 或低于 104	高于 104
允许差数，$t/℃$	2	6

（2）再现性　由两个实验室提出两个结果之差，不应超过以下数值：

闪点范围，$t/℃$	104 或低于 104	高于 104
允许差数，$t/℃$	4	8

注：1. 本精密度的再现性不适用于 20 号航空润滑油。

2. 本精密度是 1979~1980 年用 7 个试样，在 12 个实验室开展统计试验，并对试验结果进行数据处理和分析得到的。

6. 报告

取重复测定两个结果的算术平均值，作为试样的闪点。

十三、玻璃化温度的测定

高聚物由高弹态向玻璃态转化时（或相反过程的转化时）所处的温度称为玻璃化温度（T_g）。在此温度下，高聚物的许多性能，如膨胀系数、比热容、热导率、密度、折射率、硬度、介电常数、弹性模量等，均将发生突然的变化。高聚物在低于玻璃化温度时具有玻璃态固体的特征。在多数情况下，T_g 代表高聚物材料的使用极限温度，对于橡胶来说，T_g 是最低工作温度；对于无定形塑料来说，T_g 是最高工作温度。因此，为了工业应用的需要，研究高聚物 T_g 的测定方法是有实际意义的。

测定 T_g 的方法很多，这里仅介绍常用的膨胀计法和热机械分析法。

（一）膨胀计法

1. 原理

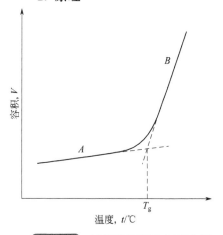

图 2-61　高聚物的容积-温度曲线

膨胀计法测高聚物玻璃化温度的原理基于高聚物在 T_g 以下时，大分子链段的自由运动被冻结，此时高聚物的热膨胀机构主要是克服分子间的次价力。因此，高聚物的容积随温度的增加而线性增加，如图 2-61 A 段所示。当温度升高到玻璃化温度以上时，被冻结的链解冻，此时链段的自由运动方属可能，同时高分子链的本身由于链段的扩散运动也发生膨胀，因此在容积-温度曲线上出现转折点，高聚物容积随温度的增加而急剧地线性增加，如图 2-61 B 段所示。对于大多数高聚物来说，容积-温度曲线上的转折是明显的，A、B 两段延长线的交点所对应的温度即为玻璃化温度。

2. 方法要点

① 图 2-62 绘出了测定玻璃化温度用的膨胀计系统。首先需将试样装入安瓿瓶内，对膨胀计系统进行抽真空，后用水银充满安瓿瓶并且使其占据毛细管的一定高度。用冷浴或热浴以每分钟 $1\sim2℃$ 的升温速度降温或加热安瓿瓶，记录温度和毛细管内水银柱的高度，根据所得数据，即可作出水银毛细管高度与温度的关系曲线，并求得曲线的转折点，即为玻璃化温度，如图 2-63 所示。

② 测定时，如果试样中含有单体、溶剂或增塑剂等物质，可使玻璃化温度值剧烈下降。此外，外界环境以及升温（或降温）的快慢等，亦能影响 T_g 的测定值。

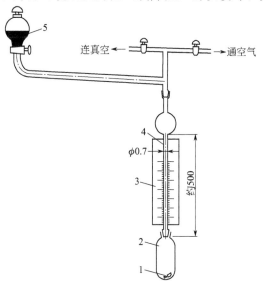

图 2-62　膨胀计示意图（单位：mm）

1—试样；2—容器；3—标尺；4—毛细管；5—水银

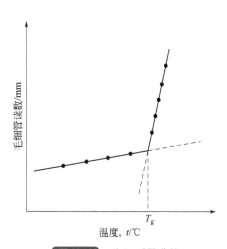

图 2-63　实际测量曲线

（二）热机械分析法（TMA）[❶]

本方法适用于无定形热塑性塑料，亦适用于部分结晶的热塑性塑料，不适用于高填充无定形热塑性塑料体系。

1. 原理

以一定的加热速率加热试样，使试样在恒定的较小负荷下随温度发生形变，随着温度的增长，塑料试样在玻璃态区域内，几乎不发生形变或形变较小。但当温度接近或达到 T_g 时，试样就发生剧烈的形变，这就表明试样开始由玻璃态向高弹态转化，曲线的转折处的交点，即是玻璃化温度（T_g）。

2. 仪器

热机械分析仪主要由机架、压头、加荷装置、加热装置、制冷装置、形变测量装置、记录装置、温度程序控制装置等组成（见图 2-64）。

① 机架应为刚性结构，在最大负荷下及测试温度范围内，压杆在轴线方向不发生变形。

② 压头的端面应与主轴轴线相垂直，其偏差不大于 0.2%，在试验负荷下，压头不应有任何变形和损伤，其直径为（4.0±1.0）mm，长度为（10±1）mm。

③ 加荷装置可通过压杆、压头对试样施加所需压强。

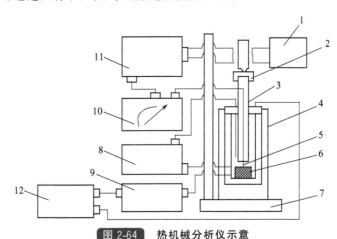

图 2-64 **热机械分析仪示意**

1—音频信号源；2—负荷；3—压杆；4—炉子；5—压头；6—试样；7—机架；8—高温程序温度控制器；
9—低温程序温度控制器；10—记录仪；11—形变量转换放大器；12—低温致冷器

④ 加热装置应有程序控制系统，可调节所需要的加热速率，偏差为 ±0.5℃/min，控温精度为 0.5℃，并能将温度变化转变为电信号输送到记录装置。

⑤ 制冷装置应能迅速使炉子与试样冷却到所需温度（最低至 -150℃）。

⑥ 形变测量装置应能感受到探头位移的微小变化，并将这种变化转变为电信号，输送到记录装置。探头每位移 1μm 应至少输出 1μV 的电信号。

⑦ 记录装置应能记录探头位移和温度的变化，其灵敏度为探头每移动 1μm，记录图偏移至少 1mm。

3. 试样

① 试样尺寸如下。

a. 圆柱形试样 $\phi \times L/mm$：（4.5±0.5）×（6.0±1.0）。

b. 正方柱形试样 $a \times b \times L/mm$：（4.5±0.5）×（4.5±0.5）×（6.0±1.0）。

---

❶ GB 1 1998—89 塑料玻璃化温度测定方法（热机械分析法）。

c. 如用其他尺寸试样，应在报告中注明。

② 每次取两个试样为一组。

③ 试样表面应平整，受检的两端面应平行，并与轴线相垂直，可采用机械加工制备。

4. 状态调节

试样应在具有鼓风的烘箱中低于玻璃化温度约 20℃下烘 2h，然后放于盛有无水氯化钙的干燥器中冷却至室温，再按 GB 2918 规定的标准环境处理 24h，如有特殊要求，按产品标准或供需双方商定的条件处理。玻璃化温度低于室温的试样放在试样架上预测试，待温度低于玻璃化温度约 20℃时，保持 5min，冷却至初始温度，再保持 5min，可进行正式测量。

5. 试验条件

① 加热速率为 (1.2 ± 0.5)℃/min。

② 试样承受压强为 (0.4 ± 0.2)MPa。

③ 试验环境按 GB 2918 中规定的常温、常湿。

④ 如果试样易受氧化，可用氮气保护。

6. 试验步骤

① 将热机械分析仪接通电源，预热约 15min。

② 将状态调节好的试样放入热机械分析仪试样架上，加上压杆和所需负荷，保持约 15min，并使达到温度稳定。

③ 开启温度程序控制开关，以规定的升温速率加热试样，记录仪开始记录温度-形变关系曲线。

④ 当温度-形变曲线发生急剧变化后，即可终止试验。

7. 试验结果

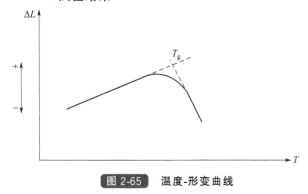

图 2-65 温度-形变曲线

① 玻璃化温度 (T_g) 由温度-形变曲线作切线求得（如图 2-65 所示）。

② 以两个试样试验结果的算术平均值作为试验结果。

两个试样的结果相差不得大于 4℃，否则应重新试验。试验结果修约到整数位。

8. 试验报告

试验报告应包括下列内容：①注明按照本国家标准；②材料名称、规格、来源及生产厂；③试验加热速率、试样所受压强及状态调节情况；④试验结果的单个值与平均值；⑤试验日期与试验人员。

9. 注意事项

本标准规定的试验方法所测得的结果与用其他方法测得的结果不能相比较。

十四、辛烷值的测定（马达法）❶

本方法适用于测定汽车和航空火花点火式发动机用汽油的抗爆性能。其测定结果用马达法辛烷值来表示，即辛烷值/马达法。例如：85.1/MON。

马达法辛烷值也适用于测定航空汽油贫混合气（飞机巡航速度）运转条件下的抗爆性能。

---

❶ GB 503—95 汽油辛烷值测定法（马达法）。

本方法应用于石油炼制、交货验收以及商业、发动机制造业。

辛烷值是表示燃料的抗爆性的条件单位，在数值上等于异辛烷（2,2,4-三甲基戊烷）与正庚烷混合物中异辛烷的体积分数。

异辛烷的抗爆性相当于辛烷值100，正庚烷的抗爆性相当于辛烷值0。

（一）设备

爆震试验装置：包括一台连续可变压缩比的单缸发动机，合适的负载设备，辅助设施和仪表，它们都装在一个固定的底座上。美国制造的 ASTM-CFR 试验机被定为本方法的基本试验设备。其他型号的辛烷值试验机也可用于本方法，但基础甲苯标定燃料的试验结果必须符合表2-37的要求，试验结果才有效。仲裁试验必须使用设备状况良好的 ASTM-CFR 试验机。

表 2-37　基础甲苯标定燃料

经校正的辛烷值	评定允许差数	组成（体积分数）/%		
		甲　苯	异 辛 烷	正 庚 烷
57.8	±0.6	50	0	50
66.5	±0.3	58	0	42
74.4	±0.3	66	0	34
78.0	±0.3	70	0	30
81.6	±0.3	74	0	26
85.3	±0.3	74	5	21
88.8	±0.3	74	10	16
92.6	±0.3	74	15	11
96.8	±0.4	74	20	6
99.8	±0.4	74	24	2
100.8	±0.4	74	26	0

（二）燃料

1. 参比燃料

（1）异辛烷　又称 2,2,4-三甲基戊烷。规格指标见表2-38。

表 2-38　参比燃料规格标准

分　析　项　目	异　辛　烷	正　庚　烷
马达法辛烷值	100.0 ± 0.1	0.0 ± 0.2
20℃时密度，$\rho/(g/ml)$	0.69193 ± 0.00015	0.68380 ± 0.00015
折射率，n_D^{20}	1.39145 ± 0.0001	1.38770 ± 0.0005
凝固点，$t/℃$　　　　　　≥	-107.442	-90.710
回收 50%(101.3kPa),$t/℃$	99.238 ± 0.025	98.427 ± 0.025
回收差数(80%~20%)/℃　　≤	0.020	0.020
铅含量，$c/(g/L)$　　　　≤	0.0005	0.0005

（2）正庚烷　规格指标见表2-38。

（3）稀释四乙基铅　用稀释后的四乙基铅溶液可以提高调配精度，稀释后的四乙基铅溶液必须说明浓度。调配前应根据需要，计算好四乙基铅溶液的加入量。

四乙基铅为剧毒物品，使用中应加以防护，妥善保存。

2. 标定燃料

标定燃料是由正庚烷、异辛烷、甲苯、四乙基铅等调合而成的，调合比例和对应的辛烷值见表 2-39、表 2-40。正庚烷、异辛烷、四乙基铅溶液的要求见"（二）1.（1）"，甲苯规格应符合 GB/T 3406—2010《石油甲苯》，见表 2-41。

表 2-39　甲苯、异辛烷和正庚烷燃料混合物对应的辛烷值和仲裁试验评定公差

辛 烷 值	评 定 公 差	混合物组成，$w/\%$		
		甲　苯	异辛烷	正庚烷
57.8[①]	±0.6	50	0	50
61.0		52	0	48
62.2		54	0	46
64.4		56	0	44
66.5[①]	±0.3	58	0	42
68.5		60	0	40
70.5		62	0	38
72.5		64	0	36
74.4[①]		66	0	34
76.1		68	0	32
77.9		70	0	30
79.5		72	0	28
81.1[①]	±0.3	74	0	26
82.7		74	0	24
84.1		74	0	22
84.9[①]	±0.3	74	5	21
85.5		74	6	20
87.0		74	8	18
88.5[①]	±0.3	74	10	15
90.0		74	12	14
91.7		74	14	12
92.5[①]	±0.3	74	15	11
93.4		74	10	10
95.1		74	18	8
96.8[①]	±0.4	74	20	6
98.2		74	22	4
99.5		74	24	2
100.8[①]	±0.4	74	26	0

续表

辛 烷 值	评定公差	混合物组成，w/%		
		甲 苯	异辛烷	正庚烷
104.0[②]		25	75	0
106.8[③]		25	75	0

① 这些基础标定燃料辛烷值是测定的结果，而其余部分的辛烷值是由这 9 种油的结果制成修正曲线而得到的。
② 混合物每升含四乙基铅 0.26ml。
③ 混合物每升含四乙基铅 0.53ml。

表 2-40 异辛烷、正庚烷和四乙基铅的燃料混合物对应的辛烷值和仲裁试验评定公差

辛 烷 值	评定公差	混 合 物 组 成		
		异辛烷(体积分数)/%	正庚烷(体积分数)/%	四乙基铅，c/(ml/L)
61.6	±0.8	30	70	0.53
75.7	±0.5	50	50	0.53
85.2	±0.5	65	35	0.53
88.2	±0.5	70	30	0.53
91.8	±0.5	75	25	0.53
96.2	±0.5	80	20	0.53
100.9	±0.5	85	15	0.53
104.3	±0.5	90	10	0.53
108.8	±0.5	95	5	0.53
111.9	±0.5	99	1	0.53

表 2-41 参比燃料级甲苯规格标准

外观		透明液体， 无不溶水及机械杂质	C_8 芳烃含量(质量分数)/%	≤	0.10
			非芳烃含量(质量分数)/%	≤	0.15
颜色	≤	20	酸洗比色/号	≤	4
密度(20℃)，ρ/(g/cm³)		0.865~0.868	总硫含量，c/(g/ml)	≤	2×10^{-6}
初馏点，t/℃	≥	110.3	钢片腐蚀		合格
终馏点，t/℃	≤	111.0	中性试验		中性
苯含量(质量分数)/%	≤	0.10			

（三）发动机的工作状况及试验条件

测定辛烷值时，发动机应保持以下工作状况及试验条件。

（1）发动机转速 (900±9)r/min。在一次试验中最大变化不超过 9r/min。

（2）点火时间 点火时间随压缩比的变化而自动变化。它的基本定位是在不经大气压力修正的情况下，数字计算器读数为 264 时，点火时间为上死点前 26°。

在不同的数字计数器读数下，点火时间应符合下列规定。

测微机读数 /mm(in)	数字计数器读数	点火时间 (上死点前) / (°)	测微机读数 /mm(in)	数字计数器读数	点火时间 (上死点前)/(°)
20.96 (0.825)	264	26	11.71 (0.461)	777	19
19.63 (0.773)	337	25	10.36 (0.408)	851	18
18.31 (0.721)	410	24	9.04 (0.356)	925	17
16.99 (0.669)	484	23	7.72 (0.304)	998	16
15.67 (0.617)	556	22	6.40 (0.252)	1 070	15
14.35 (0.565)	630	21	5.08 (0.200)	1 145	14
13.03 (0.513)	704	20			

（3）火花塞间隙　(0.51±0.13)mm[(0.20±0.005)in]。

（4）断电器触点间隙　0.51mm。

对于一个无触点的点火系统，传感器底部位置与转子（叶片）末端的间隙为0.08~0.13mm（0.003~0.005in）。

（5）气门间隙　(0.20±0.03)mm[(0.008±0.001)in]。它是在发动机处于测定辛烷值为100的热状态标准条件下测定的。

（6）曲轴箱润滑油　用L-EQE级以上的汽油、机油，黏度等级以30为宜。

（7）润滑油压力　在标准试验条件下，润滑油压力为172~207kPa。

（8）润滑油温度　(57±8.5)℃[(135±15)℉]。测温敏感元件应全部浸在曲轴箱润滑油中。

（9）冷却液温度　(100±1.5)℃[(212±3)℉]。在一次试验中，要恒定在±0.5℃（±1℉）的范围内。

（10）进气湿度　3.56℃下7.12g水/kg干空气。

（11）进气温度　(38±2.8)℃[(100±5)℉]。用插入进气管孔中的水银温度计测量。

（12）混合气温度　(149±1.1)℃[(300±2)℉]。用插入进气歧管上的水银温度计测量。

（13）化油器喉管直径　不同的海拔高度相应用不同的喉管直径，规定如下：

海拔高度/m	喉管直径/mm (in)
0~500	14.3 (9/16)
500~1000	15.1 (19/32)
1000 以上	19.1 (3/4)

（14）汽缸高度的调整。

① 基础汽缸高度的测定。

a. 当发动机处于标准试验温度下，停机，取下爆震信号发讯器，换装汽缸压力表。

b. 在化油器喉管尺寸符合"（13）"要求的情况下，用电机拖动发动机，调整汽缸高度，使压缩压力符合图2-66的要求。

c. 不改变汽缸高度，调整数字计数器读数为930。

② 校验基础汽缸高度。

a. 取下汽缸压力表，将15.88mm标准塞规放在两气门之间的位置上，当活塞处于上死点位置时，测量当塞规置于活塞与缸头之间（即塞规两面同时与缸头和活塞接触，但不受挤压，也就是活塞顶与缸头之间的距离为15.88mm）时的汽缸高度，记录数字计数器读数 A_1 的数值。

注意：在进行这一步骤时，可先将活塞置于上死点前 90°位置上，并把缸头位置上升，再放进塞规。然后使活塞置于上死点，再慢慢调节汽缸高度，用手试推拉塞规，直到符合要求。上述步骤均用手动操作，以免损坏设备。

b. 将活塞置于压缩冲程上死点位置，调整汽缸高度，使塞规置于进气门顶帽与活塞顶之间，状况同"a."记录数字计数器读数 B_1 的数值。

c. 用"b."方法，使塞规置于排气门顶帽与活塞顶之间，记录数字计数器读数 C_1 的数值。

d. 算出"a."结果与"b."和"c."结果的差值，差值即为气门高出缸头平面的高度。

e. 将"d."计算的两个结果之和乘以 0.156 得到气门高度补偿校正值 H_1。

对于数字计数器读数：

$$H_1 = \left[(A_1 - B_1) + (A_1 - C_1) \right] \times 0.156 \qquad (2\text{-}21)$$

③ 比较。

a. 标准值。数字计数器读数标准值为 916，即基本数字计数器读数 930 减去平均气门高度补偿校正值 20，加上火花塞体积校正值 6。

b. 测量值。数字计数器读数，其值 $916 + H_1 - A_1$ 应在 $+14 \sim 21$ 之间，这样汽缸高度的定位是合适的。

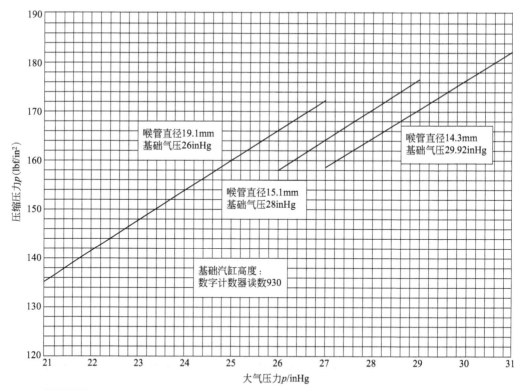

图 2-66 在基础汽缸高度下，不同喉管直径、不同大气压力与汽缸压缩压力关系曲线

$1\text{lbf/in}^2 = 6.895\text{kPa}$；$1\text{inHg} = 3.38\text{kPa}$；$1\text{in} = 25.4\text{mm}$

④ 以上校正如果合适，应全面检查发动机的压缩压力。如压缩压力符合表 2-42 要求，说明发动机的工作状况良好。

（15）燃料-空气混合比 每次试验，无论是试样或是参比燃料，都应把燃料-空气混合比调节到获得最大爆震强度。它是通过改变化油器油罐高度而获得的。最后的燃料液面应指示在玻璃液面计上 0.7～1.7 范围内，否则应清理喷孔或改变喷孔直径，使之满足上述要求。

（16）标准爆震强度　在大气压力为 101.3kPa（29.92inHg）情况下，定义马达法辛烷值与数字计数器读数之间的关系符合表 2-43 要求（其他海拔高度相对应的喉管直径以及辛烷值与数字计数器读数之间的关系见表 2-44 和表 2-45）。对于其他大气压力，其数值应按表 2-46 进行修正。在这种情况下，发动机产生的爆震强度称为标准爆震强度。

表 2-42　马达法平均压缩压力

大气压力，p/inHg	29.92	31.00	29.00	28.00
校正因子[①]	1.000	1.036	0.969	0.936
相当的计数器单位	平均压缩压力（文丘利管直径 14.3mm，1bf/in²）			
17	77.5	80.5	75.0	72.5
158	85.5	88.5	83.0	80.0
299	95.0	98.5	92.0	89.0
440	106.0	110.0	103.0	99.0
581	120.0	124.5	116.5	112.5
722	137.5	142.5	133.0	128.5
863	161.0	167.0	156.0	150.5
1004	193.0	200.0	187.0	180.5
1145	236.5	245.0	229.0	221.5

① 校正因子 $= \dfrac{视压力}{气压计为 29.92inHg 时的压缩压力}$。

表 2-43　海拔高度为 0～500m，大气压力为 101.3kPa[①]，喉管直径为 14.29mm 时，标准爆震强度数字计数器读数与马达法辛烷值对照[②]

马达法辛烷值	0.0	0.1	0.2	0.3	0.4	0.5	0.6	0.7	0.8	0.9
	数　字　计　数　器　读　数									
40	171	171	172	172	173	174	175	175	176	176
41	176	177	178	178	179	179	180	180	181	182
42	182	183	184	185	185	186	186	187	188	188
43	189	189	190	190	191	192	192	193	194	195
44	195	196	196	197	197	198	199	199	200	201
45	202	202	203	203	204	204	205	206	207	207
46	208	209	209	210	211	212	212	213	213	214
47	214	215	216	217	218	219	219	220	220	221
48	221	222	223	224	225	226	226	227	227	228
49	228	229	230	231	232	233	233	234	234	235
50	235	236	237	238	239	240	241	242	243	243
51	244	244	245	245	246	247	248	249	250	250

马达法 辛烷值	0.0	0.1	0.2	0.3	0.4	0.5	0.6	0.7	0.8	0.9
	数　字　计　数　器　读　数									
52	251	252	252	253	254	255	256	257	257	258
53	259	259	260	261	262	263	264	265	265	266
54	266	267	268	269	270	271	272	273	274	274
55	275	275	276	277	278	279	280	281	282	282
56	283	283	284	285	286	287	288	289	290	291
57	292	292	293	294	295	296	297	298	299	299
58	300	301	302	303	304	305	306	306	307	307
59	308	309	310	311	312	313	314	315	316	316
60	317	318	319	320	321	322	323	324	325	326
61	327	328	329	329	330	331	332	333	334	335
62	336	337	337	338	339	340	341	342	344	344
63	345	346	347	348	349	350	351	352	353	354
64	355	356	357	357	358	359	360	361	362	363
65	364	365	366	367	368	369	370	371	372	373
66	374	375	376	377	378	379	380	381	382	383
67	384	385	386	388	389	390	391	392	393	394
68	395	396	397	398	399	400	401	402	403	405
69	406	407	408	409	410	412	413	414	415	416
70	417	419	420	421	422	423	424	426	427	428
71	429	430	431	433	434	436	437	438	439	440
72	441	443	444	445	446	447	448	450	451	453
73	454	455	457	458	460	461	462	463	464	465
74	467	468	470	471	472	474	475	477	478	479
75	481	482	484	485	486	488	489	491	492	494
76	495	496	498	499	501	502	503	505	506	508
77	509	510	512	513	515	517	519	520	522	524
78	526	527	529	531	533	534	536	537	539	540
79	542	534	546	548	550	551	553	554	556	558
80	560	562	564	565	567	568	570	571	573	575
81	577	578	580	582	584	585	587	589	591	592
82	594	596	598	599	601	603	605	606	608	610
83	612	613	615	617	619	620	622	623	625	627
84	629	631	633	635	637	639	641	643	644	646

续表

马达法辛烷值	0.0	0.1	0.2	0.3	0.4	0.5	0.6	0.7	0.8	0.9
	数 字 计 数 器 读 数									
85	648	650	652	654	656	658	660	662	664	666
86	668	670	672	674	675	677	679	681	683	685
87	688	690	692	694	695	698	699	702	704	706
88	708	709	712	714	716	718	721	722	725	726
89	728	730	732	735	736	739	740	743	745	746
90	749	750	753	754	757	759	761	763	764	767
91	769	771	773	776	777	780	781	783	785	787
92	790	791	794	795	798	800	801	804	805	808
93	809	812	814	816	818	819	822	824	826	828
94	831	832	835	836	838	840	842	845	846	849
95	850	852	855	856	859	860	863	864	866	869
96	870	873	874	876	879	880	881	884	886	888
97	890	891	894	895	897	900	901	904	905	907
98	910	911	912	915	917	918	921	922	924	926
99	928	929	931	934	935	936	939	941	942	945
100	948	949	950	952	953	955	956	957	959	960
101	960	962	963	965	966	967	969	970	972	973
102	974	976	977	979	980	980	981	983	984	986
103	987	988	988	990	991	991	993	993	994	994
104	995	997	998	1000	1001	1003	1004	1005	1006	1007
105	1008	1010	1011	1012	1014	1015	1016	1017	1018	1019
106	1020	1021	1022	1024	1025	1026	1027	1028	1029	1030
107	1031	1032	1033	1034	1035	1036	1037	1038	1039	1040
108	1041	1041	1042	1043	1044	1045	1046	1046	1047	1048
109	1049	1050	1051	1052	1053	1053	1054	1055	1056	1057
110	1058	1058	1059	1060	1061	1062	1063	1063	1064	1065
111	1066	1067	1068	1069	1069	1070	1071	1072	1073	1073
112	1074	1075	1076	1077	1078	1079	1080	1080	1081	1082
113	1083	1084	1084	1085	1086	1087	1088	1089	1090	1091
114	1092	1093	1093	1094	1095	1096	1097	1097	1098	1099
115	1100	1101	1101	1103	1103	1104	1105	1105	1107	1107
116	1108	1110	1110	1111	1111	1112	1114	1114	1115	1115
117	1117	1118	1118	1120	1120	1121	1122	1122	1124	1124

续表

马达法 辛烷值	0.0	0.1	0.2	0.3	0.4	0.5	0.6	0.7	0.8	0.9
	数 字 计 数 器 读 数									
118	1125	1125	1127	1128	1128	1129	1129	1131	1131	1132
119	1132	1134	1134	1135	1136	1136	1138	1139	1141	1141
120	1142	1142	1144	1145						

① 其他大气压的校正值见表 2-46。

② 允许差数：辛烷值 85 以下为 ±28 计数器单位；85 以上为 ±3.5 计数器单位。

表 2-44 海拔高度为 500~1000m，大气压力为 101.3kPa[①]，喉管直径为 15.08mm 时，标准爆震强度数字计数器读数与马达法辛烷值对照[②]

马达法 辛烷值	0.0	0.1	0.2	0.3	0.4	0.5	0.6	0.7	0.8	0.9
	数 字 计 数 器 读 数									
40	45	45	46	47	48	48	49	49	50	51
41	52	53	54	54	55	55	56	56	57	58
42	59	60	61	61	62	62	63	63	64	65
43	66	67	68	68	69	69	70	70	71	72
44	73	74	75	75	76	76	77	78	79	79
45	80	81	82	83	85	85	85	86	86	87
46	87	88	89	90	92	92	92	93	94	94
47	95	96	77	98	99	99	100	100	101	102
48	103	104	105	106	107	107	108	109	110	110
49	111	111	112	113	114	115	116	117	117	118
50	119	120	121	121	122	123	124	125	126	127
51	127	128	129	130	131	132	133	133	134	135
52	136	137	138	138	139	140	141	142	143	144
53	144	145	146	147	148	149	150	151	151	152
54	153	154	155	156	157	158	159	160	161	161
55	162	163	164	165	167	167	168	169	170	171
56	172	173	174	175	177	177	178	179	179	180
57	181	182	183	184	186	186	187	188	189	190
58	191	192	193	194	196	196	197	198	199	200
59	201	202	203	204	206	206	207	209	210	211
60	212	213	214	215	217	217	219	220	220	221
61	223	224	225	226	228	228	229	230	231	232
62	233	234	235	237	239	239	240	241	243	244
63	245	246	247	248	251	251	252	253	254	255
64	257	258	259	260	262	262	264	265	266	267

续表

马达法辛烷值	0.0	0.1	0.2	0.3	0.4	0.5	0.6	0.7	0.8	0.9
	数 字 计 数 器 读 数									
65	268	269	271	272	274	275	276	278	279	280
66	281	282	283	285	286	288	289	290	291	292
67	293	295	296	298	299	300	302	303	305	306
68	307	309	310	312	314	314	315	316	317	319
69	320	321	323	324	323	327	329	330	331	333
70	334	336	337	338	340	341	343	344	345	347
71	348	350	351	352	354	355	357	359	361	362
72	364	365	367	368	369	371	372	374	375	376
73	378	379	381	383	385	386	388	389	391	392
74	393	395	397	399	400	402	403	405	406	408
75	410	412	413	415	416	418	420	422	423	424
76	426	428	430	431	433	434	436	438	440	441
77	443	444	446	448	450	451	453	455	457	458
78	460	461	463	465	467	468	470	472	474	475
79	477	479	481	482	484	486	488	489	491	493
80	495	497	499	501	502	504	506	508	510	512
81	513	515	517	519	520	522	524	526	538	530
82	532	534	536	537	539	541	543	545	547	548
83	550	552	554	556	558	560	562	564	566	568
84	570	572	574	576	578	580	582	584	585	587
85	589	591	593	595	597	599	601	603	605	607
86	609	611	613	615	617	619	621	623	625	627
87	629	631	633	634	636	638	640	642	644	647
88	649	651	653	655	657	659	661	663	665	667
89	669	671	673	675	677	679	681	683	685	687
90	689	691	693	695	697	699	702	704	706	708
91	710	712	714	716	718	720	722	724	726	728
92	730	732	734	736	738	740	742	744	746	748
93	750	752	754	757	759	761	763	765	767	769
94	771	773	775	777	779	781	783	785	787	789
95	791	793	795	797	799	801	803	805	807	809
96	811	813	815	817	819	821	823	825	827	829
97	830	832	834	836	838	840	842	844	846	848

续表

马达法辛烷值	0.0	0.1	0.2	0.3	0.4	0.5	0.6	0.7	0.8	0.9
	数　字　计　数　器　读　数									
98	850	852	854	856	857	859	861	863	865	867
99	869	870	872	874	876	877	879	881	883	885
100	887	890	892	894	895	897	898	900	902	904
101	905	907	909	911	913	915	917	919	921	922
102	924	926	927	928	930	932	933	935	937	939
103	940	941	942	943	945	946	948	949	950	952
104	953	955	956	957	959	960	961	962	963	964
105	965	966	967	968	969	970	971	972	973	974
106	974	975	976	977	978	979	980	981	982	983
107	984	985	986	987	987	988	989	990	991	992
108	993	993	994	995	995	996	997	998	999	1000
109	1001	1001	1002	1003	1004	1004	1005	1005	1006	1007
110	1008	1008	1009	1009	1010	1010	1011	1012	1012	1013
111	1013	1014	1014	1015	1016	1017	1018	1018	1019	1020
112	1021	1022	1023	1024	1025	1025	1026	1027	1028	1028
113	1029	1029	1030	1031	1032	1033	1034	1035	1036	1037
114	1038	1039	1040	1041	1042	1042	1043	1044	1045	1046
115	1046	1048	1048	1049	1049	1050	1053	1052	1053	1053
116	1055	1056	1056	1058	1059	1060	1060	1062	1063	1063
117	1065	1066	1066	1067	1067	1069	1070	1070	1072	1072
118	1073	1074	1074	1076	1076	1077	1077	1079	1079	1080
119	1080	1081	1081	1083	1083	1084	1086	1086	1087	1089
120	1089	1090	1090	1091						

① 其他大气压的校正值见表 2-46。
② 允许差数：辛烷值 85 以下为±28 计数器单位；85 以上为±35 计数器单位。

表 2-45　海拔高度为 1000m 以上，大气压力为 101.3kPa①，喉管直径为 19.05mm 时，标准爆震强度数字计数器读数与马达法辛烷值对照②

马达法辛烷值	0.0	0.1	0.2	0.3	0.4	0.5	0.6	0.7	0.8	0.9
	数　字　计　数　器　读　数									
40	—	—	—	—	—	—	—	—	—	—
41	—	—	0	0	1	2	3	3	4	4
42	5	6	7	7	8	9	10	10	11	11
43	12	13	14	15	16	16	17	17	18	18
44	19	20	21	22	23	23	24	24	25	26

马达法辛烷值	0.0	0.1	0.2	0.3	0.4	0.5	0.6	0.7	0.8	0.9
	数 字 计 数 器 读 数									
45	27	28	28	29	30	31	31	32	33	34
46	34	35	35	36	37	38	38	39	40	41
47	42	43	44	44	45	45	46	47	48	48
48	49	50	51	52	53	54	54	55	56	56
49	57	58	59	60	61	62	62	63	63	64
50	65	66	67	68	69	70	71	72	72	73
51	74	75	76	76	77	78	79	79	80	81
52	82	83	84	85	86	86	87	88	89	90
53	91	92	93	93	94	95	96	97	98	99
54	100	101	102	103	103	104	105	106	107	108
55	109	110	110	111	112	113	114	115	116	117
56	118	119	120	121	122	123	124	125	126	127
57	128	129	130	131	132	133	134	135	136	137
58	138	139	140	141	141	142	144	145	146	147
59	148	149	150	151	152	153	154	155	156	157
60	158	159	160	161	162	164	165	166	167	168
61	169	170	171	172	173	174	175	176	178	179
62	180	181	182	183	185	186	187	188	189	190
63	192	193	194	195	196	197	199	200	201	202
64	203	204	206	207	208	209	210	212	213	214
65	215	216	217	219	220	221	223	224	225	226
66	227	228	230	231	233	234	235	237	238	239
67	240	241	243	244	245	247	248	250	251	252
68	254	255	257	258	259	260	261	262	264	265
69	266	268	269	271	272	274	275	276	278	279
70	281	282	283	285	286	288	289	290	292	293
71	295	296	298	399	300	302	303	305	307	309
72	310	312	313	314	316	317	319	320	321	323
73	324	326	327	329	331	333	334	336	337	338
74	340	341	343	345	347	348	350	351	352	354
75	356	358	360	361	362	364	366	368	369	371
76	372	374	376	378	379	381	382	384	386	388
77	389	391	393	395	396	398	399	401	403	405

续表

马达法 辛烷值	0.0	0.1	0.2	0.3	0.4	0.5	0.6	0.7	0.8	0.9
	数 字 计 数 器 读 数									
78	406	408	410	412	413	415	417	419	420	422
79	424	426	427	429	430	432	434	436	438	440
80	441	443	445	447	448	450	452	454	456	458
81	460	461	463	465	467	469	471	472	474	476
82	478	480	482	484	485	487	489	491	493	495
83	497	499	501	502	504	506	508	510	512	514
84	516	518	520	522	524	526	528	530	532	534
85	536	538	540	541	543	545	547	549	551	553
86	555	557	559	561	563	565	567	569	571	573
87	575	577	579	581	583	585	587	589	591	593
88	595	597	599	601	603	605	607	609	612	614
89	615	617	619	621	623	626	628	630	632	634
90	636	638	640	642	644	646	648	650	652	654
91	656	658	660	662	664	666	668	670	672	674
92	676	678	681	683	685	687	689	691	693	695
93	697	699	701	703	705	707	709	711	713	715
94	717	719	721	723	725	727	729	731	733	735
95	737	739	741	743	745	747	750	752	754	756
96	758	760	761	763	765	767	769	771	773	775
97	777	779	781	783	785	787	789	791	792	794
98	796	798	800	802	804	806	808	809	811	813
99	815	816	818	820	822	824	826	828	829	831
100	833	836	839	840	842	843	845	847	849	851
101	852	853	855	857	860	862	863	865	867	869
102	870	872	874	875	876	878	880	882	884	885
103	886	887	888	890	891	893	894	895	897	898
104	900	901	902	904	905	906	907	908	909	911
105	912	913	914	915	916	916	917	918	919	920
106	921	922	923	924	925	925	926	927	928	929
107	930	931	932	933	934	935	936	936	937	938
108	939	939	940	941	942	943	944	945	946	946
109	947	948	948	949	949	950	951	952	953	953
110	954	955	955	956	956	957	957	958	958	959

马达法辛烷值	0.0	0.1	0.2	0.3	0.4	0.5	0.6	0.7	0.8	0.9
	数　字　计　数　器　读　数									
111	959	960	961	962	962	963	964	965	966	966
112	967	968	969	970	971	971	972	973	974	975
113	976	976	977	977	978	979	980	981	982	983
114	984	985	986	986	987	988	989	990	991	992
115	993	994	994	995	997	997	998	1000	1001	1001
116	1003	1004	1004	1005	1005	1007	1008	1008	1010	1010
117	1011	1012	1012	1014	1014	1015	1017	1017	1018	1018
118	1019	1021	1021	1022	1022	1024	1024	1025	1025	1020
119	1026	1028	1028	1029	1029	1031	1032	1032	1034	1034
120	1035	1035	1036	1038						

① 其他大气压的校正值见表 2-46。

② 允许差数：辛烷值 85 以下为 ±28 计数器单位；85 以上为 35 计数器单位。

表 2-46 用于应用标准爆震强度表的计数器读数和各种不同气压计数器读数的校正值① （马达法）

大气压力，p/kPa (inHg)		0.0	0.1	0.2	0.3	0.4	0.5	0.6	0.7	0.8	0.9
	为校正实际大气压数字计数器读数，对表 2-43、表 2-44、表 2-45 数值中加上下列数值 为校正实际大气压视数字计数器读数，由计数器读数减去下列数值										
74.5 (22.0)	计数器校正值	336	331	327	323	319	314	310	306	302	298
77.9 (23.0)	计数器校正值	293	289	285	281	276	272	268	264	259	255
81.2 (24.0)	计数器校正值	251	247	243	238	234	230	226	221	217	213
84.7 (25.0)	计数器校正值	209	204	200	196	192	188	183	179	175	171
88.0 (26.0)	计数器校正值	166	162	158	154	149	145	141	137	133	128
91.4 (27.0)	计数器校正值	124	120	116	111	107	103	99	94	90	86
94.8 (28.0)	计数器校正值	82	78	73	69	65	61	56	52	48	44
98.2 (29.0)	计数器校正值	39	35	31	27	23	18	14	10	6	1
	为校正实际大气压数字计数器读数，对表 2-43、表 2-44、表 2-45 数值中减去下列数值 为校正实际大气压视数字计数器读数，将下列数值加在数字计数器读数上										
101.6 (30.0)	计数器校正值	3	7	11	16	20	24	28	32	37	41

① 调整计数器指示器底部计数按实际气压补偿如下：气压数值小于 101.3kPa（29.92inHg）时，提高或降低计数器驱动钮，使其处于分离位置，再调整气缸高度，使上部计数比下部计数大出相当于上面所列指示器校正值；气压大于 101.3kPa（29.92inHg）时，调整计数器使下部读数比上部读数大出相当于校正数的数值。调整后，使计数器归还 1 号位置。

（17）基础爆震指示的展宽　当辛烷值为 90 时，调整到使每个辛烷值的爆震指示的展宽为 10~18 分度。虽然展宽幅度会随辛烷值的大小而变化，但是如果在辛烷值为 90 的情况下调好了，在大多数的情况下，评定辛烷值为 80~102 时就不必再作调整。

为了得到更好的展宽水平，可将辛烷值分成若干个区间（如每 10 个辛烷值为一区间），在每个区间的中间位置上调展宽，使展宽幅度均为每个辛烷值 10~18 分度。记录调整合适时每个位置上的"展宽"和"仪表读数"旋钮指的数值。此后在评价该区间辛烷值的试样时，就把上述两旋钮调到合适的位置上。

（18）内插法用参比燃料　用内插法评定时，试样的爆震表读数必须处在两个相邻的参比燃料读数之间，两个参比燃料辛烷值差数不能大于 2 个辛烷值单位。辛烷值 100 以下的试样只能用不含四乙基铅的参比燃料来评定。辛烷值在 100～103.5 之间时，只能用下列几组参比燃料：

$$100 \text{ 和 } 100.7$$
$$100.7 \text{ 和 } 101.3$$
$$101.3 \text{ 和 } 102.5$$
$$102.5 \text{ 和 } 103.5$$

（19）压缩比法用参比燃料　试样的爆震表读数必须与"（二）"参比燃料体系中选择的参比燃料混合物相匹配。辛烷值在 100～103.5 范围内，只能用 100.7、101.3、102.5 和 103.5 这几种参比燃料，试样与参比燃料之间的差值，不能超过按"（九）④"的规定。

（20）试样处理　试样开封前，应冷到 2～10℃；试样一打开，就应马上倒入适当的化油器油罐中进行试验。

（四）发动机的启动和停车

① 启动前应检查发动机是否正常，是否缺油、缺水，打开冷却水开关，再用电动机拖动发动机运转，打开点火开关，化油器从一个油罐中抽取燃料，点燃发动机。

② 停车先关闭燃料，再把燃料从油罐中放出，关闭加热点火系统。用电动机拖发动机运转 1min，关闭电动机，关闭冷却水开关，用手转动飞轮到压缩冲程上死点。

（五）爆震测量仪表及调整

1. 爆震测量仪表

包括信号发讯器、爆震仪和爆震表。

（1）信号发讯器　安装在汽缸头上的信号发讯器直接和燃烧气体相接触，它产生与汽缸内压力变化速率成正比例的电压，这是一个交流脉冲。汽缸内爆震倾向越严重，它产生的电压波幅值就越大。信号发讯器产生的电压信号由一根屏蔽电缆送至爆震仪。

信号发讯器是个精密的部件，不能自行拆卸和磁化。

（2）爆震仪　爆震仪将信号发讯器送来的信号加以整理、放大，为提高分辨能力，仪器设计有可调节阈值，仪器把阈值以下电压波减去，剩余部分进一步放大，将放大后的波形积分变成直流低电压信号，送到爆震表。

（3）爆震表　爆震表实际上是一个毫伏表，由爆震仪送来的直流低电压用指针位置的形式显示。

一般情况下，信号发讯器、爆震仪和爆震表都不会发生故障，如有故障，可按说明书进行检查和维修。

2. 爆震测量仪表的调整

（1）爆震表的零位调整　在不供电的情况下，调整爆震表上的调整螺栓，使爆震表指针指零。每月至少检查一次。

（2）爆震仪的零位调整　在爆震表零位调好以后，给爆震仪供电，将仪表开关放在"0"位上，时间常数放在"1"上，检查爆震表指针是否对零，如不在零位，可调整爆震仪板面下方的调整螺栓。调好以后，拧好防护螺母，以免误调。这样的调整每天试验前应进行一次。

（3）调时间常数　调时间常数就是调积分时间，即调仪表反应的灵敏度。位置"1"积分时间最短，反应的速度也最快，但仪表最不稳定；位置"6"积分时间最长，反应的速度也最慢，但仪表最稳定。通常应把时间常数调到"3"或"4"的位置上。

（4）调"仪表读数" 即调仪表信号的阈值，它的基础位置应在仪表调展宽时与"展宽"位置联合起来调整。

（5）调展宽 即调仪表的区分能力，合适的仪表展宽水平按"（三）（17）"的要求。以调整辛烷值为 90 时的展宽水平为例，具体步骤如下。

① 用辛烷值为 90 的参比燃料操作发动机，使发动机工况满足"（三）"的要求。

② 逆时针方向旋转"仪表读数"和"展宽"旋钮，将粗调旋钮调到底，细调旋钮调到中间位置上。

③ 顺时针方向调整"展宽"粗调旋钮，大致放在 3 的位置上。

④ 顺时针方向调整"仪表读数"粗调旋钮，使爆震表指针大致指在中间位置上，可用细调旋钮来调整精确的读数。

⑤ 检查化油器燃料液面位置，使之获得最大爆震强度。在调整中如果爆震表最大读数不易获得，这说明展宽太小，在这种情况下，可以用"（五）2.（5）⑨"的方法提高展宽水平。

⑥ 再次调整化油器液面高度，使之获得爆震表最大读数液面。

⑦ 重新调整"仪表读数"细调旋钮，使爆震表读数为 50 ± 3。

⑧ 依据每个辛烷值爆震表读数的差值来确定实际的仪表展宽水平，最简单的办法是不换燃料（1 个辛烷值的计数器值），改变压缩比，观察爆震表指针位置的变化。如用辛烷值为 90 的参比燃料工作，则将压缩比调到辛烷值为 89、90、91（按表 2-43 或表 2-44、表 2-45 的要求）的数字计数器位置上，待平衡后，记录爆震表读数，其差值就是仪表展宽的水平。也可以用改变参比燃料而不改变压缩比的方法，如用辛烷值为 89、90、91 的参比燃料分别在发动机上工作，化油器燃料液面处于产生最大爆震强度的位置上，待爆震表指针稳定后，记录其读数，其差值即为仪表展宽的水平。

⑨ 提高展宽：顺时针方向调"展宽"细调旋钮，使爆震表指针为 100，再逆时针方向调"仪表读数"细调旋钮，使爆震表指针回到 50 ± 3。如展宽幅度还不够，可重复上述步骤。

⑩ 减低展宽：逆时针方向调"展宽"细调旋钮，使爆震表指针为 20 或更低一些，再顺时针方向调"仪表读数"细调旋钮，使爆震表指针提高到 50 ± 3，如展宽幅度还需减低，可重复上述步骤。

⑪ 在调整中，如发现细调旋钮的调整范围不能满足要求，就应与粗调旋钮配合使用，使之满足调整的需要。

⑫ 展宽幅度应为每个辛烷值 10～18 分度，如果每个辛烷值的展宽幅度大于 20 分度，操作时要多加小心。

（六）试验机标准状态的调整和检查

1. 发动机标准爆震强度的初步检查

若发动机处于"（三）"的标准试验条件下，符合"（三）（16）"标准爆震强度的要求，关闭点火开关时，发动机应立即熄火。如不熄火，说明发动机的机械状态不良，这时应检查火花塞和发动机的燃烧室，清除积炭，修复后再重复上述操作。

2. 最大爆震强度燃料-空气混合比和标准爆震强度的获得

（1）初步调整汽缸高度 将试样倒入化油器油罐中，并将液面调整到估计产生最大爆震强度位置上，旋转选择阀，使之用该燃料操作，待发动机处于标准状态后，调整汽缸高度，使爆震表指针指在 50 或者小一些的位置上。

（2）调整燃料-空气混合比 如液面高度在玻璃液面计上显示为 1.3，让爆震表指针达到平衡状态后，再按 0.1 的增量，把液面升高到 1.2、1.1、…，得到较富的燃料-空气混合比状态下的爆震表读数，直到爆震表读数至少比最大值降低 5 分度，再将燃料液面调回到使爆震表产生最大读数的位置上，如 1.2。然后再按同样方法，依次将液面调到 1.3、1.4、…，在贫燃料-空气混合比状态下工作，直到爆震表读数比最大值降低 5 分度，再将燃料液面调回到使爆震表产生最大读数的位置上，或者在产生同一爆震表读数的两个液面的中间位置上，如 1.25，这就是最大爆震强度燃料液面。检查上述调整正确性的方法是将液面调到偏离上述位置两侧各 0.1 的位置上，如 1.15 和 1.35，如读数都下降，说明前者调整是正确的；如有的读数增加了，说明前者调整有错，必须重新调整。

（3）化油器冷却   如燃料系统中发现气泡，应放出试样冷却。化油器冷却器可以用来冷却试样，若冷却温度过低，如低于 7℃ 就会影响试验结果，所以通常不要使用化油器冷却器。

（4）标准冷却剂   在化油器冷却设备中，循环冷却液（水或水质防液）在化油器交换中不得低于 0.5℃(33℉)，当设定任何样品燃料时，这种冷却液都可循环使用。

（5）汽缸高度的进一步调整   在确定最大爆震强度燃料液面以后，爆震表读数可能不在 50±3，这时应调整汽缸高度，使爆震表读数为 50±3。

3. 校正评定特性

① 发动机在标准试验条件下进行基础甲苯标定燃料的标定试验，试验结果必须符合表 2-37 的要求。

② 可以按照表 2-39 和表 2-40 更仔细地校正和检查。

③ 校正试验频繁程度的规定。

a. 每天评定试验以前都必须用基础甲苯标定燃料校正评定特性。

b. 校正试验的结果仅在 7h 内有效。

c. 当更换操作人员、停机超过 2h 或停机进行较大的检修和更换零部件时，都应重新校正评定特性。

d. 每天只选择与试样的辛烷值相接近的甲苯标定燃料进行试验。如果试样的辛烷值估计不出来，先测定试样的辛烷值，然后再校正评定特性，也是可以的。

4. 用检验燃料检查试验设备

① 检验燃料用来进一步检查试验设备的状况，它是由试验监督部门组织提供或指定使用的，其组分应比较安定，如由直馏汽油、重整汽油、烷基化汽油和苯类产品等组分调制而成。

② 由试验监督部门不定期地组织检验燃料试验，以进一步地检查各试验设备的状况。

（七）用内插法评定试样

① 在同一压缩比下进行"（三）(18)"试验，试样的爆震表读数应在两个参比燃料的爆震表读数之间。

② 必须按"（二）"和要求配制参比燃料。

③ 第一个内插参比燃料，按照"（六）"的方法，确定试样产生标准爆震强度时的汽缸高度，根据此时的汽缸高度，用表 2-43 估算出试样的辛烷值。配制一个接近估算辛烷值的参比燃料，倒入化油器的一个油罐中，把燃料液面调到估计产生最大爆震强度的位置上，旋转选择阀，让发动机用这个参比燃料操作，再按照"（六）2.(2)"的方法，调整燃料液面高度，使之获得最大爆震强度液面和最大爆震表读数，并作记录。

④ 第二个内插参比燃料，在进行第一个内插参比燃料试验后，可配制第二个参比燃料，预计上述两种参比燃料的爆震表读数应把试样的爆震表读数包括起来，这两个参比燃料的辛烷值差数不大于 2 个辛烷值单位。把调好的第二个参比燃料倒入化油器的第三个油罐中，用

"（六）2.（2）"的方法，调整燃料液面高度，使之获得最大爆震强度液面和最大爆震表读数，并作记录。如果这两种参比燃料的爆震表读数把试样的读数包括了，或者两者中的一个与试样的读数相同，则可按照"（七）⑦"继续试验。

⑤ 检查标准爆震强度的一致性。如果第一、第二个参比燃料的爆震表读数不能满足"（七）④"的要求，则用已经测得的爆震表读数来估算试样的辛烷值。如汽缸高度与试样的辛烷值之间的关系符合表 2-43 的规定并按表 2-46 进行大气压力修正，差值能满足表 2-47 要求，则可按照"（七）⑥"的方法继续试验，否则要调整汽缸高度，并相应地调整"仪表读数"，重复"（七）②"和"（七）③"的操作。

⑥ 第三个内插参比燃料。如果第一、第二两个参比燃料的爆震表读数不能把试样的读数包括起来，就应根据已测数据预算结果，选择第三个参比燃料，以替换前两者中的一个，并与另一个相配合，以达到把试样的爆震表读数包括起来的目的。

⑦ 读数规则。在取得一系列试样与参比燃料爆震表读数以后，再检查一次燃料液面，是否是最大爆震强度液面。按照下列顺序测量并记录每种燃料的爆震表读数：a. 试样；b. 第二个参比燃料；c. 第一个参比燃料。

重复测量时，参比燃料的顺序应对换一下。每次测量都必须在爆震表指针稳定后再作记录。

⑧ 完成一次测试，至少需要下列测试记录次数。

a. 在下列情况下，需要两组数据：第一组数据和第二组数据计算辛烷值之差不大于 0.3 个辛烷值单位；试样的平均爆震表读数在 50±5 范围内。

b. 在下列情况下，需要三组数据：第一组数据和第二组数据计算辛烷值之差不大于 0.5 个辛烷值单位；第三组数据计算的辛烷值在前两者之间；试样的平均爆震表读数在 50±5 范围内。

c. 如果第一组数据和第二组数据计算辛烷值之差大于 0.5 个辛烷值单位，或者第三组数据计算的辛烷值不在前两组数据的中间，这些数据都不能用，必须按本方法（七）重新试验。

⑨ 检查标准爆震强度的一致性。如果试验结果满足了"（七）⑧"的要求，应确信与样品匹配第一参比燃料辛烷值的补偿气缸高度；辛烷值低于 85 时，应在±0.51mm（0.020in）测微计读数或在±28 计数器单位之内；辛烷值高于 85 时，应在±0.64mm（0.025in）测微计读数或±35 计数器单位之内。如果不在这些限值内，标准爆震强度应调整到 50 的读数上，而试样应重新测定。

⑩ 对随后进行的试样的测定。随后测试样的测定，首先要调整好最大爆震强度燃料液面，必要时调整汽缸高度，使爆震表的读数为 50±3，再按照本方法"（七）"，选择参比燃料，检查标准爆震强度的一致性。

如果试验开始时，甲苯标定燃料的试验结果是符合要求的，但是在随后的操作过程中，大气压力变化超过 0.67kPa（0.2inHg），则要重做基础甲苯标定燃料的试验。

（八）试验结果的计算

① 试验结果如符合"（七）⑧"的要求，就可以进行计算。首先算出各种燃料的爆震表读数的平均值。

② 将"（八）①"计算出的平均值，代入式（2-22）计算出试样的辛烷值。精确到两位小数：

$$X=\frac{b-c}{b-a}(A-B)+B \tag{2-22}$$

式中　X——试样的辛烷值；
　　　A——高辛烷值参比燃料的辛烷值；

B——低辛烷值参比燃料的辛烷值；

a——高辛烷值参比燃料的平均爆震表读数；

b——低辛烷值参比燃料的平均爆震表读数；

c——试样的平均爆震表读数。

③ 由"（八）②"计算的结果取一位小数的近似值。第二位小数在 4 以下者舍去，在 6 以上者进上，数值为 5 时，要根据第一位小数的数值来确定第二位小数的进或舍，当第一位小数为偶数时舍去，为奇数时进上。如 95.55 和 95.65 都应取为 95.6。

（九）用压缩比法评定试样

① 用压缩比法评定试样时，不需要与参比燃料相比较来确定试样的辛烷值。参比燃料只用来建立标准爆震强度，试样只要和标准爆震强度相比较就可以被评定。

② 建立标准爆震强度。用参比燃料建立标准爆震强度，是在发动机符合（三）标准试验条件下进行的，燃料液面高度也应处在产生最大爆震强度位置上。再调整压缩比，使参比燃料辛烷值与汽缸高度之间的关系符合表 2-43，并用表 2-46 进行大气压力修正，然后调"仪表读数"旋钮，使爆震指示器指针指向 50。

③ 检查展宽是否符合"（三）（17）"要求，如不合适应进行调整，调整后要重做"（九）②"操作。

④ 用试样操作发动机，调整燃料液面为最大爆震强度燃料液面，调压缩比，使爆震表读数为 50，记录此时的汽缸高度。

⑤ 建立标准爆震强度的参比燃料与试样辛烷值的最大允许差数。在不同的辛烷值区间，许可差数如下：

试样的辛烷值	参比燃料和试样辛烷值间最大允许差数	试样的辛烷值	参比燃料和试样辛烷值间最大允许差数
≤90	2.0	102.1～105.0	1.3
90.1～100.0	1.0	105 以上	2.0
100.1～120.0	0.7		

⑥ 求出几次测量结果的平均值，查表 2-43 得到试样的辛烷值。

⑦ 检查标准爆震强度的频繁程度：对于辛烷值低于 100 的试样，每评定四个试样后需按"（九）②"检查标准爆震强度一次；对于辛烷值高于 100 的试样，每评定两个试样后检查一次；对于"敏感度大"的高辛烷值汽油，检查的频繁程度要更大些。

（十）精密度

用以下数值来判断本试验结果的可靠性（95％置信水平）。

（1）重复性　在同一实验室，由同一操作人员，用同一仪器和设备，对同一试样连续做两次重复试验，所测结果对平均辛烷值 85.0～90.0 水平的试样，其差值不大于 0.3 辛烷值。

（2）再现性　由不同操作者，在不同试验室、不同时间，用不同仪器和设备，对同一试样进行测定所提出的试验结果不应超出以下数值：

平均马达法辛烷值范围	辛烷值评定允许差	平均马达法辛烷值范围	辛烷值评定允许差
		95	1.1
80.0	1.2	99	1.5
85.0	0.9	100.0	1.1
90.0	1.1	105.0	1.8

辛烷值处于上列数据之间者，再现性评定差限用内插法计算得到。

（十一）报告

① 将从"（八）③"或"（九）⑥"获得的辛烷值报告为马达法辛烷值，简写为××.×/MON。

② 对于马达法辛烷值高于100的航空汽油，可按表2-48或用高于100的马达法品度值＝100＋3（马达法辛烷值－100）换算为品度值，报告为马达法品度值，简写为×××.×/MPN。

表 2-47　标准爆震强度汽缸高度公差

辛烷值范围	计数器读数	辛烷值范围	计数器读数
85 以下	±28	100 以下	—
85 以上	±35	100 以上	±35

表 2-48　100 以上辛烷值换算为品度值

辛烷值	0.0	0.1	0.2	0.3	0.4	0.5	0.6	0.7	0.8	0.9
100	100.0	100.3	100.6	100.9	101.2	101.5	101.8	102.1	102.4	102.7
101	103.0	103.3	103.6	103.9	104.2	104.5	104.8	105.1	105.4	105.7
102	106.0	106.3	106.6	106.9	107.2	107.5	107.8	108.1	108.4	108.7
103	109.0	109.3	109.6	109.9	110.2	110.5	110.8	111.1	111.4	111.7
104	112.0	112.3	112.6	112.9	113.2	113.5	113.8	114.1	114.4	114.7
105	115.0	115.3	115.6	115.9	116.2	116.5	116.8	117.1	117.4	117.7
106	118.0	118.3	118.6	118.9	119.2	119.5	119.8	120.1	120.4	120.7
107	121.0	121.3	121.6	121.9	122.2	122.5	122.8	123.1	123.4	123.7
108	124.0	124.3	124.6	124.9	125.2	125.5	125.8	126.1	126.4	126.7
109	127.0	127.3	127.6	127.9	128.2	128.5	128.8	129.1	129.4	129.7
110	130.0	130.3	130.6	130.9	131.2	131.5	131.8	132.1	132.4	132.7
111	133.0	133.3	133.6	133.9	134.2	134.5	134.8	135.1	135.4	135.7
112	136.0	136.3	136.6	136.9	137.2	137.5	137.8	138.1	138.4	138.7
113	139.0	139.3	139.6	139.9	140.2	140.5	140.8	141.1	141.4	141.7
114	142.0	142.3	142.6	142.9	143.2	143.5	143.8	144.1	144.4	144.7
115	145.0	145.3	145.6	145.9	146.2	146.5	146.8	147.1	147.4	147.7
116	148.0	148.3	148.6	148.9	149.2	149.5	149.8	150.1	150.4	150.7
117	151.0	151.3	151.6	151.9	152.2	152.5	152.8	153.1	153.4	153.7
118	154.0	154.3	154.6	154.9	155.2	155.5	155.8	156.1	156.4	156.7
119	157.0	157.3	157.6	157.9	158.2	158.5	158.8	159.1	159.4	159.7
120	160.0	160.3	160.6	160.9						

参 考 文 献

[1] David R Lide，et al. CRC Handbook of Chemistry and Physies. 90th. Ed. Cleveland：CRC Press，2010.

[2] 孙尔康，吴琴媛，周以泉，陆婉芳，等. 化学实验基础. 南京：南京大学出版社，1991.

[3] 冶金分析试剂的提纯与配制编写组. 冶金分析试剂的提纯与配制. 北京：冶金工业出版社，1973.

[4] Ю·B·卡里亚金，и·и·安格洛夫. 纯化学物质的制备. 任道华译. 太原：山西科学教育出版社，1986.

第二篇
准备工作及试剂

第三章　试剂和溶液

第一节　基本知识

一、化学试剂的分类

化学试剂是一类广泛应用于教学、科学研究、分析测试等多领域的精细化学品，也可作为新兴工业特需的特纯和超纯的功能材料和原料。化学试剂种类繁多，具有各自的纯度标准。根据我国编制的化学试剂经营目录，按其用途和组成可分为十大类，见表 3-1。

表 3-1　化学试剂的分类

序号	名　称	说　　明
1	无机分析试剂	用于化学分析的无机化学品，如金属、非金属单质、氧化物、酸、碱、盐等试剂
2	有机分析试剂	用于化学分析的有机化学品，如烃、醛、酮、醚及其衍生物
3	特效试剂	在无机分析中测定、分离、富集元素时所专用的一些有机试剂，如沉淀剂、显色剂、螯合剂等
4	基准试剂	主要用于标定标准溶液的浓度。这类试剂的特点是纯度高，杂质少，稳定性好，化学组成恒定
5	标准物质	用于化学分析、仪器分析时作对比的化学标准品，或用于校准仪器的化学品
6	指示剂和试纸	用于滴定分析中指示滴定终点，或用于检验气体或溶液中某些物质存在的试剂，试纸是用指示剂或试剂溶液处理过的滤纸条
7	仪器分析试剂	用于仪器分析的试剂
8	生化试剂	用于生命科学研究的试剂
9	高纯试剂	用于某些特殊需求的工业材料（如电子工业原材料、单晶芯片、光导纤维等）和一些超微量组分分析用试剂，其浓度一般在 99.99%（4 个 "9"）以上，特殊要求时可达 6 个 "9"
10	液晶	液晶是液态晶体的简称，既具有流动性、表面张力等液体的特征，又具有光学各向异性、双折射等固态晶体的基本特征。可用作数字显示材料、温度显示材料等

二、化学试剂的规格

化学试剂规格又称试剂级别，反映试剂的质量，通常按试剂的纯度、杂质含量来划分。为保证和控制试剂产品的质量，世界各国都制定并颁布了相应的试剂标准，对试剂规格标准和检验方法做出相应的规定，如德国的《默克标准》（Merck Standards）、美国的《罗津标准》[即《具有试验和测定方法的化学试剂及其标准》（reagent chemical and standards with methods of testing and assaying）] 和《ACS 规格》等。我国自 1965 年出版《中华人民共和国国家标准化学试剂基础标准》以后，随科研和生产的不断发展，1971 年编成《国家标准·化学试剂汇编》出版，1978 年增订分册陆续出版。1990 年又以《化学工业标准汇编·化学试剂》（第 13 册）问世。它将化学试剂的纯度分为 5 级，即高纯、基准、优级纯、分析纯和化学纯（见表 3-2），其中优级纯相当于默克标准的保证试剂（BR）。《中华人民共和国国家标准·化学试剂》则是我国最权威的一部试剂标准，除试剂名称、形状、分子式、分子量外，它还包括了技术条件（试剂最低含量和杂质最高含量等）、检验规则（试剂的采样和验收规则）、试验方法、包装及标志等 4 项内容。除国标（GB）外，化工部（HG）陆续颁布了一系列的化学试剂的规格标准，部分企业（Q/HG）也报批了各自相关产品的企业标准。

我国的试剂规格基本上按纯度划分为高纯、光谱纯、基准、分光纯、优级纯、分析纯和化学纯 7 种（见表 3-3）。国家和主管部门颁布质量指标的主要是优级纯、分析纯和化学纯 3 种。

表 3-2 我国化学试剂的分级

级别	习惯等级与代号	标签颜色	附　注
一级品	保证试剂优级纯（guaranteed reagent，GR）	绿色	纯度高，杂质极少，主要用于精确分析和科学研究
二级品	分析试剂分析纯（analytical reagent，AR）	红色	纯度略低于优级纯，适用于重要分析及一般性研究工作
三级品	化学试剂化学纯（chemical pure，CP）	蓝色	纯度较分析纯差，适用于工厂、学校一般性的分析工作

表 3-3 化学试剂的规格

规　格	英文名称	代号	用　途	备　注
高纯物质	extra pure	EP	配制标准溶液	包括超纯、特纯、高纯
基准试剂	primary reagent	PT	标定标准溶液	已有国家标准，标签为浅绿色
pH 基准缓冲物质	primary pH buffer		配制 pH 标准缓冲溶液	已有国家标准
色谱纯试剂	chromatographic pure	GC LC	气相色谱分析专用 液相色谱分析专用	标签为蓝色
指示剂	indicator	Ind	配制指示剂溶液	标签为红色
生化试剂	biochemical reagent	BR	配制生物化学检验试液	标签为咖啡色
生物染色剂	biological stain	BS	配制微生物标本染色液	标签为玫瑰红色
光谱纯试剂	spectrum pure	SP	用于光谱分析	标签为蓝色
实验试剂	laboratory reagent	LR	用于一般化学实验	标签为黄色

目前，除对少数产品制定国家标准外（如高纯硼酸、高纯冰乙酸、高纯氢氟酸等），大部分高纯试剂的质量标准还很不统一，在名称上有高纯、特纯、超纯、光谱纯等不同叫法。根据高纯试剂工业专用范围的不同，可将其分为以下几种。

① 光学与电子学专用高纯化学品，即电子级试剂（electronic grade）。

② 金属、氧化物、半导体（metal-oxide-semiconductor）、电子工业专用高纯化学品，即 MOS 试剂。一般用于半导体、电子管等方面，其杂质最高含量为 $0.01 \sim 10 \mu g/g$，有的可降低到 ng/g 数量级。尘埃等级达到 0~2ng/g。

③ 单晶生产用高纯化学品。

④ 光导纤维用高纯化学品。

此外，还有微生物用试剂、显微镜用试剂、仪分试剂、特纯试剂（杂质含量低于 1/1000000~1/1000000000 级）、特殊高纯度的有机材料等。

选用试剂的主要依据是该试剂所含杂质对分析要求有无影响。若试剂纯度不符合要求，应对试剂进行纯化处理。部分试剂的纯化处理方法见第二章第九节。

三、溶液浓度的表示方法

溶液浓度是指一定量（质量或体积）的溶液中所含溶质的数量。制备试剂溶液必须标明溶液的浓度。分析工作中常用的溶液浓度的表示方法如表 3-4 所示。

表 3-4 溶液浓度的表示方法

序号	名　称	符号	单　位	含　义
1	密度	ρ	g/ml	单位体积中物质的质量
2	物质 B 的物质的量浓度	c_B	mol/L	单位体积溶液里所含物质 B 的物质的量
3	物质 B 的质量摩尔浓度	m_B	mol/kg	溶液中物质 B 的物质的量除以混合物的质量
4	体积比浓度	$A+B$		以两种液体的体积比来表示的浓度
5	物质 B 的质量浓度	ρ_B	kg/m³	单位体积混合物中物质 B 的质量
6	体积分数	φ	量纲为 1	溶质的体积除以总体积
7	质量分数	w	量纲为 1	溶质质量与溶液质量之比
8	滴定度	T	g/ml、mg/ml	每毫升标准溶液相当于待测组分的质量

第二节　普通酸、碱及盐溶液的配制

一、酸溶液的配制

（1）盐酸（HCl）　浓盐酸的密度为 1.18～1.19g/ml，含量 $w=36\%～38\%$，近似浓度 c（HCl）为 12mol/L。

c（HCl）=1mol/L 盐酸的配制：量取浓盐酸 83ml，加水稀释至 1L。

c（HCl）=6mol/L 盐酸的配制：量取浓盐酸 500ml，加水稀释至 1L。

（2）硝酸（HNO_3）　浓硝酸的密度为 1.39～1.40g/ml，含量 $w=65\%～68\%$，近似浓度 c（HNO_3）为 15mol/L。

c（HNO_3）=1mol/L 硝酸的配制：量取浓硝酸 64ml，加水稀释至 1L，用棕色瓶储存。

c（HNO_3）=6mol/L 硝酸的配制：量取浓硝酸 381ml，加水稀释至 1L，用棕色瓶储存。

（3）硫酸（H_2SO_4）　浓硫酸的密度为 1.83～1.84g/ml，含量 $w=95\%～98\%$，近似浓度 c（H_2SO_4）约 18mol/L。

c（H_2SO_4）=1mol/L 硫酸的配制：量取 56ml 浓硫酸，在不断搅拌下缓缓加入适量水中，待冷却至室温后，加水至 1L（配制硫酸溶液时有大量热量放出，必须注意安全，硫酸宜缓慢加入，溶液应不断搅拌）。

c（$\frac{1}{2}H_2SO_4$）=2mol/L 硫酸的配制：量取 56ml 浓硫酸，在不断搅拌下缓缓加入适量水中，待冷却至室温后，加水至 1L。

（4）磷酸（H_3PO_4）　浓磷酸的密度为 1.69g/ml，含量 $w=85\%$，近似浓度 c（H_3PO_4）为 15mol/L。

c（H_3PO_4）=1mol/L 磷酸的配制：量取浓磷酸 66ml，缓慢加入适量水中，稀释至 1L。

（5）高氯酸（$HClO_4$）　浓高氯酸的密度为 1.68g/ml，含量 $w=70\%$，近似浓度 c（$HClO_4$）为 12mol/L。

$c(HClO_4)$ ＝1mol/L 高氯酸的配制：量取浓高氯酸 83ml，缓缓加入适量水中，稀释至 1L。

（6）氢氟酸（HF） 浓氢氟酸的密度为 1.13g/ml，含量 $w=40\%$，近似浓度 $c(HF)$ 为 22.5mol/L。

$c(HF)$ ＝1mol/L 氢氟酸的配制：量取浓氢氟酸 35ml，加入适量水中，稀释至 1L。用塑制容器储存。

（7）氢溴酸（HBr） 浓氢溴酸的密度为 1.49g/ml，含量 $w=47\%$，近似浓度 $c(HBr)$ 为 9mol/L。

$c(HBr)$ ＝1mol/L 氢溴酸的配制：量取浓氢溴酸 110ml，加入适量水中，稀释至 1L。

（8）冰乙酸（CH₃COOH） 密度 1.05g/ml，近似浓度为 17mol/L。

$c(CH_3COOH)$ ＝1mol/L 乙酸的配制：量取冰乙酸 60ml，加入适量水中，稀释至 1L。

二、碱溶液的配制

（1）氢氧化钠（NaOH） 白色固体。

$c(NaOH)$ ＝1mol/L 氢氧化钠溶液的配制：称取 40g 氢氧化钠，分几次加入适量水中，不断搅拌（注意：溶解时大量放热！），溶解后让其冷却至室温，加水稀释至 1L。用塑制容器储存。

（2）氢氧化钾（KOH） 白色固体。

$c(KOH)$ ＝1mol/L 氢氧化钾溶液的配制：称取 56g 氢氧化钾，分几次加入适量水中，不断搅拌使其溶解，冷却至室温后加水稀释至 1L。用塑制容器储存。

（3）氨水（NH₃·H₂O） 浓氨水密度为 0.90～0.91g/ml，含氨气量 $w=28\%$，近似浓度 $c(NH_3 \cdot H_2O) \approx 15$mol/L。

$c(NH_3 \cdot H_2O)$ ＝1mol/L 氨水溶液的配制：量取 66ml 浓氨水，用水稀释至 1L。

（4）氢氧化钙饱和溶液 $c[Ca(OH)_2] \approx 0.02$mol/L。

（5）氢氧化钡饱和溶液 $c[Ba(OH)_2] \approx 0.2$mol/L。

三、盐溶液的配制

盐溶液的配制见表 3-5。

表 3-5 盐溶液的配制

名 称	浓度 c/(mol/L)	配 制 方 法
硝酸银	$c(AgNO_3)$ ＝1	169.87g AgNO₃，溶于适量水中，稀释成 1L，用棕色瓶储存
硝酸铝	$c[Al(NO_3)_3]$ ＝1	375.13g Al(NO₃)₃·9H₂O，溶于适量水中，稀释成 1L
氯化铝	$c(AlCl_3)$ ＝1	133.34g AlCl₃，溶于适量水中，稀释成 1L
硫酸铝	$c[Al_2(SO_4)_3]$ ＝1	666.41g Al₂(SO₄)₃·18H₂O，溶于适量水中，稀释成 1L
氯化钡	$c(BaCl_2)$ ＝0.1	20.824g BaCl₂·H₂O，溶于适量水中，稀释成 1L
硝酸钡	$c[Ba(NO_3)_2]$ ＝0.1	26.13g Ba(NO₃)₂，溶于适量水，稀释至 1L
硝酸铋	$c[Bi(NO_3)_3]$ ＝0.1	39.5g Bi(NO₃)₃，溶于适量 1+5 硝酸中，用 1+5 硝酸稀释至 1L
氯化铋	$c(BiCl_3)$ ＝1	315.34g BiCl₃，溶于 1+5 盐酸中，用 1+5 盐酸稀释成 1L
氯化钙	$c(CaCl_2)$ ＝1	219.8g CaCl₂·6H₂O，溶于适量水中，稀释至 1L

续表

名　称	浓度 $c/(\mathrm{mol/L})$	配 制 方 法
硝酸钙	$c[\mathrm{Ca(NO_3)_2}]=1$	236.15g $\mathrm{Ca(NO_3)_2 \cdot 4H_2O}$，溶于适量水中，稀释至 1L
硝酸镉	$c[\mathrm{Cd(NO_3)_2}]=0.1$	30.849g $\mathrm{Cd(NO_3)_2 \cdot 4H_2O}$，溶于适量水中，稀释至 1L
氯化镉	$c(\mathrm{CdCl_2})=0.1$	18.321g $\mathrm{CdCl_2 \cdot 2\frac{1}{2}H_2O}$，溶于适量水中，稀释至 1L
硫酸镉	$c(\mathrm{CdSO_4})=0.1$	28.05g $\mathrm{CdSO_4 \cdot 4H_2O}$，溶于适量水中，稀释至 1L
硝酸钴	$c[\mathrm{Co(NO_3)_2}]=1$	291.03g $\mathrm{Co(NO_3)_2 \cdot 6H_2O}$，溶于适量水中，稀释至 1L
氯化钴	$c(\mathrm{CoCl_2})=1$	237.93g $\mathrm{CoCl_2 \cdot 6H_2O}$，溶于适量水中，稀释至 1L
硫酸钴	$c(\mathrm{CoSO_4})=1$	281.10g $\mathrm{CoSO_4 \cdot 7H_2O}$，溶于适量水中，稀释至 1L
硝酸铬	$c[\mathrm{Cr(NO_3)_3}]=0.1$	23.81g $\mathrm{Cr(NO_3)_3}$，溶于适量水中，稀释至 1L
氯化铬	$c(\mathrm{CrCl_3})=0.1$	26.645g $\mathrm{CrCl_3 \cdot 6H_2O}$，溶于适量水中，稀释至 1L
硫酸铬	$c[\mathrm{Cr_2(SO_4)_3}]=0.1$	71.64g $\mathrm{Cr_2(SO_4)_3 \cdot 18H_2O}$，溶于适量水中，稀释至 1L
硝酸铜	$c[\mathrm{Cu(NO_3)_2}]=1$	241.60g $\mathrm{Cu(NO_3)_2 \cdot 3H_2O}$，5ml 浓硫酸，溶于适量水中，稀释至 1L
氯化铜	$c(\mathrm{CuCl_2})=1$	170.48g $\mathrm{CuCl_2 \cdot 2H_2O}$，溶于适量水中，稀释至 1L
硫酸铜	$c(\mathrm{CuSO_4})=1$	249.68g $\mathrm{CuSO_4 \cdot 5H_2O}$，溶于适量水中，稀释至 1L
氯化铁	$c(\mathrm{FeCl_3})=1$	270.30g $\mathrm{FeCl_3 \cdot 6H_2O}$，溶于适量加了 20ml 浓盐酸的水中，再用水稀释至 1L
硝酸铁	$c[\mathrm{Fe(NO_3)_3}]=1$	404.00g $\mathrm{Fe(NO_3)_3 \cdot 9H_2O}$，溶于适量加了 20ml 浓硝酸的水中，再用水稀释至 1L
硫酸亚铁	$c(\mathrm{FeSO_4})=1$	278.01g $\mathrm{FeSO_4 \cdot 7H_2O}$，溶于适量加了 10ml 浓硫酸的水中，再用水稀释至 1L，用前新配，短期保存
铁铵矾	$c[\mathrm{FeNH_4(SO_4)_2}]=0.1$	48.218g $\mathrm{FeNH_4(SO_4)_2 \cdot 12H_2O}$，溶于适量水中，加 10ml 浓硫酸再用水稀释至 1L，短期保存
硫酸亚铁铵	$c[\mathrm{Fe(NH_4)_2(SO_4)_2}]=0.1$	39.213g $\mathrm{Fe(NH_4)_2(SO_4)_2 \cdot 6H_2O}$，溶于适量水中，加 10ml 浓硫酸再用水稀释至 1L，用时新配
硝酸汞	$c[\mathrm{Hg(NO_3)_2}]=0.1$	32.460g $\mathrm{Hg(NO_3)_2}$，溶于适量水中，稀释至 1L
氯化汞	$c(\mathrm{HgCl_2})=0.1$	27.150g $\mathrm{HgCl_2}$，溶于适量水中，稀释至 1L。系极毒物
硝酸亚汞	$c[\mathrm{Hg_2(NO_3)_2}]=0.1$	56.122g $\mathrm{Hg_2(NO_3)_2 \cdot 2H_2O}$，溶于 150ml 6mol/L 硝酸中，用水稀释至 1L
氯化钾	$c(\mathrm{KCl})=1$	74.55g KCl，溶于适量水中，稀释至 1L
硝酸钾	$c(\mathrm{KNO_3})=1$	101.10g $\mathrm{KNO_3}$，溶于适量水中，稀释至 1L
铬酸钾	$c(\mathrm{K_2CrO_4})=1$	194.19g $\mathrm{K_2CrO_4}$，溶于适量水中，稀释至 1L
重铬酸钾	$c(\mathrm{K_2Cr_2O_7})=0.1$	29.418g $\mathrm{K_2Cr_2O_7}$，溶于适量水中，稀释至 1L
亚硝酸钾	$c(\mathrm{KNO_2})=1$	85.10g $\mathrm{KNO_2}$，溶于适量水中，稀释至 1L
碘化钾	$c(\mathrm{KI})=1$	166.00g KI，溶于适量水中，稀释至 1L，置于棕色瓶中
亚铁氰化钾	$c[\mathrm{K_4Fe(CN)_6}]=0.1$	36.835g $\mathrm{K_4Fe(CN)_6}$，溶于适量水中，稀释至 1L
铁氰化钾	$c[\mathrm{K_3Fe(CN)_6}]=0.1$	32.925g $\mathrm{K_3Fe(CN)_6}$，溶于适量水中，稀释至 1L
硫氰酸钾	$c(\mathrm{KSCN})=1$	97.18g KSCN，溶于适量水中，稀释至 1L
溴化钾	$c(\mathrm{KBr})=1$	119.00g KBr，溶于适量水中，稀释至 1L

名 称	浓度 $c/(mol/L)$	配 制 方 法
碳酸钾	$c(K_2CO_3)=1$	174.24g $K_2CO_3 \cdot 2H_2O$，溶于适量水中，稀释至1L
氯酸钾	$c(KClO_3)=0.1$	12.255g $KClO_3$，溶于适量水中，稀释至1L
氰化钾	$c(KCN)=1$	65.12g KCN，溶于适量水中，稀释至1L。系极毒物
硫酸钾	$c(K_2SO_4)=0.1$	17.425g K_2SO_4，溶于适量水中，稀释至1L
高锰酸钾	$c(KMnO_4)=0.1$	15.803g $KMnO_4$，溶于适量水中，稀释至1L
硝酸镁	$c[Mg(NO_3)_2]=1$	256.41g $Mg(NO_3)_2 \cdot 6H_2O$，溶于适量水中，稀释至1L
氯化镁	$c(MgCl_2)=1$	203.30g $MgCl_2 \cdot 6H_2O$，溶于适量水中，稀释至1L
硫酸镁	$c(MgSO_4)=1$	246.47g $MgSO_4 \cdot 7H_2O$，溶于适量水中，稀释至1L
硝酸锰	$c[Mn(NO_3)_2]=1$	287.04g $Mn(NO_3)_2 \cdot 6H_2O$，溶于适量水中，稀释至1L
氯化锰	$c(MnCl_2)=1$	197.91g $MnCl_2 \cdot 4H_2O$，溶于适量水中，稀释至1L
硫酸锰	$c(MnSO_4)=1$	223.06g $MnSO_4 \cdot 4H_2O$，溶于适量水中，稀释至1L
氯化铵	$c(NH_4Cl)=1$	53.49g NH_4Cl，溶于适量水中，稀释至1L
乙酸铵	$c(NH_4CH_3COO)=1$	77.08g NH_4CH_3COO，溶于适量水中，稀释至1L
草酸铵	$c[(NH_4)_2C_2O_4]=1$	142.11g $(NH_4)_2C_2O_4 \cdot H_2O$，溶于适量水中，稀释至1L
硝酸铵	$c(NH_4NO_3)=1$	80.04g NH_4NO_3，溶于适量水中，稀释至1L
过硫酸铵	$c[(NH_4)_2S_2O_8]=0.1$	22.820g $(NH_4)_2S_2O_8$，溶于适量水中，稀释至1L，用时新配
硫氰酸铵	$c(NH_4SCN)=1$	76.12g NH_4SCN，溶于适量水中，稀释至1L
磷酸氢二铵	$c[(NH_4)_2HPO_4]=1$	132.06g $(NH_4)_2HPO_4$，溶于适量水中，稀释至1L
硫化铵	$c[(NH_4)_2S]=6$	通硫化氢气体于200ml浓氨水中直至饱和，然后加浓氨水200ml，用水稀释至1L
氯化钠	$c(NaCl)=1$	58.44g NaCl，溶于适量水中，稀释至1L
乙酸钠	$c(NaCH_3COO)=1$	136.09g $NaCH_3COO \cdot 3H_2O$，溶于适量水中，稀释至1L
碳酸钠	$c(Na_2CO_3)=1$	105.99g Na_2CO_3（或 286.14g $Na_2CO_3 \cdot 10H_2O$），溶于适量水中，稀释成1L
硫化钠	$c(Na_2S)=1$	240.18g $Na_2S \cdot 9H_2O$，40g NaOH，溶于适量水中，稀释成1L
硝酸钠	$c(NaNO_3)=1$	85.00g $NaNO_3$，溶于适量水中，稀释至1L
亚硝酸钠	$c(NaNO_2)=1$	69.00g $NaNO_2$，溶于适量水中，稀释至1L
硫酸钠	$c(Na_2SO_4)=1$	322.17g $Na_2SO_4 \cdot 10H_2O$，溶于适量水中，稀释至1L
四硼酸钠	$c(Na_2B_4O_7)=0.1$	38.137g $Na_2B_4O_7 \cdot 10H_2O$，溶于适量水中，稀释至1L
硫代硫酸钠	$c(Na_2S_2O_3)=1$	248.18g $Na_2S_2O_3 \cdot 5H_2O$，溶于适量水中，稀释至1L
草酸钠	$c(Na_2C_2O_4)=0.1$	13.400g $Na_2C_2O_4$，溶于适量水中，稀释至1L
磷酸氢二钠	$c(Na_2HPO_4)=0.1$	35.814g $Na_2HPO_4 \cdot 12H_2O$，溶于适量水中，稀释至1L
磷酸钠	$c(Na_3PO_4)=0.1$	16.394g Na_3PO_4，溶于适量水中，稀释至1L
氟化钠	$c(NaF)=0.5$	21g NaF，溶于适量水中，稀释至1L
硝酸镍	$c[Ni(NO_3)_2]=1$	290.80g $Ni(NO_3)_2 \cdot 6H_2O$，溶于适量水中，稀释至1L
氯化镍	$c(NiCl_2)=1$	237.70g $NiCl_2 \cdot 6H_2O$，溶于适量水中，稀释至1L
硫酸镍	$c(NiSO_4)=1$	280.86g $NiSO_4 \cdot 7H_2O$，溶于适量水中，稀释至1L

续表

名　　称	浓度 $c/(\text{mol/L})$	配　制　方　法
硝酸铅	$c[\text{Pb(NO}_3)_2]=1$	331.21g $\text{Pb(NO}_3)_2$，溶于适量水中，加 15ml 6mol/L 硝酸，稀释至 1L
乙酸铅	$c[\text{Pb(CH}_3\text{COO})_2]=1$	379.33g $\text{Pb(CH}_3\text{COO})_2\cdot3\text{H}_2\text{O}$，溶于适量水中，稀释至 1L
氯化亚锡	$c(\text{SnCl}_2)=1$	225.63g $\text{SnCl}_2\cdot2\text{H}_2\text{O}$ 溶于 170ml 浓盐酸中，用水稀释至 1L 加入纯锡粒数粒，以防氧化，用前新配
四氯化锡	$c(\text{SnCl}_4)=0.1$	26.050g SnCl_4 溶于 6mol/L 盐酸中，并用 6mol/L 盐酸稀释至 1L
硝酸锌	$c[\text{Zn(NO}_3)_2]=1$	297.48g $\text{Zn(NO}_3)_2\cdot6\text{H}_2\text{O}$，溶于适量水中，稀释至 1L
硫酸锌	$c(\text{ZnSO}_4)=1$	287.55g $\text{ZnSO}_4\cdot7\text{H}_2\text{O}$，溶于适量水中，稀释至 1L

国家标准 GB 3100～3102—93 规定了溶液浓度的有关量和单位。

第三节　元素和离子的标准溶液

一、元素和离子的标准溶液的配制

元素和离子的标准溶液必须用基准物质或纯度在分析纯以上的试剂配制，作为标准应用于光度分析（或浊度分析）、极谱分析和化学光谱分析等方面，浓度低于 0.1mg/ml 的标准溶液应于使用前配制或稀释。在保存期间如有浑浊或出现沉淀，应予重新配制。配制方法见表 3-6。

表 3-6　元素和离子的标准溶液的配制方法

元素或离子	配制方法
Ag	1. 称取 1.0000g 金属银置于 300ml 烧杯中，加入 25ml 浓硝酸，加热溶解并赶去氮的氧化物，冷却后移入 1L 容量瓶中，用水稀释至刻度，摇匀，1ml⇌1mg 银 2. 称取 1.5784g 硝酸银，溶于 100ml 水，移入 1L 容量瓶中，稀释至标线，摇匀。1ml⇌1mg 银
Al	1. 称取 1.0000g 金属铝置于 300ml 烧杯中，加入 20ml 水、3g 氢氧化钠，待铝溶解后，用盐酸缓缓地中和至出现浑浊，加入过量盐酸 20ml，加热使其溶解（小心不断搅拌），待冷却后移入 1L 容量瓶中，用水稀释至标线，摇匀。1ml⇌1mg 铝 2. 称取 1.759g 硫酸铝钾 $[\text{KAl(SO}_4)_2\cdot12\text{H}_2\text{O}]$ 溶于水，移入 1000ml 容量瓶中，用水稀释至标线。1ml⇌0.1mg 铝
As	称取 1.3203g 三氧化二砷（预先经 100～110℃烘 2h，干燥器中冷却）溶于 20ml 10% 的氢氧化钠溶液中，稍加热并用玻棒搅拌之，溶解后，移入 1L 容量瓶中，用水稀释至 200ml，加酚酞 2 滴，以盐酸中和至中性并过量 2 滴，用水稀释至标线，摇匀。1ml⇌0.1mg 砷
Au	称取 1.0000g 纯金于 100ml 烧杯中，加入王水 20ml，在水浴上加热溶解后，加入氯化钾 2g、浓盐酸 167ml，使酸度保持在 2mol/L，移入 1L 容量瓶中，用饱和氯水稀释至标线，摇匀，1ml⇌1mg 金
B	称取 5.7192g 硼酸（H_3BO_3）溶于少量水中，微热使其溶解，移入 1L 容量瓶中，稀释至标线，摇匀。1ml⇌1mg 硼
Ba	称取 1.7787g 氯化钡（$\text{BaCl}_2\cdot2\text{H}_2\text{O}$），溶于少量煮沸过的水中，移入 1L 容量瓶中，用煮沸过的水稀释至刻度，摇匀。1ml⇌1mg 钡
Be	称取 1.0000g 金属铍置于 300ml 烧杯中，用 1+1 盐酸或 1+1 硫酸分解，在砂浴上慢慢加热，使金属分解后，冷却，将此溶液移入 1L 容量瓶，稀释至标线，溶液的酸度保持在 1%～2%。1ml⇌1mg 铍
Bi	称取 1.0000g 金属铋置于 300ml 烧杯中，加 50ml 1+1 硝酸加热溶解，待完全溶解后，冷却，移入预先加入 50ml 硝酸的 1L 容量瓶中，用水稀释至刻度，摇匀。1ml⇌1mg 铋
Br	称取 1.4890g 溴化钾，溶于水，移入 1L 容量瓶中，稀释至刻度。1ml⇌1mg 溴
BrO_3^-	称取 0.1306g 溴酸钾，溶于水，移入 1L 容量瓶中，稀释至刻度，1ml⇌0.1mg BrO_3^-

元素或离子	配制方法
CN⁻	称取 0.2503g 氰化钾，溶于煮沸后而冷却的水中，移入 1L 容量瓶中，稀释至刻度。用聚乙烯容器储存。1ml⇨0.1mg CN⁻
CO₃²⁻	称取于 270~300℃ 灼烧至恒重的无水碳酸钠 0.1766g，溶于不含二氧化碳的水中，移入 1L 容量瓶中，用不含二氧化碳的水稀释至刻度。1ml⇨0.1mg CO₃²⁻
Ca	称取于 105~110℃ 干燥至恒重的碳酸钙（CaCO₃）2.4972g，置于 300ml 烧杯中，加水 20ml，滴加 1＋1 盐酸至完全溶解，再加 10ml，煮沸除去二氧化碳，冷却后移入 1L 容量瓶中，用水稀释至标线，摇匀。1ml⇨1mg 钙
Cd	1. 称取 1.0000g 金属镉于 300ml 烧杯中，加入 20~30ml 1＋1 盐酸溶解，冷却，移入 1L 容量瓶中，用水稀释至标线，摇匀，1ml⇨1mg 镉 2. 称取 0.2032g 氯化镉（CdCl₃·2.5H₂O），溶于水，移入 1L 容量瓶中，稀释至刻度。1ml⇨0.1mg 镉
Ce	称取 3.1000g 硝酸铈 [Ce(NO₃)₃·6H₂O] 溶解于加了 2ml 浓硝酸的水中。移入 1L 容量瓶中，稀释至刻度，摇匀。1ml⇨1mg 铈
Cl	称取在 400~450℃ 灼烧至恒重的氯化钠 1.6485g，溶于水中，移入 1L 容量瓶中，稀释至刻度，摇匀。1ml⇨1mg 氯
ClO₃⁻	称取 0.1469g 氯酸钾（KClO₃），溶于水中，移入 1L 容量瓶中，稀释至刻度，摇匀。1ml⇨0.1mg ClO₃⁻
Co	称取金属钴 1.0000g 置于 300ml 烧杯中，加 1＋1 硝酸 50ml，在水浴上加热溶解，冷却后，加入少量水煮沸，冷却，移入 1L 容量瓶中，用水稀释至标线，摇匀。此溶液硝酸酸度应保持 2%~3%。1ml⇨1mg 钴
Cr	称取 120℃ 干燥至恒重的重铬酸钾 3.7349g，溶解于少量水中，移入 1L 容量瓶中，稀释至刻度，摇匀。1ml⇨1mg 铬
Cu	称取 1.0000g 金属铜置于 400ml 烧瓶中，加入 20ml 1＋1 硝酸溶解，在砂浴上加热蒸至近干，然后加入 10ml 浓硫酸，小心蒸至冒三氧化硫白烟，冷却后，加水使全部盐类溶解，冷却，移入 1L 容量瓶中，用水稀释至刻度，摇匀。1ml⇨1mg 铜
F	称取在 110~120℃ 干燥至恒重的氟化钠 2.2101g，溶于水中，移入 1L 容量瓶中，稀释至标线，摇匀。1ml⇨1mg 氟
Fe	称取 1.0000g 金属铁，用 30ml 1＋1 硝酸溶解（也可用 1＋1 盐酸或 1＋1 硫酸溶解），溶解后加热除去二氧化氮，冷却，移入 1L 容量瓶中，用水稀释至标线，摇匀。1ml⇨1mg 铁
Ga	称取 1.0000g 金属镓，置于 300ml 烧杯中，加入 20~30ml 1＋1 盐酸，滴加几滴硝酸，在水浴上加热使其溶解，冷却后移入 1L 容量瓶中，用水稀释至标线，摇匀。1ml⇨1mg 镓
Ge	称取 1.0000g 金属锗，置于 300ml 烧杯中，加 20~30ml 6% 过氧化氢，在水浴上加热溶解，加入少量氢氧化钠可加速其溶解，溶完后加几毫升热水，用 1＋1 盐酸中和并过量几毫升，煮沸除去过氧化氢，冷却后移入 1L 容量瓶中，稀释至刻度，摇匀。1ml⇨1mg 锗
Hg	1. 称取 1.6631g 硝酸汞，置于 300ml 烧杯中，加入 25% 硝酸 20ml，用水稀释至 50ml，使之完全溶解，移入 1L 容量瓶中，稀释至标线，摇匀。1ml⇨1mg 汞 2. 称取金属汞 1.0000g，置于 250ml 烧杯中，加入 1＋1 硝酸 20~30ml，放入通风橱中慢慢加热分解，待溶完后，加水稀释，移入 1L 容量瓶中，用水稀释至标线，摇匀。硝酸浓度为 1%。1ml⇨1mg 汞
I	称取 1.3080g 碘化钾，溶于水中，移入 1L 容量瓶中，稀释至刻度，摇匀。1ml⇨1mg 碘
In	称取 1.0000g 金属铟，置于 300ml 烧杯中，加 20~30ml 1＋1 盐酸溶解，在水浴上加热，使之完全溶解，冷却，移入 1L 容量瓶中，稀释至刻度，摇匀。1ml⇨1mg 铟
Ir	称取 22.94mg 氯铱酸铵 [(NH₄)₂IrCl₆]，溶于 1mol/L 盐酸中，移入 500ml 容量瓶中，用 1mol/L 盐酸稀释至刻度，摇匀。1ml⇨20μg 铱
K	称取 1.9067g 在 400~450℃ 灼烧至恒重的氯化钾，用水溶解，移入 1L 容量瓶中，稀释至刻度，摇匀。1ml⇨1mg 钾

续表

元素或离子	配制方法
La	称取 1.1728g 氧化镧（La_2O_3），溶于 50ml 1+1 盐酸中，移入 1L 容量瓶中，用水稀释至刻度，摇匀。1ml⇔1mg 镧
Mg	1. 称取 1.0000g 金属镁，加入 20ml 水，慢慢加入 20ml 盐酸，待完全溶解后加热煮沸，冷却，移入 1L 容量瓶中，用水稀释到标线，摇匀。1ml⇔1mg 镁 2. 称取于 800℃灼烧至恒重的氧化镁 1.6580g，按照上述方法配制。1ml⇔1mg 镁
Mn	1. 称取于 400～500℃灼烧至恒重的硫酸锰 2.749g，溶于水中，移入 1L 容量瓶中，稀释至刻度，摇匀。1ml⇔1mg 锰 2. 称取金属锰 1.0000g（称量前用稀硫酸洗去表面氧化物，再用水洗除酸后并烘干），用 20ml 1+4 硫酸溶解，移入 1L 容量瓶中，用水稀释至标线，摇匀。1ml⇔1mg 锰
Mo	1. 称取 1.5003g 三氧化钼，溶于少量稀氢氧化钠溶液中，用水稀释至 50ml，用硫酸酸化后过量几毫升，移入 1L 容量瓶中，稀释至标线，摇匀。1ml⇔1mg 钼 2. 称取 1.8403g 钼酸铵 [（NH_4）$_6$$Mo_7$$O_{24}$·$4H_2O$] 置于 300ml 烧杯中，以少量水溶解，移入 1L 容量瓶中，用水稀释至刻度，摇匀。1ml⇔1mg 钼
N	称取于 100～105℃干燥至恒重的氯化铵 3.8190g，溶于少量水中，移入 1L 容量瓶中，稀释至刻度，摇匀。1ml⇔1mg 氮
NH_4^+	称取于 100～105℃干燥至恒重的氯化铵 0.2965g，溶于少量水中，移入 1L 容量瓶中，稀释至刻度，摇匀。1ml⇔0.5mg NH_4^+
NO_2^-	称取 0.1500g 亚硝酸钠，溶于水，移入 1L 容量瓶中，稀释至刻度，摇匀。1ml⇔0.1mg NO_2^-
NO_3^-	称取于 120～130℃干燥至恒重的硝酸钾 1.630g，溶于水，移入 1L 容量瓶中，稀释至刻度，摇匀。1ml⇔1mg NO_3^-
Na	称取于 500～600℃灼烧至恒重的氯化钠 2.5421g，溶于少量水中，移入 1L 容量瓶中，稀释至标线。1ml⇔1mg 钠
Nb	称取 25mg 五氧化二铌于石英坩埚中，加入焦硫酸钾 3g，在 700℃熔融至透明，冷却，加数滴硫酸继续熔融，如此反复处理几次，直至熔融物清亮。取出，冷却，用近沸的 6% 酒石酸溶液浸取，加热使其完全溶解，冷却后移入 250ml 容量瓶中，用 6% 酒石酸溶液稀释至标线，摇匀。1ml⇔0.1mg Nb_2O_5
Ni	1. 称取 1.0000g 金属镍置于 300ml 烧杯中，加入 15ml 1+1 硝酸，水浴上加热溶解，溶完后加热煮沸，冷却，移入 1L 容量瓶中，用水稀释至标线，摇匀。1ml⇔0.1mg 镍 2. 称取 0.6730g 硫酸镍铵 [$NiSO_4$·（NH_4）$_2$$SO_4$·$6H_2O$]，溶于水，移入 1L 容量瓶中，稀释至标线，摇匀。1ml⇔0.1mg 镍
Os	称取 23.08mg 氯锇酸铵 [（NH_4）$_2$$OsCl_6$]，加盐酸 10ml、水 50ml，温热溶解，冷却后，移入 100ml 容量瓶中，用水稀释至刻度，摇匀。1ml⇔100mg 锇
P	称取 4.2635g 磷酸氢二铵，溶于少量水中，移入 1L 容量瓶中，用水稀释至标线，摇匀。1ml⇔1mg 磷
PO_4^{3-}	称取 0.1433g 磷酸二氢钾，溶于少量水中，移入 1L 容量瓶中，用水稀释至标线，摇匀。1ml⇔0.1mg PO_4^{3-}
Pb	1. 称取 1.0000g 金属铅，置于 300ml 烧杯中，加入 30ml 1+2 硝酸溶解，待溶解完全后，加热除去二氧化氮，冷却，移入 1L 容量瓶中，用水稀释至刻度，摇匀。1ml⇔1mg 铅 2. 称取 0.1599g 硝酸铅溶于少量水及 1ml 硝酸中，移入 1L 容量瓶中，用水稀释至刻度，摇匀。1ml⇔0.1mg 铅
Pd	称取 0.1000g 金属钯，用王水溶解，加入氯化钠 0.2g，于水浴上蒸干两次，加入盐酸 10ml 和水 20ml，溶解后移入 100ml 容量瓶中，用水稀释至刻度，摇匀。1ml⇔1mg 钯，工作溶液用 8mol/L 盐酸稀释
Pt	制备方法同钯
Re	称取 1.0000g 金属铼，置于 300ml 烧杯中，加入 20ml 1+1 盐酸并滴加 30% 过氧化氢使铼分解完全，加少许水并加热煮沸除去过氧化氢，冷却后移入 1L 容量瓶中，稀释至刻度，摇匀。1ml⇔1mg 铼

续表

元素或离子	配制方法
Rh	称取 38.56mg 氯铑酸铵 $[(NH_4)_3RhCl_6 \cdot 1.5H_2O]$，溶于 1mol/L 盐酸中，移入 500ml 容量瓶中，用 1mol/L 盐酸稀释至刻度，摇匀。1ml⇔20μg 铑
Ru	称取 32.98mg 氯亚钌酸铵 $[(NH_4)_2Ru(H_2O)Cl_5]$，加 10ml 盐酸，50ml 水，温热溶解，冷却后移入 100ml 容量瓶中，稀释至刻度，摇匀。1ml⇔0.1mg 钌
S	称取在 105℃ 干燥 1～2h 的无水硫酸钾 4.4299g（或硫酸钾 5.4349g），置于 300ml 烧杯中，用 5% 盐酸溶解，移入 1L 容量瓶中，用 5% 盐酸稀释至刻度，摇匀。1ml⇔1mg 硫
SCN$^-$	称取 0.1311g 硫氰酸铵，溶于水，移入 1L 容量瓶中，稀释至刻度，摇匀。1ml⇔0.1mg SCN$^-$
SO$_4^{2-}$	称取在 105℃ 干燥 1～2h 的无水硫酸钠 0.1479g，溶于水，移入 1L 容量瓶中，稀释至刻度，摇匀。1ml⇔0.1mg SO$_4^{2-}$
S$_2$O$_3^{2-}$	称取 0.2213g 硫代硫酸钠 $(Na_2S_2O_3 \cdot 5H_2O)$，溶于水，移入 1L 容量瓶中，稀释至刻度，摇匀。1ml⇔0.1mg S$_2$O$_3^{2-}$
Sb	称取 1.0000g 金属锑，置于 300ml 烧杯中，加入 20～30ml 1+1 硫酸，加热溶解，完全溶解后，用 1+4 硫酸稀释，移入 1L 容量瓶中，用 1+4 硫酸稀释至标线，摇匀。1ml⇔1mg 锑
Sc	称取 0.1530g 三氧化二钪，溶于 10ml 2mol/L 盐酸中，移入 100ml 容量瓶中，稀释至标线，摇匀。1ml⇔1mg 钪
Se	1. 称取 1.0000g 硒，置于 300ml 烧杯中，加入 10ml 水和 10ml 浓盐酸，在水浴上加热溶解，滴加几滴硝酸，分解完全后，移入 1L 容量瓶中，用水稀释至刻度，摇匀。1ml⇔1mg 硒 2. 称取 0.1405g 二氧化硒，溶于水，移入 1L 容量瓶中，稀释至刻度，摇匀。1ml⇔0.1mg 硒
Si	称取 2.1393g 二氧化硅，置于铂坩埚中，加 10g 无水碳酸钠，混匀，于 1000℃ 加热至完全熔融，冷却后用热水浸出，加热至溶液澄清，冷却，移入 1L 容量瓶中，用水稀释至刻度，摇匀。用聚乙烯容器储存。1ml⇔1mg 硅
SiO$_3^{2-}$	称取 0.7898g 二氧化硅，同 Si 方法处理、配制。1ml⇔1mg SiO$_3^{2-}$
Sn	称取 1.0000g 金属锡，用 50ml 1+1 盐酸溶解，冷却后移入 1L 容量瓶中，加入 80ml 浓盐酸，用水稀释至刻度，摇匀，盐酸浓度为 10%，1ml⇔1mg 锡
Sr	称取二氯化锶 $(SrCl_2 \cdot 6H_2O)$ 3.04g，溶于 0.3mol/L 盐酸中，移入 1L 容量瓶中，用 0.3mol/L 盐酸稀释至刻度，摇匀。1ml⇔0.1mg 锶
Ta	配制方法与铌相同
Te	称取 1.0000g 碲，置于 300ml 烧杯中，加入 20～30ml 浓盐酸及浓硝酸数滴，在水浴上加热溶解，然后移入 1L 容量瓶中，用水稀释至刻度，摇匀。1ml⇔1mg 碲
Th	称取二氧化钍 0.5000g 于 250ml 烧杯中，加入盐酸 10ml 和少量氟化钠，加热溶解后，加入高氯酸 2ml，蒸发至干，加盐酸 2ml，在水浴上蒸干，加入 2% 盐酸 20ml，微热，冷却后用 2% 盐酸转入 500ml 容量瓶中，并稀释至刻度，摇匀。1ml⇔1mg 二氧化钍
Ti	1. 称取 0.1668g 二氧化钛，加 2g 焦硫酸钾，熔融，冷却，以 0.5mol/L 硫酸溶解，移入 1L 容量瓶中，并用 0.5mol/L 硫酸稀释至刻度，摇匀。1ml⇔0.1mg 钛 2. 称取 1.0000g 金属钛，放入 250ml 铂皿中，加入少许水后，慢慢滴加氢氟酸使样品溶解，再滴加硝酸，使低价钛完全氧化，加入 10ml 浓硫酸，摇匀。在电炉上蒸发至冒硫酸白烟，取下冷却至室温后，用 5% 硫酸移入 1L 容量瓶，并稀释至标线，摇匀，硫酸浓度约为 10%。1ml⇔1mg 钛
Tl	1. 称取 0.1175g 氯化亚铊 (TlCl)，溶于 5ml 硫酸中，移入 1L 容量瓶中，稀释至刻度，摇匀。1ml⇔0.1mg 铊 2. 称取 1.0000g 金属铊，置于 300ml 烧杯中，加入 20ml 1+1 硝酸，使之分解后，用水稀释并移入 1L 容量瓶中，用水稀释至标线，摇匀。1ml⇔1mg 铊
U	称取 2.1090g 硝酸铀酰 $[UO_2(NO_3)_2 \cdot 6H_2O]$，溶于少量水中，加入 10ml 浓硝酸，移入 1L 容量瓶中，用水稀释至刻度，摇匀。1ml⇔1mg 铀
V	称取 2.2963g 钒酸铵 (NH_4VO_3)，溶于加有几粒氢氧化钠的 100ml 水中，溶解后，用 1+1 硫酸中和至酸性，移入 1L 容量瓶中，用水稀释至标线，摇匀。1ml⇔1mg 钒

续表

元素或离子	配制方法
W	称取 1.2611g 三氧化钨 (在 110℃ 烘干 1h, 冷却), 用 20% 氢氧化钠溶液 30~40ml 稍加温溶解, 冷却后移入 1L 容量瓶中, 用水稀释至标线, 摇匀。1ml⇌1mg 钨
Zn	称取 1.0000g 金属锌, 置于 300ml 烧杯中, 加 30~40ml 1+1 盐酸, 使其溶解, 待溶完后加热煮沸几分钟, 冷却, 移入 1L 容量瓶中, 用水稀释到标线, 摇匀。1ml⇌1mg 锌
Zr	称取 3.5328g 氯化锆酰 ($ZrOCl_2 \cdot 8H_2O$), 置于 300ml 烧杯中, 加入 40~50ml 10% 盐酸溶解, 移入 1L 容量瓶中, 用 10% 盐酸稀释至标线, 摇匀。1ml⇌1mg 锆

二、测定化学试剂杂质用标准溶液

本节所列 85 种标准溶液中有 83 种为国家标准 (GB/T 602—2002) 所列, 用于检定化学试剂中杂质含量, 也可用于其他化学品中杂质含量的测定。表 3-7 中标准溶液按化学式英文字母顺序排列, 有机化合物按碳氢原子数顺序排在无机化合物后面。

表 3-7 测定化学试剂杂质用标准溶液的配制方法

序号	名称和化学式	配制方法
1	银 (Ag)	银 (1ml 溶液含有 0.1mg Ag) 称取 0.158g 硝酸银, 溶于水, 移入 1000ml 容量瓶中, 稀释至刻度。储存于棕色瓶中
2	铝 (Al)	铝 (1ml 溶液含有 0.1mg Al) 称取 1.759g 硫酸铝钾 [$AlK(SO_4)_2 \cdot 12H_2O$], 溶于水, 加 10ml 硫酸溶液 (25%), 移入 1000ml 容量瓶中, 稀释至刻度
3	砷 (As)	砷 (1ml 溶液含有 0.1mg As) 称取 0.132g 于硫酸干燥器中干燥至恒重的三氧化二砷, 温热溶于 1.2ml 氢氧化钠溶液 (100g/L) 中, 移入 1000ml 容量瓶中, 稀释至刻度
4	金 (Au)	金 (1ml 溶液含有 1mg Au) 称取 0.1000g 金属金, 加 10ml 盐酸、5ml 硝酸溶解, 在水浴上蒸发至近干, 溶于水, 移入 1000ml 容量瓶中, 稀释至刻度
5	硼 (B)	硼 (1ml 溶液含有 0.1mg B) 称取 0.572g 硼酸, 加 10ml 水温热溶解, 移入 1000ml 容量瓶中, 稀释至刻度
6	钡 (Ba)	钡 (1ml 溶液含有 0.1mg Ba) 称取 0.178g 氯化钡 ($BaCl_2 \cdot 2H_2O$), 溶于水, 移入 1000ml 容量瓶中, 稀释至刻度
7	铍 (Be)	铍 (1ml 溶液含有 1mg Be) 称取 1.966g 硫酸铍 ($BeSO_4 \cdot 4H_2O$), 溶于水, 加 1ml 硫酸, 移入 100ml 容量瓶中, 稀释至刻度
8	铋 (Bi)	铋 (1ml 溶液含有 0.1mg Bi) 1. 称取 0.232g 硝酸铋 [$Bi(NO_3)_3 \cdot 5H_2O$], 用 10ml 硝酸溶液 (25%) 溶解, 移入 1000ml 容量瓶中, 稀释至刻度 2. 称取 0.100g 金属铋, 溶于 6ml 硝酸中, 煮沸除去三氧化二氮气体, 移入 1000ml 容量瓶中, 稀释至刻度
9	溴化物 (Br^-)	溴化物 (1ml 溶液含有 0.1mg Br) 称取 0.149g 溴化钾, 溶于水, 移入 1000ml 容量瓶中, 稀释至刻度。储存于棕色瓶中
10	溴酸盐 (BrO_3^-)	溴酸盐 (1ml 溶液含有 0.1mg BrO_3^-) 称取 0.131g 溴酸钾, 溶于水, 移入 1000ml 容量瓶中, 稀释至刻度。储存于棕色瓶中
11	碳 (C)	碳 (1ml 溶液含有 1mg C) 称取 8.826g 于 270~300℃ 灼烧至恒重的无水碳酸钠, 溶于无二氧化碳的水中, 移入 1000ml 容量瓶中, 用无二氧化碳的水稀释至刻度

续表

序号	名称和化学式	配　制　方　法
12	羰基化合物 $\overset{O}{\underset{\|}{\overset{\|}{—C—}}}$	羰基化合物（1ml 溶液含有 1mg $—\overset{\overset{O}{\|}}{C}—$ ） 称取 10.43g 丙酮（相当于 5.000g $—\overset{\overset{O}{\|}}{C}—$ ）置于含有 50ml 无羰基甲醇的 100ml 容量瓶中，用无羰基甲醇稀释至刻度，充分混匀。量取 20.00ml 此溶液于 1000ml 容量瓶中，用无羰基甲醇稀释至刻度。此标准溶液使用前制备
13	二氧化碳 （CO_2）	二氧化碳（1ml 溶液含有 0.1mg CO_2） 称取 0.240g 于 270～300℃ 灼烧至恒重的无水碳酸钠，溶于无二氧化碳的水中，移入 1000ml 容量瓶中，用无二氧化碳的水稀释至刻度
14	碳酸盐 （CO_3^{2-}）	碳酸盐（1ml 溶液含有 0.1mg CO_3^{2-}） 称取 0.177g 于 270～300℃ 灼烧至恒重的无水碳酸钠，溶于无二氧化碳的水中，移入 1000ml 容量瓶中，用无二氧化碳的水稀释至刻度
15	二硫化碳 （CS_2）	二硫化碳（1ml 溶液含有 1mg CS_2） 称取 0.500g 二硫化碳，溶于四氯化碳，移入 500ml 容量瓶中，用四氯化碳稀释至刻度。此标准溶液使用前制备
16	钙 （Ca）	钙（1ml 溶液含有 0.1mg Ca） 1. 称取 0.250g 于 105～110℃ 干燥至恒重的碳酸钙，溶于 10ml 盐酸溶液（10%）中，移入 1000ml 容量瓶中，稀释至刻度 2. 称取 0.367g 氯化钙（$CaCl_2 \cdot 2H_2O$），溶于水，移入 1000ml 容量瓶中，稀释至刻度
17	镉 （Cd）	镉（1ml 溶液含有 0.1mg Cd） 称取 0.203g 氯化镉（$CdCl_2 \cdot 2\frac{1}{2}H_2O$），溶于水，移入 1000ml 容量瓶中，稀释至刻度
18	氯 （Cl）	氯（1ml 溶液含有 0.1mg Cl） 称取约 4g 氯胺 T（$C_7H_7ClNNaO_2S \cdot 3H_2O$），置于 1000ml 容量瓶中，溶于水，稀释至刻度（溶液 I） 准确量取 Vml 溶液 I，置于 1000ml 容量瓶中，稀释至刻度。此标准溶液使用前制备 氯胺 T 水溶液体积按式（3-1）计算： $$V = \frac{0.100}{X} \qquad (3\text{-}1)$$ 式中　V——氯胺 T 水溶液的体积，ml； 　　　X——1ml 溶液 I 含有氯的质量，g/ml； 　　　0.100——配制 1000ml 氯杂质标准溶液所需氯的质量，g。 注：（溶液 I）含量测定 量取 5.00ml 溶液 I，注入碘量瓶中，加 100ml 水、2g 碘化钾及 5ml 盐酸溶液（10%），在暗处放置 10min。用硫代硫酸钠标准溶液 [$c(Na_2S_2O_3) = 0.1mol/L$] 滴定，近终点时，加入 3ml 淀粉指示液（5g/L），继续滴定至溶液蓝色消失 氯含量按下式计算： $$X = \frac{Vc \times 0.03545}{5} \qquad (3\text{-}2)$$ 式中　X——氯的含量，g/ml； 　　　V——硫代硫酸钠标准溶液的体积，ml； 　　　c——硫代硫酸钠标准溶液的物质的量浓度，mol/L； 　0.03545——与 1.00ml 硫代硫酸钠标准溶液 [$c(Na_2S_2O_3) = 1.000mol/L$] 相当的以克（g）表示的氯的质量
19	氯化物 （Cl^-）	氯化物（1ml 溶液含有 0.1mg Cl^-） 称取 0.165g 于 500～600℃ 灼烧至恒重的氯化钠，溶于水，移入 1000ml 容量瓶中，稀释至刻度
20	氯酸盐 （ClO_3^-）	氯酸盐（1ml 溶液含有 0.1mg ClO_3^-） 称取 0.147g 氯酸钾，溶于水，移入 1000ml 容量瓶中，稀释至刻度

续表

序号	名称和化学式	配 制 方 法
21	钴 （Co）	钴（1ml 溶液含有 1mg Co） 称取 2.630g 无水硫酸钴（用 $CoSO_4 \cdot 7H_2O$ 在 500～550℃灼烧至恒重），溶于水，移入 1000ml 容量瓶中，稀释至刻度
22	铬 （Cr）	铬（1ml 溶液含有 0.1mg Cr） 1. 称取 0.373g 预先于 105℃干燥 1h 的铬酸钾，溶于含有 1 滴氢氧化钠溶液（100g/L）的少量水中，移入 1000ml 容量瓶中，稀释至刻度 2. 称取 0.283g 重铬酸钾，溶于水，移入 1000ml 容量瓶中，稀释至刻度
23	铬酸盐 （CrO_4^{2-}）	铬酸盐（1ml 溶液含有 0.1mg CrO_4^{2-}） 称取 0.167g 预先于 105～110℃干燥 1h 的铬酸钾，溶于含有 1 滴氢氧化钠溶液（100g/L）的少量水中，移入 1000ml 容量瓶中，稀释至刻度
24	铜 （Cu）	铜（1ml 溶液含有 0.1mg Cu） 称取 0.393g 硫酸铜（$CuSO_4 \cdot 5H_2O$），溶于水，移入 1000ml 容量瓶中，稀释至刻度
25	氟化物 （F^-）	氟化物（1ml 溶液含有 0.1mg F^-） 称取 0.221g 氟化钠，溶于水，移入 1000ml 容量瓶中，稀释至刻度。储存于聚乙烯瓶中
26	亚铁 [Fe（Ⅱ）]	亚铁 [1ml 溶液含有 0.1mg Fe（Ⅱ）] 称取 0.702g 硫酸亚铁铵 [$(NH_4)_2Fe(SO_4)_2 \cdot 6H_2O$]，溶于含有 0.5ml 硫酸的水中，移入 1000ml 容量瓶中，稀释至刻度。此标准溶液使用前制备
27	铁 （Fe）	铁（1ml 溶液含有 0.1mg Fe） 称取 0.864g 硫酸铁铵 [$NH_4Fe(SO_4)_2 \cdot 12H_2O$]，溶于水，加 10ml 硫酸溶液（25%），移入 1000ml 容量瓶中，稀释至刻度
28	六氰合铁（Ⅱ） 酸盐 [$Fe(CN)_6^{4-}$]	六氰合铁（Ⅱ）酸盐 [1ml 溶液含有 0.1mg $Fe(CN)_6^{4-}$] 称取 0.199g 六氰合铁（Ⅱ）酸钾 [$K_4Fe(CN)_6 \cdot 3H_2O$]，溶于水，移入 1000ml 容量瓶中，稀释至刻度。此标准溶液使用前制备
29	镓 （Ga）	镓（1ml 溶液含有 1mg Ga） 称取 0.134g 三氧化二镓，溶于 5ml 硫酸，移入 100ml 容量瓶中，小心稀释至刻度
30	锗 （Ge）	锗（1ml 溶液含有 0.1mg Ge） 称取 0.100g 锗，加热溶于 3～5ml 30% 过氧化氢中，逐滴加入氨水至白色沉淀溶解，用硫酸溶液（20%）中和并过量 0.5ml，移入 1000ml 容量瓶中，稀释至刻度
31	汞 （Hg）	汞（1ml 溶液含有 0.1mg Hg） 1. 称取 0.135g 氯化汞，溶于水，移入 1000ml 容量瓶中，稀释至刻度 2. 称取 0.162g 硝酸汞，用 10ml 硝酸溶液（1+9）溶解，移入 1000ml 容量瓶中，稀释至刻度
32	过氧化氢 （H_2O_2）	过氧化氢（1ml 溶液含有 1mg H_2O_2） 称取 mg 30% 过氧化氢，置于 1000ml 容量瓶中，稀释至刻度。此标准溶液使用前制备 30% 过氧化氢质量按下式计算： $$m = \frac{1.000}{X} \qquad (3\text{-}3)$$ 式中　m——30% 过氧化氢的质量，g； 　　　X——30% 过氧化氢的百分含量； 　　1.000——配制 1000ml 过氧化氢杂质标准溶液所需过氧化氢之质量，g。 注：30% 过氧化氢含量测定 量取 1.8ml（2g）30% 过氧化氢，注入具塞锥形瓶中，称准至 0.0002g。移入 250ml 容量瓶中，稀释至刻度。量取 25.00ml，加 10ml 硫酸溶液（20%），用高锰酸钾标准溶液 [$c(\frac{1}{5}KMnO_4)=0.1mol/L$] 滴定至溶液呈粉红色，保持 30s 30% 过氧化氢含量按下式计算： $$X = \frac{Vc \times 0.01701}{m} \times 100\% \qquad (3\text{-}4)$$

序号	名称和化学式	配 制 方 法

32	过氧化氢
	(H_2O_2)
		式中 X——30％过氧化氢的百分含量；
		   V——高锰酸钾标准溶液的用量，ml；
		   c——高锰酸钾标准溶液的物质的量浓度，mol/L；
		   m——30％过氧化氢的质量，g；
		0.01701——与 1.00ml 高锰酸钾标准溶液 $\left[c\left(\dfrac{1}{5}KMnO_4\right)=1.000mol/L\right]$ 相当的以克
		   （g）表示的过氧化氢的质量

33	碘化物 (I^-)	碘化物（1ml 溶液含有 0.1mg I^-） 称取 0.131g 碘化钾，溶于水，移入 1000ml 容量瓶中，稀释至刻度。储存于棕色瓶中
34	碘酸盐 (IO_3^-)	碘酸盐（1ml 溶液含有 0.1mg IO_3^-） 称取 0.122g 碘酸钾，溶于水，移入 1000ml 容量瓶中，稀释至刻度。储存于棕色瓶中
35	铟 （In）	铟（1ml 溶液含有 1mg In） 称取 0.100g 金属铟，加 15ml 盐酸溶液（20％），加热溶解，冷却，移入 100ml 容量瓶中，稀释至刻度
36	钾 （K）	钾（1ml 溶液含有 0.1mg K） 1. 称取 0.191g 于 500～600℃灼烧至恒重的氯化钾，溶于水，移入 1000ml 容量瓶中，稀释至刻度 2. 称取 0.259g 硝酸钾，溶于水，移入 1000ml 容量瓶中，稀释至刻度
37	镁 （Mg）	镁（1ml 溶液含有 0.1mg Mg） 1. 称取 0.166g 于 800℃灼烧至恒重的氧化镁，溶于 2.5ml 盐酸及少量水中，移入 1000ml 容量瓶中，稀释至刻度 2. 称取 1.014g 硫酸镁（$MgSO_4 \cdot 7H_2O$），溶于水，移入 1000ml 容量瓶中，稀释至刻度
38	锰 （Mn）	锰（1ml 溶液含有 0.1mg Mn） 1. 称取 0.275g 于 400～500℃灼烧至恒重的无水硫酸锰，溶于水，移入 1000ml 容量瓶中，稀释至刻度 2. 称取 0.308g 硫酸锰（$MnSO_4 \cdot H_2O$），溶于水，移入 1000ml 容量瓶中，稀释至刻度
39	钼 （Mo）	钼（1ml 溶液含有 0.1mg Mo） 称取 0.184g 钼酸铵 $[(NH_4)_6Mo_7O_{24} \cdot 4H_2O]$，溶于水，移入 1000ml 容量瓶中，稀释至刻度
40	氮 （N）	氮（1ml 溶液含有 0.1mg N） 1. 称取 0.382g 于 100～105℃干燥至恒重的氯化铵，溶于水，移入 1000ml 容量瓶中，稀释至刻度 2. 称取 0.607g 硝酸钠，溶于水，移入 1000ml 容量瓶中，稀释至刻度
41	铵 （NH_4^+）	铵（1ml 溶液含有 0.1mg NH_4^+） 称取 0.297g 于 105～110℃干燥至恒重的氯化铵，溶于水，移入 1000ml 容量瓶中，稀释至刻度
42	亚硝酸盐 （NO_2^-）	亚硝酸盐（1ml 溶液含有 0.1mg NO_2^-） 称取 0.150g 亚硝酸钠，溶于水，移入 1000ml 容量瓶中，稀释至刻度。此标准溶液使用前制备
43	硝酸盐 （NO_3^-）	硝酸盐（1ml 溶液含有 0.1mg NO_3^-） 1. 称取 0.163g 于 120～130℃干燥至恒重的硝酸钾，溶于水，移入 1000ml 容量瓶中，稀释至刻度 2. 称取 0.137g 硝酸钠，溶于水，移入 1000ml 容量瓶中，稀释至刻度
44	钠 （Na）	钠（1ml 溶液含有 0.1mg Na） 称取 0.254g 于 500～600℃灼烧至恒重的氯化钠，溶于水，移入 1000ml 容量瓶中，稀释至刻度。储存于聚乙烯瓶中
45	铌 （Nb）	铌（1ml 溶液含有 0.1mg Nb） 称取 0.143g 经乳钵研细的五氧化二铌和 4g 粉末状的焦硫酸钾，二者分层放入石英坩埚中，于 600℃灼烧熔融，取出冷却，用 20ml 酒石酸溶液（150g/L）加热溶解。移入 1000ml 容量瓶中，稀释至刻度

续表

序号	名称和化学式	配 制 方 法
46	镍 (Ni)	镍（1ml 溶液含有 0.1mg Ni） 1. 称取 0.673g 硫酸镍铵 ［NiSO$_4$・(NH$_4$)$_2$SO$_4$・6H$_2$O］，溶于水，移入 1000ml 容量瓶中，稀释至刻度 2. 称取 0.448g 硫酸镍（NiSO$_4$・6H$_2$O），溶于水，移入 1000ml 容量瓶中，稀释至刻度
47	磷 (P)	磷（1ml 溶液含有 0.1mg P） 称取 0.439g 磷酸二氢钾，溶于水，移入 1000ml 容量瓶中，稀释至刻度
48	磷酸盐 (PO$_4^{3-}$)	磷酸盐（1ml 溶液含有 0.1mg PO$_4^{3-}$） 称取 0.143g 磷酸二氢钾，溶于水，移入 1000ml 容量瓶中，稀释至刻度
49	铅 (Pb)	铅（1ml 溶液含有 0.1mg Pb） 称取 0.160g 硝酸铅，用 10ml 硝酸溶液（1＋9）溶解，移入 1000ml 容量瓶中，稀释至刻度
50	钯 (Pd)	钯（1ml 溶液含有 1mg Pd） 称取 1.666g 预先在 105～110℃ 干燥 1h 的氯化钯，加 30ml 盐酸溶液（20％）溶解，移入 1000ml 容量瓶中，稀释至刻度
51	铂 (Pt)	铂（1ml 溶液含有 1mg Pt） 称取 0.249g 氯铂酸钾，溶于水，移入 100ml 容量瓶中，稀释至刻度
52	硫 (S)	硫（1ml 溶液含有 0.1mg S） 称取 0.544g 硫酸钾，溶于水，移入 1000ml 容量瓶中，稀释至刻度
53	硫化物 (S^{2-})	硫化物（1ml 溶液含有 0.1mg S^{2-}） 称取 0.749g 硫化钠（Na$_2$S・9H$_2$O），溶于水，移入 1000ml 容量瓶中，稀释至刻度。此标准溶液使用前制备
54	硫氰酸盐 (SCN$^-$)	硫氰酸盐（1ml 溶液含有 0.1mg SCN$^-$） 称取 0.131g 硫氰酸铵，溶于水，移入 1000ml 容量瓶中，稀释至刻度
55	硫酸盐 (SO$_4^{2-}$)	硫酸盐（1ml 溶液含有 0.1mg SO$_4^{2-}$） 1. 称取 0.148g 于 105～110℃ 干燥至恒重的无水硫酸钠，溶于水，移入 1000ml 容量瓶中，稀释至刻度 2. 称取 0.181g 硫酸钾，溶于水，移入 1000ml 容量瓶中，稀释至刻度
56	硫代硫酸盐 (S$_2$O$_3^{2-}$)	硫代硫酸盐（1ml 溶液含有 0.1mg S$_2$O$_3^{2-}$） 称取 0.221g 硫代硫酸钠（Na$_2$S$_2$O$_3$・5H$_2$O），溶于煮沸过的水，移入 1000ml 容量瓶中，用煮沸过的水稀释至刻度
57	锑 (Sb)	锑（1ml 溶液含有 0.1mg Sb） 称取 0.274g 酒石酸锑钾（C$_4$H$_4$KO$_7$Sb・$\frac{1}{2}$H$_2$O），溶于盐酸溶液（10％）中，移入 1000ml 容量瓶中，用盐酸溶液（10％）稀释至刻度
58	硒 (Se)	硒（1ml 溶液含有 0.1mg Se） 称取 0.141g 二氧化硒，溶于水，移入 1000ml 容量瓶中，稀释至刻度
59	硅 (Si)	硅（1ml 溶液含有 0.1mg Si） 称取 0.214g 二氧化硅，置于铂坩埚中，加 1g 无水碳酸钠，混匀，于 1000℃ 加热至完全熔融，冷却，溶于水，移入 1000ml 容量瓶中，稀释至刻度。储存于聚乙烯瓶中
60	二氧化硅 (SiO$_2$)	二氧化硅（1ml 溶液含有 1mg SiO$_2$） 称取 1.000g 二氧化硅，置于铂坩埚中，加 3.3g 无水碳酸钠，混匀。于 1000℃ 加热至完全熔融，冷却，溶于水，移入 1000ml 容量瓶中，稀释至刻度。储存于聚乙烯瓶中
61	硅酸盐 (SiO$_3^{2-}$)	硅酸盐（1ml 溶液含有 1mg SiO$_3^{2-}$） 称取 0.790g 二氧化硅，置于铂坩埚中，加 2.6g 无水碳酸钠，混匀，于 1000℃ 加热至完全熔融，冷却，溶于水，移入 1000ml 容量瓶中，稀释至刻度。储存于聚乙烯瓶中

序号	名称和化学式	配 制 方 法
62	六氟合硅酸盐 （SiF_6^{2-}）	六氟合硅酸盐（1ml 溶液含有 0.1mg SiF_6^{2-}） 称取 m g 六氟合硅酸（30%～32%），溶于水，移入 1000ml 容量瓶中，稀释至刻度。储存于聚乙烯瓶中。 六氟合硅酸质量按下式计算： $$m = \frac{1.0141 \times 0.100}{X} \qquad (3-5)$$ 式中　m——六氟合硅酸的质量，g； 　　　X——六氟合硅酸的含量，%； 　0.100——配制 1000ml 六氟合硅酸盐杂质标准溶液所需六氟合硅酸的质量，g； 1.0141——六氟合硅酸盐换算为六氟合硅酸的系数。 注：六氟合硅酸含量测定 　　称取 3g 六氟合硅酸，标准至 0.0002g。置于聚乙烯杯中，加 100ml 水、10ml 饱和氯化钾溶液及 3 滴酚酞指示液（10g/L），冷却至 0℃，用氢氧化钠标准溶液 [c(NaOH) ＝1mol/L] 滴定至粉红色，保持 15s（V_1）。然后加热至 80℃，继续用氢氧化钠标准溶液 [c(NaOH) ＝1mol/L] 滴定至溶液呈稳定的粉红色（V_2）。 六氟合硅酸含量按下式计算： $$X = \frac{V_2 c \times 0.036023}{m} \times 100\% \qquad (3-6)$$ 式中　X——六氟合硅酸的百分含量； 　　　V_2——滴定至第二终点氢氧化钠标准溶液的用量，ml； 　　　c——氢氧化钠标准溶液的物质的量浓度，mol/L； 　　　m——六氟合硅酸的质量，g； 0.036023——与 1.00ml 氢氧化钠标准溶液 [c(NaOH) ＝1.000mol/L] 相当的以克（g）表示的六氟合硅酸的质量
63	锡 （Sn）	锡（1ml 溶液含有 0.1mg Sn） 称取 0.100g 金属锡，溶于盐酸溶液（20%）中，移入 100ml 容量瓶中，用盐酸溶液（20%）稀释至刻度。量取 10.00ml 上述溶液，注入 100ml 容量瓶中，加 15ml 盐酸溶液（20%），稀释至刻度。此标准溶液使用前制备
64	锶 （Sr）	锶（1ml 溶液含有 0.1mg Sr） 称取 0.304g 氧化锶（$SrCl_2 \cdot 6H_2O$），溶于水，移入 1000ml 容量瓶中，稀释至刻度
65	碲 （Te）	碲（1ml 溶液含有 1mg Te） 称取 1.000g 金属碲，加 20～30ml 盐酸及数滴硝酸，温热溶解，移入 1000ml 容量瓶中，稀释至刻度
66	钛 （Ti）	钛（1ml 溶液含有 0.1mg Ti） 称取 0.167g 二氯化钛，加 2～4g 焦硫酸钾，于 600℃ 灼烧熔融，冷却，用硫酸溶液（5%）溶解，移入 1000ml 容量瓶中，稀释至刻度
67	铊 （Tl）	铊（1ml 溶液含有 0.1mg Tl） 称取 0.118g 氯化亚铊，溶于 5ml 硫酸，移入 1000ml 容量瓶中，稀释至刻度
68	钒 （V）	钒（1ml 溶液含有 1mg V） 称取 0.230g 偏钒酸铵，溶于水（必要时可温热），移入 100ml 容量瓶中，稀释至刻度
69	钨 （W）	钨（1ml 溶液含有 1mg W） 称取 1.262g 预先在 105～110℃ 干燥 1h 的三氧化钨，加 30～40ml 氢氧化钠溶液（200 g/L），加热溶解，冷却，移入 1000ml 容量瓶中，稀释至刻度 注：可用钨酸铵在 400～500℃ 灼烧 20min 分解后生成的三氧化钨制备
70	锌 （Zn）	锌（1ml 溶液含有 0.1mg Zn） 1. 称取 0.125g 氧化锌，溶于 100ml 水及 1ml 硫酸中，移入 1000ml 容量瓶中，稀释至刻度 2. 称取 0.440g 硫酸锌（$ZnSO_4 \cdot 7H_2O$），溶于水，移入 1000ml 容量瓶中，稀释至刻度
71	锆 （Zr）	锆（1ml 溶液含有 0.1mg Zr） 称取 0.353g 氧氯化锆（$ZrOCl_2 \cdot 8H_2O$），加 30～40ml 盐酸溶液（10%）溶解，移入 1000ml 容量瓶中，用盐酸溶液（10%）稀释至刻度

序号	名称和化学式	配 制 方 法
72	甲醛 （HCHO）	甲醛（1ml溶液含有1mg HCHO） 称取 m g甲醛溶液，置于1000ml容量瓶中，稀释至刻度。此标准溶液使用前制备 甲醛溶液质量按下式计算： $$m = \frac{1.000}{X} \qquad (3\text{-}7)$$ 式中　m——甲醛溶液的质量，g； 　　　X——甲醛溶液的百分含量； 　　1.000——配制1000ml甲醛杂质标准溶液所需甲醛溶液的质量，g。 注：甲醛溶液含量测定 量取3ml甲醛溶液，称准至0.0002g。加入50ml亚硫酸钠溶液[$c(\text{Na}_2\text{SO}_3)=1\text{mol/L}$]中，用硫酸标准溶液[$c\left(\frac{1}{2}\text{H}_2\text{SO}_4\right)=1\text{mol/L}$]滴定至溶液由蓝色变为无色。 亚硫酸钠溶液[$c(\text{Na}_2\text{SO}_3)=1\text{mol/L}$]的制备：称取126g亚硫酸钠，溶于水，稀释至1000ml，加百里香酚酞指示液（1g/L），用硫酸溶液（5%）中和至无色 甲醛溶液含量按下式计算： $$X = \frac{Vc \times 0.03003}{m} \times 100\% \qquad (3\text{-}8)$$ 式中　X——甲醛溶液的百分含量； 　　　V——硫酸标准溶液的用量，ml； 　　　c——硫酸标准溶液的物质的量浓度，mol/L； 　　　m——甲醛溶液的质量，g； 　0.03003——与1.00ml硫酸标准溶液[$c(\frac{1}{2}\text{H}_2\text{SO}_4)=1.000\text{mol/L}$]相当的以克（g）表示的甲醛的质量
73	甲醇 （CH₃OH）	甲醇（1ml溶液含有1mg CH₃OH） 称取1.000g甲醇，溶于水，移入1000ml容量瓶中，稀释至刻度。此标准溶液使用前制备
74	草酸盐 （$C_2O_4^{2-}$）	草酸盐（1ml溶液含有0.1mg $C_2O_4^{2-}$） 称取0.143g草酸（$C_2H_2O_4 \cdot 2H_2O$），溶于水，移入1000ml容量瓶中，稀释至刻度。此标准溶液使用前制备
75	乙酸盐 （CH₃COO⁻）	乙酸盐（1ml溶液含有10mg CH₃COO⁻） 称取23.050g乙酸钠（CH₃COONa·3H₂O），溶于水，移入1000ml容量瓶中，稀释至刻度
76	乙醛 （CH₃CHO）	乙醛（1ml溶液含有1mg CH₃CHO） 称取 m g 40%乙醛溶液，置于1000ml容量瓶中，稀释至刻度。此标准溶液使用前制备 40%乙醛质量按下式计算： $$m = \frac{1.000}{X} \qquad (3\text{-}9)$$ 式中　m——40%乙醛的质量，g； 　　　X——40%乙醛的百分含量； 　　1.000——配制1000ml乙醛杂质标准溶液所需乙醛的质量，g。 注：40%乙醛含量测定 将50.00ml氯化羟胺溶液[$c(\text{NH}_2\text{OH}\cdot\text{HCl})=2\text{mol/L}$]注入具塞锥形瓶中。称量，加入1.5ml 40%乙醛，放置30min，再称量，两次称量均称准至0.0002g，加10滴溴酚蓝指示液（10.4g/L），用氢氧化钠标准溶液[$c(\text{NaOH})=1\text{mol/L}$]滴定，同时做空白试验 空白试验是量取50.00ml氯化羟胺溶液[$c(\text{NH}_2\text{OH}\cdot\text{HCl})=2\text{mol/L}$]，加30ml水，与样品同时同样操作 40%乙醛含量按下式计算： $$X = \frac{c(V_1 - V_2) \times 0.04405}{m} \times 100\% \qquad (3\text{-}10)$$ 式中　X——40%乙醛的含量； 　　　V_1——氢氧化钠标准溶液的用量，ml； 　　　V_2——空白试验氢氧化钠标准溶液的用量，ml； 　　　c——氢氧化钠标准溶液的物质的量浓度，mol/L； 　　　m——40%乙醛的质量，g； 　0.04405——与1.00ml氢氧化钠标准溶液[$c(\text{NaOH})=1.000\text{mol/L}$]相当的以克（g）表示的乙醛的质量

续表

序号	名称和化学式	配 制 方 法
77	缩二脲 ($C_2H_5N_3O_2$)	缩二脲（1ml溶液含有 0.1mg $NH_2CONHCONH_2$） 称取 0.100g 缩二脲，溶于水，移入 1000ml 容量瓶中，稀释至刻度。此标准溶液使用前制备
78	丙酮 (C_3H_6O)	丙酮（1ml 溶液含有 1mg CH_3COCH_3） 称取 1.000g 丙酮，溶于水，移入 1000ml 容量瓶中，稀释至刻度。此标准溶液使用前制备
79	乙酸酐 [$(CH_3CO)_2O$]	乙酸酐 [1ml 溶液含有 1mg $(CH_3CO)_2O$] 称取 0.100g 乙酸酐，置于 100ml 容量瓶中，用无乙酸酐的冰乙酸溶解，用无乙酸酐的冰乙酸稀释至刻度。此标准溶液使用前制备 注：将冰乙酸回流半小时蒸馏制得无乙酸酐的冰乙酸
80	糠醛 ($C_5H_4O_2$)	糠醛（1ml 溶液含有 1mg $C_5H_4O_2$） 称取 1.000g 糠醛，置于 1000ml 容量瓶中，稀释至刻度
81	苯酚 (C_6H_5OH)	苯酚（1ml 溶液含有 1mg C_6H_5OH） 称取 1.000g 苯酚，溶于水，移入 1000ml 容量瓶中，稀释至刻度
82	葡萄糖 ($C_6H_{12}O_6$)	葡萄糖（1ml 溶液含有 1mg $C_6H_{12}O_6 \cdot H_2O$） 称取 1.000g 葡萄糖（$C_6H_{12}O_6 \cdot H_2O$），溶于水，移入 1000ml 容量瓶中，稀释至刻度
83	水杨酸 ($C_7H_6O_3$)	水杨酸（1ml 溶液含有 0.1mg HOC_6H_4COOH） 称取 0.100g 水杨酸，加少量水和 1ml 冰乙酸溶解，移入 1000ml 容量瓶中，稀释至刻度
84	氨基三乙酸 [$N(CH_2COOH)_3$]	氨基三乙酸 [1ml 溶液含有 1mg $N(CH_2COOH)_3$] 称取 1.000g 氨基三乙酸，加 50ml 水，在摇动下滴加氢氧化钠溶液（200g/L）至氨基三乙酸完全溶解，移入 1000ml 容量瓶中，稀释至刻度
85	硝基苯 ($C_6H_5NO_2$)	硝基苯（1ml 溶液含有 1mg $C_6H_5NO_2$） 称取 1.000g 硝基苯，置于 1000ml 容量瓶中，用甲醇稀释至刻度

三、某些特殊试剂溶液的配制方法

一些特殊试剂溶液的配制方法见表 3-8。

表 3-8 一些特殊试剂溶液的配制方法

试剂名称	可鉴定离子或分子	配制方法
铝试剂	Al^{3+}	用 1g 铝试剂溶于 1L 水中
镁试剂（对硝基苯偶氮间苯二酚）	Mg^{2+}	0.01g 镁试剂溶于 1L 1mol/L NaOH 溶液中
镍试剂（二乙酰二肟）	Ni^{2+}	溶 10g 镍试剂于 1L 95% 的乙醇中
二苯氨基脲	Hg^{2+}、Cd^{2+}	溶 10g 二苯氨基脲于 1L 95% 的乙醇中，保质期 2 周
六硝基合钴酸钠（钴亚硝酸钠）	K^+	溶 230g $NaNO_2$ 于 500ml 水中，加入 16.5ml 6mol/L 的乙酸溶液及 30g $Co(NO_3)_2 \cdot 6H_2O$，静置过夜，取其清液，稀释至 1L，此溶液为黑色。若已变红表示失效
乙酸铀酰锌	Na^+	溶 10g $UO_2(CH_3COO)_2 \cdot 2H_2O$ 和 3ml 6mol/L 乙酸溶液于蒸馏水中（A 液），溶 30g $UO_2(CH_3COO)_2 \cdot 2H_2O$ 和 3ml 6mol/L 乙酸溶液于 50ml 蒸馏水中（B 液）。趁热混合 A、B 两液，放置过夜，取其清液使用
奈斯勒试剂	NH_4^+	溶 115g HgI_2 和 80g KI 于蒸馏水中，稀释至 500ml，再加入 500ml 6mol/L NaOH 溶液，静置后取其清液储于棕色瓶中
硝酸银氨溶液	Cl^-	溶 1.7g $AgNO_3$ 于水中，加浓氨水 17ml，再加水稀释至 1L
氯水	Br^-、I^-	把氯气通入蒸馏水中至饱和
溴水	I^-	溴的饱和水溶液
碘水	AsO_3^{3-}	将 1.3g I_2 和 3g KI 混匀，加少量水调成糊状，再加水稀释至 1L

续表

试剂名称	可鉴定离子或分子	配制方法
品红溶液	SO_3^{2-}	溶 0.1g 品红试剂于 100ml 水中
隐色品红溶液	Br^-	取 1g/L 的品红水溶液，加入 $NaHSO_3$ 至红色褪去
镁混合试剂	PO_4^{3-}、AsO_4^{3-}	溶 0.1g $MgCl_2 \cdot 6H_2O$ 和 100g NH_4Cl 于水中，加入 50ml 浓氨水，再用水稀释至 1L
α-萘胺	SO_3^{2-}	溶 0.15g α-萘胺于水中，煮沸，取其清液加入 150ml 2mol/L 乙酸中。试剂无色，变色为失效
淀粉溶液	I_2	取 1g 可溶性淀粉与少量冷水调成糊状，将所得糊状物倒入 100ml 沸水中，煮沸数分钟，冷却

第四节 滴定分析用标准物质和标准溶液

一、滴定分析用基准试剂

滴定分析用基准试剂见表 3-9。

表 3-9 滴定分析用基准试剂

序号	名称和化学式	分子量	基本规定（性状、规格、试验、检验规则和包装及标志）	预处理
1	氯化钾（KCl）	74.551	参见 GB 10732—2008	在白金坩埚内于 500～650℃ 保持 40～45min，在硫酸干燥器中冷却
2	氯化钠（NaCl）	58.443	参见 GB 10733—2008	在白金坩埚内于 500～650℃ 保持 40～45min，在硫酸干燥器中冷却
3	草酸钠（$Na_2C_2O_4$）	134.00	参见 GB 1254—2007	于 150～200℃ 保持 1～1.5h，在硫酸干燥器中冷却
4	无水碳酸钠（Na_2CO_3）	105.99	参见 GB 10735—2008	在白金坩埚内于 500～650℃ 保持 40～45min，于硫酸干燥器中冷却
5	三氧化二砷（As_2O_3）	197.84	参见 GB 1256—2008	于 105℃ 保持 3～4h，在硫酸干燥器中冷却
6	邻苯二甲酸氢钾（$KHC_8H_4O_4$）	204.22	参见 GB 10730—2008	于 110～120℃ 干燥至恒重，在硫酸干燥器中冷却
7	碘酸钾（KIO_3）	214.00	参见 GB 1258—2008	于 120～140℃ 保持 1.5～2h，在硫酸干燥器中冷却
8	重铬酸钾（$K_2Cr_2O_7$）	249.18	参见 GB 10731—2008	研细，于 100～110℃ 保持 3～4h，于硫酸干燥器中冷却
9	乙二胺四乙酸二钠（$C_{10}H_{14}N_2O_8Na_2 \cdot 2H_2O$）	372.24	参见 GB 10734—2008	冷天配制可加热，但不可煮沸
10	溴酸钾（$KBrO_3$）	167.00	参见 GB 12594—2008	于 120～140℃ 保持 1.5～2h，在硫酸干燥器中冷却
11	硝酸银（$AgNO_3$）	169.87	参见 GB 12595—2008	
12	碳酸钙（$CaCO_3$）	100.09	参见 GB 12596—2008	于 110～120℃ 保持 1.5～2h，在硫酸干燥器中冷却
13	苯甲酸（C_6H_5COOH）	122.12	参见 GB 12597—2008	
14	氧化锌（ZnO）	81.389	参见 GB 1260—2008	在白金坩埚内于 700～800℃ 保持 40～45min，在硫酸干燥器中冷却

二、标准滴定溶液的制备

本节所列标准滴定溶液如表 3-8 所列。国家标准 GB/T 601—2002《化学试剂标准滴定溶液的制备》对表 3-10 中标准滴定溶液的配制和标定方法分别如表 3-11 所示。标准滴定溶液制备的一般规定如下。

① 本标准除另有规定外，所用试剂的纯度应在分析纯以上，所用制剂及制品，应按 GB/T 603—2002 的规定制备，实验用水应符合 GB/T 6682—2002 中三级水的规格。

② 本标准制备的标准滴定溶液的浓度，除高氯酸外，均指 20℃时的浓度。在标准滴定溶液标定、直接制备和使用时若温度有差异，应按表 3-12 补正。标准滴定溶液标定、直接制备和使用时所用分析天平、砝码、滴定管、容量瓶、单标线吸管等均需定期校正。

③ 在标定和使用标准滴定溶液时，滴定速度一般应保持在 6～8ml/min。

④ 称量工作基准试剂的质量的数值小于等于 0.5g 时，按精确至 0.01mg 称量；数值大于 0.5g 时，按精确至 0.1mg 称量。

⑤ 制备标准滴定溶液的浓度值应在规定浓度值的 ±5% 范围以内。

⑥ 标定标准滴定溶液的浓度时，需两人进行实验，分别各做四平行，每人四平行测定结果极差的相对值不得大于重复性临界极差 $[CrR_{0.95}(4)]$ 的相对值 0.15%，两人共八平行测定结果极差的相对值不得大于重复性临界极差 $[CrR_{0.95}(8)]$ 的相对值 0.18%。取两人八平行测定结果的平均值为测定结果。在运算过程中保留五位有效数字，浓度值报出结果取四位有效数字。

⑦ 本标准中标准滴定溶液浓度平均值的扩展不确定度一般不应大于 0.2%，可根据需要报出。

⑧ 本标准使用工作基准试剂标定标准滴定溶液的浓度。当对标准滴定溶液浓度值的准确度有更高要求时，可使用二级纯度标准物质或定值标准物质代替工作基准试剂进行标定或直接制备，并在计算标准滴定溶液浓度值时，将其质量分数代入计算式中。

⑨ 标准滴定溶液的浓度小于等于 0.02mol/L 时，应于临用前将浓度高的标准滴定溶液用煮沸并冷却的水稀释，必要时重新标定。

⑩ 除另有规定外，标准滴定溶液在常温（15～25℃）下保存时间一般不超过两个月。当溶液出现浑浊、沉淀、颜色变化等现象时，应重新制备。

⑪ 储存标准滴定溶液的容器，其材料不应与溶液起理化作用，壁厚最薄处不小于 0.5mm。

⑫ 本标准中所用溶液以"%"表示的均为质量分数，只有乙醇（95%）中的"%"为体积分数。

表 3-10　滴定分析用标准溶液

序号	名　称	浓度，$c/(mol/L)$	制备方法
1	草酸标准溶液	$c(\frac{1}{2}C_2H_2O_4)=0.1$	参见表 3-11 中序号 11
2	重铬酸钾标准溶液	$c(\frac{1}{6}K_2Cr_2O_7)=0.1$	参见表 3-11 中序号 5
3	碘标准溶液	$c(\frac{1}{2}I_2)=0.1$	参见表 3-11 中序号 9
4	碘酸钾标准溶液	$c(\frac{1}{5}KIO_3)=0.3$	参见表 3-11 中序号 10
		$c(\frac{1}{6}KIO_3)=0.1$	参见表 3-11 中序号 10

续表

序号	名　称	浓度, $c/(\mathrm{mol/L})$	制备方法
5	高氯酸标准溶液	$c(\mathrm{HClO_4})=0.1$	参见表 3-11 中序号 23
6	高锰酸钾标准溶液	$c(\frac{1}{5}\mathrm{KMnO_4})=0.1$	参见表 3-11 中序号 12
7	硫代硫酸钠标准溶液	$c(\frac{1}{2}\mathrm{Na_2S_2O_3})=0.1$	参见表 3-11 中序号 6
8	硫氰酸钠（或硫氰酸钾）标准溶液	$c(\mathrm{NaSCN})=0.1$	参见表 3-11 中序号 20
9	硫酸标准溶液	$c(\frac{1}{2}\mathrm{H_2SO_4})=1$	参见表 3-11 中序号 3
		$c(\frac{1}{2}\mathrm{H_2SO_4})=0.5$	参见表 3-11 中序号 3
		$c(\frac{1}{2}\mathrm{H_2SO_4})=0.1$	参见表 3-11 中序号 3
10	硫酸铈（或硫酸铈铵）标准溶液	$c[\mathrm{Ce(SO_4)_2}]=0.1$	参见表 3-11 中序号 14
11	硫酸亚铁铵标准溶液	$c[(\mathrm{NH_4})_2\mathrm{Fe(SO_4)_2}]=0.1$	参见表 3-11 中序号 13
12	氯化镁（或硫酸镁）标准溶液	$c(\mathrm{MgCl_2})=0.1$	参见表 3-11 中序号 17
13	氯化钠标准溶液	$c(\mathrm{NaCl})=0.1$	参见表 3-11 中序号 19
14	氯化锌标准溶液	$c(\mathrm{ZnCl_2})=0.1$	参见表 3-11 中序号 16
15	氢氧化钠标准溶液	$c(\mathrm{NaOH})=1$	参见表 3-11 中序号 1
		$c(\mathrm{NaOH})=0.5$	参见表 3-11 中序号 1
		$c(\mathrm{NaOH})=0.1$	参见表 3-11 中序号 1
16	碳酸钠标准溶液	$c(\frac{1}{2}\mathrm{Na_2CO_3})=1$	参见表 3-11 中序号 4
		$c(\frac{1}{2}\mathrm{Na_2CO_3})=0.5$	参见表 3-11 中序号 4
		$c(\frac{1}{2}\mathrm{Na_2CO_3})=0.1$	参见表 3-11 中序号 4
17	硝酸铅标准溶液	$c[\mathrm{Pb(NO_3)_2}]=0.05$	参见表 3-11 中序号 18
18	硝酸银标准溶液	$c(\mathrm{AgNO_3})=0.1$	参见表 3-11 中序号 21
19	溴标准溶液	$c(\frac{1}{6}\mathrm{KBrO_3})=0.1$	参见表 3-11 中序号 7
20	溴酸钾标准溶液	$c(\frac{1}{6}\mathrm{KBrO_3})=0.1$	参见表 3-11 中序号 8
21	亚硝酸钠标准溶液	$c(\mathrm{NaNO_2})=0.5$	参见表 3-11 中序号 22
		$c(\mathrm{NaNO_2})=0.1$	参见表 3-11 中序号 2
22	盐酸标准溶液	$c(\mathrm{HCl})=1$	参见表 3-11 中序号 2
		$c(\mathrm{HCl})=0.5$	参见表 3-11 中序号 2
		$c(\mathrm{HCl})=0.1$	参见表 3-11 中序号 2
23	乙二胺四乙酸二钠标准溶液	$c(\mathrm{EDTA})=0.1$	参见表 3-11 中序号 15
		$c(\mathrm{EDTA})=0.05$	参见表 3-11 中序号 15
		$c(\mathrm{EDTA})=0.01$	参见表 3-11 中序号 15
24	氢氧化钾-乙醇标准滴定溶液	$c(\mathrm{KOH})=0.1$	参见表 3-11 中序号 24

表 3-11 标准滴定溶液的配制与标定

序号	标准滴定溶液的配制与标定

氢氧化钠标准溶液

（1）配制　称取 100g 氢氧化钠（AR）溶于 100ml 无二氧化碳的水中，摇匀，注入聚乙烯容器中，密闭放置至溶液清亮。按下表规定用塑料管虹吸上层清液，用无二氧化碳的水稀释至 1000ml，摇匀。

（2）标定　按下表规定准确称取（称准至 0.0001g，下同）经 105～110℃烘至恒重的基准邻苯二甲酸氢钾，加无二氧化碳的水溶解，加 2 滴酚酞指示剂（10g/ml），用配好的氢氧化钠溶液滴定至溶液呈浅粉红色（保持 30s 不褪）。同时做空白试验。

（3）计算　氢氧化钠标准溶液的浓度 $c(NaOH)$（单位：mol/L）按式（3-11）计算

$$c(NaOH) = \frac{m \times 1000}{(V_1 - V_2) \times M} \tag{3-11}$$

式中　m——邻苯二甲酸氢钾的质量，g；

$\quad\quad M$——邻苯二甲酸氢钾的摩尔质量，204.2g/mol；

$\quad\quad V_1$——标定时消耗氢氧化钠溶液的体积，ml；

$\quad\quad V_2$——空白试验时消耗氢氧化钠溶液的体积，ml。

序号 1

标准溶液浓度，c/（mol/L）	取 NaOH 浓溶液体积，V/ml	基准物质质量，m/g	无 CO_2 水的体积，V/ml
1	52	6	80
0.5	26	3	80
0.1	5.2	0.6	50

注：也可以用相近浓度的盐酸标准溶液进行标定：量取 25.00ml 相应浓度的盐酸溶液，加 50ml 无二氧化碳的水，加 2 滴酚酞指示剂，用配制好的氢氧化钠溶液滴定，近终点时加热至 80℃，继续滴定至溶液呈浅粉红色，然后按式（3-12）计算

$$c(NaOH) = \frac{V_{HCl} c_{HCl}}{25.00} \tag{3-12}$$

盐酸标准溶液

（1）配制　按下表规定量取浓盐酸（AR）注入 1000ml 水中，摇匀。

（2）标定　按下表规定准确称取经 270～300℃灼烧至恒重的基准无水碳酸钠，溶于 50ml 水中，加 10 滴溴甲酚绿-甲基红指示剂，用配好的盐酸溶液滴定至溶液由绿色变成暗红色，煮沸 2min，冷却后继续滴定至溶液再呈暗红色。同时做空白试验。

（3）计算　盐酸标准溶液的浓度 $c(HCl)$（单位：mol/L）按式（3-13）计算

$$c(HCl) = \frac{m \times 1000}{(V_1 - V_2) \times M/2} \tag{3-13}$$

式中　m——无水碳酸钠的质量，g；

$\quad\quad M$——无水碳酸钠的摩尔质量，105.99g/mol；

$\quad\quad V_1$——标定时消耗盐酸溶液的体积，ml；

$\quad\quad V_2$——空白试验时消耗盐酸溶液的体积，ml。

序号 2

标准溶液浓度，c/（mol/L）	取浓盐酸溶液体积，V/ml	基准物质质量，m/g
1	90	1.6
0.5	45	0.8
0.1	9	0.2

注：也可以用相近浓度的氢氧化钠标准溶液进行标定：量取 25.00ml 配制好的盐酸溶液，加 50ml 无二氧化碳的水，加 2 滴酚酞指示剂，用相近浓度的氢氧化钠标准溶液滴定，其他过程见序号 1。计算公式需转换

第二篇

序号	标准滴定溶液的配制与标定

3

硫酸标准溶液

（1）配制　按下表规定量取硫酸（AR）缓缓注入 1000ml 水中，摇匀。

（2）标定　按下表规定准确称取经 270~300℃ 灼烧至恒重的基准无水碳酸钠，溶于 50ml 水中，加 10 滴溴甲酚绿-甲基红指示剂，用配好的硫酸溶液滴定至溶液由绿色变成暗红色，煮沸 2min，冷却后继续滴定至溶液再呈暗红色。同时做空白试验。

（3）计算　硫酸标准溶液的浓度 $c(\frac{1}{2}H_2SO_4)$（单位：mol/L）按式（3-14）计算

$$c\left(\frac{1}{2}H_2SO_4\right) = \frac{m \times 1000}{(V_1 - V_2) \times M/2} = 2c(H_2SO_4) \tag{3-14}$$

式中　m——无水碳酸钠的质量，g；

　　　M——无水碳酸钠的摩尔质量，105.99g/mol；

　　　V_1——标定时消耗硫酸溶液的体积，ml；

　　　V_2——空白试验时消耗硫酸溶液的体积，ml。

标准溶液浓度，$c\left(\frac{1}{2}H_2SO_4\right)$ /（mol/L）	取浓 NaOH 浓溶液体积，V/ml	基准物质质量，m/g
1	30	1.6
0.5	15	0.8
0.1	3	0.2

注：也可以用相近浓度的氢氧化钠标准溶液进行标定：量取 25.00ml 配制好的硫酸溶液，加 50ml 无二氧化碳的水，加 2 滴酚酞指示剂，用相近浓度的氢氧化钠标准溶液滴定，其他过程见序号 1。计算公式需转换

4

碳酸钠标准溶液

（1）配制　按下表规定称取无水碳酸钠（AR），溶于 1000ml 水中，摇匀。

（2）标定　准确移取 25.00ml 配制好的碳酸钠溶液，加 50ml 水，加 10 滴溴甲酚绿-甲基红指示剂，用相应浓度的盐酸标准溶液滴定至溶液由绿色变成暗红色，煮沸 2min，冷却后继续滴定至溶液再呈暗红色。

（3）计算　碳酸钠标准溶液的浓度 $c(\frac{1}{2}Na_2CO_3)$（单位：mol/L）按式（3-15）计算

$$c\left(\frac{1}{2}Na_2CO_3\right) = \frac{V_{HCl}c_{HCl}}{25.00} \tag{3-15}$$

标准溶液浓度，$c\left(\frac{1}{2}Na_2CO_3\right)$ /（mol/L）	无水碳酸钠的质量，m/g	加入水的体积，V/ml	盐酸标准溶液浓度，c（HCl）/（mol/L）
1	53	50	1
0.1	5.3	20	0.1

5

重铬酸钾标准溶液　$c(\frac{1}{6}K_2Cr_2O_7) = 0.1mol/L$

方法一：直接配制　准确称取（4.9±0.2）g 已于烘箱中干燥至恒重的基准试剂重铬酸钾，溶于水，移入 1000ml 容量瓶中，稀释至刻度。其浓度按式（3-16）计算得到

$$c\left(\frac{1}{6}K_2Cr_2O_7\right) = \frac{m \times 1000}{V \times M/6} = 6c(K_2Cr_2O_7) \tag{3-16}$$

式中　m——重铬酸钾的质量的准确值，g；

　　　V——重铬酸钾溶液体积的准确值，ml；

　　　M——重铬酸钾的摩尔质量，$M(K_2Cr_2O_7) = 294.19g/mol$。

方法二：配制标定

（1）配制　称取 5g 重铬酸钾，溶于 1000ml 水中，摇匀。

序号	标准滴定溶液的配制与标定
5	(2) 标定 准确量取 25.00ml 配制好的重铬酸钾溶液于碘量瓶中，加入 2g 碘化钾和 20ml 硫酸溶液（20+80），摇匀，于暗处放置 10min。加 150ml 水，用硫代硫酸钠标准溶液 $[c(Na_2S_2O_3)=0.1mol/L]$ 滴定。近终点时加 2ml 淀粉指示剂（10g/L），继续滴定至溶液由蓝色变为亮绿色。同时做空白试验。 (3) 计算 重铬酸钾碳酸钠标准溶液的浓度 $c(\frac{1}{6}K_2Cr_2O_7)$（单位：mol/L）按式（3-17）计算 $$c(\frac{1}{6}K_2Cr_2O_7)=\frac{(V_1-V_2)c_1}{25.00}=6c(K_2Cr_2O_7) \qquad (3\text{-}17)$$ 式中 V_1——标定时消耗硫代硫酸钠标准液的体积，ml； c_1——硫代硫酸钠标准溶液的浓度，mol/L； V_2——空白试验时硫代硫酸钠标准溶液的用量，ml
6	硫代硫酸钠标准溶液 $c(Na_2S_2O_3)=0.1mol/L$ (1) 配制 称取 26g 硫代硫酸钠（$Na_2S_2O_3 \cdot 5H_2O$）（或 16g 无水硫代硫酸钠），溶于 1000ml 水中，缓缓煮沸 10min，冷却。放置两周后过滤备用。 (2) 标定 准确称取 0.15g 于 120℃烘至恒重的基准重铬酸钾，置于碘量瓶中，溶于 20ml 水中，加 2g 碘化钾和 20ml 硫酸溶液（20+80），摇匀，于暗处放置 10min。加 150ml 水，用配制好的硫代硫酸钠溶液滴定。近终点时加 3ml 淀粉指示剂（5g/L），继续滴定至溶液由蓝色变为亮绿色。同时做空白试验。 (3) 计算 硫代硫酸钠标准溶液的浓度按式（3-18）计算 $$c(Na_2S_2O_3)=\frac{m \times 1000}{(V_1-V_2)M/6} \qquad (3\text{-}18)$$ 式中 m——重铬酸钾的质量的准确值，g； V_1——标定时消耗硫代硫酸钠溶液的体积，ml； V_2——空白试验时消耗硫代硫酸钠溶液的体积，ml； M——重铬酸钾的摩尔质量，$M(K_2Cr_2O_7)=294.19g/mol$。 (4) 比较 准确量取按本表序号 9 所配制并标定的碘标准溶液 $[c(\frac{1}{2}I_2)=0.1mol/L]$ 25.00ml 于碘量瓶中，加 150ml 水，用配制好的硫代硫酸钠溶液滴定。近终点时加 3ml 淀粉指示剂（5g/L），继续滴定至溶液蓝色消失。同时做水所消耗碘的空白试验（250ml 水加入 0.05ml 碘标准溶液，后续操作同上）。硫代硫酸钠标准溶液的浓度按式（3-19）计算 $$c(Na_2S_2O_3)=\frac{(V_1-0.05)c_1}{25.00-V_2} \qquad (3\text{-}19)$$ 式中 V_1——碘标准溶液的体积，ml； c_1——碘标准溶液的浓度，mol/L； V_2——空白试验时消耗硫代硫酸钠标准溶液的体积，ml
7	溴标准溶液 $c(\frac{1}{6}KBrO_3)=0.1mol/L$ (1) 配制 称取 3g 溴酸钾和 25g 溴化钾，溶于 1000ml 水中，摇匀。 (2) 标定 准确量取配制好的溴溶液 25.00ml 于碘量瓶中，加 2g 碘化钾和 5ml 盐酸溶液（2+8），摇匀，于暗处放置 5min。加 150ml 水，用 0.1mol/L 硫代硫酸钠标准溶液滴定。近终点时加 3ml 淀粉指示剂（5g/L），继续滴定至溶液蓝色消失。同时做空白试验。 (3) 计算 溴标准溶液的浓度按式（3-20）计算。 $$c(\frac{1}{6}KBrO_3)=\frac{(V_1-V_2)c_1}{25.00} \qquad (3\text{-}20)$$ 式中 V_1——硫代硫酸钠标准溶液的体积，ml； c_1——硫代硫酸钠标准溶液的浓度，mol/L V_2——空白试验时消耗硫代硫酸钠标准溶液的体积，ml
8	溴酸钾标准溶液 $c(\frac{1}{6}KBrO_3)=0.1mol/L$ (1) 配制 称取 3g 溴酸钾溶于 1000ml 水中，摇匀。 (2) 标定 准确量取配制好的溴酸钾溶液 25.00ml 于碘量瓶中，加 2g 碘化钾和 5ml 盐酸溶液（2+8），摇匀，于暗处放置 5min。加 150ml 水，用 0.1mol/L 硫代硫酸钠标准溶液滴定。近终点时加 3ml 淀粉指示剂（5g/L），继续滴定至溶液蓝色消失。同时做空白试验。 (3) 计算 溴酸钾标准溶液的浓度按序号 7 中式（3-20）计算

序号	标准滴定溶液的配制与标定

碘标准溶液 $[c(\frac{1}{2}I_2) = 0.1\text{mol/L}]$

(1) 配制　称取 13g 碘和 35g 碘化钾，溶于 1000ml 水中，摇匀，保存于棕色具塞瓶中。

(2) 标定　准确称取 0.15g 已在硫酸干燥器中干燥至恒重的基准三氧化二砷于碘量瓶中，加 4ml 1mol/L 的氢氧化钠溶液溶解，加 50ml 水，加 2 滴酚酞指示剂（5g/L），用配制好的碘溶液滴定至溶液呈浅蓝色。同时做空白试验。

(3) 计算　碘标准溶液的浓度按式（3-21）计算

$$c(\frac{1}{2}I_2) = \frac{m \times 1000}{(V_1 - V_2) \times M/4} \tag{3-21}$$

式中　m——三氧化二砷质量的准确值，g；

V_1——标定时消耗碘溶液的体积，ml；

V_2——空白试验时消耗碘溶液的体积，ml；

M——三氧化二砷的摩尔质量，$M(\text{As}_2\text{O}_3) = 197.84\text{g/mol}$。

(4) 比较　准确量取按本表序号 6 所配制并标定的硫代硫酸钠标准溶液 $[c(\text{Na}_2\text{S}_2\text{O}_3) = 0.1\text{mol/L}]$ 25.00ml 于碘量瓶中，加 150ml 水，用配制好的碘溶液滴定，近终点时加 3ml 淀粉指示剂（5g/L），继续滴定至溶液蓝色消失。同时做水所消耗碘的空白试验 [250ml 水加入 0.05ml 配制好的碘溶液，加 3ml 淀粉指示剂（5g/L），用硫代硫酸钠标准溶液滴定至溶液蓝色消失]。碘标准溶液的浓度按式（3-22）计算

$$c(\frac{1}{2}I_2) = \frac{(25.00 - V_1)c_1}{V_2 - 0.05} \tag{3-22}$$

式中　V_1——空白试验时消耗硫代硫酸钠标准溶液的体积，ml；

c_1——硫代硫酸钠标准溶液的浓度，mol/L；

V_2——碘溶液的体积，ml

序号 9

碘酸钾标准溶液　$c(\frac{1}{6}\text{KIO}_3) = 0.1\text{mol/L}$

(1) 配制　称取 3.6g 碘酸钾溶于 1000ml 水中，摇匀。

(2) 标定　准确量取配制好的碘酸钾溶液 25.00ml 于碘量瓶中，加 2g 碘化钾和 5ml 盐酸溶液（2＋8），摇匀，于暗处放置 5min。加 150ml 水，用 0.1mol/L 硫代硫酸钠标准溶液滴定。近终点时加 3ml 淀粉指示剂（5g/L），继续滴定至溶液蓝色消失。同时做空白试验。

(3) 计算　碘酸钾标准溶液的浓度按式（3-23）计算

$$c(\frac{1}{6}\text{KIO}_3) = \frac{(V_1 - V_2)c_1}{25.00} \tag{3-23}$$

式中　V_1——标定时消耗硫代硫酸钠标准溶液的体积，ml；

V_2——空白试验时消耗硫代硫酸钠标准溶液的体积，ml；

c_1——硫代硫酸钠标准溶液的浓度，mol/L。

注：$c(\frac{1}{6}\text{KIO}_3) = 0.3\text{mol/L}$ 标准溶液可参照上述方法配制，只是所需碘酸钾为 11g，标定时量取体积为 10.00ml，并加水 20ml，加入碘化钾 3g

序号 10

草酸标准溶液 $c(\frac{1}{2}\text{H}_2\text{C}_2\text{O}_4) = 0.1\text{mol/L}$

(1) 配制　称取 6.4g 草酸（$\text{H}_2\text{C}_2\text{O}_4 \cdot 2\text{H}_2\text{O}$）溶于 1000ml 水中，摇匀。

(2) 标定　准确量取配制好的草酸溶液 25.00ml 于锥形瓶中，加 100ml 硫酸溶液（8＋92），用高锰酸钾标准溶液 $[c(\frac{1}{5}\text{KMnO}_4) = 0.1\text{mol/L}]$ 滴定。近终点时加热至 65℃，继续滴定至溶液呈粉红色，保持 30s。同时做空白试验。

(3) 计算　草酸标准溶液的浓度按式（3-24）计算

$$c(\frac{1}{2}\text{H}_2\text{C}_2\text{O}_4) = \frac{(V_1 - V_2)c_1}{25.00} \tag{3-24}$$

式中　V_1——标定时消耗高锰酸钾标准溶液的体积，ml；

V_2——空白试验时消耗高锰酸钾标准溶液的体积，ml；

c_1——高锰酸钾标准溶液的浓度，mol/L

序号 11

序号	标准滴定溶液的配制与标定
12	高锰酸钾标准溶液　$c(\frac{1}{5}KMnO_4) = 0.1mol/L$ （1）配制　称取 3.3g 高锰酸钾，溶于 1050ml 水中，缓缓煮沸 15min，冷却，于暗处放置两周，用已处理过（在同样浓度的高锰酸钾溶液中缓缓煮沸 5min）的 4 号玻璃滤埚过滤，储存于棕色瓶中。 （2）标定　称取 0.25g 于 105～110℃ 电烘箱中干燥至恒重的工作基准试剂草酸钠，溶于 100ml 硫酸溶液（8+92）中，用配制好的高锰酸钾溶液滴定，近终点时加热至约 65℃，继续滴定至溶液呈粉红色，并保持 30s。同时做空白试验。 （3）计算　高锰酸钾标准溶液的浓度按式（3-25）计算 $$c(\frac{1}{5}KMnO_4) = \frac{m \times 1000}{(V_1 - V_2) \times M/2} \qquad (3-25)$$ 式中　m——草酸钠的质量，g； 　　　V_1——高锰酸钾标准溶液的体积，ml； 　　　V_2——空白试验时高锰酸钾标准溶液的体积，ml； 　　　M——草酸钠的摩尔质量，$M(Na_2C_2O_4) = 134.0g/mol$。 （4）比较　准确量取 25.00ml 配制好的高锰酸钾溶液 $[c(\frac{1}{5}KMnO_4) = 0.1mol/L]$ 于碘量瓶中，加 2g 碘化钾和 20ml 硫酸溶液（20+80），摇匀，于暗处放置 5min。加 150ml 水，用 0.1mol/L 硫代硫酸钠标准溶液滴定。近终点时加 3ml 淀粉指示剂（5g/L），继续滴定至溶液蓝色消失。同时做空白试验。高锰酸钾标准溶液的浓度按式（3-26）计算 $$c(\frac{1}{5}KMnO_4) = \frac{(V_1 - V_2)c_1}{25.00} \qquad (3-26)$$ 式中　V_1——标定时消耗硫代硫酸钠标准溶液的体积，ml； 　　　V_2——空白试验时消耗硫代硫酸钠标准溶液的体积，ml； 　　　c_1——硫代硫酸钠标准溶液的浓度，mol/L
13	硫酸亚铁铵标准溶液　$c[(NH_4)_2Fe(SO_4)_2] = 0.1mol/L$ （1）配制　称取 40g 硫酸亚铁铵 $[(NH_4)_2Fe(SO_4)_2 \cdot 6H_2O]$，溶于 300ml 硫酸溶液（20%）中，加 700ml 水，摇匀。 （2）标定　量取 25.00ml 配制好的硫酸亚铁铵溶液，加 25ml 无氧的水，用高锰酸钾标准滴定溶液 $[c(\frac{1}{5}KMnO_4) = 0.1mol/L]$ 滴定至溶液呈粉红色，并保持 30s。临用前标定。 （3）计算　硫酸亚铁铵标准溶液的浓度 $\{c[(NH_4)_2Fe(SO_4)_2]\}$ 按式（3-27）计算 $$c[(NH_4)_2Fe(SO_4)_2] = \frac{Vc}{25.00} \qquad (3-27)$$ 式中　V——高锰酸钾标准溶液的体积，ml； 　　　c——高锰酸钾标准溶液的准确浓度，mol/L
14	硫酸铈（或硫酸铈铵）标准溶液　$c[Ce(SO_4)_2] = 0.1mol/L$ （1）配制　称取 40g 硫酸铈 $[Ce(SO_4)_2 \cdot 4H_2O]$ {或 67g 硫酸铈铵 $[2(NH_4)_2SO_4 \cdot Ce(SO_4)_2 \cdot 4H_2O]$}，加 30ml 水及 28ml 硫酸，再加 300ml 水，加热溶解，再加 650ml 水，摇匀。 （2）标定　准确称取 0.25g 于 105～110℃ 电烘箱中干燥至恒重的工作基准试剂草酸钠，溶于 75ml 水中，加 4ml 硫酸溶液（20+80）及 10ml 盐酸，加热至 65～70℃，用配制好的硫酸铈（或硫酸铈铵）溶液滴定至溶液呈浅黄色，加入 3 滴亚铁-邻菲罗啉溶液①使溶液变为橘红色，继续滴定至溶液呈浅蓝色，同时做空白试验。 （3）计算　硫酸铈（或硫酸铈铵）标准滴定溶液的浓度按式（3-28）计算 $$c = \frac{m \times 1000}{(V_1 - V_2) \times M/2} \qquad (3-28)$$ 式中　m——草酸钠的质量，g； 　　　V_1——硫酸铈溶液的体积，ml； 　　　V_2——空白试验硫酸铈溶液的体积，ml； 　　　M——草酸钠的摩尔质量，$M(Na_2C_2O_4) = 134.0g/mol$。 ① 0.7g 硫酸亚铁在小烧杯中用 30ml 0.01mol/L 的硫酸溶液溶解，再加入 1.5g 邻菲罗啉振摇溶解，用同浓度硫酸稀释至 100ml。 ② 也可利用硫酸铈的氧化能力，利用碘量法，与硫代硫酸钠标准溶液进行比较而得到硫酸铈标准溶液的浓度值。相关操作参见序号 12 之（4）

续表

序号	标准滴定溶液的配制与标定

15

乙二胺四乙酸二钠标准溶液

(1) 配制　按下表规定称取 EDTA，(可加热) 溶于 1000ml 水中，摇匀。

(2) 标定　按下表规定准确称取经 (800±50)℃灼烧至恒重的基准氧化锌，用少量水湿润，加 2ml 盐酸溶液 (2+8) 溶解，加 100ml 水 (如果是配制 0.05mol/L 和 0.02mol/L，则转移入 100ml 容量瓶后用水稀释至刻度，然后取 25.00ml，加 70ml 水，再参加后续操作)。用氨水溶液 (1+9) 调节溶液 pH 值至 7~8，加 10ml 氨-氯化铵缓冲溶液 (pH≈10) 及 5 滴铬黑 T 指示剂 (5g/L)，用配制好的 EDTA 溶液滴定至溶液由紫色变成纯蓝色。同时做空白试验。

(3) 计算　EDTA 标准溶液的浓度 c(EDTA) 按式 (3-29) 计算。

$$c(\text{EDTA}) = \frac{m \times 1000}{(V_1 - V_2) \times M} \qquad (3\text{-}29)$$

式中　m——氧化锌的质量，g；

V_1——标定时消耗 EDTA 溶液的体积，ml；

V_2——空白试验时消耗 EDTA 溶液的体积，ml；

M——氧化锌的摩尔质量，M(ZnO) =81.39g/mol

EDTA 标准溶液浓度，c/(mol/L)	EDTA 的质量，m/g	标定时基准氧化锌的质量，m/g
0.1	40	0.25
0.05	20	0.4 (配成 100.0ml 取 1/4 滴定)
0.02	8	0.2 (配成 100.0ml 取 1/4 滴定)

16

氯化锌标准溶液 c(ZnCl$_2$) =0.1mol/L

(1) 配制　称取 14g 氯化锌，溶于 1000ml 盐酸溶液 (1+2000) 中，摇匀。

(2) 标定　称取 1.4g 在硝酸镁饱和溶液恒湿器中放置 7d 后的工作基准试剂乙二胺四乙酸二钠，溶于 100ml 热水中，加 10ml 氨-氯化铵缓冲溶液 (pH≈10)，用配制好的氯化锌溶液滴定，近终点时加 5 滴铬黑 T 指示液 (5g/L)，继续滴定至溶液由蓝色变为紫红色。同时做空白试验。

(3) 计算　氯化锌标准溶液的浓度 $[c$(ZnCl$_2$)$]$ 按式 (3-30) 计算：

$$c(\text{ZnCl}_2) = \frac{m \times 1000}{(V_1 - V_2) \times M} \qquad (3\text{-}30)$$

式中　m——乙二胺四乙酸二钠的质量，g；

V_1——氯化锌溶液的体积，ml；

V_2——空白试验氯化锌溶液的体积，ml；

M——乙二胺四乙酸二钠的摩尔质量，M(EDTA) =372.24g/mol。

(4) 比较　准确量取 25.00ml 配制好的氧化锌溶液 $[c$(ZnO$_2$) =0.1mol/L$]$ 于锥形瓶中，后续操作同序号 15。氧化锌标准溶液的浓度根据公式 (3-31) 计算：

$$c(\text{ZnO}_2) = \frac{(V_1 - V_2)c_1}{25.00} \qquad (3\text{-}31)$$

式中　V_1——标定时消耗 EDTA 标准溶液的体积，ml；

V_2——空白试验时消耗 EDTA 标准溶液的体积，ml；

c_1——EDTA 标准溶液的浓度，mol/L

17

氯化镁 (或硫酸镁) 标准溶液　c(MgCl$_2$) =0.1mol/L，c(MgSO$_4$) =0.1mol/L

(1) 配制　称取 21g 氯化镁 (MgCl$_2$·6H$_2$O) [或 25g 硫酸镁 (MgSO$_4$·7H$_2$O)]，溶于 1000ml 盐酸溶液 (1+2000) 中，放置 1 个月后，用 3 号玻璃滤坩埚过滤。

(2) 标定　准确量取 25.00ml 配制好的氯化镁溶液 $[c$(MgCl$_2$) =0.1mol/L$]$ 于锥形瓶中，加 70ml 水及 10ml 氨-氯化铵缓冲溶液 (pH≈10)，加 5 滴铬黑 T 指示剂 (5g/L)，用 0.1mol/L EDTA 标准溶液滴定至溶液由紫色变成纯蓝色。同时做空白试验。

(3) 计算　氯化镁 (或硫酸镁) 标准溶液的浓度根据公式 (3-32) 计算：

$$c(\text{MgCl}_2) = \frac{(V_1 - V_2)c_1}{25.00} \qquad (3\text{-}32)$$

式中　V_1——EDTA 标准溶液的体积，ml；

V_2——空白试验时 EDTA 标准溶液的体积，ml；

c_1——EDTA 标准溶液的浓度，mol/L

续表

序号	标准滴定溶液的配制与标定
18	硝酸铅标准溶液　$c[Pb(NO_3)_2]=0.05mol/L$ （1）配制　称取 17g 硝酸铅溶于 1000ml 盐酸溶液（1+2000）中，摇匀。 （2）标定　准确量取 25.00ml 配制好的硝酸铅溶液 $\{c\ [Pb(NO_3)_2]=0.05mol/L\}$ 于锥形瓶中，加 3ml 冰乙酸及 5g 六亚甲基四胺，加 70ml 水及 2 滴二甲酚橙指示剂（2g/L），用 0.05mol/L EDTA 标准溶液滴定至溶液呈亮黄色。 （3）计算　硝酸铅标准溶液的浓度根据公式（3-33）计算 $$c[Pb(NO_3)_2]=\frac{V_1c_1}{25.00} \qquad (3\text{-}33)$$ 式中　V——EDTA 标准溶液的体积，ml； 　　　c_1——EDTA 标准溶液的浓度，mol/L
19	氯化钠标准溶液　$c(NaCl)=0.1mol/L$ 方法一 （1）配制　称取 5.9g 氯化钠，溶于 1000ml 水中，摇匀。 （2）标定　按 GB/T 9725—2007 的规定测定。其中，量取 25.00ml 配制好的氯化钠溶液，加 40ml 水、10ml 淀粉溶液（10g/L），以 216 型银电极作指示电极，217 型双盐桥饱和甘汞电极作参比电极，用硝酸银标准溶液 $[c(AgNO_3)=0.1mol/L]$ 滴定．并按 GB/T 9725—2007 的规定计算 V。 （3）计算　氯化钠标准溶液的浓度 $[c(NaCl)]$ 按式（3-34）计算 $$c(NaCl)=\frac{Vc_1}{25.00} \qquad (3\text{-}34)$$ 式中　V——硝酸银标准溶液的体积，ml； 　　　c_1——硝酸银标准溶液的浓度，mol/L。 方法二 （1）配制　称取（5.84±0.30）g 已在（550±50）℃的高温炉中灼烧至恒重的工作基准试剂氯化钠，溶于水，移入 1000ml 容量瓶中，稀释至刻度。 （2）计算　氯化钠标准溶液的浓度 $[c(NaCl)]$ 按式（3-35）计算： $$c(NaCl)=\frac{m\times1000}{VM} \qquad (3\text{-}35)$$ 式中　m——氯化钠的质量的准确数值，g； 　　　V——氯化钠溶液的体积，ml 　　　M——氯化钠的摩尔质量，$M(NaCl)=58.442g/mol$
20	硫氰酸钠（或硫氰酸钾或硫氰酸铵）标准溶液　$c(NaSCN)=0.1mol/L$，$c(KSCN)=0.1mol/L$，$c(NH_4SCN)=0.1mol/L$ 方法一 （1）配制　称取 8.2g 硫氰酸钠（或 9.7g 硫氰酸钾或 7.9g 硫氰酸铵），溶于 1000ml 水中，摇匀。 （2）标定　按 GB/T 9725—2007 的规定测定。其中，称取 0.6g 于硫酸干燥器中干燥至恒重的工作基准试剂硝酸银，溶于 90ml 水中，加 10ml 淀粉溶液（10g/L）及 10ml 硝酸溶液（25%），以 216 型银电极作指示电极，217 型双盐桥饱和甘汞电极作参比电极，用配制好的硫氰酸钠（或硫氰酸钾或硫氰酸铵）溶液滴定，并按 GB/T 9725—2007 的规定计算 V。 （3）计算　硫氰酸钠（或硫氰酸钾或硫氰酸铵）标准溶液的浓度 $c(NaSCN)$ 按式（3-36）计算 $$c(NaSCN)=\frac{m\times1000}{VM} \qquad (3\text{-}36)$$ 式中　m——硝酸银的质量，g； 　　　V——硫氰酸钠（或硫氰酸钾或硫氰酸铵）标准溶液的体积，ml； 　　　M——硝酸银的摩尔质量，$M(AgNO_3)=169.87g/mol$。 方法二 按 GB/T 9725—2007 的规定测定。其中，准确量取 25.00ml 硝酸银标准溶液 $[c(AgNO_3)=0.1mol/L]$，加 60ml 水、10ml 淀粉溶液（10g/L）及 10ml 硝酸溶液（25%），以 216 型银电极作指示电极，217 型双盐桥饱和甘汞电极作参比电极，用配制好的硫氰酸钠（或硫氰酸钾或硫氰酸铵）溶液滴定，并按 GB/T 9725—2007 的规定计算 V。 硫氰酸钠（或硫氰酸钾或硫氰酸铵）标准溶液的浓度按式（3-37）计算： $$c=\frac{25.00c_1}{V} \qquad (3\text{-}37)$$ 式中　V——硫氰酸钠（或硫氰酸钾或硫氰酸铵）标准溶液的体积，ml； 　　　c_1——硝酸银标准溶液的浓度，mol/L

续表

序号	标准滴定溶液的配制与标定
21	硝酸银标准溶液　$c(AgNO_3)=0.1mol/L$ 　　(1) 配制　称取 17.5g 硝酸银,溶于 1000ml 水中,摇匀,溶液储存于棕色瓶中。 　　(2) 标定　按 GB/T 9725—2007 的规定测定。准确称取 0.22g 于 500～600℃的高温炉中灼烧至恒重的工作基准试剂氯化钠,溶于 70ml 水中,加 10ml 淀粉溶液 (10g/L),以 216 型银电极作指示电极,217 型双盐桥饱和甘汞电极作参比电极,用配制好的硝酸银溶液滴定,按 GB/T 9725—2007 的规定计算 V。 　　(3) 计算　硝酸银标准滴定溶液的浓度 $[c(AgNO_3)]$ 按式 (3-38) 计算 $$c(AgNO_3)=\frac{m\times1000}{VM} \qquad (3\text{-}38)$$ 式中　m——氯化钠的质量,g; 　　　　V——硝酸银溶液的体积,ml; 　　　　M——氯化钠的摩尔质量,$M(NaCl)=58.442g/mol$。 　　(4) 比较　准确量取 25.00ml 制备好的硝酸银溶液 $[c(AgNO_3)=0.1mol/L]$,加 40mL 水、1ml 硝酸,用硫氰酸钾标准溶液,$[c(KSCN)=0.1mol/L]$ 滴定。用 216 型银电极作指示电极,217 型双盐桥饱和甘汞电极作参比电极,按 GB 9725 中二级微商法的规定确定终点。硝酸银标准溶液浓度按式 (3-39) 计算 $$c(AgNO_3)=\frac{V_1c_1}{25.00} \qquad (3\text{-}39)$$ 式中　V_1——硫氰酸钾标准溶液的体积,ml; 　　　　c_1——硫氰酸钾标准溶液的浓度,mol/L

亚硝酸钠标准溶液

　　(1) 配制　按下表规定称 (量) 取亚硝酸钠、氢氧化钠及无水碳酸钠,溶于 1000ml 水中,摇匀。使用前标定。

　　(2) 标定　按下表规定准确称取已于 (120±2)℃干燥至恒重的基准无水对氨基苯磺酸,加氨水溶解,加 200ml 水及 20ml 盐酸溶液 (2+8),按永停滴定法安装好电极和测量仪表 (见图 3-1)。将装有配制好的亚硝酸钠溶液的滴管下口插入溶液内约 10mm 处,搅拌下在 15～20℃进行滴定。近终点

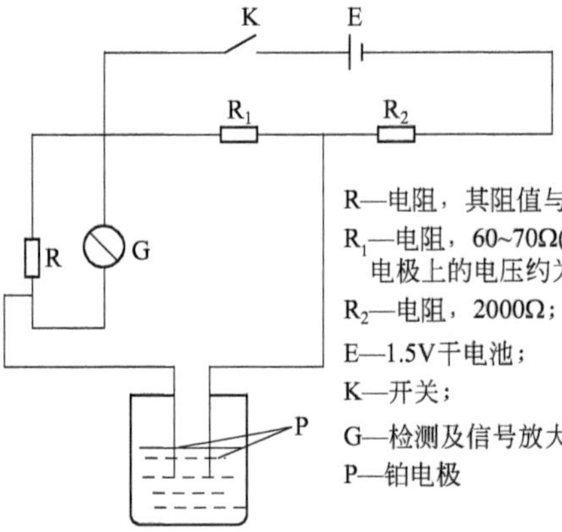

R——电阻,其阻值与检流计临界阻尼电阻值近似;
R_1——电阻,60～70Ω(或用可变电阻),使加于二电极上的电压约为 50mV;
R_2——电阻,2000Ω;
E——1.5V 干电池;
K——开关;
G——检测及信号放大系统,能检测 $10^{-9}A$;
P——铂电极

图 3-1　测量仪表安装示意

时将滴管尖端提出液面,用少量水冲洗尖端,洗液并入溶液中,继续慢慢滴定,并观察检测数据及增长趋势,至加入滴定液搅拌后指示值突增并不再回复为滴定终点。

　　(3) 计算　标准溶液的浓度根据公式 (3-40) 计算得到

$$c(NaNO_2)=\frac{m\times1000}{VM} \qquad (3\text{-}40)$$

式中　m——无水对氨基苯磺酸的质量,g;
　　　　V——亚硝酸钠溶液的体积,ml;
　　　　M——无水对氨基苯磺酸的摩尔质量,$M[C_6H_4(NH_2)(SO_3H)]=173.19g/mol$

亚硝酸钠标准溶液浓度/(mol/L)	亚硝酸钠质量/g	氢氧化钠质量/g	无水碳酸钠质量/g	基准无水对氨基苯磺酸钠质量/g	氨水体积/ml
0.5	36	0.5	1	3	3
0.1	7.2	0.1	0.2	0.6	2

(序号 22)

续表

序号	标准滴定溶液的配制与标定
23	高氯酸标准溶液　$c(HClO_4) = 0.1mol/L$ （1）配制 　方法一　量取 8.7ml 高氯酸，在搅拌下注入 500ml 冰乙酸中，混匀。滴加 20ml 乙酸酐，搅拌至溶液均匀。冷却后用冰乙酸稀释至 1000ml。临用前标定。 　方法二　（本方法控制高氯酸标准滴定溶液中的水的质量分数约为 0.05%）　量取 8.7ml 高氯酸，在搅拌下注入 950ml 冰乙酸中，混匀。取 10ml，按 GB/T 606—2003 的规定测定水的质量分数，每次 5ml，用吡啶作溶剂。以两平行测定结果的平均值（X_1）计算高氯酸溶液中乙酸酐的加入量。滴加计算量的乙酸酐，搅拌均匀。冷却后用冰乙酸稀释至 1000ml，摇匀。临用前标定。 　高氯酸溶液中乙酸酐的加入量（V）按式（3-41）计算 $$V = 5320w_1 - 2.8 \qquad (3\text{-}41)$$ 式中　w_1——未加乙酸酐的高氯酸溶液中的水的质量分数，%。 　（2）标定　称取 0.75g 于 105~110℃ 的电烘箱中干燥至恒重的工作基准试剂邻苯二甲酸氢钾，置于干燥的锥形瓶中，加入 50ml 冰乙酸，温热溶解。加 3 滴结晶紫指示液(5g/L)，用配制好的高氯酸溶液滴定至溶液由紫色变为蓝色（微带紫色）。 　（3）计算　标定温度下高氯酸标准滴定溶液的浓度 $c(HClO_4)$ 按式（3-42）计算 $$c(HClO_4) = \frac{m \times 1000}{VM} \qquad (3\text{-}42)$$ 式中　m——邻苯二甲酸氢钾的质量，g； 　　　V——高氯酸溶液的体积，ml； 　　　M——邻苯二甲酸氢钾的摩尔质量，$M(KHC_8H_4O_4) = 204.22g/mol$。 　（4）修正方法　使用高氯酸标准滴定溶液时的温度应与标定时的温度相同；若温度不相同，应将高氯酸标准滴定溶液的浓度修正到使用温度下的浓度的数值。高氯酸标准滴定溶液修正后的浓度按式（3-43）计算 $$c(HClO_4) = \frac{c}{1 + 0.0011(t_1 - t)} \qquad (3\text{-}43)$$ 式中　c——标定温度下高氯酸标准滴定溶液的浓度，mol/L； 　　　t_1——使用时高氯酸标准滴定溶液的温度，℃； 　　　t——标定高氯酸标准滴定溶液的温度，℃； 　0.0011——高氯酸标准溶液每改变 1℃时的体积膨胀系数
24	氢氧化钾-乙醇标准滴定溶液　$c(KOH) = 0.1mol/L$ （1）配制　称取 8g 氢氧化钾，置于聚乙烯容器中，加少量水（约 5ml）溶解，用 95% 乙醇稀释至 1000ml，密闭放置 24h。用塑料管虹吸上层清液至另一聚乙烯容器中。 　（2）标定　准确称取 0.75g 于 105~110℃ 电烘箱中干燥至恒重的基准试剂邻苯二甲酸氢钾，溶于 50ml 无二氧化碳的水中，加 2 滴酚酞指示液（10g/L），用配制好的氢氧化钾-乙醇溶液滴定至溶液呈粉红色，同时做空白试验。临用前标定。 　（3）计算　氢氧化钾-乙醇标准滴定溶液的浓度［$c(KOH)$］按式（3-44）计算 $$c(KOH) = \frac{m \times 1000}{(V_1 - V_2)M} \qquad (3\text{-}44)$$ 式中　m——邻苯二甲酸氢钾的质量，g； 　　　V_1——氢氧化钾-乙醇溶液的体积，ml； 　　　V_2——空白试验氢氧化钾-乙醇溶液的体积，ml； 　　　M——邻苯二甲酸氢钾的摩尔质量，$M(KHC_8H_4O_4) = 204.22g/mol$

不同温度下标准滴定溶液的体积补正值见表 3-12。

表 3-12 不同温度下标准滴定溶液的体积补正值

温度, $t/℃$	水和0.05mol/L以下的各种水溶液	0.1mol/L和0.2mol/L各种水溶液	盐酸溶液 $c(HCl) = $ 0.5mol/L	盐酸溶液 $c(HCl) = $ 1mol/L	硫酸溶液 $c(\frac{1}{2}H_2SO_4) = $ 0.5mol/L 氢氧化钠溶液 $c(NaOH) = $ 0.5mol/L	硫酸溶液 $c(\frac{1}{2}H_2SO_4) = $ 1mol/L 氢氧化钠溶液 $c(NaOH) = $ 1mol/L
5	+1.38	+1.7	+1.9	+2.3	+2.4	+3.6
6	+1.38	+1.7	+1.9	+2.2	+2.3	+3.4
7	+1.36	+1.6	+1.8	+2.2	+2.2	+3.2
8	+1.33	+1.6	+1.8	+2.1	+2.2	+3.0
9	+1.29	+1.5	+1.7	+2.0	+2.1	+2.7
10	+1.23	+1.5	+1.6	+1.9	+2.0	+2.5
11	+1.17	+1.4	+1.5	+1.8	+1.8	+2.3
12	+1.10	+1.3	+1.4	+1.6	+1.7	+2.0
13	+0.99	+1.1	+1.2	+1.4	+1.5	+1.8
14	+0.88	+1.0	+1.1	+1.2	+1.3	+1.6
15	+0.77	+0.9	+0.9	+1.0	+1.1	+1.3
16	+0.64	+0.7	+0.8	+0.8	+0.9	+1.1
17	+0.50	+0.6	+0.6	+0.6	+0.7	+0.8
18	+0.34	+0.4	+0.4	+0.4	+0.5	+0.6
19	+0.18	+0.2	+0.2	+0.2	+0.2	+0.3
20	0.00	0.00	0.00	0.00	0.00	0.00
21	-0.18	-0.2	-0.2	-0.2	-0.2	-0.3
22	-0.38	-0.4	-0.4	-0.5	-0.5	-0.6
23	-0.58	-0.6	-0.7	-0.7	-0.8	-0.9
24	-0.80	-0.9	-0.9	-1.0	-1.0	-1.2
25	-1.03	-1.1	-1.1	-1.2	-1.3	-1.5
26	-1.26	-1.4	-1.4	-1.4	-1.5	-1.8
27	-1.51	-1.7	-1.7	-1.7	-1.8	-2.1
28	-1.76	-2.0	-2.0	-2.0	-2.1	-2.4
29	-2.01	-2.3	-2.3	-2.3	-2.4	-2.8
30	-2.30	-2.5	-2.5	-2.6	-2.8	-3.2
31	-2.58	-2.7	-2.7	-2.9	-3.1	-3.5
32	-2.86	-3.0	-3.0	-3.2	-3.4	-3.9
33	-3.04	-3.2	-3.3	-3.5	-3.7	-4.2
34	-3.47	-3.7	-3.6	-3.8	-4.1	-4.6
35	-3.78	-4.0	-4.0	-4.1	-4.4	-5.0
36	-4.10	-4.3	-4.3	-4.4	-4.7	-5.3

注：1. 本表数值是以20℃为标准温度以实测法测出的。

2. 表中带有"+""-"号的数值是以20℃为分界的。室温低于20℃的补正值均为"+"，高于20℃的补正值均为"-"。

3. 本表的用法，如1L硫酸溶液 $[c(\frac{1}{2}H_2SO_4) = 1mol/L]$ 由25℃换算为20℃时，其体积修正值为-1.5ml，故40.00ml换算为20℃时的体积为：$V_{20} = 40.00 - \frac{1.5}{1000} \times 40.00 = 39.94$ （ml）。

第五节 缓冲溶液

一个弱酸和它的盐所组成的混合溶液都具有抵御外加少量酸或碱的能力，这种混合溶液称为缓冲溶液。其中的酸和盐构成了缓冲对。

一、常见缓冲体系

本节列举各种酸碱缓冲溶液的性质和配制方法，其中表 3-13 仅列举了各缓冲溶液的名称、组成（A液＋B液）、基本浓度及适用的范围，具体的配制方法则分别见表 3-14 至表 3-32。

表 3-13　缓冲溶液一览表

名　称	A 液[①]	B 液[①]	pH 值范围	配制方法
pH 值测定标准缓冲溶液				见表 3-14
指示剂 pH 变色域测定缓冲溶液	（1）0.1mol/L 盐酸	0.2mol/L 氯化钾 （14.90g KCl）	1.1～2.2	见表 3-15
	（2）0.1mol/L 盐酸	0.2mol/L 邻苯二甲酸氢钾 （40.8g $KHC_8H_4O_4$）	2.2～3.8	
	（3）0.1mol/L 氢氧化钠	0.2mol/L 邻苯二甲酸氢钾	4.0～6.2	
	（4）0.1mol/L 氢氧化钠	0.2mol/L 磷酸二氢钾 （27.2g KH_2PO_4）	5.8～8.0	
	（5）0.1mol/L 氢氧化钠	0.2mol/L 硼酸-氯化钾 （12.4g HBO_3＋14.9g KCl）	7.8～10.0	
	（6）0.1mol/L 氢氧化钠	0.1mol/L 甘氨酸-氯化钠（7.51g $C_2H_5O_2N$＋5.35g NaCl）	10.0～13.0	
Clark-Lubs 缓冲溶液	（1）0.2mol/L 氯化钾（14.9g KCl）[①]	0.2mol/L 盐酸	1.0～2.2	见表 3-16
	（2）0.2mol/L 邻苯二甲酸氢钾（40.8g $KHC_8H_4O_4$）	0.2mol/L 盐酸	2.2～3.8	
	（3）0.2mol/L 邻苯二甲酸氢钾	0.2mol/L 氢氧化钠	4.0～6.2	
	（4）0.2mol/L 磷酸二氢钾（27.2g KH_2PO_4）	0.2mol/L 氢氧化钠	5.8～8.0	
	（5）0.2mol/L 硼酸-0.2mol/L 氯化钾（12.4g H_3BO_3＋14.9g KCl）	0.2mol/L 氢氧化钠	7.8～10.0	
Sørensen 缓冲溶液	（1）0.1mol/L 甘氨酸-0.1mol/L 氯化钠（7.51g $C_2H_5O_2N$＋5.85g NaCl）	0.1mol/L 盐酸	1.1～4.6	见表 3-17
	（2）0.1mol/L 甘氨酸-0.1mol/L 氯化钠	0.1mol/L 氢氧化钠	8.6～13.0	
	（3）0.1mol/L 柠檬酸钠（21.0g $C_6H_8O_7 \cdot H_2O$＋200ml 1mol/L 氢氧化钠）	0.1mol/L 盐酸	1.1～4.9	

名　称	A 液[①]	B 液[①]	pH 值范围	配制方法
Sørensen 缓冲溶液	(4) 0.1mol/L 柠檬酸钠	0.1mol/L 氢氧化钠	5.0～6.7	见表 3-17
	(5) 0.2mol/L 硼砂 (76.4g $Na_2B_4O_7 \cdot 10H_2O$)	0.1mol/L 盐酸	7.6～9.2	
	(6) 0.2mol/L 硼砂	0.1mol/L 氢氧化钠	9.3～12.4	
	(7) 1/15mol/L 磷酸二氢钾 (9.07g KH_2PO_4)	1/15mol/L 磷酸二氢钠 (11.9g $Na_2HPO_4 \cdot 2H_2O$)	5.3～8.0	
Kolthoff 缓冲溶液	(1) 0.1mol/L 柠檬酸二氢钾 (23.0g $KC_6H_7O_7$)	0.1mol/L 柠檬酸 (21.0g $C_6H_8O_7 \cdot H_2O$)	2.2～3.6	见表 3-18
	(2) 0.1mol/L 柠檬酸二氢钾 (23.0g $KC_6H_7O_7$)	0.1mol/L 盐酸	2.2～3.6	
	(3) 0.1mol/L 柠檬酸二氢钾 (23.0g $KC_6H_7O_7$)	0.1mol/L 氢氧化钠	3.8～6.0	
	(4) 0.05mol/L 丁二酸 (5.90g $C_4H_6O_4$)	0.05mol/L 硼砂 (19.1g $Na_2B_4O_7 \cdot 10H_2O$)	3.0～5.8	
	(5) 0.1mol/L 柠檬酸二氢钾 (23.0g $KC_6H_7O_7$)	0.05mol/L 硼砂 (19.1g $Na_2B_4O_7 \cdot 10H_2O$)	3.8～6.0	
	(6) 0.1mol/L 磷酸二氢钾 (13.6g KH_2PO_4)	0.05mol/L 硼砂 (19.1g $Na_2B_4O_7 \cdot 10H_2O$)	5.8～9.2	
	(7) 0.05mol/L 硼砂 (19.1g $Na_2B_4O_7 \cdot 10H_2O$)	0.05mol/L 碳酸钠 (5.30g Na_2CO_3)	9.2～11.0	
	(8) 0.1mol/L 盐酸	0.1mol/L 碳酸钠 (10.6g Na_2CO_3)	10.2～11.2	
	(9) 0.1mol/L 磷酸氢二钠 (17.8g $Na_2HPO_4 \cdot 2H_2O$)	0.1mol/L 氢氧化钠	11.0～12.0	
Michaelis 缓冲溶液	(1) 0.1mol/L 酒石酸 (7.50g $C_4H_6O_6$)	0.1mol/L 酒石酸钠 (7.5g $C_4H_6O_6$ + 100ml 1mol/L 氢氧化钠)	1.4～4.5	见表 3-19
	(2) 0.1mol/L 乳酸 (9.01g $C_3H_6O_3$)	0.1mol/L 乳酸钠 (9.01g $C_3H_6O_3$ + 100ml 1mol/L 氢氧化钠)	2.3～5.3	
	(3) 0.1mol/L 乙酸 (6.01g $C_2H_4O_2$)	0.1mol/L 乙酸钠 (13.6g $C_2H_3O_2Na \cdot 3H_2O$)	3.2～6.2	
	(4) $\frac{1}{30}$mol/L 磷酸二氢钾 (4.54g KH_2PO_4)	$\frac{1}{30}$mol/L 磷酸氢二钠 (5.94g $Na_2HPO_4 \cdot 2H_2O$)	5.2～8.3	
	(5) 0.1mol/L 氯化铵 (5.35g NH_4Cl)	0.1mol/L 氨水	8.0～11.0	
	(6) $\frac{1}{7}$mol/L 二乙基巴比妥酸钠 + $\frac{1}{7}$mol/L 乙酸钠 (29.5g $C_8H_{11}O_3N_2Na$ + 19.6g $C_2H_3O_2Na \cdot 3H_2O$)	0.1mol/L 盐酸	2.6～9.2	
	(7) 0.1mol/L 二乙基巴比妥酸钠 (20.6g $C_8H_{11}O_3N_2Na$)	0.1mol/L 盐酸	6.8～9.6	
	(8) 0.2mol/L 二甲基氨基乙酸钠 (25.0g $C_4H_8O_2NNa$)	0.1mol/L 盐酸	8.6～10.6	

续表

名 称	A 液^①	B 液^①	pH 值范围	配制方法
Atkins-Pantin 缓冲溶液	0.2mol/L 硼酸-0.2mol/L 氯化钾 （12.4g H_3BO_3＋14.9g KCl）	0.2mol/L 碳酸钠 （21.2g Na_2CO_3）	7.4～11.0	见表 3-20
Palitzsch 缓冲溶液	0.05mol/L 硼砂 （19.1g $Na_2B_4O_7 \cdot 10H_2O$）	0.2mol/L 硼酸＋0.05mol/L 氯化钠 （12.4g H_3BO_3＋2.92g NaCl）	6.8～9.2	见表 3-21
Mcllvaine 缓冲溶液	0.2mol/L 磷酸氢二钠 （35.6g $Na_2HPO_4 \cdot 2H_2O$）	0.1mol/L 柠檬酸 （21.0g $C_6H_8O_7 \cdot H_2O$）	2.2～8.0	见表 3-22
Menzel 缓冲溶液	（1）0.2mol/L 碳酸钠 （21.2g Na_2CO_3）	0.2mol/L 碳酸氢钠 （16.8g $NaHCO_3$）	9.5～11.5	见表 3-23
	（2）0.1mol/L 碳酸钠	0.1mol/L 碳酸氢钠	9.8～10.2	
	（3）0.05mol/L 碳酸钠	0.05mol/L 碳酸氢钠	8.9～11.4	
	（4）0.02mol/L 碳酸钠	0.02mol/L 碳酸氢钠	9.5～11.2	
Walpole 缓冲溶液	（1）1mol/L 乙酸钠 （136g $CH_3COONa \cdot 3H_2O$）	1mol/L 盐酸	0.65～5.2	见表 3-24
	（2）0.2mol/L 乙酸 （12g CH_3COOH）	0.2mol/L 乙酸钠 （27.2g $CH_3COONa \cdot 3H_2O$）	3.6～5.6	
Hasting-Sendroy 缓冲溶液	$\frac{1}{15}$mol/L 磷酸二氢钠 （11.9g $NaH_2PO_4 \cdot 2H_2O$）	$\frac{1}{15}$mol/L 磷酸二氢钾 （9.08g KH_2PO_4）	6.8～8.0	见表 3-25
Britton-Robinson 广泛缓冲溶液	（1）$\frac{1}{25}$mol/L 混合酸 ［3.92g H_3PO_4（2.71ml 85%正磷酸）＋2.40g 乙酸（2.36ml 冰乙酸）＋2.47g H_3BO_3］	0.2mol/L 氢氧化钠 （8.0g NaOH）	1.8～12.0	见表 3-26
	（2）$\frac{1}{25}$mol/L 混合酸 ［8.40g 柠檬酸（一水）＋5.45g KH_2PO_4＋2.47g H_3BO_3＋7.37g 二乙基巴比妥酸＋1.46g 盐酸（3.36ml 36.5%盐酸）］	0.2mol/L 氢氧化钠 （8.0g NaOH）	2.4～12.2	
Gomori 缓冲溶液	（1）0.2mol/L 2,4,6-三甲基吡啶 ［26.4ml $(CH_3)_3C_5H_2N$］	0.1mol/L 盐酸	6.4～8.3	见表 3-27
	（2）0.2mol/L 2-氨基-2-羟甲基-1,3-丙二醇 ［24.3g $(CH_2OH)_3CNH_2$］	0.1mol/L 盐酸	7.2～9.1	
	（3）0.2mol/L 2-氨基-2-甲基-1,3-丙二醇 ［21g$(CH_2OH)_2(CH_3)CNH_2$］	0.1mol/L 盐酸	7.8～9.7	
等渗缓冲溶液	（1）2.33% 磷酸二氢钾	1.44% 碳酸氢钠	6.1～7.6	见表 3-28
	（2）0.263mol/L 柠檬酸 （55.3g $C_6H_8O_7 \cdot H_2O$）	0.123mol/L 磷酸氢二钠 （21.9g $Na_2HPO_4 \cdot 2H_2O$）	2.1～6.3	
	（3）1.77% 磷酸二氢钾	1.77% 磷酸氢二钠（二水盐）	6.0～7.6	

续表

名 称	A 液①	B 液①	pH值范围	配制方法
甲酸-甲酸钠缓冲溶液	0.1mol/L 氢氧化钠	0.1mol/L 甲酸	2.6～4.8	见表 3-29
N-乙基吗啉-盐酸缓冲溶液	0.2mol/L N-乙基吗啉 (23.03g)	1mol/L 盐酸	7.0～8.2	见表 3-30
挥发性的缓冲溶液			1.9～9.3	见表 3-31
普通缓冲溶液			1～13	见表 3-32

①本表中，括号内为配制每升溶液所需溶质的量，余同——编者注。

二、pH 标准缓冲体系

pH 值测定用标准缓冲溶液见表 3-14。

表 3-14 pH 值测定用标准缓冲溶液

名 称	标准缓冲溶液制备①	不同温度（℃）时各标准缓冲溶液的 pH 值								
		0	5	10	15	20	25	30	35	40
草酸盐标准缓冲溶液	$c[KH_3(C_2O_4)_2 \cdot 2H_2O]$ 为 0.05mol/L。称取 12.71g 四草酸钾 $[KH_3(C_2O_4)_2 \cdot 2H_2O]$ 溶于无二氧化碳的水中，稀释至 1000ml	1.67	1.67	1.67	1.67	1.68	1.68	1.69	1.69	1.69
酒石酸盐标准缓冲溶液	在 25℃时，用无二氧化碳的水溶解外消旋的酒石酸氢钾（$KHC_4H_4O_6$），并剧烈振摇至饱和溶液	—	—	—	—	—	3.56	3.55	3.55	3.55
苯二甲酸盐标准缓冲溶液	$c(C_6H_4CO_2HCO_2K)$ 为 0.05mol/L。称取 10.21g 于 110℃ 干燥 1h 的苯二甲酸氢钾（$C_6H_4CO_2HCO_2K$），溶于无二氧化碳的水，稀释至 1000ml	4.00	4.00	4.00	4.00	4.00	4.01	4.01	4.02	4.04
磷酸盐标准缓冲溶液	称取 3.40g 磷酸二氢钾（KH_2PO_4）和 3.55g 磷酸氢二钠（Na_2HPO_4），溶于无二氧化碳的水，稀释至 1000ml。磷酸二氢钾和磷酸氢二钠需预先在（120±10）℃干燥 2h。此溶液的浓度 $c(KH_2PO_4)$ 为 0.025mol/L，$c(Na_2HPO_4)$ 为 0.025mol/L	6.98	6.95	6.92	6.90	6.88	6.86	6.85	6.84	6.84
硼酸盐标准缓冲溶液	$c(Na_2B_4O_7 \cdot 10H_2O)$ 为 0.01mol/L，称取 3.81g 四硼酸钠（$Na_2B_4O_7 \cdot 10H_2O$），溶于无二氧化碳的水，稀释至 1000ml，存放时应防止空气中二氧化碳进入	9.46	9.40	9.33	9.27	9.22	9.18	9.14	9.10	9.06
氢氧化钙标准缓冲溶液	于 25℃用无二氧化碳的水制备氢氧化钙的饱和溶液。氢氧化钙溶液的浓度 $\{c\,[\frac{1}{2}Ca(OH)_2]\}$ 应在 0.0400～0.0412mol/L。氢氧化钙溶液的浓度可以酚红为指示剂，用盐酸标准溶液 $[c(HCl)=0.1mol/L]$ 滴定测出。存放时应防止空气中二氧化碳进入。一旦出现浑浊，应弃去重配	13.42	13.21	13.00	12.81	12.63	12.45	12.30	12.14	11.98

① 上述标准缓冲溶液必须用 pH 基准试剂配制，见中华人民共和国国家标准 GB 9724—88《化学试剂 pH 值测定通则》。

三、各类缓冲溶液的配制

各类缓冲溶液的配制见表 3-15～表 3-32。

表 3-15 指示剂 pH 变色域测定用缓冲溶液

(1) 盐酸-氯化钾缓冲溶液

A. 0.1mol/L 盐酸/ml	94.56	75.10	59.68	47.40	37.64	29.90	23.76	18.86	14.98	11.90	9.46	7.52
B. 0.2mol/L 氯化钾/ml	2.70	12.45	20.15	26.30	31.20	35.00	38.10	40.60	42.50	44.05	45.30	46.25
水	加至 100ml											
pH 值	1.1	1.2	1.3	1.4	1.5	1.6	1.7	1.8	1.9	2.0	2.1	2.2

(2) 邻苯二甲酸氢钾-盐酸缓冲溶液

A. 0.1mol/L 盐酸/ml	46.60	37.60	33.00	26.50	20.40	14.80	9.95	6.00	2.65
B. 0.2mol/L 邻苯二酸氢钾/ml	25								
水	加至 100ml								
pH 值	2.2	2.4	2.6	2.8	3.0	3.2	3.4	3.6	3.8

(3) 邻苯二甲酸氢钾-氢氧化钠缓冲溶液

A. 0.1mol/L 氢氧化钠/ml	0.40	3.65	7.35	12.00	17.50	23.65	29.75	35.25	39.70	43.10	45.40	47.00
B. 0.2mol/L 邻苯二甲酸氢钾/ml	25											
水	加至 100ml											
pH 值	4.0	4.2	4.4	4.6	4.8	5.0	5.2	5.4	5.6	5.8	6.0	6.2

(4) 磷酸二氢钾-氢氧化钠缓冲溶液

A. 0.1mol/L 氢氧化钠/ml	3.66	5.64	8.55	12.60	17.74	23.60	29.54	34.90	39.34	42.74	45.17	46.85
B. 0.2mol/L 磷酸二氢钾/ml	25											
水	加至 100ml											
pH 值	5.8	6.0	6.2	6.4	6.6	6.8	7.0	7.2	7.4	7.6	7.8	8.0

(5) 硼酸-氯化钾-氢氧化钠缓冲溶液

A. 0.1mol/L 氢氧化钠/ml	2.65	4.00	5.90	8.55	12.00	16.40	21.40	26.70	32.00	36.85	40.80	43.90
B. 0.2mol/L 硼酸-氯化钾/ml	25											
水	加至 100ml											
pH 值	7.8	8.0	8.2	8.4	8.6	8.8	9.0	9.2	9.4	9.6	9.8	10.0

(6) 甘氨酸-氯化钠-氢氧化钠缓冲溶液

A. 0.1mol/L 氢氧化钠/ml		37.50	41.00	44.00	46.00	47.50	48.80	49.80	50.20
B. 0.1mol/L 甘氨酸-氯化钠/ml		62.50	59.00	56.00	54.00	52.50	51.20	50.20	49.80
pH 值		10.0	10.2	10.4	10.6	10.8	11.0	11.2	11.4
A. 0.1mol/L 氢氧化钠/ml	51.00	52.10	54.00	56.00	60.30	67.50	77.50	92.50
B. 0.1mol/L 甘氨酸-氯化钠/ml	49.00	47.90	46.00	44.00	39.70	32.50	22.50	7.50
pH 值	11.6	11.8	12.0	12.2	12.4	12.6	12.8	13.0

表 3-16　Clark-Lubs 缓冲溶液的配制

(1) 氯化钾-盐酸缓冲溶液

A. 0.2mol/L 氯化钾/ml	50	50	50	50	50	50	50
B. 0.2mol/L 盐酸/ml	97.0	64.5	41.5	26.3	16.6	10.6	6.7
水/ml	53.0	85.5	108.5	123.7	133.4	139.4	143.3
pH 值（20℃）	1.0	1.2	1.4	1.6	1.8	2.0	2.2

(2) 邻苯二甲酸氢钾-盐酸缓冲溶液

A. 0.2mol/L 邻苯二甲酸氢钾/ml	50	50	50	50	50	50	50	50	50
B. 0.2mol/L 盐酸/ml	46.70	39.60	32.95	26.42	20.32	14.70	9.90	5.97	2.63
水/ml	103.30	110.40	117.05	123.58	129.68	135.30	110.10	144.03	147.37
pH 值（20℃）	2.2	2.4	2.6	2.8	3.0	3.2	3.4	3.6	3.8

(3) 邻苯二甲酸氢钾-氢氧化钠缓冲溶液

A. 0.2mol/L 邻苯二甲酸氢钾/ml	50	50	50	50	50	50	50	50	50	50	50	50
B. 0.2mol/L 氢氧化钠/ml	0.40	3.70	7.50	12.15	17.70	23.85	29.95	35.45	39.85	43.00	45.45	47.00
水/ml	149.60	146.30	142.50	137.85	132.20	126.15	120.05	114.55	110.15	107.00	104.55	103.00
pH 值（20℃）	4.0	4.2	4.4	4.6	4.8	5.0	5.2	5.4	5.6	5.8	6.0	6.2

(4) 磷酸二氢钾-氢氧化钠缓冲溶液

A. 0.2mol/L 磷酸二氢钾/ml	50	50	50	50	50	50	50	50	50	50	50	50
B. 0.2mol/L 氢氧化钠/ml	3.72	5.70	8.60	12.60	17.80	23.65	29.63	35.00	39.50	42.80	45.20	46.80
水/ml	146.28	144.30	141.40	137.40	132.20	126.35	120.37	115.00	110.50	107.20	104.80	103.20
pH 值（20℃）	5.8	6.0	6.2	6.4	6.6	6.8	7.0	7.2	7.4	7.6	7.8	8.0

(5) 硼酸＋氯化钾-氢氧化钠缓冲溶液

A.（0.2mol/L 硼酸＋0.2mol/L 氯化钾）/ml	50	50	50	50	50	50	50	50	50	50	50	50
B. 0.2mol/L 氢氧化钠/ml	2.61	3.97	5.90	8.50	12.00	16.30	21.30	26.70	32.00	36.85	40.80	43.90
水/ml	107.39	106.03	104.10	101.50	138.00	133.70	128.70	123.30	118.00	113.15	109.20	106.10
pH 值（20℃）	7.8	8.0	8.2	8.4	8.6	8.8	9.0	9.2	9.4	9.6	9.8	10.0

表 3-17　Sørensen 缓冲溶液的配制

(1) 甘氨酸＋氯化钠-盐酸缓冲溶液

A. 0.1mol/L 甘氨酸＋0.1mol/L 氯化钠/ml	0.0	1.0	2.0	3.0	4.0	5.0	6.0	7.0	8.0	9.0	9.5
B. 0.2mol/L 盐酸/ml	10.0	9.0	8.0	7.0	6.0	5.0	4.0	3.0	2.0	1.0	0.5
pH 值（18℃）	1.04	1.15	1.25	1.42	1.65	1.93	2.28	2.61	2.92	3.34	4.68

（2）甘氨酸＋氯化钠-氢氧化钠缓冲溶液

A.0.1mol/L 甘氨酸＋0.1mol/L 氯化钠/ml	9.5	9.0	8.0	7.0	6.0	5.5	5.1	5.0	4.9	4.5	4.0	3.0	2.0	1.0
B.0.1mol/L 氢氧化钠/ml	0.5	1.0	2.0	3.0	4.0	4.5	4.9	5.0	5.1	5.5	6.0	7.0	8.0	9.0

pH 值	10℃	8.75	9.10	9.45	9.90	10.34	10.68	11.29	11.35	11.80	12.34	12.65	12.92	13.12	13.23
	20℃	8.53	8.88	9.31	9.66	10.09	10.42	11.01	11.25	11.51	12.04	12.33	12.60	12.79	12.90
	30℃	8.32	8.67	9.08	9.42	9.83	10.17	10.74	10.97	11.22	11.74	12.03	12.29	12.47	12.57
	40℃	8.12	8.45	8.85	9.18	9.58	9.91	10.46	10.70	10.93	11.44	12.72	11.98	12.15	12.25

（3）柠檬酸钠-盐酸缓冲溶液

A.0.1mol/L 柠檬酸钠/ml	0.0	1.0	2.0	3.0	3.33	4.0	4.5	4.75	5.0	5.5	6.0	7.0	8.0	9.0	9.5	10.0
B.0.1mol/L 盐酸/ml	10.0	9.0	8.0	7.0	6.67	6.0	5.5	5.25	5.0	4.5	4.0	3.0	2.0	1.0	0.5	0.0
pH 值（18℃）	1.04	1.17	1.42	1.93	2.27	2.97	3.36	3.53	3.69	3.95	4.16	4.45	4.65	4.83	4.89	4.96

（4）柠檬酸钠-氢氧化钠缓冲溶液

A.0.1mol/L 柠檬酸钠/ml	10.0	9.5	9.0	8.0	7.0	6.0	5.5	5.25
B.0.1mol/L 氢氧化钠/ml	0.0	0.5	1.0	2.0	3.0	4.0	4.5	4.75

pH 值	10℃	4.93	4.99	5.08	5.27	5.53	5.94	6.30	6.65
	20℃	4.96	5.02	5.11	5.31	5.57	5.98	6.34	6.69
	30℃	5.00	5.06	5.15	5.35	5.60	6.01	6.37	6.72
	40℃	5.04	5.10	5.19	5.39	5.64	6.04	6.41	6.76

（5）硼砂-盐酸缓冲溶液

A.0.2mol/L 硼砂/ml	10.0	9.5	9.0	8.5	8.0	7.5	7.0	6.5	6.0	5.75	5.5	5.25
B.0.1mol/L 盐酸/ml	0.0	0.5	1.0	1.5	2.0	2.5	3.0	3.5	4.0	4.25	4.5	4.75

pH 值	10℃	9.30	9.22	9.14	9.06	8.96	8.84	8.72	8.54	8.32	8.17	7.96	7.64
	20℃	9.23	9.15	9.07	8.99	8.89	8.79	8.67	8.49	8.27	8.13	7.93	7.61
	30℃	9.15	9.08	9.01	8.92	8.83	8.72	8.61	8.44	8.23	8.09	7.89	7.58
	40℃	9.08	9.01	8.94	8.86	8.77	8.76	8.56	8.40	8.29	8.06	7.86	7.55

（6）硼砂-氢氧化钠缓冲溶液

A.0.2mol/L 硼砂/ml	10	9	8	7	6	5	4
B.0.1mol/L 氢氧化钠/ml	0	1	2	3	4	5	6

pH 值	10℃	9.30	9.42	9.57	9.76	10.06	11.24	12.64
	20℃	9.23	9.35	9.48	9.66	9.94	11.04	12.32
	30℃	9.15	9.26	9.39	9.55	9.80	10.83	12.00
	40℃	9.08	9.18	9.30	9.44	9.67	10.61	11.68

（7）磷酸二氢钾-磷酸氢二钠缓冲溶液

A. $\frac{1}{15}$ mol/L 磷酸二氢钾/ml	10.0	9.75	9.5	9.0	8.0	7.0	6.0	5.0	4.0	3.0	2.0	1.0	0.5	0.0
B. $\frac{1}{15}$ mol/L 磷酸氢二钠/ml	0.0	0.25	0.5	1.0	2.0	3.0	4.0	5.0	6.0	7.0	8.0	9.0	9.5	10.0
pH 值（18℃）	(4.49)	5.29	5.59	5.91	6.24	6.47	6.64	6.81	6.98	7.17	7.38	7.73	8.04	(9.18)

表 3-18 Kolthoff 缓冲溶液的配制

(1) 柠檬酸二氢钾-柠檬酸缓冲溶液

A. 0.1mol/L 柠檬酸二氢钾/ml	0.95	1.97	3.00	4.22	5.55	7.0	8.30	9.59
B. 0.1mol/L 柠檬酸/ml	9.05	8.03	7.00	5.78	4.45	3.0	1.70	0.41
pH 值(18℃)	2.2	2.4	2.6	2.8	3.0	3.2	3.4	3.6

(2) 柠檬酸二氢钾-盐酸缓冲溶液

A. 0.1mol/L 柠檬酸二氢钾/ml	25.0	25.0	25.0	25.0	25.0	25.0	25.0	25.0
B. 0.1mol/L 盐酸/ml	24.85	21.70	18.40	15.10	11.80	8.60	5.35	2.10
水/ml	0.15	3.30	6.60	9.90	13.20	16.40	19.65	22.90
pH 值(18℃)	2.2	2.4	2.6	2.8	3.0	3.2	3.4	3.6

(3) 柠檬酸二氢钾-氢氧化钠缓冲溶液

A. 0.1mol/L 柠檬酸二氢钾/ml	25.0	25.0	25.0	25.0	25.0	25.0	25.0	25.0	25.0	25.0	25.0	25.0
B. 0.2mol/L 氢氧化钠/ml	1.0	4.50	8.15	11.85	15.75	19.60	23.35	27.10	30.50	34.00	37.2	40.6
水/ml	24.0	20.50	16.85	13.15	9.25	5.40	1.65	0	0	0	0	0
pH 值(18℃)	3.8	4.0	4.2	4.4	4.6	4.8	5.0	5.2	5.4	5.6	5.8	6.0

(4) 丁二酸-硼砂缓冲溶液

A. 0.05mol/L 丁二酸/ml	9.86	9.65	9.40	9.05	8.63	8.22	7.78	7.38	7.00	6.65	6.32	6.05	5.79	5.57	5.40
B. 0.05mol/L 硼砂/ml	0.14	0.35	0.60	0.95	1.37	1.78	2.22	2.62	3.00	3.35	3.68	3.95	4.21	4.43	4.60
pH 值(18℃)	3.0	3.2	3.4	3.6	3.8	4.0	4.2	4.4	4.6	4.8	5.0	5.2	5.4	5.6	5.8

(5) 柠檬酸二氢钾-硼砂缓冲溶液

A. 0.1mol/L 柠檬酸二氢钾/ml	25.0	25.0	25.0	25.0	25.0	25.0	25.0	25.0	25.0	25.0	25.0	25.0
B. 0.05mol/L 硼砂/ml	0.65	4.4	8.6	13.5	18.0	22.8	27.4	31.2	34.9	38.3	41.7	44.1
水/ml	24.35	20.6	16.4	11.5	7.0	2.2	0	0	0	0	0	0
pH 值(18℃)	3.8	4.0	4.2	4.4	4.6	4.8	5.0	5.2	5.4	5.6	5.8	6.0

(6) 磷酸二氢钾-硼砂缓冲溶液

A. 0.1mol/L 磷酸二氢钾/ml	9.21	8.77	8.30	7.78	7.22	6.67	6.23	5.81	5.50	5.17	4.92	4.65	4.30	3.87	3.40	2.76	1.76	0.50
B. 0.05mol/L 硼砂/ml	0.79	1.23	1.70	2.22	2.78	3.33	3.77	4.19	4.50	4.83	5.08	5.35	5.70	6.13	6.60	7.24	8.25	9.50
pH 值(18℃)	5.8	6.0	6.2	6.4	6.6	6.8	7.0	7.2	7.4	7.6	7.8	8.0	8.2	8.4	8.6	8.8	9.0	9.2

(7) 硼砂-碳酸钠缓冲溶液

A. 0.05mol/L 硼砂/ml	100	64.3	44.5	33.3	24.6	17.85	13.1	8.5	5.25	2.7
B. 0.05mol/L 碳酸钠/ml	0.0	35.7	55.5	66.7	75.4	82.15	86.9	91.5	94.75	97.3
pH 值(18℃)	9.2	9.4	9.6	9.8	10.0	10.2	10.4	10.6	10.8	11.0

续表

（8）盐酸-碳酸钠缓冲溶液

A. 0.1mol/L 盐酸/ml	20.0	15.0	10.0	5.0	0.0
B. 0.1mol/L 碳酸钠/ml	50.0	50.0	50.0	50.0	50.0
pH 值（18℃）	10.17	10.32	10.51	10.86	11.24

（9）磷酸氢二钠-氢氧化钠缓冲溶液

A. 0.1mol/L 磷酸氢二钠/ml	50.0	50.0	50.0	50.0	50.0	50.0
B. 0.1mol/L 氢氧化钠/ml	8.26	12.00	17.34	24.50	33.3	43.2
水/ml	41.74	38.00	32.66	25.50	16.7	6.8
pH 值（18℃）	11.0	11.2	11.4	11.6	11.8	12.0

表 3-19 Michaelis 缓冲溶液的配制

（1）酒石酸-酒石酸钠缓冲溶液

A. 0.1mol/L 酒石酸/ml	32	16	8	4	2	1	1	1	1	1	1
B. 0.1mol/L 酒石酸钠/ml	1	1	1	1	1	1	2	4	8	16	32
pH 值	1.4	1.7	2.0	2.4	2.7	3.0	3.3	3.6	3.8	4.2	4.5

（2）乳酸-乳酸钠缓冲溶液

A. 0.1mol/L 乳酸/ml	32	16	8	4	2	1	1	1	1	1	1
B. 0.1mol/L 乳酸钠/ml	1	1	1	1	1	1	2	4	8	16	32
pH 值	2.3	2.61	2.9	3.2	3.5	3.8	4.17	4.45	4.7	5.0	5.3

（3）乙酸-乙酸钠缓冲溶液

A. 0.1mol/L 乙酸/ml	32	16	8	4	2	1	1	1	1	1	1
B. 0.1mol/L 乙酸钠/ml	1	1	1	1	1	1	2	4	8	16	32
pH 值	3.19	3.5	3.8	4.1	4.4	4.7	5.0	5.3	5.6	5.9	6.22

（4）磷酸二氢钾-磷酸氢二钠缓冲溶液

A. $\frac{1}{30}$mol/L 磷酸二氢钾/ml	32	16	8	4	2	1	1	1	1	1	1
B. $\frac{1}{30}$mol/L 磷酸氢二钠/ml	1	1	1	1	1	1	2	4	8	16	32
pH 值	5.2	5.5	5.8	6.1	6.4	6.7	7.0	7.3	7.7	8.0	8.3

（5）氯化铵-氨水缓冲溶液

A. 0.1mol/L 氯化铵/ml	32	16	8	4	2	1	1	1	1	1	1
B. 0.1mol/L 氨水/ml	1	1	1	1	1	1	2	4	8	16	32
pH 值	8.0	8.3	8.58	8.89	9.1	9.5	9.8	10.1	10.4	10.7	11.0

（6）二乙基巴比妥酸钠＋乙酸钠＋盐酸缓冲溶液

A. （$\frac{1}{7}$mol/L 二乙基巴比妥酸钠＋$\frac{1}{7}$mol/L 乙酸钠）/ml	5	5	5	5	5	5	5	5	5	5	5
8.5% 氯化钠/ml	2	2	2	2	2	2	2	2	2	2	2

第二篇

续表

B.0.1mol/L 盐酸/ml	0	0.25	0.5	0.75	1.0	2.0	3.0	4.0	5.0	5.5	6.0
水/ml	18.0	17.75	17.50	17.25	17.0	16.0	15.0	14.0	13.0	12.5	12.0
pH值（25℃）	(9.64)	9.16	8.90	8.68	8.55	8.18	7.90	7.66	7.42	7.25	7.00
A.$(\frac{1}{7}$mol/L 二乙基巴比妥酸钠$+\frac{1}{7}$mol/L 乙酸钠)/ml	5	5	5	5	5	5	5	5	5	5	5
8.5%氯化钠/ml	2	2	2	2	2	2	2	2	2	2	2
B.0.1mol/L 盐酸/ml	6.5	7	8	9	10	11	12	13	14	15	16
水/ml	11.5	11.1	10	9	8	7	6	5	4	3	2
pH值（25℃）	6.75	6.12	5.32	4.93	4.66	4.33	4.13	3.88	3.62	3.20	2.62

（7）二乙基巴比妥酸钠-盐酸缓冲溶液

A.0.1mol/L 二乙基巴比妥酸钠/ml	5.10	5.14	5.22	5.36	5.54	5.81	6.15	6.62	7.16
B.0.1mol/L 盐酸/ml	4.90	4.86	4.78	4.64	4.46	4.19	3.85	3.38	2.84
pH值（25℃）	(6.40)	(6.60)	6.80	7.00	7.20	7.40	7.60	7.80	8.00
A.0.1mol/L 二乙基巴比妥酸钠/ml	7.69	8.23	8.71	9.08	9.36	9.52	9.74	9.85	9.93
B.0.1mol/L 盐酸/ml	2.31	1.77	1.29	0.92	0.64	0.48	0.26	0.15	0.07
pH值（25℃）	8.20	8.40	8.60	8.80	9.00	9.20	9.40	9.60	(9.80)

（8）二甲基氨基乙酸钠-盐酸缓冲溶液

A.0.2mol/L 二甲基氨基乙酸钠/ml	10	10	10	10	10	10	10	10	10
B.0.1mol/L 盐酸/ml	0.2	0.3	0.4	0.5	0.6	0.7	0.8	0.9	1.0
水/ml	9.8	9.7	9.6	9.5	9.4	9.3	9.2	9.1	9.0
pH值（30℃）	10.58	10.42	10.28	10.16	10.05	9.96	9.87	9.79	9.70
A.0.2mol/L 二甲基氨基乙酸钠/ml	10	10	10	10	10	10	10	10	
B.0.1mol/L 盐酸/ml	1.1	1.2	1.3	1.4	1.5	1.6	1.7	1.8	
水/ml	8.9	8.8	8.7	8.6	8.5	8.4	8.3	8.2	
pH值（30℃）	9.60	9.50	9.39	9.28	9.17	9.05	8.85	8.60	

表 3-20　Atkins-Pantin 缓冲溶液的配制

硼酸+氯化钾-碳酸钠缓冲溶液

A.（0.2mol/L 硼酸+0.2mol/L 氯化钾）/ml	95.0	93.8	91.7	90.0	88.8	85.0	80.7	80.0	75.7	70.0
B.0.2mol/L 碳酸钠/ml	5.0	6.2	8.3	10.0	11.2	15.0	19.3	20.0	24.3	30.0
水/ml	100	100	100	100	100	100	100	100	100	100
pH值（16℃）	7.44	7.6	7.8	7.93	8.0	8.2	8.4	8.43	8.6	8.78

续表

A.（0.2mol/L 硼酸＋0.2mol/L 氯化钾）/ml	69.5	63.0	60.0	56.4	50.0	49.7	45.0	42.9	40.0	36.0
B. 0.2mol/L 碳酸钠/ml	30.5	37.0	40.0	43.6	50.0	50.3	55.0	57.1	60.0	64.0
水/ml	100	100	100	100	100	100	100	100	100	100
pH 值（16℃）	8.8	9.0	9.09	9.2	9.39	9.40	9.53	9.6	9.69	9.8
A.（0.2mol/L 硼酸＋0.2mol/L 氯化钾）/ml	30.0	29.1	22.1	20.0	15.4	10.0	9.8	5.7	5.0	3.5
B. 0.2mol/L 碳酸钠/ml	70.0	70.9	77.9	80.0	84.6	90.0	90.2	94.3	95.0	96.5
水/ml	100	100	100	100	100	100	100	100	100	100
pH 值（16℃）	9.98	10.0	10.2	10.25	10.40	10.59	10.6	10.8	10.85	11.0

表 3-21　Palitzsch 缓冲溶液的配制

硼酸-氯化钠-硼砂缓冲溶液

A. 0.05mol/L 硼砂/ml	0.3	0.6	1.0	1.5	2.0	2.3	2.5	3.0	3.5
B.（0.2mol/L 硼酸＋0.05 mol/L 氯化钠）/ml	9.7	9.4	9.0	8.5	8.0	7.7	7.5	7.0	6.5
pH 值（18℃）	6.77	7.09	7.36	7.60	7.78	7.88	7.94	8.08	8.20
A. 0.05mol/L 硼砂/ml	4.0	4.5	5.0	5.5	6.0	7.0	8.0	9.0	10.0
B.（0.2mol/L 硼酸＋0.05 mol/L 氯化钠）/ml	6.0	5.5	5.0	4.5	4.0	3.0	2.0	1.0	0
pH 值（18℃）	8.31	8.41	8.51	8.60	8.69	8.84	8.98	9.11	9.24

表 3-22　McIlvaine 缓冲溶液的配制

磷酸氢二钠-柠檬酸缓冲溶液

A. 0.2mol/L 磷酸氢二钠/ml	0.4	1.24	2.18	3.17	4.11	4.94	5.70	6.44	7.10	7.71
B. 0.1mol/L 柠檬酸/ml	19.60	18.76	17.82	16.83	15.89	15.06	14.30	13.56	12.90	12.29
pH 值	2.2	2.4	2.6	2.8	3.0	3.2	3.4	3.6	3.8	4.0
A. 0.2mol/L 磷酸氢二钠/ml	8.28	8.82	9.35	9.86	10.30	10.72	11.15	11.60	12.09	12.63
B. 0.1mol/L 柠檬酸/ml	12.72	11.18	10.65	10.14	9.70	9.28	8.85	8.40	7.91	7.37
pH 值	4.2	4.4	4.6	4.8	5.0	5.2	5.4	5.6	5.8	6.0
A. 0.2mol/L 磷酸氢二钠/ml	13.22	13.85	14.55	15.45	16.47	17.39	18.17	18.73	19.15	19.45
B. 0.1mol/L 柠檬酸/ml	6.78	6.15	5.45	4.55	3.53	2.61	1.83	1.27	0.85	0.55
pH 值	6.2	6.4	6.6	6.8	7.0	7.2	7.4	7.6	7.8	8.0

表 3-23 Menzel 缓冲溶液的配制

(1) 碳酸钠-碳酸氢钠缓冲溶液

A. 0.2mol/L 碳酸钠/ml	2.5	4.0	5.0	6.0	7.5	9.0	10.0
B. 0.2mol/L 碳酸氢钠/ml	7.5	6.0	5.0	4.0	2.5	1.0	0
pH 值（18℃）	9.47	9.73	9.90	10.08	10.35	10.77	11.54

(2) 碳酸钠-碳酸氢钠缓冲溶液

A. 0.1mol/L 碳酸钠/ml	4.0		5.0		6.25	
B. 0.1mol/L 碳酸氢钠/ml	6.0		5.0		3.75	
pH 值（18℃）	9.83		9.97		10.16	

(3) 碳酸钠-碳酸氢钠缓冲溶液

A. 0.05mol/L 碳酸钠/ml	2.0	3.3	4.0	5.0	6.7	8.0	10.0
B. 0.05mol/L 碳酸氢钠/ml	8.0	6.7	6.0	5.0	3.3	2.0	0
pH 值（18℃）	9.50	9.79	9.94	10.10	10.33	10.54	11.23

(4) 碳酸钠-碳酸氢钠缓冲溶液

A. 0.02mol/L 碳酸钠/ml	1.0	2.5	4.0	5.0	6.0	7.5	9.0	10.0
B. 0.02mol/L 碳酸氢钠/ml	9.0	7.5	6.0	5.0	4.0	2.5	1.0	0
pH 值（18℃）	8.94	9.37	9.62	9.80	9.95	10.18	10.58	11.37

表 3-24 Walpole 缓冲溶液的配制

(1) 盐酸-乙酸钠缓冲溶液

A. 1mol/L 乙酸钠/ml	50	50	50	50	50	50	50	50	50	50	50	50
B. 1mol/L 盐酸/ml	100	90.0	80.0	70.0	65.0	60.0	55.0	53.5	52.5	51.0	50.0	49.75
水/ml	100	110.0	120.0	130.0	135.0	140.0	145.0	146.5	147.5	149.0	150.0	150.25
pH 值	0.65	0.75	0.91	1.09	1.24	1.42	1.71	1.85	1.99	2.32	2.64	2.72
A. 1mol/L 乙酸钠/ml	50	50	50	50	50	50	50	50	50	50	50	50
B. 1mol/L 盐酸/ml	48.5	47.5	46.25	45.0	42.5	40.0	35.0	30.0	25.0	20.0	15.0	10.0
水/ml	151.5	152.5	153.75	155.0	157.5	160.0	165.0	170.0	175.0	180.0	185.0	190.0
pH 值	3.09	3.29	3.49	3.61	3.79	3.95	4.19	4.39	4.58	4.76	4.95	5.20

(2) 乙酸-乙酸钠缓冲溶液

A. 0.2mol/L 乙酸/ml	18.5	17.6	16.4	14.7	12.6	10.2	8.0	5.9	4.2	2.9	1.9
B. 0.2mol/L 乙酸钠/ml	1.5	2.4	3.6	5.3	7.4	9.8	2.0	14.1	15.8	17.1	18.1
pH 值（18℃）	3.6	3.8	4.0	4.2	4.4	4.6	4.8	5.0	5.2	5.4	5.6

表 3-25 Hasting-Sendroy 缓冲溶液的配制

磷酸氢二钠-磷酸二氢钾缓冲溶液

A. $\frac{1}{15}$mol/L 磷酸氢二钠 /ml	49.6	52.5	55.4	58.2	61.1	63.9	66.6	69.2	72.0	74.4	76.8	78.9

续表

B. $\frac{1}{15}$ mol/L 磷酸二氢钾/ml		50.4	47.5	44.6	41.8	38.9	36.1	33.4	30.8	28.0	25.6	23.2	21.1
pH 值	20℃	6.809	6.862	6.909	6.958	7.005	7.057	7.103	7.154	7.212	7.261	7.313	7.364
	30℃	6.781	6.829	6.885	6.924	6.979	7.028	7.076	7.128	7.181	7.230	7.288	7.338

A. $\frac{1}{15}$ mol/L 磷酸氢二钠/ml		80.8	82.5	84.1	85.7	87.0	88.2	89.4	90.5	91.5	92.3	93.2	93.8	94.7
B. $\frac{1}{15}$ mol/L 磷酸二氢钾/ml		19.2	17.5	15.9	14.3	13.0	11.8	10.6	9.5	8.5	7.7	6.8	6.2	5.3
pH 值	20℃	7.412	7.462	7.504	7.561	7.610	7.655	7.705	7.754	7.806	7.848	7.909	7.948	8.018
	30℃	7.384	7.439	7.481	7.530	7.576	7.626	7.672	7.726	7.776	7.825	7.877	7.819	7.977

表 3-26　Britton-Robinson 广泛缓冲溶液的配制

（1）混合酸-氢氧化钠缓冲溶液

A. $\frac{1}{25}$ mol/L 混合酸/ml	100															
B. 0.2mol/L 氢氧化钠/ml	0	2.5	5.0	7.5	10.0	12.5	15.0	17.5	20.0	22.5	25.0	27.5	30.0	32.5	35.0	37.5
pH 值（18℃）	1.81	1.89	1.98	2.09	2.21	2.36	2.56	2.87	3.29	3.78	4.10	4.35	4.56	4.78	5.02	5.33

A. $\frac{1}{25}$ mol/L 混合酸/ml	100												
B. 0.2mol/L 氢氧化钠/ml	40.0	42.5	45.0	47.5	50.0	52.5	55.0	57.5	60.0	62.5	65.0	67.5	70.0
pH 值（18℃）	5.72	6.09	6.37	6.59	6.80	7.00	7.24	7.54	7.96	8.36	8.69	8.95	9.15

A. $\frac{1}{25}$ mol/L 混合酸/ml	100											
B. 0.2mol/L 氢氧化钠/ml	72.5	75.0	77.5	80.0	82.5	85.0	87.5	90.0	92.5	95.0	97.5	100
pH 值（18℃）	9.37	9.62	9.91	10.38	10.88	11.20	11.40	11.58	11.70	11.82	11.92	11.98

（2）混合酸-氢氧化钠缓冲溶液

A. $\frac{1}{25}$ mol/L 混合酸/ml		100											
B. 0.2mol/L 氢氧化钠/ml		0	2	4	6	8	10	12	14	16	18	20	22
pH 值（18℃）	a[1]	2.40	2.55	2.73	2.92	3.12	3.35	3.57	3.80	4.02	4.21	4.40	4.57
	b[2]	2.58	2.72	2.86	3.03	3.21	3.43	3.66	3.87	4.09	4.26	4.42	4.58

第二篇

续表

A. $\frac{1}{25}$ mol/L 混合酸/ml	100												
B.0.2mol/L 氢氧化钠/ml	24	26	28	30	32	34	36	38	40	42	44	46	48
pH值（18℃）a[1]	4.74	4.91	5.08	5.25	5.40	5.57	5.70	5.91	6.10	6.28	6.45	6.62	6.79
b[2]	4.75	4.91	5.08	5.25	5.40	5.57	5.70	5.91	6.10	6.28	6.45	6.62	6.79

A. $\frac{1}{25}$ mol/L 混合酸/ml	100												
B.0.2mol/L 氢氧化钠/ml	50	52	54	56	58	60	62	64	66	68	70	72	74
pH值（18℃）a[1]	6.94	7.12	7.30	7.45	7.63	7.79	7.98	8.15	8.35	8.55	8.76	8.97	9.20
b[2]	6.94	7.12	7.30	7.45	7.63	7.79	7.98	8.15	8.35	8.55	8.76	8.97	9.20

A. $\frac{1}{25}$ mol/L 混合酸/ml	100												
B.0.2mol/L 氢氧化钠/ml	76	78	80	82	84	86	88	90	92	94	96	98	100
pH值（18℃）a[1]	9.41	9.65	9.88	10.21	10.63	11.00	11.23	11.44	11.60	11.75	11.85	11.94	12.02
b[2]	9.41	9.65	9.88	10.21	10.63	11.00	11.23	11.44	11.60	11.75	11.85	11.94	12.02

①A+B溶液的pH值。
②A+B溶液用水稀释至200ml时溶液的pH值。

表 3-27 Gomori 缓冲溶液的配制

（1）2,4,6-三甲基吡啶-盐酸缓冲溶液

A.0.2mol/L 2,4,6-三甲基吡啶/ml	25.0								
B.0.1mol/L 盐酸/ml	45.0	42.5	40.0	37.5	35.0	32.5	30.0	27.5	25.0
水/ml	30.0	32.5	35.0	37.5	40.0	42.5	45.0	47.5	50.0
pH值 23℃	6.45	6.62	6.80	6.92	7.03	7.13	7.22	7.33	7.40
37℃	6.37	6.54	6.72	6.84	6.95	7.05	7.14	7.23	7.32

A.0.2mol/L 2,4,6-三甲基吡啶/ml	25.0							
B.0.1mol/L 盐酸/ml	22.5	20.0	17.5	15.0	12.5	10.0	7.5	5.0
水/ml	52.5	55.0	57.5	60.0	62.5	65.0	67.5	70.0
pH值 23℃	7.50	7.57	7.67	7.77	7.88	8.00	8.18	8.35
37℃	7.40	7.50	7.60	7.70	7.80	7.94	8.10	8.28

（2）2-氨基-2-羟甲基-1,3-丙二醇-盐酸缓冲溶液（Tris缓冲溶液）

A.0.2mol/L 2-氨基-2-羟甲基-1,3-丙二醇/ml	25.0								
B.0.1mol/L 盐酸/ml	45.0	42.5	40.0	37.5	35.0	32.5	30.0	27.5	25.0
水/ml	30.0	32.5	35.0	37.5	40.0	42.5	45.0	47.5	50.0
pH值 23℃	7.20	7.36	7.54	7.66	7.77	7.87	7.96	8.05	8.14
37℃	7.05	7.22	7.40	7.52	7.63	7.73	7.82	7.90	8.00

续表

A.0.2mol/L 2-氨基-2-羟甲基-1,3-丙二醇/ml	25.0							
B.0.1mol/L 盐酸/ml	22.5	20.0	17.5	15.0	12.5	10.0	7.5	5.0
水/ml	52.5	55.0	57.5	60.0	62.5	65.0	67.5	70.0
pH值 23℃	8.23	8.32	8.40	8.50	8.62	8.74	8.92	9.10
pH值 37℃	8.10	8.18	8.27	8.37	8.48	8.60	8.78	8.95

（3）2-氨基-2-甲基-1,3-丙二醇-盐酸缓冲溶液

A.0.2mol/L 2-氨基-2-甲基-1,3-丙二醇/ml	25.0								
B.0.1mol/L 盐酸/ml	45.0	42.5	40.0	37.5	35.0	32.5	30.0	27.5	25.0
水/ml	30.0	32.5	35.0	37.5	40.0	42.5	45.0	47.5	50.0
pH值 23℃	7.83	8.00	8.18	8.30	8.40	8.50	8.60	8.70	8.78
pH值 37℃	7.72	7.90	8.07	8.20	8.30	8.40	8.50	8.58	8.67

A.0.2mol/L 2-氨基-2-甲基-1,3-丙二醇/ml	25.0							
B.0.1mol/L 盐酸/ml	22.5	20.0	17.5	15.0	12.5	10.0	7.5	5.0
水/ml	52.5	55.0	57.5	60.0	62.5	65.0	67.5	70.0
pH值 23℃	8.87	8.96	9.05	9.15	9.26	9.38	9.56	9.72
pH值 37℃	8.76	8.85	8.94	9.03	9.15	9.27	9.45	9.62

表 3-28 等渗缓冲溶液的配制

（1）磷酸二氢钾-碳酸氢钠缓冲溶液（温血动物）

A.2.33%磷酸二氢钾/ml	8.0	6.0	4.0	2.0
B.1.44%碳酸氢钠/ml	2.0	4.0	6.0	8.0
pH值	6.06	6.91	7.10	7.59

（2）柠檬酸-磷酸氢二钠缓冲溶液（温血动物）

A.0.263mol/L柠檬酸/ml	9.0	8.0	7.0	6.0	5.0	4.0	3.0	2.0	1.0
B.0.123mol/L磷酸氢二钠/ml	1.0	2.0	3.0	4.0	5.0	6.0	7.0	8.0	9.0
pH值	2.06	2.27	2.50	2.69	2.94	3.28	3.81	4.79	6.33

（3）磷酸二氢钾-碳酸氢二钠缓冲溶液（冷血动物）

A.1.77%磷酸二氢钾/ml	8.2	7.2	5.9	4.7	3.5	2.4	1.6	1.0	0.2
B.1.77%磷酸氢二钠/ml	1.8	2.8	4.1	5.3	6.5	7.6	8.4	9.0	9.8
pH值	6.0	6.2	6.4	6.6	6.8	7.0	7.2	7.4	7.6

第二篇

表 3-29 甲酸-甲酸钠缓冲溶液的配制

A. 0.1mol/L 氢氧化钠/ml	50.0											
B. 0.1mol/L 甲酸/ml	684	442	294	203	146	110	87.9	73.9	65.1	59.5	56.0	53.8
水	加至 1L											
pH 值（25℃）	2.6	2.8	3.0	3.2	3.4	3.6	3.8	4.0	4.2	4.4	4.6	4.8

表 3-30 *N*-乙基吗啉-盐酸缓冲溶液的配制

A. 0.2mol/L *N*-乙基吗啉/ml	50.0						
B. 1mol/L 盐酸/ml	8.0	7.1	6.1	5.0	4.0	2.9	2.0
水	加至 1L						
pH 值（20℃）	7.0	7.2	7.4	7.6	7.8	8.0	8.2

表 3-31 挥发性缓冲溶液的配制

pH 值	配 制 方 法	主要用途
1.9	乙酸（87ml）、甲酸（25ml，88%）加水配成 1L	一般用
2.1	甲酸（25ml，88%）加水配成 1L	一般用
3.1	吡啶（5ml）、乙酸（100ml）加水配成 1L	一般用
3.1	吡啶（16.1ml）、甲酸（30ml）加水配成 1L	柱色谱
3.1	吡啶（16.1ml）、乙酸（260ml）加水配成 1L	柱色谱
3.5	吡啶（5ml）、乙酸（50ml）加水配成 1L	一般用
3.6	按吡啶：乙酸：水＝1：10：89 的体积比配制	高压纸上电泳
3.7	按吡啶：乙酸：水＝1：10：289 的体积比配制	高压纸上电泳
4.1	吡啶（44.2ml）、乙酸（138ml）加水配成 1L	柱色谱
4.7	吡啶（25ml）、乙酸（25ml）加水配成 1L	一般用
5.1	吡啶（161ml）、乙酸（145ml）加水配成 1L	柱色谱
5.4	吡啶（8ml）、乙酸（2ml）加水配成 1L	一般用
6.5	吡啶（100ml）、乙酸（4ml）加水配成 1L	一般用
6.5	按吡啶：乙酸：水＝10：0.4：90 的体积比配制	高压纸上电泳
7.9	0.03mol/L NH_4HCO_3	一般用
8.0	*N*-乙基吗啉（23ml）、乙酸（3ml）加水配成 1L	一般用
8.0	吡啶（47ml）、α-甲基吡啶（117ml）、乙酸（0.5ml）加水配成 4L	柱色谱
8.3	吡啶（40ml）、2,4,6-三甲基吡啶（40ml）、乙酸（115ml）加水配成 4L	柱色谱
8.9	$(NH_4)_2CO_3$（20g/L）	一般用
9.3	吡啶（30ml）、*N*-乙基吗啉（50ml）、乙酸（0.4～2.0ml）加水配成 4L	柱色谱

表 3-32 普通缓冲溶液的配制

pH 值	配 制 方 法
0	1mol/L 盐酸
1.0	0.1mol/L 盐酸

pH 值	配 制 方 法
2.0	0.01mol/L 盐酸
3.6	$CH_3COONa \cdot 3H_2O$ 8g，溶于适量水中，加 6mol/L 乙酸 134ml，稀释至 500ml
4.0	$CH_3COONa \cdot 3H_2O$ 20g，溶于适量水中，加 6mol/L 乙酸 134ml，稀释至 500ml
4.5	$CH_3COONa \cdot 3H_2O$ 32g，溶于适量水中，加 6mol/L 乙酸 68ml，稀释至 500ml
5.0	$CH_3COONa \cdot 3H_2O$ 50g，溶于适量水中，加 6mol/L 乙酸 34ml，稀释至 500ml
5.7	$CH_3COONa \cdot 3H_2O$ 100g，溶于适量水中，加 6mol/L 乙酸 13ml，稀释至 500ml
7.0	NH_4CH_3COO 77g，用水溶解后，稀释至 500ml
7.5	NH_4Cl 60g，溶于适量水中，加 15mol/L 氨水 1.4ml，稀释至 500ml
8.0	NH_4Cl 50g，溶于适量水中，加 15mol/L 氨水 3.5ml，稀释至 500ml
8.5	NH_4Cl 40g，溶于适量水中，加 15mol/L 氨水 8.8ml，稀释至 500ml
9.0	NH_4Cl 35g，溶于适量水中，加 15mol/L 氨水 24ml，稀释至 500ml
9.5	NH_4Cl 30g，溶于适量水中，加 15mol/L 氨水 65ml，稀释至 500ml
10.0	NH_4Cl 27g，溶于适量水中，加 15mol/L 氨水 197ml，稀释至 500ml
10.5	NH_4Cl 9g，溶于适量水中，加 15mol/L 氨水 175ml，稀释至 500ml
11.0	NH_4Cl 3g，溶于适量水中，加 15mol/L 氨水 207ml，稀释至 500ml
12.0	0.01mol/L 氢氧化钠
13.0	0.1mol/L 氢氧化钠

四、生化缓冲体系

缓冲溶液的正确配制和 pH 值的准确测定，在生物化学的研究工作中有着极为重要的意义，因为在生物体内进行的各种生物化学过程都是在精确的 pH 值下进行的，而且受氢离子浓度的严格调控，能够做到这一点是因为生物体内有完善的天然缓冲系统。生物体内细胞的生长和活动需要一定的 pH 值，体内 pH 环境的任何改变都将引起与代谢有关的酸碱电离平衡移动，从而影响生物体内细胞的活性。为了在实验室条件下准确地模拟生物体内的天然环境，就必须保持体外生物化学反应过程有体内过程完全相同的 pH 值，此外，各种生化样品的分离纯化和分析鉴定，也必须选用合适的 pH 值，因此，在生物化学的各种研究工作和生物技术的各种开发工作中，深刻地了解各种缓冲试剂的性质、准确恰当地选择和配制各种缓冲溶液、精确地测定溶液的 pH 值，就是非常重要的基础实验工作。表 3-33 列出了某些人体体液的 pH 值，表 3-34 列出了生物化学中常用的缓冲溶液。

表 3-33 人体体液 pH 值

体 液	pH 值	体 液	pH 值
血清	7.35～7.45	大肠液	8.3～8.4
成人胃液	0.9～1.5	泪	6.6～6.9
唾液	6.3～7.1	尿	4.8～7.5
胰液	7.5～8.0	脑脊液	7.35～7.45

表 3-34　生物化学常用缓冲液

名称	pKₐ	控制 pH 值范围	选用试剂	特　点	注意点
磷酸盐缓冲溶液	2.12	1~4	NaH_2PO_4	优点：①易配成各种浓度的缓冲液；②适用 pH 范围宽；③受温度的影响小；④稀释后 pH 变化小 缺点：①易与 Ca^{2+}、Mg^{2+} 及重金属离子生成沉淀；②会抑制某些生物化学过程	低温时钠盐难溶，钾盐易溶。配制 SDS-聚丙烯酰胺凝胶电泳的缓冲液时，只能用磷酸钠
	7.21	6~8	NaH_2PO_4-Na_2HPO_4		
	12.36	10~12	Na_2HPO_4		
Tris缓冲溶液[①]	8.3(20℃) 7.82(37℃)	7.5~8.5 5.0~9.0	Tris-HCl Tris-磷酸盐	优点：①由酸性到碱性的大范围 pH 值的缓冲作用；②对生物化学过程干扰很小，不与钙、镁离子及重金属离子发生沉淀 缺点：①控制 pH 值受溶液浓度影响较大，稀释后 pH 值变化较大；②对温度较敏感，需在使用温度下配制；③易吸收空气中的 CO_2，配制好的缓冲液要盖严密封；④对某些 pH 电极有干扰，只能使用与 Tris 溶液具有兼容性的电极 Tris-HCl 加入 EDTA 使体系更稳定	配 1L 0.1mol/L 的 Tris-HCl 缓冲溶液的方法：称取 12.11g Tris 溶于 950~970ml 去离子水中，在搅拌下滴加 4mol/L HCl，用 pH 计监控溶液 pH 至所需值，加水补足到 1L
有机酸缓冲溶液	3.75	2.6~4.8	甲酸-甲酸钠	挥发性强，使用后可以用减压法除之	见表 3-29
	3.10,4.75,6.40	1.0~6.7	柠檬酸-柠檬酸钠	柠檬酸盐和琥珀酸盐能和 Fe^{3+}、Zn^{2+}、Mg^{2+} 等结合而使缓冲液受到干扰	表 3-17 和表 3-18
	4.18, 5.60	3.2~6.6	琥珀酸-琥珀酸盐	有机酸体系基本都能和 Ca^{2+} 作用，样品中有 Ca^{2+} 时不适用	
硼酸盐缓冲溶液	9.24	8.5~10.0	硼砂-氯化钠	配制方便。但因能与很多代谢产物形成络合物，尤其是能与糖类的羟基反应生成稳定的复合物而使缓冲液受到干扰	见表 3-21
氨基酸缓冲溶液	2.35, 9.78	2.0~5.0	甘氨酸-HCl	优点：为细胞组分和各种提取液提供更接近的天然环境 缺点：①与羧酸盐和磷酸盐缓冲体系相似，也会干扰某些生物化学反应过程，如代谢过程等；②试剂的价格较高	
		8.0~11.0	甘氨酸-NaOH		
		8.0~11.0	甘氨酸-Tris[②]		
	8.03	7.8~8.8	甘氨酰胺		
		8.0~9.0	甘氨酰甘氨酸		
	1.8, 6.4, 9.3	5.5~6.5	组氨酸		
两性离子缓冲溶液				优点：①不参加和不干扰生物化学反应过程；②对酶化学反应等无抑制作用 缺点：①价格昂贵；②会使双缩脲法和 Lowry 法之空白管的颜色加深	专门用于细胞和极易变性的、对 pH 敏感的蛋白质和酶的研究工作

　　① Tris 为三羟甲基氨基甲烷的缩写。在 Tris 缓冲溶液中加入 EDTA（成为 TE 缓冲液）可提取植物中的蛋白质，也可用于 DNA 的稳定和储存。将调节 pH 值的酸换成乙酸即为 TAE 缓冲液，换成硼酸则为 TBE 缓冲液。TAE 和 TBE 两种缓冲液通常用于核酸电泳检测中。

　　② 广泛使用的 SDS-聚丙烯酰胺凝胶电泳的电极缓冲。

参 考 文 献

［1］GB 3100～3102—93.

［2］GB/T 602—2002.

［3］GB/T 601—2002.

［4］日本化学会编。化学便览，基础篇Ⅱ，改订 2 版．丸善株式会社，1975.

［5］GB/T 9724—2007.

［6］楼书聪．化学试剂配制手册．南京：江苏科学技术出版社，1993.

第四章 普通分析仪器的校正和检定

第一节 天 平

一、天平的类型及使用

天平，是一种利用作用在物体上的重力以平衡原理测定物体质量或确定作为质量函数的其他量值、参数或特性的仪器。狭义的天平专指双盘等臂机械天平，是利用等臂杠杆平衡原理，将被测物与相应砝码比较衡量，从而确定被测物质量的一种衡器。广义的天平则包括双盘等臂机械天平、单盘不等臂机械天平和电子天平三类。普通天平多为等臂天平，电子天平则多为顶部承载式。

一般的天平的型号和准确度级别如表 4-1 所示。天平的准确度级别按天平的最大称量（m_{max}）与检定标尺分度值（e）之比值（n）划分，$n = m_{max}/e$，共分为 10 级，例如，最大称量为 200g，检定标尺分度值为 0.0001g，那么：$n = 200/0.0001 = 2 \times 10^6$，从表 4-2 可知该天平的准确度级别为 3 级。

表 4-1 一般分析天平的型号与性能指标

名　称	型　号	最大称量 /g	检定标尺分度值 /mg	最大称量与检定标尺分度值之比	准确度级别
半机械加码电光天平	TG328B	200	0.1	2×10^6	3
全机械加码电光天平	TG328A	200	0.1	2×10^6	3
微量天平	TG332A	20	0.01	2×10^6	3
阻尼天平	TG528B	200	0.4	5×10^5	5
全机械加码单盘天平	DT-100	100	0.1	1×10^6	4
电子天平	AL-204	210	0.1	2×10^6	3
精密电子天平	XP26	22	0.001	2×10^7	1

表 4-2 天平的准确度级别

准确度级别	最大称量与检定标尺分度值之比	准确度级别	最大称量与检定标尺分度值之比
1	$1 \times 10^7 \leqslant n \leqslant 2 \times 10^7$	6	$2 \times 10^5 \leqslant n \leqslant 4 \times 10^5$
2	$4 \times 10^6 \leqslant n \leqslant 1 \times 10^7$	7	$1 \times 10^5 \leqslant n \leqslant 2 \times 10^5$
3	$2 \times 10^6 \leqslant n \leqslant 4 \times 10^6$	8	$4 \times 10^4 \leqslant n \leqslant 1 \times 10^5$
4	$1 \times 10^6 \leqslant n \leqslant 2 \times 10^6$	9	$2 \times 10^4 \leqslant n \leqslant 4 \times 10^4$
5	$4 \times 10^5 \leqslant n \leqslant 1 \times 10^6$	10	$1 \times 10^4 \leqslant n \leqslant 2 \times 10^4$

在称量过程中，称一份样品需读两次数，故称量误差为感量的两倍。

1. 半自动电光天平

电光分析天平依据杠杆原理设计，不同天平的结构大体相同，有底板、立柱、横梁、玛瑙刀、刀承、悬挂系统和读数系统等必备部件，还有制动器、阻尼器、机械加码装置等附属部件，其附加装置不一定都全。半自动电光天平的基本构造见图 4-1。

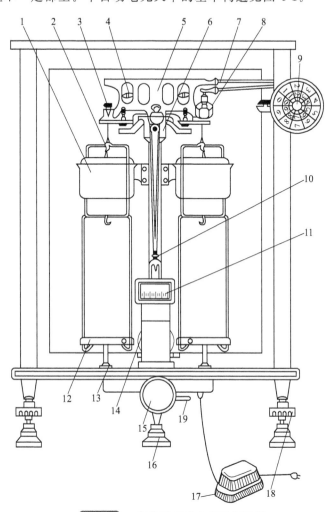

图 4-1 半自动电光分析天平示意

1—空气阻尼器；2—挂钩；3—吊耳；4—零点调节螺栓；5—横梁；6—天平柱；
7—圈码钩；8—圈码；9—加圈码旋钮；10—指针；11—投影屏；12—秤盘；13—盘托；
14—光源；15—开关旋钮；16—底垫；17—变压器；18—水平调节螺栓；19—调零杆

电光天平的性能可用以下方法表示。

灵敏度表示天平能够察觉出两盘载重质量差的能力。可表示为天平盘上增加 1mg 质量所引起的指针在读数标牌上偏移的格数，偏移越大，天平越灵敏。

准确性是指天平的等臂性而言，完好等臂天平的两臂长之差不得超过臂长的 1/40000，否则将引起较大误差。

稳定性是指天平梁在平衡状态受到扰动后能自动回到初始平衡位置的能力，可通过改变天平的重心（移动感量砣）来调节。重心离支点越远，天平稳定性越好，但灵敏度越低。而天平的不变性则为天平在载荷不变的情况下，多次开关天平时各平衡位置重合不变的性能。天平的稳定性和不变性有关，但不是同一概念：稳定性主要与横梁的重心有关，而不变性还与天平的结构和称量时的环境条件等有关。

电光分析天平所使用的砝码一般选用非磁性不锈钢制造，通常分为克组（1～100g）和毫克组（1～500mg），以 5、2、2、1 的形式搭配。半自动电光天平的毫克组砝码由机械加减。在进行同一实验时，所有称量应使用同一台天平和同一组砝码。

砝码是称量物质的标准，其质量应该具有一定的准确度。天平出厂时砝码的质量已经过校验，但在使用过程中会因种种原因而引起质量误差，因而有必要按砝码使用的频繁程度定期进行校准或检定。砝码的正式检定应该送交计量部门按砝码检定规程进行，校准周期一般不超过一年。

2. 电子天平

电子天平是指用电磁力平衡被称物体重力的天平。其特点是称量准确可靠、显示快速清晰，并且具有自动检测系统、简便的自动校准以及超载保护等装置。目前使用的主要有顶部承载式和底部承载式两种。悬挂式天平由于稳定性欠佳、不易平衡，已很少见。顶部承载式电子天平根据电磁力补偿工作原理制成，分为载荷接受和传递装置、测量和补偿控制装置两部分，其基本结构见图4-2。

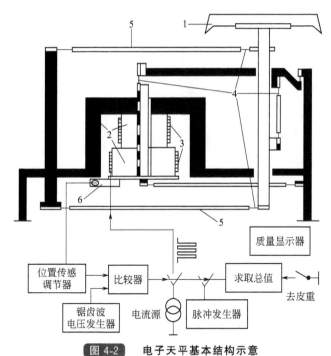

图 4-2 电子天平基本结构示意

1—量盘；2—磁铁；3—线圈；4—簧片；5—导向杆；6—光电扫描装置

根据电磁力公式：$F = BLI\sin\theta$

式中，F 为电磁力；B 为磁感应强度；L 为受力导线的长度；I 为流过导线的电流强度；θ 为通电导体与磁场的夹角。可知，F 的大小与 B、L、I 及 $\sin\theta$ 均成正比，由于成品电子天平的传感器设计好后，其感应线圈的规格尺寸已固定，所以其 B、L 均不再改变，而 θ 为 90°，故 $\sin\theta = 1$，因此，F 的大小与 I 成对应关系。天平称量时，称量盘的重力传递到线圈，使其竖直位置发生变化，光电扫描装置将线圈负重后的平衡位置传递给位置传感调节器，后者比较所得信号后，指示电流源发出等幅脉冲电流，使线圈产生垂直向上的力，直至其恢复到未负重时的平衡位置。所称物体质量越大，通过线圈的脉冲宽度越大，平衡后由微处理器显示的读数也越大。由于在电子天平启动时有一自动校准过程，通过校准砝码 M 的赋值过程，消除了重力加速度的影响，因此电子天平直接称出物体的质量而非重量。

电子天平的优点在于它在加入载荷后能迅速地平衡，并自动显示所称物体的质量，单次样品的称量时间大大缩短，独具的"去皮"功能使称量更为简便、快速。

3. 新功能天平

新型电子天平（见表 4-3）的传感器改用单体传感器或超级单体传感器，以减少装配过程中螺栓的松紧及零部件膨胀系数不同而引入的误差。新型电子天平不仅可进行常规样品称量，还可进行许多电光天平无法完成的工作，如：利用附加于天平上的加热装置直接进行含水量测定；可敏感而迅速地称量小型活体动物的体重；利用自带软件可进行小件计数称量、累计称量、配方称量；还可对称量结果进行统计处理和打印。新型天平还有自动保温系统、四级防震装置、可用于现场称量、自动浮力校正等许多功能，以及红外感应式操作（如开门、去皮）等附加功能。

表 4-3　新型天平的类型与功能

天平类型	天平功能
膜天平	测量不溶性物质单分子层膜的表面张力及表面压力随表面积（A）动态变化的精密仪器。近年来，在生物医学领域中膜天平被广泛用来研究肺表面活性物质（Ps）的理化特性
多功能红外水分仪（类天平）	在电子天平结构的基础上，融合加热单元，并采用单位微机控制、电磁力平衡和红外加热技术。与传统的烘箱法分析水分相比，分析效率和准确度大大提高，分析时间缩短 1/3。可广泛应用于化工、医药、食品、烟草、粮食等领域的实验分析，以及日常进货控制及过程检测
单位制转换天平	多种单位制转换，更适于不同的国家和地区。其制式包括：克、盎司、英钱、格令、磅、克拉、毫克、千克、托拉（印度）、两（中国台湾）、两（中国香港）
热天平	一种在程序控温条件下自动连续记录物质质量与温度（或时间）函数关系的仪器，由记录天平、天平加热炉、程序控温系统和记录仪构成。精确测定固体样品加热后产生的质量的变化、脱水、氧化等物质失量，间接研究物质组成。可应用于地质、化工、石油、纺织等部门
百分比称量天平	可以同时记录几个样本质量，求得特定物质在总重中的百分含量
计数天平	与一般的天平相比多了计数的功能。计数天平广泛应用于加工企业中，能够快速地完成产品的计数包装。除此之外，计数天平还可以用来计算单个零部件或样品的质量
动物天平	用以测定动物或者动态物质的质量
旦尼尔天平	测定纤维纤度的一种扭力天平，又称旦天平
韦氏比重天平	为测量液体和固体密度用的一种天平。在天平的一方臂上系一圆筒，放入被测定液体中浸没，由天平测出其浮力，由此而得出液体的密度
沉降天平	测定粉体物料粒度分布的装置。测定时将粉体物料配成一定浓度的悬浮液，搅匀后置于沉降容器内。在悬浮液内悬吊一天平称盘，随粒子在秤盘上的沉积记下质量的变化，可画出沉降质量与时间关系曲线

4. 天平的使用

（1）电子天平的使用方法　　关上天平侧门，轻按天平面板上的归零键，电子显示屏上出现 0.0000g 闪动。待数字稳定后，表示天平已稳定，进入准备称量状态。打开天平侧门，将盛有化学样品的器皿或纸放到物品托盘上，关闭天平侧门。待电子显示屏上的数字稳定下来，读取数字，即为样品的称量值。打开天平侧门，取出样品，关上天平侧门，将数字归零。

（2）天平的称量方法

① 增量法。又称直接称量法，此法用于称量不易吸水、在空气中稳定的试样，如金属、矿石等。称量的步骤如下：将干燥的小容器（如小烧杯）轻轻放在经预热并已稳定的电子天

平称量盘上，关上天平门，此时显示的数据便是试剂所称量的质量。

② 减量法。此法常用于易吸水、易氧化或易与 CO_2 反应的物质。将上述方法中干燥的小容器改为称量瓶即可进行减量法称量，只是最后显示的数字是负值。称量的步骤如下：将适量试样装入称量瓶中，称得质量 m_1 g，然后取出称量瓶，从称量瓶中倾出样品。将称量瓶放在容器的上方，使称量瓶倾斜，用称量瓶瓶盖轻轻敲瓶口上部，使黏附在瓶口的试样落下，然后盖好瓶盖。将称量瓶放回天平盘上，称得质量 m_2 g。两次质量之差即为试样的质量。也可先称称量瓶＋试样，最后去皮，取出所需试样后再称量，所得为负值，该值的正值即为所称样品的质量。

(3) 天平称量的注意事项　不管使用哪类天平（包括台秤）均不得将湿的容器（如烧杯、锥形瓶、容量瓶等）直接放入称量盘中称量。称量液体样品时必须在具塞容器中进行。如果不慎将样品洒落在天平内应及时清除，可用天平刷刷净，必要时用干净的软布擦洗称量盘及天平内台面。

二、砝码的级别与检定

电光天平的准确度除与自身性能（如等臂性等）有关之外，还与砝码性能直接相关。砝码有不同的等级，对应于不同的使用环境，砝码准确度的等级及用途见表 4-4。

表 4-4 **砝码的等级与用途**

砝码等级	用　途
E1	溯源于国家基准、副基准、检定传递 E2 等级砝码、检定相应的衡量仪器，与相应的衡量仪器配套使用
E2	检定传递 F1 等级及以下的砝码，检定相应的衡量仪器，与相应的衡量仪器配套使用
F1	检定传递 F2 等级及以下的砝码，检定相应的衡量仪器，与相应的衡量仪器配套使用
F2	检定传递 M1 等级、M12 等级及以下的砝码、检定相应的衡量仪器，与相应的衡量仪器配套使用
M1	检定传递 M2 等级、M23 等级及以下的砝码、检定相应的衡量仪器，与相应的衡量仪器配套使用
M2	检定传递 M3 等级砝码、检定相应的衡量仪器，与相应的衡量仪器配套使用
M3	检定相应的衡量仪器，与相应的衡量仪器配套使用
M12	检定相应的衡量仪器，与相应的衡量仪器配套使用

砝码在使用过程中由于种种原因可能引起质量误差，因此有必要对砝码的质量作定期检定。砝码的正式检定应按照中华人民共和国国家计量检定规程《砝码检定规程》（JJG 99—2006）进行，本节仅列举实验室中检定工作砝码是否符合质量允差的一种方法。

检定砝码应该有一架计量性能较好的天平和一副作标准用的砝码，此砝码须经计量单位检定并给出质量修正值，平时不应用作工作砝码。被检定的砝码不得有表面镀层脱落和生锈现象。在检定前必须进行清洁处理，并待砝码温度与室温平衡后，方可进行检定。

检定方法采用替代衡量法（简称替代法），单个砝码的检定操作如下：

① 将作为标准用的砝码 B 放到天平的一个盘里，以相当的重物 T 置于另一盘平衡之，开启天平，记下四个连续读数或两次静止点读数，关闭天平。

② 取下标准砝码 B，并在此盘中放上相同标称的被检砝码 A。若在置换砝码后天平的平衡状态被破坏，需在较轻的秤盘上添加标准小砝码 a 以恢复平衡。随即记下四个连续读数或两次静止点读数，关闭天平。

③ 若在此载荷下的分度值 S 事先没有测定，即于天平的任一盘中放上标准小砝码 r 并记下四个连续读数或两次静止点读数。小砝码 r 所改变的天平平衡位置与前述灵敏度测定相同。

④ 将检定时所得读数记入检定记录表（表 4-5）的有关栏内。

表 4-5 替代衡量法记录

观察顺序	左盘	右盘	读数				平衡位置	添加的小砝码	
			L_1	L_2	L_3	L_4	L	左盘	右盘
1	T	B					$L_B=$		
2	T	A					$L_A=$		
3	T	$A+r$					$L_r=$		

根据检定得出的数据,按下式算出被检砝码的质量:

$$A = B \pm (L_A - L_B)S \pm a \qquad (4-1)$$

$$S = \frac{r}{|L_r - L_A|} \qquad (4-2)$$

按照上述方法,依次将被检砝码组内的各个砝码分别与作为标准的相同标算值的砝码相比较,并计算其结果。检定结果符合该等级砝码质量允差认为合格。超过规定的质量允差时,应进行调修;无法调修者可根据具体情况或作降等处理、或报废。

只要在使用中注意砝码的保养、维护和定期检定,砝码的品质是可以得到保障的。

第二节 容量器皿的校正

一、容量器皿的校准

容量器皿的容积与它所标出的数值并非都能十分准确地相符,因此在进行准确度要求较高的分析工作时,必须对所使用的量器进行校准。

容量的基本单位是立方分米(dm³),即升,1L 是指在 101325Pa(1atm)下,质量为 1kg 的水在其密度为最大值的温度(3.98℃)时所占的容积。但一般分析工作不可能在 3.98℃下进行,因此通常以 20℃作为标准温度,即在 20℃时 1L 容积等于 3.98℃时质量为 1000g 水所占的容积。校正的方法是称量一定容积的水,然后根据该温度时水的密度,将水的质量换算成容积。

由于水的密度和玻璃容器的体积随温度的变化而改变,以及在空气中称量有空气浮力的影响,因此将任一温度下水的质量换算成容积时必须考虑以下几个因素:① 校准温度下水的密度;② 校准温度与标准温度之间玻璃的热膨胀;③ 空气浮力对水和所用容器及砝码的影响。

对在 20℃下容积为 1L 的容器,在不同温度下,用水充满该容积时,于空气中以黄铜砝码称取的水的质量数据列于表 4-6 中。将三项校准值综合,得到不同温度、不同体积的水在空气中用黄铜砝码称得的质量列于表 4-7。容量器皿校准时,称量容量器皿量入或量出的水的质量,除以在该温度下在空气中以黄铜砝码称得的水的质量,即得该容器的实际容积。

表 4-6 不同温度下 1L 水的质量

温度,t/℃	1000ml 水在真空中的质量,m/g	水相对密度随温度而变化的改正数,A/g	用黄铜砝码在空气中称得的改正数,B/g	玻璃膨胀改正数,$C^{①}$/g	改正数总和,$(A+B+C)$/g	$1000-(A+B+C)$/g
9	999.81	0.19	1.10	0.28	1.57	998.43
10	999.73	0.27	1.09	0.25	1.61	998.39
11	999.63	0.37	1.09	0.23	1.69	998.31
12	999.52	0.48	1.09	0.20	1.77	998.23
13	999.40	0.60	1.08	0.18	1.86	998.14
14	999.27	0.73	1.08	0.15	1.96	998.04

温度，$t/℃$	1000ml 水在真空中的质量，m/g	水相对密度随温度而变化的改正数，A/g	用黄铜砝码在空气中称量的改正数，B/g	玻璃膨胀改正数，$C^①/g$	改正数总和，$(A+B+C)/g$	$1000-(A+B+C)/g$
15	999.13	0.87	1.07	0.13	2.07	997.93
16	998.97	1.03	1.07	0.10	2.20	997.80
17	998.80	1.20	1.07	0.08	2.35	997.65
18	998.62	1.38	1.06	0.05	2.49	997.51
19	998.43	1.57	1.06	0.03	2.66	997.34
20	998.23	1.77	1.05	0.00	2.82	997.18
21	998.02	1.98	1.05	-0.03	3.00	997.00
22	997.80	2.20	1.05	-0.05	3.20	996.80
23	997.57	2.43	1.04	-0.08	3.39	996.61
24	997.33	2.67	1.04	-0.10	3.61	996.39
25	997.08	2.92	1.03	-0.13	3.82	996.18
26	996.82	3.18	1.03	-0.15	4.06	995.94
27	996.55	3.45	1.03	-0.18	4.30	995.70
28	996.27	3.73	1.02	-0.20	4.55	995.45
29	995.98	4.02	1.02	-0.23	4.81	995.19
30	995.68	4.32	1.01	-0.25	5.08	994.92
31	995.37	4.63	1.01	-0.28	5.36	994.64
32	995.06	4.94	1.01	-0.30	5.65	994.35
33	994.73	5.27	1.00	-0.33	5.94	994.06
34	994.40	5.60	1.00	-0.35	6.25	993.75
35	994.06	5.94	0.99	-0.38	6.55	993.45

①指钠钙玻璃。

由于玻璃成分的不同，其体热膨胀系数亦不相同，因此计算量器在标准温度 20℃ 的容积时，可按下式计算：

$$V_{20} = (I_L - I_E) \times \frac{1}{\rho_w - \rho_A} \times (1 - \frac{\rho_A}{\rho_B}) \times [1 - \gamma(t - 20)] \qquad (4\text{-}3)$$

式中　I_L——盛水容器的天平读数，g；

　　　I_E——空容器的天平读数，g；

　　　ρ_A——空气密度，g/ml；

　　　ρ_B——砝码在调整到其标称质量时的实际密度，或根据砝码调整的基准密度，g/ml；或当使用无砝码电子天平时，已调整的砝码的基准密度❶；

　　　ρ_w——t℃时水的密度，g/ml；

　　　γ——受检量器玻璃的体热膨胀系数，K^{-1}；

　　　t——校准时使用的水的温度，℃。

玻璃量器容积最简单的计算如下：

将式（4-3）的 2、3、4 项的乘积以 Z 来表示，则该式可近似写成：

$$V_{20} = (I_L - I_E) + V_n(Z - 1) \qquad (4\text{-}4)$$

式中　V_n——量器的标称容积。

----

❶　砝码在空气中称量时按砝码密度为 8.0g/ml 来调至准确的结果，电子天平是以这个质量为标准调整的。其中 ρ_w、ρ_A、γ 的相应值可在表 4-8、表 4-9 和表 4-10 或有关资料上查到。

单位：g

表 4-7 不同温度下不同体积水的质量

V/ml \ t/℃	2000	1000	500	250	200	100	50	40	25	20	15	11	10	5.5	5	2	1
5	1997.10	998.55	499.27	249.637	199.710	99.855	49.927	39.9420	24.9637	19.9710	14.9782	10.9840	9.9855	5.4920	4.9927	1.9971	0.9985
6	.10	.55	.27	.637	.710	.855	.927	.9420	.9637	.9710	.9782	.9840	.9855	.4920	.9927	.9971	.9985
7	.06	.53	.26	.633	.706	.853	.926	.9412	.9633	.9706	.9779	.9838	.9853	.4919	.9926	.9971	.9985
8	.00	.50	.25	.622	.700	.850	.925	.9400	.9620	.9700	.9775	.9835	.9850	.4917	.9925	.9970	.9985
9	1996.90	.45	.23	.612	199.690	.845	.923	.9380	.9612	19.9690	.9768	.9829	.9845	.4915	.9923	1.9969	.9984
10	.80	.40	.20	.600	.680	.840	.920	.9360	.9600	.9680	.9760	.9824	.9840	.4912	.9920	.9968	.9984
11	.66	.33	.17	.582	.666	.833	.917	.9332	.9582	.9666	.9750	.9816	.9833	.4909	.9917	.9967	.9983
12	.50	.25	.13	.563	.650	.825	.913	.9300	.9563	.9650	.9738	.9807	.9825	.4904	.9913	.9965	.9982
13	.30	.15	.08	.538	.630	.815	.908	.9260	.9538	.9630	.9723	10.9797	.9815	5.4899	.9908	.9963	.9982
14	.10	.05	.03	.513	.610	.805	.903	.9220	.9513	.9610	.9708	.9786	.9805	.4893	.9903	.9961	.9981
15	1995.88	997.94	498.97	.485	199.588	99.794	49.897	.9196	.9485	19.9588	14.9691	.9773	9.9794	.4887	4.9897	.9959	.9979
16	.62	.81	.91	.452	.562	.781	.891	.9124	.9452	.9562	.9672	.9759	.9781	.4880	.9891	.9956	.9978
17	.34	.67	.83	.418	.534	.767	.883	.9068	.9418	.9534	.9650	.9744	.9767	.4871	.9883	.9953	.9977
18	.02	.51	.76	.378	.502	.751	.876	.9004	.9378	.9502	.9627	.9726	.9751	.4864	.9876	.9950	.9975
19	1994.70	.35	.68	.337	199.470	.735	.868	39.8940	.9337	19.9470	.9603	.9709	.9735	.4854	.9868	.9947	.9974
20	.34	.17	.58	.292	.434	.717	.858	.8868	.9292	.9434	.9549	.9689	.9717	.4845	.9858	.9943	.9972
21	1993.98	996.99	.50	.250	199.398	99.699	.850	.8796	.9250	19.9398	.9520	.9669	9.9699	.4835	.9850	.9940	.9970
22	.60	.80	.40	.200	.360	.680	.840	.8720	.9200	.9360	.9520	.9648	.9680	.4824	.9840	.9936	.9968
23	.18	.59	.30	.148	.318	.659	.830	.8636	.9148	.9318	14.9489	.9625	.9659	.4812	.9830	.9932	.9966

续表

t/°C \ V/ml	1	2	5	5.5	10	11	15	20	25	40	50	100	200	250	500	1000	2000
24	0.9964	1.9928	4.9819	5.4801	9.9638	10.9602	14.9457	19.9276	24.9095	39.8552	49.819	99.638	199.276	249.095	498.19	996.38	1992.76
25	.9962	.9923	.9808	5.4789	.9616	10.9578	.9427	.9232	.9040	.8464	.808	.616	.232	.040	.08	.16	.32
26	.9959	.9919	4.9796	.4776	9.9593	.9542	14.9389	19.9186	24.8983	.8372	49.796	99.593	199.186	248.983	497.96	995.93	1991.86
27	.9957	.9914	.9784	.4761	.9568	.9525	.9352	.9136	.8920	.8272	.784	.568	.136	.920	.84	.68	.36
28	.9954	.9909	.9771	.4748	.9543	10.9497	.9314	19.9086	.8853	.8172	.771	.543	199.086	.853	.71	.43	1990.86
29	.9952	.9903	4.9758	5.4733	9.9517	10.9459	14.9275	19.9034	24.8793	39.8068	49.758	99.517	199.034	248.793	497.58	995.17	1990.34
30	.9949	1.9898	.9745	.4718	.9490	.9439	.9235	19.8980	.8725	39.7960	.745	.490	198.980	.725	.45	994.90	1989.80
31	.9946	1.9892	.9730	.4703	.9460	.9406	14.9190	.8920	.8650	.7840	.730	.460	.920	.650	.30	.60	.20
32	.9943	.9886	.9716	5.4688	.9431	10.9374	.9147	19.8862	.8578	.7724	.716	.431	198.862	.578	.16	.31	1988.62
33	.9940	.9880	.9700	.4670	.9401	.9341	.9101	.8802	.8502	.7604	.700	.401	.802	.502	.00	.01	.02
34	.9937	1.9874	4.9686	.4655	9.9371	.9308	14.9057	19.8742	.8428	.7484	49.686	99.371	198.742	.428	496.86	993.71	1987.42
35	.9934	.9868	.9670	.4637	.9340	10.9274	.9010	.8680	.8350	.7360	.670	.340	198.680	.350	.70	.40	1986.80
36	.9931	.9861	.9653	.4618	.9307	.9238	14.8960	.8614	.8268	.7228	.653	.307	.614	.286	.53	.07	.14
37	.9927	.9855	.9637	.4601	.9274	.9201	.8901	.8548	.8165	.7096	.637	.274	.548	.185	.37	992.74	1985.48
38	.9924	.9848	.9621	5.4583	.9241	10.9165	14.8862	.8482	.8103	39.6964	.621	.241	.482	.103	.21	.41	1984.82
39	.9921	.9841	.9603	.4563	.9206	.9127	.8809	.8412	.8013	.6824	.603	.206	.412	.015	.03	.06	.12
40	0.9917	1.9834	4.9586	5.4545	9.9171	10.9088	14.8757	19.8342	24.7925	.6684	49.586	99.171	198.342	247.925	495.86	991.71	1983.42

注：本表系指不同温度下以水充满各种容积的玻璃量器，在空气中用黄铜砝码称取的水质量。

表 4-8～表 4-14 列出了 $V_n = 1000ml$ 的 $V_n(Z-1)$ 值，这些表中计入了水的密度、玻璃的热膨胀以及空气浮力的综合影响，且设：$\rho_A = 1.2kg/m^3$，$\rho_B = 8000.0kg/m^3$；γ 分别等于 $10 \times 10^{-6}K^{-1}$、$25 \times 10^{-6}K^{-1}$ 和 $30 \times 10^{-6}K^{-1}$。

ρ_A 的 $1.2kg/m^3$ 值接近于平均值，且相当于 $10℃$ 时的空气压力 $0.975 \times 10^5 Pa$、$20℃$ 时的 $1.0158 \times 10^5 Pa$ 或 $30℃$ 时的 $1.055 \times 10^5 Pa$。适用于其他空气压力和温度的修正换算值列于表 4-9，这些修正值也适用于标称容积为 $1000ml$ 的量器，且假定在空气相对湿度为 50% 和含有 0.04%（体积分数）的二氧化碳情况下计算的。在这些条件下所产生的实际正常偏差可以忽略。

表 4-8 不含空气的水的密度

温度，$t/℃$	密度，$\rho_水/(g/ml)$	温度，$t/℃$	密度，$\rho_水/(g/ml)$
15	0.999098	26	0.996782
16	0.998941	27	0.996511
17	0.998773	28	0.996232
18	0.998593	29	0.995943
19	0.998403	30	0.995645
20	0.998202	31	0.995339
21	0997990	32	0.995024
22	0.997768	33	0.994701
23	0.997536	34	0.994369
24	0.997294	35	0.994030
25	0.997043		

表 4-9 温度 $10 \sim 30℃$，绝对压力在 $(0.930 \sim 1.040) \times 10^5 Pa$ $(930 \sim 1040mbar)$ 之间的干燥空气密度 $\rho_A(p, t)$ 　　　　　　　　　　　　　　　　　　单位：mg/cm^3

压力，$p_A/10^5 Pa$ ＼ 温度，$t/℃$	0.930	0.940	0.950	0.960	0.970	0.980	0.990	1.000	1.010	1.020	1.030	1.040
10	1.145	1.157	1.169	1.182	1.194	1.206	1.219	1.231	1.243	1.256	1.268	1.280
11	1.141	1.153	1.165	1.178	1.190	1.202	1.214	1.227	1.239	1.251	1.263	1.276
12	1.137	1.149	1.161	1.173	1.186	1.198	1.210	1.222	1.235	1.247	1.259	1.271
13	1.133	1.145	1.157	1.169	1.182	1.194	1.206	1.218	1.230	1.243	1.255	1.267
14	1.129	1.141	1.153	1.165	1.177	1.190	1.202	1.214	1.226	1.238	1.250	1.262
15	1.125	1.137	1.149	1.161	1.173	1.185	1.197	1.210	1.222	1.234	1.246	1.258
16	1.121	1.133	1.145	1.157	1.169	1.181	1.193	1.203	1.217	1.230	1.242	1.254
17	1.117	1.129	1.141	1.153	1.165	1.177	1.189	1.201	1.213	1.225	1.237	1.249
18	1.103	1.125	1.137	1.149	1.161	1.173	1.185	1.197	1.209	1.221	1.233	1.245
19	1.109	1.121	1.133	1.145	1.167	1.169	1.181	1.193	1.205	1.217	1.229	1.241
20	1.106	1.118	1.129	1.141	1.153	1.165	1.177	1.189	1.201	1.213	1.225	1.236
21	1.102	1.114	1.126	1.137	1.149	1.161	1.173	1.185	1.197	1.208	1.220	1.232
22	1.098	1.110	1.122	1.134	1.145	1.157	1.169	1.181	1.193	1.204	1.216	1.228
23	1.094	1.106	1.118	1.130	1.141	1.153	1.165	1.177	1.189	1.200	1.212	1.224

续表

压力, $p_A/10^5Pa$ 温度, $t/℃$	0.930	0.940	0.950	0.960	0.970	0.980	0.990	1.000	1.010	1.020	1.030	1.040
24	1.091	1.102	1.114	1.126	1.138	1.149	1.161	1.173	1.185	1.196	1.208	1.220
25	1.087	1.099	1.111	1.122	1.134	1.145	1.157	1.169	1.181	1.192	1.204	1.216
26	1.083	1.095	1.107	1.118	1.130	1.142	1.153	1.165	1.177	1.188	1.200	1.212
27	1.080	1.091	1.103	1.115	1.126	1.138	1.140	1.161	1.173	1.184	1.196	1.208
28	1.076	1.083	1.099	1.111	1.122	1.134	1.145	1.157	1.169	1.180	1.192	1.204
29	1.073	1.084	1.096	1.107	1.119	1.130	1.126	1.153	1.165	1.176	1.188	1.200
30	1.069	1.081	1.002	1.104	1.115	1.126	1.138	1.150	1.161	1.172	1.184	1.196

表 4-10　几种玻璃的体热膨胀系数

材料	体热膨胀系数/$10^{-6}K^{-1}$	材料	体热膨胀系数/$10^{-6}K^{-1}$
熔融二氧化硅（石英）	1.6	硼硅酸盐玻璃	10
		钠钙玻璃	25

表 4-11　适用于由体热膨胀系数为 $10×10^{-6}K^{-1}$ 的玻璃（如硼硅酸盐玻璃）制成的，标称容量为 1000ml 的量器的修正值[①]

水的温度, $t/℃$	0.0	0.1	0.2	0.3	0.4	0.5	0.6	0.7	0.8	0.9
5	1.24	1.24	1.24	1.24	1.24	1.24	1.24	1.24	1.25	1.25
6	1.25	1.25	1.25	1.26	1.26	1.26	1.27	1.27	1.27	1.27
7	1.28	1.28	1.29	1.29	1.29	1.30	1.30	1.31	1.31	1.32
8	1.32	1.33	1.33	1.34	1.34	1.35	1.35	1.36	1.37	1.37
9	1.38	1.39	1.39	1.40	1.41	1.41	1.42	1.43	1.43	1.44
10	1.45	1.46	1.47	1.47	1.48	1.49	1.50	1.51	1.52	1.53
11	1.53	1.54	1.55	1.56	1.57	1.58	1.59	1.60	1.61	1.62
12	1.63	1.64	1.65	1.66	1.67	1.69	1.70	1.71	1.72	1.73
13	1.74	1.75	1.77	1.78	1.79	1.80	1.81	1.83	1.84	1.85
14	1.86	1.88	1.89	1.90	1.92	1.93	1.94	1.96	1.97	1.99
15	2.00	2.01	2.03	2.04	2.06	2.07	2.09	2.10	2.12	2.13
16	2.15	2.16	2.18	2.19	2.21	2.22	2.24	2.26	2.27	2.29
17	2.30	2.32	2.34	2.35	2.37	2.39	2.40	2.42	2.44	2.46
18	2.47	2.49	2.51	2.53	2.54	2.56	2.58	2.60	2.62	2.64
19	2.65	2.67	2.69	2.71	2.73	2.75	2.77	2.79	2.81	2.83
20	2.84	2.86	2.88	2.90	2.92	2.94	2.96	2.98	3.00	3.03
21	3.05	3.07	3.09	3.11	3.13	3.15	3.17	3.19	3.22	3.24
22	3.26	3.28	3.30	3.32	3.35	3.37	3.39	3.41	3.43	3.46
23	3.48	3.50	3.53	3.55	3.57	3.59	3.62	3.64	3.66	3.69
24	3.71	3.74	3.76	3.78	3.81	3.83	3.86	3.88	3.90	3.93

续表

水的温度，t/℃	0.0	0.1	0.2	0.3	0.4	0.5	0.6	0.7	0.8	0.9
25	3.95	3.98	4.00	4.03	4.05	4.08	4.10	4.13	4.15	4.18
26	4.20	4.23	4.26	4.28	4.31	4.33	4.36	4.39	4.41	4.44
27	4.47	4.49	4.52	4.55	4.57	4.60	4.63	4.65	4.68	4.71
28	4.73	4.76	4.79	4.82	4.85	4.87	4.90	4.93	4.96	4.99
29	5.01	5.04	5.07	5.10	5.13	5.16	5.18	5.21	5.24	5.27
30	5.30	5.33	5.36	5.39	5.42	5.45	5.48	5.51	5.54	5.57
31	5.60	5.63	5.66	5.69	5.72	5.75	5.78	5.81	5.84	5.87
32	5.90	5.93	5.96	6.00	6.03	6.06	6.09	6.12	6.15	6.18
33	6.22	6.25	6.28	6.31	6.34	6.38	6.41	6.44	6.47	6.50
34	6.54	6.57	6.60	6.63	6.67	6.70	6.73	6.77	6.80	6.83
35	6.87									

① 表中第一行为整数度以下的分数值，例水的温度为5.5℃时1000ml量器的修正值为1.24ml。

表 4-12　适用于由体热膨胀系数为 $15 \times 10^{-6} K^{-1}$ 的玻璃（如中性玻璃）制成的，标称容量为1000ml的量器的修正值

水的温度，t/℃	0.0	0.1	0.2	0.3	0.4	0.5	0.6	0.7	0.8	0.9
5	1.31	1.31	1.31	1.31	1.31	1.31	1.31	1.32	1.32	1.32
6	1.32	1.32	1.32	1.33	1.33	1.33	1.33	1.33	1.34	1.34
7	1.34	1.35	1.35	1.35	1.36	1.36	1.36	1.37	1.37	1.38
8	1.38	1.39	1.39	1.40	1.40	1.41	1.41	1.42	1.42	1.43
9	1.43	1.44	1.45	1.45	1.46	1.47	1.47	1.48	1.49	1.49
10	1.50	1.51	1.51	1.52	1.53	1.54	1.55	1.55	1.56	1.57
11	1.58	1.59	1.60	1.61	1.61	1.62	1.63	1.64	1.65	1.66
12	1.67	1.68	1.69	1.70	1.71	1.72	1.73	1.74	1.76	1.77
13	1.78	1.79	1.80	1.81	1.82	1.83	1.85	1.86	1.87	1.88
14	1.89	1.91	1.92	1.93	1.95	1.96	1.97	1.98	2.00	2.01
15	2.02	2.04	2.05	2.07	2.08	2.09	2.11	2.12	2.14	2.15
16	2.17	2.18	2.20	2.21	2.23	2.24	2.26	2.27	2.29	2.30
17	2.32	2.34	2.35	2.37	2.38	2.40	2.42	2.43	2.45	2.47
18	2.48	2.50	2.52	2.53	2.55	2.57	2.59	2.60	2.62	2.64
19	2.66	2.68	2.70	2.71	2.73	2.75	2.77	2.79	2.81	2.83
20	2.84	2.86	2.88	2.90	2.92	2.94	2.96	2.98	3.00	3.02
21	3.04	3.06	3.08	3.10	3.12	3.14	3.16	3.19	3.21	3.23
22	3.25	3.27	3.29	3.31	3.33	3.36	3.38	3.40	3.42	3.44
23	3.47	3.47	3.51	3.53	3.55	3.58	3.60	3.62	3.65	3.67
24	3.69	3.72	3.74	3.76	3.79	3.81	3.83	3.86	3.88	3.90
25	3.93	3.95	3.98	4.00	4.03	4.05	4.08	4.10	4.12	4.15
26	4.17	4.20	4.23	4.25	4.28	4.30	4.33	4.35	4.38	4.40

续表

水的温度，$t/℃$	0.0	0.1	0.2	0.3	0.4	0.5	0.6	0.7	0.8	0.9
27	4.43	4.46	4.48	4.51	4.54	4.56	4.59	4.61	4.64	4.67
28	4.69	4.72	4.75	4.78	4.80	4.83	4.86	4.89	4.91	4.94
29	4.97	5.00	5.03	5.05	5.08	5.11	5.14	5.17	5.19	5.22
30	5.25	5.28	5.31	5.34	5.37	5.40	5.42	5.45	5.48	5.51
31	5.54	5.57	5.60	5.63	5.66	5.69	5.72	5.75	5.78	5.81
32	5.84	5.87	5.90	5.93	5.96	6.00	6.03	6.06	6.09	6.12
33	6.15	6.18	6.21	6.24	6.28	6.31	6.34	6.37	6.40	6.44
34	6.47	6.50	6.53	6.56	6.60	6.63	6.66	6.69	6.73	6.76
35	6.79									

表 4-13 适用于由体热膨胀系数为 $25×10^{-6} K^{-1}$ 的玻璃制成的，标称容量为 1000ml 的量器的修正值

水的温度，$t/℃$	0.0	0.1	0.2	0.3	0.4	0.5	0.6	0.7	0.8	0.9
5	1.46	1.46	1.46	1.46	1.46	1.46	1.46	1.46	1.46	1.46
6	1.46	1.46	1.46	1.46	1.46	1.46	1.47	1.47	1.47	1.47
7	1.47	1.48	1.48	1.48	1.48	1.49	1.49	1.49	1.49	1.50
8	1.50	1.50	1.51	1.51	1.52	1.52	1.52	1.53	1.53	1.54
9	1.54	1.55	1.55	1.56	1.56	1.57	1.58	1.58	1.59	1.59
10	1.60	1.61	1.61	1.62	1.63	1.63	1.64	1.65	1.65	1.66
11	1.67	1.68	1.68	1.69	1.70	1.71	1.72	1.73	1.73	1.74
12	1.75	1.76	1.77	1.78	1.79	1.80	1.81	1.82	1.83	1.84
13	1.85	1.86	1.87	1.88	1.89	1.90	1.91	1.92	1.93	1.94
14	1.95	1.97	1.98	1.99	2.00	2.01	2.03	2.04	2.05	2.06
15	2.07	2.09	2.10	2.11	2.13	2.14	2.15	2.17	2.18	2.19
16	2.21	2.22	2.23	2.25	2.26	2.28	2.29	2.30	2.32	2.33
17	2.35	2.36	2.38	2.39	2.41	2.42	2.44	2.46	2.47	2.49
18	2.50	2.52	2.54	2.55	2.57	2.58	2.60	2.62	2.63	2.65
19	2.67	2.68	2.70	2.72	2.74	2.76	2.77	2.79	2.81	2.83
20	2.84	2.86	2.88	2.90	2.92	2.94	2.96	2.97	2.99	3.01
21	3.03	3.05	3.07	3.09	3.11	3.13	3.15	3.17	3.19	3.21
22	3.23	3.25	3.27	3.29	3.31	3.33	3.35	3.37	3.39	3.41
23	3.44	3.46	3.48	3.50	3.52	3.54	3.56	3.59	3.61	3.63
24	3.65	3.67	3.70	3.72	3.74	3.76	3.79	3.81	3.83	3.86
25	3.88	3.90	3.93	3.95	3.97	4.00	4.02	4.04	4.07	4.09
26	4.12	4.14	4.16	4.19	4.21	4.24	4.26	4.29	4.31	4.34
27	4.36	4.39	4.41	4.44	4.46	4.49	4.51	4.54	4.56	4.59
28	4.62	4.64	4.67	4.69	4.72	4.75	4.77	4.80	4.83	4.85
29	4.88	4.91	4.93	4.96	4.99	5.01	5.04	5.07	5.10	5.12

水的温度, $t/℃$	0.0	0.1	0.2	0.3	0.4	0.5	0.6	0.7	0.8	0.9
30	5.15	5.18	5.21	5.24	5.26	5.29	5.32	5.35	5.38	5.40
31	5.43	5.46	5.49	5.52	5.55	5.58	5.61	5.64	5.66	5.69
32	5.72	5.75	5.78	5.81	5.84	5.87	5.90	5.93	5.96	5.99
33	6.02	6.05	6.08	6.11	6.14	6.17	6.20	6.24	6.27	6.30
34	6.33	6.36	6.39	6.42	6.45	6.48	6.52	6.55	6.58	6.61
35	6.64									

表 4-14 适用于由体热膨胀系数为 $30 \times 10^{-6} K^{-1}$ 的玻璃（如钠钙玻璃）制成的，标称容量为 1000ml 的量器的修正值

水的温度, $t/℃$	0.0	0.1	0.2	0.3	0.4	0.5	0.6	0.7	0.8	0.9
5	1.53	1.53	1.53	1.53	1.53	1.53	1.53	1.53	1.53	1.53
6	1.53	1.53	1.53	1.53	1.53	1.53	1.53	1.53	1.54	1.54
7	1.54	1.54	1.54	1.54	1.55	1.55	1.55	1.55	1.56	1.56
8	1.56	1.56	1.57	1.57	1.57	1.58	1.58	1.59	1.59	1.59
9	1.60	1.60	1.61	1.61	1.62	1.62	1.63	1.63	1.64	1.64
10	1.65	1.66	1.66	1.67	1.67	1.68	1.69	1.69	1.70	1.71
11	1.71	1.72	1.73	1.74	1.74	1.75	1.76	1.77	1.78	1.78
12	1.79	1.80	1.81	1.82	1.83	1.84	1.84	1.85	1.86	1.87
13	1.88	1.89	1.90	1.91	1.92	1.93	1.94	1.95	1.96	1.97
14	1.98	2.00	2.01	2.02	2.03	2.04	2.05	2.06	2.08	2.09
15	2.10	2.11	2.12	2.14	2.15	2.16	2.17	2.19	2.20	2.21
16	2.23	2.24	2.25	2.27	2.28	2.29	2.31	2.32	2.34	2.35
17	2.36	2.38	2.39	2.41	2.42	2.44	2.45	2.47	2.48	2.50
18	2.51	2.53	2.54	2.56	2.58	2.59	2.61	2.62	2.64	2.66
19	2.67	2.69	2.71	2.72	2.74	2.76	2.78	2.79	2.81	2.83
20	2.84	2.86	2.88	2.90	2.92	2.93	2.95	2.97	2.99	3.01
21	3.03	3.05	3.06	3.08	3.10	3.12	3.14	3.16	3.18	3.20
22	3.22	3.24	3.26	3.28	3.30	3.32	3.34	3.36	3.38	3.40
23	3.42	3.44	3.46	3.48	3.50	3.53	3.55	3.57	3.59	3.61
24	3.63	3.65	3.68	3.70	3.72	3.74	3.76	3.79	3.81	3.83
25	3.85	3.88	3.90	3.92	3.95	3.97	3.99	4.01	4.04	4.06
26	4.09	4.11	4.13	4.16	4.18	4.20	4.23	4.25	4.28	4.30
27	4.33	4.35	4.38	4.40	4.42	4.45	4.47	4.50	4.52	4.55
28	4.58	4.60	4.63	4.65	4.68	4.70	4.73	4.76	4.78	4.81
29	4.83	4.86	4.89	4.91	4.94	4.97	4.99	5.02	5.05	5.07
30	5.10	5.13	5.16	5.18	5.21	5.24	5.27	5.29	5.32	5.35
31	5.38	5.41	5.43	5.46	5.49	5.52	5.55	5.58	5.61	5.63

续表

水的温度, t/℃	0.0	0.1	0.2	0.3	0.4	0.5	0.6	0.7	0.8	0.9
32	5.66	5.66	5.72	5.75	5.78	5.81	5.84	5.87	5.90	5.93
33	5.96	5.99	6.02	6.05	6.08	6.11	6.14	6.17	6.20	6.23
34	6.26	6.29	6.32	6.35	6.38	6.41	6.44	6.47	6.51	6.54
35	6.57									

二、玻璃量器的最大允许公差

标准温度 20℃时标准容量允差见表 4-15。

表 4-15　标准温度 20℃时标准容量允差[①]

容量 V/ml	无塞滴定管 具塞滴定管 微量滴定管		吸量管							容量瓶		量筒		量杯
			单标线者		有分度和无分度有二标线者									
					完全流出式		不完全流出式		吹出式					
	A 级	B 级	A 级	B 级	A 级	B 级	A 级	B 级		A 级	B 级	量入式	量出式	
2000	—	—	—	—	—	—	—	—	—	0.60	1.20	10.0	20.0	—
1000	—	—	—	—	—	—	—	—	—	0.40	0.80	5.0	10.0	10.0
500	—	—	—	—	—	—	—	—	—	0.25	0.50	2.5	5.0	6.0
250	—	—	—	—	—	—	—	—	—	0.15	0.30	1.0	2.0	3.0
200	—	—	—	—	—	—	—	—	—	0.15	0.30	—	—	—
100	0.10	0.20	0.080	0.160	—	—	—	—	—	0.10	0.20	0.5	1.0	1.5
50	0.05	0.10	0.050	0.100	0.100	0.200	0.100	0.200	—	0.05	0.10	0.25	0.5	1.0
40	—	—	—	—	0.100	0.200	0.100	0.200	—	—	—	—	—	—
25	0.05	0.10	0.030	0.060	0.100	0.200	0.100	0.200	—	0.03	0.06	0.25	0.5	—
20	—	—	0.030	0.060	—	—	—	—	—	—	—	—	—	0.5
15	—	—	0.025	0.050	—	—	—	—	—	—	—	—	—	—
11	—	—	—	—	—	—	—	—	—	—	—	—	—	—
10	0.025	0.05	0.020	0.040	0.050	0.100	0.050	0.100	0.100	0.02	0.04	0.1	0.2	0.4
5	0.01	0.02	0.015	0.030	0.025	0.050	0.025	0.050	0.050	0.02	0.04	0.05	0.1	0.2
4	—	—	0.015	0.030	—	—	—	—	—	—	—	—	—	—
3	—	—	0.015	0.030	—	—	—	—	—	—	—	—	—	—
2	0.01	0.02	0.010	0.020	0.012	0.025	0.012	0.025	0.025	—	—	—	—	—
1	0.01	0.02	0.007	0.015	0.008	0.015	0.008	0.015	0.015	—	—	—	—	—
0.5	—	—	—	—	—	—	—	—	—	0.010	0.010	—	—	—
0.25	—	—	—	—	—	—	—	—	—	0.005	0.008	—	—	—
0.20	—	—	—	—	—	—	—	—	—	0.005	0.006	—	—	—
0.10	—	—	—	—	—	—	—	—	—	0.003	0.004	—	—	—

① GB/T 12803—1991, GB/T 12804—2001, GB/T 12805—2011, GB/T 12806—2011, BG/T 12807—1991, GB/T 12808—1991, GB/T 12809—1991, GB/T 12810—1991。

第三节 测温装置及其校正

一、1990 年国际温标（ITS—90）

1990 年国际温标（the international temperature scale of 1990，ITS—90）是根据 1987 年第 18 届国际计量大会第 7 号决议和 1989 年第 77 届国际计量委员会通过的，从 1990 年 1 月 1 日起在全世界实行。本温标替代原 1968 年国际实用温标（IPTS—68，1975 年修订版）和 1976 年 0.5～30K 暂行温标，我国国家技术监督局 [1990] 553 号文规定，我国于 1994 年 1 月 1 日起全面实施 ITS—90 国际温标。

（一）温度单位

热力学温度（符号为 T）是基本的物理量，其单位为开尔文（符号为 K），定义为水三相点的热力学温度的 1/273.16。

由于在以前的温标定义中使用了与 273.15K（冰点）的差值表示温度，因此，现在仍保留这种方法。用这种方法表示的热力学温度称为摄氏温度（符号为 t），定义为：

$$t/\text{℃} = T/\text{K} - 273.15 \tag{4-5}$$

摄氏温度的单位为摄氏度（符号为℃），根据定义，它的大小等于开尔文，温差可以用开尔文或摄氏度来表示。

1990 年国际温标（ITS—90）同时定义国际开尔文温度（符号为 T_{90}）和国际摄氏温度 t_{90}，T_{90} 与 t_{90} 之间的关系为：

$$t_{90}/\text{℃} = T_{90}/\text{K} - 273.15 \tag{4-6}$$

物理量 T_{90} 的单位为开尔文（符号为 K），而 t_{90} 的单位为摄氏度（符号为℃），与热力学温度 T 和摄氏温度 t 一样。

（二）1990 年国际温标（ITS—90）的定义

0.65～5.0K 之间，T_{90} 由 ^3He 和 ^4He 的蒸气压与温度的关系式定义。

由 3.0K 到氖三相点（24.5561K）之间，T_{90} 是用氦气体温度计定义的。它使用三个定义固定点及利用规定的内插方法来分度。这三个定义固定点是可以实验复现的，并具有给定值。

平衡氢三相点（13.8033K）到银凝固点（961.78℃）以上，T_{90} 借助于一个定义点和普朗克辐射定律来定义。

ITS—90 的定义固定点列于表 4-16。大部分定义固定点的压力对温度的影响列于表 4-17。压力效应是由敏感元件有一定的浸没深度或其他原因所引起的。其详细的内插公式请参阅国家技术监督局计量司编的《1990 国际温标宣贯手册》（中国计量出版社，1990 年 12 月出版）。

表 4-16 ITS—90 固定点

序号	温度		物质①	状态②	$W_r (T_{90})$
	T_{90}/K	$t_{90}/\text{℃}$			
1	3～5	$-270.15～$ -268.15	He	V	
2	13.8033	-259.3467	e-H₂	T	0.00119007
3	约 17	约 -256.15	e-H₂ 或 He	V 或 G	
4	约 20.3	约 -252.85	e-H₂ 或 He	V 或 G	

续表

序号	温度		物质[1]	状态[2]	$W_r(T_{90})$
	T_{90}/K	$t_{90}/℃$			
5	24.5561	−248.5939	Ne	T	0.00844974
6	54.3584	−218.7961	O_2	T	0.09171804
7	83.8058	−189.3442	Ar	T	0.21585975
8	234.3156	−38.8344	Hg	T	0.84414211
9	273.16	0.01	H_2O	T	1.00000000
10	302.9146	29.7646	Ga	M	1.11813889
11	429.7485	156.5985	In	F	1.60080185
12	505.078	231.928	Sn	F	1.89279768
13	692.677	419.527	Zn	F	2.56891730
14	933.473	660.323	Al	F	3.37600860
15	1234.93	961.78	Ag	F	4.28642053
16	1337.33	1064.18	Au	F	
17	1357.77	1084.62	Cu	F	

① 除 ³He 外，其他物质均为自然同位素成分；e-H_2 为正氢和仲氢分子态处于平衡浓度时的氢。
② 对于这些不同状态的定义，以及有关复现这些不同状态的建议，可参阅"ITS—90 补充资料"。
表中各符号的含意为：
V——蒸气压点；
T——三相点，在此温度下，固、液和蒸气相呈平衡状态；
G——气体温度计点；
M，F——熔点和凝固点，在 101325Pa 压力下，固、液相的平衡温度。

表 4-17　压力对一些定义固定点温度值的影响

物 质	平衡温度的给定值，T_{90}/K[1]	温度对压力的变率，$(dT/dp)/(10^{-8}K/Pa)$[2]	温度对深度的变率，$(dT/dl)/(10^{-3}K/m)$[3]
平衡氢三相点	13.8033	34	0.25
氖三相点	24.5561	16	1.9
氧三相点	54.3584	12	1.5
氩三相点	83.8058	25	3.3
汞三相点	234.3156	5.4	7.1
水三相点	273.16	−7.5	−0.73
镓熔点	302.9146	−2.0	−1.2
铟凝固点	429.7485	4.9	3.3
锡凝固点	505.078	3.3	2.2
锌凝固点	692.677	4.3	2.7
铝凝固点	933.473	7.0	1.6
银凝固点	1234.93	6.0	5.4
金凝固点	1337.33	6.1	10
铜凝固点	1357.77	3.3	2.6

① 对于熔点和凝固点，参考压力为标准大气压（p_0=101325Pa）；对于三相点，压力效应仅来源于容器中液体的静压力。
② 相当于每标准大气压的毫升数。
③ 相当于每米液柱的毫升数。

二、实验室玻璃温度计的校正

（一）玻璃液体温度计的准确度

这类温度计的特点是感温液体与显示部分（标尺）组成一个不可分离的整体。一旦制成就不能再进行刻度调整。它根据显示部分的分度值分为 9 种，见表 4-18。不同分度值的温度计有不同的允许误差，见表 4-19。

表 4-18　温度计分度　　　　　　　　　　　　　　　　　　　　　　　　　单位：℃

分度值	修正值保留末位所在位数（分度值的十分位）	保留末位上一个单位数值（分度值的1/10）	修约的舍入界限值（分度值1/10 的 0.5 倍）
0.01	千分位	0.001	0.0005
0.02	千分位	0.002	0.001
0.05	千分位	0.005	0.0025
0.1	百分位	0.01	0.005
0.2	百分位	0.02	0.01
0.5	百分位	0.05	0.025
1	十分位	0.1	0.05
2	十分位	0.2	0.1
5	十分位	0.5	0.25

表 4-19　温度计的允许误差

温度计上限温度，t/℃	精密温度计				普通温度计				
	分度值，t/℃								
	0.1	0.2	0.5	1	0.5	1	2	5	①0
	允许零点上升值，t/℃								
100	0.04	0.04	—	—	—	—	—	—	—
200	0.08	0.08	0.3	0.3	0.3	0.3	0.3	0.4	—
300	0.16	0.16	0.4	0.4	0.4	0.4	0.4	0.6	1
400	—	0.30	0.5	0.5	0.5	0.5	0.5	0.8	2

感温液体	温度计上限或下限所在温度范围，t/℃	精密温度计		普通温度计		
		分度值，t/℃				
		0.1	0.2	0.5	1	2
		示值允许误差，t/℃				
有机液体	−100～−61	±1.0	±1.0	±1.5	±2.0	—
	−60～−31	±0.6	±0.8	±1.0	±2.0	—
	−30～−1	±0.4	±0.6	±1.0	±1.0	—
	0～100	—	—	±1.0	±1.0	—
水银	−30～−1	±0.2	±0.4	±0.5	±1.0	±2.0
	0～100	±0.2	±0.3	±0.5	±1.0	±2.0
	101～200	±0.4	±0.5	±1.0	±1.5	±3.0
	201～300	±0.6	±0.7	±1.0	±2.0	±3.0
	301～400	—	±1.0	±1.5	±3.0	±4.0

（二）使用温度计的浸没深度

在使用温度计时，应按规定的浸没深度垂直固定在恒温槽盖的小孔中。对半浸温度计，必须使液面在温度计上所刻的液面线处，而全浸温度计则应使露出液柱不大于 10mm，如果无法全浸，应按下式计算露出液柱修正值 δ（用℃表示）并加入示值中：

$$\delta = rn(t - t_1) \tag{4-7}$$

式中　r——温度计内液体的视膨胀系数（水银为 0.00016，酒精为 0.00103，煤油为 0.00093）；

　　　　n——露出液柱的度数；

　　　　t——标准温度计测得的恒温槽中介质的实际温度；

　　　　t_1——借助辅助温度计测得的露出液柱的平均温度（辅助温度计的水银球应放置在露出液柱部分的中间。为测得温度的恒定，应等待 10～15min 后读数）。

（三）温度计的零点和沸点的校正

（1）零点的校正　取三个直径不同的圆桶，最小的以蒸馏水洗净，加入碎冰后用带小孔的橡皮塞塞紧，将小桶放入中号桶中央，空隙装满碎小冰块，中号桶与大桶之间填棉花作保温层，将欲校正的温度计插入橡皮塞孔中，露出零点于塞外，塞紧橡皮塞而观察其零点，如有移差应根据所观察之刻度予以校正。

（2）沸点的校正　取经过零点校正的温度计，将其放入蒸馏水中，根据其不同气压时的沸点（表 4-20），测定其温度的刻度。

表 4-20　不同压力下水的沸点

大气压	mmHg	750	755	760	765	770
	kPa	99.918	100.658	101.325	101.992	102.658
水的沸点/℃		99.63	99.81	100.00	100.18	100.37

（四）刻度的校正

取符合零点及沸点的温度计 12 支作为标准温度计，与被校正的温度计同时插在恒温的溶液中（溶液可以是水、甘油、变压器油等）使温度均匀上升，每订正一点时需保持 5～10min，一般 0～100℃温度计校正 20 点，取两支标准温度计之平均值与被校温度计之差作为被校温度计的订正值。如订正值超过 0.3℃，则该温度计不能用于精确的试验中。

（五）借助于纯化合物的熔点以校正温度计

纯化合物（又称标准化合物）的熔点、沸点、结晶点都经过准确的测定，因此可将被校正的温度计放到纯化合物中观察其熔点（或沸点、结晶点）的温度，对温度计进行校正。也可以测得几种不同熔点（或沸点、结晶点）的纯化合物的熔点（或沸点、结晶点），以测得值与应有值的差数为横坐标作图，得到一条校正曲线，供以后换算成准确熔点（或沸点、结晶点）之用。常用的纯化合物及其熔点、沸点、结晶点见表 4-21。

表 4-21　用以校准温度计和温差电偶的定点

缩写和符号的含义：沸—760mmHg 之下的沸点；凝—凝固点；晶—结晶点；p—压力（mmHg）；转—转换点；平—在标准气压下凝相和气相的平衡点；熔—熔点

物　质	点	摄氏热力学温标的度数/℃	压力改正数	物　质	点	摄氏热力学温标的度数/℃	压力改正数
氧	平	-182.97	$+0.0126(p-760)$ $-0.0000065(p-760)^2$	甲基环己烷	晶	-126.6	
异戊烷	晶	-159.9		乙醚	快晶或慢熔	-116.3	

续表

物 质	点	摄氏热力学温标的度数/℃	压力改正数	物 质	点	摄氏热力学温标的度数/℃	压力改正数
二硫化碳	晶	−111.6		四氯化碳	沸	76.7	+0.044 (p−760)
乙酸乙酯	晶	−83.6		乙醇	沸	78.26	+0.034 (p−760)
二氧化碳（固）	平	−78.51	+0.01595 (p−760) −0.000011 (p−760)²	苯	沸	80.1	+0.043 (p−760)
				萘	熔	80.3	
三氯甲烷	晶	−63.5		香草醛②	熔	83	
正辛烷	凝	−56.8		水蒸气	凝	100.00	+0.0367 (p−760) −2.3×10⁻⁵ (p−760)² +0.046 (p−760)
间二甲苯	凝	−47.9					
氯化苯	晶	−45.2		甲苯	沸	110.6	
汞	晶	−38.87		氯化钾	熔	770.3	
溴苯	凝	−30.6		氯化钠	熔	800.4	
四氯化碳	晶	−22.9		硫酸钠	熔	884.7	
冰	熔	0.0000	（水、冰、汽三相点0.01℃）	银	晶	960.8	
苯	晶	5.5		金	晶	1063	
二溴乙烯 (CH₂Br₂)	晶	9.9		硫酸钾	熔	1069.1	
				铜	晶	1083	
铬酸钠 (Na₂CrO₄·10H₂O)	转	19.525		硅酸锂	熔	1202	
				乙酰苯胺②	熔	116	
乙酰苯	熔	19.6		苯甲酸	熔	122.4	
二苯醚	熔	26.9		正辛烷	沸	125.6	+0.047 (p−760)
异戊烷	沸	27.9	+0.038 (p−760)	二溴乙烯	沸	131.7	+0.048 (p−760)
硫酸钠 (Na₂SO₄·10H₂O)	转	32.384		非那西丁②	熔	136	
				间二甲苯	沸	139.1	+0.049 (p−760)
乙醚	沸	34.6	+0.038 (p−760)	异丙基苯	沸	152.4	+0.051 (p−760)
对甲苯胺	熔	43.7		溴苯	沸	154.2	+0.053 (p−760)
二苯甲酮	熔	48.1		铟	熔	156.61	
1-萘胺	熔	50		水杨酸	熔	159.8	
溴化钠 (NaBr·2H₂O)	转	50.67		磺胺②	熔	166	
				苯胺	沸	184.51	+0.051 (p−760)
丙酮	沸	56.2	+0.04 (p−760)	邻甲苯胺	沸	199.7	+0.058 (p−760)
二氯化锰 (MnCl₂·4H₂O)	转	58.09		磺胺二甲嘧啶②	熔	200	
				对甲苯胺	沸	200.6	+0.054 (p−760)
三氯甲烷	沸	61.3		乙酰苯	沸	202.0	+0.055 (p−760)
偶氮苯①	熔	69		硝基苯	沸	210.9	

续表

物　质	点	摄氏热力学温标的度数/℃	压力改正数	物　质	点	摄氏热力学温标的度数/℃	压力改正数
蒽	熔	216		锌	晶	419.505	
萘	沸	218	$+0.055$ ($p-760$)	硫	凝	444.60	$+0.0909$ ($p-760$) -4.8×10^{-5} ($p-760$)^2
糖精钠[②]	熔	229					
锡	晶	231.91		硫酸钾	转	583.0	
咖啡因[②]	熔	237		锑	晶	630.5[③]	
喹啉	沸	237.2	$+0.057$ ($p-760$)	氯化钠-硫酸钠 (30.5%NaCl- 69.5%Na$_2$SO$_4$)	熔、平	637.0	
氮芴	熔	246					
二苯醚	沸	258.3					
酚酞[②]	熔	265		铝 (99.85%)	晶	660.1	
蒽醌	熔	285		镍	熔或晶	1453	
二苯胺	沸	302		钴	熔	1492	
二苯甲酮	沸	305.9	$+0.064$ ($p-760$)	钯	晶	1552	
镉	晶	321.03		铂	熔	1769	
铅	晶	327.3		铑	熔	1960	
汞	沸	356.58		铱	熔	2443	
重铬酸钾	熔	397.5		钨	熔	3380	

① 此表温度为 t_{68}。
② 这8种化合物是卫生部规定的检定药品校正温度计用的。
③ 校定电阻温度计时用的近似值。
注：表中压力 P 单位为 mmHg，1mmHg=7.50064×10^{-3}Pa

三、电子测温装置

(一) 热电偶测温

热电偶是工业上最常用的温度检测元件之一。其优点是：①测量精度高，因热电偶直接与被测对象接触，不受中间介质的影响；②测量范围广，常用的热电偶从−50～1600℃均可测量，某些特殊热电偶最低可测到−269℃（如金、铁、镍、镉），最高可达+2800℃；③构造简单，使用方便，热电偶通常由两种不同的金属丝组成，而且不受大小和开头的限制，外有保护套管，使用非常方便。

热电偶测温的基本原理是用两种不同成分的材质导体组成闭合回路，当两端存在温度梯度时，回路中就会有电流通过，此时两端之间就存在电动势——热电动势，这就是所谓的塞贝克效应（Seebeck effect）。两种不同成分的均质导体为热电极，温度较高的一端为工作端，温度较低的一端为自由端，自由端通常处于某个恒定的温度下。根据热电动势与温度的函数关系，制成热电偶分度表；分度表是自由端温度在 0℃ 时的条件下得到的，不同的热电偶具有不同的分度表。

在热电偶回路中接入第三种金属材料，只要该材料两个接点的温度相同，热电偶所产生的热电势将保持不变，即不受第三种金属接入回路中的影响。因此，在热电偶测温时，可接入测量仪表，测得热电动势后，即可知道被测介质的温度。铠装热电偶测量温度时要求其冷端（测量端为热端，通过引线与测量电路连接的端称为冷端）的温度保持不变，其热电势大小才与测量温度呈一定的比例关系。若测量时，冷端的（环境）温度变化，将严重影响测量的准确性。在冷端采取一定措施补偿由于冷端温度变化造成的影响称为热电偶的冷端补偿。

对于热电偶的热电势，应注意如下几个问题：①热电偶的热电势是热电偶工作端与冷端两端温度函数的差，而不是热电偶冷端与工作端两端温度差的函数；②当热电偶的材料均匀时，热电偶所产生的热电势的大小与热电偶的长度和直径无关；③当热电偶的两个材料成分确定后，其热电势的大小只与热电偶的温度差有关；若热电偶冷端的温度保持一定，该热电偶的热电势仅是工作端温度的单值函数。

常用热电偶可分为标准热电偶和非标准热电偶两大类。所谓标准热电偶是指国家标准规定了其热电势与温度的关系、允许误差、并有统一的标准分度表的热电偶，它有与其配套的显示仪表可供选用。非标准化热电偶在使用范围或数量级上均不及标准化热电偶，一般也没有统一的分度表，主要用于某些特殊场合的测量。我国从 1988 年 1 月 1 日起，热电偶和热电阻全部按 IEC 国际标准生产，并指定 S、B、E、K、R、J、T 七种标准化热电偶为我国统一设计型热电偶。

热电偶的种类：普通热电偶、铠装热电偶、薄膜热电偶。

① 普通热电偶主要用于测量气体、蒸汽、液体等介质的温度。由于应用广泛，使用条件大部分相同，所以生产了若干通用标准形式，供选择使用。其中有棒形、角形、锥形等，并且分别做成无专门固定装置、有螺纹固定装置及法兰固定装置等多种形式。

② 铠装热电偶是由热电极、绝缘材料和金属保护套三者组合一体的特殊结构的热电偶，铠装热电偶比普通结构热电偶有许多特点：其外径可以很小，长度可以很长（最小直径可达0.25mm，长度几百米）；其热响应时间很小（最小可达毫秒数量级），这对采用电子计算机进行远程自动测控具有重要意义；它节省材料，寿命长，并耐高压，具有良好的绝缘性和力学性能。

③ 薄膜热电偶是由两种金属薄膜连接在一起的一种特殊结构的热电偶。测量端既小又薄，厚度可达 $10 \sim 100 nm$。因此热容量很小，可应用于微小面积上的温度测量。反应速率快，时间常数可达微秒级。薄膜热电偶分为片状、针状及直接将热电极材料镀在被测物表面上三大类。

常用热电偶的使用范围见表 4-22。

表 4-22 常用热电偶的使用范围

热电偶类别	分度号	使用范围/℃	热电势温度系数（dE/dT）/（mV/℃）
铁-康铜	FK	$0 \sim +800$	0.0540
铜-康铜	CK	$-200 \sim +300$	0.0428
镍镉$_{10}$-康铜	EA-2	$0 \sim +800$	0.0695
镍镉-康铜	NK	$0 \sim +800$	0.0410
镍镉-镍硅		$0 \sim +1300$	0.0410
镍镉-镍铝	EU-2	$0 \sim +1100$	0.0064
铂-铂铑$_{10}$	LB-3	$0 \sim +1600$	0.00034
铂铑 30﹣铂铑$_6$	LL-2	$0 \sim +1800$	
钨铼 5﹣钨铼$_{20}$	WR	$0 \sim +2800$	

各种类型的热电偶的具体组成及性能见表 4-23～表 4-31。热电偶参考数据是将温差电压以毫伏计，参比温度为 0℃。需注意：对于一个给定数据来说，温度是由表上部横栏中的相应温度加到左边纵列中的温度得出的，不管后者是正值还是负值。

贵金属热电偶 B、R 和 S 型（表 4-23）均属铂或铂-铑合金热电偶，具有诸多共性。高温下金属蒸气的扩散易改变铂丝的校准曲线，故只应在非金属（如高纯氧化铝）护套管中使用。

B 型热电偶（表 4-24）的稳定性好、机械强度高、并可在较高温度下使用。此类热电偶的特点是：在 0～40℃之间，其参比接界电势是无关紧要的；在 50℃以下 B 型热电偶无用武之地，因为在 0～42℃其双值不明确。

E 型热电偶（表 4-25）特别适用于低温状态，可沿用至液氢温度乃至液氦温度，因为它们具有最大的 Seebeck 系数（58μV/℃）、低的热导率，而且具有抗侵蚀作用。在高于 0℃的区域也有最大的 Seebeck 系数（电压响应/℃），使其可测量微小的温度变化。被推荐用于氧化或惰性气氛中从 −250～871℃的温度范围。在没有护套管妥当保护时 E 型电极不能在含硫的、还原的或还原和氧化交替的气氛中使用，也不宜在高温的真空中长时间使用。

J 型热电偶（表 4-26）是最常用的工业热电偶之一，被推荐用于温度范围 0～760℃（高于 760℃后会因急遽的磁性转变导致失准）。它们可以在真空中和氧化、还原或惰性气氛中使用（高于 500℃的含硫气氛除外）。长时间在 500℃以上使用，建议采用粗导线。不宜在零下温度使用。

K 型热电偶（表 4-27）耐氧化，能在＞500℃时广泛使用，且建议在 −250～1260℃的温度范围内、惰性或氧化气氛中连续使用的场合采用这种热电偶。但在含硫气氛、还原性气氛中或真空中在高温下长时间测量则不宜采用。

N 型热电偶（表 4-28）与 K 型热电偶相似，但其设计是为了改善传统镍铬合金-铝合金组合的不稳定性，较高的硅含量也可改善高温下的抗氧化性能。

R 型热电偶（表 4-29）当初是为与原先的铂-10％铑英国导线相匹配而研制的，因为后来发现在这种英国导线的铑中含有 0.34％铁杂质。对 S 型热电偶的评价也适用于 R 型。

S 型热电偶（表 4-30）非常稳定，一直是测定锑熔点化（630.74℃）与金熔点（1064.43℃）之间温度的标准热电偶，可从 −50℃连续使用到大约 1400℃，在高达铂的熔点（1767.6℃）温度下也可间歇使用。S 型热电偶不适用于还原气氛，也不适用于含有污染的金属蒸气（如铅或锌）、非金属蒸气（如砷、磷和硫）或者易还原的氧化物的气氛中，除非用非金属护套管予以保护。

T 型热电偶（表 4-31）应用于 0℃以下的温区（但应参见 T 型热电偶），可用于真空中或氧化、还原、惰性气氛中。

表 4-23 各种热电偶在固定温度点下的温差电压

固定温度点	℃	B 型	E 型	J 型	K 型	N 型	R 型	S 型	T 型
Cu-Al 低共熔体 FP	548.23	1.4951	40.901	30.109	22.696		5.0009	4.7140	
钯 FP	1554	10.721					18.212	16.224	
苯甲酸 TP	122.37	0.0561	7.8468	9.4886	5.0160	3.446	0.8186	0.81296	5.3414
铋 FP	271.442	0.3477	18.821	14.743	11.029	8.336	2.1250	2.0640	13.219
冰点	0.000	−0.000	0.000	0.000	0.000	0.000	0.000	0.000	0.000
铂 FP	1772	13.262					21.103	18.694	

续表

固定温度点	℃	B 型	E 型	J 型	K 型	N 型	R 型	S 型	T 型
氮 NBP	−195.802		−8.7168	−7.7963	−5.8257	−3.947			−5.5356
氮 TP	−210.001		−9.0629	−8.0957	−6.0346	−4.083			−5.7533
二苯醚 TP	26.87	−0.0024	1.6091	1.3739	1.076	0.698	0.1517	0.1537	1.0679
二氧化碳 FP	−78.474		−4.2275	−3.7187	−2.8696	−1.939			−2.7407
镉 FP	321.108	0.4971	22.684	17.493	13.085	10.092	2.6072	2.5167	16.095
汞 TP	−38.834[1]		−2.1930	−1.4849		−0.985	−0.1830	−0.1895	−1.4349
汞 BP	356.66	0.6197	25.489	19.456	14.571		2.9630	2.8483	18.218
钴 FP	1494	10.025					17.360	15.504	
氖 NBP	−268.934		−9.8331		−6.4569	−4343			−6.2563
金 FP	1064.43[1]	5.4336		61.716	43.755		11.364	10.334	
氖 NBP	−246.048		−9.6776		−6.3827	−4.300			−6.1536
氖 TP	−248.594[1]		−9.7046		−6.3966	−4.271			−6.1714
镍 FP	1455	9.5766					16.811	13.034	
铅 FP	327.502	0.5182	23.186	17.846	13.351	10.322	2.6706	2.5759	16.473
氢 NBP	−252.88[1]		−9.7447		−6.4167	−4.321			−6.1977
氢 TP	−259.347[1]		−9.7927		−6.4393	−4.334			−6.2292
水 BP	100.00	0.0332	6.3471	5.2677	4.0953	2.774	0.6472	0.6453	4.2773
锑 FP	630.74	1.9784	47.561	34.911	26.207		5.9331	5.5521	
铜 FP	1084.5	5.6263		62.880	44.520		11.635	10.570	
锡 FP	231.928[1]	0.2474	15.809	12.552	9.4201	6.980	1.7561	1.7146	11.013
锌 FP	419.527[1]	0.8678	30.513	22.926	17.223		3.6113	3.4479	
氧 NBP	−182.962		−8.3608	−7.4807	−5.6051	−3.802			−5.3147
氧 TP	−218.792[1]		−9.2499		−6.1446	−4.153			−5.8730
铟 FP	156.598[1]	0.1019	10.260	8.3743	6.0404	4.508	1.0956	1.0818	7.0364
银 FP	961.93[1]	4.4908	73.495	55.669	39.779		10.003	9.1482	

[1] 根据 1990 国际温标 (ITS—90) 定义的固定温度点，除三相点外，所指的温度值均为在压力为 101.325kPa 下处于平衡状态的值。

注：FP—凝固点；BP—沸点；NBP—常压沸点；TP—三相点。

表 4-24　B 型热电偶　铂-30% 铑合金/铂-6% 铑合金

温度/℃	0	10	20	30	40	50	60	70	80	90
0	0.00	−0.0019	−0.0026	−0.0021	−0.0005	0.0023	0.0062	0.0112	0.0174	0.0248
100	0.0332	0.0427	0.0534	0.0652	0.0780	0.0920	0.1071	0.1232	0.1405	0.1558
200	0.1782	0.1987	0.2202	0.2428	0.2665	0.2912	0.3170	0.3438	0.3717	0.4006
300	0.4305	0.4615	0.4935	0.5226	0.5607	0.5958	0.6319	0.6690	0.7071	0.7462

续表

温度/℃	0	10	20	30	40	50	60	70	80	90
400	0.7864	0.8275	0.8696	0.9127	0.9567	1.0018	1.0478	1.0948	1.1427	1.1916
500	1.2415	1.2923	1.3440	1.3967	1.4503	1.5048	1.5603	1.6166	1.6739	1.7321
600	1.7912	1.8512	1.9120	1.9738	2.0365	2.1000	2.1644	2.2296	2.2957	2.3627
700	2.4305	2.4991	2.5686	2.6390	2.7101	2.7821	2.8548	2.9284	3.0028	3.0780
800	3.1540	3.2308	3.3084	3.3867	3.4658	3.5457	3.6264	3.7078	3.7899	3.8729
900	3.9565	4.0409	4.1260	4.2119	4.2984	4.3857	4.3264	4.5624	4.6518	4.7419
1000	4.8326	4.9241	5.0162	5.1090	5.2025	5.2966	5.3914	5.4868	5.5829	5.6796
1100	5.7769	5.8749	5.9734	6.0726	6.1724	6.2728	6.3737	6.4753	6.5774	6.6801
1200	6.7833	6.8871	6.9914	7.0963	7.2017	7.3076	7.4140	7.5210	7.6284	7.7363
1300	7.8446	7.9534	8.0627	8.1724	8.2826	8.3932	8.5041	8.6155	8.7273	8.8394
1400	8.9519	9.0648	9.1780	9.2915	9.4053	9.5194	9.6338	9.7485	9.8634	9.9786
1500	10.0940	10.2097	10.3255	10.4415	10.5577	10.64740	10.7905	10.9071	11.0237	11.1405
1600	11.2574	11.3743	11.4913	11.6082	11.7252	11.8422	11.9591	12.0761	12.1929	12.3100
1700	12.4263	12.5429	12.6594	12.7757	12.8918	13.0078	13.1236	13.2391	13.3545	13.4696
1800	13.5845	13.6991	13.8135							

表 4-25 E 型热电偶 镍-铬合金/铜-镍合金

温度/℃	0	10	20	30	40	50	60	70	80	90
−200	−8.824	−9.063	−9.274	−9.455	−9.604	−9.719	−9.797	−9.835		
−100	−5.237	−5.680	−6.107	−6.516	−6.907	−7.279	−7.631	−7.963	−8.273	−8.561
−0	0.000	−0.581	−1.151	−1.709	−2.254	−2.787	−3.306	−3.811	−4.301	−4.777
0	0.000	0.591	1.192	1.801	2.419	3.047	3.683	4.394	4.983	5.646
100	6.317	6.996	7.683	8.377	9.078	9.787	10.501	11.222	11.949	12.681
200	13.419	14.161	14.909	15.661	16.417	17.178	17.942	18.710	19.481	20.256
300	21.033	21.814	22.598	23.383	24.171	24.961	25.754	26.549	27.345	28.143
400	28.943	29.744	30.546	31.350	32.155	32.960	33.767	34.574	35.382	36.190
500	36.999	37.808	38.617	39.426	40.236	41.045	41.853	42.662	43.470	44.278
600	45.085	45.891	46.697	48.502	48.306	49.109	49.911	50.713	51.513	53.312
700	53.110	53.907	54.703	55.498	56.281	57.083	57.873	58.663	59.451	60.237
800	61.022	61.806	62.588	63.368	64.1470	64.924	65.700	66.473	67.245	68.015
900	68.783	69.549	70.313	71.075	71.835	72.593	73.350	74.104	74.857	75.608
1000	76.358									

表 4-26 J 型热电偶 铁/铜-镍合金

温度/℃	0	10	20	30	40	50	60	70	80	90
−200	−7.890	−8.096								

温度/℃	0	10	20	30	40	50	60	70	80	90
−100	−4.632	−5.036	−5.426	−5.801	−6.159	−6.499	−6.821	−7.122	−7.402	−7.659
−0	0.000	−0.501	−0.995	−1.481	−1.960	−2.431	−2.892	−3.344	−3.785	−4.215
0	0.000	0.507	1.019	1.536	2.057	2.585	3.115	3.649	4.186	4.725
100	5.268	5.812	6.359	6.907	7.457	8.008	8.560	9.113	9.667	10.222
200	10.777	11.332	11.887	12.442	12.998	13.553	14.108	14.663	15.217	15.771
300	16.325	16.879	17.432	17.984	18.537	19.089	19.640	20.192	20.743	21.295
400	21.846	22.397	22.949	23.501	24.054	24.607	25.161	25.716	26.272	26.829
500	27.388	27.949	28.511	29.075	29.642	30.210	30.782	31.356	31.933	32.513
600	33.096	33.683	34.273	34.867	35.464	36.066	36.671	37.280	37.893	35.510
700	39.130	39.7554	40.482	41.013	40.647	42.283	42.922			

表 4-27 K 型热电偶 镍-镉合金/镍-铝合金

温度/℃	0	10	20	30	40	50	60	70	80	90
−200	−5.891	−6.035	−6.158	−6.262	−6.344	−6.404	−6.441	−6.458		
−100	−3.553	−3.852	−4.138	−4.410	−4.669	−4.912	−5.141	−5.354	−5.550	−5.730
−0	0.000	−0.392	−0.777	−1.156	−1.517	−1.889	−2.243	−2.586	−2.920	−3.242
0	0.000	0.397	0.798	1.203	1.611	2.022	2.436	2.850	3.266	3.681
100	4.095	4.508	4.919	5.327	5.733	6.137	6.539	6.939	7.338	7.737
200	8.137	8.537	8.938	9.341	9.745	10.151	10.560	10.969	11.381	11.793
300	12.207	12.623	13.039	13.456	13.874	14.292	14.712	15.132	15.552	15.974
400	16.395	16.818	17.241	17.664	18.088	18.513	18.839	19.363	19.788	20.214
500	20.640	21.066	21.493	21.919	22.346	22.772	23.198	23.624	24.050	24.476
600	24.902	25.327	25.751	26.176	26.599	27.022	27.445	27.867	28.288	28.709
700	29.128	29.547	29.965	30.383	30.799	31.214	31.629	32.042	32.455	32.866
800	33.277	33.686	34.095	34.502	34.909	35.314	35.718	36.121	36.524	36.925
900	37.325	37.724	38.122	38.519	38.915	39.310	39.703	40.096	40.488	40.879
1000	41.269	41.657	42.045	42.432	42.817	43.202	43.585	43.968	44.349	44.729
1100	45.108	45.486	45.863	46.238	46.612	46.985	47.356	47.726	48.095	48.462
1200	48.828	49.129	49.555	49.916	50.276	50.633	50.990	51.344	51.697	52.049
1300	52.398	52.747	53.093	53.439	53.782	54.125	54.466	54.807		

表 4-28 N 型热电偶 镍-14.2%铬-1.4%硅合金/镍-4.4%硅-0.1%镁合金

温度/℃	0	10	20	30	40	50	60	70	80	90
−200	−3.990	−4.083	−4.162	−4.228	−4.277	−4.313	−4.336	−4.345		
−100	−2.407	−2.612	−2.807	−2.994	−3.170	−3.336	−3.491	−3.634	−3.766	−3.884

第二篇

温度/℃	0	10	20	30	40	50	60	70	80	90
−0	0.000	−0.260	−0.518	−0.772	−1.023	−1.268	−1.509	−1.744	−1.972	−2.193
0	0.000	0.261	0.525	0.793	1.064	1.339	1.619	1.902	2.188	2.479
100	2.774	3.072	3.374	3.679	3.988	4.301	4.617	4.936	5.258	5.584
200	5.912	6.243	6.577	6.914	7.254	7.596	7.940	8.287	8.636	8.987
300	9.340	9.695	10.053	10.412	10.772	11.135	11.499	11.865	12.253	12.602
400	12.972	13.344	13.717	14.091	14.467	14.844	15.222	15.601	15.981	16.362
500	16.744	17.127	17.511	17.896	18.282	18.668	19.055	19.443	19.832	20.220
600	20.609	20.999	21.390	21.781	22.172	22.564	22.956	23.348	23.740	24.133
700	24.526	24.919	25.312	25.705	26.098	26.491	26.885	27.278	27.671	28.063
800	28.456	28.849	29.241	29.633	30.025	30.417	30.808	31.199	31.590	31.980
900	32.370	32.760	33.149	33.538	33.926	34.315	34.702	35.089	35.476	35.862
1000	36.248	36.633	37.018	37.402	37.786	38.169	38.552	38.934	39.315	39.696
1100	40.076	40.456	40.835	41.213	41.590	41.966	42.342	42.717	43.091	43.464
1200	43.836	44.027	44.577	44.947	45.315	45.682	46.048	46.413	46.777	47.140
1300	47.5020									

表 4-29 R 型热电偶　铂-13%铑合金/铂

温度/℃	0	10	20	30	40	50	60	70	80	90
0 以下		−0.0515	−0.1000	−0.1455	−0.1877	−0.2264				
0	0.0000	0.0543	0.1112	0.1706	0.2324	0.2965	0.3627	0.4310	0.5012	0.5733
100	0.6472	0.7228	0.8000	0.8788	0.9591	1.0407	1.1237	1.2080	1.2936	1.3803
200	1.4681	1.5571	1.6571	1.73841	1.8300	1.9229	2.0167	2.1113	2.2068	2.3030
300	2.4000	2.4978	2.5963	2.6954	2.7953	2.8967	2.9968	3.0985	3.2009	3.3037
400	3.4072	3.5112	3.6157	3.7208	3.8264	3.9325	4.0391	4.1463	4.2539	4.3620
500	4.4706	4.5796	4.6892	4.7992	4.9097	5.0206	5.1320	5.2439	5.3562	5.4690
600	5.5823	5.6960	5.8101	5.9246	6.0398	6.1665	6.2716	6.3883	6.5054	6.6230
700	6.7412	6.8598	6.9789	7.0984	7.2185	7.3390	7.4600	7.5815	7.7035	7.8259
800	7.9488	8.0722	8.1960	8.3203	8.4451	8.5703	8.6960	8.8222	8.9488	9.0758
900	9.2034	9.3313	9.4597	9.5886	9.7179	9.8477	9.9779	10.1086	10.2397	10.3712
1000	10.5032	10.6356	10.7684	10.9017	11.0354	11.1695	11.3041	11.4391	11.5745	11.7102
1100	11.8463	11.9827	12.1194	12.2565	12.3939	12.5315	12.6695	12.8077	12.9462	13.0849
1200	13.2239	13.3631	13.5025	13.6421	13.7818	13.9218	14.0619	14.2022	14.3426	14.4832
1300	14.6239	14.7647	14.9056	15.0465	15.1876	15.3287	15.4699	15.6110	15.7522	15.8935
1400	16.0347	16.1759	16.3172	16.4583	16.5995	16.7405	16.8816	17.0225	17.1634	17.3041
1500	17.4447	17.5852	17.7256	17.8659	18.0059	18.1458	18.2855	18.4251	18.5644	18.7035

温度/℃	0	10	20	30	40	50	60	70	80	90
1600	18.8424	18.9810	19.2294	19.2575	19.3953	19.5329	19.6702	19.8071	19.9437	20.0797
1700	20.2151	20.3497	20.4834	20.6161	20.7475	20.8777	21.0064			

表 4-30 S 型热电偶 铂-10%铑合金/铂

温度/℃	0	10	20	30	40	50	60	70	80	90
<0		−0.0527	−0.1028	−0.1501	−0.1944	−0.2357				
0	0.0000	0.0552	0.1128	0.1727	0.2347	0.2986	0.3646	0.4323	0.5017	0.5728
100	0.6453	0.7194	0.7948	0.8714	0.9495	1.0287	1.1089	1.1902	1.2726	1.3558
200	1.4400	1.5250	1.6109	1.6975	1.7849	1.8729	1.9617	2.0510	2.1410	2.2316
300	2.3227	2.4143	2.5065	2.2991	2.6922	2.7858	2.8798	2.9742	3.0690	3.1642
400	3.2597	3.3557	3.4519	3.5485	3.6455	3.7427	3.8403	3.9382	4.0364	4.1348
500	4.2336	4.3327	4.4320	4.5316	4.6316	4.7318	4.8323	4.9331	5.0342	5.1356
600	5.2372	5.3394	5.4417	5.5445	5.6477	5.7513	5.8553	5.9595	6.0641	6.1690
700	6.2743	6.3799	6.4858	6.5920	6.6986	6.8055	6.9127	7.0202	7.1281	7.2363
800	7.3449	7.4537	7.5629	7.6724	7.7823	7.8925	8.0030	8.1138	8.2250	8.3365
900	8.4483	8.5605	8.6730	8.7858	8.8989	9.0124	9.1262	9.2403	9.3548	9.4696
1000	9.5847	9.7002	9.8159	9.9320	10.0485	10.1652	10.3823	10.3997	10.5174	10.6354
1100	10.7536	10.8720	10.9907	11.1095	11.2286	11.3479	11.4674	11.5871	11.7069	11.8269
1200	11.9471	12.0674	12.1878	12.3084	12.4290	12.5498	12.6707	12.7917	12.9127	13.0338
1300	13.1550	13.2762	13.3975	13.5188	13.6401	13.7614	13.8828	14.0041	14.1254	14.2467
1400	14.3680	14.4892	14.6103	14.7314	14.8524	14.9734	15.0042	15.2150	15.3356	15.4561
1500	15.5765	15.6967	15.8168	15.9368	16.0566	16.1762	16.2956	16.4148	16.5338	16.6528
1600	16.7712	16.8893	17.0076	17.1255	17.2431	17.3604	17.4474	17.5942	17.7105	17.8264
1700	17.9417	18.0562	18.1698	18.2823	18.3937	18.5038	18.6124			

表 4-31 T 型热电偶 铜/铜-镍合金

温度/℃	0	10	20	30	40	50	60	70	80	90
−200	−5.603	−5.753	5.889	−6.007	−6.105	−6.181	−6.232	−6.258		
−100	−3.378	−3.656	−3.923	−4.177	−4.419	−4.648	−4.865	−5.069	−5.261	−5.439
−0	0.000	−0.383	−0.757	−1.121	−1.475	−1.819	−2.152	−2.475	−2.788	−3.089
0	0.000	0.391	0.789	1.196	1.611	2.035	2.467	2.908	3.357	3.813
100	4.277	4.749	5.227	5.712	6.204	6.702	7.207	7.718	8.235	8.757
200	9.286	9.820	10.360	10.905	11.456	12.011	12.572	13.137	13.707	14.281
300	14.860	15.443	16.030	16.621	17.217	17.816	18.420	19.027	19.638	20.252
400	20.869									

热电偶的应用：热电偶可用相应的金属导线熔接而成。铜和康铜熔点较低，可蘸以松香或其他非腐蚀性的焊药在煤气焰中熔接。但其他几种热电偶则需要在氧焰或电弧中熔接，高温熔接前可先于 $200\sim300℃$ 时沾熔硼砂以避免热电偶丝氧化。使用时一般将热电偶的一个接点放在待测物体中（热端），而另一接点则放在储有冰水的保暖瓶中（冷端），这样可以保持冷端的温度稳定。

热电偶的安装要求：热电偶与热电阻的安装应注意有利于测温准确、安全可靠及维修方便，而且不影响设备运行和生产操作。要满足以上要求，在选择热电偶和热电阻的安装部位和插入深度时要注意以下几点。

① 为了使热电偶和热电阻的测量端与被测介质之间有充分的热交换，应合理选择测点位置，尽量避免在阀门、弯头及管道和设备的死角附近装设热电偶或热电阻。

② 带有保护套管的热电偶和热电阻有传热和散热损失，为了减少测量误差，热电偶和热电阻应该有足够的插入深度。

a. 对于测量管道中心流体温度的热电偶，一般都应将其测量端插入到管道中心处（垂直安装或倾斜安装）。如被测流体的管道直径是 200mm，那热电偶或热电阻的插入深度应选择 100mm。

b. 对于高温高压和高速流体的温度测量（如主蒸汽温度），为了减小保护套对流体的阻力和防止保护套在流体作用下发生断裂，可采取保护管浅插方式或采用热套式热电偶。浅插式的热电偶保护套管，其插入主蒸汽管道的深度应不小于 75mm，热套式热电偶的标准插入深度为 100mm。

c. 假如需要测量是烟道内烟气的温度，尽管烟道直径为 4m，热电偶或热电阻插入深度 1m 即可。

d. 当测量原件插入深度超过 1m 时，应尽可能垂直安装，或加装支撑架和保护套。

热电偶的正确使用：正确使用热电偶可准确测量温度值，且可节省热电偶的材料消耗。安装不正确、热导率变异和响应时间滞后等是热电偶使用中的主要误差。

（1）安装不当引入的误差　主要是热电偶安装的位置及插入深度不能反映炉膛的真实温度等。热电偶不应装在太靠近门和加热的地方；插入的深度至少应为保护管直径的 $8\sim10$ 倍；热电偶的安装应尽可能避开强磁场和强电场（故不应把热电偶和动力电缆线装在同一根导管内）；热电偶不能安装在被测介质很少流动的区域内，当用热电偶测量管内气体温度时，必须使热电偶逆着流速方向安装，且充分与气体接触。

（2）绝缘变差而引入的误差　保护管和拉线板污垢或盐渣过多都将导致热电偶极间与炉壁间绝缘不良，在高温下更为严重，易引起热电势的损耗且引入干扰，由此引起的误差有时可达上百度。

（3）热惰性引入的误差　热电偶热惰性将使应时间滞后，进行快速测量时尤为突出，此时宜采用细径热电偶。尽量减小热端的尺寸并选用导热性能好的材料，在较精密的温度测量中，可使用无保护套管的裸丝热电偶，但这样热电偶容易损坏，应及时校正及更换。

（4）热阻误差　高温时，保护管上的尘埃和积垢将增加热阻，使示值温度比被实际温度低。因此，应保持热电偶保护管外部的清洁以减小误差。

因热电偶的材料通常较贵重（特别是选用贵金属时），而测温点到仪表的距离往往很远，需要用补偿导线（其只起延伸热电极、便于连接的作用，本身并不能消除冷端温度变化对测温的影响）把热电偶的冷端（自由端）延伸到温度比较稳定的控制室内，连接到仪表端子上，并采取其他修正方法来补偿冷端温度 $t_0\neq0℃$ 时对测温的影响。

（二）热电阻温度计

热电阻温度计测量精度高，性能稳定，是中低温区最常用的一种温度检测器。其中的铂电阻温度计测量精确度最高，广泛应用之余还胜任标准温度计。热电阻测温系统一般由热电阻、连接导线和显示仪表组成。

1. 热电阻测温原理、材料与结构

热电阻测温是基于金属导体的电阻值随温度的增加而增加这一特性而设计的，热电阻大都是由纯金属材料制成的，最常见的是铂和铜，也有用镍、锰和铑等材料的。

热电阻的结构形式有普通型热电阻、铠装热电阻、端面热电阻和隔爆型热电阻等。

普通型热电阻：被测温度的变化是直接通过热电阻阻值的变化来测量的，故热电阻的引出线等各种导线电阻的变化会直接影响温度测量的准确性。

铠装热电阻是由感温元件（电阻体）、引线、绝缘材料、不锈钢套筒组合而成的坚实体，外径通常为 2～8mm。与普通型热电阻相比，它体积小，测量滞后小；力学性能好，耐振、抗冲击、能弯曲，便于安装；使用寿命长。

端面热电阻感温元件由特殊处理的电阻丝材绕制，紧贴在温度计端面。可比一般轴向热电阻更正确和快速地反映被测端面的实际温度，适用于测量轴瓦和其他机件的端面温度。

隔爆型热电阻设计有结构特殊的接线盒，能把其外壳内部的爆炸性混合气体因受到火花或电弧等影响而发生的爆炸锁止在接线盒内，不至于在生产现场引发爆炸。

2. 金属丝电阻温度计

该类温度计主要有铂电阻温度计和铜电阻温度计，在低温区则用碳、锗和铑-铁电阻温度计。纯金属及多数合金的电阻率随温度升高而增加，即具有正的温度系数。在一定温度范围内，电阻-温度呈线性关系。若已知金属导体在温度 t_1 时的电阻为 R_1，则温度 t 时的电阻 R 为

$$R = R_1 + \alpha R_1 (t - t_1) \tag{4-8}$$

式中，α 为平均电阻温度系数。

精密铂电阻温度计是目前最精确的温度计，覆盖范围为 14～903K，其误差可低至万分之一摄氏度，是能复现国际实用温标的基准温度计。另用一等和二等标准铂电阻温度计来传递温标，检定水银温度计和其他类型的温度计。

该类温度计分为金属电阻温度计和半导体电阻温度计，前者主要采用铂、金、铜、镍等纯金属的及铑-铁、磷-青铜合金，后者则主要用碳、锗等，可在 -260～$+1200$℃ 范围内进行极精确的测定。

3. 热敏电阻温度计

热敏电阻是一种对温度变化及其敏感的元件，能直接将温度变化转换成电信号的变化，测量电性能的变化便可测出温度的变化。热敏电阻主要由金属氧化物半导体材料制成。根据热敏电阻的电阻-温度特性，可分为两类：具有正温度系数的热敏电阻（简称 PTC）和具有负温度系数的热敏电阻（简称 NTC）。后者在工作温度范围内电阻温度系数在 -6%～-1% K^{-1}，其电阻-温度关系为

$$R_T = A e^{-B/T} \tag{4-9}$$

式中，R_T 为温度 T 时的热敏电阻阻值；A、B 分别为由热敏电阻的材料、形状、大小和物理特性所决定的两个常数（即使是同一类温度、同一阻值的热敏电阻，其 A、B 也不完全一样）。R_T 与 T 间为非线性关系，但当用它来测量较小的温度范围时，则近似线性关系。

热敏电阻的测温精度可与贝克曼温度计媲美，且热容小、响应快、便于自动记录。主要

特点是：①灵敏度较高，其电阻温度系数比金属大 $10 \sim 100$ 倍以上，能检出 $10^{-6} ℃$ 的温度变化；②工作温度范围宽，常温器件适用于 $-55 \sim 315℃$，高温器件适用温度高于 $315℃$（最高可达到 $2000℃$），低温器件适用于 $-273 \sim 55℃$；③体积小，能够测量其他温度计无法进入的空隙、腔体及生物体内血管的温度；④使用方便，电阻值可在 $0.1 \sim 100 k\Omega$ 间任意选择；⑤易加工成形，可大批量生产；⑥稳定性好、过载能力强。

常见热电偶故障分析及处理见表 4-32。

表 4-32 常见热电偶故障分析及处理

故障现象	可能原因	处理方法
热电势比实际值小（仪表示值偏低）	热电极短路	如是潮湿所致，则进行干燥；如绝缘子损坏，则更换绝缘子
	热电偶的接线柱处积灰，造成短路	清扫积灰
	补偿导线线间短路	找出短路点，加强绝缘或更换补偿导线
	热电偶热电极变质	在长度允许的情况下，剪去变质段重新焊接，或更换新热电偶
	补偿导线与热电偶极性接反	重新接正确
	补偿导线与热电偶不配套	更换相配套的补偿导线
	热电偶安装位置不正确或插入深度不符合要求	重新按规定安装
	热电偶冷端温度补偿不符合要求	调整冷端补偿器
	热电偶与显示仪表不配套	更换热电偶或显示仪表使之相配套
热电势比实际值大（仪表示值偏高）	显示仪表与热电偶不配套	更换热电偶使之相配套
	热电偶与补偿导线不配套	更换补偿导线使之相配套
	有直流干扰信号进入	排除直流干扰
热电势输出不稳定	热电偶接线柱与热电极接触不良	将接线柱螺栓拧紧
	热电偶测量线路绝缘破损，引起断续短路或接地	找出故障点，修复绝缘
	热电偶安装不牢或外部震动	紧固热电偶，消除震动或采取减震措施
	热电极将断未断	修复或更换热电偶
	外界干扰（交流漏电，电磁场感应等）	查出干扰源，采用屏蔽措施
热电偶热电势误差大	热电极变质	更换热电极
	热电偶安装位置不当	改变安装位置
	保护管表面积灰	清除积灰

第五章 分析试样的采集、保存和制备

第一节 样品采集的基本概念与方法

分析测量是为确定所分析对象这一特定样本所具有的可用数量表达的某种（些）特征而进行的全部操作，要获得样本的特定信息（如样品中某组分含量）就需要检查该样本，方法有全数检查（对全部产品逐个检查）和抽样检查（从全部样本中抽取规定数量样本进行检查）。生产单位对不合格产品进行剔除时均采用全数检查方式，而常规检测机构都只能采取抽样检查方式。所谓采样是指从整批被检样品中抽取一部分有代表性的样品供分析化验用。

因而，样品是获得检验数据的基础，而样品的采集是分析检测过程的关键环节，如果采样不合理，就不能获得有用的数据，也必然导致错误的结论，给工作带来损失。

一、抽样检查的基本概念

抽样检查是根据部分实际调查结果来推断总体标志总量的，该方法建立在概率统计的基础上，以假设检验为理论依据。抽样检查的对象通常为有一定产品范围的"批"。抽样检查需面对 3 个问题：抽样方式（如何从批中抽取样品方能保证抽样的代表性）、样本大小（抽取多少个样品才是合理的）和判定规则（如何根据样品质量数据判定批产品是否合格）。

样品的抽取要满足所采集样品的代表性和真实性。所谓"代表性"，一是要满足检测所依赖的相关标准的要求（如职业卫生监测的空气采样必须选择在有害物质浓度最高的工作地点和有害物质浓度最高的工作时段进行采样检测），二是要满足检测的目的（不同的检测目的对采样要求有所不同，但必须选择在能够切实反映需检测本体之本身特征的采样点）；所谓"真实性"则是指在正常气象条件下或正常生存环境中相关待检物之实际存在形式才是拟采集样品的真正情况。

二、抽样检查的类别

产品质量（或某些计量参数）检验中，通常是首先以相应的技术标准（如国家标准、部颁标准、行业标准或企业标准）对拟检验项目进行检查，然后对检测到的质量特性分别进行判定，此时涉及"不合格"和"不合格品"两个概念。所谓"不合格"是对单位产品的质量特性进行的判定，而"不合格品"则是对单位样品质量进行的判定，即至少有一项质量特性不合格的单位产品。一个样品可以有多个质量特性需要检测，一个"不合格品"也可以有多个"不合格"项。

检查目的不同时所需抽样的方法不相同，大致可以分为如下四类。

1. 计数抽样检查

根据对受检的某批次样品中产品性质判定要求不同，计数抽样检查可分为计件抽样和计点抽样。

① 计件抽样检查。确定样品是"合格品"还是"不合格品"的检查，即以一批次样本中不合格品的数量为考察依据。可以用每百单位产品不合格品数 p_1 表示：

$$p_1 = \frac{\text{批中不合格品总数}}{\text{批中样品总数}} \times 100\% \tag{5-1}$$

② 计点抽样检查。仅为确定产品的不合格数而不需考虑单位产品是否是合格品的检查。同样可以用每百单位产品不合格数 p_2 表示：

$$p_2 = \frac{\text{批中不合格总数}}{\text{批中样品总数}} \times 100\%$$ (5-2)

对任何一个批次的产品，p_1 不会大于 100%，但 p_2 可以大于 100%。

由于抽样检查时无法确切知道批质量 p 的大小，只能根据样本质量推断批质量。由于样本对批有代表性，因而可以认为：当样本大小 n 确定后，样本中的不合格品数 d 小的 p 值小，即批质量高。因而，需要确定合理的样本数 n 和可以接受的不合格品数 A（$A \geqslant d$）。

2. 计量抽样检查

计量抽样检查是定量地检查从批中随机抽取的样本，利用样本特性值数据计算相应统计量，并与判定标准比较，以判断产品批是否符合要求。计量抽样检查能提供更多关于被检特性值的信息，它可用较少的样本量达到与计数抽样检验相同的质量保证。计量抽样检验的局限性在于它必须针对每一个特性制定一个抽样方案，在产品所检特性较多时就较为烦琐；同时要求每个特性值的分布应服从或近似服从正态分布。

3. 验收抽样检查

验收抽样检查是指需求方对供应方提供的待检查批进行抽样检查，以判定该批产品是否符合合同规定的要求，并决定是接收还是拒收。目前绝大多数的抽样检查（包括理论研究和实际应用，以及相应的各类标准）是针对验收检查的。验收检查可以由供需双方的任一方进行，也可以委托独立于双方的第三方进行。

4. 监督抽样检查

产品的监督检查是主管部门的宏观质量管理工作。监督抽样检查是由第三方对产品进行的决定监督总体是否能够通过的抽样检验。监督抽样检查的对象是监督总体，即监督产品的集合（批），可以是同厂家、同种型号、同一生产周期生产的产品，也可以是不同厂家、不同型号、不同生产周期生产的产品集合。因各种原因监督抽样检查往往以小样本抽样的方法进行。但当监督抽查通不过时，可以对不在场的产品进行合理的追溯。在具体操作中，类似于验收检查中对孤立批的抽样。

三、抽样方法

抽样方法也就是从检查批中抽取样本的方法，要保证所抽样本既能代表被检查批的特性，又能反映检查批中任一产品的被抽中纯属随机因素决定。目前常用的抽样方法有单纯随机抽样、系统随机抽样、分层随机抽样、整群随机抽样和多级随机抽样。在现况调查中，后三种方法较常用。

1. 单纯随机抽样

将所有研究对象顺序编号，再用随机的方法（可利用随机数字表等方法）选出进入样本的号码，直至达到预定的样本数量。因而，每个抽样单元被抽中选入样本的机会是均等的。单纯随机抽样法适用于对总体质量完全未知的情况，其优点是简便易行，缺点是在抽样范围较大时，工作量太大难以采用，或在抽样比例较小时所得样本代表性差。

2. 系统随机抽样

按一定顺序，机械地每隔一定数量的单位抽取一个单位进入样本，每次抽样的起点是随机的。如抽样比为 1/20 且起点随机地选为 8，则第一个 100 号中入选的编号依次为 8、28、48、68、88。系统抽样法适用于对总体的结构有所了解的情况。批内产品质量的波动周期与抽样间隔相等时代表性最差。

3. 分层随机抽样

如果一个批是由质量特性有明显差异的几个部分所组成，则可将样本按差异分为若干层（即层内质量差异小而层间差异明显），然后在各层中按一定比例随机抽样。如果对批内质量分布了解不准确或分层不正确，则抽样效果将适得其反。

分层随机抽样可分为按比例分配分层随机抽样（各层内抽样比例相同）和最优分配分层随机抽样（内部变异小的层抽样比例小，内部变异大的层抽样比例大）两类。

4. 多级随机抽样

先将一定数量的单位产品组合成一个包装，再将若干个包装组成批。此时，第一级抽样以包装为单元，即从批中抽出 k 个包装；第二级抽样再从 k 个包装中分别抽出 m 个产品组成一个样本（样本容量 $n=km$）。多级随机抽样法的代表性和随机性都比简单随机抽样法要差。

5. 整群抽随机样

将多级随机抽样中所抽到的 k 个包装中的所有产品都作为样本单位的方法。该法相当于分级随机抽样的特例。同样，该法的代表性和随机性不高。

四、采样时需注意的事项

具体而言，采样时必须考虑到样品的代表性、典型性、时效性及样品检测的程序性。

① 采样时必须考虑到样本的环境、种类、特殊性等各种因素，使采集的样品能够真正反映被采集样品的整体水平。

② 采样时必须有针对性地采集能够达到监测目的的典型样品。如食品分析采样时通常包括下面几种情况。

a. 重大活动的食品安全保障，应采集影响食品安全的关键控制的样品。

b. 污染或疑似污染的食品，应采集接近污染源的食品或易被污染部分，同时还应采集确实未被污染的同种食品样品以做空白对照试验。

c. 中毒或怀疑中毒的食品，这类样品种类较多，有呕吐物、排泄物、血液、肠胃内容物、剩余食物、药品和其他相关物质。尽量有针对性地选择含毒量最多的样品。

d. 掺假或怀疑掺假的食品，针对性地采集有问题的典型样品，而不能用均匀的样品代表。

③ 样品采集还要注意其时效性，及时对重大事件的解决提供保障，为需要应急处理的群体及时提供依据。因此，采样的时间和现场监测结果非常重要。

④ 不管哪种类型的检测，样品采集及后续检测过程均应按规定的程序进行，各阶段都要有完整的手续，责任分清。

第二节 水样的采集与保存

水样的采集与保存是水化学研究工作的重要部分，使用正确的采样方法及很好的保存样品是保证分析结果能正确反映水中被测组分真实含量的必要条件。因而，在任何情况下都必须严格遵守取样规则，以保证分析数据的可靠性。

供分析用的水样应该能够代表该水的全面性，水样采集的方法、次数、时间等都由采样分析的目的来决定。

一、水样采集前的准备工作

采样前需根据监测项目的内容、被测组分的性质及采样方法的具体要求，选择适宜的采样器具及恰当材质的盛水容器，清洗干净备用。测定有机物和生物等水样的采集和存放通常选用硬质玻璃容器；测定金属、放射性元素和其他无机物之水样的采样和存放通常选用高压低密度聚乙烯塑料容器。有些项目所检组分不够稳定，需要提前加入保存剂，不同项目加入的保存剂不同，故存水容器也应相应匹配。检测项目互相不干扰时可考虑使用同一个盛水容器，以便减少所需采样容器，提高工作效率。同时还要准备一些必要的采样工具和现场速检设备（如水桶、采样器、温度计、压力计、余氯比色计等）。

二、取样时的注意事项

① 水样的体积取决于分析项目、所需精度及水的矿化度等，通常应超过各项测定所需水样总体积的 20％～30％。一般简单分析需水 500～1000ml，全分析需 3000ml；特殊测定则应根据分析的项目来确定。

② 盛水样的容器应使用无色硬质玻璃瓶或聚乙烯塑料瓶。在取样前先用洗液——10％盐酸溶液、热肥皂水、漂白粉溶液或合成洗涤剂等任一种把玻璃瓶洗干净。玻璃瓶的塞子最好是磨口玻璃塞，也可以用橡皮塞（事先必须用 10％碳酸钠溶液煮过，再以 1＋5 盐酸及水煮过，并用蒸馏水洗干净）或软木塞（用蒸馏水煮过并冲洗干净）。绝对禁止使用木料、纸团和金属制的塞子。

③ 取样前至少用水样洗涤样瓶和塞子 3 次，取样时水应缓缓注入瓶中，不要起泡，不要用力搅动水源，并注意勿使砂石、浮土颗粒或植物杂质进入瓶中。

④ 采取水样时，不能把瓶子完全装满，至少留有 2cm（或 10～20ml）的空间，以防水温或气温改变时将瓶塞挤掉。

⑤ 取好水样，塞好瓶塞（保证不漏水），用石蜡或火漆封瓶口。如水样运送较远，则应用纱布或绳子将瓶口缠紧，然后再以石蜡或火漆封住。

⑥ 如欲采取平行分析水样，则必须在同样条件下同时取样。

⑦ 采取高温泉水水样时，在瓶塞上插一根内径极细的玻璃管，待水样冷却至室温后，拔出玻璃管，再密封瓶口。

三、各类水样采集的一般方法

（一）洁净水的采集

① 采集自来水或具有抽水设备的井水时，应先放水数分钟，使积留在水管中的杂质冲洗掉，然后才取样。

② 没有抽水设备的井水，应该先将水桶冲洗干净，然后再取出井水装入样瓶，或直接用水样采集瓶（图 5-1）采集。

③ 采集河、湖表面的水样时，应该将样瓶浸入水面下 20～50cm 处，再将水样装入瓶中。如水面较宽时应该在不同的地方分别采集，这样才具有代表性。

④ 采集河、湖较深处水样时，应当用水样采集瓶。最简单方法是用一根杆子，上面用夹子固定一个取样瓶，或是用一根绳子系着一个取样瓶，将已洗净的金属块或砖石紧系瓶底，另用一根绳子系在瓶塞上，将取样瓶沉降到预定的深度时，再拉绳子打开瓶塞取样。

⑤ 采集测定水中溶解氧的水样，则按下述方法进行，并最好使用容量为 250ml 或 300ml 溶解氧测定瓶。如果没有这种瓶，可用 250ml 磨口紧密玻璃塞试剂瓶。采集水样时，应注意不要使空气进入水样。可采用如下方法。

a. 采集自来水样时，要用橡皮管接在水龙头上，并把橡皮管的另一端插到瓶底部；待瓶中水样装满并向外溢出数分钟后，取出橡皮管，迅速盖好玻璃塞。

b. 对于塘水、井水、蓄水池中的水样，采集时可参照图 5-2 装置一套简单的设备。先将样瓶（250ml 或 300ml）与一个大瓶（500ml）按图装好，并将两瓶固定起来使之便于下沉。在粗绳上标明深度。采集水样时，将取样设备投入水中，使之迅速下沉并达到所需要的深度。此时使水样进入样瓶并赶出大瓶的空气，直至大瓶不再存有空气。提出水面后，将样瓶取下，迅速用玻璃塞盖紧。送来的水样如果装在大瓶中，应该用虹吸方法把水样移入样瓶中。

水样采集完毕，要将样瓶编号，以免错乱。最好就地进行化学处理，使溶解氧固定（否则应保存在4℃左右，再送到实验室）；但滴定工作可在实验室进行。

⑥ 如果采集测定某些其他项目用的水样，可以根据特定要求加入保存剂。

图 5-1　水样采集瓶

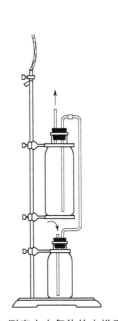

图 5-2　测定水中气体的水样采取装置

（二）生活污水的采集

生活污水的成分复杂，变化很大，为使水样具有代表性就必须分多次采集后加以混合。一般是每小时采集一次（采集水样体积可根据流量取适当的比例），将24h内收集的水样混合，作为代表性样品。

盛水样的瓶子需用3000ml的细口瓶。最后总容量应该在2500~3000ml。水样应保存在冰水里，温度在4~5℃。取水样的瓶子及设备要每天用清水冲洗干净，防止污水内细菌的生长。取污水后，瓶子要立刻贴好标签纸并涂上石蜡，防止标注的字褪色。

污水样采集后，应该尽快送往实验室分析。测定溶解氧、生物需氧量、余氯、硫化氢等项目，必须于采样后立刻进行。如遇特殊情形，不能立刻分析，可加入保存剂。如果确定要加保存剂，最好一开始就加，使水样进入水样瓶中时即与保存剂混合。

① 做生物化学需氧量分析的水样不可加入任何保存剂。

② 一般分析用的水样可于每升水中加入5ml氯仿（预先用蒸馏水洗2~3次，加少量无水硫酸镁吸水，储于棕色瓶中）作保存剂，使水样的耗氧量不至于改变。

③ 若测各类含氮化合物，可加入适量化学纯硫酸，使硫酸浓度约为0.015mol/L即可。但经本法处理过的水会降低悬浮性固体及耗氧量。

（三）工业废水的采集

由于工业工艺过程的特殊情况，工业废水成分往往在几分钟内就有改变。所以水样采集方法比生活污水的采集更为复杂。

采样的方法、次数、时间等都应根据分析目的和具体条件而定。但是共同的原则是所采集的水样要有足够的代表性。如废水的水质不稳定，则应每隔数分钟取样一次，然后将整个生产过程所取的水样混合均匀。如果水质比较稳定，则可每隔 1～2h 取样一次而后混合均匀。如果废水是间隙性排放，则应适应这种特点而取样。

水样采集时还应考虑到取水量问题，每次取水量应根据废水量按比例增减。

在测定某些特定的项目时，可以向水样中加入某种保存剂，这就视各测定项目而定。但因为成分复杂和测定项目的各不相同，任一保存剂均有产生影响的可能，没有一种普遍适用的工业废水保存剂。一般而言，低温保存比较可行。

除以上特点外，其他应注意事项同上。工业废水取样方法见表 5-1。

表 5-1　工业废水取样方法

取样方法	方法梗概	适用范围	采用手段
一次水样采集法	在废水排放口、堰等取样位置处，对水样进行一次采集	用于生产工艺稳定和排放的水质变化不大的场合	无色硬质玻璃容器、聚乙烯塑料容器或水桶
平均水样采集法	在废水排放口、堰、治理设备的取样位置处每隔一段时间（如 1h，2h，…）采集水样，然后等量混合成混合样品	用于生产工艺不稳定且排放的水质经常有变化的场合，可以获得采样期间的水质平均值	虽可利用上述手段，但很费工时，宜用自动水样采集器
动态水样采集法	在上述取样位置处于一定期间内（1 日，1 周，…），每隔一定时间（如 0.5h，1h，…）采集水样一次，分别对水样分析	用于了解排放的工业废水中有害物含量的动态变化规律，可获得某一时间里的水平均值、最大、最小值	宜用自动水样采集器
比例平均水样采集法	在上述取样位置处，根据排放废水流量分布曲线，按正比关系分配水样采集量，然后分析	用于生产工艺不稳定、排放口废水流量变化较大的场合，可获得采样期间的平均值	宜用与流量自动装置匹配的自动水样采集器

（四）自然降水的采集

降水样品通常由有关部门选点采集，50 万人以下人口的城市设 2 个点，50 万人以上人口的城市设 3 个点。采样点的布设应兼顾到城区、乡村或清洁对照点。采样点的设置应考虑区域的环境特点，尽量避开排放酸、碱物质和粉尘的局部污染源，应注意避开主要街道交通污染源的影响。采样点周围应无遮挡雨雪的高大树木或建筑物。

采集雨水可以用自动采样器，也可用聚乙烯塑料小桶（上口直径和高均为 20cm 左右）；采集雪水的容器（聚乙烯塑料）的上口直径在 40cm 以上。放置位置高于基础面 1.2m。

每次降雨（雪）开始，立即将备用的采样器放置在预定的采样点支架上。每次降雨取全过程雨样，一天中若有几次降雨过程就需测几次 pH 值。如遇连续几天降雨，则每天上午 8:00 测一次，即 24h 算一次降雨。

存放降水的容器以白色的聚乙烯塑料瓶为好，不能用带颜色的塑料瓶，也不要用玻璃瓶来装，以免在存放过程中因玻璃瓶中钾、钠、钙、镁等杂质的溶出而污染样品。

由于降水中常常含有尘埃颗粒物、微生物等微粒，所以除了测定 pH 值和电导值以外，一般均需过滤，但玻璃砂芯漏斗和滤纸的孔径太大，以有机微孔滤膜为好。

（五）海水的采样

海水温度和盐度是海洋水体最基本的物理要素，其量值对海洋中的其他物理要素如密度和声速的性质、海水的化学和生物特性以及水体运动均有着重要的影响。随着古海洋学、海洋生态学、海洋地质学等学科的迅速发展，对所采集海水样品的要求也越来越高，探测海水中烃类气体等地球化学指标的变化特征及其异常就成为其中一项重要的指标，而深海分层气密水样采集系统就是为了适应此需要而专门研究设计的。

目前使用的船载海水多通道多层面水样采集器（见图 5-3），上面装有一个马达驱动的自动释放装置，并集成了一个压力传感器，用来测量用户预设的深度，最大工作深度可达6000m。传感器的测量范围可根据用户的工作要求进行选择，整套系统可以在船上进行远程控制。

图 5-3　多通道水样采集器

有些设备公司开发了更多用途的自动序列海水采水器，最多一次可以采集 48 个样品，并利用泵和一个多通道样品分配阀向不同的采样瓶中注入样品，采样时需要一定的时间。但基本上都不具备原位低扰动采集功能，不适合在以一定速度下放的过程中采集海洋柱面上不同深度的样品。刘广虎等[1]设计的新型深海分层气密水样采集系统采用保气采水瓶，每个采样瓶呈竖直布置，在系统下放过程中利用海水对其进行冲洗，防止不同层位海水之间的污染，而且可实现气密采样。

（六）含污染物自来水的采集

自来水生产工艺流程较长，水源不同时有毒污染物的种类会有所不同，往往只能针对性地选择一些环境优先控制污染物予以监控。

对于多环芳烃、有机氯农药、酚类，采集过程中可使用 4L 的带硅胶密封垫的棕色细口玻璃瓶或 10L 棕色玻璃瓶采集水样，采用 24h 连续采样技术，采完后混匀，写明标签。含有挥发性有机物的样品可使用带有聚四氟乙烯密封垫的螺口棕色采样瓶。需测定含氯有机化合物等消毒副产物时，样品瓶中需先加入约 25mg 抗坏血酸，再向样品瓶中充样至溢流（注意不要冲走正在溶解的抗坏血酸），样品充满时不应含有气泡，每 20ml 样品中加入 1+1 盐酸调节样品 pH<2，再密封样品瓶口，然后用力振荡 1min。假如是终端采样（从水龙头采样），则宜先用 1L 的大烧杯采集，然后分装。所有样品都要采集平行样。

现场空白先在实验室用蒸馏水装满样品瓶（处理同上），然后带到现场，再与现场样品一起带回实验室保存。存放样品时，应尽量避免有机物气体的交叉污染问题。

四、水样的保存

各种水质的水样从采集到分析测定这段时间，由于环境条件的变化、微生物新陈代谢活动的影响，会引起水样中某些物理参数及化学组分的变化。为了使这些变化尽量小，应尽快分析测定和采取必要的措施（有些项目还必须在现场测定）。如果不能尽快测定，就要进行水样的保存。水样的保存应达到减慢化合物水解、避免分解、减少挥发与容器的吸附损失等要求。采集与分析之间的允许间隔时间取决于水样的性质和保存条件，没有明确的规定，一

❶ 刘广虎，陈道华，等. 深海分层气密水样采集系统的设计与应用. 气象水文海洋仪器，2009，26（2）：9-12.

般认为，相关水样的允许存放时间通常为：洁净的水，＜72h；轻度污染的水，＜48h；严重污染的水，＜12h。同时，需在检验报告中注明采样和分析的时间。

水样的主要保存方法如下。

（1）冷藏法　水样在4℃左右保存，最好放在暗处或冰箱中。这样可以抑制生物活动，减缓物理作用和化学作用的速度。这种保存方法对以后的分析测定没有妨碍。

（2）化学法

① 加生物抑制剂：加入生物抑制剂可以阻止生物作用。如适量氯化汞（检验项目有汞的除外），或每升水样加0.5～1.0 ml的苯、甲苯或氯仿等。

② 酸（碱）化法：为防止金属元素沉淀或被容器吸附，可加酸至pH＜2，通常加硝酸，部分组分可加硫酸，一般可保存数周。对汞的保存时间要短一些，一般为7d。有些样品要求加入碱，例如测定氰化物水样应加碱至pH＝11保存，以免氰化物产生HCN而逸出。

③ 加入某些稳定保存剂：所加入的保存剂不应干扰其他组分的测定。保存剂可事先加入空瓶中亦可在采样后立即加入水样中。经常使用的保存剂有各种酸、碱及杀菌剂，加入量因需要而异。一般加入保存剂的体积很小，其影响可以忽略，但某些试剂中所含的金属杂质对微量分析可能会有较大影响，应减去空白值。

水样保存的一般方法见表5-2。降水样品的保存见表5-3。

表 5-2　一般水样保存方法

测定项目	要求体积，V/ml	储存用容器 塑料	储存用容器 玻璃	保存温度	保存剂	可保存时间	备　注
酸度	100	+①	+	4℃冷存		24h	
碱度	100	+	+	4℃冷存		24h	
pH	25	+	+	冷至4℃现场测定			
温度	1000	+	+	现场测定			
电导率	100	+	+	4℃冷存		24h	水样应恢复至25℃时测定；最好现场测定
浑浊度	100	+	+	4℃冷存		7d	
色度	50	+	+	4℃冷存		24h	
嗅	50		+	4℃冷存		24h	
味		+	+	4℃冷存		24h	
生化需氧量（BOD）	1000	+	+	4℃冷存		6h	
化学需氧量（COD）	50	+	+		硫酸至pH＜2	7d	
总有机碳（TOC）	25	+	+		硫酸至pH＜2	7d	
悬浮物	100		+	现场过滤		6个月	
残留物可滤过	100	+	+	4℃冷存		7d	

续表

测定项目	要求体积，V/ml	储存用容器		保存温度	保存剂	可保存时间	备注
		塑料	玻璃				
残留物不可滤过	100	+	+	4℃冷存		7d	
残留物总量	100	+	+	4℃冷存		7d	
残留物挥发性	100	+	+	4℃冷存		7d	
沉降物	1000	+	+	无要求		24h	
硬度	100	+	+			7d	
溶解氧（电极法）	300		+		现场测定		
Winkler 法	300		+		现场固定	4~8h	
磷化合物							
溶解性	50	+	+	现滤 4℃		24h	加 $HgCl_2$
可水解	50	+	+	冷至 4℃	硫酸至 pH<2	24h	加 $HgCl_2$
总磷	50	+	+	冷至 4℃		7d	加 $HgCl_2$
可溶性总磷	50	+	+	现滤 4℃		7d	加 $HgCl_2$
氟化物	300	+		冷至 4℃	NaOH 至 pH=12	24h	
氯化物	50	+	+			7d	
需氯量	50	+	+	现场测定		24h	
溴化物	100	+	+	冷至 4℃		24h	
碘化物	100	+	+	冷至 4℃		24h	
氰化物	500	+	+	冷至 4℃	NaOH 至 pH>8	24h	
氮，氨氮	1000	+	+	冷至 4℃	硫酸至 pH<2	24h	可用>2×10⁻⁴ mol/L 的 $HgCl_2$；但一般不用
凯氏法	500	+	+	冷至 4℃	硫酸至 pH<2	24h	可用>2×10⁻⁴ mol/L 的 $HgCl_2$；但一般不用
硝酸根	100	+	+	冷至 4℃	硫酸至 pH<2	24h	可用>2×10⁻⁴ mol/L 的 $HgCl_2$；但一般不用
亚硝酸根	50	+	+	冷至 4℃		24h	可用>2×10⁻⁴ mol/L 的 $HgCl_2$；但一般不用
硫酸根	50	+	+	冷至 4℃		7d	
硫化物	500	+	+		2ml 乙酸锌	24h	
亚硫酸根	50	+	+	冷至 4℃		24h	
砷	100	+	+		硝酸至 pH<2	6 个月	

续表

测定项目	要求体积, V/ml	储存用容器		保存温度	保存剂	可保存时间	备 注
		塑料	玻璃				
硒	50	+	+		硝酸至 pH<2	6 个月	
硅	50	+		冷至 4℃		7d	
铝、铜、铁、镁、锌		+	+		HCl（2mol/L）	2 个月	
铍		+	+				
镉（溶解性）		+	+	过滤	硝酸至 pH<2	6 个月	
总量					硝酸至 pH<2		
铬（6 价）			新硬质瓶		加硝酸至 pH<2，多加 5ml	当天	
铬（总量）			新硬质瓶		加硝酸至 pH<2，多加 5ml	当天	
汞（溶解性）	100	+	+		过滤，加硝酸至 pH<2	38d（玻）13d（塑）	
总量	100	+	+		加硝酸至 pH<2	38d（玻）13d（塑）	
钼		+	+		pH<2		
铅、银					硝酸，pH<2	2 个月	
锑		+			pH<1.5	55d	
钍		+	+	过滤	pH<1.5	3 个月	
钒	500	+			0.1mol/L HCl		
酚类	500			冷至 4℃	磷酸至 pH<4	24h	
三氯乙醛			+			尽快分析	
氨三乙酸(NTA)	50		+	至 4℃		7d	
油和脂	1000		+	至 4℃	硫酸至 pH<2	7d	
阴离子洗涤剂	250	+	+		硝酸至 pH<2	24h	
有机氯农药 DDT			+		尽快分析可加入水样量 0.1%的浓硫酸		过滤除浮游生物，滤纸预先用石油醚处理
3,4-苯并芘			用棕色瓶				
多环芳烃				4℃		6d	

① "+" 表示可用。

表 5-3 降水样品保存方法

被测项目	保存容器	保存方法	保存时间
电导率	聚乙烯瓶	冰箱	尽快测定
pH 值	聚乙烯瓶	冰箱	尽快测定

被测项目	保存容器	保存方法	保存时间
NO_2^-	聚乙烯瓶	冰箱	尽快测定
NO_3^-	聚乙烯瓶	冰箱	尽快测定
NH_4^+	聚乙烯瓶	冰箱	尽快测定
F^-	聚乙烯瓶	冰箱	1个月内测定
Cl^-	聚乙烯瓶	冰箱	1个月内测定
SO_4^{2-}	聚乙烯瓶	冰箱	1个月内测定
K^+	聚乙烯瓶	冰箱	1个月内测定
Na^+	聚乙烯瓶	冰箱	1个月内测定
Ca^{2+}	聚乙烯瓶	冰箱	1个月内测定
Mg^{2+}	聚乙烯瓶	冰箱	1个月内测定

五、分析项目的确定

分析项目需视水样类型不同而有所区别。可供参考的项目见表 5-4。

表 5-4　水样测定参考项目

待检水样的种类	需要检测的项目及注意事项
天然水、地面水、地下水的分析	细菌检验，显微镜观察，色，水温，大气温度，臭，味，浑浊度或透明度，总固体，溶解性固体，氯化物，耗氧量，氟化物，碘化物，pH 值，各种碱度，总硬度，氨氮，蛋白性氮（或有机氮），亚硝酸盐氮，硝酸盐氮，需氯量，铁，锰等；必要时做全矿物质分析
饮用水、自来水的分析	细菌检验，显微镜观察，色，水温，臭，味，浑浊度或透明度，总固体，氯化物，耗氧量，pH 值，各种碱度，总硬度，氨氮，蛋白性氮，亚硝酸盐氮，硝酸盐氮等；必要时做特殊矿物质分析或个别成分分析
矿泉水的分析	色，水温，大气温度，密度，臭，味，浑浊度或透明度，总固体，悬浮性固体，氯化物，耗氧量，氟化物，pH 值，各种碱度，总硬度（碳酸盐硬度及非碳酸盐硬度），游离二氧化碳，氨氮，硫化氢，其他放射性气体，钙，镁，钾，铁，铵，硫酸盐，重碳酸盐，碳酸盐，二氧化硅，亚硝酸盐，硝酸盐；必要时做其他离子的分析
游泳池水的分析	除了细菌检验外，一般只需测定浑浊度或透明度，pH 值，总余氯及游离性余氯；必要时做耗氧量，氨氮，蛋白性氮等分析
各种污水的分析	由于各种污水性质各异，分析项目也各不相同 生活污水：着重生物化学耗氧量及悬浮性固体等的测定 工业污水：还应注意洗涤剂，硼，酚，氰化物，铬，汞，砷，硒，油污等 必要时作特定离子或组分的分析 检验水处理性时：项目考核则作全面分析，个别设备考核，可按要求只作个别测定 研究利用污水灌溉则加测磷、钾、硼

第三节　食品样品的采集与制备

一、采样的原则和目的

首先正确采样必须遵守两个原则：第一，采集的样品要均匀，有代表性，能反映全部被测食品的组分、质量和卫生状况；第二，采样过程中要设法保持原有的理化指标，防止成分逸散或带入杂质。其次食品采样检验的目的在于检验试样感官性质上有无变化，食品的一般成分有无缺陷，加入的添加剂等外来物质是否符合国家的标准，食品的成分有无掺假现象，食品在生产运输和储藏过程中有无重金属、有害物质和各种微生物的污染以及有无变化和腐败现象。

二、采样方法

食品样品分为检样、原始样和混合样。从整批食物中的各个部分中采集的少量样品称为"检样"，把许多份检样综合在一起称为"原始样"，原始样经过处理再抽取其中一部分作为检验用样称为"平均样"。

样品采集的程序一般如下。

① 常规采样首先做好现场采样记录、样品编号、留样工作。

a. 现场采样记录主要包括：被采样单位，样品名称，采样地点，样品产地、商标、数量、生产日期、批号或编号，样品状态，被采样的产品数量、包装类型及规格，感官所见（包装破损、变形、受污染、发霉、变质、生虫等），采样方式，采样目的，采样现场环境条件（包括温度、湿度及一般卫生状况），采样机构（盖章），采样人（签名），采样日期等。需要注意的是，这些记录连同后续的检测数据等原始记录应当妥善保存至少5年。

b. 采集的样品必须贴上标签，明确标记品名、来源、数量、采样地点、采样人及采样日期等内容，现场编号一定要与检测样品及留样编号一致。

c. 留样注意：保持样品原来状态，易变质的样品要冷藏，特殊样品需在现场做相应处理。

② 无菌采样现场检测的无菌采样用具、容器要进行灭菌处理；操作人员采样前，先用75%酒精棉球消毒手，再消毒采样开口处的周围。

③ 样品采集，由于样品形态、包装等差异，采样方法也不同，见表5-5。

表 5-5   食品样品采集的一般方法

食 品 种 类	采 样 方 式
散装颗粒状样品（粮食、粉状食品）	应从各个角落，上、中、下各取一些，然后混合，用四分法缩分而得平均样品
液体样品	液体样品先混合均匀，用虹吸法分层取样，每层取 500ml，装入瓶中混匀得平均样品
半固体样品（如蜂蜜，稀奶油）及不易混匀的样品	用采样器从上、中、下层分别取出检样，混合后得平均样品
大包装的样品	参照散装样品处理
小包装的样品	小包装的样品连包装一起取（如罐头，奶粉），一般按生产班次取样，取样量见表 5-6
鱼、肉、果蔬等组成不均匀的样品	鱼类一般采集完整个体，大鱼（0.5kg 左右）三条作为一份样品，小鱼 0.5kg 为一份 可对各个部分（如肉，包括脂肪、肌肉部分；蔬菜包括根、茎、叶等）分别采样，经过捣碎混合成为平均样品

④ 食物中毒样品需采集剩余食物、呕吐物、排泄物及洗胃液，炊具、容器，病人血液或尿液，带菌者检查的样品，尸体解剖标本，原料、半成品及成品。食物中毒样品的采集数量比普通采样数量多一些，便于反复试验；各种样品的采集要注意无菌操作，防

止污染。

其他注意事项有：

a. 采样工具应该清洁，不应将任何有害物质带入样品中；

b. 样品在检测前不得受到污染，发生变化；样品抽取后，尽量迅速送检测室分析；

c. 在感官性质上差别很大的食品不允许混在一起，要分开包装，并注明其性质；

d. 盛样容器可根据要求选用硬质玻璃或聚乙烯制品，容器上要贴上标签，并做好标记。

一般样品在检验结束后应保留一个月以备需要时复查，保留期从检验报告单签发之日起开始计算。易变质食品不予保留。保留样品加封存入适当的地方，并尽可能保持原状。

三、食品的采样量及注意事项

不同的分析项目所需的样品量是不相同的，需根据具体的项目要求而定。罐装、桶装或袋装的食品有一个取样的基数，其中部分食品的最小取样量见表 5-6。

表 5-6　部分食品的采样量及注意事项

样品	取样类型	取样量及方法
罐头食品	按生产班次	为 1/3000，尾数超过 1000 罐的增取 1 罐，但每班每个品种取样基数不得少于 3 罐；生产量较大时，>20000 罐以上按 1/10000 计，尾数超 1000 罐者，增取 1 罐，生产量过小时，同品种、同规格可合并班次取样，并班后总数不超过 5000 罐，则每班次不少于 1 罐且并班后基数不少于 3 罐
	按杀菌锅	每锅检取 1 罐，但每批每个品种不得少于 3 罐
牛乳	按桶取样数桶混合样逐日按重量	不少于 250ml。用特制搅棒以螺旋式转动搅匀后取样（0.2～1.0ml/kg），用采样管采于同一样品瓶中混匀，采集一定量并按每 100ml 样品加 1～2 滴甲醛
全脂奶粉	桶或箱包装	总数的 1%，用开口采样插杀菌后自容器的四角及中心各取一插，置于盘中搅匀，取总量的约 1‰备用。
	瓶或听装	总数的 1‰，同批号的堆场中按不同方位取样，但不小于 2 件，尾数超过 500 件的应加抽一件

四、样品的保存

采集的样品应尽量当天检测完毕，以防止其中水分或挥发性物质的散失及其他待测组分含量的变化。如果当天不能完成检测，则应妥善保存，不能使样品出现受潮、挥发、风干、变质等现象，以保证测定结果的准确性。

制备好的平均样品应装在洁净、密封的容器内（尽量选用玻璃瓶，切忌使用带橡皮垫的容器），必要时储存于避光处。

容易失去水分的样品应先取样测定水分。

容易腐败变质的样品可用以下方法保存，使用时可根据需要和测定要求选择。

（1）冷藏　短期保存温度一般以 0～5℃为宜。

（2）干藏　可根据样品的种类和要求采用风干、烘干、升华干燥（又称为冷冻干燥，它是在 -30～-100℃的低温及 10～40Pa 的高真空度情况下对样品进行干燥）等方法，以便让食品的变化可以减至最小程度，延长保存时间。

（3）罐藏❶　不能即时处理的鲜样在允许的情况下可制成罐头储藏。

五、样品的制备

为保证分析结果的正确性，对分析样品必须加以适当处理，即制备。制备包括样品的分取、粉碎及混匀等过程，其具体方法因产品类别不同而异，也因测定项目的不同而不同，见表 5-7 和表 5-8。

表 5-7　常规食品样品的制备方法

样　品　种　类	制　备　方　法
液体、浆体或悬浮液体、互不溶液体	将样品充分摇动或搅拌均匀 分离后分别制取
固体样品	切细、捣碎，反复研磨或用其他方法研细。常用绞肉机、磨粉机、研钵等
水果及其他罐头	捣碎前需清除果核。肉、禽罐头、鱼类罐头需将调味品（葱、辣椒等）分出后再捣碎。常用高速组织捣碎机等
鱼类	洗净去鳞后取肌肉部分，置纱布上控水至 1min 内纱布不滴水，切细，混匀，取样。若量大则以四分法缩减留样。备用样品储于玻璃样品瓶中，置冰箱保存
贝类和甲壳类	洗净取可食部分（贝类需含壳内汁液）。蛤、蚬经速冻后连屑挖出，切细，混匀，取样，备用样品储于玻璃样品瓶中，置冰箱保存

表 5-8　测定农药残留量时样品的制备方法

样品种类	制备方法
粮　食	充分混匀，用四分法取 20g 粉碎，全部过 0.4mm 目筛
蔬菜和水果	先洗去泥沙并除去表面附着水。依当地食用习惯，取可食用部分沿纵轴剖开，各取 1/4，切碎，充分混匀
肉类	除去皮和骨，将肥瘦肉混合取样。每份样品在检测农药残留量的同时还应进行粗脂肪含量的测定，以便必要时分别计算农药在脂肪和瘦肉中的残留量
蛋类	去壳后全部混匀
禽类	去毛，开膛去内脏，洗净并除去表面附着水。纵剖后将半只去骨的禽肉绞成肉泥状，充分混匀。检测农药残留量的同时进行粗脂肪的测定
鱼类	每份鱼样至少三条。去鳞、头、尾及内脏，洗净并除去表面附着水，纵剖取每条的一半，去骨刺后全部绞成肉泥状，充分混匀

六、食品样品的前处理

食品样品由于本身的成分复杂，所含蛋白质、脂肪、糖类等往往会给分析检测带来干扰，通常必须经过预处理方能进入最后的检测环节。

食品样品的预处理方法及适用范围见表 5-9，扫集共蒸馏装置见图 5-4。

---

❶　将一定量试样切碎后放入乙醇（$\varphi = 96\%$）中煮沸 30min（最终乙醇浓度应在 $78\% \sim 82\%$ 的范围内），冷却后密封，可保存一年以上。

表 5-9 食品样品的预处理方法及适用范围

类 型	方 法	适 用 范 围 及 条 件
有机物破坏法	干法灰化	温度在 550℃，为避免测定物质的散失，可加入固定剂
	湿法消化	所需溶剂需视样品及检测项目而定，适用于金属离子测定
蒸馏法	常压蒸馏	<90℃用水浴，>90℃用油浴、砂浴、盐浴或直接加热
	减压蒸馏	适用于高沸点或热稳定性较差的物质的分离
	水汽蒸馏	分离较低沸点且不与水混溶的有机组分
	分馏	用于分离干扰较严重且沸点差较小的组分
	扫集共蒸馏（见图 5-4）	集蒸馏、色谱分离等方法于一身，高效、省时、省溶剂，适用于测蔬菜、水果、食用油脂和乳制品中有机氯（磷）农药残留量
溶剂提取法	溶剂萃取法	所用溶剂由样品组成及检测项目而定
	浸取法	用于从混合物中提取某物质，常用索氏抽提器进行操作
	盐析法	常用来分离食品中的蛋白质
磺化法和皂化法	磺化净化法	用于处理油脂或含油脂样品以增大其亲水性，其中磺化法主要用于对酸稳定的有机氯农药，一般不用于有机磷农药
	皂化法	皂化法主要用于除去一些碱、稳定的农药中混入的脂肪
色谱分离法	薄层色谱法，柱色谱法	色谱分离法同时也是鉴定的方法，目前以柱色谱更常用
固相萃取法	固相萃取法，固相微萃取法	各类固相萃取小柱可适用于各种不同目标组分的提取，分子印迹聚合物更有特殊选择性

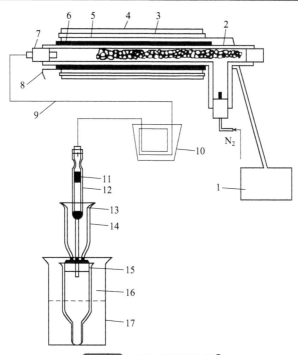

图 5-4 扫集共蒸馏装置[●]

1—可变变压器；2—施特勒（Storheer）管（填充 12～15cm 硅烷化的玻璃棉）；3—石棉；4—绝缘套；5—加热板；6—铜管；7—硅橡胶塞；8—高温计；9—聚氟乙烯管；10—水或冰浴；11—硅烷化玻璃；12—ANAKROM ABS（一种吸附剂）4cm；13—尾接管；14—硅烷化玻璃棉；15—19～22 号标准磨口；16—离心管；17—盛水烧杯

[●] 其原理是样品抽提液用注射器从 Storheer 管的一端注入后，农药和溶剂在已加热的管内汽化，被氮气流吹入冷凝管，再通过微色谱柱进入收集器内，而脂肪和色素留在 Storheer 管和微色谱柱中。此法省时、省溶剂。新型自动化扫集共蒸馏装置有 20 条净化通道，可在 2.5h 内净化 20 份样品提取液。

第四节　土壤样品的采集与制备

一、土壤样品的采集

土壤样品的采集方法对最终的检测结果与评价影响很大，采样时的误差往往比后续分析的测定误差大很多。因而，必须严格按采样规范操作，以保证土样具有代表性，能正确真实地反映原采样地块的土壤情况。土样采集的时间、地点、层次、方法、数量等都需由土样的分析项目及检测目的来决定。

（1）采样前的准备工作　采样前必须了解采样地区的自然条件（地址、地形、植被、水文、气候等）、土壤特征（类型、层次、分布等）及农业生产特征（土地利用、作物生长、产量、水利、化肥农药及使用等情况）、是否受到污染及污染的历史和现状等。在调查的基础上，根据需要和可能来布设采样点。同时挑选一定面积的对照地块。

（2）采样点的选择　由于土壤本身在空间分布上具有较大的不均匀性，需要在同一采样地点进行多点采集后混合均匀。如果采样面积不大（＜5000m²），可在不同方位上取 5～10 个具有代表性的采样点；如果面积更大，则需适当增加采样点数量；6000～25000m² 的取 10～15 个点，＞25000m² 的则取 15 点以上。采样点的分布不能太集中，通常以图 5-5 及表 5-10 所示的方法选择。

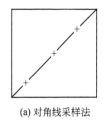
(a) 对角线采样法

(b) 梅花形采样法

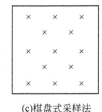
(c)棋盘式采样法

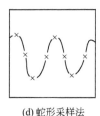
(d) 蛇形采样法

图 5-5　土壤的采样方法

表 5-10　土壤样品采样点选择方法

方法名称	适用田块	具体方法
对角线采样法	受污染的水灌溉的田块	自该田块的进水口向对角作直线并将此对角线三等分，以每等分的中央点作采样点。可视不同情况作适当的更动
梅花形采样法	适宜于面积较小、地势平坦、土壤较均匀的田块	一般取 5～10 个采样点
棋盘式采样法	中等面积、地势平坦、地形完整但土壤较不均匀的田块	采样点一般在 10 个以上，测定固体废物污染时需在 20 个以上
蛇形采样法	面积较大，地势不太平坦，土壤不够均匀	采样点较多

（3）采样深度　如果仅需一般性了解土壤污染情况，采集深度约 15cm 的耕层土壤和耕层以下（15～30cm）的土样。如果要了解土壤的污染深度，则应按土壤剖面层次分层取样。在每个采样点上，按垂直向下切取土壤，每个点取厚约 1cm 的土壤，且在每个点上所取的土壤量基本相等。采样完毕后将各点的土样混合均匀即可。如果测量项目涉及重金属，则应将和金属杆接触部分的土样剥去。

如果要了解作物的生长情况，对根系分布浅的作物（水稻等），则采集 0～20cm 的土样，根系分布深的作物（果树等），则采 0～40cm 的土样。

（4）采样时间 采样时间视测定目的而定，若为了了解土壤的污染情况，可随时采集土样测定；若是为了了解在该地块上植物污染情况，则需在合适季节（粮、油、糖、菜等作物在播种前，果树在果品收获期后）同时采集土壤和植物样本。

（5）采样方法 在取样点用铁铲把土坑一面铲成垂直状，从垂直面自上而下铲取 2cm 左右厚的土块，并取 5cm 左右宽的条状土块为该点样品。通常要求所采集样品的质量在 1kg 左右。

（6）注意事项

①采样点不能选在田边、路边和肥堆边。

②按取样公式进行初步缩分后所得土样应装入塑料袋中，记录好采样地点、日期、样品情况、环境情况、采样人等相关信息，作为标签连同土样一起送实验室。

③不能在前茬作物施肥处取样。

④取样时用的一切工具应尽可能干净，才获得较准确的结果。

二、土壤样品的制备

1. 土样的风干

除了测定游离挥发酚等项目需用新鲜土样外，大多数项目需用风干土样，因为风干的土样较易混匀，重复性和准确性都较好。风干的方法为：将采回的土样倒在盘中，趁半干状态把土块压碎，除去植物残根等杂物，铺成薄层并经常翻动，在阴凉处使其慢慢风干。

2. 磨碎与过筛

风干后的土样用有机玻璃棒（或木棒）碾碎后过 2mm 塑料（尼龙）筛，除去 2mm 以上的砂砾和植物残体（砂砾量多时应计算其占土样的百分比）。然后将细土样用四分法缩分至足够量（如测重金属约需 100g），其余土样另装瓶备用。留下的样品进一步磨细过 0.25mm 孔径的塑料（尼龙）筛，充分拌匀后装瓶备用。

3. 含水量的测定

无论何种土样均需测定土样的含水量，以便按烘干土为基准进行计算。可在百分之一的天平上称取土样 20～30g，在 105℃ 下烘 4～5h，干燥至恒重，计算含水量，以 mg/kg 表示。

第五节 植物样品的采集与制备

与任何其他采样一样，采集前应对所采集对象作必要的调查，选出采样区和对照采样区，在采样区内再划出和固定一些有代表性和生长典型的小区。根据采样的次数及每次采样的数量决定预选株数或样段的数目。

一、采样的一般原则

（1）代表性 选择能代表总体的一定数量的植株为样品，采集作物或蔬菜时不能采集田埂、地边及离田埂 2m 以内的样品；若采集水生植物则应注意离开污染物排放口适当距离。

（2）典型性 采样部位要能反映所需了解的情况，不能将植株部位随意混合。

（3）适时性 根据研究的需要，在植物不同的生长发育阶段，定期采样。

二、样品采集量

植物样品的特点是含水量特别高，其茎叶部分可高达 80%～90%，枝干部分也在 20% 以上，因而样品的采集量需考虑到样品部位及后续检测是否够用。一般要求至少有 1kg 的干重样品，因而，新鲜植物样本的采集量应不少于 5kg。

三、样品的采集方法

根据研究对象，在选好的样区内分别采集不同植株的根、茎、叶、果等植物的不同部位。对一般的大田作物、蔬菜等的采集，则一般在各选好的采样区内采集一个代表样品（在该地块内分别于5～10处采集5～10个样品混合而成），常采用梅花形、小五点法或交叉间隔方式取样（见图5-6）。

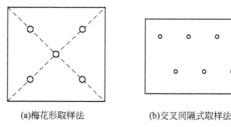

(a)梅花形取样法   (b)交叉间隔式取样法

图 5-6 梅花形和交叉间隔取样法

对各种不同植物的采集方法通常有如下几种。

（1）木本植物的采集　木本植物一般指乔木、灌木或木质藤本植物。根据需要检测的项目确定采集的部位。如果是确认该植物的组成选择，应选择生长正常、无病虫害的植株作为采集对象，如果是检测虫害或其他污染造成的影响情况，就应选择受病虫害影响的枝条了，有时候还需采集部分的树皮。采集果树样品时还要注意树龄、株型、生长势、载果数及果实生长部位和方位。

（2）草本植物的采集　高大的草本植物采集法一般与木本植物相同。其他草本植物通常都是整株采集。除了采集它的叶、花、果各部分外，必要的时候必须采集它的地下部分，如根茎、匍匐枝、块茎和根系等。若采集的是根部，在抖掉附于根上的泥土时要注意不损失其根毛部位，尽量保持根系的完整。

草本的特点是水分含量特别高，也特别容易失水，为保证完成后续检测需适当多采集一些，并适当给以保湿处理，如蔬菜样品中的叶菜若需直接对鲜样进行检测，则在采集时（尤其是夏天）最好将植株连根带泥一起挖，或用塑料袋或湿布包好样品不使其萎蔫。

（3）水生植物和蔬菜类样本的采集　其采集与草本相似，对浮萍、藻类等一般也是全株采集。若采集点污染较重，在除去其他水草、小螺等后，用清水冲洗干净。水稻的根系需在现场立即洗净泥土，带回实验室后立即用清水洗4次（不准浸泡，不超过半小时），洗净后用布擦干。

所有采集到的植物样品都需用布口袋装好，附上相关信息标签，同时做好采样记录，对特殊情况更需详细记录备查。采样后，需用鲜样直接检测的应马上送实验室进行处理和分析，当天处理不完的应暂时冷藏在冰箱里。其他样品应立即放在干燥通风处晾干。

四、植物样品的制备

根据分析项目的不同要求，对各不同种类的原始样品用不同方法进行选取：

① 块根、块茎、瓜果等，切成4块或8块，各取1/4或1/8；

② 粮食，充分混匀后平铺于玻璃板或木板上，以多点取样或四分法选取，得到所需量的平均样品后再作进一步处理，制成分析样品。

1. 新鲜样品的制备

对植物中易起变化的物质（酚、氰等）及多汁的瓜果、蔬菜样品需在新鲜状态下进行分析。制备时先将平均样品洗净晾干，切碎并混合均匀，取其中100g，加入等量蒸馏水（多水样品可不加，含水少的可加两倍量水），用电动捣碎机打成均匀浆状（较软样品 1min 左右，较硬样品 2min 以上）。纤维过多的样品（根、茎秆、叶子等）不能用捣碎机捣碎时可用剪刀或不锈钢刀切成很小碎块混合均匀供分析之用。

2. 风干样品的制备

用干样进行分析的样品，应尽快晾干（亦可用鼓风干燥箱于 40~60℃烘干）。样品干燥后，去掉灰尘、杂物，切碎，用电动磨碎机粉碎（谷类果实先脱粒再粉碎），全部通过 1mm 的筛网（有些样品需过 0.25mm 的筛网），储存于磨口瓶中备用。

若测定样品中金属元素的含量，应该注意金属器械的污染问题，以防干扰。

五、含水量的测定

分析结果常以干重比较各样品间某成分含量，故在制备新鲜或烘干样品时须同时测定含水量。最常用的是烘干法——称取一定量的新鲜样品于 100~105℃烘干至恒重，以失重计算含水量。

含有大量易热分解组分的样品可在真空干燥箱中用低温烘至恒重。

含水量很高（80%~95%）的样品（浆果、幼嫩蔬菜等）在采集当时就会有相当水分蒸发，即使水含量测定的误差很小，所引起干物质含量的误差也相当大。这类样品以鲜重计算更好，可附记水分含量以作参考。

已烘干样品在研磨和储存过程中也会吸收水分，故在称量前需烘干除去。粉状样品的物理状态与原始样品有所不同，受高温易分解，故需严格控制烘干温度和时间。通常在 65℃烘 4~6h 即可。

第六节　气体样品的采集

空气样品的采集是十分重要的，它决定了检测结果的真实性、准确性和可靠性。城市环境的空气质量监测、民用建筑的室内空气质量监测、工作场所空气中有害物质控制等领域都涉及空气样品的采集。但大气中各被检组分有各自不同的特色，加上空气的可流动性、各检测点周边环境的复杂性以及众多影响因素的不确定性，给空气质量检测带来很大的困难。因而，需要严格规范大气采样的操作方法和相关设备，以确保采样的代表性和真实性。为保证检测结果的统一和具有可比较性，应该将不同温度和压力下采集的气体体积折算成"标准采样体积"，见式（5-3）：

$$V_0 = V_t \times \frac{293}{293+t} \times \frac{p}{101.3} \tag{5-3}$$

式中　V_0——标准采样体积，L；

　　　V_t——温度 t 时大气压为 p 时的采样体积，L；

　　　t ——采样点的气温，℃；

　　　p——采样点的大气压，kPa。

实际上往往只有当温度低于 5℃或高于 35℃，及气压低于 98.8 kPa 或高于 103.4kPa 时才使用公式进行体积校正。

空气中有毒有害物质的存在形式及主要采集方法见表 5-11。

表 5-11　空气中有毒有害物质的存在形式及主要采集方法

存在形式	主　要　特　点	采集方法
气体与蒸汽	具有高挥发性或能直接升华的物质，在空气中能迅速分散。采样时易随空气进入收集器并迅速扩散，不受采样流量影响	直接采样法、有泵型采样法和无动力采样法均可

续表

存在形式		主　要　特　点	采集方法
气溶胶	雾	分散于空气中的液体微滴，粒径较大，在 $10\mu m$ 左右	气溶胶会受重力而下沉，采样时需要一定的流量来保证采集效果。 多数采用液体吸收法采集，也可采用固体吸收法采集
	烟	分散于空气中的小于 $0.1\mu m$ 的固体微粒，能直接进入人体肺部	
	粉尘	能较长时间悬浮于空气中的固体微粒，粒径在 $1\mu m$ 至数十微米。$5\sim15\mu m$ 的微粒易被阻留在上呼吸道，对人体危害较小；小于 $5\mu m$ 的则易进入肺泡和支气管被机体吸收，危害较大	

　　针对不同大气样品的采集方法汇总见图 5-7。实际上主要采用的有直接采样法、富集采样法（包括有泵型采样法的溶液吸收法和固体吸收法，以及冷冻浓缩法、静电沉降法等）和无动力采样法。

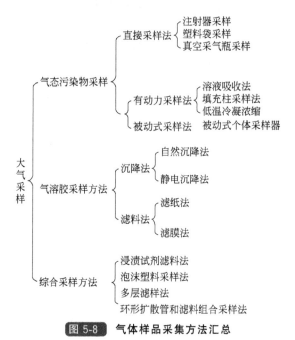

图 5-8　气体样品采集方法汇总

一、直接采样法

　　在空气中浓度较高，或所用分析方法灵敏度很高而可直接进样分析即能满足检测要求的被测组分可用直接采样法采集。常用的采样容器有球胆、专用的定体积塑料袋、注射器、真空瓶等。在不宜采用有泵型采样法时（如在需要防爆的场所），也应该选用该法采集现场的气体样品。大气样品的直接采样法见表 5-12。

表 5-12　大气样品的直接采样法

方　　法	操　作　要　求
注射器采样法	先用现场空气抽洗 $2\sim3$ 次后再抽样至 $100ml$，密封进样口，回实验室分析。采样后样品不宜长时间存放，最好当天分析完毕。此法多用于有机蒸气的采集

续表

方　法	操　作　要　求
塑料袋、球胆采样法	用二连球打入现场空气冲洗 2～3 次后，再充满被测样品，夹紧进气口，带回实验室进行分析。 　　所用的塑料袋不应与所采集的被测物质起化学反应，也不应对被测物质产生吸附和渗漏现象。采样时，常用的塑料袋有聚乙烯袋、聚四氟乙烯袋及聚酯袋等。为减少对待测物质的吸附，有些塑料袋内壁衬有金属膜，如衬银、铝等。 　　该法结合吹气法采样时，由于球胆和塑料袋都有一定的弹性，且气体可压缩，相同体积的压强并不一致，因而采样体积并不准确
真空瓶采样法	将空气中被测物质采集在预先抽成真空的玻璃瓶或玻璃采样管中（见图 5-8）。所用采样瓶（管）必须用耐压玻璃制成，容积一般为 500～1000ml。抽真空时瓶外面应套有安全保护套，一般抽至剩余压力为 1.33kPa 左右即可，如瓶中预先装有吸收液，可抽至溶液冒泡为止。采样时，在现场打开瓶塞，被测空气即冲进瓶中，关闭瓶塞，带回实验室分析。采样体积为真空采样瓶（管）的体积。如果真空度达不到所要求的 1.33kPa，采样体积的计算应扣除剩余压力： $$V = V_0(p - p')/p$$ 式中　V——采样体积，L； 　　　V_0——真空采样瓶体积，L； 　　　p——大气压力，kPa； 　　　p'——瓶中剩余压力，kPa

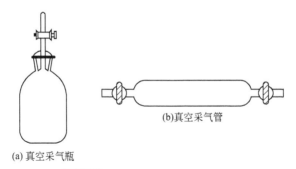

(a) 真空采气瓶　　　(b)真空采气管

图 5-8　真空采气瓶和真空采气管

　　对天然气和液化石油气的采集可借助于采样器进行。采样器应用适宜等级的不锈钢制成，常用双阀排出管型。采样器的大小可按试验需要量确定，样式见图 5-9。

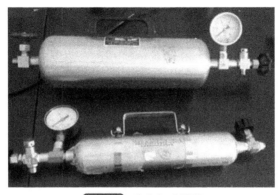

图 5-9　液化气采样器

二、富集采样法

当空气中被测组分的浓度很低（$1 \sim 10^{-3}\,mg/m^3$），而所采纳的分析方法又无法直接测出其含量时，需要用富集采样法进行空气样品的采集。富集采样法大多需借助动力将气体导入选定的容器中，并利用容器中预置的材料将特定被检测组分进行吸收，达到富集的目的。富集采样法的采样时间一般较长，所得结果是采样时间内的被测物质的平均浓度。从环境保护角度看，它更能反映环境污染的真实情况，故富集采样法在空气污染监测中更有重要意义。

富集采样法包括溶液吸收法、固体吸收法、冷冻浓缩法、静电沉降法、滤料采样法等，需根据检测的目的要求、被测物的理化性质、在空气中的存在形式、所选用的分析方法等进行合理选择。如在职业卫生检测中，富集采样法有定点采样和个体采样两种方式。

（一）溶液吸收法

溶液吸收法利用待选的吸收液采集空气中的气态、蒸气态样品组分以及某些气溶胶，当样品气流通过吸收液时，吸收液中气液界面上的被测物质由于溶解作用或化学反应很快进入吸收液中，而气泡中的其他气体分子则因浓度梯度而迅速溢出。

理想的吸收液应理化性质稳定，在空气中和在采样过程中自身不会发生变化，挥发性小，并能在较高气温下经受较长时间采样而无明显的挥发损失，有选择地吸收，吸收效率高，并能迅速地溶解被测物质或与被测物质起化学反应。吸收液的选择需根据被测物质的理化性质及所用分析方法而定。最理想的吸收液是含有显色剂的，边采样边吸收，不仅采样后即可比色定量，而且还可以控制采样的时间，使显色强度恰好在测定范围内。常用的吸收液有水、水溶液、有机溶剂等。在用有机溶剂作吸收液时，因其挥发性大，在大流量、长时间采样过程中会有明显的损失，采样结束后应添加有机溶剂至原有体积。

因气溶胶小颗粒表面往往附有一层蒸汽，当空气样品通过吸收液时小颗粒不易被捕集，且气溶胶颗粒也没有气体分子那样快的扩散能力，故气泡吸收管捕集气溶胶的效率不高。需选用冲击式吸收管（空气以很快的速度采集时气溶胶颗粒因惯性被冲击到吸收管底部而被吸收液捕集）或多孔玻板吸收管（样品气通过玻板时被分散成极细的小气泡进入吸收液，气溶胶颗粒大部分被多孔玻板阻留在下部而进入吸收液中，能通过玻板的部分也因已形成极细气泡而易被吸收）进行采集，冲击式吸收管不适用于气态和蒸汽态样品的采集，而多孔玻板吸收管对气态和蒸汽态样品和气溶胶样品都有很高的采样效率。

特别复杂的体系可以考虑将两种采样管串联起来采样。

根据《作业场所空气采样仪器的技术规范》（GB/T 17061—1997）要求，常用采样吸收管的使用要求和适用范围见表5-13，采样吸收管如图5-10所示。

使用液体吸收法采集气体样品时需要注意：

① 需根据被测物质的理化性质及其在空气中的存在形式正确选用吸收管和吸收液；

② 需正确并准确地选定采样时的气体流量；

③ 选定合适的采样时间，选用易挥发吸收液和高温时尤其要注意时间不能过长；

④ 合理选定吸收液的量，采样过程中若有损失需及时补充；

⑤ 吸收管与空气采样器的连接要准确，防止倒流损坏采样泵；

⑥ 采样前后要关闭采样管的进出口，直立放置，并防止碰撞破损；

⑦ 采样后测定前要用管内吸收液洗涤吸收管的进气管内壁3～4次，混匀后测定；

⑧ 注意需避光保存的吸收液的使用和保存条件，保证吸收液的有效性。

表 5-13　采样吸收管的技术要求

吸收管	吸收液用量/ml	采样流量/(L/min)	性能要求	规格	使用范围	备注
大型气泡吸收管	5～10	0.5～2.0	内外管接口为标准磨口，内管出气口内径为(1.0±0.1) mm，管尖距外管≤5mm	优质无色或棕色玻璃	气态和蒸汽态	
小型气泡吸收管	2	0.1～1.0				
多孔玻板吸收管	5～10	0.1～1.0	玻板及孔径应均匀、细致、不产生特大气泡		气态和蒸汽态，雾态气溶胶	管内装 5ml 吸收液，0.5 L/min 抽气，气泡上升 40～50mm 且均匀，无特大气泡，阻力 4～5kPa
冲击式吸收管	5～10	0.5～2.0（气溶胶）	内外管接口为标准磨口，内管垂直于外管，出气口内径为（1.0±0.1）mm，管尖距外管（5.0±0.5）mm		气态和蒸汽态；气溶胶态	以 3 L/min 采样，对小颗粒气溶胶采样效率较低

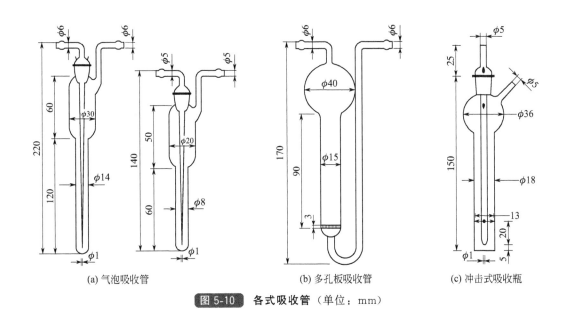

(a) 气泡吸收管　　(b) 多孔板吸收管　　(c) 冲击式吸收瓶

图 5-10　各式吸收管（单位：mm）

（二）固体吸收法

固体吸收法借助固体吸附剂采集空气中的被测物质，当空气样品通过固体吸附剂采样管时，空气中的气态和蒸汽态物质被多孔性大比表面积的固体吸附剂吸附而滞留于吸附管中。其中，靠分子间相互作用力产生的物理吸附相对较弱，加热易脱附（热解吸分析法的依据），靠化学亲和力而形成的化学吸附作用较强，不易在物理作用下解吸（CS_2 洗脱法的理论依据）。

固体吸附剂应具有良好的机械强度、稳定的理化性质、足够强的吸附能力和容易被解吸等特性。常用固体吸收法的吸附剂见表 5-14。常用于空气采样的高分子多孔微球参数见表 5-15，固体吸附剂采样管的规格见图 5-11 和表 5-16。

表 5-14 常用固体吸收法的吸附剂种类

种 类	构成及作用	基 本 性 能
颗粒状吸附剂	有良好的机械强度、稳定的理化性质、强的吸附能力和容易解吸等性能。对气态和蒸汽态物质的采样靠吸附作用,而对气溶胶的采样则靠阻留作用和碰撞作用	硅胶——常用的有粗孔和中孔硅胶,细孔的少用。在 100~200℃烘干后使用,对极性物质吸附作用强烈。吸附能力较活性炭弱,吸附容量较小,较易解吸(于 350℃通清洁空气即可)
		活性炭——用于吸附非极性和弱极性有机气体和蒸汽,吸附容量大,吸附力强,对水吸附极少,适宜于有机气体和水蒸气混合物的采集,特别适宜在浓度低、湿度高的地点长时间采样。较难解吸(需用热解吸和有机溶剂解吸法,以后者为佳)
		素陶瓷——不属多孔物质,仅靠其粗糙表面吸附,比表面积小,吸附能力低,易解吸。本身性质稳定,不受酸、碱、有机溶剂等影响
		高分子多孔微球——多孔性芳香族聚合物,比表面积大,有一定的机械强度,具疏水性,耐腐蚀、耐辐射、耐高温(250~450℃)。主要用于采集有机蒸气,特别适于采集大分子、高沸点且有一定挥发性的蒸汽态或蒸汽态与气溶胶共存于空气中的有机化合物,常用品牌及性能见表 5-15
纤维状滤料	指由天然或合成纤维素互相重叠交织形成的材料,主要用于采样气溶胶。要求操作简便、价格便宜、携带方便、保存时间长。其作用各不相同,有直接阻截、惯性碰撞、扩散沉降、静电吸引、重力沉降等	滤纸——由纯净植物纤维素浆制成,具有机械强度好、不易破裂、价格低廉等优点。其纤维较粗,孔隙较少,通气阻力大。主要是直接阻截、惯性碰撞和扩散沉降的机理
		玻璃纤维滤膜——由纯超细玻璃纤维制成,具有耐高温(400~500℃)、吸湿性小、通气阻力小、采样效率高等优点,适于大流量采低浓度被测物。因在制作过程中需添加部分某些金属元素,故这些金属元素的空白值较高,同时其机械强度低,质地疏松。其采集机理主要是直接阻截、惯性碰撞、扩散沉降
		过氯乙烯滤膜——由过氯乙烯纤维制成,粗细介于滤纸和玻璃纤维之间。其金属元素空白值低,机械强度好,但耐热性能差。其采集机理几乎包括所有作用,静电引力作用特别强
筛孔状滤料	由纤维素基质交联成筛孔,孔径均匀。结构上不同于纤维状滤料	微孔滤膜——由硝酸纤维素和少量乙酸纤维素混合制成。其采样效率高,金属元素空白值低,适宜用于采集和分析金属性气溶胶
		核孔滤膜——由聚碳酸酯薄膜覆盖铀箔后,经中子流轰击造成铀核分裂,产生的分裂碎片穿过薄膜形成微孔,再经化学腐蚀处理,得到所需大小的孔径。核孔滤膜孔径均匀、机械强度好,不亲水,适于做精密质量分析,但采样效率较低
		银滤膜——由微细的金属银粒烧结制成。孔径均匀,能耐高温、抗化学腐蚀性强,适用于采集酸、碱、气溶胶及带有机溶剂性质的有机物样品

表 5-15 常用于空气采样的高分子多孔微球

名 称	组 成	平均孔径, $D/\text{Å}$	比表面积, $A/(\text{m}^2/\text{g})$
Amberlite XAD-2	二乙烯基苯-苯乙烯共聚物	90	300
Amberlite XAD-4	二乙烯基苯-苯乙烯共聚物	50	700~800
Chromosorb 102	二乙烯基苯-苯乙烯共聚物	85	300~400
Porapak Q	甲苯-乙烯基苯-二乙烯基苯共聚物	74.8	840
Porapak K	二乙烯基苯-苯乙烯-极性单体聚合物	75.6	547~780
Tenax GC	聚二苯基对苯醚	720	18.6

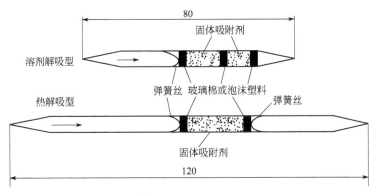

图 5-11　标准活性炭管和硅胶管

表 5-16　固体吸附剂采样管的规格

类　型	管长/mm	内径/mm	外径/mm	固体吸附剂量			
				活性炭管		硅胶管	
				前段	后段	前段	后段
溶剂解吸型	70~80	3.5~4.0	5.5~6.0	100	50	200	100
热解吸型	120	3.5~4.0	6.0±0.1	100		200	

　　所有固体吸附剂都可以通过化学改性（如浸渍某些化学试剂）来提高其采样效率。该化学试剂与被测物质发生化学反应而生成稳定的化合物被吸留下来。这样就在物理吸附的基础上增加了化学吸附，扩大了固体吸附剂的使用范围，增加了吸附容量，提高了采样效率。通常需采集酸性物质时浸渍碱性物质，反之亦然。为使浸渍吸附剂保持一定的湿度以利于进行化学反应和溶解作用，往往在浸渍剂中加入少量甘油。

　　浸渍前可以用乙醚或石油醚以静态浸渍或动态索氏抽提法对吸附剂进行前处理，以提高浸渍效果。

　　（三）冷冻浓缩法

　　冷冻浓缩法主要用于常温下难以被固体吸附及阻留的低沸点气态物质的采集，当样品气通过采样管时，因处于低温（具体值视被测物质性质及选择与其匹配的合适制冷剂而定，见表 5-17）被冷凝在采样管中（图 5-12）。如果采样管中再填充有一些选定的吸附剂将更能提高采集效率。采样完毕后封闭两端，然后在室温或加热条件下进行气化和成分测定。

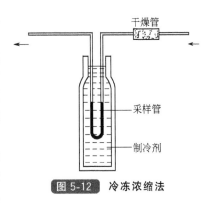

图 5-12　冷冻浓缩法

　　值得注意的是空气中的水蒸气及其他低沸点的非被测物质也会一起被凝结在采样管中，这将对测定造成误差，应设法消除，可在采样管前加干燥管除去。采用气相色谱法进行样品的检测通常可以消除水蒸气的影响。

表 5-17　冷冻浓缩法可选用的制冷剂

制冷剂	最低温度/℃	制冷剂	最低温度/℃	三相点温度/℃
冰-水	0	液氨	−33	
NaCl-碎冰（1:3）	−20	干冰	−78.5	—
NaCl-碎冰（1:2）	−22	氧化亚氮	−89.8	−102.4
NH₄Cl-冰（1:4）	−15	甲烷	−161.4	−183.1
NH₄Cl-冰（1:2）	−17	液氧	−183.0	−218.4
CaCl₂-冰（1:1）	−29	液氮	−195.8	−209.9
CaCl₂·6H₂O-冰（1.25:1）	−40.3	液氢	−252.8	−259.1
		液氦	−268.9	—

（四）静电沉降法

这一方法常用于采集空气中的气溶胶。其原理是：当空气样品通过 $12\sim20kV$ 电压的电场时，气体分子被电离，所产生的离子被气溶胶粒子吸附而使微粒带电荷。该荷电粒子在电场力作用下沉降到电极上。然后将收集在电极表面的沉降物质洗下即可进行分析。该方法采集样品具有采样速度快、效率高、操作简便的特点，但仪器设备及维护要求较高，且不能在有易爆性气体、蒸气或粉尘存在的场合使用，以免发生危险。

（五）个体采样器法

个体采样器法适合于单个个体所处环境空气中被测组分的采集，早先仅采用无动力的被动式采样方式，现在已有质量小于 1kg 的有动力的个体采样器，可连续工作 8h，并有佩戴装置，使用方便安全，以主动采样方式进行被测组分的采集。通常采用固体吸附剂法进行富集采样，其他需注意事项与常规定点采样相同。

三、无动力采样

无动力采样法也叫扩散采样法，利用被测物质分子的自身运动（扩散或渗透），到达吸收液或固体吸附剂表面而被吸收或吸附，不需要抽气动力。

（1）扩散法　根据 Fick 扩散第一定律，物质分子在空气中沿浓度梯度运动，其质量传递速率符合下式：

$$W = \frac{DA}{L}(\rho_1 - \rho_0) \tag{5-4}$$

式中　W——质量传递速度和分子扩散速度，ng/s；

　　　A——扩散带的截面积，cm²；

　　　D——分子扩散系数，cm²/s；

　　　L——扩散带的长度，cm；

　　　ρ_0——介质表面被测物质的质量浓度，ng/cm³；

　　　ρ_1——空气中被测物质的质量浓度，ng/cm³。

$(\rho_1 - \rho_0)$ 表示在整个扩散带长度 L 上的浓度变化，若所用的吸收剂能有效地吸收到达它表面的全部物质分子，则 $\rho_0 = 0$。此时等式两边同乘剂量器的采样时间 t，可得下式：

$$M = \frac{DA}{L}\rho_1 t \tag{5-5}$$

式中　M——扩散到吸收剂上的物质总质量，ng。

式（5-5）表明剂量器采样的总质量与剂量器本身结构、被测物在空气中的浓度及分子的扩散系数、采样时间有关。对某一被测物及结构一定的剂量器而言，DA/L 是一常数——剂量器的采样速度（cm^3/s）。因而，吸收的总量就与被测物在空气中的浓度及采样时间有关，即

$$\rho_1 = \frac{ML}{DAt} \tag{5-6}$$

由上式可计算出空气中被测物质的浓度。

（2）渗透法 渗透法利用被测物质分子的渗透作用来完成采样的目的。分子通过渗透膜进入吸附剂或吸收液而被吸附或吸收。其计算公式为：

$$\rho = \frac{WK}{t} \tag{5-7}$$

式中 ρ——空气中被测物质的浓度，$\mu g/L$；

$\quad\quad K$——被测物质的渗透常数与渗透膜材料和被测物质的性质有关，由实验求得，
$\quad\quad\quad$ h/L；

$\quad\quad W$——剂量器采集到的被测物质的总量，μg；

$\quad\quad t$——采样时间，h。

无动力采样器见图 5-13，其优点是体积小，质量轻，结构简单，操作方便，既适合进行个体采样和长时间采样，也适合作为定点采样和短时间采样。缺点也同样明显：其采样量与被测物质的分子扩散系数成正比，扩散系数小的被测组分因采样流量小而只能进行长时间采样而不适用于空气中扩散系数小且浓度低的被测组分之短时间采样。同时，因其吸附容量通常不很大而不适合长时间采集高浓度的空气样品。

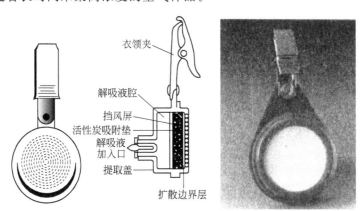

衣领夹
解吸液腔
挡风屏
活性炭吸附垫
解吸液
加入口
提取盖
扩散边界层

图 5-13 无动力采样器

使用无泵型采样器采集气体样品时需要注意：

① 采样前后应检查采样器的包装和扩散膜有否破损，有破损的应弃用；

② 在高浓度的被测物和干扰物环境中使用时应缩短采样时间，防止收集介质的饱和；

③ 需在一定的风速下采样，无风或大风均不宜使用，以防止"饥饿"现象发生；

④ 只适合采集气态和蒸汽态物质，不适合采集气溶胶；

⑤ 采样前需密封保存，以防污染；

⑥ 采样后要检查扩散膜是否有破损或被沾污，如有，则弃去重采。

四、采样效率的评价方法

采集气态和蒸汽态样品常用溶液吸收法和填充柱固体吸附法，评价这些采样方法效率的方法有绝对比较法和相对比较法。

　　(1) 绝对比较法　精确配制一个已知浓度的标准气体样品，然后用所选用的采样方法采集标准气体，测定其浓度，比较实测浓度 ρ_1 和配气浓度 ρ_0，其采样效率 K 为：

$$K = \rho_1/\rho_0 \times 100\% \tag{5-8}$$

　　用本方法评价采样效率虽然比较理想，但由于配制已知浓度的标准气比较困难，在实际应用中往往受到限制。

　　(2) 相对比较法　配制一个恒定浓度的气体样品，而其浓度不一定要求准确已知。然后用 2~3 个采样管串联起来采样，分别测定各管的含量（ρ_1），计算第一管含量占各管总量的百分数，其采样效率为：

$$K = \rho_1/(\rho_1 + \rho_2 + \rho_3) \times 100\% \tag{5-9}$$

　　用本方法计算采样效率时，要求第二管和第三管的浓度相对第一管是极小的，这样三个管相加之和就近似于所配气的浓度。有时还需串联更多的吸收管采样，以期求得与所配气的浓度更接近。本法只适用于一定浓度范围内的气体，如果气体浓度太低，由于分析方法灵敏度所限，测定结果误差较大，采样效率只是一个估计值。

参 考 文 献

[1] 中国安全生产科学研究院组编. 职业病危害因素监测. 第 2 版. 北京：中国矿业大学出版社，2012.
[2] GBZ 159—2004 工作场所空气中有害物质监测的采样规范.
[3] GB/T 17061—1997 作业场所空气采样仪器的技术规范.
[4] 王强，马训，殷晓明. 食品样品的采取及制备. 品牌与标准化，2008（24）：24.

第六章　分析样品的准备和处理

第一节　分析样品的准备

不管是什么物质以及采自何方，送至实验室的样品都必须足以代表其原始样品的基本性质，因而，在实验室制备分析样品的过程中，必须保证不使其失去足够的代表性，这与分析结果的准确性同等重要。

同时，初采集的样本数量很可能偏大，有些矿物或岩心样本甚至达到几十千克乃至几百千克，实际上不可能也没必要把全部样品都加工制备成实验室用的分析样品，故在处理过程中必须进行合理的缩分。对于相对比较均匀的液体样品，通常只要从大量采集样中取出合适量直接作为分析样本，进行预处理或提取富集后进行测定即可。但对于组分不够均匀的固体物料，则必须经过一定程序的加工处理，才能作为供分析用的试剂。固体样品加工的一般程序如图 6-1 所示：

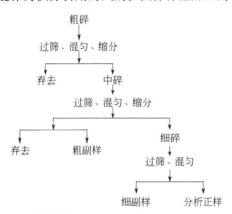

图 6-1　**固体试样的一般处理程序**

缩分后所需留下的具有足够代表性的样品之最低可靠质量可按照切乔特（Qeqott）公式进行计算：

$$Q = K d^a \tag{6-1}$$

式中　Q——留用平均试样的最低可靠质量，kg；

K——物料的均匀系数，又称物料的缩分系数，某些物料的缩分系数（K）值见表 6-1；

d——试样中最大颗粒的直径，mm；

a——物料易破碎系数（1.8～2.5，我国地质部门定为 2.0）。

样品的最大颗粒直径（d）以粉碎后样品能全部通过的孔径最小的筛号孔径为准。几种试验筛网●的筛号及孔径如表 6-2 所示。根据样品的颗粒大小和缩分系数，在表 6-3 中可以查到样品最低可靠质量 Q 值（$a=2$）。最后将样品研细到符合分析样品的要求。

● 筛网分为编织网和冲孔网两大类。编织网中根据原料的不同又分为蚕丝筛网、金属丝筛网和合成纤维筛网，实验室多用金属丝筛网或合成纤维筛网。筛网其实不讲"目数"，有其自己严格的网孔尺寸。

筛网目数是指在 1in（25.4mm）的长度上排列的孔的数目，相关的计算公式为：

筛网目数=25.4/（孔径＋丝径）　　网孔尺寸=25.4/目数－丝径

表 6-1 矿石的缩分系数 *K* 的参考值

矿　种	*K* 值	矿　种	*K* 值
铁、锰	0.1～0.2	铅、锌、锡	0.2
铜、钼、钨	0.1～0.5	菱镁矿、石灰石、白云岩	0.05～0.1
镍（硫化物）、钴	0.2～0.5	脉金（颗粒基本上小于0.1mm）	0.2
镍（硅酸盐）、铝土矿（均一的）	0.1～0.3	脉金（颗粒基本上不大于0.6mm）	0.4
铬	不大于0.25～0.3	脉金（颗粒基本上大于0.6mm）	0.8～1
铌、钽、锆、铪、铍、锂、铯、钪及稀土元素	0.1～0.2，一般为0.2	磷灰石（矿物分布均匀者）、萤石、黄铁矿、高岭土、黏土、石英岩	0.1～0.2
铝土矿	0.3～0.5	明矾、石膏、硼矿	0.2
锑、汞	不小于0.1～0.2		

表 6-2 分析试验筛的筛号及孔径[①]

(1) 中国标准筛

目　数	孔径/μm	目　数	孔径/μm	目　数	孔径/μm
2	8000	35	425	150	106
3	6700	40	380	160	96
4	4750	42	355	170	90
5	4000	45	325	175	86
6	3350	48	300	180	80
7	2800	50	270	200	75
8	2360	60	250	230	62
10	1700	65	230	240	61
12	1400	70	212	250	58
14	1180	80	180	270	53
16	1000	90	160	300	48
18	880	100	150	325	45
20	830	115	125	400	38
24	700	120	120	500	25
28	600	125	115	600	23
30	550	130	113	800	18
32	500	140	109	1000	13

(2) 其他标准筛

孔径/μm	美国标准筛	英国标准筛	泰勒标准筛	国际标准筛
4000	5	4	5	—
2812	7	6	7	280

续表

孔径/μm	美国标准筛	英国标准筛	泰勒标准筛	国际标准筛
2057	10	8	9	200
1680	12	10	10	170
1405	14	12	12	150
1240	16	14	14	120
1003	18	16	16	100
850	20	18	20	85
710	25	22	24	70
500	35	30	32	50
420	40	36	35	40
355	45	44	42	35
300	50	52	48	30
250	60	60	60	25
210	70	72	65	20
180	80	85	80	18
150	100	100	100	15
125	120	120	115	12
105	140	150	150	10
90	170	170	170	9
75	200	200	200	8
63	230	240	230	6
53	270	300	270	5
45	325	350	325	4
37	400	400	400	—
25	500	500	500	—
20	625	625	625	—

① 不同国家的筛网尺寸有不同的规格。美国的筛网标准是由美国材料实验协会（American Society of Testing Materials，ASTM）制定的。在日本则是由日本工业标准调查会（JISC）制定的日本工业标准（Japanese Industrial Standards，JIS）中相关条款规定，其筛号即为孔径值（单位：μm），故不在本手册中列表叙述了。我国关于试验筛的国家标准主要有：a. GB/T 6003.2—2012《金属丝编织网试验筛》；b. GB/T 6003.2—2012《金属穿孔板试验筛》；c. GB/T 6003.3—1999《电成型薄板试验筛》；d. GB/T 6005—2008《试验筛　金属丝编织网、穿孔板和电成型薄板　筛孔的基本尺寸》；e. GB/T 5329—2003《试验筛与筛分试验　术语》。

表 6-3 在各种筛分系数情况下的样品最低保留质量 Q 值

筛号	d/mm	\ Q/kg K															
		0.1	0.15	0.2	0.25	0.3	0.35	0.4	0.45	0.5	0.6	0.7	0.8	0.9	1.0	1.5	2.0
3	6.35	4.032	6.048	8.065	10.081	12.097	14.113	16.129	18.145	20.161	24.194	28.226	32.258	36.290	40.32	60.48	80.66
3½	5.66	3.204	4.805	6.407	8.009	9.611	11.212	12.814	14.416	16.018	19.221	22.425	25.628	28.832	32.04	48.05	64.67
4	4.76	2.266	3.399	4.532	5.665	6.798	7.930	9.063	10.197	11.329	13.594	15.860	18.126	20.392	22.66	33.99	45.32
5	4.00	1.600	2.400	3.200	4.000	4.800	5.600	6.400	7.200	8.000	9.600	11.200	12.800	14.400	16.00	24.00	32.00
6	3.38	1.142	1.714	2.285	2.856	3.427	3.999	4.570	5.141	5.712	6.850	7.997	9.140	10.282	11.42	17.14	22.85
7	2.83	0.801	1.201	1.602	2.002	2.403	2.803	3.204	3.604	4.004	4.805	5.606	6.407	7.208	8.009	12.01	16.02
8	2.38	0.565	0.850	1.133	1.416	1.699	1.983	2.266	2.549	2.832	3.399	3.965	4.532	5.098	5.664	8.497	11.13
10	2.00	0.400	0.600	0.800	1.000	1.200	1.400	1.600	1.800	2.000	2.400	2.800	3.200	3.600	4.000	6.000	8.00
12	1.68	0.282	0.423	0.564	0.706	0.847	0.988	1.129	1.270	1.411	1.693	1.976	2.258	2.540	2.822	4.233	5.644
14	1.41	0.199	0.298	0.394	0.496	0.596	0.696	0.795	0.895	0.994	1.193	1.392	1.590	1.789	1.988	2.982	3.976
16	1.19	0.142	0.212	0.283	0.354	0.425	0.496	0.566	0.637	0.708	0.850	0.991	1.134	1.274	1.416	2.124	2.832
18	1.00	0.100	0.150	0.200	0.250	0.300	0.350	0.400	0.450	0.500	0.600	0.700	0.800	0.900	1.000	1.500	2.000
20	0.84	0.071	0.106	0.141	0.176	0.212	0.247	0.282	0.318	0.353	0.423	0.494	0.564	0.635	0.706	1.058	1.411
25	0.71	0.050	0.076	0.101	0.126	0.151	0.176	0.202	0.227	0.252	0.302	0.353	0.403	0.454	0.504	0.756	1.008
30	0.59	0.035	0.052	0.070	0.087	0.104	0.122	0.139	0.157	0.174	0.209	0.244	0.287	0.313	0.348	0.522	0.696
35	0.50	0.025	0.038	0.050	0.063	0.075	0.088	0.100	0.113	0.125	0.150	0.175	0.200	0.225	0.250	0.375	0.500
40	0.42	0.018	0.026	0.035	0.044	0.053	0.062	0.071	0.079	0.088	0.106	0.123	0.141	0.159	0.176	0.264	0.353
50	0.297	0.009	0.013	0.018	0.022	0.026	0.031	0.035	0.040	0.044	0.053	0.062	0.071	0.079	0.088	0.132	0.176
60	0.250	0.006	0.009	0.013	0.016	0.019	0.022	0.025	0.028	0.031	0.038	0.044	0.050	0.056	0.053	0.094	0.125
70	0.210	0.004	0.007	0.009	0.011	0.013	0.015	0.018	0.020	0.022	0.026	0.031	0.035	0.040	0.044	0.066	0.088
80	0.177	0.003	0.005	0.006	0.008	0.009	0.011	0.013	0.014	0.016	0.019	0.022	0.025	0.028	0.031	0.047	0.063
100	0.147	0.0022	0.0032	0.0043	0.0054	0.0065	0.0076	0.0086	0.0097	0.0103	0.0130	0.0151	0.0173	0.0194	0.0216	0.0324	0.0432
120	0.125	0.0016	0.0023	0.0031	0.0039	0.0047	0.0055	0.0063	0.0070	0.0073	0.0094	0.0109	0.0125	0.0141	0.0156	0.0234	0.0313
140	0.105	0.0011	0.0017	0.0022	0.0028	0.0033	0.0039	0.0044	0.0050	0.0055	0.0066	0.0077	0.0088	0.0099	0.0110	0.0165	0.0221
160	0.097	0.0009	0.0014	0.0019	0.0024	0.0028	0.0033	0.0033	0.0042	0.0047	0.0056	0.0065	0.0075	0.0085	0.0094	0.0141	0.0188
200	0.074	0.0005	0.0008	0.0011	0.0014	0.0016	0.0019	0.0022	0.0025	0.0027	0.0033	0.0033	0.0044	0.0049	0.0055	0.0082	0.0110

第二节　试样的前处理

分解试样的最基本要求是试样应该完全分解，在分解过程中不得引入待测组分，也不能使待测组分有所损失，且所用试剂及反应产物对后续测定应无干扰。

传统的样品前处理方法见表 6-4～表 6-7。这些方法一般需人值守，劳动强度大且作业时间长，所用溶剂往往污染环境，也极易引入不小的误差。近年来不断有不少新型高效、快速、自动化的样品预处理方法推出。

表 6-4　常用传统的样品前处理方法

传统前处理方法	所利用的物质性质的差异	应用范围
分布吸附法	吸附能力	气体、液体及可溶的固体
离心法	分子量/密度等	相态不同或分子量相差较大的物质
透析法	渗透压	分子与离子或渗透压不同的物质
蒸馏法	蒸汽压/沸点	各种液体
过滤法	颗粒度	液-固分离
液-液萃取法	在互不相溶的两相中的分配/作用力	两相中溶解度相差很大的物质
冷冻干燥法	蒸气压	常温下易失去生物活性的物质
柱色谱法	与固定相作用力	气体、液体及可溶解的物质
沉淀法	溶解能力（溶度积）	各种不同溶剂中溶度积不同的物质
索氏抽提法	不同溶剂中的溶解能力	从固态或黏稠状物质中提取目标物
真空升华法	蒸气压	从固态中分离挥发性物质
超声振荡法	同液-液萃取法	从固态中分离可溶性物质
衍生化法	改变物质性质，提高灵敏度或选择性	能与衍生化试剂发生反应的物质

表 6-5　固体样品前处理方法

前处理方法	基本原理	优点	缺点
索氏抽提（SE）	利用溶剂回流和液体虹吸原理，使固体中待提取物质不断被溶剂带入溶剂	设备简单，操作方便，无需过滤，样品处理量大	时间长，溶剂消耗大，溶不稳定物质易损失
微波辅助提取（MAE）	利用微波强化提取过程，效率高	速度快，溶剂用量少，加热均匀，操作简单	需用极性溶剂，可能有微波辐射，需过滤
超声辅助提取（UAE）	利用超声波空化效应加速提取	温度低，操作简单，成本低，处理量大	提取效率与空化作用、固体颗粒致密性及尺寸、溶剂性质等有关，需过滤
超临界流体萃取（SFE）	利用超临界流体的特性提取	溶剂用量少，浓缩倍数大，选择性好，无需过滤。可用于热不稳定物质提取，可与色谱在线连接	设备投入大，并需预优化参数，样品可能流失，不适合水含量大的样品
加速溶剂提取（ASE）	利用高温高压加速提取	溶剂用量少，浓缩倍数大，操作简单	设备投入较大，不适合热不稳定物质

表 6-6　液体样品前处理方法

前处理方法	基 本 原 理	优 点	缺 点
液-液萃取法 (LLE)	利用样品中不同组分在两种互不相溶的溶剂中的分配情况不同实现分离、提取或纯化	应用范围广，技术成熟，样品处理量大，提取效率高	操作麻烦，耗时且不易自动化，有机溶剂的消耗量较大，样品脏时易出现乳化等现象
固相萃取法 (SPE)	利用多孔性或特殊结构的吸附材料选择性地定量吸附被测组分，然后用小体积另一溶剂洗脱（或直接热解吸），实现分离富集或净化样品	为无相分离，易于收集分析物质，可处理小批量样品	含胶体或固体微粒的复杂样品易引起吸附剂之微孔堵塞，降低效率；大部分萃取材料的选择性不高
固相微萃取法 (SPME)	利用平衡萃取和选择性吸附原理直接将目标物从样品体系中非完全性地转移至微丝的涂层上，而后直接将微丝置于分析仪器中解吸	溶剂用量少，可实现自动化处理	萃取容量小，重复性不是很理想
液相微萃取法 (LPME)	利用组分在两互不相溶的溶剂中的分配比不同实现分离、提取或纯化	集采样、萃取、富集于一体，灵敏简单	长期稳定性不够好
吹扫捕集法 (PT)	吹洗气连续通过样品池的过程中将挥发性组分萃取带入吸附剂或冷阱中，再进行分析测试，属非平衡态连续萃取	取样少，富集效率高，受基体干扰小，方便实现在线监测	需专用装置，仅能分析样品中的挥发性组分
浊点萃取法 (CPE)	利用表面活性剂的浊点现象，通过改变实验条件使表面活性剂从溶液中发生相分离而使样品实现相转移，完成样品的萃取和富集	简便安全，经济高效	温度影响敏感，背景干扰可能很大，操作时间不短
液膜萃取法 (SLME)	利用能将两种水相分开的特种微孔膜直接吸附有机相，将待测组分从一水相转移到另一水相	选择性好，溶剂用量少，易实现自动化	实验条件控制较严苛，适用范围较小，耗时也较长

表 6-7　气体样品前处理方法

前处理方法	基 本 原 理	优 点	缺 点
固体吸附剂法	根据样品中组分的差异选择不同的吸附剂或混合填料	可长时间采样求平均值，效率高，浓缩后稳定时间较长	吸附剂选择不易，浓度大时易发生穿漏和解吸
全量空气法	先将容器抽真空，在气泵辅助下将容器内采集气体至正压，冷凝增浓法实现富集	取样方便，无需附加设施，可分析多种组分，保存时间较长	操作部分简单，样品损失较大
吹扫捕集法	吹扫气连续将样品中挥发性组分携带入吸附管或冷阱中捕集，而后闪蒸解析分析	快速准确，灵敏度高，富集效率高，不使用有机溶剂	样品残留可能引发交叉污染，且可能损坏捕集管
固相微萃取法	同表 6-6 所述		

分解试样最常用的方法是溶解法和熔融法。溶解法通常采用水、稀酸、浓酸、混合酸的顺序处理。酸不溶物质采用熔融法。对于那些特别难分解的试样，采用增压溶样法或微波辅助溶样法可收到良好效果。有机试样中无机成分的分解主要采用灰化处理，但需要注意其中的部分易挥发待测组分可能会因此而损失。有机试样中的有机成分则可采用提取（或萃取）后再浓缩的方法进行处理。那些容易形成挥发性化合物的待测组分采用蒸馏的方法可使试样的分解与分离得以同时进行。

一、溶剂/熔剂的性质与要求

无机溶剂在溶解试样时的作用首先是与样品充分接触，并有足够的溶解度将其中的有效成分溶出，然后利用良好的扩散速度将其从物料表面迅速转移到溶剂本体中，从而实现样品的溶解。因而在溶剂选择时，需遵循"相似相溶"原则，并注意到溶剂化能所起的作用。所谓溶剂化能，是克服晶格中正负离子之间的相互作用（对离子晶体物质而言）或使共价键发生异裂作用（对共价化合物而言）所需消耗的能量。能形成离子溶液的体系对溶剂的要求是：介电常数要大，分子极性要强，最好还能与离子发生偶合、配位或氢键等作用。

同时，溶剂还必须具备以下性能：①不能与被提取组分发生化学反应；②尽量减少可能发生的副反应，必要时可通入惰性气体进行保护；③过量溶剂易与被提取产物分离。

无机溶剂/熔剂的性质见表 6-8，常用有机溶剂的性质见表 6-9。

表 6-8　无机溶剂/熔剂的性质

溶剂或熔剂	性　质
盐酸	最高沸点 108℃，强酸性，弱还原性，其中氯离子（Cl^-）具有一定的络合能力，除银、铅、亚汞、亚铜外，大多数氯化物均溶于水，高温下许多氯化物有挥发性，如铋、硼、锌、碲、铊、锑、砷、铬、锗、铼、钌、锡等，单独用盐酸分解试样时，砷、磷、硫会生成氢化物挥发
硝酸	最高沸点 121℃，强酸性，浓酸具有强氧化性，会使铝、铬、铁等金属表面钝化，几乎所有硝酸盐均溶于水，但锡、锑、钨、铌等在硝酸中会形成不溶性氢氧化物
硫酸	最高沸点 338℃，强酸性，热的浓硫酸是强氧化剂，具有强脱水能力，能使有机物炭化，碱土金属及铅的硫酸盐不溶于水，利用其高沸点，加热至冒三氧化硫白烟可以除去磷酸之外的其他酸类和挥发性组分
磷酸	最高沸点 213℃，强酸性，磷酸根（PO_4^{3-}）具有一定的络合能力，热的浓磷酸具有很强的分解能力，能分解很难溶的铬铁矿、金红石、钛铁矿、铌铁矿等，尤其适用于钢铁试样的分解，许多金属的正磷酸盐不溶于水
高氯酸	最高沸点 203℃（含 $HClO_4$ 72%），最强的酸，热的浓高氯酸是最强的氧化剂和脱水剂，高氯酸盐几乎都溶于水，高氯酸与有机物反应容易发生爆炸，使用中必须严格遵守操作规程
氢氟酸	最高沸点 120℃，对硅、铝、铁等具有很强的络合能力，主要用于分解含硅试样，与硅形成挥发性的 SiF_4，对玻璃器皿腐蚀严重，需在白金或聚四氟乙烯容器中处理，砷、硼、钼、铌、碲等也能形成挥发性的氟化物
硫酸氢钾或焦硫酸钾	硫酸氢钾加热脱水变为焦硫酸钾，高于 370℃开始分解出三氧化硫，酸性熔剂，氧化能力弱，熔融时温度不宜过高
铵盐熔剂	用作熔剂的铵盐有氯化铵、氟化铵、硝酸铵、硫酸铵，其分解温度分别为 >370℃，>110℃，>190℃，>350℃。在分解温度下分解出相应的 HCl、HF、HNO_3、H_2SO_4，具有很强的分解能力
氢氧化钠	熔点 327℃，强碱性，高温下具有强氧化能力，熔融过程中使试样转变为可溶性盐类，对瓷质器皿腐蚀严重
碳酸钠	熔点 851℃，性质同氢氧化钠
过氧化钠	熔点 460℃，强碱性，具有强氧化能力，与有机物或硫有爆炸性反应
碳酸钠＋氧化镁（或氧化锌）	半熔法熔剂，强碱性，强氧化性，因氧化镁（熔点 2500℃以上）的存在，熔融过程中仍保持疏松状态，有利于反应生成气体逸出，尤其适用于含硫、卤素试样的分解

表 6-9　常用有机溶剂的性质

溶　剂	性　质
液氨	b. p. −33.35℃，特殊溶解性，能溶解碱金属和碱土金属，剧毒性、腐蚀性
液态二氧化硫	b. p. −10.08℃，溶解胺、醚、醇、苯、酚、有机酸、芳香烃、溴、二硫化碳，不溶于多数饱和烃，剧毒

续表

溶　剂	性　质
甲胺	b.p. −6.3℃，是多数有机物和无机物的优良溶剂，液态甲胺与水、醚、苯、丙酮、低级醇混溶，其盐酸盐易溶于水，不溶于醇、醚、酮、氯仿、乙酸乙酯，中等毒性，易燃
二甲胺	b.p. 7.4℃，是有机物和无机物的优良溶剂，溶于水、低级醇、醚、低极性溶剂，强烈刺激性
石油醚	与低级烷相似，不溶于水，与丙酮、乙醚、乙酸乙酯、苯、氯仿及甲醇以上高级醇混溶
乙醚	b.p. 34.6℃，微溶于水，易溶于盐酸，与醇、醚、石油醚、苯、氯仿等多数有机溶剂混溶，有麻醉性
戊烷	b.p. 36.1℃，与乙醇、乙醚等多数有机溶剂混溶，低毒性
二氯甲烷	b.p. 39.75℃，与醇、醚、氯仿、苯、二硫化碳等有机溶剂混溶，低毒，麻醉性强
二硫化碳	b.p. 46.23℃，微溶于水，与多种有机溶剂混溶，麻醉性，强刺激性，溶剂石油脑与乙醇、丙酮、戊醇混溶
丙酮	b.p. 56.12℃，与水、醇、醚、烃混溶，低毒
1,1-二氯乙烷	b.p. 57.28℃，与醇、醚等大多数有机溶剂混溶，低毒、局部刺激性
氯仿	b.p. 61.15℃，与乙醇、乙醚、石油醚、卤代烃、四氯化碳、二硫化碳等混溶，中等毒性，强麻醉性
甲醇	b.p. 64.5℃，与水、乙醚、醇、酯、卤代烃、苯、酮混溶，中等毒性，麻醉性
四氢呋喃	b.p. 66℃，优良溶剂，与水混溶，很好地溶解乙醇、乙醚、脂肪烃、芳香烃、氯化烃，吸入微毒，经口低毒
己烷	b.p. 68.7℃，甲醇部分溶解，与比乙醇高的醇、醚、丙酮、氯仿混溶，低毒。麻醉性，刺激性
三氟代乙酸	b.p. 71.78℃，与水、乙醇、乙醚、丙酮、苯、四氯化碳、己烷混溶，溶解多种脂肪族、芳香族化合物
1,1,1-三氯乙烷	b.p. 74.0℃，与丙酮、甲醇、乙醚、苯、四氯化碳等有机溶剂混溶，低毒类溶剂
四氯化碳	b.p. 76.75℃，与醇、醚、石油醚、石油脑、冰乙酸、二硫化碳、氯代烃混溶，在氯代甲烷中毒性最强
乙酸乙酯	b.p. 77.112℃，能溶于醇、醚、氯仿、丙酮、苯等大多数有机溶剂，能溶解某些金属盐，低毒，麻醉性
乙醇	b.p. 78.3℃，与水、乙醚、氯仿、酯、烃类衍生物等有机溶剂混溶，微毒类，麻醉性
丁酮	b.p. 79.64℃，与丙酮相似，与醇、醚、苯等大多数有机溶剂混溶，低毒，毒性强于丙酮
苯	b.p. 80.10℃，难溶于水，与甘油、乙二醇、乙醇、氯仿、乙醚、四氯化碳、二硫化碳、丙酮、甲苯、二甲苯、冰乙酸、脂肪烃等大多有机物混溶，强烈毒性
环己烷	b.p. 80.72℃，与乙醇、高级醇、醚、丙酮、烃、氯代烃、高级脂肪酸、胺类混溶，低毒，中枢抑制作用
乙腈	b.p. 81.60℃，与水、甲醇、乙酸甲酯、乙酸乙酯、丙酮、醚、氯仿、四氯化碳、氯乙烯及各种不饱和烃混溶，但是不与饱和烃混溶，中等毒性，大量吸入蒸气会引起急性中毒
异丙醇	b.p. 82.40℃，与乙醇、乙醚、氯仿、水混溶，微毒，类似乙醇
1,2-二氯乙烷	b.p. 83.48℃，与乙醇、乙醚、氯仿、四氯化碳等多种有机溶剂混溶，高毒性、致癌
乙二醇二甲醚	b.p. 85.2℃，溶于水，与醇、醚、酮、酯、烃、氯代烃等多种有机溶剂混溶。能溶解各种树脂，还是二氧化硫、氯代甲烷、乙烯等气体的优良溶剂，吸入和经口低毒

溶 剂	性 质
三氯乙烯	b. p. 87.19℃，不溶于水，与乙醇、乙醚、丙酮、苯、乙酸乙酯、脂肪族氯代烃、汽油混溶，有机有毒品
三乙胺	b. p. 89.6℃，当水在18.7℃以下混溶、以上微溶。易溶于氯仿、丙酮，溶于乙醇、乙醚，易爆，皮肤黏膜刺激性强
丙腈	b. p. 97.35℃，溶解醇、醚、DMF、乙二胺等有机物，与多种金属盐形成加成有机物，高毒性，与氢氰酸相似
庚烷	b. p. 98.4℃，与己烷类似，低毒，刺激性、麻醉性
硝基甲烷	b. p. 101.2℃，与醇、醚、四氯化碳、DMF等混溶，麻醉性，刺激性
1,4-二氧六环	b. p. 101.32℃，能与水及多数有机溶剂混溶，溶解能力很强，微毒，毒性是乙醚的2～3倍
甲苯	b. p. 110.63℃，不溶于水，与甲醇、乙醇、氯仿、丙酮、乙醚、冰乙酸、苯等有机溶剂混溶，低毒类，麻醉作用
硝基乙烷	b. p. 114.0℃，与醇、醚、氯仿混溶，溶解多种树脂和纤维素衍生物，局部刺激性较强
吡啶	b. p. 115.3℃，与水、醇、醚、石油醚、苯、油类混溶。能溶多种有机物和无机物，低毒，皮肤黏膜刺激性，难闻臭味
4-甲基-2-戊酮	b. p. 115.9℃，能与乙醇、乙醚、苯等大多数有机溶剂和动植物油相混溶，毒性和局部刺激性较强
乙二胺	b. p. 117.26℃，溶于水、乙醇、苯和乙醚，微溶于庚烷，刺激皮肤、眼睛
丁醇	b. p. 117.7℃，与醇、醚、苯混溶，低毒，毒性是乙醇的3倍
乙酸	b. p. 118.1℃，与水、乙醇、乙醚、四氯化碳混溶，不溶于二硫化碳及C_{12}以上高级脂肪烃，低毒，浓溶液毒性强
乙二醇一甲醚	b. p. 124.6℃，与水、醛、醚、苯、乙二醇、丙酮、四氯化碳、DMF等混溶，低毒类
辛烷	b. p. 125.67℃，几乎不溶于水，微溶于乙醇，与醚、丙酮、石油醚、苯、氯仿、汽油混溶，低毒性，麻醉性
乙酸丁酯	b. p. 126.11℃，优良有机溶剂，广泛应用于医药行业，还可以用作萃取剂，一般条件毒性不大
吗啉	b. p. 128.94℃，溶解能力强，超过二氧六环、苯和吡啶，与水混溶，溶解丙酮、苯、乙醚、甲醇、乙醇、乙二醇、2-己酮、蓖麻油、松节油、松脂等，腐蚀皮肤，刺激眼和结膜，蒸气引起肝肾病变
氯苯	b. p. 131.69℃，能与醇、醚、脂肪烃、芳香烃和有机氯化物等多种有机溶剂混溶，毒性低于苯，损害中枢系统
乙二醇一乙醚	b. p. 135.6℃，与乙二醇一甲醚相似，但是极性小，与水、醇、醚、四氯化碳、丙酮混溶，低毒类，二级易燃液体
二甲苯	不溶于水，与乙醇、乙醚、苯、烃等有机溶剂混溶，乙二醇、甲醇、2-氯乙醇等极性溶剂部分溶解，一级易燃液体，低毒类
对二甲苯	b. p. 138.35℃，不溶于水，与醇、醚和其他有机溶剂混溶
间二甲苯	b. p. 139.10℃，不溶于水，与醇、醚、氯仿混溶，室温下溶解乙腈、DMF等
邻二甲苯	b. p. 144.41℃，不溶于水，与乙醇、乙醚、氯仿等混溶
N,N-二甲基甲酰胺	b. p. 153.0℃，与水、醇、醚、酮、不饱和烃、芳香烃等混溶，溶解能力强，低毒

续表

溶 剂	性 质
环己酮	b. p. 155.65℃，与甲醇、乙醇、苯、丙酮、己烷、乙醚、硝基苯、石油脑、二甲苯、乙二醇、乙酸异戊酯、二乙胺及其他多种有机溶剂混溶，低毒，有麻醉性，中毒概率比较小
环己醇	b. p. 161℃，与醇、醚、二硫化碳、丙酮、氯仿、苯、脂肪烃、芳香烃、卤代烃混溶，低毒，无血液毒性，刺激性
N,N-二甲基乙酰胺	b. p. 166.1℃，溶解不饱和脂肪烃，与水、醚、酯、酮、芳香族化合物混溶，微毒类
糠醛	b. p. 161.8℃，与醇、醚、氯仿、丙酮、苯等混溶，部分溶解低沸点脂肪烃，无机物一般不溶，有毒性，刺激眼睛，催泪
苯酚（石炭酸）	b. p. 181.2℃，溶于乙醇、乙醚、乙酸、甘油、氯仿、二硫化碳和苯等，难溶于烃类溶剂，65.3℃以上与水混溶，65.3℃以下分层，高毒类，对皮肤、黏膜有强烈腐蚀性，可经皮肤吸收中毒
1,2-丙二醇	b. p. 187.3℃，与水、乙醇、乙醚、氯仿、丙酮等多种有机溶剂混溶，低毒，吸湿，不宜静注
二甲亚砜	b. p. 189.0℃，与水、甲醇、乙醇、乙二醇、甘油、乙醛、丙酮、乙酸乙酯、吡啶、芳烃混溶，微毒，对眼有刺激性
甲酚	微溶于水，能与乙醇、乙醚、苯、氯仿、乙二醇、甘油等混溶，低毒，腐蚀性，与苯酚相似
邻甲酚	b. p. 190.95℃
对甲酚	b. p. 201.88℃
间甲酚	b. p. 202.7 ℃
N,N-二甲基苯胺	b. p. 193 ℃，微溶于水，能随水蒸气挥发，与醇、醚、氯仿、苯等混溶，能溶解多种有机物，抑制中枢和循环系统，经皮肤吸收中毒
乙二醇	b. p. 197.85℃，与水、乙醇、丙酮、乙酸、甘油、吡啶混溶，与氯仿、乙醚、苯、二硫化碳等难溶，对烃类、卤代烃不溶，溶解食盐、氯化锌等无机物，低毒，可经皮肤吸收中毒
N-甲基甲酰胺	b. p. 198～199℃，与苯混溶，溶于水和醇，不溶于醚，一级易燃液体
N-甲基吡咯烷酮	b. p. 202 ℃，与水混溶，除低级脂肪烃可以溶解大多数无机物、有机物、极性气体、高分子化合物，低毒，不可内服
苄醇	b. p. 205.45℃，与乙醇、乙醚、氯仿混溶，20℃在水中溶解3.8%（质量分数），低毒，黏膜刺激性
甲酰胺	b. p. 210.5℃，与水、醇、乙二醇、丙酮、乙酸、二氧六环、甘油、苯酚混溶，几乎不溶于脂肪烃、芳香烃、醚、卤代烃、氯苯、硝基苯等，对皮肤、黏膜有刺激性，经皮肤吸收
硝基苯	b. p. 210.9℃，几乎不溶于水，与醇、醚、苯等有机物混溶，对有机物溶解能力强，剧毒，可经皮肤吸收
乙酰胺	b. p. 221.15℃，溶于水、醇、吡啶、氯仿、甘油、热苯、丁酮、丁醇、苄醇，微溶于乙醚，毒性较低
六甲基磷酸三酰胺	b. p. 233℃，（HMTA）与水混溶，与氯仿络合，溶于醇、醚、酯、苯、酮、烃、卤代烃等，较大毒性
喹啉	b. p. 237.10℃，溶于热水、稀酸、乙醇、乙醚、丙酮、苯、氯仿、二硫化碳等，中等毒性，刺激皮肤和眼
乙二醇碳酸酯	b. p. 238℃，与热水、醇、苯、醚、乙酸乙酯、乙酸混溶，在干燥醚、四氯化碳、石油醚、CCl$_4$中不溶，毒性低
二甘醇	b. p. 244.8℃，与水、乙醇、乙二醇、丙酮、氯仿、糠醛混溶，与乙醚、四氯化碳等不混溶，微毒，经皮吸收，刺激性小

续表

溶 剂	性 质
丁二腈	b. p. 267℃，溶于水，易溶于乙醇和乙醚，微溶于二硫化碳、己烷，中等毒性
环丁砜	b. p. 287.3℃，几乎能与所有有机溶剂混溶，除脂肪烃外能溶解大多数有机物
甘油	b. p. 290.0℃，与水、乙醇混溶，不溶于乙醚、氯仿、二硫化碳、苯、四氯化碳、石油醚，食用对人体无毒

注：b. p. 表示沸点。

二、溶解法分解试样

溶解法分解试样的溶剂与适用对象见表 6-10。

表 6-10 溶解法分解试样

溶 剂	适用对象	附 注
1. 单一溶剂		
水	碱金属盐类，铵盐、无机硝酸盐及大多数碱土金属盐，无机卤化物（除 AgX、PbX_2、Hg_2X_2 外）等	溶液若浑浊时加少量酸
稀盐酸	铍、钴、锰、镍、铬、铁等金属，铝合金、铍合金、铬合金、硅铁，含钴、镍的钢，含硼试样，碱金属为主成分的矿物，碱土金属为主成分的矿物（菱苦土矿、白云石），菱铁矿	还原性溶解，天然氧化物不溶，锗、锡、砷、锑、硒等与盐酸作用时易生成挥发性氧化物，分解或蒸发时需注意，以免损失
浓盐酸	二氧化锰，二氧化铅，锑合金，锡合金，橄榄石，含锑铅矿，沸石，低硅含量硅酸盐及碱性炉渣	
稀硝酸	金属铀，银合金，镉合金，铅合金，汞齐，铜合金，含铅矿石	氧化性溶解，注意发生钝态
浓硝酸	汞，硒，硫化物，砷化物，碲化物，铋合金，钴合金，镍合金，钒合金，锌合金，银合金，铋、镉、铜、铅、锡、镍、钼等硫化物矿物	溶样后存于溶液中的亚硝酸和其他低价氮氧化物会破坏有机化合物，需要煮沸除去，而后添加有机试剂进行相应的后续分析
发烟硝酸	砷化物，硫化物矿物	
稀硫酸	铍及其氧化物，铬及铬钢，镍铁，铝、镁、锌等非铁合金	在加热蒸发过程中冒出 SO_3 白烟时应立即停止加热，以免生成难溶于水的焦硫酸盐
浓硫酸	砷、钼、镍、铼、锑等金属，砷合金、锑合金，含稀土元素的矿物	
磷酸	锰铁、铬铁、高钨、高铬合金钢、锰矿、独居石、钛铁矿	溶样温度不可过高，冒烟时间不能太长，5min 以内比较合适，以免析出难溶的焦磷酸盐或多磷酸盐
氢氟酸	铌、钽、钛、锆金属，氧化铌，锆合金，硅铁，钨铁，石英岩，硅酸盐	需用白金器皿或聚四氟乙烯器皿（<250℃），且在通风柜中进行，要防止氢氟酸接触皮肤，以免灼伤溃烂
氢碘酸	汞的硫化物，钡、钙、铬、铅、锶等硫酸盐，锡石	
高氯酸	镍铬合金，高铬合金钢，不锈钢，汞的硫化物，铬矿石、氟矿石	浓热的高氯酸遇有机物（包括滤纸等）易爆炸，故需先用浓硝酸破坏有机物后再加高氯酸

续表

溶　　剂	适用对象	附　　注
氢氧化钠或氢氧化钾溶液	钼、钨的无水氧化物，铝，锌等两性金属及合金	
氨水	钼、钨的无水氧化物，氯化银，溴化银	
乙酸铵溶液	硫酸铅等难溶硫酸盐	
氰化钾溶液	氯化银，溴化银	

2. 混合溶剂

(1) 混合酸

溶　　剂	适用对象	附　　注
王水	金、钼、钯、铂、钨等金属，铋、铜、镓、铟、镍、铅、铀、钒等合金，铁、钴、镍、钼、铜、铋、铅、锑、汞、砷等硫化物矿物，硒、碲矿物	王水为 $HNO_3 + HCl$（$1+3$，体积比），用于分解金、铂、钯时，$HNO_3 + HCl + H_2O$（$1+3+4$），不可用白金器皿
逆王水	银、汞、钼等金属，锰铁、锰钢、锗的硫化物	
浓硫酸＋浓硝酸＋浓盐酸（硫王水）	含硅多的铝合金及矿物	用于硅定量
硫酸＋磷酸	高合金钢，普通低合金钢，铁矿，锰矿，铬铁矿，钒钛矿及含铌、钽、钨、钼的矿物	
氢氟酸＋硫酸	碱金属盐类，硅酸盐、钛矿石，高温处理过的氧化铍	使用白金器皿或聚四氟乙烯器皿
氢氟酸＋硝酸	铪、钼、铌、钽、钍、钛、钨、锆等金属，氧化物，氮化物，硼化物，钨铁，锰合金，铀合金，含硅合金及矿物	

(2) 酸＋氧化剂

溶　　剂	适用对象	附　　注
浓硝酸＋溴	砷化物，硫化物矿物	
浓硝酸＋过氧化氢	金属汞	
浓盐酸＋氯酸钾	含砷、硒、碲的矿物，硫化物矿物	
浓硝酸＋氯酸钾	砷化物矿物，硫化物矿物	
浓硫酸＋高氯酸	镓金属，铬矿石	
磷酸＋高氯酸	金属钨粉末，铬铁、铬钢	

(3) 酸＋还原剂

溶　　剂	适用对象	附　　注
浓盐酸＋氯化亚锡	磁铁矿、赤铁矿、褐铁矿等氧化物矿物	以铁为测定对象

3. 其他

溶　　剂	适用对象	附　　注
三氯化铝溶液（或二氯化铍溶液）	氟化钙	形成配合物
酒石酸＋无机酸	锑合金	形成配合物
草酸	铌、钽氧化物	形成配合物
EDTA 二钠溶液	硫酸钡，硫酸铅	形成配合物

三、熔融法分解试样

熔融法分解试样的使用对象及其操作见表6-11。

表 6-11　熔融法分解试样

熔　剂	熔剂配法及操作时间，t/min	温度，θ/℃	使用坩埚	适用对象
1. 碱性熔剂				
碳酸钠（或碳酸钾）	试样的6～8倍用量，徐徐升温（40～50min）	900～1200	铁、镍、铂、刚玉	铌、钽、钛、锆等氧化物，酸不溶性残渣，硅酸盐，不溶性硫酸盐，铍、铁、镁、锰等矿物
	试样的5～8倍用量	700		
碳酸钠＋碳酸钾（2＋1）	试样的5～8倍用量		铂	钒合金，铝及含碱土金属的矿物，氟化物矿物
氢氧化钠（氢氧化钾）	试样的10～20倍用量（30min）	<500	铁、镍、银	锑、铬、锡、锌、锆等矿物，两性元素氧化物，硫化物（测硫）
			镍	碳化硅
碳酸钠，三氧化二硼，碳酸钾	三者等量混合，试样的10～15倍用量（30～60min）	缓和分解	铂	铬铁矿、钛矿、铝硅酸盐矿物
碳酸钠＋硼砂（3＋2）	试样的10～12倍用量	600～850	瓷	分解铬铁矿、钛铁矿、锆英石等
2. 酸性熔剂				
硫酸氢钾（或焦硫酸钾）	试样的8～10倍用量，徐徐升温，形成焦硫酸盐（40～60min）	500～700	铂石英、瓷	铝、铍、铁、镓、铟、钽、钛、锆等氧化物，硅酸盐，铬铁矿，锰矿，冶炼炉渣，稀土元素含量多的矿物，白金坩埚清洗
氟氢化钾	试样的8～10倍用量	低温	铂	硅酸盐稀土和钍的矿物
氧化硼（熔融后研细备用）	试样的5～8倍用量	580	铂	硅酸盐，许多金属氧化物
铵盐熔剂（可用氟化铵、氯化铵、硝酸铵、硫酸铵，以及它们的混合物）	试样的10～20倍用量	110～350	瓷	铜、铅、锌的硫化物矿物，铁矿、镍矿、锰矿、硅酸盐
氟氢化钾＋焦硫酸钾（1＋10）	试样的8～10倍用量		铂	分解某些硅酸盐矿物、锆英石、稀土、钛、钽、铌矿物等
碳酸钙＋氯化铵	与试样等量的氯化铵与8倍量碳酸钙混合（60min）	900	镍、铂	硅酸盐，岩石中碱金属定量，含硫多的试样，氯化铵可用氯化钡代替
3. 氧化性熔剂				
过氧化钠	试样的10倍用量（先在坩埚内壁沾上一层碳酸钠可防止腐蚀）（15min）	600～700	铁、镍、银	铬合金、铬矿、铬铁矿，钼、镍、锑、锡、钒、铀等矿石，硅铁、硫化物矿物，砷化物矿物，铼矿、锇、铑等金属
氢氧化钠＋过氧化钠	试样＋氢氧化钠＋过氧化钠（1＋2＋5）	>600	铁、镍、银	铂族合金、钒合金，铬矿、钼矿、闪锌矿

续表

熔　剂	熔剂配法及操作时间，$t/\min$	温度，$\theta/℃$	使用坩埚	适用对象
过氧化钠＋碳酸钠（5＋1）	试样的 10 倍用量（以过氧化钠为准）	＞600	铁、镍、银	砷矿物，铬矿物，硫化物矿物，硅铁
碳酸钠＋硝酸钾（4＋1）	试样的 10 倍用量	700～750	铁、镍、银	钒合金，铬矿、铬铁矿、钼矿、闪锌矿、含硒、碲矿物

4. 还原性熔剂

熔　剂	熔剂配法及操作时间，$t/\min$	温度，$\theta/℃$	使用坩埚	适用对象
氢氧化钠＋氰化钾（3＋0.1）		400	镍、银、铁	锡石
碳酸钠＋硫（1＋1）	试样的 8～12 倍用量	400～450	瓷	分解含砷、锑、锡的矿石及合金，使其形成可溶性的硫代酸盐

5. 半熔法熔剂

熔　剂	熔剂配法及操作时间，$t/\min$	温度，$\theta/℃$	使用坩埚	适用对象
碳酸钠＋氧化镁（2＋1）	试样的 10～14 倍用量	700～750	铁、镍、瓷	铁合金和铬铁矿
碳酸钠＋氧化镁（1＋2）	试样的 4～10 倍用量	700～750	同上	铁合金，测定煤中的硫
碳酸钠＋氧化锌（2＋1）	试样的 8～10 倍用量	800～850	同上	硫化物矿物中硫的测定

四、增压溶样法

增压溶样法是在密闭条件下分解试样的方法，需要专用的溶样器具，通常用聚四氟乙烯做成，用螺纹盖或螺栓紧固。样品和溶剂用聚四氟乙烯烧杯盛放，再将烧杯放在增压溶样器中进行分解。也可将样品直接放入溶样器中处理。由于在密闭条件下加热加压，此法具有溶剂用量少、溶样效率高、环境污染小、适用范围广等优点。此法主要用于处理一般方法特别难分解的样品。增压溶样法分解试样的应用参见表 6-12。其部分功能类似于以微波辅助提取和加速溶剂萃取（其中加速溶剂提取的应用情况参见《分析化学手册》第 2 分册《化学分析》第二章之表 2-91 和表 2-92）。

表 6-12　增压溶样法分解试样

样　品	质量，m/g	分解试剂，(V/ml)	分解温度，$\theta/℃$	分解时间，t/h	分解率/%	样品分解状况
十字石	0.2	HF(10)＋HClO$_4$(10)	250±10	1	100	
	0.25	HF(20)	220～230	2		紫色块状沉淀
	0.5	HF(6)＋HClO$_4$(4)	240	3	46	
	0.6	HF(7)＋H$_3$PO$_4$(14)	240	4.5	100	
	0.1	HF(1)＋(1＋1)H$_2$SO$_4$(0.5)	420	19	100	细粒沉淀
	0.1	HF(1.5)	375	19	100	AlF$_3$ 沉淀
红柱石	0.26	HF(10)＋H$_3$PO$_4$(10)	220～230	6	＞98	极少量黑色沉淀
	0.5～0.8	HF(7)＋H$_3$PO$_4$(16)	240	6	100	用 H$_2$SO$_4$＋HF 或 H$_2$SO$_4$ 分解不完全
	0.8	HF(10)＋HClO$_4$(10)	240	5	46.5	

第二篇

样　品	质量,m/g	分解试剂,(V/ml)	分解温度,θ/℃	分解时间,t/h	分解率/%	样品分解状况
斧石	0.25	HF(20)	220～230	6	100	大量灰黑色沉淀,溶于 HCl
符山石	0.25	HF(20)	220～230	3.5	100	大量白色沉淀,溶于大体积 HCl
叶蜡石	0.25	HF(20)	220～230	2.5	100	灰色沉淀,煮沸溶于硼酸
榍石	0.25	HF(20)	220～230	3	100	大量白色沉淀,溶于 HCl
	0.5	HF(7.5)＋(1＋1)H_2SO_4(5)	240	5.5	92	
电气石	0 26	HF(10)＋(1＋1)H_2SO_4(10)	220～230	4	100	白灰色沉淀,溶于 HCl
	0.5	HF(12.5)＋(1＋1)H_2SO_4(12.5)	240	3.5	100	
蓝晶石	0.2	HF(10)＋$HClO_4$(10)	250±10	1	100	
	0.1	HF(1.5)	400	18	100	少量沉淀
硅铍石	0.1	HF(1.5)	400	18	100	
石榴石	0.02	HF(1)	425	5	100	少量沉淀
锂云母	0.5	(1＋1)H_2SO_4(20)	240	8	99	残渣中含钙
普通辉石		HF(15)	240	13	100	
微斜长石	0.5	HF(15)	240	13	99	
绿柱石	0.1	HF(20)	220～230	1	100	
	0.1	HF(20)	220～230	3.5	100	
	0.1	HF(10)＋HNO_3(10)	220～230	2	100	大量白色 AlF_3 沉淀,含铍甚微
	0.2	HF(10)＋HCl(10)	220～230	2	100	大量白色 AlF_3 沉淀,含铍甚微
	0.2	HF(10)＋H_2SO_4(10)	220～230	2	100	少量白灰色沉淀
	0.2	HF(10)＋$HClO_4$(10)	220～230	2	100	大量白色 AlF_3 沉淀,含铍甚微
	0.2	HF(10)＋$HClO_4$(10)	250±10	1	100	
	0.3	HF(20)	240	10	100	
	0.3	HF(10)＋H_3PO_4(10)	240	4	100	
	0.1	HF(1.5)	400	18	100	AlF_3 沉淀
铬矿石	0.5～1	HF(12)＋(2＋1)H_2SO_4(12)	240	5	100	
	0.5	HF(8.5)＋$HClO_4$(2.5)	240	3.5	91.3	铬氧化

样　品	质量,m/g	分解试剂,(V/ml)	分解温度,θ/℃	分解时间,t/h	分解率/%	样品分解状况
铬矿标样 103a	0.05	HF(1.5)	425	17	100	大量绿色沉淀
	0.05	HCl(1.5)	425	17	100	小量胶状沉淀,不含铬
单斜锆石		HF(5)+(1+1)H$_2$SO$_4$(5)	240	12	100	
铌铁矿		HF(5)+(1+1)H$_2$SO$_4$(5)	240	8	100	
钽铁矿		HF(5)+(1+1)H$_2$SO$_4$(5)	240	8	100	
红铁镍矿	0.2	HCl(15)	240	6	100	
黄铁矿		HF(5)+(1+1)H$_2$SO$_4$(5)	240	5		很不完全
锆英石		HF	240	10	100	
	0.25	HF(20)	220~230	6	81	
	0.5	HF(25)	240	5	＜50	HF 混以 H$_3$PO$_4$、H$_2$SO$_4$、HClO 均不能完全分解
	0.025	HF(1)	400	4	70	
	0.025	HF(1.5)	425	20	100	
黄玉	0.25	HF(20)	220~230	3	51	
	0.2	HF(10)+HClO$_4$(10)	250±10	1	35	
石英	1	HF(12)+HClO$_4$(3)	240	10	100	原样品粒度为1mm
	1	HF(13)+H$_2$SO$_4$(2)	240	10	100	原样品粒度为1mm
	1	30%KOH(15)	240	5	100	
假蓝宝石	0.03	HF(1.5)	400	17	100	少量沉淀
刚玉		HF(5)+(1+1)H$_2$SO$_4$(5)	240	4	100	少许铝盐沉淀
	0.5	HCl(5)	240	3.5	96.7	
	0.5	(1+1)HClO$_4$(15)	240	3.5	88.4	
	0.5	HF(15)	240	3.5	100	
	0.5	HF(15)+HClO$_4$(3)	240	3.5	100	
	0.5	(2+1)H$_2$SO$_4$(15)	240	3	100	
	0.5	(1+1)H$_2$SO$_4$(5)+H$_3$PO$_4$(5)	240	4.5	100	
磁铁矿	0.5	HBr(20)	240	10	＞99.5	
	0.7	HBr(14)+HF(1)	240	10	100	
	0.6	70%H$_2$SO$_4$(20)	240	6.5	100	

续表

样品	质量, m/g	分解试剂, (V/ml)	分解温度, $\theta/℃$	分解时间, t/h	分解率/%	样品分解状况
磁铁矿		HF(5)+(1+1)H_2SO_4(15)	240	4	100	
钛铁矿	1	65% H_2SO_4(5)	240	3	100	
		HF(5)+(1+1)H_2SO_4(5)	240	6	100	钛水解
锡石	0.5	HCl(15)	240	7	100	
金红石	0.25	HF(20)	220~230	3	36.8	
		HF(5)+(1+1)H_2SO_4(5)	240	16	100	
金绿宝石	0.1	HF(10)+(1+1)H_2SO_4(10)	220~230	6	100	AlF_3 沉淀
	0.1	HF(1.5)	400	20	100	(H_3O)AlF_4 + AlF_3 沉淀
	0.1	HCl(1.5)	400	19		多量试样未分解
铬铁矿		HF(5)+(1+1)H_2SO_4(5)	240	5	100	
	0.25	HF(10)+(1+1)H_2SO_4(10)	220~230	4	100	
	0.8	HF(12.5)+(2+1)H_2SO_4(12.5)	240	5	99.2	
黄铁矿	0.2	HF(10)+$HClO_4$(10)	250±10	1	100	
	0.5	H_2SO_4(25)	240	3	99	
	0.6	H_2SO_4(20)+Br_2(1)	240	6.5	99.8	
磁黄铁矿	0.2	HF(10)+$HClO_4$(10)	250±10	1	100	
黄铜矿	0.2	HF(10)+$HClO_4$(10)	250±10	1	100	
磷钇矿	0.1	HCl(10)	220~230	2.5	54	
	0.1	HF(10)+HNO_3(10)	220~230	6	100	少量沉淀,含 YF_3
花岗岩 Gl	0.03	HF(1.5)	400	17	100	极少量沉淀
板岩	0.2	HF(1)+H_3PO_4(10)	240	8	100	
铂族金属		盐酸＋硝酸(或过氧化氢)	140		玻璃管	
金属铑粉		盐酸＋高氯酸(1+1)	<240		聚四氟乙烯管	
氧化铈		硝酸	<240		聚四氟乙烯管	
镍铁、氧化铈、钛酸钡、钛酸锶、氧化铝		盐酸	<240		聚四氟乙烯管	
电气石、氧化锆、铬矿、铬铁矿		硫酸＋氢氟酸(1+1)	<240		聚四氟乙烯管	
十字石、红柱石、绿柱石		磷酸＋氢氟酸	<240		聚四氟乙烯管	

五、试样的蒸馏处理

试样的蒸馏处理见表 6-13。

表 6-13 试样的蒸馏处理

溶剂分类	溶剂	适用对象	操作条件	温度，$\theta/℃$	容器
氧化性	强磷酸[①]＋碘酸钾	活性炭、木炭、石墨、有机化合物中的 C，金属钨、碳化钨中的 C，有机化合物、生物体中的 C	试样 5～15mg，KIO_3 0.2～0.4g，强磷酸 3～4ml	＜250	硬质玻璃
	强磷酸＋重铬酸钾	堆积物、土壤、生物试样中的 ^{106}Ru、Ru	强磷酸 100g，$K_2Cr_2O_7$ 10g	＜240	
	强磷酸＋重铬酸钾＋重铬酸银	滑石、陶土、黏土中的 Cl	100g＋10g＋0.5g		
	强磷酸＋重铬酸钾＋浓硫酸	煤、褐煤中的 Ge	试样 1g 分别加溶剂 30ml＋25g＋40ml	＜120	
	强磷酸＋硫酸高铈	沉积物、岩石、生物试样中的 As、Hg、Os（中子活化分析）	试样 1g 分别加溶剂 30ml＋10g	＜280	
还原性	强磷酸＋氯化亚锡	Al_2O_3 中的 SO_4^{2-}、硫酸盐、亚硫酸盐、硫化物、有机物中的硫（强磷酸＋重铬酸钾法中氧化为 SO_4^{2-}）、黄铁矿中的 Se，农药中的 Hg	$SnCl_2 \cdot 2H_2O$ 50g，强磷酸 250g，加热至 300℃	＜300	硬质玻璃
	强磷酸＋溴化铵（溴化钾）	沉积物、岩石、生物体试样中的 Se	强磷酸 30g，溴化铵 1g	＜250	

① 强磷酸是由正磷酸加热浓缩（300℃左右）而得到的黏稠状物，为正磷酸、焦磷酸和三聚合磷酸等几种聚合磷酸的混合物，能在较低温度（250～300℃）分解试样。

六、金属在酸、碱中的溶解性质

金属在酸、碱中的溶解性质见表 6-14。

表 6-14 金属在酸、碱中的溶解性质

元素符号	元素名称	在酸、碱中的溶解性质
Ag	银	易溶于硝酸、溶于热浓硫酸，不溶于盐酸和冷硫酸
Al	铝	易溶于盐酸，难溶于硝酸和稀硫酸。铝及其合金易溶于浓的苛性碱溶液（20%～40% NaOH 或 KOH）
As	砷	溶于硝酸和盐酸的混合酸中；在加热至冒烟时溶于浓硫酸，不溶于盐酸和稀硫酸
Au	金	溶于硝酸和盐酸的混合酸中
B	硼	溶于氧化性酸、浓硫酸和浓硝酸中，甚至溶于加热至冒烟的高氯酸中。与苛性碱熔融生成偏硼酸盐
Be	铍	易溶于盐酸、硫酸和热硝酸。冷硝酸使铍表面"钝化"，生成氧化铍薄膜
Bi	铋	易溶于稀硝酸、硝酸和盐酸混合酸、热浓硫酸、不溶于稀盐酸和稀硫酸
Cd	镉	溶于热稀硝酸，难溶于稀盐酸和稀硫酸，但在过氧化氢存在下可加速其溶解
Ce	铈	易溶于酸，生成三价的铈盐

元素符号	元素名称	在酸、碱中的溶解性质
Co	钴	溶于稀硝酸、稀盐酸和稀硫酸。浓硫酸和浓硝酸使钴"钝化"
Cr	铬	易溶于盐酸和高氯酸中，也溶于稀硫酸。在硝酸中因铬表面"钝化"而使进一步溶解极慢
Cu	铜	易溶于硝酸，不溶于盐酸和稀硫酸。加热至冒烟时浓硫酸也溶解铜。在氧化剂（例如 Fe^{3+}、H_2O_2、HNO_3 等）存在下盐酸也能溶解铜
Fe	铁	易溶于硝酸、稀硫酸和盐酸。极纯的铁溶于硝酸而不溶于盐酸
Ga	镓	易溶于硫酸及盐酸，在硝酸中溶解很慢。易溶于强碱（例如 NaOH、KOH）溶液中，在氨水中溶解得更为显著
Ge	锗	易溶于王水、过氧化氢的碱性溶液。酸对锗的作用很微弱，在硝酸中生成二氧化锗的水合物
Hf	铪	不溶于盐酸和硫酸，而易溶于王水和氢氟酸
Hg	汞	易溶于硝酸和热浓硫酸，不溶于盐酸和稀硫酸
In	铟	易溶于盐酸，难溶于硫酸，极难溶于浓硝酸
La	镧	La 和其他稀土易溶于盐酸、硝酸和硫酸溶液中
Mg	镁	易溶于所有的稀酸（其中包括乙酸），也溶于浓氯化铵溶液
Mn	锰	溶于稀硝酸、盐酸和硫酸，生成二价锰盐（Mn^{2+}）；在浓硫酸中溶解并析出 SO_2
Mo	钼	易溶于王水及氢氟酸和硝酸的混酸。浓硫酸在加热至冒烟时也溶解钼；在加热的稀盐酸中溶解很慢。在氧化剂存在下与碱熔融；浓硝酸使钼"钝化"
Nb	铌	不溶于王水和浓硝酸；溶于加有硝酸的氢氟酸中，溶于有 $(NH_4)_2SO_4$ 或 K_2SO_4 的浓硫酸（加热至冒烟）；与碱熔融生成铌酸盐
Ni	镍	溶于稀硝酸，在浓硝酸中"钝化"而不溶；难溶于稀盐酸和稀硫酸
Pb	铅	易溶于稀硝酸，加热时溶于盐酸和硫酸；溶于乙酸
Pt	铂族元素	钯是铂金属中最活泼的一个元素，它溶于浓硝酸及热硫酸中，溶于王水。铂溶于王水。钌、铑、锇、铱不溶于一般无机酸和王水。铂族金属在有氧化剂存在时与碱一起熔融，均可变为可溶性化合物
Re	铼	溶于硝酸而成铼酸溶液。浓硫酸在加热下慢慢溶解铼，在盐酸及稀硫酸中溶解很慢
Sb	锑	溶于加热至冒烟的浓硫酸中，溶于硝酸和盐酸的混酸，溶于硝酸和酒石酸混合酸中。在浓硝酸中生成不溶的四氧化二锑（Sb_2O_4）
Se	硒	溶于硝酸生成可溶性硒酸（H_2SeO_3），也溶于王水
Sn	锡	溶于盐酸、盐酸和硝酸的混合酸中；溶于热浓硫酸；在硝酸中生成不溶的偏锡酸（H_2SnO_3）沉淀
Ta	钽	不溶于王水和硝酸；在没有白金存在时，氢氟酸不与钽作用；浓硫酸仅在加热下才与钽作用；溶于加有硝酸的氢氟酸中；与碱熔融生成钽酸盐
Te	碲	溶于硝酸生成可溶性的碲酸（H_2TeO_3）；溶于王水，浓硫酸和 NaOH-HCN 溶液中
Th	钍	易溶于浓盐酸以及盐酸和硝酸的混合酸中。单独使用硝酸使钍"钝化"
Ti	钛	溶于（1+1）盐酸和（1+5）硫酸，生成三价钛盐并呈紫色；极易溶于稀氢氟酸、氢氟酸和硝酸的混合酸中。钛在硝酸中因生成不溶的偏钛酸而使钛"钝化"。而这种偏钛酸难溶于盐酸和硫酸中
Tl	铊	易溶于硝酸，难溶于硫酸，极难溶于盐酸
U	铀	溶于稀硫酸和盐酸，溶于高氯酸。冷硝酸使铀"钝化"
V	钒	溶于冷王水和浓硝酸；加热下溶于浓硫酸和氢氟酸，同碱溶融生成钒酸盐；不溶于稀硫酸和盐酸

第二篇

续表

元素符号	元素名称	在酸、碱中的溶解性质
W	钨	不溶于硫酸和盐酸，浓硝酸和王水将钨表面氧化并使之转化为不溶的钨酸；溶于氢氟酸和硝酸；溶于含有磷酸的酸混合物中，这是因为生成十二钨磷酸（$H_7[P(W_2O_7)_6] \cdot xH_2O$）的缘故。在过氧化氢存在下，钨溶于饱和草酸中。在氧化剂存在下（例如 $KClO_3$），用碱或 Na_2CO_3 熔融生成钨酸盐
Zn	锌	易溶于硝酸、硫酸和盐酸。锌及其合金易溶于苛性碱（NaOH 或 KOH）浓溶液中
Zr	锆	溶于王水和氢氟酸，也溶于氢氟酸和硝酸的混合酸中。难溶于硫酸和浓盐酸中。对于 5% 的盐酸，甚至加热也是不溶的

七、无机试样分解方法

无机试样的分解实例见表 6-15。

表 6-15 无机试样的分解方法

样品；质量	待测元素	分解试剂[①]
银（纯银）；1g	Ag	20ml HNO_3（$d=1.2$）
银（粗银）；0.5g	Ag	7.5ml HNO_3（$d=1.2$）
银合金（含银 10% ~ 90% 的银焊料）；1g	Ag	10ml HNO_3（1+1）
各种银合金；1g	Ag 及其他金属	10ml HNO_3（1+1）
$KAg(CN)_2$；1g	Ag	20ml H_2SO_4，加热至冒烟
铝土矿；2g	Al、Ca、Cr、Fe、Mn、P、Si、Ti、V	7g NaOH（细颗粒），约 700℃，镍坩埚
铝土矿；1g	Al、Fe、Si、Ti	30ml HNO_3/HCl（1+3）+15ml H_2SO_4（1+1）溶于 10ml 盐酸
铝土矿；1g	Al、Ca、Cr、Mn、Fe、Si、Ti、V	1g Na_2CO_3，30min，1100℃；铂坩埚；AAS 测定
铝土矿；1g	Ca、Cr、Fe、Mn、Si、Ti、V、Zn	1.2g H_3BO_3+2.2g Li_2CO_3，1100℃；铂坩埚；AAS 测定
铝土矿；2g	Ca	25ml HCl 充分煮沸
高纯铝；3g	Be、Bi、Mn、Ti、V、Zn	50ml HCl（1+1）+1ml $CuCl_2$（1.5mg/ml）
高纯铝；3g	Be、Cd、Cu、Mg、Ni、Si	20ml NaOH（20%），聚四氟乙烯烧杯
高纯铝；1g	Fe	15ml HCl（1+1）+15ml HNO_3（2+3），玻璃烧杯
高纯铝；0.1~1g	B	5~20ml H_2SO_4（1+1）+3 次滴加 1ml H_2O_2（30%）+3 次滴加 1ml $HgCl_2$ 溶液（50g/100ml），石英烧杯
高纯铝；0.25g	Ag	10ml H_2SO_4（1+1），玻璃烧杯
高纯铝；2g	Zn	40ml HCl（1+1）+1ml $CuCl_2 \cdot 2H_2O$（1.5mg/ml）玻璃烧杯
纯铝；0.5~2.5g	Be、Ca、Fe、Ga、Na、Ti、Zn	15~50ml HCl（1+1），玻璃或石英烧杯
纯铝；0.5~2g	B、Cr、Cu、Pb、Ti、V	10~20ml NaOH（25%），如果必要可加水，聚四氟乙烯烧杯
纯铝；1~10g	Co、Mg、Ni	10~75ml NaOH（20%），聚四氟乙烯烧杯

续表

样品；质量	待测元素	分解试剂①
纯铝；1~2g	Mn	20ml H_2SO_4（1+1）＋10ml HNO_3 玻璃烧杯
纯铝；1g	Ga	20ml 7mol/L HCl，玻璃烧杯
掺有少量合金元素的铝；1~5g	Co、Cu、Mn、Na、Sb	20~100ml HCl（1+1），如果必要可加 H_2O_2
掺有少量合金元素的铝；0.5~2g	Sn、Zn、Cr、Fe、Ni、Pb、Ti	10~100ml NaOH（20%）
铝铍合金；见铍		
铝/铜合金；1g	Cu	20ml 混合酸 [70ml H_2SO_4（1+1）＋30ml HNO_3＋7ml HCl]
铝/镁合金；0.25~2g	Mg	10~80ml NaOH（20%）
铝/硅合金；1g	Si	10g NaOH＋20ml H_2O，镍烧杯
铝/钒合金；1~5g	V、Zn	50~100ml 混合酸（300ml H_2SO_4＋100ml H_3PO_4＋600ml H_2O）
铝/锌合金；1g		20ml NaOH（0.25g/ml），玻璃烧杯
氢氧化铝；7.5g	Cu、Fe、Ga、Mg、Mn、Ni、P、S、Si、Ti、V	10.3g Na_2CO_3＋3.3g $Na_2B_4O_7$（或 12g Na_2CO_3＋4g H_3BO_3），20min；1000℃；铂坩埚
氢氧化铝；1g	Zn	20ml H_3PO_4，原子吸收光谱法测定
氢氧化铝；1g	Na	25ml H_2SO_4，加热至冒烟，AAS 测定
氢氧化铝；2g	F	热水解，2~4h；1000℃；石英仪器
三氧化二铝（或刚玉）；5g	Fe、Si、Ti、V	5g H_3BO_3＋10g Na_2CO_3，10min；1000℃；铂坩埚，溶于 2mol/L H_2SO_4 中
三氧化二铝（或刚玉）；5g	Cr、Cu、Ga、Fe、Mg、Mn、Ni、P、S、Si、Ti、V	4g H_3BO_3＋12g Na_2CO_3（或 10.3g Na_2CO_3＋3.3g $Na_2B_4O_7$），20min；1000℃；铂坩埚
三氧化二铝（或刚玉）；1g	Na	1.4g Li_2CO_3＋1.75g B_2O_3，20min；1150℃；铂坩埚
三氧化二铝；1g	Na	20ml HF＋50ml NH_3（1+1）＋20ml H_2O，铂皿；加热至猛烈冒烟
三氧化二铝；1g	Ca	7.2ml HCl＋2ml H_2O，12h；270℃；封闭玻管
三氧化二铝；2g	Cl、F	热水解，2~4h；1000℃；石英仪器
含砷矿石及残渣；2g	As	20ml HNO_3，溶解后，同 20ml H_2SO_4（1+1）加热至猛烈冒烟，铁或镍坩埚
含砷矿石及残渣；2g	As	12~16g NaO_2
硫化砷；100g	Ag、Au	100ml H_2SO_4
三氧化二砷；0.1g	As	100ml H_2SO_4＋0.5g S，煮沸除硫，滴定砷
三氧化二砷；0.2g	S	2ml 乙醇＋3ml Br_2；5min 后加 5ml HCl 温热
金；100g	微量 Ag	100ml HNO_3＋300ml HCl＋50ml H_2O
金合金；0.5~1g	Ag、Au、Cd、Cu、Fe、Pb、Pt、Sn	2~15ml 王水
$KAu(CN)_2$；约 0.3g	Au	30ml H_2SO_4，加热至剧烈冒烟

续表

样品；质量	待测元素	分解试剂①
粗硼砂；5g	B	50ml H_2O，煮沸5min，然后在蒸汽浴上15min
铁硼合金；0.5g	B	50ml HCl（1+1）＋HNO_3（几滴）
铁硼合金；1g	B	10g Na_2O_2，慢慢加热至900℃，铁坩埚
铁硼合金；1g	B	3g $NaKCO_3$＋5g Na_2O_2，铁坩埚
硼化钛；0.25g	B	5g Na_2CO_3；样品上下再放一层 Na_2CO_3（各5g），铂坩埚
氮化硼；0.25g	N	15ml HF（20%～30%），150℃，4h，有电磁搅拌的聚四氟乙烯内衬增压器
氮化硼；0.2g	N	10g $LiOH \cdot 2H_2O$，镍坩埚中熔融，用石英器皿
重晶石（$BaSO_4$）；1g	Al、Fe、S、Si、Sr	与2g Na_2CO_3 混合，再覆盖7～9g Na_2CO_3，烧结，在加盖铂坩埚内于1200℃加热20min；用20ml热水溶解铂坩埚；用5ml H_2SO_4 加热至冒烟
绿柱石；0.5g	Be	3g KF
铍；1g	Al、Fe、Ni	40ml HCl（1+1）
铍；0.5～1g	B、Si	50ml NaOH（0.45g/ml）
铍；1g	Cu	15ml HNO_3＋少量水
铍；0.3g	F	35ml H_2SO_4＋25ml H_2O
铝/铍合金；0.25～0.50g	Be	20ml HCl（1+1）＋2ml HNO_3（1+1）
铜/铍合金；5g	Be、Cu	42ml混合酸（300ml H_2SO_4＋210ml HNO_3＋750ml H_2O）
铍铁合金；2g	Be	50ml HNO_3（1+1）＋100ml H_2O
镍/铍合金；5g	Be	50ml H_2SO_4＋50ml HNO_3
铋矿石；1g	Bi、Mo、Pb、Sb、Sn、W	20g Na_2O_2，镍坩埚
铋矿石；1～5g	As	HNO_3，用20ml H_2SO_4（1+1）加热至冒烟
铋；2.5g	As	20ml HNO_3，用15ml H_2SO_4（1+1）加热至冒烟
铋；1g	Pb	氧化，300℃；溶解铅渣于 HNO_3（1+1）中
铋；2～10g	Ag、Cu、Te	10～50ml HNO_3（1+1）
铋合金；1g	Bi、Cd、Cu、Pb	5g酒石酸＋10ml H_2O＋10ml HNO_3（1+1）
铋合金；1g	Sn	25ml H_2SO_4
活性炭；3g	微量 Hg	10ml H_2SO_4＋25ml HNO_3＋0.1g V_2O_5，回流下加热2h
焦炭、焦炭灰；0.25g	Cr、Cu、Fe、Ni、Ti、V	3g $Na_2B_4O_7$，20min，1000～1100℃，铂坩埚
焦炭、焦炭灰；0.25g	Al、Ca、Si	2.5g Na_2CO_3，20min，1000～1100℃，铂坩埚
焦炭、焦炭灰；0.1g	K、Na	用2ml HNO_3（1+1）＋2ml $HClO_4$（1+4）＋5ml HF，溶残渣于 H_2SO_4 中
焦炭、焦炭灰；1g	S	3g MgO＋Na_2CO_3（2+1），750～800℃，铂坩埚
焦炭、石墨；0.5g	S	在 O_2 气流中燃烧，1250℃
沥青；0.1～0.5g	S	在 O_2 气流中燃烧，900～1000℃
石灰石；0.25g	Mg	10ml HCl（1+1）
萤石；见氟		

第
二
篇

样品；质量	待测元素	分解试剂①
石膏；0.5g	Al、Ca、Fe、Mg	溶于 40ml 热的约 2mol/L HCl 中，并加 150ml 水，煮沸 5～10min
镉；0.25g	Cu、Fe、Pb、Ti、Zn	150ml HNO₃（1+1）
镉飘尘、镉渣；0.5～2.5g	Cd、Cu、Pb、Ti、Zn	10～50ml HNO₃（1+1），用 20ml H₂SO₄（1+1）加热至冒烟
镉飘尘、镉渣；2～5g	Bi	12～30g Na₂O₂，铁坩埚
钴矿石、矿渣及刮屑；2g	Co、Cu、Ni、Pb	25ml HNO₃+10ml H₂O，用 H₂SO₄（1+1）剧烈冒烟
		15～20g Na₂O₂+1g NaKCO₃，熔融 10min；三氧化二铝坩埚
钴；2.5～4g	Co、Ni	50ml HNO₃（1+1）
钴；1g	Ca、Cu、Fe、Mn、Ni、Zn	50ml HNO₃（2+3）
钴；10g	Si	200ml 混合酸（5 个体积 HCl+1 个体积 HNO₃，如果需要再加 HF）在 60～70℃溶解样品
钴合金（0.1%～0.5% Co）；0.15～0.50g	Co	5ml HCl-HNO₃（3+1），小心温热
钴合金；见"硬质合金"		
氧化钴；2g	Cu、Mn、Ni	25ml HCl+少量水
铬铁矿；0.5g	Cr	10g Na₂O₂，刚玉坩埚
铬矿石；1g	Cr	15g Na₂O₂+2g NaOH+3g NaKCO₃，缓慢加热（10min）到红热；铁坩埚
铬矿石；1g	Fe、P	30ml 浓 HClO₄煮沸 3～5h
铬；1g	Cr	15g Na₂O₂+2g NaOH+3g NaKCO₃，铁坩埚（衬一层熔融氢氧化钠）
铬；1～2g	Si	40ml H₂SO₄（1+1）
铬；10g	S	250ml H₃PO₄（d=1.4），小心温热
铁铬合金；0.5g	Cr	8g Na₂O₂+4g NaKCO₃，在镍坩埚中熔融
铁铬合金；0.5g	Cr	8g Na₂O₂；再覆盖 2g Na₂O₂，5min；600～700℃；铁坩埚
铁铬合金；0.2～1g	C、S	0.5g Sn+1g Fe；在 O₂ 气流中燃烧，1350℃
铁铬合金；1g	Si	40ml H₂SO₄（1+4）
铁铬合金；1～10g	N	100ml H₂O+10～40ml H₂SO₄
碳化铬；0.5g	Cr	10～15g Na₂O₂，铁坩埚
碳化铬；1g	Fe	100～20ml HClO₄，铂皿；加热至冒烟
碳化铬；0.5～1g	Si	5g Na₂CO₃+2g KNO₃（分几次加），铂皿中熔融
铬钢；见铁		
铬/镍合金；见镍		
铜矿石、黄铜矿、冰铜；2～5g	Pb	20～40ml HNO₃（2+1）+20～40ml H₂SO₄（1+1），温热溶解，加热至冒烟
铜矿石、黄铜矿、冰铜；2～5g	Bi、Sb	50ml HNO₃（2+1）

续表

样品；质量	待测元素	分解试剂^①
含铜渣、灰、刮屑；10g	Cu	加入 50ml H_2O，50ml HNO_3（1+1），10min 后加入 50ml HNO_3（2+1）和 2~3ml HF
纯铜；5g	Cu	42ml 混合酸（300ml H_2SO_4+210ml HNO_3+750ml H_2O）
沉积铜、黑铜、转炉铜、阳极铜；10~20g	Cu	100ml H_2O+200ml HNO_3
废铜；10g	Cu、Ni、Pb	100ml HNO_3（1+1），溶解时冷却，然后加热
粗铜；25g	Cu、Bi、Ni、P、Pb、Sb、Sn	50ml H_2O，然后分几次加入 200ml HNO_3（1+1），溶解时冷却，然后加热
粗铜；5g	Fe	40ml HCl（7+3）+40ml H_2O_2（30%）
粗铜；0.5~5g	Se、Ti	25~125ml H_2SO_4（1+4），然后慢慢加 10~30ml H_2O_2
铜合金；2g	Cu、Al、Bi、Be、Cd、Co、Cr、Fe、Mg、Mn、P、Ni、Pb、Zn	25ml HNO_3（1+1），然后用 20ml H_2SO_4（1+1）加热至剧烈冒烟
铜合金；2g	Sn	25ml HNO_3（1+1），SnO_2（aq）留于残渣中
青铜；2g	Sn、Cu、Pb	25ml HNO_3（1+1），SnO_2（aq）留于残渣中
黄铜；1~5g	Cu、Pb、Zn	20~50ml HNO_3（1+1）
铜合金；1~2g	Si	20~40ml HNO_3（1+1），然后用 20ml HCl 加热至干
铜/硅合金；2g	Cu	25ml HNO_3（1+1），溶 SiO_2 于 HF 中，电解测定铜
铜合金；1g	S	50ml 混合物 [1kg HI（$d=1.7$）+ 500g HCOOH（98%~100%）] +100g 次磷酸钠
铜/铝合金；见铝		
铜/铍合金；见铍		
铜/镍合金；见镍		
萤石精矿；0.7g	F	70ml $HClO_4$+约 50ml H_2O，蒸馏氟化氢
CaF，AlF，Na_3AlF_6；0.1g	F	热水解，加 0.4g V_2O_5，1h，1000~1050℃；镍设备
Na_3AlF_6；0.5g	F	2g SiO_2+8g $NaKCO_3$，最高 700℃；铂坩埚
AlF_3，Na_3AlF_6；0.5g	Al、Ca、Fe	5g $K_2S_2O_7$，700℃；铂坩埚
AlF_3，Na_3AlF_6；0.5g	Si	12g H_3BO_3+5g Na_2CO_3，20min；1000℃；铂坩埚
CaF，AlF_3，Na_3AlF_6；0.2g	Ba	二次用 4ml $HClO_4$ 加热至干，然后用 5g $NaKCO_3$ 熔融残渣，1000℃；铂坩埚
Na_3AlF_6；0.5g	Na	5ml 浓 H_2SO_4，加热至冒烟；铂皿
AlF_3，Na_3AlF_6；0.2~0.5g	S	0.3~0.5ml $HClO_4$，加热至冒烟；铂皿
铁矿石；0.5g	Fe	几毫升水+25ml HCl，煮沸，加 5ml HNO_3。用 HF+H_2SO_4 加热至干，再用 3g $Na_2S_2O_7$ 熔融
铁矿石；0.5g	Fe	0.3g Na_2CO_3，800~1000℃烧结 10min，然后溶于 30ml HCl（1+1）

续表

样品；质量	待测元素	分解试剂①
铁矿石；0.5~2g	Si	几毫升水＋25ml HCl，煮沸，加 5ml HNO₃。煮沸几分钟，然后用 25ml HClO₄ 加热至冒烟
铁矿石；0.25~1g	Al	10~20ml HCl＋5~10ml HNO₃
铁矿石；0.5~1g	Ca、Mg、Mn	30ml HCl＋10ml HNO₃
铁矿石；0.5g	Ti	3g NaKCO₃＋2g Na₂B₄O₇·10H₂O，15min；900~1000℃
铁矿石；0.5g	V	4g Na₂CO₃＋2g Na₂B₄O₇·10H₂O；如果需要，加 NaNO₃ 熔 10min
铁矿石；1g	Cr	5g Na₂CO₃＋5g Na₂O₂，镍坩埚，红热
铁矿石；0.5~4g	P	20~50ml HCl＋5ml HNO₃
铁矿石；0.5~5g	全 S	10g Na₂CO₃＋5g Na₂O₂，镍坩埚
铁矿石；0.3g	Fe	2g Na₂O₂，锆坩埚，红热下熔融至清，用 10ml 水提取，然后酸化
铁矿石；0.1g	全 Fe 或 Fe（Ⅱ）	10g 缩合磷酸（85% H₃PO₄ 加热至 300℃），石英管，在 290℃ 加热 30min，溶于水
黄铁矿；0.5g	S	15ml HNO₃＋5ml HCl，室温下 12h；煮沸赶 HNO₃
黄铁矿；0.5~1g	Cu	35ml 王水＋几滴 HF(40%)，室温下放置几小时；煮沸赶 HNO₃
黄铁矿；0.5g	Cu	6g 混合熔剂（1 份 Na₂CO₃＋1 份 K₂CO₃＋2 份 Na₂O₂），三氧化二铝坩埚；熔块熔于 HCl 中
煅烧过的黄铁矿；5g	Cu	60ml HCl＋30ml HNO₃＋少许 KClO₃，室温下 12h
煅烧过的黄铁矿；0.3~0.5g	S	0.5g 金属钾＋少许 Na₂CO₃，熔融；过量的钾溶于 CH₃OH 并蒸出 H₂S
煅烧过的黄铁矿；2g	Pb、Zn	20ml H₂SO₄＋5ml 发烟 HNO₃（必要时可多加 HNO₃），1~2h；凯氏烧瓶
生铁、铸铁；1g	全 C	O₂ 气流，1200~1300℃
生铁、铸铁；1g	游离 C	50ml HNO₃ (1+1)＋1~2ml HF
生铁、铸铁；1~5g	Si	20~50ml HCl (1+1)，然后用 HNO₃ 氧化
合金钢；0.5~2g	Si	30~50ml 混合酸［1 体积 HNO₃＋3 体积 HClO₄ (60%)］
铁、钢；0.2g	Mn	15ml HNO₃ (1+1)
铬钢；1g	Mn	50ml H₂SO₄ (1+5)
生铁、钢；0.5~2g	P	20~50ml HNO₃ (1+1)，如果需要，可加 HF，最后氧化用 KMnO₄
铬钢；0.2~0.5g	P	40ml HNO₃ (1+1)＋15ml HCl＋40ml HClO₄＋10~15 滴 HF
生铁、钢；0.5~1g	S	O₂ 气流，1400℃
生铁、钢；5~10g	S	100ml HCl
钢；1g	B	15ml H₂SO₄ (1+1)＋5ml H₂O₂ (15%)，回流
铬钢；0.25~2g	Cr	60ml H₂SO₄ (1+5)＋10ml H₃PO₄，最后氧化用 HNO₃
钴钢；0.25~1g	Co	20~40ml HCl (1+1)＋HNO₃；如果需要，可用 20ml HClO₄ 加热

续表

样品；质量	待测元素	分解试剂[①]
含铜钢；2.5g	Cu	40ml HCl（2+1）＋10ml HNO_3
钢；5～10g	Mg	70ml HCl；用 3.5ml HNO_3＋0.25～0.5g $KClO_3$ 氧化
钼钢；0.25～10g	Mo	20～70ml H_2SO_4（1+5），最后氧化用 HNO_3
镍钢；1～3g	Ni	10～20ml $HClO_4$（60%）
含碲钢；2g	Te	20ml HBr/Br_2（95ml HBr＋5ml Br_2）
刀具钢；0.5～3g	V	60ml H_2SO_4（1+5）＋10ml H_3PO_4，最后氧化用 HNO_3
钨钢；0.5～5g	W	50～100ml HCl（1+1）
铬/镍钢；0.5g	Cr	10ml $HClO_4$＋10ml H_3PO_4
铬/镍钢；0.5g	Ni	10ml $HClO_4$＋20ml HNO_3/HCl（10ml HNO_3＋30ml HCl＋40ml H_2O）
铁类合金；见其他合金成分项		
镓；2g	Cu、Fe、Zn	30ml HCl（1+1）＋5ml HNO_3（1+1）
三氧化二镓；0.5g	Ga	10ml HCl
锗原料；0.5～1g	Ge	2.5～5g Na_2CO_3；用少量 Na_2O_2 覆盖，缓慢升温熔融
二氧化锗；5g	As	10ml 水＋10ml HNO_3＋100ml HCl 煮沸1～2h
铟（原料）；1～2.5g	In	25ml HNO_3＋25ml H_2SO_4，加热至冒烟
铟；1g	Cd、Pb、Zn	15ml HBr
铟；1g	Cu	10ml HNO_3（1+1）
铟；5g	Fe、Ti	25ml HCl
铟；25g	Sb、Sn	30ml $FeCl_3$ 溶液（100g $FeCl_3 \cdot 6H_2O$，加 HCl 至 1L）＋50ml 用 Br_2 饱和的浓 HCl
汞矿石、熔渣、半成品；1～10g	Hg	5～10ml H_2O＋15～60ml 混合酸［HCl＋HNO_3（5+1）］
锂矿石；0.2g	Li	5ml H_2SO_4＋10ml HF
锂；2g	K、Na	50ml 二氧杂环己烷，然后加 5ml 二氧杂环己烷-H_2O（1+1）
锂化合物；100g	Al、Ca、Fe、K、Mg、Na	200ml H_2O＋250ml HCl
镁；0.5～1g	Al、Fe	15～20ml HCl（1+1）
镁；0.1～1g	Cd、Zn	5ml H_2SO_4（1+1）
镁；2g	Cl	45ml HNO_3（1+1）
镁；1g	Cu	50ml H_2O＋10ml H_2SO_4（1+1）＋5ml HNO_3（1+1）
镁合金；1g	Al、Cd、Cr、Fe、Pb、Zn	50ml H_2O＋10ml H_2SO_4（1+1）
镁合金；1g	Ca、稀土、Ni、Th、Zr	25ml HCl（1+1）
镁合金；1g	Cu、Mn	100ml H_2SO_4（1+1），然后加 5ml HNO_3（1+1）
镁合金；1g	Si	50ml 溴水，14ml H_2SO_4（70ml H_2SO_4加水至 250ml）
镁合金；1g	Cu	25ml H_2O＋13ml HBr/Br_2（250ml HBr 中加 1 滴 Br_2）
镁/铝合金；1g	Al	25ml HCl（1+1）
镁/镉合金；1～2g	Cd	25ml H_2SO_4（1+9）

续表

样品；质量	待测元素	分解试剂①
镁/铜合金；1～2g	Cu	50ml HCl（1+1）滴加 30％H_2O_2
锰矿石；0.3～0.4g	Mn	10ml HCl+10ml HNO_3+4～5ml HF+10ml $HClO_4$，加热至冒 $HClO_4$ 烟
锰矿石；1g	Mn、Fe、P	50ml HCl
锰矿石；0.2～0.4g	Si	6g KOH，3～4min；450～500℃；银皿
锰矿石；5g	As	15g Na_2O_2，镍坩埚
锰；1g	Mn	300ml HNO_3
锰；1g	Si	30ml 混合酸［6 个体积 $HClO_4$（60％）+ 1 个体积 HNO_3］
锰铁合金；0.25g	Mn	15ml HNO_3（1+3）+8ml $HClO_4$
锰铁合金；1g	Mn、P	30ml HNO_3
锰铁合金；1g	Si	30ml HNO_3+60ml H_2SO_4（1+1）
锰铁合金；1g	Cr	12g Na_2O_2+6g $NaKCO_3$，镍坩埚
锰铁合金；2.5g	As	20g Na_2O_2，镍坩埚
硅锰合金；0.3g	Mn	10ml HF，然后滴加 HNO_3，最后用 8ml $HClO_4$ 加热至冒烟
二氧化锰（电解的）；5g	Co、Cu、Fe、Ni	30ml 6mol/L HCl+1ml H_2O_2（30％）
二硫化钼精矿、煅烧过的钼矿石；1g	Mo	15g Na_2O_2 与样品混合，再覆盖 5g Na_2O_2，铁坩埚
煅烧过的钼矿石；1g	Al	5g $K_2S_2O_7$，铂皿
二硫化钼精矿、煅烧过的钼矿石；1～2g	Bi	5ml H_2SO_4+5～10ml HNO_3，铂皿；加热至冒烟
煅烧过的钼矿石；1g	Ni	用 10ml NH_3 蒸发，然后用 6ml HF 处理，聚四氟乙烯皿
二硫化钼精矿、煅烧过的钼矿石；0.5g	P	25ml HCl+20ml HNO_3+10ml $HClO_4$，加热至冒烟
二硫化钼精矿、煅烧过的钼矿石；1g	Pb、Sn	10ml HNO_3 用氨水提取残渣，钼溶解
二硫化钼精矿、煅烧过的钼矿石；1～2g	Re	1g $NaClO_3$+20ml HNO_3
煅烧过的钼矿石；1g	Sb	10ml H_2SO_4（1+1）+20ml HF+10～15 滴 HNO_3，铂皿；蒸发至干
二硫化钼精矿、煅烧过的钼矿石；1g	Se	8g Na_2O_2+3g Na_2CO_3，然后再覆盖 2g Na_2O_2，镍坩埚
煅烧过的钼矿石；0.5～1g	Zn	10g $NaKCO_3$，铂皿
钼；0.5g	Mo	20～40ml HNO_3（1+1）
钼铁合金；1g	Mo	15g Na_2O_2，镍坩埚
钼铁合金；0.5g	Mo、Si	10ml HNO_3（1+1）+10ml H_2SO_4（1+1），加热至冒烟
钼铁合金；3g	W	50ml HCl（1+1）+HNO_3（滴加）
钼铁合金；1.25g	Cu、P	20ml HCl+5ml HNO_3
三氧化钼；1.5g	Si	2.5g Na_2CO_3 与样品混合，再覆盖 2.5g Na_2CO_3，铂皿

续表

样品；质量	待测元素	分解试剂[①]
铌、钽矿石、精矿；1g	Nb、Ta、Al	10g $K_2S_2O_7$，铂皿
铌、钽矿石、精矿；1～2g	Nb、Ta	18g Na_2O_2 与样品混合，再覆盖 5g Na_2O_2，镍坩埚
铌、钽矿石、矿渣；1～2g	Nb、Ta	用 2ml H_2SO_4 加热至干，然后用 15g Na_2O_2 熔融，再用 5g Na_2O_2 进行第二次熔融，三氧化二铝坩埚
铌、钽精矿；1g	Ca	20～25g Na_2O_2，镍坩埚
钽矿石；0.1～1g	F、Cl	加 1g SiO_2＋0.5g V_2O_5，热水解（1000～1300℃）；石英仪器
铌、钽精矿；1g	Si	用 10g $K_2S_2O_7$ 熔融，然后用 40ml H_2SO_4 加热至干，铂皿
铌、钽精矿；1g	Si	18g Na_2O_2＋5g Na_2CO_3，镍坩埚
铌、钽精矿；2.5g	Sn	20～25g Na_2O_2，铁坩埚
铌、钽精矿；0.1g	Ti	4g $K_2S_2O_7$，铂皿
钽矿钽石；0.25g	U	用 0.5ml H_2SO_4＋0.5ml $HClO_4$ 蒸发至干，然后用 3g $K_2S_2O_7$ 熔融，石英坩埚
铌、钽精矿、矿渣；1g	Zr	15g $NaKCO_3$＋2g H_3BO_3，铂皿
铌、钽；2g	Nb、Ta	10ml HF，滴加 HNO_3，铂皿
铌；10g	Ta、Fe	25ml HF；滴加 HNO_3；用 40ml H_2SO_4（1＋1）加热至冒烟，铂皿
钽；2g	Nb	灼烧 30min；然后用 10g $K_2S_2O_7$ 熔融，石英坩埚
铌、钽；5g	Mo、W	30ml HF，然后滴加 HNO_3，聚四氟乙烯皿
铌；0.5g	Mo、W	10ml H_2SO_4＋3g NH_4HSO_4，铂坩埚
铌；0.5g	Fe	2ml HF，滴加 HNO_3（1＋1），铂坩埚
铌、钽；1～5g	Co、Cu、Fe、Mn、Ni	10～30ml HF，滴加 HNO_3，铂皿
铌；1g	N	10ml HF＋5ml HCl，然后加 HF＋H_2O_2，铂皿
钽；0.5g	N	1g $K_2Cr_2O_7$＋2ml H_3PO_4＋10ml HI，聚四氟乙烯皿
铌铁合金；0.5g	Nb、Ta、Ti	40ml 混合酸（200ml HCl＋300ml H_2O＋200ml HF，用 H_2O 稀至 1L）；最后滴加 HNO_3 塑料器皿
铌钽－铁合金；1～2g	Nb、Ta	15g Na_2O_2＋2.5g K_2CO_3＋2.5g Na_2CO_3，镍坩埚
铌钽-铁合金；1g	Nb、Ta	18g Na_2O_2 熔融；然后再用 10g Na_2O_2 熔融，三氧化二铝坩埚
铌钽-铁合金；0.5～1g	Si、Ti	20g $K_2S_2O_7$，铂皿
铌钽-铁合金；1～2g	Sn	15g Na_2O_2，镍坩埚
碳化钽/铌；0.1～0.2g	Mo、W	1ml HF，2～3 滴 HNO_3；用 H_2SO_4 冒烟，铂皿
氧化钽/铌；0.25g	Mo、W	2～3g $NaKCO_3$，铂皿
氧化钽/铌、碳化钽/铌；1～5g	Co、Cr、Fe、Mn	10～30ml HF；滴加 HNO_3，铂或聚四氟乙烯皿
氧化钽、碳化钽；0.1～1g	B	5g $(NH_4)_2SO_4$＋20ml H_2SO_4，带有回流冷凝管的熔融石英烧瓶
氧化铌/钽；0.5～1g	Si	5g NaOH，镍坩埚
氧化铌/钽；1g	P	12g Na_2O_2，镍坩埚
镍矿石和矿渣；2～5g	Ni、Co、Cu	10ml H_2O＋25ml HNO_3 用 40ml H_2SO_4（1＋1）冒烟

续表

样品；质量	待测元素	分解试剂①
镍；2.5g	Ni	50ml HNO_3（1+1），若需要可加 10ml HCl
镍；1g	Co、Fe	20ml HNO_3（2+3），用 10ml HCl 蒸发至干
镍；10g	Cu、Mn、Pb、Zn	100ml HNO_3（2+3）
镍；2.5g	Al、Mg	25ml HNO_3（1+1）
镍；1g	Si	25ml HNO_3（1+4）
镍/铁合金；5g	Ni	50ml H_2SO_4＋50ml HNO_3
镍/铜合金；	Co、Cu、Fe、Ni、Mn	20ml 混合酸（200ml H_2O＋200ml HNO_3＋600ml $HClO_4$）
镍/铜合金；1~2g	Sn	5ml HCl＋20ml HNO_3（1+1）
镍/铬合金；0.5g	Ni	20ml 混合酸（10ml HNO_3＋40ml H_2O＋30ml HCl），用 10ml $HClO_4$ 冒烟
镍/铬合金；0.5g	Cr	10ml $HClO_4$＋10ml H_3PO_4
镍/铍合金；见铍项		
磷酸盐矿石；0.1g	P、Fe、Si	4g 混合熔剂（100g $NaKCO_3$＋30g $Na_2B_4O_7$＋0.5g KNO_3），5min；亮红热；铂坩埚
白磷或红磷；1g	微量元素	50ml 7mol/L HNO_3，石英器皿
P_2O_5；0.5g	P、S	40ml NaOH（5%）＋10g Na_2O_2，用 H_2O 稀至 150ml，然后煮沸 15min
P_2O_5；1g	Fe	10ml NaOH（30%）＋30ml H_2O_2（15%），石英烧杯
磷铁合金；0.5g	P	20ml HNO_3（用 Br_2 饱和）＋1ml H_2SO_4＋1~2ml HF，铂皿
磷铁合金；1g	P	3g $NaKCO_3$＋5~7g Na_2O_2，三氧化二铝坩埚
磷铁合金；0.2~0.5g	Mn	HF＋HNO_3，用 15ml H_2SO_4（1+1）冒烟
磷铁合金；0.3g	Si	40ml 1.5mol/L H_2SO_4＋10ml 3mol/L HNO_3＋2.5ml HF，>3h；80℃；聚丙烯烧杯
磷铁合金；2.5g	Cr、Mn、V	20ml HNO_3＋5ml H_2SO_4＋5ml HF，铂皿
铜银磷合金；0.5g	P	25ml HNO_3（2+3）
磷酸盐、聚磷酸盐；0.5g	Fe、P	4g NaOH，30min；400℃；金皿
聚磷酸盐；1.5g	P、碱金属	用 25ml 0.5mol/L H_2SO_4 煮沸 3h，回流下煮沸
铅矿石；2g	Pb、Bi、Sb、Sn	10g Na_2O_2 与样品混合；再用 Na_2O_2＋1g NaOH 混合物覆盖；铁坩埚
铅矿石；1g	Pb、Zn	30ml $HClO_4$＋3ml HNO_3
铅矿石；2g	Cu	30ml HCl，温热至释出 H_2S，加 5ml HNO_3 蒸发至小体积
铅矿石；1~2g	Zn	用 20ml HCl 煮沸，然后加 10ml HNO_3＋20ml H_2SO_4（1+1）并蒸发至干
铅矿石；1~5g	As	用浓 HNO_3 分解，然后用 20ml H_2SO_4 冒烟
铅；2~5g	Cu、Zn	10~20ml H_2SO_4
铅；10g	Bi、Sb、Sn	40ml 酒石酸溶液（0.2g/ml）＋25ml HNO_3
铅；25g	Fe、Zn	250ml HNO_3（1+1）

续表

样品；质量	待测元素	分解试剂①
铅；50g	As、Fe、Sb、Sn	250ml HNO_3（1+4）
铅；20g	Ag、Bi、Ca	100ml HNO_3（1+3）+1g 酒石酸
铅；10g	As	300ml $FeCl_3$ 溶液（250g $FeCl_3 \cdot 6H_2O$，加 HCl 至 1L）
铅合金；2g	Pb、Cu	20ml HBr/Br_2（20ml Br_2+180ml HBr）
铅合金；10g	Pb、Te、Sb、Sn	100ml HCl/Br_2（10～15ml Br_2+100ml HCl）
铅合金（硬铅）；10g	Pb、Cd、Cu	100ml HNO_3（1+1）+100ml 饱和酒石酸溶液
铅合金；10g	Ba、Ca、Fe、Li、Na、Ni、Sn、Zn	60ml HNO_3（1+2）
铅合金；2～10g	Al、As	20～60ml H_2SO_4
铅合金；10g	Sn	50ml HCl（如果需要，可加些 $KClO_3$）
四氧化三铅；1g	Pb、杂质	15ml 2mol/L HNO_3+3ml H_2O_2（3%）
四氧化三铅；10g	金属铅	50ml 乙酸铵（50%）（5g $N_2H_4 \cdot HCl$+CH_3COOH，加水至 150ml）
PbO；2g	Pb	30ml HNO_3（1+2），用 H_2SO_4（1+1）冒烟
纯铂；1g	Pt	20ml 王水，然后加 3～5ml HCl（1+1）蒸发 5 次
纯钯；0.25g	Pt、Pd、Ir、Rh	20ml 稀王水（1+1）
铑；1g	Rh、Pd、Pt、Au	氯化，溶于王水（$RhCl_3$ 保持不溶），氯化温度为 700℃
钌；1g	Ru、Os、Pd、Ir、Rh、Pt	8g KOH+1g KNO_3，镍、银或金坩埚
锇；10g	Os	氧气流，600～850℃，生成 OsO_4
锇；1g	Ru、Rh、Pd、Ir、Pt	4g KOH+1g KNO_3
铱；1g	Ru、Rh、Pd、Os、Pt	氯化，600℃，用稀王水（1+2）提取残渣
铱锇矿；1g	Os、Ir、Rh、Ru、Pd、Pt、Au	8g KOH+1g KNO_3，用各种方法处理残渣
铂灰；0.5～1g	Pt	15ml 王水
钯灰；0.5～1g	Pd	15ml 王水
阳极泥；5～12.5g	Pd、Pt、Ag、Au	60ml H_2SO_4，煮沸 20min
催化剂；6～10g	Pt	稀王水（1+3），12h；水浴
锑矿石、矿渣、飘尘；2g	Sb、Sn	20g Na_2O_2，700℃，铁坩埚
锑矿石、矿渣、飘尘；2g	As	20ml HNO_3，用 20ml H_2SO_4（1+1）冒烟
锑矿石、矿渣、飘尘；5g	Cu、Pb	100ml HBr+10ml Br_2；蒸发，用 50ml HNO_3（1+1）冒烟残渣
锑；0.2g	Sb	20ml H_2SO_4，然后加 40ml HCl+30ml H_2O
锑；2.5g	Bi、Sn	50ml HCl/Br_2（150ml Br_2+100ml HCl）
锑；5～10g	As	250ml $FeCl_3$ 溶液（350g $FeCl_3 \cdot 6H_2O$+1000ml HCl）
锑；10g	Cu、Fe、Ni、Pb、Zn	200ml HCl/Br_2（150ml Br_2+100ml HCl）
锑；5g	S	30ml HBr（2+1）
锑合金；见锡		
Sb_2O_5；0.14g	Sb	10ml H_2SO_4+0.5g S，煮沸除硫，滴定锑（Ⅲ）

续表

样品；质量	待测元素	分解试剂[1]
硒和碲矿矿石、精矿；50g	Se、Te	用水润湿，然后加 200ml HNO_3
硒；1g	Se	30ml H_2O＋2g $KBrO_3$
硒；25g	Te	50ml HNO_3（d＝1.3），用 20ml H_2SO_4（1＋1）蒸发 2 次
含硒岩石和沉积物；0.5～1g	Se	30g 缩合磷酸（85% H_3PO_4 加热至 300℃）和 0.1g NH_4Br，玻璃烧瓶，慢慢加热至 290℃，在空气流中蒸出 $SeBr_4$
碲；0.5g	Te	50ml HCl（1＋1）＋1g $KBrO_3$
碲；10g	Se	100ml HCl（1＋1）＋8～10g $KBrO_3$
纯硅；1g	Al、Ca、Fe、Na、P、Ti	1ml H_2SO_4（1＋1）＋20ml HF，然后滴加 3ml HNO_3；再用 1ml HF＋5ml HNO_3＋5ml H_2SO_4（1＋1）加热至冒烟
硅、硅铁合金；0.4～0.5g	Si	5g $KNaCO_3$，覆盖 1g Na_2CO_3 熔融，分次加入 8g Na_2O_2 并再熔融，镍坩埚
硅铁合金；0.1g	Si	40ml 1.5mol/L H_2SO_4＋10ml 3mol/L HNO_3＋2.5ml HF（40%），3h，80℃，聚丙烯烧杯
硅铁合金；1～2g	Fe、Si	20～30ml HF，滴加 HNO_3，铂皿
硅铁合金；1g	Al、Ca、Fe、Ti	像处理纯硅一样用 HF/H_2SO_4 冒烟，用 $Na_2B_4O_7$ 在 1100℃ 熔融残渣
硅铁合金；0.25g	Al、P	10ml HNO_3（1＋1），分次加 5ml HF，铂皿
锰硅合金；1g	Si	5g $NaKCO_3$，覆盖 2g $NaKCO_3$，然后分次加 2g Na_2O_2，镍坩埚
锰硅合金；1g	Mn	30ml HNO_3＋2ml HF，铂皿
Si_3N_4；0.25g	Al、Ca、Fe	15ml HF（20%～30%），6h，150℃，有电磁搅拌的聚四氟内衬增压器
SiC；0.2g	C	3g 硼酸铅，氧气流，1h，未上釉瓷舟
石英、砂子；1～2g	主要杂质	在 1ml H_2O＋10ml HF＋1ml H_2SO_4（1＋1）溶液中放置 12h，然后用 5ml HF＋0.5ml H_2SO_4 冒烟，金皿，溶于 HCl（1＋1）中
硅酸盐（普通）	主要成分	把样品与 8 倍样品量的 Na_2CO_3 混合，开足喷灯熔融 30min，不适于难溶硅酸盐
		样品与 8 倍样品量的 Na_2CO_3＋$Na_2B_4O_7$ 混合，开足喷灯熔融 30min，适于所有的硅酸盐，包括锆矿石
		0.5g 样品＋2g Na_2O_2＋1.5g NaOH，于 440℃ 烧结 30～60min，适于难溶硅酸盐，不适于锆矿石
		0.5g 样品＋2g KHF_2，小心驱除水分，然后开足喷灯加热 1min，适于所有的硅酸盐
		0.5g 样品＋3g LiF＋2g B_2O_3，开喷灯加热 15min，不适于所有的难溶硅酸盐
		0.2g 样品＋1g $LiBO_2$；950℃ 加热，10～15min，不适于所有的难溶硅酸盐，或锆矿石
硅酸盐（普通）；0.25g	Al、Ca、Fe、K、Mg、Na、Si、Ti	0.5ml HCl＋3ml HF＋1ml HNO_3，15h，140℃，聚四氟乙烯内衬增压器，用原子吸收光谱法测定

续表

样品；质量	待测元素	分解试剂①
硅酸盐（普通）；0.1g	Al、Fe、K、Na、Mg、Ti	3ml H_2SO_4＋5ml HF(重复加)，水浴，铂皿，用原子吸收光谱法测定
硅酸盐（普通）；0.1g	Al、Ca、Fe、Mg、Na	3ml $HClO_4$＋5ml HF(重复加)，水浴，铂皿，用原子吸收光谱法测定
硅酸盐（普通）；0.25g	Ca、Co、Cr、Fe、K、Mg、Na	1.5g $LiBO_2$，铂坩埚，在1000℃加热至熔体清晰，溶于125ml 2.5mol/L HCl，用原子吸收光谱法测定
硅酸盐（普通）；0.1~0.2g 0.5g 1.0g	主要成分（Si、B、F除外）	HF＋$HClO_4$
		0.5ml H_2O＋5ml HF＋1ml $HClO_4$，用1ml 高氯酸重复冒烟；用2ml HCl（1+1）溶解
		1ml H_2O＋10ml HF＋2ml $HClO_4$，用1ml 高氯酸重复冒烟；用5ml HCl（1+1）溶解
		1ml H_2O＋10ml HF＋2ml $HClO_4$，用2ml HCl_4重复冒烟；用10ml HCl（1+1）溶解
含二氧化硅低的矿物；1g	主要成分	1ml H_2O＋25ml HCl（1+1），温热
含三氧化二铬小于1%的硅酸镁；1~2g	主要成分	30ml HCl（1+1）＋0.5ml H_2SO_4（1+1）
硅酸盐；1g	碱金属	1ml H_2O＋10ml HF＋2ml $HClO_4$；用$HClO_4$重复冒烟
硅酸盐，玻璃；0.3g	B	1~2g NaOH；金或银皿，10min，150℃
硅酸盐；约0.2g	F	热水解，与1.5倍样品量的U_3O_8混合，950℃；维克玻璃仪器
杜南玻璃；1g	F	热水解，与1.5g U_3O_8混合，950℃；维克玻璃仪器
硅酸盐；1~2g	Ti、Zn	1ml H_2O＋10ml HF＋1ml H_2SO_4（1+1），放置12h，然后加热至冒烟；用5ml HF＋0.5ml H_2SO_4重复冒烟，用2ml H_2SO_4溶解残渣
硅酸盐；1g	Se	1ml H_2O＋10ml HF＋10ml HNO_3，蒸发至干；加5ml HNO_3再蒸发至干，用10ml H_2O溶解残渣
硅酸盐；1g	P、Si	5g NaOH，30min，450℃，金皿，残渣溶于75ml HCl（1+1）
铝硅酸盐（锂云母、长石、高岭土）；1g	主要成分（除Si、B、F外）	1ml H_2O＋10ml HF＋1ml H_2SO_4（1+1），放置30min~12h，然后加热至冒H_2SO_4烟。加5ml HF和1ml H_2SO_4再冒烟，在500℃加热5min，然后加7.5g Na_2CO_3＋2.5g $Na_2B_4O_7$并在1000℃熔融
高岭土，碱金属小于1%，而铝、钡高的硅酸盐；1g	主要成分	1ml H_2O＋10ml HF＋1ml H_2SO_4（1+1）；放置30min~12h，然后加热至冒烟，加5g $K_2S_2O_7$加热至350℃，再在550℃熔10min；残渣溶于10ml HCl（1+1）和110ml H_2O中
高铝铝硅酸盐；0.5g		2.5g Na_2CO_3＋1.5g $Na_2B_4O_7$
水泥（波特兰水泥、波特兰矿渣水泥、火山灰水泥）	Al、Ca、Fe、Mg、Si	2.5g NH_4Cl＋10ml HCl

第
二
篇

样品；质量	待测元素	分解试剂①
铝硅酸盐（黏土、长石、陶瓷 等，Al_2O_3 小于 45%）；1g	Si	2g Na_2CO_3
铝硅酸盐（Al_2O_3 小于 45%）；1g	Si	2.5g $NaKCO_3$＋1g $Na_2B_4O_7$
铝硅酸盐（Al_2O_3 小于 45%）；1g		在 10ml HF＋1ml 约 9mol/L H_2SO_4 混酸中放置 30～60min；加热至冒硫酸烟，用 10ml HF＋1ml H_2SO_4 蒸发至干，加热至 600℃，5min 后在 950～1000℃用 2.5g Na_2CO_3＋1g $Na_2B_4O_7$ 熔融
富铝红柱石；1g	Al、Ca、Fe、Mg、Si、Ti	2g Na_2CO_3，60min，1100℃；铂坩埚
富铝红柱石；1g	Ca、Fe、Mg、K、Na	5ml HNO_3（1＋1）＋5ml $HClO_4$（1＋4）＋10ml HF；蒸发至干，再加 5ml $HClO_4$（1＋4）蒸发至干并重复，使用铂坩埚
钠-钙玻璃；1g	Si	2g Na_2CO_3 与样品混合，再覆盖 1g Na_2CO_3；15～20min，1000℃，铂坩埚
钠-钙玻璃；2.5g	Al、Ca、Fe、Mg、K、Na、Ti	3ml H_2O＋20ml HF＋2ml H_2SO_4（1＋1）加热至冒烟，再加 5ml HF 蒸发至干，于 550℃加热残渣 15～20min，铂皿，残渣溶于 10ml HCl（1＋1）
钠-钙玻璃；1g	K、Na	1ml H_2O＋10ml HF＋2ml $HClO_4$，加热至冒烟，再加 2ml HF 并加热至干，加 2～3 滴 $HClO_4$ 加热至冒烟，铂皿，残渣溶于 50ml 水
钠-钙玻璃；2.5g	S	6g Na_2CO_3 与样品混合，再覆盖 1.5g Na_2CO_3，10min，1100℃，铂皿
试管玻璃；1g	Al、Ba、Ca、Fe、Ti、Mg	1ml H_2O＋10ml HF＋1ml H_2SO_4（1＋1）；铂皿
试管玻璃；1g	K、Na	1ml H_2O＋10ml HF＋1ml $HClO_4$，铂皿
硼硅酸盐玻璃；1g	Al、Ba、Ca、Fe、Mg、Ti、Zn	1ml H_2O＋10ml HF＋1ml H_2SO_4（1＋1），铂皿
硼硅酸盐玻璃；0.25g	B	4g NaOH，30min，400℃，金皿
乳白玻璃；1g	Al、Ba、Ca、Fe、Mg、Ti、Zn	1ml H_2O＋10ml HF＋1ml H_2SO_4（1＋1），铂皿
乳白玻璃；0.5g	Ca、K、Na、Mg、Zn	1ml H_2O＋10ml HF＋1ml H_2SO_4（1＋1），铂皿
乳白玻璃；1g	P	4g NaOH，30min，400℃，金皿
磷酸盐玻璃；1g	Al、P	1ml H_2O＋10ml HF＋1ml H_2SO_4（1＋1），加热至冒烟，加 5ml HF＋1ml H_2SO_4 再加热至冒烟。用 10g Na_2CO_3＋0.2g $NaNO_3$ 熔融 10min。用 120ml H_2O 提取，过滤，再用 3.5g Na_2CO_3＋1.5g $Na_2B_4O_7$ 熔融残渣
萨普雷马克玻璃；1g	Al、Ba、Ca、Fe、Mg、Ti、Zn	1ml H_2O＋10ml HF＋1ml H_2SO_4（1＋1），加热至冒烟，加 5ml HF 和 1ml H_2SO_4 加热至冒烟，在 500℃加热 5min，用 10g Na_2CO_3＋0.2g $NaNO_3$ 熔融残渣
萨普雷马克玻璃；1g	K、Na	1m H_2O＋10ml HF＋1ml $HClO_4$，铂皿

续表

样品；质量	待测元素	分解试剂①
萨普雷马克玻璃；1g	Si	5g Na_2CO_3，铂坩埚
铅玻璃；0.5g	Pb	1ml H_2O+10ml HF+2ml $HClO_4$，铂皿，残渣溶于 HCl (1+1)
铅结晶玻璃；1g	Al、Ba、Ca、Fe、Pb、Ti	1ml H_2O+10ml HF+2ml $HClO_4$；加热至冒烟，加 1ml $HClO_4$ 再加热至冒烟，铂皿，残渣溶于 10ml HCl (1+1)
制造安瓿的棕色玻璃；1g	Sb	几滴 H_2O+10ml HF+0.5~1ml $HClO_4$，铂皿
制造安瓿的棕色玻璃；03~0.5g	As	3~5g Na_2CO_3，铂坩埚
锡矿石、灰分、矿渣；2~5g	Sn、Sb、W	10~20g Na_2O_2+5~10g NaOH，慢慢加热至暗红色，铁坩埚
锡矿石；5g	As	20ml HNO_3(1+1)，煮沸，加 20ml H_2SO_4(1+1) 加热至冒烟
纯锡；1g	As、Sb	15ml 沸 H_2SO_4，冒烟 15min
锡合金；1g	Sn、Cd、Cu、Pb、Sb、Zn	25ml Br_2-HCl (150ml Br_2+1000ml HCl)，缓慢加热
青铜；2g	Cu、Pb	25ml HNO_3(1+1)，SnO_2(aq) 留于残渣中
青铜；1~2g	Sn	5ml HCl+20ml HNO_3 (1+1)
青铜；1g	Sn	60ml HCl (1+1) +7ml H_2O_2 (30%)
铜/锡/铅合金；0.6~1g	Pb	5ml HBF_4+10ml HNO_3 (1+1)
铅/锡合金（焊料）；0.3~1.5g	Sn	20ml H_2SO_4+5g $KHSO_4$
铜/铅/锡/锑合金（轴承合金）；0.3~2g	Sn	20ml H_2SO_4+5g $KHSO_4$
铜/铅/锡/锑合金；2g	Cu、Pb	20ml Br/HBr (20ml Br_2+180ml HBr)
铜/铅/锑合金；5g	As	20ml H_2SO_4+15g $KHSO_4$
铅/锡/锑合金；2g	Cu	20ml Br_2/HBr (20ml Br_2+180ml HBr)
天青石（$SrSO_4$）；1g	Al、Ba、Ca、Fe、Si、Sr	与 2g Na_2CO_3 混合，再覆盖 7~9g Na_2CO_3，在铂坩埚内烧结，然后在 1100℃加热 45min，溶于 50ml 热 H_2O
钽；见铌		
碲；见硒		
二氧化钍；1g	Th	5~10ml $HClO_4$，加热至冒烟，加 1 滴 HF 并温热
钛矿石；0.15~0.25g	Ti	1.5~2.5g $K_2S_2O_7$，石英坩埚
钛矿石；1g	Al、Cr、Ti、V	7g NaOH+3g Na_2O_2，镍坩埚
二氧化钛精矿；0.2~0.3g	Ti	5g Na_2CO_3/K_2CO_3/$Na_2B_4O_7$ (1+1+1)，铂坩埚，950℃
钛铁矿；0.2~0.3g	Ti	5g Na_2CO_3/K_2CO_3/$Na_2B_4O_7$，铂坩埚，950℃
纯钛、海绵钛；1g	Cl、Fe、Mg	10ml H_2O+5ml HF(滴加)
纯钛；0.5g	Al、Mg	40ml H_2SO_4 (1+4)

第二篇

样品；质量	待测元素	分解试剂[①]
纯钛；1g	Fe	50ml HCl（1+1）+6 滴 HF
纯钛；0.5g	Si	40ml H_2O+5ml HF(150ml HF+350ml H_2O)
钛/铝合金；0.5g	Al	40ml H_2SO_4（1+4）
钛/铝合金；0.25~0.50g	Cr	50ml H_2SO_4（1+4）
钛/钒合金；0.5~1g	V	50~100ml H_2SO_4（1+4）
钛铁合金；1g	Al、Ti	30ml HCl（1+1）
钛铁合金；0.5g	Ti	40ml H_2SO_4（1+1）
钛铁合金（酸不溶）；0.5g	Ti	12g Na_2O_2+4g Na_2CO_3，氧化铝坩埚
钛铁合金；2.5g	Cr、V	100ml HCl（1+1）+ 90ml H_2SO_4/H_3PO_4［320ml H_2SO_4（1+1）+80ml H_3PO_4加水至1000ml］
二氧化钛颜料；见无机颜料		
铊原料；2g	Ti	25ml HNO_3（1+1）+25ml H_2SO_4（1+1）
铊；5g	Ag、Bi、Cd、Cu、Fe、Hg、Zn	20ml HNO_3（1+1）
铊；5g	As	30ml H_2SO_4
铀矿石；0.5~4g	U	5ml HNO_3+3ml HF，加热至干，再加 2~5ml H_2SO_4并加热至冒烟
铀精矿；10g	U	少许 H_2O+50ml HNO_3（1+1）
铀精矿；1g	B	10ml H_3PO_4
钒矿石；5g	V、Pb	40ml HNO_3（1+1）+20ml HCl（1+1），如果需要，加几滴 HF，加 80ml H_2SO_4（1+1）加热至冒烟
钒矿石、矿渣、残渣；2g	V	15g Na_2O_2+5g Na_2CO_3，铁坩埚
钒铁合金；0.25g	V	30ml 混合酸［600ml HNO_3（1+1）+300ml H_2SO_4+30ml HCl（1+1）］
钒铁合金；2g	Si	15g Na_2O_2，镍坩埚
钨矿石；2.5g	W、Mo	15g $NaKCO_3$，镍坩埚或铂皿
钨矿石；2g	W、Mo、As、Sn	20g $NaKCO_3$，镍坩埚
钨矿石；1.25g	Fe、Mn	25g Na_2O_2，氧化铝坩埚
钨矿石；1g	As	15g Na_2O_2+5g $NaKCO_3$，镍坩埚
钨矿石；1~2g	Ca	10g Na_2O_2+5g $NaKCO_3$，氧化铝坩埚
钨矿石；0.1~1g	Cl、F	热水解，加1g SiO_2+0.5g V_2O_5，1000~1300℃
钨矿石；2.5g	P	100ml 王水
钨/锡矿；2.5g	Sn	25g Na_2O_2，铁坩埚
钨矿石；0.25g	U	0.5ml H_2SO_4+0.5ml $HClO_4$；加热至冒烟，再用 3g $K_2S_2O_7$熔融，石英坩埚

续表

样品；质量	待测元素	分解试剂①
钨；1g	W、Sn	空气中 700℃氧化，然后用 12g NaKCO₃ 熔融，铂坩埚
钨；1g	Ca、Fe、K、Mo、Na（微量）	5ml HF+HNO₃（滴加），铂坩埚，水浴上，用原子吸收光谱法测定
钨粉；2g	Fe、Mo	2~3ml H₂O+10ml H₂O₂（30%）（分几次加入）
H₂WO₄；2g	Fe、Mo	2~3ml H₂O+10ml H₂O₂（30%）（分几次加入），溶于 25ml NaOH（0.3g/ml）中
WO₃；3g	Si	2.5g Na₂CO₃，再用 2.5g Na₂CO₃ 覆盖，铂皿
WO₃；0.1~1g	B	20ml H₂SO₄+5g（NH₄）₂SO₄，石英烧瓶，回流冷凝管
碳化钨；1g	Ca、Fe、K、Mo、Na	5ml HF+HNO₃（滴加），铂皿，水浴上
碳化钨；0.1~1g	B	20ml H₂SO₄+5g（NH₄）₂SO₄，石英烧瓶，回流冷凝管
碳化钨-锡；0.2~0.3g	Ti	10g Na₂O₂，用 5g K₂S₂O₇+10 滴 H₂SO₄熔融残渣，氧化铝坩埚
锌原料、飘尘；1.25g	Zn、Ba、Cd、Cu、Pb	少许 H₂O+15ml HCl+5ml HNO₃，蒸发至干；溶于 1ml HCl（1+1），加 10ml H₂SO₄（1+1）加热至冒烟
锌原料、飘尘；3g	F、Sn	10g Na₂O₂+10g NaOH，镍坩埚
锌原料、飘尘；1.25~5g	全硫	50~100ml 用 Br₂ 饱和的 HCl，冷浸取 1h
锌原料；0.5~1g	硫化物硫	20ml H₂O+80ml 酸性混合物（750ml HCl+40g SnCl₂·2H₂O，加水至 1000ml）
锌原料、飘尘；5~10g	Cl	100ml HNO₃（1+2），2h，冷却
锌氧粉（氧化锌）；1g	Ca、Mg	20ml HCl+少许 HNO₃
锌、锌合金；20g	Cd、Cu、Pb	30ml HNO₃（2+1）
纯锌；200g	Cd	650ml HCl，慢慢加入 100ml HNO₃
锌；1g	Cd、Pb	10ml HCl
粗锌；20g	Pb	150ml H₂O+30ml H₂SO₄
锌；0.5g	Pb	20ml HNO₃（15+85）
锌合金；10g	Al、Mg	35ml HCl
锌、锌合金；2g	Fe、Sn	20ml HCl，用几滴 H₂O₂（30%）氧化
铜/镍/锌合金；2g	Zn	25ml HNO₃（1+1）
锌/铜/铝合金；1g	Al	20ml H₂SO₄（1+5）
锌/铜/铝合金；2.5g	Cu	20ml HNO₃（1+1）
铜/锌合金；见铜		
锌白；见无机颜料		
ZrSiO₄；0.1g	Zr	0.5g KHF₂，加热至熔体变为固体，然后加 5ml H₂SO₄（1+1），蒸发除去大部分硫酸；溶于 50ml HCl（1+1）
ZrSiO₄；0.5g	Zr	2.5g Na₂CO₃+1.5g Na₂B₄O₇，高温炉加热
锆合金；1g	Cr、Fe、Ni	15ml H₂SO₄，小心滴加 H₂O₂ 至反应开始
锆/锡合金；3g	Sn	50ml H₂SO₄（1+1），加热至冒烟
锆/锡合金；2~4g	Sn	50ml HCl+2~3ml HF（分几次加），锥形瓶
锆合金；1g	Mn	40ml H₂SO₄（1+1）+2ml HF（滴加），铂皿
锆合金；1g	Cu、Si	15ml H₂O+2ml HF，铂皿
锆铁合金；1g	Zr	20ml HNO₃，滴加 HF，铂皿

续表

样品；质量	待测元素	分解试剂①
锆铁合金；1g	Zr	5ml H_2SO_4，慢慢滴加 20ml HF，加热至冒烟，铂皿
锆铁合金；0.5g	Si	4～5g $NaKCO_3$ 与样品混合，覆盖 1g $NaKCO_3$，慢慢加热烧结，然后加 5～6g Na_2O_2 并熔融，镍坩埚
硬质合金：		
1g	Co	5ml HF＋1ml HNO_3，铂皿
2.5g	Co、Mo、W	5～10ml HF＋HNO_3（滴加）加至冒烟，然后用 15g $NaKCO_3$ 熔融残渣，铂皿
1g	Mo、W	10g Na_2O_2＋5g Na_2CO_3，铁坩埚
1g	Co、Fe、Nb	40ml HNO_3＋5ml HF
1g	Ni、Ta、Ti	用 10ml H_2SO_4 加热到冒烟，铂皿
2g	Cr、V	40ml HNO_3＋5ml HF＋20ml H_2SO_4（1＋1）＋50ml，铂皿
2g	Nb、Ta	10ml HF＋HNO_3（滴加），铂皿
0.5g	Zn	5g $K_2S_2O_7$，熔融后，加 10 滴 H_2SO_4 再熔融
无机颜料		
氧化铁颜料；2g	Fe、Al	50ml HCl＋2ml HNO_3
氧化铁颜料；1g	Cu、Mn	50ml HCl（1＋1）
氧化铁颜料；1g	Fe(Ⅱ)	100ml H_2SO_4（1＋1），CO_2 气氛
二氧化钛颜料；0.15g	Ti	15ml 酸性混合物 [500g $(NH_4)_2SO_4$＋750ml H_2SO_4]，凯氏烧瓶
二氧化钛颜料；1g	Sb、Si	30ml 上述的酸性混合物，凯氏烧瓶
二氧化钛颜料；0.1g	Al	1.5g $K_2S_2O_7$，石英坩埚
二氧化钛颜料；1g	微量金属	10ml HF
碳酸铅；0.5～1g	Pb	10ml HNO_3（约 4mol/L）
四氧化三铅（红丹）；0.5～1g	Pb	10ml HNO_3（约 4mol/L）
四氧化三铅（红丹）；0.5～1g	Pb(Ⅳ)	25ml CH_3COONa（每升 600g 三水合乙酸钠）＋20ml CH_3COOH（30%）＋30ml 0.1mol/L $Na_2S_2O_3$ 滴定剩余的硫代酸盐
四氧化三铅（红丹）；10g	不溶的残渣	20ml HNO_3（约 4mol/L）＋H_2O_2（3%，滴加）
锌白；1.25g	Zn	5ml HCl（1＋1）
锌白；10～50g	Pb、Mn	20～100ml HCl
锌白；40g	Ca、Mg	50ml H_2SO_4（1＋1）＋125ml H_2O
锌白；50～100g	Cu、Cd	200～300ml H_2O＋150～250ml HNO_3
锌白；50g	Fe	300ml H_2O＋120ml HNO_3
锌白；20g	Cl	200ml H_2O＋50ml HNO_3
氧化铬颜料；0.5g	Cr	5～6g Na_2O_2，氧化铝坩埚
氧化铬颜料；5g	Si	20ml H_2SO_4（1＋1）＋25ml $HClO_4$（60%），Cr(Ⅲ) 氧化
氧化铬颜料；5g	Cu、Mn	40ml $HClO_4$（60%），Cr(Ⅲ) 氧化

① 分解试样用的试剂，未注明浓度者均为未经稀释的市售浓溶液。

八、有机试样的分解方法

表 6-16 为有机物中金属、硫和卤素测定时的试样分解方法。

表 6-16 有机试样的分解方法（测定无机组分）

分　类	方法或溶剂	适用对象	容器与操作	附　注
干法灰化法	坩埚灰化法	铝、铬、铜、铁、硅、锡	白金坩埚，500～550℃变为氧化物后溶解	
		银、金、铂	瓷坩埚，变为金属后用硝酸或王水溶解	
		钡、钙、镉、钾、锂、镁、锰、钠、铅、锶	白金坩埚，变为硫酸盐	铅存在时为防止其还原加硝酸
	氧瓶燃烧法	卤素、硫、微量金属	试样在置有吸收液和氧气的三角烧瓶中燃烧	Schöniger 法
	燃烧法	卤素、硫	燃烧管，氧气流中 20～30min，$Na_2SO_3 + Na_2CO_3$ 吸收液吸收	Pregl 法
	低温灰化法	银、砷、金、镉、钴、铬、铯、铜、铁、汞、碘、钼、锰、钠、镍、铅、锑、硒、铂族（食品、石墨、滤纸、离子交换树脂）	低温灰化装置，<100℃	借高频激发的氧气进行氧化分解
湿法灰化法	单一酸			
	浓硫酸	用浓硝酸或有不溶性氧化物生成时	玻璃容器	不是强力的分解剂
	浓硝酸	镭等		良好的氧化剂
	混合酸			
	浓硫酸＋浓硝酸	金、铋、钴、铜、锑等	凯氏烧瓶	
	硝酸＋高氯酸	汞除外，其他金属元素、砷、磷、硫等（蛋白质、赛璐珞、高分子聚合物、煤、燃料油、橡胶）	凯氏烧瓶，67%HNO_3：76%$HClO_4$=1：1，由室温徐徐升温	钒、铬作为催化剂
	酸＋氧化剂			
	浓硫酸＋过氧化氢	含银、金、砷、铋、锗、汞、锑等的金属有机化合物　含有机色素的物质（合成橡胶等）	试样中先加硫酸后加 30%过氧化氢　硫酸＋硝酸加热，冷却后滴加过氧化氢（2～3次）	过氧化氢沿壁加下去
	浓硫酸＋重铬酸钾	卤素	凯氏烧瓶	冷却管并用
	硝酸＋高锰酸钾	汞（食品）		使用回流冷却器
	发烟硝酸	溴、铬、硫、挥发性有机金属化合物	发烟硝酸与硝酸银在闭管中加热（250～300℃，5～6h）	碘不适用，Carius 法

续表

分 类	方法或溶剂	适用对象	容器与操作	附 注
湿法灰化法	过氧化氢、硫酸亚铁	一般有机物（油脂、塑料除外）	试样碎片，30% H_2O_2，稀 HNO_3 调节 pH=2，$FeSO_4 \approx 0.001mol/L$，90～95℃加热 2h	Sansoni 法
特殊法	过氧化钠、氯酸钾法	砷、硼、卤素、铼、硫、硒、硅	试样加 Na_2O_2、$KClO_3$ 加热 1～1.5min	试样要细至 60 目，干燥，测卤素、硒时可用 KNO_3 代替 $KClO_3$
	加热银法	卤素、硫	氧气流中加热分解，由加热的银吸收卤素、硫	
	碱金属熔融法	卤素、磷、硫	磁坩埚，钠、钾、镁等 400℃，加热 15min	形成相应的盐
	石灰熔融法	磷	耐热管，石灰与硝酸钾或碳酸钠熔融	形成磷酸盐

至于有机样品中有机成分的提取涉及面广，组分种类繁多，样品本身性质千差万别，基体影响各具千秋，因而提取方法有很多种。不管使用哪种方法，单独使用还是联合应用，其基本原则是在不影响被测组分性质和含量的前提下尽量去除基体的影响。常用的提取方法有微波辅助提取、索氏抽提、加速溶剂萃取、超声辅助萃取、固相萃取等，后面的几种萃取方法可参见《分析化学手册》第 2 分册《化学分析》第二章的相关内容。

九、复杂样品中相关组分的提取方法

1. 微波辅助提取

（1）微波辅助提取的特征与原理 微波是一种频率在 300MHz～300GHz 的电磁波，波长在远红外线与无线电波之间。国际上规定工业、科学研究、医学及家用等民用微波的频率为（2450±50）MHz，即微波消解仪器的使用频率基本上都是 2450MHz，家用微波炉也如此。

微波在传输过程中遇到不同介质将产生不同的作用，金属材料不吸收微波，只能反射微波，在仪器系统中作为壳体和防护板。绝缘体（如玻璃、陶瓷、聚乙烯、聚苯乙烯、聚四氟乙烯、石英、纸张等）可以透过微波，可作为微波容器使用。具有永久偶极矩的极性分子的物质会吸收微波，使其在微波场中随着微波的频率而快速变换取向（在 2450MHz 的电场中分子每秒变换方向 $2.45×10^9$ 次），来回转动使分子间相互碰撞摩擦，吸收微波的能量而使温度升高。这主要取决于物质的介电常数 ε、介质损耗因子 ε' 及它们的比值耗散因子 δ（$\delta = \varepsilon'/\varepsilon$）。物质对微波的吸收能力随 δ 的增大而增大。一些物质的微波相关指标见表 6-17，一些材料的耗散因子见表 6-18。

表 6-17 一些物质的微波相关指标（25℃，3000MHz）

物 质	介电常数	介质损耗因子	耗散因子（$×10^4$）
冰	3.2	0.00288	9
水	76.7	12.0419	1570
甲醇	23.9	15.296	6400
乙醇	6	1.625	2500
正丙醇	3.7	2.479	6700

续表

物 质	介电常数	介质损耗因子	耗散因子（×10⁴）
乙二醇	12.0	12	10000
四氯化碳	2.2	0.00088	4
正庚烷	1.9	0.00019	1

表 6-18　一些材料的耗散因子（25℃，3000MHz）

材料	耗散因子	材料	耗散因子	材料	耗散因子
水	1570	T-66 陶瓷	5.5	聚氧乙烯	55
石英	0.6	尼龙 66	128	聚苯乙烯	3.0
硼硅酸玻璃	46	聚乙烯	3.1	聚四氟乙烯	1.5
耐热有机玻璃	10.6（27℃）				

　　因而，微波分解样品就是利用微波的穿透性和激活反应能力，加热密闭容器内的试剂和样品，增加制样容器内的压力和反应温度，从而大大提高分解效率，缩短样品的制备时间。由于使用溶剂大大减少，并且可控制反应条件，能使制样精度更高，减少对环境的污染，改善实验人员的工作条件。

　　微波加热的快慢和样品消解的速度不仅与微波功率有关，更与试样的组成、浓度以及所用分解溶剂的种类和用量有关，即需要选择合适的溶剂、合适的微波功率与时间。所制样品中的无机组分可用原子吸收（AA）、等离子光谱（ICP）、等离子光谱-质谱联机（ICP-MS）等仪器测定，有机组分则可用气相色谱（GC）、气质联用（GC-MS）、液相色谱（HPLC）和液质联用（HPLC-MS）等其他仪器进行分析检测。

　　为保证实验安全，以下样品不适合在微波消解容器中使用：炸药（TNT、硝化纤维等）、推进剂（肼，高氯酸铵等）、高氯酸盐、二元醇（乙二醇、丙二醇等）、航空燃料（JP-1等）、引火化学品、漆、醚（熔纤剂-乙二醇苯基醚等）、丙烯醛、酮（丙酮、甲基乙基酮等）、烷烃（丁烷、己烷等）、乙炔化合物、硝酸的双组分混合物（硝酸和苯酚、硝酸和三乙胺、硝酸和丙酮等）、硝酸甘油酯、硝化甘油或其他有机硝化物。

　　（2）微波提取系统的装置　图 6-2 为部分不同种类的微波提取系统。图 6-3 为单层微波样品罐，图 6-4 为双层微波样品罐，图 6-5 为真空微波辅助装置内罐。

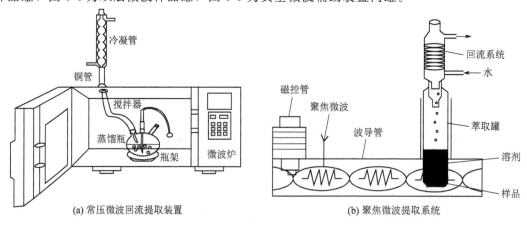

(a) 常压微波回流提取装置　　　　　　(b) 聚焦微波提取系统

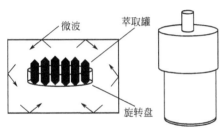

(c) 密闭式微波提取系统

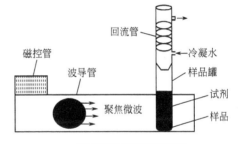

(d) 开罐聚焦微波消解装置

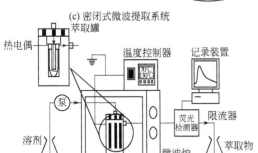

(e) 动态微波辅助萃取装置

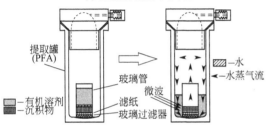

(f) 微波辅助水汽蒸馏装置

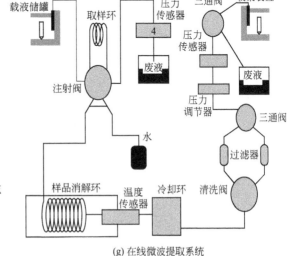

(g) 在线微波提取系统

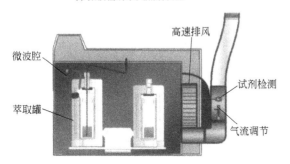

(h) 微波快速溶剂萃取仪

(i) 高通量多功能微波合成工作站

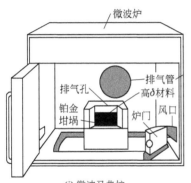

(j) 微波马弗炉

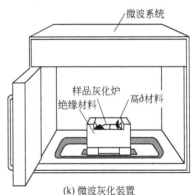

(k) 微波灰化装置

图 6-2 不同形式的微波提取系统示意图

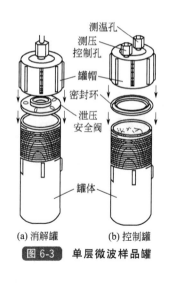

图 6-3 单层微波样品罐

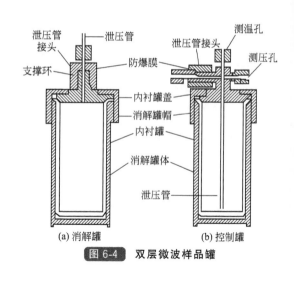

图 6-4 双层微波样品罐

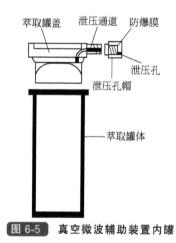

图 6-5 真空微波辅助装置内罐

（3）微波消解样品的实际应用　无机组分的提取简单，只要将有机组分分解掉即可。因而最常见的是酸溶解。微波消解常用的酸见表 6-19，其他操作参数等见表 6-20～表 6-24。除硝酸外，其余的都很少单独使用，更多的是根据不同样品的特性，选择上述两种或更多种组成的混合溶剂，以达到最佳消解效果。同时，已见报道的微波协助萃取剂有甲醇、丙酮、乙酸、二氯甲烷、正己烷、苯等有机溶剂和硝酸、盐酸、氢氟酸、磷酸等无机溶剂以及己烷-丙酮、二氯甲烷-甲醇、水-甲苯等混合溶剂；水溶性缓冲剂也可用作提取剂。

表 6-19　微波提取常用酸的种类与作用

名　称	作　用
硝酸	最宜用于消解生物试样，在密闭状态下硝酸可加热至 180～200℃，有很强的氧化性，可与许多金属形成易溶的硝酸盐。常用于消解脂肪、蛋白质、碳水化合物、化妆品、植物材料、废水等
盐酸	往往与硝酸配成王水使用
氢氟酸	往往与其他酸一起用于分解含硅及硅酸盐的样品
过氧化氢	是很强的氧化剂，化学反应猛烈，应特别注意加入的方法和用量，与其他酸一起使用可以增快溶样速度
硼酸	用氢氟酸消解完后加入硼酸，以配位化合物形式解决难溶的氟化物，消除过量的氢氟酸

对有机组分的提取，则需视样品的基质情况及被提取组分的基本性质合理选择相关的溶剂和提取的条件。其中在提取小分子量低聚物时，用二氯甲烷做萃取剂的萃取效果最好。

准确测定生物样品中的微量或痕量元素的关键是生物样品的前处理，生物样品的前处理直接影响分析结果的精密度和准确度。由于生物样品通常含有大量有机质，消解时产生较多的气体，将使密闭消解罐内压力过大，甚至造成消解罐的炸裂。因此，生物样品在进行微波消解前必须进行预处理。由于生物样品种类繁多，基质不一样，所以对不同的样品应采用不同的预处理方法，一般可分3种：

① 对于反应剧烈的样品，将准备好的样品放在水浴锅或电子控温加热板上加热，并不断摇动溶样杯，让大量的气体释放出，等少量或浅色气体冒出时取下，然后进行微波消解；

② 对于在常温下需要长时间反应的样品，可将准备好的样品放置过夜，第2天再放进消解炉消解；

③ 对于预处理时间长的难处理样品，也可采用放置过夜的方法，第2天再进行消解处理。

样品经过处理后，若溶液体积小于5ml，则必须补加水或酸，使其体积不小于5ml，然后再进行微波消解。

表6-20　典型微波操作参数[①]

样　品	样品量	试　剂	试剂容量/ml	压　力 psi	压　力 Pa	时间/min
灰，纸	0.1g	HCl-HF（7∶3） HNO₃	10 3	160	1103161.6	5
纤维素过滤器		HNO₃-H₂O（1∶1）	10	160	1103161.6	12
水泥	0.1g	HNO₃-HBF₄（1∶1）	2.5＋2.5			2（100％能量）
沉淀	1g	HNO₃-H₂O（1∶1）	20	50 160	344738 1103161.6	10 30
污泥	1g	HNO₃-H₂O（1∶1）	20	30 60 180	206842.8 413685.6 1241056.8	20 10 15
废水	50ml	HNO₃	5	160	1103161.6	20

样　品	数　量	试剂及用量	时间/min	能量/W
辉绿岩和玄武岩	0.1g	HNO₃＋1ml HF	5 60	300 逐渐增加到600
油页岩	0.1g	3ml HNO₃＋1ml H₂O₂ 4ml HF＋1ml HClO₄	4×7 3×7 2 0.5	300 300 600 900
干草	0.5g	4ml HNO₃	3～5 ×1 7 2	300 300 600

① Pradyot Padnaik. Dean's Analytical Chemistry Handbook. 2ⁿᵈ ed. New York：McGraw-Hill Education Press，2004.
注：1 psi＝6894.76Pa。

表 6-21 不同生物样品的取样量、消解时的溶剂用量及微波消解条件[1]

样品种类	取样量/g	HNO₃/ml	H₂O₂/ml	H₂O/ml	选择压力/MPa	加热时间/min	消解效果
鼠肝	0.5	10	2	0	0.5 1.0 2.0	2 4 4	清
鼠胃	0.5	10	2	0	0.5 1.0 2.5	2 5 5	清
鸡肝	1.0	6	1	1	0.5 1.0 1.5	2 2 4	清
牛肝	0.2	6	1	1	0.5 1.5	2 4	清
鸡血	1.0	8	2	0	0.5 1.5	1 3	清
人血清	1.0	5	1	2	0.5 1.0 1.5	2 4 3	清
人发	0.2	3	1	3	0.5 1.0 1.5	2 2 3	清

① 代春吉，董文宾. 微波消解在处理生物样品中的应用. 食品研与开发，2006，27（3）：95.

表 6-22 不同化妆品的取样量、消解时的溶剂用量和消解条件[1]

化妆品种类	取样量/g	HNO₃/ml	H₂O₂/ml	H₂O/ml	选择压力/MPa	加热时间/min	消解效果
口红	0.3	5	2	1	0.5 1.0 2.0	2 4 4	清
眼影	0.3	3	3	1	0.5 1.0 2.5	2 5 5	清
睫毛膏	0.4	4	4	1	0.5 1.0 1.5	2 2 4	清
指甲油	0.5	5	2	0	0.5 1.5	2 4	清
花露水	0.5	2	2	0	0.5 1.5	1 3	清
洗发精	0.5	3	1	0	0.5 1.0 1.5	2 4 3	清
洁面水	0.5	3	2	0	0.5 1.0 1.5	2 2 3	清

① 代春吉，董文宾，苗晓洁. 日用化学品科学，2005，28（10）：31.

表 6-23 微波消解的应用情况

样品种类	检测目标	微波体系	提 取 条 件	回收率/%
环境沉积物	16 种金属	密闭罐	HNO₃-HF-H₂O₂（3∶1∶1），1000W，30min	除铝外全合格
土壤	稀土	密闭罐	HNO₃- H₂O₂（3∶1）	0.7～2.8 pg/ml

续表

样品种类	检测目标	微波体系	提 取 条 件	回收率/%
环境样品	金属有机物	密闭罐	6mol/L HCl，10min，用 2mol/L HNO₃ 处理	检测限 8ng/g
沉积物/土壤	有机氯农药	密闭罐	5g 样品，30ml 己烷-丙酮（1:1），115℃，1000W，10min	>70
海洋沉积物	有机氯农药	密闭罐	己烷-二氯甲烷（1:1）	
沉积物	有机氯农药	密闭罐	5g 样品，己烷-丙酮（1:1），100℃，50% 最大功率，10min	70~90
沉积物	有机氯农药	家用微波炉	2~10g 样品，1ml 水，甲苯，600W，6min	97~102
污泥	有机氯农药	开罐式	30ml 己烷-丙酮（1:1），30W，10min	88~105
河床沉积物	有机氯农药	密闭罐	5g 样品，30ml 己烷-丙酮（1:1），115℃，500W，15min	81~87
生物样品	有机氯农药	密闭罐	25ml 1mol/L NaOH 的甲醇溶液-己烷（1:1），600W，4min	92~98
土壤/沉积物	有机氯农药	密闭罐	己烷-丙酮（1:1），115℃，15min（捕集到 38 种农药）	80~120
土壤	酚类物质	开罐式	9ml 正己烷 + 1ml 乙酸酐-吡啶（4:1），1000W，30min	90~112
血清	胆固醇	开罐式	KOH-甲醇为皂化液，600W，30s	检至 0.011mg
生物骨样品	脂肪酸	密闭罐	盐酸-甲醇（1:4），600W，4min	
土壤/沉积物	多环芳烃	开罐式	己烷-丙酮（1:1）	85

表 6-24　微波辅助萃取的应用及文献

样品种类	提取物质	样品及处理条件	文献
形态分析	金属元素	聚焦微波辅助萃取中草药龙胆草的，水浸取后用 C18 反相色谱柱分离，并以流动注射-ICP-MS 检测钙、铬、铜、铁、镁、锰、镍、钛、锌 9 种元素的游离态及结合态	1
		综述了微波辅助萃取技术在各类样品中有机锡、有机砷和有机汞的提取检测中的应用	2
		用甲醇微波-HPLC 分离-氢化物发生-原子荧光测定稻米中 4 种形态砷	3
环境样品	多环芳烃	用丙酮-正己烷（1:1）混合溶剂微波萃取-HPLC-串联二极管阵列＋荧光检测器检测环境空气总是悬浮颗粒物（TSP）中 16 种多环芳烃组分	4
		以丙酮-二氯甲烷（1:1）微波萃取-GC-MS 法检测了含油废水排放地周边土壤中的 16 种多环芳烃	6
	多氯联苯	在 1200W，115℃条件下用正己烷-丙酮（1:1）微波萃取 20min，以 GC-MS 法测定了土壤中的多氯联苯	6
		用丙酮-正己烷（1:1）微波萃取-全二维气相色谱分离-质谱检测的方法测定了土壤中 20 种有机氯农药、16 种酞酸酯和 18 种多氯联苯	7
	除草剂、杀虫剂	以离子液体（1-己基-3-甲基咪唑六氟磷酸盐）水溶液微波辅助提取-HPLC 法测定环境水样中的三嗪类除草剂	8
		乙醇、乙醚、水、甲苯为溶剂微波辅助萎蒿中的活性成分进行浸提，进而研究其杀虫机理	9
		用正交法优化了微波萃取条件，正己烷为萃取溶剂，提取样品中的除虫菊酯，并用 GC-MS 法检测	10

续表

样品种类	提取物质	样品及处理条件	文献
食品分析	有毒有害物质	用正己烷-丙酮（1∶1）微波提取-佛罗里硅土固相萃取-HP5-MS 毛细管柱分离-串联质谱 MRMM 模式检测水产品中 17 种多氯联苯	11
		微波萃取-UPLC法同时测定纸质食品接触材料中 18 种多环苯烃	12
		用 70％乙腈水溶液微波辅助萃取-HPLC-MS（MRM 模式）测定了西红柿中西玛津、莠去津、敌草净、扑灭津、莠灭净和扑草净	13
中草药	何首乌	以 95％乙醇为提取溶剂微波萃取何首乌中的有效成分（总蒽醌和 2,3,5,4′-四羟基二苯乙烯-2-O-β-D-葡萄糖苷（二苯乙烯苷）为指标），紫外光度法检测	14
	刺五加	以 85％乙醇为提取溶剂微波萃取刺五加中的有效成分（总皂苷和异秦皮啶为指标），HPLC 法检测	15
	丹参	用具有压力控制附件的密闭微波萃取装置，用 90％的乙醇提取丹参中的有效成分（丹参酮Ⅰ、丹参酮ⅡA 和隐丹参酮），HPLC 检测	16
	白藜芦醇	以丙酮为溶剂，用微波辅助萃取提取虎杖中的白藜芦醇，GC-MS 法检测	17
	槲皮素	以乙醇为溶剂，微波和回流加热萃取法从番石榴叶中萃取槲皮素，高效液相色谱法测定	18
	齐墩果酸和熊果酸	乙醇为萃取溶剂，在 80℃时用微波萃取方式从番石榴叶中提取齐墩果酸和熊果酸，HPLC 法检测	19
	黄芩苷	35％乙醇作溶剂，微波提取黄芩中的有效成分黄芩苷，分光光度法和 HPLC 法检测	20
	黄酮	石油醚去除叶绿素，50％乙醇为溶剂微波提取刺五加中的黄酮，分光光度法 500nm 处检测	21
	印楝素	甲醇为萃取溶剂，微波功率 280W 时提取印楝树仁中的印楝素，HPLC 法检测	22
	多糖	水为溶剂微波提取茯苓中的多糖，毛细管电泳法在 210nm 处检测	23
		水为溶剂微波提取紫菜中的多糖，苯酚-硫酸比色法在 210nm 处检测	24
		以 80％乙醇脱单糖，95％乙醇提取枸杞中的枸杞多糖，分光光度法检测	25
	人参	$HNO_3-H_2O_2$ 微波消解，测定其中 Ca，Mg，P，Mn，Fe，Sr，Cr，Cu，Co，Gw	26
	甘草酸	以 0.5％氨水为提取溶剂，微波功率为 2000W，60℃时提取，HPLC 法检测	27

本表参考文献：
1 吴熙鸿，孙大海，杨朝勇，等. 光谱学与光谱分析，2002，22（1）：75.
2 梁立娜，胡敬出，江桂斌. 岩矿测试，2003，22（2）：137.
3 杨慧，戴守辉，毛雪飞，等. 广东农业科学，2012，39（1）：98.
4 李娟，赵永刚，周春宏. 环境监测管理与技术，2004，16（6）：24.
5 徐建玲，盛连喜，王汉席，等. 分析化学，2014（10）：1513.

6　吴瞻英，饶竹，李夏，等，分析试验室，2008，27（6）：61.
7　李燕群，张渝，钱蜀，等.分析试验室，2013（2）：109.
8　王彤，汪子明，任瑞冰，等.分析化学，2009，38（A02）：188.
9　陈泽宇，李永清，刘云.安徽农业科学，2010，38（36）：51.
10　郝金玉，黄若华，王平艳，等，农药，2001，40（8）：15.
11　李强，夏静，白彦坤，等.质谱学报，2012，33（5）：295.
12　王成云，麦家超，廖清萍，等.分析科学学报.2014，30（4）：549.
13　张轶群，孙顺日，金海燕，等.食品安全质量检测学报，2014，5（5）：1377.
14　王娟，沈平嬢，沈永嘉.中成药，2003，34（4）：314.
15　王娟，沈平嬢，沈永嘉.中成药，2003，25（1）：11.
16　陈雷，杨屹，张新祥，等.高等学校化学学报，2004，25（1）：35.
17　李核，李攻科，张展霞.分析测试学报，2004，23（5）：12.
18　黄建林，张展霞.分析测试学报.2005，24（2）：15.
19　黄建林，张展霞.化学与生物工程，2005，22（4）：52.
20　郭振库，金钦汉，范国强，等.中草药，2001，32（11）：985.
21　刘忠英，晏国全，卜凤泉，等.分析化学，2004，32（3）：360.
22　宗乾收，林军，张征，等.农药，2004，43（5）：230.
23　聂金媛，吴成岩，吴世容，李志良.中草药，2004，35（15）：1346.
24　邓红霞，刘青梅，杨性民，郭应龙.食品工业科技，2005（1）：129.
25　邱志敏，黄汉明.食品工业科技，2012，33（7）：220.
26　孙大海，王小如，黄本立.分析食品，1999（2）：53.
27　王巧娥，沈金灿，于文佳，王小如.中草药，2003，34（5）：407.

2. 索氏提取法

索氏提取法属于连续萃取法，是用热溶剂对固体物质进行萃取的方法，索氏提取器是最常用的提取装置（见图6-6）。新型全自动索氏提取器不仅在提取过程中可以全自动进行，而且在提取结束时能将滤纸筒抬升并自动进行冲洗，而后加热使溶剂蒸发进入已腾空的萃取室，圆底烧瓶中已提取好的样品溶液得到浓缩。

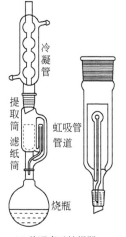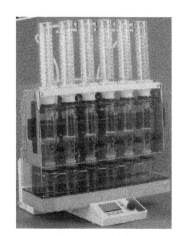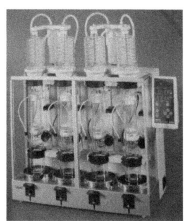

(a) 普通索氏抽提器　　(b) 6管自动索氏抽提器　　(c) 4管自动索氏抽提器

图 6-6　各种索氏抽提器

样品放入样品管中，进行正常的抽提（图6-7中步骤1）；待抽提结束，打开阀门，样品管提升，可对样品管中已抽提完成的样品进行清洗，保证样品管和内部抽提腔中所有样品提取物都浸入溶液杯中（图6-7中步骤2）；关闭阀门，继续加热，溶剂被蒸发至提取腔内，而溶剂杯中的样品溶液被高度浓缩（图6-7中步骤3，相当于旋转蒸发浓缩），以便后续进行各种分析。

在实际操作中，如果控制光学传感器和玻璃阀门，可以实现多种抽提模式的操作。

① 进行常规索氏抽提时，仅打开下加热器，溶剂上行进入样品管，一旦溶剂量达到光学传感器，打开阀门，将提取腔内溶液放回溶剂杯，可持续用新鲜溶剂提取，直至完成。

② 如果要保持抽提腔内的溶剂体积基本不变，可采用热抽提模式：关闭阀门，等到溶剂量达到光学传感器，启动上加热器，即可维持腔内温度恒定且溶剂体积不变。一旦溶剂过量，可打开阀门，泻下部分溶剂即可。

③ 如果在标准抽提的同时开启上加热器，可加快抽提速度。

④ 如果阀门始终是打开的，溶剂不会在提取腔内积聚而是不停地流回至溶剂杯，可避免提取过程中分析物的浓缩。

多功能的自动索氏抽提如图 6-8 所示。

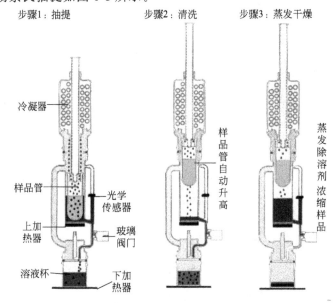

图 6-7 自动索氏抽提器的工作步骤

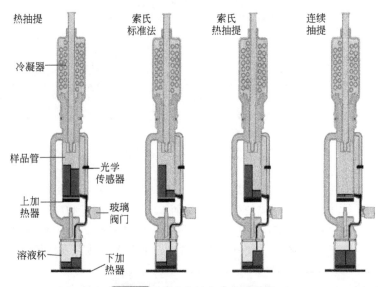

图 6-8 多功能的自动索氏抽提

3. 净化与浓缩

样品分解后，基质的影响很大，尤其是天然生物样品，共存有机物的影响相当明显，往往需要进行净化处理。前处理过程中加入的大量溶剂又可使样品中微量组分浓度在检测限之下，而无法进行有效的准确测定，需要进行浓缩后再进样分析。因而净化与浓缩是样品预处理中很重要的步骤。

常用的净化方法有固相萃取小柱法，也有用凝胶色谱法等。前者的小柱材料有硅胶、氧化铝、弗洛里硅土、C_{18}，乃至于用分子印迹技术特制的专用柱材料等。而浓缩技术有旋转蒸发浓缩、K-D 浓缩、氮吹浓缩等，将溶液浓缩至所需的最终体积，或用氮吹干后再换定量小体积的溶剂定容等。

不同洗脱剂下酚的洗脱顺序见表 6-25，有机氯农药和多氯联苯的洗脱顺序见表 6-26，18 种酚的净化效率见表 6-27。

表 6-25　不同洗脱剂下酚的洗脱顺序

化合物	洗脱百分率/%			
	第一级	第二级	第三级	第四级
2-氯苯酚		90	1	
2-硝基苯酚			9	90
苯酚		90	10	
2,4-二甲基苯酚		95	7	
2,4-二氯苯酚		95	1	
2,4,6-三氯苯酚	50	50		
4-氯-3-甲基苯酚		84	14	
五氯苯酚	75	20		
4-硝基苯酚		1	90	

注：4.0g 活性硅胶，上部加 1～2cm 无水硫酸钠。

洗脱液分别为：第一级 10ml 甲苯-正己烷（15：100）；第二级 10ml 甲苯-正己烷（40：100）；第三级 10ml 甲苯-正己烷（75：100）；第四级 100ml 异丙醇-甲苯（15：100）。

表 6-26　有机氯农药和多氯联苯的洗脱顺序

化合物	第一级洗脱	第二级洗脱	第三级洗脱	化合物	第一级洗脱	第二级洗脱	第三级洗脱
α-BHC			82	异狄氏剂			85
β-BHC			107	硫丹Ⅱ			97
γ-BHC			91	4,4-DDD			102
δ-BHC			92	异狄氏剂乙醛			81
七氯	109			硫丹硫酸盐			93
艾氏剂	97			4,4-DDT		86	15
环氧七氯			95	4,4-甲氧氯			99
氯丹	14	19	29	毒杀芬		15	73
林丹Ⅰ			95	亚老格尔 1016	86		

续表

化合物	第一级洗脱	第二级洗脱	第三级洗脱	化合物	第一级洗脱	第二级洗脱	第三级洗脱
4,4-DDE	86			亚老格尔 1260	91		
狄氏剂			96				

注：3g 去活性硅胶装柱，压实后在硅胶上部加 1~2cm 无水硫酸钠。洗脱剂分别为：第一级 80ml 正己烷洗脱，第二级继续用 50ml 正己烷，第三级用 15ml 二氯甲烷洗脱。

表 6-27　18 种酚的净化效率

化合物	洗脱回收率/%	RSD/%	化合物	洗脱回收率/%	RSD/%
苯酚	74.1	5.2	2,4,5-三氯苯酚	97.8	6.5
2-甲基酚	84.8	5.2	2,3,6-三氯苯酚	95.6	7.1
3-甲基酚	86.4	4.4	2,4,5-三氯苯酚	92.3	8.2
4-甲基酚	82.7	5.0	2,3,5-三氯苯酚	92.3	8.2
2,4-二甲酚	91.8	5.6	2,3,5,6-四氯苯酚	97.5	5.3
2-氯苯酚	88.5	5.0	2,3,4,6-四氯苯酚	97.0	6.1
2,6-二氯苯酚	90.4	4.4	2,3,4-三氯苯酚	72.3	8.7
4-氯-3-甲基酚	94.4	7.1	2,3,4,5-四氯苯酚	95.1	6.8
2,4-二氯基酚	94.5	7.0	五氯苯酚	96.2	8.8

注：用 2g 硅胶固相萃取，5ml（25+75）甲苯-正己烷洗脱。

浓缩的主要方法有旋转蒸发法、氮气吹干法、K-D 浓缩法和真空离心浓缩法。常用浓缩装置见图 6-9。

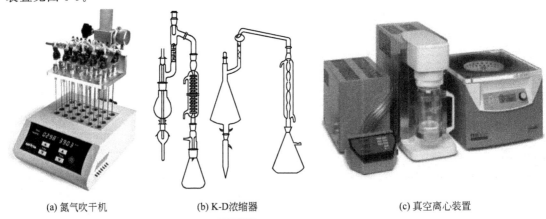

(a) 氮气吹干机　　　　(b) K-D 浓缩器　　　　(c) 真空离心装置

图 6-9　常用浓缩装置

（1）旋转蒸发法　旋转蒸发器中盛蒸发溶液的圆底烧瓶可以旋转且转速可调，水浴温度可以调节，因而在相对温度变化不大的情况下，热量传递快而且蒸发面积大，可以在减压下较快地、平稳地蒸馏，而不发生暴沸现象，回收率较高。但具有处理量少、操作烦琐、小体积后转移困难等缺点，且低沸点组分损失大。

（2）氮气吹干法　适用于体积小、易挥发的提取液。采用惰性气体（主要是氮气）对加热样液进行吹扫，使待处理样品迅速浓缩，达到快速分离纯化的效果。该方法操作简便，可以同时处理多个样品，大大缩短了检测时间。缺点是溶剂被氮气吹入大气中而污染环境。

（3）K-D 浓缩器法　由 K-D 瓶、刻度试管、施奈德分馏柱、温度计、冷凝管和溶剂回收瓶组成，浓缩时样品组分损失小，特别是沸点较低的成分。但对热敏成分不利，适用于脱除沸点较低的溶剂，回收率因样品不同而有差异。

（4）真空离心浓缩系统　由真空离心浓缩仪、冷阱、真空泵三大件组成，综合利用离心、抽真空和加热等手段，有效地蒸发溶剂，高效率回收生物或分析样品。可同时处理多个样品而不会导致交叉污染，离心浓缩后的样品可方便地用于各种定性和定量分析，广泛应用在生命科学、化学、制药、食品安全、农药等行业领域。

4. 其他成套预处理装置

随着科技的发展，样品预处理的成套设备已经问世，这些设备集合化学原理和物理手段，方便实验人员操作，减轻劳动强度，提高处理效率，降低检测成本，效果良好。见图 6-10。

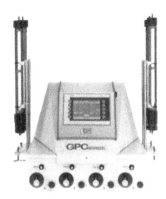

(a) GPC在线预浓缩系统　　(b) 4通道GPC系统　　(c) 整体样品预处理系统

图 6-10　成套预处理装置

十、无溶剂样品前处理方法

无溶剂前处理方法主要有气相萃取法、膜萃取法、吸附萃取法等，参见图 6-11。几种有代表性的无溶剂或少溶剂前处理方法及其特点见表 6-28。

图 6-11　无溶剂样品前处理方法

表 6-28 代表性的无/少溶剂样品前处理方法的特点

前处理方法	原　理	分析方法	分析对象	萃取相	缺　点
顶空法（静态顶空、吹扫捕集法）	利用待测物的挥发性	直接抽取样品顶空气体进行色谱分析；利用载气尽量吹出样品中的待测物后，用冷冻捕集或吸附剂捕集的方法收集被测物	挥发性有机物	气体	静态顶空法不能浓缩样品，定量需要校正；吹扫捕集法易形成泡沫，使仪器超载
超临界流体萃取	利用超临界流体密度高、黏度小、对压力变化敏感的特性	在超临界状态下萃取待测样品，通过减压、降温或吸附收集后分析	烃类、非极性化合物及部分中等极性化合物	CO_2、氨、乙烷、乙烯、丙烯、水等	萃取装置昂贵，不适于水样分析
膜萃取	膜对待测物质的吸附作用	由高分子膜萃取样品中的待测物，再用气体或液体萃取出膜中的待测物	挥发、半挥发性物质，支载液膜萃取在不同 pH 值下能离子化的化合物	高分子膜、中空纤维	膜对待测物浓度变化有滞后性，待测物受膜限制大
固相萃取	固相吸附剂对待测物的吸附作用	先用吸附剂吸附，再用溶剂洗脱待测物	各种气体、液体及可溶性的固体	盘状膜、过滤片、固相萃取剂	回收率低，固体吸附剂容易被堵塞
固相微萃取	待测物在样品及萃取涂层之间的分配平衡	将萃取纤维暴露在样品或其顶空中萃取	挥发、半挥发性有机物	具有选择吸附性的涂层	萃取涂层易磨损，使用寿命有限
液相微萃取	待测物在两种不混溶的溶剂中溶解度和分配比的不同	悬挂的溶剂液滴暴露在样品或其顶空中萃取	各种挥发、半挥发性有机物，液体及可溶性的固体	有机溶剂、酸、碱	稳定性差，导致精密度低

十一、在线前处理方法

一些检测需要经反应（如衍生化反应等）将样品组分转化成特定形式后进行，且有些反应产物的稳定性很差，往往需要在线预处理后直接检测。此时，通常是将在线预处理方法与气相色谱仪（GC）、液相色谱仪（HPLC）、原子吸收光谱仪（AAS）、高频等离子体原子发射光谱仪（ICP）等联用，也可以用流动注射系统作为相关试剂的推动力。一些常用的在线预处理系统的流程见图 6-12。

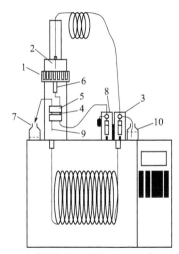

(a) 在线微孔膜液液萃取-气相色谱联用

1—样品盘；2—样品吸管；3—样品注射泵；4—萃取管；
5—萃取管固定装置；6—注射口；7—废液瓶；
8—溶剂泵；9—GC注射针头；10—样品瓶

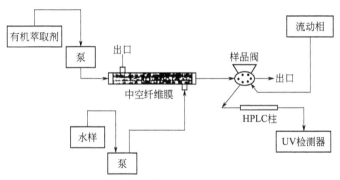

(b) 在线膜分离-HPLC联用

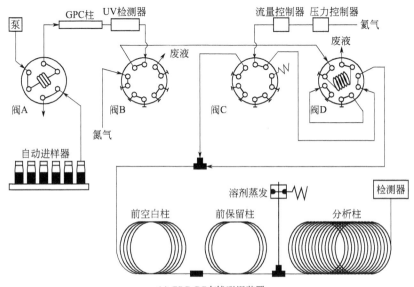

(c) GPC-GC在线联用装置

图 6-12

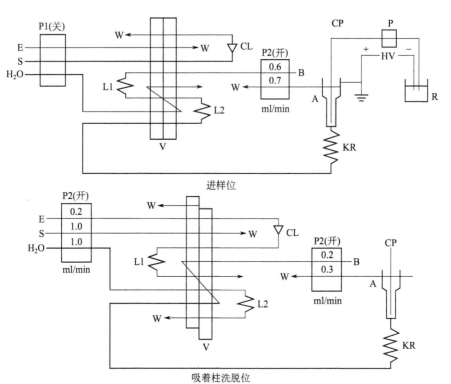

(d) 流动注射在线固相萃取-毛细管电泳联用

L1—洗脱剂环；L2—水环；P1，P2—蠕动泵；CL—分离毛细管柱；
S—试样；E—洗脱剂；V—注射阀；W—废液；R—缓冲液槽；
HV—高压电源；A—接地阳极和分流进样接口；
KR—编织反应器；B—缓冲液载流

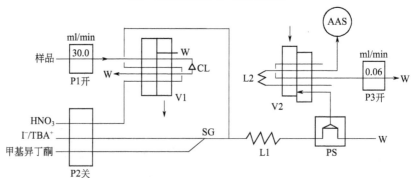

(e) 流动注射在线分离-萃取分离-AAS联用

图 6-12 **在线样品处理系统示意图**

L1—萃取盘管；L2—储存盘管；P1，P2，P3—泵；
PS—相分离器；SG—相间隔器；V1—注射阀；
V2—转向阀；W—废液

参 考 文 献

[1] 李攻科，胡玉玲，阮贵华，等. 样品前处理仪器与装置. 北京：化学工业出版社，2007：5.

[2] 鲁道夫·博克. 分析化学分解方法手册. 谢长生等译. 贵阳：贵州人民出版社，1982.

[3] 中国光学学会光谱专业委员会. 分析样品的预处理. 北京：北京大学出版社，1985.

第三篇
安全知识

第七章　分析实验室安全

　　实验室是采用一定的方法（包括合适的仪器）对特定物质的某些性质进行观察的场所，必然涉及众多采集观察数据的设备，各种用水、用电、用气的设备，各类高压、高能乃至事关核能微波等放射源，各种可能有毒、有害的化学试剂，都可能在不经意中给实验操作人员带来伤害甚至是灭顶之灾，因而，在实际工作中，实验室的安全问题是必须铭刻在脑子里的大事。

第一节　一般安全知识

一、预防中毒

　　化学药品可通过呼吸道、皮肤和消化道进入人体而发生中毒现象。因此，我们切忌口尝、鼻嗅及用手触摸化学药品。预防措施如下。

　　① 一切化学药品瓶要贴有标签。剧毒药品的使用和保管都必须严格执行"五双"的制度管理（保管时双人收发，双人保管，双本账，双门，双锁；使用时双人申请、双人审批、双人使用、双人称量、双人复核）。毒性物质撒落时，应立即全部收拾起来，并尽可能地用冲洗、中和、稀释、消毒等方法把毒物消除掉。

　　② 尽量避免吸入任何药品和溶剂蒸气。若使用某些有毒的气体和蒸气，如 CO、NO_2、H_2S、SO_2、SO_3、Cl_2、Br_2、HCl、HF、浓硝酸、发烟硫酸、浓盐酸、乙酰氯等，必须在通风橱中进行；通风橱开启后，不要把头伸入橱内，并保持实验室通风良好；严禁在酸性介质中使用氰化物。

　　③ 禁止用手直接取用任何化学药品，使用毒品时除用药匙、量器外必须戴橡皮手套，实验后马上清洗仪器用具，立即用肥皂洗手；禁止口吸吸管移取浓酸、浓碱、有毒液体，应该用洗耳球吸取；禁止冒险品尝药品试剂，不得用鼻子直接嗅气体，而是用手向鼻孔扇入少量气体。

　　④ 不要用乙醇等有机溶剂擦洗溅在皮肤上的药品，这种做法反而会增加皮肤对药品的吸收速度；实验室里禁止吸烟进食，禁止赤膊穿拖鞋。

　　⑤ 中毒时必须急救中毒者，应根据化学药品的毒性特点、中毒途径及中毒程度采取相应措施。救治由于经呼吸道吸入而中毒者，应立刻把中毒者移到新鲜空气中；救治由于皮肤吸收而中毒者，应迅速脱去污染的衣服、鞋袜等，用大量流动清水冲洗；救治因误服吞咽而中毒者，常采用催吐、洗胃、清泻、药物解毒等方法，一切患者应请医生治疗。

　　⑥ 参加救护者，必须做好个人防护，进入中毒现场必须戴防毒面具或供氧式防毒面具。

二、预防火灾和爆炸

　　正确的实验操作对预防火灾和爆炸的发生有着极为重要的作用。

　　① 挥发性有机药品应存放在通风良好的场地。

　　② 氢气、乙炔、环氧乙烷等气体与空气混合达到一定比例时，会生成爆炸性混合物，遇明火即会爆炸。因此，当大量使用可燃性气体时，应严禁使用明火和可能产生电火花的电器；使用易燃液体时严禁用明火、电炉直接加热，在蒸馏可燃性物质时，必须要有蒸气冷凝

装置或合适的尾气排放装置。

③ 废溶剂严禁倒入污物缸，应倒入回收瓶内再集中处理；燃着的或阴燃的火柴梗不得乱丢，应放在表面皿中，实验结束后一并投入废物缸；对于易发生自燃的物质（如加氢反应用的催化剂雷尼镍）及沾有它们的滤纸，不能随意丢弃，以免形成新的火源，引起火灾。

④ 金属钠严禁与水接触，废钠通常用乙醇销毁。

⑤ 不得在烘箱内存放、干燥、烘焙有机物。

⑥ 严禁把氧化剂与可燃物一起研磨；不能在纸上称量过氧化物和强氧化剂。

⑦ 使用爆炸性药物，如苦味酸、高氯酸及其盐、过氧化氢等要避免撞击、强烈振荡和摩擦；当实验中有高氯酸蒸气产生时，应避免同时有可燃气体或易燃液体蒸气存在。

⑧ 乙醚、异丙醚、丁醚、甲乙醚、四氢呋喃、二氧六环等物质容易吸收空气中的氧，形成危险性过氧化物，受热、震撞时可产生极强烈的爆炸。因此，在进行回流或加热之前，应检查是否有过氧化物存在，如有，应先除去过氧化物，方可使用。

⑨ 在做高压或减压实验时，应使用防护屏或戴防护面罩；实验时防止煤气管、煤气灯漏气，实验完毕应立即关闭煤气（液化气）和电器开关；不得让气体钢瓶在地上滚动，不得撞击钢瓶表头，更不得随意调换表头。搬运钢瓶时应使用钢瓶车。有条件的地方应实行集中供气，即所有钢瓶集中放置，用管线连接到需用气地点。实行集中供气的实验室必须做到管线不漏气，各用气地点有明确标牌明示，供气前必须认真检查，确认无误方能供气。

三、防止化学烧伤、割伤、冻伤

化学烧伤是实验室常见的事故，是化学物质及化学反应热引起的对皮肤、黏膜刺激、腐蚀的急性损害，可由各种刺激性和有毒的化学物质引起。

① 在化学实验室里应该一直佩戴护目镜（平光玻璃或有机玻璃眼镜），防止眼睛受刺激性气体熏染，防止任何化学药品特别是强酸、强碱、玻璃屑等异物进入眼内。取用腐蚀性刺激药品，如强酸、强碱、浓氨水、氯化氧磷、浓过氧化氢、氢氟酸、冰乙酸和溴水时尽可能戴上橡皮手套和防护眼镜；不得用鼻子直接嗅气体，而是用手向鼻孔扇入少量气体；实验后马上清洗仪器用具，立即用肥皂洗手。

② 开启大瓶液体药品时，必须用锯子将封口石膏锯开，禁止用其他物体敲打，以免瓶被打破。要用手推车搬运装酸或其他腐蚀性液体的坛子、大瓶，严禁将坛子背、扛搬运，并佩戴防护镜、橡皮手套和围裙操作。

③ 稀释硫酸时，必须在耐热容器内进行，并且在不断搅拌下，慢慢地将浓硫酸加入水中。绝对不能将水加注到浓硫酸中；在溶解氢氧化钠、氢氧化钾等发热物质时，也必须在耐热容器中进行；取下正在沸腾的水或溶液时，需用烧杯夹夹住，以防突然剧烈沸腾溅出溶液伤人。

④ 装配或拆卸玻璃仪器装置时，要小心进行，防备玻璃仪器破损、割手。如切割玻璃管（棒）及给瓶塞打孔时，易造成割伤；往玻璃管上套橡皮管或将玻璃管插进橡皮塞孔内时，易使玻璃管破碎而割伤手部，因此必须将玻璃管端面烧圆滑，用水或甘油湿润管壁及塞内孔；把玻璃管插入塞孔内时，必须握住塞子的侧面，不能把它撑在手掌上，并用布裹住手。

⑤ 在使用制冷剂时要注意避免因低温而引起皮肤冻伤，因此，必须戴上手套或用钳子、铲子、铁勺等工具进行操作。

四、实验室安全设备

（1）化学通风橱　化学通风橱是保护人员防止有毒化学烟气危害的一级屏障，可减少实验者和有害气体的接触。使用通风橱时要注意：禁止在未开启通风橱时在通风橱内做实验，禁止在通风橱内存放或实验易燃易爆物品，禁止在通风橱内做国家禁止排放的有机物质与高氯化合物质混合的实验，通风橱台面避免存放过多试验器材或化学物质，禁止长期堆放。

（2）手套式操作箱　操作过程中涉及剧毒物质或必须在惰性气体中或干燥的空气中处理的活性物质时，必须使用密封性好的手套式操作箱。

（3）紧急冲淋装置和洗眼器　冲淋设备和紧急洗眼器是在有毒有害危险作业环境下使用的应急救援设施。当发生有毒有害物质（如酸、碱、有机物等液体）喷溅到工作人员身体、脸、眼或发生火灾引起工作人员衣物着火时，紧急冲淋装置和洗眼器可以对受伤害者的眼睛和身体进行紧急冲洗或者冲淋。这些设备只是进行初步的处理，不能代替医学治疗，必须尽快进行进一步的医学治疗。

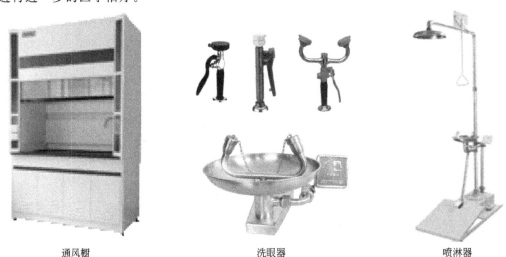

通风橱　　　　　　　　　洗眼器　　　　　　　　　喷淋器

（4）消防和急救设备　每个实验室的天花板上要装有火灾检测器（烟火报警器），实验室内配备灭火器、灭火砂和灭火毯等消防用品；实验室应备有急救箱，箱内备有消毒剂，如碘酒、75%的卫生酒精棉球等；外伤药如紫药水、消炎粉和止血粉；烫伤药如烫伤油膏、凡士林、玉树油、甘油等；化学灼伤药如5%碳酸氢钠溶液、2%乙酸、1%硼酸、5%硫酸铜溶液、医用双氧水等；治疗用品如药棉、纱布、创可贴、绷带等。

五、 其他方面

① 在实验操作前，需了解实验中所有物理、化学、生物方面的潜在危险，及相应的安全措施。

② 进入实验室工作的人员，必须熟悉实验室及其周围的环境，如煤气、水阀、电闸、灭火器、冲淋装置、洗眼器及实验室外消防水源等设施的位置，熟知灭火器和砂箱，以及急救药箱的放置地点和使用方法。

③ 要根据实验情况采取必要的安全措施，如戴防护眼镜、面罩或橡胶手套等。

④ 进入实验室的人员需穿全棉工作服，不得穿凉鞋、高跟鞋或拖鞋；留长发者应束扎头发；离开实验室时须换掉工作服。

⑤ 实验人员或最后离开实验室的工作人员都应检查水阀、电闸、煤气阀等，关闭门、窗、水、电、气后才能离开实验室。

第二节　使用煤气设备的安全守则

① 使用煤气人员必须进行煤气安全技术知识教育，掌握煤气设备操作、煤气爆炸、中毒和火灾处理等技术知识。

② 煤气灯及煤气管道要经常用肥皂水涂于可疑处或接头处检查是否泄漏，严禁用火试验。

③ 点煤气灯时，必须先闭风，后点火，再开煤气，最后调节风量。停用时要先闭风，后闭煤气；若无人在室内，禁止使用煤气灯。

④ 使用煤气的实验室，不准堆放易燃、易爆物品，谨防火灾和爆炸事故发生。

⑤ 用完煤气后，要切记关闭煤气开关，丝毫不得疏漏。

⑥ 一旦发生煤气意外泄漏，要立即关闭煤气开关，千万不可开启或关闭任何电器开关，包括开灯、排风扇及打电话等，轻轻地打开所有门窗迅速逃出户外，并迅速报告有关部门处理。

第三节　使用电器设备的安全守则

① 实验前先检查用电设备是否漏电，外壳是否带电，接地线是否脱落，再接通电源；实验结束后，先关仪器设备，再关闭电源；工作人员离开实验室或遇到突然断电的情况，应关闭电源，尤其要关闭加热电器的电源开关。

② 电器设备应配备足够的用电功率和电线，不得超负荷用电；电器设备和大型仪器须接地良好，对电线老化等隐患要定期检查并及时排除。不使用不合格的电器设施（如开关、插座插头、接线板等）；使用的配电箱、闸刀开关、按钮开关、空气开关、插座以及电缆必须保持完好，不得有破损或裸露；在更换保险丝时，要按负荷量选用合格保险丝，不得加大或以铜丝代替使用。对使用380V三相电的设备尤其要注意相平衡，以免发生短路或缺相而引起事故，造成人员伤害以及发生火灾；凡使用110V以上电源装置，仪器的金属部分必须安装地线，要使用有绝缘手柄的工具。

③ 在使用电热恒温干燥箱时，不得把易燃挥发物品放入干燥箱内，以免发生爆炸。

④ 在有电加热、电动搅拌、磁力搅拌及其他电动装置参与的化学反应及反应物后处理运行过程中，实验人员不得擅自离开。烘箱、马弗炉、搅拌器、电加热器、冷却水等原则上不准过夜；确需过夜的须经单位安全员同意，并有专人值班。打扫卫生、擦拭设备时，严禁用水或湿布擦拭设备或电气元件，以防发生短路或触电事故。

⑤ 发生电气火灾时，应先切断电源，并使用1211或干粉灭火器进行救火，严禁使用水或泡沫灭火器；发生触电事故时，救护人员先切断电源后救治触电者，拉闸后用绝缘性能好的物品（如木棍、竹竿、塑料制品等）把触电者于电线上拉开，立即进行人工呼吸或胸外心脏按摩，并就近送医院处理。

第四节　使用高压和高能装置的安全守则

高压装置是由高压发生源（气体压缩机、高压气体容器）、高压反应器（高压釜、各种合成反应管）、压力计、高压阀、安全阀、电热器及搅拌器等附属器械构成的一个整体。高压装置一旦发生破裂，碎片即以高速度飞出，同时急剧地冲出气体而形成冲击波，使人身、实验装置及设备等受到重大损伤，同时往往还会使所用的煤气或放置在其周围的药品引起火灾或爆炸等严重的二次灾害。由于高压实验危险性大，所以必须在熟悉各种装置、器械的构造及其使用方法的基础上，谨慎地进行操作。

① 充分明确实验的目的，熟悉实验操作的条件。对瞬间反应剧烈、产生大量气体或高温易燃易爆以及超高压、超高温的化学反应要选用适合的装置、器械种类及设备材料。

② 高压釜要在指定的地点使用，并按照使用说明进行操作。查明刻于主体容器上的试验压力、使用压力及最高使用温度等条件，要在其容许的条件范围内使用。压力计最好在其标明压力的 1/2 以内使用；装入反应介质时应不超过釜体 2/3 液面；高压釜内部及衬垫部位要保持清洁；操作时必须注意，温度计要准确地插到反应溶液中。氧气用的压力计要避免与其他气体用的压力计混用。安全阀及其他的安全装置，要使用经过定期检查符合规定要求的器械。

③ 实验室内仪器、装置的布局，要预先充分考虑到倘若发生事故，也要使其所造成的损害限制在最小范围内。实验室内的电气设备，要根据使用气体的不同性质，选用防爆型之类的合适设备。

④ 在实验室的门外及其周围，要挂出标志，以便局外人也清楚地知道实验内容及使用的气体等情况。在高压设备旁，应悬挂、张贴警告标识牌和装设护栏等安全技术措施。

高能装置常常使用直流高压电或高频高压电，因此，使用这些装置时，必须注意防止触电和电气灾害，同时，随着使用的能量增高，其发生事故的危险性也就越大。例如，激光或雷达等能放出强大电磁波的高频装置，由它们放出的微波或光波，瞬间即会使人严重烧伤。并且往往还会使眼睛失明，甚至发生生命危险。此外，使用能放出放射线的装置时，实验人员及在其周围工作的同事，也会因被放射线照射而受到伤害。因此，必须予以足够的重视。

⑤ 设置有这类装置的地方，要标明为危险区域，并在特别危险的地点（如高压电、放出 X 射线及电磁波等部位）设置栏栅，以免误入。

⑥ 这类装置的装配、布线及修理等，均要由专家进行；装置必须安装地线。在真空系统中安装高压电带电部件时，往往由于不小心，一泄漏真空即会通电，因此要格外注意。装置附带的变压器虽然属小型的，也要十分注意操作安全。有些装置还自带直流（干电池）供电，当连接多个时，其所产生的高压电也可能带来危险。

⑦ 使用激光器时，必须戴防护眼镜。要十分注意射出光线的方向，并同时查明确实没有反射壁面之类的东西存在。最好把整个激光装置都覆盖起来。不要在可燃物质、易燃物质、易爆物质或挥发性物质存在的情况下操作激光器。不要将皮肤暴露在激光光束下，否则会被严重烧伤。

⑧ 15kV 以上的高压电有放出 X 射线的危险，要加以注意。盖斯勒真空管也会放出 X 射线，长时间使用时，要予以注意。

⑨ 微波辐射的频率为 300MHz～300GHz（波长在 1m～1mm），手机和电脑都有相应的微波辐射。配备微波消解装置的实验室必须注意对微波的防护。

第五节　防火与灭火

实验室往往使用种类繁多的易燃易爆化学物品，且风干机、烤箱、电炉等大功率电热器具较多，其他火源种类也多。一旦发生火灾，损失大，人员伤亡大，难以扑救，实验室每位工作人员必须明确消防器材的放置地点，熟练掌握使用方法和灭火常识，并会报火警。要注意：

① 实验室内严禁吸烟，有易燃、易爆等危险品的实验室内严禁使用明火。室内严禁大量存放易燃、易爆物品，不得使用汽油、酒精擦拭仪器设备。

② 不得超负荷用电，不得随意加大保险丝容量，不得乱拉乱接临时电源线。配电盘前方不得堆放物品。电器设备注意防潮、防腐、防老化、防电线短路，工作完毕要及时切断电源。

③ 在容器中（如烧杯、烧瓶、热水漏斗等）发生的局部小火，用湿布、石棉网、表面皿或木块等覆盖，就可以使火焰熄灭；若因冲料、渗漏、油浴着火等引起反应体系着火时，有效的扑灭方法是用几层灭火毯包住着火部位，隔绝空气使其熄灭。烘箱有异味或冒烟时，应迅速切断电源，使其慢慢降温，并准备好灭火器备用。千万不要打开烘箱门，以免突然供

入空气助燃（爆），引起火灾。

④ 若人的身体着火，如衣服着火，应立即用湿抹布、灭火毯等包裹盖熄，或者就近用水龙头、冲淋装置浇灭或卧地打滚以扑灭火焰，切勿慌张奔跑，否则风助火势会造成严重后果。

⑤ 实验室常用的灭火器材为沙箱、灭火毯、灭火器。常用灭火器及适用范围见表7-1。

表 7-1　实验室常用灭火器及其适用范围

灭火器类型	药液成分	适用范围
酸碱式	H_2SO_4 和 $NaHCO_3$	非油类和电器引起的一般初起火灾
泡沫灭火器	$Al_2(SO_4)_3$ 和 $NaHCO_3$	油类起火
CO_2 灭火器	液态 CO_2	电气设备、小范围油类及忌水化学物品的失火
干粉灭火器	$NaHCO_3$、硬脂酸铝、云母粉、滑石粉等	油类、可燃性气体、电气设备、精密仪器、图书文件和遇水易燃物品的初起火灾
1211 灭火器	CF_2ClBr 液化气体	特别适用于油类、有机溶剂、精密仪器、高压设备的失火
水系灭火器[①]	水	可燃固体（A 类）、可燃油类（B 类）、可燃气类（C 类）及 1000V 以下带电设备的初起火灾
灭火弹[②]	超细干粉（或砂石）灭火剂	几乎所有类型，尤其是大面积火灾

[①]水系灭火器的灭火效果明显优于干粉、1211 等灭火器，具有灭火效率高、抗复燃性能强、无次生污染、无毒、无刺激等特点，可 100％生物降解。

[②]小型灭火弹的覆盖面积约 20m²，单位容积灭火效率是哈龙灭火剂的 2～3 倍，是普通干粉灭火剂的 6～10 倍，是二氧化碳的 15 倍。

第六节　不幸事故的应急处理

化学实验室的事故对人体可能造成的伤害为：烧伤、化学灼伤、割伤、冻伤、电击伤、中毒等。各实验室以及接触化学品（尤其是危险化学品）的单位必须按照国家安全生产监督管理总局令第十七号《生产安全事故应急预案管理办法》（2009 年 5 月 1 日起施行）的相关规定制定处理各类紧急事故的应急预案，平时注意对相关人员的宣传及贯彻执行，并组织演练，确保在事故现场能及时采取一些有效的急救措施，为进一步救治奠定基础。

一、急救常识

1. 现场急救注意事项

①镇定有序的指挥：对伤病员进行必要的处理和呼叫医务人员前来现场急救。

②迅速排除致命和致伤因素：如搬开压在身上的重物，撤离中毒现场，如果是触电意外，应立即切断电源；清除伤、病员口鼻内的泥沙、呕吐物、血块或其他异物，保持呼吸道通畅。

③检查伤员的生命体征：呼吸困难时给氧，呼吸停止时立即进行人工呼吸，心脏骤停时立即进行心脏按摩。

④止血：有创伤出血者，应迅速包扎止血，可加压包扎、上止血带或指压止血等，同时尽快送往医院。

注意：急救之前，救援人员应确保受伤者所在环境是安全的。另外，口对口的人工呼吸及冲洗污染的皮肤或眼睛时，要避免进一步受伤。

2. 急救措施

对遭雷击、急性中毒、烧伤、电击伤、心搏骤停等因素所引起的抑制或呼吸停止的伤员可采用人工呼吸和体外心脏挤压法，有时两种方法可交替进行，称为心肺复苏（cardiopulmonary resuscitation，CPR）。

人工呼吸是复苏伤员的一种重要的急救措施，其目的就是采取人工的方法来代替肺的呼吸活动，及时而有效地使气体有节律地进入和排出肺脏，供给体内足够氧气和充分排出二氧化碳，维持正常的通气功能，促使呼吸中枢尽早恢复功能，使处于假死的伤员尽快脱离缺氧状态，使机体受抑制的功能得到兴奋，恢复人体自动呼吸。

体外心脏挤压法，是指通过人工方法有节律地对心脏挤压，来代替心脏的自然收缩，从而达到维持血液循环的目的，进而恢复心脏的自然节律，挽救伤员的生命。

心肺复苏术的主要目的是保证提供最低限度的脑供血，正规操作的 CPR 手法可以提供正常血供的 25％～30％，心肺复苏分为 C、A、B，即 C 胸外按压→A 开放气道→B 人工呼吸三步。

其他方法：仰卧压胸式人工呼吸，俯卧压背式人工呼吸，仰卧牵臂式人工呼吸等方法。

以上操作最好事先经医生指导练习后进行。

二、 应急处理

（一）烧伤的应急处理

烧伤包括烫伤、火伤和化学灼伤等。烧伤急救的主要目的是减轻伤员的疼痛，并保护皮肤的受伤面不受感染。故而应将伤员迅速脱离火源或其他致伤源，保护创面，尽快转诊。

1. 急救原则

①火焰烧伤应迅速离开火源，脱去着火的衣服。

②被蒸汽或热的液体烫伤时，立即将烫伤部位的衣物去掉可避免烫伤加重，同时可用冷水冲淋或浸泡半小时。

③电烧伤者应立即切断电源。

④化学性烧伤，首先清洗皮肤上的化学药品，再用大量水冲洗，一般要持续冲洗15min以上，然后要根据药品性质及烧伤程度采取相应的措施，按表 7-2 处理有助于减轻损伤。

2. 烧伤后的应急处理

①对于烧伤面积较小者和四肢部位的烧伤，可用冷水冲淋或浸泡，能起到减少损害、减轻疼痛的作用；大面积烧伤的患者只能给其喝淡盐水而不能大量喝淡水，否则会加剧水肿，出现低钠血症等并发症。因爆炸燃烧事故受伤的伤员，创面污染严重，无需强行清除创面上的衣物碎片和污物，简单包扎后立即送往医院治疗。

②对于轻度烧伤，可局部涂抹清凉油、烧伤油（动、植物油制剂），可促进愈合，一般不用包扎。

③对Ⅱ度烧伤必须清洁创面，消毒周围皮肤，小水泡不可弄破，涂抹烧伤药即可，大水泡经消毒后可用无菌针穿刺抽吸，后再涂抹烧伤油或烫伤膏包扎，再换药。

④Ⅲ度烧伤则需送医院治疗。

3. 化学灼伤的急救

化学灼伤时，应迅速脱去污染的衣服，首先用手帕、纱布或吸水性良好的纸片等物吸去皮肤上的化学毒物液滴，用大量流动清水冲洗，头、面部烧伤时，要注意眼、耳、鼻、口腔的清洗，再以适合于消除这种有毒化学药品的特种溶剂、溶液或药剂仔细洗涤处理伤处。一般急救或治疗法列于表 7-2。

表 7-2 常见化学灼伤的急救和治疗

化学试剂种类	急救或治疗方法
碱类：氢氧化钠（钾）、氨、氧化钙、碳酸钾	立即用大量水冲洗，再用 2％ 乙酸溶液冲洗，或用 3％ 硼酸水溶液洗，最后用水冲洗；其中对氧化钙烧伤者，要先清扫掉沾在皮肤上的石灰粉，再用水冲洗，然后可用植物油洗涤、涂敷伤面

续表

化学试剂种类	急救或治疗方法
碱金属氰化物、氢氰酸	先用高锰酸钾溶液冲洗，再用硫化铵溶液冲洗
溴	被溴烧伤后的伤口一般不易愈合，必须严加防范，一旦有溴沾到皮肤上，立即用清水、生理盐水及 2% 碳酸氢钠溶液冲洗伤处，包上消毒纱布后就医
氢氟酸	先用大量冷水冲洗直至伤口表面发红，然后用 5% 碳酸氢钠溶液清洗，再用甘油镁油膏（2：1 的甘油-氧化镁）涂抹，最后用消毒纱布包扎
铬酸	先用大量清水冲洗，再用硫化铵稀溶液洗涤
黄磷	去除磷颗粒后，用大量冷水冲洗，并用 1% 硫酸铜溶液擦洗，再以 5% 碳酸氢钠溶液冲洗湿敷以中和磷酸，禁用油性纱布包扎，以免增加磷的溶解和吸收
苯酚	先用大量水冲洗，后用 70% 酒精擦拭、冲洗创面，直至酚味消失，再用大量清水冲洗干净，冲洗后可再用 5% 碳酸氢钠溶液冲洗、湿敷
硝酸银、氯化锌	先用水冲洗，再用 5% 碳酸氢钠溶液清洗，然后涂以油膏及磺胺粉
酸类：盐酸、硝酸、乙酸、甲酸、草酸苦味酸	用大量流动清水冲洗（皮肤被浓硫酸沾污时切忌先用水冲洗），彻底冲洗后可用稀碳酸氢钠溶液或肥皂水进行中和，再用清水洗
硫酸二甲酯	不能涂油，不能包扎，应暴露伤处让其挥发
碘	淀粉质（如米饭等）涂擦
甲醛	可先用水冲洗后，再用酒精擦洗，最后涂以甘油

4. 眼睛灼伤的处理

眼睛受到任何伤害都必须立即请眼科医生诊治，但在医生救护前，对眼睛的化学性灼伤，应用大量细流清水冲洗眼睛 15min 以上，洗眼时要保持眼皮张开，如无洗眼器等冲洗设备，可把头埋入清洁盆水中，掰开眼皮，转动眼球清洗。

对于碱灼伤，在洗眼后再用 4% 硼酸或 2% 柠檬酸钠溶液冲洗，然后反复滴氯霉素等微酸性眼药水。对于酸灼伤，则在洗眼后再用 2% 碳酸氢钠溶液冲洗，然后反复滴磺胺乙酰钠等微碱性眼药水。

若电石、石灰颗粒溅入眼内，需先用蘸石蜡或植物油的镊子或棉签去除颗粒，再用水冲洗，冲洗后，用干纱布或手帕遮盖伤眼，去医院治疗。

玻璃屑等异物进入眼睛内时绝不可用手揉擦，也不要试图让别人取出碎屑，用纱布轻轻包住眼睛后，将伤者急送医院处理。

（二）割伤、冻伤及电击伤的应急处理

1. 割伤的应急处理

在化学实验室的割伤主要是由玻璃仪器或玻璃管的破碎引发的。由玻璃片造成的外伤，首先必须除去碎玻璃片，如果为一般轻伤，应及时挤出污血，并用消过毒的镊子取出玻璃碎片，用蒸馏水洗净伤口，涂上碘酒，再用创可贴或绷带包扎；如果为大伤口，应立即捆扎靠近伤口部位 10cm 处压迫止血，可平均半小时左右放松一次，每次 1min，再捆扎起来，使伤口停止流血，急送医务室就诊。

2. 冻伤的应急处理

使用致冷剂时一般会产生因低温引起的皮肤冻伤。

冻伤的应急处理方法是将冻伤部位放入 38～40℃ 的温水中浸泡 20～30min。即使恢复到正常温度后，仍要将冻伤部位抬高，在常温下，不包扎任何东西，也不用绷带，保持安静。若没有温水或者冻伤部位不便浸水时，则可用体温（如手、腋下）将其暖和。要脱去湿衣物，也可饮适量含酒精的饮料暖和身体。

3. 电击伤的应急处理

发生触电事故时，急救的关键是切断电源后救治触电者。拉闸是最重要的措施，一时不能切断电源时，用绝缘性能好的物品（如木棍、竹竿、塑料制品等）拨开电源，或用干燥的布带、皮带把触电者从电线上拉开，解开妨碍触电者呼吸的紧身衣服，检查触电者的口腔，清理口腔的黏液，如有假牙则取下。立即就地进行抢救，如果触电者停止呼吸或脉搏停跳时，要立即进行人工呼吸或胸外心脏按摩，决不能无故中断，并报 120 就近送医院处理。

（三）中毒的应急处理

1. 处理原则

中毒→组织抢救→清除毒物→解毒药物→对症支持治疗→观察病情→健康教育指导。

实验过程中若感觉咽喉灼痛，出现发绀、呕吐、惊厥、呼吸困难和休克等症状时，则可能系中毒所致。发生急性中毒事故，在进行现场急救处理后，要将中毒者送医院急救，并向医院提供中毒的原因、化学物品的名称等以便能对症医疗，如化学物不明，则需带该物料及呕吐物的样品，以供医院及时检测。

在进行现场急救时，实验人员根据化学药品的毒性特点、中毒途径及中毒程度采取相应措施，要立即将患者移至安全地带，并设法清除其体内的毒物。对呼吸道吸入中毒者的救治，首先保持呼吸道畅通，并立即转移至室外，向上风向转移，解开衣领和裤带，呼吸新鲜空气并注意保暖；对休克者应施以人工呼吸，但不要用口对口法，立即送医院急救；对于经皮肤吸收中毒者的救治，应迅速脱去污染的衣服、鞋袜等，用大量流动清水冲洗 15～30min，也可用微温水；对误服吞咽中毒者的救治，常采用催吐、洗胃、清泻、药物解毒等方法。

2. 注意事项

①使用解毒、防毒及其他排毒药物进行解毒，如强腐蚀性毒物中毒时，禁止洗胃，并按医嘱给予药物及物理性对抗剂，如牛奶、蛋清、米汤、豆浆等保护胃黏膜。强酸中毒可用弱碱，如镁乳、肥皂水、氢氧化铝凝胶等中和；强碱中毒可用弱酸，如 1% 乙酸、稀食醋、果汁等中和，强酸、强碱中毒均可服稀牛奶、鸡蛋清。

②对因中毒而引起呼吸、心跳骤停者，应进行心肺复苏术，主要的方法有人工呼吸和心脏胸外挤压术。

③参加救护者必须做好个人防护，进入中毒现场必须戴防毒面具或供氧式防毒面具。如时间短，对于水溶性毒物，如常见的氯、氨、硫化氢等，可暂用浸湿的毛巾捂住口鼻等。在抢救病人的同时，应想方设法阻断毒物泄漏，阻止蔓延扩散。

3. 医疗救治

（1）应用特效解毒药物　职业中毒的特效解毒剂通常是两大类药物，一类是金属络合剂，适用于某些金属中毒；另一类是针对毒物作用机理所采用的特殊解毒或拮抗药物，如有机磷中毒者应用复能剂和阿托品，亚硝酸盐中毒者应用亚甲蓝，急性乙醇中毒者应用纳洛酮，氟乙酰胺中毒者应用乙酰胺，氰化物中毒者应用亚硝酸钠和硫代硫酸钠等。

（2）氧疗　有缺氧症状时，可给予鼻塞、鼻导管或面罩给氧；发生严重肺水肿或急性呼吸窘迫综合征时，给予呼吸机支持治疗。

（3）肾上腺糖皮质激素　有毒气体中毒的重症病例可发生肺水肿和脑水肿，应早期、足量给予肾上腺糖皮质激素（如地塞米松，每日 10～40mg）。

（4）对症和支持治疗　保护重要器官功能，维持酸碱平衡，防止体液电解质紊乱，防止继发感染以及并发症和后遗症等。

表 7-3 列举了某些化学药品中毒的应急处理方法。表中所用药物均是医学上所用，切忌用化学试剂代替，特别是内服药；急救和治疗一般均应由医务人员进行。

表 7-3 某些毒物中毒症状和救治方法

毒物名称	毒物的侵入途径与中毒主要症状	急救法和治疗法
氯	主要通过呼吸道和皮肤黏膜对人体发生中毒作用 刺激眼结膜，流泪、羞明 鼻咽黏膜发炎、咽干、咳嗽、打喷嚏；呼吸道损害，窒息，冷汗，脉搏虚弱甚至肺水肿，心力逐渐衰竭而死亡	①立即离开有氯气的场所，脱去被污染的衣服 ②静脉注射 5％葡萄糖（40～100ml） ③眼受刺激用 2％苏打水洗眼；咽喉炎可吸入 2％苏打水热蒸气 ④重患者保温，吸氧，注射强心剂，但禁用吗啡 ⑤并发肺炎时，应用抗菌素药剂
一氧化碳及煤气	由呼吸道经肺脏吸收而进入血液，很快形成羰基血色素，使血色素丧失运输氧的能力 轻度中毒：头痛、眩晕、有时恶心、呕吐，疲乏无力，精神不振 中等度中毒：除上述症状外，迅速发生意识障碍，全身软弱无力，甚至有肢体瘫痪现象，意识不清并逐渐加深而致死 重度中毒：迅速陷入昏迷，很快因呼吸停止而死亡，有时还出现中枢神经系各种损害症状，如各种瘫痪及肌肉控制力消失、失语症、癫痫等 中毒时全身皮肤常呈鲜洋红色，时间长者也可发绀（皮肤带有一点红的黑色）	①立即将患者移至新鲜空气处，保暖不使受寒，禁用兴奋剂 ②呼吸衰竭者，应立即进行人工呼吸，并给以含 5％～7％二氧化碳的氧气 ③输入 5％葡萄糖盐水（1500～2000ml） ④定期静脉注射 1％亚甲蓝的葡萄糖溶液（30～50ml） ⑤发生呼吸循环衰竭者，同时注射盐酸山梗菜碱、尼可刹米、樟脑等强心剂 ⑥急性重度中毒者，迅速放血 200～400ml，必要时输入等量新鲜血液 ⑦重度中毒者，可用抗菌制剂预防感染
硫化氢	经由呼吸道侵入，与呼吸酶中的铁质结合使酶活动性减弱，并引起中枢神经系统中毒 轻度中毒：头晕、头痛、恶心、呕吐、倦怠、虚弱、结膜炎，有时会发生支气管炎，肺炎肺水肿，尿中出现蛋白 重度中毒：呕吐、冷汗、肠绞痛、腹泻、小便困难、呼吸短促、心悸，并可使意识突然丧失、昏迷、窒息而死亡	①立即离开中毒区 ②呼吸治疗并注射呼吸兴奋剂如尼可刹米、盐酸山梗菜碱等 ③重者，注射 0.1％阿扑吗啡 1ml 催吐 ④并发支气管炎及肺炎者，应对症治疗，同时用抗菌素药剂 ⑤眼部受刺激时，立即用 2％苏打水冲洗，湿敷饱和硼酸液和橄榄油
二氧化硫及三氧化硫	经由呼吸道侵入 黏膜损害：有强烈的刺激作用，结膜炎、流泪、流涕、咽干、咽痛等 呼吸道损害：气管、支气管炎症 重度中毒：胸痛及压迫感、吞咽困难、急性支气管炎、发绀、肺浮肿甚至死亡	①立即离开中毒环境，呼吸新鲜空气，如发现肺浮肿应输氧气 ②服碳酸氢钠或乳酸钠治疗酸中毒 ③眼受刺激时，应充分用 2％苏打水洗眼
氮的氧化物（主要成分为 NO、NO₂ 及硝酸蒸气）	通过呼吸道对深部呼吸器官起损害作用 使眼结膜、口腔、咽喉黏膜肿胀充血，能引起呼吸道的刺激症状和炎症，可能发生各种程度的支气管炎、肺炎、肺水肿，严重者可致肺坏疽 由于"NO·OH"对血红素作用而形成变性血红素，出现口、唇、指甲发绀，全身衰弱、眩晕等症状 由于损害神经系统，故吸入高浓度的氮氧化物时可迅速出现窒息痉挛现象而很快死亡	①迅速离开中毒地点，并保持绝对安静，甚至中度中毒时亦应如此 ②呼吸新鲜空气，必要时吸入氧气 ③立即静脉注射 50％葡萄糖（20～60ml） ④发绀并有静脉充血时，为防止发生肺水肿，可放血 200～300ml，禁用吗啡 ⑤续发肺部感染时，用抗菌素药剂 ⑥对症处理：如止咳剂、镇静剂
氧化亚氮（笑气）	经由呼吸道侵入，对神经中枢系统起兴奋麻醉作用 耳鸣、狂妄状态，因麻醉而失去知觉，全身青紫，重者由于呼吸停止而死亡	①迅速离开中毒场所 ②进行人工呼吸并使之吸含 5％二氧化碳的氧气 ③静脉注射 50％葡萄糖溶液 ④皮下注射中枢兴奋剂安钠加或盐酸山梗菜碱
盐酸	经过呼吸道及皮肤 很少发生严重的化学性炎症现象；急性者刺激黏膜和皮肤，喉头有灼干感及刺痛，结膜发炎及轻微角膜损坏	①如系皮肤与盐酸接触，则迅速用水冲洗几次即能免除刺激性症状 ②误吞时，首先必须洗胃，洗胃后内服氧化镁乳剂或橄榄油

续表

毒物名称	毒物的侵入途径与中毒主要症状	急救法和治疗法
氢氰酸（或氰化物）	经过呼吸道侵入，也可从皮肤渗入 急性中毒：轻度者有黏膜刺激症状，唇舌麻木、头痛、眩晕、下肢无力、胸部压迫感、恶心、呕吐、心悸、血压上升、气喘、瞳孔放大。重者则呼吸不规则，意识逐渐昏迷，强直性痉挛，角弓反张，大小便失禁，全身反射消失，皮肤黏膜出现鲜红色彩，血压下降，可迅速发生呼吸障碍而死亡。急性中毒治愈后，还可能发生许多神经系统后遗症	①急性中毒时应立即移出毒区，脱去衣服，予以人工呼吸（不可用口对口的人工呼吸，以防中毒） ②呼吸困难，令吸入氧气或含5％二氧化碳的氧气，注射尼可刹米、盐酸山梗菜碱等呼吸兴奋剂 ③首先给予高铁血色素形成剂，如吸入亚硝酸异戊酯0.5ml，或静脉注入1％美蓝（即亚甲蓝）的25％葡萄糖溶液30～50ml，或注射新配制的1％～2％亚硝酸钠溶液5～10ml，并同时静脉注射50％硫代硫酸钠25～50ml ④为有助于毒物排出，每隔2～3h静脉注射50％葡萄糖20～40ml ⑤内服毒物时，除以上急救方法外，还需用2％小苏打溶液或（1＋5000）高锰酸钾溶液洗胃，同时用1％阿扑吗啡0.5ml催吐 ⑥皮肤黏膜受刺激时，用2％小苏打溶液或清水多次冲洗
氢氟酸（或氟化物）	可由呼吸道、胃肠或皮肤侵入人体，使牙齿、骨骼、造血、神经系统受损害 接触氢氟酸蒸气，可出现皮肤发痒、疼痛、湿疹、各种皮炎、指甲上显现灰色、青色斑点。直接接触氢氟酸则损害深入皮下组织及血管，化脓溃疡，极难治愈 吸入氢氟酸蒸气后，气管黏膜受刺激而引起支气管炎症 长期接触的慢性中毒者，全身骨骼均可受侵害，重者骨质疏松变形（即所谓氟骨病）甚至发生自发性骨折。血液中血色素和淋巴球百分比增加，而颗粒白细胞减少，甚至全部消失，并可发生植物神经系统的各种症状。重者可以引起中毒性脑炎 误服时可引起高热，全身发紫，四肢躯干肌肉痉挛，恶心、呕吐、腹疼、腹泻。重者心脏活动衰竭，甚至虚脱	①腐蚀皮肤时，迅速用稀氨水或清水冲洗及进行必要的外科手术 ②误服中毒者，用2％氯化钙或稀氨水200～300ml洗胃，并服磷酸可待因止痛，腹部热敷等 ③静脉注射10％葡萄糖酸钙或注射10％氯化钙10ml，每日3次 ④呼吸循环衰竭时，立即吸氧，注射兴奋剂如尼可刹米咖啡因等，有气喘者，静脉注射10％碘化钠溶溶5～10ml，隔日1次 ⑤慢性中毒及骨骼、神经、造血系统受损害者，应长期治疗
氨	可由呼吸道、消化道及皮肤黏膜侵入人体 严重刺激眼、口、喉、肺，咳嗽，声音嘶哑，声带水肿，呼吸困难，胸痛，严重时可致虚脱，心力衰竭，或窒息而死亡。皮肤接触氨水时，可以引起化学灼伤、红肿、起疱、糜烂。误服时，口腔糜烂，食道胃黏膜受腐蚀而引起剧烈疼痛、呕吐、血性腹泻等	①如系吸入氨而中毒者，应立即离开中毒场所；经皮肤接触氨而中毒者，立刻用水或稀乙酸充分洗涤，因误食中毒者，可谨慎洗胃 ②内服稀乙酸、酸果汁、柠檬汁或2％稀盐酸误服者，可口服蛋白水、牛乳、橄榄油，并对症治疗，如止痛等 ③喉水肿呼吸十分困难时，宜作气管切开
砷及砷化物	可由呼吸道、消化道及皮肤侵入人体。砷慢性中毒可使消化系统及神经系统均受损害 砷化物蒸气吸入可发生黄疸、肝硬变、肝脾肿大等 吸入三氯化砷或砷化氢蒸气时，剧烈刺激鼻咽部黏膜，咳嗽，气喘，呼吸困难，眼结膜角膜发炎 误服急性中毒者，恶心、呕吐并带血，腹泻并混有大量黏液和血液，剧烈头痛，很快心力衰竭，尿闭死亡	①吸入砷化物蒸气而中毒者，立即离开现场，呼吸含5％二氧化碳的氧气或新鲜空气 ②误服急性中毒者，需立即用炭粉、硫酸铁或氧化镁悬浮液洗胃，并注射解毒剂二巯基丙醇（BAL），每日2～4次肌内注射，每次2ml，或者注射二巯基丙磺酸钠或二巯基丁二钠，对症治疗 ③无论是急性误服还是慢性积累使消化呼吸系统中毒时，应静脉注射葡萄糖、氯化钙或生理盐水 ④鼻咽部损害，用1％可卡因涂局部，用含碘片或1％～2％苏打水含漱或灌洗 ⑤皮肤受损害时，涂以氧化锌或硼酸软膏，有浅表溃疡者，应定期换药防止化脓

续表

毒物名称	毒物的侵入途径与中毒主要症状	急救法和治疗法
硒、碲	经由呼吸道和消化道侵入人体 硒、碲及其化合物蒸气吸入或误服时，呼吸有大蒜样臭味，精神不振，嗜睡，鼻咽黏膜有刺激作用，也可发生恶心、呕吐、腹痛、腹泻、便秘等	与砷同，并给以利尿剂
磷及磷化物	磷的粉尘、蒸气和烟雾能通过呼吸道吸入而中毒；液体磷化物由消化道或皮肤吸收侵入人体 急性中毒：主要引起肠胃与肝脏损害，误服后口腔有灼烧感，恶心、呕吐，吐中物呈黑色，便秘，呼吸气中有蒜臭，一两日后可出现黄疸，肝肿大，有压痛，也可发生呕血、便血、血尿、鼻出血等出血症状。重者神经系统中毒，嗜睡，昏迷，心律不齐，呼吸衰竭，可致死亡 慢性积累性中毒，使骨骼系统受损害，因磷侵入人体后沉着于骨骼组织，致骨质松脆，骨膜炎，骨质坏死，甚至成败血症 磷化物蒸气能刺激眼黏膜，并使皮肤产生各种程度的化学性灼伤	①误服磷中毒者，迅速用0.1％硫酸铜溶液催吐并洗胃，也可同时用（1＋2000）高锰酸钾溶液洗胃 禁用油类泻剂，可用缓泻剂，如硫酸镁 ②静脉输入5％葡萄糖盐水1000～2000ml ③肝脏受损时，大量注射50％葡萄糖与维生素B、维生素C、维生素K等，也可同时注射少量胰岛素（4～8U）保护肝脏 ④有呼吸与心跳障碍时，用安钠加、尼可刹米、盐酸山梗菜碱等兴奋剂 ⑤眼黏膜损害，用2％小苏打溶液洗眼多次 ⑥磷中毒应严格禁忌脂肪、油腻饮食
二硫化碳	通过呼吸道然后被血液吸收而进入身体，或接触皮肤渗透吸收 急性中毒：头痛、急躁、多言、蹒跚、精神失常、肌肉僵木，继而不省人事，死亡 慢性中毒：为神经系统障碍，如疲劳、头晕、失眠、记忆力丧失、视觉混乱甚至失明，实际上所有神经系统都能受它的影响	①急性中毒者，应立即移出毒区，进行人工呼吸和输氧，给以足量温水等，并对症处理 ②慢性中毒者，应补给含高度维生素量的饮食物并以维生素B作补充 ③对慢性中毒，需经过神经科、眼科医疗才能恢复痊愈
溴及溴化物	主要通过呼吸道吸入引起中毒。吸入溴蒸气后立即咽喉发干、疼痛、不断咳嗽，黏膜发红，流泪，口腔黏膜染成褐色，大量流涎，呼出的气体中有臭味，严重者发生气喘，呼吸困难，有时小叶肺炎，甚至休克或虚脱 溴直接侵害皮肤，或因吸入中毒时，均可发生各种皮疹，剧烈发痒，也可伴发全身症状 内服过量溴化物时，失去反射作用，昏睡，人事不省 误吞溴时，舌和口内黏膜均呈褐色，全部胃肠道剧疼，呕吐，腹泻，全身青紫，虚脱	①急性中毒，需立即离开现场，吸入新鲜空气、水蒸气与氨的混合物，严重者需吸入含二氧化碳5％的氧气 ②大量饮盐水，内服牛奶，咽冰块或冰水 ③静脉注射生理盐水至少1500～2500ml ④呼吸道刺激时，用苏打水喷雾吸入 ⑤误吞溴时用0.5％硫代硫酸钠溶液洗胃，服用淀粉浆糊、氧化镁、碱性饮料，其他同①～④条
碘	通过呼吸道吸入碘蒸气时，呼气有特殊臭气，流鼻涕，发干，咽喉部有异物感，咳嗽，呼吸困难等 刺激眼黏膜产生结膜炎，皮肤并发生各种类型皮疹 如果误用碘酊，口内黏膜灼伤并呈褐色，喉部浮肿，呕吐物呈暗黄色或蓝色，上腹部疼痛，腹泻有时带血，常常有血尿，虚脱，并可并发肺炎、支气管炎及出血性肾炎等	①吸收碘蒸气中毒者，立即离开毒区，呼吸新鲜空气、水蒸气和苏打溶液的混合物 ②误服中毒者，用0.5％硫代硫酸钠溶液洗胃，再用水洗，服用淀粉糊剂、氧化镁、碳酸氢钠，注射强心剂 ③对症治疗，如贫血时治疗贫血等

毒物名称	毒物的侵入途径与中毒主要症状	急救法和治疗法
汞及汞盐	经由呼吸道、消化道及皮肤直接吸收侵入人体 急性中毒：严重口腔炎，流涎，口觉金属味，恶心呕吐，腹痛，腹泻带血，全身衰弱，尿含蛋白质，尿量减少或尿闭，很快死亡 慢性中毒：消化系统和神经系统受损害，发生牙的疾患，齿龈带青色或出血，消化不良，贫血，腹痛，腹泻，肝肿大，精神失常，记忆力丧失，头痛，骨节痛	①急性中毒时，用活性炭、悬浮液彻底洗胃，或高压灌肠 ②立即注射二巯基丙醇（BAL），每日 2～4 次，50％葡萄糖溶液 20～40ml，多次静脉注入 ③用硫酸镁 20～30g 作泻剂，每日 1～2 次 ④慢性中毒者，静脉注射 10％硫代硫酸钠 20ml，每日注射 1 次。10～15 次为一个疗程 ⑤发生尿毒症现象，需注入大量生理盐水，放血，并注射强心剂 ⑥植物神经障碍显著者，静脉注射 10％氯化钙，每日 10ml，10～12 次为一个疗程 ⑦口腔炎用 0.25％高锰酸钾或 3％过氧化氢含漱与冲洗 ⑧驱汞疗法：a. 5％二巯基丙磺酸钠 5ml，每日肌内注射 1 次，连续 3～7d，急性中毒时，第 1 昼夜 3～4 次，第 2 昼夜 2～3 次，第 3～7d 每日 1～2 次；b. 二巯基丁二酸钠 1g，每日静脉注射 1 次，连续 3d，急性中毒时每日可给 1～2g，分 2 次注射，连续 3～5d
锌及锌化合物	由呼吸道及皮肤黏膜入侵人体 吸入氧化锌粉尘蒸气可引起"金属热"，数小时后出现咽喉搔爬感，口腔内有甜味，头痛，肌肉疼痛，全身疲乏，发热，寒战，痉挛性咳嗽，呼吸困难，持续 1～2d，有时并发支气管炎 消化系统受损害时，有恶心、呕吐、腹痛、腹泻，并能引起胃炎或使溃疡病恶化 皮肤黏膜直接接触氯化锌或硫酸锌溶液时，可产生烧灼感，疼痛，甚至产生鸡眼溃疡、鼻中隔糜烂穿孔等	①轻者不需治疗，只需安静休息，大量饮水，禁忌酸的和含二氧化碳的饮料 ②急性中毒者可用 1％小苏打溶液或 0.2％鞣酸洗胃 ③注射生理盐水 1000～1500ml ④对症治疗
镉及其化合物	由呼吸道侵入人体 急性中毒：喉头和眼结膜刺痛感，头痛、头晕、咳嗽、呼吸困难。严重者可发展为支气管肺炎或肺气肿 慢性中毒：接触后 5～8 年，以肺气肿、肾功能损害为主	①应着重防治肺水肿的发生 ②早期可给予大剂量肾上腺皮质激素 ③用乙二胺四乙酸二钙钠驱镉 ④慢性中毒，增加营养，给予维生素 D（每日口服 2 万单位，同时每周注射 6 万单位）及钙剂
铅及其化合物	主要经由呼吸道或消化道进入人体 口内有甜金属味，口腔炎、流涎、齿龈边缘发青（PbS），恶心呕吐，肠绞痛，同时伴有肝肿大，疼痛，有时出现黄疸，重者脉搏减少，血压升高，尿量减少甚至虚脱 慢性铅中毒引起贫血，痉挛性便秘，肢体麻痹瘫痪及各种精神症状，甚至昏迷致死	①离开有毒区 ②用硫酸镁（25％～33％）或硫酸钠洗胃，每周 2～3 次，每日静脉注射 10％硫代硫酸钠 10ml ③肠绞痛者用葡萄糖酸钙 10～20ml 静脉注射或用 0.1％硫酸阿托品、吗啡等皮下注射 ④铅中毒性脑病需经常注射 50％葡萄糖溶液 ⑤合适的饮食为治疗铅中毒最为有效的方法，例如加强营养高蛋白饮食，每日给以大量维生素 B、维生素 C 制剂 ⑥驱铅疗法：用络合剂治疗铅中毒 a. 乙二胺四乙酸二钙钠，每日 1g 于 250ml 5％葡萄糖溶液内，用静脉滴注；3～7d 为一个疗程，休息 3～5d 再继续第 2 个疗程，可持续 2～3 个疗程 b. 二巯基丁二酸钠每日 1g，静脉注射 1 次，连续 3d 为一个疗程，停 3～4d，再继续第 2 个疗程

续表

毒物名称	毒物的侵入途径与中毒主要症状	急救法和治疗法
铬化合物	通过呼吸道和皮肤入侵。吸入含铬化合物的粉尘或溶液飞沫可使口腔、鼻咽黏膜发炎，严重者形成溃疡（鼻隔穿孔），甚至嗅觉减退或完全丧失 皮肤接触，最初出现发痒红点，以后侵入深部，继之组织坏死，愈合极慢；误服时消化系统有烧灼感，口腔黏膜增厚与水肿，呕吐，有时带血，上腹疼痛，肝肿大，重者胃与食道变窄	①皮肤损害时，先用清水或 $1\%\sim2\%$ 苏打水多次冲洗，再涂以磺胺或硼酸软膏 ②鼻咽黏膜损害，可用清水或苏打水灌洗，或用硼酸水或苏打水喷雾熏气或含漱 ③误服急性中毒时，用温热水 $7\sim10L$ 少量多次洗胃，也可用小苏打或其他弱碱性溶液灌洗，洗胃后内服氧化镁乳剂或橄榄油 ④食道烧伤后的变窄，应用营养高的液体食物保证入量 ⑤对症治疗
锰化合物	主要以灰尘形式由呼吸道进入人体 主要病症为精神与神经紊乱，如头痛、精神涣散、失眠、多梦、记忆力减弱，继之以巴金森氏综合征，如动作迟钝，肌肉僵硬，震颤，步行障碍，经常前倾后倾等	①发现有锰中毒者应停止接触有关工作 ②内服阿托品、莨菪碱或曼陀罗酊交替使用，每日 $3\sim4$ 次，每次用 $0.3\sim0.6mg$ ③大量注射维生素 B_1 ④参照驱铅疗法，用乙二胺四乙酸二钙钠
锑及锑化合物	通过呼吸道及皮肤接触入侵 口中有金属味，咽喉、食道和胃内烧灼感，恶心呕吐，重者腹痛、便秘或腹泻，冷汗痉挛，虚脱，呼吸困难，胸痛。重者可窒息而死亡 刺激皮肤和黏膜，皮肤有搔痒、发红、湿疹、胞疮等，刺激眼睛可发生结膜炎与角膜炎 急性中毒时还可出现头晕头痛，发冷发热，四肢无力，脉搏微弱等全身症状	①急救中毒者用 $0.2\%\sim0.5\%$ 鞣酸溶液洗胃，内服 $1\%\sim3\%$ 鞣酸，吞入冰，内服稠米汤、蛋白水等 ②内服硫酸镁或硫酸钠 $10\sim15g$，泻剂 ③有虚脱、全身衰竭者，用安钠加、樟脑磺酸钠、尼可刹米等中枢兴奋药注射 ④肌内注射二巯基丙醇（BAL），用量以每公斤体重为 $2.5\sim5mg$ 计算，最初每 $4h$ 1 次，以后逐渐减少注射次数，按病情连用 $7\sim14d$ ⑤皮炎，可局部涂 3% 二巯基丙醇油膏；结膜炎，用 5% 二巯基丙醇水溶液点眼
钡盐	通过消化道误服或 X 射线诊断硫酸钡中混有可溶性钡盐侵入人体 内服钡盐后消化道系有烧灼感，恶心、呕吐、流涎、腹泻，脉搏慢而强，血压下降可致心肌麻痹而死亡 表现在神经系受损害者，头痛头昏，视力减弱，全身无力麻痹，也可发生惊厥或各种程度的意识障碍，甚至昏迷致死	①急性中毒时，立即用 1% 硫酸钠溶液洗胃，使钡盐变为不溶性的硫酸钡 ②口服缓泻剂硫酸镁 $20\sim30g$ ③发生心力衰竭时，注射安钠加、樟脑磺酸钠、尼可刹米等强心剂 ④慢性中毒全身无力麻痹者，使用氯化钾，每日 $3\sim6g$；新司的明（prostigmium）每日 $0.1\sim0.3mg$，内服或注射用
铍及其化合物	通过呼吸道及皮肤接触侵入人体。主要表现为咳嗽、气喘、呼吸困难等 直接接触可使皮肤产生各种类型皮炎或鸡眼状溃疡，有剧痛，愈合缓慢 慢性中毒者可以引起贫血、颗粒性白细胞减少等症状	①中毒后立即离开现场 ②严重气喘、呼吸困难者使之吸氧，并肌内注射氨茶碱 $0.25g$ ③皮炎与脱敏治疗为口服苯海拉明 $25mg$，1 日 3 次，或静脉注射 10% 硫代硫酸钠 $10ml$，$10d$ 为一疗程 ④对症治疗，如有贫血时按贫血治疗
镍及其化合物	主要是通过皮肤接触，引起皮炎或湿疹。局部先有剧烈瘙痒感，然后出现丘疹、疱疹及红斑	①立即停止接触，并给予抗过敏药物、维生素 C 及防护油膏 ②湿疹可局部涂布 2% 二巯基丙醇软膏
铊及其化合物	主要由消化道、呼吸道及皮肤吸收。 误服大剂量，$12\sim24h$ 后发生恶心、呕吐、腹绞痛、腹泻。中毒量较小者，发生多发性颅神经损害和周围神经炎，四肢感觉过敏，以及脱毛、脱发等 慢性中毒：全身乏力、肢体疼痛及脱发	①误服中毒者，服 1% 碘化钠或碘化钾 $100ml$，然后洗胃除碘化铊，再用普鲁士蓝每日 $250mg/kg$ 分 4 次口服，每次溶于 15% 甘露醇 $50ml$ 中 ②严重中毒可采用换血疗法或透析疗法 ③慢性中毒可用胱氨酸、甲硫氨酸、半胱氨酸等含硫氨基酸
银化合物	主要通过消化道侵入人体 误服硝酸银及其他银化合物时发生急性肠胃炎，口腔黏膜呈灰白色，呕吐物见亦呈暗白色，同时有头昏头痛、痉挛、瘫痪等神经症状，沉积于肾脏可引起肾炎	①急性中毒者用 2% 氯化钠或氯化钙溶液洗胃 ②内服蛋白水、牛奶、稠米汤，用牛奶和盐或油质灌肠剂 ③内服 2% 氯化钙或 $1\%\sim2\%$ 碘化钾，每 $1\sim2h$ $3\sim5ml$ ④晕厥时注射安钠加和樟脑磺酸钠注射剂

续表

毒物名称	毒物的侵入途径与中毒主要症状	急救法和治疗法
乙炔（C_2H_2）	通过呼吸道侵入人体，大都由于乙炔杂质磷化氢等产生毒性效应。主要表现为中枢神经系统受损害，轻者精神兴奋、多言、嗜睡、走路不稳等。重者意识障碍、呼吸困难、发绀、瞳孔反应消失、昏迷、脉搏低而不正常，也表现为精神紊乱等症状	①将患者立即移往新鲜空气处，保持温暖和安静，必要时使之吸入含5%二氧化碳的氧气 ②躁动者用水合氯醛或副醛8~10ml灌肠 ③注射中枢兴奋剂，如安钠加、樟脑磺酸钠等
光气（$COCl_2$）	主要由呼吸道入侵 光气反应极慢，往往数小时后症状突然加重，所以很危险 初期仅有轻微的气管、支气管刺激症状，如干咳等。随后，皮肤显著发绀，强烈肺浮肿，呼吸困难甚至窒息。鼻翼煽动，口吐血性泡沫，同时可见浅表静脉扩张，脉搏快速，血压下降，继而虚脱甚至心力衰竭而致死亡	①使中毒者半卧位，以减少氧的需要量，注意通风，但需保暖 ②不可施行人工呼吸，应使立即吸入氧气或含5%二氧化碳的氧气 ③立即注射5%~10%氯化钙或10%葡萄糖酸钙5~10ml，以矫正肺水肿，此后尚需继续注射葡萄糖盐水 ④心力衰竭者使用樟脑、咖啡因等强心剂 ⑤用甘草合剂、磷酸可待因止咳；过度躁动不安者，应用溴剂，忌用吗啡
氯甲烷（CH_3Cl）	主要由呼吸道入侵 急性中毒：头痛、眩晕、恶心、视力模糊、语言障碍、精神错乱等。严重时烦躁不安、抽搐、血压升高、昏迷、呼气中有酮体气味，尿中出现蛋白，甚至少尿、尿闭 慢性中毒：困倦、头痛、情绪不稳定等神经衰弱症候群的表现	①迅速将患者移至新鲜空气处，注意保暖安静，部分患者即可在短时间内恢复健康 ②给予吸氧，至患者呼出气体无酮体气味为止 ③对症处理，并特别注意防治酸中毒和肺水肿，有烦躁或抽搐，可用巴比妥类镇静剂，而不宜采用水合氯醛及氯仿，避免油类及脂肪
三氯甲烷（$CHCl_3$）	主要由呼吸道入侵 急性中毒：刺激黏膜，流泪，流涎，类似酒醉，呕吐，瞳孔缩小，窒息时瞳孔放大，对光线没有反应，脉搏微弱，面苍白，呼吸减弱，体温下降，呼出的空气有氯仿气味 慢性中毒：消化不良，体重减轻，失眠，精神紊乱 误服者，呕吐，赤痢，黄疸，呼吸失调，失去知觉，脉缓，血压下降	①将患者立即移往新鲜空气处，保持温暖和安静 ②施行人工呼吸和输含5%二氧化碳的氧气 ③静脉注射2L加热到40℃左右的生理盐水 ④注射中枢兴奋剂如安钠加、樟脑磺酸钠等 ⑤误服者先洗胃，服盐质泻剂，施行人工呼吸，注射阿托品与肾上腺素、安钠加、樟脑磺酸钠，并静脉注射20ml 40%葡萄糖溶液，同时重复注射5个单位的胰岛素
四氯化碳（CCl_4）	通过呼吸道吸入中毒 主要引起肝脏、肾脏以及神经系统的损害 刺激鼻、眼和喉，头痛、头晕、呕吐、视力紊乱、腹泻、呕血、便血，有时出现黄疸、肝肿大、肾炎，重症者有痉挛与尿毒症出现，脉搏虚弱，意识不清，嗜睡。有时也呈错觉、幻觉等兴奋状态，并引起各种皮炎	①急性中毒者，应立即施行人工呼吸，吸氧，必要时注射尼可刹米等强心剂 ②有肝脏损害时，用高糖、低脂肪、肉类蛋白质、高维生素饮食，同时给予胆碱、维生素B、酵母等 ③全身症状严重者，可以使用10%葡萄糖酸钙静脉注射或静脉输入10%葡萄糖溶液 ④禁用磺胺药及肾上腺素
1,2-二氯乙烷（$CH_2Cl—CH_2Cl$）	通过呼吸道吸入，也能通过完好的皮肤吸收中毒 主要引起内脏与神经系统损害 急性中毒：轻者有头痛、嗜睡、恶心、呕吐，眼鼻、咽喉黏膜轻度刺激症状，面部发红，严重者则全身无力、眩晕、剧烈呕吐、上腹部疼痛、肝肿大、心悸、血压增高、全身震颤，甚至昏迷而死亡 慢性中毒：持续性头痛、疲乏、恶心、腹泻、胃肠与呼吸道出血，一般尚有肝脏症状，皮肤长期接触可产生皮炎，甚至坏死 误服者，流涎，不断呕吐胆汁，有时带血，肝肿大，有时泻肚带血，呼出气味如氯仿，痉挛，失去知觉，虚脱，由于心脏衰竭而死亡	①急性中毒应立即施行人工呼吸，吸氧，必要时注射强心剂 ②有肝脏损害时，用高糖、低脂肪、肉类蛋白质、高维生素饮食，同时服用酵母、维生素B及维生素K ③全身症状严重者，尚可用10%葡萄糖酸钙静脉注射 ④慢性中毒时按慢性肝脏疾病治疗 ⑤误服时，洗胃并用盐质泻剂，使患者吸入含5%二氧化碳的氧气，保暖，静脉注射10ml 10%氯化钙溶液或10~20ml 40%葡萄糖溶液，必要时注射安钠加和樟脑磺酸钠 ⑥禁用磺胺药及肾上腺素

毒物名称	毒物的侵入途径与中毒主要症状	急救法和治疗法
乙烯（C_2H_4）	经由呼吸道入侵人体，症状同一氧化碳	同一氧化碳
氯乙烯类： 三氯乙烯 （$CHCl=CCl_2$） 二氯乙烯 （$CHCl=CHCl$）	通过呼吸道入侵人体，两者都有强烈的麻醉作用，尤以三氯乙烯对人的毒性最大 三氯乙烯易于引起三叉神经麻痹，表现为面部感觉麻木，角膜溃疡，视神经受损，视力下降，有时还可引起上下肢麻木、无力、疼痛等多神经炎症状。慢性中毒者，除上述症状外，还可能产生头痛、眩晕、烦躁、震颤，重者也可发生抽风、昏迷而致死 呼吸系统受害：嗅觉减低、咳嗽、胸痛等 消化系统受害：恶心、呕吐、剧烈腹痛等	①中毒后应立即移出毒区，吸入氧气或含5%二氧化碳的氧气 ②静脉注射10%葡萄糖酸钙10～20ml，或静脉注入50%葡萄糖40～60ml ③内服蛋氨酸，每日4～8g，连服3d以后，每日2～4g；乳酸钙或葡萄糖酸钙每日4～8g ④对症治疗，服止痛剂、止吐剂、止咳剂、镇静剂等 ⑤出现神经麻痹感觉障碍者注射维生素B_1，每日50～80mg维生素B_{12}，每日100～200μg。有运动障碍者，注射新斯的明0.5mg，每日1次，或1%地巴唑1ml，每日1次
甲醛（HCHO）	经由呼吸道或与皮肤接触而产生毒害 急性中毒：流泪、急性结膜炎、鼻炎、咳嗽、支气管炎、肺受刺激、胸内压迫、头痛晕厥 慢性中毒：视力减退、手指尖变褐色、指甲床疼痛 皮肤接触时则引起各种皮炎	①急性中毒时吸入氧气，注射葡萄糖 ②用稀的乙酸铵或3%碳酸盐溶液洗胃 ③黏膜受刺激后，用2%小苏打水洗涤或喷雾吸入 ④皮肤损害时，用氧化锌、硼酸软膏等治疗
乙醛（CH_3CHO）	经由呼吸道或与皮肤接触而产生毒害 急性中毒：鼻腔、咽喉的刺激症状，嗅觉丧失，严重者可有胸闷、气急、剧烈咳嗽，咯泡沫痰等支气管炎或肺水肿的症状。也可有头痛、嗜睡、甚至神志不清的症状 慢性中毒：幻听、记忆力减退、步态不稳和食欲丧失等	①将患者尽快移至新鲜空气处，以5%碳酸氢钠溶液雾化吸入 ②有肺水肿，可静脉注射速尿或利尿酸 ③支气管痉挛可注射氨茶碱 ④误服者，可用2%碳酸氢钠溶液或活性炭洗胃 ⑤皮肤接触可以用大量清水冲洗
丙酮 （CH_3COCH_3）	主要通过呼吸道入侵人体 轻度中毒：眼及上呼吸道黏膜受刺激，如流泪、流涕、畏光，显现麻醉作用，感觉头痛 重度中毒：晕厥、嗜睡、痉挛，尿中出现蛋白和红细胞	移往新鲜空气处休息
甲醇（CH_3OH）	通过呼吸道及皮肤吸收中毒 吸入蒸气中毒，主要为神经系统症状：剧烈头痛、头昏、恶心、耳鸣，视神经受损害最明显，视力模糊，重者可以完全失明 误服中毒：5～10ml即可产生严重症状，恶心、呕吐、全身皮肤产生显著青紫，呼吸深而困难，脉搏弱而快，四肢痉挛，重者即很快呼吸停止而死亡	①急性误服中毒者，立即洗胃，吸入氧气，放血并输入生理盐水或葡萄糖盐水，也可静脉注入1%亚甲蓝溶液5～10ml，或肌内注射高锰酸钾溶液5～10ml ②维持血液的pH值。内服大量的碱性水饮料，静脉注射3%小苏打溶液50～60g，以后每小时注入7～10g ③神经系统症状明显者，用多次腰椎穿刺，减轻脑水肿，同时需注射维生素B_1、维生素B_2、烟酸、维生素C等 ④吸入蒸气中毒者，应立即移出毒区，除上述治疗外，注射解毒剂
乙二醇 （$HOCH_2CH_2OH$）	主要通过消化道 开始时微醉，经4～6h后，胸下部疼痛，呕吐，非常渴，腰痛，知觉模糊，兴奋，面部和结膜充血。枕肌僵硬，排泄大小便失去控制能力，心脏活动下降。尿出现强烈酸性反应与蛋白，沉淀内有红细胞和非典型的草酸盐晶体	①先洗胃，必要时放血，并服用碱性饮料 ②静脉注射500ml 5%碳酸氢钠溶液 ③注射中枢兴奋剂安钠加、樟脑磺酸钠等 ④对症治疗：止痛、止吐等

续表

毒物名称	毒物的侵入途径与中毒主要症状	急救法和治疗法
甲酸（HCOOH）	主要通过呼吸道入侵人体，对眼、鼻、口腔黏膜有强烈的刺激作用，轻者可发生流泪、流涕、喷嚏、咽喉痛、嘶哑、咳嗽等症状，重者发生胸闷、胸痛、胃灼热感、嗳气、恶心、多酸症状 接触皮肤时引起剧烈的烧灼感，疼痛；重者能发泡，甚至烧伤	①眼、鼻、口腔、咽喉黏膜受刺激时，先用清水冲洗，再用2%小苏打水冲洗或喷雾吸入 ②皮肤损害者，先用大量水冲洗，灼伤者涂敷3%硼酸溶液
乙酸（醋酸）（CH₃COOH）	主要通过呼吸道侵入人体，急性吸入醋酸蒸气可引起剧烈的干咳，有时甚至呼吸困难。慢性吸入，可引起萎缩性鼻炎、咽炎、喉炎、气管炎与支气管炎。刺激眼黏膜引起结膜炎症 误服时，引起全身中毒症状，如急性呕吐、血性腹泻、溶血现象，甚至休克而死	①全身性中毒者，需立即注射安钠加、樟脑磺酸钠或肾上腺素 ②内服中毒者，首先用温热水7~10L洗胃，原则上少量多次 ③呼吸道损害时，除用一般镇咳剂外，应用2%碳酸氢钠溶液含漱，声带有水肿时，需用喷雾器将2%上述溶液喷入 ④眼损害时，用温水冲洗，伴有结膜水肿者，尚需加用湿冷敷和消炎软膏
一氯乙酸（CH₂ClCOOH）和三氯乙酸（CCl₃COOH）	侵入人体的途径和乙酸类似 中毒症状：主要是刺激皮肤、眼、鼻及上呼吸道黏膜，引起流泪、流涕、喷嚏、咽喉作痛、声音嘶哑、剧烈咳嗽、胸痛与压迫感。体质过敏者，尚能出现呼吸困难、哮喘与全身皮疹等现象 此外三氯乙酸与皮肤接触易引起烧伤，其作用类似强酸	与乙酸同；皮肤、黏膜均宜用大量清水洗涤
草酸（H₂C₂O₄）	主要通过呼吸道入侵中毒 口腔和咽喉灼烧，舌及口腔黏膜呈灰白色，呕吐物常常带血或呈褐色，腹部剧痛、尿闭和尿少。胸部压迫感、呼吸困难、脉缓、体温下降、痉挛、瞳孔放大、虚脱	①服用石灰乳、石灰水、白垩及泻剂蓖麻子油 ②静脉注射5%~10%的氯化钙或乳酸钙溶液或5%~10%葡萄糖酸钙 ③注射中枢兴奋剂安钠加、樟脑磺酸钠 ④服用利尿剂
亚硝酸酯（常见者为亚硝酸乙酯、亚硝酸丁酯和亚硝酸异戊酯）	主要通过呼吸道及皮肤吸收而中毒 急性中毒：剧烈的搏动样头痛、心悸、脉搏加速，头面部发热感，严重者血压下降、胸闷、呼吸困难，甚至虚脱，血内形成变性血红蛋白，有时皮肤呈棕紫色；表现在神经系统损害者，轻者发生眩晕、无力、视听力减弱；重者手足震颤，瞳孔放大或意识不清。以亚硝酸异戊酯的中毒表现最为明显 慢性中毒：以顽固性头痛最多，其他症状与急性中毒者类似，但较少发生心血管系统或神经系统症状	①急性中毒者立即离开毒区使之吸氧 ②出现呼吸困难或循环衰竭者，立即注射中枢兴奋剂尼可刹米、盐酸山梗菜碱或安钠加，同时静脉滴注生理盐水或5%葡萄糖等液体 ③皮肤显著发绀者，静脉注入1%亚甲蓝5~10ml或10%硫代硫酸钠10ml ④慢性中毒者，每日注射50%葡萄糖40~60ml，维生素C 100~300mg
硫酸二甲酯（CH₃O）₂SO₂	经由呼吸道及皮肤吸收而中毒 皮肤溃疡，眼、鼻、咽喉部黏膜肿胀、充血，喉哑，剧烈咳嗽，支气管炎，肺浮肿，头痛，意识紊乱，嗜睡，肢体麻痹，甚至昏迷而死	①中毒时应立即离开毒区，呼吸新鲜空气，更换工作服 ②眼部损害者，立即用2%小苏打溶液多次冲洗，以后滴入0.5%盐酸地卡因点眼，也可试用0.5%可的松与氢化可的松溶液 ③呼吸道损害者，可用盐酸地卡因溶液或用复方安息香酊喷入，含碘喉片或青霉素片 ④全身症状严重者需吸入氧气，静脉输入5%葡萄糖或输血 ⑤神经系统受损害者，注射维生素B₁、维生素B₁₂与谷氨酸

毒物名称	毒物的侵入途径与中毒主要症状	急救法和治疗法
磷酸三丁酯 $(CH_3CH_2CH_2CH_2O)PO_4$	主要由呼吸道与皮肤吸收引起中毒 强烈刺激眼、鼻、咽喉黏膜及皮肤，引起大量流泪、羞明、眼内刺痛，鼻喉发干与刺痛，咳嗽，呼吸不畅，饮食无味，并产生皮炎及湿疹	同硫酸二甲酯
苯 (C_6H_6) 及其同系物（如甲苯 $C_6H_5—CH_3$）	通过呼吸道及皮肤渗透侵入人体而产生毒害 急性中毒者：沉醉状、惊悸、面色苍白，继以面红、耳鸣、头晕、头痛、呕吐、视力紊乱，步态蹒跚，甚至肌肉抽搐，或肢体痉挛，很快昏迷而死 慢性中毒者：其中以造血器官与神经系统损害最为显著，衰弱、头晕、头痛、疲乏、失眠或嗜睡、记忆力减退、体重减轻；齿龈、鼻腔、直肠出血，妇女则子宫出血，月经过多；红细胞数减少，血红素下降，血小板数明显减少，白细胞也减少；血管、心脏、肝、肾均受损害，极易感染病患。神经系统严重受损者，可发生共济失调，感觉障碍，联合硬化症，多发性神经炎及出现各种锥体束病理	①急性苯及其同系物中毒者，应立即施行人工呼吸，同时输入氧气，并注射盐酸山梗菜碱与尼可刹米（忌用肾上腺素），给以热饮料 ②慢性贫血者，内服硫酸铁，注射肝精、维生素 B_{12}，或少量多次输血 ③颗粒性白细胞减少者，可用各种核苷酸 ④大量维生素 C，内服与注射，并给以含钙量高的营养食物 ⑤全身性苯中毒者，静脉注射 10% 硫代硫酸钠 ⑥伴有继发感染时，可用磺胺或青霉素注射 ⑦皮肤损害者，用清水多次洗涤，涂敷白色洗剂或炉甘石洗剂
苯酚 (C_6H_5OH)	主要通过呼吸道及皮肤接触而中毒 刺激皮肤及黏膜，皮肤接触呈白色灼伤，如不立即清除，将引起局部糜烂，极难治愈 慢性中毒者：恶心、呕吐、消化障碍、心悸、昏迷、思想紊乱、肾炎、肝脏退化、贫血及各种神经系症状，甚至可昏迷致死 误服者，在严重情况下不省人事，失去知觉，并由于中枢神经系统瘫痪而引起惊厥，呼吸停止直至死亡	①皮肤损害时，立即用 2% 苏打水或生理盐水冲洗 ②咽喉有刺激症状时，用 2% 苏打水含漱或用喷雾器喷入 ③误服者需用炭末、氧化镁或硫酸钠（30g/L）洗胃，直到酚的气味消失，继续饮服柠檬糖浆，使受害者保持安静、温暖，不可给以油质饮料 必要时使呼吸含 5% 二氧化碳的氧气
苯甲酸 (C_6H_5COOH)	主要对皮肤与呼吸道有刺激作用 流泪、眼红、眼痛、咳嗽，酸蒸气吸入时尚感恶心、呕吐，皮肤接触时，有轻度皮炎、湿疹等	同乙酸
苯甲酸酯类（如苯甲酸乙酯 $C_6H_5COOC_2H_5$，苯甲酸 β-萘酯）	主要通过呼吸道或与皮肤接触而引起毒害 鼻、咽部刺激后，黏膜肿胀、流涕、声音嘶哑、咳嗽等。接触皮肤后产生各种皮炎或湿疹，重者能形成溃疡	同硫酸二甲酯
硝基苯及苯的其他硝基化合物 $[C_6H_5NO_2,\ C_6H_4(NO_2)_2]$	通过呼吸道与皮肤透入 急性中毒者：头痛、眩晕、眼花、恶心、呕吐、发绀、脉搏失常、血压下降、指甲床和上下唇均发紫。严重者呼吸困难，意识障碍，小便暗黑，血中变性血色素增多，脉搏虚弱而细，最后失去知觉而死亡 慢性中毒者：面色苍白、贫血、劳损、厌食、头痛、黄疸、嗜睡等；此外，皮肤也可发生各种皮炎	同苯

续表

毒物名称	毒物的侵入途径与中毒主要症状	急救法和治疗法
苯胺（$C_6H_5NH_2$）及其衍生物（甲基苯胺，二甲基苯胺，二乙基苯胺，二氨基甲苯，一氯苯胺，二氯苯胺）	主要通过呼吸道与皮肤接触入侵人体而引起中毒 急性中毒者：头痛、恶心、呕吐、发绀、惊悸、脉搏加快、血压增高，严重时意识不清，伴有阵发性痉挛和抽搐，体温下降，瞳孔放大，很快死亡 慢性中毒者：造血系统损害，血液中毒，红细胞数目渐渐减少，红细胞大小不均，血色素变为变性血色素；泌尿系统损害，排尿困难、血尿、尿频，少数人发生尿道前列腺癌或膀胱癌；神经系统受损害者有各种神经官能症出现及植物神经系统功能失调。皮肤亦能发生各种接触性皮炎	①急性中毒者需立即放血，吸入氧气。呼吸障碍者立即施行人工呼吸 循环衰竭时，用肾上腺素、安钠加等迅速注入，禁忌含酒精饮料或油类食物 ②静脉点滴生理盐水或5%葡萄糖盐水，发绀者，需静脉注射1%亚甲蓝溶液5～10ml或10%硫代硫酸钠10ml ③慢性中毒者，需长期内服各种维生素或每日注射50%葡萄糖40～60ml，必要时少量多次输血
苯肼（$C_6H_5NHNH_2$）	主要通过呼吸道与皮肤引起人体中毒 轻度中毒者：头昏、头痛，面色苍白，暂时性腹泻、腹痛及食欲不振，数天后即痊愈 重度中毒者：造血系统与神经系统受损害，表现为严重贫血，血液中发现变性血红蛋白，唇与指甲、鼻尖有青紫现象，或剧烈头痛，耳鸣眩晕，眼球震颤，舌有抽搐，全身无力，意识紊乱，严重者可致死亡 皮肤接触发生丘疹、水疱湿疹，常沿淋巴管蔓延及全身，伴有瘙痒及流水等 对眼、鼻、咽喉黏膜也有刺激作用	①发现中毒时立即离开毒区，并吸入新鲜空气 ②严重中毒者需放血200～400ml，吸入氧气或含有5%二氧化碳的氧气 ③静脉点滴生理盐水或葡萄糖溶液有青紫现象者，同时注射1%亚甲蓝溶液5～10ml或10%硫代硫酸钠溶液10ml ④腹痛腹泻者，立即内服活性炭末10～20g，也可使用5%颠茄酊10ml或硫酸阿托品0.5mg皮下注射 ⑤慢性中毒引起贫血者，需长期服用铁剂、肝精与维生素B_{12}，严重者少量多次输血 ⑥慢性中毒发生神经系统症状者，需长期注射维生素B_1、维生素B_{12}、葡萄糖等
石油烃类（石油产品中的各种饱和或不饱和烃）	主要通过呼吸道与皮肤接触而引起中毒 急性中毒：主要是吸入高浓度汽油蒸气，立即出现头痛、头晕、心悸、思想紊乱、肌肉震颤、抽搐等症状，有时还引起咳嗽、咯血、呼吸困难、恶心呕吐、体温下降、血压下降，甚至致死；其他石油产品很少引起全身性急性中毒 一般石油烃类均能引起呼吸系统、造血系统、神经系统与刺激皮肤和黏膜等慢性中毒症状 某些滑润油和石油残渣长期刺激皮肤，甚至可发生皮肤癌瘤	①急性中毒出现呼吸困难或意识不清时，立即吸氧或含5%二氧化碳的氧气。呼吸衰竭者，施行人工呼吸，同时静脉注射盐酸山梗菜碱素、尼可刹米等中枢兴奋剂 ②血压下降引起休克者，立即注射安钠加、尼可刹米，同时静脉注射或点滴葡萄糖溶液，禁用肾上腺素 ③剧烈呕吐者静脉注射50%葡萄糖40～60ml ④造血系统受损者，内服硫酸亚铁，注射肝精、维生素B_{12}，或少量多次输血 ⑤黏膜受刺激时，应用碳酸氢钠溶液喷雾吸入，或用2%～3%该溶液滴眼及鼻 ⑥皮肤损害时，用清水或苏打水洗涤，涂敷白色洗剂或炉甘石洗剂

三、 应急处理案例——氯气中毒治疗原则及现场处置方案

（一）氯气中毒治疗原则

（1）**皮肤接触时** 脱去衣物，流动清水处理；如出现水疱或皮肤破损时，注意防止感染。

（2）**眼睛接触时** 提起眼睑，用流动的水或生理盐水冲洗，必要时滴眼药。

（3）**吸入时**

① 尽快脱离接触环境，移至新鲜空气处。症状较轻的脱离环境后吸入新鲜空气逐渐缓解。

② 条件许可时给予吸氧，尤其是有呼吸道症状的病人。肺部有痰者如条件许可，给予

雾化吸入。

③ 症状较重者给予糖皮质激素：20～40mg/d，连用 3d，进行观察。

④ 激素治疗的同时应给予抗生素防止肺部感染。

⑤ 对病情较重者，8～12h 后做胸部大片，观察是否有肺炎症状。

(二) 现场处置方案

① 首先，撤离附近居民，尤其是含氯消毒粉剂存放点的下风向的居民。

② 参加处理受雨水淋湿的含氯消毒粉剂人员必须穿戴专业防护，普通口罩和普通防护服不能使用，建议联系专业防化人员。

③ 处理时，按照雨水淋湿程度分类。对没有淋湿的含氯消毒粉剂的存放，要做到避光、防潮、防雨和通风。对淋湿的含氯消毒粉剂存放点，选择在居民点下风向，也要做到避光、防潮、防雨和通风。

④ 未淋湿的含氯消毒粉剂可以正常使用。淋湿的含氯消毒粉剂，如条件许可可测定余氯含量，按照测定含量使用。如没有条件，淋湿的含氯消毒粉剂可以用于垃圾堆和厕所的消毒处理，按照 2 份含氯消毒粉剂混合 5 份垃圾或粪便使用。

第七节　现场采样的安全事项

在采样时，采样者若有受到人身伤害的危险，或造成危及他人安全的可能时，要遵守中华人民共和国国家标准《工业用化学产品采样安全通则》(GB/T 3723—1999)，以确保采样操作的安全。进行工作场所空气样品采集时则要遵循《工作场所空气中有害物质检测的采样规范》(GBZ 159—2004) 的要求开展工作。

① 采样地点要有出入安全的通道，符合要求的照明、通风条件。在储罐或槽车顶部采样时要预防掉下去，还要防止堆垛或散装货物的倒塌。

② 所采物料本身是危险品时，应遵守下面的一般规定：

a. 采样者要完全了解样品的危险性及预防措施，并受过使用安全设施的训练，包括灭火器、防护眼镜和防护服等。若对毒物进行采样，采样者一旦感到不适，应立即向主管人报告，采样者应有第二者陪伴确保采样者的安全。

b. 对液体和气体采样时，在通过阀门取流体样品时，采样者都必须确保所有被打开了的部件和采样口按照要求重新关闭。对液体采样时，为了预防溢出，应当准备排溢槽和漏斗，以便安全地收集溢出物，并为采样者设置常备防溅防护板。对液体和气体的采样，在任何时候都应该有阀门来切断采样点与物料或管线的联系。

③ 爆炸物和不稳定物质的采样要做到样品容器应密闭，以防止物料损失或挥发，但封盖上应有一个安全减压阀；样品应防止受热或震动；任何泄漏都应报告，以便及时采取措施；禁止吸烟，禁止使用无防护的灯及可能发生火花的设备。

④ 氧化性物质采样时的预防措施是：采样地点附近应尽可能没有可燃物，应准备足够的、适用的灭火器，样品的运载工具内不应有可燃的填充物，禁止吸烟、禁止使用无防护的灯，任何泄漏都应报告并尽快排除，应戴上防护眼镜、穿上防护服。

⑤ 易燃性物质采样时要注意在采样地点附近不应有潜在的着火因素和设施。禁止吸烟，禁止使用无防护的灯和产生火花的装置；应采取预防措施以确保不存在静电荷，如装有橡胶轮胎的车辆在开动前要接地，固定装置上的采样点应单独接地，应准备足够的、适用的灭火器；任何泄漏都应报告并尽快排除。采样者最好穿棉织品衣服和导电鞋，必须戴防护镜、穿防护服。

⑥ 在采集有毒物质时，要对不同中毒途径的物质进行防范。

a. 对摄入中毒的毒物 (包括固体和低蒸气压的液体) 采样，禁止在毒物附近吸烟、吸鼻烟或饮食，应有合适的冲洗设施供采样者在安置好样品容器之后和离开现场以前使用；采样时防止泄漏。采样者应穿着合适的罩衣，以便沾污时更换。采样者应该有第二者陪伴，此人的任务是确保采样者的安全。

b. 呼吸中毒的毒物（包括气体、挥发性液体及在处理时可能形成飞扬的雾滴或粉尘的其他有毒液体和固体）采集时都要配备并使用适当的呼吸防护器，另外要求同"⑥a"。

c. 在采集接触中毒的毒物时，必须配备和穿戴适当的防护用品，要提供适当的清洗设施，最好是热水淋浴器或冷水淋浴器。在采样之前，采样者应检查淋浴器是否正常并确保可以使用。另外要求同"⑥a"。

⑦ 在采集腐蚀性和刺激性物质时，其预防措施与接触中毒"⑥c"类似，特别强调要用防护眼镜保护眼睛。

⑧ 在采集放射性物质前，要对采样员进行指导和培训，使其能采取预防措施和正确的行动防止事故发生；应穿适当的防护服，携带放射性监测仪器；在处理未加密封的放射性物质场所，禁止吃东西、喝水和吸烟；为了消除污染，应准备好用于手、鞋、衣服的监测仪器，以及用于消除放射性污染的盥洗盆和淋浴设备；在适当的地方装置通风橱、手套箱及其他密闭和（或）屏蔽的设施以减少放射性污染，并使放射性影响减少至允许的水平。任何泄漏必须立刻报告当地的管理人员，并采取适当措施消除污染。

第八节　危险化学品安全知识

危险化学品是指具有爆炸、易燃、毒害、腐蚀、放射性等性质，在生产、经营、储存、运输、使用和废弃物处置过程中容易造成人身伤害和财产损毁而需要特别防护的化学品。危险化学品的生产、储存、使用等各个环节都必须根据中华人民共和国国务院令（第591号）公布的《危险化学品安全管理条例》（于2011年12月1日起施行）的要求执行。根据《化学品分类和危险性公示　通则》（GB 13690—2009，自2010年5月1日起实施）将这些化合物分为16大类。

（1）爆炸物　包括爆炸物质（本身能通过化学反应产生气体。而该气体的温度、压力和速度能对周边环境造成破坏），也包括发火物质，即使它们不放出气体。

（2）易燃气体　在20℃和101.3kPa时与空气有易燃范围的气体。

（3）易燃气溶胶　指任何不可重新罐装的气溶胶喷雾罐。

（4）氧化性气体　通过提供氧气比空气更能导致或促使其他物质燃烧的任何气体。

（5）压力气体　压力≥200kPa装入储器的气体，包括液化气体或冷冻气体。

（6）易燃液体　闪点≤93℃的液体。

（7）易燃固体　容易燃烧或通过摩擦可能引燃或助燃的固体。

（8）自反应物质或混合物　没有空气也容易发生激烈放热分解的热不稳定物质或混合物，这类物质如果其组分可以爆炸，应视其为爆炸品。

（9）自燃液体　即使数量小也能在与空气接触后5min内引燃的液体。

（10）自燃固体　即使数量小也能在与空气接触后5min内引燃的固体。

（11）自热物质和混合物　与空气反应不需提供能源即可自己发热的固体或液体，数量大且长时间才会燃烧。

（12）遇水放出易燃气体的物质或混合物　通过与水作用容易自燃或放出危险数量的易燃气体的物质。

（13）氧化性液体　本身未必燃烧，但通过放出氧气可能引起或促进其他物质燃烧的液体。

（14）氧化性固体　本身未必燃烧，但通过放出氧气可能引起或促进其他物质燃烧的固体。

（15）有机过氧化物 含有二价—O—O—结构的有机物质，具有热不稳定性，且可能易于爆炸、燃烧等。

（16）金属腐蚀剂 通过化学作用将显著损坏或毁坏金属的物质。

在不同的场合，危险化学品的叫法或者说称呼有差异，在生产、经营、使用场所统称化工产品，一般不单称危险化学品。在运输（包括铁路、公路、水上、航空）过程中都称为危险货物。在储存环节，一般又称为危险物品或危险品（即除危险化学品外，还包括一些其他货物或物品）。在国家的法律法规中称呼也不一样，如在《中华人民共和国安全生产法》中称"危险物品"，在《危险化学品安全管理条例》中称"危险化学品"。

为预防重特大事故的发生，必须建立有效的重大危险源监控体系，为此国家制定了《危险化学品重大危险源辨识》（GB 18218—2009），将危险化学品重大危险源定义为：长期的或临时的生产、加工、使用或储存危险化学品且危险化学品数量等于或超过临界量的单元（包括场所和设施）。常见危险化学品的临界量见表 7-4。

表 7-4 危险化学品名称及其临界量

类　别	危险化学品名称和说明	临界量/t
爆炸品	叠氮化钡	0.5
	叠氮化铅	0.5
	雷酸汞	0.5
	三硝基苯甲醚	5
	三硝基甲苯	5
	硝化甘油	1
	硝化纤维素	10
	硝酸铵（含可燃物＞0.2％）	5
易燃气体	丁二烯	5
	二甲醚	50
	甲烷，天然气	50
	氯乙烯	50
	氢	5
	液化石油气（含丙烷、丁烷及其混合物）	50
	一甲胺	5
	乙炔	1
	乙烯	50
毒性气体	氨	10
	二氟化氧	1
	二氧化氮	1
	二氧化硫	20
	氟	1
	光气	0.3
	环氧乙烷	10
	甲醛（含量＞90％）	5
	磷化氢	1
	硫化氢	5
	氯化氢	20
	氯	5
	煤气（CO，CO 和 H_2、CH_4 的混合物等）	20
	砷化氢（胂）	12
	锑化氢	1
	硒化氢	1
	溴甲烷	10

续表

类　别	危险化学品名称和说明	临界量/t
易燃液体	苯	50
	苯乙烯	500
	丙酮	500
	丙烯腈	50
	二硫化碳	50
	环己烷	500
	环氧丙烷	10
	甲苯	500
	甲醇	500
	汽油	200
	乙醇	500
	乙醚	10
	乙酸乙酯	500
	正己烷	500
易于自燃的物质	黄磷	50
	烷基铝	1
	戊硼烷	1
遇水放出易燃气体的物质	电石	100
	钾	1
	钠	10
氧化性物质	发烟硫酸	100
	过氧化钾	20
	过氧化钠	20
	氯酸钾	100
	氯酸钠	100
	硝酸（发红烟的）	20
	硝酸（发红烟的除外，含硝酸＞70％）	100
	硝酸铵（含可燃物≤0.2％）	300
	硝酸氨基化肥	1000
有机过氧化物	过氧乙酸（含量≥60％）	10
	过氧化甲乙酮（含量≥60％）	10
毒性物质	丙酮合氰化氢	20
	丙烯醛	20
	氟化氢	1
	环氧氯丙烷（3-氯-1,2-环氧丙烷）	20
	环氧溴丙烷（表溴醇）	20
	甲苯二异氰酸酯	100
	氯化硫	1
	氰化氢	1
	三氧化硫	75
	烯丙胺	20
	溴	2
	亚乙基亚胺	20
	异氰酸甲酯	0.75

一、 危险化学品安全知识一览表

关于表 7-5 危险化学品安全知识一览表的说明：

① 表 7-5 列举 700 余种常见的无机化学物质和有机化学物质。这些物质或对人和生物有毒害，或易燃易爆，或化学性质特别活泼，具有一定的化学危险性。对于这些化学物质，使用者应对它们的安全知识有所了解，以便在接触或使用过程中，采取相应的措施，谨防发生危险。

② 本表的编排分无机化合物和有机化合物两部分。无机化合物部分按化学式的元素字母顺序排列，一些无明确化学式的物质（如烟雾和粉尘等），按其主要元素或成分编排；有机化合物部分按化学式中碳氢原子数递增顺序编排。某些无氢原子的碳化物，如 CCl_4 和 CCl_2O 等排在碳原子数相同的有机化合物的后面；又如 CO、CN 等则编排在无机化合物相应的位置。

③ 表中各栏目内容的简要说明

第一栏，顺序号。

第二栏，化学名称和化学式。化学名称以《英汉化学化工词典》为依据。

第三栏，环境中最高允许浓度。本栏列举化学物质在环境空气和地面水中规定的最高容许浓度。空气中最高容许浓度的单位为"mg/m^3"。表中列出两种数值：无括号的数值是我国《工业企业设计卫生标准》（GBZ 1—2010）中规定的车间空气中有害物质的最高容许浓度；括号中的数值是美国对作业场所空气中有害物质规定的最高容许浓度的时间加权平均容许浓度值（TLV—TWA），人员在该容许浓度情况下，每日工作 8h，对身体不会产生危害。表中加注"皮"表示该物质可以通过皮肤（或黏膜、眼睛）侵入人体产生影响。地面水中最高容许浓度的单位是"mg/L"。表中列出两种数值：无括号的数值是我国《工业企业设计卫生标准》（GBZ 1—2010）中规定的地面水中有害物质的最高容许浓度；括号中的数值来源于前苏联《饮用水和生活用水中有害物质的最高容许浓度》。由于环境标准种类繁多，同一物质在不同标准中的允许浓度也不相同，在此难以一一列出。为了便于查找，兹将我国已经颁布的有关环境标准目录列于表 7-3 以供参考。

第四栏，浓的短期暴露对健康的相对危害。本栏概述化学危险品暴露对人体黏膜接触、皮肤渗透、吸入以及吞服后产生危害及影响。

中毒——可使人体某些器官及其功能受到损害，长期接触会产生慢性中毒；

刺激——对人体皮肤或黏膜有强刺激作用；

厌恶——使人感到厌恶不适；

烟（雾）热——由烟雾、烟尘引起人体发热，脱离接触后会消退；

麻醉——使人体神经中枢受抑制产生睡眠或昏迷；

致癌——可能引发肿瘤或癌症（关于化学物质的致癌性在本节《三、化学致癌物质》中另有说明）；

第五栏，化学危险性等级。化学物质的化学危险性从危害健康、可燃性和化学稳定性 3 个方面予以表述，并用 4、3、2、1、0 五个等级来表示其危险性程度的差别。

a. 危害健康

4——短期暴露即会引起死亡，或者经医治后仍有严重后遗症；

3——短期暴露会引起严重危害，经过医治后还会有暂时的或残留的损伤；

2——引起暂时中毒，不能工作或可能产生残留损伤；

1——暴露后会引起刺激或不适；

0——在燃烧条件下也无危害。

b. 可燃性

4——在常温常压下会迅速地完全地气化、扩散和易燃烧的物质；

3——在常温下即能被点燃的液体和固体；

2——在高温下才能被点燃的物质；

1——须经预热后才能被点燃的物质；

0——不燃烧物质。

c. 化学稳定性

4——常温下容易爆炸或者有爆炸性反应的物质；

3——能爆炸或有爆炸性反应，但要有引发源，或预先加热，或与水有爆炸性反应的物质；

2——不稳定的和具有激烈化学反应，但不爆炸的物质，或与水发生激烈反应，与水能形成潜在爆炸性的物质；

1——通常是稳定的，但温度和压力提高时变得不稳定，或者与水反应，但无猛烈能量放出的物质；

0——即使遇火源也是稳定的，也不与水起反应的物质。

本栏中注有符号"W"表示遇水有剧烈化学反应。

第六栏，灭火剂。指明某种化学危险品发生火险时应该使用的灭火剂；1——水；2——泡沫灭火剂；3——二氧化碳或干性化学灭火剂；4——气体火险中使用的灭火剂；5——金属火险中使用的灭火剂。

第七栏，在空气中燃烧的极限值。当某种气体或蒸气与空气（或氧）形成可燃烧混合物（爆炸混合物）时，在与水源接触火焰但不会发生传播的情况下，该气体或蒸气在空气（或氧）中浓度的下限值和上限值，以气体或蒸气在空气中的体积分数，%表示。由于燃烧极限视氧的含量不同而有很大差别，又受到温度和压力的影响（增加温度和压力一般是使下限值降低和使上限值升高），故这一栏数据可能有些出入。表中除了特别注明的均系指在标准状况下大气中的数据。

第八栏，闪点。指出液体（包括某些固体）产生的蒸气足以与液体表面附近的空气或在容器内形成燃烧混合物时的温度。注有"OC"的表示开口杯测定的温度，该温度略高于闭口杯测定的数值。

第九栏，着火点。物质（固体、液体和气体）受热后着火或者引起自燃所必需的最低温度。

第十栏，沸点。101.325kPa压力下液体沸腾的温度。括号内的数值是该物质的熔点。"d"表示该物质分解。

第十一栏，蒸气压，单位为133.32Pa。右上角注是该蒸气压的温度（℃）。

第十二栏，密度或相对密度。表中密度单位除在数值后注明者外，均为"g/ml"。相对密度无量纲。数值的右上角注是测定密度时的温度，右下角注是参考物质——水的温度（℃）。

第十三栏，物质在水中的溶解度。"∞"表示无限；"v"表示100ml水中溶解大于50g；"s"表示100ml水中溶解5～50g；"δ"表示100ml水中溶解少于5g；"i"表示难溶于水；"d"表示该物质与水接触分解；"s^h/d"表示该物质溶于热水同时发生分解。

第十四栏，危险性代码。具体代码的含义见表7 6～表7-8。

表 7-5　危险化学品安全知识一览表

(1) 无机化合物

序号	化学名称和化学式	环境中最高容许浓度 空气 mg/m³	环境中最高容许浓度 地面水 mg/L	浓的短期暴露对健康的相对危害	化学危险性等级 危害健康	可燃性	化学稳定性	灭火剂	在空气中燃烧的极限值体积分数 φ/% 下限	上限	闪点/℃	着火点/℃	沸点(熔点)/℃	蒸气压/133.32Pa	密度或相对密度	在水中的溶解度	危险性代码
1	银 Ag	(0.01)	(0.05)														
2	铝 Al				0	1	1	5			粉末有爆炸危险		(659.7)		2.702	i	H261,H250,H228
3	氯化铝 $AlCl_3$			刺激眼、鼻、喉									182.7		2.44	s^h/d	H314
4	氩 Ar			窒息									−185.7	47^{-143}	1.784 g/L	δ	
5	砷 As	(0.5)	0.04	中毒									615 升华		5.727	i	H331,H301,H400, H410
6	砷化物	(0.5)		中毒													H331,H301,H400, H410
7	砷化氢 AsH_3	0.3 (0.2)		中毒									−55 d300		2.695 g/L	δ	
8	三氧化二砷 As_2O_3	0.3 (0.5)	(0.05)	中毒									(315)		3.738	δ	H350,H300,H314, H400,H410
9	硼 B		(0.3)						粉末与空气接触要燃烧				(230)		2.45	i	
10	三氯化硼 BCl_3			腐蚀性液体，刺激呼吸道									12.5	477	1.35^{11}	s	H330,H300,H314
11	三氟化硼 BF_3	(3)		中毒									−99.9	27.9^{30}	2.99 g/L	s	H330,H314
12	硼乙烷 B_2H_6	(0.1)		中毒	3	4W	3	4	0.9	98	−90	145	−92.5	760^{-93}	液 0.445	分解成 H_3BO_3 +水	
13	戊硼烷 B_5H_9	(0.01)		中毒	3	3	2	1	0.42		约 30t	约 35t	58.4 (−46.8)	60^0	0.66	d	
14	癸硼烷 $B_{10}H_{14}$	(0.3)皮		中毒							−80	149	213 (99.7)	66^{132}	0.94^{20}	δ	
15	硼酐 B_2O_3	(15)											1860		2.46	δ	

续表

序号	化学名称和化学式	环境中最高容许浓度 空气 mg/m³	环境中最高容许浓度 地面水 mg/L	浓的短期暴露对健康的相对危害	化学危险性等级 危害健康	化学危险性等级 可燃性	化学危险性等级 化学稳定性	化学危险性等级 灭火剂	在空气中燃烧的极限值体积分数 φ/% 下限	在空气中燃烧的极限值体积分数 φ/% 上限	闪点/℃	着火点/℃	沸点(熔点)/℃	蒸气压/133.32Pa	密度或相对密度	在水中的溶解度	危险性代码
16	钡的可溶性化合物	(0.5)	(4)	吞服,眼睛接触,吸入,皮肤渗透,刷毒													H332,H302
17	氯化钡 BaCl₂	(0.5)	(4)	吞服,眼睛接触,吸入,皮肤渗透,刷毒									1560		2.856	s	H271,H332,H302,H411
18	氢氧化钡 Ba(OH)₂·8H₂O	(0.5)		刺激眼,鼻,喉									(78)		2.18	δ	
19	铍 Be	0.001 (0.002)	0.0002	吸入慢性中毒	4	1	1		粉末爆炸				(1228)		1.85²⁰		H350i,H330,H301,H372,H319,H335,H315,H317
20	溴 Br₂	(0.7)	(0.2)	强腐蚀性	4	0	1						58.78	77.3³⁴	2.928⁵⁸	δ	H330,H314,H400
21	五氟化溴 BrF₅	(3)		刺激性,腐蚀性									40.3	136¹	2.482		
22	三氟化溴 BrF₃	(3.5)		强腐蚀性,刷毒									127	18³⁹	2.843		
23	炭黑 C	(5)皮		中毒													
24	氰 CN		0.05														
25	溴化氰 CNBr	(0.5)		很毒									61.1	920²⁰	2.015²⁰	s	
26	氯化氰 CNCl	(0.5)		体积分数 $\varphi=1.6\times10^{-4}$ 10min 即可使人致死									13.1	2.1	1.2		
27	一氧化碳 CO	30(55)		化学窒息,中毒	2	4	0	4	12.5	74		651	−191.5	760⁻¹⁹¹	1.250 g/L	δ	H220,H360D,H331,H372
28	二氧化碳 CO₂	(9000)		高浓度会引起窒息									−78.5 升华		1.977 g/L	δ	
29	氧硫化碳 COS				3	4	1		12	29			−50.2		1.073 g/L	δ	
30	二硫化碳 CS₂	10(60)皮	2,(10)	慢性中毒	2	3	0	1,3	1.3	44	−30	100	46.3	360²⁵	1.261	i	H225,H361fd,H372,H319,H315

续表

第三篇

序号	化学名称和化学式	环境中最高容许浓度 空气 mg/m³	环境中最高容许浓度 地面水 mg/L	浓的短期暴露对相对健康的危害	化学危险性等级 危害健康	可燃性	化学稳定性	灭火剂	在空气中燃烧的极限值体积分数 φ/% 下限	上限	闪点 /℃	着火点 /℃	沸点(熔点) /℃	蒸气压 /133.32Pa	密度或相对密度	在水中的溶解度	危险性代码
31	钙 Ca				1	1W	2	5	细粉在室温即可燃烧				1240		1.54	与水反应生成 H_2 和 $Ca(OH)_2$	H261
32	砷酸钙 $Ca_3(AsO_4)_2$	(1)		中毒									(1455)		3.620	δ	
33	碳化钙 CaC_2				1	4W	2		吸水放出乙炔				2300		2.22	d	H260
34	次氯酸钙 $Ca(ClO)_2$			刺激	2	1	2		与酸和氧化剂接触危险				d100		2.35	s	H272、H302、H314、H400
35	氧化钙 CaO	(5)		刺激眼，鼻，咽喉	1	0	1		与水作用可发热可以着火				(561)		3.25~3.28	v	
36	氢氧化钙 $Ca(OH)_2$			刺激眼，鼻，咽喉									d580		2.504	v	
37	镉 Cd		0.01	有毒					镉粉燃烧形成很危险的烟雾				767±2 (321)		8.642	i	H350
38	氯化镉 $CdCl_2$		0.01	剧毒													H350、H340、H360FD、H330、H301、H372、H400、H410
39	镉的可溶性盐类及金属烟尘	(0.05)		中毒													
40	氧化镉 CdO	0.1		中毒									升华 1559		8.15	i	H350、H341、H361fd、H330、H372、H400、H410
41	铈 Ce			强腐烂性，刺激呼吸道	3	0	1	5	自燃		150~180		2417 (894)		6.768	d	
42	氯 Cl_2	1(3)		剧毒					与可燃物有爆炸性反应				−34.6	3.66⁰		δ	H270、H331、H315、H400、H319、H335
43	三氟化氯 ClF_3	(0.4)							极强氧化剂，可使有机物着火，在一定温度下可使金属着火，与水和冰反应激烈								
44	一氯化碘 ClI			正常储存会有变质并有危险											3.18	d	

续表

序号	化学名称和化学式	环境中最高容许浓度 空气 mg/m³	环境中最高容许浓度 地面水 mg/L	浓的短期暴露对健康的相对危害	化学危险性等级 危害健康	化学危险性等级 可燃性	化学危险性等级 化学稳定性	灭火剂	在空气中燃烧的极限值体积分数 φ/% 下限	在空气中燃烧的极限值体积分数 φ/% 上限	闪点/℃	着火点/℃	沸点(熔点)/℃	蒸气压/133.32Pa	密度或相对密度	在水中的溶解度	危险性代码
45	二氧化氯 ClO_2	(0.3)		刺激							快速加热 100℃可能爆炸	加热到可能爆炸	11 (−69)	490°	3.09 g/L	δ	H270,H330,H314,H400
46	氟化氯三氧 ClO_3F	(13.5)		谨防吸入、吞服及皮肤接触								强氧化剂			液 1.434		
47	钴 Co	(0.1)	1.0	中毒									3550		8.9	i	H334;H317,H413
48	硝酸钴 $Co(NO_3)_2·6H_2O$			在 74℃分解出氮的氧化物有毒	1	0	1		氧化性物质						1.87	v	
49	铬 Cr	(1)		中毒									2480		7.20²⁰	i	
50	铬的可溶性盐类	(0.5)	0.05(VI)	中毒													
51	非水溶性的铬合物	(1)	0.5(III)	中毒											4.11	δ	
52	二氟化铬 CrF_2			强烈刺激													
53	三氧化铬 CrO_3	0.05 (0.1)	(0.1)	刺激、中毒													H271, H350, H340, H361fd,H330,H301, H372,H314,H334, H317,H400,H410
54	可溶性亚铬盐	(0.5)	(0.5)	中毒													
55	铯 Cs							5	与水有爆炸性反应				690 (28.5)		1.8785¹⁵	d	
56	铜的烟雾	(0.1)	0.1	刺激													
57	铜的微尘	(1.0)		刺激													
58	碳酸铜 $CuCO_3$			刺激、腐蚀									(d200)		4.0	i	
59	镝 Dy								粉末自燃				2600 (1407)		8.536	i	

续表

序号	化学名称和化学式	环境中最高容许浓度 空气 mg/m³	环境中最高容许浓度 地面水 mg/L	浓的短期暴露对健康的相对危害	化学危险性等级 危害健康	化学危险性等级 可燃性	化学危险性等级 化学稳定性	化学危险性等级 灭火剂	在空气中燃烧的极限值φ/% 下限	在空气中燃烧的极限值φ/% 上限	闪点/℃	着火点/℃	沸点(熔点)/℃	蒸气压/133.32Pa	密度或相对密度	在水中的溶解度	危险性代码
60	氟离子 F^-	(2.5)	1.0(1.5)	中毒													
61	氟 F_2	(0.2)		剧毒	4	0W	3	4					-183	1	1.69^{15} g/L	HF+ O_2	H270,H330,H314,H400
62	铁氧化物烟尘	(10)		中毒													
63	钒酸铁粉末	(1)		中毒													
64	钆 Gd								粉末自燃				3000(1312)		7.9	i	
65	锗烷 GeH_4			剧毒，强刺激性，腐蚀性					可燃		气		-90		3.43 g/L		
66	氢 H_2			有窒息作用		4		4	有爆炸性 4.0	75		585	-252.8		0.0899 g/L	δ	H220
67	偏砷酸 $HAsO_3$	(0.5)		中毒									d			d	
68	溴化氢 HBr	(10)		有毒，强刺激性，腐蚀性									-67.0		3.5 g/L	v	H314,H335
69	氯化氢 HCl (气)	15(7)		毒性大，浓度为0.13%～0.2%时，几分钟有生命危险													H331,H314
70	硫代氢酸 $HClO_3S$				3	0W	2						158		1.766^{13}	分解成 H_2SO_4 与 H_2O	H271,H314
71	高氯酸 $HClO_4$(70%～72%)			极强氧化剂，干燥剂，具有爆炸性	3	0	3						200		1.68	∞	
72	氢氰酸 HCN (96%)			吞服，吸入，经伤口渗入，剧毒	4	4	2	1	6	41	-18(0)	538	26	807		∞	H224,H330,H400,H410
73	氰化氢 HCN	0.3(1)支		吸入或渗入皮肤，剧毒	4	4	2	3	6	41	气	538	26		0.6884^{21}	∞	
74	氢氟酸 HF (水)			避免任何接触，吸入	4											∞	H330,H310,H300,H314

续表

序号	化学名称和化学式	环境中最高容许浓度 空气 mg/m³	地面水 mg/L	浓的短期暴露对健康的相对危害	化学危险性等级 危害健康	可燃性	化学稳定性	灭火剂	在空气中燃烧的极限值体积分数 φ/% 下限	上限	闪点/℃	着火点/℃	沸点(熔点)/℃	蒸气压/133.32Pa	密度或相对密度	在水中的溶解度	危险性代码
75	氟化氢 HF	1(2)支		腐蚀性极强、中毒	4	0	0						19.45		0.991	∞	H330、H310、H300、H314
76	碘化氢 HI			有毒，对皮肤、眼黏膜强刺激、强腐蚀									−35.5			v	H314
77	氢碘酸 HIO₃			对皮肤、眼、黏膜刺激									d 110		4.629	v	
78	硝酸 HNO₃	(5)	10(以N计)	对皮肤、眼、黏膜刺激	2	0	1						83		1.5027^{52}	∞	H272、H314
79	过氧化氢 H₂O₂(90%)	(1.4)		强腐蚀性	2	0	3		不燃烧，与还原剂可能爆炸				140	5^{20}	1.392^0	∞	H271、H332、H302、H314
80	过氧化氢 H₂O₂(50%)			强腐蚀性					不燃烧				107.8				H271、H332、H302、H314
81	过氧化氢 H₂O₂(35%)			强腐蚀性					不燃烧				113.9				H271、H332、H302、H314
82	氨基氰 H₂NCN			刺激性腐蚀性				1.3			141				1.0729^{18}	v	
83	硫化氢 H₂S	10(15)		中毒	3	4	0	4	4.3	45	气	260	−60.7	5.6	1.539 g/L	v	H220、H330、H400
84	硒化氢 H₂Se	(0.2)		剧毒					可燃		气		−42		2.004 g/L	δ	
85	硫酸 H₂SO₄	2(1)	(500)	刺激眼、鼻、喉	3	0W	1						338	1^{146}	6.602 g/L 1.891	∞	H314
86	发烟硫酸 H₂SO₄+SO₃	(1)		强腐蚀性	3	0W	1									∞	H314、H35
87	磷酸 H₃PO₄	(1)		刺激									213	0.0285^{20}	1.834^{18}	v	H302
88	氦 He			窒息作用									−269		0.1249	i	

续表

序号	化学名称和化学式	环境中最高容许浓度 空气 mg/m³	环境中最高容许浓度 地面水 mg/L	浓的短期暴露对健康的相对危害	化学危险性等级 危害健康	化学危险性等级 可燃性	化学危险性等级 化学稳定性	灭火剂	在空气中燃烧的极限值体积分数 φ/% 下限	在空气中燃烧的极限值体积分数 φ/% 上限	闪点/℃	着火点/℃	沸点(熔点)/℃	蒸气压/133.32Pa	密度或相对密度	在水中的溶解度	危险性代码
89	铪 Hf	(0.5)						5			粉末危险20(粉末)		>3200 (2200)		13.31	i	
90	汞 Hg	0.01 (0.1)皮	0.001 (0.005)	蒸气有毒,盐类通常使细胞中毒									356.58	0.002^{26}	13.594^{20}	i	H331,H313, H400,H410
91	氯化汞 HgCl₂	0.1		慢性中毒									302			s	H330,H310,H300, H373,H400,H410
92	有机汞化合物	0.005 (0.01)皮		中毒													H330,H310,H300, H373,H400,H410
93	碘 I₂	(1)		剧毒,强腐蚀										309^{25}	4.93	δ	H332,H312,H400
94	五氟化碘 IF₅			有毒									98		3.75		
95	铟 In												2000		7.3		
96	钾 K				3	1	1	5			与水反应生成 H₂,放出热量会着火爆炸		774 (63.65)	8^{432}	0.85	生成 KOH	H260,H314
97	氯酸钾 KClO₃			对皮肤、眼睛、黏膜有刺激	1	0	2				能与氧化物质形成爆炸性混合物		400		2.32	δ	
98	氟化钾 KF			对皮肤、黏膜强腐蚀	3	0	2						1505		2.48	v	H331,H311,H301,
99	氢氧化钾 KOH			有毒	3	0W	1				与水激烈反应形成爆炸混合物		1320~1340	1^{719}	2.044	v	H302,H314
100	过氧化钾 K₂O₂										粉末在空气中会燃烧						
101	过硫化钾 K₂S₂			与水或酸反应生成 H₂S	2	1	0						(470)			s	H314,H400
102	过硫酸钾 K₂S₂O₈				1	0	1						d <100		2.477	δ	
103	氪 Kr			有窒息作用									-152.9			δ	

续表

序号	化学名称和化学式	环境中最高容许浓度 空气 mg/m³	环境中最高容许浓度 地面水 mg/L	液的短期暴露对健康的相对危害	化学危险性等级 危害健康	化学危险性等级 可燃性	化学危险性等级 化学稳定性	化学危险性等级 灭火剂	在空气中燃烧的极限值体积分数 φ/% 下限	在空气中燃烧的极限值体积分数 φ/% 上限	闪点 /℃	着火点 /℃	沸点(熔点) /℃	蒸气压 /133.32Pa	密度或相对密度	在水中的溶解度	危险性代码
104	镧 La								粉末自燃				3470 (920)		6.162	d	
105	锂 Li				1	1W	2	5					1317		0.543	d	H260,H314
106	四氢化铝锂 LiAlH₄			强腐蚀性	3	1W	2		潮湿会引起燃烧				d>125		0.917	d	
107	六氢化铝锂 LiAlH₆			刺激眼、鼻、喉					在空气中燃烧不燃烧				d>210		1.26	i	H260
108	碳酸锂 Li₂CO₃												d 1310		2.11	δ	
109	氢化锂 LiH	(0.025)		刺激、中毒	1	4W	2	5	自燃			在空气中能自燃	680		0.82	d	
110	镥 Lu								粉末自燃				3327 (1652)		9.872		
111	镁 Mg							5			粉末有爆炸危险		110.7		1.74	i,d	H228,H261,H252
112	高氯酸镁 MgCl₂O₈				1	0	1	1	可与易氧化物质形成爆炸混合物								
113	氧化镁烟雾 MgO	(15)		金属（烟雾）热													
114	锰 Mn	(5)	(10MnO₂)	中毒									2152		7.20	d	
115	硫酸亚锰 MnSO₄			慢性中毒									d 850		3.25	v	
116	可溶性钼化合物	4(5)	0.5	中毒													
117	不溶性钼化合物	6(15)		中毒													
118	氮 N₂			窒息作用									-195.8	30^{-149}	气 1.2506g/L	δ	

续表

序号	化学名称和化学式	环境中最高容许浓度 空气 mg/m³	地面水 mg/L	浓的短期暴露对健康的相对危害	危害健康	可燃性	化学稳定性	灭火剂	下限	上限	闪点 /℃	着火点 /℃	沸点(熔点) /℃	蒸气压 /133.32Pa	密度或相对密度	在水中的溶解度	危险性代码
119	氟化氮 NF_3	(29)		中毒									-128.8		液 1.537^{-129}	δ	
120	氨 NH_3	30(35)			3	1	0	4	16	25	气	651	-33.5		0.7716 g/L	v	H221,H331,H314,H400
121	重铬酸铵 $(NH_4)_2Cr_2O_7$	(0.1)		刺激使皮肤溃烂，吞服吸入有危险				1	可燃固体与有机物有爆炸性反应				d 180	225℃ 自燃		δ	H272,H350,H340,H360FD,H330,H301,H372,H312,H314,H334,H317,H400,H410
122	氟化铵 NH_4F			有毒									升华		1.315	v	
123	硝酸铵 NH_4NO_3				2	1	3	1	有爆炸危险						1.725	v	
124	氨水 NH_3(水)(28%)		(2.0)	强刺激									(-77)		2.15	s	H314,H400
125	硫氰酸铵 NH_4SCN		(0.1)	有毒									d 160				
126	氨基磺酸铵 $N_2H_6SO_3$	(15)		中毒													
127	一氧化氮 NO			慢性中毒									-152		气 1.3402g/L	s	
128	二氧化氮 NO_2	5(9)		慢性中毒									21.2		1.4494	s	H330
129	三氧化二氮 N_2O_3			剧毒									3.5				
130	四氧化二氮 N_2O_4			慢性中毒	3	0	1						158				H314
131	亚硝酰氯 $NOCl$			吸入、接触危险									-5.8		气 3.0 g/L	d	

续表

序号	化学名称和化学式	环境中最高容许浓度 空气 mg/m³	地面水 mg/L	浓的短期暴露对健康的相对危害	危害健康	可燃性	化学稳定性	灭火剂	下限	上限	闪点/℃	着火点/℃	沸点(熔点)/℃	蒸气压/133.32Pa	密度或相对密度	在水中的溶解度	危险性代码
132	钠 Na				3	1W	2	5	与水接触极危险			在空气中自燃	830	1^{432}	0.97^{20}	形成 NaOH + H_2	H260, H314
133	氰化钠 NaCN		(0.01)	剧毒,与水接触放出 HCN	2	0	0						1496			s	
134	次氯酸钠 NaClO				1	1	2	1					d 180~200			s	
135	氯酸钠 NaClO₃		(20)		1	0	2		形成爆炸性混合物						2.490^{15}	v	
136	高氯酸钠 NaClO₄			刺激									d320		2.168^{0}	v	
137	氟化钠 NaF	1(以 F 计)	(1.5)	中毒					与水接触可能可能着火或爆炸						2.558^{4}	v	
138	氢化钠 NaH			内吸刺激眼,鼻,喉,能形成 NaOH									(800) d 850		0.92	i	H260
139	叠氮化钠 NaN₃			剧毒,能形成有毒的叠氮酸					可以形成爆炸性的叠氮酸的气体						1.846		H300, H400, H410
140	氨基钠 NaNH₂			灼烧皮肤和眼					与水反应非常激烈				400			d 形成 NaOH	
141	钾钠合金 NaK				3	3W	2		与水和空气接触非常危险			在空气中自燃					
142	氢氧化钠 NaOH	0.05(2)		刺激眼,鼻,喉	3	0	1						1390		2.130	s	H314
143	过氧化钠 Na₂O₂			着火很危险,谨防吸入	3	0W	2		强氧化剂与水反应剧烈				d 460		2.805	s	H271, H314

续表

序号	化学名称和化学式	环境中最高容许浓度		浓的短期暴露对健康的相对危害	化学危险性等级				在空气中燃烧的极限值体积分数 φ/%		闪点/℃	着火点/℃	沸点(熔点)/℃	蒸气压/133.32Pa	密度或相对密度	在水中的溶解度	危险性代码
		空气 mg/m³	地面水 mg/L		危害健康	可燃性	化学稳定性	灭火剂	下限	上限							
144	硅酸钠 $NaO \cdot x SiO_2$ ($x=3\sim5$)		(50)	强碱性，人眼危险												s	
145	硫化钠 Na_2S			与水或酸反应放出 H_2S	2	1	0						(1180)		1.856^{14}	s	H314,H400
146	铌 Nb								粉末自燃								
147	氖 Ne			窒息作用									−246		气 0.835 g/L	i	
148	镍(固体物) Ni		0.5	能引起皮肤病													H351,H317
149	羰基镍 $Ni(CO)_4$	0.001 (0.007)		暴露有致命和致癌危险					在空气中(60℃)强烈分解				43	261^{15}	1.32^{17}	δ	
150	臭氧 O_3	0.3		强烈刺激，1.7×10^{-3} (体积分)数儿分钟即可致命					强氧化剂能爆炸				−111.9		2.144 g/L	s	
151	二氟化氧 OF_2	(0.1)		中毒				1					−144.8		1.90	δ·d	
152	四氧化锇 OsO_4	(0.002)		刺激、剧毒、对眼睛危险									130		4906	s	H330,H310,H300,H314
153	红磷 P_4			慢性中毒	1	1	1	1				<200	280		2.34	δ	H250,H330,H300,H314,H400
154	黄磷 P_4	0.03 (0.1)		中毒	3	3	1	1	在空气中自燃			30	280.5		1.82^{20}	δ	
155	三氯化磷 PCl_3			刺激	3	0W	2						75.5^{749}		1.574	d	H330,H300,H314,H373
156	五氯化磷 PCl_5			刺激									162 升华		4.658 g/L	d	H330,H302,H373,H314

续表

序号	化学名称和化学式	环境中最高容许浓度 空气 mg/m³	地面水 mg/L	浓的短期暴露对健康的相对危害	危害健康	可燃性	化学稳定性	灭火剂	下限	上限	闪点/℃	着火点/℃	沸点(熔点)/℃	蒸气压/133.32Pa	密度或相对密度	在水中的溶解度	危险性代码
157	三溴化磷 PBr_3			有毒,腐蚀性									172.9		2.852^0	d	H314,H335
158	五氟化磷 PF_5			刺激呼吸道									-84.6				
159	磷化氢 PH_3	(0.4)		剧毒					>1		气	40~60即燃	-84.7		液0.796	δ	
160	五氧化二磷 P_2O_5	1		腐蚀性强刺激									300升华		2.39	形成H_3PO_4	
161	五硫化二磷 P_2S_5	(1)		与水反应生成H_2S	3	1W	2	3	粉末可燃			282	514		2.03	i	
162	镤 Pa			放射性,可能致癌											15.73		
163	铅 Pb	0.05尘 (0.2)	0.1 (0.1)	慢性中毒									1515		11.269	i	
164	砷酸铅 $Pb_3(AsO_4)_2$	(0.15)		慢性中毒									(1042)		7.80	δδ	
165	钷 Pm			β放射性													
166	钋 Po			很毒,α放射性,内吸可能致癌									962±2		9.4	δ	
167	镨 Pr			通入吸入而吸收;电离辐射源					粉末自燃				3127 (935)		6.64~6.782	d	
168	钚 Pu																
169	镭 Ra			可能引起肿瘤,贫血,肺癌									1140 (700)		6.0	s	
170	铷 Rb			在空气中自燃与水反应剧烈									700 (38.5)		1.532 液1.475	d	

续表

序号	化学名称和化学式	环境中最高容许浓度 空气 mg/m³	地面水 mg/L	浓的短期暴露对健康的相对危害	化学危险性等级 危害健康	可燃性	化学稳定性	灭火剂	在空气中燃烧的极限值体积分数 φ/% 下限	上限	闪点/℃	着火点/℃	沸点(熔点)/℃	蒸气压/133.32Pa	密度或相对密度	在水中的溶解度	危险性代码
171	硫 S_8			燃烧生成刺激性的 SO_2	2	1	0	1,3			207	232	444.6		2.07^{20}	i	
172	二氯化硫 SCl_2			刺激性，暴露极限建议 $\varphi=10^{-6}$					若慢慢加热在40℃以上可以分解				59(−78)		7.6^{-23}	d	H314,H400,H335
173	一氯化硫 S_2Cl	(6)		刺激	2	1	0	3			118	234	135(−76)	6.813^{25}	1.678	d	
174	四氟化硫 SF_4			剧毒									−40		液 1.9191		
175	二氧化硫 SO_2	15(13)		刺激，中毒	3	0	0						−10		气 2.3 液 1.5	s	H331,H314
176	三氧化硫 SO_3			刺激，中毒									44.8(16.83)			d	
177	亚硫酰氯 $SOCl_2$			140℃以上分解成 Cl_2，SO_2，S_2，Cl_2；与水作用，分解成 SO_2，HCl，刺激性，暴露极限建议体积分数 $\varphi=10^{-6}$									75.5(105)	110^{10}	1.655^{20}		H332,H302,H314
178	硫酰氟 SO_2F_2	(20)		中毒									−55.4		气 3.72 g/L	s	H332,H314
179	亚硫酰氟 SOF_2			对眼睛强刺激													
180	锑 Sb	(0.5)	0.5	中毒									(630.5)		6.684	i	
181	三氯化锑 $SbCl_3$	(0.05)		刺激，吸湿放出 HCl									233		3.140	v	H314,H411
182	五氯化锑 $SbCl_5$	(0.5)		中毒									(2.8)		液 2.336	d	H314,H411
183	三氧化二锑 Sb_2O_3	(0.5)		中毒									(656)		5.2	δ	H351,H317

第三篇

续表

序号	化学名称和化学式	环境中最高容许浓度 空气 mg/m³	地面水 mg/L	浓的短期暴露对健康的相对危害	化学危险性等级 危害健康	可燃性	化学稳定性	灭火剂	在空气中燃烧的极限值体积分数 φ/% 下限	上限	闪点/℃	着火点/℃	沸点(熔点)/℃	蒸气压/133.32Pa	密度或相对密度	在水中的溶解度	危险性代码
184	锑化氢 SbH_3	(0.5)		很毒	1	1	0	1,3			196	395	358~383		0.948	i	
185	硒 Se		0.01	有毒									685 (217.4)		4.81^{20}	i	H331,H301, H373,H413
186	硒化合物	0.1(0.2)	(0.001)	中毒												i	H331,H301,H373, H400,H410
187	六氟化硒 SeF_6	(0.4)		中毒									-34.5		3.25 g/L	δ,d	
188	硅烷 SiH_4								在空气中自燃				-112				
189	二氧化硅 SiO_2	2		矽肺									2230 (1710)		2.2;2.6	i	
190	四氯化锡 $SnCl_4$	(2)		中毒									114.2		液 2.226	s	H314,H412
191	锶 Sr		(11.5)	化合物有一定毒性									1500		2.6^{20}	i	
192	钽 Ta	(5)		中毒									约6000		16.69	i	
193	铽 Tb								粉末自燃				2800 (1356)		8.272	i	
194	碲 Te	(0.1)	0.01	中毒					在空气中慢慢燃烧				1390		6.25	i	
195	钍 Th								粉末自燃		有爆炸危险		4230		11.7	i	
196	硝酸钍 $Th(NO_3)_4$				1	0	1	5	氧化性物质							i	
197	钛 Ti								能在氮气中燃烧		粉末有爆炸危险		3262		4.5^{20}	i	
198	二氧化钛 TiO_2	(15)						5					1825		4.17	i	

续表

序号	化学名称和化学式	环境中最高容许浓度		浓的短期暴露对健康的相对危害	化学危险性等级			灭火剂	在空气中燃烧的极限值体积分数 φ/%		闪点 /℃	着火点 /℃	沸点（熔点）/℃	蒸气压 /133.32Pa	密度或相对密度	在水中的溶解度	危险性代码
		空气 mg/m³	地面水 mg/L		危害健康	可燃性	化学稳定性		下限	上限							
199	四氯化钛 $TiCl_4$		(0.1)			W							136.4		液 1.726	s	H314
200	铊 Tl			很毒，建议容许浓度 0.1 mg/m³									1460 (303.5)		11.85		H330，H300，H373，H413
201	可溶性铊化合物	(0.1)S		中毒													H330，H300，H373，H411
202	硫酸亚铊 Tl_2SO_4			吞服引起惊厥、麻痹									d		6.77	δ	H330，H372，H315，H411
203	铀 U	(0.25)		中毒				5	粉末自燃				3818 (1150)		19.08^{8}	i	H330，HH300，H373，H413
204	可溶性铀化合物	(0.05)		中毒													H330，H309
205	不溶性铀化合物	(0.25)		中毒													H373，H411
206	五氧化二钒 V_2O_5		0.1(V)	慢性中毒									d 1750		3.357^{18}	δ	H341，H361d*，H372*，H332，H302，H335，H411
207	钒的粉尘 V_2O_5	0.5 (0.5)		刺激													
208	钒的烟雾 V_2O_5	0.1 (0.1)		刺激													
209	氙 Xe			可使人窒息									－108		气 5.897g/L		
210	钇 Y	(1)		中毒					粉末自燃				1427 (824)		4.34	d	
211	锌 Zn		1.0	燃烧产物会引起发热	0	1	1	5	粉末可在空气中燃烧		有爆炸危险		907 (419)		7.14	i	H260，H250，H400，H410

续表

序号	化学名称和化学式	环境中最高容许浓度 空气 mg/m³	地面水 mg/L	浓的短期暴露对健康的相对危害	危害健康	可燃性	化学稳定性	灭火剂	在空气中燃烧的极限值体积分数 φ/% 下限	上限	闪点/℃	着火点/℃	沸点(熔点)/℃	蒸气压/133.32Pa	密度或相对密度	在水中的溶解度	危险性代码
212	氯化锌 $ZnCl_2$	(1)		刺激	2	0	2						732		2.91^{25}	v	H302,H314,H400,H410
213	氧化锌烟尘	5(5)		金属(烟雾)热													H400,H410
214	硬脂酸锌 $Zn(C_{18}H_{35}O_2)_2$							1,3			276OC	429	(130)			i	
215	锆 Zr			中毒					粉末有爆炸危险				>2900 (1830)		6.49	i	H260,H250,H251
216	锆化合物 Zr	5(5)															

(2)有机化合物

序号	化学名称和化学式	环境中最高容许浓度 空气 mg/m³	地面水 mg/L	浓的短期暴露对健康的相对危害	危害健康	可燃性	化学稳定性	灭火剂	在空气中燃烧的极限值体积分数 φ/% 下限	上限	闪点/℃	着火点/℃	沸点(熔点)/℃	蒸气压/133.32Pa	密度或相对密度	在水中的溶解度	危险性代码
1	三溴甲烷 $CHBr_3$	(50)皮		中毒									149.5	5.6^{25}	2.8899	δ	H331,H319,H315,H411
2	一氯二氟甲烷 $CHClF_2$		(10)	低毒,容许浓度体积分数$=10^{-3}$					不燃				-40.8		1.118	i	
3	二氯一氟甲烷 $CHCl_2F$	(4200)		麻醉				4				552	9		1.426	i	
4	三氯甲烷 $CHCl_3$	(240)		慢性中毒									61.2	200^{25}	1.4916	δ	H351,H302,H373,H315
5	三氯代甲硫醇 Cl_3CSH	(0.8)		刺激													

续表

序号	化学名称和化学式	环境中最高容许浓度		浓度的短期暴露对健康的相对危害	化学危险性等级				在空气中燃烧的极限值体积分数 φ/%		闪点/℃	着火点/℃	沸点(熔点)/℃	蒸气压/133.32Pa	密度或相对密度	在水中的溶解度	危险性代码
		空气 mg/m³	地面水 mg/L		危害健康	可燃性	化学稳定性	灭火剂	下限	上限							
6	溴氯甲烷 CH₂BrCl	(1050)		麻醉									69	$155\sim160^{25}$	1.991	δ	
7	二氯甲烷 CH₂Cl₂	(1700)	(7.5)	皮肤接触发疱,麻醉	2	0	0		(15.5~66 在 O₂ 中)			662	40	440^{25}	1.335	δ	H351
8	重氮甲烷 CH₂N₂	(0.4)		剧毒,过敏,有生命危险,致癌物质					爆炸		气	极危险	-23			d	
9	甲醛 CH₂O	3(3)	0.5,(0.001)	对皮肤,呼吸道过敏		4		1,4	7.0	73	气	430	-21			∞	H351, H331, H311, H301, H314, H317
10	甲酸 CH₂O₂	(9)		刺激	3	2	0	1,3			69	601	100.7	43^{25}	1.220^{20}	∞	H314
11	溴甲烷 CH₃Br	1(80)皮		慢性中毒	3	1	0			16		537	3.59		1.732	δ	H341, H331, H301, H373, H319, H335, H315, H400, EU—H059
12	氯甲烷 CH₃Cl	(210)		慢性中毒	2	4	0		8.1	17.4		652	-23.76		0.92	s	
13	碘甲烷 CH₃I	1(78)皮		中毒			4	3					42.5		2.28	δ	H331,H319, H315,H411
14	硝基甲烷 CH₃NO₂	(250)	(0.005)	刺激中毒	1	3	4	3	7.3		35	379	108	27.8^{20}	1.1354	s	H226,H302
15	甲烷 CH₄	(5)		单纯窒息				4	5.0	15.0		537	-161.49		0.415	δ	H220
16	芥兰姆 CH₄N₂S			中毒											1.17	i	
17	甲醇 CH₄O	50(260)	(3.0)	麻醉中毒,永久性伤害	1	3	0	3	6.0	36	11	446	64.96	160^{30}	0.7914	∞	H225, H331, H311, H301, H370
18	甲磺酸 CH₄O₃S			刺激皮肤,但不吸入									(20)		1.4812	v	H314
19	甲硫醇 CH₄S	(20)	(0.0002)	浓度高会引起麻醉,中毒	2	4	0	4	3.9	21.8	<-18		6(-123)	$760^{-6.8}$	0.8665^{21}	δʰ	

第三篇

续表

序号	化学名称和化学式	环境中最高容许浓度 空气 mg/m³	环境中最高容许浓度 地面水 mg/L	浓的短期暴露对健康的相对危害	化学危险性等级 危害健康	化学危险性等级 可燃性	化学危险性等级 化学稳定性	灭火剂	在空气中燃烧的极限值体积分数 φ/% 下限	在空气中燃烧的极限值体积分数 φ/% 上限	闪点 /℃	着火点 /℃	沸点(熔点)/℃	蒸气压 /133.32Pa	密度或相对密度	在水中的溶解度	危险性代码
20	甲胺 CH_5N	5(12)	(1.0)	皮肤,呼吸道过敏	3	4	0	3,4	4.9	20.7	气	430	-6.32 (93.46)	1520^{25}	0.699^{11}	v	H224,H332,H302,H314
21	甲肼 CH_6N_2	(0.35)皮		中毒							<27		87	49.6^{25}	0.9	δ	
22	一溴三氟甲烷 $CBrF_3$			麻醉					不燃				-59			δ	
23	二溴二氟甲烷 CBr_2F_2	(860)		毒性较低					不燃				24.5		2.28	s	
24	四溴化碳 CBr_4			很毒	3		1						189.5		3.42	δ	
25	一氯三氟甲烷 $CClF_3$			毒性较低					不燃				-84.1		7.01 g/L	i	
26	二氯二氟甲烷 CCl_2F_2	(10)		麻醉					不燃				-29	10^{23}	1.292	s	
27	光气 CCl_2O	(0.4)		剧毒							气		8.02	568^{0}	1.392	d	
28	三氯氟甲烷 CCl_3F	(5600)		麻醉									23.77		液 1.464	δ	
29	氯化苦 CCl_3NO_2	(0.7)		刺激眼,鼻,喉									112	16.9^{20}	1.6558	$δ^b$	
30	碳酰氟 CF_2O			对器官强烈刺激									-83.1		1.139	d	
31	四氟化碳 CF_4			毒性低,有麻醉作用					不燃气体				-129	760^{-128}	3.42^{0}	δ	
32	四氯化碳 CCl_4	25(65)皮	(0.3)	中毒					不燃烧,热分解产物很毒				120.8	113^{25}	1.6311	δ	H351,H331,H311,H301,H372,H412,EU-H059
33	四硝基甲烷 $C(NO_2)_4$	(8)		中毒									126	13^{25}	1.6372^{24}	i	

序号	化学名称和化学式	环境中最高容许浓度 空气 mg/m³	环境中最高容许浓度 地面水 mg/L	浓的短期暴露对健康的相对危害	化学危险性等级 危害健康	化学危险性等级 可燃性	化学危险性等级 化学稳定性	化学危险性等级 灭火剂	在空气中燃烧的极限值体积分数 φ/% 下限	在空气中燃烧的极限值体积分数 φ/% 上限	闪点 /℃	着火点 /℃	沸点(熔点) /℃	蒸气压 /133.32Pa	密度或相对密度	在水中的溶解度	危险性代码
34	三氯乙烯 C_2HCl_3	(530)	(0.5)	慢性中毒					12.5	90	32		87	77^{25}	1.462^{15}	δ	H350,H341,H319,H315,H336,H412
35	三氯乙醛 C_2HCl_3O		(0.2)	吸入可能引起致命的肺脏伤害									99.7(57.5)		1.505		
36	二氯乙酰氯 C_2HCl_3O				3	2	1				66		107~108		1.5315	d	
37	三氯醋酸 $C_2HCl_3O_2$			刺激									197.5(57.5)		1.6298		
38	三氟醋酸 $C_2HF_3O_2$			刺激									72.4	191^{37}	1.5351^{0}		
39	乙炔 C_2H_2			单纯窒息	1 / 1	4 / 4	2 / 3		(溶解在丙酮中,储存在钢瓶内) 4 / 2.5	81		299	-83.6 升华		0.6181^{-82}	δ	H220
40	1,1,2,2-四溴乙烷 $C_2H_2Br_4$	(14)		分解放出剧毒蒸气	3	0	1						d239~242		2.9672	i	H330;H310;H411
41	氯乙腈 C_2H_2ClN			刺激眼、鼻、喉									123~124		1.193^{20}	v	
42	1,1-二氯乙烯 $C_2H_2Cl_2$			慢性中毒	2	4	2		5.6	11.4	-15	458	37		1.3		H224;H351;H332
43	顺-1,2-二氯乙烯 $C_2H_2Cl_2$	(790)		慢性中毒	2	3	2	2,3	9.7	12.8	4		60.3	208^{25}	1.2837	δ	H225;H332;H412
44	反-1,2-二氯乙烯 $C_2H_2Cl_2$			慢性中毒	2	3	2	2,3	9.7	12.8	2		47.5	324^{25}			H225;H332;H412
45	氯乙酰氯 $C_2H_2Cl_2O$			刺激眼、鼻、喉									108~764		1.4177^{20}	d	H331,H311,H301,H372,H314,H400
46	二氯乙酸 $C_2H_2Cl_2O$												192~193	1^{4}	1.5634	∞	H314,H400
47	1,1,2,2-四氯乙烷 $C_2H_2Cl_4$	(35)皮		中毒									146	6^{25}	1.5984	δ	H330,H310,H411

续表

序号	化学名称和化学式	环境中最高容许浓度 空气 mg/m³	环境中最高容许浓度 地面水 mg/L	浓的短期暴露对健康的相对危害	化学危险性等级 危害健康	化学危险性等级 可燃性	化学危险性等级 化学稳定性	灭火剂	在空气中燃烧的极限值体积分数 φ/% 下限	在空气中燃烧的极限值体积分数 φ/% 上限	闪点 /℃	着火点 /℃	沸点(熔点) /℃	蒸气压 /133.32Pa	密度或相对密度	在水中的溶解度	危险性代码
48	1,1-二氟乙烯 $C_2H_2F_2$								5.5	21.3			−85.7		0.5855^{25} g/L	δ	
49	乙烯酮 C_2H_2O	(0.9)		皮肤、呼吸道过敏、中毒									−56			d	
50	乙二醛 $C_2H_2O_2$			皮肤染色;皮肤,呼吸道过敏							220		50.4		1.14^{20}	v	H312,H302
51	草酸 $C_2H_2O_4$	(1)											157 升华		1.90	s	
52	溴乙烯 C_2H_3Br								可燃				15.8		1.4933		H220,H350
53	溴乙酸 $C_2H_3BrO_2$			有毒									208		1.934	v	H331,H311,H301,H314,H400
54	乙酰溴 C_2H_3BrO			刺激眼睛,内吸危险									76.7		1.663	d	
55	氯乙烯 C_2H_3Cl	30(1300)		麻醉,中毒	2	4	2	3	4	22	13	472	84	87^{25}	1.256	δ	H220,H350
56	1-氯-1,1-二氟乙烷 $C_2H_3ClF_2$			毒性较低				4	9.0	14.8	可燃	632	−9.2		1.118	δ	
57	氯乙酸 $C_2H_3ClO_2$				3	3W	2	3			4	390	189	1^{43}	1.4043	v	H301,H314,H400
58	乙酰氯 C_2H_3ClO								可燃		12	504	51.2		1.1039	d	H225,H314
59	氯甲酸甲酯 $C_2H_3ClO_2$			有毒,刺激,避免任何接触									71~72		1.236	d	
60	1,1,1-三氯乙烷 $C_2H_3Cl_3$	(1900)		麻醉									74	127	1.3492	i	H332,EU-H059

续表

序号	化学名称和化学式	环境中最高容许浓度 空气 mg/m³	地面水 mg/L	浓的短期暴露对健康的相对危害	化学危险性等级 危害健康	可燃性	化学稳定性	灭火剂	在空气中燃烧的极限值体积分数 φ/% 下限	上限	闪点/°C	着火点/°C	沸点(熔点)/°C	蒸气压/133.32Pa	密度或相对密度	在水中的溶解度	危险性代码
61	1,1,2-三氯乙烷 $C_2H_3Cl_3$	(45)皮		慢性中毒									113.7	16.7^{20}	1.4432	δ	H361、H332、H312、H302
62	氯乙醛 C_2H_3ClO	(3)		刺激									85(43)		1.190	v	H351、H330、H311、H301、H314、H400
63	氟乙烯 C_2H_3F			低毒	2	4	1		2.6±0.5	21.7±10			−72				
64	碘乙酸 $C_2H_3IO_2$			可能引起皮肤病									d			s^h	H301、H314
65	乙腈 C_2H_3N	3(70)	5(0.7)	中毒	2	3	1	3	4.4	16.0	8	524	80.06	73^{20}	0.7856	s	H225、H332、H312、H302、H319
66	异氰酸甲酯 C_2H_3NO	(0.05)皮		刺激剧毒				3	5.3	26.0	7.2OC	534	39.1		0.7557	δ	H225、H361d、H330、H311、H301、H335、H315、H318、H334、H317
67	异硫氰酸甲酯 C_2H_3NS												119		1.6691	δ	H331、H301、H314、H317、H400、H410
68	乙烯 C_2H_4		(0.5)	用作麻醉剂	1	4	2	4	3.1	32		450	−104		0.00126	i	H220、H336
69	1,2-二溴乙烷 $C_2H_4Br_2$	(190)皮		慢性中毒							13	413	131	12^{25}	2.180^{20}	δ	H350、H331、H311、H301、H319、H335、H315、H411
70	氯乙酰胺 C_2H_4ClNO			很毒									224(121)			s	
71	1,2-二氯乙烷 $C_2H_4Cl_2$	(200)		刺激呼吸道和黏膜、引起麻醉、中毒	2	3	0		6.2	16			84	87.25	1.256	δ	H2265、H302、H319、H335、H412
72	1,1-二氯乙烷 $C_2H_4Cl_2$	(400)		慢性中毒	2	3	0				6		57	234^{25}	1.1776	δ	

序号	化学名称和化学式	环境中最高容许浓度		浓的短期暴露对健康的相对危害	化学危险性等级				在空气中燃烧的极限值体积分数 φ/%		闪点/℃	着火点/℃	沸点(熔点)/℃	蒸气压/133.32Pa	密度或相对密度	在水中的溶解度	危险性代码
		空气 mg/m³	地面水 mg/L		危害健康	可燃性	化学稳定性	灭火剂	下限	上限							
73	1,1-二氟乙烷 $C_2H_4F_2$			低毒,但在使用时要适当通风,以防缺氧而窒息				4	3.7	18.0			-24.7		0.895^{25} g/ml	i	
74	乙二醇二硝酸酯 $C_2H_4N_2O_6$	(2)	0.05 (0.2)	中毒									179±3	0.049^{20}	1.4918	i	
75	乙醛 C_2H_4O	(300)		皮肤、呼吸道过敏	2	4	2	1,3,4	4.1	55	-38	185	20.8	740^{20}	$0.780\sim0.790^{20}$	∞^h	H224,HH351,H319,H335
76	环氧乙烷 C_2H_4O	5(90)		刺激、中毒	2	4	3	1,3,4	3	100	<-18	429	13~14(-113)	$625^{5.6}$	0.822^{16}	s	H226,H314
77	乙酸 $C_2H_4O_2$	(25)		刺激	2	2	1	1,3	4.0	16.0	43	524	118.5	15^{25}	$1.048\sim1.053^{25}$	∞	H226,H332,H302,H319,H335
78	甲酸甲酯 $C_2H_4O_2$	(750)		刺激	2	4	0	3,4	5.9	20	-19	456	31.50	600^{26}	0.9867^{15}	s	H224,H242,H332,H312,H302,H314,H335
79	过乙酸 $C_2H_4O_3$			刺激	3	2	4		可燃液体,对热和震动敏感		41		105 110爆炸		1.226	v	H226,H242,H332,H312,H302,H314,H400
80	溴乙烷 C_2H_5Br	(880)		刺激、中毒	2	3	0		6.7	11.3		511.11	38.4	475^{25}	1.4604	δ	H225,H351,H332,H302
81	氯乙烷 C_2H_5Cl	(2600)		麻醉、中毒	2	4	1	3,4	3.8	15.4	-50	519	131	539^{25}	0.9028	δ	H220,HH351,H412
82	2-氯乙醇 C_2H_5ClO	(16)皮		慢性中毒	3	2	0		4.9	15.9	60	425	128	4.9^{20}	1.204	∞	H330,H310,H300
83	氯甲醚 C_2H_5ClO			对眼、鼻强烈刺激					可燃						1.07	∞	
84	碘乙烷 C_2H_5I												72		1.950	δ^d	
85	氮丙啶 C_2H_5N	(1)		皮肤、呼吸道过敏、中毒	3	3	3	1,3	3.6	46	-11	322	56	160^{20}	0.831	∞	
86	亚硝酸乙酯 $C_2H_5NO_2$			分解形成有毒的氮的氧化物	2	4	4		4.1	50	-35	d90	17.2			∞	H220,H332,H312,H302

续表

序号	化学名称和化学式	环境中最高容许浓度 空气 mg/m³	环境中最高容许浓度 地面水 mg/L	浓的短期暴露对相对健康的危害	化学危险性等级 危害健康	化学危险性等级 可燃性	化学危险性等级 化学稳定性	化学危险性等级 灭火剂	在空气中燃烧的极限值体积分数 φ/% 下限	在空气中燃烧的极限值体积分数 φ/% 上限	闪点 /℃	着火点 /℃	沸点(熔点)/℃	蒸气压 /133.32Pa	密度或相对密度	在水中的溶解度	危险性代码
87	硝基乙烷 $C_2H_5NO_2$	(310)		麻醉刺激	1	3	3	3	3.4		38	360	115 爆炸	15.6^{20}	1.0448	s	H226, H332, H302
88	硫代乙酰胺 C_2H_5NS			动物致癌									d			δ	H350, H302, H319, H315, H412
89	乙烷 C_2H_6			高浓度时单纯窒息	1	4	0	4	3.0	12.5		515	-88.63		0.572	i	H220
90	亚硝基甲胺 C_2H_6NO			由于这一化合物剧毒和可能致癌,不应有任何接触													
91	甲醚 C_2H_6O				4	4	6	3,4	3.4	18	气	350	-23.6	2128^{0}	0.661	δ	H220
92	乙醇 C_2H_6O	(1900)		刺激中毒	0	3	0	1,3	3.3	19	13	423	78.5	50	0.7893	∞	H225
93	2-巯基乙醇 C_2H_6OS		(0.64)		2	2		1,3			74		157~158		1.1143	s	
94	碳酸二甲酯 $C_2H_6O_3$					3	1				19		90		0.6292^{20}_{4}	i	
95	硫酸二甲酯 $C_2H_6O_4S$	(5) 皮		可能致癌·刺激	4	2	0	1,2,3			83		185.5		1.3322	s	
96	乙硫醇 C_2H_6S	(1)		中毒	2	4	0	3	2.8	18.0	<27	299	37 (-144.4)		0.8391	δ	
97	二甲硫 C_2H_6S		(0.01)		4	4	0	3	2.2	19.7	<-18	206	37.3	400^{2}	0.8458	i	
98	二甲胺 C_2H_7N	10(18)	(0.1)	皮肤、呼吸道敏中毒	3	4	0	3,4	2.8	14.4	<-18	430	7.4	2大气压^{10}	0.6804^{0}_{4}	v	H225, H332, H312, H302, H314
99	乙胺 C_2H_7N	(18)	(0.5)	刺激	3	4	0	1,3	3.5	14.0	-18		16.6	400^{2}	0.6892^{15}_{15}	∞	H225, H332, H314
100	乙胺（70%水溶液）C_2H_7N	(18)		刺激	3	4	0	1,3	3.5	14.0	-18	384	17		0.8	∞	H225, H332, H312, H302, H314

续表

序号	化学名称和化学式	环境中最高容许浓度 空气 mg/m³	环境中最高容许浓度 地面水 mg/L	浓度的短期暴露对健康的相对危害	化学危险性等级 危害健康	化学危险性等级 可燃性	化学危险性等级 化学稳定性	化学危险性等级 灭火剂	在空气中燃烧的极限值体积分数 φ/% 下限	在空气中燃烧的极限值体积分数 φ/% 上限	闪点/℃	着火点/℃	沸点(熔点)/℃	蒸气压/133.32Pa	密度或相对密度	在水中的溶解度	危险性代码
101	氨基乙醇 C_2H_7NO	(6)	(0.5)	中毒	2	2	0	1,3			85		170	0.4^{20}	1.0180	∞	
102	1,1-二甲基肼 $C_2H_8N_2$	(1)皮		中毒		2			2	95	−15	249	81	156.8^{25}	0.7914^{22}	v	
103	乙二胺 $C_2H_8N_2$	(25)	(0.2)	皮肤、呼吸道过敏	3	2	0	1,3			43		116.5	$10^{21.5}$	0.8995^{20}	v	H226,H312,H302, H314,H334,H317
104	溴三氟乙烯 C_2BrF_3			有窒息和麻醉作用					不燃				−2~0				
105	一氯五氟乙烷 $CClF_5$			基本无毒·提出容许浓度为 10^{-3} 体积分数					正常温度不燃				−38.7		1.26	i	
106	一氯三氟乙烯 C_2ClF_3	(100)		中毒	3	4	2	4	8.4	38.7					1.305		
107	草酰氯 $C_2Cl_2O_2$			剧烈灼伤吸入危险									63~64		1.488^{13}	d	
108	1,1,2-三氯-1,2,2-三氟乙烷 $C_2Cl_3F_3$	(7600)		麻醉									47.7		1.5635	i	
109	三氯乙腈 C_2Cl_3N			有毒									84.6^{741}		1.4403		H331,H311, H301,H411
110	四氯乙烯 C_2Cl_4	(760)		麻醉													
111	1,1,2,2-四氯-1,2-二氟乙烷 $C_2Cl_4F_2$	(4170)		中毒									91.5			i	H351,H411
112	1,1,2,2-四氯-1,2-二氟乙烷 $C_2Cl_4F_2$	(4170)		中毒									92.8		1.6447	i	
113	六氯乙烷 C_2Cl_6	(10)皮		中毒									186		2.091	i	

续表

序号	化学名称和化学式	环境中最高容许浓度 空气 mg/m³	地面水 mg/L	液的短期暴露对健康的相对危害	化学危险性等级 危害健康	可燃性	化学稳定性	灭火剂	在空气中燃烧的极限值体积分数 φ/% 下限	上限	闪点/℃	着火点/℃	沸点(熔点)/℃	蒸气压/133.32Pa	密度或相对密度	在水中的溶解度	危险性代码
114	六氟乙烷 C_2F_6			低毒·防止分解产物吸入					不燃				-79	1.590^{-78}			
115	氰 C_2N_2	(25)		中毒					6	32	气		-21	2.895^{25}	0.9537		H220,H331,H400,H410
116	1,2-二氯四氟乙烷 $C_2F_4Cl_2$	(7000)		低毒·麻醉					不燃				3.6		1.440	i	
117	丙二腈 C_3H_2N		(0.02)	毒性与氰化物相似									218~219		1.0494	s	H331,H311,H301,H400,H410
118	溴丙炔 C_3H_3Br			加热要爆炸									80~90		1.520		
119	丙烯腈 C_3H_3N	2(45)皮	2.0(2.0)	慢性中毒	4	3P	2	3	3.0	17	0	481	77.5~77.9	$110\sim115^{20}$	0.8060	s,v^h	H225,H350,H331,H311,H301,H335,H315,H318,H317,H411
120	液化石油气 $C_3\sim C_4$	(1800)		麻醉					极易着火		气						
121	丙二烯 C_3H_4			麻醉									-34.5		1.787		
122	丙炔 C_3H_4	(1650)		麻醉	2	4	2	4	1.7		气		-23.2	744^{-235}	0.7062	i	
123	1,3-二氯丙烯 $C_3H_4Cl_2$		(0.4)								21		104	52^0	1.225	i	H226,H301,H332,H312,H319,H335,H315,H317,H400,H410
124	氰基乙酰胺 $C_3H_4N_2O$			低毒									(118)			s	
125	丙烯醛 C_3H_4O	0.3(0.25)	0.1(0.01)	皮肤、呼吸道过敏	3	3	2	3	2.8	31	>18	278	52.5~53.5	214^{20}	0.8625	v	H225,H330,H311,H301,H400
126	炔丙基醇 C_3H_4O			刺激眼、鼻、喉									114~115		0.9628	s	
127	丙烯酸 $C_3H_4O_2$		(0.5)					1			49	429	141.6	3.1^{20}	1.0511	∞	H226,H332,H312,H302,H314,H400

续表

序号	化学名称和化学式	环境中最高容许浓度 空气 mg/m³	环境中最高容许浓度 地面水 mg/L	浓的短期暴露对健康的相对危害	化学危险性等级 危害健康	化学危险性等级 可燃性	化学危险性等级 化学稳定性	灭火剂	在空气中燃烧的极限值体积分数 φ/% 下限	在空气中燃烧的极限值体积分数 φ/% 上限	闪点 /℃	着火点 /℃	沸点(熔点) /℃	蒸气压 /133.32Pa	密度或相对密度	在水中的溶解度	危险性代码
128	羟基丙酸 $C_3H_6O_3$			剧毒，并证明在动物皮肤上产生肿瘤，应防止任何接触													
129	3-溴丙烯 C_3H_5Br				3	3	1		4.4	7.3	-1	295	70		1.398	i	
130	3-氯丙烯 C_3H_5Cl	(3)	(0.3)	慢性中毒，刺激	3	3	1		3.3	11.1	-32	392	45	365^{25}	0.9397	i	H225，H351，H341，H332，H312，H302，H373，H319，H335，H315，H400
131	1-氯-2,3-环氧丙烷 C_3H_5ClO	(20)			3	2	0				41		116.5	13^{20}	1.180	δ, d^h	
132	1-氯-2-丙酮 C_3H_5ClO			强刺激									179		1.15^{20}	s	
133	丙酰氯 C_3H_5ClO				3	3	1				12		80		1.0646^{20}	d	H225，H314
134	氯甲酸乙酯 $C_3H_5ClO_2$				3	3	1	3			16		95		1.3577^{20}	d	H226，H331，H301，H335，H315，H318
135	1,2,3-三氯丙烷 $C_3H_5Cl_3$	(300)		慢性中毒，刺激	3	2	0				82		156		1.394^{15}	δ	H350，H360T，H332，H312，H302
136	3-碘丙烯 C_3H_5I			刺激眼，鼻，喉									102~103		1.8454	i	
137	乳腈（丙醇腈）C_3H_5NO			刺激							77			10^{74}	0.992	∞	
138	丙烯酰胺 C_3H_5NO	(0.3)皮		皮肤呼吸道过敏，中毒							138	424	d		1.122	v	
139	硝化甘油 $C_3H_5(NO_3)_3$	(2)		中毒					极危险，受热和震动猛烈爆炸								
140	环丙烷 C_3H_6	(800)		吸入窒息	1	4	0	4	2.4	10.4		498	-33	786^{-32}	0.7204^{-79}	δ	H220

续表

序号	化学名称和化学式	环境中最高容许浓度 空气 mg/m³	环境中最高容许浓度 地面水 mg/L	液的短期暴露对健康的相对危害	化学危险性等级 危害健康	化学危险性等级 可燃性	化学危险性等级 化学稳定性	灭火剂	在空气中燃烧的极限值体积分数 φ/% 下限	在空气中燃烧的极限值体积分数 φ/% 上限	闪点/℃	着火点/℃	沸点(熔点)/℃	蒸气压/133.32Pa	密度或相对密度	在水中的溶解度	危险性代码
141	丙烯 C_3H_6	(800)	(0.5)	单纯窒息，麻醉剂	1		1		2.4	10.3		927	-47.7		液 0.5139	v	H220
142	1-氯-1-硝基丙烷 $C_3H_6ClNO_2$	(100)		刺激		2	3	1,3			62		141~143	5.8^{25}	1.209	δ	
143	丙酮 C_3H_6O	400(2400)		麻醉	1	3	0	1,3	2.6	12.8	-20	538	56.2	226^{25}	0.7908	∞	H225，H319，H336
144	丙烯醇 C_3H_6O	2(5)皮	(0.1)		3	3	1	1,3	2.5	18	21	378	97	23.8^{25}	0.8542^{20}	δ	
145	甲氧基乙烯 C_3H_6O			皮肤呼吸道过敏	2	4	2				气		8		0.7725	δ	
146	丙醛 C_3H_6O	(240)		皮肤呼吸道过敏中毒	2	3	1	3,4	2.9	17	-9~-7	207	48.8	300^{25}	0.8072^{24}	s	H225，H319，H335；H315
147	氧化丙烯 C_3H_6O	(300)			2	4	2	2,3	2.1	21.5	-37		33.9	445^{20}	0.8304^{20}	s	
148	甲酸乙酯 C_3H_6O	100(640)	(0.1)	麻醉，中毒	2	3	0	3	2.7	13.5	-20	455	54.3	200^{21}	0.9117	s	H225，H332，H302，H319，H335
149	乙酸甲酯 C_3H_6O				2	2	0		3.1	16	-10	502	57	235^{25}	0.9723	v	H225，H319，H336
150	丙酸 $C_3H_6O_2$	(100)		中毒	2	2	0				54	513	141	10^{40}	0.9942^{25}	∞	
151	缩水甘油 $C_3H_6O_2$													0.9^{25}	1.1171^{20}	∞	
152	三噁烷 $C_3H_6O_3$				2	2	0	2,3	3.6	29	45	414	114.5		1.17	v	

续表

序号	化学名称和化学式	环境中最高容许浓度		浓的短期暴露对健康的相对危害	化学危险性等级			灭火剂	在空气中燃烧的极限值体积分数 φ/%		闪点/℃	着火点/℃	沸点(熔点)/℃	蒸气压/133.32Pa	密度或相对密度	在水中的溶解度	危险性代码
		空气 mg/m³	地面水 mg/L		危害健康	可燃性	化学稳定性		下限	上限							
153	1-氯丙烷 C_3H_7Cl			慢性中毒	2	3	0		2.6	11.1	<−18		46.60	350^{25}	0.8923	δ	H225,H332,H312,H302
154	丙烯胺 C_3H_7N			刺激性	3	3	1	1,3	2.2	22	−29	374	58		0.7613	∞	
155	丙烯亚胺 C_3H_7N	(5)皮		皮肤呼吸道过敏，中毒									63.64			s	
156	二甲基甲酰胺 C_3H_7NO	(30)s		中毒	1	2	0	1,2,3		15.2	58	445	15.3	3.7^{25}	0.9445^{25}	∞	
157	1-硝基丙烷 $C_3H_7NO_2$	(90)		中毒	1	2	3	3	2.6		49	421	130.5~131.5	7.5^{30}	1.0221	δ	
158	2-硝基丙烷 $C_3H_7NO_2$	(90)		中毒	1	2	3	3	2.6		39	428	加热至120℃可能爆炸	12.9^{20}	1.024	δ	
159	硝酸丙酯 $C_3H_7NO_3$	(110)		中毒	2	3	3	1,2,3	2	100	20	117	110.5	16^{25}	1.0580	δ	
160	丙烷 C_3H_8	(1800)		单纯窒息	1	4	0	4	2.2	9.5	气	466	−44.5	8.8^{20}	0.5834^{25}	s	H220
161	异丙醇 C_3H_8O	(980)	(0.25)	麻醉，刺激	1	3	0	1,3	2.3	12.7	12	399	82.4	44^{25}	0.7851^{20}	∞	H225,H319,H336
162	甲基乙基醚 C_3H_8O			麻醉剂	2	4	1		2	10.1	−37	190	11			v	
163	正丙醇 C_3H_8O	200(500)	(0.25)	麻醉	1	3	0		2.5	13.5	22	404	97.1	20.8^{25}	0.7796	v	H225,H318,H336
164	甲醛缩二甲醇 $C_3H_8O_2$	(3000)		中毒	2	3	2	3			−18	237	43.9	400^{25}	0.856	v	
165	2-甲基氯乙醇 $C_3H_8O_2$	(80)皮		慢性中毒				1,3	2.3	24.5	39	288	124.3	9.7^{25}	0.9647	∞	

续表

序号	化学名称和化学式	空气 mg/m³	地面水 mg/L	浓的短期暴露对健康的相对危害	危害健康	可燃性	化学稳定性	灭火剂	下限	上限	闪点/℃	着火点/℃	沸点(熔点)/℃	蒸气压/133.32Pa	密度或相对密度	在水中的溶解度	危险性代码
166	硼酸三甲酯 $C_3H_9BO_3$				2		1				<27		67.8		0.915^{20}	d	
167	异丙胺 C_3H_9N	(12)		刺激	3	4	0	1,3,4	2.0	10.4	-37	402	33.0	460^{20}	0.691	∞	
168	丙胺 C_3H_9N		(0.5)		3	3	0	4	2.0	10.4	-37	318	49	$400^{31.5}$	0.719^{20}	s	
169	三甲胺 C_3H_9N		(0.2)		3	4	0	4	2.0	11.6	气	190	3.5	$760^{2.9}$	0.6079	v	
170	马来酐 $C_4H_2O_3$	(1)		皮肤呼吸道过敏,中毒	3	1	1	1,3	1.4	7.1	102	477	196	0.16^{20}		i	
171	呋喃 C_4H_4O		(0.5)	皮肤呼吸道过敏	1	4	1				<0		32		0.9366^{20}	i	
172	马来酸 $C_4H_4O_4$												(130)				
173	噻吩 C_4H_4S		(2.0)								-1.1		84.12		1.0583^{24}	i	
174	2-氯-1,3-丁二烯 C_4H_5Cl	(90)皮		慢性中毒				4	4.0	20.0	-20		59.4	215.4	0.9583^{25}	δ	H225,H350,H332,H302,H373,H319,H335,H315
175	1-氯-1,3-丁二烯 C_4H_5Cl	2	(0.1)	刺激眼和呼吸道	3	4	2	4	4.5	16	<-6.1		32.8		0.9	i	
176	丁烯酰氯 C_4H_5OCl												124~125		1.0905	d	
177	1,2-丙二醇碳酸酯 $C_4H_5O_3$				1	1	0	1,3			135		168		0.9435^{24}	δ	
178	1,3-丁二烯 C_4H_6	100(2000)		麻醉	2	4	2	4	2.0	11.5	气	42.9	-4.4			i	H220,H350
179	1-丁炔 C_4H_6			单纯窒息		可燃							8.1		0.669		

第三篇

续表

序号	化学名称和化学式	环境中最高容许浓度 空气 mg/m³	环境中最高容许浓度 地面水 mg/L	浓度的短期暴露对健康的相对危害	化学危险性等级 危害健康	化学危险性等级 可燃性	化学危险性等级 化学稳定性	化学危险性等级 灭火剂	在空气中燃烧的极限体积分数 φ/% 下限	在空气中燃烧的极限体积分数 φ/% 上限	闪点/℃	着火点/℃	沸点(熔点)/℃	蒸气压/133.32Pa	密度或相对密度	在水中的溶解度	危险性代码
180	1,3-二氯-2-丁烯 $C_4H_6Cl_2$		(0,1)		2	3	0				27		125～130				
181	丁烯醇 C_4H_6O				2	3	2	2,3			−2		79～80		0.8636^{20}		
182	丁烯醛 C_6H_6O	(6)		皮肤呼吸道过敏,中毒	3	3	2	3	2.1	15.5	7	207	104	1920	0.869	v	
183	乙基乙炔基醚 C_4H_6O										<−7		50		0.7929	形成过氧化物	
184	乙烯基醚 C_4H_6O			皮肤刺激	2	3	2	3	1.8	36.5	−47	60	39		0.769	s	
185	丁内酯 $C_4H_6O_2$										79		206		1.049^{20}	∞	
186	异丁烯酸 $C_4H_6O_2$			呼吸道皮肤过敏	3	2	2				77		162.3	$1^{25.5}$	0.9504	s	
187	丙烯酸甲酯 $C_4H_6O_2$	(35)皮	(0.02)		2	3	2		2.8	25	−3		80.5(−76.5)	100^{28}	0.9561	s	
188	乙酸酐 $C_4H_6O_3$	(20)		刺激	2	2	2	3	2.9	10.3	54	380	140	10^{36}	1083^{0}	v	
189	溴乙酸乙酯 $C_4H_7BrO_2$				2	2	2				48		159		1.5059^{20}	i	H330;H310;H300
190	3-氯-2-甲基丙烯 C_4H_7Cl			刺激眼和呼吸道									71.5～72.5		0.925		H225;H332;H302;H314;H317;H411
191	氯乙酸乙酯 $C_4H_7ClO_2$			刺激眼、鼻、喉	2	2					66		147		1.2570^{4}	i	H331;H311;H301;H400
192	敌敌畏 $C_4H_7Cl_2O_4P$	(1)皮		中毒									84	0.01^{30}	1.415	δ	
193	氟乙酸乙酯 $C_4H_7FO_2$			剧毒													
194	2-甲基乳腈 C_4H_7NO	(40)		剧毒	4	1	2				74	688	82	0.8^{20}	0.932	s	

续表

序号	化学名称和化学式	环境中最高容许浓度		危害短期暴露对健康的相对危害	化学危险性等级				在空气中燃烧的极限值体积分数 φ/%		闪点/℃	着火点/℃	沸点(熔点)/℃	蒸气压/133.32Pa	密度或相对密度	在水中的溶解度	危险性代码
		空气 mg/m³	地面水 mg/L		危害健康	可燃性	化学稳定性	灭火剂	下限	上限							
195	2-丁烯 C_4H_8	100	(0.2)	单纯窒息				4	1.7	9.0		230	3.7	760	0.6213	i	H220
196	1-丁烯 C_4H_8			单纯窒息	1	4	0	4	1.6	9.3	−80	384	−6.3	$760^{-6.3}$	0.5946	i	H220
197	异丁烯 C_4H_8			单纯窒息	1	4	0	4	1.8	8.8	气	465	−6.6		0.5992	i	H220
198	二氯乙醚 $C_4H_8Cl_2O$	(30)		慢性中毒	2	2	0	1,2,3			55	369	178	0.13^{20}	1.2199	i	
199	1,4-二亚硝基哌嗪 $C_4H_8N_4O_2$			动物致癌													
200	2-丁酮 C_4H_8O			刺激	1	3	0		1.7	11.4	7	474	79.6		0.8054	v	H225,H319,H336
201	丁醛 C_4H_8O	10	(0.1)	皮肤呼吸道过敏	2	3	1	3	1.9		−22	218	75.7 (−99)	90^{20}	0.8170^{20}	s	H225
202	乙烯基乙基醚 C_4H_8O										<−46		36	4.28	0.754	s	
203	异丁醛 C_4H_8O				2	3		3	1.6	10.6	−16	210	62	115^{20}	$0.787\sim0.791^{23}$	s	
204	2-甲基环丙醇 C_4H_8O				0	1	0	1,3	2.6	12.5	99	421	189	0.19^{25}	1.0361	∞	
205	四氢呋喃 C_4H_8O	(590)		刺激,中毒	2	3	1	1,3	2	11.8	−14	321	64~65		0.888	v	H225,H319,H335
206	乙酸乙酯 $C_4H_8O_2$	300(1400)		刺激	1	3	0	3	2.2	11.5	4	524	77.06	100^{35}	0.9005	s	H225,H319,H336
207	正丁酸 $C_4H_8O_2$				2	2	0	1,3	2.0	10.0	66	452	163.5	0.84^{25}	0.957	∞	H314
208	二噁烷 $C_4H_8O_2$	(360)皮		慢性中毒(肺癌)	2	3	1	1	2.0	22	12	360	101	37^{25}	1.0336^{21}	∞	
209	甲酸丙酯 $C_4H_8O_2$				2	3	1	2,3			−3	455	81.3	85^{25}	0.9006	δ	H225,H319,H335,H336

续表

序号	化学名称和化学式	空气 mg/m³	地面水 mg/L	浓的短期暴露对健康的相对危害	危害健康	可燃性	化学稳定性	灭火剂	下限 φ/%	上限 φ/%	闪点/℃	着火点/℃	沸点(熔点)/℃	蒸气压/133.32Pa	密度或相对密度	在水中的溶解度	危险性代码
210	八氟环丁烷 C₄F₈			有一定毒性									1.2		(液) 1.5297		
211	1-溴丁烷 C₄H₉Br				2	3	0				18	265	101.3		1.2764²⁰	i	
212	氯丁烷 C₄H₉Cl			慢性中毒	2	3	0		1.8	10.1	7	460	78.4		0.8865	i	
213	氯乙醛 C₄H₉ClO₂					2	0	3			44	232	124.5~126.5				
214	四氢吡咯烷 C₄H₉N			皮肤呼吸道过敏,中毒	2	3	1	1,3			3		88.5~89.0	128¹³⁹	0.8520	∞	
215	N,N-二甲基乙胺 C₄H₉NO	(35)皮		中毒	3	4	0	3,4	2.8	14.4	<-18	430	7.4	2atm¹⁰	0.6804	v	
216	吗啉 C₄H₉NO	(70)皮	(0.04)	刺激,中毒	2	3	0	1,3			38		128	δ²⁰	0.9994	∞	
217	正丁基锂 C₄H₉Li			皮肤接触腐蚀性烧伤	若浓度大会自燃,往往溶解在非常可燃溶剂之中												
218	丁烷 C₄H₁₀			单纯窒息	1	4	0	4	1.9	8.5	气	405	-0.5	1823²⁵	0.6012	v	H220
219	异丁烷 C₄H₁₀				1	4	0	4	1.8	8.4	气	462	-12		0.563	s	
220	氯化二乙基铝 C₄H₁₀AlCl			腐蚀性很强,燃烧产物有毒	3	3	0	3	与空气接触要燃烧				208			d	
221	三氟化硼乙醚络合物 C₄H₁₀BF₃O				3	2	0				64		101(126.8)		1.1		
222	正丁醇 C₄H₁₀O	200 (300)	(1.0)	麻醉	1	3	0	1,3	1.7	18	29	365	117.5	6.5²⁵	0.8098	s	H226,H335,H315,H336
223	异丁醇 C₄H₁₀O	(450)	(1.0)	麻醉	1	3	0	1,3			24	406	99.5	23.9³⁰	0.8080	s	H226,H335,H315,H318,H336

续表

序号	化学名称和化学式	环境中最高容许浓度 空气 mg/m³	环境中最高容许浓度 地面水 mg/L	浓的短期暴露对健康的相对危害	化学危险性等级 危害健康	化学危险性等级 可燃性	化学危险性等级 化学稳定性	灭火剂	在空气中燃烧的极限值体积分数 φ/% 下限	在空气中燃烧的极限值体积分数 φ/% 上限	闪点 /℃	着火点 /℃	沸点（熔点）/℃	蒸气压 /133.32Pa	密度或相对密度	在水中的溶解度	危险性代码
224	叔丁醇 $C_4H_{10}O$	(300)		刺激、麻醉	1	3	0	1,3	2.4	8.0	11	478	82.2~83	42.0^{25}	0.7856^{16}	∞	
225	乙醚 $C_4H_{10}O$	500 (1200)	(0.3)	麻醉	2	4	1	3,4	1.9	4.8	-45	180	34.6	438.9	0.714	s	
226	异丁醇 $C_4H_{10}O$	(300)		刺激	1	3	0	1,3	1.7	10.9	28	441	107	12.2^{25}	0.805	s	
227	1,2-二甲氧基乙烷 $C_4H_{10}O_2$					2	0				40		85		0.8665^{20}	s	
228	2-乙氧基乙醇 $C_4H_{10}O_2$ 皮	(740)皮		中毒	1				1.7	15.6	43	238	135	5.3^{25}	0.9297	∞	
229	叔丁基过氧化物 $C_4H_{10}O_2$				1	4	4	3	可燃、对热和震动敏感		38	爆炸	d		0.860	δ	
230	硫酸二乙酯 $C_4H_{10}O_4S$			可能使动物致癌	3	1	1	3			104	436	208		1.1774	i,d[h]	
231	正丁硫醇 $C_4H_{10}S$	(35)	(0.006)	中毒	2	3	0				2		97.8			δ	
232	叔丁硫醇 $C_4H_{10}S$				0	3	0		可燃		<-29		64.22	0.7947		i	
233	二乙基锌 $C_4H_{10}Zn$			燃烧生成ZnO烟生,容许浓度 5mg/m³	0	3	3		与空气接触着火,与水反应激烈				118(28)		1.207	d	
234	正丁胺 $C_4H_{11}N$	(15)皮		皮肤呼吸道过敏,刺激	3	3	0	1,3	1.7	9.8	-12	312	77.8	70^{20}	0.764	∞	
235	叔丁胺 $C_4H_{11}N$				3	4	0					312	45.2		0.6962^{20}	∞	
236	二乙胺 $C_4H_{11}N$	(75)	(2.0)	刺激	3	3	0		1.8	10.1	<-26	312	56.3	195^{20}	0.7108	v	H225,H332,H312,H302,H314
237	异丁胺 $C_4H_{11}N$				3	3	0				-9	378	65.6	100	0.733		
238	乙酸铅 $C_4H_{12}O_7Pb$			慢性中毒									(280)		305	s	

续表

序号	化学名称和化学式	环境中最高容许浓度 空气 mg/m³	地面水 mg/L	浓的短期暴露对健康的相对危害	化学危险性等级 危害健康	可燃性	化学稳定性	灭火剂	在空气中燃烧的极限值体积分数 φ/% 下限	上限	闪点 /℃	着火点 /℃	沸点(熔点) /℃	蒸气压 /133.32Pa	密度或相对密度	在水中的溶解度	危险性代码
239	四甲基铅 $C_4H_{12}Pb$	(0.075)皮		中毒	3		3				38		110		1.995	i	
240	二乙三胺 $C_4H_{13}N_3$			刺激腐蚀可以引起过敏							102	399	207.1	0.37^{20}	0.9542	∞d	
241	糠醛 $C_5H_4O_2$	(20)皮	(1.0)	刺激	1	2	1	1,2,3	2.1		60	316	161.7	1^{19}	1.1598	s,v^h	
242	柠康酸酐 $C_5H_4O_3$			皮肤呼吸道过敏									213~214		1.2469	d	
243	吡啶 C_5H_5N	4(15)	0.2,(0.2)	中毒	2	3	0	1,3	1.8	12.4	8	543	115.5	20^{25}	0.9819^{20}	∞	
244	环戊二烯 C_5H_6	(200)		中毒									40.83(-85)		0.8021	i	
245	1,3-二氯-5,5-二甲基海因 $C_5H_6Cl_2N_2O_2$	(0.2)		刺激													
246	2-氨基吡啶 $C_5H_6N_2$	(2)		中毒									204			s	
247	2-甲基呋喃 C_5H_6O					3	1				-30		63~63.5		0.9159^{20}	δ	
248	糠醇 $C_5H_6O_2$	(20)		中毒	1	2	1	1,3	1.8	16.3	75	491	171^{750}	$1^{31.8}$	1.1296^{20}	∞d	
249	1-甲基吡咯 C_5H_7N		(0.05)			3					16		115~116		0.9145	i	
250	甲基-1,3-丁二烯-1,3-戊二烯 C_5H_8				2	4	1	3,4			-54	220	34		0.681^{20}	i	H224;H350,H341;H412
251	环戊酮 C_5H_8O				2	3	0				26		130.65		$0.9509^{13.2}$	i	H226;H319,H315
252	二氢吡喃 C_5H_8O					0	3				18		86~87		0.922^{15}	s	
253	丙烯酸乙酯 $C_5H_8O_2$	(100)皮	(0.005)	皮肤呼吸道过敏	2	3P	2		1.8	饱和	8.9	385	99.1~99.5	16.5^{10}	0.9244^{20}	s	H225;H332,H312,H302,H319,H335,H315,H317

续表

序号	化学名称和化学式	环境中最高容许浓度 空气 mg/m³	环境中最高容许浓度 地面水 mg/L	浓的短期暴露对健康的相对危害	化学危险性等级 危害健康	化学危险性等级 可燃性	化学危险性等级 化学稳定性	灭火剂	在空气中燃烧的极限值体积分数 φ/% 下限	在空气中燃烧的极限值体积分数 φ/% 上限	闪点 /℃	着火点 /℃	沸点(熔点) /℃	蒸气压 /133.32Pa	密度或相对密度	在水中的溶解度	危险性代码
254	乙酸异丙烯酯 $C_5H_8O_2$				2	3					16		92~94		0.9090	δ	
255	异丁烯酸甲酯 $C_5H_8O_2$	(410)	(0.01)	刺激	2	3P	2		2.1	12.5	10	421	100	68.2^{20}	0.936	δ	
256	乙酰丙酮 $C_5H_8O_2$			皮肤呼吸道过敏	2	2	0				41	340	140.5		0.9721	v	
257	环戊烷 C_5H_{10}				1	3	0				<7		49.3 (−23.5)		0.7510^{20}	i	
258	1-戊烯 C_5H_{10}				1	3	0				<−7		63.3		0.70^{15}	i	
259	2-甲基-1-丁烯 C_5H_{10}					4	0				<−7		38.6		0.6623	i	
260	2-甲基-2-丁烯 C_5H_{10}					3	0				<−7		38~42		0.6670^{15}	δ	
261	N-甲基丁胺 $C_5H_{13}N$			毒性大有刺激							7.2		20.06	434^{5}	0.627	δ	
262	2-戊酮 $C_5H_{10}O$	(700)		刺激					1.55	8.15	13		102	16^{25}	0.8124^{13}	δ	
263	3-戊酮 $C_5H_{10}O$				1	3	0	2,3			18	425	102.7	30^{25}	0.8519	v	H225,H335,H336
264	甲基正丁酯 $C_5H_{10}O_2$	(950)			3	2	0	2,3	1.7	8.0	2	222	107	73^{25}	0.911	δ	
265	乙酸异丙酯 $C_5H_{10}O_2$			刺激	1	3	0	2,3	1.8	7.8	14	460	93	40^{30}	0.8732	s	H225,H319,H336
266	丁酸甲酯 $C_5H_{10}O_2$					3	0				12		102.3		0.8982	δ	
267	乙酸丙酯 $C_5H_{10}O_2$	300(840)		麻醉	1	3	0		2.0	8		450	101.6	35^{25}	0.8884^{20}	δ	
268	碳酸二乙酯 $C_5H_{10}O_3$	(70)				3	1	2,3					126		0.9752	i	

续表

序号	化学名称和化学式	环境中最高容许浓度 空气 mg/m³	地面水 mg/L	浓的短期暴露对健康的相对危害	化学危险性等级 危害健康	可燃性	化学稳定性	灭火剂	在空气中燃烧的极限值体积分数 φ/% 下限	上限	闪点/℃	着火点/℃	沸点(熔点)/℃	蒸气压/133.32Pa	密度或相对密度	在水中的溶解度	危险性代码
269	乳酸乙酯 $C_5H_{10}O_3$				2	2	0	1,3			46	400		5^{30}	1.0415	s	
270	甲氧基乙醇乙酸酯 $C_5H_{10}O_3$	(120)皮		慢性中毒				1,3	1.5	12.3	45	394	144.5	$2.0\sim 3.7^{20}$	1.0090	s	
271	溴戊烷 $C_5H_{11}Br$				1	3	0				32		129.6		1.2177	i	
272	1-氯戊烷 $C_5H_{11}Cl$				1	3	0		1.6	8.6	13	232	108.2		0.8828	i	
273	哌啶 $C_5H_{11}N$			单纯窒息和麻醉性	2	3	3				16		106.0	$40^{29.2}$	0.8606^{20}	∞	
274	新戊烷 C_5H_{12}				4	4	0	4	1.4	7.5	<-6.7	450	9.45	606^{31}	0.6135	i	H220,H411
275	戊烷 C_5H_{12}	(1500)		麻醉	1	4	0	2,3,4	1.4	8.0	-40	260	36.074	5.00^{24}	0.6262^{20}	v	H225,H304,H336,H411
276	2-戊醇 $C_5H_{12}O$	(360)	(1.5)	麻醉	1	2	0	2,3	1.2	9.0	39	347	118~119.5		0.8103	v	
277	3-戊醇 $C_5H_{12}O$	(360)		麻醉	1	2	0		1.2	9.0	41		115.5	2^{20}	0.8154	δ	
278	叔戊醇 $C_5H_{12}O$	(360)		麻醉					1.2	9.0	19	437			0.809		
279	2,2-二甲氧基丙烷 $C_5H_{12}O_2$			引起窒息							-7		80	$100^{26.1}$	0.8502^{20}	s	
280	1-戊醇 $C_5H_{12}O$	100(360)	(1.5)	麻醉	1	3	0		1.2	10.0	33	300	137.8		0.8110	i	
281	1,5-戊二醇 $C_5H_{12}O_2$				1	1	0				129		260		0.9939^{25}	s	
282	戊胺 $C_5H_{13}N$				3	3	0				7.2		103		0.7164	δ	
283	五氯酚 C_6HCl_5O	0.3 (0.5)皮	(0.3)	刺激发疹,慢性中毒									309~310	0.0001^{20}	1.978		H351,H330,H311,H301,H319,H335,H315,H400,H410

续表

序号	化学名称和化学式	环境中最高容许浓度 空气 mg/m³	环境中最高容许浓度 地面水 mg/L	浓的短期暴露对健康的相对危害	化学危险性等级 危害健康	化学危险性等级 可燃性	化学危险性等级 化学稳定性	灭火剂	在空气中燃烧的极限值体积分数 φ/% 下限	在空气中燃烧的极限值体积分数 φ/% 上限	闪点 /℃	着火点 /℃	沸点(熔点) /℃	蒸气压 /133.32Pa	密度或相对密度	在水中的溶解度	危险性代码
284	二硝基氯苯 $C_6H_3ClN_2O_4$	1	0.5(0.5)	皮肤呼吸道过敏	3	1	4	1,3	2.0	22	194	432	315		1.4982	i, s[h]	H331,H311,H301、H373,H400,H410
285	1,2,4-三氯代苯 $C_6H_3Cl_3$		0.02		2	1	0	1,2,3			99		213.5		1.4542	i	H310,H330,H373,H400,H410
286	三硝基苯 $C_6H_3(NO_2)_3$	1	(0.4)	剌激呼吸道	2	4	4		强爆炸				61			δ	H201,H300,H373,H400,H410
287	苦味酸 $C_6H_3N_3O_7$	(0.1)皮	0.5(0.5)	剌激、中毒	2	4	4	1	易爆炸			<300	(122.3)			δ, s[h]	H201,H331,H311,H301
288	1-氯-2-硝基苯 $C_6H_4ClNO_2$				3	1	1	1,3			127		242		1.9279^{22}	i	
289	1-氯-3-硝基苯 $C_6H_4ClNO_2$				3	1	1				127						
290	1-氯-4-硝基苯 $C_6H_4ClNO_2$	(1)皮	0.05(0.05)					1,3			127		246		1.368	i	H351,H341,H331、H311,H301、H373,H411
291	邻二氯苯 $C_6H_4Cl_2$	(300)	0.02(0.002)	慢性中毒	2	2	0	1,2,3	2.2	9.2	66	648	179	1.56^{35}	1.3048	i	H302,H319,H335、H315,H400,H410
292	对二氯苯 $C_6H_4Cl_2$	(450)	0.02	中毒	2	2	0	1,2,3			66		174		1.533	i	H351,H331,H319,H400,H410
293	间二硝基苯 $C_6H_4N_2O_4$	(1)皮	0.5(0.5)	蒸气很毒		震动和火焰有爆炸危险					150		291		1.575§	i	H330,H310,H300、H373,H400
294	邻二硝基苯 $C_6H_4N_2O_4$	(1)皮		蒸气很毒	3	1	4	1,3			150		319		1.3119	i	H330,H310,H300、H373,H400
295	对二硝基苯 $C_6H_4N_2O_4$	(1)皮		蒸气很毒							150		299		1.625	δ	H330,H310,H300、H373,H400
296	2,4-二硝基苯酚 $C_6H_4N_2O_5$		(0.06)	被皮肤很快吸收，致使肝肾受到慢性毒害，超过0.2mg/m		干燥时有着火危险							(114)		1.681	s	H331,H311,H301、H373,H400

续表

序号	化学名称和化学式	环境中最高容许浓度 空气 mg/m³	地面水 mg/L	浓的短期暴露对健康的相对危害	化学危险性等级 危害健康	可燃性	化学稳定性	灭火剂	在空气中燃烧的极限值体积分数 φ/% 下限	上限	闪点/℃	着火点/℃	沸点(熔点)/℃	蒸气压/133.32Pa	密度或相对密度	在水中的溶解度	危险性代码
297	对苯醌 $C_6H_4O_2$	(0.4)	(0.20)									560	升华	高	1.318	δ	
298	溴代苯 C_6H_5Br			皮肤刺激	2	2	0	1,2,3			51.1	566	155~156		1.5219^{20}	i	
299	氯代苯 C_6H_5Cl	50 (350)	0.02 (0.02)	慢性中毒	2	3	0	2,3	1.3	7.1	29	638	132	12^{35}	1.1064	i	H226,H332,H411
300	2,4-二硝基苯胺 $C_6H_5N_3O_4$		(0.05)	刺激皮肤黏膜·吸入很毒	3	1	3	1,3			244		(187.5~188)		1.615	i	H330,H310,H300,H373,H411
301	硝基苯 $C_6H_5NO_2$	5 (5)	(0.2)	慢性中毒	3	2	0	1,2,3	1.8		88	482	210.8		1.2037	δ	H331,H311,H301,H373,H412
302	苯 C_6H_6	40 (80)	2.5 (0.5)	慢性中毒	2	3	0	2,3	1.4	8.0	−17	562	80.1	100^{26}	0.8787	δ	H225,H350,H340,H372,H304,H319,H315
303	高氯代六六六 $C_6H_6Cl_6$	0.05 (0.5)	0.02 (0.02)	慢性中毒									288	0.3^{20}	1.87^{20}	i	
304	间硝基苯胺 $C_6H_6N_2O_2$			有毒,毒性比对硝基苯胺低	3	1	1						234		1.442^{40}	δ	H331,H311,H301,H373,H412
305	邻硝基苯胺 $C_6H_6N_2O_2$			有毒	3	1	1	1,3	燃烧形成有毒蒸气粉末爆炸		168	521	305~307		1.1747^{10}	δ	H331,H311,H301,H373,H412
306	对硝基苯胺 $C_6H_6N_2O_2$	(6)皮		易由皮肤快速吸收	3	1	1	1,3			199	715	210^{10}		1.437^{40}	i,δ^h	H341,H331,H311,H301,H373,H412
307	苯酚 C_6H_6O	5 (19)	0.01 (0.001)	中毒	3	2	0	1,3			79		182	0.3513	1.0722	s,∞^h	H341,H331,H311,H301,H373,H314
308	氢醌 $C_6H_6O_2$	(2)	(0.2)	中毒	3	2	2	1,3			165	516	285	4^{150}	1.328	s,v^h	
309	乙酸乙烯酯 $C_6H_6O_2$				2	3	2	2,3	2.6	13.4	8	427	72~73	$115^{25.3}$	1.3941	i	

续表

序号	化学名称和化学式	环境中最高容许浓度		浓的短期暴露对健康的相对危害	化学危险性等级				在空气中燃烧的极限值体积分数 φ/%		闪点/℃	着火点/℃	沸点(熔点)/℃	蒸气压/1332Pa	密度或相对密度	在水中的溶解度	危险性代码
		空气 mg/m³	地面水 mg/L		危害健康	可燃性	化学稳定性	灭火剂	下限	上限							
310	焦桔酸 $C_6H_6O_3$			有毒 过敏									d293		1.453		
311	2-甲基吡啶 C_6H_7N		(0.4)		2	2	0	3			39	538	128.8		0.9497	v	
312	苯胺 C_6H_7N	5(19)皮	(0.1)	慢性中毒	3	2	0	1,2,3	1.3		70	617	184.3	15^{77}	1.0216	s, ∞[h]	H351,H341,H331,H311,H301,H373,H318,H317,H400
313	邻氨基苯酚 C_6H_7NO		(0.01)	过敏									升华			δ	
314	对苯二胺 $C_6H_8N_2$	(0.1)皮	(0.1)	刺激									276			s[h]	
315	苯肼 $C_6H_8N_2$	(22)皮	(0.01)	眼灼伤,皮肤呼吸道过敏	3	2	0	1,3			89	420	174	243	1.0992^{20}	s[h]	H341,H332,H302
316	富马酸二甲酯 $C_6H_8O_4$			眼接触危险									(241)			δ, s[h]	
317	环己烯 C_6H_{10}	100(1050)	(0.02)	麻醉	1	3	0				<7		83	4.5^{25}	0.8110^{20}	i	
318	环己酮 $C_6H_{10}O$	50(200)	(0.2)	麻醉	1	2	0	1,3			44		156	9.5^{25}	0.9987^{20}	δ	
319	4-甲基-3-戊烯-2-酮 $C_6H_{10}O$	(100)		麻醉	3	3	0	3	可燃		31	344	130~131		0.8578	s	H226,H332
320	1-丙烯氧基-2,3-环氧丙烷 $C_6H_{10}O_2$	(45)		对眼睛有猛烈刺激							57		154	4.7(25)	0.9698		
321	巴豆酸乙酯 $C_6H_{10}O_2$										2		143~147		0.91834^{20}	i	
322	二环氧甘油醚 $C_6H_{10}O_3$	(2.8)		皮呼吸道过敏,中毒	2	3	0						260	0.09^{25}	1.262		

续表

序号	化学名称和化学式	环境中最高容许浓度 空气 mg/m³	地面水 mg/L	浓的短期暴露对健康的相对危害	化学危险性等级 危害健康	可燃性	化学稳定性	灭火剂	φ/% 下限	上限	闪点/℃	着火点/℃	沸点(熔点)/℃	蒸气压/133.32Pa	密度或相对密度	在水中的溶解度	危险性代码
323	乙酰乙酸乙酯 $C_6H_{10}O_3$				2	2	0	1,3			84		181	0.8^{20}	1.03	s	
324	丙酸酐 $C_6H_{10}O_3$				2	2	1				59	316	(190~191)	1^{20}	1.010~1.015^{28}	d	
325	环己烷 C_6H_{12}	(1050)	(0.1)	麻醉	1	3	0	2,3	1.8	8	−20	260	81	103.60^{26}	0.7791^{20}	i	H225,H304,H315,H336,H400,H410
326	乙烯基丁基醚 $C_6H_{12}O$				2	3	2				−9		93.8	4^{20}	0.7742	i	
327	环己醇 $C_6H_{12}O$	50(200)	(0.5)	麻醉	1	2	0	1,2,3			68	300	161.1	3.5^{34}	0.9624^{20}	s	
328	乙酸丁酯 $C_6H_{12}O_2$	300(710)	(0.1)	刺激,麻醉	1	3	0	2,3	1.4	7.6	27	399	127	15^{25}	0.883	δ	H226,H336
329	乙酸仲丁酯 $C_6H_{12}O_2$	(950)		刺激,麻醉	1	3	0	2,3	1.7		31		112	24	0.8758	i	H225
330	乙酸叔丁酯 $C_6H_{12}O_2$	(950)		刺激,麻醉	1	3	0						95		0.8620	δ	H225
331	乙酸异丁酯 $C_6H_{12}O_2$	(700)		刺激	1	3	0	2,3	1.3	7.5	18	423	117.2	20^{25}	0.8747	δ	
332	己酸 $C_6H_{12}O_2$				2	1	0				102		205	1^{72}	0.9262^{20}	δ	
333	2-己酮 $C_6H_{12}O_2$	(410)		刺激	2	3	0		1.2	8	35	533	126	3.8^{25}	0.8116	δ	
334	双丙酮醇 $C_6H_{12}O_2$	(240)		刺激,中毒	1	2	0		1.8	6.9	64	603		0.97^{20}	0.9306	∞	
335	缩水甘油异丙醚 $C_6H_{12}O_2$	(240)		中毒									137	9.4^{25}	0.9186	s	
336	乙酸-2-乙氧基乙酯 $C_6H_{12}O_3$	(540)皮		中毒					1.2	12.7	55	382	156.4		0.9749	v	
337	三聚乙醛 $C_6H_{12}O_3$				2	3	1	1,3			36	238	128.0		0.9923	v,s[h]	

续表

序号	化学名称和化学式	环境中最高容许浓度 空气 mg/m³	环境中最高容许浓度 地面水 mg/L	浓的短期暴露对健康的相对危害	化学危险性等级 危害健康	化学危险性等级 可燃性	化学危险性等级 化学稳定性	灭火剂	在空气中燃烧的极限值体积分数 φ/% 下限	在空气中燃烧的极限值体积分数 φ/% 上限	闪点 /℃	着火点 /℃	沸点(熔点)/℃	蒸气压 /1332Pa	密度或相对密度	在水中的溶解度	危险性代码
338	环己胺 C₆H₁₃N				2	3	0	3			5	293	134.5		0.8668[20]	s	
339	N-乙基吗啉 C₆H₁₃NO	(94)皮		中毒刺激	2	3	0	1,2,3			32				0.9	δ	
340	三乙基氧铝 C₆H₁₅AlO₃			正常储存中能变质并引起危险													
341	2,2-二甲基丁烷 C₆H₁₄				1	3	0	3	1.2	7.0	-48	425	49.7		0.6742[20]	i	
342	己烷 C₆H₁₄	(1800)		在评价对健康危害时要考虑其中杂质	1	3	0	2,3	1.1	7.5	-30	261	68	150[24.8]	0.6595[20]	i	H225,H364,H304,H373,H315,H336,H411
343	乙丁醚 C₆H₁₄O				2	3	0				4		92		0.7490		
344	异丙醚 C₆H₁₄O	(1050)		麻醉	2	3	1	2,3	1.4	21	-28	443	69	119.4[20]	0.7024	δ	
345	4-甲基-2-戊醇 C₆H₁₄O	(100)皮		麻醉中毒	2	2	0		1.0	5.5	41		130	352[20]	0.8025	δ	
346	4-甲基-2-戊酮 C₆H₁₄O				2	3	0		1.4	7.5	23	460	116.85	7.5[25]	0.8017[20]	δ	
347	乙缩醛 C₆H₁₄O₂				2	3	0		1.6	10.4	-20	230	102	20[19.5]	0.821	δ	
348	2-丁氧基乙醇 C₆H₁₄O₂	(240)皮		慢性中毒	3	3	0	1,3	1.1	12.7	61	238	171	0.88[25]	0.9027	∞	
349	二异丙胺 C₆H₁₅N	(20)皮		刺激	3	3	0	1,3			1			70[20]	0.722[22]	δ	
350	己胺 C₆H₁₅N		(2.0)		2	3	0				29		128~130	6.5[20]	0.763[25]	δ	
351	三乙胺 C₆H₁₅N	(100)		刺激	2	3	0	2,3	1.2	8.0	-6.7		89~90	400[51.5]	0.7255[20]	s,δ[h]	

续表

序号	化学名称和化学式	环境中最高容许浓度 空气 mg/m³	地面水 mg/L	浓的短期暴露对健康的相对危害	化学危险性等级 危害健康	可燃性	化学稳定性	灭火剂	在空气中燃烧的极限值体积分数 φ/% 下限	上限	闪点/℃	着火点/℃	沸点(熔点)/℃	蒸气压/133.32Pa	密度或相对密度	在水中的溶解度	危险性代码
352	二乙氨基乙醇 $C_6H_{15}NO$	(50)皮		刺激	3	2	0	1,3			60		163		0.884	∞	
353	1,6-己二胺 $C_6H_{16}N_2$			皮肤过敏									204			v	
354	异氰酸苯酯 C_7H_5NO			在正常储存下可能由变质而发生危险	在正常储存下可能由变质而发生危险						在正常储存下可能由变质而发生危险		165		1.095	d	
355	三硝基甲苯 $C_7H_5N_3O_6$	1(1.5)皮	0.5(0.5)	中毒	2	4	4						240 爆炸	0.046^{82}	1.654	i	H201;H331,H311, H301;H373,H411
356	N-甲基-N,2,4,6-四硝基苯胺 $C_7N_5O_8$	(1.5)皮		中毒									187 爆炸		1.57	i	
357	苯酰氯 C_7H_5OCl				2	2	1	1,2,3			72		197.2		1.2105	d	
358	二氯甲苯 $C_7H_6Cl_2$		(0.02)	慢性中毒									205.2		1.2557	i	
359	2,4-二硝基甲苯 $C_7H_6N_2O_4$	(1.5)皮	(0.5)	中毒	3	1	3	1,3					(60)		1.321^{20}	i	
360	2,6-二硝基甲苯 $C_7H_6N_2O_4$	(1.5)皮	(0.5)	中毒	3	1	3						(60)		1.2833	i	H350;H341,H361f, H331;H311,H301, H373;H412
361	4,6-二硝基邻甲酚 $C_7H_6N_2O_5$	(0.2)皮	(0.5)	很毒	2	2	0						(85)			i	
362	苯甲醛 C_7H_6O				2	2	0	1,2,3			64	192	178.1	1^{26}	1.0415	δ	
363	稻酸 $C_7H_6O_5$			皮肤刺激									(253d)		1.694^4	δ,v^h	
364	2-氯甲苯 C_7H_7Cl	(5)		刺激,中毒	2	2	0		1.1		67	585	179.3		1.100	i,d^h	H332,H411

续表

序号	化学名称和化学式	环境中最高容许浓度 空气 mg/m³	环境中最高容许浓度 地面水 mg/L	浓的短期暴露对健康的相对危害	化学危险性 等级 危害健康	化学危险性 等级 可燃性	化学危险性 等级 化学稳定性	化学危险性 灭火剂	在空气中燃烧的极限值体积分数 φ/% 下限	在空气中燃烧的极限值体积分数 φ/% 上限	闪点 /℃	着火点 /℃	沸点(熔点)/℃	蒸气压 /133.32Pa	密度或相对密度	在水中的溶解度	危险性代码
365	间硝基甲苯 $C_7H_7NO_2$	5(30)皮		中毒									232.6 (15)	1.0^{60}	1.1571_4^{20}	i	
366	邻硝基甲苯 $C_7H_7NO_2$	5(30)皮	(0.05)	中毒									220.4 (2.9)	1.6^{50}	1.1629	i	
367	对硝基甲苯 $C_7H_7NO_2$	5(30)皮		中毒		1	3	1,3			106		238.3 (51.7)	1.3^{65}	1.299	i	H350,H340,H361f, H302,H411
368	甲苯 C_7H_8	100(200)	(0.5)	中毒	2	3	0	2,3	1.2	7.1	4	536	110.6	$30^{26.04}$	0.8669_4^{20}	i	H225,H361d,H304, H373,H315,H336
369	苄醇 C_7H_8O			刺激	2	1	0				101	436	205.35	0.15^{25}	1.0419	s	
370	间甲苯酚 C_7H_8O	(22)皮	(0.004)	中毒	2	1	0	1,3			94	559	202.8	3.72^{25}	1.0336_4^{20}	δ,sʰ	H311,H301,H314
371	邻甲苯酚 C_7H_8O	(22)皮	(0.004)	中毒	2	2	0	1,2,3			81	599	191.2	3.72^{25}	1.0465_4^{20}	s	H311,H301,H314
372	对甲苯酚 C_7H_8O	(22)皮	(0.004)	中毒	2	2	0	1,3			94	559	202	3.72^{25}	1.0347_4^{20}	δ,sʰ	H311,H301,H314
373	2-甲苯硫酚 C_7H_8S			刺激									9.4~9.5		1.058	i	
374	N-甲苯胺 C_7H_9N	5(9)皮		中毒									196.25		0.989^{12}	i	
375	间甲苯胺 C_7H_9N	5		慢性中毒	3	2	0	1,2,3			86	482	203.2	1^{44}	0.9916_{20}^{20}	i	H331,H311,H301, H373,H411
376	邻甲苯胺 C_7H_9N	5		中毒	3	2	0				85	482	199.7	1^{44}	1.008_{20}^{20}	i	
377	对甲苯胺 C_7H_9N	5		中毒	3	2	0				87	482	200.4	1^{42}	1.046_4^{20}	i	
378	邻茴香胺 C_7H_9NO	(0.5)皮		慢性中毒									224		1.0923	δ	
379	对茴香胺 C_7H_9NO	(0.5)皮		中毒									243		1.0605	s	
380	环己酮 $C_7H_{12}O$			中等毒性;抑制神经系统中毒									178.5~ 179.5		0.9508_4^{20}	δ	

续表

序号	化学名称和化学式	环境中最高容许浓度 空气 mg/m³	环境中最高容许浓度 地面水 mg/L	浓的短期暴露对健康的相对危害	化学危险性等级 危害健康	化学危险性等级 可燃性	化学危险性等级 化学稳定性	灭火剂	在空气中燃烧的极限值体积分数 φ/% 下限	在空气中燃烧的极限值体积分数 φ/% 上限	闪点/℃	着火点/℃	沸点(熔点)/℃	蒸气压/133.32Pa	密度或相对密度	在水中的溶解度	危险性代码
381	2-甲基环己酮 $C_7H_{12}O$	(160)皮		麻醉		2	0	1,2,3			48		165	165	0.9240	i	H226,H332
382	丙酸二乙酯 $C_7H_{12}O_4$				0	1	0	1,3			93		199	10^{81}	1.0550	δ	
383	磷君(phosdrin) $C_7H_{13}O_6P$	(0.1)皮		中毒							79		210	0.0029^{21}	1.23	∞	
384	甲基环己烷 C_7H_{14}	(2000)		麻醉		3	0	2,3	1.2		-4	285	100.4	4^{25}	0.7695	i	H225,H304,H315,H336,H411
385	2-庚酮 $C_7H_{14}O$	(465)		刺激	1	2	0				49	533	151	1.6^{25}	0.8111^{20}	v	
386	3-庚酮 $C_7H_{14}O$	(230)		刺激	1	2	0				46		156	1.4^{25}	0.8183^{20}	i	H226,H332,H319
387	2-甲基环己醇 $C_7H_{14}O$	(235)		刺激		2	0	1,2,3			296		167.2~167.6	1.50^{20}	0.9241^{20}	δ	
388	缩甘油正丁基醚 $C_7H_{14}O_2$	(270)		皮肤呼吸道过敏									164	3.2^{25}	0.9087	δ	
389	乙酸异戊酯 $C_7H_{14}O_2$	(525)		刺激				2,3	1.1	7.5	25	379	142	6^{25}	0.8670	δ	
390	乙酸(正)戊酯 $C_7H_{14}O_2$	(525)	(0.08)	刺激	1	3	0		1.2	7.5	25	379	148.8	5^{25}	0.8756	δ	
391	庚烷 C_7H_{16}	(2000)		麻醉	1	3	0	2,3	1.2	6.7	-4	223	98.42	150^{25}	0.6837	i	H225,H304,H315,H336,H400,H410
392	一缩二(1,3-丙二醇)甲醚 $C_7H_{16}O_3$	(600)皮	(0.5)	中毒							85		189	0.36	0.951	∞	
393	正庚胺 $C_7H_{17}N$	(12)			2	2	0				54		158.3		0.7777^{20}	δ	
394	苯二甲酸酐 $C_8H_4O_3$	(25)		皮肤呼吸道过敏	2	1	0	1,3	1.7	10.5	152	584	284.5 升华		1.527	δ	
395	2,4,5-三氯苯氧基乙酸 $C_8H_5Cl_3O_3$			刺激眼睛									(157~158)			δ	

续表

序号	化学名称和化学式	环境中最高容许浓度		浓的短期暴露对健康的相对危害	化学危险性等级			灭火剂	在空气中燃烧的极限值体积分数 φ/%		闪点/℃	着火点/℃	沸点(熔点)/℃	蒸气压/133.32Pa	密度或相对密度	在水中的溶解度	危险性代码
		空气 mg/m³	地面水 mg/L		危害健康	可燃性	化学稳定性		下限	上限							
396	二四滴(2,4-D) $C_8H_6Cl_2O_3$	(10)		中毒	2	2	0	1,2,3		5.6	47	436	177		0.8569	i	
397	2-氯乙苯酰 C_8H_7ClO	(0.3)		刺激眼、鼻、喉									273		1.1922	i	
398	苯乙烯 C_8H_8	40(420)	0.3(0.1)	刺激、麻醉	2	3	2	2,3	1.1	6.1	32	490	145～146	4.3^{15}	0.9090_4^{20}	i	H226,H332,H319,H315
399	2,4-滴硫钠(Crag I) $C_8H_7Cl_2NaO_5S$	(15)		中毒												s	
400	皮蝇磷 $C_8H_8Cl_3O_2PS$	(140)	(0.4)	中毒													
401	茴香醛 $C_8H_8O_2$				2	1	0				118		249.5	1^{23}	1.1192	i	
402	苯酸甲酯 $C_8H_8O_2$				0	2	0				83		199.6		1.0937	i	
403	乙酸苯酯 $C_8H_8O_2$				1	2	0	1,3			80		195.7		1.0927_{25}^{25}	δ	
404	乙酰苯胺 C_8H_9NO			急性毒性很低				1,3			169	529	304		1.2105	δ^h	
405	4-乙酰胺基联苯 $C_8H_9NO_2$			有致癌可能									(168)		1.293	s	
406	乙苯 C_8H_{10}	(435)	(0.01)	中毒	2	3	0	2,3	1.0		15	432	136		0.8672	i	H225,H332
407	间二甲苯 C_8H_{10}	100(435)		刺激	2	3	0	2,3	1.1	7.0	29	528	139	$10^{28.2}$	0.8684_4^0	i	H226,H332,H312,H315

续表

序号	化学名称和化学式	环境中最高容许浓度 空气 mg/m³	环境中最高容许浓度 地面水 mg/L	浓的短期暴露对健康的相对危害	化学危险性等级 危害健康	化学危险性等级 可燃性	化学危险性等级 化学稳定性	化学危险性等级 灭火剂	在空气中燃烧的极限值体积分数 φ/% 下限	在空气中燃烧的极限值体积分数 φ/% 上限	闪点 /℃	着火点 /℃	沸点(熔点) /℃	蒸气压 /133.32Pa	密度或相对密度	在水中的溶解度	危险性代码
408	邻二甲苯 C_8H_{10}	100(435)		刺激	2	3	0	2,3	1.1	6.0	32	464	144	$10^{32.1}$	0.8968^{20}	i	H226,H332,H312,H315
409	对二甲苯 C_8H_{10}	100(435)		刺激	2	3	0	2,3	1.1	7.0	27	529	13.8	$10^{27.3}$	0.8566^{28}	i	H226,H332,H312,H315
410	异丁酸甲酯 $C_8H_{10}O_3$			皮肤过敏									(27~28)		1.230		
411	N,N-二甲苯胺 $C_8H_{11}N$	(25)皮		分解形成有毒烟雾	3	2	0	1,2,3			63	371	194.15		0.9563	δ	
412	N-乙基苯胺 $C_8H_{11}N$				3	2	0	1,2,3			85		204.72		0.9625^{24}	i	
413	N,N-二甲苯胺 $C_8H_{11}N$	(25)皮		慢性中毒	3	1	0	1,2,3			97		192~193		0.9557	δ	H331,H311,H301,H373,H411
414	四甲基琥珀腈 $C_8H_{12}N_2$	(3)皮		中毒									(109)		1.070		
415	氟磷酸二异丙酯 $C_8H_{14}FPO_3$			防止吸入和皮肤接触,是胆碱酯酶很强的阻化剂,受潮形成HF													
416	甲基丙烯酸丁酯 $C_8H_{14}O_2$				2	2	0				52		163		0.895	i	
417	丁酸酐 $C_8H_{14}O_2$				3	2	1	3			77	307	195	0.3^{20}	0.969^{20}	d	
418	Demetron $C_8H_{14}O_3PS_2$	(1)皮		中毒	0	4	4							0.001^{33}	1.1183	δ	
419	二异丙过二碳酸盐 $C_8H_{14}O_6$			12℃自动分解,对震动和热敏感									(8)				

续表

序号	化学名称和化学式	环境中最高容许浓度 空气 mg/m³	环境中最高容许浓度 地面水 mg/L	浓的短期暴露对健康的相对危害	化学危险性等级 危害健康	化学危险性等级 可燃性	化学危险性等级 化学稳定性	化学危险性等级 灭火剂	在空气中燃烧的极限值体积分数 φ/% 下限	在空气中燃烧的极限值体积分数 φ/% 上限	闪点 /℃	着火点 /℃	沸点(熔点) /℃	蒸气压 /133.32Pa	密度或相对密度	在水中的溶解度	危险性代码
420	2,4,4-三甲基-1-戊烯 C_8H_{16}					3	0				7		101.44		0.7150	i	
421	2,4,4-三甲基-2-戊烯 C_8H_{16}					3	0				1.7		105				
422	5-甲基-3-庚酮 $C_8H_{16}O$	(130)		刺激		3	0				57		160.5	2.0^{25}	0.850	i	
423	正辛烷 C_8H_{18}	(1900)		麻醉	0	3	0	2,3	1.0	4.66	13	220	125~126	10.45	0.7025	i	H225,H304,H315,H336,H400,H410
424	乙酸异丁酯 $C_8H_{16}O_2$	(295)		刺激	1	2	0	3			45		141	3.8^{20}	0.855	δ	
425	2,2,4-三甲基戊烷 C_8H_{18}			皮肤刺激		3	0	3	1.1	6.0	−12	18	99.2		0.6918^{20}	i	H225,H304,H315,H336,H400,H410
426	丁醚 $C_8H_{18}O$				2	3	0	3	1.5	7.6	25	194	141	4.8^{20}	0.769	δ	
427	铬酸叔丁酯 $C_8H_{18}O_4Cr$	(0.1)皮 (以 CrO_3 计)		中毒													
428	二丁基二氯化锡 $(C_4H_9)_2 \cdot SnCl_2$			眼、皮肤刺激				1,2,3							1.36	d	
429	二丁胺 $C_8H_{19}N$				3	2	0				52		159	1.9^{20}	0.501	s	
430	磷酸二丁酯 $C_8H_{19}O_4P$	(5)		中毒													
431	硫普特 $(C_2H_5O)_2P_2OS_2$	(0.2)皮		中毒											1.196	i	

续表

序号	化学名称和化学式	环境中最高容许浓度 空气 mg/m³	环境中最高容许浓度 地面水 mg/L	浓的短期暴露对健康的相对危害	化学危险性等级 危害健康	化学危险性等级 可燃性	化学危险性等级 化学稳定性	灭火剂	在空气中燃烧的极限值体积分数 φ/% 下限	在空气中燃烧的极限值体积分数 φ/% 上限	闪点 /℃	着火点 /℃	沸点(熔点)/℃	蒸气压 /133.32Pa	密度或相对密度	在水中的溶解度	危险性代码
432	焦磷酸四乙酯 $C_8H_{20}P_2O_5$	(0.05)		中毒										挥发	1.1847	i	
433	四乙基铅 $C_8H_{20}Pb$	0.005	不得检出	中毒	3	2	3				93		d200		1.659	i	
434	四亚乙基五胺 $C_8H_{23}N_5$			皮肤呼吸道过敏	2	1	0	1,3			163			$<0.01^{20}$	0.998	∞	
435	2,4-二异氰酸甲苯酯 $C_9H_6N_2O_2$	(0.14)		刺激,引起过敏,中毒	2	1	2				135		250	180	1.21	i	
436	8-羟基喹啉 C_9H_7NO			可能致癌									276(76)				
437	肉桂醛 C_9H_8O			有毒							10				1.048^{20}	δ	
438	2-甲苯乙烯 C_9H_{10}	(480)		刺激	1	2	1		1.9	6.1	54	574	167~170		0.9139^{14}	i	H332,H411
439	同对甲基苯乙烯 C_9H_{10}	(480)		该化合物系甲基苯乙烯的间位,对位异构体测试							60		170~171		0.890	δ	
440	乙酸苯酯 $C_9H_{10}O_2$				1	1	0				102	461	213.5	1.960	1.057^{16}	δ	
441	1,4-二噁烷 $C_9H_{10}O_2$	(62)		中毒									245	0.01^{20}	1.1092	δ	
442	异丙苯 C_9H_{12}	(245)皮	0.25	麻醉,中毒	0	2	0	2,3	0.88	6.50	44	424	152~153	$10^{39.3}$	0.0864^{20}	i	H226,H304,H335,H411
443	丙苯 C_9H_{12}		(0.2)	中毒		3					30		159.2		0.8620^{20}	i	H226,H304,H335,H411

续表

序号	化学名称和化学式	环境中最高容许浓度 空气 mg/m³	环境中最高容许浓度 地面水 mg/L	浓的短期暴露对健康的相对危害	化学危险性等级 危害健康	化学危险性等级 可燃性	化学危险性等级 化学稳定性	灭火剂	在空气中燃烧的极限值体积分数 φ/% 下限	上限	闪点/℃	着火点/℃	沸点(熔点)/℃	蒸气压/133.32Pa	密度或相对密度	在水中的溶解度	危险性代码
444	2,2-二甲基氢过氧化物 C₉H₁₂O₂			有毒,皮肤过敏	1	2	4		蒸气与空气形成爆炸混合物		78	221	153		1.048		
445	异佛尔酮 C₉H₁₄O	(140)		慢性中毒,刺激	2	1	0	1,3	0.8	3.8	96	462	215.2	0.44²⁵	0.9229	δ	
446	二甲代氨基二硫代甲酸铁 C₉H₁₈FeN₃S₆	(15)															
447	六氯萘 C₁₀H₂Cl₆	1(0.2)皮		中毒													
448	五氯萘 C₁₀H₃Cl₅	1(0.5)皮		刺痛发疹 慢性中毒													
449	三氯萘 C₁₀H₅Cl₃	1(0.5)皮		中毒													
450	七氯萘 C₁₀HCl₇	1(0.5)皮		中毒									(95~96)		1.57~1.59⁹	i	
451	氯丹 C₁₀H₆Cl₈	1(0.5)皮		慢性中毒													
452	氯代茨烯 C₁₀H₆Cl₈	(0.5)皮															
453	2-硝基萘 C₁₀H₇NO₂				1	1	0	1,3			164		304		1.332	i	H350,H411
454	萘 C₁₀H₈	100(50)	(0.05)	中毒	2	2	0	1,3	0.9	5.9	79	526	210.8	0.082	1.1452²⁵	i	H351,H302, H400,H410
455	八氯萘 C₁₀Cl₈	1(0.1)皮		中毒									(185)		2.00		
456	1-萘胺 C₁₀H₉N				2	1	0	1,3			157	300.8 升华			1.123²⁵	δ	

续表

序号	化学名称和化学式	环境中最高容许浓度 空气 mg/m³	环境中最高容许浓度 地面水 mg/L	浓的短期暴露对健康的相对危害	化学危险性等级 危害健康	化学危险性等级 可燃性	化学危险性等级 化学稳定性	灭火剂	在空气中燃烧的极限值体积分数 φ/% 下限	在空气中燃烧的极限值体积分数 φ/% 上限	闪点/℃	着火点/℃	沸点(熔点)/℃	蒸气压/133.32Pa	密度或相对密度	在水中的溶解度	危险性代码
457	2-萘胺 $C_{10}H_9N$			致癌物质													
458	酞酸二甲酯 $C_{10}H_{10}O_4$	(5)		刺激眼和黏膜、麻醉							157	518	282~285		1.1905	δ	
459	N-乙酰乙基苯胺 $C_{10}H_{11}NO_2$				2	1	0				185		85				
460	双戊烯 $C_{10}H_{12}$				1	3	1				32		170	$10^{47.6}$	0.9302	i	
461	四氢萘 $C_{10}H_{12}$	100			1	2	0	1,2,3			71	384	207.3		0.9729	i	
462	谷硫磷 $C_{10}H_{12}N_3O_3PS$	(0.2)皮		中毒													
463	N-丁酰基苯胺 $C_{10}H_{13}NO$				0	2	0	1,2,3			52				0.942	i	
464	对异丙基甲苯 $C_{10}H_{14}$				2	2	0	1,2,3		5.6	47	436	177		0.8569^{20}	i	
465	双硫磷 $C_{10}H_{14}NO_5PS$	0.05 (0.1)皮	0.02 (0.05)	中毒	4	1	0						357	0.000003^{24}	1.26	i	
466	烟碱 $C_{10}H_{14}N_2$	(0.5)皮		中毒	4	1	0	3	0.7	4.0		244	247.3	$1^{61.8}$	1.010^{20}	s	
467	乙酸异戊酯 $C_{10}H_{14}O_2$	(650)		中毒	1	3	0	2,3	1.12	7.5	25		121	9^{25}	0.862	δ	
468	二乙苯胺 $C_{10}H_{15}N$				3	2	0	1,3			85	332	216.27		0.93507	δ	

续表

第三篇

序号	化学名称和化学式	环境中最高容许浓度 空气 mg/m³	环境中最高容许浓度 地面水 mg/L	浓的短期暴露对健康的相对危害	化学危险性等级 危害健康	化学危险性等级 可燃性	化学危险性等级 化学稳定性	灭火剂	在空气中燃烧的极限值体积分数 φ/% 下限	在空气中燃烧的极限值体积分数 φ/% 上限	闪点/℃	着火点/℃	沸点(熔点)/℃	蒸气压/133.32Pa	密度或相对密度	在水中的溶解度	危险性代码
469	樟脑 $C_{10}H_{16}O$	(2)		中毒	2	2	0	1,2,3			66	466	209		0.9992^{20}	δ	
470	1,8-萜二烯 $C_{10}H_{16}$					2	0				45	237			3.8402	i	
471	2-蒎烯 $C_{10}H_{16}$			刺激眼、鼻、喉、可引起皮肤斑疹	1	3	0	2,3			39		156.2		0.8582	δ	
472	十氢萘 $C_{10}H_{18}$				2	2	0	1,2,3	0.7	4.9	58	250	185.5	$10^{47.2}$	0.8700^{20}	i	
473	2-莰醇 $C_{10}H_{18}O$					2	0	1,3			66		(210)升华		1.011^{20}	i	
474	马拉硫磷 $C_{10}H_{19}O_6PS_2$	2(15)皮	0.25 (0.05)	中毒	2	2	0	1,3						4×10^{-5} (30℃)	1.23^{25}	δ	
475	正癸烷 $C_{10}H_{22}$				0	2	0	2,3	0.8	5.4	46	208	174.1		0.7300^{20}	i	
476	正戊醚 $C_{10}H_{22}O$				1	2	0	1,3			57	171	190		0.744	i	
477	异硫氰酸α-萘酯 $C_{11}H_7NS$			通过皮肤吸收可引起皮炎,恶菜,发热,肾脏损害					对光敏感								
478	1-甲基萘 $C_{11}H_{10}$			中毒	2	2	0	3				528	240~243		1.0287^{19}	i	
479	α-萘硫脲(安妥) $C_{11}H_{10}N_2S$	(0.3)											(198)				
480	过苯甲酸叔丁酯 $C_{11}H_{14}O_3$			可燃,对热敏感	1	3	4	3			88	113自己促进分解	113		1.035	d	

续表

序号	化学名称和化学式	环境中最高容许浓度 空气 mg/m³	环境中最高容许浓度 地面水 mg/L	浓的短期暴露对健康的相对危害	危害健康	可燃性	化学稳定性	灭火剂	下限	上限	闪点 /℃	着火点 /℃	沸点(熔点) /℃	蒸气压 /133.32Pa	密度或相对密度	在水中的溶解度	危险性代码
481	对叔丁基甲苯 $C_{11}H_{16}$	(60)		中毒									193	0.65^{25}	0.8534	i	
482	三氯联苯(42%Cl) $C_{12}H_7Cl_3$	(1)皮		慢性中毒·刺瘤发疹							176~180			30^{200}	1.378~1.388	i	
483	五氯联苯(54%Cl) $C_{12}H_5Cl_5$	(0.5)皮		慢性中毒·刺瘤发疹										9^{200}	1.538~1.548	i	
484	艾氏剂 $C_{12}H_8Cl_6$	(0.25)皮	(0.002)	中毒									(104)			i	
485	狄氏剂 $C_{12}H_8Cl_6O$	(0.1)皮		中毒									(175~176)		1.75	i	
486	异狄氏剂 $C_{12}H_8Cl_6O$	(0.1)皮		中毒									(200)			i	
487	对溴联苯 $C_{12}H_9Br$				2	1	0				144		310		0.9327	i	
488	联苯 $C_{12}H_{10}$	7(1)		刺激	2	1	0	1,2,3	0.6	5.8	113	540	255.9		1.9869	i	H319,H335,H315, H400,H410
489	苯醚 $C_{12}H_{10}O$	(7)		刺激	2	1	0				96	646	258.9	0.0213^{25}	1.0863	i	
490	2-氨基联苯 $C_{12}H_{11}N$	(10)											299			i	
491	二苯胺 $C_{12}H_{11}N$		(0.05)		3	1	0	1,3			153	634	302		1.160	i	
492	西维因(Sevin) $C_{12}H_{11}NO_2$	(5)	(0.1)	中毒													
493	联苯胺 $C_{12}H_{12}N_2$			对人的膀胱肿瘤有影响,任何暴露包括皮肤都极危险													

续表

序号	化学名称和化学式	环境中最高容许浓度 空气 mg/m³	地面水 mg/L	对人的短期暴露对健康的相对危害	化学危险性等级 危害健康	可燃性	化学稳定性	灭火剂	在空气中燃烧的极限值体积分数 φ/% 下限	上限	闪点/℃	着火点/℃	沸点(熔点)/℃	蒸气压/133.32Pa	密度或相对密度	在水中的溶解度	危险性代码
494	邻苯二甲酸二乙酯 $C_{12}H_{14}O_4$				0	1	0	1,2,3			117		296	0.05 (70)	1.2321^{14}	i	
495	环己基苯 $C_{12}H_{16}$				2	1	0				99		238.9		0.9502	i	
496	三丁胺 $C_{12}H_{27}N$				2	2	0	1,2,3			86		216~217	20^{100}	0.7782^{23}	δ	
497	磷酸三丁酯 $C_{12}H_{27}O_4P$	(5)	(0.01)	刺激	2	1	0	1,2,3			146		289		0.9727	s	
498	吖啶 $C_{13}H_{11}N$			刺激眼,鼻,喉									345~346		1.005	$δ^h$	
499	二苯基甲烷 $C_{13}H_{12}$				1	1	0	1,2,3			130	486	265.6		1.006	i	
500	DDT $C_{14}H_9Cl_5$	0.3 (1.6)皮	0.2 (0.1)	可能使人致癌,中毒									(108.5)		1.55	i	
501	菲 $C_{14}H_{10}$		(0.4)	纯品不致癌									340		1.182	i	
502	过氧化苯甲酰 $C_{14}H_{10}O_4$	(5)		刺激眼,鼻,喉,中毒	1	4	4	1,2,3	分解蒸气可燃,对热和震动敏感				(103.5)			δ	
503	2-叔戊酰-1,3-茚满二酮 $C_{14}H_{13}O_3$	(0.1)		中毒													
504	伊皮恩 $C_{14}H_{14}O_4NPS$	(0.5)皮											(36)	$3×10^{-4}$ (100℃)	1.5978	δ	
505	亚甲基二对苯异氰酸酯 $C_{15}H_{10}N_2O_2$	(0.2)		中毒													

续表

序号	化学名称和化学式	环境中最高容许浓度 空气 mg/m³	地面水 mg/L	浓的短期暴露对健康的相对危害	危害健康	可燃性	化学稳定性	灭火剂	下限 φ/%	上限	闪点/℃	着火点/℃	沸点(熔点)/℃	蒸气压/133.32Pa	密度或相对密度	在水中的溶解度	危险性代码
506	苯基萘胺 $C_{16}H_{13}N$			皮肤呼吸道过敏												i	
507	甲氧氯 $C_{16}H_{15}Cl_3O_2$			中毒									(94)			s	
508	邻苯二甲酸二丁酯 $C_{16}H_{22}O_4$	(5)		刺激	0	1	0	1,2,3			157	403	340	2^{150}	1.043	i	
509	间联三苯 $C_{18}H_{14}$	1(9.4)		刺激	0	1	0	1,3			135		365			i	
510	邻联三苯 $C_{18}H_{14}$	1(9.4)		刺激	0	1	0	1,3			163		32			i	
511	对联三苯 $C_{18}H_{14}$	1(9.4)		刺激												i	
512	磷酸三苯酯 $C_{18}H_{15}O_4P$	(3)		中毒	2	1	0	1,3			200				1.2055	i	
513	杀鼠灵 $C_{19}H_{16}O_4$	(0.1)		中毒									(161)			i	
514	马钱子碱 $C_{21}H_{22}N_2O_2$	(0.15)		中毒											1.36	δ	
515	磷酸三邻甲苯酯 $C_{21}H_{21}O_4P$	(0.1)		能引起麻痹	2	1	0	1,2,3			225	385		10^{200}	1.247	δ	
516	番木鳖碱 $C_{23}H_{26}N_2O_4$			中毒									(178)			δ	
517	鱼藤酮 $C_{23}H_{22}O_4$	(5)		中毒												i	
518	酞酸二甲酯 $C_{24}H_{39}O_4$	(5)		中毒	0	1	0	1,3			218	410	358	0.01^{20}	0.936	i	

表 7-6　危险化学品的代码要素

物质	类别	信号词	危险性代码	防范说明——预防	防范说明——响应	防范说明——存储	防范说明——处置
爆炸物	Ⅰ	危险	H200	P201，P202，P281	P372，P373，P380	P401	P501
	Ⅱ	危险	H201	P210，P230，P240，P250，P280	P372，P373，P370+P380	P401	P501
	Ⅲ	危险	H202	P210，P230，P240，P250，P280	P372，P373，P370+P380	P401	P501
	Ⅳ	危险	H203	P210，P230，P240，P250，P280	P372，P373，P370+P380	P401	P501
	Ⅴ	警告	H204	P210，P240，P250，P280	P372，P373，P370+P380	P401	P501
	Ⅵ	危险	H205	P210，P230，P240，P250，P280	P372，P373，P370+P380	P401	P501
易燃气体	Ⅰ	危险	H220	P210	P377，P381	P403	
	Ⅱ	警告	H221	P210	P377，P381	P403	
	Ⅲ	危险	H222	P210，P211，P251		P410+P412	
	Ⅳ	警告	H223	P210，P211，P251		P410+P412	
氧化性气体		危险	H270	P220，P244	P370+P376	P403	
压力气体	压缩气	危险	H280		P372，P373，P380	P401+P403	
	液化气	危险	H280		P370，P372，P373	P401+P403	
	冷冻液化气	危险	H281	P282	P336，P315	P403	
	溶解气体	危险	H280		P370+P380，P372，P373	P401+P403	
易燃液体	Ⅰ	危险	H224	P210，P233，P240，P241，P242，P343，P280	P303+P361+P353，P370+P378	P403+P235	P501
	Ⅱ	危险	H225	P210，P233，P240，P241，P242，P343，P280	P303+P361+P353，P370+P378	P403+P235	P501
	Ⅲ	警告	H226	P210，P233，P240，P241，P242，P343，P280	P303+P361+P353，P370+P378	P403+P235	P501
	自然液体	危险	H250	P210，P222，P280	P302+P334，P370+P378	P422	
易燃固体	Ⅰ	危险	H228	P210，P240，P241，P280	P370+P378		
	Ⅱ	警告	H228	P210，P240，P241，P280	P370+P378		
	自然固体	危险	H250	P210，P220，P280	P302+P334，P370+P378	P422	

物质	类别	信号词	危险性代码	防范说明——预防	防范说明——响应	防范说明——存储	防范说明——处置
自燃反应物质	A	危险	H240	P210，P220，P234，P280	P370＋P378，P370＋P380＋P375	P403＋P235，P411，P420	P501
	B	危险	H241	P210，P220，P234，P280	P370＋P378，P370＋P380＋P375	P403＋P235，P411，P420	P501
	C和D	危险	H242	P210，P220，P234，P280	P370＋P378，P370＋P380＋P375	P403＋P235，P411，P420	P501
	E和F	警告	H242	P210，P220，P234，P280	P370＋P378，P370＋P380＋P375	P403＋P235，P411，P420	P501
自燃物质	I	危险	H251	P235＋P410，P280		P407，P413，P420	
	II	警告	H252	P235＋P410，P280		P407，P413，P420	
遇水放出易燃气体	I	危险	H260	P223，P231＋P232，P280	P335＋P334，P370＋P378	P402＋P404	P501
	II	危险	H261	P223，P231＋P232，P280	P335＋P334，P370＋P378	P402＋P404	P501
	III	警告	H261	P223，P231＋P232	P370＋P378	P402＋P404	P501
氧化性液体	I	危险	H271	P210，P220，P221，P280，P283	P306＋P360，P370＋P378，P371＋P380＋P375		P501
	II	危险	H272	P210，P220，P221，P280	P370＋P378		P501
	III	警告	H272	P210，P220，P221，P280	P370＋P378		P501
氧化性固体	I	危险	H271	P210，P220，P221，P280，P283	P306＋P360，P370＋P378，P371＋P380＋P375		P501
	II	危险	H272	P210，P220，P221，P280	P370＋P378		P501
	III	警告	H272	P210，P220，P221，P280	P370＋P378		P501
有机氧化物	A	危险	H240	P210，P220，P234，P280		P411＋P235，P410，P420	P501
	B	危险	H241	P210，P220，P234，P280		P411＋P235，P410，P420	P501
	C和D	危险	H242	P210，P220，P234，P280		P411＋P235，P410，P420	P501
	E和F	警告	H242	P210，P220，P234，P280		P411＋P235，P410，P420	P501
金属腐蚀物		警告	H290	P234	P390	P406	
急性毒性物	I（口服）（吸入）（皮肤）	危险	H300 吞咽致死 吸入致死 皮肤接触致死	P264，P270 P260，P271，P284 P262，P264，P270，P280	P301＋P310，P330 P304＋P340，P310，P320 P302＋P350，P310，P322，P361，P363	P405 P403＋P233，P405 P405	P501 P501 P501
	II（口服）（吸入）（皮肤）	危险	H301 吞咽致死 吸入致死 皮肤接触致死	P264，P270 P260，P271，P284 P262，P264，P270，P280	P301＋P310，P330 P304＋P340，P310，P320 P302＋P350，P310，P322，P361，P363	P405 P403＋P233，P405 P405	P501 P501 P501
	III（口服）（吸入）（皮肤）	危险	H302 吞咽中毒 吸入中毒 皮肤接触中毒	P264，P270 P260，P271 P280	P301＋P310，P330 P304＋P340，P311，P321 P302＋P352，P312，P322，P361，P363	P405 P403＋P233，P405 P405	P501 P501 P501
	IV（口服）（吸入）（皮肤）	警告	H303 吞咽有害 吸入有害 皮肤接触有害	P264，P270 P260，P271 P280	P301＋P312，P330 P304＋P340，P312 P302＋P352，P312，P322，P363		

物质	类别	信号词	危险性代码	防范说明——预防	防范说明——响应	防范说明——存储	防范说明——处置
皮肤腐蚀物	I	危险	H314	P260，P264，P280	P301＋P330＋P333，P321，P303＋P361＋P353，P363，P304＋P340，P310，P305＋P351＋P338	P405	P501
	II	警告	H315	P264，P280	P302＋P352，P321，P362，P332＋P313		
眼损伤物	I	危险	H318	P280	P305＋P351＋P338，P310		
	II	警告	H319	P264，P280	P305＋P351＋P338，P337＋P313		
呼吸道过敏		危险	H334	P201，P202，P281	P308＋P313	P405	P501
皮肤过敏		警告	H317	P201，P202，P281	P308＋P313	P405	P501
致生殖突变	I	危险	H340	P201，P202，P281	P308＋P313	P405	P501
	II	警告	H341	P201，P202，P281	P308＋P313	P405	P501
生殖毒性物	I	危险	H360	P201，P202，P281	P308＋P313	P405	P501
	II	警告	H361	P201，P202，P281	P308＋P313		
	哺乳	—	H362	P201，P26，P263，P264，P270	P308＋P313	P405	P501
致癌物	I	危险	H350	P201，P202，P281	P308＋P313	P405	P501
	II	警告	H351	P201，P202，P282	P308＋P313	P405	P501
特异毒物	I	危险	H370	P260，P264，P270	P307＋P311，P321	P405	P501
	II	警告	H371	P260，P264，P271	P309＋P311	P405	P501
	III	警告	H335	P261，P271	P304＋P340，P312	P405，P403，P233	P501
	IV	危险	H372	P260，P264，P273	P314		P502
	V	警告	H373	P260，P264，P274	P314		P503
吸入性毒物		危险	H304		P301＋P310，P333	P405	P500
水生环境危害物		警告	H400	P273	P391		P501
慢性毒物	I	警告	H410	P273	P391		P501
	II	—	H411	P273	P391		P501
	III	—	H412	P274			P501
	IV	—	H411	P275			P501

表 7-7 危险化学品性质分类代码及说明

代 码	性质描述	代 码	性质描述
H200	不稳定爆炸物	H220	极易燃气体
H201	爆炸物，整体爆炸危险	H221	易燃气体
H202	爆炸物，严重喷射危险	H222	极易燃气溶胶
H203	爆炸物，燃烧、轰鸣或喷射危险	H223	易燃气溶胶
H204	燃烧或喷射爆炸物	H224	极易燃液体和蒸气
H205	燃烧中可爆炸	H225	高度易燃液体和蒸气

续表

代码	性质描述	代码	性质描述
H226	易燃气溶胶	H317	可能引起皮肤过敏性反应
H228	易燃固体	H318	引起严重的眼睛损伤
H240	加热可引起爆炸	H319	引起严重的眼睛刺激
H241	加热可引起燃烧或爆炸	H330	吸入致死
H242	加热可引起燃烧	H331	吸入会中毒
H250	暴露于空气中自燃	H332	吸入有害
H251	自热；可着火	H334	吸入可能引起过敏或哮喘症状或呼吸困难
H252	大量时自热；可着火	H335	可引起呼吸道刺激
H260	接触水释放可自发燃着的易燃气体	H336	可引起嗜睡或头晕
H261	接触水释放易燃气体	H340	可引起遗传性缺陷
H270	可引起或加剧燃烧；氧化剂	H341	怀疑可引起遗传性缺陷
H271	可引起燃烧或爆炸；强氧化剂	H350	可致癌
H272	可加剧燃烧；氧化剂	H351	怀疑致癌
H280	含压力下气体，如加热可爆炸	H360	可能损害生育能力或胎儿
H281	含冷冻气体，可引起冻伤	H361	怀疑损害生育能力或胎儿
H290	可腐蚀金属	H362	可能对母乳喂养的儿童造成损害
H300	吞咽致死	H370	可致器官损害
H301	吞咽会中毒	H371	可能引起器官损害
H302	吞咽有害	H372	长期或反复接触可致器官损害
H304	吞咽并进入呼吸道可致死	H373	长期或反复接触可能引起器官损害
H310	皮肤接触致死	H400	对水生生物毒性非常大
H311	皮肤接触会中毒	H410	对水生生物毒性非常大并具有长期持续影响
H312	皮肤接触有害	H411	对水生生物有毒并具有长期持续影响
H314	引起严重的皮肤灼伤或眼睛损伤	H412	对水生生物有害并具有长期持续影响
H315	引起皮肤刺激	H413	可能对水生生物造成长期持续的有害影响

表 7-8　危险化学品防范类别代码及说明

代码	性质描述	代码	性质描述
P101	如需医疗救助，请携带产品容器或标签	P103	使用前阅读相关说明书
P102	不要让儿童拿到		
预防措施			
P201	使用前阅读具体说明	P220	远离服装、可燃材料储存
P202	阅读并理解安全说明前不要处置	P221	采取一切防范措施，避免与易燃物混合
P210	原理热/火花/火焰/热表面——禁止吸烟	P222	不允许接触空气
P211	不要喷射火焰或其他点火源	P223	避免接触水，会发生剧烈反应且可能着火

代　码	性质描述	代　码	性质描述
P230	用……保持湿润	H261	避免吸入粉尘/烟气/气体/烟雾/蒸气/喷雾
P231	在惰性气氛下处置	H262	不要在眼部、皮肤或衣物
P232	防潮	H263	避免在怀孕或哺乳期间接触
P233	保持容器密闭性	H264	彻底清洗处理后
P234	只能在原容器中	H270	使用本产品时不要饮水、吃东西或吸烟
P235	保持冷却	H271	只能在户外或通风良好的场合使用
P240	接地/焊接容器和接受设备	H272	受污染的工作服不得带出工作场所
P241	使用防爆电器/通风/照明/……/设备	H273	避免释放到环境中
P242	只能使用不产生火花的工具	H280	穿戴防护手套/防护衣/护眼装备/护脸装备
P243	采取防止静电释放的措施	H281	按需使用个人防护装备
P244	保持减压阀无油脂和油	H282	戴防寒手套/面具/护眼
P250	不要研磨/冲击/……/摩擦	H283	穿防火阻燃服
P251	压力容器，切勿穿孔或焚烧，即使不再使用	H284	戴呼吸防护装置
P260	不要吸入粉尘/烟气/气体/烟雾/蒸气/喷雾	H285	通风不好时戴呼吸防护装置
反应措施			
P301	如果吞咽	P334	浸入冷水中/用湿绷带包扎
P302	如果在皮肤上	P335	刷掉皮肤上细小的颗粒物
P303	如果在皮肤上（或头发上）	P336	用温水解冻冻伤部位，不要擦患处
P307	如果接触	P337	仍觉眼刺激
P308	如接触到或涉及	P338	如果现场容易做到，取出隐形眼镜，继续冲洗
P309	如果接触或者感到不舒服		
P310	立即呼叫中毒中心或医生	P340	将患者转移到通风良好处，保持呼吸道顺畅
P311	呼叫中毒中心或医生	P341	如果呼吸困难，将患者转移到通风良好处，保持呼吸道顺畅
P312	如果觉得不适，呼叫中毒中心或医生		
P313	求医/注意	P342	如有呼吸系统病症
P314	求医（如果感到不适）	P350	轻轻地用大量肥皂和水洗
P315	立即求医/注意	P351	用水小心地洗数分钟
P320	紧急具体治疗	P352	用肥皂和大量水洗
P321	特殊处理	P353	用水冲洗皮肤
P322	具体措施	P360	脱掉衣服前用大量水立即冲洗污染的衣服和皮肤
P330	漱口		
P331	不要催吐	P361	立刻移除/脱掉所有被污染的衣服
P332	如发生皮肤刺激	P362	脱掉所有被污染的衣服并在重新使用前清洗干净
P333	如果皮肤出现过敏或红疹		

代　码	性质描述	代码	性质描述
P363	重新使用前被清洗污染的衣服	P376	如果安全地操作可以停止泄漏
P370	在着火情况下	P377	漏气着火；切勿灭火，除非漏气能够安全制止
P371	在重大火灾和数量较大时	P378	使用……灭火
P372	遇火时发生爆炸的风险	P380	撤离现场
P373	烧到爆炸物时切勿救火	P381	如果安全地操作所有的火源能被消除
P374	在适当的距离正常扑灭火灾的预防措施	P390	吸收溢出物
P375	由于爆炸的危险，远程扑灭火灾	P391	收集溢出物
存储措施			
P401	储藏……	P410	避免日晒
P402	存储在干燥的地方	P411	存储温度不超过……
P403	存储在通风良好的地方	P412	不要暴露在温度超过50℃环境下
P404	存储在密封容器	P413	存储温度不超过…℃…下体积和质量大于…kg
P405	存储锁定		
P406	存储在耐腐蚀的装有内衬容器中	P420	远离其他材料
P407	堆/托盘之间保留空气间隙	P422	在……条件下存储内容物
处置措施			
P501	处理内容物/容器到		

二、化学物质环境标准

我国颁布的有关化学物质的环境标准（截至2015年年底）部分内容见表7-9。

表 7-9　现行环境保护标准目录清单（部分）

序号	标准编号	标准名称	发布或实施日期
	1. 环境质量标准		
1	GB 5084—2005	农田灌溉水质标准	2005-07-25
2	GB 3838—2002	地表水环境质量标准	2002-04-28
	2. 水污染物排放标准		
1	GB 3544—2008	制浆造纸工业水污染物排放标准	2008-06-25
2	GB 25461—2010	淀粉工业水污染物排放标准	2010-09-27
3	GB 20425—2006	皂素工业水污染物排放标准	2006-09-01
4	GB 20426—2006	煤炭工业污染物排放标准	2006-09-01
5	GB 18466—2005	医疗机构水污染物排放标准	2005-07-27
6	GB 19821—2005	啤酒工业污染物排放标准	2005-07-18
7	GB 19430—2013	柠檬酸工业水污染物排放标准	2013-07-01
8	GB 19431—2004	味精工业污染物排放标准	2004-01-18
9	GB 18918—2002	城镇污水处理厂污染物排放标准	2002-12-24
10	GB 18596—2001	畜禽养殖业污染物排放标准	2001-12-28

续表

序号	标准编号	标准名称	发布或实施日期
11	GB 3544—2008	制浆造纸工业水污染物排放标准	2008-06-25
12	GB 18486—2001	污水海洋处置工程污染控制标准	2001-11-12
13	GB 13458—2013	合成氨工业水污染物排放标准	2013-07-01
14	GB 21523—2008	杂环类农药工业水污染物排放标准	2008-07-01
15	GB 21900—2008	电镀污染物排放标准	2008-06-25
16	GB 21901—2008	羽绒工业水污染物排放标准	2008-06-25
17	GB 21902—2008	合成革与人造革工业污染物排放标准	2008-06-25
18	GB 21903—2008	发酵类制药工业水污染物排放标准	2008-06-25
19	GB 21904—2008	化学合成类制药工业水污染物排放标准	2008-06-25
20	GB 21905—2008	提取类制药工业水污染物排放标准	2008-06-25
21	GB 21906—2008	中药类制药工业水污染物排放标准	2008-06-25
22	GB 21907—2008	生物工程类制药工业水污染物排放标准	2008-06-25
23	GB 21908—2008	混装制剂类制药工业水污染物排放标准	2008-06-25
24	GB 21909—2008	制糖工业水污染物排放标准	2008-06-25
25	GB 3544—2008	制浆造纸工业水污染物排放标准	2008-06-25
26	GB 26877—2011	汽车维修业水污染物排放标准	2011-01-01
27	GB 29495—2013	电子玻璃工业大气污染物排放标准	2013-07-01
28	GB 18466—2005	医疗机构水污染物排放标准	2006-01-01
3. 大气环境质量标准			
1	GB/T 18883—2002	室内空气质量标准	2002-11-19
2	GB 3095—2012	环境空气质量标准	2012-02-29
4. 大气固定源污染物排放标准			
1	GB 28664—2012	炼钢工业大气污染物排放标准	2012-06-27
2	GB 28663—2012	炼铁工业大气污染物排放标准	2012-06-27
3	GB 28662—2012	钢铁烧结、球团工业大气污染物排放标准	2012-06-27
4	GB 28665—2012	轧钢工业大气污染物排放标准	2012-06-27
5	GB 26453—2011	平板玻璃工业大气污染物排放标准	2011-04-02
6	GB 13223—2011	火电厂大气污染物排放标准	2011-07-27
7	GB 18483—2001	饮食业油烟排放标准	2001-11-12
8	GB 13271—2014	锅炉大气污染物排放标准	2015-10-01
9	GB 14554—1993	恶臭污染物排放标准	1994-01-15
5. 固体废物污染控制标准			
1	GB 18597—2001	危险废物贮存污染控制标准	2001-12-28
2	GB 18598—2001	危险废物填埋污染控制标准	2001-12-28
3	GB 18599—2001	一般工业固体废物贮存、处置场污染控制标准	2001-12-28
4	GB 16889—2008	生活垃圾填埋场污染控制标准	2008-07-01
5	GB 18485—2014	生活垃圾焚烧污染控制标准	2014-07-01

序号	标准编号	标准名称	发布或实施日期
6	GB 18484—2001	危险废物焚烧污染控制标准	2001-11-12

三、化学致癌物质

人类的癌症与所生存环境中大量化学物质的存在有密切关系。世界卫生组织（WHO）国际癌症研究中心（IARC）公布的《化学物质对人类的致癌危险性综合评价》是迄今最为权威的评估化学物致癌性的资料，是在国际癌症研究中心广泛收集世界各地有关癌症研究资料和研究成果的基础之上，集中了欧美、日本等世界 20 位著名癌症专家、医学专家组成的特别工作组，给予严格的仔细的科学分析和总结后作出的。评价范围包括化学物、复杂混合物、职业暴露、物理和生物因素以及生活方式因素等。至 2011 年 6 月 17 日 IARC 最新公布的 942 种致癌物质及其接触场所对人类致癌性的综合评价结果，每项物质的评价都附有相应的专著卷号和发表年份。根据 IARC 的评价结果，致癌物共分为 4 组。Ⅰ组，确定的人类致癌物，共 107 种（见表 7-10）；ⅡA 组，很可能是人类致癌物，共 59 种（见表 7-11）；ⅡB组，可能是人类致癌物，共 267 种（见表 7-12）；Ⅲ组，由于目前资料不够，尚无法给其对人类的致癌性进行分类者，共 508 种；Ⅳ组，很可能不是人类致癌物，仅 1 种（己内酰胺）。为了提高人们对环境中化学致癌物的认识，应采取必要的积极有效的防范措施，以保障人们身体健康。日常生活中的主要致癌物质汇总于表 7-13。化学致癌物可能侵袭的人体器官见表 7-14。

表 7-10 确定的人类致癌物（G1 组，共 107 种）

序号	登记号	致癌物	序号	登记号	致癌物
1	000075-07-0	乙醛，与酒精饮料消耗有关	11		金胺产品
2		酸雾，强酸性无机物	12	000446-86-6	咪唑硫嘌呤
3	001402-68-2	黄曲霉毒素	13	000071-43-2	苯
4		酒精饮料	14	000092-87-5	联苯胺
5		铝制品	15		联苯胺，染色代谢
6	000092-67-1	4-苯基苯胺	16	000050-32-8	苯并[a]芘
7		槟榔果	17	007440-41-7	铍及其化合物
8	000313-67-7	马兜铃酸	18		含烟草的蒌叶咀嚼物
9	007440-38-2	砷及无机砷化合物	19		无烟草的蒌叶咀嚼物
10	001332-21-4 013768-00-8 012172-73-5 017068-78-9 012001-29-5 012001-28-4 014567-73-8	石棉（所有种类包括阳起石、铁石棉、直闪石、温石棉、透闪石）[注：含有石棉成分的矿物质（如滑石和蛭石）也被认为是对人类致癌的]	20	000542-88-1	双氯甲基醚
			21	000107-30-2	氯甲基甲基醚
			22	000055-98-1	白消安
			23	000106-99-0	1,3-丁二烯
			24	007440-43-9	镉及其化合物
			25	000305-03-3	瘤可宁
			26	000494-03-1	萘氮芥

序号	登记号	致癌物	序号	登记号	致癌物
27	018540-29-9	铬（六价）化合物	64		矿物油（未经处理或经初步处理）
28		华支睾吸虫感染	65		烷化剂
29		家庭燃煤释放的煤灰	66	000091-59-8	2-萘胺
30		煤气	67		核辐射
31	008007-45-2	煤焦油提炼	68		镍化合物
32	065996-93-2	沥青	69	016543-55-8	亚硝胺降烟碱、氮苯基、丁酮、
33		焦炭产品		064091-91-4	N-甲硝胺
34	000050-18-0 006055-19-2	环磷酰胺	70		泰国肝吸虫（感染）
35	059865-13-3 079217-60-0	环孢霉素	71		油漆（职业暴露）
36	000056-53-1	己烯雌酚	72	057465-28-8	3,4,5,3′,4′-五氯联苯
37		EB病毒	73	057117-31-4	2,3,4,7,8-五氯联二苯并呋喃
38	066733-21-9	毛沸石	74	000062-44-2	非那西汀
39		雌激素，更年期治疗	75		非那西汀混合物
40		雌激素，更年期联合治疗	76	014596-37-3	磷化物
41		雌激素，口服避孕药联合用药	77	007440-07-5	钚
42	000064-17-5	乙醇（酒精饮料）	78		放射性碘，包括碘131
43	000075-21-8	环氧乙烷	79		放射性核素，α射线（体内储积）
44	033419-42-0	依托泊苷	80		放射性核素，β射线（体内储积）
45	033419-42-0 015663-27-1 011056-06-7	依托泊苷与铂、博来霉素的结合物	81	013233-32-4	放射性镭224及其衰变产物
46		裂变产生的物质，包括锶90	82	013982-63-3	放射性镭226及其衰变产物
47	000050-00-0	甲醛（蚁醛）	83	015262-20-1	放射性镭228及其衰变产物
48		赤铁矿	84	010043-92-2	放射性镭222及其衰变产物
49		幽门螺旋杆菌（感染）	85		橡胶生产企业
50		乙型肝炎病毒（慢性感染）	86		咸鱼（中国式腌鱼）
51		丙型肝炎病毒（慢性感染）	87		埃及裂体吸虫（感染）
52		Ⅰ型人类免疫缺陷病毒（感染）	88	013909-09-6	甲基环己亚硝脲
53		人类乳头瘤病毒感染（16，18，31，33，35，39，45，51，52，56，58，59型）	89	068308-34-9	页岩油
			90	014808-60-7	硅尘（晶体、石英、白硅石）
			91		太阳辐射
54		人类T细胞嗜淋巴细胞病毒（Ⅰ型）	92		煤尘（职业暴露）
55		电离辐射（所有类型）	93	000505-60-2	硫芥（硫芥子气）
56		钢、铁铸造（职业暴露）	94	010540-29-1	三苯氯胺
57		用强酸生产乙丙醇	95	001746-01-6	2,3,7,8-四氯二苯并芘二噁英
58		卡波西肉瘤疱疹病毒	96	000052-24-4	三胺硫磷
59		皮革尘	97	007440-29-1	钍232及其衰变产物
60		红色苯胺染料	98		烟草（无烟）
61	000148-82-3	左旋溶肉瘤素	99		烟草（有烟），吸二手烟
62	000298-81-7	甲氧沙林（8-甲氧基补骨脂素），加紫外线A照射	100		吸烟
63	000101-14-4	4,4-亚甲基双（氯苯胺）	101	000095-53-4	邻甲苯胺

续表

序号	登记号	致癌物	序号	登记号	致癌物
102	000299-75-2	曲奥舒凡	105	000075-01-4	氯乙烯
103		紫外线辐射（紫外线 A、B、C）	106		木尘
104		紫外线照射装置	107		X 射线、γ 射线辐射

表 7-11 很可能的人类致癌物（G2A 组，共 59 种）

序号	登记号	致癌物	序号	登记号	致癌物
1	000079-06-1	丙烯酰胺	29	000759-73-9	N-亚硝基-N-乙基脲
2	023214-92-8	亚德里亚霉素	30		高温油炸释放物
3		雄性激素（合成）类固醇	31	000556-52-5	环氧丙醇
4		艺术玻璃、玻璃容器、加压陶瓷	32		理发美发师职业暴露
5	000320-67-2	阿扎胞苷	33		人类乳头瘤病毒 68 型
6		生物燃料（原木）室内燃烧排放物	34	022398-80-7	磷化铟
7	000154-93-8	二氯化亚硝基脲（卡氮芥）	35	076180-96-6	IQ[2-氨基-3-甲基咪唑并(4,5-f)喹啉]
8	002425-06-1	敌菌丹（四氯丹）	36		铅无机化合物
9		碳电极生产	37		交配（热）
10	000056-75-7	氯霉素	38	000484-20-8	甲氧基补骨脂素
11	000098-87-3 / 000098-07-7 / 000100-44-7 / 000098-88-4	α-氯化甲苯（二氯甲基苯、三氯甲苯、氯化苄）及氯化苯甲酰（职业暴露）	39	000066-27-3	甲磺酸甲酯
			40	000070-25-7	N-甲基-N-硝基-N-亚硝基胍
			41	000684-93-5	N-甲基-N-亚硝基脲
12	013010-47-4	环己亚硝脲	42		硝酸盐或亚硝酸摄入（内因性亚硝化）
13	000095-69-2	4-氯邻苯胺	43	000051-75-2	氮芥（芥子气）
14		氯脲霉素	44	000055-18-5	N-亚硝胺
15	015663-27-1	顺氯氨铂	45	000062-75-9	N-亚硝基二甲胺
16	007440-48-4 / 012070-12-1	钴基合金-碳化钨	46	000088-72-2	2-硝基甲苯
			47		无砷杀虫剂（职业暴露或喷洒）
			48		石油提炼（职业暴露）
17	008001-58-9	杂酚油	49	001336-36-3	多氯联二苯
18	027208-37-3	环戊[c,d]芘	50	000366-70-1	盐酸甲基苄肼
19	000053-70-3	二苯并蒽	51		涉及生理节奏紊乱的轮班作业
20	000191-30-0	二苯[a,l]并芘	52	000096-09-3	苯乙烯-7,8-氧化物
21	000064-67-5	硫酸二乙酯	53	029767-20-2	替尼泊苷
22	000079-44-7	二甲氨基甲酰氯	54	000127-18-4	四氯乙烯（全氯乙烯）
23	000540-73-8	1,2-二甲基肼	55	000079-01-6	三氯乙烯
24	000077-78-1	硫酸二甲酯	56	000096-18-4	1,2,3-三氯丙烷
25		发动机废气（柴油机）	57	000126-72-7	三(2,3-二溴丙醇)磷酸酯
26	000106-89-8	环氧氯丙烷	58	000593-60-2	溴乙烯
27	000051-79-6	氨基甲酸乙酯（尿烷）	59	000075-02-5	氟乙烯
28	000106-93-4	二溴化乙烯			

表 7-12 可能的人类致癌物（G2B 组，共 267 种）

序号	登记号	致癌物	序号	登记号	致癌物
1	026148-68-5	A-α-C(2-氨基-9H-吡啶[2,3-b]吲哚)	33	000075-27-4	溴二氯甲烷
			34	025013-16-5	丁基羟基茴香醚
2	003688-53-7	AF-2[2-(2-呋喃基)-3-(5-硝基-2-呋喃基)丙烯酰胺]	35	003068-88-0	β-丁内酯
			36	020830-81-3	正定霉素（柔红霉素）
3		氯化石蜡（平均 12 个碳链）及（平均 60％氯化度）	37	000050-29-3	滴滴涕（4,4-二氯二苯三氯乙烷）
4	025962-77-0	反-2-(二甲氨基)甲亚氨基-5-[2-(5-氯-2-呋喃基)-乙烯基]-1,3,4-噁二唑	38	000613-35-4	N,N-乙酸联苯胺
5	000107-13-1	丙烯腈	39	000615-05-4	2,4-二氨基苯甲醚
6	000075-07-0	乙醛	40	000101-80-4	4,4-二氨基联苯
7	006795-23-9	黄曲霉毒素 M$_1$	41	000095-80-7	2,4-二氨基甲苯
8	000060-09-3	对氨基偶氮苯	42	000226-36-8	二苯[a,h]吖啶
9	000097-56-3	邻氨基偶氮苯	43	000224-42-0	二苯[a,j]吖啶
10	000081-49-2	1-氨基-2,4-二溴蒽醌	44	000194-59-2	7H-二苯[c,g]咔唑
11	000060-35-5	乙酰胺	45	000189-64-0	二苯[a,h]芘（嵌二萘）
12	051264-14-3	胺苯吖啶	46	000189-55-9	二苯[a,j]芘（嵌二萘）
13	000090-04-0	甲氧基苯胺	47	000631-64-1	二溴乙酸
14	000084-65-1	蒽醌（烟华石）	48	003252-43-5	二溴乙腈
15	001309-64-4	三氧化锑	49	000096-12-8	1,2-二溴-3-氯丙烷
16	000140-57-8	杀螨特	50	000096-13-9	2,3-二溴-1-丙醇
17	000492-80-8	金胺	51	000079-43-6	二氯乙酸
18	000115-02-6	重氮丝氨酸	52	000106-46-7	对二氯苯
19	000151-56-4	氮杂环丙烷	53	000091-94-1	3,3'-二氯联苯胺
20	000202-33-5	苯[j]乙蒽烯	54	000091-94-1	3,3'-二氯-4,4'-联苯胺
21	000056-55-3	苯并[a]蒽	55	000107-06-2	1,2-二氯乙烷
22	000205-99-2	苯并[b]荧蒽	56	000075-09-2	二氯甲烷
23	000205-82-3	苯并[j]荧蒽	57	000096-23-1	1,3-二氯-2-丙醇
24	000207-08-9	苯并[k]荧蒽	58	000542-75-6	1,3-二氯丙烷（技术等级）
25	000271-89-6	苯并呋喃	59	068006-83-7	2-氨基-3-甲基-9H-吡啶并[2,3-β]吲哚
26	000195-19-7	苯并[c]烷基菲			
27	000119-61-9	二苯甲酮	60	000117-81-7	二(乙基己基)邻苯二甲酸酯
28	001694-09-3	溴酸钾	61	001615-80-1	1,2-二乙基肼
29	008052-42-4	沥青（精炼提取物）	62	000101-90-6	间苯二酚（缩水甘油醚）
30	011056-06-7	争光霉素（博来霉素）	63	000094-58-6	二氢黄樟素
31		野生蕨菜	64	002973-10-6	二乙丙基硫酸盐
32	005589-96-8	氯溴乙酸	65	000119-90-4	3,3'-二甲氧基联苯胺

续表

序号	登记号	致癌物	序号	登记号	致癌物
66	000060-11-7	对二甲氨基偶氮苯	97	000075-52-5	硝基甲烷
67	000087-62-7	2,6-二甲基苯胺	98	000079-46-9	二硝基丙烷
68	000075-60-5	二甲基胂酸	99	005522-43-0	1-硝基芘
69	000119-93-7	3,3-二甲基联苯胺	100	057835-92-4	4-硝基芘
70	000057-14-7	1,1-二甲基肼	101	000924-16-3	N-亚硝基二丁胺
72	105735-71-5	3,7-二硝基荧蒽	102	001116-54-7	N-亚硝基二乙醇胺
73	022506-53-2	3,9-二硝基荧蒽	103	000621-64-7	N-亚硝基二丙胺
74	042397-64-8	1,6-二硝基芘	104	060153-49-3	3-正-丁氧基丙腈
75	042397-65-9	1,8-二硝基芘	105	010595-95-6	N-亚硝基甲基乙基胺
76	000121-14-2	2,4-二硝基甲苯	106	004549-40-0	N-亚硝基甲基乙烯基胺
77	000606-20-2	2,6-二硝基甲苯	107	000059-89-2	N-亚硝基吗啉
78	000123-91-1	二噁烷	108	000604-75-1	去甲羟基安定
79	002475-45-8	分散蓝1	109	000100-75-4	N-亚硝基哌啶
80	000106-88-7	1,2-氧化丁烯	110	000930-55-2	N-亚硝基吡咯烷
81	000140-88-5	丙烯酸乙酯	111	013256-22-9	N-亚硝基肌氨酸
82	000100-41-4	乙苯	112	000303-47-9	赭曲霉毒素A
83	000062-50-0	甲烷磺酸乙酯	113	002646-17-5	油橙SS
84	000077-09-8	酚酞	114	000057-57-8	β-丙内酯
85	003771-19-5	萘酚平(萘苯丁酸)	115	000075-56-9	环氧丙烯
86	003795-88-8	5-吗啉甲基-3-[5-(硝基亚糠基)胺-2-噁唑烷酮]	116	000051-52-5	丙基硫氧嘧啶
			117	018883-66-4	链脲霉素(链脲佐霉素)
87	000555-84-0	1-[(5-硝基亚糠基)胺]-2-咪唑啉酮	118	000817-09-4	三氯氮芥
			119	008001-35-2	毒杀酚(八氯莰烯)
88	000531-82-8	N-[4-(5-硝基-呋喃基)-2-噻唑基]乙酰胺	120	000139-13-9	次氮基三乙酸及次氮基三乙酸盐
			121		汽油
89	012174-11-7	镁铝皮石(硅镁土)(长纤维>5μm)	122		燃料油(重金属残渣)
			123		六氯环己烷(六六六)
90	000091-23-6	2-硝基茴香醚(硝基苯甲醚)	124		消防队员(职业暴露)
91	000602-87-9	5-硝基苊	125		纺织产业(职业)
92	000098-95-3	硝基苯	126		印刷过程(职业暴露)
93	007496-02-8	6-硝基联苯	127		木工及细木工工业
94	001836-75-5	除草醚(技术等级)	128		干清洁剂(职业暴露)
95	000607-57-8	硝基芴	129		超低频磁场
96	000126-85-2	氮芥(芥子气)氮氧化物	130		人类免疫缺陷病毒2型(感染)

续表

序号	登记号	致癌物	序号	登记号	致癌物
131		人类乳关瘤病毒 5、8 型(疣状表皮发育不良患者)	159	007440-48-4	非碳化钨钴
			160	010026-24-1	硫酸钴及其他可溶性钴盐
132		人类乳关瘤病毒 30、34、69、85、97 型	161	068603-42-9	椰子油脂肪酸二乙醇胺酯
			162	000120-71-8	对甲酚定
133		人类乳关瘤病毒 26、53、66、67、70、73、82 型	163	000098-82-8	异丙基苯
			164	014901-08-7	苏铁苷
134	000712-68-5	2-氨基-5-(5-硝基-2-呋喃基)-1,3,4-噻氮唑	165	004342-03-4	达卡巴嗪
			166	000117-10-2	丹蒽醌(1,8-二羟基蒽醌)
135	003296-90-0	2,2-双(溴甲基)-1,3-丙二醇	167	116355-83-0	伏马毒素 B1
136	116355-83-0	串珠镰孢菌毒素(伏马毒素 B1,伏马毒素 B2,镰刀菌素 C 释放)	168	000110-00-9	呋喃
			169	000765-34-4	缩水甘油醛
137	077439-76-0	3-氯-4-(二氯甲基)-5-羟基-2-(5H)-呋喃酮	170	003570-75-0	2-(2-甲酰基肼基)-4-(5-硝基-2-呋喃基)噻唑
138		咖啡(膀胱)	171	000126-07-8	灰黄霉素
139	000331-39-5	咖啡酸(二烃基桂皮酸)	172	002784-94-3	HC 蓝 1 号
140	001333-86-4	炭黑	173	000076-44-8	七氯化茚
141	000056-23-5	四氯化碳	174	210049-10-8	2-氨基-6-甲基二吡啶[1,2-a:3′,2′-d]咪唑
142	053973-98-1	角叉菜胶(分解)			
143	000120-80-9	邻苯二酚(儿茶酚)	175	000118-74-1	六氯苯
144	000057-74-9	氯丹	176	000067-72-1	六氯乙烷
145	000143-50-0	十氯酮(开蓬)	177	000142-83-6	2,4-己二烯醛
146	000115-28-6	氯菌酸	178	000680-31-9	六甲基磷酰三胺
147	000106-47-8	对氯苯胺	179	000302-01-2	联氨
148	000067-66-3	氯仿(三氯甲烷)	180	000129-43-1	1-羟基蒽醌
149	000513-37-1	1-氯-2-甲基丙烯	181	000193-39-5	茚并[1,2,3-c,d]芘
150	000095-83-0	4-氯邻苯二胺	182	009004-66-4	铁右旋糖酐复合物
151	000126-99-8	氯丁二烯	183	000078-79-5	异戊二烯(橡胶基质)
152	001897-45-6	百菌清	184	000303-34-4	毛果天芥菜碱
153	000218-01-9	苯并菲	185	007439-92-1	铅
154	006459-94-5	酸性红 114(染料)	186	000632-99-5	品红,洋红,红色苯胺染料
155	000569-61-9	碱性红 9(染料)	187	000071-58-9	醋酸甲羟孕酮
156	002429-74-5	直接蓝 15(染料)	188	000124-58-3	甲胂酸
157	006358-53-8	橘红 2 号	189	000062-73-7	敌敌畏(二氯松)
158	007440-48-4	钴及其化合物	190	000111-42-2	二乙醇胺

续表

序号	登记号	致癌物	序号	登记号	致癌物
191	000531-76-0	美法仑(溶肉瘤素)	220	062450-06-0	3-氨基-1,4-二甲基-5H-吡啶并[4,3-b]吲哚
192	077094-11-2	2-氨基-3,4-二甲基咪唑[4,5-f]喹啉	221	062450-07-1	3-氨基-1-甲基-5H-吡啶并[4,3-b]吲哚
193	077500-04-0	2-氨基-3,8-二甲基咪唑[4,5-f]喹喔啉	222	000136-40-3	盐酸非那吡啶
			223	000050-06-6	镇静安眠剂
194	000075-55-8	2-甲基氮丙啶(聚丙烯亚胺)	224	000063-92-3	盐酸酚苄明
195	000592-62-1	甲基氧化偶氮(甲醇乙酸盐)	225	000122-60-1	苯基缩水甘油醚
196	003697-24-3	5-甲基蒀	226	000057-41-0	苯妥英
197	000838-88-0	4,4-甲基苯胺	227	059536-65-1	多溴化联苯
198	000101-77-9	4,4-亚甲基双苯胺	228	003564-09-8	丽春红 3R(朱红色染料)
199	000093-15-2	甲基丁子香酚	229	003761-53-3	丽春红 MX
200	000693-98-1	2-甲基咪唑	230	007758-01-2	溴酸钾
201	000822-36-6	4-甲基咪唑	231	001120-71-4	1,3-丙烷磺内酸酯
202	000108-10-1	甲基异丁基甲酮	232	023246-96-0	黄樟素
203	000129-15-7	2-甲基-1-硝基蒽醌(纯度不明确)	233	000094-59-7	黄樟油精(黄樟醚)
204	000615-53-2	N-甲基-N-亚硝基氨基甲酸乙酯	234	000132-27-4	邻苯酚钠
205	000056-04-2	甲基硫氧嘧啶	235	010048-13-2	杂色曲霉素(柄曲霉素)
206	000443-48-1	灭滴灵(甲硝哒唑)	236	000141-90-2	硫脲嘧啶
207	000101-61-1	4,4-甲基膦-(N,N-二甲基)-苯胺	237	013463-67-7	二氧化钛
			238	000139-65-1	4,4-二氨基二苯硫醚
208	000090-94-8	米氏酮[4,4-双(二甲氨基)苯甲酮]	239	000072-57-1	锥虫蓝(台盼蓝)
			240	000066-75-1	乌拉莫司汀
209	101043-37-2	微囊藻毒素	241	001314-62-1	五氧化二钒
210	002385-85-5	灭蚁灵	242	000108-05-4	乙酸乙烯酯
211	000050-07-7	丝裂霉素 C	243	000100-40-3	4-乙烯基环己烯
212	065271-80-9	米托蒽醌	244	000106-87-6	4-乙烯基双环氧己烯
213	000096-24-2	3-氯-1,2-丙二醇	245	000100-42-5	苯乙烯
214	000315-22-0	野百合碱	246	000095-06-7	草克死(菜草畏)
215	000091-20-3	臭樟脑(萘)	247	014807-96-6	滑石粉(会阴部用药)
216	007440-02-0	镍(金属镍及其合金)	248	000116-14-3	四氟乙烯
217	000061-57-4	尼立达唑,硝噻哒唑	249	000509-14-8	四硝基甲烷
218	000794-93-4	呋喃羟甲三嗪(平菌痢)(含二羟甲呋喃三嗪)	250	000062-55-5	硫代乙酰胺
			251	026471-62-5	甲苯二异腈酸酯
219	105650-23-5	2-氨基-1-甲基-6-苯咪唑[4,5-b]喹啶	252		特殊用途玻璃纤维（比如 E-玻璃纤维和"475"玻璃纤维）

续表

序号	登记号	致癌物	序号	登记号	致癌物
253		柴油燃料（船运）	263		外科移植及他异体植入； 平滑薄膜聚合移植物备置（羟基乙酸除外）； 金属纤维平滑薄膜植入物，金属钴、镍及含镍66%～67%以上的铝合金异体植入，含13%～16%铬、7%铁的铝合金异体植入
254		发动机废气（汽油）			
255		甲基水银化合物			
256		聚氯酚及其钠盐			
257		孕激素类			
258		孕激素（仅用于避孕）			
259		日本血吸虫	264		焊接烟气
260		腌菜（亚洲传统）	265	007481-89-2	扎西他宾（胞苷）
261		耐火陶瓷纤维	266	030516-87-1	齐多夫定（叠氮胸苷）
262		氯代苯氧化物	267	000083-32-9	威杀灵（萘嵌戊烷）

表 7-13 日常生活主要致癌物质

序号	致癌源	备 注
1	食品中	亚硝基化合物、高脂肪物质、高浓度酒精等。其中亚硝基化合物的前体物在不新鲜的食品中如腐烂变质的食物中含量较高，人体在有萎缩性胃炎或胃酸成分分泌不足时，胃将亚硝基化合物的前体物合成为亚硝基化合物
2	食品污染中	农用杀虫剂、家用洗涤剂均可能含有致癌的化合物，一些激素类制剂可通过食用家禽家畜引入人体内，从而诱发与内分泌系统有关的肿瘤。一些食品包装材料（如食品包装袋、包装纸等）含有多种环芳烃基类物质，具有潜在的致癌性
3	添加剂	如防腐剂、食用色素、香料、调味剂及其他添加剂中含有的亚硝胺类物质
4	食品加工、储藏	熏制食品和腌制食品中含有大量的环芳烃基类致癌物质，霉变的大米、玉米、豆类中所含的黄曲霉素对人和动物都有很强的致癌作用。医学家研究发现，有10多种化学物质有致癌作用，其中亚硝胺类、苯并芘和黄曲霉素是公认的三大致癌物质，它们都与饮食有密切关系
5	亚硝胺类	几乎可以引发人体所有脏器肿瘤，其中以消化道癌最为常见。亚硝胺类化合物普遍存于谷物、牛奶、干酪、烟酒、熏肉、烤肉、海鱼、罐装食品以及饮水中。不新鲜的食品（尤其是煮过久放的蔬菜）内亚硝酸盐的含量较高
6	苯并芘	主要产生于煤、石油、天然气等物质的燃烧过程中，脂肪、胆固醇等在高温下也可形成苯并芘，如香肠等熏制品中苯并芘含量可比普通肉高60倍。经验证，长期接触苯并芘，除能引起肺癌外，还会引起消化道癌、膀胱癌、乳腺癌等
7	黄曲霉素	为已知最强烈的致癌物。医学家认为它很可能是肝癌发生的重要原因。豆子、花生等在储存加工过程中如方法不当，容易产生黄曲霉素
8	咸鱼	咸鱼产生二甲基亚硝酸盐，在体内可以转化为致癌物质二甲基亚硝酸胺。一个人如果从出生到10岁经常食用咸鱼，将来患鼻咽癌的可能性比不食用咸鱼的人大30～40倍。鱼露、虾酱、咸蛋、咸菜、腊肠、火腿、熏猪肉同样含有较多的亚硝酸胺类致癌物质
9	烧烤食物	烤牛肉、烤鸭、烤羊肉、烤鹅、烧猪肉等，因含有强致癌物3,4-苯并芘，不宜多食
10	熏制食品	如熏肉、熏肝、熏鱼、熏蛋、熏豆腐干等亦含苯并芘致癌物，常食易患食道癌和胃癌
11	油炸食品	煎炸过焦后，产生致癌物质多环芳烃。咖啡豆烧焦后，苯并芘含量增加20倍。油煎饼、臭豆腐、煎炸芋角、油条等，多数是使用重复多次的油，高温下会产生一种致癌分解物

续表

序号	致癌源	备　注
12	霉变食物	米、麦、豆、玉米、花生等食品易受潮霉变，被霉菌污染后会产生各种致癌毒素
13	隔夜熟白菜	会产生亚硝酸盐，在体内会转化为亚硝酸胺致癌物质
14	槟榔	口嚼食槟榔是引起口腔癌的一个因素
15	喝不开的水及沟塘水	胃癌、食道癌、肝癌这三种癌症均与饮塘水有关。经常饮用未烧开的自来水的人，其患膀胱癌的可能性将增加21%，患直肠癌的可能性将增加38%

表 7-14　化学致癌物的靶器官部位

序号	靶器官部位	化学致癌物质
1	咽部	铬和某些铬化合物、芥子气
2	胃肠道	丙烯腈（结肠）、石棉、氯丁二烯、环氧乙烷、铅和某些铅化合物、烟炱、焦油和矿物油类、氯乙烯
3	肝脏	黄曲霉毒素类、砷和某些砷化合物、四氯化碳、羟甲烯龙（康复龙）、苯巴比妥、苯妥因、2,3,7,8-四氯二苯-对二噁英、氯乙烯（血管肉瘤）
4	腹膜-间皮瘤	石棉
5	鼻及鼻窦	铬和某些铬化合物、异丙基油类、异丙醇制造过程、芥子气、镍和某些镍化合物、镍的精炼过程
6	喉部	石棉、异丙基油类、异丙醇制造过程、芥子气、镍和某些镍化合物、镍的精炼过程、烟炱、焦油和矿物油类
7	肺气管、支气管	丙烯腈、阿米脱、砷和某些砷化合物、石棉、铍和某些铍化合物、双氯甲醚和氯甲甲醚、镉和某些镉化合物、氯丁二烯、铬和某些铬化合物、硫酸二甲酯、环氧氯丙烷、赤铁矿（氧化铁）、地下赤铁矿采矿过程、六氯环己烷（六六六）、异烟肼铅和某些铅化合物、芥子气、镍和某些镍化合物、镍的精炼过程、烟炱、焦油和矿物油类、2,3,7,8-四氯二苯-对二噁英、氯乙烯、偏二氯乙烯
8	胸膜-间皮瘤	石棉
9	骨	铍和某些铍化合物
10	结缔组织	右旋糖酐铁
11	皮肤	砷和某些砷化合物、氯丁二烯、多氯联苯类（黑色素瘤）、烟炱、焦油和矿物油类
12	乳腺	己烯雌酚、利血平
13	女性生殖道、子宫内膜卵巢、阴道（透明细胞癌）	己烯雌酚
14	前列腺	镉和某些镉化合物
15	膀胱	4-氨基联苯、金胺、金胺制造过程、联苯胺、N,N-双(2-氯乙基)-2-萘胺（氯萘吖嗪）、环磷酰胺、异烟肼、铅和某些铅化合物（尿道）、2-萘胺、非那西丁、N-苯基-2-萘胺、邻和对甲苯胺、烟炱、焦油和矿物油类
16	肾	镉和某些镉化合物、铅和某些铅化合物（尿道）、非那西丁
17	中枢神经系统	氯丹和七氯、苯巴比妥、苯妥因、氯乙烯

续表

序号	靶器官部位	化学致癌物质
18	造血淋巴系统	砷和某些砷化合物、苯、苯丁酸氮芥、氯霉素、氯丹和七氯、氯丁二烯、环磷酰胺、邻和对二氯苯、环氧氯丙烷、环氧乙烷、六氯环己烷（六六六）、米尔法兰、氧苯丁氮酮、苯巴比妥、苯基丁氮酮、苯妥因、苯乙烯、三氯乙烯、三乙烯硫代磷酰胺（噻替哌）、氯乙烯
19	所有部位肿瘤	阿米脱、吸入性麻醉剂、铅和某些铅化合物、多氯联苯类

四、职业卫生监控的化学物质

2002 年卫生部颁布实施的《职业病危害因素分类目录》中，与《职业病目录》中的职业病种类相对应，将职业病危害因素分为 10 大类 115 种，其中化学物质类 56 种。随后的 GBZ 2.1—2007 具体规范了劳动者工作场所中有害化学因素的职业接触限值，具体指标见表 7-15。表中各种符号说明如下。

OEL：职业接触限值，是指劳动者在职业活动过程中长期反复接触而对绝大多数接触者的健康不会引起有害作用的容许接触水平，单位 mg/m^3。

MAC：最高容许浓度，是指工作地点、在一个工作日内、任何时候有毒化学物质均不应超过的浓度，可用公式（7-1）计算其值，其中 $t \leqslant 15min$：

$$C = \frac{cv}{Ft} \tag{7-1}$$

式中，c 为样品溶液测得值，$\mu g/ml$；v 为样品溶液体积，ml；F 为采样流量，L/min；t 为采样时间，min。

PC-TWA：时间加权平均容许浓度，是以时间为权数规定的 8h 工作日、40h 工作周的平均容许接触浓度。计算公式同式（7-1），其中 $t = 480$；

也可分段采样加权计算：$C = \dfrac{C_1 t_1 + C_2 t_2 + \cdots + C_n t_n}{480}$

式中，t_n 与 C_n 分别为每一检测时段的时长和测得的该有毒有害物质的浓度。

PC-STEL：短时间接触容许浓度，在遵守 PC-TWA 的前提下容许短时间（15min）接触的浓度，计算公式同式（7-1），时间取值 $t = 15min$。

备注栏符号中的 G1、G2A、G2B 是致癌性标识（与表 7-9～表 7-11 相关），有这些标识的化合物应采取技术措施与个人防护，较少接触机会，尽可能保持最低接触水平。"皮"是指这些化合物可能皮肤吸收而引起全身效应；"敏"是指这些化合物可能有致敏作用。

表 7-15　工作场所空气中化学物质容许浓度（339 种）

序号	中文名	化学文摘号（CAS No.）	OELs/（mg/m³）			备注
			MAC	PC-TWA	PC-STEL	
1	1-萘基硫脲	86-88-4	—	0.3	—	—
2	氨	7664-41-7	—	20	30	—
3	2-氨基吡啶	504-29-0	—	2	—	皮
4	氨基磺酸铵	7773-06-0	—	6	—	—
5	氨基氰	420-04-2	—	2	—	—
6	奥克托今	2691-41-0	—	2	4	—

续表

序号	中文名	化学文摘号 （CAS No.）	OELs/（mg/m³）			备注
			MAC	PC-TWA	PC-STEL	
7	巴豆醛	4170-30-3	12	—	—	—
8	百草枯	4685-14-7	—	0.5	—	—
9	百菌清	1897-45-6	1	—	—	G2B
10	钡及其可溶性化合物（按 Ba 计）	7440-39-3（Ba）	—	0.5	1.5	—
11	倍硫磷	55-38-9	—	0.2	0.3	皮
12	苯	71-43-2	—	6	10	皮，G1
13	苯胺	62-53-3	—	3	—	皮
14	苯基醚（二苯醚）	101-84-8	—	7	14	—
15	苯硫磷	2104-64-5	—	0.5	—	皮
16	苯乙烯	100-42-5	—	50	100	皮，G2B
17	吡啶	110-86-1	—	4	—	—
18	苄基氯	100-44-7	5	—	—	G2A
19	丙醇	71-23-8	—	200	300	—
20	丙酸	79-09-4	—	30	—	—
21	丙酮	67-64-1	—	300	450	—
23	丙烯醇	107-18-6	—	2	3	皮
24	丙烯腈	107-13-1	—	1	2	皮，G2B
25	丙烯醛	107-02-8	0.3	—	—	皮
26	丙烯酸	79-10-7	—	6	—	皮
27	丙烯酸甲酯	96-33-3	—	20	—	皮，敏
28	丙烯酸正丁酯	141-32-2	—	25	—	敏
29	丙烯酰胺	79-06-1	—	0.3	—	皮，G2A
30	草酸	144-62-7	—	1	2	—
31	抽余油（60～220℃）		—	300	—	—
32	臭氧	10028-15-6	0.3	—	—	—
33	滴滴涕（DDT）	50-29-3	—	0.2	—	G2B
34	敌百虫	52-68-6	—	0.5	1	—
35	敌草隆	330-54-1	—	10	—	—
36	碲化铋（按 Bi₂Te₃ 计）	1304-82-1	—	5	—	—
37	碘	7553-56-2	1	—	—	—
38	碘仿	75-47-8	—	10	—	—
39	碘甲烷	74-88-4	—	10	—	皮
40	叠氮酸蒸气	7782-79-8	0.2	—	—	—
41	叠氮化钠	26628-22-8	0.3	—	—	—

续表

序号	中文名	化学文摘号 (CAS No.)	OELs/（mg/m³）			备注
			MAC	PC-TWA	PC-STEL	
42	丁醇	71-36-3	—	100	—	—
43	1,3-丁二烯	106-99-0	—	5	—	—
44	丁醛	123-72-8	—	5	10	—
45	丁酮	78-93-3	—	300	600	—
46	丁烯	25167-67-3	—	100	—	—
47	毒死蜱	2921-88-2	—	0.2	—	皮
48	对苯二甲酸	100-21-0	—	8	15	—
49	对二氯苯	106-46-7	—	30	60	G2B
50	对茴香胺	104-94-9	—	0.5	—	皮
51	对硫磷	56-38-2	—	0.05	0.1	皮
52	对叔丁基甲苯	98-51-1	—	6	—	—
53	对硝基苯胺	100-01-6	—	3	—	皮
54	对硝基氯苯	100-00-5	—	0.6	—	皮
55	多亚甲基多苯基多异氰酸酯	57029-46-6	—	0.3	0.5	—
56	二苯胺	122-39-4	—	10	—	—
57	二苯基甲烷二异氰酸酯	101-68-8	—	0.05	0.1	—
58	二丙二醇甲醚	34590-94-8	—	600	900	皮
59	2,N-二丁氨基乙醇	102-81-8	—	4	—	皮
60	二噁烷	123-91-1	—	70	—	皮
61	二氟氯甲烷	75-45-6	—	3500	—	—
62	二甲胺	124-40-3	—	5	10	—
63	二甲苯（全部异构体）	1330-20-7, 95-47-6, 108-38-3	—	50	100	—
64	二甲苯胺	121-69-7	—	5	10	皮
65	1,3-二甲基丁基乙酸酯（仲乙酸己酯）	108-84-9	—	300	—	—
66	二甲基二氯硅烷	75-78-5	2	—	—	—
67	N,N-二甲基甲酰胺	68-12-2	—	20	—	皮
68	3,3-二甲基联苯胺	119-93-7	0.02	—	—	皮，G2B
69	N,N-二甲基乙酰胺	127-19-5	—	20	—	皮
70	二聚环戊二烯	77-73-6	—	25	—	—
71	二硫化碳	75-15-0	—	5	10	皮
72	1,1-二氯-1-硝基乙烷	594-72-9	—	12	—	—
73	1,3-二氯丙醇	96-23-1	—	5	—	皮
74	1,2-二氯丙烷	78-87-5	—	350	500	—
75	1,3-二氯丙烯	542-75-6	—	4	—	皮，G2B

续表

序号	中文名	化学文摘号 （CAS No.）	OELs/（mg/m³）			备注
			MAC	PC-TWA	PC-STEL	
76	二氯二氟甲烷	75-71-8	—	5000	—	—
77	二氯甲烷	75-09-2	—	200	—	G2B
78	二氯乙炔	7572-29-4	0.4	—	—	
79	1,2-二氯乙烷	107-06-2	—	7	15	G2B
80	1,2-二氯乙烯	540-59-0		800		
81	二缩水甘油醚	2238-07-5	—	0.5		
82	二硝基苯（全部异构体）	528-29-0，99-65-0， 100-25-4	—	1		皮
83	二硝基甲苯	25321-14-6	—	0.2	—	皮，G2B（2, 4-二硝基 甲苯；2,6-二 硝基甲苯）
84	4,6-二硝基邻苯甲酚	534-52-1	—	0.2	—	皮
85	二硝基氯苯	25567-67-3	—	0.6	—	皮
86	二氧化氮	10102-44-0	—	5	10	—
87	二氧化硫	7446-09-5	—	5	10	—
88	二氧化氯	10049-04-4	—	0.3	0.8	
89	二氧化碳	124-38-9	—	9000	18000	—
90	二氧化锡（按 Sn 计）	1332-29-2	—	2	—	—
91	2-二乙氨基乙醇	100-37-8	—	50	—	皮
92	二亚乙基三胺	111-40-0	—	4	—	皮
93	二乙基甲酮	96-22-0	—	700	900	—
94	二乙烯基苯	1321-74-0	—	50		
95	二异丁基甲酮	108-83-8	—	145		—
96	二异氰酸甲苯酯（TDI）	584-84-9	—	0.1	0.2	敏，G2B
97	二月桂酸二丁基锡	77-58-7	—	0.1	0.2	皮
98	钒及其化合物（按 V 计） 　五氧化二钒烟尘 　钒铁合金尘	7440-62-6（V）	 — —	 0.05 1	 — —	 —
99	酚	108-95-2	—	10	—	皮
100	呋喃	110-00-9	—	0.5		G2B
101	氟化氢（按 F 计）	7664-39-3	2	—		
102	氟化物（不含氟化氢，按 F 计）		—	2		
103	锆及其化合物（按 Zr 计）	7440-67-7（Zr）	—	5	10	
104	镉及其化合物（按 Cd 计）	7440-43-9（Cd）	—	0.01	0.02	G1
105	汞-金属汞（蒸气）	7439-97-6	—	0.02	0.04	皮

续表

序号	中文名	化学文摘号 （CAS No.）	OELs/（mg/m³）			备注
			MAC	PC-TWA	PC-STEL	
106	汞-有机汞化合物（按 Hg 计）		—	0.01	0.03	皮
107	钴及其氧化物（按 Co 计）	7440-48-4（Co）	—	0.05	0.1	G2B
108	光气	75-44-5	0.5	—	—	—
109	癸硼烷	17702-41-9	—	0.25	0.75	皮
110	过氧化苯甲酰	94-36-0	—	5		—
111	过氧化氢	7722-84-1	—	1.5		—
112	环己胺	108-91-8	—	10	20	—
113	环己醇	108-93-0	—	100		皮
114	环己酮	108-94-1	—	50		皮
115	环己烷	110-82-7	—	250		—
116	环氧丙烷	75-56-9	—	5		敏，G2B
117	环氧氯丙烷	106-89-8	—	1	2	皮，G2A
118	环氧乙烷	75-21-8	—	2		G1
119	黄磷	7723-14-0	—	0.05	0.1	—
120	己二醇	107-41-5	100	—	—	—
121	1,6-己二异氰酸酯	822-06-0	—	0.03		—
122	己内酰胺	105-60-2	—	5		—
123	2-己酮	591-78-6	—	20	40	皮
124	甲拌磷	298-02-2	0.01	—	—	皮
125	甲苯	108-88-3	—	50	100	皮
126	N-甲苯胺	100-61-8	—	2		皮
127	甲醇	67-56-1	—	25	50	皮
128	甲酚（全部异构体）	1319-77-3， 95-48-7， 108-39-4， 106-44-5	—	10		皮
129	甲基丙烯腈	126-98-7	—	3		皮
130	甲基丙烯酸	79-41-4	—	70		—
131	甲基丙烯酸甲酯	80-62-6	—	100		敏
132	甲基丙烯酸缩水甘油酯	106-91-2	5	—	—	—
133	甲基肼	60-34-4	0.08	—	—	皮
134	甲基内吸磷	8022-00-2	—	0.2		皮
135	18-甲基炔诺酮（炔诺孕酮）	6533-00-2	—	0.5	2	—
136	甲硫醇	74-93-1	—	1		—
137	甲醛	50-00-0	0.5	—		敏，G1

第三篇

续表

序号	中文名	化学文摘号 (CAS No.)	OELs/（mg/m³）			备注
			MAC	PC-TWA	PC-STEL	
138	甲酸	64-18-6	—	10	20	—
139	甲氧基乙醇	109-86-4	—	15	—	皮
140	甲氧氯	72-43-5	—	10	—	—
141	间苯二酚	108-46-3	—	20	—	—
142	焦炉逸散物（按苯溶物计）		—	0.1	—	G1
143	肼	302-01-2	—	0.06	0.13	皮，G2B
144	久效磷	6923-22-4	—	0.1	—	皮
145	糠醇	98-00-0	—	40	60	皮
146	糠醛	98-01-1	—	5	—	皮
147	可的松	53-06-5	—	1	—	—
148	苦味酸	88-89-1	—	0.1	—	—
149	乐果	60-51-5	—	1	—	皮
150	联苯	92-52-4	—	1.5	—	—
151	邻苯二甲酸二丁酯	84-74-2	—	2.5	—	—
152	邻苯二甲酸酐	85-44-9	1	—	—	敏
153	邻二氯苯	95-50-1	—	50	100	—
154	邻茴香胺	90-04-0	—	0.5	—	皮，G2B
155	邻氯苯乙烯	2038-87-47	—	250	400	—
156	邻氯亚共基丙二腈	2698-41-1	0.4	—	—	皮
157	邻仲丁基苯酚	89-72-5	—	30	—	皮
158	磷胺	13171-21-6	—	0.02	—	皮
159	磷化氢	7803-51-2	0.3	—	—	—
160	磷酸	7664-38-2	—	1	3	—
161	磷酸二丁基苯酯	2528-36-1	—	3.5	—	皮
162	硫化氢	7783-06-4	10	—	—	—
163	硫酸钡（按 Ba 计）	7727-43-7	—	10	—	—
164	硫酸二甲酯	77-78-1	—	0.5	—	皮，G2A
165	硫酸及三氧化硫	7664-93-9	—	1	2	G1
166	硫酰氟	2699-79-8	—	20	40	—
167	六氟丙酮	684-16-2	—	0.5	—	皮
168	六氟丙烯	116-15-4	—	4	—	—
169	六氟化硫	2551-62-4	—	6000	—	—
170	六六六	608-73-1	—	0.3	0.5	G2B
171	γ-六六六	58-89-9	—	0.05	0.1	皮，G2B

续表

序号	中文名	化学文摘号 （CAS No.）	OELs/（mg/m³）			备注
			MAC	PC-TWA	PC-STEL	
172	六氯丁二烯	87-68-3	—	0.2	—	皮
173	六氯环戊二烯	77-47-4	—	0.1	—	—
174	六氯萘	1335-87-1	—	0.2	—	皮
175	六氯乙烷	67-72-1	—	10	—	皮
176	氯	7782-50-5	1	—	—	—
177	氯苯	108-90-7	—	50	—	—
178	氯丙酮	78-95-5	4	—	—	皮
179	氯丙烯	107-05-1	—	2	4	—
180	β-氯丁二烯	126-99-8	—	4	—	皮，G2B
181	氯化铵烟	12125-02-9	—	10	20	—
182	氯化苦	76-06-2	1	—	—	—
183	氯化氢及盐酸	7647-01-0	7.5	—	—	—
184	氯化氰	506-77-4	0.75	—	—	—
185	氯化锌烟	7646-85-7	—	1	2	—
186	氯甲甲醚	107-30-2	0.005	—	—	G1
187	氯甲烷	74-87-3	—	60	120	皮
188	氯联苯（54%氯）	11097-69-1	—	0.5	—	皮，G2A
189	氯萘	90-13-1	—	0.5	—	皮
190	氯乙醇	107-07-3	2	—	—	皮
191	氯乙醛	107-20-0	3	—	—	—
192	氯乙酸	79-11-8	2	—	—	皮
193	氯乙烯	75-01-4	—	10	—	G1
194	α-氯乙酰苯	532-27-4	—	0.3	—	—
195	氯乙酰氯	79-04-9	—	0.2	0.6	皮
196	马拉硫磷	121-75-5	—	2	—	皮
197	马来酸酐	108-31-6	—	1	2	敏
198	吗啉	110-91-8	—	60	—	皮
199	煤焦油沥青挥发物（按苯溶物计）	65996-93-2	—	0.2	—	G1
200	锰及其无机化合物（按 MnO₂ 计）	7439-96-5（Mn）	—	0.15	—	—
201	钼及其化合物（按 Mo 计） 钼，不溶性化合物 可溶性化合物	7439-98-7（Mo）	— —	6 4	— —	— —

续表

序号	中文名	化学文摘号 (CAS No.)	OELs/（mg/m³）			备注
			MAC	PC-TWA	PC-STEL	
202	内吸磷	8065-48-3	—	0.05	—	皮
203	萘	91-20-3	—	50	75	皮，G2B
204	2-萘酚	2814-77-9	—	0.25	0.5	—
205	萘烷	91-17-8	—	60	—	—
206	尿素	57-13-6	—	5	10	—
207	镍及其无机化合物（按 Ni 计） 金属镍与难溶性镍化合物 可溶性镍化合物	7440-02-0（Ni）	— —	1 0.5	—	G2B —
208	铍及其化合物（按 Be 计）	7440-41-7（Be）	—	0.0005	0.001	G1
209	偏二甲基肼	57-14-7	—	0.5	—	皮，G2B
210	铅及其无机化合物（按 Pb 计） 铅尘 铅烟	7439-92-1（Pb）	— —	0.05 0.03		G2B（铅）， G2A（铅的无 机化合物）
211	氢化锂	7580-67-8	—	0.025	0.05	—
212	氢醌	123-31-9	—	1	2	—
213	氢氧化钾	1310-58-3	2	—	—	—
214	氢氧化钠	1310-73-2	2	—	—	—
215	氢氧化铯	21351-79-1	—	2	—	—
216	氰氨化钙	156-62-7	—	1	3	—
217	氰化氢（按 CN⁻ 计）	74-90-8	1	—	—	皮
218	氰化物（按 CN⁻ 计）	460-19-5（CN）	1	—	—	皮
219	氰戊菊酯	51630-58-1	—	0.05	—	皮
220	全氟异丁烯	382-21-8	0.08	—	—	—
221	壬烷	111-84-2	—	500	—	—
222	溶剂汽油		—	300	—	—
223	乳酸正丁酯	138-22-7	—	25	—	—
224	三次甲基三硝基胺（黑索今）	121-82-4	—	1.5	—	皮
225	三氟化氯	7790-91-2	0.4	—	—	—
226	三氟化硼	7637-07-2	3	—	—	—
227	三氟甲基次氟酸酯		0.2	—	—	—
228	三甲苯磷酸酯	1330-78-5	—	0.3	—	皮
229	1,2,3-三氯丙烷	96-18-4	—	60	—	皮，G2A
230	三氯化磷	7719-12-2	—	1	2	—
231	三氯甲烷	67-66-3	—	20	—	G2B
232	三氯硫磷	3982-91-0	0.5	—	—	—

续表

序号	中文名	化学文摘号（CAS No.）	OELs/（mg/m³）			备注
			MAC	PC-TWA	PC-STEL	
233	三氯氢硅	10025-28-2	3	—	—	—
234	三氯氧磷	10025-87-3	—	0.3	0.6	—
235	三氯乙醛	75-87-6	3	—	—	—
236	1,1,1-三氯乙烷	71-55-6	—	900	—	—
237	三氯乙烯	79-01-6	—	30	—	G2A
238	三硝基甲苯	118-96-7	—	0.2	0.5	皮
239	三氧化铬、铬酸盐、重铬酸盐（按Cr计）	7440-47-3（Cr）	—	0.05		G1
240	三乙基氯化锡	994-31-0	—	0.05	0.1	皮
241	杀螟松	122-14-5	—	1	2	皮
242	砷化氢（胂）	7784-42-1	0.03	—	—	G1
243	砷及其无机化合物（按As计）	7440-38-2（As）	—	0.01	0.02	G1
244	升汞（氯化汞）	7487-94-7	—	0.025		—
245	石蜡烟	8002-74-2	—	2	4	—
246	石油沥青烟（按苯溶物计）	8052-42-4	—	5	—	G2B
247	双(巯基乙酸)二辛基锡	26401-97-8	—	0.1	0.2	—
248	双丙酮醇	123-42-2	—	240		—
249	双硫醌	97-77-8	—	2	—	—
250	双氯甲醚	542-88-1	0.005	—	—	G1
251	四氯化碳	56-23-5	—	15	25	皮，G2B
252	四氯乙烯	127-18-4	—	200	—	G2A
253	四氢呋喃	109-99-9	—	300		—
254	四氢化锗	7782-65-2	—	0.6		—
255	四溴化碳	558-13-4	—	1.5	4	—
256	四乙基铅（按Pb计）	78-00-2	—	0.02	—	皮
257	松节油	8006-64-2	—	300		—
258	铊及其可溶性化合物（按Tl计）	7440-28-0（Tl）	—	0.05	0.1	皮
259	钽及其氧化物（按Ta计）	7440-25-7（Ta）	—	5		—
260	碳酸钠（纯碱）	3313-92-6	—	3	6	—
261	羰基氟	353-50-4	—	5	10	—
262	羰基镍（按Ni计）	13463-39-3	0.002	—	—	G1
263	锑及其化合物（按Sb计）	7440-36-0（Sb）	—	0.5		—
264	铜（按Cu计）　铜尘　铜烟	7440-50-8	— —	1 0.2	— —	—

续表

序号	中文名	化学文摘号 （CAS No.）	OELs/（mg/m³）			备注
			MAC	PC-TWA	PC-STEL	
265	钨及其不溶性化合物（按 W 计）	7440-33-7（W）	—	5	10	—
266	五氟氯乙烷	76-15-3	—	5000	—	—
267	五硫化二磷	1314-80-3	—	1	3	—
268	五氯酚及其钠盐	87-86-5	—	0.3	—	皮
269	五羰基铁（按 Fe 计）	13463-40-6	—	0.25	0.5	—
270	五氧化二磷	1314-56-3	1	—	—	—
271	戊醇	71-41-0	—	100	—	—
272	戊烷（全部异构体）	78-78-4， 109-66-0，463-82-1	—	500	1000	—
273	硒化氢（按 Se 计）	7783-07-5	—	0.15	0.3	—
274	硒及其化合物（按 Se 计） （不包括六氟化硒、硒化氢）	7782-49-2（Se）	—	0.1		—
275	纤维素	9004-34-6	—	10	—	—
276	硝化甘油	55-63-0	1	—	—	皮
277	硝基苯	98-95-3	—	2	—	皮，G2B
278	1-硝基丙烷	108-03-2	—	90	—	—
279	2-硝基丙烷	79-46-9	—	30	—	G2B
280	硝基甲苯（全部异构体）	88-72-2， 99-08-1，99-99-0	—	10	—	皮
281	硝基甲烷	75-52-5	—	50	—	G2B
282	硝基乙烷	79-24-3	—	300	—	—
283	辛烷	111-65-9	—	500	—	—
284	溴	7726-95-6	—	0.6	2	—
285	溴化氢	10035-10-6	10	—	—	—
286	溴甲烷	74-83-9	—	2	—	皮
287	溴氰菊酯	52918-63-5	—	0.03	—	—
288	氧化钙	1305-78-8	—	2	—	—
289	氧化镁烟	1309-48-4	—	10	—	—
290	氧化锌	1314-13-2	—	3	5	—
291	氧乐果	1113-02-6	—	0.15	—	皮
292	液化石油气	68476-85-7	—	1000	1500	—
293	一甲胺	74-89-5	—	5	10	—
294	一氧化氮	10102-43-9	—	15	—	—
295	一氧化碳 　非高原 　高原 　　海拔 2000～3000m 　　海拔＞3000m	630-08-0	 20 15	 20 — —	 30 — —	 — — —

续表

序号	中文名	化学文摘号 (CAS No.)	OELs/ (mg/m³)			备注
			MAC	PC-TWA	PC-STEL	
296	乙胺	75-04-7	—	9	18	皮
297	乙苯	100-41-4	—	100	150	G2B
298	乙醇胺	141-43-5	—	8	15	
299	乙二胺	107-15-3	—	4	10	皮
300	乙二醇	107-21-1		20	40	—
301	乙二醇二硝酸酯	628-96-6		0.3	—	皮
302	乙酸酐	108-24-7	—	16	—	
303	N-乙基吗啉	100-74-3		25		皮
304	乙基戊基甲酮	541-85-5	—	130	—	—
305	乙腈	75-05-8	—	30		皮
306	乙硫醇	75-08-1		1	—	
307	乙醚	60-29-7	—	300	500	
308	乙硼烷	19287-45-7	—	0.1		
309	乙醛	75-07-0	45	—	—	G2B
310	乙酸	64-19-7	—	10	20	—
311	乙酸 2-甲氧基乙酯	110-49-6		20	—	皮
312	乙酸丙酯	109-60-4	—	200	300	—
313	乙酸丁酯	123-86-4		200	300	—
314	乙酸甲酯	79-20-9	—	200	500	
315	乙酸戊酯（全部异构体）	628-63-7	—	100	200	
316	乙酸乙烯酯	108-05-4		10	15	G2B
317	乙酸乙酯	141-78-6		200	300	—
318	乙烯酮	463-51-4	—	0.8	2.5	
319	乙酰甲胺磷	30560-19-1		0.3	—	皮
320	乙酰水杨酸（阿司匹林）	50-78-2	—	5	—	
321	2-乙氧基乙醇	110-80-5		18	36	皮
322	2-乙氧基乙基乙酸酯	111-15-9		30	—	皮
323	钇及其化合物（按 Y 计）	7440-65-5	—	1	—	—
324	异丙胺	75-31-0		12	24	
325	异丙醇	67-63-0	—	350	700	—
326	N-异丙基苯胺	768-52-5	—	10		皮
327	异稻瘟净	26087-47-8	—	2	5	皮
328	异佛尔酮	78-59-1	30	—	—	
329	异佛尔酮二异氰酸酯	4098-71-9	—	0.05	0.1	—

第三篇

续表

序号	中文名	化学文摘号 （CAS No.）	OELs/（mg/m³）			备注
			MAC	PC-TWA	PC-STEL	
330	异氰酸甲酯	624-83-9	—	0.05	0.08	皮
331	异亚丙基丙酮	141-79-7	—	60	100	—
332	铟及其化合物（按 In 计）	7440-74-6（In）	—	0.1	0.3	—
333	茚	95-13-6	—	50	—	—
334	正丁胺	109-73-9	15	—	—	皮
335	正丁基硫醇	109-79-5	—	2	—	—
336	正丁基缩水甘油醚	2426-08-6	—	60	—	—
337	正庚烷	142-82-5	—	500	1000	—
338	正己烷	110-54-3	—	100	180	皮
339	重氮甲烷	334-88-3	—	0.35	0.7	—

五、 欧盟 REACH 法规中的高关注度物质

经过欧盟多年的酝酿，REACH 法规（《化学品注册、评估、许可和限制法规》）于 1997 年 6 月 1 日起正式生效，从 2008 年 10 月至 2012 年 12 月 19 日先后公布了 8 批次共有 138 项高关注度物质，今后还将继续增加。这些物质对人类健康和环境有重大影响，包括了部分第一类和第二类的致癌、致畸、生殖毒素，也包括了部分内分泌干扰或持久性和生物累积性的毒性物质，见表 7-16。

表 7-16 欧盟 REACH 法规 138 项高关注度物质清单

序号	物质名称	CAS 号	EC 号	常见用途
1	4,4′-二氨基二苯甲烷	101-77-9	202-974-4	偶氮染料，橡胶的环氧树脂固化剂
2	邻苯二甲酸甲苯基丁酯（BBP）	85-68-7	201-622-7	乙烯基泡沫，耐火砖和合成皮革的增塑剂
3	邻苯二甲酸二(2-乙基己基)酯（DEHP）	117-81-7	204-211-0	PVC 增塑剂，液压液体和电容器里的绝缘体
4	邻苯二甲酸二丁基酯（DBP）	84-74-2	201-557-4	增塑剂，黏合剂和印刷油墨的添加剂
5	蒽	120-12-7	204-371-1	染料中间体
6	二甲苯麝香（MX）	81-15-2	201-329-4	香水，化妆品
7	短链氯化石蜡（C₁₀～C₁₃）（SCCP）	85535-84-8	287-476-5	金属加工过程中的润滑剂，橡胶和皮革衣料，胶水
8	二氯化钴	7646-79-9	231-589-4	干燥剂，例如硅胶
9	六溴环十二烷（HBCDD）及所有主要的非对映异构体（HBCDD）	25637-99-4，3194-55-6	247-148-4，221-695-9	阻燃剂
10	重铬酸钠	10588-01-9，7789-12-0	234-190-3	金属表面精整，皮革制作，纺织品染色，木材防腐剂
11	氧化双三丁基锡	56-35-9	200-268-0	木材防腐剂
12	五氧化二砷	1303-28-2	215-116-9	杀菌剂，除草剂
13	三氧化二砷	1327-53-3	215-481-4	除草剂，杀虫剂

续表

序号	物质名称	CAS 号	EC 号	常见用途
14	三乙基砷酸酯	15606-95-8	427-700-2	木材防腐剂
15	砷酸氢铅	7784-40-9	232-064-2	杀虫剂
16	2,4-二硝基甲苯	121-14-2	204-450-0	制造染料中间体，炸药，油漆、涂料
17	蒽油	90640-80-5	292-602-7	橡胶制品，橡胶油，轮胎
18	蒽油，蒽糊，轻油	91995-17-4	295-278-5	
19	蒽油，蒽糊，蒽馏分	91995-15-2	295-275-9	
20	蒽油，含蒽量少	90640-82-7	292-604-8	
21	蒽油，蒽糊	90640-81-6	292-603-2	
22	邻苯二甲酸二异丁酯（DIBP）	84-69-5	201-553-2	树脂和橡胶的增塑剂，广泛用于塑料、橡胶、油漆及润滑油、乳化剂等工业中
23	铬酸铅	7758-97-6	231-846-0	可用作黄色颜料、氧化剂和火柴成分，油性合成树脂涂料印刷油墨、水彩和油彩的颜料，色纸、橡胶和塑料制品的着色剂
24	钼铬红（C.I. 颜料红 104）	12656-85-8	235-759-9	用于涂料、油墨和塑料制品的着色
25	铅铬黄（C.I. 颜料黄 34）	1344-37-2	215-693-7	用于制造涂料、油墨、色浆，文教用品、塑料、塑粉、橡胶、油彩颜料等着色
26	磷酸三(2-氯乙基)酯	115-96-8	204-118-5	阻燃剂、阻燃性增塑剂、金属萃取剂、润滑剂、汽油添加剂，以及聚酰亚胺加工改性剂
27	高温煤焦油沥青	65996-93-2	266-028-2	用于涂料、塑料、橡胶
28	丙烯酰胺	79-06-1	201-173-7	絮凝剂，胶凝剂，土壤改良剂，造纸助剂，纤维改性与树脂加工剂
29	三氯乙烯	79-01-6	201-167-4	金属零部件的清洗与脱脂，胶黏剂中的溶剂，合成有机氯和氟化合物中间体
30	硼酸	10043-35-3，11113-50-1	233-139-2，234-343-4	大量应用在生物杀虫剂和防腐剂、个人护理产品、食品添加剂、玻璃、陶瓷、橡胶、化肥、阻燃剂、油漆、工业油、制动液、焊接产品、电影显影剂等行业
31	无水四硼酸钠	1330-43-4，12179-04-3，1303-96-4	215-540-4	大量应用在玻璃和玻璃纤维、陶瓷、清洁剂和个人护理产品、工业油、冶金、黏合剂、阻燃剂、生物杀灭剂、化肥等行业
32	七水合四硼酸钠	12267-73-1	235-541-3	
33	铬酸钠	7775-11-3	231-889-5	实验室，生产其他的铬酸盐化合物
34	铬酸钾	7789-00-6	232-140-5	金属表面处理和用于涂层，生产化学试剂，纺织品，陶瓷染色剂，皮革的鞣制与辅料，色素和墨水，烟花、烟火
35	重铬酸铵	7789-9-5	232-143-1	氧化剂，皮革的鞣制，纺织品，金属表层处理，（阴极射线管）屏幕感光
36	重铬酸钾	7778-50-9	231-906-6	铬金属制造，金属零部件的清洗与脱脂，玻璃器皿的清洗剂，皮革的鞣制，纺织品，照相平版，木材防腐处理，冷却系统缓蚀剂

第三篇

续表

序号	物质名称	CAS 号	EC 号	常见用途
37	硫酸钴（Ⅱ）	10124-43-3	233-334-2	用于陶瓷釉料和油漆催干剂，生产含钴颜料和其他钴产品，也用于表面处理（如电镀），碱性电池，还用于催化剂、防腐剂、脱色剂（如用于玻璃和陶瓷等），还用于饲料添加剂、土壤肥料等
38	硝酸钴（Ⅱ）	10141-05-6	233-402-1	用于颜料、催化剂、陶瓷工业表面处理，以及碱性电池
39	碳酸钴（Ⅱ）	513-79-1	208-169-4	用于催化剂、饲料添加剂、玻璃料黏合剂
40	乙酸钴	71-48-7	200-755-8	主要用于催化剂、含钴颜料和其他钴产品、表面处理、合金、染料、橡胶黏合剂、饲料添加剂等
41	乙二醇单甲醚	109-86-4	203-713-7	主要用作化学中间体，以及溶剂、实验用化学药品，并用于清漆稀释剂，印染工业用作渗透剂和匀染剂，染料工业用作添加剂，纺织工业用于染色助剂
42	乙二醇单乙醚	110-80-5	203-804-1	主要用作生产乙酸酯的中间体，以及溶剂、试验用化学药品。并用作假漆、天然和合成树脂等的溶剂，还可用于皮革着色剂、乳化液稳定剂、油漆稀释剂、脱漆剂和纺织纤维的染色剂等
43	三氧化铬	1333-82-0	215-607-8	用于金属表面精整（如电镀）、制高纯金属铬，还用作水溶性防腐剂、颜料、油漆、催化剂、洗涤剂生产以及氧化剂等
44	铬酸、重铬酸及其低聚铬酸	7738-94-5，13530-68-2	231-801-5，236-881-5	铬酸溶于水时产生这些酸类及其低聚物，用途等同于铬酸
45	乙二醇乙醚醋酸酯	111-15-9	203-839-2	用于油漆、黏合剂、胶水、化妆品、皮革、木染料、半导体、摄影和光刻过程
46	铬酸锶	7789-06-2	232-142-6	用于油漆、清漆和油画颜料；金属表面抗磨剂或铝片涂层之中
47	邻苯二甲酸二（$C_7 \sim C_{11}$ 支链与直链）烷基酯（DHNUP）	68515-42-4	271-084-6	聚氯乙烯（PVC）塑料增塑剂、电缆和黏合剂
48	肼	7803-57-8，302-01-2	206-114-9	用于金属涂层，在玻璃和塑料之上；用于塑料、橡胶、聚氨酯（PU）和染料之中
49	1-甲基-2-吡咯烷酮	872-50-4	212-828-1	涂层溶剂、纺织品和树脂的表面处理和金属面塑料
50	1,2,3-三氯丙烷	96-18-4	202-486-1	脱脂剂溶剂、清洁剂、油漆稀释剂、杀虫剂、树脂和胶水
51	邻苯二甲酸二（$C_6 \sim C_8$ 支链与直链）烷基酯，富 C_7 链（DIHP）	71888-89-6	276-158-1	聚氯乙烯（PVC）塑料增塑剂、密封剂和印刷油墨
52	铬酸铬	24613-89-6	246-356-2	用于航空航天、钢铁和铝涂层等行业的金属表面混合物
53	氢氧化铬酸锌钾	11103-86-9	234-329-8	航空航天、钢铁、铝线圈、汽车等的涂层
54	锌黄	49663-84-5	256-418-0	汽车涂层，航空航天的涂层

续表

序号	物质名称	CAS 号	EC 号	常见用途
55	氧化锆硅酸铝耐火陶瓷纤维（归属于 CLP 法规下索引号为 650-017-00-8 的耐火陶瓷纤维）以及满足以下三个条件的纤维：①纤维主成分的组成为氧化硅、氧化铝、氧化锆（物质含量浓度可变）②纤维的平均直径<6μm ③碱金属氧化物和碱土金属氧化物（$Na_2O+K_2O+CaO+MgO+BaO$）≤18%	—	—	耐火陶瓷纤维组主要用在高温防火、工业应用（工业火炉和设备防火，汽车和航空航天设备）和建筑、生产的防火设备
56	硅酸铝耐火陶瓷纤维（归属于 CLP 法规下索引号为 650-017-00-8 的耐火陶瓷纤维）以及满足以下三个条件的纤维：①纤维主成分的组成为氧化硅、氧化铝（物质含量浓度可变）②纤维的平均直径<6μm ③碱金属氧化物和碱土金属氧化物（$Na_2O+K_2O+CaO+MgO+BaO$）≤18%	—	—	耐火陶瓷纤维组主要用在高温防火、工业应用（工业火炉和设备防火，汽车和航空航天设备）和建筑、生产的防火设备
57	甲醛与苯胺的聚合物	25214-70-4	500-036-1	主要用于其他物质的生产，少量用于环氧树脂固化剂
58	邻苯二甲酸二甲氧乙酯	117-82-8	204-212-6	ECHA 没有收到关于这种物质的任何注册。主要用于塑料产品中的塑化剂、涂料、颜料，包括印刷油墨
59	邻甲氧基苯胺	90-04-0	201-963-1	主要用于纹身和着色纸的染料生产、聚合物和铝箔
60	对叔辛基苯酚	140-66-9	205-426-2	用于生产聚合物的配制品和聚氧乙烯醚。也会被用于黏合剂、涂层、墨水和橡胶的成分
61	1,2-二氯乙烷	107-06-2	203-458-1	用于制造其他物质，少量作为化学和制药工业的溶剂
62	二乙二醇二甲醚	111-96-6	203-924-4	主要被用于化学的反应试剂，也用作电池电解溶液和其他产品，例如密封剂、胶黏剂、燃料和汽车护理产品
63	砷酸、原砷酸	7778-39-4	231-901-9	主要用于陶瓷玻璃融化和层压印刷电路板的消泡剂
64	砷酸钙	7778-44-1	231-904-5	生产铜、铅和贵金属的原材料，主要用作铜冶炼和生产三氧化二砷的沉淀剂
65	砷酸铅	3687-31-8	222-979-5	生产铜、铅和贵金属的原材料
66	N,N-二甲基乙酰胺（DMAC）	127-19-5	204-826-4	用于溶剂及各种物质的生产及纤维的生产。也会被用于试剂、工业涂层、聚酰亚胺薄膜、脱漆剂和油墨去除剂
67	4,4′-二氨基-3,3′-二氯二苯甲烷（MOCA）	101-14-4	202-918-9	主要用于树脂固化剂和聚合物的生产
68	酚酞	77-09-8	201-004-7	主要用于实验室试剂，pH 试纸和医疗产品

第三篇

续表

序号	物质名称	CAS 号	EC 号	常见用途
69	叠氮化铅	13424-46-9	236-542-1	主要用作民用和军用的启动器或增压器的雷管和烟火装置的启动器
70	2,4,6-三硝基苯二酚铅	15245-44-0	239-290-0	用作炸药、分析试剂和用于有机合成
71	苦味酸铅	6477-64-1	229-335-2	ECHA 没有收到任何关于该物质的注册
72	三甘醇二甲醚	112-49-2	203-977-3	主要用于生产及工业用化学中的溶剂及加工助剂；小部分用于制动液及机动车维修
73	1,2-二甲氧基乙烷	110-71-4	203-794-9	主要用于生产及工业用化学中的溶剂和加工助剂，以及锂电池的电解质溶液
74	三氧化二硼	1303-86-2	215-125-8	被应用于诸多领域，如玻璃及玻璃纤维、釉料、陶瓷、阻燃剂、催化剂、工业流体、冶金、黏合剂、油墨及油漆、显影剂、清洁剂、生物杀虫剂等
75	甲酰胺	75-12-7	200-842-0	主要用作中间体。小部分用作溶剂及制药工业与化学实验室的化学试剂。未来将可能用于农药及塑化剂
76	甲磺酸铅（Ⅱ）溶液	17570-76-2	401-750-5	主要用作电子元器件（例如印刷电路板）的电镀及化学镀的镀层
77	异氰尿酸三缩水甘油酯	2451-62-9	219-514-3	主要用于树脂及涂料固化剂、电路板印刷业的油墨、电气绝缘材料、树脂成型系统、薄膜层、丝网印刷涂料、模具、黏合剂、纺织材料、塑料稳定剂
78	替罗昔隆	59653-74-6	423-400-0	主要用于树脂及涂料固化剂、电路板印刷业的油墨、电气绝缘材料、树脂成型系统、薄膜层、丝网印刷涂料、模具、黏合剂、纺织材料、塑料稳定剂
79	4,4′-四甲基二氨二苯酮	90-94-8	202-027-5	用于三苯（基）甲烷染料及其他物质制造的中间体金属有机化合物定性试验（测定钨）等。并可作为染料及颜料的添加剂或感光剂、光阻干膜产品、电子线路板的制板材料等
80	4,4′-亚甲基双（N,N-二甲基苯胺）	101-61-1	202-959-6	用于染料及其他物质制造的中间体，及化学试剂的研究及发展
81	结晶紫	548-62-9	208-953-6	主要用于纸张着色、印刷墨盒与圆珠笔墨水、干花着色、增加液体能见度、微生物和临床实验室染色
82	碱性蓝 26	2580-56-5	219-943-6	用于油墨、清洁剂、涂料的生产；也用于纸张、包装、纺织、塑料等产品的着色，也应用于诊断和分析
83	溶剂蓝 4	6786-83-0	229-851-8	主要用于印刷产品及书写墨水生产，以及纸张染色、挡风玻璃清洗剂的混合物生产
84	α,α-二［（二甲氨基）苯基]-4-甲氨基苯甲醇	561-41-1	209-218-2	用于书写墨水的生产，未来可能用于其他墨水及诸多材料的着色
85	十溴联苯醚	1163-19-5	214-604-9	阻燃剂
86	全氟十三酸	72629-94-8	276-745-2	油漆、纸张、纺织品、皮革等
87	全氟十二烷酸	307-55-1	206-203-2	油漆、纸张、纺织品、皮革等
88	全氟十一烷酸	2058-94-8	218-165-4	油漆、纸张、纺织品、皮革等
89	全氟代十四酸	376-06-7	206-803-4	油漆、纸张、纺织品、皮革等

续表

序号	物质名称	CAS 号	EC 号	常见用途
90	偶氮二甲酰胺	123-77-3	204-650-8	
91	六氢邻苯二甲酸酐、六氢-1,3-异苯并呋喃二酮、反-1,2-环己烷二羧酸酐	85-42-7，13149-00-3，14166-21-3	201-604-9，236-086-3，238-009-9	生产树脂、橡胶、聚合物
92	甲基六氢苯酐、4-甲基六氢苯酐、甲基六氢化邻苯二甲酸酐、3-甲基六氢苯二甲酯酐	25550-51-0，19438-60-9，48122-14-1，57110-29-9	247-094-1，243-072-0，256-356-4，260-566-1	生产树脂、橡胶、聚合物
93	4-壬基（支链与直链）苯酚（含有线型或分支、共价绑定苯酚的 9 个碳烷基链的物质，包括 UVCB 物质以及任何含有独立或组合的界定明确的同分异构体的物质）	—	—	油漆、油墨、纸张、胶水、橡胶制品
94	对叔辛基苯酚乙氧基醚（包括界定明确的物质以及 UVCB 物质、聚合物和同系物）	—	—	油漆、油墨、纸张、胶水、纺织品
95	甲氧基乙酸	625-45-6	210-894-6	中间体
96	N,N-二甲基甲酰胺	1968-12-2	200-679-5	皮革、印刷电路板
97	二丁基二氯化锡（DBTC）	683-18-1	211-670-0	纺织品和塑料、橡胶制品
98	氧化铅	1317-36-8	215-267-0	玻璃制品、陶瓷、颜料、橡胶
99	四氧化三铅	1314-41-6	215-235-6	玻璃制品、陶瓷、颜料、橡胶
100	氟硼酸铅	13814-96-5	237-486-0	电镀、焊接、分析试剂
101	碱式碳酸铅	1319-46-6	215-290-6	油漆、涂料、油墨、塑胶制品
102	钛酸铅	12060-00-3	235-038-9	半导体、涂料、电子陶瓷滤波器
103	钛酸铅锆	12626-81-2	235-727-4	光学产品、电子产品、电子陶瓷零件
104	硅酸铅	11120-22-2	234-363-3	玻璃搪瓷制品
105	掺杂铅的硅酸钡［铅含量超出 CLP 指令表述的致生殖毒性 1A、DSD 指令致生殖毒性 1 类的通用限制浓度限值；（EC）No. 1272/2008 下指引号为 082-001-00-6 的一组含铅化合物］	68784-75-8	272-271-5	玻璃制品
106	溴代正丙烷	106-94-5	203-445-0	药物、染料、香料、中间体
107	环氧丙烷	75-56-9	200-879-2	中间体
108	支链和直链 1,2-苯二羧二戊酯	84777-06-0	284-032-2	增塑剂
109	邻苯二甲酸二异戊酯（DIPP）	605-50-5	210-088-4	增塑剂
110	邻苯二甲酸正戊基异戊基酯	776297-69-9	—	增塑剂
111	乙二醇二乙醚	629-14-1	211-076-1	油漆、油墨、中间体
112	碱式乙酸铅	51404-69-4	257-175-3	油漆、涂层、脱漆剂、稀释剂

续表

序号	物质名称	CAS 号	EC 号	常见用途
113	碱式硫酸铅	12036-76-9	234-853-7	塑胶制品
114	二盐基邻苯二甲酸铅	69011-06-9	273-688-5	塑胶制品
115	双(十八酸基)二氧代三铅	12578-12-0	235-702-8	塑胶制品
116	$C_{16} \sim C_{18}$ 脂肪酸铅盐	91031-62-8	292-966-7	塑胶制品
117	氨基氰铅盐	20837-86-9	244-073-9	防锈
118	硝酸铅	10099-74-8	233-245-9	染料、皮革、颜料
119	氧化铅与硫酸铅的复合物	12065-90-6	235-067-7	塑胶制品、电池
120	颜料黄 41	8012-00-8	232-382-1	油漆、涂层、玻璃陶瓷制品
121	氧化铅与硫化铅的复合物	62229-08-7	263-467-1	玻璃搪瓷制品
122	四乙基铅	78-00-2	201-075-4	燃油添加剂
123	三碱式硫酸铅	12202-17-4	235-380-9	颜料、塑胶制品、电池
124	磷酸氧化铅	12141-20-7	235-252-2	塑料的稳定剂
125	呋喃	110-00-9	203-727-3	溶剂、有机合成
126	硫酸二乙酯	64-67-5	200-589-6	生产染料、聚合物
127	硫酸二甲酯	77-78-1	201-058-1	生产染料、聚合物
128	3-乙基-2-甲基 -2-(3-甲基丁基)噁唑烷	143860-04-2	421-150-7	橡胶制品
129	地乐酚	88-85-7	201-861-7	塑胶制品
130	4,4'-二氨基-3,3'-二甲基二苯甲烷	838-88-0	212-658-8	绝缘材料、聚氨酯黏合剂、环氧树脂固化剂
131	4,4'-二氨基二苯醚	101-80-4	202-977-0	染料中间体、树脂合成
132	对氨基偶氮苯	60-09-3	200-453-6	染料中间体
133	2,4-二氨基甲苯	95-80-7	202-453-1	染料、医药中间体及其他有机合成
134	2-甲氧基-5-甲基苯胺	120-71-8	204-419-1	中间体、染料合成
135	4-氨基联苯	92-67-1	202-177-1	染料和农药中间体
136	邻氨基偶氮甲苯	97-56-3	202-591-2	染料中间体
137	邻甲基苯胺	95-53-4	202-429-0	染料中间体
138	N-甲基乙酰胺	79-16-3	201-182-6	中间体

六、 剧毒化学品、 易制毒化学品、 易制爆化学品及监控化学品

剧毒化学品是指具有非常剧烈毒性危害的化学品，包括人工合成的化学品及其混合物（含农药）和天然毒素。其毒性的大鼠试验判定界限为：经口半致死量（LD_{50}）$\leqslant 50mg/kg$，或经皮 $LD_{50} \leqslant 200mg/kg$，吸入 $LC_{50} \leqslant 500 \times 10^{-6}$（气体）或 $2.0mg/L$（蒸气）或 $0.5mg/L$（尘、雾）。剧毒化学品必然是危险化学品。易制毒化学品和易制爆化学品则是根据近十几年来各类违法犯罪形式的变化而规范出来的。监控化学品则是我国政府为履行《禁止化学武器公约》而制定，其内容于 1996 年 5 月 15 日发布。

剧毒化学品、易制毒物质、易制爆物质及监控化学品（见表 7-17～表 7-20）的使用都

具有危险性，流入社会可能产生严重的危害，必须严加管理。对剧毒化学品的管理，应严格遵守"双人保管、双人收发、双人使用、双人运输、双人双锁"的"五双"制度。由两名正式实验人员从危险品仓库领出剧毒品或易制毒品（第一类），必须放入本单位剧毒品专用库房统一保管、领用。使用时要精确计量和双人双记录本同时记载，防止被盗、丢失、误领、误用，如发现问题必须立即报告单位保卫部门和当地公安部门。监控化学品的生产、经营和使用必须严格按《中华人民共和国监控化学品管理条例》执行，如有违反将严肃查处。易制毒物质及易制爆物质的经营和使用也必须符合法律法规的相关规定。

表 7-17　剧毒化学品目录（2012 年版，335 种）

序号	中文名称		分子式	CAS 号	UN 号	受限范围
	化学名	别名				
1	氰	氰气	C_2N_2	460-19-5	1026	
2	氰化钠		NaCN	143-33-9	1689	
3	氰化钾		KCN	151-50-8	1680	
4	氰化钙		$Ca(CN)_2$	592-01-8	1575	
5	氰化银钾	银氰化钾	$KAg(CN)_2$	506-61-6	1588	
6	氰化镉		$Cd(CN)_2$	542-83-6	2570	
7	氰化汞	氰化高汞、二氰化汞	$Hg(CN)_2$	592-04-1	1636	
8	氰化金钾	亚金氰化钾	$KAu(CN)_2$	13967-50-5	1588	
9	氰化碘	碘化氰	ICN	506-78-5	3290	
10	氰化氢	氢氰酸	HCN	74-90-8	1051	
11	异氰酸甲酯	甲基异氰酸酯	C_2H_3NO	624-83-9	2480	
12	丙酮氰醇	丙酮合氰化氢、2-羟基异丁腈、氰丙醇	C_4H_7NO	75-86-5	1541	
13	异氰酸苯酯	苯基异氰酸酯	C_7H_5NO	103-71-9	2487	
14	甲苯-2,4-二异氰酸酯	2,4-二异酸甲苯酯	$C_9H_6N_2O_2$	584-84-9	2078	
15	异硫氰酸烯丙酯	人造芥子油、烯丙基异硫氰酸酯、烯丙基芥子油	C_4H_5NS	57-06-7	1545	
16	四乙基铅	发动机燃料抗爆混合物	$C_8H_{20}Pb$	78-00-2	1649	
17	硝酸汞	硝酸高汞	$Hg(NO_3)_2$	10045-94-0	1625	
18	氯化汞	氯化高汞、二氯化汞、升汞	$HgCl_2$	7487-94-7	1624	
19	碘化汞	碘化高汞、二碘化汞	HgI_2	7774-29-0	1638	
20	溴化汞	溴化高汞、二溴化汞	$HgBr_2$	7789-47-1	1634	
21	氧化汞	一氧化汞、黄降汞、红降汞、三仙丹	HgO	21908-53-2	1641	
22	硫氰酸汞	硫氰化汞、硫氰酸高汞	$Hg(SCN)_2$	592-85-8	1646	
23	乙酸汞	醋酸汞	$C_4H_6O_4Hg$	1600-27-7	1629	
24	乙酸甲氧基乙基汞	醋酸甲氧基乙基汞	$C_5H_{10}HgO_3$	151-38-2	2025	
25	氯化甲氧基乙基汞		C_3H_7ClHgO	123-88-6	2025	

续表

序号	中文名称		分子式	CAS 号	UN 号	受限范围
	化学名	别名				
26	二乙基汞		$C_4H_{10}Hg$	627-44-1	2929	
27	重铬酸钠	红矾钠	$Na_2Cr_2O_7$	10588-01-9	3086	
28	羰基镍	四羰基镍、四碳酰镍	$Ni(CO)_4$	13463-39-3	1259	
29	五羰基铁	羰基铁	$Fe(CO)_5$	13463-40-6	1994	
30	铊	金属铊	Tl	7440-28-0	3288	
31	氧化亚铊	一氧化(二)铊	Tl_2O	1314-12-1	1707	
32	氧化铊	三氧化(二)铊	Tl_2O_3	1314-32-5	1707	
33	碳酸亚铊	碳酸铊	Tl_2CO_3	6533-73-9	1707	
34	硫酸亚铊	硫酸铊	Tl_2SO_4	7446-18-6	1707	
35	乙酸亚铊	乙酸铊、醋酸铊	$C_2H_3O_2Tl$	563-68-8	1707	
36	丙二酸铊	丙二酸亚铊	$C_3H_2O_4Tl_2$	2757-18-8	1707	
37	硫酸三乙基锡		$C_{12}H_{30}O_4SSn_2$	57-52-3	3146	
38	二丁基氧化锡	氧化二丁基锡	$C_8H_{18}OSn$	818-08-6	3146	
39	乙酸三乙基锡	三乙基乙酸锡	$C_8H_{18}O_2Sn$	1907-13-7	2788	
40	四乙基锡	四乙锡	$C_8H_{20}Sn$	597-64-8	2929	
41	乙酸三甲基锡	醋酸三甲基锡	$C_5H_{12}O_2Sn$	1118-14-5	2788	
42	磷化锌	二磷化三锌	Zn_3P_2	1314-84-7	1714	
43	五氧化二钒	钒(酸)酐	V_2O_5	1314-62-1	2862	
44	五氯化锑	过氯化锑、氯化锑	$SbCl_5$	7647-18-9	1730	
45	四氧化锇	锇酸酐	OsO_4	20816-12-0	2471	
46	砷化氢	砷化三氢、胂	AsH_3	7784-42-1	2188	
47	三氧化(二)砷	白砒、砒霜、亚砷(酸)酐	As_2O_3	1327-53-3	1561	
48	五氧化(二)砷	砷(酸)酐	As_2O_5	1303-28-2	1559	
49	三氯化砷	氯化亚砷	$AsCl_3$	7784-34-1	1560	
50	亚砷酸钠	偏亚砷酸钠	$NaAsO_2$	7784-46-5	2027	
51	亚砷酸钾	偏亚砷酸钾	$KAsO_2$	10124-50-2	1678	
52	乙酰亚砷酸铜	祖母绿、翡翠绿、巴黎绿、帝绿、苔绿、维也纳绿、草地绿、翠绿	$C_4H_6As_6Cu_4O_{16}$	12002-03-8	1585	
53	砷酸	原砷酸	H_3AsO_4	7778-39-4	1553 1554	
54	砷酸钙	砷酸三钙	$Ca_3(AsO_4)_2$	7778-44-1	1573	
55	砷酸铜		$Cu_3(AsO_4)_2 \cdot 4H_2O$	13478-34-7		
56	磷化氢	磷化三氢、膦	PH_3	7803-51 2	2199	
57	黄磷	白磷	P	7723-14-0	2447	

续表

序号	中文名称 化学名	中文名称 别名	分子式	CAS 号	UN 号	受限范围
58	氧氯化磷	氯化磷酰、磷酰氯、三氯氧化磷、三氯化磷酰、三氯氧磷、磷酰三氯	$POCl_3$	10025-87-3	1810	
59	三氯化磷	氯化磷、氯化亚磷	PCl_3	7719-12-2	1809	
60	硫代磷酰氯	硫代氯化磷酰、三氯化硫磷、三氯硫磷	Cl_3PS	3982-91-0	1837	
61	亚硒酸钠	亚硒酸二钠	Na_2SeO_3	10102-18-8	2630	
62	亚硒酸氢钠	重亚硒酸钠	$NaHSeO_3$	7782-82-3	2630	
63	亚硒酸镁		$MgSeO_3$	15593-61-0	2630	
64	亚硒酸		H_2SeO_3	7783-00-8	2630	
65	硒酸钠		Na_2SeO_4	13410-01-0	2630	
66	乙硼烷	二硼烷、硼乙烷	B_2H_6	19287-45-7	1911	
67	癸硼烷	十硼烷、十硼氢	$B_{10}H_{14}$	17702-41-9	1868	
68	戊硼烷	五硼烷	B_5H_9	19624-22-7	1380	
69	氟		F_2	7782-41-4	1045	
70	二氟化氧	一氧化二氟	OF_2	7783-41-7	2190	
71	三氟化氯		ClF_3	7790-91-2	1749	
72	三氟化硼	氟化硼	BF_3	7637-07-2	1008	
73	五氟化氯		ClF_5	13637-63-3	2548	
74	羰基氟	氟化碳酰、氟氧化碳	COF_2	353-50-4	2417	
75	氟乙酸钠	氟醋酸钠	$C_2H_2FO_2Na$	62-74-8	2629	II
76	二甲胺氰磷酸乙酯	塔崩	$C_5H_{11}N_2O_2P$	77-81-6	2810	I
77	O-乙基-S-2-(二异丙基氨基)乙基]甲基硫代磷酸酯	维埃克斯、VXS	$C_{11}H_{26}NO_2PS$	50782-69-9	2810	
78	二(2-氯乙基)硫醚	二氯二乙硫醚、芥子气、双氯乙基硫	$C_4H_8Cl_2S$	505-60-2	2927	I
79	甲氟膦酸叔己酯	索曼	$C_7H_{16}FO_2P$	96-64-0	2810	I
80	甲基氟膦酸异丙酯	沙林	$C_4H_{10}FO_2P$	107-44-8	2810	I
81	甲烷磺酰氟	甲硫酰氟、甲基磺酰氟	CH_3FO_2S	558-25-8	2927	
82	八氟异丁烯	全氟异丁烯	C_4F_8	382-21-8	3162	
83	六氟丙酮	全氟丙酮	C_3OF_6	684-16-2	2420	
84	氯	液氯、氯气	Cl_2	7782-50-5	1017	
85	碳酰氯	光气	$COCl_2$	75-44-5	1076	
86	氯磺酸	氯化硫酸、氯硫酸	$ClSO_3H$	7790-94-5	1754	
87	全氯甲硫醇	三氯硫氯甲烷、过氯甲硫醇、四氯硫代碳酰	CCl_4S	594-42-3	1670	

序号	中文名称		分子式	CAS 号	UN 号	受限范围
	化学名	别名				
88	甲基磺酰氯	氯化硫酰甲烷、甲烷磺酰氯	CH_3ClO_2S	124-63-0	3246	
89	O,O'-二甲硫代磷酰氯	二甲基硫代磷酰氯	$C_2H_6ClO_2PS$	2524-03-0	2267	
90	O,O'-二乙硫代磷酰氯	二乙基硫代磷酰氯	$C_4H_{10}ClO_2PS$	2524-04-1	2751	
91	双(2-氯乙基)甲胺	氮芥、双(氯乙基)甲胺	$C_5H_{11}Cl_2N$	51-75-2	2810	
92	2-氯乙烯基二氯胂	路易氏剂	$C_2H_2AsCl_3$	541-25-3	2927	I
93	苯胂化二氯	二氯苯胂	$C_6H_5AsCl_2$	696-28-6	1556	
94	二苯(基)胺氯胂	吩吡嗪化氯、亚当氏气	$C_{12}H_9AsClN$	578-94-9	1698	
95	三氯三乙胺	氮芥气、氮芥-A	$C_6H_{12}Cl_3N$	555-77-1	2810	I
96	氯代膦酸二乙酯	氯化磷酸二乙酯	$C_4H_{10}ClO_3P$	814-49-3		
97	六氯环戊二烯	全氯环戊二烯	C_5Cl_6	77-47-4	2646	
98	六氟-2,3-二氯-2-丁烯	2,3-二氯六氟-2-丁烯	$C_4Cl_2F_6$	303-04-8	2927	
99	二氯化苄	二氯甲(基)苯、亚苄基二氯、α,α-二氯甲(基)苯	$C_7H_6Cl_2$	98-87-3	1886	
100	四氧化二氮	二氧化氮、过氧化氮	NO_2	10102-44-0	1067	
101	叠氮(化)钠	三氮化钠	NaN_3	26628-22-8	1687	
102	马钱子碱	二甲氧基士的宁、白路新	$C_{23}H_{26}N_2O_4$	357-57-3	1570	
103	番木鳖碱	二甲氧基马钱子碱、士的宁、士的年	$C_{21}H_{22}N_2O_2$	57-24-9	1692	
104	原藜芦碱 A		$C_{41}H_{63}NO_{14}$	143-57-7	1544	
105	乌头碱	附子精	$C_{34}H_{47}NO_{11}$	302-27-2	1544	
106	(盐酸)吐根碱	(盐酸)依米丁	$C_{29}H_{40}N_2O_4 \cdot 2HCl$	316-42-7	1544	
107	藜芦碱	赛丸丁、绿藜芦生物碱	$C_{32}H_{49}NO_9$	8051-02-3	1544	
108	α-氯化筒箭毒碱	氯化南美防己碱、氢氧化吐巴寇拉令碱、氯化箭毒块茎碱、氯化管箭毒碱	$C_{38}H_{44}N_2O_6 \cdot 2Cl$	57-94-3	1544	
109	3-(1-甲基-2-四氢吡咯基)吡啶	烟碱、尼古丁、1-甲基-2-(3-吡啶基)吡咯烷	$C_{10}H_{14}N_2$	54-11-5	1654	
110	4,9-环氧-3-(2-羟基-2-甲基丁酸酯)-15-(S)-2-甲基丁酸酯-[3β(S),4α,7α,15α(R),16β]-瑟文-3,4,7,14,15,16,20-庚醇	计明胺、胚芽儿碱、计末林碱、杰莫灵	$C_{37}H_{59}NO_{11}$	63951-45-1	1544	
111	(2-氨基甲酰氧乙基)三甲基氯化铵	氯化氨甲酰胆碱、卡巴考	$C_6H_{15}ClN_2O_2$	51-83-2	2811	
112	甲基肼	甲基联胺	CH_6N_2	60-34-4	1244	
113	1,1-二甲基肼	二甲基肼(不对称)	$C_2H_8N_2$	57-14-7	1163	
114	1,2-二甲基肼	对称二甲基肼、1,2-亚肼基甲烷	$C_2H_8N_2$	540-73-8	2382	

序号	中文名称		分子式	CAS 号	UN 号	受限范围
	化学名	别名				
115	无水肼	无水联胺	N_2H_4	302-01-2	2029	
116	丙腈	乙基氰	C_3H_5N	107-12-0	2404	
117	丁腈	丙基氰、2-甲基丙腈	C_4H_7N	109-74-0	2411	
118	异丁腈	异丙基氰	C_4H_7N	78-82-0	2284	
119	2-丙烯腈	乙烯基氰、丙烯腈	C_3H_3N	107-13-1	1093	
120	甲基丙烯腈	异丁烯腈	C_4H_5N	126-98-7	3079	
121	N,N-二甲基氨基乙腈	2-(二甲氨基)乙腈	$C_4H_8N_2$	926-64-7	2378	
122	3-氯丙腈	β-氯丙腈、氰化-β-氯乙烷	C_3H_4ClN	542-76-7	2810	
123	2-羟基丙腈	乳腈	C_3H_5NO	78-97-7	2810	
124	羟基乙腈	乙醇腈	C_2H_3NO	107-16-4	2810	
125	亚乙基亚胺	氮丙坏、吖丙啶	C_2H_5N	151-56-4	1185	
126	N-二乙氨基乙基氯	2-氯乙基二乙胺	$C_6H_{14}ClN$	100-35-6	2810	
127	甲基苄基亚硝胺	N-甲基-N-亚磷基苯甲胺	$C_8H_{10}N_2O$	937-40-6	2810	
128	亚丙基亚胺	2-甲基氮丙啶、2-甲基亚乙基亚胺	C_3H_7N	75-55-8	1921	
129	乙酰硫脲	1-乙酰替硫脲	$C_3H_6N_2OS$	591-08-2	2811	
130	N-乙烯基亚乙基亚胺	N-乙烯基氮丙环	C_4H_7N	5628-99-9	2810	
131	六亚甲基亚胺	高哌啶	$C_6H_{13}N$	111-49-9	2493	
132	3-氨基丙烯	烯丙胺	C_3H_7N	107-11-9	2334	
133	N-亚硝基二甲胺	二甲基亚硝胺	$C_2H_6N_2O$	62-75-9	2810	
134	碘甲烷	甲基碘	CH_3I	74-88-4	2644	
135	亚硝酸乙酯	亚硝酰乙氧	$C_2H_5NO_2$	109-95-5	1194	
136	四硝基甲烷		CN_4O_8	509-14-8	1510	
137	三氯硝基甲烷	氯化苦、硝基三氯甲烷	CCl_3NO_2	76-06-2	1580	
138	2,4-二硝基(苯)酚	二硝酚、1-羟基-2,4-二硝基苯	$C_6H_4N_2O_5$	51-28-5	1320	
139	4,6-二硝基邻甲基苯酚钠	二硝基邻甲酚钠	$C_7H_5N_2O_5Na$	2312-76-7	1348	
140	4,6-二硝基邻甲苯酚	2,4-二硝基邻甲酚	$C_7H_6N_2O_5$	534-52-1	1598	
141	1-氟-2,4-二硝基苯	2,4-二硝基-1-氟苯	$C_6H_3FN_2O_4$	70-34-8	2811	
142	1-氯-2,4-二硝基苯	2,4-二硝基氯苯、4-氯-1,3-二硝基苯、1,3-二硝基-4-氯苯	$C_6H_3ClN_2O_4$	97-00-7	1577	
143	丙烯醛	烯丙醛、败脂醛	C_3H_4O	107-02-8	1092	
144	2-丁烯醛	巴豆醛、β-甲基丙烯醛	C_4H_6O	4170-30-3	1143	
145	一氯乙醛	氯乙醛、2-氯乙醛	C_2H_3ClO	107-20-0	2232	

续表

序号	中文名称		分子式	CAS 号	UN号	受限范围
	化学名	别名				
146	二氯甲酰基丙烯酸	粘氯酸、二氯代丁烯醛酸、糠氯酸	$C_4H_2Cl_2O$	87-56-9	2923	
147	2-丙烯-1-醇	烯丙醇、蒜醇、乙烯甲醇	C_3H_6O	107-18-6	1098	
148	2-巯基乙醇	硫代乙二醇、2-羟基-1-乙硫醇	C_2H_6OS	60-24-2	2966	
149	2-氯乙醇	亚乙基氯醇、氯乙醇	C_2H_5ClO	107-07-3	1135	
150	3-己烯-1-炔-3-醇		C_6H_8O	10138-60-0	2810	
151	3,4-二羟基-α-[(甲氨基)甲基]苄醇	肾上腺素、付肾碱、付肾素	$C_9H_{13}NO_3$	51-43-4	3249	
152	3-氯-1,2-丙二醇	α-氯代丙二醇、3-氯-1,2-二羟基丙烷、α-氯甘油、3-氯代丙二醇	$C_3H_7ClO_2$	96-24-2	2810	
153	丙炔醇	2-丙炔-1-醇、炔丙醇	C_3H_4O	107-19-7	2929	
154	苯(基)硫醇	苯硫酚、巯基苯、硫代苯酚	C_6H_6S	108-98-5	2337	
155	2,5-双(1-吖丙啶基)-3-(2-氨甲酰氧-1-甲氧乙基)-6-甲基-1,4-苯醌	卡巴醌、卡波醌	$C_{15}H_{19}N_3O_5$	24279-91-2	3249	
156	氯甲基甲醚	甲基氯甲醚、氯二甲醚	C_2H_5ClO	107-30-2	1239	
157	二氯(二)甲醚	对称二氯二甲醚	$C_2H_4Cl_2O$	542-88-1	2249	
158	3-丁烯-2-酮	甲基乙烯基(甲)酮、丁烯酮	C_4H_6O	78-94-4	1251	
159	一氯丙酮	氯丙酮、氯化丙酮	C_3H_5ClO	78-95-5	1695	
160	1,3-二氯丙酮	1,3-二氯-2-丙酮	$C_3H_4Cl_2O$	534-07-6	2649	
161	2-氯乙酰苯	苯基氯甲基甲酮、氯苯乙酮、苯酰甲基氯、α-氯苯乙酮	C_8H_7ClO	532-27-4	1697	
162	1-羟环丁-1-烯-3,4-二酮	半方形酸	$C_4H_2O_3$	31876-38-7	2927	
163	1,1,3,3-四氯丙酮	1,1,3,3-四氯-2-丙酮	$C_3H_2Cl_4O$	632-21-3	2929	
164	2-环己烯-1-酮	2-环己烯酮	C_6H_8O	930-68-7	2929	
165	二氧化丁二烯	双环氧乙烷	$C_4H_6O_2$	298-18-0	2929	
166	氟乙酸	氟醋酸	$C_2H_3FO_2$	144-49-0	2642	
167	氯乙酸	一氯醋酸	$C_2H_3ClO_2$	79-11-8	1751	
168	氯甲酸甲酯	氯碳酸甲酯	$C_2H_3O_2Cl$	79-22-1	1238	
169	氯甲酸乙酯	氯碳酸乙酯	$C_3H_5O_2Cl$	541-41-3	1182	
170	氯甲酸氯甲酯		$C_2H_2Cl_2O_2$	22128-62-7	2745	
171	N-(苯乙基-4-哌啶基)丙酰胺柠檬酸盐	枸橼酸芬太尼	$C_{22}H_{28}N_2O \cdot C_6H_8O_7$	990-73-8	1544	
172	碘乙酸乙酯		$C_4H_7IO_2$	623-48-3	2927	

序号	中文名称		分子式	CAS 号	UN 号	受限范围
	化学名	别名				
173	3,4-二甲基吡啶	3,4-二甲基氮杂苯	C_7H_9N	583-58-4	2929	
174	2-氯吡啶		C_5H_4ClN	109-09-1	2822	
175	4-氨基吡啶	对氨基吡啶、4-氨基氮杂苯、对氨基氮苯、γ-吡啶胺	$C_5H_6N_2$	504-24-5	2671	
176	2-吡咯酮		C_4H_7NO	616-45-5	2810	
177	2,3,7,8-四氯二苯并对二噁英	二噁英	$C_{12}H_4Cl_4O_2$	1746-01-6	2811	
178	羟甲唑啉（盐酸盐）		$C_{16}H_{24}N_2O \cdot HCl$	2315-02-8	3249	
179	5-[双(2-氯乙基)氨基]-2,4-(1H,3H)嘧啶二酮	尿嘧啶芳芥、嘧啶苯芥	$C_8H_{11}Cl_2N_3O_2$	66-75-1	3249	
180	杜廷	羟基马桑毒内酯、马桑苷	$C_{15}H_{18}O_6$	2571-22-4	3249	
181	氯化二烯丙托锡弗林		$C_{44}H_{50}N_4O_2 \cdot Cl_2$	15180-03-7	3249	
182	5-(氨基甲基)-3-异噁唑醇	3-羟基-5-氨基甲基异噁唑	$C_4H_6N_2O_2$	2763-96-4	1544	
183	二硫化二甲基	二甲二硫、甲基化二硫	$C_2H_6S_2$	624-92-0	2381	
184	乙烯砜	二乙烯砜	$C_4H_6O_2S$	77-77-0	2927	
185	N-3-[1-羟基-2-(甲氨基)乙基]苯基甲烷磺酰胺甲磺酸盐	酰胺福林-甲烷磺酸盐	$C_{10}H_{16}N_2O_3S \cdot CH_4O_3S$	1421-68-7	3249	
186	8-(二甲基氨基甲基)-7-甲氧基氨基-3-甲基黄酮	回苏灵、二甲弗林	$C_{20}H_{21}NO_3$	1165-48-6	3249	
187	三(1-吖丙啶基)氧化膦	涕巴、绝育磷	$C_6H_{12}N_3OP$	545-55-1	2501 2811	
188	O,O-二甲基-O-(1-甲基-2-N-甲基氨基甲酰)乙烯基磷酸酯（含量>25%）*	久效磷、纽瓦克、永伏虫	$C_7H_{14}NO_5P$	6923-22-4	2783	Ⅲ
189	O,O-二乙基-O-(4-硝基苯基)磷酸酯	对氧磷	$C_{10}H_{14}NO_6P$	311-45-5	3018 2783	
190	O,O-二甲基-O-(4-硝基苯基)硫逐磷酸酯（含量>15%）*	甲基对硫磷、甲基1605	$C_8H_{10}NO_5PS$	298-00-0	3018 2783	Ⅲ
191	O-乙基-O-(4-硝基苯基)苯基硫代膦酸酯（含量>15%）*	苯硫磷、伊皮恩	$C_{14}H_{14}NO_4PS$	2104-64-5	3018 2783	
192	O-甲基-O-(邻异丙氧基羰基苯基)硫代磷酰胺酯	水胺硫磷、羧胺磷	$C_{11}H_{16}NO_4PS$	24353-61-5	2783	
193	O-(3-氯-4-甲基-2-氧代-2H-1-苯并吡喃-7-基)-O,O-二乙基硫代磷酸酯（含量>30%）*	蝇毒磷、蝇毒、蝇毒硫磷	$C_{14}H_{16}ClO_5PS$	56-72-4	3018 2783	
194	S-(5-甲氧基-4-氧代-4H-吡喃-2-基甲基)-O,O-二甲基硫代磷酸酯（含量>45%）*	因毒磷、因毒硫磷	$C_9H_{13}O_6PS$	2778-04-3	3018 2783	

续表

序号	中文名称		分子式	CAS 号	UN 号	受限范围
	化学名	别名				
195	O-(4-溴-2,5-二氯苯基)-O-甲基苯基硫代膦酸酯	对溴磷、溴苯磷	$C_{13}H_{10}BrCl_2O_2PS$	21609-90-5	2873	
196	S-[2-(乙基磺酰基)乙基]-O,O-二甲基硫代磷酸酯	磺吸磷、二氧吸磷	$C_6H_{15}O_5PS_2$	17040-19-6	2783	
197	O,O-二甲基-S-[(4-氧代-1,2,3-苯并三氮苯-3[4H]-基)甲基]二硫代磷酸酯（含量＞20%）*	保棉磷、谷硫磷、谷赛昂、甲基谷硫磷	$C_{10}H_{12}N_3O_3PS_2$	86-50-0	3018 2783	
198	S-{[5-甲氨基-2-氧代-1,3,4-噻二唑-3(2H)-基]甲基}-O,O-二甲基二硫代磷酸酯（含量＞40%）*	杀扑磷、麦达西磷、甲塞硫磷	$C_6H_{11}N_2O_4PS_3$	950-37-8	3018 2783	
199	对(5-氨基-3-苯基-1H-1,2,4-三唑-1-基)-N,N,N',N'-四甲基膦二酰胺（含量＞20%）*	威菌磷、三唑磷胺	$C_{12}H_{19}N_6OP$	1031-47-6	3018 2783	
200	二乙基-1,3-亚二硫戊环-2-基磷酰胺酯（含量＞15%）*	硫环磷、棉安磷、棉环磷	$C_7H_{14}NO_3PS_2$	947-02-4	3018 2783	Ⅲ
201	O,S-二甲基硫代磷酰胺	甲胺磷、杀螨隆、多灭磷、多灭灵、克螨隆、脱麦隆	$C_2H_8NO_2PS$	10265-92-6	2783	Ⅲ
202	O,O-二乙基-S-{4-氧代-1,2,3-苯并三氮（杂）苯-3[4H]-基}甲基}二硫代磷酸酯（含量＞25%）*	益棉磷、乙基保棉磷、乙基谷硫磷	$C_{12}H_{16}N_3O_3PS_2$	2642-71-9	3018 2783	
203	O-{4-[（二甲氨基）磺酰基]苯基}O,O-二甲基硫代磷酸酯	氨磺磷、伐灭磷、伐灭硫磷	$C_{10}H_{16}NO_5PS_2$	52-85-7	2783	
204	O-(4-氰苯基)-O-乙基苯基硫代膦酸酯	苯腈磷、苯腈硫磷	$C_{15}H_{14}NO_2PS$	13067-93-1	2783	
205	2-氯-3-（二乙氨基）-1-甲基-3-氧代-1-丙烯二甲基磷酸酯（含量＞30%）*	磷胺、大灭虫	$C_{10}H_{19}ClNO_5P$	13171-21-6	3018	Ⅲ
206	甲基-3-[（二甲氧基磷酰基）氧代]-2-丁烯酸酯（含量＞5%）*	速灭磷、磷君	$C_7H_{13}O_6P$	7786-34-7	3018	
207	双(1-甲基乙基)氟磷酸酯	丙氟磷、异丙氟、二异丙基氟磷酸酯	$C_6H_{14}FO_3P$	55-91-4	3018	
208	2-氯-1-(2,4-二氯苯基)乙烯基二乙基磷酸酯（含量＞20%）*	杀螟畏、毒虫畏	$C_{12}H_{14}Cl_3O_4P$	470-90-6	3018	
209	3-二甲氧基磷氧基-N,N-二甲基异丁烯酰胺（含量＞25%）*	百治磷、百特磷	$C_8H_{16}NO_5P$	141-66-2	3018	
210	O,O-二甲基-O-1,3-(二甲氧甲酰基)丙烯-2-基磷酸酯	保米磷	$C_9H_{15}O_8P$	122-10-1	3018	

序号	中文名称		分子式	CAS 号	UN 号	受限范围
	化学名	别名				
211	四乙基焦磷酸酯	特普	$C_8H_{20}O_7P_2$	107-49-3	3018	
212	O,O-二乙基-O-(4-硝基苯基)硫代磷酸酯(含量＞4%)*	对硫磷、1605、乙基对硫磷、一扫光	$C_{10}H_{14}NO_5PS$	56-38-2	3018	Ⅲ
213	O-乙基-O-(2-异丙氧羰基)-苯基-N-异丙基硫代磷酰胺	丙胺磷、异丙胺磷、乙基异柳磷、异柳磷2号	$C_{15}H_{24}NO_4PS$	25311-71-1	3018	
214	O-甲基-O-(2-异丙氧基羰基)苯基-N-异丙基硫代磷酰胺	甲基异柳磷、异柳磷1号	$C_{14}H_{22}O_4NPS$	99675-03-3	3018	Ⅲ
215	O,O-二乙基-O-[2-(乙硫基)乙基]硫代磷酸酯和O,O-二乙基-S-[2-(乙硫基)乙基]硫代磷酸酯混剂(含量＞3%)*	内吸磷、杀虫多、1059	$C_8H_{19}O_3PS_2$	8065-48-3	3018	Ⅲ
216	O,O-二乙基-O-[(4-甲基亚磺酰)苯基]硫代磷酸酯(含量＞4%)*	丰索磷、丰索硫磷、线虫磷	$C_{11}H_{17}O_4PS_2$	115-90-2	3018	
217	O,O-二甲基-S-[2-(甲氨基)-2-氧代乙基]硫代磷酸酯(含量＞40%)*	氧乐果、氧化乐果、华果	$C_5H_{12}NO_4PS$	1113-02-6	3018	
218	O-乙基-O-2,4,5-三氯苯基乙基硫代磷酸酯(含量＞30%)*	毒壤磷、壤虫磷	$C_{10}H_{12}Cl_3O_2PS$	327-98-0	3018	
219	O-[2,5-二氯-4-(甲硫基)苯基]-O,O-二乙基硫代磷酸酯	氯甲硫磷、西拉硫磷	$C_{11}H_{15}Cl_2O_3PS_2$	21923-23-9	3018	
220	S-{2-[(1-氰基-1-甲基乙基)氨基]-2-氧代乙基}-O,O-二乙基硫代磷酸酯	果虫磷、腈果	$C_{10}H_{19}N_2O_4PS$	3734-95-0	3018	
221	O,O-二乙基-O-吡嗪基硫代磷酸酯(含量＞5%)*	治线磷、治线灵、硫磷嗪、嗪线磷	$C_8H_{13}N_2O_3PS$	297-97-2	3018	
222	O,O-二甲基-O-或 S-[2-(甲硫基)乙]硫代磷酸酯	田乐磷	$C_5H_{13}O_3PS_2$	2587-90-8	3018	
223	二甲基-4-(甲基硫代)苯基磷酸酯	甲硫磷、GC6505	$C_9H_{13}O_4PS$	3254-63-5	3018	
224	O,O-二乙基-S-[(乙硫基)甲基]二硫代磷酸酯(含量＞2%)*	甲拌磷、3911、西梅脱	$C_7H_{17}O_2PS_3$	298-02-2	3018	Ⅲ
225	O,O-二乙基-S-[2-(乙硫基)乙基]二硫代磷酸酯(含量＞15%)*	乙拌磷、敌死通	$C_8H_{19}O_2PS_3$	298-04-4	3018	

第三篇

续表

序号	中文名称		分子式	CAS 号	UN 号	受限范围
	化学名	别名				
226	S-{[(4-氯苯基)硫代]甲基}-O,O-二乙基二硫代磷酸酯(含量>20%)*	三硫磷、三赛昂	$C_{11}H_{16}ClO_2PS_3$	786-19-6	3018	
227	S-{[(1,1-二甲基乙基)硫化]甲基}-O,O-二乙基二硫代磷酸酯	特丁磷、特丁硫磷	$C_9H_{21}O_2PS_3$	13071-79-9	3018	Ⅲ
228	O-乙基-S-苯基乙基二硫代磷酸酯(含量>6%)*	地虫磷、地虫硫磷	$C_{10}H_{15}OPS_2$	944-22-9	3018	Ⅲ
229	O,O,O,O-四乙基-S,S'-亚甲基双(二硫代磷酸酯)(含量>25%)*	乙硫磷、1240 蚜螨立死、益赛昂、易赛昂、乙赛昂、蚜螨	$C_9H_{22}O_4P_2S_4$	563-12-2	3018	
230	S-氯甲基-O,O-二乙基二硫代磷酸酯(含量>15%)*	氯甲磷、灭尔磷	$C_5H_{12}ClO_2PS_2$	24934-91-6	3018	
231	S-(N-乙氧羰基-N-甲基-氨基甲酰甲基)O,O-二乙基二硫代磷酸酯(含量>30%)*	灭蚜磷、灭蚜硫磷	$C_{10}H_{20}NO_5PS_2$	2595-54-2	3018	
232	二乙基(4-甲基-1,3-二硫戊环-2-亚氨基)磷酸酯(含量>5%)*	地安磷、二噻磷	$C_8H_{16}NO_3PS_2$	950-10-7	3018	
233	O,O-二乙基-S-(乙基亚砜基甲基)二硫代磷酸酯	保棉丰、甲拌磷亚砜、异亚砜、3911 亚砜	$C_7H_{17}O_3PS_3$	2588-03-6	3018	
234	O,O-二乙基-S-(N-异丙基氨基甲酰甲基)二硫代磷酸酯(含量>15%)*	发果、亚果、乙基乐果	$C_9H_{20}NO_3PS_2$	2275-18-5	3018	
235	O,O-二乙基-S-[2-(乙基亚硫酰基)乙基]二硫代磷酸酯(含量>5%)*	砜拌磷、乙拌磷亚砜	$C_8H_{19}O_3PS_3$	2497-07-6	3018	
236	1,4-二噁烷-2,3-二基-S,S'-双(O,O-二乙基二硫代磷酸酯)(含量>40%)*	敌杀磷、敌恶磷、二恶硫磷	$C_{12}H_{26}O_6P_2S_4$	78-34-2	3018	
237	双(二甲氨基)氟代磷酰(含量>2%)*	甲氟磷、四甲氟	$C_4H_{12}FN_2OP$	115-26-4	3018	
238	二甲基-1,3-亚二硫戊环-2-基磷酰胺酸	甲基硫环磷	$C_5H_{10}NO_3PS_2$		3018	Ⅲ
239	O,O-二乙基-N-(1,3-二噻丁环-2-亚基磷酰胺)	伐线丹、丁硫环磷	$C_6H_{12}NO_3PS_2$	21548-32-3	3018	
240	八甲基焦磷酰胺	八甲磷、希拉登	$C_8H_{24}N_4O_3P_2$	152-16-9	3018	
241	S-[2-氯-1-(1,3-二氢-1,3-二氧代-2H-异吲哚-2-基)乙基]-O,O-二乙基二硫代磷酸酯	氯亚磷、氯甲亚胺硫磷	$C_{14}H_{17}ClNO_4PS_2$	10311-84-9	2783	
242	O-乙基-O-(3-甲基-4-甲硫基)苯基-N-异丙氨基磷酸酯	苯线磷、灭线磷、力满库、苯胺磷、克线磷	$C_{13}H_{22}NO_3PS$	22224-92-6	3018	Ⅲ

续表

序号	中文名称 化学名	别名	分子式	CAS 号	UN 号	受限范围
243	O,O-二甲基-对硝基苯基磷酸酯	甲基对氧磷	$C_8H_{10}NO_6P$	950-35-6	3018	
244	S-[2-(二乙氨基)乙基]O,O-二乙基硫代磷酸酯	胺吸磷、阿米吨	$C_{10}H_{24}NO_3PS$	78-53-5	3018	
245	O,O-二乙基-O-(2-氯乙烯基)磷酸酯	敌敌磷、棉花宁	$C_6H_{12}ClO_4P$	311-47-7	2784	
246	O,O-二乙基-O-(2,2-二氯-1-β-氯乙氧基乙烯基)磷酸酯	福太农、彼氧磷	$C_8H_{14}Cl_3O_5P$	67329-01-5	2784	
247	O,O-二乙基-O-(4-甲基香豆素-7)硫代磷酸酯	扑打杀、扑打散	$C_{14}H_{17}O_5PS$	299-45-6	2811	
248	S-[2-(乙基亚磺酰基)乙基]-O,O-二甲基硫代磷酸酯	砜吸磷、甲基内吸磷亚砜	$C_6H_{15}O_4PS_2$	301-12-2	3018	
249	O,O-二-4-氯苯基-N-亚氨乙酰基硫代磷酰胺酯	毒鼠磷	$C_{14}H_{13}Cl_2N_2O_2PS$	4104-14-7	2783	
250	O,O-二乙基-O-(6-二乙胺次甲基-2,4-二氯)苯基硫代磷酸酯盐酸盐	除鼠磷 206	$C_{15}H_{24}Cl_2NPSO_3 \cdot HCl$		2588	
251	四磷酸六乙酯	乙基四磷酸酯	$C_{12}H_{30}O_{13}P_4$	757-58-4	1611	
252	O,O-二甲基-O-(2,2-二氯)-乙烯基磷酸酯(含量>80%)*	敌敌畏	$C_4H_7Cl_2O_4P$	62-73-7	3018	
253	O,O-二甲基-O-(3-甲基-4-硝基苯基)硫代磷酸酯(含量>10%)*	杀螟硫磷、杀螟松、杀螟磷、速灭虫、速灭松、苏米松、苏米硫磷	$C_9H_{12}NO_5PS$	122-14-5	3018	
254	O,O-二乙基-O-1-苯基-1,2,4-三唑-3-基硫代磷酸酯	三唑磷、三唑硫磷	$C_{12}H_{16}N_3O_3PS$	24017-47-8	3018	
255	S-2-乙基硫代乙基-O,O-二甲基二硫代磷酸酯	甲基乙拌磷、二甲硫吸磷、M-81、蚜克丁	$C_6H_{15}O_2PS_3$	640-15-3	3018	
256	S-α-乙氧基羰基苄基-O,O-二甲基二硫代磷酸酯	稻丰散、甲基乙酸磷、益尔散、S-2940、爱乐散、益尔散	$C_{12}H_{17}O_4PS_2$	2597-03-7	2783 3018	
257	O,O-二甲基-S-[1,2-二(乙氧基羰基)乙基]二硫代磷酸酯	马拉硫磷、马拉松、马拉赛昂	$C_{10}H_{19}O_6PS_2$	121-75-5	3018	
258	O,O-二乙基-S-(对硝基苯基)硫代磷酸酯	硫代磷酸O,O-二乙基-S-(4-硝基苯基)酯	$C_{10}H_{14}NO_5PS$	3270-86-8	3018	
259	3,3-二甲基-1-(甲硫基)-2-丁酮-O-(甲基氨基)碳酰肟	己酮肟威、敌克威、庚硫威、特氨叉威、久效威、肟吸威	$C_9H_{18}N_2O_2S$	39196-18-4	2771	
260	4-二甲基氨基间甲苯基甲基氨基甲基酸酯	灭害威	$C_{11}H_{16}N_2O_2$	2032-59-9	2757	
261	1-(甲硫基)亚乙基氨甲基氨基甲基酸酯(含量>30%)*	灭多威、灭多虫、灭索威、乙肟威	$C_5H_{10}N_2O_2S$	16752-77-5	2771	

序号	中文名称		分子式	CAS 号	UN 号	受限范围
	化学名	别名				
262	2,3-二氢-2,2-二甲基-7-苯并呋喃基-N-甲基氨基甲酸酯(含量>10%)*	克百威、呋喃丹、卡巴呋喃、虫螨威	$C_{12}H_{15}NO_3$	1563-66-2	2757	Ⅲ
263	4-二甲氨基-3,5-二甲苯基-N-甲基氨基甲酸酯(含量>25%)*	自克威、兹克威	$C_{12}H_{18}N_2O_2$	315-18-4	2757	
264	3-二甲氨基亚甲基亚氨基苯基-N-甲氨基甲酸酯(或盐酸盐)(含量>40%)*	伐虫脒、抗螨脒	$C_{11}H_{15}N_3O_2 \cdot HCl$	23422-53-9	2757	
265	2-氰乙基-N-{[(甲氨基)羰基]氧基}硫代乙烷亚氨	抗虫威、多防威	$C_7H_{11}N_3O_2S$	25171-63-5	2771	
266	挂-3-氯桥-6-氰基-2-降冰片酮-O-(甲基氨基甲酰基)肟	肟杀威、棉果威	$C_{10}H_{12}ClN_3O_2$	15271-41-7	2757	
267	3-异丙基苯基-N-氨基甲酸甲酯	间异丙威、虫草灵、间位叶蝉散	$C_{11}H_{15}NO_2$	64-00-6	2757	
268	N,N-二甲基-α-甲基氨基甲酰基氧代亚氨-α-甲硫基乙酰胺	杀线威、草肟威、甲氨叉威	$C_7H_{13}N_3O_3S$	23135-22-0	2757	
269	2-二甲氨基甲酰基-3-甲基-5-吡唑基 N,N-二甲氨基甲酸酯(含量>50%)*	敌蝇威	$C_{10}H_{16}N_4O_3$	644-64-4	2757	
270	O-(甲基氨基甲酰基)-2-甲基-2-甲硫基丙醛肟	涕灭威、丁醛肟威、涕灭克、铁灭克	$C_7H_{14}N_2O_2S$	116-06-3	2771	Ⅲ
271	4,4-二甲基-5-(甲基氨基甲酰氧亚氨基)戊腈	腈叉威、戊氰威	$C_9H_{15}Cl_2N_3O_2$	58270-08-9	2757	
272	2,3-(异亚丙基二氧)苯基-N-甲基氨基甲酸酯(含量>65%)*	恶虫威、苯恶威	$C_{11}H_{13}NO_4$	22781-23-3	2757	
273	1-异丙基-3-甲基-5-吡唑基-N,N-二甲基氨基甲酸酯(含量>20%)*	异索威、异兰、异索兰	$C_{10}H_{17}N_3O_2$	119-38-0	2992	
274	α-氰基-3-苯氧苄基-2,2,3,3-四甲基环丙烷羧酸酯(含量>20%)*	甲氰菊酯、农螨丹、灭扫利	$C_{22}H_{23}NO_3$	39515-41-8	2588	
275	α-氰基-苯氧基苄基(1R,3R)-3-(2,2-二溴乙烯基)-2,2-二甲基环丙烷羧酸酯	溴氰菊酯、敌杀死、凯素灵、凯安宝、天马、骑士、金鹿、保棉丹、康素灵、增效百虫灵	$C_{22}H_{19}Br_2NO_3$	52918-63-5	2588	
276	β-[2-(3,5-二甲基-2-氧代环己基)-2-羟基乙基]-戊二酰亚胺	放线菌酮、放线酮、农抗101	$C_{15}H_{23}NO_4$	66-81-9	2588	
277	2,4-二硝基-3-甲基-6-叔丁基苯基乙酸酯(含量>80%)*	地乐施、甲基特乐酯	$C_{13}H_{16}N_2O_6$	2487-01-6	2779	

续表

序号	中文名称 化学名	别名	分子式	CAS 号	UN 号	受限范围
278	2-(1,1-二甲基乙基)-4,6-二硝酚(含量＞50％)*	特乐酚、二硝叔丁酚、异地乐酚、地乐消酚	$C_{10}H_{12}N_2O_5$	1420-07-1	2779	
279	3-(1-甲基-2-四氢吡咯基)吡啶硫酸盐	硫酸化烟碱	$C_{20}H_{28}N_4 \cdot SO_4$	65-30-5	1658	
280	2-(1-甲基丙基)-4,6-二硝酚(含量＞5％)*	地乐酚、二硝(另)丁酚、二仲丁基-4,6-二硝基苯酚	$C_{10}H_{12}N_2O_5$	88-85-7	2779	
281	4-(二甲氨基)苯重氮磺酸钠	敌磺钠、敌克松、对二甲基氨基苯重氮磺酸钠、地爽、地可松	$C_8H_{10}N_3O_3SNa$	140-56-7	2588	
282	2,4,6-三亚乙基氨基-1,3,5-三嗪	三亚乙蜜胺、不育津	$C_9H_{12}N_6$	51-18-3	3249	
283	二硫代焦磷酸四乙酯	治螟磷、硫特普、触杀灵、苏化203、治螟灵	$C_8H_{20}O_5P_2S_2$	3689-24-5	1704	Ⅲ
284	硫酸(二)甲酯	硫酸甲酯	$C_2H_6O_4S$	77-78-1	1595	
285	6,7,8,9,10,10-六氯-1,5,5a,6,9,9a-六氢-6,9-亚甲基-2,4,3-苯并二氧硫庚-3-氧化物(含量＞80％)*	硫丹、1,2,3,4,7,7-六氯双环[2.2.1]庚烯-(2)-双羟甲基-5,6-亚硫酸酯	$C_9H_6Cl_6O_3S$	115-29-7	2761	
286	乙酸苯汞	赛力散、裕米农、龙汞	$C_8H_8HgO_2$	62-38-4	1674	
287	氯化乙基汞	西力生	C_2H_5ClHg	107-27-7	2025	
288	磷酸二乙基汞	谷乐生、谷仁乐生、乌斯普龙汞制剂	$C_2H_7HgO_4P$	2235-25-8	2025	
289	乳酸苯汞三乙醇胺		$C_{12}H_{20}HgNO_3 \cdot C_3H_5O_3$	23319-66-6	2026	
290	氰胍甲汞	氰甲汞胍	$C_3H_6HgN_4$	502-39-6	2025	
291	氟乙酰胺	敌蚜胺、氟素儿	C_2H_4FNO	640-19-7	2811	Ⅱ
292	2-氟乙酰苯胺	灭蚜胺	C_8H_8FNO	330-68-7	2588	
293	氟乙酸-2-苯酰肼	法尼林	$C_8H_9FN_2O$	2343-36-4	2588	
294	二氯四氟丙酮	对称二氯四氟丙酮、敌锈酮、1,3-二氯-1,1,3,3-四氟-2-丙酮	$C_3Cl_2F_4O$	127-21-9	2810	
295	三苯基羟基锡(含量＞20％)*	毒菌锡	$C_{18}H_{16}OSn$	76-87-9	2786	
296	1,2,3,4,10,10-六氯-1,4,4a,5,8,8a-六氢-1,4,5,8-桥、挂-二亚甲基萘(含量＞75％)*	艾氏剂、化合物-118、六氯-六氢-二甲撑萘	$C_{12}H_8Cl_6$	309-00-2	2761	Ⅱ
297	1,2,3,4,10,10-六氯-1,4,4a,5,8,8a-六氢-1,4-挂-5,8-挂二亚甲基萘(含量＞10％)*	异艾氏剂	$C_{12}H_8Cl_6$	465-73-6	2761	

续表

序号	中文名称 化学名	别名	分子式	CAS 号	UN 号	受限范围
298	1,2,3,4,10,10-六氯-6,7-环氧-1,4,4a,5,6,7,8,8a-八氢-1,4-桥-5,8-挂二亚甲基萘	狄氏剂、化合物-497				
299	1,2,3,4,10,10-六氯-6,7-环氧-1,4,4a,5,6,7,8,8a-八氢-1,4-挂-5,8-二亚甲基萘（含量>5%）*	异狄氏剂				
300	1,3,4,5,6,7,8,8-八氯-1,3,3a,4,7,7a-六氢-4,7-亚甲基异苯并呋喃（含量>1%）*	碳氯灵、八氯六氢亚甲基异苯并呋喃、碳氯特灵				
301	1,4,5,6,7,8,8-七氯-3a,4,7,7a-四氢-4,7-亚甲基-H-茚（含量>8%）*	七氯、七氯化茚	$C_{10}H_5Cl_7$	76-44-8	2761	I
302	五氯苯酚	五氯酚	C_6HCl_5O	87-86-5		I
303	五氯酚钠（含量>5%）*		C_6Cl_5ONa	131-52-2	2567	
304	八氯莰烯（含量>3%）*	毒杀芬、氯化莰	$C_{10}H_{10}Cl_8$	8001-35-2		I
305	3-(α-乙酰甲基糠基)-4-羟基香豆素（含量>80%）*	克灭鼠、呋杀鼠灵、克杀鼠	$C_{17}H_{14}O_5$	117-52-2	3027	
306	3-(1-丙酮基苄基)-4-羟基香豆素（含量>2%）*	杀鼠灵、华法灵、灭鼠灵	$C_{19}H_{16}O_4$	81-81-2	3027	
307	4-羟基-3-(1,2,3,4-四氢-1-萘基)香豆素	杀鼠迷、立克命	$C_{19}H_{16}O_3$	5836-29-3	3027	
308	3-[3-(4'-溴联苯-4-基)-1,2,3,4-四氢-1-萘基]-4-羟基香豆素	溴联苯杀鼠迷、大隆杀鼠剂、大隆、溴敌拿鼠、溴鼠隆	$C_{31}H_{23}BrO_3$	56073-10-0	3027	
309	3-(3-对二苯基-1,2,3,4-四氢萘基-1-基)-4-羟基-2H-1-苯并吡喃-2-酮	敌拿鼠、鼠得克、联苯杀鼠奈	$C_{31}H_{24}O_3$	56073-07-5	3027	
310	3-吡啶甲基-N-(对硝基苯基)-氨基甲酸酯	灭鼠安	$C_{13}H_{11}N_3O_4$	51594-83-3	2757	
311	2-(2,2-二苯基乙酰基)-1,3-茚满二酮（含量>2%）*	敌鼠、野鼠净	$C_{23}H_{16}O_3$	82-66-6	2588	
312	2-[2-(4-氯苯基)-2-苯基乙酰基]茚满-1,3-二酮（含量>4%）*	氯鼠酮、氯敌鼠	$C_{23}H_{15}ClO_3$	3691-35-8	2761	
313	3,4-二氯苯偶氮硫代氨基甲酰胺	普罗米特、灭鼠丹、扑灭鼠	$C_7H_6Cl_2N_4S$	5836-73-7	2757	
314	1-(3-吡啶基甲基)-3-(4-硝基苯基)脲	灭鼠优、抗鼠灵、抗鼠灭	$C_{13}H_{12}N_4O_3$	53558-25-1	2588	
315	1-萘基硫脲	安妥、α-萘基硫脲	$C_{11}H_{10}N_2S$	86-88-4	1651	

序号	中文名称		分子式	CAS 号	UN 号	受限范围
	化学名	别名				
316	2,6-二噻-1,3,5,7-四氮三环-[3,3,1,1,3,7]癸烷-2,2,6,6-四氧化物	没鼠命、毒鼠强、四二四	$C_4H_8N_4O_4S_2$	80-12-6	2588	Ⅱ
317	2-氯-4-二甲氨基-6-甲基嘧啶（含量＞2%）*	鼠立死、杀鼠嘧啶	$C_7H_{10}ClN_3$	535-89-7	2588	
318	5-(α-羟基-α-2-吡啶基苯基)-5-降冰片烯-2,3-二甲酰亚胺	鼠特灵、鼠克星、灭鼠宁	$C_{33}H_{25}N_3O_3$	911-42-4	2588	
319	1-氯-3-氟-2-丙醇与 1,3-二氟-2-丙醇的混合物	鼠甘伏、鼠甘氟、甘氟、甘伏、伏鼠醇	$C_3H_6ClFO \cdot C_3H_6F_2O$	8065-71-2	2588	Ⅱ
320	4-羟基-3-[1,2,3,4-四氢-3-[4-[[4-(三氟甲基)苯基]甲氧基]苯基]-1-萘基]-2H-1-苯并吡喃-2-酮	杀它仗	$C_{33}H_{25}F_3O_4$	90035-08-8	3027	
321	3-[3,4'-溴(1,1'-联苯)-4-基]-3-羟基-1-苯丙基-4-羟基-2H-1-苯并吡喃-2-酮	溴敌隆、乐万福	$C_{30}H_{23}BrO_4$	28772-56-7	3027	
322	海葱糖苷	红海葱苷	$C_{32}H_{44}O_{12}$	507-60-8	2810	
323	地高辛	狄戈辛、毛地黄叶毒苷	$C_{41}H_{64}O_{14}$	20830-75-5		
324	花青苷	矢车菊苷	$C_{12}H_{10}ClN_3S$	581-64-6		
325	甲藻毒素（二盐酸盐）	石房蛤毒素（盐酸盐）	$C_{10}H_{17}N_7O_4$	35523-89-8		
326	放线菌素 D		$C_{62}H_{86}N_{12}O_{16}$	50-76-0	3249	
327	放线菌素		$C_{14}H_{58}N_8O_{11}$	1402-38-6		
328	甲基狄戈辛		$C_{42}H_{66}O_{14}$	30685-43-9		
329	赭曲霉素	棕曲霉毒素		37203-43-3		
330	赭曲毒素 A	棕曲霉毒素 A	$C_{20}H_{18}ClNO_6$	303-47-9		
331	左旋溶肉瘤素	左旋苯丙氨酸氮芥、米尔法兰	$C_{13}H_{18}Cl_2N_2O_2$	148-82-3		
332	抗霉素 A		$C_{28}H_{40}N_2O_9$	1397-94-0	3172	
333	木防己苦毒素	苦毒浆果（木防己属）	$C_{30}H_{34}O_{13}$	124-87-8	1584	
334	镰刀菌酮 X		$C_{17}H_{22}O_8$	23255-69-8		
335	丝裂霉素 C	自力霉素	$C_{15}H_{18}N_4O_5$	50-07-7	3249	

注："＊"表示该剧毒化学品含量来源于国家标准《危险货物品名表》(GB 12268—2012)。

"UN 号"是指联合国危险货物运输专家委员会在《关于危险货物运输的建议书》(橘皮书)中对危险货物指定的编号。在目录中标注 2 个 UN 号是指该剧毒化学品 2 种不同形态危险货物指定的编号。

"受限范围"是指该剧毒化学品受到中国政府的限制范围。

Ⅰ 表示国家明令禁止使用的剧毒化学品；

Ⅱ 表示国家明令禁止使用的农药；

Ⅲ 表示在蔬菜、果树、茶叶和中草药材上不得使用的农药。

表 7-18　28 种易制毒化学品名录

序号	名　称	分子式	类别
1	麻黄碱	$C_{10}H_{15}NO$	Ⅰ

续表

序号	名 称	分子式	类别
2	麦角新碱	$C_{19}H_{23}N_3O$	I
3	麦角胺	$C_{33}H_{35}N_5O$	I
4	麦角酸	$C_{16}H_{16}N_2O$	I
5	1-苯基-2-丙酮	C_9H_{10}	I
6	伪麻黄碱	$C_{10}H_{15}$	I
7	N-乙酰邻氨基苯酸	C_9H_9NO	I
8	3,4-亚甲基二氧苯基-2-丙酮	$C_{10}H_{10}O_3$	I
9	胡椒醛	$C_8H_6O_3$	I
10	黄樟脑	$C_{10}H_{10}O_2$	I
11	异黄樟脑	$C_{10}H_{10}O_2$	I
12	邻氨基苯甲酸	$C_7H_7NO_2$	I
13	醋酸酐	$C_4H_6O_3$	II
14	三氯甲烷	$CHCl_3$	II
15	乙醚	$C_4H_{10}O$	II
16	苯乙酸	$C_8H_8O_2$	II
17	哌啶	$C_5H_{11}N$	II
18	丙酮	C_3H_6O	III
19	甲基乙基酮	C_4H_8O	III
20	甲苯	C_7H_8	III
21	高锰酸钾	$KMnO_4$	III
22	硫酸	H_2SO_4	III
23	盐酸	HCl	III
24	氯化铵	NH_4Cl	III
25	氯化亚砜	$SOCl_2$	III
26	硫酸钡	$BaSO_4$	III
27	氯化钯	$PdCl_2$	III
28	乙酸钠	$CH_3COONa \cdot 3H_2O$	III

表 7-19 易制爆危险化学品名录（2011 年版）

序号	中文名称	主要的燃爆、危险性分类	CAS 号	编号
1		高氯酸、高氯酸盐及氯酸盐		
1.1	高氯酸（含酸 50%～72%）	氧化性液体、类别 1	7601-90-3	1873
1.2	氯酸钾	氧化性固体、类别 1	3811-04-9	1485
1.3	氯酸钠	氧化性固体、类别 1	7775-09-9	1495
1.4	高氯酸钾	氧化性固体、类别 1	7778-74-7	1489

续表

序号	中文名称	主要的燃爆、危险性分类	CAS 号	编号
1.5	高氯酸锂	氧化性固体、类别 1	7791-03-9	
1.6	高氯酸铵	爆炸物、1.1 项 氧化性固体、类别 1	7790-98-9	1442
1.7	高氯酸钠	氧化性固体、类别 1	7601-89-0	1502
2		硝酸及硝酸盐类		
2.1	硝酸（含硝酸≥70%）	金属腐蚀物、类别 1 氧化性液体、类别 1	7697-37-2	2031
2.2	硝酸钾	氧化性固体、类别 3	7757-79-1	1486
2.3	硝酸钡	氧化性固体、类别 2	10022-31-8	1446
2.4	硝酸锶	氧化性固体、类别 3	10042-76-9	1507
2.5	硝酸钠	氧化性固体、类别 3	7631-99-4	1498
2.6	硝酸银	氧化性固体、类别 2	7761-88-8	1493
2.7	硝酸铅	氧化性固体、类别 2	10099-74-8	1469
2.8	硝酸镍	氧化性固体、类别 2	14216-75-2	2725
2.9	硝酸镁	氧化性固体、类别 3	10377-60-3	1474
2.10	硝酸钙	氧化性固体、类别 3	10124-37-5	1454
2.11	硝酸锌	氧化性固体、类别 2	7779-88-6	1514
2.12	硝酸铯	氧化性固体、类别 3	7789-18-6	1451
3		硝基类化合物		
3.1	硝基甲烷	易燃液体、类别 3	75-52-5	1261
3.2	硝基乙烷	易燃液体、类别 3	79-24-3	2842
3.3		硝化纤维素		
3.3.1	硝化纤维素（干的或含水（或乙醇）<25%）	爆炸物、1.1 项	9004-70-0	0340
3.3.2	硝化纤维素（含增塑剂<18%）	爆炸物、1.1 项	9004-70-0	0341
3.3.3	硝化纤维素（含乙醇≥25%）	爆炸物、1.3 项	9004-70-0	0342
3.3.4	硝化纤维素（含水≥25%）	易燃固体、类别 1		2555
3.3.5	硝化纤维素（含氮≤12.6%、含乙醇≥25%）	易燃固体、类别 1		2556
3.3.6	硝化纤维素（含氮≤12.6%、含增塑剂≥18%）	易燃固体、类别 1		2557
3.4	硝基萘类化合物			
3.5	硝基苯类化合物			
3.6	硝基苯酚（邻、间、对）类化合物			
3.7	硝基苯胺类化合物			
3.8	2,4-二硝基甲苯		121-14-2	2038
	2,6-二硝基甲苯		606-20-2	1600
3.9	二硝基（苯）酚（干的或含水<15%）	爆炸物、1.1 项	25550-58-7	0076

序号	中文名称	主要的燃爆、危险性分类	CAS 号	编号
3.10	二硝基（苯）酚碱金属盐（干的或含水＜15%）	爆炸物、1.3 项		0077
3.11	二硝基间苯二酚（干的或含水＜15%）	爆炸物、1.1 项	519-44-8	0078
4		过氧化物与超氧化物		
4.1		过氧化氢溶液		
4.1.1	过氧化氢溶液（含量≥70%）	氧化性液体、类别 1	7722-84-1	2015
4.1.2	过氧化氢溶液（70%＞含量≥50%）	氧化性液体、类别 2	7722-84-1	2014
4.1.3	过氧化氢溶液（50%＞含量≥27.5%）	氧化性液体、类别 3	7722-84-1	2014
4.2	过氧乙酸	易燃液体、类别 3 有机过氧化物 D 型	79-21-0	
4.3	过氧化钾	氧化性固体、类别 1	17014-71-0	1491
4.4	过氧化钠	氧化性固体、类别 1	1313-60-6	1504
4.5	过氧化锂	氧化性固体、类别 2	12031-80-0	1472
4.6	过氧化钙	氧化性固体、类别 2	1305-79-9	1457
4.7	过氧化镁	氧化性固体、类别 2	1335-26-8	1476
4.8	过氧化锌	氧化性固体、类别 2	1314-22-3	1516
4.9	过氧化钡	氧化性固体、类别 2	1304-29-6	1449
4.10	过氧化锶	氧化性固体、类别 2	1314-18-7	1509
4.11	过氧化氢尿素	氧化性固体、类别 3	124-43-6	1511
4.12	过氧化二异丙苯（工业纯）	有机过氧化物 F 型	80-43-3	3109 液态 3110 固态
4.13	超氧化钾	氧化性固体、类别 1	12030-88-5	2466
4.14	超氧化钠	氧化性固体、类别 1	1313-60-6	2547
5		燃料还原剂类		
5.1	六亚甲基四胺（乌洛托品）	易燃固体、类别 3	100-97-0	1328
5.2	甲胺（无水）	易燃气体、类别 1	74-89-5	1061
5.3	乙二胺	易燃液体、类别 3	107-15-3	1604
5.4	硫黄	易燃固体、类别 2	7704-34-9	1350
5.5	铝粉（未涂层的）	遇水放出易燃气体的物质、类别 3	7429-90-5	1396
5.6	锂	遇水放出易燃气体的物质、类别 1	7439-93-2	1415
5.7	钠	遇水放出易燃气体的物质、类别 1	7440-23-5	1428
5.8	钾	遇水放出易燃气体的物质、类别 1	7440-09-7	2257
5.9	锆粉（干燥的）	发火的：自燃固体、遇水放出易燃气体的物质、类别 1 非发火的：自热物质、类别 1	7440-67-7	2008

续表

序号	中文名称	主要的燃爆、危险性分类	CAS 号	编号
5.10	锑粉		7440-36-0	2871
5.11	镁粉（发火的）	自燃固体、遇水放出易燃气体的物质、类别1	7439-95-4	
5.12	镁合金粉	遇水放出易燃气体的物质、类别1		
5.13	锌粉或锌尘（发火的）	自燃固体、遇水放出易燃气体的物质、类别1	7440-66-6	1436
5.14	硅铝粉	遇水放出易燃气体的物质、类别3		1398
5.15	硼氢化钠	遇水放出易燃气体的物质、类别1	16940-66-2	1426
5.16	硼氢化锂	遇水放出易燃气体的物质、类别1	16949-15-8	1413
5.17	硼氢化钾	遇水放出易燃气体的物质、类别1	13762-51-1	1870
6		其他		
6.1	苦氨酸钠（含水≥20%）	易燃固体、类别1	831-52-7	1349
6.2	高锰酸钠	氧化性固体、类别2	10101-50-5	1503
6.3	高锰酸钾	氧化性固体、类别2	7722-64-7	1490

注：1. "主要的燃爆、危险性分类"栏列出的化学品分类，是根据《化学品分类、警示标签和警示性说明安全规范》（GB 20576～20591）等国家标准，对某种化学品燃烧爆炸危险性进行的分类，每一类由一个或多个类别组成。如"氧化性液体"类，按照氧化性大小分为类别1、类别2、类别3三个类别。

2. 编号是联合国危险货物编号。

表 7-20　各类监控化学品名录

类别	监控化学品	典型化合物	CAS 号
第一类：可作为化学武器的化学品			
A	(1) 烷基（甲基、乙基、正丙基或异丙基）氟膦酸烷（少于或等于10个碳原子的碳链，包括环烷）酯	沙林：甲基氟膦酸异丙酯 梭曼：甲基氟膦酸频哪酯	107-44-8 96-64-0
	(2) 二烷（甲、乙、正丙或异丙）氨基氰氟膦酸烷（少于或等于10个碳原子的碳链，包括环烷）酯	塔崩：二甲氨基氰氟膦酸乙酯	77-81-6
	(3) 烷基（甲基、乙基、正丙基或异丙基）硫代氟膦酸烷基（氢或少于或等于10个碳原子的碳链，包括环烷）-S-2-二烷（甲、乙、正丙或异丙）氨基乙酯及其烷基化盐或质子化盐	VX：甲基硫代氟膦酸乙基-S-2-二异丙氨基乙酯	50782-69-9
	(4) 硫芥气	2-氯乙基氯甲基硫醚 芥子气:二(2-氯甲基)硫醚 二(2-氯乙硫基)甲烷 倍半芥气:1,2-二(2-氯乙硫基)乙烷 1,2-二(2-氯乙硫基)正丙烷 1,4-二(2-氯乙硫基)正丁烷 1,5-二(2-氯乙硫基)正戊烷 二(2-氯乙硫基甲基)醚 氧芥气:二(2-氯乙硫基乙基)醚	2625-76-5 505-60-2 63869-13-6 3563-36-8 63905-10-2 142868-93-7 142868-94-8 63918-90-1 63918-89-8

续表

类别	监控化学品	典型化合物	CAS 号
A	（5）路易氏剂	路易氏剂 1:2-氯乙烯基二氯胂 路易氏剂 2:二(2-氯乙烯基)氯胂 路易氏剂 3:三(2-氯乙烯基)胂	541-25-3 40334-69-8 40334-70-1
	（6）氮芥气	HN1:N,N-二(2-氯乙基)乙胺 HN2:N,N-二(2-氯乙基)甲胺 HN3:三(2-氯乙基)胺	538-07-8 51-75-2 555-77-1
	（7）石房蛤毒素		35523-89-8
	（8）蓖麻毒素		9009-86-3
B	（9）烷基（甲基、乙基、正丙基或异丙基）膦酰二氟	DF：甲基膦酰二氟	676-99-3
	（10）烷基（甲基、乙基、正丙基或异丙基）亚膦酸烷基（氢或少于或等于 10 个碳原子的碳链，包括环烷）-2-二烷（甲、乙、正丙或异丙）氨基乙酯及相应烷基化盐或质子化盐	QL：甲基亚膦酸乙基-2-二异丙基氨基乙酯	57856-11-8
	（11）氯沙林	甲基氯膦酸异丙酯	1445-76-7
	（12）氯梭曼	甲基氯膦酸频哪酯	7040-57-5

第二类：可作为生产化学武器前体的化学品

A	（1）胺吸膦	硫代磷酸二乙基-S-2-二氨基乙酯及相应烷基化盐或质子化盐	78-53-5
	（2）PFIB	1,1,3,3,3-五氟-2-三氟甲基-1-丙烯（又名：全氟异丁烯；八氟异丁烯）	382-21-8
	（3）BZ	二苯乙醇酸-3-奎宁环酯	6581-06-2
B	（4）含有一个磷原子并有一个甲基、乙基或（正或异）丙基原子团与该磷原子结合的化学品，不包括含有更多碳原子的情形，但第一类名录所列者除外	甲基膦酰二氯 甲基膦酸二甲酯	676-97-1 756-79-6
	（5）二烷（甲、乙、正丙或异丙）氨基膦酰二卤		
	（6）二烷（甲、乙、正丙或异丙）氨基膦酰二烷（甲、乙、正丙或异丙）酯		
	（7）三氯化砷		7784-34-1
	（8）2,2-二苯基-2-羟基乙酸	又名：二苯羟乙酸；二苯乙醇酸	76-93-7
	（9）奎宁环-3-醇		1619-34-7
	（10）二烷（甲、乙、正丙或异丙）氨基乙基-2-氯及相应质子化盐		
	（11）二烷（甲、乙、正丙或异丙）氨基乙基-2-醇及相应质子化盐	二甲氨基乙醇及相应质子化盐 二乙氨基乙醇及相应质子化盐	108-01-0 100-37-8
	（12）烷基（甲、乙、正丙或异丙）氨基乙基-2-硫醇及相应质子化盐		
	（13）硫二甘醇	二(2-羟乙基)硫醚；硫代双乙醇	111-48-8
	（14）频哪基醇	3,3-二甲基丁-2-醇	464-07-3

第三类：可作为生产化学武器主要原料的化学品

续表

类别	监控化学品	典型化合物	CAS 号
A	（1）光气（碳酰二氯）		75-44-5
	（2）氯化氰		506-77-4
	（3）氰化氢		74-90-8
	（4）氯化苦	三氯硝基甲烷	76-06-2
B	（5）磷酰氯	三氯氧磷，氧氯化磷	10025-87-3
	（6）三氯化磷		7719-12-2
	（7）五氯化磷		10026-13-8
	（8）亚膦酸三甲酯		121-45-9
	（9）亚膦酸三乙酯		122-52-1
	（10）亚膦酸二甲酯		868-85-9
	（11）亚膦酸二乙酯		762-04-9
	（12）一氯化硫		10025-67-9
	（13）二氯化硫		10545-99-0
	（14）亚硫酰氯；氯化亚砜，氧氯化硫		7719-09-7
	（15）乙基二乙醇胺		139-87-7
	（16）甲基二乙醇胺		105-59-9
	（17）三乙醇胺		102-71-6

第四类：除炸药和纯碳氢化合物以外的特定有机化合物

指可由其化学名称、结构式（如果已知）和 CAS 号辨明的属于除碳的氧化物、硫化物和金属碳酸盐以外的所有碳化合物所组成的化合物类的任何化学品

第九节　实验室废物的处理

实验室危险废物产生后一般要经过收集、储存后才进行处理。产生化学废物的单位对非危险化学废物和危险化学废物的储存和清运都必须参照国标 GB 15258—2009《化学品安全标签编写规定》、国标 GB 18597—2001《危险废物贮存污染控制标准》执行，应对化学废物先行科学安全处理，采取措施减少化学废物的体积、质量和危险程度。国家危险废物名录见表 7-21。

一、实验室危险废物收集的一般办法

（1）分类收集法　按废弃物的类别、性质和状态分门别类收集，可分为易燃、易腐蚀、中毒、活性氧化剂、特别危险、易形成过氧化物质、低温储藏、在惰性条件下储存等。

（2）按量收集法　根据实验过程中排出废弃物的量的多少或浓度高低予以收集。

（3）相似归类收集法　性质或处理方式、方法等相似的废弃物应收集在一起。

（4）单独收集法　危险废物应予以单独收集处理。

二、实验室危险废物收集的注意事项

① 下面所列物质不能互相混合：

a. 酸不能与活泼金属（如钠、钾、镁）、易燃有机物、氧化性物质、接触后即产生有毒气体的物质（如氰化物、硫化物及次卤酸盐）收集在一起；

b. 碱不能与酸、铵盐、挥发性胺等收集在一起；易燃物不能与有氧化作用的酸或易产生火花火焰的物质收集在一起；

c. 过氧化物、氧化铜、氧化银、氧化汞、含氧酸及其盐类、高氧化价的金属离子等氧化剂不能与还原剂（如锌、碱金属、碱土金属、金属的氢化物、低氧化价的金属离子、醛、甲

酸等）收集在一起。

② 会发出臭味的废液如硫醇、胺等和会发生有毒气体的废液如氰、磷化氢等，以及易燃性大的二硫化碳、乙醚之类废液，要把它们加以适当的处理，防止泄漏，并应尽快进行处理。

③ 与空气易发生反应的废弃物（如黄磷遇空气即生火）应放在水中并盖紧瓶盖；含有过氧化物、硝化甘油之类爆炸性物质的废液，要谨慎地操作，并应尽快处理。

④ 产生放射性废物和感染性废物的实验室应将废弃物收集密封，明显标示其名称、主要成分、性质和数量，并予以屏蔽和隔离，严防泄漏，谨慎地进行处理。

三、 实验室废物储存的注意事项

（1）实验室中化学废弃物品的储存 所有的废弃物品必须储存在辅助容器里，这些容器应存放在符合安全与环保要求的专门房间或室内特定区域，并根据其危险级别分开存放；不要把放射性废品和化学废弃物品放在同一个场所，严禁将危险废物与生活垃圾混装。

（2）标识存放的废弃物品 每个储存废弃物的容器上必须用以下信息标明："危险废弃物品"字样、危险废物的名称、危险废物的成分及其物理状态、危险废弃物质的性质、产生危险废品的地址和人员姓名、危险废物的储存日期等。

（3）存放废弃物品的容器及时间 存放实验室废物的容器必须不和废弃物反应，要用密闭式容器收集储存；储存容器应保持良好情况，如有严重生锈、损坏或泄漏之虞，应立即更换。原则上，废液在实验室的停留时间不应超过 6 个月。

四、 实验室危险废物的处理

1. 实验室化学废物的处理原则

化学工作者应树立绿色化学思想，依据减量化、再利用、再循环的整体思维方式来考虑和解决化学实验出现的废弃物问题。处理时要谨慎操作，防止产生有毒气体以及发生火灾、爆炸等危险，处理后的废物要确保无害才能排放。

2. 实验室化学废物的处理方法

（1）无机有毒废气的处理 产生毒气量大的实验必须备有吸收或处理装置，可用吸附、吸收、氧化、分解等方法进行处理。如 SO_2、Cl_2、H_2S、NO_2 等可用导管通入碱液中，使其大部分被吸收，一氧化碳可点燃转化成二氧化碳。

（2）无机酸、碱类废液的处理 一般无害之无机中性盐类，或阴阳离子废液，可经由大量清水稀释后，由下水道排放。无机酸碱或有机酸碱，需中和至中性或以水大量稀释后，再排入下水道中。

（3）含氧化剂、还原剂废液的处理 对氧化剂、还原剂废液的处理常采用氧化还原法，要注意一些能反应产生有毒物质的废液不能随意混合，如强氧化剂与盐酸、易燃物，硝酸盐和硫酸，有机物和过氧化物，磷和强碱（产生 PH_3），亚硝酸盐和强酸（产生 HNO_2），$KMnO_4$、$KClO_3$ 等不能与浓盐酸混合等。

（4）含有毒无机离子废液的处理 含有毒无机离子废液的处理利用沉淀、氧化、还原等方法进行回收或无害化处理，具体示例见表 7-22。

（5）有机废物的处理 有机类实验废液与无机类实验废液不同，大多易燃、易爆、不溶于水，故处理方法也不尽相同。有蒸馏法、焚烧法、溶剂萃取法、吸附法、氧化分解法、水解法、光催化降解法等，某些有机物质的处理方法见表 7-23。

（6）放射性废物的处理 放射性废物的处理应按 2012 年 3 月 1 日起执行的"中华人民共和国国务院令第 612 号"《放射性废物安全管理条例》的规定执行。核设施营运单位应当对放射性固体废物和不能经净化排放的放射性废液进行处理，使其转变为稳定的、标准化的固体废物后自行储存，严防泄漏，禁止混入化学废物，并及时送交取得相应许可证的放射性废物处置单位处置。在放射性废物处理过程中，除了靠放射性物质的衰变使其放射性衰减外，还需将放射性物质从废物中分离出来，使浓集放射性物质的废物体积尽量减小，可采取多级净化、去污、压缩减容、焚烧、固化等措施处理、处置，固化后存放到专用处置场或放入深地层处置库内处置，使其与生物圈隔离。

表 7-21 **国家危险废物名录**

废物类别①	行业来源②	废物代码③	危险废物	危险特性④
HW01 医疗废物	卫生	851-001-01	医疗废物	In
	非特定行业	900-001-01	为防治动物传染病而需要收集和处置的废物	In
HW02 医药废物	化学药品原药制造	271-001-02	化学药品原料药生产过程中的蒸馏及反应残渣	T
		271-002-02	化学药品原料药生产过程中的母液及反应基或培养基废物	T
		271-003-02	化学药品原料药生产过程中的脱色过滤（包括载体）物	T
		271-004-02	化学药品原料药生产过程中废弃的吸附剂、催化剂和溶剂	T
		271-005-02	化学药品原料药生产过程中的报废药品及过期原料	T
	化学药品制剂制造	272-001-02	化学药品制剂生产过程中的蒸馏及反应残渣	T
		272-002-02	化学药品制剂生产过程中的母液及反应基或培养基废物	T
		272-003-02	化学药品制剂生产过程中的脱色过滤（包括载体）物	T
		272-004-02	化学药品制剂生产过程中废弃的吸附剂、催化剂和溶剂	T
		272-005-02	化学药品制剂生产过程中的报废药品及过期原料	T
	兽用药品制造	275-001-02*	使用砷或有机砷化合物生产兽药过程中产生的废水处理污泥	T
		275-002-02	使用砷或有机砷化合物生产兽药过程中苯胺化合物蒸馏工艺产生的蒸馏残渣	T
		275-003-02	使用砷或有机砷化合物生产兽药过程中使用活性炭脱色产生的残渣	T
		275-004-02	其他兽药生产过程中的蒸馏及反应残渣	T
		275-005-02	其他兽药生产过程中的脱色过滤（包括载体）物	T
		275-006-02	兽药生产过程中的母液、反应基和培养基废物	T
		275-007-02	兽药生产过程中废弃的吸附剂、催化剂和溶剂	T
		275-008-02	兽药生产过程中的报废药品及过期原料	T
	生物、生化制品的制造	276-001-02	利用生物技术生产生物化学药品、基因工程药物过程中的蒸馏及反应残渣	T
		276-002-02	利用生物技术生产生物化学药品、基因工程药物过程中的母液、反应基和培养基废物	T
		276-003-02	利用生物技术生产生物化学药品、基因工程药物过程中的脱色过滤（包括载体）物与滤饼	T
		276-004-02	利用生物技术生产生物化学药品、基因工程药物过程中废弃的吸附剂、催化剂和溶剂	T
		276-005-02	利用生物技术生产生物化学药品、基因工程药物过程中的报废药品及过期原料	T

废物类别①	行业来源②	废物代码③	危险废物	危险特性④
HW03 废药物、药品	非特定行业	900-002-03	生产、销售及使用过程中产生的失效、变质、不合格、淘汰、伪劣的药物和药品（不包括 HW01、HW02、900-999-49 类）	T
HW04 农药废物	农药制造	263-001-04	氯丹生产过程中六氯环戊二烯过滤产生的残渣；氯丹氯化反应器的真空汽提器排放的废物	T
		263-002-04	乙拌磷生产过程中甲苯回收工艺产生的蒸馏残渣	T
		263-003-04	甲拌磷生产过程中二乙基二硫代磷酸过滤产生的滤饼	T
		263-004-04	2,4,5-三氯苯氧乙酸(2,4,5-T)生产过程中四氯苯蒸馏产生的重馏分及蒸馏残渣	T
		263-005-04	2,4-二氯苯氧乙酸（2,4-D）生产过程中产生的含 2,6-二氯苯酚残渣	T
		263-006-04	乙烯基双二硫代氨基甲酸及其盐类生产过程中产生的过滤、蒸发和离心分离残渣及废水处理污泥；产生研磨和包装工序产生的布袋除尘器粉尘和地面清扫废渣	T
		263-007-04	溴甲烷生产过程中反应器产生的废水和酸干燥器产生的废硫酸；生产过程中产生的废吸附剂和废水分离器产生的固体废物	T
		263-008-04	其他农药生产过程中产生的蒸馏及反应残渣	T
		263-009-04	农药生产过程中产生的母液及（反应罐及容器）清洗液	T
		263-010-04	农药生产过程中产生的吸附过滤物（包括载体、吸附剂、催化剂）	T
		263-011-04*	农药生产过程中的废水处理污泥	T
		263-012-04	农药生产、配制过程中产生的过期原料及报废药品	T
	非特定行业	900-003-04	销售及使用过程中产生的失效、变质、不合格、淘汰、伪劣的农药产品	T
HW05 木材防腐剂废物	锯材、木片加工	201-001-05	使用五氯酚进行木材防腐过程中产生的废水处理污泥，以及木材保存过程中产生的沾染防腐剂的废弃木材残片	T
		201-002-05	使用杂酚油进行木材防腐过程中产生的废水处理污泥，以及木材保存过程中产生的沾染防腐剂的废弃木材残片	T
		201-003-05	使用含砷、铬等无机防腐剂进行木材防腐过程中产生的废水处理污泥，以及木材保存过程中产生的沾染防腐剂的废弃木材残片	T
	专用化学产品制造	266-001-05	木材防腐化学品生产过程中产生的反应残余物、吸附过滤物及载体	T
		266-002-05*	木材防腐化学品生产过程中产生的废水处理污泥	T
		266-003-05	木材防腐化学品生产、配制过程中产生的报废产品及过期原料	T
	非特定行业	900-004-05	销售及使用过程中产生的失效、变质、不合格、淘汰、伪劣的木材防腐剂产品	T

续表

废物类别①	行业来源②	废物代码③	危险废物	危险特性④
HW06 有机溶剂废物	基础化学原料制造	261-001-06	硝基苯-苯胺生产过程中产生的废液	T
		261-002-06	羧酸肼法生产1,1-二甲基肼过程中产品分离和冷凝反应器排气产生的塔顶流出物	T
		261-003-06	羧酸肼法生产1,1-二甲基肼过程中产品精制产生的废过滤器滤芯	T
		261-004-06	甲苯硝化法生产二硝基甲苯过程中产生的洗涤废液	T
		261-005-06	有机溶剂的合成、裂解、分离、脱色、催化、沉淀、精馏等过程中产生的反应残余物、废催化剂、吸附过滤介质及载体	I，T
		261-006-06	有机溶剂的生产、配制、使用过程中产生的含有有机溶剂的清洗杂物	I，T
HW07 热处理含氰废物	金属表面处理及热处理加工	346-001-07	使用氰化物进行金属热处理产生的淬火池残渣	T
		346-002-07*	使用氰化物进行金属热处理产生的淬火废水处理污泥	T
		346-003-07	含氰热处理炉维修过程中产生的废内衬	T
		346-004-07	热处理渗碳炉产生的热处理渗碳氰渣	T
		346-005-07	金属热处理过程中的盐浴槽釜清洗工艺产生的废氰化物残渣	R，T
		346-049-07*	其他热处理和退火作业中产生的含氰废物	T
HW08 废矿物油	天然原油和天然气开采	071-001-08	石油开采和炼制产生的油泥和油脚	T，I
		071-002-08	废弃钻井液处理产生的污泥	T
	精炼石油产品制造	251-001-08	清洗油罐（池）或油件过程中产生的油/水和烃/水混合物	T
		251-002-08	石油初炼过程中产生的废水处理污泥，以及储存设施、油-水-固态物质分离器、积水槽、沟渠及其他输送管理、污水池、雨水收集管道产生的污泥	T
		251-003-08	石油炼制过程中API分离器产生的污泥，以及汽油提炼工艺废水和冷却废水处理污泥	T
		251-004-08	石油炼制过程中溶气浮选法产生的浮渣	T，I
		251-005-08	石油炼制过程中的溢出废油或乳剂	T，I
		251-006-08	石油炼制过程中的换热器管束清洗污泥	T
		251-007-08	石油炼制过程中隔油设施的污泥	T
		251-008-08	石油炼制过程中储存设施底部的沉渣	T，I
		251-009-08	石油炼制过程中原油储存设施的沉积物	T，I
		251-010-08	石油炼制过程中澄清油浆槽底的沉积物	T，I
		251-011-08	石油炼制过程中进油管路过滤或分离装置产生的残渣	T，I
		251-012-08	石油炼制过程中产生的废弃过滤黏土	T
	涂料、油墨、颜料及相应产品制造	264-001-08	油墨的生产、配制产生的废分散油	T
	专用化学产品制造	266-004-08	黏合剂和密封剂生产、配制过程产生的废弃松香油	T
	船舶及浮动装置制造	375-001-08	拆船过程中产生的废油和油泥	T，I

续表

废物类别①	行业来源②	废物代码③	危险废物	危险特性④
HW08 废矿物油	非特定行业	900-200-08	珩磨、研磨、打磨过程产生的废矿物油及其含油污泥	T
		900-201-08	使用煤油、柴油清洗金属零件或引擎产生的废矿物油	T，I
		900-202-08	使用切削油和切削液进行机械加工过程中产生的废矿物油	T
		900-203-08	使用淬火油进行表面硬化产生的废矿物油	T
		900-204-08	使用轧制油、冷却剂及酸进行金属轧制产生的废矿物油	T
		900-205-08	使用镀锡油进行焊锡产生的废矿物油	T
		900-206-08	锡及焊锡回收过程中产生的废矿物油	T
		900-207-08	使用镀锡油进行蒸汽除油产生的废矿物油	T
		900-208-08	使用镀锡油（防氧化）进行热风整平（喷锡）产生的废矿物油	T
		900-209-08	废弃的石蜡和油脂	T，I
		900-210-08	油/水分离设施产生的废油、污泥	T，I
		900-249-08	其他生产、销售、使用过程中产生的废矿物油	T，I
HW09 油/水、烃/ 水混合物 或乳化液	非特定行业	900-005-09	来自于水压机定期更换的油/水、烃/水混合物或乳化液	T
		900-006-09	使用切削油和切削液进行机械加工过程中产生的油/水、烃/水混合物或乳化液	T
		900-007-09	其他工艺过程中产生的废弃的油/水、烃/水混合物或乳化液	T
HW10 多氯（溴） 联苯类废物	非特定行业	900-008-10	含多氯联苯（PCBs）、多氯三联苯（PCTs）、多溴联苯（PBBs）的废线路板、电容、变压器	T
		900-009-10	含有 PCBs、PCTs 和 PBBs 的电力设备的清洗液	T
		900-010-10	含有 PCBs、PCTs 和 PBBs 的电力设备中倾倒出的介质油、绝缘油、冷却油及传热油	T
		900-011-10	含有或直接沾染 PCBs、PCTs 和 PBBs 的废弃包装物及容器	T
		900-012-10	含有或沾染 PCBs、PCTs、PBBs 和多氯（溴）萘，且含量≥50mg/kg 的废物、物质和物品	T
HW11 精（蒸）馏 残渣	精炼石油产品的制造	251-013-11	石油精炼过程中产生的酸焦油和其他焦油	T
	炼焦制造	252-001-11	炼焦过程中蒸氨塔产生的压滤污泥	T
		252-002-11	炼焦过程中澄清设施底部的焦油状污泥	T
		252-003-11	炼焦副产品回收过程中萘回收及再生产生的残渣	T
		252-004-11	炼焦和炼焦副产品回收过程中焦油储存设施中的残渣	T
		252-005-11	煤焦油精炼过程中焦油储存设施中的残渣	T
		252-006-11	煤焦油蒸馏残渣，包括蒸馏釜底物	T
		252-007-11	煤焦油回收过程中产生的残渣，包括炼焦副产品回收过程中的污水池残渣	T

废物类别①	行业来源②	废物代码③	危险废物	危险特性④
	炼焦制造	252-008-11	轻油回收过程中产生的残渣，包括炼焦副产品回收过程中的蒸馏器、澄清设施、洗涤油回收单元产生的残渣	T
		252-009-11	轻油精炼过程中的污水池残渣	T
		252-010-11	煤气及煤化工生产行业分离煤油过程中产生的煤焦油渣	T
		252-011-11	焦炭生产过程中产生的其他酸焦油和焦油	T
HW11 精（蒸）馏残渣	基础化学原料制造	261-007-11	乙烯法制乙醛生产过程中产生的蒸馏底渣	T
		261-008-11	乙烯法制乙醛生产过程中产生的蒸馏次要馏分	T
		261-009-11	苄基氯生产过程中苄基氯蒸馏产生的蒸馏釜底物	T
		261-010-11	四氯化碳生产过程中产生的蒸馏残渣	T
		261-011-11	表氯醇生产过程中精制塔产生的蒸馏釜底物	T
		261-012-11	异丙苯法生产苯酚和丙酮过程中蒸馏塔底焦油	T
		261-013-11	萘法生产邻苯二甲酸酐过程中蒸馏塔底残渣和轻馏分	T
		261-014-11	邻二甲苯法生产邻苯二甲酸酐过程中蒸馏塔底残渣和轻馏分	T
		261-015-11	苯硝化法生产硝基苯过程中产生的蒸馏釜底物	T
		261-016-11	甲苯二异氰酸酯生产过程中产生的蒸馏残渣和离心分离残渣	T
		261-017-11	1,1,1-三氯乙烷生产过程中产生的蒸馏底渣	T
		261-018-11	三氯乙烯和全氯乙烯联合生产过程中产生的蒸馏塔底渣	1
		261-019-11	苯胺生产过程中产生的蒸馏底渣	T
		261-020-11	苯胺生产过程中苯胺萃取工序产生的工艺残渣	T
		261-021-11	二硝基甲苯加氢法生产甲苯二胺过程中干燥塔产生的反应废液	T
		261-022-11	二硝基甲苯加氢法生产甲苯二胺过程中产品精制产生的冷凝液体轻馏分	T
		261-023-11	二硝基甲苯加氢法生产甲苯二胺过程中产品精制产生的废液	T
		261-024-11	二硝基甲苯加氢法生产甲苯二胺过程中产品精制产生的重馏分	T
		261-025-11	甲苯二胺光气化法生产甲苯二异氰酸酯过程中溶剂回收塔产生的有机冷凝物	T
		261-026-11	氯苯生产过程中的蒸馏及分馏塔底物	T
		261-027-11	使用羧酸肼生产1,1-二甲基肼过程中产品分离产生的塔底渣	T
		261-028-11	乙烯溴化法生产二溴化乙烯过程中产品精制产生的蒸馏釜底物	T
		261-029-11	α-氯甲苯、苯甲酰氯和含此类官能团的化学品生产过程中产生的蒸馏底渣	T
		261-030-11	四氯化碳生产过程中的重馏分	T
		261-031-11	二氯化乙烯生产过程中二氯化乙烯蒸馏产生的重馏分	T
		261-032-11	氯乙烯单体生产过程中氯乙烯蒸馏产生的重馏分	T
		261-033-11	1,1,1-三氯乙烷生产过程中产品蒸汽汽提塔产生的废物	T
		261-034-11	1,1,1-三氯乙烷生产过程中重馏分塔产生的重馏分	T
		261-035-11	三氯乙烯和全氯乙烯联合生产过程中产生的重馏分	T
	常用有色金属冶炼	331-001-11	有色金属火法冶炼产生的焦油状废物	T
	环境管理业	802-001-11	废油再生过程中产生的酸焦油	T
	非特定行业	900-013-11	其他精炼、蒸馏和任何热解处理中产生的废焦油状残留物	T

续表

废物类别①	行业来源②	废物代码③	危险废物	危险特性④
HW12 染料、涂料废物	涂料、油墨、颜料及相关产品制造	264-002-12	铬黄和铬橙颜料生产过程中产生的废水处理污泥	T
		264-003-12	钼酸橙颜料生产过程中产生的废水处理污泥	T
		264-004-12	锌黄颜料生产过程中产生的废水处理污泥	T
		264-005-12	铬绿颜料生产过程中产生的废水处理污泥	T
		264-006-12	氧化铬绿颜料生产过程中产生的废水处理污泥	T
		264-007-12	氧化铬绿颜料生产过程中产生的烘干炉残渣	T
		264-008-12	铁蓝颜料生产过程中产生的废水处理污泥	T
		264-009-12	使用色素、干燥剂、肥皂以及含铬和铅的稳定剂配制油墨过程中，清洗池槽和设备产生的洗涤废液和污泥	T
		264-010-12	油墨的生产、配制过程中产生的废蚀刻液	T
		264-011-12	其他油墨、染料、颜料、油漆、真漆、罩光漆生产过程中产生的废母液、残渣、中间体废物	T
		264-012-12	其他油墨、染料、颜料、油漆、真漆、罩光漆生产过程中产生的废水处理污泥，废吸附剂	T
		264-013-12	油漆、油墨生产、配制和使用过程中产生的含颜料、油墨的有机溶剂废物	T
	纸浆制造	221-001-12	废纸回收利用处理过程中产生的脱墨渣	T
	非特定行业	900-250-12	使用溶剂、光漆进行光漆涂布、喷漆工艺过程中产生的染料和涂料废物	T，I
		900-251-12	使用油漆、有机溶剂进行阻挡层涂覆过程中产生的染料和涂料废物	T，I
		900-252-12	使用油漆、有机溶剂进行喷漆、上漆过程中产生的染料和涂料废物	T，I
		900-253-12	使用油墨和有机溶剂进行丝网印刷过程中产生的染料和涂料废物	T，I
		900-254-12	使用遮盖油、有机溶剂进行遮盖油的涂敷过程中产生的染料和涂料废物	T，I
		900-255-12	使用各种颜料进行着色过程中产生的染料和涂料废物	T
		900-256-12	使用酸、碱或有机溶剂清洗容器设备的油漆、染料、涂料等过程中产生的剥离物	T
		900-299-12	生产、销售及使用过程中产生的失效、变质、不合格、淘汰、伪劣的油墨、染料、颜料、油漆、真漆、罩光漆产品	T，I
HW13 有机树脂类废物	基础化学原料制造	261-036-13	树脂、乳胶、增塑剂、胶水/胶合剂生产过程中产生的不合格产品、废副产物	T
		261-037-13	树脂、乳胶、增塑剂、胶水/胶合剂生产过程中合成、酯化、缩合等工序产生的废催化剂、母液	T
		261-038-13	树脂、乳胶、增塑剂、胶水/胶合剂生产过程中精馏、分离、精制等工序产生的釜残液、过滤介质和残渣	T
		261-039-13	树脂、乳胶、增塑剂、胶水/胶合剂生产过程中产生的废水处理污泥	T
	非特定行业	900-014-13	废弃黏合剂和密封剂	T
		900-015-13	饱和或者废弃的离子交换树脂	T
		900-016-13	使用酸、碱或溶剂清洗容器设备剥离下的树脂状、黏稠杂物	T

续表

废物类别①	行业来源②	废物代码③	危险废物	危险特性④
HW14 新化学药品废物	非特定行业	900-017-14	研究、开发和教学活动中产生的对人类或环境影响不明的化学废物	T/C/In/I/R
HW15 爆炸性废物	炸药及火工产品制造	266-005-15	炸药生产和加工过程中产生的废水处理污泥	R
		266-006-15	含爆炸品废水处理过程中产生的废炭	R
		266-007-15	生产、配制和装填铅基起爆药剂过程中产生的废水处理污泥	T，R
		266-008-15	三硝基甲苯（TNT）生产过程中产生的粉红水、红水，以及废水处理污泥	R
	非特定行业	900-018-15	拆解后收集的尚未引爆的安全气囊	R
HW16 感光材料废物	专用化学产品制造	266-009-16	显影液、定影液、正负胶片、相纸、感光原料及药品生产过程中产生的不合格产品和过期产品	T
		266-010-16	显影液、定影液、正负胶片、相纸、感光原料及药品生产过程中产生的残渣及废水处理污泥	T
	印刷	231-001-16	使用显影剂进行胶卷显影，使用定影剂进行胶卷定影，以及使用铁氰化钾、硫代硫酸盐进行影像减薄（漂白）产生的废显（定）影液、胶片及废相纸	T
		231-002-16	使用显影剂进行印刷显影、抗蚀图形显影，以及凸版印刷产生的废显（定）影液、胶片及废相纸	T
	电子元件制造	406-001-16	使用显影剂、氢氧化物、偏亚硫酸氢盐、醋酸进行胶卷显影产生的废显（定）影液、胶片及废相纸	T
	电影	893-001-16	电影厂在使用和经营活动中产生的废显（定）影液、胶片及废相纸	T
	摄影扩印服务	828-001-16	摄影扩印服务行业在使用和经营活动中产生的废显（定）影液、胶片及废相纸	T
	非特定行业	900-019-16	其他行业在使用和经营活动中产生的废显（定）影液、胶片及废相纸等感光材料废物	T
HW17 表面处理废物	金属表面处理及热处理加工	346-050-17	使用氯化亚锡进行敏化产生的废渣和废水处理污泥	T
		346-051-17	使用氯化锌、氯化铵进行敏化产生的废渣和废水处理污泥	T
		346-052-17*	使用锌和电镀化学品进行镀锌产生的槽液、槽渣和废水处理污泥	T
		346-053-17	使用镉和电镀化学品进行镀镉产生的槽液、槽渣和废水处理污泥	T
		346-054-17*	使用镍和电镀化学品进行镀镍产生的槽液、槽渣和废水处理污泥	T
		346-055-17*	使用镀镍液进行镀镍产生的槽液、槽渣和废水处理污泥	T
		346-056-17	硝酸银、碱、甲醛进行敷金属法镀银产生的槽液、槽渣和废水处理污泥	T
		346-057-17	使用金和电镀化学品进行镀金产生的槽液、槽渣和废水处理污泥	T
		346-058-17*	使用镀铜液进行化学镀铜产生的槽液、槽渣和废水处理污泥	T
		346-059-17	使用钯和锡盐进行活化处理产生的废渣和废水处理污泥	T
		346-060-17	使用铬和电镀化学品进行镀黑铬产生的槽液、槽渣和废水处理污泥	T

第三篇

续表

废物类别[①]	行业来源[②]	废物代码[③]	危险废物	危险特性[④]
HW17 表面处理废物	金属表面处理及热处理加工	346-061-17	使用高锰酸钾进行钻孔除胶处理产生的废渣和废水处理污泥	T
		346-062-17 *	使用铜和电镀化学品进行镀铜产生的槽液、槽渣和废水处理污泥	T
		346-063-17 *	其他电镀工艺产生的槽液、槽渣和废水处理污泥	T
		346-064-17	金属和塑料表面酸（碱）洗、除油、除锈、洗涤工艺产生的废腐蚀液、洗涤液和污泥	T
		346-065-17	金属和塑料表面磷化、出光、化抛过程中产生的残渣（液）及污泥	T
		346-066-17	镀层剥除过程中产生的废液及残渣	T
		346-099-17	其他工艺过程中产生的表面处理废物	T
HW18 焚烧处置残渣	环境治理	802-002-18	生活垃圾焚烧飞灰	T
		802-003-18	危险废物焚烧、热解等处置过程产生的底渣和飞灰（医疗废物焚烧处置产生的底渣除外）	T
		802-004-18	危险废物等离子体、高温熔融等处置后产生的非玻璃态物质及飞灰	T
		802-005-18	固体废物及液态废物焚烧过程中废气处理产生的废活性炭、滤饼	T
	电力生产	441-001-18	电力生产过程产生的油状飞灰、烟尘	T
HW19 含金属羰基化合物废物	非特定行业	900-020-19	在金属羰基化合物生产以及使用过程中产生的含有羰基化合物成分的废物	T
HW20 含铍废物	基础化学原料制造	261-040-20	铍及其化合物生产过程中产生的熔渣、集（除）尘装置收集的粉尘和废水处理污泥	T
HW21 含铬废物	毛皮鞣制及制品加工	193-001-21 *	使用铬鞣剂进行铬鞣、再鞣工艺产生的废水处理污泥	T
		193-002-21	皮革切削工艺产生的含铬皮革碎料	T
	印刷	231-003-21 *	使用含重铬酸盐的胶体有机溶剂、黏合剂进行漩流式抗蚀涂布（抗蚀及光敏抗蚀层等）产生的废渣及废水处理污泥	T
		231-004-21 *	使用铬化合物进行抗蚀层化学硬化产生的废渣及废水处理污泥	T
		231-005-21 *	使用铬酸镀铬产生的槽渣、槽液和废水处理污泥	T
	基础化学原料制造	261-041-21	由钙焙烧法生产铬盐产生的铬浸出渣（铬渣）	T
		261-042-21	由钙焙烧法生产铬盐过程中，中和去铝工艺产生的含铬氢氧化铝湿渣（铝泥）	T
		261-043-21	由钙焙烧法生产铬盐过程中，铬酐生产中产生的副产废渣（含铬硫酸氢钠）	T
		261-044-21 *	由钙焙烧法生产铬盐过程中产生的废水处理污泥	T
	铁合金冶炼	324-001-21	铬铁硅合金生产过程中尾气控制设施产生的飞灰与污泥	T
		324-002-21	铁铬合金生产过程中尾气控制设施产生的飞灰与污泥	T
		324-003-21	铁铬合金生产过程中金属铬冶炼产生的铬浸出渣	T

续表

废物类别①	行业来源②	废物代码③	危险废物	危险特性④
HW21 含铬废物	金属表面处理及热处理加工	346-100-21*	使用铬酸进行阳极氧化产生的槽渣、槽液及废水处理污泥	T
		346-101-21	使用铬酸进行塑料表面粗化产生的废物	T
	电子元件制造	406-002-21	使用铬酸进行钻孔除胶处理产生的废物	T
HW22 含铜废物	常用有色金属矿采选	091-001-22	硫化铜矿、氧化铜矿等铜矿物采选过程中集（除）尘装置收集的粉尘	T
	印刷	231-006-22*	使用酸或三氯化铁进行铜板蚀刻产生的废蚀刻液及废水处理污泥	T
	玻璃及玻璃制品制造	314-001-22*	使用硫酸铜还原剂进行敷金属法镀铜产生的槽渣、槽液及废水处理污泥	T
	电子元件制造	406-003-22	使用蚀铜剂进行蚀铜产生的废蚀铜液	T
		406-004-22*	使用酸进行铜氧化处理产生的废液及废水处理污泥	T
HW23 含锌废物	金属表面处理及热处理加工	346-102-23	热镀锌工艺尾气处理产生的固体废物	T
		346-103-23	热镀锌工艺过程产生的废弃熔剂、助熔剂、焊剂	T
	电池制造	394-001-23	碱性锌锰电池生产过程中产生的废锌浆	T
	非特定行业	900-021-23*	使用氢氧化钠、锌粉进行贵金属沉淀过程中产生的废液及废水处理污泥	T
HW24 含砷废物	常用有色金属矿采选	091-002-24	硫砷化合物（雌黄、雄黄及砷硫铁矿）或其他含砷化合物的金属矿石采选过程中集（除）尘装置收集的粉尘	T
HW25 含硒废物	基础化学原料制造	261-045-25	硒化合物生产过程中产生的熔渣、集（除）尘装置收集的粉尘和废水处理污泥	T
HW26 含镉废物	电池制造	394-002-26	镍镉电池生产过程中产生的废渣和废水处理污泥	T
HW27 含锑废物	基础化学原料制造	261-046-27	氧化锑生产过程中除尘器收集的灰尘	T
		261-047-27	锑金属及粗氧化锑生产过程中除尘器收集的灰尘	T
		261-048-27	氧化锑生产过程中产生的熔渣	T
		261-049-27	锑金属及粗氧化锑生产过程中产生的熔渣	T
HW28 含碲废物	基础化学原料制造	261-050-28	碲化合物生产过程中产生的熔渣、集（除）尘装置收集的粉尘和废水处理污泥	T
HW29 含汞废物	天然原油和天然气开采	071-003-29	天然气净化过程中产生的含汞废物	T
	贵金属矿采选	092-001-29	"全泥氰化-炭浆提金"黄金选矿生产工艺产生的含汞粉尘、残渣	T
		092-002-29	汞矿采选过程中产生的废渣和集（除）尘装置收集的粉尘	T
	印刷	231-007-29	使用显影剂、汞化合物进行影像加厚（物理沉淀）以及使用显影剂、氨氯化汞进行影像加厚（氧化）产生的废液及残渣	T
	基础化学原料制造	261-051-29	水银电解槽法生产氯气过程中盐水精制产生的盐水提纯污泥	T
		261-052-29	水银电解槽法生产氯气过程中产生的废水处理污泥	T
		261-053-29	氯气生产过程中产生的废活性炭	T

续表

废物类别①	行业来源②	废物代码③	危险废物	危险特性④
HW29 含汞废物	合成材料制造	265-001-29	氯乙烯精制过程中使用活性炭吸附法处理含汞废水过程中产生的废活性炭	T,C
		265-002-29	氯乙烯精制过程中产生的吸附微量氯化汞的废活性炭	T,C
	电池制造	394-003-29	含汞电池生产过程中产生的废渣和废水处理污泥	T
	照明器具制造	397-001-29	含汞光源生产过程中产生的荧光粉、废活性炭吸收剂	T
	通用仪器仪表制造	411-001-29	含汞温度计生产过程中产生的废渣	T
	基础化学原料制造	261-054-29	卤素和卤素化学品生产过程产生中的含汞硫酸钡污泥	T
	多种来源	900-022-29	废弃的含汞催化剂	T
		900-023-29	生产、销售及使用过程中产生的废含汞荧光灯管	T
		900-024-29	生产、销售及使用过程中产生的废汞温度计、含汞废血压计	T
HW30 含铊废物	基础化学原料制造	261-055-30	金属铊及铊化合物生产过程中产生的熔渣、集（除）尘装置收集的粉尘和废水处理污泥	T
HW31 含铅废物	玻璃及玻璃制品制造	314-002-31	使用铅盐和铅氧化物进行显像管玻璃熔炼产生的废渣	T
	印刷	231-008-31	印刷线路板制造过程中镀铅锡合金产生的废液	T
	炼钢	322-001-31	电炉粗炼钢过程中尾气控制设施产生的飞灰与污泥	T
	电池制造	394-004-31	铅酸蓄电池生产过程中产生的废渣和废水处理污泥	T
	工艺美术品制造	421-001-31	使用铅箔进行烤钵试金法工艺产生的废烤钵	T
	废弃资源和废旧材料回收加工业	431-001-31	铅酸蓄电池回收工业产生的废渣、铅酸污泥	T
	非特定行业	900-025-31	使用硬脂酸铅进行抗黏涂层产生的废物	T
HW32 无机氟化物废物	非特定行业	900-026-32*	使用氢氟酸进行玻璃蚀刻产生的废蚀刻液、废渣和废水处理污泥	T
HW33 无机氰化物废物	贵金属矿采选	092-003-33*	"全泥氰化-炭浆提金"黄金选矿生产工艺中含氰废水的处理污泥	T
	金属表面处理及热处理加工	346-104-33	使用氰化物进行浸洗产生的废液	R,T
	非特定行业	900-027-33	使用氰化物进行表面硬化、碱性除油、电解除油产生的废物	R,T
		900-028-33	使用氰化物剥落金属镀层产生的废物	R,T
		900-029-33	使用氰化物和双氧水进行化学抛光产生的废物	R,T
HW34 废酸	精炼石油产品的制造	251-014-34	石油炼制过程产生的废酸及酸泥	C,T

续表

废物类别^①	行业来源^②	废物代码^③	危险废物	危险特性^④
HW34 废酸	基础化学原料制造	261-056-34	硫酸法生产钛白粉（二氧化钛）过程中产生的废酸和酸泥	C，T
		261-057-34	硫酸和亚硫酸、盐酸、氢氟酸、磷酸和亚磷酸、硝酸和亚硝酸等的生产、配制过程中产生的废酸液、固态酸及酸渣	C
		261-058-34	卤素和卤素化学品生产过程产生的废液和废酸	C
	钢压延加工	323-001-34	钢的精加工过程中产生的废酸性洗液	C，T
	金属表面处理及热处理加工	346-105-34	青铜生产过程中浸酸工序产生的废酸液	C
	电子元件制造	406-005-34	使用酸溶液进行电解除油、酸蚀、活化前表面敏化、催化、锡浸亮产生的废酸液	C
		406-006-34	使用硝酸进行钻孔蚀胶处理产生的废酸液	C
		406-007-34	液晶显示板或集成电路板的生产过程中使用酸浸蚀剂进行氧化物浸蚀产生的废酸液	C
	非特定行业	900-300-34	使用酸清洗产生的废酸液	C
		900-301-34	使用硫酸进行酸性碳化产生的废酸液	C
		900-302-34	使用硫酸进行酸蚀产生的废酸液	C
		900-303-34	使用磷酸进行磷化产生的废酸液	C
		900-304-34	使用酸进行电解除油、金属表面敏化产生的废酸液	C
		900-305-34	使用硝酸剥落不合格镀层及挂架金属镀层产生的废酸液	C
		900-306-34	使用硝酸进行钝化产生的废酸液	C
		900-307-34	使用酸进行电解抛光处理产生的废酸液	C
		900-308-34	使用酸进行催化（化学镀）产生的废酸液	C
		900-349-34 *	其他生产、销售及使用过程中产生的失效、变质、不合格、淘汰、伪劣的强酸性擦洗粉、清洁剂、污迹去除剂以及其他废酸液、固态酸及酸渣	C
HW35 废碱	精炼石油产品的制造	251-015-35	石油炼制过程产生的碱渣	C，T
	基础化学原料制造	261-059-35	氢氧化钙、氨水、氢氧化钠、氢氧化钾等的生产、配制中产生的废碱液、固态碱及碱渣	C
	毛皮鞣制及制品加工	193-003-35	使用氢氧化钙、硫化钙进行灰浸产生的废碱液	C
	纸浆制造	221-002-35	碱法制浆过程中蒸煮制浆产生的废液、废渣	C
	非特定行业	900-350-35	使用氢氧化钠进行煮炼过程中产生的废碱液	C
		900-351-35	使用氢氧化钠进行丝光处理过程中产生的废碱液	C
		900-352-35	使用碱清洗产生的废碱液	C
		900-353-35	使用碱进行清洗除蜡、碱性除油、电解除油产生的废碱液	C
		900-354-35	使用碱进行电镀阻挡层或抗蚀层的脱除产生的废碱液	C
		900-355-35	使用碱进行氧化膜浸蚀产生的废碱液	C
		900-356-35	使用碱溶液进行碱性清洗、图形显影产生的废碱液	C
		900-399-35 *	其他生产、销售及使用过程中产生的失效、变质、不合格、淘汰、伪劣的强碱性擦洗粉、清洁剂、污迹去除剂以及其他废碱液、固态碱及碱渣	C

第三篇

续表

废物类别①	行业来源②	废物代码③	危险废物	危险特性④
HW36 石棉废物	石棉采选	109-001-36	石棉矿采选过程产生的石棉渣	T
	基础化学原料制造	261-060-36	卤素和卤素化学品生产过程中电解装置拆换产生的含石棉废物	T
	水泥及石膏制品制造	312-001-36	石棉建材生产过程中产生的石棉尘、废纤维、废石棉绒	T
	耐火材料制品制造	316-001-36	石棉制品生产过程中产生的石棉尘、废纤维、废石棉绒	T
	汽车制造	372-001-36	车辆制动器衬片生产过程中产生的石棉废物	T
	船舶及浮动装置制造	375-002-36	拆船过程中产生的废石棉	T
	非特定行业	900-030-36	其他生产工艺过程中产生的石棉废物	T
		900-031-36	含有石棉的废弃电子电器设备、绝缘材料、建筑材料等	T
		900-032-36	石棉隔膜、热绝缘体等含石棉设施的保养拆换、车辆制动器衬片的更换产生的石棉废物	T
HW37 有机磷化合物废物	基础化学原料制造	261-061-37	除农药以外其他有机磷化合物生产、配制过程中产生的反应残余物	T
		261-062-37	除农药以外其他有机磷化合物生产、配制过程中产生的过滤物、催化剂（包括载体）及废弃的吸附剂	T
		261-063-37 *	除农药以外其他有机磷化合物生产、配制过程中产生的废水处理污泥	T
	非特定行业	900-033-37	生产、销售及使用过程中产生的废弃磷酸酯抗燃油	T
HW38 有机氰化物废物	基础化学原料制造	261-064-38	丙烯腈生产过程中废水汽提器塔底的流出物	R，T
		261-065-38	丙烯腈生产过程中乙腈蒸馏塔底的流出物	R，T
		261-066-38	丙烯腈生产过程中乙腈精制塔底的残渣	T
		261-067-38	有机氰化物生产过程中，合成、缩合等反应中产生的母液及反应残余物	T
		261-068-38	有机氰化物生产过程中，催化、精馏和过滤过程中产生的废催化剂、釜底残渣和过滤介质	T
		261-069-38	有机氰化物生产过程中的废水处理污泥	T
HW39 含酚废物	炼焦	252-012-39	炼焦行业酚氰生产过程中的废水处理污泥	T
		252-013-39	煤气生产过程中的废水处理污泥	T
	基础化学原料制造	261-070-39	酚及酚化合物生产过程中产生的反应残渣、母液	T
		261-071-39	酚及酚化合物生产过程中产生的吸附过滤物、废催化剂、精馏釜残液	T
HW40 含醚废物	基础化学原料制造	261-072-40	生产、配制过程中产生的醚类残液、反应残余物、废水处理污泥及过滤渣	T

续表

废物类别①	行业来源②	废物代码③	危险废物	危险特性④
HW41 废卤化有机溶剂	印刷	231-009-41	使用有机溶剂进行橡皮版印刷，以及清洗印刷工具产生的废卤化有机溶剂	I, T
	基础化学原料制造	261-073-41	氯苯生产过程中产品洗涤工序从反应器分离出的废液	T
		261-074-41	卤化有机溶剂生产、配制过程中产生的残液、吸附过滤物、反应残渣、废水处理污泥及废载体	T
		261-075-41	卤化有机溶剂生产、配制过程中产生的报废产品	T
	电子元件制造	406-008-41	使用聚酰亚胺有机溶剂进行液晶显示板的涂覆、液晶体的填充产生的废卤化有机溶剂	I, T
	非特定行业	900-400-41	塑料板管棒生产中织品应用工艺使用有机溶剂黏合剂产生的废卤化有机溶剂	I, T
		900-401-41	使用有机溶剂进行干洗、清洗、油漆剥落、溶剂除油和光漆涂布产生的废卤化有机溶剂	I, T
		900-402-41	使用有机溶剂进行火漆剥落产生的废卤化有机溶剂	I, T
		900-403-41	使用有机溶剂进行图形显影、电镀阻挡层或抗蚀层的脱除、阻焊层涂覆、上助焊剂（松香）、蒸汽除油及光敏物料涂敷产生的废卤化有机溶剂	I, T
		900-449-41	其他生产、销售及使用过程中产生的废卤化有机溶剂、水洗液、母液、污泥	T
HW42 废有机溶剂	印刷	231-010-42	使用有机溶剂进行橡皮版印刷，以及清洗印刷工具产生的废有机溶剂	I, T
	基础化学原料制造	261-076-42	有机溶剂生产、配制过程中产生的残液、吸附过滤物、反应残渣、水处理污泥及废载体	T
		261-077-42	有机溶剂生产、配制过程中产生的报废产品	T
	电子元件制造	406-009-42	使用聚酰亚胺有机溶剂进行液晶显示板的涂覆、液晶体的填充产生的废有机溶剂	I, T
	皮革鞣制加工	191-001-42	皮革工业中含有有机溶剂的除油废物	T
	毛纺织和染整精加工	172-001-42	纺织工业中染整过程中含有有机溶剂的废物	T
	非特定行业	900-450-42	塑料板管棒生产中织品应用工艺使用有机溶剂黏合剂产生的废有机溶剂	I, T
		900-451-42	使用有机溶剂进行脱碳、干洗、清洗、油漆剥落、溶剂除油和光漆涂布产生的废有机溶剂	I, T
		900-452-42	使用有机溶剂进行图形显影、电镀阻挡层或抗蚀层的脱除、阻焊层涂覆、上助焊剂（松香）、蒸汽除油及光敏物料涂敷产生的废有机溶剂	I, T
		900-499-42	其他生产、销售及使用过程中产生的废有机溶剂、水洗液、母液、废水处理污泥	T
HW43 含多氯苯并呋喃类废物	非特定行业	900-034-43*	含任何多氯苯并呋喃同系物的废物	T

续表

废物类别①	行业来源②	废物代码③	危险废物	危险特性④
HW44 含多氯苯并二噁英废物	非特定行业	900-035-44*	含任何多氯苯并二噁英同系物的废物	T
HW45 含有机卤化物废物	基础化学原料制造	261-078-45	乙烯溴化法生产二溴化乙烯过程中反应器排气洗涤器产生的洗涤废液	T
		261-079-45	乙烯溴化法生产二溴化乙烯过程中产品精制过程产生的废吸附剂	T
		261-080-45	α-氯甲苯、苯甲酰氯和含此类官能团的化学品生产过程中氯气和盐酸回收工艺产生的废有机溶剂和吸附剂	T
		261-081-45	α-氯甲苯、苯甲酰氯和含此类官能团的化学品生产过程中产生的废水处理污泥	T
		261-082-45	氯乙烷生产过程中的分馏塔重馏分	T
		261-083-45	电石乙炔生产氯乙烯单体过程中产生的废水处理污泥	T
		261-084-45	其他有机卤化物的生产、配制过程中产生的高浓度残液、吸附过滤物、反应残渣、废水处理污泥、废催化剂（不包括上述 HW39、HW41、HW42 类别的废物）	T
		261-085-45	其他有机卤化物的生产、配制过程中产生的报废产品（不包括上述 HW39、HW41、HW42 类别的废物）	T
	基础化学原料制造	261-086-45	石墨作阳极隔膜法生产氯气和烧碱过程中产生的污泥	T
	非特定行业	900-036-45	其他生产、销售及使用过程中产生的含有机卤化物废物（不包括 HW41 类）	T
HW46 含镍废物	基础化学原料制造	261-087-46	镍化合物生产过程中产生的反应残余物及废品	T
	电池制造	394-005-46*	镍镉电池和镍氢电池生产过程中产生的废渣和废水处理污泥	T
	非特定行业	900-037-46	报废的镍催化剂	T
HW47 含钡废物	基础化学原料制造	261-088-47	钡化合物（不包括硫酸钡）生产过程中产生的熔渣、集（除）尘装置收集的粉尘、反应残余物、废水处理污泥	T
	金属表面处理及热处理加工	346-106-47	热处理工艺中的盐浴渣	T
HW48 有色金属冶炼废物	常用有色金属冶炼	331-002-48*	铜火法冶炼过程中尾气控制设施产生的飞灰和污泥	T
		331-003-48*	粗锌精炼加工过程中产生的废水处理污泥	T
		331-004-48	铅锌冶炼过程中，锌焙烧矿常规浸出法产生的浸出渣	T
		331-005-48	铅锌冶炼过程中，锌焙烧矿热酸浸出黄钾铁矾法产生的铁矾渣	T
		331-006-48	铅锌冶炼过程中，锌焙烧矿热酸浸出针铁矿法产生的硫渣	T
		331-007-48	铅锌冶炼过程中，锌焙烧矿热酸浸出针铁矿法产生的针铁矿渣	T
		331-008-48	铅锌冶炼过程中，锌浸出液净化产生的净化渣，包括锌粉-黄药法、砷盐法、反向锑盐法、铅锑合金锌粉法等工艺除铜、锑、镉、钴、镍等杂质产生的废渣	T
		331-009-48	铅锌冶炼过程中，阴极锌熔铸产生的熔铸浮渣	T

废物类别①	行业来源②	废物代码③	危险废物	危险特性④
HW48 有色金属冶炼废物	常用有色金属冶炼	331-010-48	铅锌冶炼过程中，氧化锌浸出处理产生的氧化锌浸出渣	T
		331-011-48	铅锌冶炼过程中，鼓风炉炼锌锌蒸气冷凝分离系统产生的鼓风炉浮渣	T
		331-012-48	铅锌冶炼过程中，锌精馏炉产生的锌渣	T
		331-013-48	铅锌冶炼过程中，铅冶炼、湿法炼锌和火法炼锌时，金、银、铋、镉、钴、铟、锗、铊、碲等有价金属的综合回收产生的回收渣	T
		331-014-48	铅锌冶炼过程中，各干式除尘器收集的各类烟尘	T
		331-015-48	铜锌冶炼过程中烟气制酸产生的废甘汞	T
		331-016-48	粗铅熔炼过程中产生的浮渣和底泥	T
		331-017-48	铅锌冶炼过程中，炼铅鼓风炉产生的黄渣	T
		331-018-48	铅锌冶炼过程中，粗铅火法精炼产生的精炼渣	T
		331-019-48	铅锌冶炼过程中，铅电解产生的阳极泥	T
		331-020-48	铅锌冶炼过程中，阴极铅精炼产生的氧化铅渣及碱渣	T
		331-021-48	铅锌冶炼过程中，锌焙烧矿热酸浸出黄钾铁矾法、热酸浸出针铁矿法产生的铅银渣	T
		331-022-48	铅锌冶炼过程中产生的废水处理污泥	T
		331-023-48	粗铅精炼加工过程中产生的废弃电解电池	T
		331-024-48	铝火法冶炼过程中产生的初炼炉渣	T
		331-025-48	粗铝精炼加工过程中产生的盐渣、浮渣	T
		331-026-48	铝火法冶炼过程中产生的易燃性撇渣	R
		331-027-48*	铜再生过程中产生的飞灰和废水处理污泥	T
		331-028-48*	锌再生过程中产生的飞灰和废水处理污泥	T
		331-029-48	铅再生过程中产生的飞灰和残渣	T
	贵金属冶炼	332-001-48	汞金属回收工业产生的废渣及废水处理污泥	T
HW49 其他废物	环境治理	802-006-49	危险废物物化处理过程中产生的废水处理污泥和残渣	T
	非特定行业	900-038-49	液态废催化剂	T
		900-039-49	其他无机化工行业生产过程产生的废活性炭	T
		900-040-49	其他无机化工行业生产过程收集的烟尘	T
		900-041-49	含有或直接沾染危险废物的废弃包装物、容器、清洗杂物	T/C/In/I/R
		900-042-49	突发性污染事故产生的废弃危险化学品及清理产生的废物	T/C/In/I/R
		900-043-49*	突发性污染事故产生的危险废物污染土壤	T/C/In/I/R
		900-044-49	在工业生产、生活和其他活动中产生的废电子电器产品、电子电气设备，经拆散、破碎、砸碎后分类收集的铅酸电池、镉镍电池、氧化汞电池、汞开关、阴极射线管和多氯联苯电容器等部件	T

第三篇

续表

废物类别①	行业来源②	废物代码③	危险废物	危险特性④
HW49 其他废物	非特定行业	900-045-49	废弃的印刷电路板	T
		900-046-49	离子交换装置再生过程产生的废液和污泥	T
		900-047-49	研究、开发和教学活动中，化学和生物实验室产生的废物（不包括 HW03、900-999-49）	T/C/In/I/R
		900-999-49	未经使用而被所有人抛弃或者放弃的；淘汰、伪劣、过期、失效的；有关部门依法收缴以及接收的公众上交的危险化学品	T

注：对来源复杂，其危险特性存在例外的可能性，且国家具有明确鉴别标准的危险废物，表中以"＊"标注。所列此类危险废物的产生单位确有充分证据证明所产生的废物不具有危险特性的，该特定废物可不按照危险废物进行管理。

①按《控制危险废物越境转移及其处置巴塞尔公约》划定的类别进行归类。

②指危险废物的产生源。

③为 8 位数字的危险废物的唯一代码，其中 1～3 位为其产生行业代码，4～6 位是废弃物顺序代码，7～8 位为废弃物类别代码。标有"＊"者表示其来源复杂，其危险特性存在例外的可能，且国家具有明确鉴别标准的危险废弃物。

④指腐蚀性（Corrosivity, C）、易燃性（Ignitability, I）、感染性（Infectivity, In）、反应性（Reectivity, R）和毒性（Toxicity, T）。

表 7-22 含有毒无机离子废液的处理示例

序号	污染物（注意事项）	方法名称	具体步骤
1	含钡废液	沉淀法	向含钡的废液中加入硫酸镁、硫酸钠或稀硫酸，使 Ba^{2+} 转化为难溶于水的 $BaSO_4$ 沉淀
2	含银废液	沉淀-金属置换法	当从含有多种金属离子废液中回收银时，加入盐酸不会产生共沉淀现象。碱性条件下其他金属的氢氧化物会和氯化银一起沉淀，酸洗沉淀可除去其他金属离子。得到的氯化银用（4mol/L）H_2SO_4 或 10%～15% 氯化钠溶液和锌还原氯化银直到沉淀内不再有白色物质，析出暗灰色细金属银沉淀，水洗，烘干，用石墨坩埚熔融可得金属银
3	含镉废液	氢氧化物沉淀法	在镉废液中加入消石灰，调节 pH 值至 10.6～11.2，生成难溶于水的 $Cd(OH)_2$ 沉淀，分离沉淀，检测滤液中无镉离子时，将其中和后即可排放
4	含铬（Ⅵ）废液（戴防护眼镜、橡皮手套，在通风橱内进行操作）	氧化还原和沉淀法	Cr^{6+} 的毒性比 Cr^{3+} 大得多，含铬废液应用硫酸调至 pH 为 2.0～3.0，用 $FeSO_4$ 或 Na_2SO_3 将 $Cr(VI)$ 还原为 $Cr(III)$，再加石灰或氢氧化钠生成低毒的 $Cr(OH)_3$ 沉淀。注意：在 pH7～8.5 范围 Cr 以 Cr（OH）$_3$ 沉淀存在
5	含铅废液	铝盐脱铅法	在含铅废液中加入消石灰，调节 pH 至 11，使废液中的铅生成 $Pb(OH)_2$ 沉淀，然后加入 $Al_2(SO_4)_3$（凝聚剂），将 pH 降至 7～8，则 $Pb(OH)_2$ 与 $Al(OH)_3$ 共沉淀，分离沉淀，检测滤液中不含铅后，排放废液
		硫化物沉淀法	在含铅废液中加入 Na_2S 或通入 H_2S 气体，使废液中的铅生成 PbS 沉淀而分离除去
6	含砷废液（As_2O_3 是剧毒物质，处理时必须十分谨慎；含有机砷化合物时，先将其氧化分解，然后才进行处理）	氢氧化物共沉淀法	与 Ca、Mg、Ba、Fe、Al 等的氢氧化物共沉淀而分离除去。用 $Fe(OH)_3$ 时，其最适宜的操作条件是：铁砷比（Fe/As）为 30～50；pH 为 7～10

续表

序号	污染物（注意事项）	方法名称	具体步骤
7	含汞废液 （毒性大，经微生物作用后，会变成毒性更大的有机汞；不能含有金属汞）	硫化物共沉淀法	先将含汞盐的废液的 pH 值调至 $8\sim10$，然后加入过量的 Na_2S，生成 HgS 沉淀，与加入的 $Fe(OH)_3$ 形成共沉淀而除去
		活性炭吸附法	先稀释废液，使 Hg 浓度在 1×10^{-6} 以下，然后加入 NaCl，调节 pH 值至 6 附近，加入过量的活性炭，搅拌约 2h，过滤，保管好滤渣
8	含氰化物废液 （废液制成碱性，防止有毒气体产生，在通风橱内处理）	化学氧化法	先用碱溶液将溶液 pH 值调到大于 11 后，加入次氯酸钠或漂白粉，充分搅拌，氰化物分解为二氧化碳和氮气，放置 24h 后排放
		硫酸亚铁法	在含氰化物的废液中加入硫酸亚铁溶液，CN^- 与 Fe^{2+} 形成毒性小的 $Fe[(CN)_6]^{4-}$ 配离子，该离子可与 Fe^{3+}（由 $FeSO_4$ 氧化而来）形成 $Fe_4[Fe(CN)_6]_3$ 蓝色沉淀而分离除去
		活性炭催化氧化法	在活性炭存在下将空气通入在 pH>8.5 的含氰化物的废液中，利用空气中的氧将氰化物氧化为氰酸盐，氰酸盐随即水解为无毒物
9	重金属离子 （预先分解有机物、配离子及螯合物、Cr（Ⅲ）、CN 等；含两种及以上金属离子时注意处理的最适宜 pH 值）	沉淀法（氢氧化物或硫化物）	加碱或加 Na_2S 把重金属离子变成难溶性的氢氧化物或硫化物沉积下来，从而过滤，分离，少量残渣可埋于地下
10	含硫废液	催化氧化法	在催化剂作用下，利用空气中的氧将硫化物氧化成硫代硫酸盐或硫酸盐
11	含氟化物废液	沉淀法	含氟化物废液在 pH 为 8.5 时加入石灰形成氟化钙沉淀，同时加明矾共沉淀效果更好

表 7-23　某些有机物质的处理方法

序号	有机废物	处理方法
1	含甲醇、乙醇、乙酸等可溶性溶剂废液	这些溶剂能被细菌分解，可以直接用大量的水稀释后排放
2	含芳香烃废液	苯、甲苯、二甲苯等废液，用蒸馏法可将其回收，少量时可用活性炭除去。甲苯、二甲苯、苯乙烯、苯乙酮等可被酸性高锰酸钾溶液氧化成苯甲酸，也可被 Fenton 试剂（H_2O_2+50mg/L 的 $FeSO_4$）氧化
3	（1）氯代脂肪烃废液	用高锰酸钾氧化，降低其毒性
	（2）氯仿、四氯化碳废液	对其进行水浴蒸馏，收集馏出液，密闭保存，回收利用三氯甲烷应避免与 H_2O_2 接触产生有毒的光气
4	含烃类及其含氧衍生物废液的处理	活性炭吸附、生物降解法、活性污泥法
5	含酚废液	萃取法常用于高浓度含酚类废液的回收；低浓度含酚废液可用活性炭、硅藻土吸附除去。Fenton 试剂可使酚和酚的取代物氧化降解为 CO_2。次氯酸钠或 $KMnO_4$ 可使苯酚、间苯二酚分解成简单的脂肪酸
6	含氮有机化合物的废液	高浓度含芳胺的废液可用萃取法处理；不溶于水、挥发性芳胺废液也可用水蒸气蒸馏法回收。沸点较低的硝基化合物和脂肪胺类可采用蒸馏法或萃取法回收。含胺类的废液加入甲醛能快速生成固体缩合物。Fenton 试剂可氧化苯胺类化合物的废液。硝基苯、偶氮化合物、羟基苯胺等可用 $FeSO_4$ 在碱性条件下生成的 $Fe(OH)_2$ 快速有效地还原成苯胺类化合物，$FeSO_4$ 用 H_2SO_4 调 pH=5 形成的 $Fe(OH)_3$ 可进一步将苯胺类化合物氧化成溶解度很小的醌式结构化合物，然后被 $Fe(OH)_3$ 混凝吸附除去

续表

序号	有机废物	处理方法
7	含醛类的废液	对低沸点、挥发性强的醛类或酮类的废液,可用蒸馏法回收利用;活性炭能吸附除去少量的醛类。如在甲醛废液中加入石灰乳或 NaOH 溶液碱性催化,甲醛能被 H_2O_2 氧化生成 H_2、H_2O、甲酸,Fenton 试剂或次氯酸钠也可将甲醛氧化为 CO_2。乙醛与不饱和的低分子量的醛废液可用少量石灰处理,使之成为无毒的多元醇的衍生物,如己糖等
8	有机氰化物	先按无机类废液的处理后,再作为有机类废液处理。对难溶于水的有机氰化物,用氢氧化钾酒精溶液使之转变成氰酸盐,然后才进行处理
9	有机汞(含烷基汞的废液毒性大,处理时要注意安全)	与浓硝酸和 $KMnO_4$ 一起回流分解有机汞,后按无机汞处理
10	含重金属的有机废液	先用氧化、吸附、焚烧等方式处理有机物,后按无机类废液处理
11	含有机磷的废液	浓度高的废液用焚烧处理,低浓度废液水解或萃取后,用吸附法处理

参 考 文 献

[1] 赵华绒,方文军等. 化学实验室安全域环保手册. 北京:化学工业出版社,2013:10.

[2] 杜秀芳,刘伟娜,杜玉民. 化学实验室有毒有机物废液的收集与处理. 实验室科学,2007,(3):158-159.

[3] 杜秀芳,杜玉民,刘伟娜. 化学实验室有毒无机废液的处理. 实验室科学,2007,(3):176-177.

[4] GB 30000.26—2013. 化学品分类和标签规范第 26 部分:特异性靶器官毒性 反复接触.

[5] GBZ 1—2010. 工业企业设计卫生标准.

[6] 王长利,马安洁,王立成. 实验室安全手册. 长春:吉林大学出版社,2009:9.

[7] IARC. Agents Classified by the IARC Monographs. Volumes 1-102.

[8] [EB/OL]. [2011-11-15]. http//monographs. iavc. fr/ENG/Classification/index. php.

[9] 浙江省标准化研究院. 化学品出口欧盟技术性贸易措施应对指南. 北京. 中国质检出版社,2012:8.

[10] 浙江省安全生产教育培训教材编写组. 危险化学品安全管理. 第 2 版. 北京. 中国工人出版社,2011:7.

[11] 中国安全生产科学研究院. 职业病危害因素检测. 北京:中国矿业大学出版社,2012.

第八章 安全分析与实验室风险防范

世界上做任何事都不能保证完全成功，因而分析实验室也存在着一定的风险。这些风险来源于实验方法、实验条件、实验仪器设备、实验室环境、实验人员的不规范操作等诸多方面，需要对实验方法和试验条件进行严格的筛选、对高压高能实验仪器设备有严密的监管与防范措施，更需要从业人员的谨慎操作，以确保实验室的绝对安全。

第一节 动火分析

安全分析在化工研究和生产过程中，尤其是需要三防（防火、防毒、防爆）的生产车间，具有极为重要的意义。安全分析的准确与否、防范措施的严密与否、安全责任落实与否等都直接关系到实验室、车间、整座工厂乃至周边群众的安全，实为大事。为此，必须严格按照各单位《质量手册》和《作业指导书》的规定执行分析任务，做好各种安全防范措施，以确保人身和国家财产的安全。

动火分析和有毒气体分析是安全分析的两个方面，在工作中可以根据下列 3 种情况决定具体采取那类安全分析：在容器外动火或在容器内取样时，只做动火分析；人在容器内不动火时，只做有毒气体分析；人在容器内工作进行动火时，需同时进行动火分析和有毒气体分析。

为确保维修人员的绝对安全，凡动火的容器和管道必须设法吹净。

1. 容器和管道的吹净方法

（1）空气吹净　此法若使用不当，遇有明火时易引起爆炸，因此一般不采用。

（2）蒸汽吹净　此法可靠，能普遍采用。但人欲进入容器内时，则需用空气重复排气以免窒息。

（3）惰性气体吹净　此处的"惰性气体"系指二氧化碳、氮气之类不燃或对造气无用的气体。"惰性气体"适用于管道、容器的吹净。如果人需要进入容器内，惰性气体吹净之后仍需要用空气重复置换，成本不低，还受到二氧化碳、氮气来源的限制。

（4）用水排气　此法可靠，但费时间不经济，一般的动火分析不采用此法。如果人要进入容器内可采用此法。

上述四种吹净方法中蒸汽吹净比较理想。动火时还应注意将各个系统隔绝开，压力表阀和取样阀中留存的气体也要注意排尽。

2. 安全分析的注意事项

① 仪器要经常保持正常，不漏气。要求做到分析及时，结果准确。

② 要分清对象是哪一类安全分析。

③ 应了解容器或管道所采用的吹净方法。

④ 检查所采用的安全措施是否与动火证上要求的相符，否则分析人员可拒绝进入取样。

3. 安全分析的取样

取样的橡皮管用绳子扎在长杆上，插入深度需在插入容器或管路内 2m 以上。如是在管道法兰间隙或容器管道上小孔中取样，也需插入 1m 以上。如果是在合成氨厂的气柜、水洗塔及相应的较大的容器，较长的管道中取样，则其插入深度需在 4m 以上。取样时需注意死角地方，要保证全部取到。若在室内取样，不可停留在一方，在动火处的四周均需取到。

动火证上除准确填写分析结果外，应填写清楚以下各点：取样时间、取样具体地点、有关的安全措施、分析人员签字。

4. 安全分析方法

动火分析与有毒气体分析均属气体分析范畴，各种易燃、易爆、有毒气体的具体分析方法可参考有关专业书，例如环保分析、燃料分析等，本节仅介绍动火分析中决定是否：动火的"可燃性气体含量的测定手续"、"试验气体爆炸情况的测定手续"和"几种可燃、可爆气体的具体动火分析方法"。有毒气体分析仅涉及国内在用的一些有毒气体的取样方法，吸附剂、测定用试剂与反应原理滴定、测定方法列表介绍。

在进行动火分析时，要遵循动火作业六大禁令：① 动火证未经批准，禁止动火；② 不与生产系统可靠隔绝，禁止动火；③ 不清洗，置换不合格，禁止动火；④ 不消除周围易燃物，禁止动火；⑤ 不按时作动火分析，禁止动火；⑥ 没有消防措施，禁止动火。

一、燃烧法测定可燃性气体总量

（1）测定手续　用气体分析器量气管取样 100ml，直接以氢氧化钠及焦性没食子酸钾溶液分别吸收二氧化碳和氧气以测定其含量（%）。

设：$w_{CO_2}=A$　　　　　$w_{O_2}=B$

如果氧气的含量在 15% 以上，另取样 100ml，直接将气体送入铂丝呈红热状态的燃烧瓶内，来回送 3 次，其减少体积 C 可在量管上直接读出。但这一读数，并非可燃性气体的真实体积，而是可燃性气体加上耗氧的总和，故经燃烧后的气体需要以氢氧化钠及焦性没食子酸钾溶液分别吸收二氧化碳及氧。

设：$w_{CO_2}=A_1$　　　　　$w_{O_2}=B_1$

则其可燃性气体含量 X 可依下式计算：

$$X=C+（A_1-A）-（B-B_1）$$

若经过燃烧后减少体积 C[❶]<0.5% 即可不用吸收，将数据填写在动火证上，可以动火。如果减少体积 C>0.5%，则经过吸收并按照上式计算。若可燃性气体含量 X<0.5%，可以动火；可燃性气体含量 X>0.5%，不准动火。

（2）注意事项　注意燃烧瓶夹套必须用水冷却，控制燃烧瓶铂丝呈红热状态，如呈白热状态则会烧毁铂丝。

二、爆炸法试验气体爆炸燃烧情况

（1）测定手续　用气体分析器量气管取样 100ml，送入爆炸瓶，通电察看是否呈现爆炸。将气体抽回量气管，观察读数有无变化。另取 100ml 用氢氧化钠及焦性没食子酸钾溶液分别吸收二氧化碳及氧。当使用氮气吹净时，只分析二氧化碳或可燃性气体含量。

（2）注意事项　若氧含量大于 20% 而小于 21% 通电不爆，方可填写在动火证上，准予动火。

氧含量大于 21% 时不得动火。因其超过空气中最高含氧量，应看取样处是否有氧从钢瓶内渗出，否则分析仪器一定有问题，须进行全面检查。

使用惰性气体吹净容器管道（采用空气复吹），需采用燃烧法测定，当分析结果氧含量在 20% 以上时，二氧化碳不应超过 0.5%，否则需找原因。

---

❶ 这是一般标准，具体工段对某一可燃性气体含量另有明确规定。

三、几种可燃可爆气体的动火分析方法

（一）动火氢、一氧化碳（H_2，CO）的简易分析

用球胆在容器或动火点周围取样，将样气引入气体分析仪排气 3 次，然后准确量取 100ml 样气，送入爆炸瓶，如不爆炸且无火花发生，再将样气送入焦性没食子酸钾溶液吸收瓶吸收，氧的含量（%）如在 20%～21%则为合格，可以动火。

（二）动火乙炔（C_2H_2）的简易分析

将 2 只保氏吸收瓶串联并各注入 10ml 0.1mol/L 硝酸银（$AgNO_3$）标准溶液，使与动火设备的排气口相连，调节气流速度以使吸收瓶中气泡可数，采集气样 8L。

拆除与设备的联系，将保氏吸收瓶中反应液注入 250ml 三角烧瓶中并用蒸馏水冲洗吸收瓶，洗液并入三角瓶中，注入（1+1）硝酸（HNO_3）8ml，以铁明矾为指示剂，用 0.1mol/L 硫氰酸铵（NH_4CNS）回滴至血红色为终点。

计算：乙炔质量分数
$$w_{C_2H_2} = \frac{(c_{AgNO_3}V_{AgNO_3} - c_{NH_4CNS}V_{NH_4CNS}) \times 0.013}{8 \times \dfrac{26}{22.4}} \times 100\%$$

控制指标：C_2H_2 应在 0.2%～0.3%。

（三）动火氯乙烯（$CH_2=CHCl$）的简易分析

① 将奥氏气体分析器的取样管与动火设备的排气口相连，借分析器的水准球取样（排气 10 次左右），读取取样体积 V_0。

② 借水准球将气体引入盛有 20%氢氧化钾（KOH）吸收液的吸收瓶中，充分吸收气体中的二氧化碳（CO_2）至读数恒定，读取吸收后的气体体积 V_1。

③ 将剩余气体引入盛有 30%溴水的吸收瓶中，充分吸收氯乙烯（$CH_2=CHCl$），吸收氯乙烯（$CH_2=CHCl$）后的剩余气体引入盛有 20%氢氧化钾（KOH）的吸收瓶中以吸收溴蒸气，读取吸收后的气体体积 V_2。

④ $\varphi_{CH_2=CHCl} = \dfrac{V_1 - V_2}{V_0} \times 100\%$，控制指标：氯乙烯（$CH_2=CHCl$）含量 $\varphi < 0.4\%$。

⑤ 注意事项：设备系统动火取样时，必须进排气多次，以期得到较有代表性的气体试样；溴水浓度必须在 3%左右，浓度低则吸收率差，会使结果偏低。

（四）合成氯化氢（HCl）点火以前对氯内含氢量的控制分析

氯内氢含量的测定方法（燃烧法）如下。

（1）控制指标　氯内氢含量 $\varphi < 0.4\%$。

（2）方法原理　利用氢气和氧气通过灼热的铂丝燃烧，生成水，由燃烧后减少的气体体积计算氯内氢含量。

$$2H_2 + O_2 = 2H_2O$$

（3）仪器　燃烧器一组；单头量气管 100ml；水准瓶（球）250ml，燃烧仪如图 8-1 所示。

（4）分析步骤　在测定之前，燃烧管 4 及连接管 6、量气管 3 都要充满水。将单头量气管和 7 相连，使活塞 5 和 7 相通，放低水准瓶 1，把单头量气管中吸收氯气后的剩余气体吸入量气管 3 中。再旋转活塞 5 使其与 6 相通，提高水准瓶 1，把量气管中气体压入燃烧管 4 中。

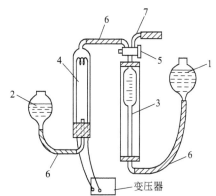

图 8-1　氯内含氢量测定用燃烧仪

1、2—水准瓶；3—量气管；4—燃烧管；
5—三通活塞；6—连接管；7—弯管

再旋转活塞 5 使其与 7 相通，再放低水准瓶 1 吸入 $80\sim90\text{ml}$ 空气，关闭活塞 5。

旋转活塞 5 使其与连接管 6 相通，放低水准瓶 1 将燃烧管 4 中的气体吸到量气管 3 中，关闭活塞 5，静置 30s，把水准瓶液面对准量气管液面，读取混合气体的体积为 V_1。

再旋转活塞 5 使其与连接管 6 相通，并提高水准瓶 1，把量气管 3 中气体压入燃烧管 4，关闭活塞 5 通电 1.5min，借水准瓶来回拉动水面，以使反应完全，关闭电源。

放低水准瓶 1，将燃烧的残余气体抽回量气管中，静置 30s，把水准瓶水面对准量气管水面，读取燃烧后气体体积 V_2。

（5）计算

$$\varphi_{\text{H}_2}=\frac{(V_1-V_2)\times2/3}{V_0}\times100\%$$

式中　V_0——氢气取样体积；

V_1——燃烧前混合气体体积；

V_2——燃烧后剩余气体体积；

2/3——换算为氢气气体的换算系数。

（6）注意事项　燃烧前后读取体积数时静置时间要相等；气体转移前管路中必须充满水。

（五）空气中含氢量的分析

（1）原理　两分子氢与一分子氧，在明火引爆下，爆炸生成两分子水蒸气，反应式为

$$2\text{H}_2+\text{O}_2\Longrightarrow 2\text{H}_2\text{O}$$

由于在室温下水蒸气冷凝成水，不占体积，因此氢气的体积为爆炸前混合气体体积与爆炸后剩余气体体积之差的 2/3 倍。

（2）操作　装置如图 8-2 所示。

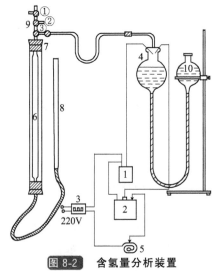

图 8-2　含氢量分析装置

1—油浸风扇电容器（$4\mu\text{F}\pm5\%$，400V）；2—通用式发火线圈（10V）；3—电铃变压器（200V-6V-12V）；
4—爆炸球，球内为铂丝，两小耳装水银与外线连接；5—点火开关；6—气体量管；
7—冷却套管；8—水准管；9—①②③三通活塞；10—平衡瓶

标准氢取样：将球胆压扁卷紧，以排除空气。打开氢气瓶（或管道）取样阀，接上球胆，让氢气充入以供分析。

检漏：使气体量管内液面上升至活塞①以上，关闭活塞①，放下水准管，观察液面是否

下降，如下降，活塞应重新擦油。对活塞②③也应同样进行检漏。

标准氢测定：用水准管将爆炸球内气体引出，并调节好零点，将充有标准氢的球胆接于活塞②，然后打开活塞②，用氢气冲洗 2 次，再准确量取氢气 5ml，关闭活塞②，打开活塞③，将氢气压入爆炸球内，再关闭活塞③；打开活塞①、②、③抽取空气冲洗气体量管 2 次，量取清净空气 20～25ml。关闭活塞①，打开活塞③，将空气与爆炸球内氢气混合 2～3 次，再将爆炸球内气体拉出，调节零点，关闭活塞③，准确读取爆炸前混合气体的体积为 V_1。打开活塞③，将气体全部压入爆炸球内，关闭活塞③，通电点火爆炸，然后打开活塞③，将残余气体抽回气体量管，并调节零点，关闭活塞③，准确读取残余气体的体积为 V_2。则标准氢体积 $V_标 = V_1 - V_2$。标准气需测定 2～3 次，并将数据相近的结果求出平均值。

空气中含氢的测定：按标准氢测定法，在爆炸球内加入 5ml 标准氢，然后将气体量管内的残余氢赶净，液面升到活塞①以上，并使左边的接头充满封闭液，然后将欲测定的气体通过活塞①拉入 25ml 的气体，关闭活塞①，打开活塞③，与标准氢混合均匀，调节零点，准确读取爆炸前的体积为 V_A，并将其压入爆炸球内，关闭活塞③，点火爆炸，打开活塞③。准确读取爆炸后的体积为 V_B。

（3）计算　　　　　$$\varphi_{H_2} = \frac{\left[\,(V_A - V_B)\, - V_标\right] \times 2/3}{25} \times 100\%$$　　　　（V 单位为 ml）

（4）说明　空气中含氢高于 1.5%，可不加标准氢，直接将气样压入爆炸球内点火爆炸即可。

测标准氢时，一定要保持周围无氢气，否则会使测定结果偏低。在空气中含氢高时，爆炸球易被炸裂，应以铜丝网包裹，以保证安全。空气中含氢量（φ_{H_2}）的控制指标：$\varphi < 0.4\%$。

第二节　有毒气体分析

一、有毒气体和有害物质的测定方法

中华人民共和国国家职业卫生标准 GBZ/T 210.4—2008 对采样方法、样品处理方法、测定方法的选择、测定方法的最佳测定条件试验进行了规定，中华人民共和国国家职业卫生标准（GBZ/T 160.XX—2004，其中的 XX 从 1 到 85）对工作场所空气中共 85 种有毒物质测定的方法进行了规定。表 8-1 列举了国家标准中某些有毒气体和有害物质的测定方法。

表 8-1　大气中有毒气体、有害物质的测定方法

序号	标准名称	标准号	方法名称	原理（具体条件）
1	惰性气体中微量氢、氧、甲烷、一氧化碳的测定	GB/T 28124—2011	气相色谱法	色谱柱：长约 3m、内径 2mm，不锈钢柱，内装 0.25～0.40mm 的 13X 分子筛 载气：惰性气体 检测器：带有氧化锆的检测器
2	公共场所卫生检验方法　第 2 部分：化学污染物（CO 测定）	GB/T 18204.2—2014	（1）不分光红外线气体分析法 （2）气相色谱法	CO 对不分光红外线具有选择性的吸收。在一定范围内，吸收值与 CO 浓度呈线性关系 CO 在色谱柱中与空气的其他成分完全分离后，进入转化炉，在 360℃镍催化剂催化作用下与氢气反应，生成甲烷，用氢火焰离子化检测器测定
3	空气质量　二硫化碳的测定	GB/T 14680—93	二乙胺分光光度法	用含铜盐、二乙胺的乙醇溶液采样。在铜离子存在下，二硫化碳与二乙胺作用，生成黄棕色的二乙基二硫代氨基甲酸铜，与 435nm 波长处进行测定

续表

序号	标准名称	标准号	方法名称	原理（具体条件）
4	环境空气和废气 氯化氢的测定 离子色谱法（暂行）	HJ 549—2009	离子色谱法	用碱性吸收液吸收氯化氢气体生成氯化物。将样品注入离子色谱仪，分离出氯离子，根据保留时间定性、响应值定量
5	固定污染源排气中氰化氢的测定	HJ/T 28—1999	异烟酸-吡唑啉酮分光光度法	用氢氧化钠溶液吸收氰化氢（HCN），在中性条件下，与氯胺 T 作用生成氯化氰（CNCl），氯化氰与异烟酸反应，经水解生成戊烯二醛，再与吡唑啉酮进行缩聚反应，生成蓝色化合物，用分光光度法测定
6	公共场所卫生检验方法 第2部分：化学污染物（NH₃测定）	GB/T 18204.2—2014	（1）靛酚蓝分光光度法 （2）纳氏试剂分光光度法	空气中氨吸收在稀硫酸中，在亚硝基铁氰化钠及次氯酸存在下，与水杨酸生成蓝绿色的靛酚蓝染料，在697.5nm下测定 空气中氨吸收在稀硫酸中，与纳氏试剂作用生成黄色化合物，在425nm下测定
7	空气质量 硫化氢、甲硫醇、甲硫醚和二甲二硫的测定	GB/T 14678—1993	气相色谱法	固定相：以静态法在高效 chromsorb-G 60～80 目担体上涂渍 25%β,β-氧二丙腈，载气为氮气，用火焰光度检测器检测
8	环境空气 二氧化硫的测定	HJ 482—2009	甲醛吸收-副玫瑰苯胺分光光度法	二氧化硫被甲醛缓冲溶液吸收后，生成稳定的羟甲基磺酸加成化合物，在样品溶液中加入氢氧化钠使加成化合物分解，释放出的二氧化硫与副玫瑰苯胺、甲醛作用，生成紫红色化合物，用光光度法在波长 577nm 处测量吸光度
9	大气固定污染源氯苯类化合物的测定	HJ/T 66—2001	气相色谱法	色谱柱：长约2m、内径3mm，硬质玻璃，填料 10% silicone GESE-30/chvomosorb W GC DMCS 60～80 目 载气：氮气 检测器：氢火焰离子化检测器
10	固定污染源废气 氯气的测定（暂行）	HJ/ 547—2009	碘量法	氯气被氢氧化钠溶液吸收，生成次氯酸钠，用盐酸酸化，释放出游离氯，游离氯再氧化碘化物生成碘，用硫代硫酸钠标准溶液滴定，计算出氯的量
11	环境空气 氟化物的测定	HJ 481—2009 HJ 480—2009	石灰滤纸采样氟离子选择电极法 滤膜采样氟离子选择电极法	空气中氟化物与浸渍在滤纸上的氢氧化钙反应而被固定。用总离子强度调节缓冲液浸提后，以氟离子选择电极法测定，获得石灰滤纸上氟化物的含量 已知体积的空气通过磷酸氢二钾浸渍的滤膜时，氟化物被固定或阻留在滤膜上，滤膜上的氟化物用盐酸溶液浸溶后，用氟离子选择性电极法测定
12	环境空气 汞的测定巯基棉富集-冷原子荧光分光光度法（暂行）	GBZ/T 160.14—2004	冷原子吸收光谱法	在微酸性介质中，用巯基棉富集环境空气中的汞及其化合物，采样后，用 4.0mol/L 盐酸-氯化钠饱和溶液解吸总汞，经氯化亚锡还原为金属汞，用冷原子荧光测汞仪测定总汞含量
13	环境空气 铅的测定	HJ 539—2009	石墨炉原子吸收光谱测定方法	铅尘、铅烟采集在微孔滤膜上，将样品用硝酸-高氯酸消解后，在 283.3nm 波长下，用石墨炉原子吸收法测定铅含量

续表

序号	标准名称	标准号	方法名称	原理（具体条件）
14	公共场所卫生检验方法　第2部分：化学污染物（甲醛测定）	GB/T 18204.26—2014	酚试剂分光光度法 气相色谱法	空气中的甲醛与酚试剂反应生成嗪，嗪在酸性溶液中被高铁离子氧化成深绿色化合物，在630nm比色测定，比色定量 空气中甲醛在酸性条件下吸附在涂有2,4-二硝基苯肼（2,4-DNPH）6201载体上，生成稳定的甲醛腙。用二硫化碳洗脱后，经OV-1色谱柱分离，用氢焰离子化检测器测定
15	居住区大气中甲醛卫生检验标准方法	GB/T 16129—1995	分光光度法	空气中甲醛与4-氨基-3-联氨-5-巯基-1,2,4-三氮杂茂（Ⅰ）在碱性条件下缩合后的物质，经高碘酸钾氧化成紫红色化合物，在550nm处测定
16	固定污染源排气中丙烯腈的测定	HJ/T 37—1999	气相色谱法	用活性炭采样管富集丙烯腈，二硫化碳（CS₂）解吸，固定相为GDX-502，60～80目，载气为N₂，氢火焰离子化检测器测定
17	环境空气　苯系物的测定	HJ 584—2010	气相色谱法	用活性炭采样管富集环境空气和室内空气中苯系物，二硫化碳（CS₂）解吸，用固定液为聚乙二醇（PEG-20M），30m×0.32mm×1.00μm毛细管柱，载气为N₂，氢火焰离子化检测器测定
18	居住区大气中硝基苯卫生检验标准方法	GB 11731—89	气相色谱法	空气中硝基苯被硅胶管吸附后，经解吸液洗脱，色谱柱分离，电子捕获检测器测定，以保留时间定性，峰高定量
19	室内空气中对二氯苯卫生标准	GB 18468—2001	气相色谱法	用活性炭采集空气中对二氯苯，用二硫化碳解吸进样，经FFAP毛细管柱分离后，用氢焰检测器检测
20	环境空气　酚类化合物的测定	HJ 638—2012	高效液相色谱法	用XAD-7树脂采集的气态酚类化合物经甲醇洗脱后，用C₁₈色谱柱、乙腈和水梯度作为流动相，在223nm波长检测

二、工作场所空气中有毒物质的测定方法

表8-2为工作场所空气中85种有毒物质的测定方法，可以根据国家标准中的相关规定进行检测。

表 8-2　工作场所空气中有毒物质测定方法汇总

GBZ/T	物质类别	代表性化学物质	测定方法
160.1—2004	锑及其化合物	金属锑和氧化锑等	火焰原子吸收光谱法、石墨炉原子吸收光谱法
160.2—2004	钡及其化合物	金属钡、氧化钡、氢氧化钡和氯化钡等	等离子体发射光谱法、二溴对甲基偶氮甲磺分光光度法
160.3—2004	铍及其化合物	金属铍和氧化铍等	桑色素荧光分光光度法
160.4—2004	铋及其化合物	碲化铋	原子荧光光谱法、火焰原子吸收光谱法
160.5—2004	镉及其化合物	金属镉和氧化镉等	火焰原子吸收光谱法
160.6—2004	钙及其化合物	过氧化钙和氰氨化钙等	火焰原子吸收光谱法
160.7—2004	铬及其化合物	铬酸盐、重铬酸盐和三氧化铬等	火焰原子吸收光谱法、二苯碳酰二肼分光光度法、三价铬和六价铬的分别测定
160.8—2004	钴及其化合物	金属钴和氧化钴等	火焰原子吸收光谱法

GBZ/T	物质类别	代表性化学物质	测定方法
160.9—2004	铜及其化合物	金属铜和氧化铜等	火焰原子吸收光谱法
160.10—2004	铅及其化合物	金属铅、氧化铅、硫化铅和四乙基铅等	火焰原子吸收光谱法、双硫腙分光光度法、氢化物-原子吸收光谱法、微分电位溶出法、四乙基铅的石墨炉原子吸收光谱法
160.11—2004	锂及其化合物	金属锂和氢化锂等	氢化锂发射光谱法
160.12—2004	镁及其化合物	金属镁和氧化镁等	火焰原子吸收光谱法
160.13—2004	锰及其化合物	金属锰和二氧化锰等	火焰原子吸收光谱法、磷酸-高碘酸钾分光光度法
160.14—2004	汞及其化合物	金属汞和氯化汞等	冷原子吸收光谱法、原子荧光光谱法、双硫腙分光光度法
160.15—2004	钼及其化合物	金属钼和氧化钼等	硫氰酸盐分光光度法、等离子体发射光谱法
160.16—2004	镍及其化合物	金属镍、氧化镍和硝酸镍等	火焰原子吸收光谱法
160.17—2004	钾及其化合物	氢氧化钾和氯化钾等	火焰原子吸收光谱法
160.18—2004	钠及其化合物	氢氧化钠和碳酸钠等	火焰原子吸收光谱法
160.19—2004	锶及其化合物	氧化锶和氯化锶等	火焰原子吸收光谱法
160.20—2004	钽及其化合物	五氧化二钽等	碘绿分光光度法
160.21—2004	铊及其化合物	金属铊、氧化铊等	石墨炉原子吸收光谱法
160.22—2004	锡及其化合物	金属锡、二氧化锡和二月桂酸二丁基锡等	火焰原子吸收光谱法、二氧化锡的栎精分光光度法、二月桂酸二丁基锡的双硫腙分光光度法
160.23—2004	钨及其化合物	金属钨和碳化钨等	硫氰酸钾分光光度法
160.24—2004	钒及其化合物	钒铁合金和五氧化二钒等	N-肉桂酰-邻甲苯羟胺分光光度法、催化极谱法
160.25—2004	锌及其化合物	金属锌、氧化锌和氯化锌等	火焰原子吸收光谱法、双硫腙分光光度法
160.26—2004	锆及其化合物	金属锆和氧化锆等	二甲酚橙分光光度法
160.27—2004	硼及其化合物	三氟化硼等	三氟化硼的苯羟乙酸分光光度法
160.28—2004	无机含碳化合物	一氧化碳和二氧化碳等	一氧化碳和二氧化碳的不分光红外线气体分析仪法 一氧化碳的直接进样气相色谱法
160.29—2004	无机含氮化合物	一氧化氮、二氧化氮、氨、氰化氢、氢氰酸、氰化物、叠氮酸、叠氮化钠等	一氧化氮和二氧化氮的盐酸萘乙二胺分光光度法、氨的纳氏试剂分光光度法、氰化氢和氰化物的异菸酸钠-巴比妥酸钠分光光度法、叠氮酸和叠氮化物的三氯化铁分光光度法
160.30—2004	无机含磷化合物	五氧化二磷、五硫化二磷、黄磷、磷化氢、三氯化磷、三氯硫磷和三氯氧磷等	磷酸的钼酸铵分光光度法、磷化氢的气相色谱法、磷化氢的钼酸铵分光光度法、五氧化二磷和三氯化磷的钼酸铵分光光度法、五硫化二磷和三氯硫磷的对氨基二甲基苯胺分光光度法、黄磷的吸收液采集-气相色谱法
160.31—2004	砷及其化合物	三氧化二砷、五氧化二砷、砷化氢等	氢化物-原子荧光光谱法、氢化物-原子吸收光谱法、二乙氨基二硫代甲酸银分光光度法、砷化氢的二乙氨基二硫代甲酸银分光光度法
160.32—2004	氧化物	臭氧和过氧化氢等	臭氧的丁子香酚分光光度法； 过氧化氢的四氯化钛分光光度法

GBZ/T	物质类别	代表性化学物质	测定方法
160.33—2004	硫化物	二氧化硫、三氧化硫、硫酸、硫化氢、二硫化碳、硫酰氟、六氟化硫和氯化亚砜等	二氧化硫的四氯汞钾-盐酸副玫瑰苯胺分光光度法、二氧化硫的甲醛缓冲液-盐酸副玫瑰苯胺分光光度法、三氧化硫和硫酸的离子色谱法、三氧化硫和硫酸的氯化钡比浊法、硫化氢的硝酸银比色法、二硫化碳的二乙胺分光光度法、二硫化碳的溶剂解吸-气相色谱法、六氟化硫和硫酰氟的直接进样气相色谱法、氯化亚砜的硫氰酸汞分光光度法
160.34—2004	硒及其化合物	硒和二氧化硒等	氢化物-原子荧光光谱法、二氨基萘荧光分光光度法、氢化物-原子吸收光谱法
160.35—2004	碲及其化合物	碲、氧化碲和碲化铋等	氢化物-原子荧光光谱法、火焰原子吸收光谱法
160.36—2004	氟化物	氟化氢和氟化物等	离子选择电极法、氟化氢的离子色谱法
160.37—2004	氯化物	氯、氯化氢、盐酸和二氧化氯等	氯气的甲基橙分光光度法、氯化氢和盐酸的离子色谱法、氯化氢和盐酸的硫氰酸汞分光光度法、二氧化氯的酸性紫 R 分光光度法
160.38—2007	烷烃类化合物	戊烷、己烷、庚烷、辛烷、壬烷等	戊烷、己烷和庚烷的热解吸-气相色谱法、辛烷溶剂解吸气相色谱法、壬烷的溶剂解吸气相色谱法、戊烷、己烷和庚烷的溶剂解吸-气相色谱法
160.39—2007	烯烃类化合物	丁烯、丁二烯和二聚环戊二烯等	丁二烯的溶剂解吸-气相色谱法、丁烯的直接进样气相色谱法、二聚环戊二烯的溶剂解吸-气相色谱法
160.40—2004	混合烃类化合物	液化石油气、溶剂汽油、抽余油、非甲烷总烃和石蜡烟等	溶剂汽油、液化石油气和抽余油的直接进样气相色谱法、溶剂汽油和非甲烷总烃的热解吸-气相色谱法、石蜡烟的溶剂提取称量法
160.41—2004	脂环烃类化合物	环己烷、甲基环己烷和松节油等	环己烷、甲基环己烷和松节油的溶剂解吸-气相色谱法，环己烷和甲基环己烷的热解吸-气相色谱法
160.42—2007	芳香烃类化合物	苯、甲苯、二甲苯、乙苯、苯乙烯、对叔丁基甲苯、二乙烯基苯等	苯、甲苯、二甲苯、乙苯和苯乙烯的溶剂解吸-气相色谱法，苯、甲苯、二甲苯、乙苯和苯乙烯的热解吸-气相色谱法，苯、甲苯和二甲苯的无泵型采样器-气相色谱法，对叔丁基甲苯的溶剂解吸气相色谱测定方法，二乙烯基苯的溶剂解吸-气相色谱法
160.43—2004	多苯类化合物	联苯等	联苯的溶剂解吸-气相色谱法
160.44—2004	多环芳香烃类化合物	萘、萘烷、四氢化萘、蒽、菲、苯并芘等	萘、萘烷和四氢化萘的溶剂解吸-气相色谱法，蒽、菲和 3,4-苯并 [a] 芘的高效液相色谱法
160.45—2007	卤代烷烃类化合物	氯甲烷、二氯甲烷、三氯甲烷、四氯化碳、二氯乙烷、三氯丙烷、六氯乙烷、溴甲烷、碘甲烷、1,2-二氯丙烷、二氯二氟甲烷等	三氯甲烷、四氯化碳、二氯乙烷、六氯乙烷和三氯丙烷的溶剂解吸-气相色谱法，氯甲烷、二氯甲烷和溴甲烷的直接进样-气相色谱法，二氯乙烷的无泵型采样器-气相色谱法，碘甲烷的 1,2-萘醌-4-磺酸钠分光光度法，1,2-二氯丙烷的溶剂解吸-气相色谱法，二氯二氟甲烷的溶剂解吸-气相色谱法

GBZ/T	物质类别	代表性化学物质	测定方法
160.46—2004	卤代不饱和烃类化合物	氯乙烯、二氯乙烯、三氯乙烯、四氯乙烯、氯丁二烯、四氟乙烯、氯丙烯等	二氯乙烯、三氯乙烯和四氯乙烯的溶剂解吸-气相色谱法,氯乙烯、氯丙烯、氯丁二烯和四氟乙烯的直接进样气相色谱法,氯乙烯、二氯乙烯、三氯乙烯和四氟乙烯的热解吸气相色谱法,三氯乙烯和四氯乙烯的无泵型采样器-气相色谱法
160.47—2004	卤代芳香烃类化合物	氯苯、二氯苯、三氯苯、对氯甲苯、苄基氯和溴苯等	氯苯、二氯苯、三氯苯、溴苯、对氯甲苯和苄基氯的溶剂解吸-气相色谱法,氯苯的无泵型采样器-气相色谱法
160.48—2007	醇类化合物	甲醇、丙醇、丁醇、戊醇、辛醇、丙烯醇、二丙醇、乙二醇、糠醇、氯乙醇、二氯丙醇、1-甲氧基-2-丙醇等	甲醇、异丙醇、丁醇、异戊醇、异辛醇、糠醇、二丙酮醇、丙烯醇、乙二醇和氯乙醇的溶剂解吸-气相色谱法,甲醇的热解吸-气相色谱法,二氯丙醇的变色酸分光光度法,1-甲氧基-2-丙醇溶剂解吸气相色谱法
160.49—2004	硫醇类化合物	甲硫醇、乙硫醇等	甲硫醇和乙硫醇的溶剂洗脱-气相色谱法,乙硫醇的对氨基二甲基苯胺分光光度法
160.50—2004	烷氧基乙醇类化合物	2-甲氧基乙醇、2-乙氧基乙醇和2-丁氧基乙醇等	2-甲氧基乙醇、2-乙氧基乙醇和2-丁氧基乙醇的溶剂解吸-气相色谱法
160.51—2007	酚类化合物	苯酚、甲酚、间苯二酚、β-萘酚、三硝基苯酚(苦味酸)、五氯酚及其钠盐等	苯酚和甲酚的溶剂解吸-气相色谱法,苯酚的4-氨基安替比林分光光度法,间苯二酚的碳酸钠分光光度法,β-萘酚和三硝基苯酚的高效液相色谱法,五氯酚及其钠盐的高效液相色谱测定方法
160.52—2007	脂肪族醚类化合物	乙醚、异丙醚等	乙醚和异丙醚的热解吸-气相色谱法
160.53—2004	苯基醚类化合物	氨基苯甲醚(氨基茴香醚,茴香胺)、苯基醚(二苯醚)等	氨基茴香醚的溶剂解吸-气相色谱法,苯醚的溶剂解吸-气相色谱法
160.54—2007	脂肪族醛类化合物	甲醛、乙醛、丙烯醛、异丁醛、糠醛、三氯乙醛等	乙醛的溶剂解吸-气相色谱法,乙醛和丙烯醛的直接进样-气相色谱法,异丁醛的热解吸-气相色谱法,甲醛的酚试剂分光光度法,糠醛的苯胺分光光度法,三氯乙醛-溶剂解吸高效液相色谱法
160.55—2007	脂肪族酮类化合物	丙酮、丁酮、甲基异丁基甲酮、双乙烯酮、异佛尔酮、二异丁基甲酮、二乙基甲酮、2-己酮	丙酮、丁酮和甲基异丁基甲酮的溶剂解吸-气相色谱法,丙酮、丁酮、甲基异丁基甲酮和双乙烯酮的热解吸-气相色谱法,异佛尔酮的溶剂解吸-气相色谱法,二异丁基甲酮的溶剂解吸-气相色谱法,二乙基甲酮的溶剂解吸-气相色谱法,2-己酮的溶剂解吸-气相色谱法
160.56—2004	脂环酮和芳香族酮类化合物	环己酮、甲基环己酮和异佛尔酮(3,5,5-三甲基-2-环己烯-1-酮)等	环己酮的溶剂解吸-气相色谱法
160.57—2004	醌类化合物	氢醌等	氢醌的高效液相色谱法
160.58—2004	环氧化合物	环氧乙烷、环氧丙烷、环氧氯丙烷等	环氧乙烷、环氧丙烷和环氧氯丙烷的直接进样-气相色谱法,环氧乙烷的热解吸-气相色谱法
160.59—2004	羧酸类化合物	甲酸、乙酸、丙酸、丙烯酸、氯乙酸和草酸等	甲酸、乙酸、丙酸、丙烯酸或氯乙酸的溶剂解吸-气相色谱法,对苯二甲酸的紫外分光光度法,草酸的离子色谱法

续表

GBZ/T	物质类别	代表性化学物质	测定方法
160.60—2004	酸酐类化合物	乙酐、马来酸酐和邻苯二甲酸酐等	乙酐的溶剂解吸-气相色谱法，邻苯二甲酸酐的溶剂洗脱-气相色谱法，马来酸酐的高效液相色谱法
160.61—2004	酰基卤类化合物	光气（碳酰氯）等	光气的紫外分光光度法
160.62—2004	酰胺类化合物	二甲基甲酰胺、二甲基乙酰胺、丙烯酰胺等	二甲基甲酰胺、二甲基乙酰胺和丙烯酰胺的溶液采集-气相色谱法
160.63—2007	饱和脂肪族酯类化合物	甲酸甲酯、甲酸乙酯、乙酸甲酯、乙酸乙酯、乙酸丙酯、乙酸丁酯、乙酸戊酯、1,4-丁内酯、硫酸二甲酯、乙酸异丁酯、乙酸异戊酯	甲酸酯类、乙酸酯类和1,4-丁内酯的溶剂解吸-气相色谱法；乙酸乙酯的无泵型采样器-气相色谱法，硫酸二甲酯的高效液相色谱法，乙酸异丁酯的溶剂解吸-气相色谱法，乙酸异戊酯的溶剂解吸-气相色谱法
160.64—2004	不饱和脂肪族酯类化合物	丙烯酸甲酯、丙烯酸乙酯、丙烯酸丙酯、丙烯酸丁酯、丙烯酸戊酯、乙酸乙烯酯、甲基丙烯酸甲酯和甲基丙烯酸环氧丙酯（甲基丙烯酸缩水甘油醚）等	丙烯酸酯类的溶剂解吸-气相色谱法，丙烯酸甲酯、乙酸乙烯酯的热解吸-气相色谱法，甲基丙烯酸甲酯的直接进样气相色谱法，甲基丙烯酸环氧丙酯的吸收液采集-气相色谱法
160.65—2004	卤代脂肪族酯类化合物	氯乙酸甲酯和氯乙酸乙酯等	氯乙酸甲酯和氯乙酸乙酯的溶剂解吸-气相色谱法
160.66—2004	芳香族酯类化合物	邻苯二甲酸二丁酯、邻苯二甲酸二辛酯和三甲苯磷酸酯等	邻苯二甲酸二丁酯和邻苯二甲酸二辛酯的高效液相色谱法，邻苯二甲酸二丁酯的溶剂洗脱-气相色谱法，三甲苯磷酸酯的紫外分光光度法
160.67—2004	异氰酸酯类化合物	甲苯二异氰酸酯（TDI）、二苯基甲烷二异氰酸酯（MDI）、异佛尔酮二异氰酸酯（IPDI）、多次甲基多苯基二异氰酸酯（PMPPI）等	甲苯二异氰酸酯（TDI）和二苯基甲烷二异氰酸酯（MDI）的溶液采集-气相色谱法；二苯基甲烷二异氰酸酯（MDI）和多次甲基多苯基二异氰酸酯（PMPPI）的盐酸萘乙二胺分光光度法，异佛尔酮二异氰酸酯（IPDI）的高效液相色谱法
160.68—2007	腈类化合物	乙腈、丙烯腈、丙酮氰醇（2-甲基-2-羟基丙腈）、甲基丙烯腈等	乙腈和丙烯腈的溶剂解吸-气相色谱法，丙烯腈的热解吸-气相色谱法，丙酮氰醇的异菸酸钠-巴比妥酸钠分光光度法，甲基丙烯腈的溶剂解吸-气相色谱法
160.69—2004	脂肪族胺类化合物	三甲胺、乙胺、二乙胺、三乙胺、乙二胺、丁胺和环己胺等	三甲胺、乙胺、二乙胺、三乙胺、乙二胺、正丁胺和环己胺的溶剂解吸-气相色谱法
160.70—2004	乙醇胺类化合物	乙醇胺等	乙醇胺的液体吸收-气相色谱法
160.71—2004	肼类化合物	肼、甲基肼、偏二甲基肼等	肼、甲基肼和偏二甲基肼溶剂解吸-气相色谱法，肼和甲基肼的对二甲氨基苯甲醛分光光度法，偏二甲基肼的氨基亚铁氰化钠分光光度法
160.72—2004	芳香族胺类化合物	苯胺、N-甲基苯胺、N,N-二甲基苯胺、对硝基苯胺、三氯苯胺、苄基氰等	苯胺、N-甲基苯胺、N,N-二甲基苯胺和苄基氰的溶剂解吸-气相色谱法；苯胺和对硝基苯胺的高效液相色谱法，三氯苯胺的吸收液采集-气相色谱法，对硝基苯胺的紫外分光光度法
160.73—2004	硝基烷烃类化合物	三氯硝基甲烷（氯化苦）等	氯化苦的盐酸萘乙二胺分光光度法

第三篇

续表

GBZ/T	物质类别	代表性化学物质	测定方法
160.74—2004	芳香族硝基化合物	硝基苯、二硝基苯、二硝基甲苯、三硝基甲苯、一硝基氯苯、二硝基氯苯等	硝基苯、二硝基苯、一硝基氯苯、二硝基氯苯、一硝基甲苯、二硝基甲苯、三硝基甲苯的毛细管柱气相色谱法，硝基苯、二硝基苯和三硝基甲苯的填充柱气相色谱法，硝基苯、一硝基氯苯、二硝基氯苯和二硝基甲苯的盐酸萘乙二胺分光光度法
160.75—2004	杂环化合物	吡啶、呋喃和四氢呋喃等	四氢呋喃和吡啶的溶剂解吸-气相色谱法，呋喃和四氢呋喃的热解吸-气相色谱法
160.76—2004	有机磷农药	久效磷、甲拌磷、对硫磷、甲基对硫磷、内吸磷、甲基内吸磷、马拉硫磷、乙酰甲胺磷、乐果、氧化乐果、杀螟松、异稻瘟净、倍硫磷、敌百虫、敌敌畏（DDV）、乙酰甲胺磷和磷胺等	久效磷、甲拌磷、对硫磷、亚胺硫磷、甲基对硫磷、倍硫磷、敌敌畏、乐果、氧化乐果、杀螟松、异稻瘟净的溶剂解吸-气相色谱法，敌百虫的二硝基苯肼分光光度法，磷胺、内吸磷、甲基内吸磷或马拉硫磷的酶化学法
160.77—2004	有机氯农药	六六六、滴滴涕（DDT）等	六六六和滴滴涕的溶剂洗脱-气相色谱法
160.78—2007	拟除虫菊酯类农药	溴氰菊酯、氯氰菊酯、氰戊菊酯等	溴氰菊酯和氰戊菊酯的溶剂解吸-气相色谱法；溴氰菊酯和氯氰菊酯的高效液相色谱法；氰戊菊酯的高效液相色谱测定法
160.79—2004	药物类化合物	可的松和炔诺孕酮等	可的松和炔诺孕酮的溶剂解吸-高效液相色谱法
160.80—2004	炸药类化合物	黑索金（三次甲基二硝基胺，RDX）、硝化甘油、硝基胍和奥克托今（环四亚甲基四硝胺，HMX）等	硝化甘油的溶剂解吸-气相色谱法，硝基胍的高效液相色谱法，硝基胍的紫外分光光度法，黑索金的变色酸分光光度法，奥克托今的盐酸萘乙二胺分光光度法，奥克托今的示波极谱法
160.81—2004	生物类化合物	洗衣粉酶等	含酶洗衣粉中酶的抗体结合-比色法
160.82—2007	醇醚类化合物	二丙烯基乙二醇甲基醚等	二丙烯基乙二醇甲基醚气相色谱法
160.83—2007	铟及其化合物	铟及其化合物	乙炔-空气火焰原子吸收光谱法
160.84—2007	钇及其化合物	钇及其化合物	电感耦合等离子体发射光谱法
160.85—2007	碘及其化合物	碘及其化合物	碳酸氢钠溶液解吸-离子色谱法

第三节 高危化学品的使用和防护

如上一章所述，化学品具有易燃、易爆、毒害、腐蚀、放射性等危险特性，在生产、储存、运输、使用和废弃物处置等过程中容易造成人身伤亡、财产损失、污染环境的均属危险化学品，其中的强氧化剂、爆炸性物质又可归为高危化学品，需格外注意，谨慎使用，细心操作，确保安全。

一、一般概念

强氧化剂是指具有强烈氧化性的物质，它们的标准电位值越正，氧化能力越强。虽然氧化剂本身一般不会燃烧，但在空气中遇酸、受潮、强热或与其他还原性物质、易燃物、可燃物接触时，就可能发生反应而引起燃烧，或与可燃物质构成爆炸性混合物。此类强氧化剂包括氟、氯、三价钴盐、过硫酸盐、过氧化物、高锰酸盐、氯酸盐和高氯酸盐、溴酸盐、重铬酸盐等。不同类别氧化剂的情况见表 8-3。

表 8-3　不同类别氧化剂的情况

分　类	界　限	物质 （$E^{\ominus}/V$）
弱氧化剂	以 Fe^{3+} 为界限，标准电极电势数值小于 0.77V 的 （$E^{\ominus}<$ 0.77V）	S （0.142）；Sn^{4+} （0.151）；Sb^{3+} （0.152）；稀 H_2SO_4 （0.17）；Cu^{2+} （0.341）；S^{4+} （0.45）；Cu^+ （0.52）；I_2 （0.536）
较强氧化剂	从 Fe^{3+} 开始到 O_2 的电极电势数值 （0.77V$\leqslant E^{\ominus}<$1.23V）	Fe^{3+} （0.77）；Hg^+ （0.79）；Ag^+ （0.8）；Hg^{2+} （0.85）；浓 H_2SO_4 （0.9，加热时 1.1）；稀 HNO_3 （0.96）；HNO_2 （0.983）；H_6TeO_6 （1.02）；Ni^{4+} （1.035）；Br_2 （1.087）；浓 HNO_3 （1.1）；H_2SeO_4 （1.15）；CCl_4 （1.18）；HIO_3 （1.195）；Mn^{4+} （1.22）
很强氧化剂	从 O_2 到 Co^{3+} （1.23V$\leqslant E^{\ominus}<$1.83V）	O_2 （1.23）；Tl^{3+} （1.25）；$H_2Cr_2O_7$ （1.33）；Cl_2 （1.358）；$HClO_4$ （1.39）；HIO （1.44）；$HClO_3$ （1.47）；$HBrO_3$ （1.482）；Au^{3+} （1.5）；HBrO （1.57）；H_5IO_6 （1.60）；HClO （1.61）；$HClO_2$ （1.645）；Ni^{4+} （1.678）；$HMnO_4$ （1.679）；Pb^{4+}（1.691）；Au^+ （1.692）；高溴酸 （过溴酸） $HBrO_4$ （1.763）；H_2O_2 （1.776，实际氧化能力弱于 Cl_2）
极强氧化剂	氧化性大于 Co^{3+} 的 （$E^{\ominus}>$1.83V）	Co^{3+} （1.83）；Ag^{2+} （1.98）；$H_2S_2O_8$ （2.01）；O_3 （2.076）；H_2XeO_4 （2.11）；H_2FeO_4 （2.2）；OF_2 （2.244）；XeF_2 （2.33）；O 原子 （2.694）；·OH （2.85）；F_2 （2.866）；H_4XeO_6 （3.0）

爆炸性物质指具有猛烈爆炸性的物质，当其受到高热、摩擦、冲击或与其他物质接触发生作用后，能在瞬间发生剧烈反应，产生大量的热量和气体，并使气体的体积迅速增加而引起爆炸。下列物质均属于敏感性强、易分解和引起爆炸的物质：

① 臭氧、过氧化物 （含特有的—O—O—基）；

② 氯酸和高氯酸化合物 （含特有的 Cl—O 原子团）；

③ 氮的卤化物 （含特有的≡N—X 基，X 表示卤素）；

④ 亚硝基化合物 （含特有的—NO 基）；

⑤ 重氮化合物和叠氮化合物 （含特有的 ⬠—基或原子团 N＝N）；

⑥ 雷酸盐 （含特有的—ONC 基或原子团—N＝C）；

⑦ 乙炔等炔类和炔化物 （含 —C≡C—基 ）。

所谓爆炸实质上是化学反应或状态变化的结果，是因为物质极迅速地发生突然变化，使其分子、原子或原子核内的能量迅速转化为物质的动能，并在爆炸发生的瞬间释放出来，产生高温并放出大量气体，在周围介质中造成高压。化学反应发生的爆炸和原子核分裂链式反应所引起的爆炸都是典型的爆炸，本节仅介绍化学反应所发生的爆炸。

易爆化学品具有很严重的危险性，在我国属于严控物质，公安部于 2011 年发布了需要控制的 6 类 72 种易制爆化学品目录 （见本手册第七章表 7-17），需高度重视，依法购置、使用和储存。实际上，不少强氧化剂本身也就是爆炸性物质，如列入易制爆化学品目录中的硝酸铵、过氧化物、高氯酸盐等。

爆炸极限是当可燃气体、可燃液体的蒸气 （或可燃粉尘）与空气混合并达到一定浓度时，遇到火源就会发生爆炸。这个遇到火源能够发生爆炸的浓度范围，叫做爆炸极限，通常用可燃气体、蒸气 （或粉尘）在空气中的体积分数 （%）来表示，但可燃气体、蒸气 （或粉尘）与空气的混合物并不是在任何混合比例下都有可能发生爆炸，而是有一个发生爆炸的浓度范围，即有一个最低的爆炸浓度——爆炸下限，和一个最高的爆炸浓度——爆炸上限，只有在这两个浓度之间，才有爆炸的危险。如果可燃气体、蒸气（或粉尘）在空气中的浓度低于爆炸下限，遇到明火，既不会爆炸，也不会燃烧；高于爆炸上限，遇到明火，虽然不会爆炸，但接触空气却能燃烧。因为低于爆炸下限时，空气所占的比例很大，可燃物质的浓度不够；高于爆炸上限时，则含有大量可燃物质，而空气却不足，缺少助燃的氧气。

了解各类可燃性气体、蒸气的爆炸极限将有助于做好防火防爆工作，这应该已经形成了共识，但粉尘的可爆炸性，或许更应引起人们的普遍重视。

首先，根据某些可燃气体或蒸气（或粉尘）的爆炸极限，可以看出它们的危险程度。可燃气体或蒸气（或粉尘）危险的大小，主要取决于爆炸极限幅度的大小。幅度越大，其危险性就越大。例如乙炔，爆炸下限是 2.5%，上限是 80%；乙烷，下限是 3.00%，上限是 12.50%。两者相比，乙炔的危险性就比乙烷大得多。因为乙炔的爆炸极限幅度是乙烷的 8.1 倍，这就意味着乙炔发生爆炸的机会比乙烷多 8.1 倍。其次，根据某些可燃气体、蒸气（或粉尘）的爆炸极限，可以看出在哪些情况下容易使它们进入爆炸范围。爆炸下限较低的可燃气体或蒸气如果泄漏在空气中，即使它们的量不是很大，也容易进入爆炸范围，具有很大的爆炸危险性，因此在生产、使用这类物质时，就要特别注意防止"跑、冒、滴、漏"。对于爆炸上限较高的可燃气体或蒸气，如果有空气进入它们的容器或管道设备中，则不需要很大的数量，就能使之进入爆炸范围，危险性也很大，因此，对这类易燃气体或蒸气的生产、使用，要注意设备的密闭并保持正压，严防空气渗入。

各种可燃、易爆气体和粉尘在空气（或氧气）中的爆炸极限见表 8-4～表 8-7。其中主要数据是在大气压和室温条件下，在不小于约 5cm 直径的弹式器（或管）中向上传播（火焰）所测得的值，以百分比为基础。

表 8-4 气体和蒸气在空气中的爆炸极限

物质名称	爆炸下限 (LEL) /%	爆炸上限 (UEL) /%	物质名称	爆炸下限 (LEL) /%	爆炸上限 (UEL) /%
脂肪烃类			癸烷	0.77	5.35
甲烷	5	15	乙烯	2.7	36
乙烷	3	12.5	丙烯	2	11.1
丙烷	2.1	9.5	1-丁烯	1.65	9.95
环丙烷	2.40	10.40	2-丁烯	1.75	9.70
丁烷	1.9	8.5	丁二烯	2	12
异丁烷	1.8	8.4	戊烯	1.42	8.7
戊烷	1.5	7.8	异丁烯	1.8	9.6
异戊烷	1.4	7.6	异戊二烯	1.5	8.9
环戊烷	1.5		乙炔	2.5	100
2,2-二甲基丙烷	1.38	7.50	芳香烃类		
2,3-二甲基丙烷	1.12	6.75	苯	1.40	7.10
正己烷	1.1	7.5	甲苯	1.27	6.75
环己烷	1.3	8	邻二甲苯	1.00	6.70
甲基环己烷	1.15	6.70	乙苯	0.8	6.7
庚烷	1.05	6.7	二乙基苯	0.7	6
辛烷	0.95	—	苯乙烯	0.9	6.8
壬烷	0.8	2.9	联苯，联二苯	0.6	5.8

续表

物质名称	爆炸下限 (LEL) /%	爆炸上限 (UEL) /%	物质名称	爆炸下限 (LEL) /%	爆炸上限 (UEL) /%
异丙基苯，异丙苯，枯烯	0.9	6.5	氧化乙烯	3.0	100.0
1,2-萘满，四氢化萘	0.8	5	环氧丙烷	2.3	36.0
含氧化合物			四氢呋喃	2.0	11.8
甲醇	6	36	含氮化合物		
乙醇	3.3	19	氨气	15.0	28.0
正丙醇	2.15	13.5	甲胺	4.95	20.75
异丙醇	2	12.7	乙腈	6.6	42.6
正丁醇	1.4	11.2	吡啶	1.81	12.40
异丁醇	1.68	—	硝酸乙酯	3.80	—
正戊醇	1.19	—	亚硝酸乙酯	3.01	50.0
异戊醇	1.20	9.0	甲胺	4.95	20.75
丙烯醇	2.5	18.0	二甲胺	2.80	14.4
苯酚	1.8	8.6	三甲胺	2.0	11.6
甲乙醚	2.0	10.0	丙烯腈	3.0	17.0
二甲醚	3.4	17.0	乙胺	3.55	13.95
二乙醚	1.85	36.50	二乙胺	1.77	10.10
二乙烯醚	1.70	27.0	三乙胺	1.25	7.90
乙酸	4	19.9	丙胺	2.01	10.35
丙烯酸	2.4	8	二丁胺	1.1	—
甲酸甲酯	5.05	22.7	联胺，肼	2.9	9.8
甲酸乙酯	2.75	16.4	甲基联胺，甲肼	2.5	92.0
乙酸甲酯	3.1	16.0	含卤素化合物		
乙酸乙酯	2.0	11.5	一氯甲烷	8.1	17.4
乙酸乙烯酯	2.6	13.4	二氯甲烷	1.3	23.0
乙酸丙酯	1.77	8.00	溴甲烷	10.0	16.0
乙酸异丙酯	1.78	7.80	一氯乙烷	3.8	15.4
乙酸丁酯	1.7	7.6	二氯乙烷	5.4	11.4
乙酸戊酯	1.10	—	三氯乙烷	7.5	12.5
丙烯酸甲酯	2.8	25.0	二氟氯乙烷	6.2	17.9
甲基丙烯酸甲酯	1.7	8.2	氯丙烷	2.60	11.10
甲苯二异氰酸酯	0.9	9.5	环氧氯丙烷	3.8	21.0
甲醛	7.3	7	氯丁烷	1.85	10.11
乙醛	3.97	57.00	氯异丁烷	2.05	8.75
三聚乙醛	1.3	—	氯戊烷	1.60	8.63
丙烯醛	2.8	31.0	氯乙烯	3.6	33.0
糠醛	2.10	—	二氯乙烯	6.20	11.90
2-丁烯醛	2.12	15.50	三氯乙烯	8.0	10.5
丙酮	2.5	12.8	三氟氯乙烯	8.4	16.0
甲基乙基酮	1.81	9.50	氯丁二烯	4.0	20.0
甲基丙基酮	1.55	8.15	亚乙烯氯	6.5	15.5
甲基丁基酮	1.35	7.60	氯丙烯	2.9	11.1

续表

物质名称	爆炸下限 (LEL) /%	爆炸上限 (UEL) /%	物质名称	爆炸下限 (LEL) /%	爆炸上限 (UEL) /%
二氯丙烯	3.40	14.50	氘气，重氢	5.0	75.0
氯乙醇	4.9	15.9	一氧化碳	12.5	74.0
氯苯，一氯代苯	1.3	9.6	氰化氢	5.6	40.0
乙硼烷	0.8	88.0	煤油	0.7	5.0
二氯甲硅烷	4.1	99.0	汽油	1.3	7.1
含硫化合物			石脑油	1.1	5.9
硫化氢	4.0	44.0	矿物酒精	0.8	
二硫化碳	1.3	50.0	吗啉	1.4	11.2
甲基硫醇，甲硫醇	3.9	21.8	松脂，松节油	0.8	
其他化合物			氰化甲烷	3.0	16.0
氢气	4.0	75.0			

表 8-5 气体和蒸气在氧气中的爆炸极限

化合物	化学式	可燃性极限，φ/% 下限	可燃性极限，φ/% 上限	化合物	化学式	可燃性极限，φ/% 下限	可燃性极限，φ/% 上限
氢	H_2	4.65	93.9	丙烯	C_3H_6	2.10	52.8
氘	D_2	5.00	95.0	环丙烷	C_3H_6	2.45	63.1
一氧化碳	CO	15.50	93.9	氨	NH_3	13.50	79.0
甲烷	CH_4	5.40	59.2	乙醚	$C_4H_{10}O$	2.10	82.0
乙烷	C_2H_6	4.10	50.5	二乙烯醚	C_4H_6O	1.85	85.5
乙烯	C_2H_4	2.90	79.9				

表 8-6 某些混合气体的爆炸极限

气体名称	气体组分，φ/% CO_2	O_2	CO	H_2	CH_4	N_2	爆炸极限（在空气中），φ/% 下限	上限
水煤气	6.2	0.3	39.2	49.2	2.3	3.0	6.9	69.5
高炉煤气	9~12	0.2~0.4	26~30	1.5~3.0	0.2~0.5	55~60	40~50	60~70
半水煤气	7.0	0.2	32.0	40.0	0.8	20.0	8.1	70.5
焦炉煤气	1.5~3	0.3~0.8	5~8	55~60	23~27	3~7	6.0	30.0
发生炉煤气	6.2	0	27.3	12.4	0.7	53.4	20.3	73.7

表 8-7 空气中粉尘的爆炸极限

粉尘种类	粉尘	爆炸下限/ (g/m³)	起火点/℃
金属	钼	35	645
	锑	420	416
	锌	500	680
	锆	40	常温
	硅	160	775
	钛	45	460
	铁	120	316
	钒	220	500

续表

粉尘种类	粉　尘	爆炸下限/ (g/m³)	起火点/℃
金属	硅铁合金	425	860
	镁	20	520
	镁铝合金	50	535
	锰	210	450
热固性塑料	绝缘胶木	30	460
	环氧树脂	20	540
	酚甲酰胺	25	500
	酚糠醛	25	520
热塑性塑料	缩乙醛	35	440
	醇酸	155	500
	乙基纤维素	20	340
	合成橡胶	30	320
	醋酸纤维素	35	420
	四氟乙烯	—	670
	尼龙	30	500
	丙酸纤维素	25	460
	聚丙烯酰胺	40	410
	聚丙烯腈	25	500
	聚乙烯	20	410
	聚对苯二甲酸乙酯	40	500
	聚氯乙烯	—	660
	聚乙酸乙烯酯	40	550
	聚苯乙烯	20	490
	聚丙烯	20	420
	聚乙烯醇	35	520
	甲基纤维素	30	360
	木质素	65	510
	松香	55	440
塑料一次原料	己二酸	35	550
	酪蛋白	45	520
	对苯二酸	50	680
	多聚甲醛	40	410
	对羧基苯甲醛	20	380
塑料填充剂	软木	35	470
	纤维素絮凝物	55	420
	棉花絮凝物	50	470
	木屑	40	430

续表

粉尘种类	粉　尘	爆炸下限/（g/m³）	起火点/℃
农产品及其他	玉米及淀粉	45	470
	大豆	40	560
	小麦	60	470
	花生壳	85	570
	砂糖	19	410
	煤炭（沥青）	35	610
	肥皂	45	430
	干浆纸	60	480

二、遇强氧化剂可能引起燃烧或爆炸的危险物质及其他危险物质

（一）能引起燃烧的物质

浓硝酸、浓硫酸与松节油、乙醇等，浓硝酸与纤维织物等；

过氧化钠与乙酸、甲醇、丙酮、乙二醇等；

溴与磷、锌粉、镁粉混合；

三氟化氯与有机物或灼热金属；

高锰酸锌与有机物、易燃物；

硫酸与过氧化钠；

氧化汞与硫黄；

臭氧与有机物。

（二）能形成爆炸混合物的物质

高氯酸与乙醇及其他有机物（另详见五、高氯酸和高氯酸盐的处理）；

高氯酸盐、氯酸盐与硫酸；

氯酸盐与硫或硫化锑；

氯酸盐与磷或氰化物；

氯酸盐或硝酸盐与铝、镁；

氯酸盐、硝酸盐、硝酸与磷；

铬酐（三氧化铬）或高锰酸钾与硫酸、硫黄、甘油或有机物；

过硫酸铵与铝粉遇水；

高铁氰化钾、高汞氰化钾、卤素与氨；

硝酸钠与硫氰化钡；

硝酸钾与乙酸钠；

硝酸铵与锌粉遇少量水；

硝酸盐与酯类；

硝酸盐与氯化亚锡；

亚硝酸盐与氰化钾；

硝酸与噻吩或与碘化氢；

硝酸与镁、锌或其他活泼轻金属；

硝酸-亚硝酸盐与有机物及铝；

过氧化物与镁、锌或铝；

液态空气或氧气与有机物接触，压缩氧与油脂接触；

发烟硫酸或氯磺酸与水；

次氯酸钙与有机物；

发烟硝酸与乙醚；

卤素和铝粉遇少量水。

上述（一）和（二）的情况很难严格分开，一般来说强氧化剂与有机物接触极易引起燃烧与爆炸。

（三）其他危险性混合物或物质

（1）遇水着火或爆炸的物质及其他可爆物质

① 钾、钠、电石、活化金属（如兰尼镍等活性镍）等遇水着火或爆炸；

② 三氯化铝、三氯化磷、五氯化磷、磷化钙遇水均有发火爆炸的可能；

③ 浓蚁酸（甲酸）极不稳定，可能爆炸；

④ 液体氨与汞（流体压力计里的汞）也可能构成爆炸性化合物。

（2）乙炔化物（碳化物）　当乙炔和类似的化合物与银、铜、二价汞和某些其他金属等盐溶液反应时生成乙炔化物——爆炸沉淀物，特别是铜及银的碳化物非常容易爆炸。当这些乙炔化物中夹杂有氧化性酸根（硝酸根、溴酸根、高氯酸根等）及卤素时，会大大增加爆炸的危险性，若夹杂着没有氧化性的阴离子（硫酸根、磷酸根、有机酸根）则能降低乙炔化

物的爆炸性。

（3）叠氮与重氮化合物及硝基化合物 叠氮酸、叠氮酸钠、叠氮酸铅、重氮甲烷等叠氮与重氮化合物；间硝基苯、三硝基苯酚、三硝基甲苯、硝化纤维素、硝化甘油等硝基化合物受热、震动、撞击或遇明火时都易爆炸。

（4）可燃性蒸气和气体 可燃性蒸气和气体如氢、氨、一氧化碳、二硫化碳、乙炔、环氧乙烷、甲烷、丁烷、苯、甲醇、乙醇、乙醛、丙酮、乙醚、乙酸乙酯、己烷等低级烃与空气或氧气的混合物是特别危险的"爆炸混合物"，它们在一定比例下会发生爆炸，其爆炸极限见表8-4～表8-7。气相反应时的爆炸非常危险，因为许多因素能够急剧改变气体反应的速度，并且在气体混合物的一部分中开始的反应能迅速地扩展到全部混合物。

三、醚中过氧化物的爆炸与控制

乙醚、异丙醚、二噁烷、四氢呋喃及其他醚类均倾向于从空气中吸收氧并与之反应形成不稳定的过氧化物，当它们被蒸发或蒸馏变浓时，或当这些过氧化物与其他化合物生成爆炸混合物时，或因受热、震动或摩擦时，都会产生极猛烈的爆炸。因自动氧化在有机化合物中形成的过氧化物已引起过许多实验室的意外事故。过氧化氢、氢过氧化物、羟烷基过氧化物的爆炸都没有像醚氧化所生成的过氧化物的残留物的爆炸那样猛烈，因此对这类过氧化物的检定、阻化、消除或控制从安全的角度来看都是十分重要的。

（一）乙醚的爆炸

乙醚在室温时的蒸气压很高，闪点（-45℃）与着火点很低，每升空气含1g乙醚蒸气即能燃烧，着火温度是180℃。涉及乙醚的加热操作，不能直接加热，应该用蒸汽浴加热。乙醚蒸气的相对密度很大（比空气重2.6倍），所以从瓶中或其他仪器里渗漏出来的蒸气，会沿着实验桌、椅、地板蔓延开去，这种蒸气能被远处的火种所点燃。乙醚和空气或氧气的混合物，其混合比例在广大的限界间都会爆炸，因此乙醚着火的危险性远远超过汽油。

虽然乙醚有较大的化学稳定性，但是它在长期与空气接触的情况下，逐渐氧化而生成过氧化物，这种过氧化物极易爆炸，这常常是在使用乙醚时未予以认真对待而造成猛烈爆炸的原因。蒸馏久置的乙醚时，当蒸馏瓶中留下少量的液体（在这些液体里积聚了乙醚的过氧化物，它们较乙醚不易挥发），有时会发生猛烈的爆炸。曾有记载：①在水浴上蒸馏以为是"化学纯"的乙醚，在蒸馏即将结束时，烧瓶中所剩余的油状残渣在100℃以下温度发生了激烈爆炸，毁坏了全部玻璃器皿；②在脂肪测定中，用乙醚提取脂肪，当大部分乙醚已在水浴上蒸去后，将乙醚残留物（实为脂肪＋过氧化物）在105℃下烘干过程中发生猛烈爆炸，毁坏烘箱；③因乙醚爆炸，从一只薄壁蒸馏烧瓶飞散出来的玻璃碎片将数米外的厚壁玻璃器皿造成整齐的穿孔，可见其威力。

乙醚同空气中的氧作用生成过氧化物，其机理可能为：开始由1分子乙醚和1分子氧生成1分子乙烯乙醚和1分子过氧化氢：

$$CH_2-CH-O-CH_2-CH_3 \longrightarrow CH_2=CH-O-CH_2-CH_3 + H_2O_2$$

生成的不饱和醚由于水解的结果分解成1分子乙醇和1分子乙烯醇：

$$CH_2=CH-O-CH_2-CH_3 \longrightarrow CH_2=CHOH + CH_3-CH_2-OH$$

乙烯醇立即重排成乙醛：

$$CH_2=C\begin{smallmatrix}OH\\H\end{smallmatrix} \longrightarrow CH_3-C\begin{smallmatrix}O\\H\end{smallmatrix}$$

如此生成的乙醛按照以下方式和过氧化氢作用：

$$CH_3-C\begin{smallmatrix}O\\H\end{smallmatrix}+\begin{smallmatrix}H\ \ H\\|\ \ |\\O-O\end{smallmatrix}+\begin{smallmatrix}O\\\|\\H\end{smallmatrix}C-CH_3\longrightarrow CH_3-\overset{OH}{\underset{H}{C}}-O-O-\overset{OH}{\underset{H}{C}}-CH_3$$

这个产物可以叫做过氧化二羟二乙烷。但是爆炸的主要原因不是这个过氧化物。过氧化二羟二乙烷能分解成乙醛和羟乙基过氧化氢：

$$CH_3-\overset{O-H}{\underset{H}{C}}-O-O-\overset{OH}{\underset{H}{C}}-CH_3\longrightarrow CH_3-C\begin{smallmatrix}O\\H\end{smallmatrix}+CH_3-\overset{OH}{\underset{H}{C}}-O-O-H$$

而羟乙基过氧化氢失去一分子水转变成亚乙基过氧化物，这是一个十分不安定而有猛烈爆炸性的物质：

$$CH_3-\overset{O-H}{\underset{H}{C}}-O-H\longrightarrow CH_3-C\overset{O}{\underset{H}{\diagup}}+H_2O$$

这种过氧化物的沸点较乙醚高，因此爆炸往往发生在回收蒸馏的末尾，将乙醚蒸馏到原来体积的 1/10 时，就存在了爆炸的危险；而且过氧化物是一个强烈的氧化剂，可能引起我们所不希望的反应。

在使用乙醚之前，即使不需要完全蒸干，亦应检查一下是否含有过氧化物。可以用过氧化物的各种特征反应来发现乙醚中过氧化物的存在。

（二）乙醚及其他醚中过氧化物的检查与测定

（1）用碘化钾方法试验乙醚中过氧化物　在避直射日光下，加 1ml 新配制的 10% 碘化钾溶液至一盛有 10ml 乙醚的无色玻璃具塞量筒中，对着白色背景从横断方向观察，两液层均应无色。

9ml 乙醚加入 1ml 饱和碘化钾溶液，振摇，若醚层出现黄色，则其中至少有多于 0.0005% 的过氧化物（就单一的有机物结构而论），则此种乙醚应设法处理。

（2）用亚铁氰化钾检查醚中过氧化物　混合新配制的 5ml 1% 硫酸亚铁铵、0.5ml 的 0.50mol/L 硫酸及 0.5ml 的 0.1mol/L 硫氰酸铵（如此时显色要用微量锌粉脱色）溶液，并与被检验的等体积的醚类一起振摇，如有过氧化物存在则显现红色。

（3）定量测定四氢呋喃和二噁烷中的过氧化物的方法　加 6ml 冰醋酸、4ml 三氯甲烷、1g 碘化钾于 50ml 上述醚中，以 0.1mol/L 硫代硫酸钠溶液滴定，上述醚中所含过氧化物的百分数为：

$$\frac{c_{Na_2S_2O_3}V_{Na_2S_2O_3}\times 1.7}{\text{样品量}\ m/g}$$

从用 N,N-二甲基-对苯二胺硫酸盐检出微克量级的过氧化苯酰和过氧化十二（烷）酰已发展成一种从醚类中快速检出痕量过氧化物的方法。

二烷基过氧化物只有在强酸条件下水解为氢过氧化物后才能检出。

（三）乙醚及其他醚中过氧化物的阻化与抑制

已知在储存乙醚时，通常要加入阻化剂以阻止其自动氧化，例如使乙醚与活性炭或活性氧化铝保持接触可以防止储存中的乙醚发生爆炸。必须指出，阻化剂只能阻止过氧化物的形成，是不能消去已经形成的过氧化物的。所以在蒸馏醚之前，仍应对有否此类过氧化物的存在进行检查，如有发现则应该在蒸馏之前，先行设法消除。

保存乙醚时，加入金属钠可以达到破坏过氧化物的目的。

有好几种物质已用来稳定醚类并阻止过氧化物的形成，包括加入 0.001％氢醌或二苯胺、多元酚、氨基酚与芳（基）胺类，于 100ml 醚中加入 0.0001g 1,2,3-苯三酚（焦性没食子酸）能在两年之间阻止过氧化物的形成。虽然铁能作为乙醚的抑制剂，但铁、铅、铝却不能抑制异丙醚的过氧化。据报道，树脂 Dowex-1 能有效抑制乙醚中过氧化物的形成。0.01％的 1-萘酚对于异丙醚、氢醌对于四氢呋喃、氯化亚锡或硫酸亚铁对于二噁烷均分别有抑制作用。取代的芘醌已作为阻止醚类及其他化合物的"氧化恶化作用"的稳定剂。

（四）乙醚及其他醚中过氧化物的除去

为了除去乙醚中所含的过氧化物，可以加入 2mol/L 硫酸亚铁的酸性溶液摇荡（或每升乙醚或其他醚加入 40g 30％硫酸亚铁水溶液）。有时，特别当含有较高浓度过氧化物时，此反应进行得很激烈，乙醚甚至开始沸腾，数分钟后，过氧化物就不再存在，此时乙醚内含有过氧化物的分解产物——乙醛和乙酸，为了除去它们，可以和铬酸溶液共同摇荡，然后用氢氧化钠溶液使之呈碱性，分离后再加入碳酸钠进行蒸馏。也可以在用硫酸亚铁处理后，依次以氯化钙饱和溶液、无水氯化钙、金属钠处理，最后进行蒸馏，可参见第一篇第二章第八节"乙醚的提纯"。

除去醚类中氢过氧化物的试剂包括亚硫酸钠、亚硫酸氢钠、氯化亚锡、锂四氢化阿兰醇（注意：用此物质曾引起火灾）、锌与酸、钠与醇、铜-锌、高锰酸钾、氢氧化银、二氧化铅。

对含有次烷基或二烷基过氧化物的醚类，可用锌溶于醋酸或盐酸，钠溶于酒精（注意：容易引起氢的着火）来还原或用铜-锌电偶来净化。

加 1 份 23％氢氧化钠于 10 份乙醚或四氢呋喃中，搅拌 30min 后能完全除去过氧化物；加小片的氢氧化钠经过两天之后四氢呋喃中所含的过氧化物可以降低但不能除去。四氢呋喃中的过氧化物可用 1％氢硼化钠水溶液搅拌后除去，时间仅 15min。

可用氧化铝柱除去乙醚、丁醚、二噁烷及石油馏分中的过氧化物和痕量水，也可用来除去四氢呋喃、十氢化萘、1,2,3,4-四氢化萘、异丙醚、对异丙基苯中的过氧化物。

氢化钙已用于得到无水及无过氧化物的二噁烷，方法是通过回流并继之以蒸馏，而且这种技术也适用于其他醚类。

亚铈盐加氢氧化钠即制得氢氧化亚铈 $Ce(OH)_3$，在含有过氧化物的醚类中加入氢氧化亚铈，1～2min 后，氢氧化亚铈被过氧化物氧化，由白色变红棕色，在 15min 内能完全除去过氧化物，过氧化铈化合物及未变化的氢氧化亚铈用离心法及倾出法除去（注意：若用电动离心法而无防爆装置，则可燃蒸气易着火）。

但应指出，2-叔丁基过氧化物不能从酸化过的碘化钾溶液析出碘，也不会与氢氧化亚铈反应。

四、三氯化氮爆炸的预防及三氯化氮的测定

氮的许多无机化合物都是强烈的爆炸性物质，例如，长期静置或加热氨-银配合物溶液时会析出氮化银（Ag_3N）。这种化合物在湿润状态时会发生爆炸，甚至在进行定性分析工作时也曾发生过这种危险。因此氨性银溶液不准长期放置留待将来使用，如有析出的 Ag_3N，必须以浓盐酸分解之。氮化亚铊 Tl_3N 也是非常不稳定的，甚至与水接触也会分解而爆炸。

氯作用于浓氯化铵溶液生成黄色油滴状的三氯化氮（NCl_3）：

$$3Cl_2 + NH_4Cl \longrightarrow 4HCl + NCl_3 - 228.6kJ$$

三氯化氮和许多有机物质接触时，或加热至 90℃以上以及被撞击时，即按下式以剧烈爆炸的形式而分解，并放出大量的热：

$$2NCl_3 \longrightarrow N_2 + 3Cl_2 + 459.8kJ$$

碘作用于浓氨溶液时，析出碘化氮暗褐色沉淀，它是带有数量不定的氨的三碘化氮（NI_3）化合物，三碘化氮极不稳定，在干燥状态下稍一接触即行爆炸。

总之，在与氨和它的衍生物反应时常常会生成爆炸性物质，在以氨作为介质进行反应的工作中更不能忽视这一点。例如，在液态氨进行碘化铅与氨基钾的反应中容易获得"PbNH"，这种化合物在加热或遇水时极易爆炸。

在上述这些无机氮化合物中，对三氯化氮应给以特别注意。本节着重讨论三氯化氮爆炸的预防及其测定方法。因某些厂曾发生了液氯的严重爆炸事故，经查明爆炸原因是盐水中有人为带入的铵盐，在适当条件（pH<4.5时）下铵盐与氯作用而产生三氯化氮，这是一种爆炸性物质，由它引起了爆炸。为此，在氯碱工业安全生产上，除对氯内氢含量的问题需要足够重视外，对于三氯化氮亦应高度警惕和十分重视，以防意外事故的发生。经某厂反复研究试验，认为生产上要控制以下几个主要指标。

盐水含铵：无机铵<1mg/L，总铵<4mg/L。

自来水含铵：无机铵<0.2mg/L。

氯液排污含 NCl_3：<30g/L。达到40g/L 时，应注意烧碱车间的加强分析；当达到50g/L 时，除各方面寻找原因研究措施解决外，应增加排污次数，并加强分析观察动向；达到60g/L 时，应采取紧急措施找出原因；如还有继续升高的趋势，则应作出紧急处理。又此处氯液排污指标是针对原氯进热交换器前的原氯预冷却器以外的系统设备排污而言的，下面列出了某厂对三氯化氮的试行分析方法。

（一）氯液排污中三氯化氮的测定

（1）原理　利用亚硫酸钠与三氯化氮的氧化还原反应。反应中，三氯化氮被还原成铵离子（NH_4^+）而溶于水，再在碱性介质中蒸出氨，用标准酸吸收后以碱回滴。主要反应为：

$$3Na_2SO_3 + 3H_2O + NCl_3 \Longrightarrow 3Na_2SO_4 + 2HCl + NH_4Cl$$

$$NH_4Cl + NaOH \Longrightarrow NaCl + NH_3 \uparrow + H_2O$$

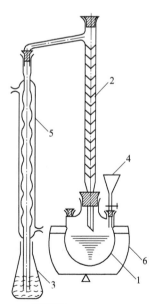

图 8-3　测定氯液排污中三氯化氮的蒸馏装置

（2）仪器　①500ml 双口或三口圆底烧瓶图 8-3 中 1；②齿形分馏柱，图 8-3 中 2；③250ml 三角烧瓶 2 只；④具塞漏斗；⑤球形冷凝管，图 8-3 中 5；⑥甘油浴，图 8-3 中 6；⑦分液漏斗。

（3）试剂　30%氢氧化钠溶液，饱和亚硫酸钠溶液，0.0500mol/L 硫酸，0.1000mol/L 氢氧化钠溶液，0.1%甲基橙。

（4）步骤　装置如图 8-3 所示，注意连接处不漏气，先取试样 25ml 于三角瓶中，加入 50ml 亚硫酸钠溶液充分摇动 1h 后，在分液漏斗中将油状物与水层分开，并将油状物以每次约 10ml 蒸馏水洗涤约 5 次，洗水与原水层合并通过漏斗 4 加于蒸馏烧瓶 1 中，再从漏斗 4 加入 30%氢氧化钠溶液 50ml（注意勿漏气）。然后加热蒸馏，蒸出的氨被预先盛放于三角瓶 3 中的 0.0500mol/L 硫酸（$V_{酸}$）所吸收，最后用甲基橙作指示剂用 0.1000mol/L 氢氧化钠溶液回滴用去 $V_{碱}$。

$$C_{NCl_3} = \frac{2 \left(c_{酸} V_{酸} - c_{碱} V_{碱}\right) \times 120.4}{25}$$

（二）原料氯中三氯化氮的测定

（1）原理 利用三氯化氮与盐酸作用成氯化铵，微量铵离子（NH_4^+）用奈氏试剂进行比色定量。

$$4HCl + NCl_3 \longrightarrow NH_4Cl + 3Cl_2 \uparrow$$

（2）仪器 250ml 气体洗瓶 2 只，标准比色管一套，25ml 包氏吸收管数只。

（3）试剂 奈氏试剂，分析纯浓盐酸，15％氢氧化钠溶液。

（4）步骤 将原料氯先经过缓冲瓶，并以每秒 2~3 个气泡的速度通过盛有 20ml 浓盐酸的包氏吸收管，最后以盛有 15％氢氧化钠溶液的洗瓶❶吸收氯气，通氯时间约 4h，至氢氧化钠接近作用完毕时停止通氯。然后将盐酸吸收液放在磁蒸发皿内加热蒸发至近干（勿使过干），再用蒸馏水 25ml 将其洗入比色管中，加入氢氧化钠溶液和奈氏试剂各 1ml，直接与标准色比色，如有干扰离子可用酒石酸钾或酒石酸钠作掩蔽剂。

标准色的配制：称取优级纯或分析纯无水氯化铵 3.00g，稀释至 1000ml，从中吸出 20ml 再稀释至 1L，分别取此稀液 0.2ml、0.5ml、1.0ml、1.5ml、2.0ml、2.5ml 各稀释至 25ml 标准比色管中，得标准液，每标准比色管分别含 0.004mg、0.01mg、0.02mg、0.03mg、0.04mg、0.05mg 铵离子（NH_4^+），分别加入氢氧化钠溶液和奈氏试剂各 1ml 即得标准色系列。

$$w_{NCl_3} = \frac{\dfrac{c}{1000} \times \dfrac{120.4}{18}}{G} \times 100\%$$

式中 w_{NCl_3}——NCl_3 的质量分数，％；

　　　　G——碱吸收瓶吸收氯后的增量，g；

　　　　c——标准比色管含铵离子（NH_4^+），mg。

如果样品颜色太深，可适当稀释后再进行比色。

（三）液氯中三氯化氮的测定

原理、试剂及仪器同上。

取样：用热水瓶取好液氯样品，事先用－30℃以下的盐水将气体洗瓶及量筒预冷好，再取出样品约 100ml 立即倾注于洗瓶中，密闭连接好装置，使气化的氯逐渐通过包氏吸收管内的浓盐酸，再以盛有 15％氢氧化钠溶液的洗瓶吸收氯气，余气用水力泵抽气，使其充分吸收。下一步的操作和计算均可参照原料氯中三氯化氮的测定方法进行。

（四）盐水（或自来水）含铵量的测定

取盐水（或自来水）50ml，放入开氏烧瓶中，加入 30％氢氧化钠溶液 1ml，再加入蒸馏水 50ml，进行加热蒸馏，用比色管接收冷凝液，待蒸馏至 50ml 时取下比色管，加 1ml 30％氢氧化钠溶液，再加 1ml 奈氏试剂进行比色。比色时于另一支比色管中加 50ml 蒸馏水，也加 1ml 30％氢氧化钠溶液及 1ml 奈氏试剂，然后慢慢滴加标准铵液（一般浓度为含 NH_4^+ 0.1mg/L），当两管色度相同时，记下所用标准铵液数量，按下式计算无机铵含量 c：

$$c_{NH_4^+} = \frac{V \times 0.1}{50} \times 1000$$

式中 V——用去标准铵液体积，ml。

---

❶ 盛碱溶液洗瓶（即碱吸收瓶）在吸收氯气前后均应称量。

测定前均需做空白试验，计算时减去空白数。

盐水中总铵量的测定法：取样品 10ml 于三角烧瓶中，加 0.2g 硫酸铜（催化剂），加 2g 硫酸钾（提高沸点），加入 10ml 浓硫酸，摇匀后，放在电炉上加热直至三角瓶中充满白烟，停止加热。冷却后用蒸馏水冲洗到开氏烧瓶中，然后按上述方法（但应加 50ml 氢氧化钠溶液）进行测定及计算。

五、高氯酸和高氯酸盐的处理

（一）高氯酸的性质

高氯酸是一种广泛使用的分析试剂，它用于溶解铬矿石、不锈钢、钨铁、氟矿石或湿法灰化破坏有机物以测定有机物中的无机成分，以及用于非水滴定，但如使用不当，常会引起爆炸，为此必须了解它的性质并正确掌握使用方法。

市售高氯酸相对密度为 1.67~1.70，含量 $w=70\%\sim72\%$，5mol/L，沸点为 203℃。化学纯高氯酸溶液的相对密度参见表 8-8。浓度低于 85% 的高氯酸水溶液，在室温并隔绝尘土和有机物等条件下可以长期保存。但若浓缩高氯酸水溶液到 85%（相当于一水合物 $H_3O \cdot ClO_4$）以上，就会逐渐变色而爆炸。无水高氯酸是强氧化性的无色液体，可发生以下反应而部分形成七氧化二氯：

$$3HClO_4 \Longleftrightarrow [H_3O]ClO_4 + Cl_2O_7$$

随后七氧化二氯又按下式分解：

$$2Cl_2O_7 \Longrightarrow 4ClO_2 + 3O_2$$

表 8-8　化学纯高氯酸溶液的浓度（w）与相对密度的关系

$w_{HClO_4}/\%$	特定组成或指标	相对密度 25℃/4℃ (73°F/39°F)	$w_{HClO_4}/\%$	特定组成或指标	相对密度 25℃/4℃ (73°F/39°F)
60	—	1.5483	71	—	1.6777
65	$HClO_4 \cdot 3H_2O$	1.5967	72	—	1.6912
66	1.6102		72.5	恒沸点（203℃）	1.6980
67	—	1.6237	73[①]	—	1.7047
68	—	1.6372	73.6	$HClO_4 \cdot 2H_2O$	1.7129
69	—	1.6507	74	—	1.7182
70	—	1.6642	75	—	1.7318

① $w>73\%$ 的高氯酸即使在相对干燥的空气中也能发烟，在室温下也是很强的氧化剂。

ClO_2 为黄褐色气体，是一个吸热性很强的（生成热为 -27kcal）和非常不稳定的化合物，受热或与有机物接触立即发生猛烈爆炸而分解为氧和氯，也正是这些反应说明无水高氯酸的不稳定性，有时简直在保存时它也会发生爆炸。因此分析实验室中不用无水的和浓度高于 85% 的高氯酸。

热的 $w=60\%\sim72\%$ 高氯酸是强氧化剂和强脱水剂，热的浓高氯酸的氧化能力强于硫酸，而与硫酸-三氧化铬混合物相似，遇易氧化物质如有机物，则常易发生猛烈的爆炸。冷的高氯酸却没有氧化性质，而仅仅是强酸。

铋溶于高氯酸会发生爆炸，这是铋的独特性质。

所有有关高氯酸爆炸的记录都和无水高氯酸、它的有机衍生物或有机物被高氯酸迅速氧化有关。例如，将浓高氯酸和浓硫酸混合，由于硫酸使高氯酸脱水，产生无水高氯酸而引起爆炸。因此，浓高氯酸切勿与浓硫酸混合使用。又高氯酸和乙酸酐或冰醋酸的混合物曾发生极猛烈的爆炸，这是乙酸酐吸水而产生无水高氯酸的缘故。这可用以下方程式表示：

$$2.5Ac_2O + HClO_4 \cdot 2.5H_2O \Longrightarrow 5AcOH + HClO_4 + 76.9kJ$$

式中，Ac_2O 代表乙酸酐，$AcOH$ 代表乙酸。说明当这些试剂混合时放出相当量的热。若有过量的乙酸酐❶存在，则可看作是无水高氯酸在乙酸中的溶液，这是一个爆炸性很强的混合物，能发生以下的完全燃烧反应：

$$CH_3COOH + HClO_4 \Longrightarrow 2CO_2 + 2H_2O + HCl$$

据测定爆炸温度为 2400℃，在此温度下 1g 的这种混合物能在瞬间产生约 7L 的气体。

把测定钾的滤液（含乙醇和高氯酸）加热也会引起爆炸，是因为形成了高氯酸乙酯。

用高氯酸氧化有机物质时，若反应物颜色变浅黄，并继续变为黄、浅棕而后暗棕，随之就会爆炸，所以一开始变色，就应迅速稀释和冷却。如果颜色变化过快则应立刻迅速离开现场，以免引起伤害事故。通常处理有机物时应先用硝酸氧化，再加高氯酸完成氧化作用，且高氯酸应该过量，过量的高氯酸溶液起稀释作用，从而避免爆炸的可能性。对于较大量的有机物，或者是硝酸也不易分解的物质（脂肪酸、石蜡等），以用硝酸-硫酸-高氯酸混合物分解为宜。此时可先用硝酸处理试样，再加入硫酸并热至 160~180℃，最后分批（每次少量）加入高氯酸或高氯酸-硝酸混合物，这样操作较为安全，因每次只氧化一小部分试样。与高氯酸不混合的有机试样会发生猛烈爆炸，这是氧化作用集中于接触的表面的缘故。如果先用硝酸、硫酸处理，就能破坏原试样为较简单化合物，而使之溶解于高氯酸，便不致发生爆炸。温度对高氯酸的氧化是重要的影响因素，迅速冷却或用冷水稀释，可停止氧化作用。另一方面，氧化反应进行过快时将发生爆炸，而爆炸剧烈的程度主要取决于有机物的量，为此，用尽可能少的试样做分析是安全措施之一。

在 1atm 下蒸馏稀高氯酸水溶液时最初蒸出的是水，然后是稀酸，最后可得一恒沸点混合物，沸点为 203℃，含高氯酸 72.4% 和水 27.6%。因此任何稀于 72% 的高氯酸都可以借蒸馏法而获得浓高氯酸。当然蒸馏应在全部是玻璃磨口仪器中进行，要绝对避免用软木塞、橡皮塞、滑润油等有机物质，较好的办法是在真空中蒸馏高氯酸（在 2.67kPa 压力下，恒沸混合物能在 111℃ 时蒸出来）。

浓高氯酸绝不可以在聚乙烯皿中加热，否则会发生爆炸。

（二）对分析实验室中蒸发高氯酸用的通风橱和管道的要求

普通分析化学实验室为高氯酸蒸发用的通风橱和管道最好采用陶瓷或石棉制的板和圆筒，而且应定时用水冲洗，以防高氯酸凝聚过多与尘土作用而爆炸。瓷砖适用于作通风橱内的工作桌面，黏合剂也要采用不易燃烧的，例如用水玻璃、水泥。绝不可用红铅和甘油或其他易氧化的材料。近年来也采用聚氯乙烯塑料板制成通风橱和管道，聚氯乙烯对燃烧有一定的自灭性。木制的通风橱经长时间使用，吸收和凝聚高氯酸蒸气，再遇热（如电炉加热试样等）会发生火灾和爆炸。若万不得已采用普通的木框玻璃通风橱时，则应注意以下各点：

① 应采用质地致密的木料作通风橱；

② 应充分通风，以防止高氯酸蒸气凝聚；

③ 常用水冲洗通风橱内部，特别是木料部分；

④ 定期检查木料有无变质（可取一小片木材在电热板上加热，视其是否易于着火。因含氧化剂的木料比不含的易于燃烧）。

高氯酸蒸气与易燃气体或其蒸气会形成爆炸猛烈的混合物，切忌使之相遇。因此蒸发高氯酸的室内，绝不能同时蒸发乙醚、乙醇等溶剂，其他房间如使用同一通风管道，也不能排出易燃烧的蒸气。

---

❶ 在非水滴定中，经常在高氯酸的冰醋酸溶液中加入适量乙酸酐除去溶液中的水分，注意不应加入过多以免爆炸。

（三）高氯酸的安全处理简则

根据以上所述的高氯酸的危险性质，今将其使用和安全处理简则归纳如下。

① 使用高氯酸时应戴面罩，以防不测。

② 高氯酸应盛于附玻璃塞的玻璃瓶中，放置在玻璃皿、瓷皿或瓷砖之上以防溢漏。

③ 高氯酸附近不可放有机药品或还原性物质，如乙醇、甘油、次磷酸盐等。

④ 万一洒落在桌面上，应迅速用水冲去，尽可能不用棉布擦拭。

⑤ 变色的高氯酸应以水稀释后倒入水槽并继续用水冲洗除去。

⑥ 对前人未分析过的试样进行高氯酸处理时，或进行未做过的有高氯酸参加的反应，最好先取微量样品做试验，观察有无爆炸的危险。

⑦ 高氯酸接触脱水剂浓硫酸、五氧化二磷或乙酸酐，脱水后会起火和爆炸。

⑧ 乙醇、甘油或其他能形成酯的物质，绝不能与高氯酸共热，否则猛烈爆炸。

⑨ 某些无机物如次磷酸盐和三仿锑或铋的化合物，遇热的高氯酸会爆炸。不论是氧化无机物质还是有机物质，应加入大过量高氯酸（意指大大多于氧化所需之量），多余的高氯酸可起稀释作用。

⑩ 破坏有机物（包括生物试样）需先用硝酸处理，将易氧化的部分除去，难氧化的部分也会部分分解，再加高氯酸以完成氧化。含氮杂环化合物一般不易被硝酸氧化，需用其他步骤氧化。不与高氯酸混溶的物质（如油脂）不能用高氯酸氧化，否则因局部作用而猛烈爆炸。

⑪ 蒸发稀的高氯酸溶液最后得恒沸点酸，但要注意热的高氯酸不可接触有机物，如果溶液中有金属盐就不应蒸干溶液，以防危险。

⑫ 高氯酸是强酸，应避免与皮肤、眼睛或呼吸器官直接接触，否则会引起严重的化学灼伤。

⑬ 加热高氯酸应用电热器、蒸汽浴或砂浴，不能使用油浴或明火。

⑭ 废弃高氯酸应在玻璃或耐腐蚀容器中用 10 倍量冷水冲稀，充分搅拌后排入酸沟，再用大量水冲走。

⑮ 由高氯酸引起的火灾，应用大量水灭火。考虑到火场中可能存在有机物会引起爆炸，不可轻易接近。

（四）高氯酸盐对热和震动的敏感性

高氯酸盐在分析上用得比高氯酸少，主要用于无机离子钾、铷、铯、铜、镉、锰、钴、镍的检出与定量沉淀，以及有机碱、生物碱的分离与检出，其中有一些还是标准方法。此外，高氯酸镁或钡还是优良的干燥剂。

高氯酸盐可粗略地分成两大类：①一类对热和震动敏感度较大，其中包括纯粹的无机含氮高氯酸盐、重金属高氯酸盐类、氟化高氯酸盐❶（$FOClO_3$）、有机高氯酸、高氯酸酯以及任何高氯酸盐和有机物质、金属粉末或硫的混合物；②另一类对热和震动敏感度较小，其中包括纯粹的高氯酸铵、碱金属的高氯酸盐、碱土金属的高氯酸盐、高氯酰氟。

目前，对于安全处理高氯酸盐还没有统一规定。大致可以认为，许多重金属和有机碱高氯酸盐，以及高氯酸肼和氟化高氯酸盐是非常敏感的，必须十分小心谨慎，应看做"起爆药"一样加以处理。例如，高氯酸吡啶在碰击下能起爆，又如高氯酸银-苯配合物为炸药。对于上述高氯酸盐，必须避免摩擦、加热、火花、震动和重金属的沾污，并且工作时要对所有工作人员准确防护屏障、保护衣，甚至适当地隔离。

---

❶ 其他卤素的高氯酸盐也能爆炸。

高氯酸铵、碱金属、碱土金属的高氯酸盐的危险性较少，但处理不当也会引起爆炸。例如，高氯酸镁是良好的干燥剂，但一般情况下不要用盛高氯酸镁的干燥器来干燥有机化合物，如果干燥器另盛有酸则更是危险。有时干燥器上所涂抹的润滑脂也将会成为引起爆炸的一种隐患，不可不加以预防。如果有必要用它来干燥有机液体，则应事先测定高氯酸镁的纯度。这是因为在制备高氯酸镁时其中残留有游离高氯酸，而高氯酸镁作干燥剂引起的爆炸是因为此系统中形成了高氯酸酯。应当引起注意的是高氯酸甲酯和高氯酸乙酯，它们是猛烈爆炸性的化合物，已知的许多次爆炸均是由于用标准方法测定高氯酸盐或以高氯酸钾形态测定钾的过程中采用了乙醇萃取。

六、实验室内发生爆炸的原因、爆炸情况与应对措施

（一）爆炸原因及爆炸情况

常见的爆炸可分为物理性爆炸和化学性爆炸两类。

1. 物理因素引起的爆炸

物理性爆炸是由物理因素而引起的爆炸，如发生状态突变、温度急升、压力骤增等变化。爆炸前后物质的性质和化学成分均没有改变，如压力容器、气瓶、锅炉等因超压而发生的爆炸。在一系列的放热化学反应（如聚合反应、氧化反应、酯化反应、硝化反应、氯化反应、分解反应等）中，如果反应产生的热量没有及时移出反应体系，将使容器内温度和压力急剧上升，一旦容器超压后破裂，必将导致物料从破裂处喷出或容器发生物理性爆炸。气体钢瓶是储存压缩气体的特制的耐压钢瓶。使用时，通过减压阀（气压表）有控制地放出气体。由于钢瓶的内压很大（有的高达 15MPa），钢瓶跌落、遇热、甚至不规范操作时都可能会发生爆炸等危险。

在化学实验室中，更多的爆炸是由器皿内压力过大而引起的。

① 当器皿内部的压力减小时，如器皿壁的坚固性不够，仪器被压碎，这种爆炸称为压碎爆炸，这是危险性较小的一种爆炸。在器皿壁的厚度和机械强度相同时，器皿能支持压力的限度在很大程度上取决于器皿的形状，如圆底烧瓶要比平底的坚固得多，而平底烧瓶中圆的又比锥形的要坚固些，球形的器皿可以保证其最大的坚固性。

发生压碎爆炸时，可能伤及爆炸器皿附近的工作人员。如果被压碎的器皿中盛的是毒物或可燃物质，或是能与空气形成爆炸性混合物时，在这种情况下，可能发生中毒、失火或爆炸混合物的极强烈爆炸，危险性更大。

② 当器皿内部的压力加大到器皿爆炸的限度时，成为爆炸原因的能量就是压缩气体或蒸气的热能。在爆炸的瞬间，气体急剧膨胀，它的一部分热能转变为功，这类爆炸要比压碎爆炸危险得多，因为破裂器皿的一些部分或掉下来的零件以很大的威力向各方飞散，甚至使工作人员受到致命的伤害，实验室受到严重的破坏，如果使用有害物质工作，还会引起中毒、失火或形成爆炸混合物的第二次爆炸。

2. 化学因素引起的爆炸

化学性爆炸是实验室常见的爆炸类型，起因是物质发生激烈的化学反应，使压力急剧上升而引起爆炸，爆炸前后物质的性质和化学成分均发生了根本性的变化。化学爆炸分为爆炸物分解性爆炸和爆炸物与空气的混合爆炸两种类型。

分解性爆炸是指有些具有不稳定结构的化合物如有机过氧化物、高氯酸盐、叠氮铅、乙炔铜、三硝基甲苯等易爆物质，受震或受热时，易分解为较小的分子或其组成元素而放出热量，这些热量引起可燃物自燃，从而引起爆炸。这类爆炸物是非常危险的，对该类物品进行操作时，要轻拿轻放。此类爆炸需要一定的条件，如爆炸性物质的含量或氧气含量以及激发能源等，但这类爆炸更普遍，所造成的危害也较大。

有些化学药品单独存放或使用时比较稳定，但若与其他药品混合，就会变成易爆品，十分危险。实验室对易燃易爆物品应限量、分类、低温存放，远离火源。表8-9列举了常见的易爆混合物，这些物质不得进行混合，以防产生爆炸。

表 8-9　常见的易爆混合物

主要物质	互相作用的物质	产生结果
浓硫酸	松节油、乙醇	燃烧
过氧化氢	乙酸、甲醇、丙酮	燃烧
溴	磷、锌粉、镁粉	燃烧
高氯酸钾	乙醇、有机物	爆炸
氯酸盐	硫、硫化物、磷、氰化物、硫酸、铝、镁	爆炸
硝酸盐	铝、镁、磷、硫氰化钡、酯类、氯化亚锡	
过硫酸铵	铝粉（有水存在时）	
高锰酸钾	硫黄、甘油、有机物	爆炸
硝酸铵	锌粉和少量水	爆炸
发烟硝酸	乙醚	
硝酸盐	酯类、乙酸钠、氯化亚锡	爆炸
过氧化物	镁、锌、铝	爆炸
钾、钠	水	燃烧、爆炸
赤磷	氯酸盐、二氧化铅	爆炸
黄磷	空气、氧化剂、强酸	爆炸
铬酐	甘油、硫、有机物	
硝酸	磷、噻吩、碘化氢、镁、锌、钾、钠	
乙炔	银、铜、汞（Ⅱ）化合物	爆炸
发烟硫酸（或氯磺酸）	水	
次氯酸钙	有机物	

当气体间迅速反应时，由于反应获得的产物有着与原来物质不同的容积，结果致使压力急剧改变（包括气体反应后占有与反应前不同的容积，或者由气体变成液体或固体；但前者是主要的）。如果反应时放出热量，必然使气体混合物的容积迅速扩大。

关于气体间反应，其反应速度受到下面这些因素的影响。

（1）光的影响　众所周知，氢与氯间的反应，在黑暗中十分迟缓地进行，在强光照射下则发生连锁反应类型的爆炸；又如甲烷与氯的混合物，在黑暗中长时间内也不反应，但在日光照射下会引起激烈的反应，如果两种气体的比例适当则能发生爆炸。

（2）压力的影响　许多反应的速度随着温度及压力的改变而急剧加大和减小。例如磷化氢（PH_3）与氧混合时一般不反应，如果减小压力，则在某种压力下，混合物会骤然爆炸。又如在含有空气和氢化硅混合物的设备内造成真空时也发生过类似的爆炸；大多数气体爆炸的危险性都是在一定的压力范围内，高于和低于这种爆炸区域的压力时，反应速度仍然可以测量。

（3）表面活性物质的影响　气体反应的方向和速度有时受表面活性物质的影响而急剧改变。例如，在球形器皿内于530℃时氢与氧之间完全没有反应，但是向器皿内插入石英、玻璃、磁、铜或铁棒时就发生爆炸，说明吸着是这一反应的前提；又如被多孔性炭吸着的氯具有特别强烈的反应性能。

（4）制造反应器皿材料的影响　制造反应器皿所用的材料同样能够影响某些反应的速度。

如氢和氟在玻璃器皿中混合甚至在液态空气的温度下于黑暗中也会发生爆炸。而在银制器皿中则在一般温度下才能发生反应，若改用氟处理过的金属镁所制的器皿，则必须加热才能反应。

（5）杂质的影响　对有气体参与的反应，很重要的一点是应该知道少量杂质对反应过程的影响如何。众所周知，许多反应如果没有必需的催化剂"水"，反应就不会发生。例如，如果没有水，干燥的氯没有氧化的性能，干燥的空气也完全不能氧化钠或磷。干燥的氢和氧的混合物甚至加热到 1000℃ 也不爆炸。痕量的水会急剧加速臭氧、氯氧化物等这些物质的分解。少量的硫化氢会极度降低水煤气和空气混合物的燃点，并因此促使其爆炸。

其实很多情况的爆炸并不能简单地区分出是物理性爆炸还是化学性爆炸，往往是两者交织在一起，因而，更需要严格掌控实验室的化学品使用的安全措施，确保实验室的安全。

（二）防爆应对措施

在使用危险物质工作时，为了消除爆炸可能性或防止发生人身事故，应该遵守下列原则。

① 在工作地点使用预防爆炸或减少其危害后果的仪器和设备，包括：充分坚固器壁的仪器，例如真空装置上的玻璃器皿要用偏光镜加以检查；压力调节器或安全阀；用金属或其他较玻璃坚固的材料如有机玻璃或塑料所制的安全罩、套（见图 8-4）；用防护板使爆炸碎片不可能触及工作人员和易被损坏的设备；附有比仪器本身达到爆炸条件前先行损坏的安全零件装置等等。在进行有爆炸危险工作的通风橱内的玻璃要用金属网保护，或用嵌网的特种玻璃。

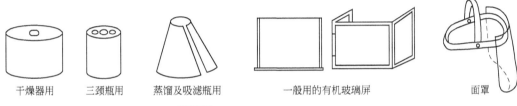

干燥器用　　　三颈瓶用　　　蒸馏及吸滤瓶用　　　　一般用的有机玻璃屏　　　面罩

图 8-4　一般防护用的安全罩、套

在管式炉内存在有爆炸的可能性时，工作人员应禁止站在炉孔的对面，切忌以脸面部位靠近炉孔。

② 要清楚地知道工作中所用每一种物质的物理和化学性质、反应混合物的成分、使用物质的纯度、仪器结构（包括器皿的材料）、进行工作的条件（温度、压力），并且应使能激发爆炸的刺激物——火花、热体等远离工作地点。

③ 将气体充装于预先加热的仪器内时，不要用可燃性气体排出空气，或相反地用空气排出可燃性气体，应该使用氮或二氧化碳来排除，否则就有发生爆炸的危险。

用新气体填充气量计时，必须换水；在所有不能确定气量计内气体的成分的情况下，都应当换水。

④ 如果在由几个部分组成的仪器之中有可能形成爆炸混合物时，则在连接导管内装上保险器，这种保险器由里面嵌有铜网塞的玻璃短管制成，有这样的装置，发火火焰就不能扩展到这种保险器的区域之外。假使用液封的办法将几个器皿组成的系统分隔为各个部分，也能获得相同的效果。

⑤ 在任何情况下对于危险物质都必须取用能保证实验结果的必要精确性或可靠性的最小量来进行工作，并且绝对不能用明火加热。

⑥ 应该记住改变气相反应速度的最普遍的影响因素（光、压力、表面活性物质、器皿材料及杂质等）。

⑦ 在用爆炸性物质工作时，使用带磨口塞的玻璃瓶是非常危险的，关闭或开启玻塞的摩擦都可能成为爆炸的原因。因此必须用软木塞或橡皮塞并应保持其充分清洁，干燥爆炸性

物质时，绝对禁止关闭烘箱门，最好在惰性气体气氛下进行，保证干燥时加热的均匀性与消除局部自燃的可能性。

还要及时销毁爆炸性物质残渣：卤氮化合物可以用氨使之成碱性而销毁；叠氮化合物及雷酸银则由酸化而销毁；偶氮化合物可与水共同煮沸；乙炔化物可以用硫化铵分解；过氧化物则用还原方法销毁。

一旦爆炸已经发生，要迅速判断和查明再次发生爆炸的可能性和危险性，紧紧抓住爆炸后和再次发生爆炸之前的有利时机，采取一切可能的措施，全力制止再次爆炸的发生。同时务必注意以下几点。

（1）保护自己　立即卧倒，或手抱头部迅速蹲下，或借助其他物品掩护，迅速就近找掩蔽体掩护，爆炸引起火灾，烟雾弥漫时，要做适当防护，尽量不要吸入烟尘，防止灼伤呼吸道；爆炸时会有大量的有毒气体产生，不要站在下风口，扑救火灾时要先打开门窗，最好佩戴防毒面具，防止中毒。

（2）救护他人　对在事故中伤亡人员，拨打救援电话求助，并将伤者送到安全地方，迅速采取救治措施，送医院救治。对于被埋压在倒塌的建筑物底下人员，要尽快了解数量和所在位置，采取有效措施予以救治。

（3）灭火　要抓紧扑灭现场火源，根据发生火灾的不同物品性质，采取科学合理的灭火措施，使用适用的灭火器材和灭火设备，尽快扑灭火源。

（4）转移爆炸物品　防止二次爆炸，对发生事故现场及附近未燃烧或爆炸的物品，及时予以转移，或在灭火过程中人为制造隔离，谨防发生火灾事故的蔓延或爆炸，确保安全。

（5）警戒　爆炸过后，撤离现场时应尽量保持镇静，听从专业人员的指挥，别乱跑，避免再度引起恐慌，增加伤亡；除紧急救险人员外，禁止其他任何人员进入警戒保护圈内，防止发生新的伤害事故。

七、防毒措施

（一）毒物与中毒的一般概念

由于某种物质侵入人体而引起的局部刺激或整个机体功能障碍的任何疾病都称为中毒。凡可使人体受害引起中毒的外来物质则称为毒物。毒物是相对的，一定的毒物只有在一定条件下和一定量时才能发挥毒效引起中毒。例如某些药物，少量能起治疗作用，过量则能置人于死命。

个别的一些人对某些物质的作用有过敏现象，而这些物质对大多数人却毫无害处。同样，各人对毒性物质的敏感性也不完全相同。毒物的一切说明和定义都是按照它对大多数人的作用而确定的。凡侵入体内并能引起死亡的毒物的剂量称为致死量或致命剂量。

根据毒物引起病态的性质，中毒可分为急性、亚急性和慢性三类。大量毒物在短时间内侵入人体，或虽然毒物的侵入量不大，但机体对此毒物较敏感，常在几分钟、几小时至几十小时内发生明显的中毒症状，如不及时抢救，严重者可致死，称为急性中毒。少量毒物长时间反复侵入人体，由于毒物的蓄积及反复作用，经过几个月或几年以后逐渐发生中毒症状，称为慢性中毒。亚急性中毒则介于急性和慢性中毒之间。

影响中毒的因素很多，与毒物的理化性质、侵入人体的数量、作用的时间，以及侵入的途径等均有关系，与受侵害的人体本身的生理状况也有密切影响。有的毒物极小量即可引起中毒，如氰化物；但也有的毒物需相当量才能引起中毒。凡毒物量愈大，接触时间愈长，则引起的中毒一般都较深。此外，各人的年龄、体质、耐受力、习惯性均有所不同，因而对中毒的反应差异也大。

为了预防在分析实验室内使用毒性物质时的偶然中毒，应当知道毒物可能经过什么途径侵入体内以及各种毒物的作用，采取有效措施以免中毒，万一中毒也可尽快加以急救，摆脱危险。

（二）毒物侵入人体的途径和被吸收的情况

大部分毒物是在生产和实验过程经过呼吸道吸入，例如各种有毒气体、蒸气、烟雾或灰尘（如一氧化碳、氢氟酸蒸气、磷的粉尘或烟雾等）。另一些毒物经由消化道侵入，主要原因除了误服外，有时是由于手上沾染毒物，于吸烟或进食时咽入而中毒。此类毒物以剧毒的粉剂最为常见，如砷化物、氰化物等。还有几种毒物可以通过皮肤、黏膜吸收而中毒。如汞剂、苯胺类、硝基苯等。此外，还有一些毒物仅对皮肤、眼、鼻、咽部黏膜产生刺激作用。皮肤上的伤口如沾上毒物，可以直接侵入，进入血流。

毒物无论从皮肤、消化道或呼吸道吸收以后，逐渐侵入血流而分布于身体一些部位。其中由皮肤侵入的通过毛囊吸收，比较缓慢。经消化道侵入者在消化道吸收后进入血流，从呼吸道侵入的多在肺泡中吸收，因此中毒都比较迅速。

毒物在人体内经过各种物理与化学的变化，通常经肝脏的解毒作用，大部分通过肾脏随尿排出。挥发性气体可以由呼吸道排出。某些不溶解的金属盐则由粪便排出，还有一些毒物可随皮肤汗腺、皮脂腺、唾液、乳汁等排出。没有或不能及时排出的毒物，在体内与新陈代谢各种产物急剧化合，会发生不同程度的中毒症状，以致死亡。

慢性中毒的一些毒物可以在人体的肝脏、脂肪组织、骨骼、肌肉与脑内产生积聚作用。当毒物积聚到一定程度时，即在临床方面表现为中毒症状。

为此在生产与实验过程中，应该尽可能避免或减少与毒物直接接触的可能性，注意现场的通风条件，将空气中的毒物含量控制在阈限浓度（或最高许可浓度）以下，注意加强自身或周围的防护装备与设备，遵守预防原则与防护操作规程等，以防止毒物侵入人体或损害各器官。

（三）预防原则

除在第七章述及的分析实验室防止中毒方面的安全守则外，还应遵守下述预防原则。

① 用无毒或少毒的物质来代替毒物是预防中毒的最根本方法。例如水中微量砷的测定，二乙基二硫代氨基甲酸银-吡啶法比较灵敏，但吡啶不仅气味难闻，而且毒性很大，因此可考虑改用二乙基二硫代氨基甲酸银-盐酸麻黄素氯仿法，后者的灵敏度与前法接近，但毒性大为减小。

② 借助于车间或分析实验室的良好通风和有毒气体离析逸出处所污染空气的排出（通过通风橱，或用真空泵、水泵连接于发生器），防止吸入有毒气体 、蒸气、烟雾和灰尘等，是预防有毒物质最可靠的方法之一。

必须指出实验室内广泛应用的各种有机溶剂，其中很多是有毒的，人体吸入这类溶剂的蒸气时就会中毒（见表8-10），不仅对呼吸系统有害，对心血管、造血机能及神经系统都有损害，因此千万不可粗心大意。

表 8-10　挥发性溶剂的毒性作用及许可的浓度界限（最高容许浓度）

第一类	第二类	第三类	第四类
属于这一类的是生产和实验条件下不遵守预防规程时引起麻醉现象的急性中毒的溶剂，许可的浓度界限为0.2mg/L（或以上）；如汽油（0.3mg/L）和醇（乙醇 1mg/L；丙醇、丁醇 0.2mg/L），丙酮、乙醚、酯（乙酸戊酯、乙酸乙酯、乙酸丁酯），氢化萘（十氢化萘 0.1～0.2mg/L，四氢化萘），乙二醇	属于这一类的溶剂毒性较大。如甲醇、乙酸甲酯、四氯化碳、二氯乙烷、三氯乙烯、氯苯、噁烷，这类溶剂在生产和实验条件下不遵守安全规程时，大多数引起急性中毒，在很多情况下则引起严重的中毒，此时除了麻醉的症状常常使神经及其他系统受到损害，在这类物质浓度不大时，长期影响下则可导致慢性中毒。许可的浓度界限为0.5mg/L	属于这一类的溶剂，其毒性都很大，如二硫化碳、苯、甲苯、二甲苯，除了麻醉症状的急性中毒外，并在造血或神经系统内引起持久变化的慢性中毒，许可的浓度界限；二硫化碳为0.01mg/L，苯、甲苯和二甲苯为 0.1mg/L	属于这一类的是特别危险的物质，如使用时不加小心会引起沉重的和致命的中毒。这些物质在保证1L空气中只有千分之几毫克的蒸气浓度条件下才能使用，如四氯乙烷和五氯乙烷

③ 注意遵守个人卫生和个人防护规程　绝对禁止在使用毒物或有可能被毒物污染的车

间和实验室存放食物、饮食或吸烟。在不能保证毒物不落在衣服或身上的条件下进行工作时，下班后应洗澡，并换去工作服（包括胶皮靴等）。不许将穿用衣服和工作服叠放在一起。在工作时间内只有经过仔细洗手或漱口（必要时用消毒液）后才能在指定的房间用膳和饮水，平时经常洗浴，保持个人卫生。

在必要的情况下，应按规定戴防护眼镜，穿防护工作服、胶皮靴，戴手套，在有毒气体可能出现的场所，必要时应戴双层口罩或各型防毒面具，在有可由皮肤吸收的毒物的场所进行工作时，应穿橡皮服和戴橡胶手套等。

④ 定期体格检查。根据接触毒物的工种进行针对性的定期体格检查（包括验血及 X 线检查），以便发现病情及时治疗。

⑤ 根据国家劳动保护条件，按接触毒物的工种，适当缩短工作日和增加必要的营养，以增进工作人员对毒物的抵抗力。

（四）防毒口罩与防毒面具

1. 防护口罩与防毒面具中所用的过滤性防毒物质

一般防护可以使用双层纱布口罩内夹过滤性物质，或使用带有滤盒（或滤毒罐）的防毒面具。使用的过滤性防毒物质主要有下面几种。

① 防护酸性气体（如氯、硫化氢、氰化氢、二氧化氮、氯化氢、二氧化硫、三氧化硫、光气）——用氢氧化钠与氢氧化钾、弱酸盐（如碳酸钠），并加用活性炭。

② 防护氨气，肼蒸气——用硼酸、柠檬酸、强酸的酸性盐类（如硫酸氢钠），能与氨和肼络合的重金属氧化物和盐类（如氧化铜、硫酸铜等）。

③ 防护有机芳香烃类蒸气——用活性炭。

④ 防护醛、酮、卤代烃类蒸气——用氢氧化钾或氢氧化钠、碳酸钠，并加用活性炭。

⑤ 防护氰化物蒸气——用某些金属的氢氧化物和盐类（如氢氧化铝、硫酸铜）。

⑥ 防护一氧化碳——用二氧化锰加氧化铜。

⑦ 防护砷、锑化合物蒸气——用二氧化锰、次氯酸盐或过氧化钠等。

⑧防护重金属蒸气——用氧化剂（如次氯酸盐），并加用活性炭。

2. 防毒面具的组成与构造

防毒面具一般由滤毒罐（滤盒）、带导气管的头戴式面罩、面具袋等组成。其剖视示意见图 8-5。图 8-6 所示为不同的防毒面具。

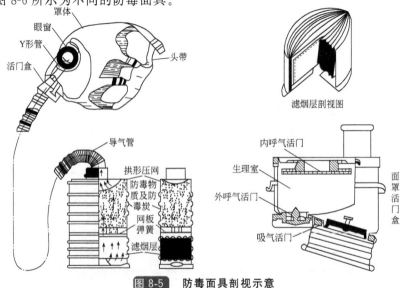

图 8-5 防毒面具剖视示意

图 8-6　不同的防毒面具

滤毒罐/盒：罐内沿气流方向装有过滤毒烟的滤烟层和吸收有毒气体或蒸气的装填层，采用层装式或套装式处理。滤烟层由特制的滤烟纸折叠而成使之有较大的有效过滤面积（大的达 1500cm² 左右）。装填层是用直径为 1mm 上下的活性炭（或防毒炭）加上述特殊过滤性防毒物质装填而成的，在装填层的上面有两层金属的拱形压网，拱的凸出面朝下，其作用是压紧装填层和增加罐壁装填层的厚度，从而减少有毒气体蒸气沿罐壁的渗透。为了防止装填层的炭粉等被吸入面罩，在这两层压网内还夹有一张丝棉垫纸。在装填层的下面也装有一块可垂直移动的弹簧网板，下网板卡在罐壳内的凸棱上。这样装填层始终被均匀压紧，不致因运输和使用而造成装填层中活性炭等的移动和磨碎。滤毒罐的罐壳带有螺纹，用以连接导气管。罐底进气孔内有一挡板，用以保护滤烟层和分散吸入的气流。罐壳上有 5～8 道不等的外凸棱，以保护罐壳有必要的坚固性。

面罩由罩体、眼窗、Y 形管、活门盒、导气管等组成。面罩的罩体由天然橡胶制成，橡皮厚度根据实际需要，面部要略厚一些、头部要柔软一些、弹性好，便于折叠和佩戴。罩体内有 Y 形管使吸入的空气先经过眼窗以促使凝结在眼窗的水汽蒸发。

面罩下部装有一个包括呼气活门和吸气活门的活门盒，吸气活门、呼气活门均为单向活门，吸入的空气由吸气活门引入 Y 形管。呼出的废气不再经过滤毒罐，而由呼气活门直接排出。这样，既能降低呼气阻力，又可避免滤毒罐装填层受潮。两道呼气活门之间的空间称为生理室，容积约为 50cm³，它的作用是将经外呼气活门漏入的污毒空气稀释；这样，经内呼气活门漏入面罩的毒剂浓度就小得多，从而提高了面具的气密性。这种两道呼气活门的结构还有利于保护呼气活门免受损伤。

属于面罩部分的还有导气管，导气管的自然长度为 60cm，断面的最小直径为 2cm。两端装有金属或塑料的螺纹接头，分别与滤毒罐和面罩相连接。为防止导气管压瘪妨碍呼吸，做成波纹形。为增加导气管强度并防止橡皮老化，在橡皮管外包有一层针织布，导气管橡皮连同针织布的总厚度为 1mm。

3. 防毒面具的使用简则

使用防毒面具时必须遵守下列规律：

① 凡在有必要使用防毒面具的化验室内的一切工作人员，都应当好好学习使用规则，并且要善于检查它的气密性。气密性检查的方法是：首先正确地戴好面具，然后用手堵住滤毒罐进气孔，同时用力吸气，若感到闭塞不透气，则说明面具基本上是气密的，否则，需按下列步骤进行检查。

a. 检查面罩　可用一只手捏住导气管上端，另一只手堵住呼气活门的出气孔，然后用力吸气，如感到闭塞，则证明面罩是气密的；否则说明面罩有损坏或佩戴不合适。

b. 检查呼气活门　在面罩气密性良好的基础上，进行呼气活门检查。此时将堵住呼气活门的手松开，用力吸气，若仍感到闭塞，则说明呼气活门是气密的；反之，则说明呼气活门漏气。

c. 检查导气管   捏住导气管的下端，或封住导气管下端进气口，用力吸气，若感到闭塞，则导气管是气密的；反之，则导气管漏气。此时可对导气管进行逐段检查，确定漏气部分。

d. 如果经上述检查后，证明各部件良好，若面具仍有漏气现象，则可能是滤毒罐漏气，则应更换滤毒罐再检查。

在检查过程中，对所发现的损坏或漏气部位，均应作出记号，以便及时修理或更换零、部件。

② 防毒面具的面罩须按照使用者头部的大小选择。

③ 必须定期检查面罩的气密性。

④ 防毒面具必须具备使有毒害气体（或蒸气）不致为害的滤毒罐。

⑤ 滤毒罐经长期使用后或在有高浓度有毒气体（或蒸气）的空气中工作后应予更换。

⑥ 如果在有毒的空气中氧供应不足（低于 16%）或工作时的空气不知被何种毒物（或气体）沾污，则不得使用一般的过滤式的防毒面具，在这种情况下应该使用氧气呼吸器。

⑦ 防毒面具存放在仓库内时，滤毒罐下面进气孔应该封好，否则滤烟层、装填层的吸收性能逐渐减弱。

充分研究防毒面具的组成、构造和性能以后，便易于掌握这些简则，遵守这些简则就可使自己在工作过程免于受到有毒气体或蒸气（包括烟雾等）的危害。

（五）汞中毒的预防

汞是在温度不低于 $-39℃$ 能保持液态的唯一金属，汞对空气和一些其他试剂的作用有相当的稳定性。液态汞有很好的流动性并具有高度的导电率，因此汞成为很多仪器中最需要的物质之一。然而，汞易挥发，它的蒸气极毒，经常与少量汞蒸气接触能引起中毒。一般说汞蒸气在空气中的含量达到 $1×10^{-5}$ mg/L 时，就要发生中毒。汞的毒性是积累性的，它能逐渐储积于体内。如果每日吸收 0.05~0.1mg 的汞蒸气，数月之后就有可能发生汞中毒，从事极谱分析工作者尤其应引起重视。

1. 使用汞时的注意事项

① 使用汞工作时，不许用薄壁玻璃容器和一些薄壁管。因为汞的密度大，这些薄壁玻璃容器和管子不够坚实极易损坏，使汞洒出和泼溅以致难以收拾。即使是厚壁的，如果注入汞过分迅速也能将它打碎。因此向管内或容器注入汞时应该使用特制的、坚实的、具有长端的漏斗。向高形器皿内注入汞时，最好使器皿略略倾斜，而器皿底部用柔软的衬垫垫稳，然后将汞沿着器皿壁缓缓注入以防溅出。

② 应该尽可能避免在敞开的容器内使用，因在室温时每立方米为汞饱和的空气含 15~20mg 汞，已大大超过极限容许浓度。若用汞作搅拌器的封闭液时，必须注意勿使汞逸出。在热的设备上，切不可用汞作封闭液，如有可能，用水或油把汞掩盖起来。

③ 汞旁不要放置发热体，绝对不要在烘箱中烘汞，因汞蒸气压随温度的升高而增加颇快。不同温度下的汞蒸气压及其在空气中的浓度见表 8-11。

表 8-11   不同温度下的汞蒸气压及其在空气中的浓度

温度，$t/℃$	p（汞蒸气）/Pa	$c_汞/$（mg/L）	$\varphi/10^{-6}$
20	0.159	0.015	2
30	0.373	0.034	4
40	0.813	0.07	8.5

续表

温度，t/℃	p（汞蒸气）/Pa	$c_汞$/（mg/L）	$\varphi/10^{-6}$
60	3.33	0.35	42.5
100	36.4	3.3	400
200	2310	213	25800
300	32900	2900	348000

④ 装汞的仪器下面一律放置浅瓷盘，使得在操作过程中偶然洒出的汞滴不至散落桌上或地面。

⑤ 经常使用汞的实验室的排风扇最好装在墙脚，地板要无缝，否则留存的细小汞滴将慢慢地蒸发，长期毒化实验室内的空气。汞的蒸发与表面积大小有很大关系，如果汞的表面没有氧化，蒸发速度与汞滴的半径成反比例。汞的细滴的危险性比整滴和整体的汞要大得多，因此使用时要尽量避免汞洒出。

2. 极谱室防止汞蒸气中毒的简则及拾汞简单装置

① 极谱室应通风良好，必须装有排风设备。汞的蒸馏应在室外或单独房间中进行。

② 实验操作前应检查仪器安放处或仪器连接处是否牢固，橡皮管或塑料管的连接处一律用铜线缚牢，以免在实验时脱落使汞流出。

③ 室中一切汞不能暴露在空气中，或将其盖紧，或在其面上放水。

④ 尽量防止汞自容器和毛细管上洒滴在桌上，尤其是地上。为此将盛汞的容器、储汞瓶及滴汞电极装置放在瓷盘或特制的水泥台上。

⑤ 如果汞滴在外面，立即用汞夹、收集洒出汞的吸管或拾汞棒将所有微小的汞滴拣起，然后喷上用盐酸酸化过的 $w=0.1\%$ 的高锰酸钾溶液（每升这种高锰酸钾溶液中加 5ml 浓盐酸）过 $1\sim2h$ 后再清除；或喷上 $w=20\%$ 的三氯化铁水溶液让其自行干燥，干燥后再消除。特别应该指出的是三氯化铁水溶液为对汞具有乳化性能并同时可将汞转化为不溶性化合物的一种非常好的去汞剂。但金属器物（除铅质外）上面有汞的细滴时，则不能用三氯化铁除汞，因金属本身会受这种溶液的作用而损坏。要清除落在地上的汞，也可撒硫黄粉，将汞洒落地区覆盖一段时间（此时生成硫化汞），再设法扫净。

⑥ 在实验中，擦过汞齐或汞的滤纸或布必须放在有水的瓷缸内。

⑦ 极谱室中每日排气 1 次，每次 0.5h；每次进入极谱室工作时，必须先排气 0.5h 后才进行工作。

⑧ 极谱室中严禁吸烟、饮食，伤口处切勿与汞接触。

⑨ 注意个人卫生，工作完毕要洗手，每日洗刷口腔数次，多运动，增吃蛋白质，定期检查身体。

⑩ 拾汞棒（或刷）的制备：将直径 0.2mm 的铜丝或 0.1mm 厚的条形铜片，浸入用硝酸酸化过的硝酸汞溶液中，这时汞即镀在铜丝（片）上成为拾汞棒（或

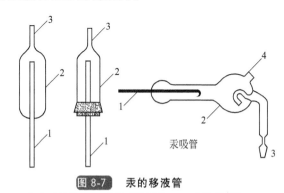

图 8-7　汞的移液管
1—收集汞的管；2—盛收汞的部分；3—连接梨形橡皮球或真空泵（即气泵）；4—密封塞

刷）。因洒出或挥发而沉积在桌上、地上的汞可用拾汞棒加以摩擦收集。

⑪ 收集洒出汞的移液管或吸管的简单装置如图 8-7 所示。

3. 用气体消除汞的毒害

进行蒸馏汞或其他有汞蒸发工作的房间，如果仅在工作处和地板上去掉汞，则经过一段时间后墙壁与天花板将被汞污染（粉浆或油漆都容易吸着汞蒸气）。这时，若使用液体去除墙壁和天花板上的汞剂很不方便，而用硫化氢去汞则比较方便。用它消除汞的毒害，主要是利用生成硫化汞，使之成为阻碍液体汞蒸发的薄膜。将需要消除汞毒的房间仔细关闭，然后用 0.5mg/L 浓度的硫化氢充满空间，维持 40h（当然不能忘记硫化氢本身的毒性，它的极限容许浓度为 $10mg/m^3$），事后应充分排风。也有人主张用排放到空气中低于卫生标准许可的氯来消除空气中的汞蒸气，但用氯去汞的缺点是对金属零件的腐蚀性很大，特别是有水分存在时，反应更为迅速。

4. 工作服上的汞和汞有机化合物的消除

由于汞及其化合物中毒的积累特性，接触汞及其化合物的分析人员应特别注意工作服的清洁。衣服被金属汞滴沾污时，应在室外适当地点，将它垂直地抖落 15min 以上，然后将工作服在 $w=2.5\%$ 的肥皂溶液和 $w=2.5\%$ 的碳酸钠溶液内洗涤 30min 左右，并需更换 3 次洗涤液，最后再在热水内冲洗干净。

为了消除工作服上的乙基氯化汞，用 $w=0.5\%$ 的碳酸钠溶液在 30min 内洗涤 3 次就可以了。为清除二乙基汞，可用 120~130℃ 的热蒸汽把工作服蒸馏 2h。如果工作服同时被乙基氯化汞、二乙基汞、金属汞和氯化汞沾污，则应先用热蒸汽再以 $w=2.5\%$ 的肥皂溶液和 $w=2.5\%$ 的碳酸钠洗涤相继进行，条件同清除汞的"洗涤"和二乙基汞气体的"蒸馏除去法"。

在此必须提及的是汞-有机化合物要比汞蒸气及其盐类更危险，它的中毒发展最快。

第四节　高压装置的使用

在实验室中，对于具有危险的装置，如果操作错误，就会对人员和设备带来危害。通常，危险装置包括电气装置、机械装置、高压装置、高温/低温装置、高能装置、玻璃器具等。在使用危险化学品和危险装置时，必须按照标准或规范进行，并加强管理，避免危险事故的发生。

一、气瓶的结构与减压器

1. 气瓶的结构

气瓶是高压容器，瓶内要灌入高压气体，还要承受搬运、滚动，有的还要经受震动冲击等外界的作用力。因此对其质量要求严、材料要求高，它一般是用无缝合金或碳素钢管制成的圆柱形容器。气瓶壁厚 5~8cm，容量 12~55L 不等。底部呈圆形，通常都在底部再装上钢质平底的座，使气瓶可以竖放。气瓶顶部装有启闭气门（即气瓶开门阀）。图 8-8 是氧气钢瓶剖视图。它是一个柱形瓶体，上端有瓶口。瓶口的内壁和外壁均有螺纹，用以装上启闭气门和瓶帽。瓶口外面还套有一个增强用的钢环圈。瓶座通常制成方形，便于立稳，卧放时也不致滚动。气瓶上还应装有两个防震圈。

启闭气门的材料必须根据气瓶所装气体的性质选用。

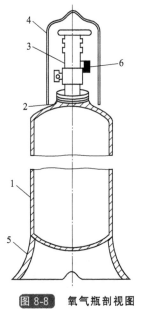

图 8-8　氧气瓶剖视图
1—瓶体；2—瓶口；3—启闭气门；
4—瓶帽；5—瓶座；6—气门侧面接头

气门侧面接头（支管）上的连接螺纹，用于可燃气体的应为左旋，非可燃气体的应为右旋，这是为了防止把可燃性气体压缩到盛有空气或氧气的钢瓶中去的可能性，以及防止偶然把可燃气体的气瓶连接到有爆炸危险的装置上去的可能性。

2. 减压器的结构和作用原理

由于气瓶内的压力一般很高，而使用所需压力却往往比较小，单靠启闭气门不能准确调节气体的放出量。为降低压力并保持稳压，就需要装上减压器，它是调节压力不可缺少的一个重要部件，必须正确操作和维护，方可保证气瓶的正常使用。

不同工作气体有不同的减压器。不同的减压器，外表都漆以不同的颜色加以标志，如用于氧的为天蓝色，用于乙炔的为白色，用于氢的为深绿色，用于氮的为黑色，用于丙烷的为灰色等等。必须注意的是用于氧的减压器可用在装有氮或空气的气瓶上，而用于氮的减压器只有在充分洗除油脂后才可用在氧的气瓶上。

气瓶用减压器的设计输送能力，对氧气来说，流量可达 $40\sim60m^3/h$，工作压力可达 15个表压力；对乙炔气来说，流量可达 $5m^3/h$。

按减压器的构造和作用原理分类，减压器有杠杆式和弹簧式两类。杠杆式减压器虽有许多优点，但由于构造复杂，很多单位都不愿意使用。目前一般都使用弹簧式减压器。弹簧式减压器又分为反作用和正作用两种。反作用的减压器（见图 8-9）进入的高压气体，其压力作用在活门的上面，也就是说进气有使活门关闭的趋向。而在正作用的减压器中（见图 8-10）进入的高压气体在减压器活门的下面，有使活门开启的趋向。

任何一种减压器，它的工作原理都基本是在工作过程中，调节和保持活门开启或关闭，或使流量处于某种稳定状态。

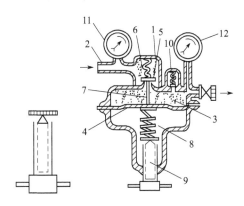

图 8-9　反作用弹簧式减压器

1—高压气室；2—管接头；3—低压气室；4—薄膜；
5—减压活门；6—回动弹簧；7—支杆；8—调节弹簧；
9—调节螺杆；10—安全活门；11—高压压力计；12—低压压力计

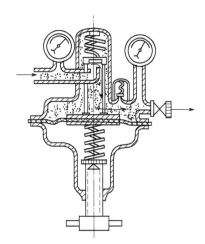

图 8-10　正作用弹簧式减压器

现以反作用弹簧式的减压器为例，说明其工作原理（参照图 8-9）。高压气体经过管接头2 进入减压器的高压气室 1，然后进入装有薄膜 4 的低压气室 3 里。压缩气体通过减压活门 5的开口时，其能量消耗于克服活门的阻力，因而压力降低。回动弹簧 6 从上面压到活门上，而调节弹簧 8 从下面通过支杆 7 压到活门上，因而弹簧对薄膜和支杆的压力，以及活门的上升量，都可以用螺杆 9 来调节。如果通过减压器的气体消耗量减少，那么气室内的压力就会升高，薄膜向下移动，压缩弹簧，于是活门接近座孔，使进入气室里的气体减少。在气室内的压力没有降落时及作用在薄膜与活门上的压力没有恢复平衡时，这个动作一直在进行着。当放出的气体增多时，气室里的压力降低，在弹簧的作用下使活门的上升量增加，于是通过活门放入的气体增加。假如通过活门进入气室内的气体比由减压器放出的气体多，那么气室内的压力又将增加，从而，又压缩弹簧使反方向上受弹簧作用的活门的上升量减小。减压器有安全活门 10 来保护薄膜，以免工作室内的气体压力增加到不容许高度时发生爆裂。减压器上还有高压压力计 11 和低压压力计 12，前者可读出进口的高压气体的压力，后者可读出出口的工作气体的压力。

3. 在装卸和使用减压器时的注意事项

减压器装卸、使用时应注意以下几点。

① 在装卸时，必须注意管接头 2，防止丝扣滑牙，以免装旋不牢而射出。卸下时要注意轻放，妥善保存，避免撞击、振动，不要放在有腐蚀性物质的地方，并防止灰尘落入表内，以免阻塞失灵。

② 在装减压器前应先将气瓶气门连接口的垃圾吹除，装好后先开气瓶气门，然后将减压器调节螺杆 9 慢慢旋紧，使支杆 7 顶住活门 5。此时弹簧 6 向上压缩，将减压阀座开启，气体由此经过低压室通向使用部分。气体流入低压室时要注意有无漏气现象。

③ 用完先关闭气瓶气门，放尽减压器进出口的气体，然后将螺杆 9 松掉。反之，如不松掉调节螺杆，使弹簧长期压缩，就会疲劳失灵。

④ 氧气瓶用的减压器内外应严防被油脂沾污，以免氧气与油污起化学反应引起燃烧。

⑤ 氧气瓶放气和打开减压器时，动作必须缓慢。放气太快，气体过快地流进阀门时，会产生静电火花，也是引起氧气瓶爆炸的原因之一。其他可燃易爆气体如乙炔、氢、丙烷等均应如此。

⑥ 工作时，必须经常注意压力表的读数。

4. 减压器的故障及一般修理

关于减压器的故障及其一般修理可归纳如下。

① 减压器连接部分的漏气，主要是螺纹配合松动，或者是垫圈损坏，查出后，把螺纹扳紧或调换垫圈。

② 安全活门漏气主要是活门垫料与弹簧的变形所致，一般只需调整弹簧或更换活门垫料。

③ 减压器上盖有漏气时，为薄膜片损坏，应拆开更换。

④ 调节螺杆在松开状态下，低压室压力有缓缓上升现象时，这种现象被称为直风或自流，主要是活门上或阀座上有了垃圾或损坏。修理时将后部螺塞拆开，取出活门，去除垃圾或调换活门的密封垫就可解决。

⑤ 遇到压力降落过大或压力回升过大时，主要原因也是活门副密封不良或有垃圾等，可按第④条同样方法进行修理。

⑥ 在工作了一段时间后，发现气体供不上或压力表指针有较大摆动时，说明活门口产生了冻结现象（气体流动时吸热的缘故），可以用清洁热水、蒸汽等方法温热解冻，切不可用明火加温。

⑦ 当压力表指针回不到零位或损坏时，应修理或更换后再用。

⑧ 不熟悉减压器构造的工作人员，不要随便对其进行修理。

二、高压气体的使用

1. 高压气瓶使用规程

① 禁止敲击、碰撞；气瓶应可靠地固定在支架上，以防滑倒。

② 开启高压气瓶时，操作者必须站在气瓶出气口的侧面，气瓶应直立，然后缓缓旋开瓶阀。气体必须经减压阀减压，不得直接放气。

③ 高压气瓶上选用的减压阀要专用，安装时螺扣要上紧。

④ 开关高压气瓶瓶阀时，应用手或专门扳手，不得随便使用凿子、钳子等工具硬扳，以防损坏瓶阀。

⑤ 氧气瓶及其专用工具严禁与油类接触，氧气瓶附近也不得有油类存在，操作者必须将手洗干净，绝对不能穿沾有油脂或油污的工作服、手套及用油手操作，以防氧气冲出后发生燃烧甚至爆炸。

⑥ 氧气瓶、可燃性气瓶与明火距离应不小于 10m；有困难时，应有可靠的隔热防护措施，但不得小于 5m。

⑦ 高压气瓶应避免曝晒及强烈振动，远离火源。

⑧ 使用装有易燃、易爆、有毒气体的气瓶工作地点，应保证良好的通风换气。

⑨ 气瓶内气体不能全部用尽，剩余残压❶（余压）一般应为 0.2MPa 左右，至少不得少于 0.05MPa。

⑩ 各类气瓶必须定期检定，充装一般气体的钢瓶每 3 年检定一次，充装腐蚀性气体的气瓶则每 2 年检定一次，盛装剧毒或高毒介质的气瓶在定期检定的同时，必须进行气密性试验。

2. 高压气体钢瓶的漆色和标志

高压气体钢瓶的漆色和标志见表 8-12，其标志位置示意见图 8-11。

表 8-12　高压气体钢瓶的漆色和标志

序号	气瓶名称	化学式	外表面颜色	字样	字样颜色	色环①
1	氢	H_2	深绿	氢	红	$p=150$　不加色环 $p=200$　黄色环一道 $p=300$　黄色环二道
2	氧	O_2	天蓝	氧	黑	$p=150$　不加色环 $p=200$　白色环一道 $p=300$　白色环二道
3	氨	NH_3	黄	液氨	黑	
4	氯	Cl_2	草绿	液氯	白	
5	空气		黑	空气	白	

---

❶ 关于剩余残压的说明。气瓶内储存的气体品种很多，但不管是哪一种气瓶，在使用中都必须留有一定压力的余气、不得用尽，以使其他气体进不去。根据所装气体性质的不同，剩余残压也有所不同，如果已经用到规定的剩余残压，就不能再使用，并应立即将气瓶阀关紧，不让余气漏掉。因为气瓶所盛气体的纯度都有一定的要求，以保证气体质量和使用时的安全。如果气瓶不留余气，则空气或其他气体就会侵入气瓶内，使原有气体不纯，下次再充气使用时就会发生事故。例如氮气本身不燃不爆，广泛用于置换易燃、易爆气体（如氢气）以便进行化学反应或设备检修动火等。如果氮气瓶内进入空气，空气中含有氧气，因而氮气中也有了氧气。在用氮气置换时，就灌进了氧气，氧气如和易燃气体混合，势必发生危险。又如在化学分析中对所用气体的纯度要求很高，稍有不纯，即影响数据的正确性而使工作失败。更重要的一点是：气瓶不留余气，可能侵入性质相抵触的气体。例如氢氧焰切割及氧炔焰焊割时，如果氢气瓶、乙炔气瓶或氧气瓶不留余压，则往往会发生氢气或乙炔灌入氧气瓶中，或氧气灌入氢气或乙炔气瓶中，当场发生爆炸事故。即使是氢氧焰或氧炔焰熄火后形成的倒灌，当场虽未爆炸，但混有氧气的氢气瓶或乙炔气瓶或混有氢气、乙炔气的氧气瓶，在充气后使用时，仍存在爆炸的危险性。又如原子吸收分光光度分析用乙炔气瓶，也必须注意留有余压，谨防空气或其他性质相抵触的气体侵入乙炔气瓶中。

气瓶充气前，对每一只气瓶都要做余气检查，不留余气的气瓶就失去了验瓶条件。对于没有余气的气瓶，充气前应严格地清洗，万一疏忽，充入了性质相抵触的气体，则后患无穷，可见气瓶剩余残压对安全生产有重大意义。

续表

序号	气瓶名称	化学式	外表面颜色	字 样	字样颜色	色 环[①]
6	氮	N_2	黑	氮	黄	$p=150$ 不加色环 $p=200$ 白色环一道 $p=300$ 白色环二道
7	硫化氢	H_2S	白	液化硫化氢	红	
8	碳酰二氯	$COCl_2$	白	液化光气	黑	
9	二氧化碳	CO_2	铝白	液化二氧化碳	黑	$p=150$ 不加色环 $p=200$ 黑色环一道
10	二氯二氟甲烷	CF_2Cl_2	铝白	液化氟氯烷-12	黑	
11	三氟氯甲烷	CF_3Cl	铝白	液化氟氯烷-13	黑	$p=80$ 不加色环 $p=125$ 草绿色环一道
12	四氟甲烷	CF_4	铝白	氟氯烷-14	黑	
13	二氯氟甲烷	$CHFCl_2$	铝白	液化氟氯烷-21	黑	
14	二氟氯甲烷	CHF_2Cl	铝白	液化氟氯烷-22	黑	
15	三氟甲烷	CHF_3	铝白	液化氟氯烷-23	黑	
16	二氯四氟乙烷	$CF_2Cl—CF_2Cl$	铝白	液化氟氯烷-114	黑	
17	六氟乙烷	CF_3CF_3	铝白	液化氟氯烷-116	黑	$p=80$ 不加色环 $p=125$ 草绿色环一道
18	三氟乙烷	CH_3CF_3	铝白	液化氟氯烷-143	黑	
19	偏二氟乙烷	CH_3CHF_2	铝白	液化氟氯烷-152a	黑	
20	二氟溴氯甲烷	CF_2ClBr	铝白	液化氟氯烷-12B$_1$	黑	
21	三氟溴甲烷	CF_3Br	铝白	液化氟氯烷-13B$_1$	LFO	$p=80$ 不加色环 $p=125$ 草绿色环一道
22	二氟氯乙烷	CH_3CF_2Cl	铝白	液化氟氯烷-142	红	
23	甲烷	CH_4	褐	甲烷	白	$p=150$ 不加色环 $p=200$ 黄色环一道 $p=300$ 黄色环二道
24	乙烷	C_2H_6	褐	液化乙烷	白	$p=125$ 不加色环 $p=150$ 黄色环一道 $p=200$ 黄色环二道
25	丙烷	C_3H_8	褐	液化丙烷	白	
26	环丙烷	CH_2——CH_2 ＼／ CH_2	褐	液化环丙烷	白	
27	正丁烷	n-C_4H_{10}	褐	液化正丁烷	白	
28	异丁烷	i-C_4H_{10}	褐	液化异丁烷	白	
29	乙烯	C_2H_4	褐	液化乙烯	黄	$p=125$ 不加色环 $p=150$ 白色环一道 $p=200$ 白色环二道
30	丙烯	C_3H_6	褐	液化丙烯	黄	
31	1-丁烯	1-C_4H_8	褐	液化丁烯	黄	
32	异丁烯	i-C_4H_8	褐	液化异丁烯	黄	
33	1,3-丁二烯	1,3-C_4H_6	褐	液化丁二烯	黄	

续表

序号	气瓶名称	化学式	外表面颜色	字　样	字样颜色	色　环①
34	氩	Ar	灰	氩	绿	
35	氦	He	灰	氦	绿	
36	氖	Ne	灰	氖	绿	$p=150$　不加色环 $p=200$　白色环一道 $p=300$　白色环二道
37	氪	Kr	灰	氪	绿	
38	氙	Xe	灰	液氙	绿	
39	三氟化硼	BF_3	灰	三氟化硼	黑	
40	溴化氢	HBr	灰	液化溴化氢	黑	
41	氟化氢	HF	灰	液化氟化氢	黑	
42	氯化氢	HCl	灰	液化氯化氢	黑	
43	氧化亚氮	N_2O	灰	液化氧化亚氮	黑	$p=125$　不加色环 $p=150$　草绿色环一道
44	四氧化二氮	N_2O_4	灰	液化四氧化二氮	黑	
45	二氧化硫	SO_2	灰	液化二氧化硫	黑	
46	六氟化硫	SF_6	灰	液化六氟化硫	黑	$p=80$　不加色环 $p=125$　草绿色环一道
47	六氟丙烯	C_3F_6	灰	液化全氟丙烯	黑	
48	煤气		灰	煤气	红	$p=150$　不加色环 $p=200$　黄色环一道 $p=300$　黄色环二道
49	乙烯基甲醚	$CH_2=CHOCH_3$	灰	液化乙烯基甲醚	红	
50	氯甲烷	CH_3Cl	灰	液化氯甲烷	红	
51	氯乙烷	C_2H_5Cl	灰	液化氯乙烷	红	
52	氯乙烯	$CH_2=CHCl$	灰	液化氯乙烯	红	
53	三氟氯乙烯	$CF_2=CFCl$	灰	液化三氟氯乙烯	红	
54	溴甲烷	CH_3Br	灰	液化溴甲烷	红	
55	溴乙烯	$CH_2=CHBr$	灰	液化溴乙烯	红	
56	氟乙烯	$CH_2=CHF$	灰	液化氟乙烯	红	$p=80$　不加色环 $p=125$　黄色环一道
57	偏二氟乙烯	$CH_2=CF_2$	灰	液化偏二氟乙烯	红	
58	甲胺	CH_3NH_2	灰	液化甲胺	红	
59	二甲胺	$(CH_3)_2NH$	灰	液化二甲胺	红	
60	三甲胺	$(CH_3)_3N$	灰	液化三甲胺	红	
61	乙胺	$C_2H_5NH_2$	灰	液化乙胺	红	
62	甲醚	$(CH_3)_2O$	灰	液化甲醚	红	
63	环氧乙烷	$\underset{O}{CH_2-CH_2}$	灰	液化环氧乙烷	红	
64	其他气体		灰	气体名称	可燃的红 不燃的黑	

　　① p 为气瓶设计压力。单位 kgf/cm² (1kgf/cm²＝98.0665kPa)，同一种高压液化气体，规定两个或两个以上充装系数的，应在色环下方注明该种气瓶的设计压力，字体高度不小于 80mm。
　　注：气体中某一主要组成 $\varphi \geqslant 98\%$ 的为单一气体；气体中某一主要组分 $\varphi < 98\%$ 的为混合气体。

3. 气体钢瓶的搬运、存放和充装

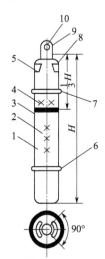

图 8-11 气瓶的漆色、标志示意
1—整体漆色（包括瓶帽）；2—所属单位名称；
3—色环；4—全体名称；5—制造钢印（涂清漆）；
6，7—防震圈；8—检验钢印（涂清漆）；
9—安全帽；10—泄气孔

① 在搬运与存放时，气瓶上的安全帽应旋紧；气瓶上应装好两个防震胶圈。

② 气瓶装在车上应妥善加以固定。车辆装运气瓶一般应横向放置，头部朝向一方，装车高度不得超过车厢高。装卸时禁止采用抛、滑或其他容易引起碰击的方法。

③ 装运气瓶的车辆应有明显的"危险品"标志。车上严禁烟火。易燃品、油脂和带有油污的物品，不得与氧气瓶或强氧化剂气瓶同车运输。所装介质相互接触后，能引起爆炸、燃烧的气瓶不得同车运输。

④ 气瓶应存放在阴凉、干燥、远离火源（如阳光、暖气、炉火等）的地方。

⑤ 充装有毒气体的气瓶，或充装有介质互相接触后能引起燃烧、爆炸的气瓶，必须分室储存。

⑥ 充装有易于起聚合反应的气体气瓶，如乙炔、乙烯等，必须规定储存期限。

⑦ 气瓶与其他化学危险品也不得任意混放，参见表 8-13。

⑧ 气瓶瓶体有缺陷不能保证安全使用的，或安全附件不全、损坏或不符合规定的，均不应送交气体制造厂充装气体。

高压气体钢瓶的分类储存规定见表 8-13。

表 8-13 高压气体钢瓶的分类储存规定

气体性质	气体名称	不准共同储存的物品种类
可燃气体	氢、甲烷、乙烯、丙烯、乙炔液化石油气、丙烯、甲醚、液态烃、氯甲烷、一氧化碳	除惰性不燃气体（如氮、二氧化碳、氖、氩）外，不准和其他种类易燃、易爆物品共同储存
助燃气体	氧压缩空气、氯（兼有毒性）	除惰性不燃气体和有毒物品（如光气、氯化苦、五氧化二砷、氰化钾）外，不准和其他种类的易燃、易爆物品共同储存
不燃气体	氮、二氧化碳、氖、氩	除气体、有毒物品和氧化剂（如氯酸钾、氯酸钠；硝酸钾、硝酸钠；过氧化钠）外，不准和其他种类的物品共同储存

4. 几种压缩可燃气和助燃气的特殊性质和安全处理

（1）乙炔

乙炔的处理是将颗粒活性炭、木炭、石棉或硅藻土等多孔性物质填充在气瓶内，再将丙酮掺入，通入乙炔使之溶解于丙酮中，直至 15℃ 时压力达 $15.5 kgf/cm^2$**❶**。国外曾有报道，在乙炔站充灌乙炔瓶，当瓶压力达到 $23 kgf/cm^2$ 时，往往因容器密封不良会喷出气体。此时，操作人员采取措施制止气体喷出，由于衣服和人体摩擦发生静电，当手伸到容器附近，

---

❶ 指供原子吸收分光光度分析用。

便产生放电火花，引起爆炸事故。

乙炔是极易燃烧、容易爆炸的气体。含有7%～13%（指体积分数，下同）乙炔的乙炔-空气混合气和含有大约30%乙炔的乙炔-氧气混合气最易爆炸。在未经净化的乙炔内可能含有0.03%～1.8%的磷化氢。磷化氢的自燃点很低，气态磷化氢（PH_3）在温度为100℃时就会自燃，而液态磷化氢（P_2H_4）甚至在稍低于100℃的温度下也会自燃。因此当乙炔中含有空气时，有磷化氢存在就可能构成乙炔-空气混合气的爆炸起火。一般规定乙炔中磷化氢含量不得超过0.2%，而乙炔含量应在98%以上，硫化氢含量应小于0.1%。空气能剧烈地增加乙炔的爆炸性，应尽量地减少其含量。乙炔和铜、银、汞等金属或其盐类长期接触，会生成乙炔铜（Cu_2C_2）和乙炔银（Ag_2C_2）等易爆物质。因此，凡供乙炔用的器材（如管路和零件），都不能使用银和含铜量在70%以上的铜合金。乙炔和氯、次氯酸盐等化合会发生燃烧和爆炸。因此，乙炔燃烧时，绝对禁止用四氯化碳来灭火。存放乙炔气瓶处要通风良好，温度要保持35℃以下。充灌后的乙炔气瓶要静置24h后使用，以免使用时受丙酮的影响。这种影响特别表现在原子吸收分光光度分析中作为燃气时的火焰不稳，噪声增大，其原因之一就是受到丙酮蒸气的作用。为了防止气体回缩，应该装上回闪阻止器。

应当注意，当气瓶内还剩有相当量乙炔时（一般最低降低到1个表压），就需要换用另一只新乙炔气瓶。

在使用乙炔气瓶过程中，应经常注意瓶身温度情况。如瓶身有发热情况，说明瓶内有自动聚合，此时，应立即停止使用，关闭气门并迅速用冷水浇瓶身，直至瓶身冷却，不再发热。

（2）氢气　氢气无毒、无腐蚀性、极易燃烧，单独存在时比较稳定。但其密度小，易从微孔漏出，而且它的扩散速度很快，易和其他气体混合。因此要检查氢气导管是否漏气，特别是连接处一定要用肥皂水检查。氢气在空气中的爆炸极限为4.00%～74.20%（体积分数），其燃烧速度比碳氢化合物等气体快，在常温和101.3kPa（1atm）下约为2.7m/s（指氢气约占混合物的40%）。

存放氢气的气瓶处一定要严禁烟火，远离火种、热源，储于阴凉通风的仓间。应与氧气、压缩空气、氧化剂、氟、氯等分间存放，严禁混储混运。

（3）氧气　氧气是强烈的助燃气体。纯氧在高温下是很活泼的，当温度不变而压力增加时，氧气可以和油类发生剧烈的化学反应而引起发热自燃，产生强烈的爆炸。例如，一般工业矿物油与3.04×10^3kPa（30atm）以上的氧气接触就能自燃。因此氧气气瓶一定要严防同油脂接触。氧气瓶中绝对不能混入其他可燃气体或误用其他可燃气体气瓶来充灌氧气。氧气瓶一般是在20℃、1.52×10^4kPa（150atm）的条件下充灌的。氧气气瓶的压力会随温度增高而增高，因此要禁止在强烈阳光下曝晒，以免随着钢瓶壁温增高引起瓶内压力过高。实验室有时需用液态氧❶蒸发制得不含水分的气态氧。在这步操作中不要使液氧滴在手上、脸上或身体其他裸露部分。液氧滴在皮肤上会引起烧伤或严重冻伤。由于液氧具有剧烈的氧化性能，因此处理液氧的工作地点不能放置棉、麻一类的碎屑。这类物质浸上液氧后，着火时会引起爆炸。操作人员身上应避免溅上液氧，因布和头发极易吸收氧气，吸氧后接触明火时，会发生燃烧。

（4）氧化亚氮　氧化亚氮也称笑气，具有麻醉兴奋作用，因此使用时要特别注意通风。液态氧化亚氮在20℃时的蒸气压为5066kPa（50atm）。氧化亚氮受热时分解为含氧和氮的混合物，可燃性气体即可借混合物中的氧而燃烧。例如，原子吸收分光光度计就是使用氧化亚氮-乙炔火焰进行燃烧的，反应为：

---

❶　关于使用液化气体应该注意点可参阅第一篇第二章第六节制冷剂的有关部分。

$$5N_2O \longrightarrow 5N_2 + \frac{5}{2}O_2 \quad H_{298} = -424.3kJ$$

$$C_2H_2 + \frac{5}{2}O_2 \longrightarrow 2CO_2 + H_2O（气）\quad H_{298} = +1298kJ$$

在此过程中氧化亚氮分解为含氧 33.3% 和氮 66.7% 的混合物，乙炔即借其中的氧燃烧，乙炔为吸热化合物，分解时将放出它在生成时所吸收的全部热量。但在氧化亚氮-乙炔火焰中发生的反应比一般火焰要复杂。燃烧时要严禁从原子吸收分光光度计的喷雾室的排水阀吸入空气，否则会引起爆炸。

三、高压釜的使用

在实验室进行高压实验时，最广泛使用的是高压釜。实验室高压釜系气-液、液-液、液-固或气-液-固三相化工物料进行化学反应的搅拌反应装置，可使各种化工物料在较高的压力、真空、温度下充分搅拌，以强化传质和传热过程。高压釜属于特种设备，应放置在符合防爆要求的高压操作室内。高压釜主要由釜体、釜盖、连接法兰、磁力搅拌器、加热器、阀门、冷却盘管、安全爆破阀、压力表、控制仪等部件组成，使用时要注意以下几点。

① 在实验室高压釜中做不同介质的反应，应首先查清介质对主体材料有无腐蚀；查明刻于主体容器上的试验压力、使用压力及最高使用温度等条件，要在其容许的条件范围内进行使用。使用前检查各阀门是否畅通，特别是压力表及防爆膜的管口。

② 高压釜属于精密设备，釜体和釜盖采用不锈钢缠绕垫片密封，通过拧紧主螺母使它们相互压紧达到良好的密封效果，拧紧螺母时必须对角对称多次逐步加力拧紧，用力均匀，不允许釜盖向一边倾斜，以达到良好的密封效果。

③ 高压釜使用前应进行加温、加压密封性试验。试验介质可用空气、氮气等惰性气体，升温升压步骤必须缓慢进行。升至试验压力后保持 30min，检查有无泄漏，如发现有泄漏请用肥皂液查找管路、管口泄漏点，找出后放掉气体降压，然后拧紧螺母和接头，严禁在高压下拧紧螺母和接头，再次通入氮气进行保压试验，确保无泄漏后开始正常工作。

④ 进气口和排气阀使用针形阀密封，关闭时仅需轻轻转动阀针，压紧密封面即能达到良好的密封性能，禁止用力过大，以免损坏密封面。

⑤ 开机前需在磁力搅拌器与釜盖间的水套通冷却水，保证水温小于 35℃，以免磁性材料退磁。加入高压釜内的原料不可超过其有效容积的 1/3。反应过程中禁止速冷速热，以防过大的温差应力，造成冷却盘管、釜体产生裂纹。反应完毕后，先降温后排气降压，再将主螺栓、螺母对称地松开卸下，严禁带压拆卸，卸盖过程中应特别注意保护釜体、釜盖的密封面及垫片。

⑥ 釜内的清洗：每次操作完毕用清洗液（使用清洗液应注意避免对主体材料产生腐蚀）清除釜体及密封面的残留物，应经常清洗并保持干净，不允许用硬物质或表面粗糙的物品进行清洗。

⑦ 结束后，检查反应釜上下接口处是否对齐，适当调整后，缓慢将釜体与釜盖合上，卡套卡紧但不要旋螺栓，将反应釜调整到反应前的状态，检查各阀门是否关紧。

第五节 高能装置的使用

近年来，使用高能装置的机会不断增加。由于这些装置使用直流高压电或高频高压电，因此，使用这些装置时，必须防止触电和电气灾害，同时，随着使用的能量增高，其发生事故的危险性也就愈大。例如，激光或雷达等能放出强大电磁波的高频装置，由它们放出的微波或光波，瞬间即会使人严重烧伤；并且往往还会使眼睛失明，甚至发生生命危险。因此，必须予以足够的重视。高能装置包括激光器、放射源等，本节仅考虑激光器的使用情况。

激光器因能放出强大的激光光线（可干涉性光线），所以，若用眼睛直接观看，即会烧坏视网膜，甚至还会失明。同时，还有被烧伤的危险。在使用激光切割机时，激光器激光射出可能引起以下事故：

① 激光射出沾到易燃物引起火灾，因此，禁止在激光路径上放置易燃、易爆物品及黑色的纸张、布、皮革等燃点低的物质。

② 机器在运行时会可能会产生有害气体。例如，在用氧气切割时与切割材料发生化学反应，生成不明化学物质或细小颗粒等杂质，被人体吸收以后可能会产生过敏反应或引起肺部等呼吸道的不适。在进行作业的时候应做好防护措施。

③ 激光对人体的损害主要包括对眼睛和对皮肤的损害。激光直射人体会造成灼伤，在激光的伤害中，眼睛的伤害是永久性的。所以在进行作业时一定要注意保护眼睛，确保在任何时间、任何情况下禁止眼睛直视激光发射口。

利用激光作为光源的分析仪器已经很多，如激光诱导荧光检测装置、激光光谱分析仪、激光粒度分析仪、激光测距仪、激光传感器、激光流式细胞分析仪、激光离子化飞行时间质谱仪等，在使用激光器时必须戴防护眼镜，最好把整个激光装置都覆盖起来，对放出强大激光光线的装置，要配备捕集光线的捕集器。要十分注意射出光线的方向，并同时查明确实没有反射壁面之类的东西存在；因为激光装置使用高压电源，故操作时必须给予高度重视。

第六节　放射性辐射的防护措施

电离辐射作用人体后，其能量传递给机体的分子、细胞、组织和器官所造成的形态和功能的后果，称为放射生物效应。如果没有科学有效的监测与防护，从个体来说，放射性辐射可能引起人体发生确定性效应（如造血系统、免疫系统、消化系统和各种组织器官的损伤）和随机性效应（可能引起白血病、癌症和遗传疾病）。而从整体来说，可能影响全民健康素质的提高，甚至可能影响社会稳定和国家安全。

与放射性辐射有关的装置主要有：

① 加速电荷粒子的装置，如回旋加速器、电磁感应加速器以及各种加速装置等；

② 发射 X 射线的装置，如 X 射线发生装置、X 射线衍射仪、X 射线荧光分析仪等；

③ 盛载放射性物质的装置。

在上述装置中，由于 X 射线装置加速电压既低，装置又小型，而且运转也简单，所以最广泛使用。但是，进行实验时，不仅实验者本人，而且在其周围的人都要加倍注意，必须进行周密的准备，并按照安全操作规程进行细心的操作，防止被 X 射线照射；按照实验的要求，穿上防护衣及戴上防护眼镜等适当的防护用具，使用 X 射线的人员，要定期进行健康检查。

一、有关名词的解释、特有的单位系统和换算

1. 放射性同位素与稳定性同位素

有放射性的同位素称为"放射性同位素"，没有放射性的同位素就称为"稳定性同位素"。例如 $^{31}_{15}P$、$^{59}_{27}Co$，它们不放出射线，没有放射性，所以是稳定性同位素；而 $^{32}_{15}P$、$^{60}_{27}Co$ 能放出射线，有放射性，所以是放射性同位素。在通常情况下，元素左下角的原子序数可不写出，只写出元素左上角的原子质量数就行，如 ^{32}P、^{60}Co 等。

2. 放射性同位素制剂及放射性化工制品、辐射源、检查校正源、标准源、中子源

（1）放射性同位素制剂及放射性化工制品　含有放射性同位素的化学制品称为"放射性

同位素制剂（或放射性化学试剂）及放射性化工制品"，如含有放射性同位素的酸、碱、盐类和有机化合物类等。

（2）辐射源　放射性强度较大的固体或液体的放射性同位素，通常称为"辐射源"，它是用金属或其他容器封闭着的，常见的辐射源有 ^{60}Co、^{90}Sr、^{137}Cs、^{204}Tl 等。

（3）检查校正源　专供给检查和校正测量放射性的仪器、仪表的放射源，称为"检查校正源"，常见的也是 ^{60}Co、^{90}Sr 等。

（4）标准源　在核物理、放射化学、生物学、医学、地质勘探和工农业部门中，经常需要用一些强度已知的放射源，作为同类型放射源的基准。这些可作为基准的放射源，称为标准源。把未知强度的放射源与标准源加以比较，通过比较测量，便可简便而准确地得到待测放射源的强度。一般要求标准源的强度应较稳定，强度测量的准确度应较高。

（5）中子源　由某两种元素（其中一种为放射性元素）混合，而能不断放射出中子的源，称为"中子源"。如镭-铍中子源、钋-铍中子源等。

根据辐射源对人体健康和环境可能造成危害的程度，从高到低将其分为 3 类。

Ⅰ类为高危险射线装置（如医用加速器等），能量大于 100MeV，如发生事故，可在短时间内使受照射人员受到严重放射损伤，甚至死亡，或对环境造成严重影响。

Ⅱ类为中危险射线装置（如放射治疗用 X 射线、电子束加速器、重离子治疗加速器、质子治疗装置、制备正电子发射计算机断层显像装置 PET 用放射性药物的加速器、其他医用加速器、X 射线深部治疗机、数字减影血管造影装置等），发生事故将使受照人员产生较严重放射损伤，大剂量照射甚至导致死亡。

Ⅲ类为低危险射线装置（如医用 X 射线、CT 机、放射诊断用普通 X 射线机、X 射线摄影装置、牙科 X 射线机、乳腺 X 射线机、放射治疗模拟定位机、其他高于豁免水平的 X 射线机等），事故时一般不会造成受照人员的放射损伤。

3. 照射的类别

（1）职业照射（occupation exposure）　除了国家有关法规、标准所排出的照射以及按规定予以豁免的实践或源产生的照射以外，工作人员在其工作过程中所收到的所有照射。

（2）医疗照射（medical exposure）　受检者与患者接受包含电离辐射的医学检查或治疗而收到的照射。此外，还包括知情而自愿扶持帮助受检者与患者所受到的照射，以及医学研究中自愿者所受的照射。

（3）公众照射（public exposure）　除职业性放射工作人员以外的其他社会成员所受的电离辐射照射，包括经批准的源和实践产生的照射及在干预情况下受到的照射，但不包括职业照射、医疗照射和当地正常的天然本地辐射的照射。

（4）潜在照射（potential exposure）　可以预计其出现但不能肯定其一定发生的一类照射。此列照射可能由辐射源的事故、由具有某种或然性质的事件或事件序列（包括设备故障和操作失误）所引起。

4. 放射性活度、剂量、照射量、吸收剂量、吸收剂量率、剂量当量、最大容许剂量当量和最大容许剂量

（1）放射性活度（radioactivity）　衡量放射性物质（放射源）的放射性强度大小的一种物理量，定义为处于某一特定能态的放射性核在单位时间内的衰变数（记作 A，$A=dN/dt=\lambda N$）。放射性活度的 SI 单位是贝可勒尔（Bq），1Bq 表示在 1s 内发生了 1 次核衰变。曾经使用过的旧单位是居里（Ci），1Ci 则表示在 1s 内发生了 3.7×10^{10} 次核衰变。

1 居里（Ci）＝10^3 毫居里（mCi）＝10^6 微居里（μCi）＝3.7×10^{10} 贝可（Bq）

另一个表示 γ 射线放射性活度的物理量是克镭当量，1g 镭当量指这种 γ 射线源在离 1m

远处的照射量与 1g 镭所产生的照射量一样大。由于各种放射性同位素的衰变方式和放射线能量均有不同，1Ci 的各种放射性同位素具有不同的克镭当量值，一些常用放射性同位素 1mCi 相当的克镭当量数见表 8-14。

由于有些放射性核一次衰变不止放出一个粒子或 γ 光子，因此，用放射探测器实验计数所得的不是该核的放射性活度，还需利用放射性衰变的知识加以计算。根据指数衰变规律可得放射性活度等于衰变常数乘以衰变核的数目。放射性活度亦遵从指数衰变规律。

表 8-14　常用放射性同位素

同位素名称	符号	半衰期	主要放射型	射线能量 /MeV[2]	1mCi 相当的毫克镭当量	同位素名称	符号	半衰期	主要放射型	射线能量 /MeV[2]	1mCi 相当的毫克镭当量
^{3}氢	^{3}H	12.26a	β	0.019		^{110m}银	^{110m}Ag	253d	γ	1.5	1.72
^{7}铍	^{7}Be	53.37d	κ	0.48	0.037	^{115m}镉	^{115m}Cd	43d	γ	0.95	0.13
^{14}碳	^{14}C	5730a	β	0.155		^{114m}铟	^{114m}In	50.0d	γ	0.19	0.023
^{22}钠	^{22}Na	2.602a	γ	1.3	1.49	^{113}锡	^{113}Sn	115d	κ、γ	0.39	0.20
^{32}磷	^{32}P	14.3d	β	1.7		^{124}锑	^{124}Sb	60.3d	γ	1.71	1.07
^{35}硫	^{35}S	88d	β	0.17		^{127}碲	^{127}Te	9.4h	γ	0.09	0.049
^{40}钾	^{40}K	1.28×10^9a	γ	1.46	0.096	^{131}碘	^{131}I	8.07d	γ	0.36	0.27
^{45}钙	^{45}Ca	165d	β	0.26		^{134}铯	^{134}Cs	2.05a	γ	0.79	1.18
^{46m}钪[1]	^{46m}Sc	20s	γ	1.12	1.32	^{137}铯	^{137}Cs	30.23a	γ	0.66	0.42
^{48}钒	^{48}V	16.0d	γ	1.33	1.87	^{140}钡	^{140}Ba	12.8d	γ	0.54	0.3
^{51}铬	^{51}Cr	27.8d	γ	0.32	0.018	^{144}铈	^{144}Ce	284.9d	γ	0.13	0.03
^{54}锰	^{54}Mn	303d	γ	0.84	0.58	^{147}钷	^{147}Pm	2.5a	β	0.23	
^{59}铁	^{59}Fe	45.1d	γ	1.30	0.74	^{155}铕	^{155}Eu	1.81a	γ	0.1	0.02
^{56}钴	^{56}Co	77d	γ	2.17	1.19	^{153}钆	^{153}Gd	242d	γ	0.1	0.02
^{60}钴	^{60}Co	5.26a	γ	1.25	1.57	^{170}铥	^{170}Tm	128.6d	γ	0.08	0.0039
^{63}镍	^{63}Ni	92a	β	0.06		^{181}铪	^{181}Hf	42.4d	γ	0.61	0.37
^{64}铜	^{64}Cu	12.9h	γ	1.34	0.14	^{185}钨	^{185}W	75.8d	β	0.43	
^{65}锌	^{65}Zn	243.6d	γ	1.12	0.34	^{185}锇	^{185}Os	94d	γ	0.65	0.48
^{77}砷	^{77}As	38.83h	β	0.7		^{192}铱	^{192}Ir	74d	γ	0.31	0.59
^{75}硒	^{75}Se	120.4d	κ	0.27	0.18	^{198}金	^{198}Au	2.696d	γ	0.41	0.29
^{82}溴	^{82}Br	35.5h	γ	1.35	1.76	^{203}汞	^{203}Hg	46.57d	γ	0.28	0.15
^{86}铷	^{86}Rb	18.66d	γ	1.08	0.062	^{204}铊	^{204}Tl	3.78d	β	0.78	
^{89}锶	^{89}Sr	52d	β	1.5		^{210}铅	^{210}Pb	21a	γ	0.05	0.0017
^{90}锶	^{90}Sr	28.1a	β	0.54		^{210}钋	^{210}Po	138.38d	α	5.30	
^{95}锆	^{95}Zr	65d	γ	0.75	0.50	^{226}镭	^{226}Ra	1600a	γ	0.18	
^{95}铌	^{95}Nb	35.15d	γ	0.76	0.53	^{228}钍	^{228}Th	1.913a	γ	0.22	0.0014
^{99}锝	^{99}Tc	2.12×10^5a	γ	0.30		铀	U	几亿年	α		
^{106}钌	^{106}Ru	367d	β	0.04		^{239}钚	^{239}Pu	2.439×10^4a	α		
^{105}铑	^{105}Rh	35.9d	γ	0.32	0.011						

① 同位素质量数旁注有 m 者为同质异能素。有为数不多的同位素可以在它的某一激发态停留着一个较大的时间，这样的激发态称为亚稳态（metastable state），处在亚稳态的同位素则称为同质异能素。某些资料上也有用质量数旁注以 * 号来表示同质异能素的。

② 电子伏特（eV）：物理学中用来量度微观粒子能量的一种单位。其定义为：1 个电子通过电势差为 1V 的电场时所获得（或减少）的能量。1eV＝1.602×10^{-19}J，在核物理中常用它的一百万倍即百万电子伏特（MeV），也叫做兆电子伏特作为能量单位。

（2）剂量（dose） 剂量是借用的医学术语，用来度量射线对物质或生物体的作用程度，以表示物体或人体受到辐射伤害的情况。现在，在放射辐射方面，剂量仅仅用于表示"吸收剂量"。有效剂量是指在全身收到非均匀照射的情况下人体所有组织或器官的当量剂量之加权和（E），即 $E=\Sigma W_T H_T$。其中，H_T 为组织或器官 T 所受的当量剂量，W_T 为组织 T 的权重因子。

（3）照射量 （exposure，符号为 X） 照射量为度量 X 射线或 γ 射线在空气中电离能力的物理量：

$$X=\mathrm{d}Q/\mathrm{d}m$$

式中，$\mathrm{d}Q$ 是光子在质量为 $\mathrm{d}m$ 的空气中释放出来的全部电子（负电子和正电子）完全被空气所阻止时，在空气中所产生的任一种符号的离子总电荷的绝对值，C/kg。

不同密度或组分的物质放在同一点的空气中，即使照射量相同，吸收剂量也并不相等。例如，相同照射量时 1kg 空气吸收 0.0089J 的能量，而 1kg 人体组织就相当于吸收了 0.0096J 的能量。因此，照射量只是一种参考比较的物理量，根据照射量测算各种物质中的吸收剂量不是很简易的过程。还有一点值得注意，照射量只用于光子在空气中引起电离的情况，其他类型辐射虽然也可以在空气中引起电离，却不允许使用照射量。

（4）吸收剂量（absorbed dose） 吸收剂量表示电离辐射给予单位质量物质的能量。严格的定义是电离辐射给予质量为 $\mathrm{d}m$ 的物质的平均授予能量 $\mathrm{d}E$ 被 $\mathrm{d}m$ 除所得的商，用 D 表示，即 $D=\mathrm{d}E/\mathrm{d}m$，其 SI 单位是戈瑞（Gy），1Gy=1J/kg。吸收剂量的测量方法有空腔电离室法、量热法和化学剂量计。

（5）吸收剂量率（dose rate） 吸收剂量率是单位时间内的吸收剂量，其 SI 单位为戈瑞/秒（Gy/s）。

（6）剂量当量（dose equivalent） 通常，辐射对生物体的影响与射线种类、照射条件等因素有关，如相同的吸收剂量下，α 射线对生物体的危害程度比 X 射线要大 10 倍左右。该倍数称为线质系数（也称品质系数、性质因素等），与辐射引起的电离密度有关。剂量当量 H 就是指在要研究的组织中某点处的吸收剂量 D、线质系数 Q 和其他一切修正因数 N 的乘积，即 $H=DQN$，其单位为希沃特（Sv）。

吸收剂量是电离辐射给予物质单位质量的能量，是研究辐射作用于物质引起各种变化的一个重要物理量。但是由于辐射类型不同，即使同一物质吸收相同的剂量，引起的变化却不等同：α 粒子在机体中 1mm 径迹所产生的离子对数目大约为 10^6，β 粒子在机体中 1mm 径迹所产生的离子对数目约为 10^4。由于电离密度不同，机体损伤的程度和机体自身恢复的程度也不同。

剂量当量的数值仅限用于辐射防护方面，不能用于高水平的事故照射。在国际辐射单位与测量委员会（ICRU）第十九号报告中介绍了线质系数（Q）与线能量转移（LET）的相互关系，对于外照射，N（其他修正系数）暂定为 1。Q 与 LET 的关系见表 8-15。为便于应用，将不同射线的线质系数简化如表 8-16 所示。

表 8-15 能量与线质系数的关系

线能量转移，在水中每微米损失的能量/keV	线 质 系 数
≤3.5	1
7	2
23	5
53	10
175	20

表 8-16 不同射线的线质系数 Q[①]

照 射 类 型	射 线 种 类	线质系数
外照射	X、γ 电子	1
	热中子及能量为 0.005MeV[②] 的中能中子	3
	中能中子（0.02MeV）	5
	中能中子（0.1MeV）	8
	快中子（0.5～10MeV）	10
	重反冲核	20
内照射	β^-、β^+、γ、e^-、X	1
	α	10
	裂变过程中的碎片，α 发射过程中的反冲核	20

① Q 值只限容许剂量当量范围内使用，不适于大剂量及大剂量率的急性照射。

② $1MeV = 1.602 \times 10^{-13}J$。

（7）最大容许剂量当量（the maximum permissible dose equivalent） 辐射对生物体的危害是明显的，因而，为确保人身安全，防止非随机效应的发生（或将随机效应发生率限制在可接受的水平），必须限定一个人在一定时间内所接受射线照射对人身健康没有危害的最大容许量，该剂量当量标准称为"最大容许剂量当量"。

我国在《电离辐射防护与辐射源安全基本标准》（GB 18871—2002）中明确提出：

① 关于工作人员的剂量当量限值在防止非随机性限制方面，对除眼晶体之外的所有组织或器官均为每年 0.5Sv，对眼晶体为每年 0.15Sv。在控制随机性效应方面，有小剂量当量为每年 0.05Sv。

② 关于公众中个人的剂量当量限值，是工作人员限值的 1/10。即为防止非随机性效应，规定对所有组织或器官为每年 50mSv，为限制随机性效应，有效剂量当量限制规定为每年 5mSv。此两数值是为职业性工作人员和公众中的成员规定的不得超过剂量的当量值。

外照射是指射线在身体外表面的照射，而内照射是由于防护不当放射性物质被吸入（呼吸道）、吃进（消化道）或从伤口、皮肤和黏膜等处侵入人体内所引起的照射。内照射的危险性从某种意义上来说，要比外照射大得多。因为人们可以设法使外照射减低到安全水平以下，同时还可尽量地不停留在可能遭受放射性的地点，然而这些对内照射来说都是办不到的。对内照射来讲，从伤口进入比吸入危险，而吸入又比吞咽危险。虽然如此，但就防护的观点而论，应该根本不让放射性物质通过任何方式进入人体。

二、射线对人体的影响及其防护

（一）射线对人体的影响

人体不同器官对放射性射线照射的影响程度是不同的，通常可以分为高度敏感器官（如淋巴组织、骨髓组织、性腺、胚胎组织等）、中度敏感器官（如角膜、晶状体等感觉器官和皮肤上皮等）、低度敏感器官（如中枢神经系统、内分泌腺等）和不敏感器官（如肌肉组织、软骨及骨组织等）。

同时，不同的射线对人体的影响程度也不相同。

α射线（α粒子）的电离能力强（是 β 粒子的 600～700 倍）、能量大而破坏力强（能使人体细胞集中致伤，且不易恢复）。但其射程短且穿透力弱，能被一张薄纸阻挡，因而作为外照射源对人体的影响比较小，但也能引起皮肤的灼伤和发炎。但如果是内照射则对人体十分危险，具有显著的生理作用。

β射线（β粒子）的穿透力比 α 射线强很多，但一张几毫米厚的铝箔就可完全阻挡。β

射线的损伤是非集中性的，外照射情况下，β射线被皮层及皮下一些细胞吸收而引出皮炎等，但伤害相对较轻，一般容易恢复。β射线防护时需注意轫致辐射。轫致辐射是一种高能带电粒子在突然减速时产生的辐射，β衰变过程中电荷的突然产生或突然消失（如电子俘获）也伴随有轫致辐射。

γ射线的穿透力很强，外照射时较难防护，危害最大，易引起体内的各种病症。

X射线的穿透力也很大，强烈的X射线照射或微弱X射线长时间照射都将引起对人体的强烈破坏作用。

中子射线不带电，但穿透力极强，在人体内的自由程较大（5MeV的中子在人体的射程可达6.37cm），很难防护，危害也不仅限于表层。其主要作用机理为：在中子进入人体与氢原子碰撞减速慢化过程中，氢原子获得能量及慢化中子与氮发生核反应作用后都将产生具有很大能量的反冲质子，使人体内产生强烈的电离，从而危害人体。

质子流因为本身就带电荷，其作用与α射线相似，高能质子流的危害远比α粒子可怕。

在上述射线的影响下，身体的正常生活机能会遭到严重破坏，使血液成分发生急剧变化，淋巴球、白细胞均随所受剂量的增加而下降，血小板在照射后也会减少，从而产生血液系统的病症，如贫血、出血性紫斑，有时甚至患白血病。此外这些射线还能损害神经系统与消化系统，如失眠头痛，记忆力衰退，新陈代谢作用紊乱和破坏，毛发脱落，趾甲、指甲患病，肌肉萎缩，食欲减退，溃疡，小肠部分肠黏膜坏死、绒毛脱落等。从深远的影响来说，所有各种射线粒子都会引起恶性肿瘤或皮肤的癌。恶性肿瘤并不是在照射之后立即出现，一般是有一潜伏期的，至于侵入体内的放射性物质，则会长期地保存体内，经数年以后才发现病患更是众所周知的事实。

在放射性辐射的电离作用下，可能造成DNA分子的损伤（如分子链的断裂或错误修复等）。生殖细胞中的DNA分子受损伤，就可能把这种损伤信息传给后代，从而在后代身上出现某种程度的遗传疾病。

因此，放射性实验室分析人员应十分重视射线的防护，只要做了必要的防护措施，规定了操作规程，设置灵敏的探测器进行监护以及做必要的检查和制定必要的治疗制度，是完全可以避免辐射的危害的。

（二）射线的防护

鉴于放射性辐射对人体的重大影响，国家陆续出台了大量的关于辐射防护的各级、各类标准（见表8-17）以完善辐射防护的各项要求。

表 8-17   辐射防护的常用标准

标准名称	标准号
基本标准	
中华人民共和国放射性污染防治法	2003.10.1 起施行
放射性同位素与射线装置安全和防护条例	2005.12.1 起施行
电离辐射防护与辐射源安全基本标准	GB 18871—2002
医用辐射诊断及防护标准——放射诊断学	
医用 X 射线诊断放射防护要求	GBZ 130—2013
医疗照射放射防护名词术语	GBZ/T 146—2002
X 射线防护材料衰减性能的测定	GBZ/T 147—2002
医学放射工作人员的卫生防护培训规范	GBZ/T 149—2002

续表

标准名称	标准号
X 射线计算机断层摄影放射防护要求	GBZ 165—2012
医用诊断 X 射线个人防护材料及用品标准	GBZ 176—2006
便携式 X 射线检查系统放射卫生防护标准	GBZ 177—2006
医疗照射放射防护基本要求	GBZ 179—2006
医用 X 射线 CT 机房的辐射屏蔽规范	GBZ/T 180—2006
医用诊断 X 射线防护玻璃板标准	GBZ/T 184—2006
乳腺 X 射线摄影质量控制检测规范	GBZ 186—2007
计算机 X 射线摄影（CR）质量控制检测规范	GBZ 187—2007
医用 X 射线诊断受检者放射卫生防护标准	GB 16348—2010
X 射线计算机断层摄影装置质量保证检测规范	GB 17589—2011
医用常规 X 射线诊断设备影像质量控制检测规范	WS 76—2011
医学 X 线检查操作规程	WS/T 389—2012
CT 检查操作规程	WS/T 391—2012
医用电气设备　第 1 部分：安全通用要求　三、并列标准诊断 X 射线设备辐射防护通用要求	GB 9706.12—1997
医用电气设备　第 2 部分：X 射线计算机体层摄影设备安全专用要求	GB 9706.18—2006
医用诊断 X 射线辐射防护器具装置及用具	YY/T 0128—2004
医用辐射诊断及防护标准——核医学	
放射性活度计	GB/T 10256—1997
放射性核素敷贴治疗卫生防护标准	GBZ 134—2002
生产和使用放射免疫分析试剂（盒）卫生防护标准	GBZ 136—2002
放射性核素成像设备性能和试验规则　第 1 部分：正电子发射断层成像装置	GB/T 18988.1—2013
放射性核素成像设备性能和试验规则　第 2 部分：单光子发射计算机断层装置	GB/T 18988.2—2013
放射性核素成像设备　性能和试验规则　第 3 部分：伽玛照相机全身成像系统	GB/T 18988.3—2013
临床核医学放射卫生防护标准	GBZ 120—2006
锡 113-铟 113m 发生器	GB/T 11810—2008
医用放射性废物的卫生防护管理	GBZ 133—2009
临床核医学的患者防护与质量控制规范	GB 16361—2012
医用辐射防护标准——放射肿瘤学	
后装 γ 源近距离治疗卫生防护标准	GBZ 121—2002
医用 X 射线治疗卫生防护标准	BZ 131—2002
医用电子加速器　验收试验和周期检验规程	GBT 19046—2013
医用 γ 射束远距治疗防护与安全标准	GBZ 161—2004
X、γ 射线头部立体定向外科治疗放射卫生防护标准	GBZ 168—2005
低能 γ 射线粒子源植入治疗的放射防护要求与质量控制检测规范	GBZ 178—2014

标准名称	标准号
后装 γ 源治疗的患者防护与质量控制检测规范	WS 262—2006
放射治疗机房的辐射屏蔽规范　第1部分：一般原则	GBZ/T 201.1—2007
医用电气设备　第2部分：能量为 1MeV 至 50MeV 电子加速器　安全专用要求	GB 9706.5—2008
建设项目职业病危害放射防护评价规范　第2部分：放射治疗装置	GBZ/T 220.2—2009
操作非密封源的辐射防护规定	GB 11930—2010
远距治疗患者放射防护与质量保证要求	GB 16362—2010
电子加速器放射治疗放射防护要求	GBZ 126—2011
放射治疗机房的辐射屏蔽规范　第2部分：电子直线加速器放射治疗机房	GBZ/T 201.2—2011
放射诊断及事故处理	
外照射慢性放射病剂量估算规范	GB/T 16149—2012
放射性核素内污染人员的医学处理规范	GB/T 18197—2000
矿工氡子体个人累计暴露量估算规范	GB/T 18198—2000
外照射事故受照人员的医学处理及治疗方案	GB/T 18199—2000
放射性疾病名单	GB/T 18201—2000
职业性放射性白内障的诊断	GBZ 95—2014
内照射放射病诊断标准	GBZ 96—2014
放射工作人员健康标准	GBZ 98—2002
外照射亚急性放射病诊断标准	GBZ 99—2002
放射性甲状腺疾病诊断标准	GBZ 101—2011
外照射急性放射病诊断标准	GBZ 104—2002
外照射慢性放射病诊断标准	GBZ 105—2002
放射性皮肤疾病诊断标准	GBZ 106—2002
放射性性腺疾病诊断标准	GBZ 107—2002
急性铀中毒诊断标准	GBZ 108—2002
放射性膀胱疾病诊断标准	GBZ 109—2002
急性放射性肺炎诊断标准	GBZ 110—2002
放射性直肠炎诊断标准	GBZ 111—2002
职业性放射性疾病诊断标准（总则）	GBZ 112—2002
职业性外照射个人监测规范	GBZ 128—2002
职业性放射性疾病报告格式与内容	GBZ/T 156—2013
放射性口腔炎诊断标准	GBZ 162—2004
外照射急性放射病的远期效应医学随访规范	GBZ/T 163—2004
核电厂操纵员的健康标准和医学监督规定	GBZ/T 164—2004
职业性放射性疾病诊断程序和要求	GBZ 169—2006

续表

标准名称	标准号
牙釉质电子顺磁共振剂量重建方法	GBZ/T 172—2006
医用诊断 X 射线个人防护材料及用品标准	GBZ 176—2006
放射性疾病诊断名词术语	GBZ/T 191—2007
放冲复合伤诊断标准	GBZ 102—2007
放烧复合伤诊断标准	GBZ 103—2007
放射性神经系统疾病诊断标准	GBZ 214—2009
放射性肿瘤病因判断标准	GBZ 97—2009
过量照射人员医学检查与处理原则	GBZ 215—2009
人体体表放射性核素污染处理规范	GBZ/T 216—2009
外照射急性放射病护理规范	GBZ/T 217—2009
放射性皮肤癌诊断标准	GBZ 219—2009
放射性核素摄入量及内照射剂量估算规范	GB/T 16148—2009
医用 X 射线诊断受检者放射卫生防护标准	GB 16348—2010
外照射放射性骨损伤诊断	GBZ 100—2010
放射工作人员职业健康监护技术规范	GBZ 235—2011
核设施与辐射装置防护	
核电厂安全系统	GB/T 13284—2008
γ 射线和电子束辐照装置防护检测规范	GBZ 141—2002
核与放射事故干预及医学处理原则	GBZ 113—2006
核电厂安全系统定期试验与监测	GB/T 5204—2008
γ 辐照装置设计建造和使用规范	GB 17568—2008
γ 辐照装置的辐射防护与安全规范	GB 10252—2009
核电厂职业照射监测规范	GBZ 232—2010
核事故场内医学应急响应程序	GBZ/T 234—2010
核动力厂环境辐射防护规定	GB 6249—2011
非医用辐射职业照射防护	
X 射线衍射仪和荧光分析仪卫生防护标准	GBZ 115—2002
地下建筑氡及其子体控制标准	GBZ 116—2002
油（气）田非密封型放射源测井卫生防护标准	GBZ 118—2002
地热水应用中放射卫生防护标准	GBZ 124—2002
X 射线行李包检查系统卫生防护标准	GBZ 127—2002
生产和使用放射免疫分析试剂（盒）卫生防护标准	GBZ 136—2002
稀土生产场所中放射卫生防护标准	GBZ 139—2002
空勤人员宇宙辐射控制标准	GBZ 140—2002

续表

标准名称	标准号
油（气）田测井用密封型放射源卫生防护标准	GBZ 142—2002
集装箱检查系统辐射卫生防护标准	GBZ 143—2002
工业 X 射线探伤放射卫生防护标准	GBZ 117—2006
放射性发光涂料卫生防护标准	GBZ 119—2006
两种粒度放射性气溶胶年摄入量限值	GBZ/T 154—2006
γ 射线工业 CT 放射卫生防护标准	GBZ 175—2006
工业 γ 射线探伤放射防护标准	GBZ 132—2008
含密封源仪表的放射卫生防护要求	GBZ 125—2009
锡矿山工作场所放射卫生防护标准	GBZ/T 233—2010
操作非密封源的辐射防护规定	GB 11930—2010
公共照射	
核事故应急情况下公众受照剂量估算的模式和参数	GB/T 17982—2000
离子感烟火灾探测器卫生防护标准	GBZ 122—2002
放射性废物管理规定	GB 14500—2002
室内空气质量标准	GB/T 18883—2002
放射性物质安全运输规程	GB 11806—2004
含发光涂料仪表放射卫生防护标准	GBZ 174—2006
生活饮用水卫生标准	GB 5749—2006
饮用天然矿泉水	GB 8537—2008
建筑材料放射性核素限量	GB 6566—2010
磷肥及复合肥中镭 226 限量卫生标准	GB 8921—2011
辐射评价	
个人和环境监测用热释光剂量测量系统	GB 10264—2014
土壤中放射性核素的 γ 能谱分析方法	GB/T 11743—2013
辐射防护用便携式中子周围剂量当量率仪	GB/T 14318—2008
核仪器与核辐射探测器质量检验规则	GB 10257—2001
食品中放射性物质检验　镅 241 的测定	WS/T 234—2002
密封放射源一般要求和分级	GB 4075—2009
用于光子外照射辐射防护的剂量转换系数	GBZ/T 144—2002
职业性外照射个人监测规范	GBZ 128—2002
职业性内照射个人监测规范	GBZ 129—2002
用于中子测井的 CR39 中子剂量计个人剂量监测方法	GBZ/T 148—2002
空气中氡浓度的闪烁瓶测量方法	GBZ/T 155—2002
职业性皮肤放射性污染个人监测规范	GBZ 166—2005

标准名称	标准号
辐射防护用氡及氡子体测量仪 第2部分：氡测量仪的特殊要求	GB/T 13163.2—2005
建设项目职业病危害放射防护评价报告编制规范	GBZ/T 181—2006
密封放射源及密封γ放射源容器的放射卫生防护标准	GBZ 114—2006
室内氡及其衰变产物测量规范	GBZ/T 182—2006
辐射防护用参考人 第1部分：体格参数	GBZ/T 200.1—2007
辐射防护用参考人 第2部分：主要组织器官质量	GBZ/T 200.2—2007
外照射个人剂量系统性能检验规范	GBZ 207—2008
放射治疗水平剂量监测用热释光测量系统	GB/T 16817—2008
饮用天然矿泉水检验方法	GB/T 8538—2008
中子参考辐射 第1部分：辐射特性和产生方法	GB/T 14055.1—2008
β参考辐射 第1部分：产生方法	GB/T 12164.1—2008
α、β表面污染测量仪与监测仪的校准	GB/T 8997—2008
基于危险指数的放射源分类	GBZ/T 208—2008
辐射防护用参考人 第4部分：膳食组成和元素摄入量	GBZ/T 200.4—2009
辐射防护仪器 氡及氡子体测量仪 第1部分：一般原则	GB/T 13163.1—2009
综合	
放射工作人员的健康标准	GBZ 98—2002
职业性外照射个人监测规范	GBZ 128—2002
医用诊断X射线个人防护材料及用品标准	GBZ 176—2006
医用X射线诊断受检者放射卫生防护标准	GB 16348—2010
放射工作人员职业健康监护技术规范	GBZ 235—2011

1. 辐射防护的基本原则

① 实践的正当化。为了防止不必要的照射，一切辐射实践都必须有正当理由，净利益超过代价。

② 辐射防护最优化。所有照射都应该保持在可以合理做到的最低水平。

③ 个人剂量限制。个人所受的照射剂量不超过规定的剂量限值。个人年剂量约束值有以下规定：放射工作人员的年有效剂量限值为连续五年内平均 20mSv，任何一年内为 50mSv，年剂量约束值为 2mSv；公众个人年有效剂量限值为 1mSv，年剂量约束值为 10%～30%（0.1～0.3mSv），建议 0.3mSv。工作场所臭氧浓度限值为 0.3mg/m³，排放浓度限值为 0.16mg/m³。

④ 避免放射性物质进入体内和污染身体。

2. 对体外照射（外照射）的防护

（1）用量防护 在不影响实验和工作的条件下尽量少用。因按衰变定律 $\dfrac{\mathrm{d}N}{\mathrm{d}t}=\lambda N$（$\lambda$ 为比例常数，称为衰变常数，N 是尚未衰变的总核数），可知 N 大，$\dfrac{\mathrm{d}N}{\mathrm{d}t}$ 就大。

（2）时间防护 人体所接受的剂量大小与受照射的时间成正比，因此要减少照射时间，从而达到防护目的。为此不要在有放射性物质（特别是 β、γ 体）的周围做不必要的停留。工作时操作力求简单、快速、准确。也可以增配工作人员轮换操作，以减少每人受照射时间。

（3）距离防护　人体所接受的剂量大小与接触放射性物质距离的平方成反比。接触放射性物质的距离增加 1 倍则剂量就小到 1/4，因此随着距离的增加，剂量的减小是很显著的。原则上是距离愈远愈好。为此，操作放射性物质可以利用各种夹具，以增长接触的距离，但夹具也不宜太长，否则会增加操作的困难。

（4）屏蔽防护　就是利用适当的材料对射线进行遮挡的防护方法，在放射源与人体之间放置能吸收或减弱射线的屏蔽。相对密度较大的金属材料（如铁、铅等）、水泥和水对 γ 射线和 X 射线遮挡性能较好；相对密度较小的材料（如镉、锂、石蜡、硼砂等）对中子的遮挡性能较好；β 射线和 α 射线容易遮挡，一般用轻金属铝、塑料、有机玻璃等来遮挡即可。屏状物除了需要长期固定的外，都应做成可以拆装的，而且要求做到不让射线从褶皱缝中透出屏外。如果屏状物是不透明的（如铅屏），又不便于用眼睛直接去观察，则在工作时可以备一面镜子，通过反射来进行操作，当然事前应该操练纯熟，否则容易发生洒泼等事故。

3. 对放射性物质进入人体的预防

（1）防止由消化系统进入人体　绝对禁止用口吸取溶液。当然在实验室内也不应吃喝、吸烟，或通过其他东西与口腔接触。吸取液体必须有长距离控制的注射器，以消除溶液侵入口内的可能性。

工作必要时一定要戴手套口罩。口罩和手套内部特别是口罩要保持高度的清洁，戴上手套后不要乱摸别的东西，不要用已破的手套，并需注意手套的表面及里面，不要将沾污了的外表面翻转到里面戴到手上去。因此要注意戴手套的顺序和方法，尽可能不接触活性的一面。

指甲要常剪。工作后，离开实验室前应很好地洗手，检查手以及可能污染的部分到容许程度以下才能离开。

（2）防止通过呼吸系统进入体内　室中保持高度的清洁，经常清扫，不要用扫帚干扫，因为这样会引起尘土飞扬，应用吸尘器吸去地面上的灰尘或用潮湿的拖布拖拭。遇有污染时应慎重处理。

室内要有良好的通风，必要的工作如煮沸、烤干、蒸发等，均应在通风橱中进行。处理粉末应在手套箱中进行。还要经常调节气流使新鲜空气先通过工作者而后经过放射性物质排出。工作中如必要还可戴滤过型呼吸器。呼吸器特别是其内部应保持高度清洁。

（3）防止通过皮肤进入体内　小心工作，不要让仪器等物，特别是沾有放射性的部分割破皮肤，这是最危险的。

手如有小伤要妥善扎好后戴上手套再工作，如伤部不小，需停止工作。

注意：不要用有机溶剂洗手和涂敷皮肤，否则会增加对放射性物质的渗透性（如溶有放射性物质的乙醚、氯仿、三氯乙烯等溶液可以通过正常的皮肤进入体内。）

除上述具体措施外，以下四条基本原则也应力求做到：① 选择同位素时，在满足实验要求的情况下，尽量取危险性小的来应用；② 取用的量尽可能的少；③ 尽可能地简化手续，缩短操作时间；④ 尽量减少以致杜绝放射性物质散布造成污染，放射性废物应储存在专用的污物筒中，定期处理。

三、对放射性污染的处理

在操作和使用放射性物质的过程中，不可避免地会造成各种放射性污染，该污染是造成辐射危害的途径之一，必须对工作人员和工作场所的放射性污染加以控制。放射性去污技术是放射性废物管理的关键技术之一。所谓去污是用物理、化学或生物的方法去除或降低放射性污染的过程，该过程实际上只是改变了放射性核素的存在形式和位置。

去污的效果可用去污因子 K 或去污率 β 表示：

$$K = \frac{A_前}{A_后} \quad \beta = \frac{A_前 - A_后}{A_前}$$

式中，$A_前$ 和 $A_后$ 分别为去污前后污染物的放射性活度值。

多种去污方法联用时，总去污因子是各单种方法去污因子的乘积。

$$K_总 = \Pi K_i$$

（一）去除污染的方法

因沾污的情况，被沾污表面的特点有所不同，去除污染的方法也各异，很难规定一种通用的方法，一般应先用水清洗去污，固水是最常用、最普通的去污剂，若不能达到要求时，再根据不同情况采用不同的洗液及方法。常用的洗液有：① 10%柠檬酸-盐酸（将柠檬酸溶解于稀盐酸中），10%柠檬酸，8mol/L 硝酸，6%乙酸，1mol/L 盐酸或 10%盐酸，3%盐酸；② 10%氨水，5%氢氧化钠；③ 3%柠檬酸铵，1%磷酸钠；④0.5%乙二胺四乙酸钠（NaEDTA），去除金属放射性同位素的污染，较之其他洗液效果良好。

除上述洗液外，用相同状态的化合物的稳定性同位素溶液去除污染可以得到良好效果，例如：

洗 ^{140}Ba　　　　用 6mol/L Ba(NO$_3$)$_2$

洗 ^{32}P　　　　　用 3mol/L HNO$_3$＋1mol/L H$_3$PO$_4$

洗 ^{131}I　　　　　用 56% HI

应该指出的是发现污染后应立即洗涤，放置时间越久越不易洗掉。

（二）去除沾污的步骤

（1）物体表面沾污的除去　见表 8-18。

表 8-18　几种表面污染的处理

表面性质	去污剂	用　　法	备　　注
橡胶制品	肥皂、合成洗涤剂	一般清洗	
	稀硝酸	洗刷、冲洗	不适用于 ^{14}C、^{131}I
玻璃和瓷制品	肥皂、合成洗涤剂	刷洗、冲洗	
	铬酸混合液、盐酸、柠檬酸	将器皿放入盛有 3%盐酸和 10%柠檬酸溶液中浸泡 1h，取出用水冲洗后，再置于洗液（重铬酸钾在浓硫酸中的饱和溶液）中浸泡 15min，最后用水冲洗	浓盐酸不适用于 ^{14}C、^{131}I 等
金属器具	肥皂、合成洗涤剂、柠檬酸钠、EDTA 等	一般清洗	
	柠檬酸和稀硝酸	对不锈钢，先置于 10%柠檬酸溶液中浸泡 1h，用水冲洗后再置于稀硝酸中浸泡 2h，再用水冲洗	
油漆类	温水、水蒸气、合成洗涤剂等	对污染局部进行擦洗	
	柠檬酸、草酸	3%溶剂刷洗	
	磷酸钠	1%溶液刷洗	不能用于铝上的油漆
	有机溶剂	用二甲苯等有机溶剂擦洗	注意通风
	NaOH、KOH	浓溶液擦洗去掉油漆	
		刮去	适用于局部

续表

表面性质	去污剂	用 法	备 注
混凝土和砖	盐酸、柠檬酸	用两者混合液多次清洗	
		刮去或更换	适用于局部
瓷 砖	柠檬酸铵	3%溶液擦洗	
	盐酸、EDTA、磷酸钠	10%溶液擦洗	
		更换	适用于局部
漆 布	四氯化碳、柠檬酸铵、EDTA、盐酸	配成溶液清洗	
塑 料	柠檬酸铵	用煤油等有机溶剂稀释后刷洗	
	酸类、四氯化碳	稀释液清洗	
未涂漆木器具		刨去表层	

（2）工作服上沾污的除去　首先将工作服仔细检查，按其放射性分为 3 类。

β、γ 放射源污染了的，计数的脉冲小于 1000 次/min，可以用平常洗衣服的方式清洗。

β、γ 放射源污染了的，计数的脉冲大于 1000 次/min 及 α 放射性同位素所污染的，这两类衣服可按下列 5 步清洗：水中冲洗，在 6%柠檬酸的热溶液中冲洗；热水冲洗；浸在热水中加去污剂洗，在酸中冲洗，在热水中冲洗，但这一步需重复两次；最后用水冲洗 3 次。

每次洗涤为 5min。若完成前 3 步后，α、γ 放射源的脉冲读数仍然超过 1000 次/min，则只能将其分别妥善保管直至放射性衰减至允许值以下。

（3）手套和手上沾污的去除　手套在脱下之前，先用肥皂清洗，然后用水冲洗，测定放射性，如仍有放射性物质存在则用 1%柠檬酸水，然后再用水洗。

（4）手上污染的去除（也适合于皮肤的其他裸露区域）　手的沾污程度很轻时，用肥皂及软毛刷子及温水刷洗 5min，测量放射性，不超过容许程度即可。如果超过，再重新洗 5min，如放射性仍然超过容许程度，则应采取其他方法洗手。若已知是何种同位素污染，则根据该种同位素的性质及手的耐受程度决定适当的洗液。若不了解污染是何种放射性物质或受混合的放射性物质所污染时，可采取以下步骤：将手浸入饱和的高锰酸钾溶液，然后用水洗手；用新鲜的 5%亚硫酸氢钠洗手，再用水洗；如有必要也可用稀酸（不应大于 3 mol/L，否则会产生看不出的皮肤龟裂，沾污不但不易洗下来，反而会渗入皮肤）洗手；结束后用羊毛脂或软膏擦手。

前已述及清除皮肤沾污的洗液，不应采用有机溶剂。

若手或皮肤表面污染严重，也可用氧化钛与甾醇搅拌成糊状，擦洗 2min 再用肥皂、温水洗净。

（三）放射性废物的排除

放射性流出物的排放限值应按 GB 18871—2002 的相关规定执行，应对有关放射性核素成分、浓度和总活度等进行监测，实施受控排放。

放射性废物，按其物态可分为固体废物、液体废物和气载废物，简称"放射性三废"；按放射性活度（或放射性浓度）水平的高低，又可以分为低水平放射性废物、中水平放射性废物和高水平放射性废物，简称高放、中放、低放废物。

采用一般的物理、化学及生物学的方法都不能将放射性废物中的放射性物质消灭或破坏，只有通过放射性核素的自身衰变才能使放射性衰减到一定的水平。由于许多放射性元素的半衰期十分长，并且衰变的产物可能是另一种放射性元素，所以放射性废物不能用普通废物的方法进行处理，而要根据废物所含放射性核素的种类、半衰期、比活度等情况相应处理，不使放射性物质对环境造成危害。

1. 固体放射性废物的处理

根据国务院令第 449 号于 2005 年 12 月 1 日起施行的《放射性同位素与射线装置安全和防护条例》规定，持有Ⅰ类、Ⅱ类、Ⅲ类放射源的单位应将废旧放射源交回生产单位、返回原出口方，确实无法交回生产单位或者返回原出口方的，送交放射性废物集中储存单位储存并承担相关费用。同时，在该活动完成之日起 20 日内向其所在地省、自治区、直辖市人民政府环境保护主管部门备案。而废旧放射源收储单位则应当于每季度末对已收储的废旧放射源进行汇总统计，每年年底对已储存的废旧放射源进行核实，并将统计和核实结果分别上报环境保护部和所在地省级人民政府环境保护主管部门。禁止擅自转移、储存、退运废弃放射源或者被放射性污染的物品。

在实验过程中产生的固体放射性废物，包括带放射性核素的试纸、废注射器、安瓿瓶、敷料、实验动物尸体及其排泄物等，一般为中低水平放射性废物，可将实验过程中产生的固体放射性废物放置于周围加有屏蔽的专门的污物桶内，根据放射性同位素的半衰期长短，分别储存，不可与非放射性废物混在一起。污物桶的外部应有标明醒目的标志，放置地点应避开工作人员作业和经常走动的地方，存放时在污物桶显著位置标上废物类型、核素种类和存放日期等。

短半衰期核素（如金 198 的半衰期 2.7d、铂 103 的半衰期 17d 等）的固体放射性废物主要用放置衰变法处理，放置 10 个半衰期，放射性比活度降低到 $7.4 \times 10^4 \, \text{Bq/kg}$ 以下后，即可作为非放射性废物处理。

长半衰期核素（如铁 59 的半衰期 46.3d、钴 60 的半衰期 5.3a 等）的固体放射性废物应定期集中送交区域废弃物库作最终处理，处理方法主要是焚烧法或埋存法。

可燃烧的放射性废物用焚烧法处理，焚烧炉要特制，焚烧炉周围要有足够的隔离区，烟囱要足够高并装有过滤装置，以防止污染环境。焚烧产生的较少量的放射性气体可直接排入大气，但产生的放射性气体量较多时要用冷凝法或吸附剂捕集。

因为低、中放固体废物一般隔离 300 年就可以达到安全水平，所以国际社会普遍接受低放、中放废物的近地表处理。不可燃的放射性固体废物及可燃性废弃物燃烧后的残渣用埋存法作最终处理，埋存地要选择在没有居民活动、不靠近水源、不易受风雨侵袭扩散的地方。

长寿命高放废物的最终处置备受世人关注，也是极复杂的技术问题。当今公认比较现实的方案是把包装妥当的高放废物放置到深地层的稳定地质构造中或深海海床的沉积物中。德国、美国等国家均用此种方法处理。

2. 液体放射性废物的处理

液体放射性废物包括含放射性核素的残液、患者用药后的呕吐物和排泄物、清洗器械的洗涤液及污染物的洗涤水等。

液体放射性废物的处理主要有稀释法、放置法及浓集法。稀释法是用大量水将放射性废液稀释，再按一般化学废物处理，适用于量不多且浓度不高的放射性废液。浓集法是采用沉淀、蒸馏或离子交换等措施，将大部分本身不具放射性的溶剂与其中所含的放射性物质分开，将溶剂按常规方法进行处理，浓集的放射性物质再做其他处理。

短半衰期核素的液体放射性废物主要用放置衰变法处理。

长半衰期核素的液体放射性废物应先用蒸发、离子交换、混凝剂共沉淀等方法进行有效减容，再经沥青固化法、水泥固化法、塑料固化法以及玻璃固化法等固化，之后按固体放射性废物收集处理。

极低水平（指放射性浓度 $< 10^{-6} \, \text{mg/L}$）的放射性废液可以排入到海洋、湖泊和河流等

水域中，通过稀释和扩散使放射性废液达到无害水平。

对极高水平（指放射性浓度$>10^4\,mg/L$）、高水平、中水平和低水平的放射性废液，可将放射性废液及其浓缩产物同人类的生活环境长期隔离开，任其自然衰变，使放射性废液对人和自然界中的其他生物的危害减轻到最低限度。

3. 气载放射性废物的处理

实验室放射性废气中碘131的危害较大，排放之前先用液体溶液吸收，或用固体材料吸附，然后通过高效过滤后再排入大气。滤膜定期更换，并作固体放射性废物处理。燃料后处理过程的废气大部分是放射性碘和一些惰性气体。呼出的氙133用特殊的吸收器收集，放置衰变。

4. 严重事故的处理

（1）对辐射大的溶液的溅泼的处理步骤

① 手上戴手套，将容器扶正。

② 立即通知别人离开。

③ 冲洗掉手上皮肤的污染，脱去溅泼时沾污了的衣服。

④ 报告有关人员进行处理，进行处理的人，应穿着佩有防护、清理、测量三个方面的仪器、设备。

⑤ 小心地吸起溶液，再用特殊吸水纸将溅液吸干。

⑥ 保持湿润状态，加入适当的酸洗涤，再吸干，重复几次。

⑦ 用水洗涤，再吸干，重复几次。

⑧ 进行测量，到容许剂量以下，恢复工作。

⑨ 详细记录经过情况，以便分析原因，取得教训，防止再发生该类事故。

其中⑤～⑨不管大小溅泼都是必需的。⑥、⑦两项，视不同同位素在不同的材料情况下而有所不同。具体情况可以参见前面"去除污染的方法"。

（2）对放射性粉末撒泼的处理步骤

① 通知别人小心地离开，不要引起粉末飞扬；同时关通风扇。

② 关闭引起粉末飞扬的门窗。

③ 迅速用水冲去皮肤上的沾污，脱去沾污了的衣服。

④ 报告有关人员，进行处理。进行处理的人除如"（1）④"的规定应穿着佩有必要的设备仪器外，另外应备有过滤型呼吸器或隔绝的单独呼吸系统。

⑤ 小心地回收粉末，难于回收的部分则用相应的酸溶解之。

⑥ 如液体溅泼按上述⑥～⑨进行。

（3）被放射性器皿割伤的皮肤的处理步骤

① 立即冲洗割破部分，愈早愈好，然后手用0.5%的 EDTA 二钠溶液洗涤。此时应用手压伤口上方几厘米处，停止静脉血液循环，但不要破坏动脉血液循环。

② 报告负责人。

③ 就医，情况严重的还要切除伤口部分。

（4）对吸入或吞入放射性物质的处理

报告负责人，立即就医。减少被吞入放射性物质在消化系统中的吸收的办法有：

① 吃催吐剂或进行洗胃；

② 吃相应的沉淀剂，减少胃肠中的吸收；

③ 吃合适的泻药促使其排出。

吞入稀土金属的放射性同位素时，可服用草酸盐含量较高的蔬菜，如菠菜；也可服用极细的羧基阳离子交换树脂，切忌使用络合剂，因为它们会增加这些同位素的溶解度。

吞入碱土金属的放射性同位素时，因其硫酸盐不易溶解，故可用硫酸镁治疗。因碱土金属在肠胃道中极易被吸收，必须立即治疗。大量服用磷酸钙可以减少锶的吸收。但忌吃奶粉，因它促进这些同位素的吸收。

表 8-19 和表 8-20 有助于了解放射性同位素的相对危险程度。

表 8-19 长寿命亲人体同位素在体内的最大容许存量（q_m）

放射性同位素 名称	符号	体内最大容许积存量 /μCi	放射性同位素 名称	符号	体内最大容许积存量 /μCi	放射性同位素 名称	符号	体内最大容许积存量 /μCi	放射性同位素 名称	符号	体内最大容许积存量 /μCi
钙	^{45}Ca	30	镤	^{231}Pa	0.02		^{241}Am	0.05		^{249}Cf	0.04
锶	^{89}Sr	4	镎	^{237}Np	0.06	镅	^{242m}Am	0.07	锎	^{250}Cf	0.04
	^{90}Sr	2		^{233}Pu	0.04		^{243}Am	0.05		^{251}Cf	0.04
锆	^{93}Zr	100		^{239}Pu	0.04		^{245}Cm	0.04		^{252}Cf	0.01
钕	^{144}Nd	0.1	钚	^{240}Pu	0.04		^{246}Cm	0.05		^{254}Es	0.02
钐	^{147}Sm	0.1		^{241}Pu	0.9	锔	^{247}Cm	0.04	锿	^{255}Es	0.04
镭	^{226}Ra	0.1		^{242}Pu	0.05		^{248}Cm	0.005			
	^{228}Ra	0.06		^{244}Pu	0.04	锫	^{249}Bk	0.7			

表 8-20 放射性同位素的毒性分组

组别	同位素组分
极毒组 （一组）	^{148}Gd、^{210}Po、^{223}Ra、^{224}Ra、^{225}Ra、^{226}Ra、^{228}Ra、^{225}Ac、^{227}Ac、^{227}Th、^{228}Th、^{229}Th、^{230}Th、^{231}Pa、^{230}U、^{232}U、^{233}U、^{234}U、^{236}Np（$T_1 = 1.15 \times 10^5$a）、^{236}Pu、^{238}Pu、^{239}Pu、^{240}Pu、^{242}Pu、^{241}Am、^{242m}Am、^{243}Am、^{240}Cm、^{242}Cm、^{243}Cm、^{244}Cm、^{245}Cm、^{246}Cm、^{248}Cm、^{250}Cm、^{247}Bk、^{248}Cf、^{249}Cf、^{250}Cf、^{251}Cf、^{252}Cf、^{254}Cf、^{253}Es、^{254}Es、^{257}Fm、^{258}Md
高毒组 （二组）	^{10}Be、^{32}Si、^{44}Ti、^{60}Fe、^{60}Co、^{90}Sr、^{94}Nb、^{106}Ru、^{108m}Ag、^{113m}Cd、^{126}Sn、^{144}Ce、^{146}Sm、^{150}Eu（$T_1 = 34.2$a）、^{152}Eu、^{154}Eu、^{158}Tb、^{166m}Ho、^{172}Hf、^{178m}Hf、^{194}Os、^{192m}Ir、^{210}Pb、^{210}Bi、^{210m}Bi、^{212}Bi、^{213}Bi、^{211}At、^{224}Ac、^{226}Ac、^{228}Ac、^{226}Th、^{227}Pa、^{228}Pa、^{230}Pa、^{236}U、^{237}Np、^{241}Pu、^{244}Pu、^{241}Cm、^{247}Cm、^{249}Bk、^{246}Cf、^{253}Cf、^{254m}Es、^{252}Fm、^{253}Fm、^{254}Fm、^{255}Fm、^{257}Md

气态或蒸气态放射性核素：^{126}I、^{193m}Hg、^{194}Hg |
| 中毒组 （三组） | ^{22}Na、^{24}Na、^{28}Mg、^{26}Al、^{32}P、^{33}P、^{35}S（无机）、^{36}Cl、^{45}Ca、^{47}Ca、^{44m}Sc、^{46}Sc、^{47}Sc、^{48}Sc、^{48}V、^{52}Mn、^{54}Mn、^{52}Fe、^{55}Fe、^{59}Fe、^{55}Co、^{56}Co、^{57}Co、^{58}Co、^{56}Ni、^{57}Ni、^{63}Ni、^{66}Ni、^{67}Cu、^{62}Zn、^{65}Zn、^{69m}Zn、^{72}Zn、^{66}Ga、^{67}Ga、^{72}Ga、^{68}Ge、^{69}Ge、^{77}Ge、^{71}As、^{72}As、^{73}As、^{74}As、^{76}As、^{77}As、^{75}Se、^{76}Br、^{82}Br、^{83}Rb、^{84}Rb、^{86}Rb、^{82}Sr、^{83}Sr、^{85}Sr、^{89}Sr、^{91}Sr、^{92}Sr、^{86}Y、^{87}Y、^{88}Y、^{90}Y、^{91}Y、^{93}Y、^{86}Zr、^{88}Zr、^{89}Zr、^{95}Zr、^{97}Zr、^{90}Nb、^{93m}Nb、^{95}Nb、^{95m}Nb、^{96}Nb、^{90}Mo、^{93}Mo、^{99}Mo、^{95m}Tc、^{96}Tc、^{97m}Tc、^{103}Ru、^{99}Rh、^{100}Rh、^{101}Rh、^{102}Rh、^{102m}Rh、^{105}Rh、^{100}Pd、^{103}Pd、^{104}Pd、^{105}Ag、^{106m}Ag、^{110m}Ag、^{111}Ag、^{109}Cd、^{115}Cd、^{115m}Cd、^{111}In、^{114m}In、^{113}Sn、^{117m}Sn、^{119m}Sn、^{121m}Sn、^{123}Sn、^{125}Sn、^{120}Sb（$T_1 = 5.76$d）、^{122}Sb、^{124}Sb、^{125}Sb、^{126}Sb、^{127}Sb、^{128}Sb（$T_1 = 9.01$h）、^{129}Sb、^{121}Te、^{121m}Te、^{123m}Te、^{125m}Te、^{127}Te、^{129m}Te、^{131m}Te、^{132}Te、^{124}I、^{125}I、^{126}I、^{130}I、^{131}I、^{133}I、^{135}I、^{132}Cs、^{134}Cs、^{136}Cs、^{137}Cs、^{128}Ba、^{131}Ba、^{133}Ba、^{140}Ba、^{137}La、^{140}La、^{134}Ce、^{135}Ce、^{137m}Ce、^{139}Ce、^{141}Ce、^{143}Ce、^{142}Pr、^{143}Pr、^{138}Nd、^{147}Nd、^{143}Pm、^{144}Pm、^{145}Pm、^{146}Pm、^{147}Pm、^{148}Pm、^{148m}Pm、^{149}Pm、^{151}Pm、^{145}Sm、^{151}Sm、^{153}Sm、^{145}Eu、^{146}Eu、^{147}Eu、^{148}Eu、^{149}Eu、^{155}Eu、^{156}Eu、^{157}Eu、^{146}Gd、^{147}Gd、^{149}Gd、^{151}Gd、^{153}Gd、^{159}Gd、^{149}Tb、^{151}Tb、^{154}Tb、^{156}Tb、^{157}Tb、^{160}Tb、^{161}Tb、^{159}Dy、^{166}Dy、^{166}Ho、^{169}Er、^{172}Er、^{167}Tm、^{170}Tm、^{171}Tm、^{172}Tm、^{166}Yb、^{169}Yb、^{175}Yb、^{169}Lu、^{170}Lu、^{171}Lu、^{172}Lu、^{173}Lu、^{174}Lu、^{174m}Lu、^{177}Lu、^{177m}Lu、^{170}Hf、^{175}Hf、^{179m}Hf、^{181}Hf、^{184}Hf、^{179}Ta、^{182}Ta、^{183}Ta、^{184}Ta、^{188}W、^{181}Re、^{182}Re（$T_1 = 2.67$d）、^{184}Re、^{184m}Re、^{186}Re、^{188}Re、^{189}Re、^{182}Os、^{185}Os、^{191}Os、^{193}Os、^{186}Ir（$T_1 = 15.8$h）、^{237}U、^{240}U、$U_{天然}$、^{234}Np、^{235}Np、^{236}Np（$T_2 = 22.5$h）、^{238}Np、^{239}Np、^{234}Pu、^{237}Pu、^{245}Pu、^{246}Pu、^{240}Am、^{242}Am、^{244}Am、^{238}Cm、^{245}Bk、^{246}Bk、^{250}Bk、^{244}Cf、^{250}Es、^{251}Es

气态或蒸气态放射性核素：^{14}C、C^{35}S$_2$、^{56}Ni（羰基）、^{57}Ni（羰基）、^{63}Ni（羰基）、^{65}Ni（羰基）、^{66}Ni（羰基）、^{103}RuO$_4$、^{106}RuO$_4$、^{121}Te、^{121m}Te、^{123m}Te、^{125m}Te、^{127m}Te、^{129m}Te、^{131m}Te、^{132}Te、^{120}I、^{124}I、^{124}I（甲基）、^{125}I、^{125}I（甲基）、^{126}I（甲基）、^{130}I、^{130}I（甲基）、^{131}I、^{131}I（甲基）、^{132}I、^{132m}I、^{133}I、^{133}I（甲基）、^{135}I、^{135}I（甲基）、^{193}Hg、^{195}Hg、^{195m}Hg、^{197}Hg、^{197m}Hg、^{203}Hg |

组别	同位素组分
低毒组 （四组）	^7Be、^{18}F、^{31}Si、^{38}Cl、^{39}Cl、^{40}K、^{42}K、^{43}K、^{44}K、^{45}K、^{41}Ca、^{43}Sc、^{44}Sc、^{49}Sc、^{45}Ti、^{47}V、^{49}V、^{48}Cr、^{49}Cr、^{51}Cr、^{51}Mn、^{52m}Mn、^{53}Mn、^{56}Mn、^{58m}Co、^{60m}Co、^{61}Co、^{62m}Co、^{59}Ni、^{65}Ni、^{60}Cu、^{61}Cu、^{64}Cu、^{69}Zn、^{69}Zn、^{71m}Zn、^{65}Ga、^{68}Ga、^{70}Ga、^{73}Ga、^{66}Ge、^{67}Ge、^{71}Ge、^{75}Ge、^{78}Ge、^{69}As、^{70}As、^{78}As、^{70}Se、^{73m}Se、^{73m}Se、^{79}Se、^{81}Se、^{81m}Se、^{83}Se、^{74}Br、^{74m}Br、^{75}Br、^{77}Br、^{80}Br、^{80m}Br、^{83}Br、^{84}Br、^{79}Rb、^{81}Rb、^{81m}Rb、^{82m}Rb、^{87}Rb、^{88}Rb、^{89}Rb、^{80}Sr、^{81}Sr、^{85m}Sr、^{87m}Sr、^{86m}Y、^{90m}Y、^{91m}Y、^{92}Y、^{94}Y、^{95}Y、^{93}Zr、^{88}Nb、^{89}Nb（$T_1 = 2.03h$）
  气态或蒸气态放射性核素：^3H（元素）、^3H（氚水）、^3H（有机结合氚）、^3H（甲烷氚）、^{11}C、$^{11}CO_2$、$^{14}CO_2$、^{11}CO、^{14}CO、$^{35}SO_2$、^{37}Ar、^{39}Ar、^{41}Ar、^{59}Ni、^{74}Kr、^{76}Kr、^{77}Kr、^{79}Kr、^{81}Kr、^{83m}Kr、^{85}Kr、^{85m}Kr、^{87}Kr、^{88}Kr、$^{94}RuO_4$、$^{97}RuO_4$、$^{105}RuO_4$、^{116}Te、^{123}Te、^{127}Te、^{129}Te、^{131}Te、^{133}Te、^{133m}Te、^{134}Te、^{120}I（甲基）、^{120m}I、^{120m}I（甲基）、^{121}I、^{121}I（甲基）、^{123}I、^{123}I（甲基）、^{128}I、^{128}I（甲基）、^{129}I、^{129}I（甲基）、^{132}I（甲基）、^{132m}I（甲基）、^{134}I、^{134}I（甲基）、^{120}Xe、^{121}Xe、^{122}Xe、^{123}Xe、^{125}Xe、^{127}Xe、^{129m}Xe、^{131m}Xe、^{133m}Xe、^{133}Xe、^{135m}Xe、^{135}Xe、^{138}Xe、^{199m}Hg

注：1. 本核素毒性分组清单中有 10 个核素具有 2 个半衰期。其中 6 个因其 2 个半衰期（T_1、T_2）相差悬殊而被分列入不同的毒性组别；另有 4 个具有 2 个半衰期的核素，因其半衰期相差不大而被列在同一毒性组别，它们是 ^{89}Nb、^{110}In、^{156}Tb、^{190}Ir。

2. 汞分无机汞和有机汞，共有 9 个核素。其中 5 个核素（^{193}Hg、^{194}Hg、^{195}Hg、^{199m}Hg、^{203}Hg）其无机和有机形态属同一毒性组别；另外 4 个（^{193m}Hg、^{195m}Hg、^{197}Hg、^{197m}Hg）则不同。

四、对开放型放射性实验室的主要防护要求

对开放型放射性实验室建筑的主要防护要求，应按 GB 18871—2002 的规定，这里着重对小规模第 3 类工作单位实验室的设计与装备在符合防护要求方面作简要介绍。

放射性实验室应该具有特殊的设计及装备。为确保充分净化，墙壁、天花板、门窗都必须平滑不应留有易于储积尘埃的角、缝。墙壁所用材料应当便于洗涤而不致受到损坏。一切角落、裂缝、设备和墙壁间的空隙都必须仔细堵严，使之无法储积放射性物质。地面必须平滑、无空隙和裂缝、坚固并易于净化，一般可以用大一些和厚一些的上釉瓷砖来铺，接缝处用油石灰填塞好再涂一层硝基纤维漆。电灯、电线应当装在墙壁内以免积聚沾污的尘土。

桌子的工作台面对于保证安全工作具有重大的意义。最好用不锈钢的薄板盖上桌面，薄钢板前面与左右要带有边缘，并使其稍稍向后倾斜以便使液体流入桌子后面边上的排水沟内。排水沟与桌子应形成一个整体。桌子与地板必须有一定的距离，以便于从桌子下面洗涤或用吸尘器吸出其下面的尘埃。柜子与桌子要少用把手，少用抽屉。把手、门把手以及煤气管、自来水管和真空开关的龙头，都要用易于净化的塑料或金属制造。洗涤池可用不锈钢或上釉的瓷器。

放射性实验室的通风很重要。通风橱应特别设计，出气道口可以安上一个活动障板，这样可调节通风率。通风橱的工作台面最好也用不锈钢制造，距橱口 20cm 的地方可划一直线，一切操作应在线的后边进行。橱内前部的左右两端可装两个环形倾泻池，这要比一般设在后面的安全方便。必须保证使用煤气、水、电、真空、导管等开关的便利。现在有两种方法安装这些线路：第一种方法是将一切连接橡皮管的开关和管端装于通风橱的外面；第二种方法是将开关装在外面，而连接的管端则位于橱内。每一种方法都有自己的优缺点，应根据工作的具体条件和种类加以选择。

通风橱应避免空气流的影响，不要安置在强空气流的地方。室内若有两个橱，马达应由一个开关控制，通风橱不用时橱窗应随时关上。如果一橱通风一橱不通风，则不通风的那一橱的橱窗一定要关好，以避免未通风的橱内的沾污空气传布至室内。通风橱的出气道的口应高出屋顶 1.5~3m，以免沾污空气回入室内（规模较大的放射性工作单位，应根据操作性质和特点，将通风系统合理组合，严防污染气体的倒流；排风机应设在靠近排气口一端，而排气口需超过周围 50m 范围内最高屋脊 3m 以上）。

通风橱的鼓风马达应在屋顶。那么马达与橱间的压力小于大气压，若排气管有漏气的地方，亦不过是把空气从外面吸入管内，然后再从管口排出；假若马达设在橱的上面，那么马达以上的压力大于大气压，排气管若漏气，则沾污的空气会从管内漏出而进入室内。并且应该用离心式的马达将它装在管道之外，而不要用轴流式的马达装在管道内，这样可以避免马达被沾污。

对放射性同位素的储存，应使其射线不致对工作人员有害，也不致影响照相胶片或影响计数率。

实验室中的气流应从无放射性的地点或弱放射性的地方通向放射性强的地方。

操作放射性的房间应该聚集在一起，而不操作放射性的房间，如办公室等应该聚集在另一处。

总之，放射性实验室的设计需考虑 3 个要素：①安全；②经济；③便利。但应以安全为第一要素。在确保安全的条件下，设置一些简单、经济的操作设备是完全必要的，例如手套箱便是这样的操作设备之一。它是一只密闭的金属箱，内装有手套，手可从手套伸入箱内工作，不致被沾污，放射性物质也不会吸入体内。弱 β 放射体如 ^{35}S 及 ^{14}C 最好在箱内操作。箱内通风的通风机功率可小于 1 马力，使箱内维持 98～19.6Pa（10～20mmH$_2$O）的负压。由箱内排出的空气，可先通过滤器再入通风管道。手套箱的优点：一是可局限沾污，二是去污的空间也比用通风橱为小。在更简单的工作中，手套箱也可不通风。

对不同功能的具体实验室，需要有符合其特点的具体要求。

1. 对核医学实验室

① 防止放射性物质经呼吸道吸入：通风橱、手套箱、口罩、面具、气衣、湿式作业。

② 防止放射性物质经食道进入：禁止在工作区或污染区进食、吸烟，防止手污染。

③ 防止放射性物质经体表进入：避免皮肤与放射性物质接触，穿戴工作服、工作帽、手套和防护鞋等。

④ 离开工作场所和污染区，要彻底清洗。洗消前后都应进行体表监测。

2. 对介入放射学实验室

① 有工作人员防护用品（铅衣、铅帽、铅裙、铅眼镜、铅围脖等）。

② 受检者个人防护用品（铅裙、铅帽、铅眼镜、铅布等）。

3. 对 X 射线影像诊断实验室

① 非隔室透视的有工作人员防护用品（铅衣、铅帽、铅裙、铅眼镜、铅围脖等）；受检者个人防护用品（铅裙、铅眼镜、铅帽等）。

② 每个机房必须有 1 套工作人员防护用品和（或）受检者个人防护用品（拍片机房——含铅升降挡板）。

参 考 文 献

[1] GB 18871——2002. 电离辐射防护与辐射源安全基本标准.

[2] 赵华绒，方文军，王国平. 化学实验室安全与环保手册. 北京：化学工业出版社，2013.

[3] 洪伟. 化学危险品法规与标准实用手册. 北京：中国计量出版社，2001.

[4] 张维凡. 常用化学危险物品安全手册. 北京：中国医药科技出版社，1992.

[5] TSGR 0006—2014. 气瓶安全技术监察规程，2014.

[6] 中国安全生产科学研究院. 职业病危害因素检测. 徐州：中国矿业大学出版社，2012.

第四篇
实验室标准化管理

第九章　计量检测和质量检验

第一节　计量、测量、测试和质量检验

（1）测量　测量是以确定被测对象量值为目的的全部操作。现代人们把确定的已知量定为某一量的单位值，通过它和另一个未知量相比较而使未知量变为已知量，并将该量的大小用"量值"表达。"量值"可定义为"由数值和计量单位的乘积所表示的量的大小"，成为自然现象和物体可定性分析及定量测定的一种属性。因而，测量不仅仅局限于单独的物理量的测定，且要对多种量同时进行定性、定量的综合测定。

（2）测试　测试时具有试验性质的测量，也就是在生产科研过程中，为确定物体的特性所进行的具有试验过程和研究性质的测量，包括定性、定量的综合测定。

测试和测量有联系也有区别，前者的目的往往是为了解决科研和生产中的实际问题，确定物质、材料、仪器、设备的某些性能，选择生产环节的最佳方案，或分析某一产品的质量问题等。产品质量检验属于测试活动的一种。可以是单项测试，也可以是综合测试。在测试过程中，试验和测量交叉进行。

（3）计量　计量是"以实现单位统一、量值准确可靠为目的的测量，对整个测量领域起指导、监督、保证和仲裁作用"。因此，计量不同于一般的测量，其对象不是一般的产品，而是具有某一精度级别（单位量值在允许公差范围内溯源到基本单位）的测量。

（4）质量检验　质量检验是对产品进行检测、检查、试验或将产品的质量特性与规定要求进行比较的过程，其目的是科学地把握产品的特性，从而剔除不符合要求的产品，确保产品质量达到标准要求。质量检验分为：①生产检验（第一方检验）——生产者的检验；②验收检验（第二方检验）——消费者或买方检验；③第三方检验——独立于买卖双方的机构进行的检验，其中通过行政的或法律的规定而进行的质量检验称为监督检验。

（5）检测能力及能力验证　实验室的检测能力是实验室能够有效地进行实际检测的能力，也即所能完成的检测任务。而能力验证是为了确定实验室是否具有胜任所从事的检测的能力以及监控实验室能力的持续性而开展的活动，即考察实验室现在的实际检测能力是否存在的一种测试。GB/T 27043—2012《合格评定　能力验证的通用要求》将此定义为"利用实验室间比对，按照预先制定的准则评价参加者的能力"。《CNAS-RL02：2007 能力验证规则》中则将此定义为"利用实验室间比对确定实验室的校准/检测能力或检测机构的检测能力"。

能力验证可以通过实验室间比对、实验室内部比对、标准样品单独考核和标准样品群体考核等方法进行，后两种考核通常由国家认证认可监督管理委员会、中国合格评定国家认可委员会、各省级质量技术监督局等机构组织进行。

第二节　计量器具及其检定

一、计量器具

计量器具是用来测量并能得到被测对象确切值的一种工具和装置，其测量方法可以是直接测量，也可以是间接测量（通过测量两个以上的量并通过计量关系及相关公式计算后得到

另一个所需的量）。因而，凡能用于直接或间接测出被测对象相关量值的技术装置（即量具、用于统一量值的标准物质、计量仪器仪表、计量装置的统称）都被称为"计量器具"，其特点是：①用于测量；②为确定被测对象的量值；③本身是一种技术装置。计量器具所显示或指示的最低值到最高值的范围称为"示值范围"。在允许误差限内计量器具的被测量值的范围称为"测量范围"。

计量器具按计量学用途可分为：计量基准、计量标准、工作计量器具。

1. 计量基准

一般又分为国家基准、副基准和工作基准。用来复现和保存计量单位，具有现代科学技术所能达到的最高准确度，经国家鉴定并批准，作为统一全国计量单位量值的最高依据的计量器具称为国家计量基准。所谓复现就是把计量单位从定义变为实物。通过直接或间接与国家基准比对来确定其量值，并经国家鉴定批准的计量器具称为副基准。经与国家基准或副基准校准或比对，并经国家鉴定实际用以鉴定计量标准的计量器具称为工作基准。国家计量基准是全国量值溯源的最终端，它是统一全国量值的最高依据。建立副基准的目的主要是代替国家基准的日常使用，也可用于验证国家基准的变化。工作基准主要用于一般的量值传递，即检定计量标准，以防止国家基准或副基准由于使用频繁而丧失其应有的准确度或遭到损坏。

2. 计量标准

是按国家规定的准确度等级，作为检定依据用的计量器具或物质。其目的是将基准所复现的单位量值通过检定逐级传递到工作用计量器具，从而确保工作用计量器具量值的准确和一致，以保证国民经济各部门中所进行的测量达到统一。

3. 工作用计量器具

是日常在检测工作中使用的计量器具，不用于检定工作，都有相应的计量刻度值。其中部分能用于精密计量（如移液管、容量瓶、滴定管、量筒，此时该器具一般需经过检定），有些只是用于大致计量。实验室常用计量仪器见表9-1。

表9-1 实验室常用计量仪器

名 称	规格（容量/ml）	主要用途	使用注意事项
烧杯（普通型、印标）	1, 5, 10, 15, 25, 100, 250, 400, 600, 1000, 2000	配制溶液，溶样	加热时杯内溶液体积不超过总容积的2/3，应放在石棉网上使用
锥形瓶（三角烧瓶）（具塞与无塞）	5, 10, 50, 100, 200, 250, 500, 1000	加热处理试样和容量分析	除与上面相同的要求外，磨口锥形瓶加热时要打开塞
碘（量）瓶	50, 100, 250, 500, 1000	碘量法或其他生成挥发性物质的定量分析	为防止内容物挥发，瓶口用水封，可垫石棉网加热
圆底烧瓶（长颈、短颈、双口、三口）	50, 100, 250, 500, 1000	加热或蒸馏液体	一般避免直接用明火加热，可隔石棉网加热
圆底蒸馏烧瓶（支管有上、中、下三种）	30, 60, 125, 300, 600	蒸馏	避免直接用明火加热
凯氏烧瓶（曲颈瓶）	50, 100, 200, 250, 500, 1000	消化有机物	避免直接用明火加热，可用于减压蒸馏
洗瓶（球形、锥形、平底带塞）	250, 500, 1000	装蒸馏水，洗涤仪器	可用圆、平底烧瓶自制

续表

名　称	规格（容量/ml）	主要用途	使用注意事项
量筒、量杯（具塞、无塞）量出式	5，10，25，50，100，250，600，1000，2000	量取一定的体积	不能加热，不能在其中配溶液，不能在烘箱中烘，不能盛热溶液，操作时要沿壁加入或倒出溶液
容量瓶（无色、棕色、量入式，分等级）	10，25，50，100，150，200，250，500，1000	配制标准体积的标准溶液或被测溶液	要保持磨口原配，不能烘烤与直接加热，可用水浴加热
滴定管（酸式、碱式、分等级，量出式，无色、棕色）	10，50，100	容量分析滴定操作	活塞要原配，不能加热；不能存放碱液；酸式管、碱式管不能混用
移液管（完全或不完全流出式）	1，2，5，10，20，25，50，100	准确移取溶液	不能加热，要洗净
直管吸量管（完全或不完全流出式，分等级）	0.1，0.2，0.5，1，2，5，10，20，25，50，100	准确移取溶液	不能加热，要洗净
称量瓶（分高型和低型）	10，15，20，30，50	高型称量样品，低型烘样品	活塞要原配，烘烤时不可盖紧磨口；称量时不可直接用手拿
试剂瓶、细口瓶、广口瓶、下口瓶、种子瓶（棕色、无色）	30，60，125，250，500，1000，2000	细口瓶存放液体试剂；广口瓶存放固体试样；棕色瓶存放怕光试剂	不能加热；不能在瓶内配制溶液；磨口瓶塞要原配；放碱液的瓶子用橡皮塞
滴瓶（棕色，无色）	30，60，125	装需滴加的试剂	不要将溶液吸入橡皮头内
分液漏斗（球形-长颈、锥形-短颈）	50，100，250，1000	分开两相液体，用于萃取分离富集	磨口塞要原配；活塞要涂凡士林；长期不用应在磨口处垫一纸片
试管（普通与离心试管）	5，10，15，20，50	定性检验，离心分离	硬质玻璃的试管可直接在火上加热，离心试管只能在水浴中加热

　　所有计量器具只有在准确一致的基础上才有使用价值，这就需要对计量器具进行计量检定——为评定计量器具的计量功能（准确度、稳定性、灵敏度等）并确定其是否合格所进行的全部工作。"检定"是统一量值、确保计量器具准确一致的重要措施，同时也是对全国计量实现国家监督的手段，具有法制性。根据"统一立法，区别对待"的计量立法原则，以及各种计量器具的不同用途及可能对社会产生的影响程度，对计量器具采取"强制检定"和"非强制检定"两种法制管理模式。

二、计量器具的强制检定

　　根据《中华人民共和国强制检定的工作计量器具检定管理办法》（国发〔1987〕31号）规定，强制检定由县级以上人民政府计量行政部门所属或者授权的计量检定机构组织实施，进行统一管理，并按照经济合理、就地就近的原则，指定所属或者授权的计量检定机构执行强制检定任务。而被授权执行强制检定任务的机构，其相应的计量标准，应当接受计量基准或者社会公用计量标准的检定；执行强制检定的人员，必须经授权单位考核合格；授权单位应当对其检定工作进行监督。

　　强制检定的计量器具实行定点定期检定，包括：①社会公用计量标准器具；②部门根据需要建立的最高计量标准；③企业、事业单位根据需要建立的最高计量标准器具；④用于贸易结算、安全防护、医疗卫生、环境监测四个方面并列入《中华人民共和国强制检定的工作计量器具明细目录》内的 60 类共 120 种工作计量器具，见表 9-2。

表 9-2　中华人民共和国强制检定的工作计量器具①

编号	种　　类	具体工作计量器具
1	尺	竹木直尺、套管尺、钢卷尺、带锤钢卷尺、铁路轨距尺
2	面积计	皮革面积计
3	玻璃液体温度计	玻璃液体温度计
4	体温计	体温计
5	石油闪点温度计	石油闪点温度计
6	谷物水分测定仪	谷物水分测定仪
7	棉花水分测量仪	棉花水分测量仪
8	热量计	热量计
9	砝码	砝码、链码、增铊、定量铊
10	天平	各类天平
11	秤	杆秤、戥秤、案秤、台秤、地秤、皮带秤、吊秤、电子秤、行李秤、邮政秤、计价收费专用秤、售粮机
12	定量包装机	定量包装机、定量灌装机
13	轨道衡	轨道衡
14	容重器	谷物容重器
15	计量罐、计量罐车	立式计量罐、卧式计量罐、球形计量罐、汽车计量罐车、铁路计量罐车、船舶计量仓
16	燃油加油机	燃油加油机
17	燃气加气机	燃气加气机
18	液体量提	液体量提
19	食用油售油器	食用油售油器
20	酒精计	酒精计
21	密度计	密度计
22	糖量计	糖量计
23	乳汁计	乳汁计
24	煤气表	煤气表
25	水表	水表
26	流量计	液体流量计、气体流量计、蒸气流量计
27	压力表	压力表、风压表、氧气表
28	血压计	血压计、血压表
29	眼压计	眼压计
30	出租汽车里程计价表	出租汽车里程计价表
31	测速仪	公路管理速度监测仪
32	测振仪	振动监测仪

续表

编号	种　类	具体工作计量器具
33	电度表	单相电度表、三相电度表、分时记录电度表
34	测量互感器	电流互感器、电压互感器
35	绝缘电阻、接地电阻测量仪	绝缘电阻测量仪、接地电阻测量仪
36	场强计	场强计
37	心、脑电图仪	心电图仪、脑电图仪
38	照射量计（含医用辐射源）	照射量计、医用辐射源
39	电离辐射防护仪	射线监测仪、照射量率仪、放射性表面污染仪、个人剂量计
40	活度计	活度计
41	激光能量、功率计（含医用激光源）	激光能量计、激光功率计、医用激光源
42	超声功率计（含医用超声源）	超声功率计、医用超声源
43	声级计	声级计
44	听力计	听力计
45	有害气体分析仪	CO 分析仪、CO_2 分析仪、SO_2 分析仪、测氢仪、硫化氢测定仪
46	酸度计	酸度计、血气酸碱平衡分析仪
47	瓦斯计	瓦斯报警器、瓦斯测定仪
48	测汞仪	汞蒸气测定仪
49	火焰光度计	火焰光度计
50	分光光度计	可见光分光光度计、紫外分光光度计、红外分光光度计、荧光分光光度计、原子吸收分光光度计
51	比色计	滤光光电比色计、荧光光电比色计
52	烟尘、粉尘测量仪	烟尘测量仪、粉尘测量仪
53	水质污染监测仪	水质监测仪、水质综合分析仪、测氰仪、溶氧测定仪
54	呼出气体酒精含量探测器	呼出气体酒精含量探测器
55	血细胞计数器	电子血细胞计数器
56	屈光度计	屈光度计
57	电子计时计费装置	电话计时计费装置
58	热能表	热能表
59	验光仪	验光仪、验光镜片组
60	微波辐射与泄漏测量仪	微波辐射与泄漏测量仪

① 根据 1987 年 5 月 28 日国家计量局 [1987] 量局法字第 188 号发布的《中华人民共和国强制检定的工作计量器具明细目录》，共计 55 种。并经 1999 年 1 月 19 日和 2001 年 10 月 26 日两次共增加了 6 种，2002 年 12 月 27 日取消了一种（汽车里程表）。

对列入强制检定范围的计量器具，使用单位不能自由选择检定单位，必须将社会公用计量标准和最高计量标准送主持考核的单位指定或授权的技术机构进行周期检定。其周期长短由执行强制检定的计量检定机构根据计量检定规程确定。执行强制检定的机构对检定合格的计量器具发给国家统一规定的检定证书、检定合格证或在计量器具上加盖检定合格印。对检定不合格的则发给检定结果通知书或者注销原检定合格证、印。

三、计量器具的非强制检定

非强制检定则是由使用单位对强制检定以外的其他依法管理的计量器具自行进行的定期检定。非强制检定虽然在管理形式上与强制检定不同，但仍然具有强制性，仍必须进行定期的检定，不规定周期、不进行定期检定或经检定不合格而继续使用的，都是违法行为。

非强制检定的计量器具包括：①企、事业单位的次级标准（低于最高标准）的计量标准装置；②除强制检定的工作计量器具以外的、属于《中华人民共和国依法管理的计量器具目录》范畴内的计量器具。表 9-3 列出了其中与分析化学相关的部分非强制检定的计量器具。

非强制检定的计量器具可由企、事业单位根据情况制定本单位管理的计量器具明细目录及相应的检定周期（不得超过计量检定规程规定的最长期限），以保证使用的非强制检定的计量器具的定期检定。使用单位可根据经济合理、就地就近的原则自行选择有合法对外出具检定证书的单位承担或自行检定，若自行检定则应建标并考核合格。

表 9-3 与分析化学相关的部分非强制检定的计量器具

种 类	非强制检定的计量器具名称
长度计量器具	干涉仪、稳频激光器、工具显微镜、读数显微镜、光学计、锥度测量仪、孔径测量仪、比较仪、测微仪、光学仪器检具、尺、基线尺、光栅尺、光栅测量装置、磁尺、卡尺、千分尺、百分表、千分表、测微计、平尺、千分尺检具、百分表检定器、千分表检定仪、测微仪检定器、准直仪、角度块、角度规、直角尺、正弦尺、方箱、水平仪、象限仪、直角尺检定仪、水平仪检定器、塞规、卡规、环规、塞尺、半径样板、测厚仪、面积计等
热学计量器具	热电偶、热电阻、温度计、高温计、辐射感温器、温度计检定装置、电子电位差计、电子平衡电桥、高温毫伏计、比率计、温度指示调节仪、温度自动控制仪、测量电桥热量计、比热装置、热物性测定装置、热流计、热像仪等
力学计量器具	砝码、天平、秤、称重传感器、台秤检定器、量器、注射器、计量罐、容重器、密度计、酒精计、乳汁计、糖量计、盐量计、压力计、压力真空计、气压计、微压计、压力表、压力真空表、微压表、压力变送器、压力传感器、压力表校验仪、真空计、流量计、流速计、流量二次仪表、流量变送器、流量检定装置、标准体积管、硬度块、压头、硬度计、转速表检定装置、速度表、测速仪、转速表等
电磁学计量器具	标准电池、标准电压源、标准电流源、标准电功率源、标准电阻、电阻箱、标准电容测量用可变电容器、电容箱标准电感标准互感线圈电感箱、电位差计、标准电池比较仪、电桥、电阻测量仪、欧姆表、毫欧表、兆欧表、高阻计、电表检定装置、电流表、毫安表、微安表、电压表、毫伏表、微伏表、电功率表、频率表、功率因数表、相位表、检流计、万用表、互感器校验仪、互感器校验仪检定装置、测量互感器、直流分压箱、分流计等
无线电计量器具	高频毫伏表、标准信号发生器、高频阻抗分析仪、高频标准电阻、高频标准电感、高频标准电容、Q 表、高频 Q 值标准线圈、高频介质标准样片、高频微波功率计、高频微波功率指示器、高频微波功率计校准装置、晶体管参数测试仪、电视综合测试仪、电视参数测试仪、示波器、示波器校准仪等
时间计量器具	时间间隔计数器、秒表、电子毫秒表、电子计时器等
光学计量器具	标准色板、色差计、白度计、测色光谱光度计、标准滤色片、感光度标准、感光仪、光密度计、激光能量计、激光功率计、折射计等
物理化学计量器具	电导仪、酸度计、离子计、电位滴定仪、库仑计、极谱仪、伏安分析仪、比色计、分光光度计、光度计、光谱仪、旋光仪、折射率仪、浊度计、色谱仪、电泳仪、烟尘粉尘测量仪、粒度测量仪、水质监测仪、测氡仪、气体分析仪、瓦斯计、测汞仪、测爆仪、呼出气体酒精含量探测器、熔点测定仪、水分测定仪、湿度计、标准湿度发生器、露点仪、黏度计、测量用电子显微镜、X 射线衍射仪、能谱仪、电子探针、离子探针、质谱仪、波谱仪等

种 类	非强制检定的计量器具名称
标准物质	钢铁成分分析标准物质、有色金属成分分析标准物质、建材成分分析标准物质、核材料成分分析与放射性测量标准物质、高分子材料特性测量标准物质、化工产品成分分析标准物质、地质矿产成分分析标准物质、环境化学分析标准物质、临床化学分析与药品成分分析标准物质、食品成分分析标准物质、煤炭石油成分分析和物理特性测量标准物质、物理特性与物理化学特性测量标准物质、工程技术特性测量标准物质等

四、计量器具的校验

计量器具的校验是指在尚没有检定系统和检定规程的条件下，评定计量器具的计量检测性能，根据需要确定其是否合格而进行的全部工作。计量器具的校验通常可分为通用计量器具的校验、专用计量器具的校验和标准物质的使用。

（一）通用计量器具的校验

通用计量器具是指《中华人民共和国依法管理的计量器具目录》中的第 1 至第 10 类计量器具，其校验（和检定）必须按以下原则进行。

① 本单位的最高计量标准器具必须按《计量法》的规定经有关人民政府计量行政部门考核合格，并具有有效的合格证书。

② 其他标准和工作计量器具可以自检或自校，也可送法定计量检定机构进行检定或校验。

③ 凡本单位具有检定系统表中所规定等级的合格的计量标准器，有取得相应项目的检定员证件的人员和合适的环境条件的，可以自行对这个项目的计量检测仪器进行检定，自检合格的贴合格标志。

④ 其他计量检测仪器可以自行校验。自校仪器必须有相应的计量标准器和验校方法，由从事该项目 5 年以上的技术人员进行。校验环境条件也要符合要求。

⑤ 自校工作中计量标准器量程不够时，校验超过部分，经扩展其量程，其准确度能满足要求者，可以给出扩大量程后的校验结果，同时必须给出扩大量程部分的误差分析材料，被校仪器准予使用；当计量标准器的量程虽然不能满足计量器具的全部要求，但能满足使用单位需要的部分量程时，可以只在这段量程内校验，被校验计量器具也需限定量程使用。

⑥ 对于没有校验用计量标准器的，则可采用如下方法。

a. 用于综合检验的计量检测仪器，可通过对基本参数的校验来进行。如果这类仪器本身带有自校程序，还必须包括用自校程序进行自校。

b. 可以通过 3 台以上的计量、检测仪器的比对，判断其比对结果是否在允许误差范围内。

c. 国内同种仪器少于 3 台者，可以根据制造厂的技术条件进行校验。

凡按照 b、c 校验的仪器，其校验证书上只能给出准用的结论，同时只贴准用标志。

（二）专用计量器具的校验

专用计量器具的校验原则上以自校为主，也可以与法定计量机构合作进行。但不论是自校还是合作进行，都必须满足以下条件：

① 有相应的合格的校验用的计量标准器；

② 按规定要求制定《计量器具校验方法和试验设备检验方法》，并已报送计量管理机构和当地省级计量行政部门备案；

③ 有经考核合格的人员；

④ 有合适的校验环境条件。

对某些特殊的专用计量器具，为了统一量值的需要，经济合理地解决这种专用计量器具的校验问题，国家专门机构统一授权有条件的单位承担这种专用计量器具的校验工作，并且只承认被授权单位对该种专用计量器具的校验证书，对其他自校证书则不予承认。

五、计量器具检定的法规要求

按照相关规定，计量器具的检定必须按照国家计量检定系统表进行，并执行计量检定程序。

（一）计量检定系统表

计量检定系统表（又称计量检定系统）是国家法定技术文件，它规定了国家基准、各级标准直至工作计量器具的检定程序，其内容包括对基准、标准、工作计量器具的名称、测量范围、准确度和检定方法等的规定。通常，建立一种基准器，就有一个相应的计量检定系统。图 9-1 所示为质量（重量）的计量检定系统表。

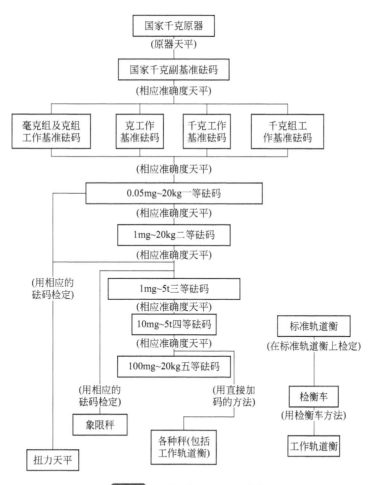

图 9-1　质量计量检定系统表

计量检定系统的制定必须保证测量结果的溯源性，即任何一个测量结果（或计量标准的值）都应该能通过一条有规定不确定度的连续比较链与法定的计量基准相联系。因而，所有的同种量值都可以依这条比较链通过校准或其他合适的手段追溯到测量的源头——同一个国

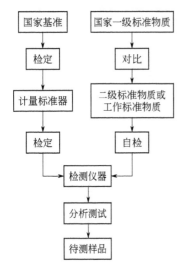

图 9-2 检测仪器量值的溯源程序

家的或国际的计量基准，使计量的准确性和一致性得到技术保证。因而，"量值溯源"就是自下而上经不间断校准而构成其溯源体系，而"量值传递"则是自上而下由逐级检定而构成其检定体系。对检测仪器而言，其量值的溯源程序见图9-2。

（二）计量检定规程

计量检定规程是指在评定计量器具的计量性能时所依据的法定技术性文件，分为国家、地方和部门三大类国务院计量行政部门（在全国范围内施行），省级人民政府计量行政部门（在本行政区域内施行）和国务院有关部门（在本部门内施行）制定。对同一被检定计量器具，在国家计量检定规程发布后，地方和部门的相应检定规程即应废止。如因特殊原因需继续施行的，则其各项技术规定不得低于国家计量检定规程，且不得与国家计量检定规程相抵触。

检定规程的内容及要求包括：引言、概述、技术要求、检定条件、检定项目、检定方法、检定结果处理、检定周期及必要的附录等。

技术要求中一般应着重于受检计量器具的计量特性、使用安全可靠性等有关内容。如测量范围、准确度、灵敏度、稳定度及相应的动态特性等；物理或力学性能方面的密度、硬度、温度、耐溶性、耐蚀性、抗干扰能力等；安全可靠性方面的绝缘强度、密封性能、封印要求、其他安全防护设施等；外观质量如表面粗糙度，刻度清晰度以及对划痕、碰伤、毛刺、裂纹、气泡等方面的要求。

检定条件包括环境条件和设备条件。应考虑温度、振动、电源电压、电磁场干扰等环境条件的要求，以及计量标准、主要辅助设施等设备条件。

检定项目是指受检计量器具的受检部位和内容。检定项目应与主要技术要求基本对应，确定受检项目要从实际需要出发，明确合理，切实可行。其中，有些计量器具可根据具体情况，使用综合修理后的检定项目允许与新制造的检定项目有所区别。

检定方法也就是对计量器具受检项目进行检定时所规定的具体方法和步骤，包括必要的示意图、方框图、接线图及计算公式。方法的确定要有理论根据，并切实可行、具体明确，所有的公式、常数、系数必须有可靠的根据。

在采用检定规程中有关规定的检定形式检定结束后，要对受检计量器具的合格或不合格作出明确的结论。合格的发给检定证书、检定合格证或加盖检定合格印；检定不合格的则要发给检定结果通知书，或注销原检定合格证、印。

由于计量器具在使用过程中其性能会发生一定的变化，每隔一段时间必须重新检定。检定周期的长短应根据受检计量器具的计量特性、使用环境条件和使用频繁程度等多方面的因素来确定，因而检定规程中一般只规定最长检定周期。

计量器具的发展极为迅速，一些计量器具并没有相应的计量检定规程可以参照，但必须对这些计量器具进行周期性的校准。此时，使用这些计量器具的单位可以自行制定校验方法以作为校准时的技术依据。这些方法在本单位有一定的权威性，当其上升为地方、部门或国家计量检定规程后，就可成为技术法规性文件。

根据相关的法规要求，对不同种类和不同规格的计量器具采取不同的法制管理要求，见表9-4。

表 9-4 在用计量器具法制管理要求

计量分类 / 法制要求	强制检定计量器具		非强制检定计量器具				标准物质（属计量标准）	试验设备（不属计量器具）
	最高计量标准	强制检定工作计量器具	次级标准	非强制检定计量器具				
				通用	专用	辅助		
建立和购置条件	1. 办理计量标准考核合格证书，由与主管部门同级的政府计量部门考核发证 2. 办理计量检定员，由主管部门发证	1. 应购置有制造计量器具许可证的产品 2. 报县级政府计量部门备案	1. 办理计量标准考核证书，由主管部门考核发证 2. 办理计量检定员证，由主管部门发证	应购置有制造计量器具许可证的产品	自行组织验收	与主机配套考核	应购置有制造计量器具许可证的产品	自行组织验收
日常管理	1. 实行定点定期检定 2. 由主持建标的政府计量部门指定的机构检定 3. 执行计量检定规程 4. 合格后发给计量合格印和合格证	1. 实行定点定期检定 2. 由县级政府计量部门指定检定机构 3. 执行计量检定规程 4. 合格后发给计量检定合格印、证	1. 自行检定 2. 用本单位最高计量标准对其检定 3. 执行计量检定规程 4. 合格后发给计量检定合格印、证	1. 自行检定或送其他计量检定机构检定 2. 执行计量检定规程，没有规程的，制定校验方法 3. 合格后发给检定合格证或检验证书 4. 县级以上政府计量部门进行监督	1. 自行检定或送主管部门指定的机构检定 2. 执行部门检定规程或自行制定校验方法 3. 合格后发给检定合格证或校验证书		在有效期内使用	1. 自行检定 2. 自定检验方法

第四篇

第三节 标准物质

标准物质是指在规定条件下具有一种或多种足够均匀、很好地确定了的且高度稳定的物理、化学或计量学特性值，经正常批准用以校准测量装置（器具）、评价测量方法或确定材料量值的材料或物质。因而，本质上它又可以称为参考物质（reference material）。标准物质可以是纯的或混合的气体、液体或固体。

标准物质是以特性量值的均匀性、稳定性和准确性等为主要特征的，因而，起码应满足以下基本条件的要求。

① 本身是一种物质或材料而不是一种器具或装置。

② 具有很好的特性上（而不强调是物质上）的均匀性。世界上完全均匀的物质是不存在的，但如果物质不同区域中所考察特性值的差异很小且相对于测量准确度要求而言是可以忽略的，则该物质的该特性就可以视为"均匀"。换言之，标准物质各部分之间特

性量值的差异度不能用实验方法"准确地"检测出来时就是均匀的。需要指出，许多情况下，测量方法可能达到的精密度与取样量有关，因此，标准物质的均匀性是针对给定的取样量而言的。

③ 标准物质在规定的时间和环境条件下，其特性量值应保持在规定的范围以内，即标准物质应具有很好的稳定性。影响标准物质稳定性的因素可以有：光、温度、湿度等物理因素；溶解、分解、化合等化学因素；以及细菌作用等生物因素。具体而言，标准物质的稳定性应该表现在：固体物质不风化、不分解、不氧化；液体物质不产生沉淀、发霉；气体和液体物质对容器内壁不腐蚀、不吸附等等。中国规定一级标准物质的稳定性一般应大于 1 年。

④ 标准物质应具有准确的或严格定义的认定值（亦称标准值），方能够成为计量学溯源链的重要单元而用于测量仪器的校准或检定、测量方法的评价或确认以及测量审核与能力验证等量值传递或溯源有关的活动，保证每一种认定的特性量值都有给定置信水平的不确定度。

⑤ 由于④的要求，标准物质必须在有资质的实验室，由具有一定资质和经验的操作人员，用准确可靠的测量方法进行定值测量。换言之，标准物质必须带有介绍标准物质特性的"证书"而成为"有证标准物质"。该证书的编写与内容应符合国际标准化组织/标准物质委员会（ISO/REMCO）发布的技术文件（ISO 导则 31，1981）和国家计量主管部门颁布的证书编写相关规则的要求❶。

⑥ 为消除由于标准物质与待测物质在基体材质和测量范围上的不同而带来的系统影响，标准物质生产者应选择与待测物质性质和组成相近似的物质作为标准物质的候选物，即需要提供被测组分的基体标准物质。如：采集果树叶，模拟生物化学和环境分析中植物的基体；人工合成含有痕量元素的玻璃来作为矿物成分的基体；模拟海水、河水、酸雨作水质标准物质的基体等，这些都是为了消除在使用标准物质进行测量时由于基体差异而产生的影响。

如果把标准物质视为一个有各种不同级别的标准物质的家族，则标准物质（RM）具有"较高"的地位，可谓之"家族名"，而有证标准物质（CRM）只是一个"从属"的概念（只是家族中的一员）。家族的其他成员还有："工作标准物质（WRM）""校准物质（CAL）"或"基准标准物质（PRM）"等。所有有证标准物质（CMR）都是标准物质（RM），但标准物质（RM）不都是（CRM）。在测量领域中，基准物质（PRM）和有证标准物质（CRM）应该具有较高的计量学级别，它载有一个或多个可溯源的量值，且每个量值都附有一个相关的测量不确定度。

国际标准化组织标准物质委员会（ISO/REMCO）将标准物质分为 17 大类：①地质学；②核材料；③放射性材料；④有色金属；⑤塑料、橡胶、塑料制品；⑥生物、植物、食品；⑦临床化学；⑧石油；⑨有机化工产品；⑩物理学和计量学物理化学；⑪环境；⑫黑色金属；⑬玻璃、陶瓷；⑭生物医学、药物；⑮纸；⑯无机化工产品；⑰技术和工程。中国也按此模式将标准物质分为 13 个大类：①钢铁成分分析标准物质；②有色金属及金属中气体成分分析标准物质；③建材成分分析标准物质；④核材料成分分析与放射性测量标准物质；⑤高分子材料特性测量标准物质；⑥化工产品成分分析标准物质；⑦地质矿产成分分析标准物质；⑧环境化学分析标准物质；⑨临床化学分析与药品成分分析标

---

❶ 有效的证书应包括：①封面；②概述；③材料来源和制备工艺；④认定值和不确定度；⑤均匀性和稳定性；⑥特性量值的测量方法；⑦溯源性描述；⑧正确使用说明；⑨运输和储存；⑩安全警示。

准物质；⑩食品成分分析标准物质；⑪煤炭、石油成分分析和物理特性测量标准物质；⑫工程技术特性测量标准物质；⑬物理特性与化学特性测量标准物质。

分析化学中常用标准溶液的配制方法见表 3-6～表 3-11。

参 考 文 献

[1] 国家认证认可监督管理委员会. 实验室资质认定工作指南. 第 2 版. 北京：中国计量出版社，2007.

[2] 赵华绒，方文军，王国平. 化学实验室安全与环保手册. 北京：化学工业出版社，2013.

第四篇

第十章　实验室的规范化管理

第一节　实验室组织系统

实验室就是"进行科学实验的场所"，即采用一定的方法（包括合适的仪器）对特定物质的某些性质进行观察的场所。在实验室里进行着"样品处理——→数据采集——→数据推理——→正确结论"的一系列科学处理的过程。不仅与所进行的科学研究的进程有关，也涉及所研究项目的重要信息，更关乎能否取得预期成果。

一、实验室的基本要求

分析实验室通常分为两种：一是能独立承担第三方公正检验的有相关项目检测资质的并经国家计量监督部门审查合格的计量认证实验室；二是仅进行本单位产品检测的普通实验室。后者虽然没有前者那样的高标准严要求，但如能参照执行定能受益匪浅。

对于计量认证实验室，应依法设立或注册，能够承担相应的法律责任，保证客观、公正和独立地从事检测或校准活动，并满足以下条件：

① 实验室一般为独立法人；非独立法人的实验室需经法人授权，能独立承担第三方公正检验，独立对外行文和开展业务活动，有独立账目和独立核算。

② 实验室应具备固定的工作场所，应具备正确进行检测和/或校准所需要的并且能够独立调配使用的固定、临时和可移动检测和/或校准设备设施。

③ 实验室管理体系应覆盖其所有场所进行的工作。

④ 实验室应有与其从事检测和/或校准活动相适应的专业技术人员和管理人员。

⑤ 实验室及其人员不得与其从事的检测和/或校准活动以及出具的数据和结果存在利益关系；不得参与任何有损于检测和/或校准判断的独立性和诚信度的活动；不得参与和检测和/或校准项目或者类似的竞争性项目有关系的产品设计、研制、生产、供应、安装、使用或者维护活动。实验室应有措施确保其人员不受任何来自内外部的不正当的商业、财务和其他方面的压力和影响，并防止商业贿赂。

⑥ 实验室及其人员对其在检测和/或校准活动中所知悉的国家秘密、商业秘密和技术秘密负有保密义务，并有相应措施。

⑦ 实验室应明确其组织和管理结构、在母体组织中的地位，以及质量管理、技术运作和支持服务之间的关系。

⑧ 实验室最高管理者、技术管理者、质量主管及各部门主管应有任命文件，独立法人实验室最高管理者应由其上级单位任命；最高管理者和技术管理者的变更需报发证机关或其授权的部门确认。

⑨ 实验室应规定对检测和/或校准质量有影响的所有管理、操作和核查人员的职责、权力和相互关系。必要时，指定关键管理人员的代理人。

⑩ 实验室应由熟悉各项检测和/或校准方法、程序、目的和结果评价的人员对检测和/或校准的关键环节进行监督。

⑪ 实验室应由技术管理者全面负责技术运作，并指定一名质量主管，赋予其能够保证管理体系有效运行的职责和权力。

⑫ 对政府下达的指令性检验任务，应编制计划并保质保量按时完成（适用于授权/验收的实验室）。

二、实验室组织机构

实验室组织机构通常如图 10-1 所示，每个机构都应有一套工作人员各司其职（可以兼任）。各相关工作小组都需注明人员的数量、职称职务、资质、素质等情况，从而形成一个完整的实验室组织机构。

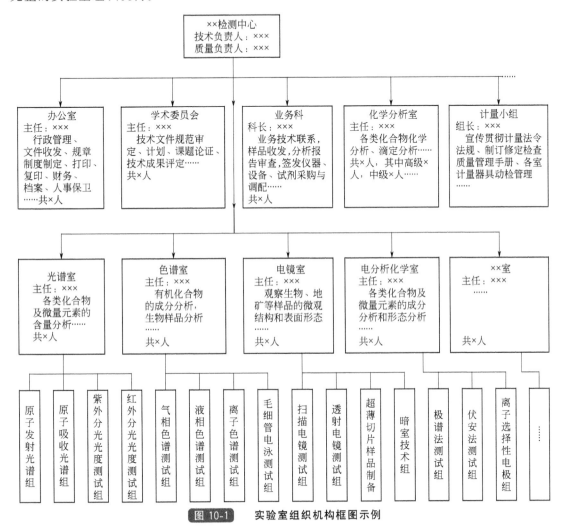

图 10-1 实验室组织机构框图示例

三、实验室的质量保证体系

质量保证体系是分析检测工作的关键环节，包括：检测机构的各科室都应有人负责检测的质量监督工作，有与此相关的一整套完善的规章制度和措施。通常需建立如图 10-2 所示的质量保证体系，以确保实现单位统一、量值准确可靠的测量。

四、实验室的公正性保证

公正性是保证质检机构工作质量的关键因素。因而要求：①对所有用户的检测服务都能保证同样的服务水平；②为用户保密，无关人员不得随意接触用户提供的资料、检测样品和检测数据；③不得将用户提供的技术资料及技术成果用于任何开发工作，检测人

员不得从事与检测业务有关的开发工作；④检测工作不受行政干预，不受经济利益和其
他利益的影响。

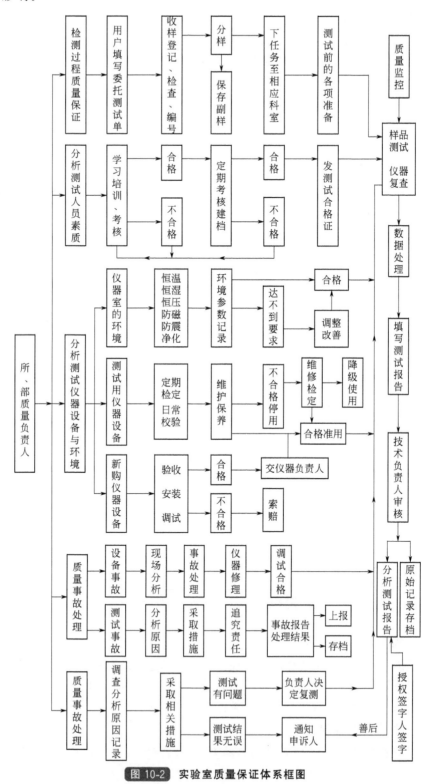

图 10-2　实验室质量保证体系框图

第二节　实验室各岗位责任制度

实验室应按照实验室资质认定评审准则建立和保持能够保证其公正性、独立性并与其检测和/或校准活动相适应的管理体系。管理体系应形成文件（《程序文件》和《质量手册》等），阐明与质量有关的政策，包括质量方针、目标和承诺，使所有相关人员理解并有效实施。其中，工作制度的建立、健全和贯彻执行体现了实验室的管理水平，直接影响到检测工作质量。因而，各级各类人员的岗位责任制的确立显得十分重要，需视各单位具体情况选择制定。

一、各负责人和各类人员的岗位责任

1. 实验室主要负责人的岗位责任

负责全面领导工作，制订发展计划、审定年度及专项计划并组织实验；负责重大问题的决策审查，及对人、财、物的统一调度；主持制订、贯彻实施各项规章制度并督促检查其执行情况，切实保证能公正、科学、准确地进行各类检验工作；负责与各有关方面的协调，及时解决出现的实际问题；决定内部机构设置、中层干部聘任等。

2. 技术负责人的岗位责任

负责各项技术业务工作的组织领导和实施，负责科研和测试工作的质量；负责技术管理并对实验过程中的安全负技术责任；掌握对测试工作的要求并根据具体情况提出方案；负责检查测试工作情况，解决好测试工作中的技术问题；组织贯彻执行测试工作技术管理制度及规范、规程，纠正违反工作程序和操作规程的实验以保证工作质量；领导重要课题及专题研究报告的评定工作；会同有关部门组织技术培训和考核，帮助技术人员提高技术水平；审查并批准测试工作计划、实施细则、操作规程；审查和签发测试报告，行使质量否决权。

3. 质量保证负责人的岗位责任

负责计量检定和实验测试的质量工作，协同技术负责人完成质检任务，解决检验工作中出现的重大技术质量问题；负责检查实验仪器的工作状态、样品测试方法的准确情况及国家标准、实施细则等的执行情况；负责对测试数据进行审查以保证测试数据准确可靠；主持对测试人员的技术培训、考核工作，对测试人员的晋升、奖惩提出建议；负责审批和修改测试实施细则，操作规程、规范并检查其贯彻执行情况；负责处理测试纠纷和送检单位的申诉；负责对原始记录、测试报告等技术资料进行检查以确保测试结果准确、可靠、完整、公正；定期组织召开有技术负责人参加的测试质量评价会。

4. 各专业室主任的岗位责任

根据本室的检测任务确定质量目标，全面负责本室检测质量；掌握本专业国内外的现状和发展趋势，提出新的检测方案，制订本室检测细则，熟悉样品的检验标准；熟悉检验质量控制理论，解决本室检测工作中的疑难问题；具体安排本室的科研与测试工作，组织专业技术人员完成各项检测任务，定期对工作情况和质量进行评定；提出仪器的购置、更新、改造计划和仪器设备的大修、降级使用及报废计划；审定原始记录及各类检查报告，对各类事故提出处理意见；负责本专业技术人员的培训和考核，指导本室技术人员的业务工作并督促其按有关规程进行各项检测工作。

5. 测试人员的岗位责任

具有上岗合格证，熟悉本职业务，了解所用仪器设备的性能；严格执行质量管理手册，坚决按检定规程、国家标准、实施细则等开展测试工作；严格按操作规程正确使用和维护仪器，对所负责的仪器设备做到按要求定期保养，使用后及时填写使用情况记录；

认真填写原始记录，做好技术数据归档前的整理工作，以保证原始数据准确、可靠、完整、清晰；协助技术负责人拟制和审定有关技术文件，做好安全保密工作；积极认真完成各项实验任务。

6. 计量检定人员的岗位责任

正确使用计量标准器具、标准物质，并对它们按规定进行计量检定以保证其具备良好的技术状态，执行计量技术法规及计量器具检定规程；确保检定数据、结论正确，各类数据齐全；检查各测试室在用检测仪器的周期计量制度的执行情况，制止使用不合格仪器和超检定周期的检测仪器，并将有关情况及时向上级报告。

7. 业务接待员的岗位责任

熟悉本职业务，热忱接待用户；认真检查所收样品，并填写测试任务书或检样卡，办理样品测试的有关手续；收到样品后尽快发放给有关测试人员，分析测试完毕后及时通知送检单位领取测试报告，并做好测试结果的保密工作；严格按各业务收费标准收费；送检单位对测试报告结果提出异议时，及时上报领导，协助有关部门处理；根据工作要求，做好留样的保管工作。

8. 资料档案保管人的岗位责任

负责各种仪器设备的资料及科技档案的保管；收集和管理有关实验技术资料和分析测试的标准、规程，并注意保管各类仪器设备的操作说明书和自检规程等资料；对各类资料均需建卡、建账，统一编号，并制订借阅、调用制度；负责各种对外分析测试项目的原始记录和测试报告存根的收集、整理、归档工作；严格遵守保密制度，对外分析测试、实验的资料，未经负责人同意不得向他人提供，并不得随意复制、散发检验报告，不得泄漏原始数据；有关资料档案要收放整齐，做到方便使用；过期资料的销毁应严格履行报批手续，并造册登记入档。

二、各科室的岗位责任

1. 业务科职责

全面负责质量管理，领导计量管理工作；接待并安排分析测试任务，制订科研计划，组织申报课题，组织课题及新产品的鉴定工作；负责分析测试报告签发；负责样品的收发、保管和检后处理；负责仪器设备的订购、调配和登记以及科研、测试所需试剂、器材等物品的采购、验收、保管和发放；负责统计上报各类业务报表；完成领导布置的其他工作。

2. 办公室职责

负责财务管理，编制财务计划、填写行政、后勤、财务等有关报表；负责档案的收集、整理和管理工作；负责文件的打印、收发、传阅和催办；负责日常行政工作、安全保卫工作；负责办公用品、水电、车辆等的使用管理和日常维修；完成领导布置的其他工作。

3. 实验室职责

严格按国家各级标准或说明书进行测试，按时完成业务科下达的测试任务，保证测试结果准确无误；出具测试报告；负责仪器设备的选型、调试、使用、保养；负责编制、申报本室所需器材、低值易耗品的计划，合理使用，妥善保管；研究开发新的测试方法，开发测试仪器的新功能；负责本室业务技术成果的初审工作，积极开展技术交流活动；完成下达的其他任务。

三、各层次人员的技术职责

1. 高级职称人员的职责

主持或指导制订重大技术工作计划及实施方案，并对计划和方案进行审核；负责拟定、审核重要的技术文件，解决测试过程中的复杂、重要和难度大的技术问题，负责对质量监督检验的综合判定；开展新的测试方法研究和测试设备的研制工作；指导中、初级技术人员的工作，并根据有关部门的安排，对中、初级技术人员进行必要的技术培训和技术考核；参加或负责技术成果的评议工作；对分管范围内的贵重仪器的购置，使用和处理负技术、经济责任。

2. 中级职称人员的职责

制定分管测试工作的计划及实施方案，解决本专业较复杂的业务、技术问题；担任样品测试（或项目研究）的负责人，参加或具体负责技术成果的技术评议工作；编制和审核测试报告，必要时接受室主任委托审定测试报告；指导初级技术人员从事测试工作，并参加有关部门组织的对下一级测试人员进行的技术考核；对分管范围内的一般测试仪器的购置、使用和处理负技术、经济责任。

3. 初级人员（助理工程师）的职责

负责解决本专业一般性技术问题，担任测试专业组（或项目研究）负责人，及时反映分管工作情况，提出开展工作的建议；指导技术员从事测试工作；出具测试数据，并对数据正确性负责，参与编制和校对测试报告；做好分管范围内测试仪器的使用、维护和保管工作。

4. 初级人员（技术员）的职责

掌握本专业基础知识和操作技能，分担辅助性业务技术工作；出具原始检验数据，进行数据处理、编制检验报告，并对其准确性负责；做好所使用的检验仪器的维护、保管工作。

第三节　实验室计量检测仪器、设备的质量监控

一、仪器设备的管理

实验室应对所有仪器设备建立包含该仪器设备所有信息和资料的档案，实施动态管理。分析测试设备必须检定合格，并在检定周期内经认证确定使用，并需有明显的标识表明其状态。每台设备需指定专人负责。使用时必须认真填写《使用记录本》，发现问题及时向责任人反映。严禁违反操作规程或无操作证人员使用仪器设备。

二、仪器设备的检定

所有仪器设备必须按国家相关检定规程在一定周期内进行计量检定（参见本手册第九章第二节）。该项工作由业务科（或综合办公室）指定人员专门负责，安排好所有被检设备的定期检定计划，并将所有相关材料（原始记录、检定证书等）一起存档。同时，根据检定结果将相关仪器贴上相应的标签：

（1）合格标志（绿色）　适合于经计量检定或校准、验证合格，确认其符合检测/校准技术规范使用要求的仪器设备。

（2）准用标志（黄色）　仪器设备存在部分缺陷，但在限定范围内可以使用的（即受限使用的），包括：a. 多功能检测设备中部分功能丧失但检测所用功能正常且检定校准合格者；b. 检测设备的某一量程准确度不合格，但检测所用量程合格者；降等级后使用的仪器设备。

（3）停用标志（红色）　　适用于仪器目前状态不能使用，但经检定校准或修复后可以使用的设备，包括：a. 仪器设备损坏者；b. 仪器设备经检定校准不合格者；c. 仪器设备性能无法确定者；d. 仪器设备超过周期未检定校准者；e. 不符合检测/校准技术规范规定的使用要求者。停用设备不是实验室不需要的废品杂物。

三、仪器设备的使用、维护与保养

检测仪器设备的维护保养由仪器室专人负责管理。测试仪器设备一旦出现问题或性能下降，应及时填写维修清单，上报维修。维修好的设备应重新进行计量检定（不论是否在原检定周期内），按本节"仪器设备的检定"要求进行处理。维修情况也作为仪器资料归档保存。

四、仪器设备的期间核查

分析测试仪器的定期检定或校准并不能完全保证仪器的准确可靠，使用期间很多情况的改变（电磁干扰、辐射、灰霾、温度、湿度、供电、声级，以及移动、震动等）会使其某些性能指标受到影响，并不能保证检定或校准状态的持续可信度。因而，为保持对设备校准状态的可信度，在两次检定之间进行的核查（期间核查）十分必要。仪器的期间核查并不等于检定周期内的再次检定，而是核查仪器的稳定性、分辨率、灵敏度等指标是否持续符合仪器本身的检测/校准工作的技术要求。

针对不同仪器的特性，可使用不同的核查方法，如仪器间比对、方法间比对、标准物质验证、添加回收标准物质等。条件允许时，也可以按检定规程进行自校。期间核查的时间间隔一般以在仪器的检定或校准周期内进行 1~2 次为宜。对于使用频率比较高的仪器，应增加核查的次数。只要检查方法有效，周期稳定，就一定能及时预防和发现不合格的仪器并避免误用，保证检验结果持续的准确性、有效性，可以增强实验室的信心，保证检测数据的准确可靠。实验室应根据以上情况实现制定期间核查的计划，并确保执行。

五、仪器设备检测值的溯源

检测仪器设备的量值溯源通常可按照本手册第十章第二节的相关介绍进行。不同单位可根据本单位特点进行适当更改，但必须经上级计量主管部门批准后方可实施。

第四节　实验室分析人员的素质

实验室应拥有一定数量的并与其从事检测和/或校准活动相适应的专业技术人员和管理人员。实验室应使用正式人员或合同制人员。使用合同制人员、其他的技术人员及关键支持人员时，实验室应确保这些人员能胜任工作且受到有效的监督管理，并按照实验室管理体系要求工作。

一、技术负责人、质量负责人、质量检验管理人员

作为负责人应熟悉国家、部门、地方关于所从事检测领域方面的政策、法律法规、各级相关标准；熟悉抽样理论和实际操作处理，熟悉 1~2 项实际检测技术；具备编制审定检测实施细则、审查检验报告的能力；熟悉并掌握质量控制理论和方法，具有对检测工作进行质量诊断的能力；熟悉国内外同类型检测工作的方法与技术的现状和发展趋势，掌握国内外检测仪器设备的信息；不断自觉知识更新，跟上时代发展步伐。

实验室技术主管和授权签字人应具有工程师以上（含工程师）技术职称，熟悉业务，在本专业领域从业 3 年以上，并经考核合格。

二、计量检定人员的素质

从事计量检定工作的人员需具有高中以上文化程度，具备该工作所必需的知识和技能，经上级计量行政部门组织的培训并考试合格（取得相应的"检定员证"）方能上岗；应不断自觉学习，了解国内外本领域计量技术的现状、发展动态及检测仪器的信息；从事检定工作的人员应从事该项目 2 年以上的工程师或 5 年以上的检定人员，能认真履行复核工作的职责。见习人员、代培人员不得独立从事检测工作，也不得在检定证书上签字。

三、检测人员的素质

所有从事抽样、检测和/或校准、签发检测/校准报告以及操作设备等工作的人员，均应按要求进行相应的教育、培训，熟悉从事岗位所涉及的各种仪器设备的原理和性能，具备熟练操作相应仪器设备的技能，并经相应级别的行政主管部门的考试合格，获得资格确认后持证上岗。从事特殊产品的检测和/或校准活动的实验室，其专业技术人员和管理人员还应符合相关法律、行政法规的规定要求。相关人员应掌握所从事检测项目的相关标准，了解本领域国内外检测技术、检测仪器的现状和发展趋势，具备采用国内外最新技术进行检测工作的能力；应具备独立进行数据处理的能力；坚持职业操守，遵守保密纪律，不受来自行政的或其他各方面的影响和干扰。

第五节　实验室检测工作质量控制

检测工作是实验室整体工作的重要环节，直接影响到实验室的工作基础。为确保提供的数据准确可靠，实验室应有质量控制程序和质量控制计划以监控检测和校准结果的有效性，即进行有效的质量控制。所谓质量控制是指为达到质量要求所采取的作业技术和活动，监视过程并排除导致不合格、不满意的原因，以取得准确可靠的数据和结果。因而有必要采取合理有效的监控手段，来监控检测/校准全过程，预见可能出现的问题并及时发现问题，以便有针对性地采取恰当的措施，避免麻烦的发生。可采取（但不限于）以下措施：

① 定期使用有证标准物质（参考物质）进行监控和/或使用次级标准物质（参考物质）开展内部质量控制；

② 参加实验室间的比对或能力验证；

③ 使用相同或不同的方法进行重复检测或校准；

④ 对存留样品进行再检测或再校准；

⑤ 分析一个样品的不同特性结果的相关性。

在进行以上监控操作时，对影响检测结果的每一个因素——被检对象、所用仪器设备、工作环境等都必须有检查、核对和记录，同时校对所有检测所得数据。当发现质量控制数据将要超出预先确定的判断依据时，应采取有计划的措施来纠正出现的问题，并防止报告错误的结果。

要强调的是：检测的每个过程都应该处于受控状态，但受控不等于没有变异（随机误差总是存在的）。受控状态下的正常变异找不到（也没必要去找）原因。而人、机、样、法、环、溯中的一个或几个发生变化所引起的异常变异正是质量控制的对象。

因此，实验室必须具备与其检测业务范围相关的各类标准、规程、规范等技术文件，并据此制订详尽有效的实施细则。

检测过程的主要环节如图 10-3 所示。

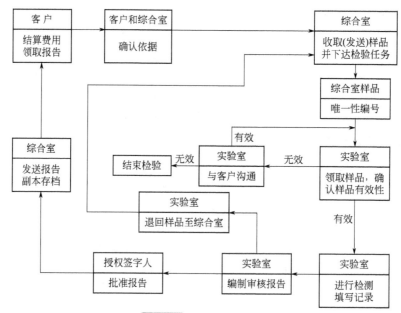

图 10-3 检测工作流程

一、检测质量目标

分析检测工作在任何时候都必须坚持质量第一的原则，其首次检测无差错率应达到95%，经复核后的检测无差错率应达到98%，审核后签发的检验报告的无差错率则应能达到99%。

二、抽样

对送检样品，检测结果仅对来样负责而不对整体产品进行任何评价。需对产品整体做出质量判断的检测项目均应进行抽样检测，然后给出判断。实验室应建立用于样品抽取、运输、接收、处置、保护、存储、保留和/或清理的程序与措施，确保样品的完整性和检测结果的有效性。抽样检查的基本概念参见本手册第五章第一节，具体可参照 GB/T 2828—2003《计数抽样检验程序》执行。

样本应在生产单位、销售单位或使用单位的已检验合格的库存产品中抽取。在特殊情况下，也允许在生产线的终端、在已经检验的合格品中抽取（应特别注意，出厂检验是生产线的终端，故在生产线终端抽样，可视为已通过出厂检验点）。

抽样前不得事先通知被检产品生产单位。抽样结束后，样品应立即封存，连同出厂检验合格证一并发往指定地点。

抽样样本大小可按产品技术标准规定执行，若相关标准没有规定的，可按以下方法确定：①连续批、验收型检验，按 GB/T 2828.1—2003《计数抽样检验程序 第1部分：按接收质量限（AQL）检索的逐批检验抽样计划》执行；②连续批、调整型检验，按 GB/T 2829—2002《周期检查技术抽样方法》执行；③质量指标为产品不合格率的计量检验，可按 GB/T 6378—2008《计量抽样检验程序》执行；④破坏性检验的样本大小由委托单位自定；⑤其余按百分比抽样。

$N \leqslant 100$ $n = 2$

$100 < N \leqslant 1000$ $n = N/100$ $(n \geqslant 2)$ （N——批量；n——样本大小）

$N > 1000$ $n = N/100$ $(n \leqslant 30)$

抽样时还必须注意：①在生产单位的库存中抽样时，抽样基数不得小于样本的 5 倍；②在生产线的终端抽样时，当天产量不得少于均衡生产的平均日产量；③在用户和销售单位抽样时，抽样基数不得小于样本的 2 倍。

样本确定后，应以合适的方式当场封存，贴上标签，以合适的方式运往检测部门，确保样品外观、性能等不受影响。

抽样结束后，由抽样人填写样品登记表，其内容应该有：产品生产单位；产品名称、型号、图号；样品中单件产品编号及封样器编号；抽样依据；样本大小；抽样基数；抽样地点；运输方式；抽样日期；抽样人姓名、封样人姓名。

三、检测前的检查

① 检验人员需对样品进行检查，确认其外观质量及工作状态并记录在案。

② 检验人员应检查实验室的环境条件（温度、湿度、照度、振动、电源等）并记录在案。

③ 检验人员需检查检测仪器、设备的性能是否正常，是否有计量合格证或准用证，并记录在案。

④ 检验人员应对测试仪器、设备的安装方式、安装位置、连接方式等进行检查，并记录在案。

⑤ 在进行不可重复的试验前，应有被检产品生产单位的代表对检测方法、检测仪器、检测条件进行检查，确认无误并签字认可后方能开始试验。此类检验不接受复测申诉。

四、检测实施细则

检测实施细则一般包括下列内容：①产品技术标准；②抽样方法及其样本大小；③检测项目、被测参数大小及允许变化范围；④检测仪器、设备的名称、型号、量程、准确度、分辨率；⑤检测系统框图；⑥计量检测前后，对被测样品、计量检测仪器的检查项目；⑦对测量用仪器及设备的安装要求；⑧对电源、供气、供水压力及环境条件（温度、湿度、振动）等的检查，从保证计量检测结果可靠角度出发允许的变化范围的规定；⑨在计量检测过程中发生异常现象（如被测件损坏或异常、首次测量超差或计量测试结果散布太大）时的处理办法；⑩在计量检测过程中发生事故（如停电、停水、停气或发生其他非人力可避免的自然灾害，以及计量检测仪器、设备发生意外损坏）时的处理办法；⑪检测结果判断方法。

如果检测由多台仪器组成的检测系统完成，为保证检测系统测量的准确度，可通过计算测量准确度 δ 来衡量：

$$\delta = \sqrt{\sum \delta_{Ai}^2 + \delta_B^2 + \delta_C^2}$$

式中　δ——系统测量准确度；

δ_{Ai}——每台检测仪器、设备的检定误差；

δ_B——人工误差；

δ_C——安装及环境误差。

如果检测由一台仪器完成，则 $\sum \delta_{Ai}^2 = \delta_A^2$。

为保证检测结果的可靠性，还必须注意检测仪器的量程、分辨率、测量不确定度等指标符合下列要求：

$$\frac{1}{5}S < A < \frac{2}{3}S \qquad i < \frac{1}{10}T \qquad U < \left(\frac{1}{3} \sim \frac{1}{10}\right)T$$

式中　A——被测参数大小；

S——测量仪器量程；

i——测量仪器分辨率；

T——被测参数允许变化范围；

U——测量仪器的测量不确定度。

五、检测工作的质量控制

为了保证检测工作的质量，必须注意以下几个方面：

① 检测工作应严格按产品技术规定的检测方法或检测实施细则进行。

② 检验人员应经严格考核，每项检验工作的有证人员一般不少于 2 人。

③ 在检测过程中出现边缘数据时应重复测量 3 次，要防止检测数据在传递过程中发生差错。

④ 在检测过程中出现首次测量超差、首次测量被测样损坏或重复检测数据分布太散这些情况之一时应停止检测工作，在对被测样、检测仪器设备工作状态及安装状态，检测环境条件进行详细检查并经实验室主任确认后方可再开始检测，同时应对发生的问题进行记录备查。

⑤ 因外界干扰（停电、停水、停气等）而中断检测后，凡影响检测质量者必须重新开始检测工作，并将情况记录备查；凡检测质量受这些干扰影响后无法重新开始的检测项目则要事先采用应急措施，以保证检测质量不受影响。

⑥ 因检测仪器设备故障或损坏而中断试验者，可用相同等级的且满足测试工作要求的代用仪器重新进行检验；无代用仪器、设备者必须将损坏的仪器设备修复并重新检定或校验合格后，方可开始检验。

⑦ 凡因检测工作失误或产品本身原因造成在检测过程中样品损坏，无法得出完整检测数据者，所有检测数据作废；须重新抽样并完成全部检测项目，检测报告以第二次检测数据为准，不允许将两次检测的数据拼凑检验报告。

⑧ 检测过程中如发生检测设备损坏、样品毁坏、人身伤亡等重大事故，应保护现场并及时上报，妥善处理后再检测。

⑨ 检测工作结束后，应复核全部检测数据，确认无误才允许对被测样作检后处理。

⑩ 检测工作结束后，应有专人对测试仪器设备的技术状态、被测样的状态、环境条件进行检查并记录在案备查。

六、常规分析的质量管理与质量控制图

人（人员）、机（仪器设备）、样（样品）、法（检测方法）、环（环境条件）是影响分析检测质量的主要因素，在正常情况下，管理和控制好这五个因素就能使分析质量获得良好的保证。可以借助于质量控制图进行实验室内部的质量控制管理。质量控制图最早于 1942 年由美国人 W. A. Shewhart 提出并应用于生产管理中，后推广于实验室的内部质量管理，该方法的特点是简单、有效，可用于监控日常测量数据的有效性。

实验室每项分析工作都由许多操作步骤组成，测定结果的可信度受到诸多因素影响，对每个步骤和因素都建立质量控制图是无法做到的，因此只能根据最终测量结果来进行判断。根据统计学原理，分析检测随机误差的数据分布符合正态分布 $[N(\mu, \sigma^2)]$，检测数据超出 $\pm 3\sigma$ 范围的概率 $\leqslant 0.3\%$，在正常情况下不应该也不可能出现。如果某个结果超出了随机误差的允许范围，可以判断这个结果应该属于异常而不可信。质量控制图法不是简单地将超出 $\pm 3\sigma$ 范围的数据剔除了事，而是"顺藤摸瓜"，需要找出数据超出的原因，克服之，然后重新检测，直到检测数据恢复正常。

1. 质量控制图的制作

以某实验进行室内空气中甲醛含量检测工作为例，取 $50.00\mu g/m^3$ 的标准空气样（管理样）在不同时间按国标 GB/T 50326—2006（规定室内空气甲醛含量须低于 $50.00\mu g/m^3$）进行了 30 次（至少不少于 20 次）测定，计算出测量的平均值和标准偏差。以测量值顺序号为横坐标，测量值为纵坐标，将各点描绘于图中（见图 10-4）。然后以其平均值 $\bar{x} = 50.01\mu g/m^3$ 为中心线，在 $\bar{x} \pm 2s$ 分别作一条直线（称为"警告限"，图中虚线），再以 $\bar{x} \pm 3s$ 分别作一条直线（称为"控制限"，图中实线）。根据误差控制要求，人们总是希望所有的测量点都落在 $\bar{x} \pm 2s$ 之间，以满足精密度的需求。

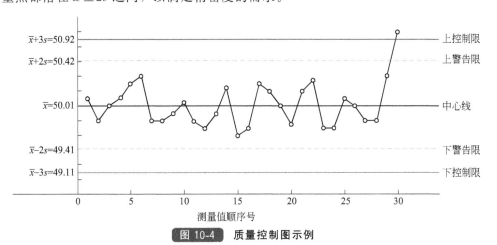

图 10-4　质量控制图示例

2. 质量控制图的解读

在日常分析未知样时附带分析这份管理样，并将管理样数据也"打点"在质量管理图上。如果"打点"未出界，表示该时间段内各分析条件稳定正常，影响分析结果的仅仅是随机因素而非系统因素，即检测质量整体处于可控范围内，同时间段内未知样的检测结果可信。但如果"打点"出界（管理样测量值落在 $\bar{x} \pm 3s$ 以外，如图 10-4 的最后一点），说明该次（或该段时间）测量的操作过程有问题，可能存在过失误差、仪器失灵、试剂变质、环境异常等系统因素的影响，需查明原因纠正偏差后重新测定，直至数据重新回到警告限内。质量控制图的表述见图 10-5。

判断所考察时间段内分析过程是否处于控制状态的一些规则如下。

① 在点基本上随机排列时，以下情况属于正常：连续 25 次测定都应在控制限内；连续 35 次测定在控制限外的点不超过 1 个；连续 100 次测定中在控制限外的点不大于 2 个（超过的点需要寻找原因改进）。同时还需注意以下情况。

② 在中心线一侧连续出现的点称"连"，其点数称"连长"，"连长"大于 7 为异常。

③ 数据点逐渐上升或下降的现象称为"倾向"，"倾向"点数大于 7 为异常。

④ 中心线一侧的点连续出现且符合下列情况者为异常：连续 11 点中至少有 10 点、连续 14 点中至少有 12 点、连续 17 点中至少有 14 点、连续 20 点中至少有 16 点。

⑤ 点子屡屡超出警告限而接近控制限为异常：连续 3 点中至少 2 点；连续 7 点中至少 3 点；连续 10 点中至少 4 点。

⑥ 所有点均在中心线附近（偏离极小）时同样判断有异常。

在积累了更多数据后，可重新计算平均值和标准偏差，再校正原来的控制图。

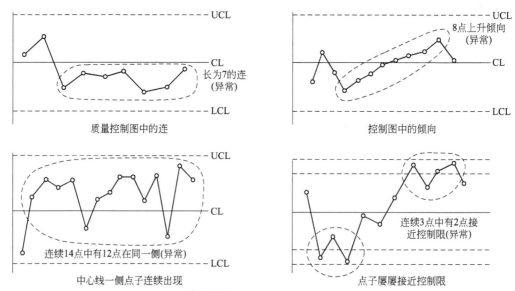

图 10-5 质量控制图的表述

3. 其他的控制图

（1）多样控制图（ξ 控制图） 当检验人员对单一管理水样的测定值已经熟知时，就可能产生主观误差，如果在一段浓度范围内设置几个管理样，只要这些管理样的标准差基本一致，是一常数，就可将控制图稍作修改，以 0 为中心线，以误差 ξ 作纵坐标，仍以时间或实验次序为横坐标，以 $\pm 3s$ 为上、下控制限，以 $\pm 2s$ 为上、下警告限，以每次分析结果的误差值 $\xi = x - \mu_i$ 在图上打点，即得多样控制图（μ_i，代表第 i 个管理样的标准值）。再采用密码分发这些管理样，就可避免主观误差。

（2）平均值-极差控制图（$\bar{x}$-R 控制图） $\bar{x}$-R 控制图实际上是两种图合并而成，对计量数据而言，这是最常用、最基本的控制图。$\bar{x}$ 控制图主要用于观察分布的平均值的变化，R 控制图主要用于观察分布的分散情况的变化。$\bar{x}$-R 控制图则将两者联合运用，可用来观察分布的总变化。

绘制 $\bar{x}$-R 控制图时，至少要将管理样积累 20 对（每对做两次重复测定）测定数据，然后计算每对数据的平均值（$\bar{x}_i$）和极差（R_i），再计算总平均值（$\bar{X}$）和平均极差（$\bar{R}$）：

$$\bar{x} = 1/n \sum \bar{x}_i \qquad \bar{R} = 1/n \sum \bar{R}_i$$

该控制图的上、下控制限和警告限的计算见表 10-1，其中 A_2、D_3、D_4、H 分别为取决于重复测定次数的常数（见表 10-2）。

表 10-1 控制图相关参数的计算方法

参数	$\bar{X}$ 控制图	$\bar{R}$ 控制图
上控制限	$\bar{X} + A_2 \bar{R}$	$D_4 \bar{R}$
下控制限	$\bar{X} - A_2 \bar{R}$	$D_3 \bar{R}$
上警告限	$\bar{X} + 2/3 A_2 \bar{R}$	$\bar{R} + 2/3(D_4 \bar{R} - \bar{R}) = \bar{R}[(2D_4 + 1)/3] = H\bar{R}$
下警告限	$\bar{X} - 2/3 A_2 \bar{R}$	$\bar{R} - 2/3(D_4 \bar{R} - \bar{R})$

表 10-2　计算控制图的各因子

每批样本容量（n） （重复测定次数）	A_2	D_3	D_4	H
2	1.88	0	3.27	2.51
3	1.02	0	2.58	2.05
4	0.73	0	2.28	1.85
5	0.58	0	2.12	1.74
6	0.48	0	2.00	1.67
7	0.42	0.076	1.92	1.61
8	0.37	0.136	1.86	1.57

当 $\bar{x}$-R 控制图绘制以后，将逐日结果标于图上，管理样与欲测的未知样同时分析，计算重复测定管理样两次的结果的平均值和极差，点于 $\bar{x}$-R 控制图上。如果 $\bar{x}$ 和 R 都处于控制状态，表明当天分析条件正常，未知样的结果可靠。如果 $\bar{x}$ 和 R 两者之一超过控制限，就需采取校正措施。

第六节　分析数据记录和检测报告的规范要求

一、原始记录

原始记录是检测结果的如实记载，不允许随意更改，不许删减，一般不允许外单位查阅。记录原始数据的表格有国家相对统一的格式，不能用铅笔填写，内容须填写完整并有检测人员和校核人员的签名。校核者必须认真核对检测数据，凡是可以重复检测的项目，校核量不得少于 5%。

原始记录如确实需要更改，应在作废数据上画双删除线，将正确数据填在上方，并加盖更改人印章。

原始记录在检查报告发出的同时归档，有专门资料室的则送资料室保存。保存期不少于 5 年。

二、数据整理

检测数据的有效位数应与检测系统的准确度相适应，不足部分以"0"补齐，以使测试数据的有效位数相等。同一参数检测数据个数 3～10 间用算术平均值法，大于 10 时用均方根法处理。

检测数据异常值按以下规则进行判断：①检验每一单元内的检测结果中的异常值用 Grabbs 法；②检验结果方差中的异常值用 Cochran 法；③检验各实验室平均值中的异常值用 Dixon 法。当确定某一数据为异常值后，用图 10-6 所列程序确定该值是否可以剔除，整理后的数据应填入原始记录表中的相应位置上。

三、检测报告

检测和/或校准报告是检测机构的"最终产品"，是其质量优劣的集中反映，必须保证其内在的和外观的质量。

检测和/或校准报告应至少包括下列信息：①标题；②实验室的名称和地址，以及与实验室地址不同的检测和/或校准的地点；③检测和/或校准报告的唯一性标识（如系列号）和每一页上的标识，以及报告结束的清晰标识；④客户的名称和地址（必要时）；⑤所用标准或方法的识别；⑥样品的状态描述和标识（如为现场采样需标明采样地点，若为同一场所多点采样还需图示采样点的分布情况）；⑦样品接收日期和进行检测和/或校准的日期；⑧与结

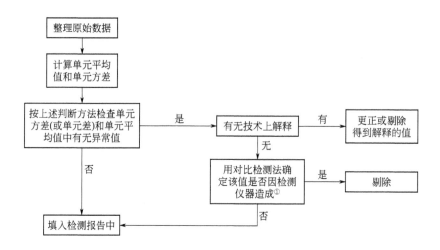

图 10-6 异常值审定程序

①对比检测就是用3台与原检测仪器准确度相同的仪器对原检测项目进行重复试验，若检测结果与原测试数据相符，则证明此异常值是由产品性能波动造成的，若不相符，则证明此值是因仪器造成的，可以剔除。

果的有效性或应用相关时，所用抽样计划的说明；⑨检测和/或校准的结果；⑩检测和/或校准人员、报告编制人员、审核人员及授权签字人的签字或等效的标识；⑪必要时，标注"结果仅与被检测和/或校准样品有关"的声明；⑫加盖检测机构检测、计量认证等专用章。

需对检测和/或校准结果做出说明的，报告中还可包括下列内容：①对检测和/或校准方法的偏离、增添或删节，以及特定检测和/或校准条件信息；②符合（或不符合）要求和/或规范的声明；③当不确定度与检测和/或校准结果的有效性或应用有关，或客户有要求，或不确定度影响到对结果符合性的判定时，报告中还需要包括不确定度的信息；④特定方法、客户或客户群体要求的附加信息。

检测报告应采用统一的格式打印，各检测数据均应采用法定计量单位，项目应填写完整，签名齐全，文字简洁，字迹清晰，数据准确，结论正确。检测报告不允许有涂改内容。若确需更改，则更改后重新打印。

检测报告由各实验室主任审核，审核范围包括报告的外观质量和内在质量。审核后的检测报告应交质量负责人签署意见，由技术负责人批准，并注明份数。

检测报告的发送登记及发送由办公室专人负责。检测报告的发送范围包括：① 属上级下达的检测任务，任务下达部门、产品生产单位、该单位的上级主管单位各一份，留档一份；② 委托检测项目仅向委托单位发一份，留档一份。严禁将检测报告发往同类产品生产单位。

当发出的检测报告发现错误时，应重发报告，注明所代替报告的编号，并收回原报告。收回的检测报告应办理登记手续。

第七节 实验室日常工作制度

不同种类实验室的工作任务相差很大，其组织形式也各不相同，日常工作的管理制度会千差万别，但以下几方面的工作制度都是需要的。

一、实验室管理制度

首先，实验室应按照相关规定建立能保证其公正性、独立性，并与其检测和/或校准活动相适应的管理体系，并确保得到认真贯彻执行。所谓"管理体系"是指实验室为实现管理目的或效能，由组织机构、职责、程序、过程和资源构成的，且具有一定活动规律的有机整体。管理体系文件主要由管理（质量）手册、程序文件、作业指导书、表格报告、质量记录等构成。

实验室是进行测试工作的场所，必须保持清洁、整齐、安静，在实验室内严禁随地吐痰，严禁抽烟、吃东西、喝水；禁止将与测试工作无关的物品带入实验室；任何人进入要换鞋、更衣的实验室都应按规定更换工作服、鞋；实验室需健全卫生值日制度，每周（或每日）清扫一次；下班后或节假日必须切断电源、水源、气源，关好门窗，以保证安全；配备消防设施、灭火器，并经常检查，任何人不得私自挪动或挪作他用，妥善保管仪器、设备的零部件，连接线、常用工具应排列整齐，放置有序，一般谢绝参观。

二、检测工作管理制度

实验室应按相关技术规范或标准，使用合适的方法和程序实施检测和/或校准活动。应优先选择国家标准、行业标准、地方标准，并根据标准制定作业指导书。实验室与工作有关的所有标准、手册、指导书等都应该现行有效，如果方法发生改变，应重新进行确认。需要时实验室也可以采用国际标准或非标方法，但仅限特定委托方的委托检测。检测和校准方法的偏离需有相关技术单位验证其可靠或经上级有关主管部门核准后，由实验室负责人批准和客户接受，并将该方法偏离进行文件规定。

实验室需每月编制检验计划，并按计划由办公室下达任务通知单，连同样品领取单、样品交接单、样品技术资料交接单和样品处理登记表交各检验室；各检验室将任务落实到各检验人员，检验人员持相关单据去样品室领取样品及其他资料，并办理交接手续，然后随检测程序流转；检验工作完成后，由检验人员在检验工作通知单的相应栏目填写相关内容，经实验室主任签署意见后将返回联交回办公室；检验工作质量及任务完成情况每月汇总上报。临时任务可临时安排，但流转程序相同。

三、事故分析报告制度

根据国务院 2007 年 4 月 9 日颁布的《生产安全事故报告和调查处理条例》（国务院令第493 号），将生产性事故分为 4 个等级，见表 10-3。实验室不同于一般性的生产场所，其空间相对较小，涉及的危险源也普遍较小，因而发生事故的损失情况也明显减小。

表 10-3 事故的等级分类

事故类别	生产事故	实验室事故
一般事故	一次造成 3 人以下死亡 一次造成 10 人以下重伤（含急性工业中毒） 一次造成 1000 万元以下直接经济损失	1 人受伤，休工 3～30d 10000 元以下直接经济损失
较大事故	一次造成 3～9 人死亡 一次造成 10 人以上 50 人以下重伤（含急性工业中毒） 一次造成 1000 万元以上 5000 万元以下直接经济损失	2 人受伤；或 1 人受伤，休工 1～6 个月 1 万元以上 10 万元以下直接经济损失
重大事故	一次造成 10～29 人死亡 一次造成 50 人以上 100 人以下重伤（含急性工业中毒） 一次造成 5000 万元以上 1 亿元以下直接经济损失	3 人受伤，休工 1 年以上；或 1 人致残死亡 10 万元以上 100 万元以下直接经济损失
特别重大事故	一次造成 30 人以上死亡 一次造成 100 人以上重伤（含急性工业中毒） 一次造成 1 亿元以上直接经济损失	2 人致残死亡 100 万元以上直接经济损失

检验过程中发生下列情况按事故处理：样品丢失、损坏，零部件丢失；样品生产单位提供的技术资料丢失或失密，检验报告丢失，原始记录丢失或失密；因人员、检测设备、仪器、检测条件不符合检测工作的要求，试验方法错误，数据差错，从而造成的检验结论错误；检测过程中发生仪器设备损坏、人员伤亡。

因突然停水、停电或其他外界干扰而中断检测，影响数据可靠和正确性的属意外事故；因仪器设备老化等非人为因素所造成的不按事故处理。

事故发生后应立即采取有效措施，防止事态扩大，抢救伤亡人员并保护现场，按拟定好的应急预案进行事故处理。事故发生后 3 天内填写事故报告单，5 天内召开事故分析会作出相应处理，并在 1 周内上报上级主管部门；针对问题制订相应的解决办法。

四、计量标准器具管理制度

计量标准器具是最高实物标准，用于量值传递，计量标准器具的计量检定工作和维护保养工作由专人负责；计量标准器具保存环境应满足其说明书的要求，保持其技术状态处于最佳状态；计量标准器具的使用操作人员必须经考核合格并取得操作证书，每次使用都应做使用记录。依照检定周期和期间核查计划按时检定和核查。

五、标准物质及样品的管理制度

标准物质是工作基准，也是一种计量标准器。标准物质的保存环境应使其不变质，不降低其使用性能；标准物质的购置由各使用科室提出申请，经中心负责人批准后统一购买，并按说明书上规定的使用期限定期更换，所购标准物必须有证；标准物的领用必须履行登记手续；气体和液体标准物一旦启封，不再收回保存。

样品保管必须有专人负责；样品到达后由该人会同有关专业室共同开封检查，确认样本完好后编号并办理登记手续，然后入样品保管室保存；样品应具有唯一性代码标识，必要时可进行转码（即入库登记码和样品发放码不相同）；在检测流转过程中需确保已检样品与未检样品不致混淆；样品保管室的环境条件应符合样品所需的要求，不致使样品变质、丧失或降低其功能；样品保管必须账、物、卡三者相符；样品检验时由各专业室填单领取并办理相关手续；检验工作结束，检验结果经核实无误后将剩余样品送回保管室，可通知来样单位领回（检后样品保管期一般为申诉有效期后 1 个月，过期可作为无主物品处理）；除用户有特殊要求外，破坏性检测后的样品一般不再保存；备样至少保管 3 个月。

六、仪器设备的购置、验收及管理制度

实验室应配备与其检测能力相适应的仪器设备，并对所有仪器设备建立台账（一机一档）进行管理，正常维护。

计量标准器具、测试仪器、各类设备等的购置需纳入计划，由使用科室提前申请，经主任批准后交业务科统一办理。各类仪器设备到货后由各使用科室进行质量复检，不能自检的应请有关单位来人复检，复检合格方能接收，按程序文件编码建档。若不合格，由业务科联系返修或退货。

实验室所有的仪器、设备实行统一管理调度，指定专人负责的原则。使用仪器设备必须填写使用记录本，发现问题及时向仪器、设备负责人反映，以便及时回修，避免出现质量事故。

仪器设备严禁超量程、超负荷、超周期使用或带病运行，发现异常，应立即停止使用，并查明原因，进行维修。

测试仪器、设备的技术性能降低或功能丧失、损坏时，应办理降级使用或报废手续。凡降级使用的仪器设备均应由各测试室提出申请，经检查确认其实际检定精度，由实验室主任

批准后实行，降级使用情况应载入设备档案。

无法再使用的仪器设备按《程序文件》的相关规定报废，经确认后由中心主任批准并填入设备档案、已报废的仪器、设备不应存放在实验室内，其档案由办公室统一保管。

计量标准器一律不出借，一般不得直接用于检测。实验室内各科室间的仪器可以互借，但大型仪器不宜移动，若确需移动则需经检查确认不影响检测精度方能继续工作。外单位借用仪器设备应办理书面手续并经领导批准，借出和归还都应检查其功能是否正常，必要时需重新检定。

七、技术资料管理制度

技术资料的管理由办公室负责。

应该长期保存的技术资料：国家、地区、部门有关产品质量检验工作的政策、法令、文件、法规和规定；产品技术标准、相关标准、参考标准（国内外的）；检测规程、规范、大纲、细则、操作规程和方法（国外的、国内的或自编的）；计量检定规程、暂行校验方法；仪器说明书、计量合格证、仪器仪表及设备的验收、维修、大修、使用、降级、报废的记录；仪器设备明细表和台账；产品图纸、工艺文件及其他技术文件。

属于定期保存的资料有：各类检验原始记录（保管期不少于 5 年）；各类检验报告（保管期不少于 5 年）；用户反馈意见及处理结果（保管期不少于 5 年）；样品入库、发放及处理登记本（保管期不少于 3 年）；检验报告发放登记本（保管期不少于 3 年）。

技术资料入库时应办理交接手续，统一编号，且按保存期长短分类；测试人员如需借阅资料，应办理借阅手续。原始资料未经技术负责人许可，不允许复制。资料室人员要严格为用户保守技术机密，否则以违反纪律处理。超过保管期的技术资料应分门别类造册登记，经主任批准后才能销毁。

八、保密制度

保密范围：业务、政策文件、技术水平、发展方向、科研项目的内容和进度；未公开的技术资料、情报资料、检测仪器设备的技术条件及技术文件；从事检测的特殊方法、技术手段和关键技术资料；送检单位的送检样品及全部技术资料，送检的特殊方法、技术手段和关键技术资料；送检单位所送检样品及全部技术资料，新产品鉴定检验的技术文件及资料；检测原始记录、检验报告、仲裁报告、质量分析报告、检验事故分析报告的内容；内审和管理评审的相关资料。

保密要求：认真遵守国家机关工作人员保密守则，凡违反本制度的规定造成影响和损失者酌情严肃处理；原始记录一般不允许被检产品单位或其他单位查阅；文件、技术资料、检验报告的查阅必须经技术负责人批准，履行借阅手续，按时归还，如有损坏或遗失的要追究责任；不向任何无关人员透露中心内部有关保密事项；有关内部计划、报表、技术资料、检验记录、试验报告（总结）及科技情报资料等应由专人保管，任何人不得随意编印、转借和向外泄露。

九、危险品、贵重物品管理制度

易燃、易爆、腐蚀性物品、剧毒品、放射性物品均属危险品，由专人专库专账保管。各科室需用的危险品及受管控的化学品必须填写购买申请书，经领导同意，报请公安机关批准后到指定地点购买。保管使用过程中严格执行"五双"制度，大型实验室若需要自行设立危险品仓库应按规定与周围建筑设施、电源、火源间隔一定的距离并按其要求采取相应的安全措施。详情参本手册第七章的相关内容。

贵重物品由办公室设专人专库建专账保管；领用贵重物品经室主任签字批准；领取后的

贵重物品由领取人妥善保管，在使用过程中丢失，按责任事故处理；领用后未用或用后剩余的贵重物品应及早退回仓库，注明数量，入库入账。

十、安全管理制度

实验室安全管理工作由副主任主管并由办公室处理日常工作，大型实验室的各科室也应设相应的不脱产人员分管。全体工作人员都应自觉遵守安全制度和有关规定。外来人员、新来人员、见习人员、实习人员都应在接受安全教育后进入工作岗位，各单位每季度检查一次安全工作，全中心每半年检查一次，并写出检查报告。

实验室还应定期或不定期进行安全自查，或是由各级安全管理部门进行检查，对实验室安全提供更好保障。实验室安全检查的具体项目可参见表 10-4。

表 10-4 常规实验室安全检查内容

序 号	分 类	重点检查内容
1	制度建设	规章制度、操作规程等是否齐全、上墙 实验室安全责任制是否健全 是否有应急预案（化学、生物、辐射） 实验室门口是否有责任人挂牌
2	安全责任体系	是否建立了公司（所、学院等）、实验室（研究所）的两级责任体系
3	安全检查台账	实验室建立安全检查台账、记录问题及整改完成情况
4	卫生环境	实验时是否穿实验服、戴防护眼镜 是否在实验室烧煮食物、进食 是否有该废弃处理的物品没有及时清理现象 实验室内是否有停放电动车、自行车等现象 实验室内是否有堆放私人物品现象 是否有在实验室留宿、过夜现象
5	消防安全	实验室内有无禁止吸烟的警示 消防器材配置是否合理 消防通道是否通畅 是否有堵塞消防通道和在公共通道中堆放仪器、物品等现象 化学实验室是否存在未经批准使用明火电炉现象
6	电气安全	是否有电路容量不适用高功率的设备现象 是否有乱拉乱接电线、使用花线、使用木质配电板现象 是否有电线老化现象 是否有多个大功率仪器使用一个接线板的现象（应尽量不用接线板） 是否存在仪器使用完后未及时关闭电源的现象 是否存在接线板直接放在地面的现象
7	烘箱、电阻炉	是否有超期服役、故障情况 烘箱、干燥箱等附近是否有气体钢瓶、易燃易爆化学品等 是否有影响烘箱、干燥箱等散热的现象（如在其周围堆放杂物） 是否存在使用干燥箱进行烘烤时无人值守现象
8	防盗安全	门窗是否安全 是否存在门开着但无人值守的现象 剧毒品、病原微生物、放射源等存放点是否有防盗和监控设施
9	化学试剂	存放地点是否安全 酸缸与碱缸的安全（是否有标识、放置位置合理安全、加盖） 是否存在大桶试剂堆放 是否存在大量化学药品、有机溶剂混放 是否存在标签不明的化学试剂 是否存在试剂瓶盖打开放置的现象
10	剧毒品	是否执行"五双"管理制度（双人收发、双人使用、双人运输、双人双锁保管）

续表

序　号	分　类	重点检查内容
11	"三废"排放	是否配备了实验废弃物分类容器 是否存在实验废弃物和生活垃圾混放的现象 是否发现向下水道倾倒废旧化学试剂等的现象 是否存在在实验室门外堆放实验室废弃物的现象 是否存在随意排放有毒有害气体的现象，是否有气体吸收装置
12	冰箱安全	储存化学试剂的机械有霜冰箱是否经防爆改造 机械无霜冰箱不得储存化学试剂（必须停止使用） 是否有过期没有报废的冰箱 新购机械冰箱是否储存化学试剂 是否存在影响冰箱散热的现象（如在冰箱周围堆放杂物现象） 是否存在在冰箱内放置食品的现象
13	气体钢瓶	是否存放残余废气钢瓶 是否存在气体钢瓶未固定的现象 是否存在危险气体钢瓶混放（主要指可燃性气体与氧气等助燃气体混放）的现象 是否存在危险气体钢瓶存放点通风不够的现象 是否存在大量气体钢瓶堆放的现象 是否存在忘关安全阀现象 是否有相应的气体标识 存放在独立气体钢瓶室的钢瓶连接时是否规范 是否对气体连接管路进行检漏 独立的气体钢瓶室是否有专人管理
14	生物安全	是否有相应操作规程，是否按规定实验 是否将实验废弃物进行分类处置 有害微生物实验是否安全（包括采购、保存、实验、废弃物处置等方面） 有毒有害生物实验废弃物是否经高温高压灭菌
15	放射性安全	是否有操作规程 储存地点和内容是否安全和符合相关规定 操作人员是否有上岗证 在从事放射性实验场所是否有安全警示标识及安全警戒线 从事放射性工作的人员是否佩带个人剂量计 放射性废物是否有专门的存放容器和处置方案
16	水	下水道是否畅通及是否存在下水道堵塞现象 化学冷却冷凝系统的橡胶管是否老化或连接不够牢固 是否存在自来水开着却无人值守现象 是否存在水龙头、水管、皮管老化破损现象
17	机械安全	操作规程、设备是否正常 特殊设备的安全警示标识
18	信息安全	实验室信息处理系统是否已经建成 系统的防火墙是否有足够的抵御外部入侵的能力 内部数据上传路径是否正确有效 员工查阅权限设置是否明确 检测报告形成机制是否运行顺畅 系统服务器是否能正常工作 ……

十一、质量申诉处理制度

客户就实验室的检测结果、服务质量以及管理水平等方面不满意时均可提出抱怨（申诉）。由质量负责人受理和处理客户的申诉，并向行政负责人报告处理结果，还需在年终时进行评价。受理检测质量申诉的有效期最长为检测报告发出之日起 3 个月，特殊检测项目应在检测报告上另行注明，超过期限的申诉可以不受理。

检验质量申诉包括以下几种：

① 客户要求对检验结果作进一步解释，但未对检验质量表示明确异议；

② 客户明确表示不同意检验结果而要求复查；

③ 客户未向本中心提出异议，而直接向上级主管部门申诉。

客户抱怨的处理程序：

① 办公室将申诉分类登记后交质量负责人处理；

② 质量负责人会同相关检测室主任检查原检验报告，查阅原始记录、检测仪器、检测方法、测试环境、数据处理、结论判断方法等，如确实无误，签发确认原检验报告正确有效的文件并办理登记手续；送样单位需支付与原测试费相等的复验费；

③ 若经检查确因检测流程的某个/些环节失误而造成误判的，应签发题为《对于原编号为××的检验报告的更改》的报告，原检验报告作废，并办理登记手续，对造成错误的直接责任人做适当处理；

④ 若经查是因原测试条件、检测仪器、检测方法的错误而造成误检的应将备用样品重新进行检验，重新发送检验报告，一切费用由检测机构负担，并对责任人进行处理；

⑤ 如送样单位对复测结果仍有异议，可向上级部门反映，由高一级测试单位重新抽样检验，经济责任由败诉方负担；不可重复性试验原则上不受理申诉；

⑥ 有关检验质量申诉的全部资料均作为技术档案在处理后一个月内由质量负责人整理后交办公室归档。

第八节 实验室环境要求

为确保检测质量，实验室的所有软、硬件条件均应与该实验室承担的工作任务之要求相匹配，应满足以下条件。

① 检测仪器设备的配制应满足相关法律法规、技术规范或标准的要求；仪器室内应配备供检查仪器用的试验台（桌），其放置必须便于实验人员的操作。

② 实验室各工作区域间的设置应能满足独立工作的需求，相互间不能有不利影响，如有影响，应采取有效的隔离措施。不能将实验室兼做检测人员的办公室。

③ 实验室应保持清洁、整齐，与办公区有更衣、换鞋的过渡区间。

④ 化验室和仪器室的环境温度、湿度和其他指标应满足相应仪器设备的使用和保管的技术要求；某些电磁检测设备的仪器室需要有电磁屏蔽措施和设施。

⑤ 实验室应监测、控制和记录环境条件，在非固定场所进行检测时应特别注意环境条件的影响，并注意将其换算为标准条件以便统一处理。

⑥ 实验室应有防火、通风等安全设施，化学室应配备洗眼器和喷淋装置。对有接触或可能产生危害性物质的实验室还必须配备必要的安全防护器具，如防毒面具、橡皮手套、防护眼镜等。

⑦ 实验室应建立并保持安全作业的管理程序，确保危险化学品、毒品、有害生物、电离辐射、高温、高电压、撞击以及水、气、火、电等危及安全的因素和环境得以有效控制。建立健全相应的应急处理预案，并定期进行演练。

⑧ 实验室应建立并严格执行环境保护的必要程序，配置相应的设施设备，确保检测/校准产生的废气、废液、粉尘、噪声、固体废物等的处理符合环境和健康的要求，并有相应的应急处理措施。

⑨ 对影响工作质量和涉及安全的区域和设施应有效控制并正确标识。

实验室部分基本条件见表10-5。

表 10-5　**实验室部分基本条件**

项　目	基　本　条　件
电源	(220±10)V 或（380±10）V，配备稳压电源，仪器室和计算机房配备不间断电源。使用 380V 三相电源的，需注意各相之间的平衡
温度	仪器室，（25±5）℃（可用空调控制）；化学分析室，夏季通风降温，冬季可用油汀类电暖器保温，但不宜用空调控制，也不宜用红外加热器取暖，更不能用电炉取暖
湿度	仪器室：<70%（用去湿机控制）
噪声	仪器室：<55dB，外部噪声可用双层玻璃窗阻隔；一般工作间的最大噪声应<70dB
防震	天平桌应有防震垫，特精密仪器还建议设置防震沟
屏蔽	特殊仪器室需用双层铜丝网或铁皮进行电磁屏蔽，有放射源的实验室还需有铅皮防护
通风	实验室应配备通风设施，保证新风量符合职业卫生安全要求。化学实验室应单独配置通风柜
消防	在各实验室和走廊过道上配置与该实验室所从事工作相适应的灭火器，化学准备室还需配备砂箱等器材
供气	气相色谱、原子吸收等仪器所需高压气体最好能集中供气，用清晰编号的铜管或不锈钢管将气体引至仪器室，必须严格遵守相关的管理措施

第四篇

参 考 文 献

[1] 国家认证认可监督管理委员会. 实验室资质认定评审工作指南. 北京：中国计量出版社，2007.

[2] 赵华绂，方文军，等. 化学实验室安全与环保手册. 北京：化学工业出版社，2013.

[3] 郭伟强. 大学化学基础实验. 北京：科学出版社，2010.

第五篇
分析数据处理及实验条件优化

第十一章 数理统计基础

分析的过程往往是获得测量数据的过程，而任何测量都不可避免地存在着不同程度的不准确性。通过统计处理，可以在测量数据的基础上合理推测所测量结果的准确值，并估计准确值存在的上下限。统计方法的运用只是对实验方案及数据进行评价，以最大程度地判断存在着多大的不准确性，并提示人们如何在测量方法上加以改进以减少不准确性。但统计方法既不能测定也不能评价系统误差（偏差），因而，测定和消除不准确性是分析方法本身的问题。

第一节 基础概念

一、总体和样本

（1）总体（population） 是指客观存在的、在同一性质基础上结合起来的许多个别单位的整体，即研究对象的某项指标的取值的集合或全体。一个统计总体可以有多个指标。总体的基本特征包括：①同质性（构成总体的各个单位必须具有某一方面的共性，这是确定总体范围的标准）；②大量性（是由许多单位所组成的）；③差异性（除了必须具有某一共性之外，总体单位之间在其他方面必然存在差异）。

（2）样本（sample） 又称"子样"，是按照一定的抽样规则从总体中取出的一部分个体。样本中个体的数目称为"样本容量（n）"。

二、真值、平均值与中位数

（1）真值（true value） 是指在一定条件下被测定量本身所具有的、客观存在的真实值。真值通常未知，实际测量也不可能得到真值。实际工作中所用到的真值是指理论真值、约定真值或相对真值。

① 理论真值（theoretical true value）：是指不通过测量而通过理论推算即能得到的值，如"平面三角形三个内角之和的真值等于 π 弧度"、"国际千克原器的质量的真值等于 1kg"。

② 约定真值（conventional true value）：是指用完善测量所得到的、量值充分接近真值（不确定度满足需要）并可以替代真值使用的量值，如国际单位制（SI）的基本单位。

③ 相对真值（relative true value）：参照标准参考物质的证书上所标出的数值，如国际原子量。

（2）平均值（mean） 有算术平均值、几何平均值、平方平均值（均方根平均值，rms）、调和平均值、加权平均值等，其中以算术平均值最为常用。

① 算术平均值（arithmetic mean）：n 次等精度测量所得到的测定值（x_i）的总和除以测量次数所得的商。

$$\bar{x} = \frac{1}{n}(x_1 + x_2 + \cdots + x_n) = \frac{1}{n}\sum_{i=1}^{n} x_i \qquad (i = 1, 2, \cdots, n) \tag{11-1}$$

② 几何平均值（geometric mean）：是指 n 个测量值（x_i）连乘积的 n 次方根。

$$\bar{x} = \sqrt[n]{x_1 x_2 \cdots x_n} = \sqrt[n]{\prod_{i=1}^{n} x_i} \tag{11-2}$$

③ 均方根平均值（mean square）：是指 n 个测量值（x_i）的平方和除以测量次数 n 之商的平方根。

$$x_{\mathrm{rms}} = \sqrt{\frac{1}{n}\sum_{i=1}^{n}x_i^2} = \sqrt{\frac{x_1^2 + x_2^2 + \cdots + x_n^2}{n}} \tag{11-3}$$

④ 调和平均值（harmonic mean）：是指测量次数 n 除以 n 个测量值（x_i）的倒数和的商。

$$\overline{x} = \frac{n}{\dfrac{1}{x_1} + \dfrac{1}{x_2} + \cdots + \dfrac{1}{x_n}} \tag{11-4}$$

⑤ 加权平均值（weighted mean）：由不等精度测量所得到的测量值 x_i 乘以各自加权因子 w_i 之和除以总权重所得的平均值。

$$\overline{w} = \frac{\sum_{i=1}^{m}(w_i x_i)}{\sum_{i=1}^{m}w_i} \quad (i = 1, 2, \cdots, m) \tag{11-5}$$

⑥ 平均值的性质：

a. 均值使偏差（d）之和为零。

设

$$d_i = x_i - \overline{x} \tag{11-6}$$

$$\sum_{i=1}^{n}d_i = \sum_{i=1}^{n}(x_i - \overline{x}) = \sum_{i=1}^{n}x_i - n\overline{x} = 0$$

b. 均值是偏差平方和（Q）最小的值。

$$Q = \sum_{i=1}^{n}(x_i - \overline{x})^2 \tag{11-7}$$

设 $\overline{x} = a$，则 $\dfrac{\partial Q}{\partial a} = \dfrac{\partial}{\partial a}\left[\sum_{i=1}^{n}(x_i - a)^2\right]$

当 $\dfrac{\partial Q}{\partial a} = 0$ 时，$a = \dfrac{1}{n}\sum_{i=1}^{n}x_i$

c. 样本均值 $\overline{x}$ 是总体均值 μ 的无偏估计值。

（3）中位数（median）　把一组 n 个数据按大小排列后，当 n 为奇数时，排在中间的那个测量值就是中位数；若 n 为偶数，则中位数为中间两个测量值的平均值。与平均值比较，中位数受到极端值的影响较小，其绝对值偏差之和最小。

三、有效数字及其运算规则

有效数字（significant digit）是指科学记数时所记录的有意义的数字，即在测量工作中实际能测到的数字，包括所有准确数字和最后一位可疑数字（或称估计值，存在 ± 1 的不确定性）。

（1）有效数字的性质　有效数字的位数与测量所用的仪器精度有关，它不仅表示数量的大小，还表示测量的精度，不可随意增减。有效数字在一定程度上反映了测量值的不确定度（或误差限值）。测量值的有效数字位数越多，测量的相对不确定度越小；有效数字位数越少，相对不确定度越大。

（2）有效数字的修约　对实验数据进行计算时，涉及的各测量值的有效位数可能不同。因此，需要按照一定的规则处理后再进行计算：即先修约后计算。所谓修约是确定有效位数后对多余位数的舍弃过程，其规则为修约规则，目前大多采用"四舍六入五成双"（GB/T 8170—2008）的规则：当尾数≤4时舍弃；尾数≥6时则进入；尾数＝5时，若5后面的数字为"0"，则要保证修约后的最后一位为偶数（成双）；若5后面的数字是不为零的任何数，则不论5前面的数为偶数或奇数均进入。按照这一规则，下列测量值修约为四位有效数字的结果为：

0.52664→0.5266；0.36266→0.3627；10.2350→10.24；250.650→250.6；18.085002→18.09。

（3）有效数字的运算规则

加减法：有效数字的保留以各数据中小数点后位数最少的数字（绝对误差最大）为根据。例如：

$$50.1+1.45+0.5812=50.1+1.4+0.6=52.1$$

乘除法：有效数字的位数以各数据中相对误差最大的数为根据，通常以有效位数最少的数为依据进行修约，如：

$$2.1879\times0.154\times60.06=2.19\times0.154\times60.1=20.3$$

（4）有效数字位数取舍时的注意事项

① 所遇到的各种常数、分数或倍数等不是测量所得到的，可看成无限多位有效数字。例如，1000，1/2，π等。

② 对于pH、pM、lg$K$等对数数值，其有效数字的位数仅取决于小数部分（尾数）数字的位数，因整数部分仅代表该数的方次。

③ 若某有效数字的首位数字等于或大于8，则该有效数字的位数可多计算一位。如，8.58可看作四位有效数字。

④ 在运算过程中，有效数字的位数可暂时多保留一位，得到最后结果时，再根据"四舍六入五成双"的规则弃去多余的数字。

⑤ 使用计算器作连续运算时，运算过程中不必对每一步的计算结果都进行修约，但最后结果的有效数字位数必须按以上规则正确取舍。

四、精密度和准确度

（1）精密度（precision）　表示多次重复测定某一量所得到的测量值（x_i）的离散程度，也称重复性或再现性。可以用偏差或极差来量度。精密度决定于随机误差。

① 重复性（repeatability）：同一分析工作者在同样条件下所得数据的精密度，表示的是几乎相同的测量条件，衡量的是测量结果的最小差异。

② 再现性（reproducibility）：不同分析工作者在不同条件下所得数据的精密度，表示的是完全不同的条件，衡量的是测量结果的最大差异。

③ 偏差（deviation）：分为偏差（d）、平均偏差（average deviation，$\bar{d}$）、相对平均偏差（relative mean deviation）、标准偏差（standard deviation，s）、相对标准偏差（relative standard deviation，RSD）。

$$偏差\ d_i=x_i-\bar{x}\quad(i=1,\ 2,\ \cdots,\ n)\tag{11-8}$$

$$平均偏差\ d = \frac{\sum\limits_{i=1}^{n} |x_i - \overline{x}|}{n} \qquad (11\text{-}9)$$

$$相对平均偏差 = \frac{\overline{d}}{\overline{x}} \times 100\% \qquad (11\text{-}10)$$

$$标准偏差\ s = \sqrt{\frac{\sum\limits_{i=1}^{n} (x_i - \overline{x})^2}{n-1}} \qquad (11\text{-}11)$$

$$相对标准偏差 = \frac{s}{\overline{x}} \times 100\% \qquad (11\text{-}12)$$

④ 极差（range）：指一组测量值内最大值与最小值之差，又称范围误差或全距。极差没有充分利用数据的信息，但计算十分简单，仅适用样本容量较小（$n < 10$）的情况。

$$R = x_{\max} - x_{\min} \qquad (11\text{-}13)$$

（2）准确度（accuracy）　在一定测量精度的条件下分析结果（x_i）与真值（μ）的接近程度，表示测量值的可靠性。常以误差（error，E）和相对误差（relative error，E_r）来表示。准确度表示测量结果的正确性，决定于系统误差和随机误差。

$$\varepsilon_i = x_i - \mu \qquad (i = 1,\ 2,\ \cdots,\ n) \qquad (11\text{-}14)$$

$$相对误差 = \frac{\varepsilon}{\mu} \times 100\% \qquad (11\text{-}15)$$

（3）准确度与精密度的关系　测量精密度高是保证获得良好准确度的先决条件，而测量精密度很高，不一定就有很好的准确度。一个理想的分析方法与分析结果，既要求有好的精密度，又要求有高的准确度。

五、误差、偏差、方差和标准偏差

（1）误差（error）　是测量值与真实值之间的差异。由于测量仪器、试验条件、环境等因素的限制，物理量的测量值与客观存在的真实值之间总会存在着一定的差异，误差是不可能绝对避免的。根据性质不同，误差可分为系统误差与随机误差。

① 系统误差（systematic error）：由某种固定因素所引起，在测量过程中会重复出现，其正（结果偏高）负（偏低）具有单向性。系统误差可以采用合适的方法进行校正。

根据产生原因，系统误差可分为如下几类。

a. 方法误差：由分析方法本身的缺陷所引起。

b. 仪器和试剂误差：由仪器本身不够精确及试剂纯度不够所引起。

c. 操作误差：由分析人员操作不当所引起。如读滴定管刻度时，双眼总是高于弯月面，而使所读毫升数偏小；灼烧温度超过方法规定的上限导致待测物质部分分解等。

系统误差可以通过对照试验、空白试验、试剂/仪器/器皿等的校正等方法进行校正。

② 随机误差（random error）：是测量过程中一些无法避免的随机因素所引起的误差，也称为偶然误差。这些不可避免的随机因素使平行测定的分析结果出现微小的差别。随机误差具有不可避免性、大小和正负的不确定性。

虽然单次测量结果的随机误差无规律可循，但当测量次数足够多时，就可以发现随机误差的出现符合统计规律，大误差出现的概率小而小误差出现的概率大，绝对值相同的正误差和负误差出现的概率几乎相等。因而，可以通过增加平行测量的次数来提高多次测定平均值的准确度。

　　系统误差的单向性和可重复性决定其只影响准确度而不影响精密度，而随机误差的双向和不确定性则对准确度和精密度都有影响。但是，系统误差与随机误差有时很难严格区分。如某人判断滴定终点的颜色时总是偏深，这是系统误差；但每次偏深的程度不一定相等，就属于随机误差。

　　(2) 偏差 (deviation)　　是测量值与多次测量平均值之间的差异。由于在一般情况下真实值是未知的，因此处理实际问题时常常在尽量减小系统误差的前提下，把多次平行测量值当作真实值，把偏差当作误差。

　　(3) 方差 (variance)　　是指测量值的离散程度。总体方差 (σ^2) 定义为：测量值对总体平均值的误差平方和的平均值：

$$\sigma^2 = \frac{1}{n} \sum_{i=1}^{n} (x_i - \mu)^2 \ (n \to \infty) \tag{11-16}$$

　　在通常的测量中，只进行有限次的测量，其方差估计值 (s^2) 是指测量值对平均值的偏差平方和的平均值：

$$s^2 = \frac{\sum_{i=1}^{n} (x_i - \overline{x})^2}{n-1} \tag{11-17}$$

　　式中，$n-1=f$，为自由度，是偏差平方和中独立项的数目。

　　(4) 标准偏差 (standard deviation)　　是指方差的平方根的正值，总体标准偏差 σ 为：

$$\sigma = \sqrt{\frac{1}{n} \sum_{i=1}^{n} (x_i - \mu)^2} \qquad (n \to \infty) \tag{11-18}$$

　　少量测量的样本标准偏差 s 为：

$$s = \sqrt{\frac{\sum_{i=1}^{n} (x_i - \overline{x})^2}{n-1}} \tag{11-19}$$

　　(5) 平均值的标准偏差 (standard deviation for mean)　　对于一组等精度的测量，其总体平均值的标准偏差为：

$$\sigma_{\overline{x}} = \frac{\sigma}{\sqrt{n}} \tag{11-20}$$

　　因为从总体中抽取容量为 n 的多个样本进行等精度的测定，就会产生多个平均值，这些平均值 $\overline{x}$ 也会具有分散性。而且，随着每组样本容量 (n) 的增加，平均值的分散性将逐步减小，当 n 趋向非常大时，样本的 $\overline{x}$ 将趋向总体均值 μ。所以，平均值的标准偏差 $s_{\overline{x}}$ 可以表示平均值的分散性。显然，平均值 $\overline{x}$ 的标准偏差 $s_{\overline{x}}$ 与每组样本中 n 个单次测定所得到的样本的标准偏差 s 是不同的。可以证明，n 次测定平均值 $\overline{x}$ 的标准偏差可以用式 (11-21) 计算得到：

$$s_{\overline{x}} = \frac{s}{\sqrt{n}} \tag{11-21}$$

　　不等精度的测量可用加权平均值的标准偏差来表示：

$$s_{\overline{w}} = \sqrt{\frac{\sum_{i=1}^{n} w_i (x_i - x_w)^2}{(n-1) \sum_{i=1}^{n} w_i}} \tag{11-22}$$

六、标准偏差的计算方法

（1）由样本值直接计算（Bessel 法）　若有一组测量值 x_1，x_2，$\cdots$，x_n，各测量值是等精度的且遵从正态分布，则标准偏差为：

$$s = \sqrt{\frac{\sum\limits_{i=1}^{n}(x_i - \overline{x})^2}{n-1}} = \sqrt{\frac{\sum\limits_{i=1}^{n}x_i^2 - \left(\sum\limits_{i=1}^{n}x_2\right)^2/n}{n-1}} \tag{11-23}$$

（2）极差法　当测量值次数 $n < 10$ 时，标准偏差（s）

$$s = \frac{1}{c} \cdot R \tag{11-24}$$

式中，R 为极差，c 是随 n 而变的一个系数，见表 11-1。

当 $n > 10$ 时，可将 n 个数据分成 k 组，一般每组内包含的测量值个数 $n_i < 10$，则

$$s = \frac{1}{k}\sum_{i=1}^{k}s_i = \frac{1}{k}\sum_{i=1}^{k}\frac{R_i}{c_i} \tag{11-25}$$

式中，R_i 是各组内极差，c_i 是与组内数据个数 n_i 有关的系数，当分组是均匀的，即 $n_1 = n_2 = \cdots = n_k$，则 $c_1 = c_2 = \cdots = c_k$，那么上式可简化为

$$s = \frac{1}{c}\frac{\sum\limits_{i=1}^{k}R_i}{k} = \frac{\overline{R}}{c} \tag{11-26}$$

式中，$\overline{R}$ 是平均极差。

表 11-1　由极差 R 估算标准偏差 s 时的校正因子值 c_1 和自由度 f 值

n_i ╲ k		1	2	3	4	5	10	15	20	25	30	$k>5$	$k=\infty$
2	f	1.0	1.9	2.8	3.7	4.6	9.0	13.4	17.8	22.2	26.5	$0.876k+0.25$	1.128
	c_1	1.41	1.28	1.23	1.21	1.19	1.16	1.15	1.14	1.14	1.14	$1.128+0.32/k$	
3	f	2.0	3.8	5.7	7.5	9.3	13.4	27.5	36.6	45.6	54.7	$1.815k+0.25$	1.693
	c_1	1.91	1.81	1.77	1.75	1.74	1.72	1.71	1.70	1.70	1.70	$1.693+0.23/k$	
4	f	2.9	5.7	8.4	11.2	13.9	27.6	41.3	55.0	68.7	82.4	$2.738k+0.25$	2.059
	c_1	2.24	2.15	2.12	2.11	2.10	2.08	2.07	2.06	2.06	2.06	$2.059+0.19/k$	
5	f	3.8	7.5	11.1	14.7	18.4	36.5	54.6	72.7	90.8	108.9	$3.623k+0.25$	2.326
	c_1	2.48	2.40	2.38	2.37	2.36	2.34	2.33	2.33	2.33	2.33	$2.326+0.16/k$	
6	f	4.7	9.2	13.6	18.1	22.6	44.9	67.2	89.6	111.9	134.2	$4.466k+0.25$	2.534
	c_1	2.67	2.60	2.58	2.57	2.56	2.55	2.54	2.54	2.54	2.54	$2.534+0.14/k$	
7	f	5.5	10.8	16.0	21.3	26.6	52.9	79.3	105.6	131.9	158.3	$5.267k+0.25$	2.704
	c_1	2.83	2.77	2.75	2.74	2.73	2.72	2.71	2.71	2.71	2.71	$2.704+0.13/k$	
8	f	6.3	12.3	18.3	24.4	30.4	60.6	90.7	120.9	151.0	181.2	$6.031k+0.25$	2.847
	c_1	2.96	2.91	2.89	2.88	2.87	2.86	2.85	2.85	2.85	2.85	$2.847+0.12/k$	
9	f	7.0	13.8	20.5	27.3	34.0	67.8	101.6	135.3	169.2	203.0	$6.759k+0.25$	2.970
	c_1	3.08	3.02	3.01	3.00	2.99	2.98	2.98	2.98	2.97	2.97	$2.970+0.11/k$	
10	f	7.7	15.1	22.6	30.1	37.5	74.8	112.0	149.3	186.6	223.8	$7.453k+0.25$	3.078
	c_1	3.18	3.13	3.11	3.10	3.10	3.09	3.08	3.08	3.08	3.08	$3.078+0.10/k$	

（3）中位数法　在小样本测量中，当偏差取自中位数，则可按照表 11-2 中的公式计算标准偏差。

表 11-2　用中位数偏差计算标准偏差公式

测定次数 n	计算公式	测定次数 n	计算公式
2	$0.8862\,(x_2-x_1)$	12	$0.1524\,(x_{12}+x_{11}+x_9-x_4-x_2-x_1)$
3	$0.5908\,(x_3-x_1)$	13	$0.1456\,(x_{13}+x_{12}+x_{10}-x_4-x_2-x_1)$
4	$0.4857\,(x_4-x_1)$	14	$0.1399\,(x_{14}+x_{13}+x_{11}-x_4-x_2-x_1)$
5	$0.4299\,(x_5-x_1)$	15	$0.1355\,(x_{15}+x_{14}+x_{12}-x_4-x_2-x_1)$
6	$0.2619\,(x_6+x_5-x_2-x_1)$	16	$0.1311\,(x_{16}+x_{15}+x_{13}-x_4-x_2-x_1)$
7	$0.2370\,(x_7+x_6-x_2-x_1)$	17	$0.1050\,(x_{17}+x_{16}+x_{15}+x_{13}-x_5-x_3-x_2-x_1)$
8	$0.2197\,(x_8+x_7-x_2-x_1)$	18	$0.1020\,(x_{18}+x_{17}+x_{16}+x_{14}-x_5-x_3-x_2-x_1)$
9	$0.2068\,(x_9-x_8-x_2-x_1)$	19	$0.9939\,(x_{19}+x_{18}+x_{17}+x_{15}-x_5-x_3-x_2-x_1)$
10	$0.1968\,(x_{10}+x_9-x_2-x_1)$	20	$0.9706\,(x_{20}+x_{19}+x_{18}+x_{16}-x_5-x_3-x_2-x_1)$
11	$0.1608\,(x_{11}+x_{10}+x_8-x_3-x_2-x_1)$		

（4）最大误差法　若真值已知，在 n 次测量中得到 n 个误差（$\varepsilon_i=x_i-\mu$），其中绝对值最大的误差为 $|\varepsilon_i|_{\max}$，则标准偏差可由式（11-27）估算：

$$s=c_n\,|\varepsilon_i|_{\max}=\frac{|\varepsilon_i|_{\max}}{k_n}\tag{11-27}$$

式中，c_n 是与测定次数 n 有关的系数，$c_n=\dfrac{1}{k_n}$，c_n 值见表 11-3。

表 11-3　最大误差法系数 c_n 与测定次数的关系

n	c_n	n	c_n	n	c_n	n	c_n	n	c_n	n	c_n
1	1.25	6	0.61	11	0.52	16	0.48	21	0.46	26	0.44
2	0.88	7	0.58	12	0.51	17	0.48	22	0.45	27	0.44
3	0.75	8	0.56	13	0.50	18	0.47	23	0.45	28	0.44
4	0.68	9	0.55	14	0.50	19	0.47	24	0.45	29	0.43
5	0.64	10	0.53	15	0.49	20	0.46	25	0.44	30	0.43

（5）最大偏差法　若进行 n 次独立测定，得 x_1，x_2，…，x_n；均值 $\overline{x}$，其偏差为 $d_i=x_i-\overline{x}$，则单次测定的标准偏差为：

$$s=\frac{|d_i|_{\max}}{k_n}\tag{11-28}$$

式中，k_n 为与测定次数有关的系数，其值见表 11-4。

表 11-4　最大偏差法 k_n 系数

n	2	3	4	5	6	7	8	9	10	15	20	25	30
$1/k_n$	1.77	1.02	0.83	0.74	0.68	0.64	0.61	0.59	0.57	0.51	0.48	0.46	0.44

第二节　正态分布

一、正态分布的概率密度函数

随机变量所有可能的取值和每一个可能取值的相应概率的分布称为随机变量的概率分

布，由于测量过程中测量误差是随机变量，遵从一定的概率分布，因而，在对同一试样进行多次平行测量后，所得数据将有一定的分散性。如果测量次数 n 足够多，这些数据一般服从正态分布（normal distribution）规律：

$$f(x) = \frac{1}{\sigma\sqrt{2\pi}}e^{-\frac{1}{2}\left(\frac{x-\mu}{\sigma}\right)^2} \qquad (-\infty < x < \infty) \qquad (11\text{-}29)$$

式中，$f(x)$ 表示测定值 x 值在总体中出现的概率密度；x 表示单次测量值。以 $f(x)$ 为纵坐标、x 为横坐标作图得到正态分布图（见图 11-1）。式（11-29）中的 μ 和 σ 为正态分布 $N = (\mu、\sigma^2)$ 的两个重要参数：μ 为总体平均值，也表示样本值的集中趋势，在不存在系统误差时即为真值。

$$\mu = \int_{-\infty}^{\infty} x f(x) \mathrm{d}x \qquad (11\text{-}30)$$

而方差 σ 是总体偏差，表示测量值的离散程度：

$$\sigma^2 = \int_{-\infty}^{\infty} (x-\mu)^2 f(x) \mathrm{d}x \qquad (11\text{-}31)$$

正态分布具有以下重要性质：

① 在总体均值 μ 附近，测定值 x 所对应的 $f(x)$ 都比较高，当 $x = \mu$ 时，达到最大。这表明，大部分的测量值集中在总体均值附近，即随机误差 $(x-\mu)$ 小的测量值 x 出现的概率高。

② 当 $\sigma = 1$ 时，$f(x) = 0.4$，而当 $\sigma = 0.5$ 时，$f(x) = 0.8$。说明 σ 值越小，数据越集中，正态分布曲线越瘦而且高。

③ x 偏离 μ 越远，$f(x)$ 值就越小，说明出现大误差的概率很小。

④ 正态分布曲线以 $x = \mu$ 的直线呈轴对称分布，说明正、负随机误差出现的概率相等。

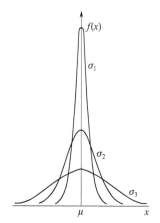

图 11-1 测量数据的正态分布

⑤ μ 的改变将导致曲线的平移，但不改变其形状。因而可利用该特征判断测量中是否存在系统误差。

⑥ σ 的改变将导致曲线形状的变化。据此可判断测量的精密度是否存在显著差异。

二、标准正态分布

引入一个替换变量：$u = \dfrac{x-\mu}{\sigma}$，由于 $x-\mu$ 代表着测定的随机误差，u 的意义是以 σ 作单位的随机误差。以 $f(u)$ 对 u 作图，则各种不同 σ 的正态分布曲线全都归结成一条相同的曲线。由于两个基本参数($\mu=1$，$\sigma=0$)已确定，故其分布也确定，称为标准正态分布 $N(1, 0)$，其曲线见图 11-2，式 (11-29) 也可简化为：

$$f(u) = \frac{1}{\sqrt{2\pi}}e^{-\frac{1}{2}u^2} \qquad (11\text{-}32)$$

在标准正态分布曲线上，曲线与横坐标轴之间在 $-\infty < u < +\infty$ 区间内所包含的面积表示所有 u 值出现的总概率为 1，u 值在 ± 1、± 2、± 3 范围内（即 x

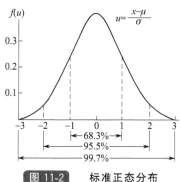

图 11-2 标准正态分布

值落在 $\mu \pm 1\sigma$、$\mu \pm 2\sigma$ 和 $\mu \pm 3\sigma$ 范围内）的概率分别为 68.3%、95.5% 和 99.7%。根据式 (11-32)，可得表 11-5 的正态分布数值。

表 11-5 (1) 标准正态分布的累积分布 $N(0，1)$ 数值

$$N(0，1) = \int_{\infty}^{u} \frac{1}{\sqrt{2\pi}} \exp\left(-\frac{1}{2}u^2\right) \mathrm{d}u$$

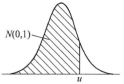

u	.00	.01	.02	.03	.04	.05	.06	.07	.08	.09
.0	.5000	.5040	.5080	.5120	.5160	.5199	.5239	.5279	.5319	.5359
.1	.5398	.5438	.5478	.5517	.5557	.5596	.5636	.5675	.5714	.5753
.2	.5793	.5832	.5871	.5910	.5948	.5987	.6026	.6064	.6103	.6141
.3	.6179	.6217	.6255	.6293	.6331	.6368	.6406	.6443	.6480	.6517
.4	.6554	.6591	.6628	.6664	.6700	.6736	.6772	.6808	.6844	.6879
.5	.6915	.6950	.6985	.7019	.7054	.7088	.7123	.7157	.7190	.7224
.6	.7257	.7291	.7324	.7357	.7389	.7422	.7454	.7486	.7517	.7549
.7	.7580	.7611	.7642	.7673	.7704	.7734	.7764	.7794	.7823	.7852
.8	.7881	.7910	.7939	.7967	.7995	.8023	.8051	.8078	.8106	.8133
.9	.8159	.8186	.8212	.8238	.8264	.8289	.8315	.8340	.8365	.8389
1.0	.8413	.8438	.8461	.8485	.8508	.8531	.8554	.8577	.8599	.8621
1.1	.8643	.8665	.8686	.8708	.8729	.8749	.8770	.8790	.8810	.8830
1.2	.8849	.8869	.8888	.8907	.8925	.8944	.8962	.8980	.8997	.9015
1.3	.9032	.9049	.9066	.9082	.9099	.9115	.9131	.9147	.9162	.9177
1.4	.9192	.9207	.9222	.9236	.9251	.9265	.9279	.9292	.9306	.9319
1.5	.9332	.9345	.9357	.9370	.9382	.9394	.9406	.9418	.9429	.9441
1.6	.9452	.9463	.9474	.9484	.9495	.9505	.9515	.9525	.9535	.9545
1.7	.9554	.9564	.9573	.9582	.9591	.9599	.9608	.9616	.9625	.9633
1.8	.9641	.9649	.9656	.9664	.9671	.9678	.9686	.9693	.9699	.9706
1.9	.9713	.9719	.9726	.9732	.9738	.9744	.9750	.9756	.9761	.9767
2.0	.9772	.9778	.9783	.9788	.9793	.9798	.9803	.9808	.9812	.9817
2.1	.9821	.9826	.9830	.9834	.9838	.9842	.9846	.9850	.9854	.9857
2.2	.9861	.9864	.9868	.9871	.9875	.9878	.9881	.9884	.9887	.9890
2.3	.9893	.9896	.9898	.9901	.9904	.9906	.9909	.9911	.9913	.9916
2.4	.9918	.9920	.9922	.9925	.9927	.9929	.9931	.9932	.9934	.9936
2.5	.9938	.9940	.9941	.9943	.9945	.9946	.9948	.9949	.9951	.9952
2.6	.9953	.9955	.9956	.9957	.9959	.9960	.9961	.9962	.9963	.9964
2.7	.9965	.9966	.9967	.9968	.9969	.9970	.9971	.9972	.9973	.9974
2.8	.9974	.9975	.9976	.9977	.9977	.9978	.9979	.9979	.9980	.9981
2.9	.9981	.9982	.9982	.9983	.9984	.9984	.9985	.9985	.9986	.9986
3.0	.9987	.9987	.9987	.9988	.9988	.9989	.9989	.9989	.9990	.9990
3.1	.9990	.9991	.9991	.9991	.9992	.9992	.9992	.9992	.9993	.9993
3.2	.9993	.9993	.9994	.9994	.9994	.9994	.9994	.9995	.9995	.9995
3.3	.9995	.9995	.9995	.9996	.9996	.9996	.9996	.9996	.9996	.9997
3.4	.9997	.9997	.9997	.9997	.9997	.9997	.9997	.9997	.9997	.9998
u	1.282	1.645	1.960	2.326	2.576	3.090	3.291	3.891	4.417
$N(u)$	.90	.95	.975	.99	.995	.999	.9995	.99995	.999995
$2[1-N(u)]$	.20	.10	.05	.02	.01	.002	.001	.0001	.00001

表 11-5（2） 标准正态分布

$$\alpha = \int_k^\infty \frac{1}{\sqrt{2\pi}} \exp\left(-\frac{u^2}{2}\right) \mathrm{d}u$$

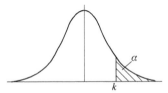

k	.00	.01	.02	.03	.04	.05	.06	.07	.08	.09
0.0	.5000	.4960	.4920	.4880	.4840	.4801	.4761	.4721	.4681	.4641
0.1	.4602	.4562	.4522	.4483	.4443	.4404	.4364	.4325	.4286	.4247
0.2	.4207	.4168	.4129	.4090	.4052	.4013	.3974	.3936	.3897	.3859
0.3	.3821	.3783	.3745	.3707	.3669	.3632	.3694	.3557	.3520	.3483
0.4	.3446	.3409	.3372	.3336	.3300	.3264	.3228	.3192	.3156	.3121
0.5	.3085	.3050	.3015	.2981	.2946	.2912	.2877	.2843	.2810	.2776
0.6	.2743	.2709	.2676	.2643	.2611	.2578	.2546	.2514	.2483	.2451
0.7	.2420	.2389	.2358	.2327	.2296	.2266	.2236	.2206	.2177	.2148
0.8	.2119	.2090	.2061	.2033	.2005	.1977	.1949	.1922	.1894	.1867
0.9	.1841	.1814	.1788	.1762	.1736	.1711	.1685	.1660	.1635	.1611
1.0	.1587	.1562	.1539	.1515	.1429	.1469	.1446	.1423	.1401	.1379
1.1	.1357	.1335	.1314	.1292	.1271	.1251	.1230	.1210	.1190	.1170
1.2	.1151	.1131	.1112	.1093	.1075	.1056	.1038	.1020	.1003	.0985
1.3	.0968	.0951	.0934	.0918	.0901	.0885	.0869	.0863	.0838	.0823
1.4	.0808	.0793	.0778	.0764	.0749	.0735	.0721	.0708	.0694	.0681
1.5	.0668	.0665	.0643	.0630	.0618	.0606	.0594	.0582	.0571	.0559
1.6	.0548	.0537	.0526	.0516	.0505	.0495	.0485	.0475	.0465	.0455
1.7	.0446	.0436	.0427	.0418	.0409	.0491	.0392	.0284	.0375	.0367
1.8	.0359	.0359	.0341	.0336	.0329	.0322	.0314	.0307	.0301	.0291
1.9	.0287	.0281	.0274	.0268	.0262	.0256	.0250	.0244	.0239	.0233
2.0	.0228	.0222	.0217	.0212	.0207	.0202	.0197	.0192	.0188	.0183
2.1	.0179	.0174	.0170	.0166	.0162	.0156	.0154	.0150	.0146	.0443
2.2	.0139	.0136	.0132	.0129	.0125	.0122	.0119	.0116	.0113	.0110
2.3	.0107	.0104	.0102	.00990	.00964	.00939	.00944	.00889	.00866	.00842
2.4	.00820	.00798	.00776	.00755	.00734	.00714	.00695	.00676	.00657	.00639
2.5	.00621	.00604	.00587	.00570	.00554	.00539	.00523	.00508	.00494	.00480
2.6	.00466	.00453	.00440	.00427	.00445	.00402	.00391	.00379	.00368	.00357
2.7	.00347	.00336	.00326	.00317	.00307	.00298	.00289	.00280	.00272	.00264
2.8	.00256	.00248	.00240	.00233	.00226	.00219	.00212	.00205	.00199	.00193
2.9	.00187	.00181	.00175	.00169	.00164	.00159	.00154	.00149	.00144	.00139

三、对数正态分布

在实际分析测试中，所获数据不一定都直接服从正态分布。有些数据经对数变换（以 $\lg x$ 或 $\ln x$ 替代 x）后能服从正态分布，则仍可称 x 服从正态分布，因而其数据仍可按正态分布处理。变换方式可以参见本章之表 11-22。

第三节　t 分布

平行分析测量数据比较多（如 $n>30$）时一般都能服从正态分布，完全可以用大样本的均值 $\overline{x}$ 与方差 σ^2 作为总体平均值 μ 和方差 σ^2 进行处理。但实际测量往往只能进行 3～5 次测定，需用小样本 t 分布统计理论进行处理。统计量 t 定义为：

$$t = \frac{\overline{x} - \mu}{s_{\overline{x}}} = \frac{\overline{x} - \mu}{s_x / \sqrt{n}} \tag{11-33}$$

式中，$\overline{x}$ 是样本平均值；μ 是样本真值（总体均值）；$s_{\overline{x}}$ 是样本平均值的标准偏差；s_x 是单次测定值的标准偏差，则 $s_{\overline{x}} = s_x / \sqrt{n}$。

t 分布的概率密度函数 $f(t)$ 为：

$$f(t) = \frac{1}{\sqrt{\pi f}} \frac{\Gamma\left(\dfrac{f+1}{2}\right)}{\Gamma\dfrac{f}{2}} \left(1 + \frac{t^2}{f}\right)^{-\frac{f+1}{2}} \tag{11-34}$$

式中，f 为自由度（$f = n-1$）；Γ 为伽玛函数❶。t 的概率密度曲线见图11-3。从图中可以看出：

① 函数 $f(t)$ 只取决于 f 和 $t_{\alpha, f}$ 分布临界值，见表11-6。

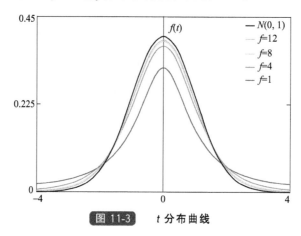

图 11-3　t 分布曲线

② 所有曲线均保持正态分布曲线的形态，当 $f < 10$ 时，t 分布曲线与正态分布差别较大，然后随 f 增大而逐渐趋近于正态分布曲线。当 $f \to \infty$ 时二者严格一致，此时统计量 t 等于统计量 u，即 $t = u$。

表 11-6 (1)　t 分布临界值(单侧)

$p\{t(f) > t_\alpha(f)\} = \alpha$

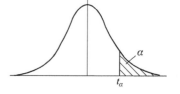

f	$\alpha = 0.25$	0.10	0.05	0.025	0.01	0.005
1	1.0000	3.0777	6.3138	12.7062	31.8207	63.6574
2	0.8165	1.8856	2.9200	4.3027	6.9646	9.9248
3	0.7649	1.6377	2.3534	3.1824	4.5407	5.8409

❶ Γ 函数，也叫做伽玛函数（Gamma 函数），是阶乘函数在实数与复数上的扩展。对于实数部分为正的复数 z，伽玛函数定义为：$\Gamma(z) = \int_0^\infty \frac{t^{z-1}}{e^t} \mathrm{d}t$，此定义可以用解析开拓原理拓展到整个复数域上，非正整数除外。

续表

f	$\alpha=0.25$	0.10	0.05	0.025	0.01	0.005
4	0.7407	1.5332	2.1318	2.7764	3.7469	4.6041
5	0.7267	1.4759	2.0150	2.5706	3.3649	4.0322
6	0.7176	1.4398	1.6432	2.4469	3.1427	3.7074
7	0.7111	1.4149	1.8946	2.3646	2.9980	3.4995
8	0.7064	1.3968	1.8595	2.3060	2.8965	3.3554
9	0.7027	1.3830	1.8331	2.2622	2.8214	3.2498
10	0.6998	1.3722	1.8125	2.2281	2.7638	3.1693
11	0.6974	1.3634	1.7959	2.2010	2.7181	3.1058
12	0.6955	1.3562	1.7823	2.1788	2.6810	3.0545
13	0.6938	1.3502	1.7709	2.1604	2.6503	3.0123
14	0.6924	1.3450	1.7613	2.1448	2.6245	2.9768
15	0.6912	1.3406	1.7531	2.1315	2.6025	2.9467
16	0.6901	1.3368	1.7459	2.1199	2.5835	2.9208
17	0.6892	1.3334	1.7396	2.1098	2.5669	2.8982
18	0.6884	1.3304	1.7341	2.1009	2.5524	2.8784
19	0.6876	1.3277	1.7291	2.0930	2.5395	2.8609
20	0.6870	1.3253	1.7247	2.0860	2.5280	2.8453
21	0.6864	1.3232	1.7207	2.0796	2.5177	2.8314
22	0.6858	1.3212	1.7171	2.0739	2.5083	2.8188
23	0.6853	1.3195	1.7139	2.0637	2.4999	2.8073
24	0.6848	1.3178	1.7109	2.0639	2.4922	2.7969
25	0.6844	1.3163	1.7081	2.0595	2.4851	2.7874
26	0.6840	1.3150	1.7056	2.0555	2.4786	2.7787
27	0.6837	1.3137	1.7033	2.0518	2.4727	2.7707
28	0.6834	1.3125	1.7011	2.0484	2.4671	2.7633
29	0.6830	1.3114	1.6991	2.0452	2.4620	2.7564
30	0.6828	1.3104	1.6973	2.0423	2.4573	2.7500
31	0.6825	1.3095	1.6955	2.0395	2.4528	2.7440
32	0.6822	1.3086	1.6939	2.0369	2.4487	2.7385
33	0.6820	1.3077	1.6924	2.0345	2.4448	2.7333
34	0.6818	1.3070	1.6909	2.0322	2.4411	2.7284
35	0.6816	1.3062	1.6896	2.0301	2.4377	2.7238
36	0.6814	1.3055	1.6833	2.0281	2.4345	2.7195
37	0.6812	1.3049	1.6871	2.0262	2.4314	2.7154
38	0.6810	1.3042	1.6860	2.0244	2.4286	2.7116
39	0.6808	1.3036	1.6849	2.0227	2.4258	2.7079
40	0.6807	1.3031	1.6839	2.0211	2.4233	2.7045
41	0.6805	1.3025	1.6829	2.0195	2.4208	2.7012
42	0.6804	1.3020	1.6820	2.0181	2.4185	2.6981
43	0.6802	1.3016	1.6811	2.0167	2.4163	2.6951

续表

f	$\alpha=0.25$	0.10	0.05	0.025	0.01	0.005
44	0.6801	1.3011	1.6802	2.0154	2.4141	2.6923
45	0.6800	1.3006	1.6794	2.0141	2.4121	2.6896

表 11-6 (2) t 分布临界值(单侧，双侧)

$$p\{\,|\,t\,|>t_\alpha(f)\,\}=\alpha \qquad \alpha_{(双)}=2\alpha_{(单)}$$

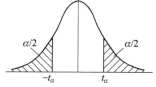

单侧	$\alpha=0.25$	0.20	0.15	0.10	0.05	0.025	0.01	0.005	0.0025	0.001	0.0005
双侧	$\alpha=0.50$	0.40	0.30	0.25	0.10	0.05	0.02	0.01	0.005	0.002	0.001
1	1.000	1.376	1.963	3.078	6.314	12.71	31.82	63.66	127.3	318.3	636.6
2	0.816	1.061	1.386	1.886	2.920	4.303	6.965	9.925	14.09	22.33	31.60
3	0.765	0.978	1.250	1.638	2.353	3.182	4.541	5.841	7.453	10.21	12.92
4	0.741	0.941	1.190	1.533	2.132	2.776	3.747	4.604	5.598	7.173	8.610
5	0.727	0.920	1.156	1.476	2.015	2.571	3.365	4.032	4.773	5.893	6.869
6	0.718	0.906	1.134	1.440	1.943	2.447	3.143	3.707	4.317	5.208	5.959
7	0.711	0.896	1.119	1.415	1.895	2.365	2.998	3.499	4.029	4.785	5.408
8	0.706	0.889	1.108	1.397	1.860	2.306	2.896	3.355	3.833	4.501	5.041
9	0.703	0.883	1.100	1.383	1.833	2.262	2.821	3.250	3.690	4.297	4.781
10	0.700	0.879	1.093	1.372	1.812	2.228	2.764	3.169	3.581	4.144	4.587
11	0.697	0.876	1.088	1.363	1.796	2.201	2.718	3.106	3.497	4.025	4.437
12	0.695	0.873	1.083	1.356	1.782	2.179	2.681	3.055	3.428	3.930	4.318
13	0.694	0.870	1.079	1.350	1.771	2.160	2.650	3.012	3.372	3.852	4.221
14	0.692	0.868	1.076	1.345	1.761	2.145	2.624	2.977	3.326	3.787	4.140
15	0.691	0.866	1.074	1.341	1.753	2.131	2.602	2.947	3.286	3.733	4.073
16	0.690	0.865	1.071	1.337	1.746	2.120	2.583	2.921	3.252	3.686	4.015
17	0.689	0.863	1.069	1.333	1.740	2.110	2.567	2.898	3.222	3.646	3.965
18	0.688	0.862	1.067	1.330	1.734	2.101	2.552	2.878	3.197	3.610	3.922
19	0.688	0.861	1.066	1.328	1.729	2.093	2.539	2.861	3.174	3.579	3.883
20	0.687	0.860	1.064	1.325	1.725	2.086	2.528	2.845	3.153	3.552	3.850
21	0.686	0.859	1.063	1.323	1.721	2.080	2.518	2.831	3.135	3.527	3.819
22	0.686	0.858	1.061	1.321	1.717	2.074	2.508	2.819	3.119	3.505	3.792
23	0.685	0.858	1.060	1.319	1.714	2.069	2.500	2.807	3.104	3.485	3.767
24	0.685	0.857	1.059	1.318	1.711	2.064	2.492	2.797	3.091	3.467	3.745
25	0.684	0.856	1.058	1.316	1.708	2.060	2.485	2.787	3.078	3.450	3.725
26	0.684	0.856	1.058	1.315	1.706	2.056	2.479	2.779	3.067	3.435	3.707
27	0.684	0.855	1.057	1.314	1.703	2.052	2.473	2.771	3.057	3.421	3.690
28	0.683	0.855	1.056	1.313	1.701	2.048	2.467	2.763	3.047	3.408	3.674
29	0.683	0.854	1.055	1.311	1.699	2.045	2.462	2.756	3.038	3.396	3.659
30	0.683	0.854	1.055	1.310	1.697	2.042	2.457	2.750	3.030	3.385	3.646
40	0.681	0.851	1.050	1.303	1.684	2.021	2.423	2.704	2.971	3.307	3.551
50	0.679	0.849	1.047	1.299	1.676	2.009	2.403	2.678	2.937	3.261	3.496

续表

单侧	$\alpha=0.25$	0.20	0.15	0.10	0.05	0.025	0.01	0.005	0.0025	0.001	0.0005
双侧	$\alpha=0.50$	0.40	0.30	0.25	0.10	0.05	0.02	0.01	0.005	0.002	0.001
60	0.679	0.848	1.045	1.296	1.671	2.000	2.390	2.660	2.915	3.232	3.460
80	0.678	0.846	1.043	1.292	1.664	1.990	2.374	2.639	2.887	3.195	3.416
100	0.677	0.845	1.042	1.290	1.660	1.984	2.364	2.626	2.871	3.174	3.390
120	0.677	0.845	1.041	1.289	1.658	1.980	2.358	2.617	2.860	3.160	3.373
∞	0.674	0.842	1.036	1.282	1.645	1.960	2.326	2.576	2.807	3.090	3.291

第四节 平均值的置信区间

根据式（11-33）可得 $\overline{x}-t_{\alpha,f}s_{\overline{x}} \leqslant \mu \leqslant \overline{x}+t_{\alpha,f}s_{\overline{x}}$，$\overline{Fx}$，或整理成：

$$\mu = \overline{x} \pm ts_{\overline{x}} = \overline{x} \pm t\frac{s}{\sqrt{n}} \tag{11-35}$$

式（11-35）表示了一个以平均值 $\overline{x}$ 为中心的区间，该区间包含总体平均值 μ 的概率有 $(1-\alpha) \times 100\%$，该范围称为置信区间（confidence interval）。t 值取决于约定显著性水准 α 和样本容量 n。$t_{\alpha,f}$ 值可由表 11-6 查得，试验精密度越高（s 值越小），误差限越小，作为用样本平均值估算的总体平均值越准确。

第五节 χ^2 分布

一、χ^2 分布概率密度函数

若 x 是遵从正态分布 $N(\mu,\sigma^2)$ 的随机变量，从总体中随机抽取容量为 n 的样本，样本方差为 s^2，则统计量：

$$\chi^2_{n-1} = \sum_{i=1}^{n}\left(\frac{x_i - \overline{x}}{\sigma}\right)^2 = \frac{(n-1)s^2}{\sigma^2} \tag{11-36}$$

它遵从 $f=n-1$ 的 χ^2 分布，其概率密度函数为

$$f(\chi^2) = \frac{1}{2^{\frac{f}{2}} \cdot \Gamma\left(\frac{f}{2}\right)} \cdot (\chi^2)^{\left(\frac{f-2}{2}\right)} \cdot \exp\left(-\frac{\chi^2}{2}\right) \quad (0 \leqslant \chi^2 < \infty) \tag{11-37}$$

其曲线如图 11-4 所示。

χ^2 分布曲线是不对称的，随着样本容量增大，曲线不对称性逐渐减小。χ^2 分布见表 11-7。

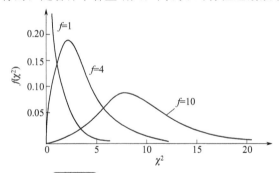

图 11-4 χ^2 分布概率密度曲线

二、估计总体方差 σ^2 的置信区间

利用式（11-36）可估计总体方差 σ^2 的置信区间

$$\frac{(n-1)s^2}{\chi^2_{(1-\alpha/2,\ f)}} \leqslant \sigma^2 \leqslant \frac{(n-1)s^2}{\chi^2_{(\alpha/2,\ f)}} \tag{11-38}$$

式中，α 是给定的显著性水平，在给定的 α 和 f 值下 χ^2 值可由表 11-7 查得。

表 11-7 χ^2 分布

$$P\{\chi^2(f) > \chi^2_\alpha(f)\} = \alpha$$

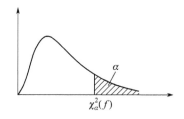

f \ α	0.995	0.99	0.975	0.95	0.90	0.75	0.50	0.25	0.10	0.05	0.025	0.01	0.005	0.001
1	—	—	0.001	0.004	0.016	0.102	0.455	1.323	2.706	3.841	5.024	6.635	7.879	10.828
2	0.010	0.020	0.051	0.103	0.211	0.575	1.386	2.773	4.605	5.991	7.378	9.210	10.597	13.816
3	0.072	0.115	0.216	0.352	0.584	1.213	2.366	4.108	6.251	7.815	9.348	11.345	12.838	16.266
4	0.207	0.297	0.484	0.711	1.064	1.923	3.357	5.385	7.779	9.488	11.143	13.277	14.860	18.467
5	0.412	0.554	0.831	1.145	1.610	2.675	4.351	6.626	9.236	11.071	12.833	15.086	16.750	20.515
6	0.676	0.872	1.237	1.635	2.204	3.455	5.348	7.841	10.645	12.592	14.449	16.812	18.548	22.458
7	0.989	1.239	1.690	2.167	2.833	4.255	6.345	9.037	12.017	14.067	16.013	18.475	20.278	24.322
8	1.344	1.646	2.180	2.733	3.490	5.071	7.344	10.219	13.362	15.507	17.535	20.090	21.955	26.125
9	1.735	2.088	2.700	3.325	4.168	5.899	8.434	11.389	14.684	16.919	19.023	21.666	23.589	27.877
10	2.156	2.558	3.247	3.940	4.865	6.737	9.342	12.549	15.987	18.307	20.483	23.209	25.188	29.588
11	2.603	3.053	3.816	4.575	5.578	7.584	10.341	13.701	17.275	19.675	21.920	24.725	26.757	31.264
12	3.074	3.571	4.404	5.226	6.304	8.438	11.340	14.845	18.549	21.026	23.337	26.217	28.299	32.969
13	3.565	4.107	5.009	5.892	7.042	9.299	12.340	15.984	19.812	22.362	24.736	27.688	29.819	34.528
14	4.075	4.660	5.629	6.571	7.790	10.165	13.389	17.117	21.064	23.685	26.119	29.141	31.319	36.123
15	4.601	5.229	6.262	7.261	8.547	11.037	14.339	18.245	22.307	24.996	27.488	30.578	32.801	37.697
16	5.142	5.812	6.908	7.962	9.312	11.912	15.338	19.369	23.542	26.296	28.845	32.000	34.267	39.252
17	5.697	6.408	7.564	8.672	10.085	12.792	16.338	20.489	24.769	27.587	30.191	33.409	35.718	40.790
18	6.265	7.015	8.231	9.390	10.865	13.675	17.338	21.605	25.989	28.869	31.526	34.805	37.156	42.312
19	6.844	7.633	8.907	10.117	11.651	14.562	18.338	22.718	27.204	30.144	32.852	36.191	38.582	43.820
20	7.434	8.260	9.591	10.851	12.443	15.452	19.337	23.828	28.412	31.410	34.170	37.566	39.997	45.315
21	8.034	8.897	10.283	11.591	13.240	16.344	20.337	24.935	29.615	32.671	35.479	38.932	41.401	46.797
22	8.643	9.542	10.982	12.338	14.042	17.240	21.337	26.039	30.813	33.924	36.781	40.289	42.796	48.268
23	9.260	10.196	11.689	13.091	14.848	18.137	22.337	27.141	32.007	35.172	38.076	41.638	44.181	49.725
24	9.886	10.856	12.401	13.848	15.659	19.037	23.337	28.241	33.196	36.415	39.364	42.980	45.559	51.179
25	10.520	11.524	13.120	14.611	16.473	19.939	24.337	29.339	34.382	37.652	40.646	44.314	46.928	52.618
26	11.160	12.198	13.844	15.379	17.292	20.843	25.336	30.435	35.563	38.885	41.923	45.642	48.290	54.052
27	11.808	12.879	14.573	16.151	18.114	21.749	26.336	31.528	36.741	40.113	43.194	46.963	49.645	55.476
28	12.461	13.565	15.308	16.928	18.939	22.657	27.336	32.620	37.916	41.337	44.461	48.278	50.993	56.893

f α	0.995	0.99	0.975	0.95	0.90	0.75	0.50	0.25	0.10	0.05	0.025	0.01	0.005	0.001
29	13.121	14.257	16.047	17.708	19.768	23.567	28.336	33.711	39.087	42.557	45.722	49.588	52.336	58.301
30	13.787	14.954	16.791	18.493	20.599	24.478	29.336	34.800	40.256	43.773	46.979	50.892	53.672	59.703
31	14.458	15.655	17.539	19.281	21.434	25.390	30.336	35.887	41.422	44.985	48.232	52.191	55.003	61.098
32	15.134	16.362	18.291	20.072	22.271	26.304	31.336	36.973	42.585	46.194	49.480	53.486	56.328	62.487
33	15.815	17.074	19.047	20.867	23.110	27.219	32.336	38.058	43.745	47.400	50.725	54.776	57.648	63.870
34	16.501	17.789	19.806	21.664	23.952	28.136	33.336	39.141	44.903	48.602	51.906	56.061	58.964	65.247
35	17.192	18.509	20.569	22.465	24.797	29.054	34.336	40.223	46.059	49.802	53.203	57.342	60.275	66.619
36	17.887	19.233	21.336	23.269	25.643	29.973	35.336	41.304	47.212	50.998	54.437	58.619	61.581	67.985
37	18.586	19.960	22.106	24.075	26.492	30.893	36.336	42.383	48.363	52.192	55.668	59.892	62.883	69.347
38	19.289	20.691	22.878	24.884	27.343	31.815	37.336	43.462	49.513	53.384	56.896	61.162	64.181	70.703
39	19.996	21.426	23.654	25.695	28.196	32.737	38.335	44.539	50.660	54.572	58.120	62.428	65.476	72.055
40	20.707	22.164	24.433	26.509	29.051	33.660	39.335	45.616	51.805	55.758	59.342	63.691	66.766	73.403
41	21.421	22.906	25.215	27.326	29.907	34.585	40.335	46.692	52.949	56.942	60.561	64.950	68.053	74.745
42	22.138	23.650	25.999	28.144	30.765	35.510	41.335	47.766	54.090	58.124	61.777	66.206	69.336	76.084
43	22.859	24.398	26.785	28.965	31.625	36.436	42.335	48.840	55.230	59.304	62.990	67.459	70.616	77.419
44	23.584	25.148	27.575	29.787	32.487	37.363	43.335	49.913	56.369	60.481	64.201	68.710	71.893	78.750
45	24.311	25.901	28.366	30.612	33.350	38.291	44.335	50.985	57.505	61.656	65.410	69.957	73.166	80.077
46	25.041	26.657	29.160	31.439	34.215	39.220								
47	25.775	27.416	29.956	32.268	35.081	40.149								
48	26.511	28.177	30.755	33.098	35.949	41.079								
49	27.249	28.941	31.555	33.930	36.818	42.010								
50	27.991	29.707	32.357	34.764	37.689	42.942								

第六节　F 分布

若 x_1，x_2，…，x_n 为总体 $N(\mu_1, \sigma_1^2)$ 的一个随机样本；x_1'，x_2'，…，x_n' 为另一个总体 $N(\mu_2, \sigma_2^2)$ 的随机样本，并且相互独立，它们的方差分别为 s_1^2 和 s_2^2，则统计量：

$$F = \frac{s_1^2}{s_2^2} \qquad (11\text{-}39)$$

F 分布的概率密度函数为

$$f(F) = \frac{\Gamma\left(\dfrac{f_1 + f_2}{2}\right)}{\Gamma\left(\dfrac{f_1}{2}\right)\Gamma\left(\dfrac{f_2}{2}\right)} f_1^{\frac{f_1}{2}} f_2^{\frac{f_2}{2}} \frac{F^{\frac{(f_1-2)}{2}}}{(f_2 + f_1 F)^{\frac{(f_1+f_2)}{2}}}$$

$$(11\text{-}40)$$

F 分布是以两个自由度（n_1-1 和 n_2-1）为参数的连续但不对称的概率分布，不同的值决定了 F 分布的曲线的形状（见图 11-5）。为保证式（11-39）的计算值与表 11-8 相匹配，要求将两个标准偏差中较大的定为 s_1，作分子。这样 n_1-1 通常称为分子自由度，n_2-1 称为分母自由度。

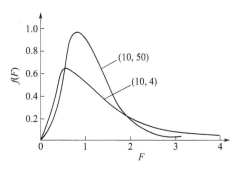

图 11-5　F 分布曲线

虽然 F 分布曲线是不对称的，但随着 f_1、f_2 增加不对称性减少。

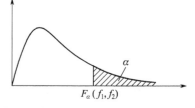

$F_\alpha(f_1, f_2)$

表 11-8 (1) F 分布表 （α＝0.005）

n_2 \ n_1	1	2	3	4	5	6	7	8	9	10	12	15	20	24	30	40	60	120	∞
1	16211	20000	21615	22500	23056	23437	23715	23925	24091	24224	24426	24630	24836	24940	25044	25148	25253	25359	25465
2	198.5	199.0	199.2	199.2	199.3	199.3	199.4	199.4	199.4	199.4	199.4	199.4	199.4	199.5	199.5	199.5	199.5	199.5	199.5
3	55.55	49.80	47.47	46.19	45.39	44.84	44.43	44.13	43.88	43.69	43.39	43.08	42.78	42.62	42.47	42.31	42.15	41.99	41.83
4	31.33	26.28	24.26	23.15	22.46	21.97	21.62	21.35	21.14	20.97	20.70	20.44	20.17	20.03	19.89	19.75	19.61	19.47	19.32
5	22.78	18.31	16.53	15.56	14.94	14.51	14.20	13.96	13.77	13.62	13.38	13.15	12.90	12.78	12.66	12.53	12.40	12.27	12.14
6	18.63	14.54	12.92	12.03	11.46	11.07	10.79	10.57	10.39	10.25	10.03	9.81	9.59	9.47	9.36	9.24	9.12	9.00	8.88
7	16.24	12.40	10.88	10.05	9.52	9.16	8.89	8.68	8.51	8.38	8.18	7.97	7.75	7.65	7.53	7.42	7.31	7.19	7.08
8	14.69	11.04	9.60	8.81	8.30	7.95	7.69	7.50	7.34	7.21	7.01	6.81	6.61	6.50	6.40	6.29	6.18	6.06	5.95
9	13.61	10.11	8.72	7.96	7.47	7.13	6.88	6.69	6.54	6.42	6.23	6.03	5.83	5.73	5.62	5.52	5.41	5.30	5.19
10	12.83	9.43	8.08	7.34	6.87	6.54	6.30	6.12	5.97	5.85	5.66	5.47	5.27	5.17	5.07	4.97	4.86	4.75	4.64
11	12.23	8.91	7.60	6.88	6.42	6.10	5.86	5.68	5.54	5.42	5.24	5.05	4.86	4.76	4.65	4.55	4.44	4.34	4.23
12	11.75	8.51	7.23	6.52	6.07	5.76	5.52	5.35	5.20	5.09	4.91	4.72	4.53	4.43	4.33	4.23	4.12	4.01	3.90
13	11.37	8.19	6.93	6.23	5.79	5.48	5.25	5.08	4.94	4.82	4.64	4.46	4.27	4.17	4.07	3.97	3.87	3.76	3.65
14	11.06	7.92	6.68	6.00	5.56	5.26	5.03	4.86	4.72	4.60	4.43	4.25	4.06	3.96	3.86	3.76	3.66	3.55	3.44
15	10.80	7.70	6.48	5.80	5.37	5.07	4.85	4.67	4.54	4.42	4.25	4.07	3.88	3.79	3.69	3.58	3.48	3.37	3.26
16	10.58	7.51	6.30	5.64	5.21	4.91	4.69	4.52	4.38	4.27	4.10	3.92	3.73	3.64	3.54	3.44	3.33	3.22	3.11
17	10.38	7.35	6.16	5.50	5.07	4.78	4.56	4.39	4.25	4.14	3.97	3.79	3.61	3.51	3.41	3.31	3.21	3.10	2.98
18	10.22	7.21	6.03	5.37	4.96	4.66	4.44	4.28	4.14	4.03	3.86	3.68	3.50	3.40	3.30	3.20	3.10	2.99	2.87
19	10.07	7.09	5.92	5.27	4.85	4.56	4.34	4.18	4.04	3.93	3.76	3.59	3.40	3.31	3.21	3.11	3.00	2.89	2.78
20	9.94	6.99	5.82	5.17	4.76	4.47	4.26	4.09	3.96	3.85	3.68	3.50	3.32	3.22	3.12	3.02	2.92	2.81	2.69
21	9.83	6.89	5.73	5.09	4.68	4.39	4.18	4.01	3.88	3.77	3.60	3.43	3.24	3.15	3.05	2.95	2.84	2.73	2.61
22	9.73	6.81	5.65	5.02	4.61	4.32	4.11	3.94	3.81	3.70	3.54	3.36	3.18	3.08	2.98	2.88	2.77	2.66	2.55
23	9.63	6.73	5.58	4.95	4.54	4.26	4.05	3.88	3.75	3.64	3.47	3.30	3.12	3.02	2.92	2.82	2.71	2.60	2.48
24	9.55	6.66	5.52	4.89	4.49	4.20	3.99	3.83	3.69	3.59	3.42	3.25	3.06	2.97	2.87	2.77	2.66	2.55	2.43
25	9.48	6.60	5.46	4.84	4.43	4.15	3.94	3.78	3.64	3.54	3.37	3.20	3.01	2.92	2.82	2.72	2.61	2.50	2.38
26	9.41	6.54	5.41	4.79	4.38	4.10	3.89	3.73	3.60	3.49	3.33	3.15	2.97	2.87	2.77	2.67	2.56	2.45	2.33
27	9.34	6.49	5.36	4.74	4.34	4.06	3.85	3.69	3.56	3.45	3.28	3.11	2.93	2.83	2.73	2.63	2.52	2.41	2.29
28	9.28	6.44	5.32	4.70	4.30	4.02	3.81	3.65	3.52	3.41	3.25	3.07	2.89	2.79	2.69	2.59	2.48	2.37	2.25
29	9.23	6.40	5.28	4.66	4.26	3.98	3.77	3.61	3.48	3.38	3.21	3.04	2.86	2.76	2.66	2.56	2.45	2.33	2.21
30	9.18	6.35	5.24	4.62	4.23	3.95	3.74	3.58	3.45	3.34	3.18	3.01	2.82	2.73	2.63	2.52	2.42	2.30	2.18
40	8.83	6.07	4.98	4.37	3.99	3.71	3.51	3.35	3.22	3.12	2.95	2.78	2.60	2.50	2.40	2.30	2.18	2.06	1.93
60	8.49	5.79	4.73	4.14	3.76	3.49	3.29	3.13	3.01	2.90	2.74	2.57	2.39	2.29	2.19	2.08	1.96	1.83	1.69

续表

n_2＼n_1	1	2	3	4	5	6	7	8	9	10	12	15	20	24	30	40	60	120	∞
120	8.18	5.54	4.50	3.92	3.55	3.28	3.09	2.93	2.81	2.71	2.54	2.37	2.19	2.09	1.98	1.87	1.75	1.61	1.43
∞	7.88	5.30	4.28	3.72	3.35	3.09	2.90	2.74	2.62	2.52	2.36	2.19	2.00	1.90	1.79	1.67	1.53	1.36	1.00

表 11-8（2） F 分布表（$\alpha = 0.01$）

f_2＼f_1	1	2	3	4	5	6	7	8	9	10	12	15	20	60	∞
1	4052	4999.5	5403	5625	5764	5859	5928	5982	6022	6056	6106	6157	6209	6313	6366
2	98.50	99.00	99.17	99.25	99.30	99.33	99.36	99.37	99.39	99.40	99.42	99.43	99.45	99.48	99.50
3	34.12	30.82	29.46	28.71	28.24	27.91	27.67	27.49	27.35	27.23	27.05	26.87	26.69	26.32	26.13
4	21.20	18.00	16.69	15.98	15.52	15.21	14.98	14.80	14.66	14.55	14.37	14.20	14.02	13.65	13.46
5	16.26	13.27	12.06	11.39	10.97	10.67	10.46	10.29	10.16	10.05	9.89	9.72	9.55	9.20	9.02
6	13.75	10.92	9.78	9.15	8.75	8.47	8.26	8.10	7.98	7.87	7.72	7.56	7.40	7.06	6.88
7	12.25	9.55	8.45	7.85	7.46	7.19	6.99	6.84	6.72	6.62	6.47	6.31	6.16	5.82	5.65
8	11.26	8.65	7.59	7.01	6.63	6.37	6.18	6.03	5.91	5.81	5.67	5.52	5.36	5.03	4.86
9	10.56	8.02	6.99	6.42	6.06	5.80	5.61	5.47	5.35	5.26	5.11	4.96	4.81	4.48	4.31
10	10.04	7.56	6.55	5.99	5.64	5.39	5.20	5.06	4.94	4.85	4.71	4.56	4.41	4.03	3.91
11	9.65	7.21	6.22	5.67	5.32	5.07	4.89	4.74	4.63	4.54	4.40	4.25	4.10	3.78	3.60
12	9.33	6.93	5.95	5.41	5.06	4.82	4.64	4.50	4.39	4.30	4.16	4.01	3.86	3.54	3.36
13	9.07	6.70	5.74	5.21	4.86	4.62	4.44	4.30	4.19	4.10	3.96	3.82	3.66	3.34	3.17
14	8.86	6.51	5.56	5.04	4.69	4.46	4.28	4.14	4.03	3.94	3.80	3.66	3.51	3.19	3.00
15	8.68	6.36	5.42	4.89	4.56	4.32	4.14	4.00	3.89	3.80	3.67	3.52	3.37	3.05	2.87
16	8.53	6.23	5.29	4.77	4.44	4.20	4.03	3.89	3.78	3.69	3.55	3.41	3.26	2.93	2.75
17	8.40	6.11	5.18	4.67	4.34	4.10	3.93	3.79	3.68	3.59	3.46	3.31	3.10	2.83	2.65
18	8.29	6.01	5.09	4.58	4.25	4.01	3.84	3.71	3.60	3.51	3.37	3.23	3.08	2.75	2.57
19	8.18	5.93	5.01	4.50	4.17	3.94	3.77	3.63	3.52	3.43	3.30	3.15	3.00	2.67	2.49
20	8.10	5.85	4.94	4.43	4.10	3.87	3.70	3.56	3.46	3.37	3.23	3.09	2.94	2.61	2.42
21	8.02	5.78	4.87	4.37	4.04	3.81	3.64	3.51	3.40	3.31	3.17	3.03	2.88	2.55	2.36
22	7.95	5.72	4.82	4.31	3.99	3.76	3.59	3.45	3.35	3.26	3.12	2.98	2.83	2.50	2.31
23	7.88	5.66	4.76	4.26	3.94	3.71	3.54	3.41	3.30	3.21	3.07	2.93	2.78	2.45	2.26
24	7.82	5.61	4.72	4.22	3.90	3.67	3.50	3.36	3.26	3.17	3.03	2.89	2.74	2.40	2.21
25	7.77	5.57	4.68	4.18	3.85	3.63	3.46	3.32	3.22	3.13	2.99	2.85	2.70	2.36	2.17
30	7.56	5.39	4.51	4.02	3.70	3.47	3.30	3.17	3.07	2.98	2.84	2.70	2.55	2.21	2.01
40	7.31	5.18	4.31	3.83	3.51	3.29	3.12	2.99	2.89	2.80	2.66	2.52	2.37	2.02	1.80
60	7.08	4.98	4.13	3.65	3.34	3.12	2.95	2.82	2.72	2.63	2.50	2.35	2.20	1.84	1.60
120	6.85	4.79	3.95	3.48	3.17	2.96	2.79	2.66	2.56	2.47	2.34	2.19	2.03	1.66	1.38
∞	6.63	4.61	3.78	3.32	3.02	2.80	2.64	2.51	2.41	2.32	2.18	2.04	1.88	1.47	1.00

表 11-8（3） F 分布表（$\alpha = 0.025$）

f_2＼f_1	1	2	3	4	5	6	7	8	9	10	12	15	20	24	30	40	60	∞
1	647.8	799.5	864.2	899.6	921.8	937.1	948.2	956.7	963.3	968.6	976.7	984.9	993.1	997.2	1001	1006	1010	1018

第五篇

续表

f_2 \ f_1	1	2	3	4	5	6	7	8	9	10	12	15	20	24	30	40	60	∞
2	38.51	39.00	39.17	39.25	39.30	39.33	39.36	39.37	39.39	39.40	39.41	39.43	39.45	39.46	39.46	39.47	39.48	39.50
3	17.44	16.04	15.44	15.10	14.88	14.73	14.62	14.54	14.47	14.42	14.34	14.25	14.17	14.12	14.08	14.04	13.99	13.90
4	12.22	10.65	9.98	9.60	9.36	9.20	9.07	8.98	8.90	8.84	8.75	8.66	8.56	8.51	8.46	8.41	8.36	8.26
5	10.01	8.43	7.76	7.39	7.15	6.89	6.85	6.76	6.68	6.62	6.52	6.43	6.33	6.28	6.23	6.18	6.12	6.02
6	8.81	7.26	6.60	6.23	5.99	5.82	5.70	5.60	5.52	5.46	5.37	5.27	5.17	5.12	5.07	5.01	4.96	4.85
7	8.07	6.54	5.89	5.52	5.29	5.12	4.99	4.90	4.82	4.76	4.67	4.57	4.47	4.42	4.36	4.31	4.25	4.14
8	7.57	6.06	5.42	5.05	4.82	4.65	4.53	4.43	4.36	4.30	4.20	4.10	4.00	3.95	3.89	3.84	3.78	3.67
9	7.21	5.71	5.08	4.72	4.48	4.32	4.20	4.10	4.03	3.96	3.87	3.77	3.67	3.61	3.56	3.51	3.45	3.33
10	6.94	5.46	4.83	4.47	4.24	4.07	3.95	3.85	3.78	3.72	3.62	3.52	3.42	3.37	3.31	3.26	3.20	3.08
11	6.72	5.26	4.63	4.28	4.04	3.88	3.76	3.66	3.59	3.53	3.43	3.33	3.23	3.17	3.12	3.06	3.00	2.88
12	6.55	5.10	4.47	4.12	3.89	3.73	3.61	3.51	3.44	3.37	3.28	3.18	3.07	3.02	2.96	2.91	2.85	2.72
13	6.41	4.97	4.35	4.00	3.77	3.60	3.48	3.39	3.31	3.25	3.15	3.05	2.95	2.89	2.84	2.78	2.72	2.60
14	6.30	4.86	4.24	3.89	3.66	3.50	3.38	3.29	3.21	3.15	3.05	2.95	2.84	2.79	2.73	2.67	2.61	2.49
15	6.20	4.77	4.15	3.80	3.58	3.41	3.29	3.20	3.12	3.06	2.96	2.86	2.76	2.70	2.64	2.59	2.52	2.40
16	6.12	4.69	4.08	3.73	3.50	3.34	3.22	3.12	3.05	2.99	2.89	2.79	2.68	2.63	2.57	2.51	2.45	2.32
17	6.04	4.62	4.01	3.66	3.44	3.28	3.16	3.06	2.98	2.92	2.82	2.72	2.62	2.56	2.50	2.44	2.38	2.25
18	5.98	4.56	3.95	3.61	3.38	3.22	3.10	3.01	2.93	2.87	2.77	2.67	2.56	2.50	2.44	2.38	2.32	2.19
19	5.92	4.51	3.90	3.56	3.33	3.17	3.05	2.96	2.88	2.82	2.72	2.62	2.51	2.45	2.39	2.33	2.27	2.13
20	5.87	4.46	3.86	3.51	3.29	3.13	3.01	2.91	2.84	2.77	2.68	2.57	2.46	2.41	2.35	2.29	2.22	2.09
21	5.83	4.42	3.82	3.48	3.25	3.09	2.97	2.87	2.80	2.73	2.64	2.53	2.42	2.37	2.31	2.25	2.18	2.04
22	5.79	4.38	3.78	3.44	3.22	3.05	2.93	2.84	2.76	2.70	2.60	2.50	2.39	2.33	2.27	2.21	2.14	2.00
23	5.75	4.35	3.75	3.41	3.18	3.02	2.90	2.81	2.73	2.67	2.57	2.47	2.36	2.30	2.24	2.18	2.11	1.97
24	5.72	4.32	3.72	3.38	3.15	2.99	2.87	2.78	2.70	2.64	2.54	2.44	2.33	2.27	2.21	2.15	2.08	1.94
25	5.69	4.29	3.69	3.35	3.13	2.97	2.85	2.75	2.68	2.61	2.51	2.41	2.30	2.24	2.18	2.12	2.05	1.91
26	5.66	4.27	3.67	3.33	3.10	2.94	2.82	2.73	2.65	2.59	2.49	2.39	2.28	2.22	2.16	2.09	2.03	1.88
27	5.63	4.24	3.65	3.31	3.08	2.92	2.80	2.71	2.63	2.57	2.47	2.36	2.25	2.19	2.13	2.07	2.00	1.85
28	5.61	4.22	3.63	3.29	3.06	2.90	2.78	2.69	2.61	2.55	2.45	2.34	2.23	2.17	2.11	2.05	1.98	1.83
29	5.59	4.20	3.61	3.27	3.04	2.88	2.76	2.67	2.59	2.53	2.43	2.32	2.21	2.15	2.09	2.03	1.96	1.81
30	5.57	4.18	3.59	3.25	3.03	2.87	2.75	2.65	2.57	2.51	2.41	2.31	2.20	2.14	2.07	2.01	1.94	1.79
40	5.42	4.05	3.46	3.13	2.90	2.74	2.62	2.53	2.45	2.39	2.29	2.18	2.07	2.01	1.94	1.88	1.80	1.64
60	5.29	3.93	3.34	3.01	2.79	2.63	2.51	2.41	2.33	2.27	2.17	2.06	1.94	1.88	1.82	1.74	1.67	1.48
∞	5.02	3.69	3.12	2.79	2.57	2.41	2.29	2.19	2.11	2.05	1.94	1.83	1.71	1.64	1.57	1.48	1.39	1.00

表 11-8（4） F 分布表（$\alpha = 0.05$）

f_2 \ f_1	1	2	3	4	5	6	7	8	9	10	12	15	20	24	30	40	60	∞
1	161.4	199.5	215.7	224.6	230.2	234.0	236.8	238.9	240.5	241.9	243.9	245.9	248.0	249.1	250.1	251.1	252.2	254.3
2	18.51	19.00	19.16	19.25	19.30	19.33	19.35	19.37	19.38	19.40	19.41	19.43	19.45	19.45	19.46	19.47	19.48	19.50
3	10.13	9.55	9.28	9.12	9.01	8.94	8.89	8.85	8.81	8.79	8.74	8.70	8.66	8.64	8.62	8.59	8.57	8.53
4	7.71	6.94	6.59	6.39	6.26	6.16	6.09	6.04	6.00	5.96	5.91	5.86	5.80	5.77	5.75	5.72	5.69	5.63

续表

f_2 \ f_1	1	2	3	4	5	6	7	8	9	10	12	15	20	24	30	40	60	∞
5	8.61	5.79	5.41	5.19	5.05	4.95	4.88	4.82	4.77	4.74	4.68	4.62	4.56	4.53	4.50	4.46	4.43	4.36
6	5.99	5.14	4.76	4.53	4.39	4.28	4.21	4.15	4.10	4.06	4.00	3.94	3.87	3.84	3.81	3.77	3.74	3.67
7	5.59	4.74	4.35	4.12	3.97	3.87	3.79	3.73	3.68	3.64	3.57	3.51	3.44	3.41	3.38	3.34	3.30	3.23
8	5.32	4.40	4.07	3.84	3.69	3.58	3.50	3.44	3.39	3.35	3.28	3.22	3.15	3.12	3.08	3.04	3.01	2.93
9	5.12	4.26	3.80	3.63	3.48	3.37	3.29	3.23	3.18	3.14	3.07	3.01	2.94	2.90	2.86	2.83	2.79	2.71
10	4.96	4.10	3.71	3.48	3.33	3.22	3.14	3.07	3.02	2.98	2.91	2.85	2.77	2.74	2.70	2.66	2.62	2.54
11	4.84	3.98	3.59	3.36	3.20	3.09	3.01	2.95	2.90	2.85	2.79	2.72	2.65	2.61	2.57	2.53	2.49	2.40
12	4.75	3.89	3.49	3.26	3.11	3.00	2.91	2.85	2.80	2.75	2.69	2.62	2.54	2.51	2.47	2.43	2.38	2.30
13	4.67	3.81	3.41	3.18	3.03	2.92	2.83	2.77	2.71	2.67	2.60	2.53	2.46	2.42	2.38	2.34	2.30	2.21
14	4.60	3.74	3.34	3.11	2.96	2.85	2.76	2.70	2.65	2.60	2.53	2.46	2.39	2.35	2.31	2.27	2.22	2.13
15	4.54	3.68	3.29	3.06	2.90	2.79	2.71	2.64	2.59	2.54	2.48	2.40	2.33	2.29	2.25	2.20	2.16	2.07
16	4.49	3.63	3.24	3.01	2.85	2.74	2.66	2.59	2.54	2.49	2.42	2.35	2.28	2.24	2.19	2.15	2.11	2.01
17	4.45	3.59	3.20	2.96	2.81	2.70	2.61	2.55	2.49	2.45	2.38	2.31	2.23	2.19	2.15	2.10	2.06	1.96
18	4.41	3.55	3.16	2.93	2.77	2.66	2.58	2.51	2.46	2.41	2.34	2.27	2.19	2.15	2.11	2.06	2.02	1.92
19	4.38	3.52	3.13	2.90	2.74	2.63	2.54	2.48	2.42	2.38	2.31	2.23	2.16	2.11	2.07	2.03	1.98	1.88
20	4.35	3.49	3.10	2.87	2.71	2.60	2.51	2.45	2.39	2.35	2.28	2.20	2.12	2.08	2.04	1.99	1.95	1.84
21	4.32	3.47	3.07	2.84	2.68	2.57	2.49	2.42	2.37	2.32	2.25	2.18	2.10	2.05	2.01	1.96	1.92	1.81
22	4.30	3.44	3.05	2.82	2.66	2.55	2.46	2.40	2.34	2.30	2.23	2.15	2.07	2.03	1.98	1.94	1.89	1.78
23	4.28	3.42	3.03	2.80	2.64	2.53	2.44	2.37	2.32	2.27	2.20	2.13	2.05	2.01	1.96	1.91	1.86	1.76
24	4.26	3.40	3.01	2.78	2.62	2.51	2.42	2.36	2.30	2.25	2.18	2.11	2.03	1.98	1.94	1.89	1.84	1.73
25	4.24	3.39	2.99	2.76	2.60	2.49	2.40	2.34	2.28	2.24	2.16	2.09	2.01	1.96	1.92	1.87	1.82	1.71
26	4.23	3.37	2.98	2.74	2.59	2.47	2.39	2.32	2.27	2.22	2.15	2.07	1.99	1.95	1.90	1.85	1.80	1.69
27	4.21	3.35	2.96	2.73	2.57	2.46	2.37	2.31	2.25	2.20	2.13	2.06	1.97	1.93	1.88	1.84	1.79	1.67
28	4.20	3.34	2.95	2.71	2.56	2.45	2.36	2.29	2.24	2.19	2.12	2.04	1.96	1.91	1.87	1.82	1.77	1.65
29	4.18	3.33	2.93	2.70	2.55	2.43	2.35	2.28	2.22	2.18	2.10	2.03	1.94	1.90	1.85	1.81	1.75	1.64
30	4.17	3.32	2.92	2.69	2.53	2.42	2.33	2.27	2.21	2.16	2.09	2.01	1.93	1.89	1.84	1.79	1.74	1.62
40	4.08	3.23	2.84	2.61	2.45	2.34	2.25	2.18	2.12	2.08	2.00	1.92	1.84	1.79	1.74	1.69	1.64	1.51
60	4.00	3.15	2.76	2.53	2.37	2.25	2.17	2.10	2.04	1.99	1.92	1.84	1.75	1.70	1.65	1.59	1.53	1.39
∞	3.84	3.00	2.60	2.37	2.21	2.10	2.01	1.94	1.88	1.83	1.75	1.67	1.57	1.52	1.46	1.39	1.32	1.00

表 11-8 (5) F 分布表 ($\alpha=0.10$)

f_2 \ f_1	1	2	3	4	5	6	7	8	9	10	12	15	20	24	30	40	60	∞
1	39.86	49.50	53.59	55.83	57.24	58.20	58.91	59.44	59.86	60.19	60.71	61.22	61.74	62.00	62.26	62.58	62.79	63.33
2	8.53	9.00	9.16	9.24	9.29	9.33	9.35	9.37	9.38	9.39	9.41	9.42	9.44	9.45	9.46	9.47	9.47	9.49
3	5.54	5.46	5.39	5.34	5.31	5.28	5.27	5.25	5.24	5.23	5.22	5.20	5.18	5.18	5.17	5.16	5.15	5.13
4	4.54	4.32	4.19	4.11	4.05	4.01	3.98	3.95	3.94	3.92	3.90	3.87	3.84	3.83	3.82	3.80	3.79	3.76
5	4.06	3.78	3.62	3.52	3.45	3.40	3.37	3.34	3.32	3.30	3.27	3.24	3.21	3.19	3.17	3.16	3.14	3.10
6	3.78	3.46	3.29	3.18	3.11	3.05	3.01	2.98	2.96	2.94	2.90	2.87	2.84	2.82	2.80	2.78	2.76	2.72
7	3.59	3.26	3.07	2.96	2.88	2.83	2.78	2.75	2.72	2.70	2.67	2.63	2.59	2.58	2.56	2.54	2.51	2.47

续表

$f_2 \backslash f_1$	1	2	3	4	5	6	7	8	9	10	12	15	20	24	30	40	60	∞
8	3.46	3.11	2.92	2.81	2.73	2.67	2.62	2.59	2.56	2.54	2.50	2.46	2.42	2.40	2.38	2.36	2.34	2.29
9	3.36	3.01	2.81	2.69	2.61	2.55	2.51	2.47	2.44	2.42	2.38	2.34	2.30	2.28	2.25	2.23	2.21	2.16
10	3.29	2.92	2.73	2.61	2.52	2.46	2.41	2.38	2.35	2.32	2.28	2.24	2.20	2.18	2.16	2.13	2.11	2.06
11	3.23	2.86	2.66	2.54	2.45	2.39	2.34	2.30	2.27	2.25	2.21	2.17	2.12	2.10	2.08	2.05	2.03	1.97
12	3.18	2.81	2.61	2.48	2.39	2.33	2.23	2.24	2.21	2.19	2.15	2.10	2.06	2.04	2.01	1.99	1.96	1.90
13	3.14	2.76	2.56	2.43	2.35	2.28	2.23	2.20	2.16	2.14	2.10	2.05	2.01	1.98	1.96	1.93	1.90	1.85
14	3.10	2.73	2.52	2.39	2.31	2.24	2.19	2.15	2.12	2.10	2.05	2.01	1.96	1.94	1.91	1.89	1.86	1.80
15	3.07	2.70	2.49	2.36	2.27	2.21	2.16	2.12	2.09	2.06	2.02	1.97	1.92	1.90	1.87	1.85	1.82	1.76
16	3.05	2.67	2.46	2.33	2.24	2.18	2.13	2.09	2.06	2.03	1.99	1.94	1.89	1.87	1.84	1.81	1.78	1.72
17	3.03	2.64	2.44	2.31	2.22	2.15	2.10	3.06	2.03	2.00	1.96	1.91	1.86	1.84	1.81	1.78	1.75	1.69
18	3.01	2.62	2.42	2.29	2.20	2.13	2.08	2.04	2.00	1.98	1.93	1.89	1.84	1.31	1.78	1.75	1.72	1.66
19	2.99	2.61	2.40	2.27	2.13	2.11	2.06	2.02	1.98	1.96	1.91	1.86	1.81	1.79	1.76	1.73	1.70	1.63
20	2.97	2.59	2.36	2.25	2.16	2.09	2.04	2.00	1.96	1.94	1.89	1.84	1.79	1.77	1.74	1.71	1.68	1.61
21	2.96	2.57	2.36	2.23	2.14	2.08	2.02	1.98	1.95	1.92	1.87	1.83	1.78	1.75	1.72	1.69	1.66	1.59
22	2.95	2.56	2.35	2.22	2.13	2.06	2.01	1.97	1.93	1.90	1.86	1.81	1.76	1.73	1.70	1.67	1.64	1.57
23	2.94	2.55	2.34	2.21	2.11	2.05	1.99	1.95	1.92	1.89	1.84	1.80	1.74	1.72	1.69	1.66	1.62	1.55
24	2.93	2.54	2.33	2.19	2.10	2.04	1.98	1.94	1.91	1.88	1.83	1.78	1.73	1.70	1.67	1.64	1.61	1.53
25	2.92	2.53	2.32	2.18	2.09	2.02	1.97	1.93	1.89	1.87	1.82	1.77	1.72	1.69	1.66	1.63	1.59	1.52
26	2.91	2.52	2.31	2.17	2.08	2.01	1.96	1.92	1.88	1.86	1.81	1.76	1.71	1.68	1.65	1.61	1.58	1.50
27	2.90	2.51	2.30	2.17	2.07	2.00	1.95	1.91	1.87	1.85	1.80	1.75	1.70	1.67	1.64	1.60	1.57	1.49
28	2.89	2.50	2.29	2.16	2.06	2.00	1.94	1.90	1.87	1.84	1.79	1.74	1.69	1.66	1.63	1.59	1.56	1.48
29	2.89	2.50	2.28	2.15	2.06	1.99	1.93	1.89	1.86	1.83	1.78	1.73	1.68	1.65	1.62	1.58	1.55	1.47
30	2.88	2.49	2.28	2.14	2.05	1.98	1.93	1.88	1.85	1.82	1.77	1.72	1.67	1.64	1.61	1.57	1.54	1.46
40	2.84	2.44	2.23	2.09	2.00	1.93	1.87	1.83	1.79	1.76	1.71	1.66	1.61	1.57	1.54	1.51	1.47	1.38
60	2.79	2.39	2.18	2.04	1.95	1.87	1.82	1.77	1.74	1.71	1.66	1.60	1.54	1.51	1.48	1.44	1.40	1.29
∞	2.71	2.30	2.08	1.94	1.85	1.77	1.72	1.67	1.63	1.60	1.55	1.49	1.42	1.38	1.34	1.30	1.24	1.00

表 11-8 (6)　F 分布表 （α=0.25）

$f_2 \backslash f_1$	1	2	3	4	5	6	7	8	9	10	12	15	20	60	∞
1	5.83	7.50	8.20	8.58	8.82	8.98	9.10	9.19	9.26	9.32	9.41	9.49	9.58	9.76	9.85
2	2.57	3.00	3.15	3.23	3.28	3.31	3.34	3.35	3.37	3.38	3.39	3.41	3.43	3.46	3.48
3	2.02	2.28	2.36	2.39	2.41	2.42	2.43	2.44	2.44	2.44	2.45	2.46	2.46	2.47	2.47
4	1.81	2.00	2.05	2.06	2.07	2.08	2.08	2.08	2.08	2.08	2.08	2.08	2.08	2.08	2.08
5	1.69	1.85	1.88	1.89	1.89	1.89	1.89	1.89	1.89	1.89	1.89	1.89	1.88	1.87	1.87
6	1.62	1.76	1.78	1.79	1.79	1.78	1.78	1.78	1.77	1.77	1.77	1.76	1.76	1.74	1.74
7	1.57	1.70	1.72	1.72	1.71	1.71	1.70	1.70	1.69	1.69	1.68	1.68	1.67	1.65	1.65
8	1.54	1.66	1.67	1.66	1.66	1.65	1.64	1.64	1.64	1.63	1.62	1.62	1.61	1.59	1.58
9	1.51	1.62	1.63	1.63	1.62	1.61	1.60	1.60	1.59	1.59	1.58	1.57	1.56	1.54	1.53
10	1.49	1.60	1.60	1.59	1.59	1.58	1.57	1.56	1.56	1.55	1.54	1.53	1.52	1.50	1.48
11	1.47	1.58	1.58	1.57	1.56	1.55	1.54	1.53	1.53	1.52	1.51	1.50	1.49	1.47	1.45

续表

f_2 \ f_1	1	2	3	4	5	6	7	8	9	10	12	15	20	60	∞
12	1.46	1.56	1.56	1.55	1.54	1.53	1.52	1.51	1.51	1.50	1.49	1.48	1.47	1.44	1.42
13	1.45	1.55	1.55	1.53	1.52	1.51	1.50	1.49	1.49	1.48	1.47	1.46	1.45	1.42	1.40
14	1.44	1.53	1.53	1.52	1.51	1.50	1.49	1.48	1.47	1.46	1.45	1.44	1.43	1.40	1.38
15	1.43	1.52	1.52	1.51	1.49	1.48	1.47	1.46	1.46	1.45	1.44	1.43	1.41	1.38	1.36
16	1.42	1.51	1.51	1.50	1.48	1.47	1.46	1.45	1.44	1.44	1.43	1.41	1.40	1.36	1.34
17	1.42	1.51	1.50	1.49	1.47	1.46	1.45	1.44	1.43	1.43	1.41	1.40	1.39	1.35	1.33
18	1.41	1.50	1.49	1.48	1.46	1.45	1.44	1.43	1.42	1.42	1.40	1.39	1.38	1.34	1.32
19	1.41	1.49	1.49	1.47	1.46	1.44	1.43	1.42	1.41	1.41	1.40	1.38	1.37	1.33	1.30
20	1.40	1.49	1.48	1.47	1.45	1.44	1.43	1.42	1.41	1.40	1.39	1.37	1.36	1.32	1.29
21	1.40	1.48	1.48	1.46	1.44	1.43	1.42	1.41	1.40	1.39	1.38	1.37	1.35	1.31	1.28
22	1.40	1.48	1.47	1.45	1.44	1.42	1.41	1.40	1.39	1.39	1.37	1.36	1.34	1.30	1.28
23	1.39	1.47	1.47	1.45	1.43	1.42	1.41	1.40	1.39	1.38	1.37	1.35	1.34	1.30	1.27
24	1.39	1.47	1.46	1.44	1.43	1.41	1.40	1.39	1.38	1.38	1.36	1.35	1.33	1.29	1.26
25	1.39	1.47	1.46	1.44	1.42	1.41	1.40	1.39	1.38	1.37	1.36	1.34	1.33	1.28	1.25
30	1.38	1.45	1.44	1.42	1.41	1.39	1.38	1.37	1.36	1.35	1.34	1.32	1.30	1.26	1.23
40	1.36	1.44	1.42	1.40	1.39	1.37	1.36	1.35	1.34	1.33	1.31	1.30	1.28	1.22	1.19
60	1.35	1.42	1.41	1.38	1.37	1.35	1.33	1.32	1.31	1.30	1.29	1.27	1.25	1.19	1.15
120	1.34	1.40	1.39	1.37	1.35	1.33	1.31	1.30	1.29	1.28	1.26	1.24	1.22	1.16	1.10
∞	1.32	1.39	1.37	1.35	1.33	1.31	1.29	1.28	1.27	1.25	1.24	1.22	1.19	1.12	1.00

第七节　方差分析

方差分析是数理统计的基本方法之一，根据方差的加和性原理，将实验结果的方差分解为各因素的方差及相应误差的方差，然后用 F 检验法对各相关因素的效应做出科学的评估。在具体的分析过程中，将拟考察的指标作为试验指标，而影响试验结果的条件称为因素（本手册探讨的均为可控因素），若在试验中只有一个因素在改变称为单因素试验，如果多于一个因素在改变则称为多因素试验。因素所处的状态称为水平。在一定的试验条件下的测量值与其平均值之差的平方和称为变差平方和。

一、单因素方差分析

若因素 A 有 p 个水平，每个水平进行了 n 次试验，试验的安排见表 11-9。

表 11-9　单因素多水平试验安排及其结果

试验次数	因　素　水　平					
	A_1	A_2	……	A_i	……	A_p
1	x_{11}	x_{21}	……	x_{i1}	……	x_{p1}
2	x_{12}	x_{22}	……	x_{i2}	……	x_{p2}
⋮	⋮	⋮		⋮		⋮
j	x_{1j}	x_{2j}	……	x_{ij}	……	x_{pj}
⋮	⋮	⋮		⋮		⋮
n	x_{1n}	x_{2n}	……	x_{in}	……	x_{pn}

第五篇

根据表 11-9 进行的样本值的总变差平方和 Q_T、因素 A 的各水平变化引起的变差平方和 Q_A 和试验误差引起的变差平方和 Q_e 的计算公式分别为：

$$Q_T = \sum_{i=1}^{p} \sum_{j=1}^{n} (x_{ij} - \overline{x})^2 = \sum_{i=1}^{p} \sum_{j=1}^{n} x_{ij}^2 - \frac{1}{N} \left(\sum_{i=1}^{p} \sum_{j=1}^{n} x_{ij} \right)^2 \tag{11-41}$$

$$Q_A = \sum_{i=1}^{p} n (\overline{x}_i - \overline{x})^2 = \frac{1}{n} \sum_{i=1}^{p} \left(\sum_{j=1}^{n} x_{ij} \right)^2 - \frac{1}{N} \left(\sum_{i=1}^{p} \sum_{j=1}^{n} x_{ij} \right)^2 \tag{11-42}$$

$$Q_e = \sum_{i=1}^{p} \sum_{j=1}^{n} (x_{ij} - \overline{x}_i)^2 = \sum_{i=1}^{p} \sum_{j=1}^{n} x_{ij}^2 - \frac{1}{n} \sum_{i=1}^{p} \left(\sum_{j=1}^{n} x_{ij} \right)^2 \tag{11-43}$$

式中各参数的计算方法为：

$$\overline{x} = \frac{1}{N} \sum_{i=1}^{p} \sum_{j=1}^{n} x_{ij}; \quad \overline{x}_i = \frac{1}{n} \sum_{j=1}^{n} x_{ij}; \quad N = p \times n \tag{11-44}$$

相应参数的自由度分别为：

$$f_T = N - 1, \quad f_A = p - 1, \quad f_e = p(n-1) \tag{11-45}$$

因而，它们的方差估算值可通过公式计算：

$$s_T^2 = \frac{Q_T}{f_T}, \quad s_A^2 = \frac{Q_A}{f_A}, \quad s_e^2 = \frac{Q_e}{f_e} \tag{11-46}$$

对于单因素方差分析，其方差检验是用统计量 $F = s_A^2 / s_e^2$ 进行的。在给定的显著性水平 α 和 f_A、f_e 条件下，若计算 F 值大于 $F_{(\alpha, f_A, f_e)}$ 临界值（见表 11-8）表示因素水平变化的影响显著，必须严格控制。反之，则因素水平的变化对试验结果的影响不显著。相关结果的分析处理见表 11-10。

表 11-10 单因素方差分析

方差来源	变差平方和	自由度	方差估计值	预期方差	F 值
因素 A 的变化	Q_A	$f_A = p - 1$	$s_A^2 = Q_A / f_A$	$n\sigma_A^2 + \sigma_e^2$	s_A^2 / s_e^2
试验误差	Q_e	$f_e = p\ (n-1)$	$s_e^2 = Q_e / f_e$	σ_e^2	
总和	Q_T	$f_T = N - 1$			

如果 p 个水平的重复试验次数不相等，即 $n_1 \neq n_2 \neq \cdots \neq n_p$，则在计算 Q_A 和 Q_e 时需按试验时的 n_i 计算：

$$Q_A = \sum_{i=1}^{p} n_i (\overline{x}_i - \overline{x})^2 = \sum_{i=1}^{p} \frac{1}{n_i} \left(\sum_{j=1}^{n_i} x_{ij} \right)^2 - \frac{1}{N} \left(\sum_{i=1}^{p} \sum_{j=1}^{n_i} x_{ij} \right)^2$$

$$Q_e = \sum_{i=1}^{p} \sum_{j=1}^{n_i} (x_{ij} - \overline{x}_i)^2 = \sum_{i=1}^{p} \sum_{j=1}^{n_i} x_{ij}^2 - \sum_{i=1}^{p} \frac{1}{n_i} \left(\sum_{j=1}^{n_i} x_{ij} \right)^2$$

式中，$N = \sum_{i=1}^{p} n_i (i = 1, 2, \cdots, p; \ j = 1, 2, \cdots, n_i)$，$\overline{x}_i = \frac{1}{n_i} \sum_{j=1}^{n_i} x_{ij}$，而其预期方差为

$$\left[\frac{\left(\sum_{i=1}^{p} n_i \right)^2 - \sum_{i=1}^{p} n_i^2}{(p-1) \cdot \sum_{i=1}^{p} n_i} \right] \sigma_A^2 + \sigma_e^2 \tag{11-47}$$

二、双因素方差分析

（一）无交互效应时的双因素方差分析

若试验指标受 A、B 两个因素的影响（两因素相互独立），A 因素有 l 个水平，B 因素有 m 个水平，则全面试验的安排见表 11-11。

表 11-11　双因素多水平试验安排

因素 A ＼ 因素 B	B_1	B_2	$\cdots$	B_j	$\cdots$	B_m
A_1	x_{11}	x_{12}	$\cdots$	x_{1j}	$\cdots$	x_{1m}
A_2	x_{21}	x_{22}	$\cdots$	x_{2j}	$\cdots$	x_{2m}
$\vdots$	$\vdots$	$\vdots$		$\vdots$		$\vdots$
A_i	x_{i1}	x_{i2}	$\cdots$	x_{ij}	$\cdots$	x_{im}
$\vdots$	$\vdots$	$\vdots$		$\vdots$		$\vdots$
A_l	x_{l1}	x_{l2}	$\cdots$	x_{lj}	$\cdots$	x_{lm}

双因素方差分析类似于单因素方差分析，也是利用变差平方和的加和性原理，将总变差平方和 Q_T 分解为因素 A、因素 B 和试验误差相应的变差平方和 Q_A、Q_B 和 Q_e：

$$Q_T = Q_A + Q_B + Q_e$$

相应的各 Q_i 值可通过下列公式计算得到：

$$Q_T = \sum_{i=1}^{l}\sum_{j=1}^{m}(x_{ij}-\overline{x})^2 = \sum_{i=1}^{l}\sum_{j=1}^{m}x_{ij}^2 - \frac{1}{N}\Big(\sum_{i=1}^{l}\sum_{j=1}^{m}x_{ij}\Big)^2 \tag{11-48}$$

$$Q_A = m\sum_{i=1}^{l}(\overline{x}_{Ai}-\overline{x})^2 = \frac{1}{m}\sum_{i=1}^{l}\Big(\sum_{j=1}^{m}x_{ij}\Big)^2 - \frac{1}{N}\Big(\sum_{i=1}^{l}\sum_{j=1}^{m}x_{ij}\Big)^2 \tag{11-49}$$

$$Q_B = l\sum_{j=1}^{m}(\overline{x}_{Bj}-\overline{x})^2 = \frac{1}{l}\sum_{j=1}^{m}\Big(\sum_{i=1}^{l}x_{ij}\Big)^2 - \frac{1}{N}\Big(\sum_{i=1}^{l}\sum_{j=1}^{m}x_{ij}\Big)^2 \tag{11-50}$$

$$Q_e = \sum_{i=1}^{l}\sum_{j=1}^{m}(x_{ij}-\overline{x}_{Ai}-\overline{x}_{Bj}+\overline{x})^2$$

$$= \sum_{i=1}^{l}\sum_{j=1}^{m}x_{ij}^2 - \frac{1}{m}\sum_{i=1}^{l}\Big(\sum_{j=1}^{m}x_{ij}\Big)^2 - \frac{1}{l}\sum_{j=1}^{m}\Big(\sum_{i=1}^{l}x_{ij}\Big)^2 + \frac{1}{N}\Big(\sum_{i=1}^{l}\sum_{j=1}^{m}x_{ij}\Big)^2 \tag{11-51}$$

$$Q_T = Q_A - Q_B$$

式中，$N = ml$，$\overline{x} = \frac{1}{N}\sum_{i=1}^{l}\sum_{j=1}^{m}x_{i,j}$，$\overline{x}_{Ai} = \frac{1}{m}\sum_{j=1}^{m}x_{i,j}$，$\overline{x}_{Bj} = \frac{1}{l}\sum_{i=1}^{l}x_{i,j}$。各变差平方和相应的自由度为：$f_T = N-1$，$f_A = l-1$，$f_B = m-1$，$f_e = (l-1)(m-1)$，可以分别计算出相应的方差：

$$s_A^2 = \frac{Q_A}{f_A}, \quad s_B^2 = \frac{Q_B}{f_B}, \quad s_e^2 = \frac{Q_e}{f_e}$$

然后可进行 F 检验，其统计量为：

$$F_{(A)} = \frac{s_A^2}{s_e^2}, \quad F_{(B)} = \frac{s_B^2}{s_e^2}$$

在给定的显著性水平 α 和 f_A、f_B、f_e 下，比较计算值与相应条件下的临界值，从而做出准确的判断。相应的分析结果见表 11-12。

表 11-12 双因素多水平无交互效应的方差分析

平方和来源	平方和	自由度	方　差	F 值	F 临界值
因素 A	Q_A	$l-1$	$s_A^2=Q_A/f_A$	$F_A=s_A^2/s_e^2$	$F_{(a,fA,fe)}$
因素 B	Q_B	$m-1$	$s_B^2=Q_B/f_B$	$F_B=s_B^2/s_e^2$	$F_{(a,fB,fe)}$
试验误差	Q_e	$(l-1)(m-1)$	$s_e^2=Q_e/f_e$		
总和	Q_T	$N-1$			

（二）有交互效应时的双因素方差分析

当 A 因素和 B 因素相互间有影响时，双因素多水平的试验安排见表 11-13。

表 11-13 双因素交叉分组试验安排

因素A ＼ 因素B	B_1	B_2	...	B_m
A_1	x_{111}，x_{112}，...，x_{11n}	x_{121}，x_{122}，...，x_{12n}	...	x_{1m1}，x_{1m2}，...，x_{1mn}
A_2	x_{211}，x_{212}，...，x_{21n}	x_{221}，x_{222}，...，x_{22n}	...	x_{2m1}，x_{2m2}，...，x_{2mn}
⋮	⋮　⋮　⋮	⋮　⋮　⋮	...	⋮　⋮　⋮
A_l	x_{l11}，x_{l12}，...，x_{l1n}	x_{l21}，x_{l22}，...，x_{l2n}	...	x_{lm1}，x_{lm2}，...，x_{lmn}

由于 A、B 两因素间有交互作用（记作 $A\times B$），需设计所有试验重复 n 次，其试验结果的方差分析为：$N=l\times m\times n$，$\overline{x}=\dfrac{1}{N}\sum\limits_{i=1}^{l}\sum\limits_{j=1}^{m}\sum\limits_{k=1}^{n}x_{ijk}$ （$i=1,2,\cdots,l$；$j=1,2,\cdots,m$；$k=1,2,\cdots,n$）

相应地，各变差平方和的计算公式分别为：

$$Q_T=\sum_{i=1}^{l}\sum_{j=1}^{m}\sum_{k=1}^{n}(x_{ijk}-\overline{x})^2=\sum_{i=1}^{l}\sum_{j=1}^{m}\sum_{k=1}^{n}x_{ijk}^2-\frac{T^2}{N} \tag{11-52}$$

式中，$T=\sum\limits_{i=1}^{l}\sum\limits_{j=1}^{m}\sum\limits_{k=1}^{n}x_{ijk}$。

$$Q_A=m\cdot n\sum_{i=1}^{l}(\overline{x}_i-\overline{x})^2=\frac{1}{m\cdot n}\sum_{i=1}^{l}T_i^2-\frac{T^2}{N} \tag{11-53}$$

式中，$\overline{x}_i=\dfrac{1}{m}\sum\limits_{j=1}^{m}x_{ij}$；$T_i=\sum\limits_{j=1}^{m}\sum\limits_{k=1}^{n}x_{ijk}$。

$$Q_B=l\cdot n\sum_{j=1}^{m}(\overline{x}_j-\overline{x})^2=\frac{1}{l\cdot n}\sum_{j=1}^{m}T_j^2-\frac{T^2}{N} \tag{11-54}$$

式中，$\overline{x}_j=\dfrac{1}{l}\sum\limits_{i=1}^{l}x_{ij}$；$T_j=\sum\limits_{i=1}^{l}\sum\limits_{k=1}^{n}x_{ijk}$。

$$Q_{A\times B}=n\sum_{i=1}^{l}\sum_{j=1}^{m}(\overline{x}_{ij}-\overline{x})^2-m\cdot n\sum_{i=1}^{l}(\overline{x}_i-\overline{x})^2-l\cdot n\sum_{j=1}^{m}(\overline{x}_j-\overline{x})^2$$

$$= \frac{1}{n} \sum_{i=1}^{l} \sum_{j=1}^{m} T_{ij}^2 - \frac{1}{m \cdot n} \sum_{i=1}^{i} T_i^2 - \frac{1}{l \cdot n} \sum_{j=1}^{m} T_i^2 + \frac{T^2}{N} \quad (11-55)$$

式中，$\overline{x}_{ij} = \frac{1}{n} \sum_{k=1}^{n} x_{ijk}$；　　$T_{ij} = \sum_{k=1}^{n} x_{ijk}$。

$$Q_e = \sum_{i=1}^{l} \sum_{j=1}^{m} \sum_{k=1}^{n} (x_{ijk} - \overline{x}_{ij})^2 = \sum_{i=1}^{l} \sum_{j=1}^{m} \sum_{k=1}^{n} x_{ijk}^2 - \frac{1}{n} \sum_{i=1}^{l} \sum_{j=1}^{m} T_{ij}^2 \quad (11-56)$$

如果不进行重复测量（即 $n=1$），则可得 $Q_e=0$，说明因素交互效应和试验误差效应合并而不能分离出来。当 $n \geqslant 2$，因素间的交互效应能从实验误差中分离出来，可得到：

$$Q_T = Q_A + Q_B + Q_{A \times B} + Q_e \quad (11-57)$$

相应的自由度分别为 $f_T = N-1$，$f_A = l-1$；$f_B = m-1$，$f_{A \times B} = (l-1) \cdot (m-1)$，$f_e = l \cdot m \cdot (n-1)$。

相应的各分析数据见表 11-14。

表 11-14　双因素交叉分组试验方差分析（等重复试验）

变差平方和来源	变差平方和	自由度	方差估计值	固定模型		随机模型		混合模型	
				预期方差	F 值	预期方差	F 值	预期方差	F 值
A	Q_A	$f_A = l-1$	$s_A^2 = \dfrac{Q_A}{f_A}$	$m \cdot n\sigma_A^2 + \sigma_e^2$	$\dfrac{s_A^2}{s_e^2}$	$m \cdot n\sigma_A^2 + n\sigma_{AB}^2 + \sigma_e^2$	$\dfrac{s_A^2}{s_{AB}^2}$	$m \cdot n\sigma_A^2 + \sigma_e^2$	$\dfrac{s_A^2}{s_e^2}$
B	Q_B	$f_B = m-1$	$s_B^2 = \dfrac{Q_B}{f_B}$	$l \cdot n\sigma_B^2 + \sigma_e^2$	$\dfrac{s_B^2}{s_e^2}$	$l \cdot n\sigma_B^2 + n\sigma_{AB}^2 + \sigma_e^2$	$\dfrac{s_B^2}{s_{AB}^2}$	$l \cdot n\sigma_B^2 + n\sigma_{AB}^2 + \sigma_e^2$	$\dfrac{s_B^2}{s_{AB}^2}$
$A \times B$	$Q_{A \times B}$	$f_{AB} = (l-1) \cdot (m-1)$	$s_{AB}^2 = \dfrac{Q_{AB}}{f_{AB}}$	$n\sigma_{AB}^2 + \sigma_e^2$	$\dfrac{s_{AB}^2}{s_e^2}$	$n\sigma_{AB}^2 + \sigma_e^2$	$\dfrac{s_{AB}^2}{s_e^2}$	$n\sigma_{AB}^2 + \sigma_e^2$	$\dfrac{s_{AB}^2}{s_e^2}$
试验误差	Q_e	$f_e = l \cdot m \cdot (n-1)$	$s_e^2 = \dfrac{Q_e}{f_e}$	σ_e^2		σ_e^2		σ_e^2	
总和	Q_T	$f_T = N-1$							

由于各因素的性质不同且可能存在交互作用，不同因素的 F 检验有以下形式。

（1）固定型　因素 A 和 B 都为固定因素，则 $F_A = s_A^2/s_e^2$；$F_B = s_B^2/s_e^2$；$F_{AB} = s_{AB}^2/s_e^2$。

（2）随机型　因素 A 和 B 都为随机因素，则 $F_A = s_A^2/s_{AB}^2$；$F_B = s_B^2/s_{AB}^2$；$F_{AB} = s_{AB}^2/s_e^2$。

（3）混合型　因素 A 为随机因素而 B 为固定因素，则 $F_A = s_A^2/s_e^2$；$F_B = s_B^2/s_{AB}^2$；$F_{AB} = s_{AB}^2/s_e^2$。

（三）双因素系统分组方差分析

与上述之交叉分组（A、B 两因素处于平等地位）不同，系统分组先按一级因素 A 的 l 各水平分为 l 个组，然后再按二级因素 B 的 m 个水平分为 m 个组❶。二级因素的作用随着

---

❶　如果还有更多因素，则依次再分组。

一级因素的水平而变化。两因素等重复测量次数的系统分组试验的安排见表 11-15。

表 11-15 双因素系统分组全面试验安排

一级 因素 A	二级 因素 B	重复测定次数	$\sum\limits_{k=1}^{n} x_{ijk}$	$\sum\limits_{j=1}^{m}\sum\limits_{k=1}^{n} x_{ijk}$	$\sum\limits_{i=1}^{l}\sum\limits_{j=1}^{m}\sum\limits_{k=1}^{n} x_{ijk}$
	1，1	x_{111}，x_{112}，$\cdots$，x_{11k}，$\cdots$，x_{11n}	T_{11}		
	1，2	x_{121}，x_{122}，$\cdots$，x_{12k}，$\cdots$，x_{12n}	T_{12}		
	$\vdots$				
A_1	1，j	x_{1j1}，x_{1j2}，$\cdots$，x_{1jk}，$\cdots$，x_{1jn}	T_{1j}	T_1	
	$\vdots$	$\vdots$ $\vdots$ $\vdots$ $\vdots$	$\vdots$		
	1，m	x_{1m1}，$\cdots$，x_{1mk}，$\cdots$，x_{1mn}	T_{1m}		
$\vdots$	$\vdots$	$\vdots$ $\vdots$ $\vdots$	$\vdots$	$\vdots$	T
	l，1	x_{l11}，$\cdots$，x_{l1k}，$\cdots$，x_{l1n}	T_{l1}		
	l，2	x_{l21}，$\cdots$，x_{l2k}，$\cdots$，x_{l2n}	T_{l2}		
A_l	$\vdots$	$\vdots$ $\vdots$ $\vdots$	$\vdots$	T_l	
	l，j	x_{lj1}，$\cdots$，x_{ljk}，$\cdots$，x_{ljn}	T_{lj}		
	$\vdots$	$\vdots$ $\vdots$ $\vdots$	$\vdots$		
	l，m	x_{lm1}，$\cdots$，x_{lmk}，$\cdots$，x_{lmn}	T_{lm}		

在两因素系统分组全面试验中，各项变差平方和的计算方法与交叉分组实验不同，分别为：

总因素：
$$Q_T = \sum_{i=1}^{l}\sum_{j=1}^{m}\sum_{k=1}^{n}(x_{ijk}-\overline{x})^2 = \sum_{i=1}^{l}\sum_{j=1}^{m}\sum_{k=1}^{n}x_{ijk}^2 - \frac{T^2}{N} \tag{11-58}$$

式中，$N = l \cdot m \cdot n$；$\overline{x} = \dfrac{1}{N}\sum\limits_{i=1}^{l}\sum\limits_{j=1}^{m}\sum\limits_{k=1}^{n} x_{ijk}$ $\begin{bmatrix} i=1,\ 2,\ \cdots,\ l \\ j=1,\ 2,\ \cdots,\ m \\ k=1,\ 2,\ \cdots,\ n \end{bmatrix}$

一级因素：
$$Q_A = m \cdot n \sum_{i=1}^{l}(\overline{x}_i - \overline{x})^2 = \frac{1}{m \cdot n}\sum_{i=1}^{l}T_i^2 - \frac{T^2}{N} \tag{11-59}$$

式中，$\overline{x}_i = \dfrac{1}{m \cdot n}\sum\limits_{j=1}^{m}\sum\limits_{k=1}^{n} x_{ijk}$ 。

二级因素：
$$Q_{B(A)} = n \sum_{i=1}^{l}\sum_{j=1}^{m}(\overline{x}_{ij} - \overline{x}_i)^2 = \frac{1}{n}\sum_{i=1}^{l}\sum_{j=1}^{m}T_{ij}^2 - \frac{1}{m \cdot n}\sum_{i=1}^{l}T_i^2 \tag{11-60}$$

式中，$\overline{x}_{ij} = \dfrac{1}{n}\sum\limits_{k=1}^{n} x_{ijk}$ 。

误差因素：
$$Q_e = \sum_{i=1}^{l}\sum_{j=1}^{m}\sum_{k=1}^{n}(x_{ijk} - \overline{x}_{ij})^2 = \sum_{i=1}^{l}\sum_{j=1}^{m}\sum_{k=1}^{n}x_{ijk}^2 - \frac{1}{n}\sum_{i=1}^{l}\sum_{j=1}^{m}\left(\sum_{k=1}^{n} x_{ijk}\right)^2 \tag{11-61}$$

各因素值变差平方和仍服从变差平方和加和性原理：
$$Q_T = Q_A + Q_{B(A)} + Q_e$$

各自相应的自由度分别为：$f_T = N-1$，$f_A - l-1$；$f_{B(A)} = l(m-1)$；$f_e = lm(n-1)$，其自由度也具有加和性：$f_T = f_A + f_{B(A)} + f_e$ 。

按照惯例，继续进行各自的方差估计值计算，并进行 F 检验，具体结果见表 11-16。

表 11-16 双因素系统分组等重复试验方差分析

方差来源	变差平方和	自由度	方差估计值	预期方差	F 值
一级因素 A	Q_A	$f_A = l-1$	$s_A^2 = \dfrac{Q_A}{f_A}$	$m \cdot n\sigma_A^2 + n\sigma_{B(A)} + \sigma_e^2$	$s_A^2 / s_{B(A)}^2$
二级因素 B	$Q_{B(A)}$	$f_{B(A)} = l(m-1)$	$s_{B(A)}^2 = \dfrac{Q_{B(A)}}{f_{B(A)}}$	$n\sigma_{B(A)}^2 + \sigma_e^2$	$s_{B(A)}^2 / s_e^2$
试验误差	Q_e	$f_e = lm(n-1)$	$s_e^2 = \dfrac{Q_e}{f_e}$	σ_e^2	
总和	Q_T	$f_T = N-1$			

三、多因素方差分析

随方差分析中因素的增多，全面试验法所需进行的试验次数将急剧增加，不但使成本激增，有时在操作上也很难执行。因而，只有在试验难度不大，且必须清晰了解因素间相互作用时才采用全面试验的方法。

（一）三因素交叉分组全面试验的方差分析

三因素多水平等重复全面试验的安排见表 11-17。

表 11-17 三因素多水平等重复全面试验安排

因素		C_1	C_2	⋯	C_p
A_1	B_1	$x_{1111}, x_{1112}, \cdots, x_{111n}$	$x_{1121}, x_{1122}, \cdots, x_{112n}$		$x_{11p1}, x_{11p2}, \cdots, x_{11pn}$
	B_2	$x_{1211}, x_{1212}, \cdots, x_{121n}$	$x_{1221}, x_{1222}, \cdots, x_{122n}$	⋯	$x_{12p1}, x_{12p2}, \cdots, x_{12pn}$
	⋮	⋮ ⋮ ⋮	⋮ ⋮ ⋮		⋮ ⋮ ⋮
	B_m	$x_{1m11}, x_{1m12}, \cdots, x_{1m1n}$	$x_{1m21}, x_{1m22}, \cdots, x_{1m2n}$		$x_{1mp1}, x_{1mp2}, \cdots, x_{1mpn}$
A_2	B_1	$x_{2111}, x_{2112}, \cdots, x_{211n}$	$x_{2121}, x_{2122}, \cdots, x_{212n}$		$x_{21p1}, x_{21p2}, \cdots, x_{21pn}$
	B_2	$x_{2211}, x_{2212}, \cdots, x_{221n}$	$x_{2221}, x_{2222}, \cdots, x_{222n}$	⋯	$x_{22p1}, x_{22p2}, \cdots, x_{22pn}$
	⋮	⋮ ⋮ ⋮	⋮ ⋮ ⋮		⋮ ⋮ ⋮
	B_m	$x_{2m11}, x_{2m12}, \cdots, x_{2m1n}$	$x_{2m21}, x_{2m22}, \cdots, x_{2m2n}$		$x_{2mp1}, x_{2mp2}, \cdots, x_{2mpn}$
	⋮	⋮ ⋮ ⋮	⋮ ⋮ ⋮	⋯	⋮ ⋮ ⋮
A_l	B_1	$x_{l111}, x_{l112}, \cdots, x_{l11n}$	$x_{l121}, x_{l122}, \cdots, x_{l12n}$		$x_{l1p1}, x_{l1p2}, \cdots, x_{l1pn}$
	B_2	$x_{l211}, x_{l212}, \cdots, x_{l21n}$	$x_{l221}, x_{l222}, \cdots, x_{l22n}$		$x_{l2p1}, x_{l2p2}, \cdots, x_{l2pn}$
	⋮	⋮ ⋮ ⋮	⋮ ⋮ ⋮		⋮ ⋮ ⋮
	B_m	$x_{lm11}, x_{lm12}, \cdots, x_{lm1n}$	$x_{lm21}, x_{lm22}, \cdots, x_{lm2n}$		$x_{lmp1}, x_{lmp2}, \cdots, x_{lmpn}$

表中因素 A、B、C 的水平数分别为 l、m、p，重复试验次数为 n。各项变差平方和的计算方法为：

$$Q_T = \sum_{i=1}^{l}\sum_{j=1}^{m}\sum_{r=1}^{p}\sum_{k=1}^{n}(x_{ijrk} - \overline{x})^2 = \sum_{i=1}^{l}\sum_{j=1}^{m}\sum_{r=1}^{p}\sum_{k=1}^{n}x_{ijrk}^2 - \frac{T^2}{N} \tag{11-62}$$

式中，$i=1,2,\cdots,l$；$j=1,2,\cdots,m$；$r=1,2,\cdots,p$；$k=1,2,\cdots,n$；$N=l \cdot m \cdot p \cdot n$；$T = \sum_{i=1}^{l}\sum_{j=1}^{m}\sum_{r=1}^{p}\sum_{k=1}^{n}x_{ijrk}$；$\overline{x} = T/N$。

第五篇

$$Q_A = m \cdot p \cdot n \sum_{i=1}^{l} (\overline{x}_i - \overline{x})^2 = \frac{1}{m \cdot p \cdot n} \sum_{i=1}^{l} T_i^2 - \frac{T^2}{N} \tag{11-63}$$

式中，$T_i = \sum\limits_{j=1}^{m} \sum\limits_{r=1}^{p} \sum\limits_{k=1}^{n} x_{ijrk}$；$\quad \overline{x}_i = \dfrac{T_i}{m \cdot p \cdot n}$。

$$Q_B = l \cdot p \cdot n \sum_{j=1}^{m} (\overline{x}_j - \overline{x})^2 = \frac{1}{l \cdot p \cdot n} \sum_{j=1}^{m} T_j^2 - \frac{T^2}{N} \tag{11-64}$$

式中，$T_j = \sum\limits_{i=1}^{l} \sum\limits_{r=1}^{p} \sum\limits_{k=1}^{n} x_{ijrk}$；$\quad \overline{x}_j = \dfrac{T_j}{l \cdot p \cdot n}$。

$$Q_C = l \cdot m \cdot n \sum_{r=1}^{p} (\overline{x}_r - \overline{x})^2 = \frac{1}{l \cdot m \cdot n} \sum_{r=1}^{p} T_r^2 - \frac{T^2}{N} \tag{11-65}$$

式中，$T_r = \sum\limits_{i=1}^{l} \sum\limits_{j=1}^{m} \sum\limits_{k=1}^{n} x_{ijrk}$；$\quad \overline{x}_r = \dfrac{T_r}{l \cdot m \cdot n}$。

$$Q_{AB} = p \cdot n \sum_{i=1}^{l} \sum_{j=1}^{m} (\overline{x}_{ij} - \overline{x}_i - \overline{x}_j + \overline{x})^2$$
$$= \frac{1}{p \cdot n} \sum_{i=1}^{l} \sum_{j=1}^{n} T_{ij}^2 - \frac{1}{m \cdot p \cdot n} \sum_{i=1}^{l} T_i^2 - \frac{1}{l \cdot p \cdot n} \sum_{j=1}^{m} T_j^2 + \frac{T^2}{N} \tag{11-66}$$

式中，$T_{ij} = \sum\limits_{r=1}^{p} \sum\limits_{k=1}^{n} x_{ijrk}$；$\quad \overline{x}_{ij} = \dfrac{T_{ij}}{p \cdot n}$

$$Q_{AC} = m \cdot n \sum_{i=1}^{l} \sum_{r=1}^{p} (\overline{x}_{ik} - \overline{x}_i - \overline{x}_r + \overline{x})^2$$
$$= \frac{1}{m \cdot n} \sum_{i=1}^{l} \sum_{r=1}^{p} T_{ik}^2 - \frac{1}{m \cdot p \cdot n} \sum_{i=1}^{l} T_i^2 - \frac{1}{l \cdot m \cdot n} \sum_{r=1}^{p} T_r^2 + \frac{T^2}{N} \tag{11-67}$$

式中，$T_{ik} = \sum\limits_{j=1}^{m} \sum\limits_{k=1}^{n} x_{ijrk}$；$\quad \overline{x}_{ik} = \dfrac{T_{ik}}{m \cdot n}$。

$$Q_{BC} = l \cdot n \sum_{j=1}^{m} \sum_{r=1}^{p} (\overline{x}_{jk} - \overline{x}_j - \overline{x}_k + \overline{x})^2$$
$$= \frac{1}{l \cdot n} \sum_{j=1}^{m} \sum_{r=1}^{p} T_{jk}^2 - \frac{1}{l \cdot p \cdot n} \sum_{j=1}^{m} T_j^2 - \frac{1}{l \cdot m \cdot n} \sum_{r=1}^{p} T_r^2 + \frac{T^2}{N} \tag{11-68}$$

式中，$T_{jk} = \sum\limits_{i=1}^{l} \sum\limits_{k=1}^{n} x_{ijrk}$；$\quad \overline{x}_{jk} = \dfrac{T_{jk}}{l \cdot n}$。

$$Q_{ABC} = n \sum_{i=1}^{l} \sum_{j=1}^{m} \sum_{r=1}^{p} (\overline{x}_{ijk} - \overline{x}_{ij} - \overline{x}_{jk} - \overline{x}_{ik} + \overline{x}_i + \overline{x}_j + \overline{x}_k - \overline{x})^2$$
$$= \frac{1}{n} \sum_{i=1}^{l} \sum_{j=1}^{m} \sum_{r=1}^{p} T_{ijk}^2 - \frac{1}{p \cdot n} \sum_{i=1}^{l} \sum_{j=1}^{m} T_{ij}^2 - \frac{1}{m \cdot n} \sum_{i=1}^{l} \sum_{r=1}^{p} T_{ik}^2 - \frac{1}{l \cdot n} \sum_{j=1}^{m} \sum_{r=1}^{p} T_{jk}^2 +$$
$$\frac{1}{m \cdot p \cdot n} \sum_{i=1}^{l} T_i^2 + \frac{1}{l \cdot p \cdot n} \sum_{j=1}^{m} T_j^2 + \frac{1}{l \cdot m \cdot n} \sum_{r=1}^{p} T_r^2 - \frac{T^2}{N} \tag{11-69}$$

式中，$T_{ijk} = \sum\limits_{k=1}^{n} x_{ijk}$；$\quad \overline{x}_{ijk} = \dfrac{T_{ijk}}{n}$。

$$Q_e = \sum_{i=1}^{l} \sum_{j=1}^{m} \sum_{r=1}^{p} \sum_{k=1}^{n} (x_{ijrk} - \overline{x}_{ijk})^2 = \sum_{i=1}^{l} \sum_{j=1}^{m} \sum_{r=1}^{p} \sum_{k=1}^{n} x_{ijrk}^2 - \frac{1}{n} \sum_{i=1}^{l} \sum_{j=1}^{m} \sum_{r=1}^{p} T_{ijk}^2$$
$$\tag{11-70}$$

根据变差平方和加和性：$Q_T = Q_A + Q_B + Q_C + Q_{AB} + Q_{AC} + Q_{BC} + Q_{ABC} + Q_e$。然后，按分析步骤计算各自的自由度和方差，并进行 F 检验。

在 F 检验中统计量 F 的计算也有 3 种类型：固定型、随机型和混合型。在混合型中 3 种因素都为随机型的可能性极少，因而通常只考虑一个因素为随机因素，且设置为因素 C。在检验时，优先考虑三因素之间的高级交互作用，若不显著，将其与误差效应合并。然后检验两因素间的交互作用，如果不显著，再与误差效应合并。最后检验各因素的主效应。检验结果见表 11-18。

表 11-18　三因素交叉分组等重复全面试验方差分析

方差来源	平方和	自由度	方差估计值	固定模型 预期方差	固定模型 F 值	混合模型 预期方差	混合模型 F 值
A	Q_A	$f_A = l-1$	$s_A^2 = \dfrac{Q_A}{f_A}$	$m \cdot p \cdot n\sigma_A^2 + \sigma_e^2$	$\dfrac{s_A^2}{s_e^2}$	$m \cdot p \cdot n\sigma_A^2 + m \cdot n\sigma_{AC}^2 + \sigma_e^2$	s_A^2 / s_{AC}^2
B	Q_B	$f_B = m-1$	$s_B^2 = \dfrac{Q_B}{f_B}$	$l \cdot p \cdot n\sigma_B^2 + \sigma_e^2$	s_B^2 / s_e^2	$l \cdot p \cdot n\sigma_B^2 + l \cdot n\sigma_{BC}^2 + \sigma_e^2$	s_B^2 / s_{BC}^2
C	Q_C	$f_C = p-1$	$s_C^2 = \dfrac{Q_C}{f_C}$	$l \cdot m \cdot n\sigma_C^2 + \sigma_e^2$	s_C^2 / s_e^2	$l \cdot m \cdot n\sigma_C^2 + \sigma^2$	s_C^2 / s_e^2
$A \times B$	Q_{AB}	$f_{AB} = (l-1)(m-1)$	$s_{AB}^2 = \dfrac{Q_{AB}}{f_{AB}}$	$p \cdot n\sigma_{AB}^2 + \sigma_e^2$	s_{AB}^2 / s_e^2	$p \cdot n\sigma_{AB}^2 + n\sigma_{ABC}^2 + \sigma_e^2$	s_{AB}^2 / s_{ABC}^2
$A \times C$	Q_{AC}	$f_{AC} = (l-1)(p-1)$	$s_{AC}^2 = \dfrac{Q_{AC}}{f_{AC}}$	$m \cdot n\sigma_{AC}^2 + \sigma_e^2$	s_{AC}^2 / s_e^2	$m \cdot n\sigma_{AC}^2 + \sigma_e^2$	s_{AC}^2 / s_e^2
$B \times C$	Q_{BC}	$f_{BC} = (m-1)(p-1)$	$s_{BC}^2 = \dfrac{Q_{BC}}{f_{BC}}$	$l \cdot n\sigma_{BC}^2 + \sigma_e^2$	s_{BC}^2 / s_e^2	$l \cdot n\sigma_{BC}^2 + \sigma_e^2$	s_{BC}^2 / s_e^2
$A \times B \times C$	Q_{ABC}	$f_{ABC} = (l-1)(m-1)(p-1)$	$s_{ABC}^2 = \dfrac{Q_{ABC}}{f_{ABC}}$	$n\sigma_{ABC}^2 + \sigma_e^2$	s_{ABC}^2 / s_e^2	$n\sigma_{ABC}^2 + \sigma_e^2$	s_{ABC}^2 / s_e^2
误差	Q_e	$f_e = l \cdot m \cdot p(n-1)$	$s_e^2 = \dfrac{Q_e}{f_e}$	σ_e^2		σ_e^2	
总和	Q_T	$f_T = N-1$					

方差检验后，凡效应显著者，根据方差估计值和与其方差组成，计算各项方差，并估算各因素相应效应方差的相对值。

（二）三因素系统分组的方差分析

三因素的系统分组方差分析与两因素的系统分组方差分析相似，只是前者多一个因素，需要多级分项。具体安排表见表 11-19。

表 11-19　三因素系统分组等重复试验安排

一级因素 A	二级因素 B	三级因素 C	重复测定次数	$\sum\limits_{k=1}^{n} x_{ijrk}$	$\sum\limits_{r=1}^{p}\sum\limits_{k=1}^{n} x_{ijrk}$	$\sum\limits_{j=1}^{m}\sum\limits_{r=1}^{p}\sum\limits_{k=1}^{n} x_{ijrk}$	$\sum\limits_{i=1}^{l}\sum\limits_{j=1}^{m}\sum\limits_{r=1}^{p}\sum\limits_{k=1}^{n} x_{ijrk}$
		1, 1, 1	$x_{1111},\ x_{1112},\ \cdots,\ x_{111n}$	T_{111}			
	1, 1	⋮　⋮　⋮　⋮	⋮	T_{11}		
		1, 1, p	$x_{11p1},\ x_{11p2},\ \cdots,\ x_{11pn}$	T_{11p}			
		1, 2, 1	$x_{1211},\ x_{1212},\ \cdots,\ x_{121n}$	T_{121}			
	1, 2	⋮　⋮　⋮　⋮	⋮	T_{12}		
1		1, 2, p	$x_{12p1},\ x_{12p2},\ \cdots,\ x_{12pn}$	T_{12p}	T_1	
	⋮	⋮	⋮	⋮	⋮		
		1, m, 1	$x_{1m11},\ x_{1m12},\ \cdots,\ x_{1m1n}$	T_{1m1}			
	1, m	⋮　⋮　⋮　⋮	⋮	T_{1m}		
		1, m, p	$x_{1mp1},\ x_{1mp2},\ \cdots,\ x_{1mpn}$	T_{1mp}			
⋮	⋮	⋮	⋮	⋮	⋮	⋮	T
		l, 1, 1	$x_{l111},\ x_{l112},\ \cdots,\ x_{l11n}$	T_{l11}			
	l, 1	⋮　⋮　⋮　⋮	⋮	T_{l1}		
		l, 1, p	$x_{l1p1},\ x_{l1p2},\ \cdots,\ x_{l1pn}$	T_{l1p}			
		l, 2, 1	$x_{l211},\ x_{l212},\ \cdots,\ x_{l21n}$	T_{l21}			
	l, 2	⋮　⋮　⋮　⋮	⋮	T_{l2}		
l		l, 2, p	$x_{l2p1},\ x_{l2p2},\ \cdots,\ x_{l2pn}$	T_{l2p}	T_l	
	⋮	⋮	⋮	⋮	⋮		
		l, m, 1	$x_{lm11},\ x_{lm12},\ \cdots,\ x_{lm1n}$	T_{lm1}			
	l, m	⋮　⋮　⋮　⋮	⋮	T_{lm}		
		l, m, p	$x_{lmp1},\ x_{lmp2},\ \cdots,\ x_{lmpn}$	T_{lmp}			

各级因素效应的计算方法为：

$$Q_T = \sum_{i=1}^{l}\sum_{j=1}^{m}\sum_{r=1}^{p}\sum_{k=1}^{n} (x_{ijrk}-\overline{x})^2 = \sum_{i=1}^{l}\sum_{j=1}^{m}\sum_{r=1}^{p}\sum_{k=1}^{n} x_{ijrk}^2 - \frac{T^2}{N} \tag{11-71}$$

式中，$i=1,2,\cdots,l$；$j=1,2,\cdots,m$；$r=1,2,\cdots,p$；$k=1,2,\cdots,n$。

$$Q_A = mpn\sum_{i=1}^{l} (\overline{x}_i-\overline{x})^2 = \frac{1}{mpn}\sum_{i=1}^{l} T_i^2 - \frac{T^2}{N} \tag{11-72}$$

$$Q_{B(A)} = p\cdot n\sum_{i=1}^{l}\sum_{j=1}^{m} (\overline{x}_{ij}-\overline{x}_i)^2 = \frac{1}{pn}\sum_{i=1}^{l}\sum_{j=1}^{m} T_{ij}^2 - \frac{1}{mpn}\sum_{i=1}^{l} T_i^2 \tag{11-73}$$

$$Q_{C(AB)} = n\sum_{i=1}^{l}\sum_{j=1}^{m}\sum_{r=1}^{p} (\overline{x}_{ijr}-\overline{x}_{ij})^2 = \frac{1}{n}\sum_{i=1}^{l}\sum_{j=1}^{m}\sum_{r=1}^{p} T_{ijr}^2 - \frac{1}{pn}\sum_{i=1}^{l}\sum_{j=1}^{m} T_{ij}^2 \tag{11-74}$$

$$Q_e = \sum_{i=1}^{l}\sum_{j=1}^{m}\sum_{r=1}^{p}\sum_{k=1}^{n} (x_{ijrk}-\overline{x}_{ijr})^2 = \sum_{i=1}^{l}\sum_{j=1}^{m}\sum_{r=1}^{p}\sum_{k=1}^{n} x_{ijrk}^2 - \frac{1}{n}\sum_{i=1}^{l}\sum_{j=1}^{m}\sum_{r=1}^{p}\sum_{k=1}^{n} T_{ijr}^2 \tag{11-75}$$

式中，$N=lmpn$，$\overline{x}=\dfrac{T}{N}$；　$\overline{x}_i=\dfrac{T_i}{mpn}$；　$\overline{x}_{ij}=\dfrac{T_{ij}}{pn}$；　$\overline{x}_{ijr}=\dfrac{T_{ijr}}{n}$，$T$、$T_i$、$T_{ij}$、$T_{ijr}$ 的实际意义见表 11-19，其他符号的意义及取值与交叉分组的相同。最终的方差分析结果见表 11-20。

表 11-20 三因素系统分组方差分析

方差来源	变差平方和	自由度	方差	预期方差	F 值
一级因素 A	Q_A	$f_A = l-1$	$s_A^2 = \dfrac{Q_A}{f_A}$	$m \cdot p \cdot n\sigma_A^2 + p \cdot n\sigma_{B(A)}^2 + n\sigma_{C(A,B)}^2 + \sigma_e^2$	$\dfrac{s_A^2}{s_{B(A)}^2}$
二级因素 B	$Q_{B(A)}$	$f_{B(A)} = l(m-1)$	$s_{B(A)}^2 = \dfrac{Q_{B(A)}}{f_{B(A)}}$	$p \cdot n\sigma_{B(A)}^2 + n\sigma_{C(A,B)}^2 + \sigma_e^2$	$\dfrac{s_{B(A)}^2}{s_{C(A,B)}^2}$
三级因素 C	$Q_{C(A,B)}$	$f_{C(AB)} = l \cdot m(p-1)$	$s_{C(A,B)}^2 = \dfrac{Q_{C(AB)}}{f_{C(AB)}}$	$n\sigma_{C(A,B)}^2 + \sigma_e^2$	$\dfrac{s_{C(A,B)}^2}{s_e^2}$
试验误差效应	Q_e	$f_e = l \cdot m \cdot p(n-1)$	$s_e^2 = \dfrac{Q_e}{f_e}$	σ_e^2	
总和	Q_T	$f_T = N-1$			

在系统分组中，如有 M 个因素，第 i 级因素效应的方差对第 $i+1$ 级因素效应方差进行 F 检验，最后一级因素（第 M 级因素）的方差对试验误差效应方差进行 F 检验。如果两者之间无显著差异，则将方差合并，再用合并方差对前一级方差进行检验。

第八节 回归分析

回归分析法是在掌握大量观察数据的基础上，利用数理统计方法建立因变量与自变量之间的回归关系函数表达式（称回归方程式）。

回归分析中，当研究的因果关系只涉及因变量和一个自变量时，叫做一元回归分析；当研究的因果关系涉及因变量和两个或两个以上自变量时，叫做多元回归分析。此外，回归分析中，又依据描述自变量与因变量之间因果关系的函数表达式是线性的还是非线性的，分为线性回归分析和非线性回归分析。回归分析法预测是利用回归分析方法，根据一个或一组自变量的变动情况预测与其有相关关系的某随机变量的未来值。进行回归分析需要建立描述变量间相关关系的回归方程。非线性回归方程一般可以通过数学方法变换为线性回归方程进行处理。

一、一元线性回归

（一）回归方程的建立

设随机变量 Y 与 x 之间存在某种相关关系，此处 x 是可以控制或精确测量的变量，即可以随意指定 n 个的 x 值：x_1，x_2，x_3，$\cdots$，x_n，相对应地，随机变量 Y 也有一系列的值：y_1，y_2，y_3，$\cdots$，y_n，因此得到 n 对测定值 (x_1, y_1)，(x_2, y_2)，(x_3, y_3)，$\cdots$，(x_n, y_n)。可以推出 Y 与 x 的一般关系式为：

$$Y = a + bx \tag{11-76}$$

由于试验过程中不可避免地存在误差，试验点并不可能都精确地落在式（11-76）的回归直线上。设任一试验点 (x_n, y_n) 偏离回归直线的距离为 ε_i，则：

$$\varepsilon_i = y_i - Y_i = y_i - (a + bx_i) \tag{11-77}$$

欲使回归直线能最好地反映试验点的分布情况，应选择合适的 a 和 b 值以使 ε_i 的平方和为最小，即

$$Q_e = \sum_{i=1}^{n} \varepsilon_i^2 = \sum_{i=1}^{n} [y_i - (a + bx_i)]^2 \tag{11-78}$$

以式（11-78）对 a、b 求偏微分，并使其等于零以求极小值：

$$\frac{\partial Q}{\partial a} = 2\sum_{i=1}^{n} [y_i - (a + bx_i)](-1) = 0 \tag{11-79}$$

$$\frac{\partial Q}{\partial b} = 2\sum_{i=1}^{n} \left[y_i - (a + bx_i) \right](-x_i) = 0 \tag{11-80}$$

解式(11-79)和式(11-80)，得：

$$a = \bar{y} - b\bar{x} \tag{11-81}$$

$$b = \frac{\sum_{i=1}^{n}(x_i - \bar{x})(y_i - \bar{y})}{\sum_{i=1}^{n}(x_i - \bar{x})^2} = \frac{\sum_{i=1}^{n}x_i y_i - \frac{1}{n}\left(\sum_{i=1}^{n}x_i\right)\left(\sum_{i=1}^{n}y_i\right)}{\sum_{i=1}^{n}x_i^2 - \frac{1}{n}\left(\sum_{i=1}^{n}x_i\right)^2} \tag{11-82}$$

式中，$\bar{x} = \frac{1}{n}\sum_{i=1}^{n}x_i$；$\bar{y} = \frac{1}{n}\sum_{i=1}^{n}y_i$。

设：

$$l_{xx} = \sum_{i=1}^{n}x_i^2 - \frac{1}{n}\left(\sum_{i=1}^{n}x_i\right)^2 \tag{11-83}$$

$$l_{xy} = \sum_{i=1}^{n}x_i y_i - \frac{1}{n}\left(\sum_{i=1}^{n}x_i\right)\left(\sum_{i=1}^{n}y_i\right) \tag{11-84}$$

则

$$b = l_{xy}/l_{xx} \tag{11-85}$$

将由式(11-81)和式(11-82)或式(11-85)计算得到的值代入式(11-76)中，便可得到一元线性回归方程式。

一元线性回归方程的特点是：

①这是一条由一组样本确定下来的回归直线，不再是一条任意直线；②该直线最能代表这一组样本数据的相关关系，与试验点的误差最小；③回归直线一定通过$(\bar{x}, \bar{y})$点。

同时，在进行相关数据计算时需注意：

① 计算中涉及两数相减，容易使有效数字位数减少很多，因而计算中不宜过早修约数字；

② 系数 b 的有效位数应与自变量 x 相等，或最多可以多保留一位。而常数 a 的有效位数则应与因变量 Y 的位数取齐，或最多可以多保留一位；

③ 回归方程计算数据繁多，易出错，最好进行验算，方法之一是看下式是否成立：

$$\sum_{i=1}^{n}y_i = na + b\left(\sum_{i=1}^{n}x_i\right) \tag{11-86}$$

回归方程的建立还可通过现有的数据处理平台（如 Excel 或 Origin）进行处理。

Microsoft Excel(2007) 有一套数据分析工具——分析工具库，提供了单因素方差分析、二因素交叉无重复观察值的方差分析、二因素交叉有重复观察值的方差分析、描述统计分析、多元回归和线性回归分析、t 检验、随机和顺序抽样等复杂的统计分析方法。只要提供必要的数据和参数，该工具在指定的输出区域内以表格形式显示相应的统计结果，如需要，还能制成相应的图。

此外，还有简单方法可方便地完成回归分析处理。以次甲基蓝-二氯乙烷萃取分光光度法测定硼的实验结果为例。实验数据为：

浓度 c/(μg/ml)	0	1.00	2.00	3.00	4.00	5.00	6.00
吸光度 A	0.001	0.152	0.282	0.390	0.511	0.661	0.778

其处理过程为：

① 将实验数据按列输入在 A1～B8 区域内（A1、B1 为表头）并选中；

② 在"插入"中选择"散点图"，并在"子图表类型"中选择"散点图"，系统直接给出散点图；

③ 将鼠标移至图中任一数据点上，单击右键选中此列数据点，并在出现的对话框中选

"添加趋势线",随后在"趋势线选项"中选"线性",并选中
"显示公式"和"显示 R 平方值",按"关闭"便可完成整个
绘图过程。

需要注意,由于实验误差的不可避免,因而回归方程
的截距(a 值)通常不为零,在选项中也不应将回归方程设
为"过原点"。

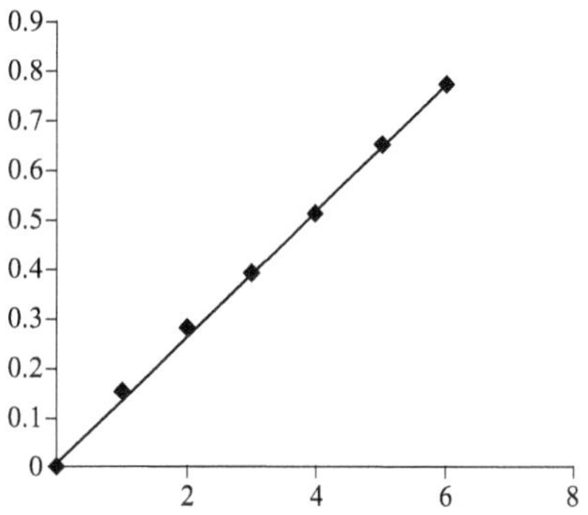

本例的标准曲线见图 11-6,给出的回归方程为:

$A = 0.1278C + 0.0131 \qquad R^2 = 0.9984 \qquad R = 0.9992$

(二)回归方程的检验

图 11-6　标准曲线

1. F 检验

根据方差分析原理,对于任意 n 对数据 (x_1, y_1),
(x_2, y_2), $\cdots$, (x_n, y_n) 可以得到

$$\sum_{i=1}^{n}(y_i - \bar{y})^2 = \sum_{i=1}^{n}(y_i - Y_i)^2 + \sum_{i=1}^{n}(Y_i - \bar{y})^2 \tag{11-87}$$

式中,$\sum_{i=1}^{n}(y_i - \bar{y})^2$ 为总变差平方和 Q_{yy}(即 n 对数据的偏差平方和);$\sum_{i=1}^{n}(y_i - Y_i)^2$ 为剩余差

平方和 Q_e(试验误差或 x 对 y 的非线性影响以及其他未考虑到的因素);$\sum_{i=1}^{n}(Y_i - \bar{y})$ 为回归变差平方

和 Q_u(y 随 x 的变化),则 $Q_{yy} = Q_e + Q_u$,其相应的自由度分别为 $f_{yy} = n-1$;$f_e = n-2$;$f_u = 1$。

检验 x 与 y 之间是否存在线性相关关系时,统计量 F 的计算方法为:

$$F = \frac{Q_u / f_u}{Q_e / f_e} = \frac{Q_u}{Q_e} \cdot f_e \tag{11-88}$$

如果 F 值很大或大于 F_{α, f_u, f_e} 的临界值,则可认为与之具有线性相关关系,反之则线性不
相关或称为无线性关系。

实验数据有重复测量(重复次数为 r)时,试验误差平方和 Q_e 可以从剩余变差平方和中分
离出来,分离后的剩余变差平方和称为失拟变差平方和 Q_d,表示回归方程拟合的程度。故在
有重复测量时,F 检验与无重复测量时有所区别,其计算回归系数 b 的公式与式(11-82)不同,
将其中的 y_i 换成 $\bar{y}_i$,且:

$$\bar{y}_i = \frac{1}{r}\sum_{j=1}^{r}y_{ij} \tag{11-89}$$

所以

$$b = \frac{\sum\limits_{i=1}^{n}x_i\bar{y}_i - \frac{1}{n}\left(\sum\limits_{i=1}^{n}x_i\right)\left(\sum\limits_{i=1}^{n}\bar{y}_i\right)}{\sum\limits_{i=1}^{n}x_i^2 - \frac{1}{n}\left(\sum\limits_{i=1}^{n}x_i\right)^2} \tag{11-90}$$

然后根据式(11-81)计算截距 a:$a = \bar{y} - \overline{bx}$,从而建立起有重复测量的回归方程。

同样,相应的各变差平方和分别为:

$$Q_T = Q_u + Q_d + Q'_e \tag{11-91}$$

$$Q_T = \sum_{i=1}^{n}\sum_{j=1}^{r}(y_{ij} - \bar{y})^2 \tag{11-92}$$

$$Q_u = r\sum_{i=1}^{n}(Y_i - \bar{y})^2 \tag{11-93}$$

第五篇

$$Q_d = r \sum_{i=1}^{n} (\bar{y}_i - Y_i)^2 \tag{11-94}$$

$$Q_e' = \sum_{i=1}^{n} \sum_{j=1}^{r} (y_{ij} - \bar{y}_i)^2 \tag{11-95}$$

其相应的自由度为：$f_T = N-1, f_u = 1, f_d = n-2, f_e' = n(r-1)$，其中 $N = r \cdot n$。

检验回归方程是否拟合完美的统计量 F：

$$F_d = \frac{Q_u/f_u}{Q_e'/f_e'} \tag{11-96}$$

然后，在给定显著性水平和相应自由度下，根据统计量 F 与临界值的比较判断 F 检验是否存在显著性差异。如果 F 检验不存在显著差异，说明失拟情况不显著，即失拟平方和基本上是由随机误差等随机因素引起的，可以不予考虑，故可把失拟变差平方和与试验误差平方和合并，其自由度也可合并。然后再对回归方程的线性相关关系进行检验，此时的统计量为：

$$F_d = \frac{Q_u/f_u}{Q_e/f_e} \tag{11-97}$$

式中，$Q_e = Q_d + Q_e'$，$f_e = f_d + f_e'$。

2. 相关系数的检验

在日常的分析测试工作中，一元线性回归通常用相关系数进行检验，通用的统计量为：

$$r = \frac{l_{xy}}{\sqrt{l_{xx} \cdot l_{yy}}} = \frac{\sum_{i=1}^{n} (x_i - \bar{x}) \cdot (y_i - y)}{\sqrt{\sum_{i=1}^{n} (x_i - \bar{x})^2 \cdot \sum_{i=1}^{n} (y_i - y)^2}} \tag{11-98}$$

r 为相关系数，取值范围是 $0 < |r| < 1$。r 既可以是正值（正相关），也可以是负值（负相关），其物理意义可表示为图 11-7。当 r 大于给定的显著性水平 α 和 $f = n-2$ 时的临界值 $r_{\alpha,f}$ 时，因变量 y 与自变量 x 间的线性关系显著相关，反之则不相关。临界值 $r_{\alpha,f}$ 见表 11-21。

表 11-21 相关系数临界值

$n-2$	显著性水平 α 0.05	0.01	$n-2$	显著性水平 α 0.05	0.01	$n-2$	显著性水平 α 0.05	0.01
1	0.997	1.000	16	0.468	0.590	35	0.325	0.418
2	0.950	0.990	17	0.456	0.575	40	0.304	0.393
3	0.878	0.959	18	0.444	0.561	45	0.288	0.372
4	0.811	0.917	19	0.433	0.549	50	0.273	0.354
5	0.754	0.874	20	0.423	0.537	60	0.230	0.325
6	0.707	0.834	21	0.413	0.526	70	0.232	0.302
7	0.666	0.798	22	0.404	0.515	80	0.217	0.283
8	0.632	0.765	23	0.396	0.505	90	0.205	0.267
9	0.602	0.735	24	0.388	0.496	100	0.195	0.254
10	0.576	0.708	25	0.381	0.487	125	0.174	0.228
11	0.553	0.684	26	0.374	0.478	150	0.159	0.208
12	0.532	0.661	27	0.367	0.470	200	0.138	0.181
13	0.514	0.641	28	0.361	0.463	300	0.113	0.148
14	0.497	0.623	29	0.355	0.456	400	0.098	0.128
15	0.482	0.606	30	0.349	0.449	1000	0.062	0.081

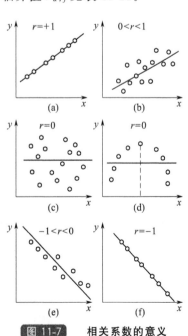

图 11-7 相关系数的意义

另一方面,相关系数也可定义为:

$$r = b \frac{\sigma_x}{\sigma_y} = b \frac{s_x}{s_y} \qquad (11\text{-}99)$$

该式也是对回归方程计算过程的验算方法之一。

结合式(11-88)和式(11-98),一元线性相关的 F 检验和 r 检验是相通的:

$$F = \frac{r^2}{(1-r^2)} \cdot (n-2) \ \text{或} \ r = \sqrt{\frac{F}{F+n-2}}。 \qquad (11\text{-}100)$$

(三)回归线的精密度与置信区间

1.回归线的精密度

回归线的精密度由剩余标准偏差表示,它反映的是试验点(x_i, y_i)围绕回归线的离散程度。剩余标准偏差(s_e)为:

$$s_e = \sqrt{\frac{Q_e}{f_e}} = \sqrt{\frac{\sum\limits_{i=1}^{n}(y_i - Y_i)^2}{n-2}} \qquad (11\text{-}101)$$

式中的剩余平方和 Q_e 可以由多种方法计算得到:

$$Q_e = Q_{yy} - Q_u = Q_{yy} - bL_{xy} = Q_{yy}(1-r^2) \qquad (11\text{-}102)$$

2.回归线的置信区间

回归线的置信区间是指对于给定的 x_i 值,y_i 值落在按回归方程计算的以 Y 值为中心的 $\pm 2s_e$ 区间,该区间为置信度为 95.4% 的置信区间,即

$$Y = a + bx \pm 2s_e \qquad (11\text{-}103)$$

式中,s_e 为剩余标准偏差。相关公式适用于 n 值比较大,将 a、b 当常数且 x_0 比较接近 $\overline{x}$ 的情况。如果考虑到 a、b 也是随机变量,则用预警标准偏差 s_y 替代 s_e,便得到线性回归方程的置信区间(见图 11-8)$[y_0 - t_{(\alpha, n-2)} s_y, y_0 + t_{(\alpha, n-2)} s_y]$。

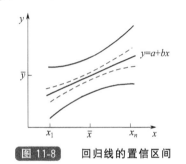

图 11-8 回归线的置信区间

$$s_y = s_e \sqrt{1 + \frac{1}{n} + \frac{(x_0 - \overline{x_i})^2}{\sum\limits_{i=1}^{n}(x_i - \overline{x})^2}} \qquad (11\text{-}104)$$

很显然,根据回归方程的预测值 Y 值与 x 有关:靠近 x 平均值 $\overline{x}$ 的精度高,而离 $\overline{x}$ 越远的精度越差(图 11-8 中的两条虚线就是回归方程 Y 值的波动范围)。因而,必须注意到:

① 回归方程的使用范围仅局限于原来观察的数据范围内,而不能随意外推拓展;

② 为提高工作曲线的精度,最好能在线性范围两端的试验点上进行重复测试;

③ 尽量调整被测样品的浓度或取样量,使其在靠近线性范围相关观察点的 $\overline{x}$ 附近。

3.回归系数的稳定性

对于一元回归方程,回归系数的稳定性用截距 a 和斜率 b 表示,其变动性由相应的方差表示:

$$s_b^2 = s_e^2 \frac{1}{\sum\limits_{i=1}^{n}(x_i - \overline{x})^2} \qquad (11\text{-}105)$$

$$s_a^2 = s_e^2 \left[\frac{1}{n} + \frac{\overline{x}^2}{\sum\limits_{i=1}^{n}(x_i - \overline{x})^2} \right] = s_e^2 \frac{\sum\limits_{i=1}^{n} x^2}{\sum\limits_{i=1}^{n}(x_i - \overline{x})^2} \qquad (11\text{-}106)$$

4.截距对回归方程应用的影响

在分析测试过程中,一元线性回归方程大量地被用于制作标准曲线,用组分的响应信号对组分浓度作图,得到回归方程,再返回去利用样品的响应值去估算被测组分的浓度。在使用中绝大多数分析工作者追求的是高相关系数,而对方程本身并没有太多的关注。事实上,回归方程不仅能反映响应-浓度间的定量关系,也能在很大程度上反映分析测试方法本身是否存在系统误差。其中截距 a 的作用极为明显。

例 1:某气相色谱分析工作的标准曲线之回归方程是 $y=0.0047x-0.0324$,相关系数 $r=0.9997$。此时,即便被测样品的色谱峰面积为零,按方程计算得到的组分也达 6.9 的含量值。而分析者的线性范围是 5~2000。很显然,此时的回归方程从相关系数看是十分完美的,但实际检测效果却是不理想的。

例 2:某液相色谱法检测戊唑醇,回归方程是 $y=4434x-50122$,相关系数 $r=0.9993$,定量检测限是 5,线性范围是 10~100。但是,即便峰面积为零,其测得量仍达 11.3,不仅侵入了线性范围,更使检测限形同虚设。

同样,如果截距为较大的正值,则即便有很大的峰面积,其报出的检测量仍可能为零,甚至于是负值,不可能实现真正意义上的微量分析。

因而,笔者强烈建议读者关注自己实际分析工作中所得到的回归方程的具体数据,尤其是截距很大时,要考虑是否在自己的工作中存在着不小的系统误差,才引起测量值的整体偏高/偏低。设法找到这些原因并克服之,以解决截距偏大的问题,方能实现真正意义上的准确的微量分析。

(四)两条回归线的比较

两条回归线的比较实际上就是检验两个回归方程的参数(a 和 b)是否存在显著差异[1],即要判断 $a_1=a_2$ 和 $b_1=b_2$ 是否成立。

设有两条回归线

$$\begin{cases} Y_1=a_1+b_1x_1 \\ Y_2=a_2+b_2x_2 \end{cases} \tag{11-107}$$

如果两者之间没有显著差异便可用一条共同的回归线来表示。检验过程为:

1.首先由 F 检验判断两者的剩余方差(s_1^2,s_2^2)之间是否存在显著差异

$$F=\frac{s_1^2}{s_2^2}=\frac{Q_{\text{余}1}}{n_1-1}\bigg/\frac{Q_{\text{余}2}}{n_2-1} \tag{11-108}$$

式中,要求 $s_1>s_2$,n_1 和 n_2 为两条回归线的实验点数目。如果两剩余方差间无显著差异,则合并之:

$$\overline{s}^2=\frac{(n_1-2)s_1^2+(n_2-2)s_2^2}{n_1+n_2-4} \tag{11-109}$$

2.检验回归系数 b_1 和 b_2 间有否显著差异

$$t=\frac{|b_1-b_2|-2}{s_{(b_1-b_2)}} \tag{11-110}$$

如果第一步检验中无显著差异,自由度 $f=n_1+n_2-4$,式(11-110)中的 $s_{(b_1-b_2)}$ 为:

$$s_{(b_1-b_2)}^2=\overline{s}^2\left[\frac{1}{\sum\limits_{i-1}^{n_1}(x_{1i}-\overline{x}_1)^2}+\frac{1}{\sum\limits_{i-1}^{n_2}(x_{2i}-\overline{x}_2)^2}\right] \tag{11-111}$$

---

[1] 关于显著性检验的相关方法与讨论,详见本手册第十二章。

如果第一步检验中差异显著,则式(11-110)中的$s_{(b_1-b_2)}$为:

$$s^2_{(b_1-b_2)} = \frac{s_1^2}{\displaystyle\sum_{i=1}^{n_1}(x_{1i}-\overline{x_1})^2} + \frac{s_2^2}{\displaystyle\sum_{i=1}^{n_2}(x_{2i}-\overline{x_2})^2} \tag{11-112}$$

式中自由度也需重新计算:

$$\frac{1}{f} = \frac{c^2}{f_1} + \frac{1-c^2}{f_2} \tag{11-113}$$

$$c = \frac{\dfrac{s_1^2}{\displaystyle\sum_{i=1}^{n_1}(x_{1i}-\overline{x_1})^2}}{\dfrac{s_1^2}{\displaystyle\sum_{i=1}^{n_1}(x_{1i}-\overline{x_1})^2} + \dfrac{s_2^2}{\displaystyle\sum_{i=1}^{n_2}(x_{2i}-\overline{x_2})^2}}$$

$$f_1 = n_1 - 2; \quad f_2 = n_2 - 2 \tag{11-114}$$

如果检验结果差异显著［式（11-110）计算值大于相应条件下的临界值］,说明这两条回归线的斜率不一致。反之,则说明这两条回归线的斜率是一致的,但未必是重合的。

如果差异不显著（b_1与b_2一致）,可用加权法求出共同的斜率b值:

$$\overline{b} = \frac{b_1\dfrac{\displaystyle\sum_{i=1}^{n_1}(x_{1i}-\overline{x_1})^2}{s_1^2} + b_2\dfrac{\displaystyle\sum_{i=1}^{n_2}(x_{2i}-\overline{x_2})^2}{s_2^2}}{\dfrac{\displaystyle\sum_{i=1}^{n_1}(x_{1i}-\overline{x_1})^2}{s_1^2} + \dfrac{\displaystyle\sum_{i=1}^{n_2}(x_{2i}-\overline{x_2})^2}{s_2^2}} \tag{11-115}$$

3. 检验截距 a_1 和 a_2 间有否显著差异

继续用统计量 t 检验截距的差异是否显著。

$$t = \frac{|a_1 - a_2|}{s_{(a_1-a_2)}} \tag{11-116}$$

如果之前 F 检验表明两标准偏差 s_1^2 和 s_2^2 间的差异不显著,则式（11-116）中 $s_{(a_1-a_2)}$ 的计算方法为:

$$s^2_{(a_1-a_2)} = \overline{s}^2\left[\frac{1}{n_1} + \frac{\overline{x_1}^2}{\displaystyle\sum_{i=1}^{n_1}(x_{1i}-\overline{x_1})^2 + \sum_{i=1}^{n_2}(x_{2i}-\overline{x_2})^2} + \frac{1}{n_2} + \frac{\overline{x_2}^2}{\displaystyle\sum_{i=1}^{n_1}(x_{1i}-\overline{x_1})^2 + \sum_{i=1}^{n_2}(x_{2i}-\overline{x_2})^2}\right] \tag{11-117}$$

式中,$f = n_1 + n_2 - 4$。如果计算值小于相应的条件临界值,说明 a_1 与 a_2 差异不显著,则可用加权法求出共同的 a 值:

$$\overline{a} = \frac{n_1\overline{y_1} + n_2\overline{y_2}}{n_1 + n_2} - b\frac{n_1\overline{x_1} + n_2\overline{x_2}}{n_1 + n_2} \tag{11-118}$$

如果 s_1^2 和 s_2^2 间的差异显著,但式（11-110）检验两个 b 值一致,则无显著差异。

如果两条回归线能重合,其共同斜率为 b',则 $a_1 = a_2$,可得:

$$\overline{y_1} - b'\overline{x_1} = \overline{y_2} - b'\overline{x_2} \quad b' = \frac{\overline{y_1} - \overline{y_2}}{\overline{x_1} - \overline{x_2}} \tag{11-119}$$

进而按误差传递规则得 b' 的方差为：

$$s_{b'}^2 = \frac{1}{(x_1 - \overline{x_1})^2}\left(\frac{s_1^2}{n_1} + \frac{s_2^2}{n_2}\right) \tag{11-120}$$

如果两条线是平行的，求得加权后共同的 $\overline{b}$ 值后，$\overline{b}$ 的方差为

$$s_b^2 = \frac{1}{\dfrac{\displaystyle\sum_{i=1}^{n_1}(x_1 - \overline{x_1})^2}{s_1^2} + \dfrac{\displaystyle\sum_{i=1}^{n_2}(x_{2i} - \overline{x_2})^2}{s_2^2}} \tag{11-121}$$

由于 b' 和 $\overline{b}$ 分别是两条回归线重合和平行的共同斜率，要检验截距 a_1 和 a_2 间差异是否显著，只需检验 b' 和 $\overline{b}$ 间是否存在显著差异即可，如果两个 b 值间无显著差异，则两个 a 值间也无显著差异。相应的统计量为：

$$u = \frac{b' - \overline{b}}{\sigma_{(b'-\overline{b})}} \tag{11-122}$$

式中 $\sigma_{(b'-\overline{b})}$ 可以用 $s_{(b'-\overline{b})}$ 替代。b' 和 $\overline{b}$ 之差的方差计算公式为：

$$s_{(b'-\overline{b})}^2 = \frac{1}{(\overline{x_1} - \overline{x_1})^2}\left(\frac{s_1^2}{n_1} + \frac{s_2^2}{n_2}\right) + \frac{1}{\dfrac{\displaystyle\sum_{i=1}^{n_1}(x_{1i} - \overline{x_1})^2}{s_1^2} + \dfrac{\displaystyle\sum_{i=1}^{n_2}(x_{2i} - \overline{x_2})^2}{s_2^2}} \tag{11-123}$$

用式（11-122）考察时要求两个自由度均大于10，其临界值可查阅表11-6。若 $|u| \leqslant u_{a/2}$，说明 b' 和 $\overline{b}$ 间无显著差异，则 a_1 和 a_2 也无显著差异。反之，则 b' 和 $\overline{b}$ 差异明显。

二、一元非线性回归

在分析测试过程中也常遇到自变量与因变量之间呈非线性关系的，如指数、对数关系等。这些非线性关系只要适当变换后也能转换成线性关系，从而按一元线性回归分析处理之。只是在相关性检验时，剩余变差平方和的计算方法为：

$$Q_e = \sum_{i=1}^{n}(y_i - \overline{y}_i)^2 \tag{11-124}$$

各类非线性函数转换情况见表 11-22。

表 11-22 一些常见曲线形状的函数关系及线性化处理

曲线类型	曲线形状	函数关系式	变换方法	线性化关系式
对数曲线		$y = a + b\lg x$	令 $X = \lg x$	$y = a + bX$

曲线类型	曲线形状	函数关系式	变换方法	线性化关系式
双曲线		$\dfrac{1}{y}=a+\dfrac{b}{x}$	令 $Y=\dfrac{1}{y}$ $X=\dfrac{1}{x}$	$Y=a+bX$
指数函数		$y=a\,e^{bx}$ (b 或 $-b$) $\ln y=\ln a+bx$	令 $Y=\ln y$ $a'=\ln a$	$Y=a'+bx$
S形曲线		$y=\dfrac{1}{a+b\mathrm{e}^{-x}}$ 或 $\dfrac{1}{y}=a+b\mathrm{e}^{-x}$	令 $Y=\dfrac{1}{y}$ $X=\mathrm{e}^{-x}$	$Y=a+bX$
指数函数		$y=a\mathrm{e}^{b/x}$ (b 或 $-b$), 取对数 $\ln y=\ln a$ $+\dfrac{b}{x}$	令 $Y=\ln y$ $a'=\ln a$ $X=\dfrac{1}{x}$	$Y=a'+bX$
幂函数		$y=ax^{b}$ ($b>0$) 取对数 $\lg y=\lg a+b\lg x$	令 $Y=\lg y$ $X=\lg x$ $a'=\lg a$	$Y=a'+bX$

三、多元线性回归

（一）回归方程的建立

在实际工作中，多因一果的现象并不鲜见，如多波长多组分同时测定时，遵循光吸收的加和性原理，总吸光度与各组分浓度之间就是一种线性加和的关系。多元线性回归分析可以解决这样的问题。与一元线性回归相比，多元线性回归处理中的自变量多了，计算也必然要繁复多了。

如果一个因变量 Y 与 m 个自变量 x_1，x_2，$\cdots$，x_m 之间存在线性关系，则 m 元线性回归方程的一般形式为：

$$Y=b_0+b_1x_1+b_2x_2+\cdots+b_mx_m \tag{11-125}$$

式中，b_0 为常数项；b_1，b_2，$\cdots$，b_m 为偏回归系数。假如在各因素不同水平下进行了 n 次试验，所获数据见表 11-23，所得结果为：

$$y_1 = b_0 + b_1 x_{11} + b_2 x_{12} + \cdots + b_m x_{1m}$$
$$y_2 = b_0 + b_1 x_{21} + b_2 x_{22} + \cdots + b_m x_{2m}$$
$$\vdots$$
$$y_n = b_0 + b_1 x_{n1} + b_2 x_{n2} + \cdots + b_m x_{nm}$$

应用最小二乘法，选择合适的 b_0，b_1，b_2，$\cdots$，b_m，使测定值 y_k 与回归值 Y_k 的变差平方和 Q 达到最小，需要满足的条件为

表 11-23　多元回归试验数据

试验号	因　　素 x_1，x_2，$\cdots$，x_m	y
1	x_{11}，x_{12}，$\cdots$，x_{1m}	y_1
2	x_{21}，x_{22}，$\cdots$，x_{2m}	y_2
$\vdots$	$\vdots$	$\vdots$
n	x_{n1}，x_{n2}，$\cdots$，x_{nm}	y_n

$$Q = \sum_{k=1}^{n} (y_k - Y_k)^2 = \sum_{k=1}^{n} [y_k - (b_0 + b_1 x_{k1} + b_2 x_{k2} + \cdots + b_m x_{km})]^2$$
$$(k = 1, 2, \cdots, n) \tag{11-126}$$

$$\begin{cases} \dfrac{\partial}{\partial b_0} Q = -2 \sum_{k=1}^{n} (y_k - Y_k) = 0 \\ \dfrac{\partial}{\partial b_j} Q = -2 \sum_{k=1}^{n} (y_k - Y_k) x_{kj} = 0 \qquad (j = 1, 2, \cdots, m) \end{cases} \tag{11-127}$$

把式(11-125)代入

$$\begin{cases} \sum_{k}^{n} [y_k - (b_0 + b_1 x_{k1} + b_2 x_{k2} + \cdots + b_m x_{km})] = 0 \\ \sum_{k}^{n} [y_k - (b_0 + b_1 x_{k1} + b_2 x_{k2} + \cdots + b_m x_{km})] x_{kj} = 0 \end{cases} \tag{11-128}$$

式(11-127)称为正规方程组，可以进一步转化为：

$$\begin{cases} N b_0 + b_1 \sum_{k} x_{k1} + b_2 \sum_{k} x_{k2} + \cdots + b_m \sum_{k} x_{km} = \sum_{k} y_k \\ b_0 \sum_{k} x_{k1} + b_1 \sum_{k} x_{k1}^2 + b_2 \sum_{k} x_{k1} x_{k2} + \cdots + b_m \sum_{k} x_{k1} x_{km} = \sum_{k} x_{k1} y_k \\ b_0 \sum_{k} x_{k2} + b_1 \sum_{k} x_{k2} x_{k1} + b_2 \sum_{k} x_{k2}^2 + \cdots + b_m \sum_{k} x_{k2} x_{km} = \sum_{k} x_{k2} y_k \\ \vdots \\ b_0 \sum_{k} x_{km} + b_1 \sum_{k} x_{km} x_{k1} + b_2 \sum_{k} x_{km} x_{k2} + \cdots + b_m \sum_{k} x_{km}^2 = \sum_{k} x_{km} y_k \end{cases}$$

正规方程组的系数是对称矩阵，若用 A 表示，则 $A = X'X$：

$$A = \begin{pmatrix} N & \sum_{k} x_{a1} & \sum_{k} x_{a2} & \cdots & \sum_{k} x_{am} \\ \sum_{k} x_{k1} & \sum_{k} x_{k1}^2 & \sum_{k} x_{k1} x_{k2} & \cdots & \sum_{k} x_{a1} x_{km} \\ \sum_{k} x_{k2} & \sum_{k} x_{k1} x_{k2} & \sum_{k} x_{k2}^2 & \cdots & \sum_{k} x_{k2} x_{km} \\ \vdots & \vdots & \vdots & & \vdots \\ \sum_{k} x_{km} & \sum_{k} x_{k1} x_{km} & \sum_{k} x_{k2} x_{km} & \cdots & \sum_{k} x_{km}^2 \end{pmatrix}$$

$$= \begin{pmatrix} 1 & 1 & 1 & \cdots & 1 \\ x_{11} & x_{21} & x_{31} & \cdots & x_{N1} \\ x_{12} & x_{22} & x_{32} & \cdots & x_{N2} \\ \vdots & \vdots & \vdots & & \vdots \\ x_{1m} & x_{2m} & x_{3m} & \cdots & x_{Nm} \end{pmatrix} \begin{pmatrix} 1 & x_{11} & x_{12} & \cdots & x_{1m} \\ 1 & x_{21} & x_{22} & \cdots & x_{2m} \\ 1 & x_{31} & x_{32} & \cdots & x_{3m} \\ \vdots & \vdots & \vdots & & \vdots \\ 1 & x_{N1} & x_{N2} & \cdots & x_{Nm} \end{pmatrix} = X'X$$

同理，常数项矩阵 B 也可以表示为：

$$B = \begin{pmatrix} \sum\limits_k y_k \\ \sum\limits_k x_{k1}y_k \\ \sum\limits_k x_{k2}y_k \\ \vdots \\ \sum\limits_k x_{km}y_k \end{pmatrix} = \begin{pmatrix} 1 & 1 & 1 & \cdots & 1 \\ x_{11} & x_{21} & x_{31} & \cdots & x_{N1} \\ x_{12} & x_{22} & x_{32} & \cdots & x_{N2} \\ \vdots & \vdots & \vdots & & \vdots \\ x_{1m} & x_{2m} & x_{3m} & \cdots & x_{Nm} \end{pmatrix} \begin{pmatrix} y_1 \\ y_2 \\ y_3 \\ \vdots \\ y_N \end{pmatrix} = X'Y$$

因而，正规方程的矩阵表示形式为：

$$(X'Y)b = X'Y \quad 或 \quad Ab = B \tag{11-129}$$

其中

$$b = \begin{pmatrix} b_0 \\ b_1 \\ b_2 \\ \vdots \\ b_m \end{pmatrix} \tag{11-130}$$

是正规方程中的未知数。而在系数矩阵 A 满秩条件下，A 为逆矩阵 A^{-1} 的存在，则：

$$b = A^{-1}B = (X'X)^{-1}X'Y \tag{11-131}$$

只需求出逆矩阵 A^{-1}，就可求出回归系数。假如设：

$$C = A^{-1} = (C_{ij}) = \begin{pmatrix} C_{00} & C_{01} & C_{02} & \cdots & C_{0m} \\ C_{10} & C_{11} & C_{12} & \cdots & C_{1m} \\ C_{20} & C_{21} & C_{22} & \cdots & C_{2m} \\ \vdots & \vdots & \vdots & & \vdots \\ C_{m0} & C_{m1} & C_{m2} & \cdots & C_{mm} \end{pmatrix}, B = \begin{pmatrix} B_0 \\ B_1 \\ B_2 \\ \vdots \\ B_m \end{pmatrix}$$

则由正规方程求出的解可以表示为：

$$b_i = C_{i0}B_0 + C_{i1}B_1 + C_{i3}B_3 + \cdots + C_{im}B_m \quad (i = 0,1,2,\cdots,m) \tag{11-132}$$

具体求系数矩阵 A 的逆矩阵的方法可参考线性代数方面的书籍。

在处理这类方程过程中，如分光光度法多组分同时测定的实验中，由于因变量 Y（吸光度 A 值）不大，自变量（浓度 c，不大于 10^{-4}）的值很小，而系数项（摩尔吸光系数 ε 值，不小于

10^4)却相对很大,所得方程往往是"病态"的,需要格外注意。

(二)回归方程的显著性检验

1. 多元回归方程的线性检验

采用 F 检验处理变量 Y 与 m 各自变量之间的线性相关性检验,检验的原假设为:$b_1 = b_2 = \cdots = b_m = 0$,则统计量为:

$$F = \frac{Q_回/m}{Q_余/(n-m-1)} = \frac{Q_回}{Q_余} \times \frac{(n-m-1)}{m} \tag{11-133}$$

式中,$Q_回$ 和 $Q_余$ 分别为回归平方和与剩余平方和。根据方差分析原理,多元线性回归因变量的总均差平方和可以分解为回归平方和与剩余平方和:

$$Q_总 = Q_回 + Q_余 \tag{11-134}$$

$$Q_总 = \sum_{i=1}^{n}(y_i - \bar{y})^2 = \sum_{i=1}^{n}y_i^2 - \frac{\left(\sum\limits_{i=1}^{n}y_i\right)^2}{N}; f_T = N-1 \tag{11-135}$$

$$Q_回 = \sum_{i=1}^{n}(Y_i - \bar{y})^2 = b'B - \frac{\left(\sum\limits_{i=1}^{n}y_i\right)^2}{N}; f_回 = m \tag{11-136}$$

$$Q_余 = \sum_{i=1}^{n}(y_i - Y_i)^2 = \sum_{i=1}^{n}y_i^2 - \sum_{j=0}^{m}b_jB_j; f_余 = N-m-1 \tag{11-137}$$

由此得出的方差分析表见表 11-24。

表 11-24　多元线性回归方差分析

平方和来源	平方和	自由度	均方和	F 值	$F_{\alpha,f_回,f_余}$
回归	$Q_回 = \sum\limits_{i=1}^{n}(Y_i - \bar{y})^2 = \sum\limits_{j=0}^{m}b_jB_j$	$f_回 = m$	$s_回^2 = \dfrac{Q_回}{f_回}$	$F = \dfrac{s_回^2}{s_余^2}$	
剩余	$Q_余 = \sum\limits_{i=1}^{n}(y_i - Y_i)^2 = Q_总 - Q_回$	$f_余 = N-m-1$	$s_余^2 = \dfrac{Q_余}{f_余}$		
总和	$Q_总 = \sum\limits_{i=1}^{n}y_i^2 - \dfrac{1}{N}\left(\sum\limits_{i=1}^{n}y_i\right)^2$	$f_T = N-1$			

2. 偏回归系数的显著性检验

如果在上面的检验中原假设不成立,即 y 与 x_j 具有线性关系时,需进一步检验因变量 Y 与每一个自变量 x_j 之间是均有还是部分有线性关系。故需对每个偏回归系数都进行检验。提出的原假设是:$B_i = 0$。采用 t 检验法处理:

$$t_j = \frac{b_j}{\sqrt{C_{jj} \cdot Q_余/(N-m-1)}} = \frac{b_j}{s_{Y \cdot 12\cdots m}\sqrt{C_{jj}}}; \qquad j = 1, 2, \cdots, m \tag{11-138}$$

式中的 $s_{Y \cdot 12\cdots m} = \sqrt{Q_余/(N-m-1)}$,是多元线性回归方程的剩余标准偏差,$C_{jj}$ 是 A 的逆矩阵 C 中主对角线上第 j 列的元素。

在按式(11-138)计算所得 m 个 t_j 中,凡小于相应条件之临界值(t 分布表)的,表示相应的 x_i 与因变量之间无线性关系,应从方程中剔除。然后重新建立新的回归方程,再对新的回归系数逐个进行检验，直到剩余的回归系数都呈显著关系。

也可借助 F 检验进行回归系数的显著性检验，统计量为：

$$F_j = \frac{b_j^2/C_{jj}}{Q_{\text{余}}/(N-m-1)} \tag{11-139}$$

式中符号意义同式（11-139）。如果检验值小于相应条件的临界值，可认为相应的偏回归系数不显著，然后处理模式与 t 检验相同。

第十二章　分析测试数据的统计检验

由于实验误差的不可避免，就有可能会出现一些偏差较大的数据，呈现具有一定离散性的分布。因而有必要检验所测得的实验数据是否全部合理、评判不同操作者（或实验室）或不同分析方法的测定结果之间是否存在系统误差等，这都需要通过统计检验方法对实验数据进行评价与检验。

第一节　测试数据分布类型的检验

分析测试数据的分布通常有 3 种类型：正态分布、对数正态分布和偏态分布。通常以正态分布为主，痕量分析数据有时呈对数正态分布。以下方法可理清数据分布的规律。

一、直方图

对一组测量值（$n \geqslant 100$）制作直方图的步骤为：

① 找出测量值中的最大值和最小值，求出极差 R；

② 根据样本大小分组，确定合适的组距 Δx；

③ 确定分组边界值和组中值；

④ 确定各组的频数（n_i）、频率（n_i/n）和相对频率 $[n_i/(n\Delta x)]$；

⑤ 以组距为横坐标，相对频率为纵坐标作直方图。

例：碘量法测定某铜合金样品中铜含量的 110 个实验数据见表 12-1（1），要求以直方图表示数据的分布。

最小和最大数据分别是 59.88 和 61.83，极差 1.95；分 10 组，组距 0.2；边界值上扩 0.005，下扩 0.045（合计 0.05，加上极差后等于 $10\Delta x$）；数出各组的频数（n_i）、频率（n_i/n）和相对频率 $[n_i/(n\Delta x)]$，见表 12-1（2），绘制的直方图见图 12-1。

表 12-1（1）　铜含量（质量分数）测量数据　单位：%

60.04	60.90	61.58	60.55	60.17
61.22	59.88	60.22	61.00	60.57
60.37	60.77	60.54	61.31	60.62
61.25	61.17	60.92	61.07	61.12
60.86	60.64	60.63	60.65	60.65
60.64	60.41	60.58	60.70	60.47
61.02	61.25	60.42	61.31	61.83
61.20	61.30	60.25	60.32	60.98
60.76	60.97	60.53	60.64	60.76
60.82	60.65	60.42	60.77	61.14
60.46	61.52	61.41	60.76	60.89
60.74	61.06	60.37	60.38	59.98
60.50	60.76	60.35	60.12	60.91
60.53	60.94	60.70	60.77	60.33
61.05	61.10	60.40	61.62	61.01
60.58	60.63	60.92	60.80	60.61
60.59	60.57	60.62	60.58	60.57
61.15	61.04	61.06	61.03	61.00
60.65	60.63	60.76	60.99	60.92
60.76	60.66	60.78	60.43	60.92
61.38	60.14	60.83	60.81	60.97
60.54	60.83	60.99	60.90	60.07

表 12-1（2）　频数分布

组序	分组	n_i	$\dfrac{n_i}{n}$	$\dfrac{n_i}{n\Delta x}$
1	59.835~60.035	2	0.018	0.090
2	60.035~60.235	5	0.046	0.230
3	60.235~60.435	11	0.100	0.500
4	60.435~60.635	22	0.200	1.000
5	60.635~60.835	26	0.236	1.180
6	60.835~61.035	20	0.182	0.910
7	61.035~61.235	13	0.118	0.590
8	61.235~61.435	7	0.064	0.320
9	61.435~61.635	3	0.027	0.135
10	61.635~61.835	1	0.009	0.045
Σ		110	1	

由图可知，所有矩形面积之和等于频率的总和：

$$s_{总} = \sum s_i = \sum \frac{n_i}{n\Delta x} = \frac{\sum n_i}{n} = 1 \quad (12\text{-}1)$$

当样本无限增多，且组距无限小时，直方图趋向于平滑的正态分布曲线（图 12-1），故可初步判定分析测试数据的分布状态。

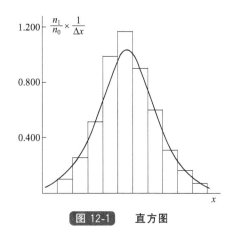

图 12-1　直方图

二、正态概率图示检验法

对于标准正态分布，其累计分布函数为：

$$\Phi(u) = \frac{1}{\sqrt{2\pi}} \int_{-\infty}^{u} \exp\left(-\frac{1}{2}u^2\right) du \quad (12\text{-}2)$$

当 u 线性地等距离变化时，式（12-2）可以分别求得 u 从…，-3，-2，-1，0，1，2，3，…时的值，正相当于标准正态分布的概率值。把概率值对 u 作图可得如图 12-2 所示的正态分布累计分布函数曲线。如果改变坐标系，还可得到线性的累计函数分布曲线（图 12-3）。

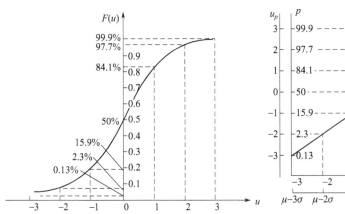

图 12-2　标准正态分布累计分布函数曲线

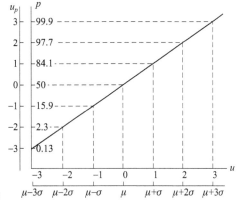

图 12-3　变坐标后的累计分布函数曲线

如果有专用的正态概率绘图纸，可用下列步骤检验实验所得数据是否符合正态分布：
① 将样本数据按从小到大顺序排列；
② 按式（12-3）计算样本数据的 $p(x_i)$ 值：

$$p(x_i) = \frac{i - 0.3}{n + 0.4} \quad (12\text{-}3)$$

③ 在概率纸上描点 $[x_i, p(x_i)]$，$i = 1, 2, \cdots, n$。
如果这些点近似呈线性，则该组样本测定值服从正态分布。

三、χ^2 分布类型检验法

该检验法是先提出一个假设（假设样本所属总体是正态分布的），而后据此求出相应样本的理论频数，并与实际样本频数进行比较。两者能相吻合的，则假设正确，反之，样本不呈正态分布。

对随机变量 x 进行 n 次测定，将测定值分置于任意选择的大小不等的间隔 t_1，t_2，…，t_k 内，用 u_i 表示落在间隔 t_i 内的频数（第 i 组的实际样本数）。然后求出观察值落在间隔内的概率 p_1，p_2，…，p_k，并计算出理论预期频数（$v_i' = np_i$）。此时的检验统计量：

$$\chi^2 = \sum_{i=1}^{k} \frac{(\nu_i - \nu_i')^2}{\nu_i'} = \sum_{i=1}^{k} \frac{(\nu_i - np_i)^2}{np_i} \tag{12-4}$$

式中，k 为样本分组组数，计算式为：

$$k = 1.52(n-1)^{2/5} \tag{12-5}$$

其中 n 为样本容量，当 $n > 50$ 时，χ^2 值近似地服从自由度 $f = k - r - 1$（r 为被估计参数的个数，一般 $r \geqslant 2$）的分布。在约定的显著性水平 α 下，χ^2 计算值大于 χ^2 临界值（见表 11-7），则样本不符合正态分布，反之则符合。

四、Shapiro-Wilk 检验法

夏皮罗-威尔克检验法（Shapiro-Wilk test）是一种正态性检验法，利用概率回归直线的斜率建立统计量进行假设检验，是工程中常用的检验法，适用于等精度观测数列是否符合正态分布的检验。对不等精度的观察列的修正，可参见文献[1]。

该检验法所用的统计量：

$$W = \frac{\left[\sum_{i=1}^{k} C_{i,n}(x_{n-i+1} - \overline{x}_i) \right]^2}{\sum_{i=1}^{n}(x_i - \overline{x})} \quad (i = 1, 2, \cdots, n) \tag{12-6}$$

式中，n 是样本容量；i 是将测定值由小到大顺序排列时的次序；$\overline{x}$ 为 n 个样本值的平均值；k 是与 n 相关的系数，当 n 为偶数时，$k = n/2$，当 n 为奇数时，$k = (n-1)/2$；$C_{i,n}$ 是与 n 和 i 有关的系数，可由表 12-2 查得。

式（12-6）中的分母是样本差方和，分子是样本值排序后两个相应的样本值之差乘上权重系数后的总和的平方。如果样本不是来自于正态分布的总体，则样本的分布必然是不对称的，当分母变大时 W 值将趋向变小。不对称度越大，W 值越小。在约定的显著性 α 水平下，计算值大于等于相应 α 与 n 时的临界值（表 12-3），则有 $1-\alpha$ 的置信度认为样本值来自正态总体。反之则不符合。

表 12-2 夏皮罗-威尔克检验法的 $C_{i,n}$ 系数

i \ n	2	3	4	5	6	7	8	9	10
1	0.7071	0.7071	0.6872	0.6646	0.6431	0.6233	0.6052	0.5888	0.5739
2	—	0.0000	0.1677	0.2413	0.2806	0.3031	0.3164	0.3244	0.3291
3	—	—	—	0.0000	0.0875	0.1401	0.1743	0.1976	0.2141
4	—	—	—	—	—	0.0000	0.0561	0.0947	0.1224
5	—	—	—	—	—	—	—	0.0000	0.0399

i \ n	11	12	13	14	15	16	17	18	19	20
1	0.5601	0.5475	0.5359	0.5251	0.5150	0.5056	0.4968	0.4886	0.4808	0.4734
2	0.3315	0.3325	0.3325	0.3318	0.3306	0.3290	0.3273	0.3253	0.3232	0.3211
3	0.2260	0.2347	0.2412	0.2460	0.2495	0.2521	0.2540	0.2553	0.2561	0.2565
4	0.1429	0.1586	0.1707	0.1802	0.1878	0.1939	0.1988	0.2027	0.2059	0.2085
5	0.0695	0.0922	0.1099	0.1240	0.1353	0.1447	0.1524	0.1587	0.1641	0.1686
6	0.0000	0.0303	0.0539	0.0727	0.0880	0.1005	0.1109	0.1197	0.1271	0.1334
7	—	—	0.0000	0.0240	0.0433	0.0593	0.0725	0.0837	0.0932	0.1013
8	—	—	—	0.0000	0.0196	0.0359	0.0496	0.0612	0.0711
9	—	—	—	—	—	0.0000	0.0163	0.0303	0.0422
10	—	—	—	—	—	—	—	0.0000	0.0140

---

[1] 方涛，姚应生. 夏皮罗-威尔克方法对不等精度观测列正态性的检验. 矿山测量，1990（2）。

续表

i \ n	21	22	23	24	25	26	27	28	29	30
1	0.4643	0.4590	0.4542	0.4493	0.4450	0.4407	0.4366	0.4328	0.4291	0.4254
2	0.3185	0.3156	0.3136	0.3098	0.3069	0.3043	0.3018	0.2992	0.2968	0.2944
3	0.2578	0.2571	0.2563	0.2554	0.2543	0.2533	0.2522	0.2510	0.2499	0.2487
4	0.2119	0.2131	0.2139	0.2145	0.2148	0.2151	0.2152	0.2151	0.2150	0.2148
5	0.1736	0.1764	0.1787	0.1807	0.1822	0.1836	0.1848	0.1857	0.1864	0.1870
6	0.1399	0.1443	0.1480	0.1512	0.1539	0.1563	0.1584	0.1601	0.1616	0.1630
7	0.1092	0.1150	0.1201	0.1245	0.1283	0.1316	0.1346	0.1372	0.1395	0.1415
8	0.0804	0.0878	0.0941	0.0997	0.1046	0.1089	0.1128	0.1162	0.1192	0.1219
9	0.0530	0.0618	0.0696	0.0764	0.0823	0.0876	0.0923	0.0965	0.1002	0.1036
10	0.0263	0.0368	0.0459	0.0539	0.0610	0.0672	0.0728	0.0778	0.0822	0.0862
11	0.0000	0.0122	0.0228	0.0321	0.0403	0.0476	0.0540	0.0598	0.0650	0.0697
12	—	—	0.0000	0.0107	0.0200	0.0284	0.0358	0.0424	0.0483	0.0537
13	—	—	—	—	0.0000	0.0094	0.0178	0.0253	0.0320	0.0381
14	—	—	—	—	—	—	0.0000	0.0084	0.0159	0.0227
15	—	—	—	—	—	—	—	—	0.0000	0.0076

i \ n	31	32	33	34	35	36	37	38	39	40
1	0.4220	0.4188	0.4156	0.4127	0.4096	0.4068	0.4040	0.4015	0.3989	0.3964
2	0.2921	0.2898	0.2876	0.2854	0.2834	0.2813	0.2794	0.2774	0.2755	0.2737
3	0.2475	0.2463	0.2451	0.2439	0.2427	0.2415	0.2403	0.2391	0.2380	0.2368
4	0.2145	0.2141	0.2137	0.2132	0.2127	0.2121	0.2116	0.2110	0.2104	0.2098
5	0.1874	0.1878	0.1880	0.1882	0.1883	0.1883	0.1883	0.1881	0.1880	0.1878
6	0.1641	0.1651	0.1660	0.1667	0.1673	0.1678	0.1683	0.1686	0.1689	0.1691
7	0.1433	0.1449	0.1463	0.1475	0.1487	0.1496	0.1505	0.1513	0.1520	0.1526
8	0.1243	0.1265	0.1284	0.1301	0.1317	0.1331	0.1344	0.1356	0.1366	0.1376
9	0.1066	0.1093	0.1118	0.1140	0.1160	0.1179	0.1196	0.1211	0.1225	0.1237
10	0.0899	0.0931	0.0961	0.0988	0.1013	0.1036	0.1056	0.1075	0.1092	0.1108
11	0.0739	0.0777	0.0812	0.0844	0.0873	0.0900	0.0924	0.0947	0.0967	0.0986
12	0.0585	0.0629	0.0669	0.0706	0.0739	0.0770	0.0798	0.0824	0.0848	0.0870
13	0.0435	0.0485	0.0530	0.0572	0.0610	0.0645	0.0677	0.0706	0.0733	0.0759
14	0.0289	0.0344	0.0395	0.0441	0.0484	0.0523	0.0559	0.0592	0.0622	0.0651
15	0.0144	0.0206	0.0262	0.0314	0.0361	0.0404	0.0444	0.0481	0.0515	0.0546
16	0.0000	0.0068	0.0131	0.0187	0.0239	0.0237	0.0331	0.0372	0.0409	0.0444
17	—	—	0.0000	0.0062	0.0119	0.0172	0.0220	0.0264	0.0305	0.0343
18	—	—	—	—	0.0000	0.0057	0.0110	0.0158	0.0203	0.0244
19	—	—	—	—	—	—	0.0000	0.0053	0.0101	0.0146
20	—	—	—	—	—	—	—	—	0.0000	0.0049

i \ n	41	42	43	44	45	46	47	48	49	50
1	0.3940	0.3917	0.3894	0.3872	0.3850	0.3830	0.3808	0.3789	0.3770	0.3751
2	0.2719	0.2701	0.2684	0.2667	0.2651	0.2635	0.2620	0.2604	0.2589	0.2574
3	0.2357	0.2345	0.2334	0.2323	0.2313	0.2302	0.2291	0.2281	0.2271	0.2260
4	0.2091	0.2085	0.2078	0.2072	0.2065	0.2058	0.2052	0.2045	0.2038	0.2032
5	0.1876	0.1874	0.1871	0.1868	0.1865	0.1862	0.1859	0.1855	0.1851	0.1847
6	0.1693	0.1694	0.1695	0.1695	0.1695	0.1695	0.1695	0.1693	0.1692	0.1691
7	0.1531	0.1535	0.1539	0.1542	0.1545	0.1548	0.1550	0.1551	0.1553	0.1554
8	0.1384	0.1392	0.1398	0.1405	0.1410	0.1415	0.1420	0.1423	0.1427	0.1430

i \ n	21	22	23	24	25	26	27	28	29	30
9	0.1249	0.1259	0.1269	0.1278	0.1286	0.1293	0.1300	0.1306	0.1312	0.1317
10	0.1123	0.1136	0.1149	0.1160	0.1170	0.1180	0.1189	0.1197	0.1205	0.1212
11	0.1004	0.1020	0.1035	0.1049	0.1062	0.1073	0.1085	0.1095	0.1105	0.1113
12	0.0891	0.0909	0.0927	0.0943	0.0959	0.0972	0.0986	0.0998	0.1010	0.1020
13	0.0782	0.0804	0.0824	0.0842	0.0860	0.0876	0.0892	0.0906	0.0919	0.0932
14	0.0677	0.0701	0.0724	0.0745	0.0765	0.0783	0.0801	0.0817	0.0832	0.0846
15	0.0575	0.0602	0.0628	0.0651	0.0673	0.0694	0.0713	0.0731	0.0748	0.0764
16	0.0476	0.0506	0.0534	0.0560	0.0584	0.0607	0.0628	0.0648	0.0667	0.0685
17	0.0379	0.0411	0.0442	0.0471	0.0497	0.0522	0.0546	0.0568	0.0588	0.0608
18	0.0283	0.0318	0.0352	0.0383	0.0412	0.0439	0.0465	0.0489	0.0511	0.0532
19	0.0188	0.0227	0.0263	0.0296	0.0328	0.0357	0.0385	0.0411	0.0436	0.0459
20	0.0094	0.0136	0.0175	0.0211	0.0245	0.0277	0.0307	0.0335	0.0361	0.0386
21	0.0000	0.0045	0.0087	0.0126	0.0163	0.0197	0.0229	0.0259	0.0288	0.0314
22	—	—	0.0000	0.0042	0.0081	0.0118	0.0153	0.0185	0.0215	0.0244
23	—	—	—	—	0.0000	0.0039	0.0076	0.0111	0.0143	0.0174
24	—	—	—	—	—	—	0.0000	0.0037	0.0071	0.0104
25	—	—	—	—	—	—	—	—	0.0000	0.0035

表 12-3 夏皮罗-威尔克检验临界值 $W_{\alpha,n}$

n \ α	1%	2%	5%	10%	50%	n \ α	1%	2%	5%	10%	50%
3	0.753	0.756	0.767	0.789	0.959	27	0.894	0.906	0.923	0.935	0.965
4	0.687	0.707	0.748	0.792	0.935	28	0.896	0.908	0.924	0.936	0.966
5	0.686	0.715	0.762	0.806	0.927	29	0.898	0.910	0.926	0.937	0.966
6	0.713	0.743	0.788	0.826	0.927	30	0.900	0.912	0.927	0.939	0.967
7	0.730	0.760	0.803	0.838	0.928	31	0.902	0.914	0.929	0.940	0.967
8	0.749	0.778	0.818	0.851	0.932	32	0.904	0.915	0.930	0.941	0.968
9	0.764	0.791	0.829	0.859	0.935	33	0.906	0.917	0.931	0.942	0.968
10	0.781	0.806	0.842	0.859	0.938	34	0.908	0.919	0.933	0.943	0.969
11	0.792	0.817	0.850	0.876	0.940	35	0.910	0.920	0.934	0.944	0.969
12	0.805	0.828	0.859	0.883	0.943	36	0.912	0.922	0.935	0.945	0.970
13	0.814	0.837	0.866	0.889	0.945	37	0.914	0.924	0.936	0.946	0.970
14	0.825	0.846	0.874	0.895	0.947	38	0.916	0.925	0.938	0.947	0.971
15	0.835	0.855	0.881	0.901	0.950	39	0.917	0.927	0.939	0.948	0.971
16	0.844	0.863	0.887	0.906	0.952	40	0.919	0.928	0.940	0.949	0.972
17	0.851	0.869	0.892	0.910	0.954	41	0.920	0.929	0.941	0.950	0.972
18	0.858	0.874	0.897	0.914	0.956	42	0.922	0.930	0.942	0.951	0.972
19	0.863	0.879	0.901	0.917	0.957	43	0.923	0.932	0.943	0.951	0.973
20	0.868	0.884	0.905	0.920	0.959	44	0.924	0.933	0.944	0.952	0.973
21	0.873	0.888	0.908	0.923	0.960	45	0.926	0.934	0.945	0.953	0.973
22	0.878	0.892	0.911	0.926	0.961	46	0.927	0.935	0.945	0.953	0.974
23	0.881	0.895	0.914	0.928	0.962	47	0.928	0.936	0.946	0.954	0.974
24	0.884	0.898	0.916	0.930	0.963	48	0.929	0.937	0.947	0.954	0.974
25	0.888	0.901	0.918	0.931	0.964	49	0.929	0.937	0.947	0.955	0.974
26	0.891	0.904	0.920	0.933	0.965	50	0.930	0.938	0.947	0.955	0.974

五、偏度-峰度检验法

正态分布曲线的特征是以平均值为中心左右对称，曲线的高度和宽度受平均值和标准偏差的制约。检验这两个指标的偏离情况也可判断样本值是否来源于正态分布的总体。

以 C_s 和 C_e 分别代表正态分布函数的偏度和峰度：

$$C_s = \frac{\dfrac{1}{n}\sum_{i=1}^{n}(x_i - \overline{x})^3}{s^3} \tag{12-7}$$

$$C_e = \frac{\dfrac{1}{n}\sum\limits_{i=1}^{n}(x_i - \overline{x})^4}{s^4} \tag{12-8}$$

式中，n、x_i、$\overline{x}$ 和 s 分别为样本的容量、第 i 个样本值、样本平均值和样本标准偏差。

在理论上，正态分布的 $C_s = 0$，$C_e = 3$。如果样本为非正态分布，曲线分布不对称，$C_s \neq 0$（$C_s < 0$ 曲线左偏，$C_s > 0$ 曲线右偏），同时曲线峰高也会偏离，即 C_e 偏离。偏离程度以峰度-偏度检验的临界值（表 12-4）为判断依据。

判断准则：

① 若 $|C_s| < C_s(\alpha, n)$，且 $C_e(\alpha_下, n) < C_e < C_e(\alpha_上, n)$，可认为样本服从正态分布；

② 若 $|C_s| > C_s(\alpha, n)$，或 $C_e > C_e(\alpha_上, n)$，或 $C_e < C_e(\alpha_下, n)$，可认为样本为非正态分布。

表 12-4　峰度-偏度检验的分位数

α \ n	偏度 C_s		峰度 C_e			
			0.05		0.01	
	0.05	0.01	下限	上限	下限	上限
8	0.99	1.42	2.80	3.70	1.47	4.53
9	0.97	1.41	2.14	3.86	1.18	4.82
10	0.95	1.39	2.05	3.95	1.00	5.00
12	0.91	1.34	1.95	4.05	0.80	5.20
15	0.85	1.26	1.87	4.13	0.68	5.32
20	0.77	1.15	1.83	4.17	0.64	5.36
25	0.71	1.06	1.84	4.16	0.70	5.30
30	0.66	0.98	1.89	4.11	0.79	5.21
35	0.62	0.92	1.90	4.10	0.87	5.13
40	0.59	0.87	1.94	4.06	0.96	5.04
45	0.56	0.82	2.00	4.00	1.06	4.94
50	0.53	0.79	2.01	3.99	1.12	4.88
60	0.49	0.72	2.06	3.94	1.22	4.78
70	0.46	0.67	2.11	3.89	1.32	4.68
80	0.43	0.63	2.15	3.85	1.42	4.58
90	0.41	0.60	2.19	3.81	1.52	4.48
100	0.39	0.57	2.23	3.77	1.61	4.39

第二节　离群数据的检验

在对同一样本进行的一组测量中，所出现的少数与其他测量值相差较大的测量值称为离群值或可疑值。如果不能确定是因过失而造成，该离群值就不能随意舍弃，而必须经过统计检验后决定弃留。

检验离群值的方法是：先假定被检验的一组测量值来源于同一正态总体，给定一个合理的显著性水平 α，再根据 α 和测量样本数 n 确定一个误差限度（相应的统计检验临界值）。凡是检验离群值的统计量值超过了该临界值，就有 $1-\alpha$ 的置信度认定该离群值不属于随机误差的范围，应以舍弃。用于检验的统计方法有很多。

一、$3s$ 法/$4\overline{d}$ 法

将一组测量值按大小顺序排列，$x_1 \leqslant x_2 \leqslant, \cdots, \leqslant x_n$，如果 x_1 或 x_n 与测量平均值之差的绝对值大于 3 倍标准偏差，即

$$|x_i - \overline{x}| > 3s \qquad \text{或} \qquad |x_n - \overline{x}| > 3s \tag{12-9}$$

则可认为是异常值，应从测量数据组中剔除，反之则保留。因 $\delta = 0.7979\sigma$，即 $3\sigma = 3.760\bar{d}$。虽然少量试验数据的 s 与 $\bar{d}$ 之间不一定存在同样的比例关系，但相差也不太远，所以只要 $|x_i - \bar{x}| > 4\bar{d}$，也可认为该数据可以舍去。当需要较为严格的检验时，可选用 2 倍标准偏差。

此方法适用于大样本测量值的确认。

二、Dicson 法

离群值的狄克松检验法（Dicson 法）的步骤为：

① 将测量值按大小顺序排列，$x_1 \leqslant x_2 \leqslant, \cdots, \leqslant x_n$，设 x_1 或 x_n 为离群值；

② 计算离群值与最邻近数据的差值和数据组的极差值，两者的商为 D 值：

$$D = \frac{x_2 - x_1}{x_n - x_1} \quad \text{或} \quad D = \frac{x_n - x_{n-1}}{x_n - x_1} \tag{12-10}$$

③ 将计算值与临界值（表 12-5）比较，计算值大于或等于临界值的，该数据舍去，否则保留。

在一组测量值中有一个以上异常值时，Dicson 法的功效优于 Grubbs 法，并可用于异常值的连续检验和剔除。

一般分析化学课程教材上介绍的 Q 检验法实际上是 Dicson 法的变异情况，它只考虑少量平行测定的情况，且按双侧检验列出统计量 Q 值表。

表 12-5（1） Dicson 检验法的临界值（单侧）

n	统计量	α			
		0.10	0.05	0.01	0.005
3		0.886	0.941	0.988	0.994
4		0.679	0.765	0.889	0.926
5	$D_{10} = \dfrac{x_n - x_{n-1}}{x_n - x_1}$ 或 $D_{10} = \dfrac{x_2 - x_1}{x_n - x_1}$	0.557	0.642	0.780	0.821
6		0.482	0.560	0.698	0.740
7		0.434	0.507	0.637	0.680
8		0.479	0.554	0.683	0.725
9	$D_{11} = \dfrac{x_n - x_{n-1}}{x_n - x_2}$ 或 $D_{11} = \dfrac{x_2 - x_1}{x_{n-1} - x_1}$	0.441	0.512	0.635	0.677
10		0.409	0.477	0.597	0.639
11		0.517	0.576	0.679	0.713
12	$D_{21} = \dfrac{x_n - x_{n-2}}{x_n - x_2}$ 或 $D_{21} = \dfrac{x_3 - x_1}{x_{n-1} - x_1}$	0.490	0.546	0.642	0.675
13		0.467	0.521	0.615	0.649
14		0.492	0.546	0.641	0.674
15		0.472	0.525	0.616	0.647
16		0.454	0.507	0.595	0.624
17		0.438	0.490	0.577	0.605
18		0.424	0.475	0.561	0.589
19		0.412	0.462	0.547	0.575
20		0.401	0.450	0.535	0.562
21		0.391	0.440	0.524	0.551
22	$D_{22} = \dfrac{x_n - x_{n-2}}{x_n - x_3}$ 或 $D_{22} = \dfrac{x_3 - x_1}{x_{n-2} - x_1}$	0.382	0.430	0.514	0.541
23		0.374	0.421	0.505	0.532
24		0.367	0.413	0.497	0.524
25		0.360	0.406	0.489	0.516
26		0.354	0.399	0.486	0.508
27		0.348	0.393	0.475	0.501
28		0.342	0.387	0.469	0.495
29		0.337	0.381	0.463	0.489
30		0.332	0.376	0.457	0.483

表 12-5 (2) Q 检验之 $Q_{\alpha,n}$ 临界值

n	3	4	5	6	7	8	9	10
$\alpha=0.10$	0.94	0.76	0.64	0.56	0.51	0.47	0.44	0.41
$\alpha=0.05$	0.97	0.84	0.73	0.64	0.59	0.54	0.51	0.49
$\alpha=0.01$	0.99	0.93	0.82	0.74	0.68	0.63	0.60	0.57

三、Grubbs 法

Grubbs 法是在求出一组包括可疑值 x_d 在内的实验数据的平均值 $\overline{x}$ 和标准偏差 s 后，根据式（12-11）、式（12-12）计算出统计量 G 值或 γ 值，而后与相应条件（α，n）下的临界值进行比较，如果计算值大于等于临界值，则该数据舍去，否则保留。Grubbs 检验的临界值见表 12-6，γ 检验的临界值见表 12-7。

$$G = \frac{|x_d - \overline{x}|}{s} \tag{12-11}$$

$$\gamma = \frac{|x_d - \overline{x}|}{s\sqrt{\dfrac{n-1}{n}}} \tag{12-12}$$

表 12-6 Grubbs 检验的临界值 $G_{\alpha,n}$

n	0.90	0.95	0.975	0.99	0.995
3	1.148	1.153	1.155	1.155	1.155
4	1.425	1.463	1.481	1.492	1.496
5	1.602	1.672	1.715	1.749	1.764
6	1.729	1.822	1.887	1.944	1.973
7	1.828	1.938	2.02	2.097	2.139
8	1.909	2.032	2.126	2.221	2.274
9	1.977	2.11	2.215	2.323	2.387
10	2.036	2.176	2.29	2.41	2.482
11	2.088	2.234	2.355	2.485	2.564
12	2.134	2.285	2.412	2.55	2.636
13	2.175	2.331	2.462	2.607	2.699
14	2.213	2.371	2.507	2.659	2.755
15	2.247	2.409	2.549	2.705	2.806
16	2.279	2.443	2.585	2.747	2.852
17	2.309	2.475	2.62	2.785	2.894
18	2.335	2.504	2.651	2.821	2.932
19	2.361	2.532	2.681	2.854	2.968
20	2.385	2.557	2.709	2.884	3.001
21	2.408	2.58	2.733	2.912	3.031
22	2.429	2.603	2.758	2.939	3.06
23	2.448	2.624	2.781	2.963	3.087
24	2.467	2.644	2.802	2.987	3.112
25	2.486	2.663	2.822	3.009	3.135
26	2.502	2.681	2.841	3.029	3.157
27	2.519	2.698	2.859	3.049	3.178
28	2.534	2.714	2.876	3.068	3.199
29	2.549	2.73	2.893	3.085	3.218
30	2.563	2.745	2.908	3.103	3.236

表 12-7 γ 检验的临界值 $\gamma_{\alpha,n}$

n	α		n	α		n	α	
	0.01	0.05		0.01	0.05		0.01	0.05
3	1.414	1.412	10	2.540	2.294	17	2.871	2.551
4	1.732	1.689	11	2.606	2.343	18	2.903	2.577
5	1.955	1.869	12	2.663	2.387	19	2.932	2.600
6	2.130	1.996	13	2.714	2.426	20	2.959	2.623
7	2.265	2.093	14	2.759	2.461	21	2.984	2.644
8	2.374	2.172	15	2.800	2.493	22	3.008	2.664
9	2.464	2.237	16	2.837	2.523	23	3.030	2.683

要注意的是，如果数列一端有两个异常值，则应先检验内侧，此时在计算 $\overline{x}$ 和 s 时应将外侧数据排除。如果可疑值在两侧则判断不分先后，但当确定先判断值需舍去时，必须重新计算平均值与标准偏差。

四、t 检验法

对于离群值 x_d，t 检验法的统计量计算公式为：

$$t_k = \frac{|x_d - \overline{x}|}{s} \tag{12-13}$$

与 Grubbs 法不同的是 t 检验法计算 $\overline{x}$ 和 s 时是将异常值排除在外的。其他处理步骤都与 Grubbs 法相同。t 检验的临界值见表 12-8。

表 12-8 t 检验的临界值 $T_{\alpha,n}$

n	α		n	α		n	α	
	0.01	0.05		0.01	0.05		0.01	0.05
4	11.46	4.97	13	3.23	2.29	22	2.91	2.14
5	6.53	3.56	14	3.17	2.26	23	2.90	2.13
6	5.04	3.04	15	3.12	2.24	24	2.88	2.12
7	4.36	2.78	16	3.08	2.22	25	2.86	2.11
8	3.96	2.62	17	3.04	2.20	26	2.85	2.10
9	3.71	2.51	18	3.01	2.18	27	2.84	2.10
10	3.54	2.43	19	2.98	2.17	28	2.83	2.09
11	3.41	2.37	20	2.95	2.16	29	2.82	2.09
12	3.31	2.33	21	2.93	2.15	30	2.81	2.08

五、t_R 极差检验法

t_R 极差检验法引一组测量值的平均值 $\overline{x}$ 与极差 R 来评价异常值是否需要保留。统计量是：

$$t_R = \frac{|x_d - \overline{x}|}{R} \tag{12-14}$$

如果同样的 α 和 n 条件下，计算值大于表 12-9 中的临界值，所考察测量值将被舍去。

表 12-9 t_R 检验的临界值（$\alpha = 0.05$）

n	3	4	5	6	7	8	9	10	11	12	13	14	15	20
t_R	1.53	1.05	0.86	0.76	0.69	0.64	0.60	0.58	0.56	0.54	0.52	0.51	0.50	0.46

六、实验室间数据的检验

有 m 个实验室对同一实样进行实验室间的比对考核测定，得到 m 个平均值：$\overline{x}_1 \leqslant$

$\overline{x}_2 \leqslant, \cdots, \leqslant \overline{x}_m$。首先要求得这组平均值之间的平均值 $\overline{x}$ 和标准偏差 $\overline{s}$。

若各实验室间测量的平行次数 n 相同，实验室单次测定的标准偏差为：

$$\overline{s} = \sqrt{\frac{1}{m(n-1)} \sum_{i=1}^{m} \sum_{j=1}^{n} (x_{ij} - \overline{x}_i)^2} \tag{12-15a}$$

若测量次数不相同（$n_1 \neq n_2 \neq \cdots \neq n_m$），则

$$\overline{s} = \sqrt{\frac{\sum_{i=1}^{m} (n_i - 1) s_i^2}{\sum_{i=1}^{m} n_i - m}} \tag{12-15b}$$

s_i^2 为第 i 实验室单次测定的标准偏差

因而，实验室间平均值测定的标准偏差为：

$$\overline{s}_{\overline{x}} = \frac{\overline{s}}{\sqrt{m}} \tag{12-16}$$

假设 $\overline{x}_1$ 和 $\overline{x}_n$ 为离群值，则其统计量为

$$T_1' = \frac{\overline{x} - \overline{x}_1}{\overline{s}_{\overline{x}}} \quad \text{或} \quad T_m' = \frac{\overline{x}_m - \overline{x}}{\overline{s}_{\overline{x}}} \tag{12-17}$$

然后将计算值与相应的临界值比较即可完成判断，决定取舍。

实验室间离群值检验临界值见表 12-10。

表 12-10　实验室间离群值检验临界值

f	被检验的测定值的数目 m $\alpha=0.01$									被检验的测定值的数目 m $\alpha=0.05$								
	3	4	5	6	7	8	9	10	12	3	4	5	6	7	8	9	10	12
10	2.78	3.10	3.32	3.48	3.62	3.73	3.82	3.90	4.04	2.01	2.27	2.46	2.60	2.72	2.81	2.89	2.96	3.08
11	2.72	3.02	3.24	3.39	3.52	3.63	3.72	3.79	3.93	1.98	2.24	2.42	2.56	2.67	2.76	2.84	2.91	3.03
12	2.67	2.96	3.17	3.32	3.45	3.55	3.64	3.71	3.84	1.96	2.21	2.39	2.52	2.63	2.72	2.80	2.87	2.98
13	2.63	2.92	3.12	3.27	3.38	3.48	3.57	3.64	3.76	1.94	2.19	2.36	2.50	2.60	2.69	2.76	2.83	2.94
14	2.60	2.88	3.07	3.22	3.33	3.43	3.51	3.58	3.70	1.93	2.17	2.34	2.47	2.57	2.66	2.74	2.80	2.91
15	2.57	2.84	3.03	3.17	3.29	3.38	3.46	3.53	3.65	1.91	2.15	2.32	2.45	2.55	2.64	2.71	2.77	2.88
16	2.54	2.81	3.00	3.14	3.25	3.34	3.42	3.49	3.60	1.90	2.14	2.31	2.43	2.53	2.62	2.69	2.75	2.86
17	2.52	2.79	2.97	3.11	3.22	3.31	3.38	3.45	3.56	1.89	2.13	2.29	2.42	2.52	2.60	2.67	2.73	2.84
18	2.50	2.77	2.95	3.08	3.19	3.28	3.35	3.42	3.53	1.88	2.11	2.28	2.40	2.50	2.58	2.65	2.71	2.82
19	2.49	2.75	2.93	3.06	3.16	3.25	3.33	3.39	3.50	1.87	2.11	2.27	2.39	2.49	2.57	2.64	2.70	2.80
20	2.47	2.73	2.91	3.04	3.14	3.23	3.30	3.37	3.47	1.87	2.10	2.26	2.38	2.47	2.56	2.63	2.68	2.78
24	2.42	2.68	2.84	2.97	3.07	3.16	3.23	3.29	3.38	1.84	2.07	2.23	2.34	2.44	2.52	2.58	2.64	2.74
30	2.38	2.52	2.79	2.91	3.01	3.08	3.15	3.21	3.30	1.82	2.04	2.20	2.31	2.40	2.48	2.54	2.60	2.69
40	2.34	2.57	2.73	2.85	2.94	3.02	3.08	3.13	3.22	1.80	2.02	2.17	2.28	2.37	2.44	2.50	2.56	2.65
60	2.29	2.52	2.68	2.79	2.88	2.95	3.01	3.06	3.15	1.78	1.99	2.14	2.25	2.33	2.41	2.47	2.52	2.61
120	2.25	2.48	2.62	2.73	2.82	2.89	2.95	3.00	3.08	1.76	1.96	2.11	2.22	2.30	2.37	2.43	2.48	2.57
∞	2.22	2.43	2.57	2.68	2.76	2.83	2.88	2.93	3.01	1.74	1.94	2.08	2.18	2.27	2.33	2.39	2.44	2.52

第三节　精密度的检验

用概率统计方法来检验不同人（单位）或采用不同方法对同一试样进行分析所得到的分析结果之间是否存在实质性差异，这一过程称为显著性检验（significance test）。与测量数据检验相似，显著性检验的基本方法也是先给出一个零假设（所测样品来自于同一总体，差

异应该不显著），然后计算一个统计量（F、χ^2 或 u、t 等），再将统计量的计算值与查得的相应表中所列出的临界值进行比较，如果计算值小于临界值，表示两组分析结果的差异仅来源于随机误差，并不显著。如果计算值大于临界值，表示两组结果间存在显著性差异，也就意味着除了随机误差外应该还存在系统误差。

根据准确度与精密度的关系，应该首先对不同数据间的精密度进行检验，而后再进行准确度的检验。如果精密度都差异显著，要想获得良好的准确度就很困难了，即再去判断不同结果间的准确度差异是否显著就意义不大了。

一、一个总体方差的检验

一个总体方差的检验采用统计量 χ^2：

$$\chi^2 = \frac{\sum_{i=1}^{n}(x_i - \overline{x})^2}{\sigma^2} = \frac{1}{\sigma^2}(n-1)s^2 \tag{12-18}$$

式中，s^2 和 σ^2 分别是样本方差与总体方差；统计量 χ^2 的大小反映了 s^2 和 σ^2 的差异程度。在约定的显著性水平和自由度下，比较计算值与临界值（见本手册表 11-7）进行差异是否显著的判断。

如果某单位一直在对某产品进行质量监控，已经取得了大量数据，相当于已经有了样品的总体方差值。以同样方法对新的一批次产品进行检测时，适合用此方法。考察一个标准方法和一个新方法测定同样样品在精密度上是否存在显著差异时也可用该检验方法。

二、双总体方差检验

两个总体方差的检验选用 F 检验。其统计量是：

$$F_{(f_1,\,f_2)} = \frac{s_1^2}{s_2^2} = \frac{\sum_{i=1}^{n_1}(x_i - \overline{x})^2}{\sum_{i=1}^{n_2}(y_i - \overline{y})^2} \times \frac{(n_2-1)}{(n_1-1)} \quad [i=1,\,2,\,\cdots,\,n_1(\text{或 } n_2)] \tag{12-19}$$

比较计算值与给定 α，f_1，f_2 条件下的 F 临界值 $F_{(f_1,f_2)}$（表 11-8），给出正确的判断。

要注意的是，式（12-19）中方差 s_1 一定大于 s_2。

三、多个方差的检验

当有两个以上方差需要检验时，可用 F 检验法检验一组方差中最大方差与最小方差。如果两者没有显著性差异，则介于这两者间的那些方差也可以认为无显著性差异，即整组方差可认为来自于同一个总体。如果最大与最小的两个方差差异显著，则需要进行两两比较，或直接用 Baetrett（巴特莱）法、Cochran（柯启拉）法和 Hartley（哈特来）法处理。

1. Baetrett 法

设有 m 个（$m \geqslant 3$）遵从正态分布 $N(\mu, \sigma^2)$ 的总体，从这些总体中分别独立抽取样本容量为 n_1，n_2，$\cdots$，n_m 的子样本，各自的标准偏差分别为 $s_1{}^2$，$s_2{}^2$，$\cdots$，$s_m{}^2$。此时如果要检验原假设 $\sigma_1^2 = \sigma_2^2 = \cdots = \sigma_m^2$ 成立，其统计量为：

$$B = \frac{\ln 10}{C}\left(f \lg \overline{s}^2 - \sum_{i=1}^{m} f_i \lg \overline{s_i}^2\right) \quad (i=1,\,2,\,\cdots,\,m) \tag{12-20}$$

式中，$C = 1 + \dfrac{1}{3(m-1)}\left(\sum\limits_{i=1}^{m}\dfrac{1}{f_i} - \dfrac{1}{f}\right)$，$\overline{s}^2 = \dfrac{1}{f}\sum\limits_{i=1}^{m} f_i \overline{s_i}^2$，$f = \sum\limits_{i=1}^{m} f_i$，$f_i = n_i - 1$；$\overline{s}^2$ 为

平均加权方差；s_i 为第 i 个样本的容量和方差。当个样本容量相等（$f_i = f_2 = \cdots = f_m = f_0$）时，式（12-20）可简化为：

$$B = \frac{\ln 10}{C} m f_0 \left(\lg \overline{s}^2 - \frac{1}{m} \sum_{i=1}^{m} \lg \overline{s_i}^2 \right) \tag{12-21}$$

式中的 $C = 1 + \frac{m+1}{3mf_0}$

在给定的显著性水平 α 和自由度（$m-1$）下，如果计算的 $B > \chi^2_{(\alpha, m-1)}$，则最大方差的样本与其他样本的方差有显著性差异，反之，各样本的方差无显著性差异。临界值 $\chi^2_{(\alpha, m-1)}$ 可从表 11-7 中查得。

2. Cochran 法

当考察的各样本的测定次数相等（$n_i = n_2 = \cdots = n_m$）时，可用 Cochran 法或 Hartley 法替代 Baetrett 法，从而简便检验过程。Cochran 法选用的统计量为：

$$G_{\max} = \frac{s_{\max}^2}{s_1^2 + s_2^2 + \cdots + s_m^2} \tag{12-22}$$

式中，$s_{\max}^2$ 是被检验的 m 个方差中最大的方差；n 为样本容量，自由度 $f = n - 1$。

将计算值与表 12-11 的 G 临界值比较后作出正确判断。Cochran 检验法只适用于测量次数 n 相同的各方差的检验。

表 12-11 Cochran 法（最大方差法）比较多个方差时的 G 临界值

f k	\multicolumn{14}{c}{显著性水平 $\alpha = 0.01$}
	1	2	3	4	5	6	7	8	9	10	16	36	144	∞
2	0.9999	0.9950	0.9794	0.9586	0.9373	0.9172	0.8998	0.8823	0.8674	0.8539	0.7940	0.7067	0.6062	0.5000
3	0.9933	0.9423	0.8831	0.8335	0.7933	0.7606	0.7335	0.7107	0.6912	0.6743	0.6059	0.5153	0.4230	0.3333
4	0.9676	0.8643	0.7814	0.7112	0.6761	0.6410	0.6129	0.5897	0.5702	0.5536	0.4884	0.4057	0.3251	0.2500
5	0.9279	0.7885	0.6957	0.6329	0.5875	0.5531	0.5259	0.5037	0.4854	0.4697	0.4094	0.3351	0.2644	0.2000
6	0.8828	0.7218	0.6258	0.5635	0.5195	0.4866	0.4608	0.4401	0.4229	0.4084	0.3529	0.2858	0.2229	0.1667
7	0.8376	0.6644	0.5685	0.5080	0.4659	0.4347	0.4105	0.3911	0.3751	0.3616	0.3105	0.2494	0.1929	0.1429
8	0.7945	0.6152	0.5209	0.4627	0.4226	0.3932	0.3704	0.3522	0.3373	0.3248	0.2779	0.2214	0.1700	0.1250
9	0.7544	0.5727	0.4810	0.4251	0.3870	0.3592	0.3378	0.3207	0.3067	0.2950	0.2514	0.1992	0.1521	0.1111
10	0.7175	0.5358	0.4469	0.3934	0.3572	0.3308	0.3106	0.2945	0.2813	0.2704	0.2297	0.1811	0.1376	0.1000
12	0.6528	0.4751	0.3919	0.3428	0.3099	0.2861	0.2680	0.2535	0.2419	0.2320	0.1961	0.1535	0.1157	0.0833
15	0.5747	0.4069	0.3317	0.2882	0.2593	0.2386	0.2228	0.2104	0.2002	0.1918	0.1612	0.1251	0.0934	0.0667
20	0.4799	0.3297	0.2654	0.2288	0.2048	0.1877	0.1748	0.1646	0.1567	0.1501	0.1248	0.0960	0.0709	0.0500
24	0.4247	0.2871	0.2295	0.1970	0.1759	0.1608	0.1495	0.1406	0.1338	0.1283	0.1060	0.0810	0.0595	0.0417
30	0.3632	0.2412	0.1913	0.1635	0.1454	0.1327	0.1232	0.1157	0.1100	0.1054	0.0867	0.0658	0.0480	0.0333
40	0.2940	0.1915	0.1508	0.1281	0.1135	0.1033	0.0957	0.0898	0.0853	0.0816	0.0668	0.0503	0.0363	0.0250
60	0.2151	0.1371	0.1069	0.0902	0.0796	0.0722	0.0668	0.0625	0.0594	0.0567	0.0461	0.0344	0.0245	0.0167
120	0.1225	0.0759	0.0585	0.0489	0.0429	0.0387	0.0357	0.0334	0.0316	0.0302	0.0242	0.0178	0.0125	0.0083
∞	0	0	0	0	0	0	0	0	0	0	0	0	0	0
f k	\multicolumn{14}{c}{显著性水平 $\alpha = 0.05$}
	1	2	3	4	5	6	7	8	9	10	16	36	144	∞
2	0.9985	0.9750	0.9392	0.9057	0.8772	0.8534	0.8332	0.8159	0.8010	0.7880	0.7341	0.6602	0.5813	0.5000
3	0.9669	0.8709	0.7977	0.7457	0.7071	0.6771	0.6530	0.6333	0.6167	0.6025	0.5466	0.4748	0.4031	0.3333
4	0.9065	0.7679	0.6841	0.6287	0.5895	0.5598	0.5365	0.5175	0.5017	0.4884	0.4366	0.3720	0.3093	0.2500
5	0.8412	0.6838	0.5981	0.5441	0.5065	0.4783	0.4564	0.4387	0.4241	0.4118	0.3645	0.3066	0.2513	0.2000
6	0.7808	0.6161	0.5321	0.4803	0.4447	0.4184	0.3980	0.3817	0.3682	0.3568	0.3135	0.2612	0.2119	0.1667
7	0.7271	0.5612	0.4800	0.4307	0.3974	0.3726	0.3535	0.3384	0.3259	0.3154	0.2756	0.2278	0.1833	0.1429

f	显著性水平 $\alpha=0.01$													
k	1	2	3	4	5	6	7	8	9	10	16	36	144	∞
8	0.6798	0.5157	0.4377	0.3910	0.3595	0.3362	0.3185	0.3043	0.2926	0.2829	0.2462	0.2022	0.1616	0.1250
9	0.6385	0.4775	0.4027	0.3584	0.3286	0.3067	0.2901	0.2768	0.2659	0.2568	0.2226	0.1820	0.1446	0.1111
10	0.6020	0.4450	0.3733	0.3311	0.3029	0.2823	0.2666	0.2541	0.2439	0.2353	0.2032	0.1655	0.1308	0.1000
12	0.5410	0.3924	0.3264	0.2880	0.2624	0.2439	0.2299	0.2187	0.2098	0.2020	0.1737	0.1403	0.1100	0.0833
15	0.4709	0.3346	0.2758	0.2419	0.2195	0.2034	0.1911	0.1815	0.1736	0.1671	0.1429	0.1144	0.0889	0.0667
20	0.3894	0.2705	0.2205	0.1921	0.1735	0.1602	0.1501	0.1422	0.1357	0.1303	0.1108	0.0879	0.0675	0.0500
24	0.3434	0.2354	0.1907	0.1656	0.1493	0.1374	0.1286	0.1216	0.1160	0.1113	0.0942	0.0743	0.0567	0.0417
30	0.2929	0.1980	0.1593	0.1377	0.1237	0.1137	0.1061	0.1002	0.0958	0.0921	0.0771	0.0604	0.0457	0.0333
40	0.2370	0.1576	0.1259	0.1082	0.0968	0.0887	0.0827	0.0780	0.0745	0.0713	0.0595	0.0462	0.0347	0.0250
60	0.1737	0.1131	0.0895	0.0765	0.0682	0.0623	0.0583	0.0552	0.0520	0.0497	0.0411	0.0316	0.0234	0.0167
120	0.0998	0.0632	0.0495	0.0419	0.0371	0.0337	0.0312	0.0292	0.0279	0.0266	0.0218	0.0165	0.0120	0.0083
∞	0	0	0	0	0	0	0	0	0	0	0	0	0	0

3. Hartley 法

Hartley 法也是一种统计检验多个方差齐性的方法。使用的检验统计量：

$$F_{\max}=\frac{s^2_{\max}}{s^2_{\min}} \tag{12-23}$$

式中，$s^2_{\max}$ 与 $s^2_{\min}$ 分别是被检验的 m 个方差中的最大与最小方差。当计算的 $F_{\max}$ 大于表 12-12 中相应显著性水平 α 和自由度 f 的哈特来检验临界值 $F_{\alpha(m,f)}$ 时，则判定 $s^2_{\max}$ 与其他方差之间存在显著性差异。Hartley 法也仅适用于测量次数 n 相同的各方差的检验。

表 12-12　Hartley 检验的临界值 $F_{\alpha(m,f)}$

f \ m	显著性水平 $\alpha=0.01$										
	2	3	4	5	6	7	8	9	10	11	12
4	9.60	15.5	20.6	25.2	29.5	33.6	37.5	41.1	44.6	48.0	51.4
5	7.15	10.8	13.7	16.3	18.7	20.8	22.9	24.7	26.5	28.2	29.9
6	5.82	8.38	10.4	12.1	13.7	15.0	16.3	17.5	18.6	19.7	20.7
7	4.99	6.94	8.44	9.70	10.8	11.8	12.7	13.5	14.3	15.1	15.8
8	4.43	6.00	7.18	8.12	9.09	9.78	10.5	11.1	11.7	12.2	12.7
9	4.03	5.34	6.31	7.11	7.80	8.41	8.95	9.45	9.91	10.3	10.7
10	3.72	4.85	5.67	6.34	6.92	7.42	7.87	8.28	8.66	9.01	9.34
12	3.28	4.16	4.79	5.30	5.72	6.09	6.42	6.72	7.00	7.25	7.48
15	2.86	3.54	4.01	4.37	4.68	4.95	5.19	5.40	5.59	5.77	5.93
20	2.46	2.95	3.29	3.54	3.76	3.94	4.10	4.24	4.37	4.49	4.59
30	2.07	2.40	2.61	2.78	2.91	3.02	3.12	3.21	3.29	3.36	3.39
60	1.67	1.85	1.96	2.04	2.11	2.17	2.22	2.26	2.30	2.33	2.36

f \ m	显著性水平 $\alpha=0.05$										
	2	3	4	5	6	7	8	9	10	11	12
4	23.2	37	49	59	69	79	89	97	106	113	120
5	14.9	22	28	33	38	42	46	50	54	57	60
6	11.1	15.5	19.1	22	25	27	30	32	34	36	37
7	8.98	12.1	14.5	16.5	18.4	20	22	23	24	26	27
8	7.50	9.9	11.7	13.2	14.5	15.8	16.9	17.9	18.9	19.8	21
9	6.54	8.5	9.9	11.1	12.1	13.1	13.9	14.7	15.3	16.0	16.6
10	5.85	7.4	8.6	9.6	10.4	11.1	11.8	12.4	12.9	13.4	13.9
12	4.91	6.1	6.9	7.6	8.2	8.7	9.1	9.5	9.9	10.2	10.6
15	4.07	4.9	5.5	6.0	6.4	6.7	7.1	7.3	7.5	7.8	8.0
20	3.32	3.8	4.3	4.6	4.9	5.1	5.3	5.5	5.6	5.8	5.9
30	2.63	3.0	3.3	3.4	3.6	3.7	3.8	3.9	4.0	4.1	4.2
60	1.96	2.2	2.3	2.4	2.4	2.5	2.5	2.6	2.6	2.7	2.7

第四节 准确度的检验

准确度检验也称平均值检验，目的是确认经 n 次测量得到的平均值与标准值相比差异是否显著，或同一样本进行的两组独立测量所得结果间是否存在显著性差异。

一、u 检验

u 检验法是在总体方差（σ^2）已知的条件下检验平均值的方法，适用于大样本（$n > 30$）的情况。其步骤为：

① 提出待检验的零假设：$\hat{\mu} = \mu$。

② 根据测得的样本值 x_i，x_2，$\cdots$，x_m 和已知的标准偏差 σ 计算统计量 u：

$$u = \frac{|\overline{x} - \mu|}{\sigma / \sqrt{n}} \tag{12-24}$$

③ 由给定的显著性水平 α（或 $1 - \alpha$）查表 11-5 得 u_α 临界值。

④ 比较计算值和临界值，如果 $|u| > u_\alpha$，拒绝原假设；如果 $|u| < u_\alpha$，接受原假设。

⑤ 根据结果做出结论，并进行必要的解释或说明。

二、t 检验

分析化学的测试工作一般只进行有限的 n 次测量，为小样本考察，不能求得总体平均值 μ 和相对总体标准偏差 σ，不能采用 u 检验法而只能采用 t 检验法来处理。因而，t 检验法主要用于样本含量较小（$n < 30$），总体标准差 σ 未知的正态分布资料的处理。

除统计量 t 和临界值（表 11-6）不同外，t 检验法的处理程序与 u 检验法相同。统计量 t 为：

$$t = \frac{|\overline{x} - \mu|}{s_{\overline{x}}} \tag{12-25}$$

1. 一个平均值的检验

该检验相当于用标准试样法检验样本的平均值，把标样的名义值（或标称值）作为真值（μ），采用要鉴定的某新方法进行 n 次平行测定，从样本值计算出 $\overline{x}$ 和 s^2，然后检验 $\overline{x}$ 与 μ 是否一致。因为样本来源于同一总体，如果分析方法不存在系统误差，应该有 $|t| < t_{\alpha, f}$ 成立，否则新方法就存在系统误差。

2. 两个平均值的比较

此时也可以作为两种分析方法之间的互相检验。此时的统计量计算方法为：

$$t = \frac{|\overline{x}_1 - \overline{x}_2|}{\sqrt{(s_1^2 + s_2^2)/n}} \tag{12-26}$$

式中参数为两方法测量得到的平均值和标准偏差，n 为样本容量（$n_1 = n_2 = n$）。如果两样本容量不相等，则可使用两样本合并后的方差处理：

$$t = \frac{|\overline{x}_1 - \overline{x}_2|}{\sqrt{\overline{s}^2(1/n_1 + 1/n_2)}} \tag{12-27}$$

式（12-27）中 $\overline{s}^2$ 为两样本的合并方差：

$$\overline{s}^2 = \frac{(n_1 - 1)s_1^2 + (n_2 - 1)s_2^2}{n_1 + n_2 - 2} \tag{12-28}$$

然后将计算值与表 11-6 中的临界值相比较，如果 $t > t_{\alpha, f}$（$f = n_1 + n_2 - 2$），两个平均值存在显著差异。如果确认是对同一样品进行的测定，则可认为是两种分析方法间存在着系统误差。

3. 成对比较试验（paired comparison experiment）数据的检验

该方法是将被比较的两因素成对地进行比对试验。尤其是在试验受其他因素干扰较大而试验精度又不理想的情况下，采用成对试验法效果较好。因而，这是经常采用的一种试验设计方法，用标准分析方法检验新建立的分析方法、考察两分析人员的技术水平、检查两实验室是否存在系统误差等都可用成对试验法安排试验，对成对数据的差值 d 进行 t 检验。统计量仍为 t：

$$t = \frac{|\overline{d} - d_0|}{\sqrt{s_d^2/n}} \tag{12-29}$$

式中，$\overline{d}$ 为每种试样用两种方法测定值之差 d_i 的平均值：

$$\overline{d} = \frac{1}{n}\sum_{i=1}^{n} d_i \qquad (i=1,\ 2,\ \cdots,\ n) \tag{12-30}$$

n 为试样数，当 $n \to \infty$ 时，$\overline{d} \to 0$，d_0 为成对数据差值的期望值，$d_0 = 0$。s_d 为成对测定值之差的标准偏差：

$$s_d = \sqrt{\frac{1}{n-1}\sum_{i=0}^{n} (d_i - \overline{d})^2} \tag{12-31}$$

后续处理与前面相同。由此，可在有限次测量中判定两种方法、两个实验室或两个分析人员的测量值是否存在显著性差异。

第十三章　试验条件优化方法

　　一个分析测试方法涉及因素众多，至少可以分为两大类：一是包含所用仪器设备在内的诸多参数；二是涉及样品预处理的各个步骤。同时，每个因素都有自己相匹配的不同水平需要优化，以期望得到全局最优的实验条件。想要实现这一目标，需要进行大量的尝试。如一个 3 因素的试验，每个因素也仅比较 3 个水平，做全面试验已经需要进行 $3^3 = 27$ 次尝试，如果需对实验精度进行估计，至少需要重复一次，即需进行 54 次试验。而一个 6 因素 5 水平的试验方案将需要进行 $5^6 = 15625$ 次尝试，这显然是不可能做到的。要想既得到全面的结论，又不进行太多次的试验，必须进行合理的安排，这就是试验条件的优化处理。

　　由于本手册第十分册会有较多的实验条件优化的内容，在此仅先介绍单因素优化法、简单的正交试验法、单纯性优化法和均匀设计试验法，其余内容放在第十分册中介绍。

第一节　单因素优化法

　　单因素优化法的基本思路是：在保持其他因素不变的基础上考察某一因素的变化对评价指标的影响情况，选出该因素的最优值；然后固定该因素的最优点，换一个因素继续进行考察，确认下一个因素的最优点，直至考察完所有因素。综合各因素的最优点，即确认为该方法的最优实验条件。

　　各因素试验点的确认有如下方法。

1. 平分法

　　如果在试验范围 $[a,b]$ 内目标函数是单调的（连续的或间断的），用平分法可以找出满足一定条件的最优点，即总把试验点安排在考察范围的中点（m 点）进行。然后根据试验结果，再确认后续点取在 $[a,m]$ 或 $[m,b]$ 的中点继续进行。直到找出一个满意的试验点，或试验范围已变得足够小，再试下去的结果无显著变化为止。

　　平分法虽然简单，但它"目标函数是单调的"这一条件不易满足。分析测试中最常遇到的情形是仅知道在试验范围内有一个最优点（峰值），再大些或再小些试验效果都将变差且距离越远越差，即目标函数为单峰函数〔函数 $f(x)$ 在区间 $[a,b]$ 内有唯一的极值点〕。单峰函数可采用黄金分割法或分数法处理。

2. 黄金分割法（0.618 法）

　　设在区间 $[a,b]$ 内指标有最佳值，则该有界闭区间称为含优区间。黄金分割法的实验点分别取在 x_1 和对称点 x_2：

$$x_1 = a + 0.618 \times (b-a)$$
$$x_2 = b - 0.618 \times (b-a)$$

(13-1)

　　然后比较试验结果 $y_1 = f(x_1)$ 和 $y_2 = f(x_2)$，如果 y_1 优于 y_2，则去掉 (a, x_2)，在留下的范围 (x_2, b) 中已有了一个试验点 x_1，然后再用上述求对称点的方法对求出的对称点做第三次试验。同理，如果 $y_2 = f(x_2)$ 好于 $y_1 = f(x_1)$，则去掉 (x_1, b)，在留下的范围 (a, x_1) 中做上述试验。重复试验直至得到满意的结果。

3. 分数法

　　0.6180339887… 可以用一批渐进分数 $\dfrac{3}{5}$，$\dfrac{5}{8}$，$\dfrac{8}{13}$，$\dfrac{13}{21}$，$\dfrac{21}{34}$，…近似表示，而这批渐进

分数是由斐波那契数列（Fibonacci Sequence，1，1，2，3，5，8，13，21，34，…）相邻两数的商组成。斐波那契数列的一般表达式为

$$F_n = \frac{1}{\sqrt{5}} \left[\left(\frac{1+\sqrt{5}}{2} \right)^{n+1} - \left(\frac{1-\sqrt{5}}{2} \right)^{n+1} \right] \quad (n=0，1，2，\cdots) \qquad (13\text{-}2)$$

可以得出：

$$\lim_{x \to 0} \frac{F_x}{F_{x+1}} = \frac{\sqrt{5}-1}{2} = 0.618 \qquad (13\text{-}3)$$

因而可以将渐进分数替代 0.618 来安排试验点，此即分数法。

具体操作为：

① 第一试验点安排在 F_x/F_{x+1} 处，以后取它的对称点；

② 比较两试验点结果，确认优秀点；

③ 在剩余区间内继续按阐述方法确认新试验点继续试验，直至得到满意区间。

分数法初拟用第 n 级分数法，最多只能做 n 次试验。

不管采用上述哪种方式来确定试验点，单因素优化法都有以下不足：

①当各因素间有交互作用时，单因素优化法得到的优化区间不一定是各因素的最佳搭配组合；②各因素各水平出现的机会不等，在第一因素变化中被选中的参数出现次数明显要高些；③各因素各水平的搭配不是均衡分散的，同样试验次数提供的信息不够丰富，不同批的实验之间无法比较；④若不做重复试验，该方法不能提供误差的估计情况。

第二节　正交试验设计

正交试验法以概率论、数理统计和实践经验为基础，利用标准化正交表安排试验方案，并对结果进行计算分析，实际上是优选法的一种。由于正交试验法的内容比较丰富，不仅可以解决多因素选优问题，而且还可以用来分析各因素对试验结果影响的大小，从而抓住主要因素。因此，它已从优选法中独立出来，自成系统。

一、正交试验的原理及特点

正交试验法是一种组织安排科学的试验方法，是优化试验条件的方法，需要一个供优化的基础。它利用一套规格化的表格（正交表）来设计试验方案和分析试验结果，能够在很多的试验条件中，选出少数几个代表性强的试验点，并通过这几次试验的数据，找到较好的研究/生产条件，即最优的或较优的方案。

正交表是正交试验设计的基本工具，使正交试验具备均衡分散性和整齐可比性，不仅可以根据正交表确定出因素对结果之影响的主次顺序，而且可应用方差分析法分析出各因素对指标的影响程度，从而找出优化条件或最优组合，实现试验的目的。

二、正交表

正交表是正交试验的基础，其符号为：

$$L_n(t^p) \qquad 或 \qquad L_n(t^p \times t'^{p'})$$

其中 L 表示正交表，n 表示该正交表要试验的次数，t 表示因素的水平数，p 则表示实验因素的数目。前面的表示方式为简单正交表，后面的形式表示因素之间有相互作用的正交表。

常用正交表如表 13-1 所示。正交表安排试验有以下 3 个特点：

① 在正交表的排列中，每个因素中不同水平出现的次数相同，任意两因素间不同水平都将进行搭配，且搭配的次数相同，此为正交表的均衡分散性；

② 可以在最少的试验次数内体现整体性；

③ 试验所获结果具有整齐可比性。

表 13-1 正交表

（1）二水平表

① $L_4(2^3)$

列号 试验号	1	2	3	列号 试验号	1	2	3
1	1	1	1	3	2	1	2
2	1	2	2	4	2	2	1

② $L_8(2^7)$

列号 试验号	1	2	3	4	5	6	7	列号 试验号	1	2	3	4	5	6	7
1	1	1	1	1	1	1	1	5	2	1	2	1	2	1	2
2	1	1	1	2	2	2	2	6	2	1	2	2	1	2	1
3	1	2	2	1	1	2	2	7	2	2	1	1	2	2	1
4	1	2	2	2	2	1	1	8	2	2	1	2	1	1	2

$L_8(2^7)$ 二列间的交互作用

列号 列号	1	2	3	4	5	6	7	列号 列号	1	2	3	4	5	6	7
(1)		3	2	5	4	7	6						(5)	3	2
(2)			1	6	7	4	5							(6)	1
(3)				7	6	5	4								(7)
(4)					1	2	3								

列号 因素数	1	2	3	4	5	6	7	列号 因素数	1	2	3	4	5	6	7
3	A	B	$A\times B$	C	$A\times C$	$B\times C$		4	A	B $C\times D$	$A\times B$	C $B\times D$	$A\times C$	D $B\times C$	$A\times D$
4	A	B	$A\times B$ $C\times D$	C	$A\times C$ $B\times D$	$B\times C$ $A\times D$	D	5	A $D\times E$	B $C\times D$	$A\times B$ $C\times E$	C $B\times D$	$A\times C$ $B\times E$	D $A\times E$ $B\times C$	E $A\times D$

③ $L_{12}(2^{11})$

列号 试验号	1 2 3 4 5 6 7 8 9 10 11	列号 试验号	1 2 3 4 5 6 7 8 9 10 11
1	1 1 1 1 1 1 1 1 1 1 1	7	2 1 2 2 1 1 2 2 1 2 1
2	1 1 1 1 1 2 2 2 2 2 2	8	2 1 2 1 2 2 2 1 1 1 2
3	1 1 2 2 2 1 1 1 2 2 2	9	2 1 1 2 2 2 1 2 2 1 1
4	1 2 1 2 2 1 2 2 1 1 2	10	2 2 2 1 1 1 1 2 1 2 2
5	1 2 2 1 2 2 1 2 1 2 1	11	2 2 1 2 1 1 1 1 2 2 1
6	1 2 2 2 1 2 2 1 2 1 1	12	2 2 1 1 2 1 2 1 2 2 1

④$L_{16}(2^{15})$

试验号＼列号	1	2	3	4	5	6	7	8	9	10	11	12	13	14	15	试验号＼列号	1	2	3	4	5	6	7	8	9	10	11	12	13	14	15
1	1	1	1	1	1	1	1	1	1	1	1	1	1	1	1	9	2	1	2	1	2	1	2	1	2	1	2	1	2	1	2
2	1	1	1	1	1	1	1	2	2	2	2	2	2	2	2	10	2	1	2	1	2	1	2	2	1	2	1	2	1	2	1
3	1	1	1	2	2	2	2	1	1	1	1	2	2	2	2	11	2	1	2	2	1	2	1	1	2	1	2	2	1	2	1
4	1	1	1	2	2	2	2	2	2	2	2	1	1	1	1	12	2	1	2	2	1	2	1	2	1	2	1	1	2	1	2
5	1	2	2	1	1	2	2	1	1	2	2	1	1	2	2	13	2	2	1	1	2	2	1	1	2	2	1	1	2	2	1
6	1	2	2	1	1	2	2	2	2	1	1	2	2	1	1	14	2	2	1	1	2	2	1	2	1	1	2	2	1	1	2
7	1	2	2	2	2	1	1	1	1	2	2	2	2	1	1	15	2	2	1	2	1	1	2	1	2	2	1	2	1	1	2
8	1	2	2	2	2	1	1	2	2	1	1	1	1	2	2	16	2	2	1	2	1	1	2	2	1	1	2	1	2	2	1

$L_{16}(2^{15})$ 两列间的交互列

	1	2	3	4	5	6	7	8	9	10	11	12	13	14	15	列号		1	2	3	4	5	6	7	8	9	10	11	12	13	14	15	列号
(1)		3	2	5	4	7	6	9	8	11	10	13	12	15	14	1	(9)									3	2	5	4	7	6		9
(2)			1	6	7	4	5	10	11	8	9	14	15	12	13	2	(10)										1	6	7	4	5		10
(3)				7	6	5	4	11	10	9	8	15	14	13	12	3	(11)											7	6	5	4		11
(4)					1	2	3	12	13	14	15	8	9	10	11	4	(12)												1	2	3		12
(5)						3	2	13	12	15	14	9	8	11	10	5	(13)													3	2		13
(6)							1	14	15	12	13	10	11	8	9	6	(14)														1		14
(7)								15	14	13	12	11	10	9	8	7	(15)																15
(8)									1	2	3	4	5	6	7	8																	

$L_{16}(2^{15})$表头设计

因子数＼列号	1	2	3	4	5	6	7	8	9	10	11	12	13	14	15
4	A	B	A×B	C	A×C	B×C		D	A×D	B×D		C×D			
5	A	B	A×B	C	A×C	B×C	D×E	D	A×D	B×D	C×E	C×D	B×E	A×E	E
6	A	B	A×B D×E	C	A×C D×F	B×C E×F		D	A×D B×E C×F	B×D A×B	E	C×D A×E	F		C×E B×F
7	A	B	A×B D×E F×G	C	A×C D×F E×G	B×C E×F D×G		D	A×D B×E C×F	B×D A×E C×G	E	C×D A×F B×G	F	G	C×E B×F A×G
8	A	B	A×B D×E F×G C×H	C	A×C D×F E×G B×H	B×C E×F D×G A×H	H	D	A×D B×E C×F G×H	B×D A×E C×G F×H	E	C×D A×F B×G E×H	F	G	C×E B×F A×G D×H

$L_{20}(2^{19})$

试验号＼列号	1	2	3	4	5	6	7	8	9	10	11	12	13	14	15	16	17	18	19
1	1	1	1	1	1	1	1	1	1	1	1	1	1	1	1	1	1	1	1
2	2	2	1	1	2	2	2	2	1	2	1	2	1	1	1	1	2	2	1
3	2	1	1	2	2	2	2	1	2	1	2	1	1	1	1	2	2	1	2
4	1	1	2	2	2	2	1	2	1	2	1	1	1	1	2	2	1	2	2
5	1	2	2	2	2	1	2	1	2	1	1	1	1	2	2	1	2	2	1
6	2	2	2	2	1	2	1	2	1	1	1	1	2	2	1	2	2	1	1
7	2	2	2	1	2	1	2	1	1	1	1	2	2	1	2	2	1	1	2
8	2	2	1	2	1	2	1	1	1	1	2	2	1	2	2	1	1	2	2
9	2	1	2	1	2	1	1	1	1	2	2	1	2	2	1	1	2	2	2
10	1	2	1	2	1	1	1	1	2	2	1	2	2	1	1	2	2	2	2

续表

试验号＼列号	1	2	3	4	5	6	7	8	9	10	11	12	13	14	15	16	17	18	19
11	2	1	2	1	1	1	1	2	2	1	2	2	1	1	2	2	2	2	1
12	1	2	1	1	1	1	2	2	1	2	2	1	1	2	2	2	2	1	2
13	2	1	1	1	1	2	2	1	2	2	1	1	2	2	2	2	1	2	1
14	1	1	1	1	2	2	1	2	2	1	1	2	2	2	2	1	2	1	2
15	1	1	1	2	2	1	2	2	1	1	2	2	2	2	1	1	1	2	1
16	1	1	2	2	1	2	2	1	1	2	2	2	2	1	2	1	2	1	1
17	1	2	2	1	2	2	1	1	2	2	2	2	1	2	1	2	1	1	1
18	2	2	1	2	2	1	1	2	2	2	2	1	2	1	2	1	1	1	1
19	2	1	2	2	1	1	2	2	2	2	1	2	1	2	1	1	1	1	2
20	1	2	2	1	1	2	2	2	2	1	2	1	2	1	1	1	1	2	2

$L_{32}(2^{31})$

试验号＼列号	1	2	3	4	5	6	7	8	9	10	11	12	13	14	15	16	17	18	19	20	21	22	23	24	25	26	27	28	29	30	31
1	1	1	1	1	1	1	1	1	1	1	1	1	1	1	1	1	1	1	1	1	1	1	1	1	1	1	1	1	1	1	1
2	1	1	1	1	1	1	1	1	1	1	1	1	1	1	1	2	2	2	2	2	2	2	2	2	2	2	2	2	2	2	2
3	1	1	1	1	1	1	1	2	2	2	2	2	2	2	2	1	1	1	1	1	1	1	1	2	2	2	2	2	2	2	2
4	1	1	1	1	1	1	1	2	2	2	2	2	2	2	2	2	2	2	2	2	2	2	2	1	1	1	1	1	1	1	1
5	1	1	1	2	2	2	2	1	1	1	1	2	2	2	2	1	1	1	1	2	2	2	2	1	1	1	1	2	2	2	2
6	1	1	1	2	2	2	2	1	1	1	1	2	2	2	2	2	2	2	2	1	1	1	1	2	2	2	2	1	1	1	1
7	1	1	1	2	2	2	2	2	2	2	2	1	1	1	1	1	1	1	1	2	2	2	2	2	2	2	2	1	1	1	1
8	1	1	1	2	2	2	2	2	2	2	2	1	1	1	1	2	2	2	2	1	1	1	1	1	1	1	1	2	2	2	2
9	1	2	2	1	1	2	2	1	1	2	2	1	1	2	2	1	1	2	2	1	1	2	2	1	1	2	2	1	1	2	2
10	1	2	2	1	1	2	2	1	1	2	2	1	1	2	2	2	2	1	1	2	2	1	1	2	2	1	1	2	2	1	1
11	1	2	2	1	1	2	2	2	2	1	1	2	2	1	1	1	1	2	2	1	1	2	2	2	2	1	1	2	2	1	1
12	1	2	2	1	1	2	2	2	2	1	1	2	2	1	1	2	2	1	1	2	2	1	1	1	1	2	2	1	1	2	2
13	1	2	2	2	2	1	1	1	1	2	2	2	2	1	1	1	1	2	2	2	2	1	1	1	1	2	2	2	2	1	1
14	1	2	2	2	2	1	1	1	1	2	2	2	2	1	1	2	2	1	1	1	1	2	2	2	2	1	1	1	1	2	2
15	1	2	2	2	2	1	1	2	2	1	1	1	1	2	2	1	1	2	2	2	2	1	1	2	2	1	1	1	1	2	2
16	1	2	2	2	2	1	1	2	2	1	1	1	1	2	2	2	2	1	1	1	1	2	2	1	1	2	2	2	2	1	1
17	2	1	2	1	2	1	2	1	2	1	2	1	2	1	2	1	2	1	2	1	2	1	2	1	2	1	2	1	2	1	2
18	2	1	2	1	2	1	2	1	2	1	2	1	2	1	2	2	1	2	1	2	1	2	1	2	1	2	1	2	1	2	1
19	2	1	2	1	2	1	2	2	1	2	1	2	1	2	1	1	2	1	2	1	2	1	2	2	1	2	1	2	1	2	1
20	2	1	2	1	2	1	2	2	1	2	1	2	1	2	1	2	1	2	1	2	1	2	1	1	2	1	2	1	2	1	2
21	2	1	2	2	1	2	1	1	2	1	2	2	1	2	1	1	2	1	2	2	1	2	1	1	2	1	2	2	1	2	1
22	2	1	2	2	1	2	1	1	2	1	2	2	1	2	1	2	1	2	1	1	2	1	2	2	1	2	1	1	2	1	2
23	2	1	2	2	1	2	1	2	1	2	1	1	2	1	2	1	2	1	2	2	1	2	1	2	1	2	1	1	2	1	2
24	2	1	2	2	1	2	1	2	1	2	1	1	2	1	2	2	1	2	1	1	2	1	2	1	2	1	2	2	1	2	1
25	2	2	1	1	2	2	1	1	2	2	1	1	2	2	1	1	2	2	1	1	2	2	1	1	2	2	1	1	2	2	1
26	2	2	1	1	2	2	1	1	2	2	1	1	2	2	1	2	1	1	2	2	1	1	2	2	1	1	2	2	1	1	2
27	2	2	1	1	2	2	1	2	1	1	2	2	1	1	2	1	2	2	1	1	2	2	1	2	1	1	2	2	1	1	2
28	2	2	1	1	2	2	1	2	1	1	2	2	1	1	2	2	1	1	2	2	1	1	2	1	2	2	1	1	2	2	1
29	2	2	1	2	1	1	2	1	2	2	1	2	1	1	2	1	2	2	1	2	1	1	2	1	2	2	1	2	1	1	2
30	2	2	1	2	1	1	2	1	2	2	1	2	1	1	2	2	1	1	2	1	2	2	1	2	1	1	2	1	2	2	1
31	2	2	1	2	1	1	2	2	1	1	2	1	2	2	1	1	2	2	1	2	1	1	2	2	1	1	2	1	2	2	1
32	2	2	1	2	1	1	2	2	1	1	2	1	2	2	1	2	1	1	2	1	2	2	1	1	2	2	1	2	1	1	2

$L_{32}(2^{31})$ 两列间的交互作用

列号＼列号	1	2	3	4	5	6	7	8	9	10	11	12	13	14	15	16	17	18	19	20	21	22	23	24	25	26	27	28	29	30	31
(1)		3	2	5	4	7	6	9	8	11	10	13	12	15	14	17	16	19	18	21	20	23	22	25	24	27	26	29	28	31	30
(2)			1	6	7	4	5	10	11	8	9	14	15	12	13	18	19	16	17	22	23	20	21	26	27	24	25	30	31	28	29
(3)				7	6	5	4	11	10	9	8	15	14	13	12	19	18	17	16	23	22	21	20	27	26	25	24	31	30	29	28
(4)					1	2	3	12	13	14	15	8	9	10	11	20	21	22	23	16	17	18	19	28	29	30	31	24	25	26	27
(5)						3	2	13	12	15	14	9	8	11	10	21	20	23	22	17	16	19	18	29	28	31	30	25	24	27	26
(6)							1	14	15	12	13	10	11	8	9	22	23	20	21	18	19	16	17	30	31	28	29	26	27	24	25
(7)								15	14	13	12	11	10	9	8	23	22	21	20	19	18	17	16	31	30	29	28	27	26	25	24
(8)									1	2	3	4	5	6	7	24	25	26	27	28	29	30	31	16	17	18	19	20	21	22	23
(9)										3	2	5	4	7	6	25	24	27	26	29	28	31	30	17	16	19	18	21	20	23	22
(10)											1	6	7	4	5	26	27	24	25	30	31	28	29	18	19	16	17	22	23	20	21
(11)												7	6	5	4	27	26	25	24	31	30	29	28	19	18	17	16	23	22	21	20
(12)													1	2	3	28	29	30	31	24	25	26	27	20	21	22	23	16	17	18	19
(13)														3	2	29	28	31	30	25	24	27	26	21	20	23	22	17	16	19	18
(14)															1	30	31	28	29	26	27	24	25	22	23	20	21	18	19	16	17
(15)																31	30	29	28	27	26	25	24	23	22	21	20	19	18	17	16
(16)																	1	2	3	4	5	6	7	8	9	10	11	12	13	14	15
(17)																		3	2	5	4	7	6	9	8	11	10	13	12	15	14
(18)																			1	6	7	4	5	10	11	8	9	14	15	12	13
(19)																				7	6	5	4	11	10	9	8	15	14	13	12
(20)																					1	2	3	12	13	14	15	8	9	10	11
(21)																						3	2	13	12	15	14	9	8	11	10
(22)																							1	14	15	12	13	10	11	8	9
(23)																								15	14	13	12	11	10	9	8
(24)																									1	2	3	4	5	6	7
(25)																										3	2	5	4	7	6
(26)																											1	6	7	4	5
(27)																												7	6	5	4
(28)																													1	2	3
(29)																														3	2
(30)																															1

(2)三水平表

① $L_9(3^4)$

试验号	1	2	3	4
1	1	1	1	1
2	1	2	2	2
3	1	3	3	3
4	2	1	2	3
5	2	2	3	1
6	2	3	1	2
7	3	1	3	2
8	3	2	1	3
9	3	2	2	1

注：任意两列间的交互列是另外二列。

② $L_{27}(3^{13})$

试验号	1	2	3	4	5	6	7	8	9	10	11	12	13
1	1	1	1	1	1	1	1	1	1	1	1	1	1
2	1	1	1	1	2	2	2	2	2	2	2	2	2
3	1	1	1	1	3	3	3	3	3	3	3	3	3
4	1	2	2	2	1	1	1	2	2	2	3	3	3
5	1	2	2	2	2	2	2	3	1	3	1	3	1
6	1	2	2	2	3	3	3	1	2	1	2	1	2
7	1	3	3	3	1	1	1	3	2	3	2	3	2
8	1	3	3	3	2	2	2	1	3	1	3	1	3
9	1	3	3	3	3	3	3	2	1	2	1	2	1
10	2	1	2	3	1	2	3	1	1	2	3	3	2
11	2	1	2	3	2	3	1	2	2	3	1	1	3
12	2	1	2	3	3	1	2	3	3	1	2	2	1

续表

试验号\列号	1	2	3	4	5	6	7	8	9	10	11	12	13
13	2	2	3	1	1	2	3	2	3	3	2	1	1
14	2	2	3	1	2	3	1	3	1	1	3	2	2
15	2	2	3	1	3	1	2	1	2	2	1	3	3
16	2	3	1	2	1	2	3	3	2	1	1	2	3
17	2	3	1	2	2	3	1	1	3	2	2	3	1
18	2	3	1	2	3	1	2	2	1	3	3	1	2
19	3	1	3	2	1	3	2	1	1	3	2	2	3
20	3	1	3	2	2	1	3	2	2	1	3	3	1
21	3	1	3	2	3	2	1	3	3	2	1	1	2
22	3	2	1	3	1	3	2	2	3	1	1	3	2
23	3	2	1	3	2	1	3	3	1	2	2	1	3
24	3	2	1	3	3	2	1	1	2	3	3	2	1
25	3	3	2	1	1	3	2	3	2	2	3	1	1
26	3	3	2	1	2	1	3	1	3	3	1	2	2
27	3	3	2	1	3	2	1	2	1	1	2	3	3

$L_{27}(3^{13})$ 两列间的交互列

	1	2	3	4	5	6	7	8	9	10	11	12	13	列号
(1)		3	2	2	6	5	5	10	11	8	9	8	9	1
		4	4	3	7	7	6	12	13	12	13	10	11	
(2)			1	1	8	10	11	5	5	6	7	7	6	2
			4	3	9	13	12	9	8	13	12	11	10	
(3)				1	10	9	8	7	6	5	5	6	7	3
				2	11	12	13	13	12	11	10	9	8	
(4)					12	8	9	6	7	7	6	5	5	4
					13	11	10	11	10	9	8	13	12	
(5)						1	1	2	2	3	3	4	4	5
						7	6	9	8	11	10	13	12	
(6)							1	4	3	2	4	3	2	6
							5	11	12	13	8	9	10	
(7)								3	4	4	2	2	3	7
								13	10	9	12	11	8	
(8)									2	1	4	1	3	8
									5	12	6	10	7	
(9)										4	1	3	1	9
										7	13	6	11	
(10)											3	1	2	10
											5	8	6	
(11)												2	1	11
												7	9	
(12)													4	12
													5	
(13)														13

$L_{27}(3^{13})$ 表头设计

因子数\列号	1	2	3	4	5	6	7	8	9	10	11	12	13
3	A	B	$(A\times B)_1$	$(A\times B)_2$	C	$(A\times C)_1$	$(A\times C)_2$	$(B\times C)_1$			$(B\times C)_2$		
4	A	B	$(A\times B)_1$ $(C\times D)_2$	$(A\times B)_2$	C	$(A\times C)_1$ $(B\times D)_2$	$(A\times C)_2$	$(B\times C)_1$ $(A\times D)_2$	D	$(A\times D)_1$	$(B\times C)_2$	$(B\times D)_1$	$(C\times D)_1$

(3)四水平表

$L_{16}(4^5)$

试验号\列号	1	2	3	4	5
1	1	1	1	1	1
2	1	2	2	2	2
3	1	3	3	3	3
4	1	4	4	4	4
5	2	1	2	3	4
6	2	2	1	4	3
7	2	3	4	1	2
8	2	4	3	2	1
9	3	1	3	4	2
10	3	2	4	3	1
11	3	3	1	2	4
12	3	4	2	1	3
13	4	1	4	2	3
14	4	2	3	1	4
15	4	3	2	4	1
16	4	4	1	3	2

注：任两列的交互列是另外三列

（4）五水平表

$L_{25}(5^6)$

列号 / 试验号	1	2	3	4	5	6	列号 / 试验号	1	2	3	4	5	6
1	1	1	1	1	1	1	14	3	4	1	3	5	2
2	1	2	2	2	2	2	15	3	5	2	4	1	3
3	1	3	3	3	3	3	16	4	1	4	2	5	3
4	1	4	4	4	4	4	17	4	2	5	3	1	4
5	1	5	5	5	5	5	18	4	3	1	4	2	5
6	2	1	2	3	4	5	19	4	4	2	5	3	1
7	2	2	3	4	5	1	20	4	5	3	1	4	2
8	2	3	4	5	1	2	21	5	1	5	4	3	2
9	2	4	5	1	2	3	22	5	2	1	5	4	3
10	2	5	1	2	3	4	23	5	3	2	1	5	4
11	3	1	3	5	2	4	24	5	4	3	2	1	5
12	3	2	4	1	3	5	25	5	5	4	3	2	1
13	3	3	5	2	4	1							

注：任两列的交互列是另外四列

（5）混合水平表

① $L_8(4×2^4)$

列号 / 试验号	1	2	3	4	5	列号 / 试验号	1	2	3	4	5
1	1	1	1	1	1	5	3	1	2	1	2
2	1	2	2	2	2	6	3	2	1	2	1
3	2	1	1	2	2	7	4	1	2	2	1
4	2	2	2	1	1	8	4	2	1	1	2

$L_8(4×2^4)$ 表头设计

列号 / 因子数	1	2	3	4	5	列号 / 因子数	1	2	3	4	5
2	A	B	$(A×B)_1$	$(A×B)_2$	$(A×B)_3$	4	A	B	C	D	
3	A	B	C			5	A	B	C	D	E

② $L_{12}(3×2^4)$

列号 / 试验号	1	2	3	4	5	列号 / 试验号	1	2	3	4	5
1	1	1	1	1	1	7	2	2	1	1	1
2	1	1	1	2	2	8	2	2	1	2	2
3	1	2	2	1	2	9	3	1	2	1	2
4	1	2	2	2	1	10	3	1	1	2	1
5	2	1	2	1	1	11	3	2	1	1	2
6	2	1	2	2	2	12	3	2	2	2	1

③ $L_{12}(6×2^2)$

列号 / 试验号	1	2	3	列号 / 试验号	1	2	3
1	2	1	1	7	1	2	1
2	5	1	2	8	4	2	2
3	5	2	1	9	3	1	1
4	2	2	2	10	6	1	2
5	4	1	1	11	6	2	1
6	1	1	2	12	3	2	2

④ $L_{16}(4^2 \times 2^9)$

试验号 \ 列号	1	2	3	4	5	6	7	8	9	10	11	试验号 \ 列号	1	2	3	4	5	6	7	8	9	10	11
1	1	1	1	1	1	1	1	1	1	1	1	9	3	1	2	1	2	2	1	2	2	1	2
2	1	2	1	1	1	2	2	2	2	2	2	10	3	2	1	2	1	2	1	1	1	2	1
3	1	3	2	2	2	1	1	1	2	2	2	11	3	3	1	2	1	2	1	2	1	2	1
4	1	4	2	2	2	2	2	2	1	1	1	12	3	4	1	2	1	1	2	1	2	1	2
5	2	1	1	2	2	1	1	2	1	2	2	13	4	1	2	1	2	2	1	2	1	2	1
6	2	2	1	2	2	2	1	1	2	1	1	14	4	2	2	2	1	1	1	2	1	1	2
7	2	3	2	1	1	1	2	2	2	2	1	15	4	3	1	1	2	2	1	1	1	1	2
8	2	4	2	1	1	2	1	1	1	2	2	16	4	4	1	1	2	1	1	2	2	2	1

⑤ $L_{16}(4^2 \times 2^{12})$

试验号 \ 列号	1	2	3	4	5	6	7	8	9	10	11	12	13	试验号 \ 列号	1	2	3	4	5	6	7	8	9	10	11	12	13
1	1	1	1	1	1	1	1	1	1	1	1	1	1	9	3	1	2	1	2	1	2	1	2	1	2	1	2
2	1	1	1	1	2	2	2	2	2	2	2	2	2	10	3	1	2	1	2	2	1	2	1	2	1	2	1
3	1	2	2	2	2	1	1	1	1	2	2	2	2	11	3	2	1	2	1	1	2	2	1	2	1	2	1
4	1	2	2	2	2	2	2	2	2	1	1	1	1	12	3	2	1	2	1	2	1	1	2	1	2	1	2
5	2	1	1	2	2	1	1	2	2	1	1	2	2	13	4	1	2	2	1	1	2	2	1	1	2	2	1
6	2	1	1	2	2	2	2	1	1	2	2	1	1	14	4	1	2	2	1	2	1	1	2	2	1	1	2
7	2	2	2	1	1	1	1	2	2	2	2	1	1	15	4	2	1	1	2	1	2	1	2	2	1	1	2
8	2	2	2	1	1	2	2	1	1	1	1	2	2	16	4	2	1	1	2	2	1	2	1	1	2	2	1

⑥ $L_{16}(4^3 \times 2^6)$

试验号 \ 列号	1	2	3	4	5	6	7	8	9	试验号 \ 列号	1	2	3	4	5	6	7	8	9
1	1	1	1	1	1	1	1	1	1	9	3	1	3	1	2	2	2	2	1
2	1	2	2	1	1	2	2	2	2	10	3	2	4	1	2	1	1	1	2
3	1	3	3	2	2	1	1	2	2	11	3	3	1	2	1	2	2	1	2
4	1	4	4	2	2	2	2	1	1	12	3	4	2	2	1	1	1	2	1
5	2	1	2	2	2	1	2	1	2	13	4	1	4	2	1	2	1	2	2
6	2	2	1	2	2	2	1	2	1	14	4	2	3	2	1	1	2	1	1
7	2	3	4	1	1	1	2	2	1	15	4	3	2	1	2	2	1	1	1
8	2	4	3	1	1	2	1	1	2	16	4	4	1	1	2	1	2	2	2

⑦ $L_{16}(4^4 \times 2^3)$

试验号 \ 列号	1	2	3	4	5	6	7	试验号 \ 列号	1	2	3	4	5	6	7
1	1	1	1	1	1	1	1	9	3	1	3	4	1	2	2
2	1	2	2	2	1	2	2	10	3	2	4	3	1	1	1
3	1	3	3	3	2	1	2	11	3	3	1	2	2	2	1
4	1	4	4	4	2	2	1	12	3	4	2	1	2	1	2
5	2	1	2	3	2	2	1	13	4	1	4	2	2	1	2
6	2	2	1	4	2	1	2	14	4	2	3	1	2	2	1
7	2	3	4	1	1	2	2	15	4	3	2	4	1	1	1
8	2	4	3	2	1	1	1	16	4	4	1	3	1	2	2

⑧$L_{16}(8\times2^8)$

列号 试验号	1	2	3	4	5	6	7	8	9	列号 试验号	1	2	3	4	5	6	7	8	9
1	1	1	1	1	1	1	1	1	1	9	5	1	2	1	2	1	2	1	2
2	1	2	2	2	2	2	2	2	2	10	5	2	1	2	1	2	1	2	1
3	2	1	1	1	2	2	2	2	2	11	6	1	2	1	2	2	1	2	1
4	2	2	2	2	1	1	1	1	1	12	6	2	1	2	1	1	2	1	2
5	3	1	1	2	2	1	1	2	2	13	7	1	2	2	1	1	2	2	1
6	3	2	2	1	1	2	2	1	1	14	7	2	1	1	2	2	1	1	2
7	4	1	1	2	2	2	2	1	1	15	8	1	2	2	1	2	1	1	2
8	4	2	2	1	1	1	1	2	2	16	8	2	1	1	2	1	2	2	1

⑨$L_{18}(2\times3^7)$

列号 试验号	1	2	3	4	5	6	7	8	列号 试验号	1	2	3	4	5	6	7	8
1	1	1	1	1	1	1	1	1	10	2	1	1	3	3	2	2	1
2	1	1	2	2	2	2	2	2	11	2	1	2	1	1	3	3	2
3	1	1	3	3	3	3	3	3	12	2	1	3	2	2	1	1	3
4	1	2	1	1	2	2	3	3	13	2	2	1	2	3	1	3	2
5	1	2	2	2	3	3	1	1	14	2	2	2	3	1	2	1	3
6	1	2	3	3	1	1	2	2	15	2	2	3	1	2	3	2	1
7	1	3	1	2	1	3	2	3	16	2	3	1	3	2	3	1	2
8	1	3	2	3	2	1	3	1	17	2	3	2	1	3	1	2	3
9	1	3	3	1	3	2	1	2	18	2	3	3	2	1	2	3	1

⑩$L_{18}(6\times3^6)$

列号 试验号	1	2	3	4	5	6	7	列号 试验号	1	2	3	4	5	6	7
1	1	1	1	1	1	1	1	10	4	1	3	3	2	2	1
2	1	2	2	2	2	2	2	11	4	2	1	1	3	3	2
3	1	3	3	3	3	3	3	12	4	3	2	2	1	1	3
4	2	1	1	2	2	3	3	13	5	1	2	3	1	3	2
5	2	2	2	3	3	1	1	14	5	2	3	1	2	1	3
6	2	3	3	1	1	2	2	15	5	3	1	2	3	2	1
7	3	1	2	1	3	2	3	16	6	1	3	2	3	1	2
8	3	2	3	2	1	3	1	17	6	2	1	3	1	2	3
9	3	3	1	3	2	1	2	18	6	3	2	1	2	3	1

⑪$L_{20}(5\times2^8)$

列号 试验号	1	2	3	4	5	6	7	8	9	列号 试验号	1	2	3	4	5	6	7	8	9
1	1	1	1	1	1	1	1	1	1	11	3	2	1	2	1	2	1	2	1
2	1	1	1	1	2	1	2	2	2	12	3	2	2	1	1	2	1	1	2
3	1	2	2	2	1	1	1	1	1	13	4	1	1	2	2	1	2	1	2
4	1	2	2	2	2	2	2	2	2	14	4	1	2	1	2	2	1	2	2
5	2	1	2	1	2	1	1	1	2	15	4	2	1	2	1	2	1	1	1
6	2	1	2	2	1	2	1	2	1	16	4	2	2	1	1	1	2	2	1
7	2	2	1	1	2	2	1	2	1	17	5	1	1	1	2	2	2	1	1
8	2	2	1	2	1	2	2	1	2	18	5	1	2	2	1	2	1	2	1
9	3	1	1	2	1	1	1	2	2	19	5	2	1	2	2	1	1	2	2
10	3	1	2	2	2	2	2	1	1	20	5	2	2	1	1	1	2	1	2

⑫ $L_{24}(3 \times 4 \times 2^4)$

试验号＼列号	1	2	3	4	5	6	试验号＼列号	1	2	3	4	5	6
1	1	1	1	1	1	1	13	2	1	2	2	2	1
2	1	2	1	1	2	2	14	2	2	2	2	1	2
3	1	3	1	2	2	1	15	2	3	2	1	1	1
4	1	4	1	2	1	2	16	2	4	2	1	2	2
5	1	1	2	2	2	2	17	3	1	1	1	1	2
6	1	2	2	2	1	1	18	3	2	1	1	2	1
7	1	3	2	1	1	2	19	3	3	1	2	2	2
8	1	4	2	1	2	1	20	3	4	1	2	1	1
9	2	1	1	1	1	2	21	3	1	2	2	2	1
10	2	2	1	1	2	1	22	3	2	2	2	1	2
11	2	3	1	2	2	2	23	3	3	2	1	1	1
12	2	4	1	2	1	1	24	3	4	2	1	2	2

⑬ $L_{20}(10 \times 2^2)$

试验号＼列号	1	2	3	试验号＼列号	1	2	3
1	1	1	1	11	6	1	2
2	1	2	2	12	6	2	1
3	2	1	2	13	7	1	1
4	2	2	1	14	7	2	2
5	3	1	1	15	8	1	2
6	3	2	2	16	8	2	1
7	4	1	2	17	9	1	1
8	4	2	1	18	9	2	2
9	5	1	1	19	10	1	2
10	5	2	2	20	10	2	1

⑭ $L_{24}(6 \times 4 \times 2^3)$

试验号＼列号	1	2	3	4	5	试验号＼列号	1	2	3	4	5
1	1	1	1	1	2	13	4	1	2	2	2
2	1	2	1	2	1	14	4	2	2	1	1
3	1	3	2	2	2	15	4	3	1	1	2
4	1	4	2	1	1	16	4	4	1	2	1
5	2	1	2	2	1	17	5	1	2	2	1
6	2	2	2	1	2	18	5	2	1	1	2
7	2	3	1	1	1	19	5	3	2	2	1
8	2	4	1	2	2	20	5	4	2	1	2
9	3	1	1	1	1	21	6	1	2	2	2
10	3	2	1	2	2	22	6	2	2	1	1
11	3	3	2	2	1	23	6	3	1	1	2
12	3	4	2	1	2	24	6	4	1	2	1

⑮ $L_{24}(12 \times 2^{12})$

试验号	1	2	3	4	5	6	7	8	9	10	11	12	13
1	1	1	1	1	1	1	1	1	1	1	1	1	1
2	2	1	1	1	1	1	1	2	2	2	2	2	2
3	3	1	1	1	2	2	2	1	1	1	2	2	2
4	4	1	2	2	1	1	2	2	1	2	2	1	2
5	5	1	1	2	1	2	2	1	2	2	1	2	1
6	6	1	1	2	2	2	1	2	2	1	2	1	1
7	7	2	1	2	1	2	1	1	2	2	2	1	2
8	8	2	1	2	1	2	2	2	1	1	2	1	1
9	9	2	1	1	2	2	2	1	2	1	1	2	1
10	10	2	2	1	2	1	1	2	1	2	1	1	2
11	11	2	2	1	1	2	1	1	2	1	2	2	1
12	12	2	2	1	1	1	2	2	1	2	1	2	1
13	1	2	2	2	2	2	2	2	2	2	2	2	2
14	2	2	2	2	2	2	2	1	1	1	1	1	1
15	3	2	2	2	1	1	1	2	2	2	1	1	1
16	4	2	1	1	2	2	1	1	2	1	1	2	1
17	5	2	2	1	2	1	1	2	1	1	2	1	2
18	6	2	2	1	1	1	2	1	1	2	1	2	2
19	7	1	2	1	2	1	2	2	1	1	1	2	1
20	8	2	2	1	2	1	1	1	2	2	1	2	2
21	9	2	1	2	1	1	1	2	1	2	2	1	2
22	10	2	1	1	1	2	2	1	2	1	2	1	1
23	11	2	1	1	2	1	2	2	1	2	1	1	1
24	12	1	1	1	2	2	1	1	2	1	2	1	2

三、正交试验设计步骤

（1）确定考核指标　需要根据已有资料，总结前人经验，确认测定的参数，也可进一步转为评价指标。

（2）确认试验因素和水平　根据评价指标，确定与之相关的因素，进而确定需要的水平数。网罗所有因素，尤其是重要因素。

（3）选定正交表　根据因素和水平的数量合理选择合适的正交表。

① 如有重要因素需重点考察可选择混合型正交表。

② 因素间有相互作用的需设计重复试验。

③ 条件需进一步优化的，宜选用相同水平的正交表。

④ 如有必要可空置一列，以便在方差分析中计算试验误差之变差平方和 Q_e。

⑤ 代号相同的正交表并不是唯一的，但是代号相同的正交表是等价的，因为正交表中的行和列发生变化时，试验的方案和正交表的几何结构并无本质变化。

（4）严格操作　按正交表所示参数进行试验，精密操作，准确测量，认真处理。

四、正交试验结果分析

正交试验结果的处理步骤如下。

（1）数据的直观分析　将试验结果中评价指标最优的试验点作为优化的结果，并把相应各因素的水平值作为最优试验条件予以采纳。需要注意的是：该试验点仅是在试验范围内的相对优化点。

（2）数据处理及趋势分析　对 3 个水平以上的因素，以评价指标的平均值与对应的因素水平值作图，以判断所选择的水平范围是否确实包含了最优的试验条件区间。

然后，计算各因素对应的测定数据的极差值：

$$R_j = T_{sj} \text{中最大值} - \text{最小值} \tag{13-4}$$

式中，T_{sj} 为每个因素（列）中相同水平评价指标之和；s 为因素的水平数 $j = 1$，2，$\cdots$，p；$s = 1$，2，$\cdots$，n。因正交表的整齐可比性，通过比较各因素的 R 值，R 值大的其因素相对更重要些，R 值小的则相对次要些。如果各因素的水平数不相等，则以平均值进行比较，进而确定因素效应的相对大小。

（3）数据的方差分析　方差分析的基础是总变差平方和可以分解为相关各因素的变差平方和。正交表已经将总变差平方和分解到表中每一列的因素上，没有安排因素的列其平方和反映了试验误差。相关各因素的自由度为水平数减 1。同时，由于误差效应的自由度通常较小，当 $f < 5$ 时，显著性水平 α 从 5% 提高为 10%。

总变差平方和为各列的变差平方和之和：

$$Q_总 = Q_1 + Q_2 + \cdots + Q_空 = \sum_{j=1}^{p} Q_j + Q_空 \qquad (j=1,\ 2,\ \cdots,\ p) \tag{13-5}$$

$$f_总 = f_1 + f_2 + \cdots + f_空 = \sum_{j=1}^{p} f_j + f_空 \tag{13-6}$$

式中，$Q_总$ 为总变差平方和；Q_i 为因素 i（第 i 列）的平方和；$Q_空$ 为空列，即误差平方和 Q_e；f 为相应的自由度。

$$Q_总 = \sum_{i=1}^{n} \sum_{r=1}^{k} x_{ir}^2 - \frac{1}{nk} \left(\sum_{i=1}^{n} \sum_{r=1}^{k} x_{ir} \right)^2 \tag{13-7}$$

$$Q_j = \frac{n_{sj}}{nk} \sum_{s=1}^{n_{sj}} T_{sj}^2 - \frac{1}{nk} \left(\sum_{i=1}^{n} \sum_{r=1}^{k} x_{ir} \right)^2 \tag{13-8}$$

$$Q_e = Q_总 - \sum_{j=1}^{p} Q_j \tag{13-9}$$

式中，$i=1,\ 2,\ \cdots,\ n$，为试验次数；$r=1,\ 2,\ \cdots,\ k$，为试验重复测定次数；x_{ir} 为测定数据（评价指标）；n_{ij} 为第 j 个因素的水平数；T_{ij} 为第 j 个因素同一水平的测试数据之和。各因素的自由度分别为：$f_T = nk - 1$，$f_j = n_{sj} - 1$，$f_e = f_T - \sum_{j=1}^{p} f_j$。如果 $k=1$，则无重复测定。

因而，F 检验的统计量为：

$$F_j = \frac{Q_j / f_j}{Q_e / f_e} \tag{13-10}$$

按之前讨论过的方法评价各因素对试验结果是否有显著影响。若影响显著，必须严格控制。

（4）结果报出　指出各因素的重要性及相应各因素的分析结果最佳水平，汇总最佳实验条件。

以常见的四因素三水平正交试验表 $L_9(3^4)$ 为例说明数据的处理过程。

① 所涉及的正交试验设计表及测量数据采集见表 13-2。

表 13-2　因素水平正交设计及检测数据

编号	因素				试验结果
	A	B	C	D	
1	A_1	B_1	C_1	D_1	y_1
2	A_1	B_2	C_2	D_2	y_2
3	A_1	B_3	C_3	D_3	y_3
4	A_2	B_1	C_2	D_3	y_4
5	A_2	B_2	C_3	D_1	y_5
6	A_2	B_3	C_1	D_2	y_6
7	A_3	B_1	C_3	D_2	y_7
8	A_3	B_2	C_1	D_3	y_8
9	A_3	B_3	C_2	D_1	y_9

② 数据分析。

a. 按水平求出各因素的测量数据平均值（表 13-3）。

表 13-3 各因素相关参数的平均值

水平	因素				试验结果
	A	B	C	D	
I_1	$y_1+y_2+y_3$	$y_1+y_4+y_7$	$y_1+y_6+y_8$	$y_1+y_5+y_9$	$Y=1/n(\sum y_j)$,
I_2	$y_4+y_5+y_6$	$y_2+y_5+y_8$	$y_2+y_4+y_9$	$y_2+y_6+y_7$	其中$(n=9,$
I_3	$y_7+y_8+y_9$	$y_3+y_6+y_9$	$y_3+y_5+y_7$	$y_3+y_4+y_8$	$j=1,2,3,\cdots,9)$
$\bar{I}_1$	$\bar{I}_{11}=(y_1+y_2+y_3)/3$	$\bar{I}_{12}=(y_1+y_4+y_7)/3$	$\bar{I}_{13}=(y_1+y_6+y_8)/3$	$\bar{I}_{14}=(y_1+y_5+y_9)/3$	
$\bar{I}_2$	$\bar{I}_{21}=(y_4+y_5+y_6)/3$	$\bar{I}_{22}=(y_2+y_5+y_8)/3$	$\bar{I}_{23}=(y_2+y_4+y_9)/3$	$\bar{I}_{24}=(y_2+y_6+y_7)/3$	
$\bar{I}_3$	$\bar{I}_{31}=(y_7+y_8+y_9)/3$	$\bar{I}_{32}=(y_3+y_6+y_9)/3$	$\bar{I}_{33}=(y_3+y_5+y_7)/3$	$\bar{I}_{34}=(y_3+y_4+y_8)/3$	

b. 进行趋势分析。以 I 或 $\bar{I}$ 对相关因素之水平值作图，通常会有 4 种情况（图 13-1）。如果评价指标以大为好，则甲图形说明在考察水平范围内得到了最佳的条件，乙图形则意味着在考察的水平范围内没有得到理想的试验条件，丙图形表示如果该因素取值在考察范围的上限以外可能会寻求到更合适的试验条件，而丁图形所显示与丙图形相反方向会更好。但在所考察的范围内，4 种图形的最佳水平分别为：甲——2，乙——3，丙——3 和丁——1。

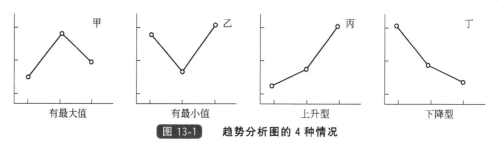

图 13-1 趋势分析图的 4 种情况

c. 进行极差分析。结果见表 13-4。如果通过试验得到的结果为 $T_2>T_1>T_4>T_3$，在所考察的水平范围内，可以说明因素 2（即 B 因素）对结果造成的影响最大，其余依次为因素 1（即 A 因素）、因素 4（即 D 因素）和因素 3（即 C 因素）。

表 13-4 极差分析

编号	因素				
	δ_1	δ_2	δ_3	R	T
1	$\delta_{11}=\bar{I}_{11}-Y$	$\delta_{21}=\bar{I}_{21}-Y$	$\delta_{31}=\bar{I}_{31}-Y$	$R_{01}=\max(\delta_{11},\delta_{21},\delta_{31})$ $R_{11}=\min(\delta_{11},\delta_{21},\delta_{31})$	$T_1=R_{01}-R_{11}$
2	$\delta_{12}=\bar{I}_{12}-Y$	$\delta_{22}=\bar{I}_{22}-Y$	$\delta_{32}=\bar{I}_{32}-Y$	$R_{02}=\max(\delta_{12},\delta_{22},\delta_{32})$ $R_{12}=\min(\delta_{12},\delta_{22},\delta_{32})$	$T_2=R_{02}-R_{12}$
3	$\delta_{13}=\bar{I}_{13}-Y$	$\delta_{23}=\bar{I}_{23}-Y$	$\delta_{33}=\bar{I}_{33}-Y$	$R_{03}=\max(\delta_{13},\delta_{23},\delta_{33})$ $R_{13}=\max(\delta_{13},\delta_{23},\delta_{33})$	$T_3=R_{03}-R_{13}$
4	$\delta_{14}=\bar{I}_{14}-Y$	$\delta_{24}=\bar{I}_{24}-Y$	$\delta_{34}=\bar{I}_{34}-Y$	$R_{04}=\max(\delta_{14},\delta_{24},\delta_{34})$ $R_{14}=\max(\delta_{14},\delta_{24},\delta_{34})$	$T_4=R_{04}-R_{14}$

d. 给出结论。假如一组试验结果为：$\delta_{21}>\delta_{11}>\delta_{31}$，$\delta_{32}>\delta_{12}>\delta_{22}$，$\delta_{23}>\delta_{33}>\delta_{13}$，$\delta_{14}>\delta_{34}>\delta_{24}$，则对应因素的水平组合为 $A_2B_3C_2D_1$，即采用 $A_2B_3C_2D_1$ 配合比的试验结果是最优化配合比。

考察指标中，如若 $\delta<0$，表明某因素的某一水平低于样本总体的平均值，反之则高于样本总体的平均值。

③进行检验分析。考察相关数据之方差、均方值、自由度和 F 检验（表 13-5）。根据相关检验参数与相应指标下的临界值，可给出结果判断。

表 13-5 检验分析的相关结果

项目	总	A	B	C	D	误差
方差和	$S_总=\sum\limits_{i=1}^{n}(y_i-Y)^2$	$S_A=r_A\sum\limits_{j=1}^{p}(\bar{I}_{jA}-Y)^2$	$S_B=r_B\sum\limits_{j=1}^{p}(\bar{I}_{jB}-Y)^2$	$S_C=r_C\sum\limits_{j=1}^{p}(\bar{I}_{jC}-Y)^2$	$S_D=r_D\sum\limits_{j=1}^{p}(\bar{I}_{jD}-Y)^2$	$S_总=S_总-S_A-S_B-S_C-S_D$
取值	$n=9$	$p=3,r_A=3$	$p=3,r_B=3$	$p=3,r_C=3$	$p=3,r_D=3$	
自由度 f	$nm-1$ $(n=9,m=3)$	$m_A-1(m_A=3)$	$m_B-1(m_B=3)$	$m_C-1(m_C=3)$	$m_D-1(m_D=3)$	$f_e=f_总-ff_A-f_B-f_C-f_D$
均方值		$\hat{S}_A=S_A/f_A$	$\hat{S}_B=S_B/f_B$	$\hat{S}_C=S_C/f_C$	$\hat{S}_D=S_D/f_D$	$\hat{S}_E=S_E/f_E$
F 检验		$F_A=\hat{S}_A/\hat{S}_E$	$F_B=\hat{S}_B/\hat{S}_E$	$F_C=\hat{S}_C/\hat{S}_E$	$F_D=\hat{S}_D/\hat{S}_D$	

注：$Y=\dfrac{1}{n}\sum\limits_{i=1}^{n}y_i, i=1,2,\cdots,n$,此例 $n=9$。

五、拓展正交分析

一个优化过程涉及多个需考察的因素，这些因素中彼此间通常总是或多或少地存在着交互作用，在大多数情况下因交互作用不明显而往往被忽略不计了。当这些交互作用不能忽略时，所涉及的交互效应就应作为一个因素而体现在正交表中。

例如有 A、B、C 因素，如果考虑交互作用，则应有 $A\times B$，$A\times C$，$B\times C$，$A\times B\times C$ 这 4 种交互作用存在，原本 3 因素的试验就应拓展为 7 因素的试验。此时，最好直接选用交互作用的正交表。

有时候由于因素本身的影响或条件的限制，因素间的水平数可能不一样，可以有以下几种不同的处理方式：

① 直接选用不同水平数的正交表〔如 $L_8(4^1\times2^4)$，$L_{16}(8^1\times2^8)$〕等；
② 通过适当的方法将水平数相同的正交表改造成水平数不同的正交表；
③ 尽量利用原有的正交表，采用拟水平❶的方法进行试验。

第三节　单纯形优化法

单纯形优化法（simplex optimization method）简称单纯形法，是利用多维空间中的一种凸图形（其顶点数仅比空间的维数多 1，该空间多面体的顶点就是试验点）有规则的移动以实现试验参数优化的一种动态调优方法。每一次选用的试验条件由前一次试验的结果来确定。现在广泛应用的是 1965 年内尔德（J. A. Nelder）等提出的改进单纯形优化法，它在 1962 年斯彭德莱（W. Spendley）等首先提出的基本单纯形优化法的基础上，为加速优化过程，变固定步长为可变步长，并引入了反射、扩大与收缩规则。单纯形法的优点是计算简便，不受因素数目的限制，只需进行少数实验就可找到最佳的试验条件。

一、基本单纯形优化法

单纯形优化法是在 $n-1$ 个因素空间里组成的 $n+1$ 个点构成超多面体，然后比较各试验点的考核指标值，去掉最坏的试验点，取其对称点继续作为新的试验点（反射点）。然后

---

❶ 拟水平法是将水平数较少的因素纳入水平数多的正交表内的处理方法，即重复水平数少的因素的某些水平，使之与别的因素的水平数相同。

在新构成的多面体中继续比较，以此逐步地持续向最佳目标点靠近，直至找到最优目标点（相关指标及偏差等均符合设计要求）。

单纯形优化的过程如下。

（1）确定考核指标　考核指标是可精确测量的用于衡量和考核试验响应的各种数值，分析测试中通常将仪器响应值（或转换成相应的其他数量）作为考核指标，并确认该指标相应的允许偏差等评价性参数。

（2）选择因素和步长　参照目标要求或文献选择合适的因素，各因素应该是体系中的独立变量，对考核指标影响较大的主要指标优先考虑列入。选择因素、步长时先要根据因素所处的条件确定其上下限，而后再选步长。步长大优化速度快，但精密度也将变差。步长小精度自然好，但速度慢且试验量大而成本高。故需兼顾精度和速度。

（3）建立初始单纯形　初始单纯形需要根据各因素的试验范围而由各因素的初始点和步长建立。通常 10 个因素以下的情况可以利用 Long 系数表（表 13-6）来建立：建立 $n+1$ 个点的初始单纯形可将表中对应系数值乘以该因素的步长后，再加到初始点坐标上。计算法或查阅均匀设计表等方法也可建立初始单纯形。

表 13-6　Long 系数表

顶点	因素									
	A	B	C	D	E	F	G	H	I	J
1	0	0	0	0	0	0	0	0	0	0
2	1.00	0	0	0	0	0	0	0	0	0
3	0.50	0.866	0	0	0	0	0	0	0	0
4	0.50	0.289	0.817	0	0	0	0	0	0	0
5	0.50	0.289	0.204	0.791	0	0	0	0	0	0
6	0.50	0.289	0.158	0.158	0.775	0	0	0	0	0
7	0.50	0.289	0.204	0.158	0.129	0.764	0	0	0	0
8	0.50	0.289	0.204	0.158	0.129	0.109	0.756	0	0	0
9	0.50	0.289	0.204	0.158	0.129	0.109	0.094	0.750	0	0
10	0.50	0.289	0.204	0.158	0.129	0.109	0.094	0.083	0.745	0
11	0.50	0.289	0.204	0.158	0.129	0.109	0.094	0.083	0.075	0.742

需要注意的是，利用 Long 系数表法所构成的初始单纯形各顶点在空间的分布是不均匀的，因此进行的是不均匀优化。选用均匀设计表可以改变这个缺点，进行整体的均匀优化。据所选因素的因素数，确定一个比较合适的均匀表（表 13-8），使用时把表中的对应数值乘以响应因素的步长，加到初始点坐标上即可。

计算法一般要求各因素的步长是相同的，而在实际问题处理中会由于各因素步长和单位不相同而变得很麻烦。构成初始单纯形的计算方法有如下几种。

1. 双因素基本单纯形法

对一个因素数为 2 的试验，分别取值 a_1 和 a_2 作为试验的初点，记为 $A(a_1, a_2)$。其余两个点设为 B 和 C，设三角形的边长为 a（步长），可计算出 B、C 点。假设 AB、AC、BC 间距均为 a，等边三角形可以算出 B 点和 C 点分别为：

$$B = (a_1 + p, \ a_2 + q) \qquad \text{式中} \quad \begin{cases} p = a\left[(\sqrt{3}+1)/2\sqrt{2}\right] \\ q = a\left[(\sqrt{3}-1)/2\sqrt{2}\right] \end{cases} \qquad (13\text{-}11)$$
$$C = (a_1 + q, \ a_2 + p)$$

在因素 1 和因素 2 为坐标的二维图中标出 A、B、C 三个点（图 13-2）。随之在 3 个点分别进行试验，比较所得试验响应值。

　　规则 1: 找出最坏点（假设为 A 点），弃之。按式（13-12）计算 A 点的对称点 D，并测定 D 点的响应值，比较 B、C、D 的响应值大小，舍弃新的最差点（假设为 C 点），求出 C 的对称点（E 点）进行新的测定，继续比较，……重复以上结果，直至 3 点的响应值相差不大，达到优化试验的目的。

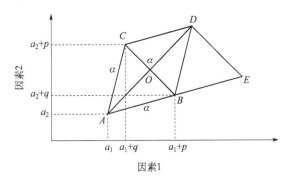

图 13-2　两因素单纯形试验点确认图

$$D = B + C - A = (a_1 + p + q, a_2 + p + q)$$
$$E = B + D - C = (a_1 + 2p, a_2 + 2q) \tag{13-12}$$

2. 多因素基本单纯形

如果有 n 个因素，将由 $n+1$ 个定点构成 n 维空间单纯形，设有一点 $A = (a_1, a_2, a_3, \cdots, a_n)$，步长为 a，则其余各点为：

$$B = (a_1 + p, a_2 + q, a_3 + q, \cdots, a_n + q)$$
$$C = (a_1 + q, a_2 + p, a_3 + q, \cdots, a_n + q)$$
$$(n) = (a_1 + q, a_2 + q, \cdots, a_{n-1} + p, a_n + q)$$
$$(n+1) = (a_1 + q, a_2 + q, a_3 + q, \cdots, a_n + p)$$

式中：
$$\begin{cases} p = \dfrac{\sqrt{n+1}-1}{\sqrt{2} \times n} a \\[2mm] q = \dfrac{\sqrt{n+1}+n-1}{\sqrt{2} \times n} a \end{cases} \tag{13-13}$$

同样，在初始单纯形条件下测得 $n+1$ 组响应值进行比较后找出最坏点，弃之，根据式（13-14）计算其对称点，继续试验，继续比较，直至达到优化区域。

$$[新坐标点] = 2[n 留下点的坐标和] / \{n - [去掉点坐标]\} \tag{13-14}$$

结合式（13-13）中的 p 和 q 的计算公式，则可根据 n 直接计算出 p 和 q 数值，见表 13-7。

表 13-7　n、p、q 取值对应表

n	p	q	n	p	q
2	$0.966a$	$0.259a$	9	$0.878a$	$0.171a$
3	$0.943a$	$0.236a$	10	$0.872a$	$0.165a$
4	$0.926a$	$0.219a$	11	$0.865a$	$0.158a$
5	$0.911a$	$0.204a$	12	$0.861a$	$0.154a$
6	$0.901a$	$0.194a$	13	$0.855a$	$0.148a$
7	$0.892a$	$0.185a$	14	$0.854a$	$0.147a$
8	$0.883a$	$0.176a$	15	$0.848a$	$0.141a$

　　在上述试验中，如果舍弃前一最坏点（假定为 A）后得到的 B、C、D 的新单纯形中最坏点为 D，那么对称点将会返回到与 A 重合，此时需改用规则 2。

规则 2：去掉次坏点，用其对称反射点作新试点，对称计算公式与前面相同。

经过反复试验后，如果有一个点总是保留下来，必须使用规则 3。

规则 3：重复、停止和缩短步长，一般一个点经 3 次单纯形后仍未被淘汰，它可能是一个很好点，也可能是偶然性或试验误差导致的假象。此时需要重复试验：结果不好，淘汰；结果已很满意则停止试验。反之则以它为起点缩短步长，继续试验。

3. 特殊方法

由于各因素的量纲可能不一样 ［如一个因素是温度（℃），另一个因素是时间（s）］，或量纲相同但所取单位不一样，因而前述初始单纯形试验点间也可以是不等距离的。此时可采用"直角单纯形法"处理：3 个顶点的取值分别如下：

$$\odot = (a_1, a_2)$$
$$① = (a_1 + p_1, a_2)$$
$$② = (a_1, a_2 + p_2) \tag{13-15}$$

同样比较三个顶点响应值的结果，若 $\odot$ 最坏，则新点 ③ 就用对称公式：

$$③ = ① + ② - \odot = (a_1 + p_1, a_2 + p_2) \tag{13-16}$$

在得到 ③ 点后，比较 ①、②、③ 三点的结果，若 ② 最坏，则取其对称点 ④ 作新试验点

$$④ = ③ + ① - ② = (a_1 + 2p_1, a_2) \tag{13-17}$$

比较 ①、③、④ 的结果，若 ④ 最坏，则用规则 2 去掉次坏点，若次坏点为 ③，则新点

$$⑤ = ① + ④ - ③ = (a_1 + 2p_1, a_2 - p_2) \tag{13-18}$$

如此继续，有时还会使用规则 3，直至结果满意。推移过程见图 13-3。

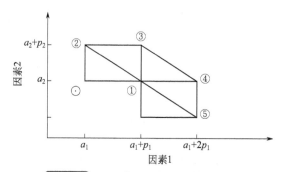

图 13-3 不等距单纯形的推移示意

一般任意 n 个因素时各顶点坐标分别为：

$$\odot = (a_1, a_2, a_3, \cdots, a_n)$$
$$① = (a_1 + p_1, a_2, a_3, \cdots, a_n)$$
$$② = (a_1, a_2 + p_2, a_3, \cdots, a_n)$$
$$\cdots \tag{13-19}$$
$$(n) = (a_1, a_2, a_3, \cdots, a_{n-1} + p_{n-1}, a_n)$$
$$(n+1) = (a_1, a_2, a_3, \cdots, a_n + p_n)$$

二、改进单纯形优化法

改进单纯形法由 J. A. Nelder 于 1965 年提出，采用可变步长推移单纯形，以解决优化结果精度和优化速度的矛盾。其思路为：在基本单纯形法的基础上引入反射、扩大、收缩与整体收缩等规则，在各单纯形优化法中应用最广泛。其两因素单纯形的推移过程如下。

在改进形单纯形的推移过程中，新试验点的位置坐标按式（13-20）计算：

$$[新点坐标]=(1+a)\frac{[留下点的坐标和]}{n}-a[去掉点坐标] \tag{13-20}$$

① 基本单纯形，$a=1$。

② 按基本单纯形法（$a=1$）计算出 D 点并测量响应值。如果 D 是新单纯形中最好的，说明探索方向正确，取 $a>1$，沿 AD 方向扩展前行（即扩大）至 E 点（$a=2$）。若 E 好于 D，则按 BCE 继续优化，否则按 BCD 优化。

③ 如果 D 优于 A，但在 BCD 中为最坏，则考虑"收缩"，$0<a<1$，如 N_D 点（$a=0.5$），形成新的单纯形 BCN_D。

④ 如果 D 点比 A 点更差，可考虑内收缩，$-1<a<0$，如选择点 N_A（$a=-0.5$）。

⑤ 如果 AD 方向上所有点的响应值都比 A 点差，即不能沿此方向探索，应采用"整体收缩"处理——以单纯形中的最好点为基点，到其他各点的一半为新点，构成新的单纯形 $BA'C'$ 继续优化。

相关的单纯形推移参见图 13-4。

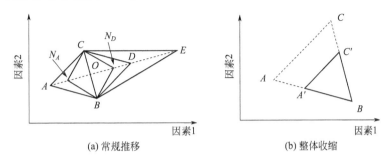

(a) 常规推移　　　　　　　　　　(b) 整体收缩

图 13-4　改进单纯形推移示意

三、单纯形优化的参数选择

在试验中，首先必须确定研究的因素（可以比较多些）；而后根据分析仪器和试验要求，规定因素变化的上、下限；再据上、下限的范围确定步长的大小。步长较大，优化速度加快，但精度较差；步长太小试验次数增多，优化速度变慢。

单纯形的收敛：在 n 因素的单纯形中，如果有一个点经 $n+1$ 次单纯形仍未被淘汰，一般可以在此点收敛。但该检验方法未考虑试验误差的存在，故通常按数理统计或实际工作要求确认单纯形的收敛准则：

$$|[R(B)-R(w)]/R(B)|<\varepsilon \tag{13-21}$$

式中，$R(B)$ 和 $R(w)$ 分别代表最好点 B 与最坏点 w 的响应值；ε 为试验误差或预给定的允许误差。

第四节　均匀设计试验法

均匀设计试验法（uniform design）是从均匀性角度出发，将试验点在整个试验范围内均匀散布的一种参数优化设计方法。该方法是数论方法中的"伪蒙特卡罗方法"的一个应用，由方开泰和王元两位数学家于 1978 年创立。由于所选试验点在试验范围内充分均衡分散，让每个试验点有充分的代表性，因而能反映体系的主要特征。与其他优化方法相比，对相关因素和水平数相对较多的体系而言，均匀设计法所需试验次数少。与正交法特别关注"整齐可比"（易于估计各因素的主效应和部分交互效应，从而可分析各因素对指标影响的大小及指标的变化规律）不同，均匀设计法更关注"均匀分散"（使试验点均衡地分布在试验范围内），因此，试验的结果没有正交试验结果的整齐可比性，其试验结果的处理多采用回归分析方法。

一、均匀设计表

均匀设计表是均匀设计试验法的依据，其符号为：

$$U_n(t^p)$$

其中，U 表示均匀设计表；n 为试验次数；t 为因素水平数；p 为因素数。相应的均匀设计表见表 13-8。从表中可知，均匀设计法只要进行与水平数相同次数的试验即可。如 $U_9(9^6)$ 均匀设计表表示 6 因素 9 水平的体系只需进行 9 次试验。表中所列之水平数均为奇数，如果水平数为偶数，则可选比它大一的奇数表，然后去掉最后一行即可。

表 13-8　均匀设计表

（1）$U_5(5^4)$

列号 \ 试验号	1	2	3	4
1	1	2	3	4
2	2	4	1	3
3	3	1	4	2
4	4	3	2	1
5	5	5	5	5

$U_5(5^4)$ 表的使用

因素数	列　　　号			
2	1	2		
3	1	2	4	
4	1	2	3	4

（2）$U_7(7^6)$

列号 \ 试验号	1	2	3	4	5	6
1	1	2	3	4	5	6
2	2	4	6	1	3	5
3	3	6	2	5	1	4
4	4	1	5	2	6	3
5	5	3	1	6	4	2
6	6	5	4	3	2	1
7	7	7	7	7	7	7

$U_7(7^6)$ 表的使用

因素数	列　　　号					
2	1	3				
3	1	2	3			
4	1	2	3	6		
5	1	2	3	4	6	
6	1	2	3	4	5	6

（3）$U_9(9^6)$

列号 \ 试验号	1	2	3	4	5	6
1	1	2	4	5	7	8
2	2	4	8	1	5	7
3	3	6	3	6	3	6
4	4	8	7	2	1	5
5	5	1	2	7	8	4
6	6	3	6	3	6	3
7	7	5	1	8	4	2
8	8	7	5	4	2	1
9	9	9	9	9	9	9

$U_9(9^6)$ 表的使用

因素数	列　　　号					
2	1	3				
3	1	3	5			
4	1	2	3	5		
5	1	2	3	4	5	
6	1	2	3	4	5	6

（4）$U_{11}(11^{10})$

试验号 \ 列号	1	2	3	4	5	6	7	8	9	10
1	1	2	3	4	5	6	7	8	9	10
2	2	4	6	8	10	1	3	5	7	9
3	3	6	9	1	4	7	10	2	5	8
4	4	8	1	5	9	2	6	10	3	7
5	5	10	4	9	3	8	2	7	1	6
6	6	1	7	2	8	3	9	4	10	5
7	7	3	10	6	2	9	5	1	8	4
8	8	5	2	10	7	4	1	9	6	3
9	9	7	5	3	1	10	8	6	4	2
10	10	9	8	7	6	5	4	3	2	1
11	11	11	11	11	11	11	11	11	11	11

$U_{11}(11^{10})$表的使用

因素数	列号									
2	1	7								
3	1	5	7							
4	1	2	5	7						
5	1	2	3	5	7					
6	1	2	3	5	7	10				
7	1	2	3	4	5	7	10			
8	1	2	3	4	5	6	7	10		
9	1	2	3	4	5	6	7	9	10	
10	1	2	3	4	5	6	7	8	9	10

（5）$U_{13}(13^{12})$

试验号 \ 列号	1	2	3	4	5	6	7	8	9	10	11	12
1	1	2	3	4	5	6	7	8	9	10	11	12
2	2	4	6	8	10	12	1	3	5	7	9	11
3	3	6	9	12	2	5	8	11	1	4	7	10
4	4	8	12	3	7	11	2	6	10	1	5	9
5	5	10	2	7	12	4	9	1	6	11	3	8
6	6	12	5	11	4	10	3	9	2	8	1	7
7	7	1	8	2	9	3	10	4	11	5	12	6
8	8	3	11	6	1	9	4	12	7	2	10	5
9	9	5	1	10	6	2	11	7	3	12	8	4
10	10	7	4	1	11	8	5	2	12	9	6	3
11	11	9	7	5	3	1	12	10	8	6	4	2
12	12	11	10	9	8	7	6	5	4	3	2	1
13	13	13	13	13	13	13	13	13	13	13	13	13

$U_{13}(13^{12})$表的使用

因素数	列号											
2	1	5										
3	1	3	4									
4	1	6	8	10								
5	1	6	8	9	10							
6	1	2	6	8	9	10						
7	1	2	6	8	9	10	12					
8	1	2	6	7	8	9	10	12				
9	1	2	3	6	7	8	9	10	12			
10	1	2	3	5	6	7	8	9	10	12		
11	1	2	3	4	5	6	7	8	9	10	12	
12	1	2	3	4	5	6	7	8	9	10	11	12

（6）$U_{15}(15^8)$

试验号 \ 列号	1	2	3	4	5	6	7	8
1	1	2	4	7	8	11	13	14
2	2	4	8	14	1	7	11	13
3	3	6	12	6	9	3	9	12
4	4	8	1	13	2	14	7	11
5	5	10	5	5	10	10	5	10
6	6	12	9	12	3	6	3	9
7	7	14	13	4	11	2	1	8
8	8	1	2	11	4	13	14	7
9	9	3	6	3	12	9	12	6
10	10	5	10	10	5	5	10	5
11	11	7	14	2	13	1	8	4
12	12	9	3	9	6	12	6	3
13	13	11	7	1	14	8	4	2
14	14	13	11	8	7	4	2	1
15	15	15	15	15	15	15	15	15

第五篇

$U_{15}(15^8)$ 表的使用

因素数	列　　号								因素数	列　　号							
2	1	6							6	1	2	3	4	6	8		
3	1	3	4						7	1	2	3	4	6	7	8	
4	1	3	4	7					8	1	2	3	4	5	6	7	8
5	1	2	3	4	7												

二、均匀设计试验安排

均匀设计法的试验安排是根据均匀设计表进行的。其实施步骤与正交试验相近。

（1）确定考核指标　可以是直接地测量响应值，也可以是经计算后的评价值。

（2）确定研究的因素，并根据因素确定相应的水平　尽可能找出影响较大的因素，水平数也可以尽量多考虑些。

（3）选择合适的均匀设计表　由于均匀设计法不具备整齐可比性，因而其试验结果不能用方差分析法进行校核，通常采用多元回归分析或逐步回归分析法处理。同时，鉴于分析测试过程中的情况复杂，除考虑到因素与响应值之间的线性关系外，还必须兼顾到非线性关系及因素间的交互作用。

$$Y = b_0 + \sum_{i=1}^{p} b_i x_i + \sum_{\substack{i=1 \\ j=i}}^{T} b_T x_i x_j + \sum_{b_i=1}^{p} b_i x_i^2 \qquad (13\text{-}22)$$

$$T = C_p^2 = \frac{p(p-1)}{2} \qquad (13\text{-}23)$$

式中，p 为因素数；$x_i x_j$ 为因素的交互作用；x_i^2 为因素的二次项的影响。因而，回归方程的系数项总计为：

$$m = p + p + \frac{p(p-1)}{2} \qquad (13\text{-}24)$$

需要根据 m 的大小来确定选用 U 表。在最终的实际选择中，还是需要根据使用人的专业知识来删去那些无关的或影响小的因素。为简化繁杂计算，应尽可能消去交互作用项和高次项。

（4）制订因素水平表　与正交表不同，均匀设计表中的各列是不平等的，具体取哪些列与系统所需优化的因素数目有关，即需参考所附之使用表。首先可以简单地以水平数选择合适的 U 表，而后根据使用表之因素数所示之列取用设计表的相关数据。例如：3 因素 7 水平的实验，应选 $U_7(7^6)$ 表，由于是 3 因素，根据使用表之规定，选用 1、2、3 这三列所示的参数进行试验即可。

由于均匀设计表安排的试验次数偏少，将导致试验误差增大，故实际使用时往往选用试验次数较多的 U 表进行试验。要做到因素按序上列，水平对号入座，横向做试验。

（5）认真试验，仔细测量　严格按照均匀设计表列出的条件进行试验，确保每个测量都能精密准确。

三、数据分析与优化处理

可以由 2 种模式进行结果的数据分析。

①对测定结果直接进行比较，以响应值最理想的实验条件为优化结果。

②根据目标函数解出回归方程，然后根据回归方程的参数进行后处理：a. 回归方程反映了各因素对响应值的统计关系，可把回归系数标准化（$b_i \sqrt{L_{xx}/L_{yy}}$）后进行比较 [式中 L_{xx} 和 L_{yy} 的定义参见公式（11-83）]；b. 直接根据回归系数大小判断因素的影响力，系数大的因素影响也大；c. 回归方程的极值点对应的试验条件可认为是所寻求的最佳条件。

主题词索引
（按汉语拼音排序）

A

安全知识 …………………………… 592
氨基三乙酸 ………………………… 441
氨基酸 ……………………………… 223
氨基酸缓冲溶液 …………………… 472
氨水 ………………………………… 427
氨水的浓度和密度 ………………… 151
氨水的提纯 ………………………… 325

B

百分比称量天平 …………………… 477
饱和蒸气压 ………………………… 92
爆炸法 ……………………………… 742
爆炸极限 …………………………… 753
爆炸性物质 ………………………… 753
爆炸原因 …………………………… 767
爆震表 ……………………………… 416
爆震测量 …………………………… 416
爆震强度 …………………………… 407
苯的回收 …………………………… 361
苯的提纯 …………………………… 338
苯酚 ………………………………… 441
苯甲酸 ……………………………… 442
苯醌 ………………………………… 345
苯芴酮 ……………………………… 346
比热容单位 ………………………… 9
比体积单位 ………………………… 7
比重瓶 ……………………………… 374
闭口杯法 …………………………… 397
闭口闪点测定仪 …………………… 397
标准滴定溶液 ……………………… 443
标准偏差 …………………………… 846
标准氢取样 ………………………… 744
标准热电偶 ………………………… 495
标准溶液的配制 …………………… 430
标准色的配制 ……………………… 763
标准物质 ……………………… 815,834
标准源 ……………………………… 786
标准正态分布 ……………………… 849
表面污染的处理 …………………… 797
表面张力 …………………………… 130
冰乙酸 ……………………………… 427
丙酮 …………………………… 336,441
波美浓度 …………………………… 152
玻璃化温度 ………………………… 398
玻璃量器 …………………………… 488
玻璃滤器 ……………………… 298,299
玻璃器皿 …………………………… 288
玻璃器皿的干燥 …………………… 305
玻璃纤维滤膜 ……………………… 528
铂的回收 …………………………… 357
铂坩埚 ……………………………… 309
不确定度 …………………………… 843

C

采样点 ……………………………… 520
采样吸收管 ………………………… 527
采样效率 …………………………… 531
参考物质 …………………………… 815
草本植物的采集 …………………… 522
草酸铵 ……………………………… 429
草酸标准溶液 ……………………… 448
草酸钠 ………………………… 429,442
草酸盐 ……………………………… 440
测量 ………………………………… 806
测量范围 …………………………… 807
测量准确度 ………………………… 827
测试 ………………………………… 806
长度单位的换算 …………………… 5
超临界流体萃取 …………………… 537
超声辅助提取 ……………………… 537
沉降天平 …………………………… 477
冲淋器 ……………………………… 590
重复性 ……………………………… 844
重铬酸钾 ……………………… 428,442
重铬酸钾标准溶液 ………………… 446
重铬酸钾的提纯 …………………… 328

重金属回收 …………………… 358
重金属离子 …………………… 739
抽样方法 ……………………… 506
抽样检查 ……………………… 505
传热系数单位 ………………… 10
吹扫捕集法 …………………… 538
纯水的制备 …………………… 281
纯水器 ………………………… 286

D

大气采样 ……………………… 524
大气固定源污染物排放标准 … 673
大气环境质量标准 …………… 673
单纯随机抽样 ………………… 506
单纯形优化法 ………………… 915
单位制转换天平 ……………… 477
旦尼尔天平 …………………… 477
氮化亚铊 ……………………… 761
氮化银 ………………………… 761
氮气吹干法 …………………… 582
氮气的制备与纯化 …………… 350
等渗缓冲溶液 ……………… 457,469
狄克松检验法 ………………… 892
碘 131 ………………………… 800
碘标准溶液 …………………… 448
碘化钾 ………………………… 428
碘水 …………………………… 441
碘酸钾 ………………………… 442
碘酸钾标准溶液 ……………… 448
电场强度单位 ………………… 9
电光天平 ……………………… 475
电击伤的应急处理 …………… 596
电解制氧 ……………………… 350
电量单位 ……………………… 9
电渗析法 ……………………… 285
电子级试剂 …………………… 425
电子天平 ……………………… 476
淀粉溶液 ……………………… 442
调和平均值 …………………… 843
动火分析 ……………………… 741
动力黏度单位 ………………… 7
动物天平 ……………………… 477
冻伤的应急处理 ……………… 595
毒物 …………………………… 770
毒物中毒症状 ………………… 597
短时间接触容许浓度 ………… 683
对角线采样法 ………………… 520

对数正态分布 ………………… 886
对硝基苯偶氮间苯二酚的制备 … 346
多功能红外水分仪 …………… 477
多级随机抽样 ………………… 507
多样控制图 …………………… 830

E

恩氏黏度 ……………………… 379
二苯氨基脲 …………………… 441
二甲氨基苯芴酮的制备 ……… 346
二硫化碳的提纯 ……………… 339
二氯乙烷的提纯 ……………… 338
二烷基过氧化物 ……………… 760
二氧化碳的制备与纯化 ……… 352
二乙基汞 ……………………… 776

F

法定计量单位 ………………… 5
砝码等级 ……………………… 478
钒酸铵的提纯 ………………… 326
反渗透净水技术 ……………… 284
方差 …………………………… 846
方差分析 ……………………… 863
防爆应对措施 ………………… 769
防毒措施 ……………………… 770
防毒面具 ……………………… 773
防火 …………………………… 592
放射生物效应 ………………… 785
放射性废物的处理 …………… 722
放射性辐射 …………………… 785
放射性活度 …………………… 786
放射性实验室 ………………… 802
放射性同位素 ……………… 785,787
放置衰变法 …………………… 799
非强制检定 …………………… 811
斐波那契数列 ………………… 902
废旧电池处理 ………………… 358
沸点的测定 ………………… 372,373
沸点的校正 …………………… 492
分层随机抽样 ………………… 507
分解性爆炸 …………………… 767
分数法 ………………………… 901
分子筛 ………………………… 315
焚烧法 ………………………… 799
氟化锂的制备 ………………… 330
氟化铝的制备 ………………… 330
氟化钠 ………………………… 429

氟化钠的提纯与制备 ·············· 329
辐射防护 ·············· 795
辐射源 ·············· 786
辅助单位 ·············· 3
富集采样法 ·············· 526

G

钙黄绿素的制备 ·············· 341
干燥方法 ·············· 311
干燥剂 ·············· 312,314,315
干燥器 ·············· 314
干燥容量 ·············· 312
坩埚 ·············· 309,310
刚玉坩埚 ·············· 310
岗位责任 ·············· 821
高纯水 ·············· 281
高分子多孔微球 ·············· 528
高氯酸 ·············· 148,426,766
高氯酸标准溶液 ·············· 453
高氯酸的提纯 ·············· 325
高氯酸的性质 ·············· 764
高锰酸钾 ·············· 429
高锰酸钾标准溶液 ·············· 449
高能装置 ·············· 784
高危化学品 ·············· 752
高压釜 ·············· 784
高压气瓶 ·············· 778
高压气体的使用 ·············· 778
高压装置 ·············· 591,776
割伤的应急处理 ·············· 595
个体采样器法 ·············· 530
铬酸钾 ·············· 428
铬酸洗涤液 ·············· 304
工业废水 ·············· 510
工作用计量器具 ·············· 807
公正性 ·············· 819
功 ·············· 8
功率单位 ·············· 8
汞残渣的回收 ·············· 354
汞的回收 ·············· 354
汞的净化 ·············· 354
汞中毒的预防 ·············· 774
共沸混合物的沸点 ·············· 99
固体废物污染控制标准 ·············· 673
固体吸附剂法 ·············· 538
固体吸收法 ·············· 527
固体样品的干燥 ·············· 313

固体样品加工的一般程序 ·············· 533
固体样品前处理 ·············· 537
固相萃取法 ·············· 538
固相萃取小柱法 ·············· 581
固相微萃取法 ·············· 538
光气的检查 ·············· 337
广泛缓冲溶液 ·············· 457
硅胶 ·············· 528
国际单位制 ·············· 2
国际温标 ·············· 489
过硫酸铵 ·············· 429
过滤操作 ·············· 307,308
过氯乙烯滤膜 ·············· 528
过氧化物的检定 ·············· 759

H

海水的采样 ·············· 511
含钡废液 ·············· 738
含氮有机化合物的废液 ·············· 739
含芳香烃废液 ·············· 739
含酚废液 ·············· 739
含氟化物废液 ·············· 739
含镉废液 ·············· 738
含硫废液 ·············· 739
含铅废液 ·············· 738
含氢量分析 ·············· 744
含氰化物废液 ·············· 739
含醛类的废液 ·············· 740
含砷废液 ·············· 738
含水量的测定 ·············· 523
含氧化剂、还原剂废液的处理 ·············· 722
含银废液 ·············· 738
含有毒无机离子废液的处理 ·············· 722
含有机磷的废液 ·············· 740
含重金属的有机废液 ·············· 740
耗散因子 ·············· 571
核孔滤膜 ·············· 528
恒温浴 ·············· 384
化学电池 ·············· 358
化学烧伤 ·············· 589
化学试剂规格 ·············· 428
化学危险性等级 ·············· 611
化学物质环境标准 ·············· 672
化学性爆炸 ·············· 767
化学致癌物质 ·············· 674
化学灼伤 ·············· 594
缓冲溶液 ·············· 455

黄金分割法 …………………………… 901
磺化法 ………………………………… 519
挥发性缓冲溶液 ……………………… 470
回归方程式 …………………………… 873
回归分析 ……………………………… 873
回归线 ………………………………… 877
混溶度 ………………………………… 88
活度系数 …………………………… 46,48
活性炭 …………………………… 326,528

J

基准试剂 ……………………………… 442
激光器 ………………………………… 785
极差 …………………………………… 845
急救常识 ……………………………… 593
急性中毒 ……………………………… 770
几何平均值 …………………………… 842
计量 …………………………………… 806
计量标准 ……………………………… 807
计量标准器具 ………………………… 834
计量抽样检查 ………………………… 506
计量基准 ……………………………… 807
计量检定规程 ………………………… 814
计量检定人员的素质 ………………… 825
计量检定系统表 ……………………… 813
计量器具 ……………………………… 806
计量器具的校验 ……………………… 812
计数抽样检查 ………………………… 505
计数天平 ……………………………… 477
技术资料管理制度 …………………… 835
剂量 …………………………………… 788
剂量当量 ……………………………… 788
加权平均值 …………………………… 843
加热方法 ……………………………… 319
甲苯的提纯 …………………………… 339
甲醇 …………………………………… 440
甲醛 …………………………………… 440
甲酸-甲酸钠缓冲溶液 …………… 458,470
监督抽样检查 ………………………… 506
检测报告 ……………………………… 831
检测工作流程 ………………………… 826
检测能力 ……………………………… 806
检测人员的素质 ……………………… 825
检测实施细则 ………………………… 827
检查校正源 …………………………… 786
检定 …………………………………… 808
检验质量申诉 ………………………… 838

检样 …………………………………… 516
减压器 ………………………………… 777
碱溶液的配制 ………………………… 427
焦硫酸钾的提纯与制备 ……………… 328
结晶点的测定 ………………………… 375
解离常数 ……………………………… 164
介电常数 …………………………… 86,571
精密度 ………………………………… 844
精密度的检验 ………………………… 895
静电沉降法 …………………………… 530
剧毒化学品 …………………………… 700
聚四氟乙烯坩埚 ……………………… 310
绝对黏度 ……………………………… 379
均方根平均值 ………………………… 843
均匀设计试验法 ……………………… 919

K

开口杯法 ……………………………… 394
糠醛 …………………………………… 441
刻度的校正 …………………………… 492
空气样品的采集 ……………………… 523
扩散采样法 …………………………… 530

L

累积形成常数 ………………………… 235
冷冻浓缩法 …………………………… 529
离群数据的检验 ……………………… 891
离子积常数 …………………………… 163
离子交换法 ……………………… 282,283
锂离子电池 …………………………… 359
力单位的换算 ………………………… 7
两性离子缓冲溶液 …………………… 472
量值传递 ……………………………… 814
量值溯源 ……………………………… 814
邻苯二甲酸氢钾 ……………………… 442
磷酸 …………………………………… 426
磷酸钠 ………………………………… 429
磷酸氢二铵 …………………………… 429
磷酸氢二钠 …………………………… 429
磷酸溶液的浓度和密度 ……………… 147
磷酸盐缓冲溶液 ……………………… 472
灵敏度 ………………………………… 475
零点校正 ……………………………… 492
硫代硫酸钠 …………………………… 429
硫代硫酸钠标准溶液 ………………… 447
硫化铵 ………………………………… 429
硫化钠 ………………………………… 429

硫黄粉 ······················· 775
硫氰化钾 ···················· 428
硫氰酸铵 ···················· 429
硫氰酸铵标准溶液 ·········· 451
硫氰酸钾标准溶液 ·········· 451
硫氰酸钠标准溶液 ·········· 451
硫酸 ························· 426
硫酸标准溶液 ·············· 446
硫酸镉 ······················· 428
硫酸铬 ······················· 428
硫酸钴 ······················· 428
硫酸钾 ······················· 429
硫酸钾的提纯 ·············· 328
硫酸铝 ······················· 427
硫酸镁 ······················· 429
硫酸镁标准溶液 ·········· 450
硫酸锰 ······················· 429
硫酸钠 ······················· 429
硫酸钠的制备 ·············· 329
硫酸镍 ······················· 429
硫酸溶液的浓度和密度 ····· 145
硫酸铈标准溶液 ·········· 449
硫酸铈铵标准溶液 ·········· 449
硫酸铜 ······················· 428
硫酸锌 ······················· 430
硫酸亚铁 ···················· 428
硫酸亚铁铵 ················· 428
硫酸亚铁铵标准溶液 ······· 449
六氟合硅酸盐 ·············· 439
六硝基合钴酸钠 ·········· 441
滤毒罐 ······················· 773
滤膜 ························· 307
滤纸 ··············· 298,305,307,528
铝试剂 ······················· 441
氯代磺酚 C 的制备 ······· 343
氯仿的回收 ················· 361
氯仿的提纯 ················· 338
氯化铵 ······················· 429
氯化钡 ······················· 427
氯化铋 ······················· 427
氯化钙 ······················· 427
氯化镉 ······················· 428
氯化铬 ······················· 428
氯化汞 ······················· 428
氯化钴 ······················· 428
氯化钾 ···················· 428,442
氯化铝 ······················· 427

氯化镁标准溶液 ·········· 450
氯化镁 ······················· 429
氯化锰 ······················· 429
氯化钠 ···················· 429,442
氯化钠标准溶液 ·········· 451
氯化钠的提纯 ·············· 327
氯化镍 ······················· 429
氯化铁 ······················· 428
氯化铜 ······················· 428
氯化亚锡 ···················· 430
氯化银的制备 ·············· 333
氯气的制备与纯化 ········· 351
氯水 ························· 441
氯酸钾 ······················· 429
罗丹明 B 的提纯 ·········· 341

M

玛瑙研钵 ···················· 308
慢性中毒 ···················· 770
梅花形采样法 ·············· 520
煤气设备 ···················· 591
镁混合试剂 ················· 442
镁试剂 ······················· 441
密度单位的换算 ············· 6
密度的测定 ················· 373
密度瓶法 ···················· 373
面积单位的换算 ············· 6
面罩 ························· 773
灭火 ························· 592
灭火器 ······················· 593
膜天平 ······················· 477
木本植物的采集 ·········· 522
钼酸铵的提纯 ·············· 325

N

奈斯勒试剂 ················· 441
能力验证 ···················· 806
能量 ··························· 8
拟水平法 ···················· 915
黏度的测定 ················· 379
镍坩埚 ······················· 310
镍试剂 ······················· 441
凝固点测定装置 ·········· 375
凝胶色谱法 ················· 581
牛乳 ························· 517
农药 ························· 230
浓度的表示方法 ·········· 426

浓集法 ·················· 799
浓缩技术 ·············· 581
浓缩装置 ·············· 582

O

偶氮氯膦Ⅲ的制备 ········ 342
偶氮胂Ⅲ的提纯 ········ 345
偶氮胂Ⅲ的制备 ········ 344
偶然误差 ·············· 845

P

配合物稳定常数 ········ 235
配位效应系数 ·········· 265
硼酸的提纯 ············ 326
硼酸盐缓冲溶液 ········ 472
膨胀计 ················ 399
铍试剂Ⅱ的制备 ········ 343
偏差 ·············· 844,846
偏态分布 ·············· 886
品红溶液 ·············· 442
平分法 ················ 901
平均色散度 ············ 84
平均样 ················ 516
平均值 ················ 842
平均值-极差控制图 ······ 830
葡萄糖 ················ 441
普通缓冲溶液 ·········· 470

Q

棋盘式采样法 ·········· 520
气瓶的结构 ············ 776
气溶胶 ················ 524
气体的干燥 ············ 315
气体的制备与纯化 ······ 348
气体样品的采集 ········ 523
气体样品前处理 ········ 538
启普气体发生器 ········ 347
茜素红 S 的制备 ········ 345
8-羟基喹啉的提纯 ······ 339
强制检定 ·············· 808
氢氟酸 ················ 427
氢氟酸的提纯 ·········· 324
氢化锌标准溶液 ········ 450
氢镍电池 ·············· 358
氢气 ·················· 783
氢气的制备与纯化 ······ 348
氢溴酸 ················ 427

氢溴酸的提纯 ·········· 324
氢氧化钡 ·············· 427
氢氧化钙 ·············· 427
氢氧化钾 ·············· 427
氢氧化钾-乙醇标准滴定溶液 ···· 453
氢氧化钾溶液的浓度和密度 ···· 149
氢氧化钠 ·············· 427
氢氧化钠标准溶液 ······ 445
氢氧化钠溶液的浓度和密度 ···· 150
倾析法过滤 ············ 307
氰化钾 ················ 429
去汞剂 ················ 775
去污率 ················ 797
去污因子 ·············· 797
全量空气法 ············ 538
全脂奶粉 ·············· 517

R

燃点 ·················· 394
燃烧法 ················ 742
热导率单位 ············ 10
热电偶 ················ 495
热电偶测温 ············ 494
热电偶的冷端补偿 ······ 495
热电偶故障分析 ········ 504
热电阻温度计 ·········· 503
热机械分析仪 ·········· 400
热力学温度 ············ 489
热量单位 ············ 8,9
热敏电阻 ·············· 503
热天平 ················ 477
热浴加热 ·············· 319
人工呼吸 ·············· 594
人体体液 pH 值 ········ 471
容量器皿的校准 ········ 479
溶度积常数 ············ 154
溶剂的密度 ············ 79
溶剂的折射率 ·········· 81
溶剂化能 ·············· 539
溶剂提取法 ············ 519
溶解度 ················ 53
溶解法 ················ 538
溶解法分解试样 ········ 543
溶液的浓度 ············ 426
溶液吸收法 ············ 526
熔点的测定 ············ 362
熔融法 ················ 538

熔融法分解试样 ················ 545
软化点的测定 ················ 393

S

塞贝克效应 ················ 494
三氯化氮的测定 ················ 761
三氯化铁水溶液 ················ 775
三氧化二砷 ················ 442
扫集共蒸馏装置 ················ 519
色度标准液 ················ 376
色度的测定 ················ 376
色度仪 ················ 377
色谱分离法 ················ 519
筛号 ················ 534
筛网尺寸 ················ 535
闪点 ················ 394
烧伤 ················ 594
蛇形采样法 ················ 520
射线的防护 ················ 790
摄氏温度 ················ 489
生化缓冲体系 ················ 471
生活污水 ················ 509
剩余标准偏差 ················ 877
石英坩埚 ················ 310
石油醚的提纯 ················ 338
时间加权平均容许浓度 ················ 683
实验室安全 ················ 592
实验室废物储存 ················ 722
实验室废物的处理 ················ 721
实验室管理制度 ················ 832
实验室质量保证体 ················ 820
实验室组织机构 ················ 819
拾汞棒 ················ 775
食品样品的采集 ················ 515
食品样品的前处理 ················ 518
食品样品的制备方法 ················ 518
示值范围 ················ 807
事故的等级分类 ················ 833
事故的应急处理 ················ 593
试剂的回收 ················ 354
试剂的提纯 ················ 323
试剂级别 ················ 428
试验条件优化方法 ················ 901
试样的前处理 ················ 537
试样的蒸馏 ················ 550
树脂的再生 ················ 283,327
数据整理 ················ 831

数字熔点 ················ 364
双硫腙的合成 ················ 340
双硫腙的提纯 ················ 340
水的电阻率 ················ 287
水的密度 ················ 136,483
水污染物排放标准 ················ 672
水杨酸 ················ 441
水样保存方法 ················ 512
水样采集 ················ 507
水样采集瓶 ················ 509
水样采集器 ················ 511
水样的保存 ················ 511
水质的检定 ················ 287
四氯化碳的回收 ················ 361
四氯化碳的提纯 ················ 338
四氯化锡 ················ 430
四硼酸钠 ················ 429
素陶瓷 ················ 528
酸溶液的配制 ················ 426
酸效应系数 ················ 262
算术平均值 ················ 842
随机误差 ················ 845
缩二脲 ················ 441
缩分系数 ················ 534
缩略语 ················ 14
索氏抽提 ················ 537
索氏提取法 ················ 579
索氏提取器 ················ 579

T

碳酸钡的制备 ················ 330
碳酸钙 ················ 442
碳酸钾 ················ 429
碳酸锂的制备 ················ 330
碳酸钠 ················ 429
碳酸钠标准溶液 ················ 446
碳酸钠的提纯 ················ 327
体积单位的换算 ················ 6
体积流量单位 ················ 9
天平 ················ 474
天平的使用 ················ 477
铁铵矾 ················ 428
铁坩埚 ················ 310
铁氰化钾 ················ 428
通风橱 ················ 590
铜试剂的提纯 ················ 340
铜铁试剂的提纯 ················ 341

土壤样品的采集 …………………… 520
土壤样品的制备 …………………… 521

W

危险化学品 ………………………… 608
危险化学品防范类别代码 ………… 670
微波 ………………………………… 571
微波辅助提取 ……………… 537,571
微波加热 …………………………… 321
微波消解 …………………………… 574
微孔滤膜 …………………………… 528
韦氏天平 …………………… 375,477
韦氏天平法 ………………………… 374
温度单位 …………………………… 489
温度计的浸没深度 ………………… 491
温度计分度 ………………………… 491
稳定性 ……………………………… 475
稳定性同位素 ……………………… 785
污物桶 ……………………………… 799
无动力采样法 ……………………… 530
无动力采样器 ……………………… 531
无机离子废液的处理 ……………… 738
无机试样的分解 …………………… 552
无机酸、碱类废液的处理 ………… 722
无机有毒废气的处理 ……………… 722
无水焦磷酸钠的提纯 ……………… 328
无水碳酸钠 ………………………… 442
五水硫代硫酸钠的制备与提纯 …… 329
五水硫酸铜的制备 ………………… 333
五氧化二钽的提纯与制备 ………… 331
物理化学常数的测定 ……………… 362
物理性爆炸 ………………………… 767
误差 ………………………………… 845
误差限值 …………………………… 843

X

吸收剂量 …………………………… 788
吸收剂量率 ………………………… 788
稀释法 ……………………………… 799
洗涤液 ……………………………… 304
洗眼器 ……………………………… 590
系统随机抽样 ……………………… 506
系统误差 …………………………… 845
夏皮罗-威尔克检验法 …………… 888
氙 133 ……………………………… 800
显著性检验 ………………………… 895
现场采样 …………………………… 607

线质系数 …………………………… 789
硝基苯 ……………………………… 441
硝酸 ………………………………… 426
硝酸铵 ……………………………… 429
硝酸钡 ……………………………… 427
硝酸铋 ……………………………… 427
硝酸的提纯 ………………………… 324
硝酸钙 ……………………………… 428
硝酸镉 ……………………………… 428
硝酸铬 ……………………………… 428
硝酸汞 ……………………………… 428
硝酸钴 ……………………………… 428
硝酸钾 ……………………………… 428
硝酸铝 ……………………………… 427
硝酸镁 ……………………………… 429
硝酸锰 ……………………………… 429
硝酸钠 ……………………………… 429
硝酸镍 ……………………………… 429
硝酸铅 ……………………………… 430
硝酸铅标准溶液 …………………… 451
硝酸溶液的浓度和密度 …………… 144
硝酸铁 ……………………………… 428
硝酸铜 ……………………………… 428
硝酸锌 ……………………………… 430
硝酸亚汞 …………………………… 428
硝酸银 ……………………… 427,442
硝酸银氨溶液 ……………………… 441
硝酸银标准溶液 …………………… 452
笑气 ………………………………… 783
心肺复苏 …………………………… 593
辛烷值 ……………………………… 401
溴标准溶液 ………………………… 447
溴的提纯 …………………………… 325
溴化钾 ……………………………… 428
溴水 ………………………………… 441
溴酸钾 ……………………………… 442
溴酸钾标准溶液 …………………… 447
旋光度 ……………………………… 391
旋转蒸发法 ………………………… 582

Y

压力 ………………………………… 8
压碎爆炸 …………………………… 767
亚铁氰化钾 ………………………… 428
亚硝酸钾 …………………………… 428
亚硝酸钠 …………………………… 429
亚硝酸钠标准溶液 ………………… 452

α-亚硝基-β-萘酚 ···························· 346
研钵 ···································· 308
盐溶液的配制 ···························· 427
盐酸 ···································· 426
盐酸标准溶液 ···························· 445
盐酸溶液的浓度和密 ···················· 146
眼睛灼伤 ································ 595
验收抽样检查 ···························· 506
氧化锆的制备 ···························· 331
氧化镓的制备 ···························· 331
氧化锑的制备 ···························· 332
氧化锡的制备 ···························· 332
氧化锌 ································ 442
氧化亚氮 ································ 783
氧化铟的制备 ···························· 330
氧气 ···································· 783
氧气的制备与纯化 ························ 349
样本 ···································· 842
样本容量 ································ 842
样品的干燥 ······························ 311
样品前处理方法 ·························· 537
液-液萃取法 ···························· 538
液化气采样器 ···························· 525
液膜萃取法 ······························ 538
液体放射性废物 ·························· 799
液体样品的干燥 ·························· 314
液体样品前处理 ·························· 538
液相微萃取法 ···························· 538
一氧化氮的制备与纯化 ···················· 353
一氧化碳的制备与纯化 ···················· 353
仪器设备的管理 ·························· 823
仪器设备的检定 ·························· 823
乙醇的提纯 ······························ 333
乙二胺四乙酸二钠 ························ 442
乙二胺四乙酸二钠标准溶液 ················ 450
乙基氯化汞 ······························ 776
N-乙基吗啉-盐酸缓冲溶液 ········ 458,470
乙醚的提纯 ······························ 334
乙醛 ···································· 440
乙炔 ···································· 782
乙炔的制备与纯化 ························ 353
乙酸铵 ································ 429
乙酸酐 ································ 441
乙酸钠 ···························· 429,440
乙酸铅 ································ 430
乙酸溶液的浓度和密度 ···················· 149
乙酸乙酯的回收 ·························· 361

乙酸乙酯的提纯 ·························· 336
乙酸铀酰锌的回收 ························ 358
异丙醚的回收 ···························· 360
异常值审定程序 ·························· 832
银的回收 ································ 356
银坩埚 ································ 309
银滤膜 ································ 528
隐色品红溶液 ···························· 442
应力单位 ································ 8
英文数字词头 ···························· 12
优级纯 ································ 428
游离氯的检查 ···························· 337
有毒气体分析 ···················· 741,745
有机废物的处理 ·························· 722
有机汞 ································ 740
有机氰化物 ······························ 740
有机溶剂的回收 ·························· 360
有机试剂的提纯与制备 ···················· 333
有机酸缓冲溶液 ·························· 472
有机物破坏法 ···························· 519
有效剂量 ································ 788
有效数字 ································ 843
原始记录 ································ 831
原始样 ································ 516
运动黏度 ································ 379
运动黏度单位 ···························· 7

Z

再现性 ································ 844
在线前处理 ······························ 584
在线前处理方法 ·························· 584
皂化法 ································ 519
增压溶样法 ······························ 546
照射的类别 ······························ 786
照射量 ································ 788
折射率的测定 ···························· 392
真空采气管 ······························ 525
真空采气瓶 ······························ 525
真空离心浓缩 ···························· 583
真空瓶采样法 ···························· 525
真值 ···································· 842
蒸发焓 ································ 130
蒸馏法 ································ 519
蒸馏提纯 ································ 323
蒸气压 ································ 130
整群抽随机样 ···························· 507
正己烷的提纯 ···························· 339

正交表 ································· 902
正交试验 ····························· 902
正态分布 ····························· 886
直方图 ······························· 886
直接采样法 ·························· 524
职业接触限值 ······················ 683
植物样品的采集 ··················· 521
植物样品的制备 ··················· 522
纸浆过滤 ····························· 307
制冷剂 ······························· 316
质量保证体系 ······················ 819
质量单位的换算 ····················· 6
质量检验 ····························· 806
质量控制 ····························· 825
质量控制图 ·························· 829
质量申诉 ····························· 837
致癌物 ······························· 674
中毒的应急处理 ··················· 596
中位数 ······························· 843
中子源 ······························· 786
注射器采样法 ······················ 524
转子黏度计 ·························· 389
准确度 ······························· 845
准确度的检验 ······················ 899
准确性 ······························· 475
浊点萃取法 ·························· 538
子样 ································· 842
总体 ································· 842
总体方差 ····························· 846
总体方差的检验 ··················· 896
最大容许剂量当量 ··············· 789
最高容许浓度 ······················ 683

其他

EDTA 的提纯 ························ 341

PMBP 的制备 ······················ 342
Atkins-Pantin 缓冲溶液 ·········· 457,464
Baetrett 法 ·························· 896
Britton-Robinson 广泛缓冲溶液 ··· 467
Clark-Lubs 缓冲溶液 ············· 455,460
Dicson 法 ···························· 892
Fick 扩散第一定律 ················ 530
F 分布 ······························ 857
Gomori 缓冲溶液 ·················· 457,468
Grubbs 法 ··························· 893
Hartley 法 ··························· 898
Hasting-Sendroy 缓冲溶液 ······· 457,466
Kolthoff 缓冲溶液 ················ 456,462
K-D 浓缩器法 ······················ 583
MAC ································· 683
Mcllvaine 缓冲溶液 ··············· 457
Menzel 缓冲溶液 ·················· 457,466
Michaelis 缓冲溶液 ··············· 456,463
OEL ································· 683
Palitzsch 缓冲溶液 ··············· 457,465
$PC\text{-}STEL$ ·························· 683
$PC\text{-}TWA$ ·························· 683
pH 标准缓冲体系 ·················· 458
Shapiro-Wilk 检验法 ············· 888
SI 词头 ······························· 12
Sφrensen 缓冲溶液 ··············· 455,460
TAE 缓冲液 ·························· 472
TBE 缓冲液 ·························· 472
TE 缓冲液 ···························· 472
Tris 缓冲溶液 ······················ 472
t_R 极差检验法 ···················· 894
t 分布 ······························· 852
t 检验 ······························· 899
u 检验 ······························· 899
Walpole 缓冲溶液 ················· 457,466

表 索 引

表 1-1 国际单位制的基本单位 ……………………………………… 002

表 1-2 国际单位制的辅助单位 ……………………………………… 003

表 1-3 国际单位制中具有专门名称的 SI 导出单位 ………………… 003

表 1-4 用国际单位制基本单位表示的 SI 导出单位示例 …………… 004

表 1-5 用国际单位制辅助单位表示的 SI 导出单位示例 …………… 005

表 1-6 与国际单位制单位并用的其他法定计量单位 ……………… 005

表 1-7 长度单位的换算 ……………………………………………… 005

表 1-8 面积单位的换算 ……………………………………………… 006

表 1-9 体积单位的换算 ……………………………………………… 006

表 1-10 质量单位的换算 …………………………………………… 006

表 1-11 密度单位的换算 …………………………………………… 006

表 1-12 比体积单位的换算 ………………………………………… 007

表 1-13 运动黏度单位的换算 ……………………………………… 007

表 1-14 动力黏度单位的换算 ……………………………………… 007

表 1-15 力单位的换算 ……………………………………………… 007

表 1-16 压力、应力单位的换算 …………………………………… 008

表 1-17 功、能量、热量单位的换算 ……………………………… 008

表 1-18 功率单位的换算 …………………………………………… 008

表 1-19 体积流量单位的换算 ……………………………………… 009

表 1-20 电量单位的换算 …………………………………………… 009

表 1-21 电场强度单位的换算 ……………………………………… 009

表 1-22 热量单位的换算 …………………………………………… 009

表 1-23 比热容单位的换算 ………………………………………… 009

表 1-24 传热系数单位的换算 ……………………………………… 010

表 1-25 热导率单位的换算 ………………………………………… 010

表 1-26 不同温标间温度进行单位换算的数值方程 ……………… 010

表 1-27 不同温标的热力学零点、水冰点、水三相点及水沸点 …… 011

表 1-28 其他单位（电离辐射、光学、声学）间的换算 …………… 011

表 1-29 希腊字母 …………………………………………………… 011

表 1-30 英文数字词头 ……………………………………………… 012

表 1-31 SI 词头 ……………………………………………………… 012

表 1-32 一些物理化学量的符号及说明 …………………………… 012

表 1-33 常见缩略语 ………………………………………………… 014

表 1-34 基本物理常数 ……………………………………………… 019

表 1-35 化学元素的熔点、丰度及发现 …………………………… 019

表 1-36　化学元素的名称及相对原子质量 ·· 023

表 1-37　放射性元素的相对原子质量 ··· 025

表 1-38　化学元素中外文（拉丁、英、俄、德、日、法）名称对照表 ·············· 027

表 1-39　化合物（元素）的相对分子（原子）质量及颜色 ······················· 030

表 1-40　结晶离子半径 ··· 043

表 1-41　水溶液中离子的有效半径 ··· 046

表 1-42　各种离子在不同离子强度溶液中的活度系数 ····························· 047

表 1-43　各种离子在离子强度值大的溶液中的活度系数 ··························· 048

表 1-44　酸、碱、盐的平均活度系数（25℃） ····································· 049

表 1-45　酸、碱、盐高浓度溶液的平均活度系数（25℃） ·························· 052

表 1-46　Debye-Hückel 方程式常数（0～100℃） ································· 052

表 1-47　重要无机化合物及部分有机化合物在水中的溶解度 ······················ 053

表 1-48　重要无机化合物在有机溶剂中的溶解度 ·································· 074

表 1-49　不同温度下气体在水中的溶解度 ·· 077

表 1-50　20℃ 时溶剂的密度 ·· 079

表 1-51　20℃ 时溶剂的折射率 ·· 081

表 1-52　20℃ 时溶剂的平均色散度（$n_F - n_C$） ································ 084

表 1-53　20℃ 时溶剂的介电常数 ·· 086

表 1-54　水与有机溶剂的混合液在 20℃ 时的介电常数 ···························· 088

表 1-55　不同温度下水的介电常数 ··· 088

表 1-56　20℃ 时溶剂的混溶度 ·· 088

表 1-57　溶剂的饱和蒸气压 ··· 092

表 1-58　溶剂及其共沸混合物的沸点 ··· 099

表 1-59　不同温度下水的蒸气压、蒸发焓及表面张力 ···························· 130

表 1-60　不同温度下水的密度 ··· 136

表 1-61　不同压力下水的沸点 ··· 140

表 1-62　硝酸溶液的浓度和密度（20℃） ·· 144

表 1-63　硫酸溶液的浓度和密度（20℃） ·· 145

表 1-64　盐酸溶液的浓度和密度（20℃） ·· 146

表 1-65　磷酸溶液的浓度和密度（20℃） ·· 147

表 1-66　高氯酸溶液的浓度和密度（20℃） ·· 148

表 1-67　乙酸溶液的浓度和密度（20℃） ·· 149

表 1-68　氢氧化钾溶液的浓度和密度（20℃） ······································ 149

表 1-69　氢氧化钠溶液的浓度和密度（20℃） ······································ 150

表 1-70　氨水的浓度和密度（20℃） ··· 151

表 1-71　碳酸钠溶液的浓度和密度（20℃） ·· 152

表 1-72　某些商品高纯试剂的浓度和相对密度 ······································ 152

表 1-73　波美浓度与相对密度对照 ··· 153

表 1-74　难溶化合物的溶度积 ··· 154

表 1-75　水的离子积常数（0～100℃） ·· 163

表 1-76　无机酸、碱在水溶液中的解离常数（25℃） ······························ 165

表 1-77　有机酸、碱在水溶液中的解离常数（25℃） ······························ 167

表 1-78　重要氨基酸的基本性质（25℃）······ 223
表 1-79　取代氨基羧酸的解离常数（25℃）······ 224
表 1-80　主要农药的相关参数（25℃，100kPa）······ 230
表 1-81　部分食品添加剂的相关参数（25℃，100kPa）······ 232
表 1-82　金属离子与无机配合物的累积形成常数······ 236
表 1-83　金属离子与有机配位体配合物的累积形成常数······ 245
表 1-84　配位体的酸效应系数［lg$\alpha_{L(H)}$值］与各级解离常数（pK_i值）······ 262
表 1-85　各种金属和配位体在不同 pH 值下的配位效应系数［lg$\alpha_{M(L)}$值］······ 265
表 1-86　化学与物理性质的相关网站······ 277
表 2-1　分析实验室用水的级别和主要技术指标（GB/T 6682—2008）······ 281
表 2-2　各级水的电阻率······ 287
表 2-3　常用玻璃器皿和用具一览······ 288
表 2-4　其他玻璃器皿的中英文名称······ 297
表 2-5　滤片的规格······ 298
表 2-6　清洗滤器的洗涤液······ 299
表 2-7　玻璃滤器······ 299
表 2-8　1 号、3 号层析定性分析滤纸的规格······ 305
表 2-9　定量和定性化学分析滤纸的规格······ 306
表 2-10　国外某些定量滤纸的规格和性能······ 306
表 2-11　海水分析中常用滤器的规格······ 307
表 2-12　适用于常用熔剂的坩埚······ 311
表 2-13　常用的干燥剂及特性······ 312
表 2-14　干燥剂的适用性······ 312
表 2-15　各类有机物的常用干燥剂······ 314
表 2-16　干燥气体时所用的干燥剂······ 315
表 2-17　各类分子筛的化学组成及特性······ 315
表 2-18　分子筛按分子大小吸附分类······ 316
表 2-19　盐和水混合后的制冷作用······ 317
表 2-20　盐或酸与雪或冰混合后的制冷作用······ 317
表 2-21　盐和冰混合后的制冷作用······ 317
表 2-22　液态气体的制冷情况······ 318
表 2-23　低温用的热传导体······ 318
表 2-24　常用加热浴的可加热温度······ 320
表 2-25　液体浴介质······ 321
表 2-26　环己酮和甲异丁酮的沸点与压力的关系······ 336
表 2-27　制备气体的常用装置······ 347
表 2-28　常用熔点仪······ 366
表 2-29　气压计读数的校正值······ 369
表 2-30　气压计读数的纬度校正值······ 370
表 2-31　沸程温度随气压变化的校正值······ 371
表 2-32　恩氏黏度计的主要部位尺寸······ 379
表 2-33　不同温度下使用的恒温浴液体······ 384

表 2-34 运动黏度与恩氏黏度（条件黏度）换算 ……………………………………………… 386

表 2-35 不同大气压下闪点或燃点的修正值 Δt …………………………………………… 396

表 2-36 不同大气压力范围的闪点修正值 Δt …………………………………………… 398

表 2-37 基础甲苯标定燃料 ……………………………………………………………………… 402

表 2-38 参比燃料规格标准 ……………………………………………………………………… 402

表 2-39 甲苯、异辛烷和正庚烷燃料混合物对应的辛烷值和仲裁试验评定公差 ……… 403

表 2-40 异辛烷、正庚烷和四乙基铅的燃料混合物对应的辛烷值和仲裁试验评定公差 … 404

表 2-41 参比燃料级甲苯规格标准 …………………………………………………………… 404

表 2-42 马达法平均压缩压力 ………………………………………………………………… 407

表 2-43 海拔高度为 0～500m，大气压力为 101.3kPa，喉管直径为 14.29mm 时，标准爆震
强度数字计数器读数与马达法辛烷值对照 ……………………………………… 407

表 2-44 海拔高度为 500～1000m，大气压力为 101.3kPa，喉管直径为 15.08mm 时，标准爆
震强度数字计数器读数与马达法辛烷值对照 …………………………………… 410

表 2-45 海拔高度为 1000m 以上，大气压力为 101.3kPa，喉管直径为 19.05mm 时，标准爆
震强度数字计数器读数与马达法辛烷值对照 …………………………………… 412

表 2-46 用于应用标准爆震强度表的计数器读数和各种不同气压计数器读数的校正值（马达法） … 415

表 2-47 标准爆震强度汽缸高度公差 ………………………………………………………… 421

表 2-48 100 以上辛烷值换算为品度值 ……………………………………………………… 421

表 3-1 化学试剂的分类 ………………………………………………………………………… 424

表 3-2 我国化学试剂的分级 …………………………………………………………………… 425

表 3-3 化学试剂的规格 ………………………………………………………………………… 425

表 3-4 溶液浓度的表示方法 …………………………………………………………………… 426

表 3-5 盐溶液的配制 …………………………………………………………………………… 427

表 3-6 元素和离子的标准溶液的配制方法 …………………………………………………… 430

表 3-7 测定化学试剂杂质用标准溶液的配制方法 …………………………………………… 434

表 3-8 一些特殊试剂溶液的配制方法 ………………………………………………………… 441

表 3-9 滴定分析用基准试剂 …………………………………………………………………… 442

表 3-10 滴定分析用标准溶液 ………………………………………………………………… 443

表 3-11 标准滴定溶液的配制与标定 ………………………………………………………… 445

表 3-12 不同温度下标准滴定溶液的体积补正值 …………………………………………… 454

表 3-13 缓冲溶液一览表 ……………………………………………………………………… 455

表 3-14 pH 值测定用标准缓冲溶液 ………………………………………………………… 458

表 3-15 指示剂 pH 变色域测定用缓冲溶液 ………………………………………………… 459

表 3-16 Clark-Lubs 缓冲溶液的配制 ………………………………………………………… 460

表 3-17 Sφrensen 缓冲溶液的配制 …………………………………………………………… 460

表 3-18 Kolthoff 缓冲溶液的配制 …………………………………………………………… 462

表 3-19 Michaelis 缓冲溶液的配制 ………………………………………………………… 463

表 3-20 Atkins-Pantin 缓冲溶液的配制 …………………………………………………… 464

表 3-21 Palitzsch 缓冲溶液的配制 ………………………………………………………… 465

表 3-22 Mcllvaine 缓冲溶液的配制 ………………………………………………………… 465

表 3-23 Menzel 缓冲溶液的配制 …………………………………………………………… 466

表 3-24 Walpole 缓冲溶液的配制 …………………………………………………………… 466

表 3-25 Hasting-Sendroy 缓冲溶液的配制 ······ 466

表 3-26 Britton-Robinson 广泛缓冲溶液的配制 ······ 467

表 3-27 Gomori 缓冲溶液的配制 ······ 468

表 3-28 等渗缓冲溶液的配制 ······ 469

表 3-29 甲酸-甲酸钠缓冲溶液的配制 ······ 470

表 3-30 N-乙基吗啉-盐酸缓冲溶液的配制 ······ 470

表 3-31 挥发性缓冲溶液的配制 ······ 470

表 3-32 普通缓冲溶液的配制 ······ 470

表 3-33 人体体液 pH 值 ······ 471

表 3-34 生物化学常用缓冲液 ······ 472

表 4-1 一般分析天平的型号与性能指标 ······ 474

表 4-2 天平的准确度级别 ······ 474

表 4-3 新型天平的类型与功能 ······ 477

表 4-4 砝码的等级与用途 ······ 478

表 4-5 替代衡量法记录 ······ 479

表 4-6 不同温度下 1L 水的质量 ······ 479

表 4-7 不同温度下不同体积水的质量 ······ 481

表 4-8 不含空气的水的密度 ······ 483

表 4-9 温度 10~30℃，绝对压力在 (0.930~1.040)×10⁵ Pa(930~1040mbar) 之间的干燥
空气密度 ρ_A (p,t) ······ 483

表 4-10 几种玻璃的体热膨胀系数 ······ 484

表 4-11 适用于由体热膨胀系数为 $10\times10^{-6}K^{-1}$ 的玻璃 (如硼硅酸盐玻璃) 制成的，标称容
量为 1000ml 的量器的修正值[①] ······ 484

表 4-12 适用于由体热膨胀系数为 $15\times10^{-6}K^{-1}$ 的玻璃 (如中性玻璃) 制成的，标称容量为
1000ml 的量器的修正值 ······ 485

表 4-13 适用于由体热膨胀系数 $25\times10^{-6}K^{-1}$ 的玻璃制成的，标称容量为 1000ml 的量器的
修正值 ······ 486

表 4-14 适用于由体热膨胀系数为 $30\times10^{-6}K^{-1}$ 的玻璃 (如钠钙玻璃) 制成的，标称容量为
1000ml 的量器的修正值 ······ 487

表 4-15 标准温度 20℃ 时标准容量允差 ······ 488

表 4-16 ITS—90 固定点 ······ 489

表 4-17 压力对一些定义固定点温度值的影响 ······ 490

表 4-18 温度计分度 ······ 491

表 4-19 温度计的允许误差 ······ 491

表 4-20 不同压力下水的沸点 ······ 492

表 4-21 用以校准温度计和温差电偶的定点 ······ 492

表 4-22 常用热电偶的使用范围 ······ 495

表 4-23 各种热电偶在固定温度点下的温差电压 ······ 496

表 4-24 B 型热电偶 铂-30％铑合金/铂-6％铑合金 ······ 497

表 4-25 E 型热电偶 镍-铬合金/铜-镍合金 ······ 498

表 4-26 J 型热电偶 铁/铜-镍合金 ······ 498

表 4-27 K 型热电偶 镍-镉合金/镍-铝合金 ······ 499

表 4-28　N 型热电偶　镍-14.2%铬-1.4%硅合金/镍-4.4%硅-0.1%镁合金 ·············· 499

表 4-29　R 型热电偶　铂-13%铑合金/铂 ·· 500

表 4-30　S 型热电偶　铂-10%铑合金/铂 ·· 501

表 4-31　T 型热电偶　铜/铜-镍合金 ··· 501

表 4-32　常见热电偶故障分析及处理 ·· 504

表 5-1　工业废水取样方法 ·· 510

表 5-2　一般水样保存方法 ·· 512

表 5-3　降水样品保存方法 ·· 514

表 5-4　水样测定参考项目 ·· 515

表 5-5　食品样品采集的一般方法 ·· 516

表 5-6　部分食品的采样量及注意事项 ·· 517

表 5-7　常规食品样品的制备方法 ·· 518

表 5-8　测定农药残留量时样品的制备方法 ·· 518

表 5-9　食品样品的预处理方法及适用范围 ·· 519

表 5-10　土壤样品采样点选择方法 ·· 520

表 5-11　空气中有毒有害物质的存在形式及主要采集方法 ······································· 523

表 5-12　大气样品的直接采样法 ·· 524

表 5-13　采样吸收管的技术要求 ·· 527

表 5-14　常用固体吸收法的吸附剂种类 ·· 528

表 5-15　常用于空气采样的高分子多孔微球 ·· 528

表 5-16　固体吸附剂采样管的规格 ·· 529

表 5-17　冷冻浓缩法可选用的制冷剂 ·· 530

表 6-1　矿石的缩分系数 K 的参考值 ·· 534

表 6-2　分析试验筛的筛号及孔径 ·· 534

表 6-3　在各种筛号及缩分系数情况下的样品最低保留质量 Q 值 ································ 536

表 6-4　常用传统的样品前处理方法 ·· 537

表 6-5　固体样品前处理方法 ··· 537

表 6-6　液体样品前处理方法 ··· 538

表 6-7　气体样品前处理方法 ··· 538

表 6-8　无机溶剂/熔剂的性质 ·· 539

表 6-9　常用有机溶剂的性质 ··· 539

表 6-10　溶解法分解试样 ·· 543

表 6-11　熔融法分解试样 ·· 545

表 6-12　增压溶样法分解试样 ·· 546

表 6-13　试样的蒸馏处理 ·· 550

表 6-14　金属在酸、碱中的溶解性质 ·· 550

表 6-15　无机试样的分解方法 ·· 552

表 6-16　有机试样的分解方法（测定无机组分） ··· 570

表 6-17　一些物质的微波相关指标（25℃，3000MHz） ··· 571

表 6-18　一些材料的耗散因子（25℃，3000MHz） ··· 572

表 6-19　微波提取常用酸的种类与作用 ·· 574

表 6-20　典型微波操作参数 ·· 575

表 6-21　不同生物样品的取样量、消解时的溶剂用量及微波消解条件 ·········· 576

表 6-22　不同化妆品的取样量、消解时的溶剂用量和消解条件 ············ 576

表 6-23　微波消解的应用情况 ······························ 576

表 6-24　微波辅助萃取的应用及文献 ······················· 577

表 6-25　不同洗脱剂下酚的洗脱顺序 ······················· 581

表 6-26　有机氯农药和多氯联苯的洗脱顺序 ·················· 581

表 6-27　18 种酚的净化效率 ···························· 582

表 6-28　代表性的无/少溶剂样品前处理方法的特点 ·············· 584

表 7-1　实验室常用灭火器及其适用范围 ···················· 593

表 7-2　常见化学灼伤的急救和治疗 ······················ 594

表 7-3　某些毒物中毒症状和救治方法 ····················· 597

表 7-4　危险化学品名称及其临界量 ······················ 609

表 7-5　危险化学品安全知识一览表 ······················ 613

表 7-6　危险化学品的代码要素 ························· 667

表 7-7　危险化学品性质分类代码及说明 ···················· 669

表 7-8　危险化学品防范类别代码及说明 ···················· 670

表 7-9　现行环境保护标准目录清单（部分） ·················· 672

表 7-10　确定的人类致癌物（G1 组，共 107 种） ··············· 674

表 7-11　很可能的人类致癌物（G2A 组，共 59 种） ············· 676

表 7-12　可能的人类致癌物（G2B 组，共 267 种） ·············· 677

表 7-13　日常生活主要致癌物质 ························· 681

表 7-14　化学致癌物的靶器官部位 ······················· 682

表 7-15　工作场所空气中化学物质容许浓度（339 种） ············ 683

表 7-16　欧盟 REACH 法规 138 项高关注度物质清单 ············· 694

表 7-17　剧毒化学品目录（2012 年版，335 种） ··············· 701

表 7-18　28 种易制毒化学品名录 ························ 715

表 7-19　易制爆危险化学品名录（2011 年版） ················ 716

表 7-20　各类监控化学品名录 ························· 719

表 7-21　国家危险废物名录 ·························· 723

表 7-22　含有毒无机离子废液的处理示例 ··················· 738

表 7-23　某些有机物质的处理方法 ······················· 739

表 8-1　大气中有毒气体、有害物质的测定方法 ················ 745

表 8-2　工作场所空气中有毒物质测定方法汇总 ················ 747

表 8-3　不同类别氧化剂的情况 ························· 753

表 8-4　气体和蒸气在空气中的爆炸极限 ···················· 754

表 8-5　气体和蒸气在氧气中的爆炸极限 ···················· 756

表 8-6　某些混合气体的爆炸极限 ························ 756

表 8-7　空气中粉尘的爆炸极限 ························· 756

表 8-8　化学纯高氯酸溶液的浓度（w）与相对密度的关系 ·········· 764

表 8-9　常见的易爆混合物 ··························· 768

表 8-10　挥发性溶剂的毒性作用及许可的浓度界限（最高容许浓度） ······ 771

表 8-11　不同温度下的汞蒸气压及其在空气中的浓度 ············· 774

表 8-12　高压气体钢瓶的漆色和标志 ･････････････････････････････････ 779

表 8-13　高压气体钢瓶的分类储存规定 ･････････････････････････････ 782

表 8-14　常用放射性同位素 ･･･ 787

表 8-15　能量与线质系数的关系 ･････････････････････････････････････ 788

表 8-16　不同射线的线质系数 Q ･････････････････････････････････････ 789

表 8-17　辐射防护的常用标准 ･･･････････････････････････････････････ 790

表 8-18　几种表面污染的处理 ･･･････････････････････････････････････ 797

表 8-19　长寿命亲人体同位素在体内的最大容许存量（q_m）･･････････ 801

表 8-20　放射性同位素的毒性分组 ･･･････････････････････････････････ 801

表 9-1　实验室常用计量仪器 ･･ 807

表 9-2　中华人民共和国强制检定的工作计量器具 ･････････････････････ 809

表 9-3　与分析化学相关的部分非强制检定的计量器具 ･････････････････ 811

表 9-4　在用计量器具法制管理要求 ･･･････････････････････････････････ 815

表 10-1　控制图相关参数的计算方法 ･･･････････････････････････････････ 830

表 10-2　计算控制图的各因子 ･･･････････････････････････････････････ 831

表 10-3　事故的等级分类 ･･･ 833

表 10-4　常规实验室安全检查内容 ･･･････････････････････････････････ 836

表 10-5　实验室部分基本条件 ･･･････････････････････････････････････ 839

表 11-1　由极差 R 估算标准偏差 s 时的校正因子值 c_1 和自由度 f 值 ････ 847

表 11-2　用中位数偏差计算标准偏差公式 ･････････････････････････････ 848

表 11-3　最大误差法系数 c_n 与测定次数的关系 ･･･････････････････････ 848

表 11-4　最大偏差法 k_n 系数 ･･･････････････････････････････････････ 848

表 11-5（1）　标准正态分布的累积分布 $N(0, 1)$数值 ･･････････････････ 850

表 11-5（2）　标准正态分布 ･･･ 851

表 11-6（1）　t 分布临界值（单侧）････････････････････････････････ 852

表 11-6（2）　t 分布临界值（单侧，双侧）･･････････････････････････ 854

表 11-7　χ^2 分布 ･･ 856

表 11-8（1）　F 分布表（$\alpha = 0.005$）･･････････････････････････････ 858

表 11-8（2）　F 分布表（$\alpha = 0.01$）･･･････････････････････････････ 859

表 11-8（3）　F 分布表（$\alpha = 0.025$）･････････････････････････････ 859

表 11-8（4）　F 分布表（$\alpha = 0.05$）･･･････････････････････････････ 860

表 11-8（5）　F 分布表（$\alpha = 0.10$）･･･････････････････････････････ 861

表 11-8（6）　F 分布表（$\alpha = 0.25$）･･･････････････････････････････ 862

表 11-9　单因素多水平试验安排及其结果 ･････････････････････････････ 863

表 11-10　单因素方差分析 ･･ 864

表 11-11　双因素多水平试验安排 ････････････････････････････････････ 865

表 11-12　双因素多水平无交互效应的方差分析 ･･･････････････････････ 866

表 11-13　双因素交叉分组试验安排 ･･････････････････････････････････ 866

表 11-14　双因素交叉分组试验方差分析（等重复试验）･･･････････････ 867

表 11-15　双因素系统分组全面试验安排 ･････････････････････････････ 868

表 11-16　双因素系统分组等重复试验方差分析 ･･･････････････････････ 869

表 11-17　三因素多水平等重复全面试验安排 ･････････････････････････ 869

表 11-18　三因素交叉分组等重复全面试验方差分析 ·· 871

表 11-19　三因素系统分组等重复试验安排 ·· 872

表 11-20　三因素系统分组方差分析 ·· 873

表 11-21　相关系数临界值 ·· 876

表 11-22　一些常见曲线形状的函数关系及线性化处理 ·· 880

表 11-23　多元回归试验数据 ·· 882

表 11-24　多元线性回归方差分析 ·· 884

表 12-1（1）　铜含量（质量分数）测量数据 ·· 886

表 12-1（2）　频数分布 ·· 886

表 12-2　夏皮罗-威尔克检验法的 $C_{i,n}$ 系数 ·· 888

表 12-3　夏皮罗-威尔克检验临界值 $W_{a},_{n}$ ·· 890

表 12-4　峰度-偏度检验的分位数 ·· 891

表 12-5（1）　Dicson 检验法的临界值（单侧） ·· 892

表 12-5（2）　Q 检验之 $Q_{a,n}$ 临界值 ·· 893

表 12-6　Grubbs 检验的临界值 $G_{a,n}$ ·· 893

表 12-7　γ 检验的临界值 $\gamma_{a,n}$ ·· 894

表 12-8　t 检验的临界值 $T_{a,n}$ ·· 894

表 12-9　t_R 检验的临界值($\alpha=0.05$) ·· 894

表 12-10　实验室间离群值检验临界值 ·· 895

表 12-11　Cochran 法（最大方差法）比较多个方差时的 G 临界值 ·· 897

表 12-12　Hartley 检验的临界值 $F_{a(m,f)}$ ·· 898

表 13-1　正交表 ·· 903

表 13-2　因素水平正交设计及检测数据 ·· 913

表 13-3　各因素相关参数的平均值 ·· 914

表 13-4　极差分析 ·· 914

表 13-5　检验分析的相关结果 ·· 915

表 13-6　Long 系数表 ·· 916

表 13-7　n、q、p 取值对应表 ·· 917

表 13-8　均匀设计表 ·· 920